합격비법

https://rangssem.com

cafe.naver.com/rangssem

교재 인증

※ 위 교재 인증란에 네이버 카페 아이디를 적고 등업 신청 시 첨부하면
랑쌤에듀 카페에서 무료 학습자료를 다운 받을 수 있습니다.

랑쌤에듀 네이버 카페

Contents

차례

시험 안내

직무분야	안전관리	중직무분야	안전관리	자격종목	산업안전기사	적용기간	2024.1.1.~2026.12.31.

○ 직무내용: 제조 및 서비스업 등 각 산업현장에 소속되어 산업재해 예방계획의 수립에 관한사항을 수행하며, 작업환경의 점검 및 개선에 관한 사항, 사고사례 분석 및 개선에 관한 사항, 근로자의 안전교육 및 훈련 등을 수행하는 직무이다

필기검정방법	객관식	문제수	120	시험시간	3시간

필기 과목명	문제수	주요항목	세부항목
산업재해 예방 및 안전보건교육	20	1. 산업재해예방 계획수립	1. 안전관리
			2. 안전보건관리 체제 및 운용
		2. 안전보호구 관리	1. 보호구 및 안전장구 관리
		3. 산업안전심리	1. 산업심리와 심리검사
			2. 직업적성과 배치
			3. 인간의 특성과 안전과의 관계
		4. 인간의 행동과학	1. 조직과 인간행동
			2. 재해 빈발성 및 행동과학
			3. 집단관리와 리더십
			4. 생체리듬과 피로
		5. 안전보건교육의 내용 및 방법	1. 교육의 필요성과 목적
			2. 교육방법
			3. 교육실시 방법
			4. 안전보건교육계획 수립 및 실시
			5. 교육내용
		6. 산업안전관계법규	1. 산업안전보건법령
인간공학 및 위험성 평가 · 관리	20	1. 안전과 인간공학	1. 인간공학의 정의
			2. 인간-기계체계
			3. 체계설계와 인간요소
			4. 인간요소와 휴먼에러
		2. 위험성 파악 · 결정	1. 위험성 평가
			2. 시스템 위험성 추정 및 결정
		3. 위험성 감소 대책 수립 · 실행	1. 위험성 감소대책 수립 및 실행
		4. 근골격계질환 예방관리	1. 근골격계 유해요인
			2. 인간공학적 유해요인 평가
			3. 근골격계 유해요인 관리
		5. 유해요인 관리	1. 물리적 유해요인 관리
			2. 화학적 유해요인 관리
			3. 생물학적 유해요인 관리
		6. 작업환경 관리	1. 인체계측 및 체계제어
			2. 신체활동의 생리학적 측정법
			3. 작업 공간 및 작업자세
			4. 작업측정
			5. 작업환경과 인간공학
			6. 중량물 취급 작업

필기 과목명	문제수	주요항목	세부항목
기계·기구 및 설비 안전 관리	20	1.기계공정의 안전	1.기계공정의 특수성 분석
			2. 기계의 위험 안전조건 분석
		2.기계분야 산업재해 조사 및 관리	1. 재해조사
			2. 산재분류 및 통계 분석
			3. 안전점검·검사·인증 및 진단
		3. 기계설비 위험요인 분석	1. 공작기계의 안전
			2. 프레스 및 전단기의 안전
			3. 기타 산업용 기계 기구
			4. 운반기계 및 양중기
		4. 기계안전시설 관리	1. 안전시설 관리 계획하기
			2. 안전시설 설치하기
			3. 안전시설 유지·관리하기
		5. 설비진단 및 검사	1. 비파괴검사의 종류 및 특징
			2. 소음·진동 방지 기술
전기설비 안전관리	20	1. 전기안전관리 업무수행	1.전기안전관리
		2. 감전재해 및 방지대책	1. 감전재해 예방 및 조치
			2. 감전재해의 요인
			3. 절연용 안전장구
		3. 정전기 장·재해 관리	1. 정전기 위험요소 파악
			2. 정전기 위험요소 제거
		4. 전기 방폭 관리	1. 전기방폭설비
			2. 전기방폭 사고예방 및 대응
		5. 전기설비 위험요인 관리	1.전기설비 위험요인 파악
			2. 전기설비 위험요인 점검 및 개선
화학설비 안전관리	20	1. 화재·폭발 검토	1. 화재·폭발 이론 및 발생 이해
			2. 소화 원리 이해
			3. 폭발방지대책 수립
		2. 화학물질 안전관리 실행	1. 화학물질(위험물, 유해화학물질) 확인
			2. 화학물질(위험물, 유해화학물질) 유해 위험성 확인
			3. 화학물질 취급설비 개념 확인
		3. 화공안전 비상조치 계획·대응	1. 비상조치계획 및 평가
		4. 화공 안전운전·점검	1. 공정안전 기술
			2. 안전 점검 계획 수립
			3. 공정안전보고서 작성심사·확인
건설공사 안전 관리	20	1.건설공사 특성분석	1. 건설공사 특수성 분석
			2. 안전관리 고려사항 확인
		2. 건설공사 위험성	1. 건설공사 유해·위험요인 파악
			2. 건설공사 위험성 추정 결정
		3. 건설업 산업안전보건관리비 관리	1. 건설업 산업안전보건관리비 규정
		4. 건설현장 안전시설 관리	1. 안전시설 설치 및 관리
			2. 건설공구 및 장비 안전수칙
		5. 비계·거푸집 가시설 위험방지	1. 건설 가시설물 설치 및 관리
		6. 공사 및 작업 종류별 안전	1. 양중 및 해체 공사
			2. 콘크리트 및 PC 공사
			3. 운반 및 하역작업

4주만에 합격하기!

산업안전기사 필기 최단기 정복 스터디플랜

	1일차	2일차	3일차
1주차	[기출문제 풀이] 16년 1,2과목 17년 1,2과목	18년 1,2과목 19년 1,2과목	20년 1,2과목 21년 1,2과목
	8일차	9일차	10일차
2주차	16년 5,6과목 17년 5,6과목	18년 5,6과목 19년 5,6과목	20년 5,6과목 21년 5,6과목
	15일차	16일차	17일차
3주차	19년 전과목 복습	20년 전과목 복습	21년 전과목 복습
	22일차	23일차	24일차
4주차	[최신 CBT 복원 풀이] 최신 CBT 복원 1회 풀이 후 오답정리	최신 CBT 복원 2회 풀이 후 오답정리	최신 CBT 복원 3회 풀이 후 오답정리

4일차	5일차	6일차	7일차
22년 1,2과목 16년 3,4과목	17년 3,4과목 18년 3,4과목	19년 3,4과목 20년 3,4과목	21년 3,4과목 22년 3,4과목

11일차	12일차	13일차	14일차
22년 5,6과목	[기출문제 복습] 16년 전과목 복습	17년 전과목 복습	18년 전과목 복습

18일차	19일차	20일차	21일차
22년 전과목 복습	[기출문제 복습 2차] 16년 전과목 복습 17년 전과목 복습	18년 전과목 복습 19년 전과목 복습	20년 전과목 복습 21년 전과목 복습 22년 전과목 복습

25일차	26일차	27일차	28일차
최신 CBT 복원 4회 풀이 후 오답정리	[최종 총정리] 16~18년 기출문제 총정리	19~21년 기출문제 총정리	22년 기출문제 및 최신 CBT 복원 1~4회 총정리

이 책의 특징

합격비법 시리즈는 다년간의 국가기술 자격증 수험서적의 제작 노하우를 모두 담은 교재로 모든 수험생 여러분의 합격을 위한 교재입니다. 비전공자, 직장인 등 쉽지 않은 공부 환경에 있는 수험생들도 쉽고 빠르게 공부할 수 있는 구성으로 지금까지 많은 합격자를 배출한 교재입니다.

"산업안전기사"는 산업안전보건법 등의 법령을 암기하여 문제를 푸는 과목입니다. 이 법령들은 계속해서 개정이 되기 때문에 최근에 개정된 법령으로 암기를 하고 시험을 치러야 합니다. 합격비법 시리즈는 매년 최신 개정 법령을 빠르고 정확하게 적용하여 수험생 여러분이 믿고 공부할 수 있도록 최선을 다하고 있습니다.

합격비법 시리즈는 단순히 교재만을 제공하는 것이 아닌 효율적인 학습을 위한 여러 가지 콘탠츠를 제공합니다.

유튜브 "랑쌤에듀" 채널에 해당 교재를 보고 들을 수 있는 무료강의가 업로드 되어있습니다. 이 강의들은 랑쌤에듀 공식 홈페이지에서 판매중인 강의와 동일한 퀄리티로 공부하는데에 큰 도움이 될 것입니다.

카카오톡 오픈채팅 검색창에 "랑쌤에듀"를 검색하면 과목별 오픈채팅방이 나옵니다. 자신에게 맞는 과목의 오픈채팅방에서 자유롭게 질문과 답변을 주고받을 수 있는 환경이 마련돼있습니다. 혼자 공부하는 것보다 다른 수험생들과 정보를 주고받으며 공부하는 것이 더 효율적인 공부 방법이 될 것입니다.

네이버 카페 "랑쌤에듀"에서 교재 등업을 하면 여러 가지 학습자료들을 무료로 이용하실 수 있습니다. 또한 하.세.열(하루 세 번 열문제) 퀴즈, 시험 전 총정리 실시간 강의 일정, 교재 정오표 및 법령 변경 사항 등의 정보도 카페에 수시로 공지를 하고 있습니다.

합격비법 시리즈는 앞으로도 수험생 여러분의 합격을 위해 최선을 다 할 것이며 더 좋은 수험서적을 만들 수 있도록 노력하겠습니다. 목표로 하신 자격증을 취득하는 그 날까지 모든 수험생 여러분들 파이팅 입니다!

01

맥그리거(McGregor)의 Y이론과 관계가 없는 것은?

① 직무확장
② 책임과 창조력
③ 인간관계 관리방식
④ 권의주의적 리더십

*맥그리거의 X, Y이론

X 이론	Y 이론
① 경제적 보상체제의 강화	① 직무 확장 구조
② 면밀한 감독과 엄격한 통제	② 책임과 창조력 강조
③ 권위주의적 리더십	③ 분권화와 권한의 위임
	④ 인간관계 관리방식
	⑤ 민주주의적 리더십

02

산업안전보건법령상 사업 내 안전·보건 교육 중 채용 시의 교육 내용에 해당되지 않는 것은? (단, 기타 산업안전 보건법 및 일반관리에 관한 사항은 제외한다.)

① 사고 발생 시 긴급조치에 관한 사항
② 산업보건 및 직업병 예방에 관한 사항
③ 기계·기구의 위험성과 작업의 순서 및 동선에 관한 사항
④ 작업공정의 유해·위험과 재해 예방대책에 관한 사항

*채용 시 교육 및 작업내용 변경 시 교육
① 산업안전 및 사고 예방에 관한 사항
② 산업보건 및 직업병 예방에 관한 사항
③ 위험성 평가에 관한 사항
④ 직무스트레스 예방 및 관리에 관한 사항
⑤ 직장 내 괴롭힘, 고객의 폭언 등으로 인한 건강 장해 예방 및 관리에 관한 사항
⑥ 산업안전보건법령 및 산업재해보상보험 제도에 관한 사항
⑦ 기계·기구의 위험성과 작업의 순서 및 동선에 관한 사항
⑧ 작업 개시 전 점검에 관한 사항
⑨ 정리정돈 및 청소에 관한 사항
⑩ 사고 발생 시 긴급조치에 관한 사항
⑪ 물질안전보건자료에 관한 사항

보기 ④는 관리감독자 정기교육에 관한 내용이다.

03

무재해운동 추진의 3요소에 관한 설명이 아닌 것은?

① 모든 재해는 잠재요인을 사전에 발견·파악·해결함으로써 근원적으로 산업재해를 없애야 한다.
② 안전보건은 최고경영자의 무재해 및 무질병에 대한 확고한 경영자세로 시작된다.
③ 안전보건을 추진하는 데에는 관리감독자들의 생산활동속에 안전보건을 실천하는 것이 중요하다.
④ 안전보건은 각자 자신의 문제이며, 동시에 동료의 문제로서 직장의 팀 멤버와 협동 노력하여 자주적으로 추진하는 것이 필요하다.

*무재해 운동 추진의 3요소(=3기둥)
① 경영자 : 엄격하고 확고한 안전방침 및 자세
② 관리감독자 : 안전활동의 라인화
③ 근로자 : 직장 자주활동의 활성화

04

헤드십(headship)의 특성에 관한 설명으로 틀린 것은?

① 상사와 부하의 사회적 간격은 넓다.
② 지휘형태는 권위주의적이다.
③ 상사와 부하의 관계는 지배적이다.
④ 상사의 권한 근거는 비공식적이다.

*헤드십과 리더십의 비교

헤드십(Headship)	리더십(Leadership)
① 지휘 형태가 권위적	① 지휘 형태가 민주적
② 부하와 관계는 지배적	② 부하와 관계는 개인적
③ 부하의 사회적 간격이 넓음	③ 부하의 사회적 간격이 좁음
④ 임명된 헤드	④ 추천된 헤드
⑤ 공식적 직권자	⑤ 추종자의 의사로 발탁

05

교육의 형태에 있어 존 듀이(Dewey)가 주장하는 대표적인 형식적 교육에 해당하는 것은?

① 가정안전교육   ② 사회안전교육
③ 학교안전교육   ④ 부모안전교육

*존 듀이(John Dewey) 교육
① 형식적 교육 : 학교안전교육
② 비형식적 교육 : 가정, 사회, 부모안전교육

06

집단의 기능에 관한 설명으로 틀린 것은?

① 집단의 규범은 변화하기 어려운 것으로 불변적이다.
② 집단 내에 머물도록 하는 내부의 힘을 응집력이라 한다.
③ 규범은 집단을 유지하고 집단의 목표를 달성하기 위해 만들어진 것이다.
④ 집단이 하나의 집으로서의 역할을 수행하기 위해서는 집단 목표가 있어야 한다.

① 집단의 규범은 상황에 따라서 변화가 가능하다.

07

스탭형 안전조직에 있어서 스탭의 주된 역할이 아닌 것은?

① 실시계획의 추진
② 안전관리 계획안의 작성
③ 정보수집과 주지, 활용
④ 기업의 제도적 기본방침 시달

*안전보건관리조직

종류	특징
라인형 조직 (직계식)	① 100명 이하의 소규모 사업장 ② 안전에 관한 지시나 조치가 신속 ③ 책임 및 권한이 명백 ④ 안전에 대한 전문적 지식 및 기술 부족 ⑤ 관리 감독자의 직무가 너무 넓어 실행이 어려움
스탭형 조직 (참모식)	① 100~500명의 중규모 사업장에 적합 ② 안전업무가 표준화되어 직장에 정착 ③ 생산 조직과는 별도의 조직과 기능을 가짐 ④ 안전정보 수집과 기술 축적이 용이 ⑤ 전문적인 안전기술 연구 가능 ⑥ 생산부분은 안전에 대한 책임과 권한이 없음 ⑦ 권한 다툼이나 조정 때문에 통제 수속이 복잡해짐 ⑧ 안전과 생산을 별개로 취급하기 쉬움
라인-스탭형 조직 (복합식)	① 1000명 이상의 대규모 사업장에 적합 ② 라인형과 스탭형의 장점을 취한 절충식 ③ 안전계획, 평가 및 조사는 스탭에서, 생산 기술의 안전대책은 라인에서 실시 ④ 조직원 전원을 자율적으로 안전활동에 참여시킬 수 있음 ⑤ 안전 활동과 생산업무가 분리될 가능성이 낮아때 균형을 유지 ⑥ 라인의 관리, 감독자에게도 안전에 관한 책임과 권한이 부여 ⑦ 명령 계통과 조언 권고적 참여가 혼동되기 쉬움 ⑧ 스탭의 월권행위의 경우가 있음

④ 기업의 제도적 기본방침 시달
: 관리감독자의 역할

08

재해통계를 포함하여 산업재해조사 보고서를 작성하는 과정 중 유의해야 할 사항으로 가장 적절하지 않은 것은?

① 설비상의 결함 요인을 개선, 시정하는데 활용한다.
② 관리상 책임 소재를 명시하여 담당자의 평가 자료로 활용한다.
③ 재해의 구성요소와 분포상태를 알고 대책을 수립할 수 있도록 한다.
④ 근로자 행동결함을 발견하여 안전교육 훈련 자료로 활용한다.

② 산업재해조사 보고서는 재해 재발방지용으로 활용하며 책임 소재 파악 또는 인책 대상으로 삼지 않는다.

09

인간관계 관리기법에 있어 구성원 상호간의 선호도를 기초로 집단 내부의 동태적 상호관계를 분석하는 방법으로 가장 적절한 것은?

① 소시오매트리(sociometry)
② 그리드 훈련(grid training)
③ 집단역학(group dynamic)
④ 감수성 훈련(sensitivity training)

*소시오매트리(Sociometry)
구성원 상호간의 선호도를 기초로 집단 내부의 동태적 상호관계를 분석하는 방법

10

산업안전보건법상 안전보건관리책임자의 업무에 해당되지 않는 것은?
(단, 기타 근로자의 유해·위험 예방조치에 관한 사항으로서 고용노동부령으로 정하는 사항은 제외한다.)

① 근로자의 안전·보건교육에 관한 사항
② 사업장 순회점검·지도 및 조치에 관한 사항
③ 안전보건관리규정의 작성 및 변경에 관한 사항
④ 산업재해의 원인 조사 및 재발 방지대책 수립에 관한 사항

*안전보건관리책임자의 업무
① 산업재해 예방계획의 수립에 관한 사항
② 안전보건관리규정의 작성 및 변경에 관한 사항
③ 근로자의 안전·보건교육에 관한 사항
④ 작업환경의 측정 등 작업환경의 점검 및 개선에 관한 사항
⑤ 근로자의 건강진단 등 건강관리에 관한 사항
⑥ 산업재해의 원인조사 및 재발방지대책수립에 관한 사항
⑦ 산업재해에 관한 통계의 기록 및 유지에 관한 사항
⑧ 안전·보건에 관련된 안전장치 및 보호구 구입 시의 적격품 여부 확인에 관한 사항
⑨ 근로자의 위험 또는 건강장해의 방지에 관한 사항

11

산업안전보건법상 안전인증대상 기계·기구 등의 안전 인증 표시에 해당하는 것은?

①
②
③
④

*안전인증대상 기계·기구의 안전인증표시

12

바람직한 안전교육을 진행시키기 위한 4단계 가운데 피교육자로 하여금 작업습관의 확립과 토론을 통한 공감을 가지도록 하는 단계는?

① 도입   ② 제시
③ 적용   ④ 확인

*안전교육훈련 4단계
1단계 : 도입단계 - 학습에 의욕이 생기도록 한다.
2단계 : 제시단계 - 작업을 설명한다.
3단계 : 적용단계 - 작업을 지시한다.
4단계 : 확인단계 - 작업을 제대로 하는지 확인한다.

13

제조물책임법에 명시된 결함의 종류에 해당되지 않는 것은?

① 제조상의 결함   ② 표시상의 결함
③ 사용상의 결함   ④ 설계상의 결함

*제조물책임법의 결함 종류
① 제조상의 결함
② 설계상의 결함
③ 표시상의 결함

14

시몬즈(Simonds) 방식의 재해손실비 산정에 있어 비보험 코스트에 해당되지 않는 것은?

① 소송관계 비용
② 신규작업자에 대한 교육훈련비
③ 부상자의 직장 복귀 후 생산 감소로 인한 임금비용
④ 산업재해보상보험법에 의해 보상된 금액

*보험 코스트
산재 보험료와 산재로 인한 보험금을 합산

15

주로 관리감독자를 교육대상자로 하며 직무에 관한 지식, 작업을 가르치는 능력, 작업방법을 개선하는 기능 등을 교육 내용으로 하는 기업 내 정형교육은?

① TWI(Training Within Industry)
② MTP(Management Training Program)
③ ATT(American Telephone Telegram)
④ ATP(Administration Training Program)

*TWI(Training Within Industry)
관리감독자를 대상으로 하여 직무에 관한 능력을 교육하는 방법

훈련 기법	교육훈련 내용
작업방법훈련 (Job Method Training)	작업 효율성 교육 방법
작업지도훈련 (Job Instruction Training)	작업 숙련도 교육 방법
인간관계훈련 (Job Relations Training)	인간관계 관리 교육 방법
작업안전훈련 (Job Safety Training)	안전한 작업에 대한 교육 방법

16

산업안전보건법령상 안전·보건표지의 종류 중 경고표지에 해당하지 않는 것은?

① 레이저광선 경고
② 급성독성물질 경고
③ 매달린 물체 경고
④ 차량통행 경고

*경고표지

인화성물질 경고	산화성물질 경고	폭발성물질 경고	급성독성 물질경고
부식성물질 경고	방사성물질 경고	고압전기 경고	매달린물체 경고
낙하물 경고	고온 경고	저온 경고	몸균형상실 경고
레이저광선 경고	위험장소 경고	발암성·변이원성·생식독성·전신독성·호흡기 과민성물질 경고	

17

500명의 근로자가 근무하는 사업장에서 연간 30건의 재해가 발생하여 35명의 재해자로 인해 250일의 근로손실이 발생한 경우 이 사업장의 재해 통계에 관한 설명으로 틀린 것은?

① 이 사업장의 도수율은 약 29.2 이다.
② 이 사업장의 강도율은 약 0.21 이다.
③ 이 사업장의 연천인율은 약 70 이다.
④ 근로시간이 명시되지 않을 경우에는 연간 1인당 2400 시간을 적용한다.

*재해율의 계산

$$도수율 = \frac{재해 건 수}{연 근로 총 시간수} \times 10^6$$
$$= \frac{30}{500 \times 8 \times 300} \times 10^6 = 25$$

$$강도율 = \frac{총 근로 손실 일 수}{연 근로 총 시간수} \times 10^3$$
$$= \frac{250}{500 \times 8 \times 300} \times 10^3 = 0.21$$

$$연천인율 = \frac{연간 재해자 수}{연간 근로자 수} \times 10^3$$
$$= \frac{35}{500} \times 10^3 = 70$$

근로 시간이 명시되지 않았을 경우, 1년간 근무 가능일인 300일간 하루 8시간씩 근무한 것으로 계산한다.
300일 × 8시간 = 2400시간

18

참가자가 다수인 경우에 전원을 토의에 참가시키기 위한 방법으로 소집단을 구성하여 회의를 진행 시키며 6-6 회의라고도 하는 것은?

① 포럼(Forum)
② 심포지엄(Symposium)
③ 버즈 세션(Buzz session)
④ 패널 디스커션(Panel discussion)

*버즈 세션(Buzz Session, 6-6회의)
참가자가 다수인 경우에 전원을 토의에 참가시키기 위한 방법으로 소집단을 구성하여 회의를 진행 시킨다.

19

방진마스크의 선정기준으로 적합하지 않은 것은?

① 배기저항이 낮을 것
② 흡기저항이 낮을 것
③ 사용적이 클 것
④ 시야가 넓을 것

*방진마스크 선정기준
① 분진포집효율이 높고 흡기·배기저항이 낮을 것
② 가볍고 시야가 넓을 것
③ 사용적이 작을 것
④ 안면 밀착성이 좋아 기밀이 잘 유지되는 것
⑤ 마스크 내부에 호흡에 의한 습기가 발생하지 않을 것
⑥ 안면 접촉부위가 땀을 흡수할 수 있는 재질을 사용할 것

20

무재해운동 추진기법에 있어 위험예지훈련 4라운드에서 제3단계 진행방법에 해당하는 것은?

① 본질추구　　　② 현상파악
③ 목표설정　　　④ 대책수립

*위험예지훈련 4단계(=4라운드)

단계	목적	내용
1단계	현상파악	잠재된 위험의 파악
2단계	본질추구	위험 포인트의 확정
3단계	대책수립	위험 포인트에 대한 대책 방안 마련
4단계	목표설정	행동 계획에 대한 결정

21

다음 중 인간 신뢰도(HumanReliability)의 평가 방법으로 가장 적합하지 않은 것은?

① HCR ② THERP
③ SLIM ④ FMECA

*신뢰도 평가방법의 종류
① HCR(Human Cogntive Reliability Correlation)
② THERP(Technique for Human Error Rate Prediction)
③ SLIM(Success Likelihood Index Method)

*시각적 부호의 유형

유형	내용
묘사적 부호	사물의 행동을 단순하고 정확하게 묘사한 부호 ① 위험표지판의 해골과 뼈 ② 보도표지판의 걷는 사람
임의적 부호	부호가 이미 고안되어 있어 이를 사용자가 배워야하는 부호 ① 경고 표지 : 삼각형 ② 안내 표지 : 사각형 ③ 지시 표지 : 원형
추상적 부호	전언의 기본 요소를 도시적으로 압축한 부호

22

안전·보건표지에서 경고표지는 삼각형, 안내표지는 사각형, 지시표지는 원형 등으로 부호가 고안되어 있다. 이처럼 부호가 이미 고안되어 이를 사용자가 배워야 하는 부호를 무엇이라 하는가?

① 묘사적 부호 ② 추상적 부호
③ 임의적 부호 ④ 사실적 부호

23

다음 중 산업안전보건법 시행규칙상 유해·위험방지 계획서의 제출 기관으로 옳은 것은?

① 대한산업안전협회
② 안전관리대행기관
③ 한국건설기술인협회
④ 한국산업안전보건공단

*유해·위험방지 계획서 제출기관
한국산업안전보건공단

24

인간-기계 시스템에서 시스템의 설계를 다음과 같이 구분할 때 제3단계인 기본설계에 해당 되지 않는 것은?

1단계 : 시스템의 목표와 성능 명세 결정
2단계 : 시스템의 정의
3단계 : 기본설계
4단계 : 인터페이스 설계
5단계 : 보조물 설계
6단계 : 시험 및 평가

① 화면 설계   ② 작업 설계
③ 직무 분석   ④ 기능 할당

*3단계 : 기본 설계
① 작업 설계
② 직무 분석
③ 기능 할당

25

다음 중 화학설비에 대한 안전성 평가에 있어 정량적 평가항목에 해당되지 않는 것은?

① 공정   ② 취급물질
③ 압력   ④ 화학설비용량

*화학설비에 대한 안전성 평가
① 정량적 평가
객관적인 데이터를 활용하는 평가
ex) 압력, 온도, 용량, 취급물질, 조작 등

② 정성적 평가
객관적인 데이터로 나타내기 힘든 요소까지 종합적으로 고려하는 평가
ex) 공장의 입지 조건, 공장 내 배치, 건조물, 입지 조건 등

26

자동차 엔진의 수명은 지수분포를 따르는 경우 신뢰도를 95%를 유지시키면서 8000시간을 사용하기 위한 적합한 고장률은 약 얼마인가?

① 3.4×10^{-6}/시간   ② 6.4×10^{-6}/시간
③ 8.2×10^{-6}/시간   ④ 9.5×10^{-6}시간

*지수분포를 따르는 신뢰도(R)

$$R = e^{-\lambda t} = e^{-\frac{t}{t_0}}$$

여기서, λ : 고장률
       t : 시간[hr]
       t_0 : 기존시간[hr]

$R = e^{-\lambda t}$ $\therefore \ln R = \ln e^{-\lambda t} = -\lambda t$

$$\therefore \lambda = -\frac{\ln R}{t} = -\frac{\ln 0.95}{8000} = 6.4 \times 10^{-6}/\text{시간}$$

27

다음 중 인간공학을 기업에 적용할 때의 기대효과로 볼 수 없는 것은?

① 노사 간의 신뢰 저하
② 제품과 작업의 질 향상
③ 작업자의 건강 및 안전 향상
④ 이직률 및 작업손실시간의 감소

① 노사 간의 신뢰가 증가한다.

28

매직넘버라고도 하며, 인간이 절대 식별 시 작업 기억 중에 유지할 수 있는 항목의 최대수를 나타낸 것은?

① 3±1
② 7±2
③ 10±1
④ 20±2

*매직넘버(7±2)
인간이 절대 식별 시 작업 기억 중에 유지할 수 있는 항목의 최대수

29

다음 중 청각적 표시장치보다 시각적 표시장치를 이용하는 경우가 더 유리한 경우는?

① 메시지가 간단한 경우
② 메시지가 추후에 재참조되지 않는 경우
③ 직무상 수신자가 자주 움직이는 경우
④ 메시지가 즉각적인 행동을 요구하지 않는 경우

*시각적 표시장치를 사용하는 경우
① 메시지가 간단한 경우
② 메시지가 추후에 재참조되지 않는 경우
③ 수신 장소의 소음이 과도할 때
④ 직무상 수신자가 자주 움직이지 않는 경우
⑤ 수신자가 즉각적인 행동을 하지 않는 경우
⑥ 수신자의 청각 계통이 과부하 상태인 경우

30

다음 중 FTA(Fault Tree Analysis)에 관한 설명으로 가장 적절한 것은?

① 복잡하고, 대형화된 시스템의 신뢰성 분석에는 적절하지 않다.
② 시스템 각 구성요소의 기능을 정상인가 또는 고장인가로 점진적으로 구분 짓는다.
③ "그것이 발생하기 위해서는 무엇이 필요한가"라는 것은 연역적이다.
④ 사건들을 일련의 이분(binary) 의사 결정 분기들로 모형화한다.

*결함수분석법(FTA)의 특징
① 복잡하고 대형화된 시스템의 신뢰성 분석에 사용된다.
② 연역적, 정량적 해석을 한다.
③ 하향식(Top-Down) 방법이다.
④ 짧은 시간에 점검할 수 있다.
⑤ 비전문가라도 쉽게 할 수 있다.
⑥ 논리 기호를 사용한다.

31

다음 중 욕조곡선에서의 고장 형태에서 일정한 형태의 고장율이 나타나는 구간은?

① 초기 고장구간
② 마모 고장구간
③ 피로 고장구간
④ 우발 고장구간

*기계설비의 수명곡선(=욕조곡선)

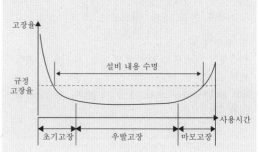

32

한 대의 기계를 10시간 가동하는 동안 4회의 고장이 발생하였고, 이때의 고장수리시간이 다음 표와 같을 때 MTTR(Mean Time to repair)은 얼마인가?

가동시간 ($hour$)	수리시간 ($hour$)
$T1 = 2.7$	$Ta = 0.1$
$T2 = 1.8$	$Tb = 0.2$
$T3 = 1.5$	$Tc = 0.3$
$T4 = 2.3$	$Td = 0.3$

① 0.225시간/회   ② 0.325시간/회
③ 0.425시간/회   ④ 0.525시간/회

*MTTR(Mean Time To Repair)

$$MTTR = \frac{총\ 수리시간}{총\ 고장횟수}$$
$$= \frac{0.1 + 0.2 + 0.3 + 0.3}{4} = 0.225시간/회$$

33

다음 중 진동의 영향을 가장 많이 받는 인간의 성능은?

① 추적(tracking) 능력
② 감시(monitoring) 작업
③ 반응시간(reaction time)
④ 형태식별(pattern recognition)

추적(Tracking) 능력은 진동의 영향을 가장 많이 받는다.

34

다음 중 소음에 대한 대책으로 가장 적합하지 않은 것은?

① 소음원의 통제   ② 소음의 격리
③ 소음의 분배   ④ 적절한 배치

*소음에 대한 대책
① 소음원의 통제 : 가장 효과적인 방법이다.
② 소음의 격리
③ 적절한 배치
④ 흡음재 및 차폐장치 사용
⑤ 보호구 착용

35

어떤 결함수를 분석하여 minimal cut set을 구한 결과가 다음과 같았다. 각 기본사상의 발생확률을 q_i, $i=1,2,3$ 라 할 때 정상사상의 발생확률함수로 옳은 것은?

$$k_1 = [1,2], \ k_2 = [1,3], \ k_3 = [2,3]$$

① $q_1 q_2 + q_1 q_2 - q_2 q_3$
② $q_1 q_2 + q_1 q_3 - q_2 q_3$
③ $q_1 q_2 + q_1 q_3 + q_2 q_3 - q_1 q_2 q_3$
④ $q_1 q_2 + q_1 q_3 + q_2 q_3 - 2 q_1 q_2 q_3$

*정상사상의 발생확률함수

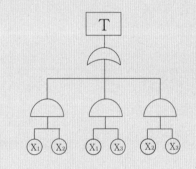

$$T = 1 - (1 - q_1 q_2)(1 - q_1 q_3)(1 - q_2 q_3)$$
$$= 1 - (1 - q_1 q_2 - q_1 q_3 + q_1 q_2 q_1 q_3)(1 - q_2 q_3)$$
$$= 1 - (1 - q_1 q_2 - q_1 q_3 + q_1 q_2 q_3)(1 - q_2 q_3)$$
$$= 1 - (1 - q_1 q_2 - q_1 q_3 + q_1 q_2 q_3 - q_2 q_3 + q_1 q_2 q_2 q_3$$
$$\qquad + q_1 q_3 q_2 q_3 - q_1 q_2 q_3 q_2 q_3)$$
$$= 1 - (1 - q_1 q_2 - q_1 q_3 + q_1 q_2 q_3 - q_2 q_3 + q_1 q_2 q_3$$
$$\qquad + q_1 q_2 q_3 - q_1 q_2 q_3)$$
$$\therefore T = q_1 q_2 + q_1 q_3 + q_2 q_3 - 2 q_1 q_2 q_3$$

여기서, $(q_1 \cdot q_1 = q_1, \ q_2 \cdot q_2 = q_2, \ q_3 \cdot q_3 = q_3)$

36

다음 중 Fitt's의 법칙에 관한 설명으로 옳은 것은?

① 표적이 크고 이동거리가 길수록 이동시간이 증가한다.
② 표적이 작고 이동거리가 길수록 이동시간이 증가한다.
③ 표적이 크고 이동거리가 짧을수록 이동시간이 증가한다.
④ 표적이 작고 이동거리가 짧을수록 이동시간이 증가한다.

*피츠의 법칙(Fitt's law)
목표물의 크기가 작고 움직이는 거리가 증가할수록 운동 시간(MT)이 증가한다는 법칙으로 빠르게 수행되는 운동일수록 정확도가 떨어진다는 원리를 바탕으로 한다.

$$MT = a + b \log_2 \left(\frac{D}{W} + 1 \right)$$

여기서,
MT : 운동시간 [sec]
a, b : 실험상수
D : 타겟중심까지의 거리 [mm]
W : 목표물의 크기 [mm]

37

FMEA에서 고장의 발생확률 β가 다음 값의 범위일 경우 고장의 영향으로 옳은 것은?

$$[\ 0.10 \leq \beta < 1.00\ ]$$

① 손실의 영향이 없음
② 실제 손실이 예상됨
③ 실제 손실이 발생됨
④ 손실 발생의 가능성이 있음

*FMEA 고장의 발생확률과 고장의 영향

발생확률(β)	영향
$\beta = 1.00$	실제 손실이 발생됨
$0.10 \leq \beta \leq 1.00$	실제 손실이 예상됨
$0 \leq \beta \leq 0.10$	손실 가능성이 있음
$\beta = 0$	손실의 영향이 없음

38

인간의 생리적 부담 척도 중 국소적 근육 활동의 척도로 가장 적합한 것은?

① 혈압
② 맥박수
③ 근전도
④ 점멸융합 주파수

*근전도
① 간헐적인 페달을 조작할 때 다리에 걸리는 부하를 평가하는 측정 변수
② 관절운동을 위해 근육 수축 시 전기적 신호를 검출하는 측정 변수
③ 국소적 근육 활동의 척도
④ 근육의 피로도와 활성도를 분석할 수 있다.

39

재해 예방 측면에서 시스템의 FT에서 상부측 정상사상의 가장 가까운 쪽에 OR 게이트를 인터록이나 안전장치 등을 활용하여 AND 게이트로 바꿔주면 이 시스템의 재해율에는 어떠한 현상이 나타나겠는가?

① 재해율에는 변화가 없다.
② 재해율의 급격한 증가가 발생한다.
③ 재해율의 급격한 감소가 발생한다.
④ 재해율의 점진적인 증가가 발생한다.

*인터록 or 기타 안전장치를 OR → AND 게이트로 변경
재해율의 급격한 감소
(모두가 정상일 경우 시스템 정상 가동)

40

다음 중 중(重)작업의 경우 작업대의 높이로 가장 적절한 것은?

① 허리 높이보다 $0{\sim}10\,cm$ 정도 낮게
② 팔꿈치 높이보다 $10{\sim}20\,cm$ 정도 높게
③ 팔꿈치 높이보다 $15{\sim}20\,cm$ 정도 낮게
④ 어깨 높이보다 $30{\sim}40\,cm$ 정도 높게

*작업대 높이의 기준

작업의 종류	기준
정밀한 작업	팔꿈치 높이보다 5~15cm 높게
경작업	팔꿈치 높이보다 5~10cm 낮게
중작업	팔꿈치 높이보다 10~20cm 낮게

41

밀링작업의 안전수칙이 아닌 것은?

① 주축속도를 변속시킬 때는 반드시 주축이 정지한 후에 변환한다.
② 절삭 공구를 설치할 때에는 전원을 반드시 끄고 한다.
③ 정면밀링커터 작업 시 날끝과 동일높이에서 확인하며 작업한다.
④ 작은 칩의 제거는 브러쉬나 청소용 솔을 사용하며 제거한다.

③ 밀링작업 시 칩이 튈 수 있으므로 측면에서 작업하여야 한다.

42

셰이퍼(shaper) 작업에서 위험요인과 가장 거리가 먼 것은?

① 가공칩(chip) 비산
② 바이트(bite)의 이탈
③ 램(ram) 말단부 충돌
④ 척－핸들(chuck－handle) 이탈

*척－핸들(chuck－handle) 이탈 작업
① 선반 작업
② 밀링 작업
③ 드릴 작업

43

안전계수가 6인 체인의 정격하중이 $100kg$일 경우 이 체인의 극한강도는 몇 kg 인가?

① 0.06 ② 16.67
③ 26.67 ④ 600

*안전율(=안전계수, S)

$$S = \frac{극한강도}{정격하중}$$

$\therefore$ 극한강도 $= S \times$ 정격하중 $= 6 \times 100 = 600kg$

44

크레인의 사용 중 하중이 정격을 초과하였을 때 자동적으로 상승이 정지되는 장치는?

① 해지장치 ② 비상정지장치
③ 권과방지장치 ④ 과부하방지장치

*과부하방지장치
크레인 사용 중 정격하중을 초과하였을 때 자동적으로 상승이 정지되는 방호장치

45

현장에서 사용 중인 크레인의 거더 밑면에 균열이 발생되어 이를 확인하려고 하는 경우 비파괴검사 방법 중 가장 편리한 검사 방법은?

① 초음파탐상검사　② 방사선투과검사
③ 자분탐상검사　④ 액체침투탐상검사

*액체침투탐상검사(PT)
현장에서 사용 중인 크레인의 거더 밑면에 균열이 발생되는 것과 같은 이미 발견한 균열의 크기나 영향력을 검토하기 위해 사용하는 비파괴검사

46

광전자식 방호장치를 설치한 프레스에서 광선을 차단한 후 0.2초 후에 슬라이드가 정지하였다. 이 때 방호장치의 안전거리는 최소 몇 mm 이상이어야 하는가?

① 140　　　　② 200
③ 260　　　　④ 320

*방호장치의 안전거리(D)
$D = 1.6T = 1.6 \times 0.2 = 0.32m = 320mm$

47

기계설비의 안전조건 중 외형의 안전화에 해당하는 것은?

① 기계의 안전기능을 기계설비에 내장하였다.
② 페일 세이프 및 풀 푸르프의 기능을 가지는 장치를 적용하였다.
③ 강도의 열화를 고려하여 안전율을 최대로 고려하여 설계하였다.
④ 작업자가 접촉할 우려가 있는 기계의 회전부에 덮개를 씌우고 안전색채를 사용하였다.

①, ② : 기능의 안전화
③ : 구조의 안전화
④ : 외형의 안전화

48

인터록(Interlock) 장치에 해당하지 않는 것은?

① 연삭기의 워크레스트
② 사출기의 도어잠금장치
③ 자동화라인의 출입시스템
④ 리프트의 출입문 안전장치

*인터록(Interlock)
2개의 매커니즘 또는 기능의 상태가 서로 의존하도록 만들어주는 기능

워크레스트(workrest) : 공작물을 연삭할 때 흔들리지 않도록 조절하여 지지점이 되도록 받쳐주는 것

49

연삭숫돌 교환 시 연삭숫돌을 끼우기 전에 숫돌의 파손이나 균열의 생성 여부를 확인해 보기 위한 검사방법이 아닌 것은?

① 음향검사　　　　② 회전검사
③ 균형검사　　　　④ 진동검사

*연삭숫돌 결합 전 검사방법
① 음향검사
② 균형검사
③ 진동검사

50

아세틸렌 용기의 사용 시 주의사항으로 아닌 것은?

① 충격을 가하지 않는다.
② 화기나 열기를 멀리한다.
③ 아세틸렌 용기를 뉘어 놓고 사용한다.
④ 운반시에는 반드시 캡을 씌우도록 한다.

③ 아세틸렌 용기를 세워 놓고 사용한다.

51

보일러 발생증기가 불안정하게 되는 현상이 아닌 것은?

① 캐리 오버(carry over)
② 프라이밍(priming)
③ 절탄기(economizer)
④ 포밍(forming)

*절탄기(Economizer)
보일러에서 나온 연소 배기가스의 남은 열로 보일러로 공급되고 있는 급수를 미리 예열하는 장치

52

산업안전보건법령상 보일러의 폭발위험 방지를 위한 방호장치가 아닌 것은?

① 급정지장치
② 압력제한스위치
③ 압력방출장치
④ 고저수위 조절장치

*보일러 폭발 방호장치
① 화염 검출기
② 압력방출장치
③ 압력제한스위치
④ 고저수위 조절장치

53

지게차의 헤드가드에 관한 기준으로 틀린 것은?

① 4톤 이하의 지게차에서 헤드가드의 강도는 지게차 최대하중의 2배 값의 등분포정하중에 견딜 수 있을 것
② 상부틀의 각 개구의 폭 또는 길이가 $25cm$ 미만일 것
③ 운전자가 앉아서 조작하는 방식의 지게차의 경우에는 운전자의 좌석 윗면에서 헤드가드의 상부틀 아랫면 까지의 높이가 $0.903m$ 이상일 것
④ 운전자가 서서 조작하는 방식의 지게차의 경우에는 운전석의 바닥면에서 헤드가드의 상부틀 하면까지의 높이가 $1.905m$ 이상일 것

*지게차의 헤드가드에 관한 기준
① 강도는 지게차의 최대하중의 2배 값(4톤을 넘는 값에 대해서는 4톤으로 한다.)의 등분포정하중에 견딜 수 있을 것
② 상부틀의 각 개구의 폭 또는 길이가 $16cm$ 미만일 것
③ 운전자가 앉아서 조작하는 방식의 지게차의 경우에는 운전자의 좌석 윗면에서 헤드가드의 상부틀 아랫면까지의 높이가 $0.903m$ 이상일 것
④ 운전자가 서서 조작하는 방식의 지게차의 경우에는 운전석의 바닥면에서 헤드가드의 상부틀 하면까지의 높이가 $1.905m$ 이상일 것

54

산업안전보건법령상 크레인에 전용탑승설비를 설치하고 근로자를 달아 올린상태에서 작업에 종사시킬 경우 근로자의 추락 위험을 방지하기 위하여 실시해야 할 조치 사항으로 적합하지 않은 것은?

① 승차석 외의 탑승 제한
② 안전대나 구명줄의 설치
③ 탑승설비의 하강 시 동력하강방법을 사용
④ 탑승설비가 뒤집히거나 떨어지지 않도록 필요한 조치

*크레인 추락방지대책
① 안전대나 구명줄 설치
② 안전난간 설치
③ 탑승설비 하강시 동력하강방법 사용
④ 탑승설비가 뒤집히거나 떨어지지 않도록 조치

55

원심기의 안전에 관한 설명으로 적절하지 않은 것은?

① 원심기에는 덮개를 설치하여야 한다.
② 원심기의 최고사용회전수를 초과하여 사용하여서는 아니 된다.
③ 원심기에 과압으로 인한 폭발을 방지하기 위하여 압력 방출장치를 설치하여야 한다.
④ 원심기로부터 내용물을 꺼내거나 원심기의 정비, 청소, 검사, 수리작업을 하는 때에는 운전을 정지시켜야 한다.

압력방출장치 : 보일러 방호장치
울 또는 덮개 : 원심기 방호장치

56

기계의 고정부분과 회전하는 동작부분이 함께 만드는 위험점의 예로 옳은 것은?

① 굽힘기계
② 기어와 랙
③ 교반기의 날개와 하우스
④ 회전하는 보링머신의 천공공구

기계설비의 위험점

위험점	그림	설명
협착점		왕복운동을 하는 동작부와 움직임이 없는 고정부 사이에 형성되는 위험점 ex) 프레스전단기, 성형기, 조형기 등
끼임점		회전운동을 하는 동작부와 움직임이 없는 고정부 사이에 형성되는 위험점 ex) 연삭숫돌과 하우스, 교반기 날개와 하우스, 회전운동을 하는 기계 등
절단점		회전하는 운동 부분 자체의 위험에서 초래되는 위험점 ex) 밀링커터, 둥근톱날 등
물림점		2개의 회전체가 맞닿는 사이에 발생하는 위험점 ex) 기어, 롤러 등
접선 물림점		회전하는 부분의 접선방향으로 물려 들어가는 위험점 ex) V벨트풀리, 평벨트, 체인과 스프로킷 등
회전 말림점		회전하는 물체에 작업복 등이 말려드는 위험점 ex) 회전축, 커플링, 드릴 등

57

프레스의 방호장치에서 게이트가드(Gate Guard)식 방호장치의 종류를 작동방식에 따라 분류할 때 해당되지 않는 것은?

① 경사식   ② 하강식
③ 도립식   ④ 횡슬라이드식

*게이트가드식 방호장치의 종류
① 하강식
② 도립식
③ 횡슬라이드식
④ 상승식

58

$600rpm$으로 회전하는 연삭숫돌의 지름이 $20cm$일 때 원주속도는 약 몇 $m/\min$인가?

① 37.7   ② 251
③ 377   ④ 1200

*연삭숫돌의 원주속도
$V = \pi DN = \pi \times 0.2 \times 600 = 377 m/min$
여기서,
D : 연삭숫돌의 바깥지름 $[m]$
N : 회전수 $[rpm]$

59

수공구 취급시의 안전수칙으로 적절하지 않은 것은?

① 해머는 처음부터 힘을 주어 치지 않는다.
② 렌치는 올바르게 끼우고 몸 쪽으로 당기지 않는다.
③ 줄의 눈이 막힌 것은 반드시 와이어브러시로 제거한다.
④ 정으로는 담금질된 재료를 가공하여서는 안된다.

② 렌치는 올바르게 끼우고 몸 쪽으로 당긴다.

60

금형의 안전화에 관한 설명으로 틀린 것은?

① 금형을 설치하는 프레스의 T홈 안길이는 설치 볼트 직경의 2배 이상으로 한다.
② 맞춤 핀을 사용할 때에는 헐거움 끼워맞춤으로 하고, 이를 하형에 사용할 때에는 사용할 때에는 낙하방지의 대책을 세워둔다.
③ 금형의 사이에 신체 일부가 들어가지 않도록 이동 스트리퍼와 다이의 간격은 8 mm 이하로 한다.
④ 대형 금형에서 생크가 헐거워짐이 예상될 경우 생크만으로 상형을 슬라이드에 설치하는 것을 피하고 볼트 등을 사용하여 조인다.

② 맞춤 핀을 사용할 때에는 억지 끼워맞춤으로 하고, 이를 상형에 사용할 때에는 낙하방지의 대책을 세워둔다.

61

흡수성이 강한 물질은 가습에 의한 부도체의 정전기 대전방지 효과의 성능이 좋다. 이러한 작용을 하는 기를 갖는 물질이 아닌 것은?

① OH

② C_6H_6

③ NH_2

④ $COOH$

벤젠(C_6H_6)은 제4류 위험물(인화성 물질)이다.

62

통전 경로별 위험도를 나타낼 경우 위험도가 큰 순서대로 나열한 것은?

ⓐ 왼손-오른손	ⓑ 왼손-등
ⓒ 양손-양발	ⓓ 오른손-가슴

① ⓐ-ⓒ-ⓑ-ⓓ

② ⓐ-ⓓ-ⓒ-ⓑ

③ ⓓ-ⓒ-ⓑ-ⓐ

④ ⓓ-ⓐ-ⓒ-ⓑ

*통전경로별 위험도

경로	위험도
오른손 – 등	0.3
왼손 – 오른손	0.4
왼손 – 등
한손 또는 양손 – 앉아있는 자리	0.7
오른손 – 한발 또는 양발	0.8
양손 – 양발
왼손 – 한발 또는 양발	1.0
오른손 – 가슴	1.3
왼손 – 가슴	1.5

63

다음은 어떤 방폭구조에 대한 설명인가?

전기기구의 권선, 에어-캡, 접점부, 단자부 등과 같이 정상적인 운전 중에 불꽃, 아크, 또는 과열이 생겨서는 안될 부분에 대하여 이를 방지하거나 또는 온도상승을 제한하기 위하여 전기 안전도를 증가시켜 제작한 구조이다.

① 안전증방폭구조

② 내압방폭구조

③ 몰드방폭구조

④ 본질안전방폭구조

*방폭구조의 종류

종류	내용
내압
방폭구조
(d)	용기 내 폭발시 용기가 그 압력을 견디고 개구부 등을 통해 외부에 인화될 우려가 없는 구조
압력
방폭구조
(p)	용기 내에 보호가스를 압입시켜 대기압 이상으로 유지하여 폭발성 가스가 유입되지 않도록 하는 구조
안전증
방폭구조
(e)	운전 중에 생기는 아크, 스파크, 발열 등의 발화원을 제거하여 안전도를 증가시킨 구조
유입
방폭구조
(o)	전기불꽃, 아크, 고온 발생 부분을 기름으로 채워 폭발성 가스 또는 증기에 인화되지 않도록 한 구조
본질안전
방폭구조
(ia, ib)	운전 중 단선, 단락, 지락에 의한 사고 시 폭발 점화원의 발생이 방지된 구조
비점화
방폭구조
(n)	운전중에 점화원을 차단하여 폭발이 일어나지 않고, 이상 상태에서 짧은시간 동안 방폭기능을 할 수 있는 구조
몰드
방폭구조
(m)	전기불꽃, 고온 발생 부분은 컴파운드로 밀폐한 구조

64

전기 작업에서 안전을 위한 일반 사항이 아닌 것은?

① 전로의 충전여부 시험은 검전기를 사용한다.
② 단로기의 개폐는 차단기의 차단 여부를 확인한 후에 한다.
③ 전선을 연결할 때 전원 쪽을 먼저 연결하고 다른 전선을 연결한다.
④ 첨가전화선에는 사전에 접지 후 작업을 하며 끝난 후 반드시 제거해야 한다.

③ 전선을 연결할 때 부하쪽을 먼저 연결하고 전원을 가장 나중에 연결한다.

65

근로자가 노출된 충전부 또는 그 부근에서 작업함으로써 감전될 우려가 있는 경우에는 작업에 들어가기 전에 해당 전로를 차단하여야 하나 전로를 차단하지 않아도 되는 예외 기준이 있다. 그 예외 기준이 아닌 것은?

① 생명유지장치, 비상경보설비, 폭발위험장소의 환기설비, 비상조명설비 등의 장치·설비의 가동이 중지되어 사고의 위험이 증가되는 경우
② 관리감독자를 배치하여 짧은 시간 내에 작업을 완료할 수 있는 경우
③ 기기의 설계상 또는 작동상 제한으로 전로 차단이 불가능한 경우
④ 감전, 아크 등으로 인한 화상, 화재·폭발의 위험이 없는 것으로 확인된 경우

*전로차단 예외기준
① 생명유지장치, 비상경보설비, 폭발위험장소의 환기설비, 비상조명설비 등의 장치·설비의 가동이 중지되어 사고의 위험이 증가되는 경우
② 기기의 설계상 또는 작동상 제한으로 전로 차단이 불가능한 경우
③ 감전, 아크 등으로 인한 화상, 화재·폭발의 위험이 없는 것으로 확인된 경우

66

가연성 증기나 먼지 등이 체류할 우려가 있는 장소의 전기회로에 설치하여야 하는 누전경보기의 수신기가 갖추어야 할 성능으로 옳은 것은?

① 음향장치를 가진 수신기
② 차단기구를 가진 수신기
③ 가스감지기를 가진 수신기
④ 분진농도 측정기를 가진 수신기

*누전경보기(E.L.D)
누전을 동시에 감지하여 경보 또는 사고 전로를 차단시키는 기기

67

활선작업을 시행할 때 감전의 위험을 방지하고 안전한 작업을 하기 위한 활선장구 중 충전중인 전선의 변경작업이나 활선작업으로 애자 등을 교환할 때 사용하는 것은?

① 점프선   ② 활선커터
③ 활선시메라   ④ 디스콘스위치 조작봉

*활선시메라의 사용목적
① 충전중인 전선의 장선작업
② 충전중인 전선의 변경작업
③ 활선작업으로 애자 등 교환

68

다음 작업조건에 적합한 보호구로 옳은 것은?

> 물체의 낙하 충격, 물체에의 끼임, 감전 또는
> 정전기의 대전에 의한 위험이 있는 직업

① 안전모 ② 안전화
③ 방열복 ④ 보안면

*안전화의 기능
① 물체의 낙하·충격에 의한 위험방지 및 찔림 방지
② 방수와 화학물질 침투 방지
③ 대전에 의한 위험 방지

69

다음 (   ) 안의 알맞은 내용을 나타낸 것은?

> 폭발성 가스의 폭발등급 측정에 사용되는 표준
> 용기는 내용적이 (㉮)cm^3, 반구상의 플렌지
> 접합면의 안길이 (㉯)mm의 구상용기의 틈
> 새를 통과시켜 화염일주 한계를 측정하는 장
> 치이다.

① ㉮ 6000 ㉯ 0.4 ② ㉮ 1800 ㉯ 0.6
③ ㉮ 4500 ㉯ 8 ④ ㉮ 8000 ㉯ 25

*폭발등급 측정에 사용되는 표준용기
폭발성 가스의 폭발등급 측정에 사용되는 표준용기는
내용적이 8000cm^3, 반구상의 플렌지 접합면의 안길이
25mm의 구상용기의 틈새를 통과시켜 화염일주 한
계를 측정하는 장치이다.

70

전기에 의한 감전사고를 방지하기 위한 대책이
아닌 것은?

① 전기기기에 대한 정격 표시
② 전기설비에 대한 보호 접지
③ 전기설비에 대한 누전 차단기 설치
④ 충전부가 노출된 부분은 절연방호구 사용

① 감전사고 예방과 정격표시는 관계가 없다.

71

전기화상 사고 시의 응급조치 사항으로 틀린 것은?

① 상처에 달라붙지 않은 의복은 모두 벗긴다.
② 상처 부위에 파우더, 향유 기름 등을 바른다.
③ 감전자를 담요 등으로 감싸되 상처부위가
닿지 않도록 한다.
④ 화상부위를 세균 감염으로부터 보호하기
위하여 화상용 붕대를 감는다.

② 상처 부위에 파우더, 향유 기름 등을 바르면
감염될 우려가 있다.

72

$220\,V$ 전압에 접촉된 사람의 인체저항이 약 $1000\,\Omega$일 때 인체 전류와 그 결과 값의 위험성 여부로 알맞은 것은?

① $22mA$, 안전   ② $220mA$, 안전

③ $22mA$, 위험   ④ $220mA$, 위험

*정격감도전류

장소	정격감도전류
일반장소	$30mA$
물기가 많은 장소	$15mA$
단, 동작시간은 0.03초 이내로 한다.	

인체에 흐르는 전류는

$$V = IR \quad \therefore I = \frac{V}{R} = \frac{220}{1000} = 0.22A = 220mA$$

따라서, 정격감도전류 $30mA$를 초과하므로 위험하다.

73

금속제 외함을 가지는 사용전압이 ~~$50\,V$~~를 초과하는 저압의 기계 기구로서 사람이 쉽게 접촉할 수 있는 곳에 시설하는 것에 전기를 공급하는 전로에는 지락차단장치를 설치하여야하나 적용하지 않아도 되는 예외 기준이 있다. 그 예외 기준으로 틀린 것은?

~~① 기계 기구를 건조한 장소에 시설하는 경우~~

~~② 기계 기구가 고무, 합성수지, 기타 절연물로 피복된 경우~~

~~③ 기계 기구에 설치한 제3종 접지공사의 접지 저항값이 $10\,\Omega$ 이하인 경우~~

~~④ 전원측에 절연 변압기(2차 전압 $300\,V$ 이하)를 시설하고 부하 측을 비접지로 시설하는 경우~~

출제 기준에서 제외된 내용입니다.

74

교류 아크용접기의 사용에서 무부하 전압이 $80\,V$, 아크 전압 $25\,V$, 아크 전류 $300A$일 경우 효율은 약 몇 % 인가?

(단, 내부손실은 $4kW$ 이다.)

① 65.2   ② 70.5

③ 75.3   ④ 80.6

*전기 효율(η)

출력$(W) = VI = 25 \times 300 = 7500\,W = 7.5kW$

$$\eta = \frac{출력}{입력} \times 100 = \frac{출력}{출력 + 손실} \times 100$$
$$= \frac{7.5}{7.5 + 4} \times 100 = 65.22\%$$

75

대전이 큰 엷은 층상의 부도체를 박리할 때 또는 엷은 층상의 대전된 부도체의 뒷면에 밀접한 접지체가 있을 때 표면에 연한 수지상의 발광을 수반하여 발생하는 방전은?

① 불꽃 방전   ② 스트리머 방전

③ 코로나 방전   ④ 연면 방전

*연면 방전
절연물의 표면을 따라 강한 발광을 수반하여 발생하는 방전 현상

76

정전기가 발생되어도 즉시 이를 방전하고 전하의 축적을 방지하면 위험성이 제거된다. 정전기에 관한 내용으로 틀린 것은?

① 대전하기 쉬운 금속부분에 접지한다.
② 작업장 내 습도를 높여 방전을 촉진한다.
③ 공기를 이온화하여 (+)는 (−)로 중화시킨다.
④ 절연도가 높은 플라스틱류는 전하의 방전을 촉진시킨다.

④ 플라스틱류는 전하방전을 방해하여 정전기가 축적된다.

77

폭연성 분진 또는 화약류의 분말이 전기설비가 발화원이 되어 폭발할 우려가 있는 곳에 시설하는 저압 옥내 전기 설비의 공사 방법으로 옳은 것은?

① 금속관 공사
② 합성수지관 공사
③ 가요전선관 공사
④ 캡타이어 케이블 공사

*금속관 공사
폭연성 분진 또는 화약류의 분말이 전기설비가 발화원이 되어 폭발할 우려가 있는 곳에 시설하는 전기설비의 공사방법

78

정전기 발생에 영향을 주는 요인이 아닌 것은?

① 물체의 분리속도
② 물체의 특성
③ 물체의 표면상태
④ 외부공기의 풍속

*정전기 발생에 영향을 주는 요인
① 물질의 표면상태
② 물질의 접촉면적
③ 물질의 압력
④ 물질의 특성
⑤ 물질의 분리속도

79

그림과 같은 전기기기 A 점에서 완전 지락이 발생하였다. 이 전기기기의 외함에 인체가 접촉되었을 경우 인체를 통해서 흐르는 전류는 약 몇 mA인가? (단 인체의 저항은 $3000\,\Omega$ 이다.)

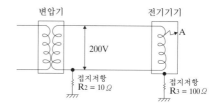

① 60.42   ② 30.21
③ 15.11   ④ 7.55

*인체에 흐르는 전류(I_m)

$$I_m = \frac{E}{R_2 + \left(\frac{R_m R_3}{R_m + R_3}\right)} \times \frac{R_3}{R_m + R_3}$$

여기서, V : 전원의 대지전압 $[V]$
R_m : 인체저항 $[\Omega]$
R_2, R_3 : 접지저항 $[\Omega]$

$$I_m = \frac{200}{10 + \frac{3000 \times 100}{3000 + 100}} \times \frac{100}{3000 + 100}$$

$$= 0.06042A = 60.42mA$$

80

**3상 3선식 전선로의 보수를 위하여 정전작업을
할 때 취하여야 할 기본적인 조치는?**

① 1선을 접지한다.
② 2선을 단락 접지한다.
③ 3선을 단락 접지한다.
④ 접지를 하지 않는다.

3상 3선식 전선로를 보수할 때 3선 모두 단락접지
시킨다.

81

$20℃$, 1기압의 공기를 5기압으로 단열압축하면 공기의 온도는 약 몇 ℃가 되겠는가? (단, 공기의 비열비는 1.4이다.)

① 32

② 191

③ 305

④ 464

---

*단열 지수 관계식

$\dfrac{T_2}{T_1} = \left(\dfrac{P_2}{P_1}\right)^{\frac{k-1}{k}}$ 에서,

$\therefore T_2 = T_1 \times \left(\dfrac{P_2}{P_1}\right)^{\frac{k-1}{k}} = (20+273) \times \left(\dfrac{5}{1}\right)^{\frac{1.4-1}{1.4}} = 464K$

$= (464-273)℃ = 191℃$

82

위험물의 취급에 관한 설명으로 틀린 것은?

① 모든 폭발성 물질은 석유류에 침지시켜 보관해야 한다.

② 산화성 물질의 경우 가연물과의 접촉을 피해야 한다.

③ 가스 누설의 우려가 있는 장소에서는 점화원의 철저한 관리가 필요하다.

④ 도전성이 나쁜 액체는 정전기 발생을 방지하기 위한 조치를 취한다.

---

① 폭발성물질은 화기나 그 밖에 점화원이 될 만한 물질에 접근, 가열, 마찰, 충격 등을 피해야 한다.

83

비점이나 인화점이 낮은 액체가 들어 있는 용기 주위가 화재 등으로 인하여 가열되면, 내부의 비등 현상으로 인한 압력 상승으로 용기의 벽면이 파열되면서 그 내용물이 폭발적으로 증발, 팽창하면서 폭발을 일으키는 현상을 무엇이라 하는가?

① BLEVE

② UVCE

③ 개방계 폭발

④ 밀폐계 폭발

---

*비등액체 팽창 증기폭발(BLEVE)
비등상태의 액화가스가 기화하여 팽창하고 폭발하는 현상

84

다음 중 산화반응에 해당하는 것을 모두 나타낸 것은?

> ㉮ 철이 공기 중에서 녹이 슬었다.
> ㉯ 솜이 공기 중에서 불에 탔다.

① ㉮

② ㉯

③ ㉮, ㉯

④ 없음

---

*산화반응
물질이 산소(O_2)와 반응하는 현상

㉮ 철이 공기 중에서 녹이 슬었다.
 → 산소와 철의 산화반응

㉯ 솜이 공기 중에서 불에 탔다.
 → 솜(가연물)과 산소의 산화반응

85

다음 중 화재 예방에 있어 화재의 확대방지를 위한 방법으로 적절하지 않은 것은?

① 가연물량의 제한
② 난연화 및 불연화
③ 화재의 조기발견 및 초기 소화
④ 공간의 통합과 대형화

④ 공간을 구획화하여 화재의 확대를 방지한다.

86

단위공정시설 및 설비로부터 다른 단위공정시설 및 설비 사이의 안전거리는 설비의 바깥면부터 얼마 이상이 되어야 하는가?

① $5m$
② $10m$
③ $15m$
④ $20m$

단위공정시설 및 설비로부터 다른 단위공정 시설 및 설비 사이의 안전거리는 설비의 바깥 면으로부터 $10m$ 이상 되어야 할 것

87

물과의 반응으로 유독한 포스핀가스를 발생하는 것은?

① HCl
② $NaCl$
③ Ca_3P_2
④ $Al(OH)_3$

인화칼슘(Ca_3P_2)은 물(H_2O)과 반응하여 포스핀가스($2PH_3$)를 발생시킨다.

$$Ca_3P_2 + 6H_2O \rightarrow 3Ca(OH)_2 + 2PH_3$$
(인화칼슘)　(물)　(수산화칼슘)　(포스핀)

88

다음 [표]를 참조하여 메탄 $70vol\%$, 프로판 $21vol\%$, 부탄 $9vol\%$ 인 혼합가스의 폭발범위를 구하면 약 몇 $vol\%$ 인가?

가스	폭발하한계 (vol%)	폭발상한계 (vol%)
C_4H_{10}	1.8	8.4
C_3H_8	2.1	9.5
C_2H_6	3.0	12.4
CH_4	5.0	15.0

① 3.45 ~ 9.11
② 3.45 ~ 12.58
③ 3.85 ~ 9.11
④ 3.85 ~ 12.58

*혼합가스의 폭발한계 산술평균식

폭발상한계 :
$$L_h = \frac{100(= V_1 + V_2 + V_3)}{\frac{V_1}{L_1} + \frac{V_2}{L_2} + \frac{V_3}{L_3}}$$
$$= \frac{100}{\frac{70}{5} + \frac{21}{2.1} + \frac{9}{1.8}} = 3.45vol\%$$

폭발하한계 :
$$L_l = \frac{100(= V_1 + V_2 + V_3)}{\frac{V_1}{L_1} + \frac{V_2}{L_2} + \frac{V_3}{L_3}}$$
$$= \frac{100}{\frac{70}{15} + \frac{21}{9.5} + \frac{9}{8.4}} = 12.58vol\%$$

*탄화수소가스의 화학식

명칭	화학식
메탄	CH_4
에탄	C_2H_6
프로판	C_3H_8
부탄	C_4H_{10}

89

다음 중 관로의 방향을 변경하는데 가장 적합한 것은?

① 소켓　　　　　　② 엘보우
③ 유니온　　　　　④ 플러그

90

비교적 저압 또는 상압에서 가연성의 증기를 발생하는 유류를 저장하는 탱크에서 외부에 그 증기를 방출하기도 하고, 탱크 내에 외기를 흡입하기도 하는 부분에 설치하며, 가는 눈금의 금망이 여러개 겹쳐진 구조로 된 안전장치는?

① check valve　　　② flame arrester
③ ventstack　　　　④ rupture disk

91

가연성 가스 A의 연소범위를 $2.2 \sim 9.5 vol\%$ 라고 할 때 가스 A의 위험도는 약 얼마인가?

① 2.52　　　　　　② 3.32
③ 4.91　　　　　　④ 5.64

92

다음 중 Halon 1211의 화학식으로 옳은 것은?

① CH_2FBr　　　　　② CH_2ClBr
③ CF_2HCl　　　　　④ CF_2ClBr

93

연소에 관한 설명으로 틀린 것은?

① 인화점이 상온보다 낮은 가연성 액체는 상온에서 인화의 위험이 있다.
② 가연성 액체를 발화점이상으로 공기 중에서 가열하면 별도의 점화원이 없어도 발화할 수 있다.
③ 가연성 액체는 가열되어 완전 열분해되지 않으면 착화원이 있어도 연소하지 않는다.
④ 열 전도도가 클수록 연소하기 어렵다.

③ 가연성 액체는 점화원이 있어야 연소가 가능하다.

94

탄산수소나트륨을 주요성분으로 하는 것은 제 몇 종 분말소화기인가?

① 제1종   ② 제2종
③ 제3종   ④ 제4종

*분말소화기의 종류

종별	소화약제	화재 종류
제1종 소화분말	$NaHCO_3$ (탄산수소나트륨)	BC 화재
제2종 소화분말	$KHCO_3$ (탄산수소칼륨)	BC 화재
제3종 소화분말	$NH_4H_2PO_4$ (인산암모늄)	ABC 화재
제4종 소화분말	$KHCO_3 + (NH_2)_2CO$ (탄산수소칼륨 + 요소)	BC 화재

95

열교환기의 열 교환 능률을 향상시키기 위한 방법이 아닌 것은?

① 유체의 유속을 적절하게 조절한다.
② 유체의 흐르는 방향을 병류로 한다.
③ 열교환기 입구와 출구의 온도차를 크게 한다.
④ 열전도율이 높은 재료를 사용한다.

② 열 교환 능률을 향상시키기 위해선 유체가 흐르는 방향을 향류로 한다.

96

다음은 산업안전보건기준에 관한 규칙에서 정한 폭발 또는 화재 등의 예방에 관한 내용이다. ( )에 알맞은 용어는?

사업주는 인화성 액체의 증기, 인화성 가스 또는 인화성 고체가 존재하여 폭발이나 화재가 발생할 우려가 있는 장소에서 해당 증기·가스 또는 분진에 의한 폭발 또는 화재를 예방하기 위하여 ( )·( ) 및 분진 제거 등의 조치를 하여야 한다.

① 통풍, 세척   ② 통풍, 환기
③ 제습, 세척   ④ 환기, 제습

사업주는 인화성 액체의 증기, 인화성 가스 또는 인화성 고체가 존재하여 폭발이나 화재가 발생할 우려가 있는 장소에서 해당 증기·가스 또는 분진에 의한 폭발 또는 화재를 예방하기 위하여 통풍·환기 및 분진 제거 등의 조치를 하여야 한다.

97

다음 중 분진의 폭발위험성을 증대시키는 조건에 해당하는 것은?

① 분진의 발열량이 작을수록
② 분위기 중 산소 농도가 작을수록
③ 분진 내의 수분 농도가 작을수록
④ 표면적이 입자체적에 비교하여 작을수록

*분진의 폭발위험성이 커지는 조건
① 분진의 발열량이 클수록
② 분위기 중 산소 농도가 클수록
③ 분진 내의 수분농도가 작을수록
④ 분진의 표면적이 입자체적에 비해 클수록
⑤ 입자의 형상이 복잡할수록
⑥ 온도가 높을수록

98

위험물안전관리법령에서 정한 제3류 위험물에 해당하지 않는 것은?

① 나트륨   ② 알킬알루미늄
③ 황린   ④ 니트로글리세린

*제3류 위험물(금수성물질 및 자연발화성물질)
① 칼륨
② 나트륨
③ 알킬알루미늄
④ 알킬리튬
⑤ 알칼리금속 및 알칼리토금속
⑥ 유기금속화합물
⑦ 금속인화합물
⑧ 금속수소화합물
⑨ 금속알루미늄 및 탄소화합물
⑩ 황린
✔니트로글리세린 - 제5류 위험물(자기반응성물질)

99

일반적인 자동제어 시스템의 작동순서를 바르게 나열한 것은?

① 검출 → 조절계 → 공정상황 → 밸브
② 공정상황 → 검출 → 조절계 → 밸브
③ 조절계 → 공정상황 → 검출 → 밸브
④ 밸브 → 조절계 → 공정상황 → 검출

*자동제어 시스템 작동순서
공정상황 → 검출 → 조절계 → 밸브

100

산업안전보건법령상 물질안전보건자료 작성 시 포함되어 있는 주요 작성항목이 아닌 것은?
(단, 기타 참고사항 및 작성자가 필요에 의해 추가하는 세부 항목은 고려하지 않는다.)

① 법적규제 현황
② 폐기 시 주의사항
③ 주요 구입 및 폐기처
④ 화학제품과 회사에 관한 정보

*물질안전보건자료(MSDS) 16가지 작성항목
① 화학제품과 회사에 관한 정보
② 유해성·위험성
③ 구성성분의 명칭 및 함유량
④ 응급조치 요령
⑤ 폭발·화재 시 대처방법
⑥ 누출 사고 시 대처방법
⑦ 취급 및 저장방법
⑧ 노출방지 및 개인보호구
⑨ 물리화학적 특성
⑩ 안정성 및 반응성
⑪ 독성에 관한 정보
⑫ 환경에 미치는 영향
⑬ 폐기시 주의사항
⑭ 운송에 필요한 정보
⑮ 법적 규제현황
⑯ 그 밖의 참고사항

101

터널 작업에 있어서 자동경보장치가 설치된 경우에 이 자동경보장치에 대하여 당일의 작업 시작 전 점검하여야 할 사항이 아닌 것은?

① 계기의 이상 유무
② 검지부의 이상 유무
③ 경보장치의 작동 상태
④ 환기 또는 조명시설의 이상 유무

*자동경보장치 작업시작 전 점검사항
① 계기의 이상유무
② 검지부의 이상유무
③ 경보장치의 작동상태

102

근로자의 추락 등의 위험을 방지하기 위한 안전난간의 설치기준으로 옳지 않은 것은?

① 상부 난간대와 중간 난간대는 난간 길이 전체에 걸쳐 바닥면등과 평행을 유지할 것
② 발끝막이판은 바닥면등으로부터 20cm 이하의 높이를 유지할 것
③ 난간대는 지름 2.7cm 이상의 금속제 파이프나 그 이상의 강도가 있는 재료일 것
④ 안전난간은 구조적으로 가장 취약한 지점에서 가장 취약한 방향으로 작용하는 100kg 이상의 하중에 견딜 수 있는 튼튼한 구조일 것

② 발끝막이판은 바닥면 등으로부터 10cm 이상의 높이를 유지할 것

103

외줄비계·쌍줄비계 또는 돌출비계는 벽이음 및 버팀을 설치하여야 하는데 강관비계 중 단관비계로 설치할 때의 조립간격으로 옳은 것은?
(단, 수직방향, 수평방향의 순서임)

① 4m, 4m
② 5m, 5m
③ 5.5m, 7.5m
④ 6m, 8m

*비계의 조립간격

비계의 종류	조립간격	
	수직방향	수평방향
단관비계	5m 이하	5m 이하
틀비계 (높이가 5m미만인 것 제외)	6m 이하	8m 이하
통나무비계	5.5m 이하	7.5m 이하

104

구축물에 안전진단 등 안전성 평가를 실시하여 근로자에게 미칠 위험성을 미리 제거하여야 하는 경우가 아닌 것은?

① 구축물 또는 이와 유사한 시설물의 인근에서 굴착·항타작업 등으로 침하·균열 등이 발생하여 붕괴의 위험이 예상될 경우
② 구조물, 건축물, 그 밖의 시설물이 그 자체의 무게·적설·풍압 또는 그 밖에 부가되는 하중 등으로 붕괴 등의 위험이 있을 경우
③ 화재 등으로 구축물 또는 이와 유사한 시설물의 내력(耐力)이 심하게 저하되었을 경우
④ 구축물의 구조체가 과도한 안전측으로 설계가 되었을 경우

④ 구축물의 구조체가 과도한 안전측으로 설계되는 것은 매우 안전한 구조이다.

*공사종류 및 규모별 산업안전보건관리비 계상기준표

구분 종류	5억원 미만	5억원 이상 50억원 미만		50억원 이상
		비율	기초액	
일반 건설 공사 (갑)	3.11%	2.28%	4,325,000원	2.64%
일반 건설 공사 (을)	3.15%	2.53%	3,300,000원	2.73%
중 건설 공사	3.64%	3.05%	2,975,000원	3.11%
특수 및 기타건설 공사	2.07%	1.59%	2,450,000원	1.64%
철도·궤도 신설 공사	2.45%	1.59%	4,411,000원	1.66%

일반 건설 공사(갑)의 공사 종류에서 총 비용이 50억원 이상이므로 총 공사 금액의 2.64%의 비율을 적용하면
(20억 + 30억 + 35억) × 0.0264 = 224,400,000원

105

사급자재비가 30억, 직접노무비가 35억, 관급자재비가 20억인 빌딩신축공사를 할 경우 계산해야 할 산업안전보건관리비는 얼마인가?
(단, 공사종류는 일반건설공사(갑)임)

① 218,000,000원
② 224,400,000원
③ 268,850,000원
④ 279,800,000원

106

가설구조물에서 많이 발생하는 중대 재해의 유형으로 가장 거리가 먼 것은?

① 무너짐에 의한 재해
② 맞음에 의한 재해
③ 굴착기계와의 접촉에 의한 재해
④ 떨어짐에 의한 재해

*가설구조물 재해유형
① 무너짐
② 맞음
③ 떨어짐

107

다음 토공기계 중 굴착기계와 가장 관계있는 것은?

① Clam shell　　② Road Roller
③ Shovel loader　④ Belt conveyer

*클램쉘(Clam Shell)
크레인의 붐(boom)에 버킷을 매달아 토사를 굴착하여 올리는 기계이다.

108

크레인을 사용하여 작업을 하는 때 작업 시작 전 점검 사항이 아닌 것은?

① 권과방지장치·브레이크·클러치 및 운전장치의 기능
② 방호장치의 이상유무
③ 와이어로프가 통하고 있는 곳의 상태
④ 주행로의 상측 및 트롤리가 횡행하는 레일의 상태

*크레인 및 이동식크레인 작업시작 전 점검사항

종류	작업시작 전 점검사항
크레인	① 권과방지장치·브레이크·클러치 및 운전장치의 기능 ② 주행로의 상측 및 트롤리가 횡행하는 레일의 상태 ③ 와이어로프가 통하고 있는 곳의 상태
이동식 크레인	① 권과방지장치 및 그 밖의 경보장치의 기능 ② 브레이크·클러치 및 조정장치의 기능 ③ 와이어로프가 통하고 있는 곳 및 작업 장소의 지반상태

109

차량계 하역운반기계를 사용하는 작업에 있어 고려되어야 할 사항과 가장 거리가 먼 것은?

① 작업지휘자의 배치
② 유도자의 배치
③ 갓길 붕괴 방지 조치
④ 안전관리자의 선임

*차량계 하역운반기계 사용시 준수사항
① 유도하는 자 배치
② 지반의 부동침하방지
③ 갓길의 붕괴 방지
④ 도로의 폭 유지

110

철골작업을 중지하여야 하는 조건에 해당되지 않는 것은?

① 풍속이 초당 10m 이상인 경우
② 지진이 진도 4 이상의 경우
③ 강우량이 시간당 1mm 이상의 경우
④ 강설량이 시간당 1cm 이상의 경우

*철골작업의 중지 기준

종류	기준
풍속	초당 10m (10m/s)이상인 경우
강우량	시간당 1mm (1mm/hr)이상인 경우
강설량	시간당 1cm (1cm/hr)이상인 경우

111

다음 중 와이어로프 등 달기구의 안전계수의 기준으로 옳은 것은?

① 화물을 지지하는 달기와이어로프 : 10 이상
② 근로자가 타승하는 운반구를 지지하는 달기와이어로프 : 5 이상
③ 클램프를 지지하는 경우 : 5 이상
④ 리프팅 빔을 지지하는 경우 : 3 이상

*와이어 로프 등 달기구의 안전계수(S)
① 근로자가 탑승하는 운반구를 지지하는 달기와이어로프 또는 달기체인의 경우 : 10 이상
② 화물을 직접 지지하는 달기와이어로프 또는 달기체인의 경우 : 5 이상
③ 혹, 샤클, 클램프, 리프팅 빔의 경우 : 3이상
④ 그 밖의 경우 : 4 이상

112

점토질 지반의 침하 및 압밀 재해를 막기 위하여 실시하는 지반개량 탈수공법으로 적당하지 않은 것은?

① 샌드드레인 공법 ② 생석회 공법
③ 진동 공법 ④ 페이퍼드레인 공법

*점성토 개량공법
① 샌드 드레인 공법
② 생석회 말뚝 공법
③ 페이퍼 드레인 공법
④ 치환 공법

113

흙막이벽의 근입깊이를 깊게 하고, 전면의 굴착부분을 남겨두어 흙의 중량으로 대항하게 하거나, 굴착 예정부분의 일부를 미리 굴착하여 기초콘크리트를 타설하는 등의 대책과 가장 관계 깊은 것은?

① 히빙현상이 있을 때
② 파이핑현상이 있을 때
③ 지하수위가 높을 때
④ 굴착깊이가 깊을 때

*히빙(Heaving)현상의 방지대책
① 흙막이벽의 근입장을 깊게 한다.
② 흙막이벽 주변의 과재하를 금지한다.
③ 굴착저면 지반을 개량한다.
④ Island cut 공법을 사용한다.

114

건물외부에 낙하물 방지망을 설치할 경우 수평면과의 가장 적절한 각도는?

① 5° 이상, 10° 이하
② 10° 이상, 15° 이하
③ 15° 이상, 20° 이하
④ 20° 이상, 30° 이하

*낙하물 방지망 또는 방호선반 설치시 준수사항
① 높이 $10m$ 이내마다 설치하고, 내민 길이는 벽면으로부터 $2m$ 이상으로 할 것
② 수평면과의 각도는 $20°$~$30°$를 유지할 것

115

콘크리트 타설작업의 안전대책으로 옳지 않은 것은?

① 작업 시작 전 거푸집동바리 등의 변형, 변위 및 지반 침하 유무를 점검한다.
② 작업 중 감시자를 배치하여 거푸집동바리 등의 변형, 변위 유무를 확인한다.
③ 슬래브콘크리트 타설은 한쪽부터 순차적으로 타설하여 붕괴 재해를 방지해야 한다.
④ 설계도서상 콘크리트 양생기간을 준수하여 거푸집동바리 등을 해체한다.

> **＊콘크리트 타설작업의 안전수칙**
> ① 당일의 작업을 시작하기 전에 해당 작업에 관한 거푸집동바리등의 변형·변위 및 지반의 침하 유무 등을 점검하고 이상이 있으면 보수할 것
> ② 작업 중에는 거푸집동바리등의 변형·변위 및 침하 유무 등을 감시할 수 있는 감시자를 배치하여 이상이 있으면 작업을 중지하고 근로자를 대피시킬 것
> ③ 콘크리트 타설작업 시 거푸집 붕괴의 위험이 발생할 우려가 있으면 충분한 보강조치를 할 것
> ④ 설계도서상의 콘크리트 양생기간을 준수하여 거푸집동바리등을 해체할 것
> ⑤ 콘크리트를 타설하는 경우에는 편심이 발생하지 않도록 골고루 분산하여 타설할 것
>
> ③ 슬래브콘크리트 타설은 타설된 콘크리트가 손상되지 않도록 <u>먼쪽에서부터 타설</u>한다.

116

굴착기계의 운행 시 안전대책으로 옳지 않은 것은?

① 버킷에 사람의 탑승을 허용해서는 안된다.
② 운전반경 내에 사람이 있을 때 회전은 10 rpm 이하의 느린 속도로 하여야 한다.
③ 장비의 주차 시 경사지나 굴착작업장으로부터 충분히 이격시켜 주차한다.
④ 전선이나 구조물 등에 인접하여 붐을 선회해야 될 작업에는 사전에 회전반경, 높이제한 등 방호조치를 강구한다.

> ② 운전반경 내에 사람이 있을 때 회전해서는 안된다.

117

다음 설명에서 제시된 산업안전보건법에서 말하는 고용노동부령으로 정하는 공사에 해당하지 않는 것은?

> 건설업 중 고용노동부령으로 정하는 공사를 착공하려는 사업주는 고용노동부령으로 정하는 자격을 갖춘 자의 의견을 들은 후 유해·위험방지계획서를 작성하여 고용노동부령으로 정하는 바에 따라 고용노동부장관에게 제출하여야 한다.

① 지상높이가 $31m$인 건축물의 건설·개조 또는 해체
② 최대 지간길이가 $50m$인 교량건설 등의 공사
③ 깊이가 $8m$인 굴착공사
④ 터널 건설공사

> **＊유해위험방지계획서 제출대상 건설공사**
> ① 지상높이가 $31m$ 이상인 건축물 또는 인공구조물
> ② 연면적 $30,000m^2$ 이상인 건축물
> ③ 연면적 $5,000m^2$ 이상인 시설
>
> ㉠ 문화 및 잡화시설(전시장·동물원·식물원 제외)
> ㉡ 판매시설·운수시설(고속도로의 역사 및 집배송 시설 제외)
> ㉢ 종교시설
> ㉣ 의료시설 중 종합병원
> ㉤ 숙박시설 중 관광숙박시설
> ㉥ 지하도상가
> ㉦ 냉동·냉장 창고시설

④ 연면적 $5000m^2$ 이상의 냉동·냉장창고시설의 설비
  공사 및 단열공사
⑤ 최대 지간길이가 $50m$ 이상인 교량 건설 등 공사
⑥ 터널 건설 등의 공사
⑦ 다목적댐·발전용댐 및 저수용량 2천만톤 이상의
  용수 전용 댐·지방상수도 전용 댐 건설 등의 공사
⑧ 깊이 $10m$ 이상인 굴착공사

118

**유해·위험방지 계획서 제출 시 첨부서류에 해당
하지 않는 것은?**

① 교통처리계획
② 안전관리 조직표
③ 공사개요서
④ 공사현장의 주변현황 및 주변과의 관계를
  나타내는 도면

*유해위험방지계획서 첨부서류

항목	제출서류 및 내용

공사개요
(건설업)
	① 공사개요서
	② 공사현장의 주변 현황 및 주변과의
	  관계를 나타내는 도면
	③ 건설물·사용 기계설비 등의 배치를
	  나타내는 도면
	④ 전체 공정표

공사개요
(제조업)
	① 건축물 각 층의 평면도
	② 기계·설비의 개요를 나타내는 서류
	③ 기계·설비의 배치도면
	④ 원재료 및 제품의 취급, 제조 등의
	  작업방법의 개요
	⑤ 그 밖의 고용노동부장관이 정하는
	  도면 및 서류

안전보건 관리계획	① 산업안전보건관리비 사용계획서 ② 안전관리조직표·안전보건교육 계획 ③ 개인보호구 지급계획 ④ 재해발생 위험시 연락 및 대피방법

작업환경
조성계획
	① 분진 및 소음발생공사 종류에 대한
	  방호대책
	② 위생시설물 설치 및 관리대책
	③ 근로자 건강진단 실시계획
	④ 조명시설물 설치계획
	⑤ 환기설비 설치계획
	⑥ 위험물질의 종류별 사용량과 저장
	  ·보관 및 사용시의 안전 작업 계획

119

**다음 중 건설재해대책의 사면보호공법에 해당하지
않는 것은?**

① 쉴드공   ② 식생공
③ 뿜어 붙이기공   ④ 블록공

*사면보호공법
① 식생공
② 뿜어 붙이기공
③ 블록공
④ 현장타설 콘크리트 격자공
⑤ 돌쌓기공
⑥ 피복공법
⑦ 콘크리트 붙임공법

120

**토석붕괴 방지방법에 대한 설명으로 옳지 않은
것은?**

① 말뚝(강관, H형강, 철근콘크리트)을 박아
  지반을 강화 시킨다.
② 활동의 가능성이 있는 토석은 제거한다.
③ 지표수가 침투되지 않도록 배수시키고 지하
  수위 저하를 위해 수평보링을 하여 배수시
  킨다.
④ 활동에 의한 붕괴를 방지하기 위해 비탈면,
  법면의 상단을 다진다.

④ 활동에 의한 붕괴를 방지하기 위해 비탈면,
  법면의 하단을 다진다.

01

안전에 관한 기본 방침을 명확하게 해야 할 임무는 누구에게 있는가?

① 안전관리자　　　② 관리감독자
③ 근로자　　　　　④ 사업주

안전에 관한 기본 방침의 책임은 <u>사업주</u>에게 있다.

02

학습지도의 형태 중 토의법에 해당되지 않는 것은?

① 패널 디스커션(panel discussion)
② 포럼(forum)
③ 구안법(project method)
④ 버즈 세션(buzz session)

＊토의법의 종류
① 버즈세션(Buzz session)
② 심포지엄(Symposium)
③ 포럼(Forum)
④ 패널 디스커션(Panel discussion)
⑤ 자유토의법(Free discussion)

03

매슬로우의 욕구단계이론에서 편견없이 받아들이는 성향, 타인과의 거리를 유지하며 사생활을 즐기거나 창의적 성격으로 봉사, 특별히 좋아하는 사람과 긴밀한 관계를 유지하려는 인간의 욕구에 해당하는 것은?

① 생리적 욕구　　　② 사회적 욕구
③ 자아실현의 욕구　④ 안전에 대한 욕구

＊매슬로우(Maslow)의 욕구 5단계

단계	설명
1단계 생리적 욕구	인간의 가장 기본적인 욕구이며, 의식주, 성적 욕구 등이 있다.
2단계 안전의 욕구	위험, 위협, 박탈에서 자신을 보호하고 불안을 회피하려는 욕구이다.
3단계 사회적 욕구	타인과 친교를 맺고 원하는 집단에 귀속되고자 하는 욕구이다.
4단계 존중의 욕구	타인과 친하게 지내고 싶은 인간의 기초가 되는 욕구로서, 자아존중, 자신감, 성취, 존경 등에 관한 욕구이다.
5단계 자아실현 욕구	자기의 잠재력을 최대한 살리고 자기가 하고 싶었던 일을 실현하려는 인간의 욕구이다. 편견없이 받아들이는 성향, 타인과의 거리를 유지하며 사생활을 즐기거나 창의적 성격으로 봉사, 특별히 좋아하는 사람과 긴밀한 관계를 유지하려는 욕구 등이 있다.

04

산업안전보건법상 중대재해에 해당하지 않는 것은?

① 사망자가 2명 발생한 재해
② 6개월 요양을 요하는 부상자가 동시에 4명 발생한 재해
③ 부상자 또는 직업성 질병자가 동시에 12명 발생한 재해
④ 3개월 요양을 요하는 부상자가 1명, 2개월 요양을 요하는 부상자가 4명 발생한 재해

＊중대재해의 범위
중대재해란, 중대산업재해와 중대시민재해를 포괄하는 재해이다.

① 사망자가 1명 이상 발생한 재해
② 3개월 이상의 요양이 필요한 부상자가 동시에 2명 이상 발생한 재해
③ 부상자 또는 직업성 질병자가 동시에 10명 이상 발생한 재해

05

고무제 안전화의 구비조건이 아닌 것은?

① 유해한 홈, 균열, 기포, 이물질 등이 없어야 한다.
② 바닥, 발등, 발 뒤꿈치 등의 접착부분에 물이 들어오지 않아야 한다.
③ 에나멜 도포는 벗겨져야 하며, 건조가 완전하여야 한다.
④ 완성품의 성능은 압박감, 충격 등의 성능시험에 합격하여야 한다.

③ 에나멜 도포는 벗겨지지 않아야 하며, 건조가 완전할 것

06

다음 중 학습정도(Level of Learning)의 4단계를 순서대로 옳게 나열한 것은?

① 이해 → 적용 → 인지 → 지각
② 인지 → 지각 → 이해 → 적용
③ 지각 → 인지 → 적용 → 이해
④ 적용 → 인지 → 지각 → 이해

＊학습정도의 4단계
인지 → 지각 → 이해 → 적용

07

인간의 동작특성 중 판단과정의 착오요인이 아닌 것은?

① 합리화   ② 정서 불안정
③ 작업조건불량   ④ 정보 부족

＊착오의 종류와 요인

종류	착오 요인
인지과정 착오	① 정서 불안정 ② 감각 차단 현상 ③ 기억력의 한계 ④ 생리, 심리적 능력의 한계
판단과정 착오	① 합리화 ② 능력 및 정보부족 ③ 작업조건 불량
조치과정 착오	① 잘못된 정보의 입수 ② 합리적 조치의 미숙

08

무재해 운동의 3원칙에 해당되지 않는 것은?

① 무의 원칙　　　　　② 참가의 원칙
③ 대책선정의 원칙　　④ 선취의 원칙

*무재해 운동 3원칙

원칙	설명
무의 원칙	모든 잠재위험요인을 사전에 발견하여 근원적으로 산업 재해를 없앤다.
선취의 원칙	위험요소를 사전에 발견, 파악하여 재해를 예방 또는 방지한다.
참가의 원칙	전원이 협력하여 각자의 처지에서 의욕적으로 문제를 해결한다.

09

리더쉽의 유형에 해당되지 않는 것은?

① 권위형　　　　　② 민주형
③ 자유방임형　　　④ 혼합형

*리더쉽의 유형
① 권위주의형(=독재형) 리더쉽
② 참여형(=민주형) 리더쉽
③ 위임형(=자유방임형) 리더쉽
④ 비전형 리더쉽
⑤ 코치형 리더쉽
⑥ 관계 중시형 리더쉽
⑦ 민주형 리더쉽
⑧ 선도형 리더쉽

10

A사업장의 연천인율이 10.8인 경우 이 사업장의 도수율은 약 얼마인가?

① 5.4　　② 4.5　　③ 3.7　　④ 1.8

*도수율과 연천인율의 관계
① 도수율 : 100만 근로시간당 재해발생 건 수
② 연천인율 : 1년간 평균 근로자수에 대해 1000명당 재해발생 건 수

연천인율 = 도수율×2.4

$$\therefore 도수율 = \frac{연천인율}{2.4} = \frac{10.8}{2.4} = 4.5$$

11

안전표시의 종류와 분류가 올바르게 연결된 것은?

① 금연 – 금지표지
② 낙하물 경고 – 지시표지
③ 안전모 착용 – 안내표지
④ 세안장치 – 경고표지

*금지표지

출입금지	보행금지	차량통행 금지	사용금지
탑승금지	금연	화기금지	물체이동 금지

*경고표지

인화성물질 경고	산화성물질 경고	폭발성물질 경고	급성독성 물질경고
부식성물질 경고	방사성물질 경고	고압전기 경고	매달린물체 경고
낙하물 경고	고온 경고	저온 경고	몸균형상실 경고
레이저광선 경고	위험장소 경고	발암성·변이원성·생식 독성·전신독성·호흡기 과민성물질 경고	

*지시표지

보안경 착용	방독마스크 착용	방진마스크 착용	보안면 착용
안전모 착용	귀마개 착용	안전화 착용	안전장갑 착용
안전복 착용			

*안내표지

녹십자표지	응급구호 표지	들것	세안장치
비상구	좌측비상구	우측비상구	비상용기구

12

시몬즈(Simonds)의 재해코스트 산출방식에서 A, B, C, D는 무엇을 뜻하는가?

> 총재해 코스트 = 보험코스트 + (A × 휴업상해
> 건수)+(B × 통원상해건수)+(C × 응급조치건수)+
> (D × 무상해 사고건수)

① 직접손실비
② 간접손실비
③ 보험 코스트
④ 비보험 코스트 평균치

13

데이비스(K.Davis)의 동기부여이론 등식으로 옳은 것은?

① 지식 × 기능 = 태도
② 지식 × 상황 = 동기유발
③ 능력 × 상황 = 인간의 성과
④ 능력 × 동기유발 = 인간의 성과

14

직계-참모식 조직의 특징에 대한 설명으로 옳은 것은?

① 소규모 사업장에 적합하다.
② 생산조직과는 별도의 조직과 기능을 갖고 활동한다.
③ 안전계획, 평가 및 조사는 스탭에서, 생산 기술의 안전대책은 라인에서 실시한다.
④ 안전업무가 표준화되어 직장에 정착하기 쉽다.

*안전보건관리조직

종류	특징
라인형 조직 (직계식)	① 100명 이하의 소규모 사업장 ② 안전에 관한 지시나 조치가 신속 ③ 책임 및 권한이 명백 ④ 안전에 대한 전문적 지식 및 기술 부족 ⑤ 관리 감독자의 직무가 너무 넓어 실행이 어려움
스탭형 조직 (참모식)	① 100~500명의 중규모 사업장에 적합 ② 안전업무가 표준화되어 직장에 정착 ③ 생산 조직과는 별도의 조직과 기능을 가짐 ④ 안전정보 수집과 기술 축적이 용이 ⑤ 전문적인 안전기술 연구 가능 ⑥ 생산부분은 안전에 대한 책임과 권한이 없음 ⑦ 권한 다툼이나 조정 때문에 통제 수속이 복잡해짐 ⑧ 안전과 생산을 별개로 취급하기 쉬움
라인-스탭형 조직 (복합식)	① 1000명 이상의 대규모 사업장에 적합 ② 라인형과 스탭형의 장점을 취한 절충식 ③ 안전계획, 평가 및 조사는 스탭에서, 생산 기술의 안전대책은 라인에서 실시 ④ 조직원 전원을 자율적으로 안전활동에 참여시킬 수 있음 ⑤ 안전 활동과 생산업무가 분리될 가능성이 낮아때 균형을 유지 ⑥ 라인의 관리, 감독자에게도 안전에 관한 책임과 권한이 부여 ⑦ 명령 계통과 조언 권고적 참여가 혼동되기 쉬움 ⑧ 스탭의 월권행위의 경우가 있음

① : 라인형 조직
②, ④ : 스탭형 조직

15

학습이론 중 자극과 반응의 이론이라 볼 수 없는 것은?

① Kohler의 통찰설
② Thorndike의 시행착오설
③ Pavlov의 조건반사설
④ Skinner의 조작적 조건화설

*자극과 반응 이론 및 형태 이론
① 자극과 반응 이론
　㉠ Thorndike의 시행착오설
　㉡ Pavlov의 조건반사설
　㉢ Skinner의 조작적 조건화설

② 형태설
　㉠ Kohler의 통찰설
　㉡ Lewin의 장설
　㉢ Tolman의 기호 형태설

16

안전교육 훈련에 있어 동기부여 방법에 대한 설명으로 가장 거리가 먼 것은?

① 안전 목표를 명확히 설정한다.
② 결과를 알려준다.
③ 경쟁과 협동을 유발시킨다.
④ 동기유발 수준을 정도 이상으로 높인다.

*안전교육 훈련시 동기부여 방법
① 안전 목표를 명확히 설정한다.
② 안전 활동의 결과를 평가, 검토하게 한다.
③ 경쟁심, 협동심, 책임감을 유발시킨다.
④ 동기유발 수준을 적절한 상태로 유지한다.
⑤ 물질적 이해관계에 관심을 두게 한다.

17

위험예지훈련의 문제해결 4라운드에 속하지 않는 것은?

① 현상파악　　　　② 본질추구
③ 대책수립　　　　④ 원인결정

*위험예지훈련 4단계(=4라운드)

단계	목적	내용
1단계	현상파악	잠재된 위험의 파악
2단계	본질추구	위험 포인트의 확정
3단계	대책수립	위험 포인트에 대한 대책 방안 마련
4단계	목표설정	행동 계획에 대한 결정

18

산업재해의 원인 중 기술적 원인에 해당하는 것은?

① 작업준비의 불충분
② 안전장치의 기능 제거
③ 안전교육의 부족
④ 구조재료의 부적당

*산업재해의 원인

직접원인	간접원인
① 인적 원인 (불안전한 행동)	① 기술적 원인
② 물적 원인 (불안전한 상태)	② 교육적 원인
	③ 관리적 원인
	④ 정신적 원인

① : 관리적 원인
② : 인적 원인
③ : 교육적 원인

19

안전점검 체크리스트에 포함되어야 할 사항이 아닌 것은?

① 점검 대상   ② 점검 부분
③ 점검 방법   ④ 점검 목적

*안전점검 체크리스트에 표시하는 사항
① 점검 대상
② 점검 일시
③ 점검 방법
④ 점검 내용
⑤ 세부 점검 사항
⑥ 점검 결과

20

산업안전보건법상 사업 내 안전·보건 교육 중 채용 시 교육 및 작업내용 변경 시의 교육 내용이 아닌 것은?

① 기계·기구의 위험성과 작업의 순서
② 정리정돈 및 청소에 관한 사항
③ 물질안전보건자료에 관한 사항
④ 표준안전작업방법에 관한 사항

*채용 시 교육 및 작업내용 변경 시 교육
① 산업안전 및 사고 예방에 관한 사항
② 산업보건 및 직업병 예방에 관한 사항
③ 위험성 평가에 관한 사항
④ 산업안전보건법령 및 산업재해보상보험 제도에 관한 사항
⑤ 직무스트레스 예방 및 관리에 관한 사항
⑥ 직장 내 괴롭힘, 고객의 폭언 등으로 인한 건강 장해 예방 및 관리에 관한 사항
⑦ 기계·기구의 위험성과 작업의 순서 및 동선에 관한 사항
⑧ 작업 개시 전 점검에 관한 사항
⑨ 정리정돈 및 청소에 관한 사항
⑩ 사고 발생 시 긴급조치에 관한 사항
⑪ 물질안전보건자료에 관한 사항

보기 ④는 관리감독자 정기교육에 관한 내용이다.

21

다음 그림과 같이 7개의 기기로 구성된 시스템의 신뢰도는 약 얼마인가?

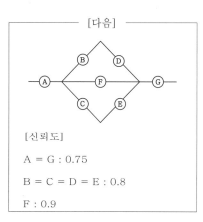

[다음]

[신뢰도]

A = G : 0.75

B = C = D = E : 0.8

F : 0.9

① 0.5427

② 0.6234

③ 0.5552

④ 0.9740

＊시스템의 신뢰도(R)
$R = A \times \{1 - (1 - B \times D)(1 - F)(1 - C \times E)\} \times G$
$\quad = 0.75 \times \{1 - (1 - 0.8 \times 0.8)(1 - 0.9)(1 - 0.8 \times 0.8)\} \times 0.75$
$\quad = 0.5552$

22

전신육체적 작업에 대한 개략적 휴식시간의 산출 공식으로 맞는 것은?
(단, R은 휴식시간(분), E는 작업의 에너지소비율 ($kcal/$분)이다.)

① $R = E \times \dfrac{60 - 4}{E - 2}$

② $R = 60 \times \dfrac{E - 4}{E - 1.5}$

③ $R = 60 \times (E - 4) \times (E - 2)$

④ $R = 60 \times (60 - 4) \times (E - 1.5)$

＊머렐(Murrel)의 휴식시간(R)

$$R = \frac{T(E - S)}{E - 1.5} = \frac{60(E - 4)}{E - 1.5}$$

여기서,

R : 운동시간 [min]

T : 작업시간 [min]

(언급이 없을 경우 60[min]으로 한다.)

E : 작업시 필요한 에너지 [kcal]

(E = 산소소비량 × 5 [kcal])

S : 평균 에너지 소비량 [kcal/min]

(기초대사량 포함 했을 경우 : 5[kcal/min])

(기초대사량 포함하지 않을 경우 : 4[kcal/min])

23

FT도에 사용하는 기호에서 3개의 입력현상 중 임의의 시간에 2개가 발생하면 출력이 생기는 기호의 명칭은?

① 억제 게이트
② 조합 AND 게이트
③ 배타적 OR 게이트
④ 우선적 AND 게이트

24

여러 사람이 사용하는 의자의 좌면높이는 어떤 기준으로 설계하는 것이 가장 적절한가?

① 5% 오금높이
② 50% 오금높이
③ 75% 오금높이
④ 95% 오금높이

25

인간공학의 궁극적인 목적과 가장 관계가 깊은 것은?

① 경제성 향상
② 인간 능력의 극대화
③ 설비의 가동율 향상
④ 안전성 및 효율성 향상

26

위험 및 운전성 검토(HAZOP)에서 사용되는 가이드 워드 중에서 성질상의 감소를 의미하는 것은?

① Part of   ② More less
③ No/Not   ④ Other than

27

시스템 안전분석 방법 중 예비위험분석(PHA) 단계에서 식별하는 4가지 범주에 속하지 않는 것은?

① 위기상태   ② 무시가능상태
③ 파국적상태   ④ 예비조치상태

28

첨단 경보기시스템의 고장율은 0이다. 경계의 효과로 조작자 오류율은 $0.01/hr$ 이며, 인간의 실수율은 균질(homogeneous)한 것으로 가정한다. 또한, 이 시스템의 스위치 조작자는 1시간마다 스위치를 작동해야 하는데 인간오류확률(HEP : Human Error Probability)이 0.001인 경우에 2시간에서 6시간 사이에 인간-기계 시스템의 신뢰도는 약 얼마인가?

① 0.938　　　　　② 0.948
③ 0.957　　　　　④ 0.967

*인간-기계시스템의 신뢰도(R)
HEP = 조작자 오류율 + 인간오류확률 이므로
① 1번 조작시 $R_1 = 1 - HEP = 1 - (0.01 + 0.001) = 0.989$
② 4번 조작시 $R_4 = (R_1)^4 = 0.989^4 = 0.957$

29

실내에서 사용하는 습구흑구온도(WBGT : Wet Bulb Globe Temperature) 지수는?
(단, NWB는 자연습구온도, GT는 흑구온도, DB는 건구온도이다.)

① $WBGT = 0.6NWB + 0.4GT$
② $WBGT = 0.7NWB + 0.3GT$
③ $WBGT = 0.6NWB + 0.3GT + 0.1DB$
④ $WBGT = 0.7NWB + 0.2GT + 0.1DB$

*습구흑구온도(WBGT)
① 태양 직사광선이 있을 때
$WBGT = 0.7NWB + 0.2GT + 0.1DB$

② 태양 직사광선이 없을 때
$WBGT = 0.7NWB + 0.3GT$

여기서,
NWB : 자연습구온도(Nature Wet Bulb) [℃]
GT : 흑구온도(Globe Temperature) [℃]
DB : 건구온도(Dry Bulb) [℃]

30

FTA에서 특정 조합의 기본사상들이 동시에 결함을 발생하였을 때 정상사상을 일으키는 기본사상의 집합을 무엇이라 하는가?

① cut set　　　　　② erroe set
③ path set　　　　　④ success set

*컷셋(Cut set)과 패스셋(Path set)
① 컷셋(Cut set)
모든 기본사상이 발생했을 때, 정상사상을 발생시키는 기본사상들의 집합이다.

② 미니멀 컷셋(Minimal cut set)
정상사상을 발생시키기 위한 최소한의 컷셋으로 시스템의 위험성을 나타낸다.

③ 패스셋(Path set)
모든 기본사상이 발생하지 않을 때, 처음으로 정상사상을 발생시키지 않는 기본사상들의 집합이다.

④ 미니멀 패스셋(Minimal Path set)
정상사상을 발생시키지 않는 최소한의 패스셋으로 시스템의 신뢰성을 나타낸다.

31

실험실 환경에서 수행하는 인간공학 연구의 장·단점에 대한 설명으로 맞는 것은?

① 변수의 통제가 용이하다.
② 주위 환경의 간섭에 영향 받기 쉽다.
③ 실험 참가자의 안전을 확보하기가 어렵다.
④ 피실험자의 자연스러운 반응을 기대할 수 있다.

*환경에 따른 인간공학 연구의 특징

구분	실험실	현장
변수 통제	쉽다	어렵다
현실성	낮다	높다
안전성	높다	낮다
동기부여	높다	낮다

32

다음의 그림과 같이 FTA 로 분석된 시스템에서 현재 모든 기본사상에 대한 부품이 고장난 상태이다. 부품 X_1 부터 부품 X_5 까지 순서대로 복구한다면 어느 부품을 수리 완료하는 순간부터 시스템은 정상가동이 되겠는가?

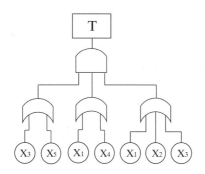

① X_1
② X_2
③ X_3
④ X_4

T가 정상가동 되려면 AND게이트는 아래의 OR게이트에서 하나라도 신호가 나와야 한다.

X_1 수리	
X_2 수리	
X_3 수리	

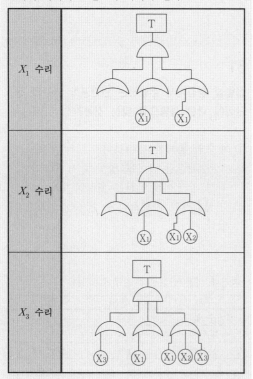

X_3까지 수리를 하여야 OR게이트 하나가 신호가 나온다.

33

특정한 목적을 위해 시각적 암호, 부호 및 기호를 의도적으로 사용할 때에 반드시 고려하여야 할 사항과 가장 거리가 먼 것은?

① 검출성
② 판별성
③ 양립성
④ 심각성

---

*시각적 요소를 의도적으로 사용할 때 고려사항
① 암호 : 검출성, 판별성, 표준화
② 부호 : 양립성, 의미
③ 암호 : 다차원성

34

산업안전보건법에 따라 유해위험방지계획서의 제출대상 사업은 해당 사업으로서 전기 계약용량이 얼마 이상인 사업을 하는가?

① $150kW$
② $200kW$
③ $300kW$
④ $500kW$

유해위험방지계획서의 제출대상 사업은 해당 사업으로서 전기 계약용량이 $300kW$ 이상인 사업이다.

32.③ 33.④ 34.③

35

국내 규정상 1일 노출회수가 100일 때 최대 음압 수준이 몇 $dB(A)$를 초과하는 충격소음에 노출되어서는 아니 되는가?

① 110 　　　　　　② 120
③ 130 　　　　　　④ 140

*소음작업

1일 8시간 작업을 기준으로하여 85dB 이상의 소음이 발생하는 작업

① 강렬한 소음작업

데시벨(이상)	발생시간(1일 기준)
90dB	8시간 이상
95dB	4시간 이상
100dB	2시간 이상
105dB	1시간 이상
110dB	30분 이상
115dB	15분 이상

② 충격 소음작업

데시벨(이상)	발생시간(1일 기준)
120dB	10000회 이상
130dB	1000회 이상
140dB	100회 이상

36

인지 및 인식의 오류를 예방하기 위해 목표와 관련하여 작동을 계획해야 하는데 특수하고 친숙하지 않은 상황에서 발생하며, 부적절한 분석이나 의사결정을 잘못하여 발생하는 오류는?

① 기능에 기초한 행동(Skill-based Behavior)
② 규칙에 기초한 행동(Rule-based Behavior)
③ 사고에 기초한 행동(Accident-based Behavior)
④ 지식에 기초한 행동(Knowledge-based Behavior)

*지식에 기초한 행동
부적절한 분석 또는 의사결정 실수에 의한 행동

37

기계설비가 설계 사양대로 성능을 발휘하기 위한 적정 윤활의 원칙이 아닌 것은?

① 적량의 규정
② 주유방법의 통일화
③ 올바른 윤활법의 채용
④ 윤활기간의 올바른 준수

② 주유방법은 각각 기계에 맞는 방법을 사용할 것

38

정보의 촉각적 암호화 방법으로만 구성된 것은?

① 점자, 진동, 온도
② 초인종, 점멸등, 점자
③ 신호등, 경보음, 점멸등
④ 연기, 온도, 모스(Morse)부호

*정보의 촉각적 암호화 방법
① 점자　　② 진동　　③ 온도

39

화학설비에 대한 안전성 평가방법 중 공장의 입지 조건이나 공장 내 배치에 관한 사항은 어느 단계에서 하는가?

① 제1단계 : 관계자료의 작성 준비
② 제2단계 : 정성적 평가
③ 제3단계 : 정량적 평가
④ 제4단계 : 안전대책

*화학설비에 대한 안전성 평가
① 정량적 평가
객관적인 데이터를 활용하는 평가
ex) 압력, 온도, 용량, 취급물질, 조작 등

② 정성적 평가
객관적인 데이터로 나타내기 힘든 요소까지 종합적으로 고려하는 평가
ex) 공장의 입지 조건, 공장 내 배치, 건조물, 입지 조건 등

40

다음 중 성격이 다른 정보의 제어 유형은?

① action
② selection
③ setting
④ data entry

*정보처리 단계
① 초기단계 : setting
② 처리단계 : action, selection, data entry

41

크레인의 방호장치에 해당되지 않는 것은?

① 권과방지장치
② 과부하방지장치
③ 자동보수장치
④ 비상정지장치

*크레인의 방호장치
① 권과방지장치
② 과부하방지장치
③ 제동장치
④ 비상정지장치

42

프레스작업에서 재해예방을 위한 재료의 자동송급 또는 자동배출장치가 아닌 것은?

① 롤피더
② 그리퍼피더
③ 플라이어
④ 셔블 이젝터

*자동송급장치 및 자동배출장치
① 자동송급장치 : 롤피더, 그리퍼피더
② 자동배출장치 : 셔블, 이젝터

43

롤러기 급정지장치의 종류가 아닌 것은?

① 어깨조작식
② 손조작식
③ 복부조작시
④ 무릎조작식

*롤러기의 급정지장치
작업자가 조작부를 설치하여 건드리면 구동에너지가 차단되어 급정지가 되는 장치

종류	위치
손조작식	밑면에서 1.8m 이내
복부조작식	밑면에서 0.8m 이상 1.1m 이내
무릎조작식	밑면에서 0.6m 이내

✔ 단, 급정지장치 조작부의 중심점을 기준으로 한다.

44

기계 고장률의 기본 모형이 아닌 것은?

① 초기고장
② 우발고장
③ 마모고장
④ 수시고장

*기계설비의 수명곡선(=욕조곡선)

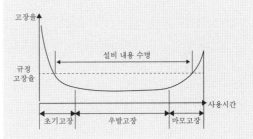

45

와이어로프의 구성요소가 아닌 것은?

① 소선　　　　　　② 클립
③ 스트랜드　　　　④ 심강

*와이어로프의 구성요소
① 소선(와이어)
② 가닥(스트랜드)
③ 심(심강)

46

이상온도, 이상기압, 과부하 등 기계의 부하가 안전 한계치를 초과하는 경우에 이를 감지하고 자동으로 안전상태가 되도록 조정하거나 기계의 작동을 중지시키는 방호장치는?

① 감지형 방호장치
② 접근거부형 방호장치
③ 위치제한형 방호장치
④ 접근방호형 방호장치

*감지형 방호장치
이상온도, 이상기압, 과부하 등 기계의 부하가 안전 한계치를 초과하는 경우에 이를 감지하고 자동으로 안전상태가 되도록 조정하거나 기계의 작동을 중지시키는 방호장치

47

연삭용 숫돌의 3요소가 아닌 것은?

① 조직　　　　　　② 입자
③ 결합체　　　　　④ 기공

*연삭숫돌의 3요소
① 입자
② 결합제
③ 기공

48

산업용 로봇에 사용되는 안전 매트의 종류 및 일반구조에 관한 설명으로 틀린 것은?

① 안전매트의 종류는 연결사용 가능여부에 따라 단일 감지기와 복합 감기기가 있다.
② 단선경보장치가 부착되어 있어야 한다.
③ 감응시간을 조절하는 장치가 부착되어 있어야 한다.
④ 감응도 조절장치가 있는 경우 봉인되어 있어야 한다.

*산업용로봇 안전매트의 특징
① 단선경보장치가 부착되어 있어야 한다.
② 감응시간을 조절하는 장치가 부착되어 있지 않아야 한다.
③ 감응도 조절장치가 있는 경우 봉인되어 있어야 한다.
④ 안전 매트의 종류는 연결사용 가능여부에 따라 단일감지기와 복합감지기가 있다.

49

오스테나이트 계열 스테인리스 강판의 표면 균열 발생을 검출하기 곤란한 비파괴 검사방법은?

① 염료침투검사　　　② 자분검사
③ 와류검사　　　　　④ 형광침투검사

*자분탐상검사(MT)
강자성체의 결함을 찾을 때 사용하는 비파괴검사법으로 표면의 누설자속을 육안으로 검출할 수 있다. 오스테나이트 계열은 비자성 금속으로 자분탐상시험이 불가능하다.

50

일반구조용 압연강판(SS400)으로 구조물을 설계할 때 허용응력을 $10kg/mm^2$으로 정하였다. 이 때 적용된 안전율은?

① 2　　　　② 4　　　　③ 6　　　　④ 8

*안전율(=안전계수, S)
SS400 : 최소인장강도 $400N/mm^2$를 의미한다.
허용응력의 단위가 kg/mm^2으로 주어졌으므로

$$최소인장강도 = \frac{400}{9.8} = 40.82kg/mm^2$$

$$S = \frac{최소인장강도}{허용응력} = \frac{40.82}{10} = 4.082 ≒ 약 4$$

51

회전중인 연삭숫돌이 근로자에게 위험을 미칠 우려가 있을 시 덮개를 설치하여야 할 연삭숫돌의 최소 지름은?

① 지름이 $5cm$ 이상인 것
② 지름이 $10cm$ 이상인 것
③ 지름이 $15cm$ 이상인 것
④ 지름이 $20cm$ 이상인 것

지름이 $5cm$ 이상인 연삭숫돌을 사용할 경우 덮개를 설치한다.

52

동력프레스기의 No hand Die 방식의 안전대책으로 틀린 것은?

① 안전금형을 부착한 프레스
② 양수조작식 방호방치의 설치
③ 안전울을 부착한 프레스
④ 전용프레스의 도입

*금형 접근 방식에 따른 분류

No-Hand in die	Hand in die
① 안전울 부착 프레스	① 손쳐내기식 방호장치
② 안전금형 부착 프레스	② 수인식 방호장치
③ 전용 프레스	③ 게이트가드식 방호장치
④ 자동 프레스	④ 양수조작식 방호장치
	⑤ 광전자식 방호장치

53

다음 중 선반 작업에서 안전한 방법이 아닌 것은?

① 보안경 착용
② 칩 제거는 브러쉬를 사용
③ 작동 중 수시로 주유
④ 운전 중 백기어 사용금지

③ 기계를 정지 후 주유할 것

54

아세틸렌 용접장치에 관한 설명 중 틀린 것은?

① 아세틸렌 발생기로부터 $5m$ 이내, 발생기
   실로부터 $3m$ 이내에는 흡연 및 화기사용을
   금지한다.
② 역화가 일어나면 산소밸브를 즉시 잠그고
   아세틸렌 밸브를 잠근다.
③ 아세틸렌 용기는 뉘어서 사용한다.
④ 건식안전기에는 차단방법에 따라 소결 급
   속식과 우회로식이 있다.

③ 아세틸렌 용기를 세워서 사용한다.

55

**물질 내 실제 입자의 진동이 규칙적일 경우 주파
수의 단위는 헤르츠(Hz)를 사용하는데 다음 중 통상
적으로 초음파는 몇 Hz 이상의 음파를 말하는가?**

① 10000   ② 20000
③ 50000   ④ 100000

*통상적 초음파
$20000Hz$ 이상

56

보일러 과열의 원인이 아닌 것은?

① 수관과 본체의 청소 불량
② 관수 부족 시 보일러의 가동
③ 드럼내의 물의 감소
④ 수격작용이 발생될 때

④ 수격작용 : 배관 파괴의 원인

57

**프레스 양수조작식 방호장치에서 누름버튼 상호간
최소 내측거리로 옳은 것은?**

① $200mm$ 이상   ② $250mm$ 이상
③ $300mm$ 이상   ④ $400mm$ 이상

양수조작식 방호장치의 누름 버튼 상호 간 내측거
리는 $300mm$이상으로 한다.

58

**다음 중 지브가 없는 크레인의 정격하중에 관한
정의로 옳은 것은?**

① 짐을 싣고 상승할 수 있는 최대하중
② 크레인의 구조 및 재료에 따라 들어올릴 수
   있는 최대하중
③ 권상하중에서 훅, 그랩 또는 버킷 등 달기
   구의 중량에 상당하는 하중을 뺀 하중
④ 짐을 싣지않고 상승할 수 있는 최대하중

*정격하중
작용할 수 있는 최대 하중에서 달기구들의 중량을
제외한 하중이다.

59

안전색채와 기계장비 또는 배관의 연결이 잘못된 것은?

① 시동스위치 – 녹색
② 급정지스위치 – 황색
③ 고열기계 – 회청색
④ 증기배관 – 암적색

② 급정지스위치 : 적색

60

지름이 $D(mm)$인 연삭기 숫돌의회정수가 $N(rpm)$ 일 때 숫돌의 원주속도$(m/\min)$를 옳게 표시한 식은?

① $\pi DN/1000$ ② πDN
③ $\pi DN/60$ ④ $DN/1000$

*연삭숫돌의 원주속도

$$V = \pi D[m]N = \frac{\pi D[mm]N}{1000}$$

여기서,
D : 연삭숫돌의 바깥지름 $[mm]$
N : 회전수 $[rpm]$

61

다음 설명과 가장 관계가 깊은 것은?

> - 파이프 속에 저항이 높은 액체가 흐를 때 발생된다.
> - 액체의 흐름이 정전기 발생에 영향을 준다.

① 충돌대전
② 박리대전
③ 유동대전
④ 분출대전

*정전기 대전현상의 종류

종류	설명
마찰대전	종이, 필름 등이 금속롤러와 마찰을 일으킬 때 전하분리로 인하여 정전기가 발생되는 현상
박리대전	서로 밀착해 있는 물체가 분리될 때 전하분리로 인하여 정전기가 발생되는 현상
유동대전	파이프 속에서 액체가 유동할 때 발생하는 대전현상으로, 액체의 흐름속도가 정전기 발생에 영향을 준다.
분출대전	분체류가 단면적이 작은 분출구를 통해 공기 중으로 분출될 때 분출하는 물질과 분출구의 마찰로 인해 정전기가 발생되는 현상
충돌대전	분체류와 같은 입자 상호간이나 입자와 고체와의 충돌에 의해 빠른 접촉 또는 분리가 일어나 정전기가 발생되는 현상
파괴대전	고체나 분체류와 같은 물체가 파괴되었을 때 전하분리에 의해 정전기가 발생되는 현상
교반대전	액체류 수송 중 액체류 상호간 또는 액체와 고체와의 상호작용에 의해 정전기가 발생하는 현상

62

분진폭발 방지대책으로 거리가 먼 것은?

① 작업장 등은 분진이 퇴적하지 않는 형상으로 한다.
② 분진 취급 장치에는 유효한 집진 장치를 설치한다.
③ 분체 프로세스의 장치는 밀폐화하고 누설이 없도록 한다.
④ 분진 폭발의 우려가 있는 작업장에는 감독자를 상주시킨다.

④ 분진 폭발시 감독자가 위험에 처할 수 있으므로 상주하는 것은 위험하다.

63

피부의 전기저항 연구에 의하면 인체의 피부 중 $1 \sim 2mm^2$ 정도의 적은 부분은 전기 자극에 의해 신경이 이상적으로 흥분하여 다량의 피부지방이 분비되기 때문에 그 부분의 전기저항이 1/10 정도로 적어지는 피전점(皮電点)이 존재한다고 한다. 이러한 피전점이 존재하는 부분은?

① 머리
② 손등
③ 손바닥
④ 발바닥

*피전점 존재 부분
① 손등
② 볼
③ 턱
④ 정강이

64

코로나 방전이 발생할 경우 공기 중에 생성되는 것은?

① O_2 ② O_3
③ N_2 ④ N_3

*코로나 방전
전선 표면에서 낮은 소리와 열은 빛을 내는 방전 현상으로, 공기중에 오존(O_3)을 발생시킨다.

65

고압 및 특고압 전로에 시설하는 피뢰기의 설치 장소로 잘못된 곳은?

① 가공전선로와 지중전선로가 접속되는 곳
② 발전소, 변전소의 가공전선 인입구 및 인출구
③ 가공전선로에 접속하는 배전용 변압기의 저압측
④ 특고압 가공전선로로부터 공급 받는 수용 장소의 인입구

*피뢰기의 설치장소
① 특별고압 및 고압 수용장소의 인입구
② 가공전선로에 접속하는 배전용 변압기의 고압측
③ 지중전선로와 가공전선로가 접속되는 곳
④ 발전소 또는 변전소의 가공전선 인입구 및 인출구

66

전기설비의 방폭구조의 종류가 아닌 것은?

① 근본 방폭구조
② 압력 방폭구조
③ 안전증 방폭구조
④ 본질안전 방폭구조

*방폭구조의 종류

종류	내용
내압 방폭구조 (d)	용기 내 폭발시 용기가 그 압력을 견디고 개구부 등을 통해 외부에 인화될 우려가 없는 구조
압력 방폭구조 (p)	용기 내에 보호가스를 압입시켜 대기압 이상으로 유지하여 폭발성 가스가 유입되지 않도록 하는 구조
안전증 방폭구조 (e)	운전 중에 생기는 아크, 스파크, 발열 등의 발화원을 제거하여 안전도를 증가시킨 구조
유입 방폭구조 (o)	전기불꽃, 아크, 고온 발생 부분을 기름으로 채워 폭발성 가스 또는 증기에 인화되지 않도록 한 구조
본질안전 방폭구조 (ia, ib)	운전 중 단선, 단락, 지락에 의한 사고 시 폭발 점화원의 발생이 방지된 구조
비점화 방폭구조 (n)	운전중에 점화원을 차단하여 폭발이 일어나지 않고, 이상 상태에서 짧은시간 동안 방폭기능을 할 수 있는 구조
몰드 방폭구조 (m)	전기불꽃, 고온 발생 부분은 컴파운드로 밀폐한 구조

67

대지를 접지로 이용하는 이유 중 가장 옳은 것은?

① 대지는 토양의 주성분이 규소(SiO_2)이므로 저항이 영(0)에 가깝다.
② 대지는 토양의 주성분인 산화알미늄(Al_2O_3)이므로 저항이 영(0)에 가깝다.
③ 대지는 철분을 많이 포함하고 있기 때문에 전류를 잘 흘릴 수 있다.
④ 대지는 넓어서 무수한 전류통로가 있기 때문에 저항이 영(0)에 가깝다.

④ 대지를 접지로 이용하는 이유는 무수한 전류통로가 있기 때문에 저항이 0에 가까우므로 접지로 이용한다.

68

전기작업 안전의 기본 대책에 해당되지 않는 것은?

① 취급자의 자세
② 전기설비의 품질 향상
③ 전기시설의 안전관리 확립
④ 유지보수를 위한 부품 재사용

*전기작업 안전의 기본 대책
① 취급자의 자세
② 전기설비의 품질 향상
③ 전기시설의 안전관리 확립

69

폴리에스터, 나일론, 아크릴 등의 섬유에 정전기 대전방지 성능이 특히 효과가 있고, 섬유에의 균일 부착성과 열 안전성이 양호한 외부용 일시성 대전방지제로 옳은 것은?

① 양ion계 활성제
② 음ion계 활성제
③ 비ion계 활성제
④ 양성ion계 활성제

*음이온계 활성제
폴리에스터·나일론·아크릴 등의 섬유에 정전기 대전 방지 성능이 특히 효과가 있고, 섬유에 균일 부착성과 열 안전성이 양호한 외부용 일시성 대전방지제

70

$200A$의 전류가 흐르는 단상 전로의 한 선에서 누전되는 최소 전류(mA)의 기준은?

① 100
② 200
③ 10
④ 20

*누설전류(I_g)의 한계값

$$I_g = \frac{I}{2000} = \frac{200}{2000} = 0.1A = 100mA$$

71

반도체 취급 시 정전기로 인한 재해 방지대책으로 거리가 먼 것은?

① 작업자 정전화 착용
② 작업자 제전복 착용
③ 부도체 작업대 접지 실시
④ 작업장 도전성 매트 사용

*정전기 재해 방지대책
① 정전화(안전화) 착용
② 제전복 착용
③ 정전기 제전용구 착용
④ 작업장 바닥 등에 도전성을 갖추도록 조치
⑤ 도체부 접지

72

$50kW, 60Hz$ 3상 유도전동기가 $380V$ 전원에 접속된 경우 흐르는 전류는 약 몇 A인가? (단, 역률은 80%이다.)

① 82.24
② 94.96
③ 116.30
④ 164.47

*3상 전력(W)
$$W = \sqrt{3} \, VI \times 역률$$
$$\therefore I = \frac{W}{\sqrt{3} \, V} \times \frac{1}{역률} = \frac{50 \times 10^3}{\sqrt{3} \times 380} \times \frac{1}{0.8} = 94.96A$$

73

방폭지역에 전기기기를 설치할 때 그 위치로 적당하지 않은 것은?

① 운전·조작·조정이 편리한 위치
② 수분이나 습기에 노출되지 않는 위치
③ 정비에 필요한 공간이 확보되는 위치
④ 부식성 가스발산구 주변 검지가 용이한 위치

④ 부식성 가스발산구 주변은 전기기기가 부식할 위험이 있으므로 설치를 피한다.

74

전자기기의 케이스를 전폐구조로 하며 접합면에는 일정치 이상의 깊이를 갖는 패킹을 사용하여 분진이 용기 내로 침입하지 못하도록 한 방폭구조는?

① 보통방진 방폭구조
② 분진특수 방폭구조
③ 특수방진 방폭구조
④ 밀폐방진 방폭구조

*특수방진 방폭구조(SDP)
패킹으로 밀폐장치를 하여 틈새, 접합면 등으로 분진이 용기내부에 침입하지 못하도록 한 구조

75

화재대비 비상용 동력 설비에 포함되지 않는 것은?

① 소화 펌프　　　② 급수 펌프
③ 배연용 송풍기　　④ 스프링클러 펌프

*비상용 동력설비
① 소화펌프
② 배연용 송풍기
③ 스프링클러 펌프

76

$Q = 2 \times 10^{-7} C$ 으로 대전하고 있는 반경 $25cm$ 도체구의 전위는 약 몇 kV 인가?

① 7.2　　　　　　② 12.5
③ 14.4　　　　　　④ 25

*도체구의 전위(E) [V]

$$E = \frac{Q}{4\pi\varepsilon_0 r}$$
$$= \frac{2 \times 10^{-7}}{4\pi \times 8.855 \times 10^{-12} \times 0.25} = 7189.38\,V = 7.19kV$$
$$\fallingdotseq 7.2\,kV$$

여기서,
Q : 전하 [C]
ε_o : 유전율($\varepsilon = 8.855 \times 10^{-12}$)
r : 반지름 [m]

77

전기설비 화재의 경과 병 재해 중 가장 빈도가 높은 것은?

① 단락(합선)　　　② 누전
③ 접촉부 과열　　　④ 정전기

*전기화재의 빈도
단락(합선) > 누전 > 접촉부 과열 > 정전기

78

그림과 같은 전기설비에서 누전사고가 발생하여 인체가 전기설비의 외함에 접촉하였을 때 인체 통과 전류는 약 몇 mA 인가?

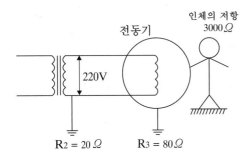

① 43.25   ② 51.24
③ 58.36   ④ 61.68

---

*인체에 흐르는 전류(I_m)

$$I_m = \frac{E}{R_2 + \left(\dfrac{R_m R_3}{R_m + R_3}\right)} \times \frac{R_3}{R_m + R_3}$$

여기서, V : 전원의 대지전압 $[V]$
$\qquad\quad R_m$: 인체저항 $[\Omega]$
$\qquad\quad R_2,\ R_3$: 접지저항 $[\Omega]$

$$I_m = \frac{220}{20 + \left(\dfrac{3000 \times 80}{3000 + 80}\right)} \times \frac{80}{3000 + 80}$$

$$= 0.05836A = 58.36mA$$

79

전기누전 화재경보기의 시험 방법에 속하지 않는 것은?

① 방수시험   ② 전류특성시험
③ 접지저항시험   ④ 전압특성시험

---

*전기누전 화재경보기 시험방법
① 방수시험
② 전류특성시험
③ 전압특성시험
④ 주파수특성시험
⑤ 절연저항시험
⑥ 진동시험
⑦ 충격시험

80

정전작업을 하기 위한 작업 전 조치사항이 아닌 것은?

① 단락접지 상태를 수시로 확인
② 전로의 충전 여부를 검전기로 확인
③ 전력용 커패시터, 전력케이블 등 잔류전하 방전
④ 개로개폐기의 잠금장치 및 통전금지 표지판 설치

---

*정전작업 시 조치사항

작업 시기	조치사항
정전작업 전 조치사항	① 전로의 충전 여부를 검전기로 확인 ② 전력용 커패시터, 전력케이블 등 잔류전하방전 ③ 개로개폐기의 잠금장치 및 통전금지 표지판 설치 ④ 단락접지기구로 단락접지
정전작업 중 조치사항	① 작업지휘자에 의한 지휘 ② 단락접지 수시로 확인 ③ 근접활선에 대한 방호상태 관리 ④ 개폐기의 관리
정전작업 후 조치사항	① 단락접지기구의 철거 ② 시건장치 또는 표지판 철거 ③ 작업자에 대한 위험이 없는 것을 최종 확인 ④ 개폐기 투입으로 송전 재개

81

다음 중 송풍기의 상사법칙으로 옳은 것은?
(단, 송풍기의 크기와 공기의 비중량은 일정하다.)

① 풍압은 회전수에 반비례한다.
② 풍량은 회전수의 제곱에 비례한다.
③ 소요동력은 회전수의 세제곱에 비례한다.
④ 풍압과 동력은 절대온도에 비례한다.

---

*송풍기의 상사법칙

① 유량(송풍량) : $\dfrac{Q_2}{Q_1} = \left(\dfrac{D_2}{D_1}\right)^3 \left(\dfrac{n_2}{n_1}\right)$

② 풍압(정압) : $\dfrac{p_2}{p_1} = \left(\dfrac{\gamma_2}{\gamma_1}\right)\left(\dfrac{D_2}{D_1}\right)^2\left(\dfrac{n_2}{n_1}\right)^2$

③ 동력(축동력) : $\dfrac{L_2}{L_1} = \left(\dfrac{\gamma_2}{\gamma_1}\right)\left(\dfrac{D_2}{D_1}\right)^5\left(\dfrac{n_2}{n_1}\right)^3$

여기서,
D : 지름 $[mm]$
n : 회전수 $[rpm]$
γ : 비중량 $[N/m^3]$

82

다음 중 가연성 가스의 연소 형태에 해당하는 것은?

① 분해연소   ② 자기연소
③ 표면연소   ④ 확산연소

가연성 가스는 <u>확산연소</u> 한다.

83

4% $NaOH$ 수용액과 10% $NaOH$ 수용액을 반응기에 혼합하여 6% $100kg$의 $NaOH$ 수용액을 만들려면 각각 몇 kg의 $NaOH$ 수용액이 필요한가?

① $4\% NaOH$수용액 : 50, 10% $NaOH$수용액 : 50
② $4\% NaOH$수용액 : 56.2, 10% $NaOH$수용액 : 43.8
③ $4\% NaOH$수용액 : 66.67, 10% $NaOH$수용액 : 33.33
④ $4\% NaOH$수용액 : 80, 10% $NaOH$수용액 : 20

---

*수용액의 혼합 비율

$0.04A + 0.1B = 0.06 \times 100 = 6$ ·········①
$A + B = 100$ ∴ $A = 100 - B$ ·········②

②식을 ①에 대입하면

$0.04(100 - B) + 0.1B = 6$

∴ $B = 33.33kg$, $A = 66.67kg$

84

일산화탄소에 대한 설명으로 틀린 것은?

① 무색·무취의 기체이다.
② 염소와는 촉매 존재하에 반응하여 포스겐이 된다.
③ 인체 내의 헤모글로빈과 결합하여 산소 운반기능을 저하시킨다.
④ 불연성가스로서, 허용농도가 $10ppm$이다.

85

폭발하한계를 L, 폭발상항계를 U라 할 경우 다음 중 위험도 (H)를 옳게 나타낸 것은?

① $H = \dfrac{U-L}{L}$ 　　② $H = \dfrac{|L-U|}{U}$

③ $H = \dfrac{L}{U-L}$ 　　④ $H = \dfrac{U}{|L-U|}$

86

산업안전보건법령상 특수화학설비 설치 시 반드시 필요한 장치가 아닌 것은?

① 원재료 공급의 긴급차단장치
② 즉시 사용할 수 있는 예비동력원
③ 화재시 긴급대응을 위한 물분무소화장치
④ 온도계·유량계·압력계 등의 계측장치

87

다음 중 냉각소화에 해당하는 것은?

① 튀김 기름이 인화되었을 때 싱싱한 야채를 넣어 소화한다.
② 가연성 기체의 분출 화재 시 주 밸브를 닫아서 연료 공급을 차단한다.
③ 금속화재의 경우 불활성 물질로 가연물을 덮어 미연소 부분과 분리한다.
④ 촛불을 입으로 불어서 끈다.

88

다음 중 Flash over의 방지(지연)대책으로 가장 적절한 것은?

① 출입구 개방전 외부 공기 유입
② 실내의 가열
③ 가연성 건축자재 사용
④ 개구부 제한

*Flash Over(플래시 오버) 방지대책
① 개구부의 제한
② 천장의 불연화
③ 가연물 양의 제한

89

다음 중 분진이 발화 폭발하기 위한 조건으로 거리가 먼 것은?

① 불연성 성질
② 미분상태
③ 점화원의 존재
④ 지연성가스 중에서의 교반과 운동

① 불연성 : 쉽게 연소되지 않는 성질

90

관부속품 중 유로를 차단할 때 사용되는 것은?

① 유니온   ② 소켓
③ 플러그   ④ 엘보우

*관 부속품의 용도

용도	종류
관의 방향변경	엘보우, Y형 관이음쇠, 티, 십자
관의 직경변경	부싱, 리듀서
유로차단	캡, 밸브, 플러그

91

공업용 가스의 용기가 주황색으로 도색되어 있을 때 용기 안에는 어떠한 가스가 들어있는가?

① 수소   ② 질소
③ 암모니아   ④ 아세틸렌

*가연성가스 및 독성가스의 용기

고압가스	도색
산소	녹색
수소	주황색
염소	갈색
탄산가스	청색
석유가스 or 질소	회색
아세틸렌	황색
암모니아	백색

92

인화성액체 위험물을 액체상태로 저장하는 저장탱크를 설치할 때, 위험물질이 누출되어 확산되는 것을 방지하기 위하여 설치해야 하는 것은?

① 방유제   ② 유막시스템
③ 방폭제   ④ 수막시스템

*방유제(Diking)
저장탱크에서 위험물질이 누출될 경우에 외부로 확산되지 못하게 하는 지상방벽 구조물

93

다음 중 산업안전보건법령상 공정안전보고서의 안전운전 계획에 포함되지 않는 항목은?

① 안전작업허가
② 안전운전지침서
③ 가동 전 점검지침
④ 비상조치계획에 따른 교육계획

*공정안전보고서의 안전운전계획 포함사항
① 안전운전지침서
② 설비점검・검사 및 보수계획, 유지계획 및 지침서
③ 안전작업허가
④ 도급업체 안전관리계획
⑤ 근로자 등 교육계획
⑥ 가동 전 점검지침
⑦ 변경요소 관리계획
⑧ 자체감사 및 사고조사계획

94

위험물안전관리법령에 의한 위험물 분류에서 제1류 위험물은 산화성고체이다. 다음 중 산화성 고체 위험물에 해당하는 것은?

① 과염소산칼륨
② 황린
③ 마그네슘
④ 나트륨

① 과염소산칼륨 - 제1류 위험물(산화성고체)
② 황린 - 제3류 위험물(자연발화성물질)
③ 마그네슘 - 제2류 위험물(가연성고체)
④ 나트륨 - 제3류 위험물(금수성물질)

95

다음 중 Halon 2402의 화학식으로 옳은 것은?

① $C_2I_4Br_2$
② $C_2F_4Br_2$
③ $C_2Cl_4Br_2$
④ $C_2I_4Cl_2$

*Halon 소화약제
Halon 소화약제의 Halon번호는 순서대로
C, F, Cl, Br, I의 개수를 나타낸다.

명칭	분자식
Halon 1001	CH_3Br
Halon 10001	CH_3I
Halon 1011	CH_2ClBr
Halon 1211	CF_2ClBr
Halon 1301	CF_3Br
Halon 104	CCl_4
Halon 2402	$C_2F_4Br_2$

96

다음 중 펌프의 사용 시 공동현상(cavitation)을 방지하고자 할 때의 조치사항으로 틀린 것은?

① 펌프의 회전수를 높인다.
② 흡입비 속도를 작게 한다.
③ 펌프의 흡입관의 수두손실을 줄인다.
④ 펌프의 설치높이를 낮추어 흡입양정을 짧게 한다.

*공동현상(Cavitation) 방지대책
① 펌프의 유효 흡입양정을 작게한다.
② 펌프의 회전속도를 작게 한다.
③ 흡입측에서 펌프의 토출량을 줄이는 것은 금지
④ 펌프를 수중에 완전히 잠기게 한다.
⑤ 흡입비 속도를 작게 한다.
⑥ 펌프의 흡입관의 손실수두를 줄인다.

97

다음 중 산업안전보건기준에 관한 규칙에서 규정한 위험물질에 종류에서 "물반응성 물질 및 인화성 고체"에 해당하는 것은?

① 질산에스테르류　　② 니트로화합물
③ 칼륨・나트륨　　　④ 니트로소화합물

*물반응성물질 및 인화성고체
① 황화린
② 적린
③ 황
④ 금속분
⑤ 마그네슘분
⑥ 칼륨
⑦ 나트륨
⑧ 알킬리튬 및 알킬알루미늄
⑨ 황린
⑩ 알칼리금속 및 알칼리토금속
⑪ 유기금속화합물
⑫ 금속의 수소화물
⑬ 금속의 인화물
⑭ 칼슘 또는 알루미늄의 탄화물

98

다음 중 C급 화재에 해당하는 것은?

① 금속화재　　　　② 전기화재
③ 일반화재　　　　④ 유류화재

*화재의 구분

등급	종류	색	소화방법
A급	일반화재	백색	냉각소화
B급	유류 및 가스화재	황색	질식소화
C급	전기화재	청색	질식소화
D급	금속화재	무색	피복소화

99

다음 중 인화점이 가장 낮은 물질은?

① 등유　　　　　　② 아세톤
③ 이황화탄소　　　④ 아세트산

*각 물질의 인화점

물질	인화점
등유	38℃
아세톤	−18℃
이황화탄소	−30℃
아세트산	39℃

100

다음 중 공기 속에서의 폭발하한계($vol\%$) 값의 크기가 가장 작은 것은?

① H_2　　　　　　② CH_4
③ CO　　　　　　④ C_2H_2

*각 물질의 폭발한계 비교

물질	폭발하한계	폭발상한계
수소 (H_2)	4vol%	75vol%
메탄 (CH_4)	5vol%	15vol%
일산화탄소 (CO)	12.5vol%	74vol%
아세틸렌 (C_2H_2)	2.5vol%	81vol%

101

신품의 추락방지망 중 그물코의 크기 $10cm$인 매듭방망의 인장강도 기준으로 옳은 것은?

① 110kg 이상   ② 200kg 이상
③ 360kg 이상   ④ 400kg 이상

*신품 방망사에 대한 인장강도 기준

그물코의 크기 (cm)	방망의 종류(kg)	
	매듭없는 망	매듭 망
5	−	110
10	240	200

102

재해사고를 방지하기 위하여 크레인에 설치된 방호장치와 거리가 먼 것은?

① 공기정화장치   ② 비상정지장치
③ 제동장치   ④ 권과방지장치

*크레인 방호장치
① 권과방지장치
② 과부하방지장치
③ 비상정지장치
④ 제동장치

103

구조물 해체작업으로 사용되는 공법이 아닌 것은?

① 압쇄공법   ② 잭공법
③ 절단공법   ④ 진공공법

*구조물 해체공법
① 압쇄공법   ② 잭공법
③ 절단공법   ④ 전도공법
⑤ 폭발공법   ⑥ 화염공법
⑦ 통전공법   ⑧ 브레이커공법

104

건립 중 강풍에 의한 풍압 등 외압에 대한 내력이 설계에 고려되었는지 확인하여야 하는 철골구조물의 기준으로 옳지 않은 것은?

① 높이 $20m$ 이상의 구조물
② 구조물의 폭과 높이의 비가 1:4 이상인 구조물
③ 이음부가 공장 제작인 구조물
④ 연면적당 철골량이 $50kg/m^2$ 이하인 구조물

*강풍내력설계를 고려해야하는 철골구조물의 기준
① 연면적당 철골량이 $50kg/m^2$ 이하인 구조물
② 기둥이 타이플레이트 형인 구조물
③ 이음부가 현장용접인 구조물
④ 높이가 $20m$ 이상의 구조물
⑤ 구조물의 폭과 높이의 비가 1:4 이상인 구조물
⑥ 고층건물, 호텔 등에서 단면구조가 현저한 차이가 있는 것

105

산업안전보건관리비의 효율적인 집행을 위하여 고용노동부장관이 정할 수 있는 기준에 해당되지 않는 것은?

① 안전·보건에 관한 협의체 구성 및 운영
② 공사의 진척 정도에 따른 사용기준
③ 사업의 규모별 사용방법 및 구체적인 내용
④ 사업의 종류별 사용방법 및 구체적인 내용

*산업안전보건관리비의 집행 기준
① 공사의 진척 정도에 따른 사용기준
② 사업의 규모별 사용방법 및 구체적인 내용
③ 사업의 종류별 사용방법 및 구체적인 내용

106

항타기 또는 항발기에 사용되는 권상용와이어로프의 안전계수는 최소 얼마 이상이어야 하는가?

① 3   ② 4
③ 5   ④ 6

와이어로프의 안전계수는 5 이상이어야 한다.

107

철골보 인양 시 준수해야 할 사항으로 옳지 않은 것은?

① 인양 와이어로프의 매달기 각도는 양변 60°를 기준으로 한다.
② 크램프로 부재를 체결할 때는 크램프의 정격용량 이상 매달지 않아야 한다.
③ 크램프는 부재를 수평으로 하는 한 곳의 위치에만 사용하여야 한다.
④ 인양 와이어로프는 후크의 중심에 걸어야 한다.

③ 크램프는 부재를 수평으로 하는 두 곳 이상 위치에 사용하여야 한다.

108

시스템 동바리를 조립하는 경우 수직재와 받침철물 연결부의 겹침길이 기준으로 옳은 것은?

① 받침철물 전체길이의 $\frac{1}{2}$ 이상

② 받침철물 전체길이의 $\frac{1}{3}$ 이상

③ 받침철물 전체길이의 $\frac{1}{4}$ 이상

④ 받침철물 전체길이의 $\frac{1}{5}$ 이상

시스템 동바리를 조립하는 경우 수직재와 받침철물 연결부의 겹침길이는 받침철물 전체길이의 1/3 이상이 되도록 할 것

109

토질시험 중 액체 상태의 흙이 건조되어 가면서 약성, 소성, 반고체, 고체 상태의 경계선과 관련된 시험의 명칭은?

① 아터버그 한계시험   ② 압밀 시험
③ 삼축압축시험   ④ 투수시험

*아터버그 한계(Atterberg limit)
점성토 시료로 구한 약성, 소성, 수축 등의 한계를 말하며 이 경계선과 관련된 시험을 아터버그 한계 실험이라고 한다.

110

유해 · 위험방지계획서를 제출해야 할 대상 공사의 조건으로 옳지 않은 것은?

① 터널 건설등의 공사
② 최대지간 길이가 $50m$ 이상인 교량건설등 공사
③ 다목적댐 · 발전용 댐 및 저수용량 2천만톤 이상의 용수전용댐, 지방상수도 전용 댐 건설 등의 공사
④ 깊이가 $5m$ 이상인 굴착공사

*유해위험방지계획서 제출대상 건설공사
① 지상높이가 $31m$ 이상인 건축물 또는 인공구조물
② 연면적 $30,000m^2$ 이상인 건축물
③ 연면적 $5,000m^2$ 이상인 시설
  ㉠ 문화 및 잡화시설(전시장 · 동물원 · 식물원 제외)
  ㉡ 판매시설 · 운수시설(고속도로의 역사 및 집배송 시설 제외)
  ㉢ 종교시설
  ㉣ 의료시설 중 종합병원
  ㉤ 숙박시설 중 관광숙박시설
  ㉥ 지하도상가
  ㉦ 냉동 · 냉장 창고시설
④ 연면적 $5000m^2$ 이상의 냉동 · 냉장창고시설의 설비 공사 및 단열공사
⑤ 최대 지간길이가 $50m$ 이상인 교량 건설 등 공사
⑥ 터널 건설 등의 공사
⑦ 다목적댐 · 발전용댐 및 저수용량 2천만톤 이상의 용수 전용 댐 · 지방상수도 전용 댐 건설 등의 공사
⑧ 깊이 $10m$ 이상인 굴착공사

111

다음 기계 중 양중기에 포함되지 않는 것은?

① 리프트   ② 곤돌라
③ 크레인   ④ 트롤리 컨베이어

*양중기의 종류
① 크레인(호이스트 포함)
② 이동식 크레인
③ 리프트(이삿짐 운반용 리프트는 적재하중 0.1ton 이상인 것)
④ 곤돌라
⑤ 승강기

112

콘크리트 타설작업을 하는 경우에 준수해야할 사항으로 옳지 않은 것은?

① 당일의 작업을 시작하기 전에 해당 작업에 관한 거푸집동바리 등의 변형 · 변위 및 지반의 침하 유무 등을 점검하고 이상이 있으면 보수할 것
② 작업 중에는 거푸집동바리등의 변형 · 변위 및 침하 유무 등을 감시할 수 있는 감시자를 배치하여 이상이 있으면 작업을 빠른 시간 내 우선 완료하고 근로자를 대피시킬 것
③ 콘크리트 타설작업 시 거푸집붕괴의 위험이 발생할 우려가 있으면 충분한 보강조치를 할 것
④ 콘크리트 타설하는 경우에는 편심이 발생 하지 않도록 골고루 분산하여 타설할 것

② 작업 중 이상 발견 시 작업을 즉시 중지하고 작업자들을 대피 시킬 것

113

차량계 건설기계를 사용하여 작업하고자 할 때 작업계획서에 포함되어야 할 사항에 해당되지 않는 것은?

① 사용하는 차량계 건설기계의 종류 및 성능
② 차량계 건설기계의 운행경로
③ 차량계 건설기계에 의한 작업방법
④ 차량계 건설기계의 유지보수방법

*차량계 건설기계의 작업계획 포함사항
① 차량계 건설기계의 종류 및 성능
② 차량계 건설기계의 운행경로
③ 차량계 건설기계에 의한 작업방법

114

기계가 위치한 지면보다 높은 장소의 땅을 굴착하는데 적합하며 산지에서의 토공사 및 암반으로부터의 점토질까지 굴착할 수 있는 건설장비의 명칭은?

① 파워쇼벨   ② 불도저
③ 파일드라이버   ④ 크레인

파워쇼벨(Power shovel)은 기계가 위치한 지면보다 높은 곳을 굴착할 수 있는 건설장비이다.

115

지표면에서 소정의 위치까지 파내려간 후 구조물을 축조하고 되메운 후 지표면을 원상태로 복구시키는 공법은?

① NATM 공법   ② 개착식 터널공법
③ TBN 공법   ④ 침매공법

*개착식 터널공법
지표면에서 소정의 위치까지 파내려간 후 구조물을 축조하고 되메운 후 지표면을 원상태로 복구시키는 공법

116

단관비계를 조립하는 경우 벽이음 및 버팀을 설치할 때의 수평방향 조립간격 기준으로 옳은 것은?

① 3m   ② 5m
③ 6m   ④ 10m

*비계의 조립간격

비계의 종류	조립간격	
	수직방향	수평방향
단관비계	5m 이하	5m 이하
틀비계 (높이가 5m미만인 것 제외)	6m 이하	8m 이하
통나무비계	5.5m 이하	7.5m 이하

117

산업안전보건기준에 관한 규칙에 따른 암반 중 풍화함 굴착 시 굴착면의 기울기 기준으로 옳은 것은?

① 1 : 1.5   ② 1 : 1.1
③ 1 : 1   ④ 1 : 0.5

*굴착면의 기울기 기준

지반의 종류	기울기
모래	1 : 1.8
연암 및 풍화암	1 : 1.0
경암	1 : 0.5
그 밖의 흙	1 : 1.2

118

흙막이 가시설 공사시 사용되는 각 계측기 설치 목적으로 옳지 않은 것은?

① 지표침하계 – 지표면 침하량 측정
② 수위계 – 지반 내 지하수위의 변화 측정
③ 하중계 – 상부 적재하중 변화 측정
④ 지중경사계 – 지중의 수평 변위량 측정

③ 하중계(Load Cell) : 축하중 변화상태 측정

119

철골 작업시 철골부재에서 근로자가 수직방향으로 이동하는 경우에 설치하여야 하는 고정된 승강로의 최소 답단 간격은 얼마 이내인가?

① 20cm   ② 25cm
③ 30cm   ④ 40cm

*고정된 승강로의 안전기준
① 철근 : 16mm 이상
② 답단간격 : 30cm 이내
③ 폭 : 30cm 이상

120

콘크리트 타설 시 거푸집 측압에 대한 설명으로 옳지 않은 것은?

① 기온이 높을수록 측압은 크다.
② 타설속도가 클수록 측압은 크다.
③ 슬럼프가 클수록 측압은 크다.
④ 다짐이 과할수록 측압은 크다.

*거푸집 측압이 커지는 경우
① 온도가 낮을수록
② 타설 속도가 빠를수록
③ 슬럼프가 클수록
④ 다짐이 과할수록
⑤ 타설 높이가 높을수록
⑥ 철골 또는 철근량이 적을수록
⑦ 거푸집의 투수성이 낮을수록

Memo

01

안전보건교육의 교육지도 원칙에 해당되지 않은 것은?

① 피교육자 중심의 교육을 실시한다.
② 동기부여를 한다.
③ 5감을 활용한다.
④ 어려운 것부터 쉬운 것으로 시작한다.

*안전보건교육지도 8원칙
① 피교육자 중심   ② 동기부여
③ 반복 활용   ④ 한 번에 한 가지씩
⑤ 기능적 이해   ⑥ 핵심 기억 강화
⑦ 쉬운 것부터 교육   ⑧ 5감을 활용

02

근로손실일수 산출에 있어서 사망으로 인한 근로손실연수는 보통 몇 년을 기준으로 산정하는가?

① 30   ② 25   ③ 15   ④ 10

*요양근로손실일수 산정요령

신체 장해자 등급	근로손실 일 수
사망	7500일
1~3급	7500일
4급	5500일
5급	4000일
6급	3000일
7급	2200일
8급	1500일
9급	1000일
10급	600일
11급	400일
12급	200일
13급	100일
14급	50일

1년동안 근무 가능일의 기준은 300일 이므로
$7500 \div 300 = 25$년

03

어느 사업장에서 당해년도에 총 660명의 재해자가 발생하였다. 하인리히의 재해구성비율에 의하면 경상의 재해자는 몇 명으로 추정되겠는가?

① 58   ② 64
③ 600   ④ 631

*하인리히(Heinrich)의 재해구성 비율
1 : 29 : 300 법칙

① 사망 또는 중상 : 1건
② 경상 : 29건
③ 무상해 사고 : 300건
④ 총 재해 건 수 : 1+29+300=330건

총 재해 건 수가 660건 이므로 2배의 비율을 적용하면
① 중상 또는 사망 : 2건
② 경상 : 58건
③ 무상해 사고 : 600건

04

안전교육 방법 중 강의식 교육을 1시간 하려고 할 경우 가장 많이 소비되는 단계는?

① 도입   ② 제시
③ 적용   ④ 확인

*안전교육훈련 4단계
1단계 : 도입단계 - 학습에 의욕이 생기도록 한다.
2단계 : 제시단계 - 작업을 설명한다.
3단계 : 적용단계 - 작업을 지시한다.
4단계 : 확인단계 - 작업을 제대로 하는지 확인한다.

*1시간 교육 시 단계별 교육시간

단계	강의식	토의식
1단계 (도입단계)	5분	5분
2단계 (제시단계)	40분	10분
3단계 (적용단계)	10분	40분
4단계 (확인단계)	5분	5분

05

안전교육 중 제 2단계로 시행되며 같은 것을 반복하여 개인의 시행착오에 의해서만 점차 그 사람에게 형성되는 교육은?

① 안전기술의 교육   ② 안전지식의 교육
③ 안전기능의 교육   ④ 안전태도의 교육

*안전보건교육지도 3단계
1단계 : 지식교육 - 광범위한 기초지식 주입
2단계 : 기능교육 - 반복을 통하여 스스로 습득
3단계 : 태도교육 - 안전의식과 책임감 주입

06

산업안전보건법상 안전보건개선계획의 수립·시행 명령을 받은 사업주는 고용노동부장관이 정하는 바에 따라 안전보건개선계획서를 작성하여 그 명령을 받은 날부터 며칠 이내에 관할 지방고용노동관서의 장에게 제출해야 하는가?

① 15일   ② 30일
③ 45일   ④ 60일

*서류제출 기한

서류 내용	제출 기한
유해·위험방지계획서	15일 이내
공정안전보고서	30일 이내
안전보건개선계획서	60일 이내

07

재해통계를 작성해야하는 필요성에 대한 설명으로 틀린 것은?

① 설비상의 결함요인을 개선 및 시정시키는데 활용한다.
② 재해의 구성요소를 알고 분포상태를 알아 대책을 세우기 위함이다.
③ 근로자의 행동결함을 발견하여 안전 재교육 훈련자료로 활용한다.
④ 관리책임 소재를 밝혀 관리자의 인책 자료로 삼는다.

④ 재해통계 보고서는 재해 재발방지용으로 활용하며 책임 소재 파악 또는 인책 대상으로 삼지 않는다.

08

위험예지훈련에 있어 브레인스토밍법의 원칙으로 적절하지 않은 것은?

① 무엇이든 좋으니 많이 발언한다.
② 지정된 사람에 한하여 발언의 기회가 부여된다.
③ 타인의 의견을 수정하거나 덧붙여서 말하여도 좋다.
④ 타인의 의견에 대하여 좋고 나쁨을 비평하지 않는다.

*브레인스토밍(Brainstorming)
6~12명의 구성원이 자유로운 토론으로 다량의 아이디어를 이끌어내 해결책을 찾는 집단적 사고 기법

① 비판, 비난 자제
② 아이디어의 양과 독창성 중시
③ 자유로운 발언권
④ 다른 사람의 아이디어를 조합 및 개선

09

산업안전보건법상 금지표지의 종류에 해당하지 않는 것은?

① 금연   ② 출입금지
③ 차량통행금지   ④ 적재금지

*금지표지

출입금지	보행금지	차량통행금지	사용금지
탑승금지	금연	화기금지	물체이동금지

10

작업내용 변경 시 일용근로자와 근로계약기간 1주일 이하인 근로자를 제외한 근로자의 사업 내 안전·보건 교육시간 기준으로 옳은 것은?

① 1시간 이상　　　　② 2시간 이상
③ 4시간 이상　　　　④ 6시간 이상

*사업 내 안전보건교육

교육과정	교육대상	교육시간
정기교육	사무직 종사 근로자	매반기 6시간 이상
	판매업무에 직접 종사하는 근로자	매반기 6시간 이상
	판매업무 외에 종사하는 근로자	매반기 12시간 이상
채용 시의 교육	일용근로자	1시간 이상
	근로계약기간 1주일 이하인 근로자	1시간 이상
	근로계약기간 1주일 초과 1개월 이하인 근로자	4시간 이상
	그 밖의 근로자	8시간 이상
작업내용 변경 시의 교육	일용근로자	1시간 이상
	근로계약기간 1주일 이하인 근로자	1시간 이상
	그 밖의 근로자	2시간 이상
건설업기초 안전보건교육	건설 일용근로자	4시간 이상

✔ 특별 교육 과정은 제외한 내용입니다.

11

OFF.J.T(Off the Job Training) 교육방법의 장점으로 옳은 것은?

① 개개인에게 적절한 지도훈련이 가능하다.
② 훈련에 필요한 업무의 계속성이 끊어지지 않는다.
③ 다수의 대상자를 일괄적, 조직적으로 교육할 수 있다.
④ 효과가 곧 업무에 나타나며, 훈련의 좋고 나쁨에 따라 개선이 용이하다.

*On.J.T(On the Jop Training)의 특징
① 개개인에게 적절한 지도훈련이 가능하다.
② 현장의 관리감독자가 강사가 되어 교육을 한다.
③ 효과가 곧 업무에 나타나며, 훈련의 좋고 나쁨에 따라 개선이 용이하다.
④ 직장의 실정에 맞는 실제적인 교육이 가능하다.
⑤ 교육 효과가 업무에 신속히 반영된다.
⑥ 훈련에 필요한 업무의 계속성이 끊이지 않는다.
⑦ 상호 신뢰 및 이해도가 높아진다.
⑧ 개개인에게 적절한 지도훈련이 가능하다.
⑨ 직장의 실정에 맞게 실제적 훈련이 가능하다.

*Off.J.T(Off the Jop Training)의 특징
① 다수의 대상자를 일괄적, 조직적으로 교육할 수 있다.
② 우수한 전문가를 강사로 활용할 수 있다.
③ 특별 교재, 교구, 설비를 유효하게 활용할 수 있다.
④ 많은 지식, 경험을 교류할 수 있다.
⑤ 훈련에만 전념할 수 있다.

12

스트레스의 주요요인 중 환경이나 기타 외부에서 일어나는 자극요인이 아닌 것은?

① 자존심의 손상　　　　② 대인관계 갈등
③ 죽음, 질병　　　　　　④ 경제적 어려움

*자극요인의 종류

내부적 자극요인	외부적 자극요인
① 자존심의 손상	① 대인관계 갈등
② 업무상 죄책감	② 죽음, 질병
③ 지나친 경쟁심	③ 경제적 어려움
④ 재물에 대한 욕심	④ 자신의 건강문제

13

크레인, 리프트 및 곤돌라는 사업장에 설치가 끝난 날부터 몇 년 이내에 최초의 안전검사를 실시해야 하는가?

① 1년　　　② 2년　　　③ 3년　　　④ 4년

*크레인, 리프트 및 곤돌라의 안전검사 주기
최초 설치가 끝난 날부터 3년 이내에 최초 안전검사를 실시하되, 그 이후부터 매 2년(건설현장에서 사용하는 것은 최초로 설치한 날부터 매 6개월마다)

14

산업안전보건법상 고용노동부장관은 자율안전확인대상 기계·기구 등의 안전에 관한 성능이 자율안전기준에 맞지 아니하게 된 경우 관련사항을 신고한 자에게 몇 개월 이내의 기간을 정하여 자율안전확인표시의 사용을 금지하거나 자율안전기준에 맞게 개선하도록 명할 수 있는가?

① 1　　　　② 3　　　　③ 6　　　　④ 12

*자율안전확인표시 사용금지 또는 개선
고용노동부장관은 자율안전확인대상 기계·기구 등의 안전에 관한 성능이 자율안전기준에 맞지 아니하게 된 경우에는 신고한 자에게 6개월 이내의 기간을 정하여 자율안전확인표시의 사용을 금지하거나 자율안전기준에 맞게 개선하도록 명할 수 있다.

15

방진마스크의 형태에 따른 분류 중 그림에서 나타내는 것은 무엇인가?

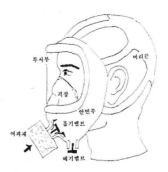

① 격리식 전면형　　　② 직결식 전면형
③ 격리식 반면형　　　④ 직결식 반면형

*방진마스크의 형태에 따른 분류

분류	형태
격리식 전면형	
직결식 전면형	
격리식 반면형	
직결식 반면형	
안면부 여과식	

16

무재해 운동을 추진하기 위한 조직의 3기둥으로 볼 수 없는 것은?

① 최고경영자의 경영자세
② 소집단 자주활동의 활성화
③ 전 종업원의 안전요원화
④ 라인관리자에 의한 안전보건의 추진

*무재해 운동 추진의 3요소(=3기둥)
① 경영자 : 엄격하고 확고한 안전방침 및 자세
② 관리감독자 : 안전활동의 라인화
③ 근로자 : 직장 자주활동의 활성화

17

산업재해의 발생형태 중 사람이 평면상으로 넘어졌을 때의 사고 유형은 무엇이라 하는가?

① 맞음   ② 넘어짐
③ 무너짐   ④ 떨어짐

*산업재해의 발생형태

명칭	예시
넘어짐	보행 중 미끄러져 넘어짐
질환	근골격계질환, 뇌심혈관계질환
무리한 동작	약제 등 무거운 물체의 무리한 운반
부딪힘	도어 불시 개방에 따른 부딪힘
화상	고온 핫팩 접촉에 의한 화상
절단, 베임, 찔림	폐기물 적재 및 운반 중 찔림
떨어짐, 끼임	기기의 덮개, 회전점에 끼임

18

매슬로우(Maslow)의 욕구 5단계 이론 중 자기 보존에 관한 안전욕구는 몇 단계에 해당되는가?

① 제1단계   ② 제2단계
③ 제3단계   ④ 제4단계

*매슬로우(Maslow)의 욕구 5단계

단계	설명
1단계 생리적 욕구	인간의 가장 기본적인 욕구이며, 의식주, 성적 욕구 등이 있다.
2단계 안전의 욕구	위험, 위협, 박탈에서 자신을 보호하고 불안을 회피하려는 욕구이다.
3단계 사회적 욕구	타인과 친교를 맺고 원하는 집단에 귀속되고자 하는 욕구이다.
4단계 존중의 욕구	타인과 친하게 지내고 싶은 인간의 기초가 되는 욕구로서, 자아존중, 자신감, 성취, 존경 등에 관한 욕구이다.
5단계 자아실현 욕구	자기의 잠재력을 최대한 살리고 자기가 하고 싶었던 일을 실현하려는 인간의 욕구이다. 편견없이 받아들이는 성향, 타인과의 거리를 유지하며 사생활을 즐기거나 창의적 성격으로 봉사, 특별히 좋아하는 사람과 긴밀한 관계를 유지하려는 욕구 등이 있다.

19

헤드십의 특성이 아닌 것은?

① 지휘형태는 권위주의적이다.
② 권한행사는 임명된 헤드이다.
③ 구성원과의 사회적 간격은 넓다.
④ 상관과 부하와의 관계는 개인적인 영향이다.

*헤드십과 리더십의 비교

헤드십(Headship)	리더십(Leadership)
① 지휘 형태가 권위적	① 지휘 형태가 민주적
② 부하와 관계는 지배적	② 부하와 관계는 개인적
③ 부하의 사회적 간격이 넓음	③ 부하의 사회적 간격이 좁음
④ 임명된 헤드	④ 추천된 헤드
⑤ 공식적 직권자	⑤ 추종자의 의사로 발탁

20

인간의 심리 중 안전수단이 생략되어 불안전 행위가 나타나는 경우와 가장 거리가 먼 것은?

① 의식과잉이 있는 경우
② 작업규율이 엄한 경우
③ 피로하거나 과로한 경우
④ 조명, 소음 등 주변 환경의 영향이 있는 경우

*안전수단이 생략되는 경우
① 의식과잉이 있는 경우
② 피로하거나 과로한 경우
③ 조명, 소음 등 주변 환경의 영향이 있는 경우

21

FTA에 사용되는 기호 중 "통상 사상"을 나타내는 기호는?

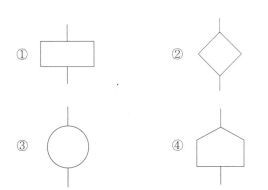

*기본 사상 기호

명칭	기호	세부 내용
기본 사상	○	더 이상 분석할 필요가 없는 사상
생략 사상	◇	더 이상 전개되지 않는 사상
통상 사상	△	정상적인 가동상태에서 발생할 것으로 기대되는 사상
결함 사상	▭	시스템 분석에 있어서 조금 더 발전시켜야 하는 사상

22

두 가지 상태 중 하나가 고장 또는 결함으로 나타나는 비정상적인 사건은?

① 톱사상   ② 정상적인 사상
③ 결함사상   ④ 기본적인 사상

*결함사상
두 상태중 하나가 결함으로 나타나는 사상이며 시스템 분석상 더 발전시켜야 하는 사상이다.

23

시스템안전 프로그램에서의 최초단계 해석으로 시스템 내의 위험한 요소가 어떤 위험상태에 있는가를 정성적으로 평가하는 방법은?

① FHA   ② PHA
③ FTA   ④ FMEA

*시스템 안전 분석 방법

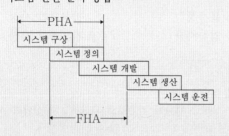

① PHA(예비 위험성 분석)
최초단계 해석으로 시스템 내의 위험한 요소가 어떤 위험상태에 있는가를 정성적으로 평가하는 방법

② FHA(결함 위험성 분석)
서브시스템 간의 인터페이스를 조정하여 각각의 서브시스템이 서로와 전체 시스템에 악영향을 미치지 않게 하는 방법

24

의자 설계의 일반적인 원리로 가장 적절하지 않은 것은?

① 등근육의 정적 부하를 줄인다.
② 디스크가 받는 압력을 줄인다.
③ 요부전만(腰部前灣)을 유지한다.
④ 일정한 자세를 계속 유지하도록 한다.

④ 일정한 자세 고정을 줄여야 한다.

25

다음의 설명은 무엇에 해당되는 것인가?

- 인간과오(Human error)에서 의지적 제어가 되지 않는다.
- 결정을 잘못한다.

① 동작 조작 미스
② 기억 판단 미스
③ 인지 확인 미스
④ 조치 과정 미스

*기억 판단 미스
인간과오에서 의지적 제어가 되지 않으며, 결정을 잘하지 못하는 현상

26

다음 FT도에서 최소컷셋(Minimal cut set)으로만 올바르게 나열한 것은?

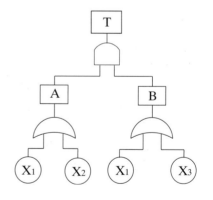

① $[X_1]$ ② $[X_1], [X_2]$
③ $[X_1, X_2, X_3]$ ④ $[X_1, X_2], [X_1, X_3]$

27

인간-기계시스템의 설계 원칙으로 볼 수 없는 것은?

① 배열을 고려한 설계
② 양립성에 맞게 설계
③ 인체특성에 적합한 설계
④ 기계적 성능에 적합한 설계

28

병렬로 이루어진 두 요소의 신뢰도가 각각 0.7일 경우, 시스템 전체의 신뢰도는?

① 0.30   ② 0.49
③ 0.70   ④ 0.91

29

사업장에서 인간공학 적용분야로 틀린 것은?

① 제품설계
② 산업독성학
③ 재해 · 질병예방
④ 작업장 내 조사 및 연구

30

신호검출이론(SDT)에서 두 정규분포 곡선이 교차하는 부분에 판별기준이 놓였을 경우 $Beta$ 값으로 맞는 것은?

① $Beta = 0$ ② $Beta < 1$
③ $Beta = 1$ ④ $Beta > 1$

31

인간이 낼 수 있는 최대의 힘을 최대근력이라고 하며 인간은 자기의 최대근력을 잠시 동안만 낼 수 있다. 이에 근거할 때 인간이 상당히 오래 유지할 수 있는 힘은 근력의 몇 % 이하인가?

① 15%   ② 20%
③ 25%   ④ 30%

32

소리의 크고 작은 느낌은 주로 강도의 함수이지만 진동수에 의해서도 일부 영향을 받는다. 음량을 나타내는 척도인 phon의 기준 순음 주파수는?

① 1000 Hz ② 2000 Hz
③ 3000 Hz ④ 4000 Hz

33

위험관리에서 위험의 분석 및 평가에 유의할 사항으로 적절하지 않은 것은?

① 기업 간의 의존도는 어느 정도인지 점검한다.
② 발생의 빈도보다는 손실의 규모에 중점을 둔다.
③ 작업표준의 의미를 충분히 이해하고 있는지 점검한다.
④ 한 가지의 사고가 여러 가지 손실을 수반 하는지 확인한다.

34

작업장의 소음문제를 처리하기 위한 적극적인 대책이 아닌 것은?

① 소음의 격리
② 소음원을 통제
③ 방음보호 용구 사용
④ 차폐장치 및 흡음재 사용

35

안전성 평가 항목에 해당하지 않는 것은?

① 작업자에 대한 평가
② 기계설비에 대한 평가
③ 작업공정에 대한 평가
④ 레이아웃에 대한 평가

36

정량적 표시장치의 용어에 대한 설명 중 틀린 것은?

① 눈금단위(scale unit) : 눈금을 읽는 최소 단위
② 눈금범위(scale range) : 눈금의 최고치와 최저치의 차
③ 수치간격(numbered interval) : 눈금에 나타낸 인접 수치 사이의 차
④ 눈금간격(graduatiom interval) : 최대눈금선 사이의 값 차

④ 눈금간격 : 최소눈금선 사이의 값 차

37

강의용 책걸상을 설계할 때 고려해야 할 변수와 적용할 인체측정자료 응용원칙이 적절하게 연결된 것은?

① 의자 높이 – 최대 집단치 설계
② 의자 깊이 – 최대 집단치 설계
③ 의자 너비 – 최대 집단치 설계
④ 책상 높이 – 최대 집단치 설계

*책걸상의 설계시 인체측정자료 응용
① 최소집단치 – 높이, 깊이
② 최대집단치 – 폭(너비), 넓이

38

촉감의 일반적인 척도의 하나인 2점 문턱값 (two-point threshold)이 감소하는 순서대로 나열된 것은?

① 손가락 → 손바닥 → 손가락 끝
② 손바닥 → 손가락→ 손가락 끝
③ 손가락 끝 → 손가락 → 손바닥
④ 손가락 끝 → 손바닥 → 손가락

*2점 문턱값이 감소하는 순서
손바닥 → 손가락 → 손가락 끝

39

산업안전보건법령에 따라 기계·기구 및 설비의 설치·이전 등으로 인해 유해·위험방지계획서를 제출하여야 하는 대상에 해당하지 않는 것은?

① 건조 설비
② 공기압축기
③ 화학설비
④ 가스집합 용접장치

*기계·기구 및 설비의 설치·이전 등으로 인한 유해·위험방지계획서 제출대상
① 건조설비
② 화학설비
③ 가스집합 용접장치
④ 금속이나 그 밖의 광물의 용해로
⑤ 허가대상 유해물질 및 분진작업 관련설비

40

설계단계에서부터 보전이 불필요한 설비를 설계하는 것의 보전방식은?

① 보전예방　　　　② 생산보전
③ 일상보전　　　　④ 개량보전

＊보전예방
설비보전 정보와 신기술을 기초로 신뢰성, 조작성, 보전성, 안전성, 경제성 등이 우수한 설비의 선정, 조달 또는 설계를 통하여 궁극적으로 설비의 설계, 제작단계에서 보전활동이 불필요한 체제를 목표로 한 설비보전 방법이다.

41

방호장치의 설치목적이 아닌 것은?

① 가공물 등의 낙하에 위한 위험 방지
② 위험부위와 신체의 접촉방지
③ 비산으로 인한 위험방지
④ 주유나 검사의 편리성

*방호장치
위험·기계기구의 위험장소 또는 부위에 작업자가 접근하지 못하도록 하는 제한장치

42

아세틸렌 및 가스집합 용접장치의 저압용 수봉식 안전기의 유효수주는 최소 몇 mm 이상을 유지해야 하는가?

① 15
② 20
③ 25
④ 30

*수봉식 안전기의 유효수주

용도	유효수주
저압용	$25mm$ 이상
고압용	$50mm$ 이상

43

크레인 로프에 질량 $2000kg$의 물건을 $10m/s^2$의 가속도로 감아올릴 때, 로프에 걸리는 총 하중은 약 몇 kN인가?

① 39.6
② 29.6
③ 19.6
④ 9.6

*와이어로프에 걸리는 총 하중(W)

$$W = W_1 + W_2 = W_1 + \frac{W_1}{g} \times a$$

$$= 2000 + \frac{2000}{9.8} \times 10 = 4040.82kg$$

$$= 4040.82 \times 9.8 = 39600N = 39.6kN$$

여기서, W : 총 하중$[kg]$

W_1 : 정하중$[kg]$

W_2 : 동하중$\left(W_2 = \frac{W_1}{g} \times a \right)$

g : 중력가속도 $[m/s^2]$

a : 물체의 가속도 $[m/s^2]$

44

보일러 압력방출장치의 종류에 해당하지 않는 것은?

① 스프링식
② 중추식
③ 플런저식
④ 지렛대식

*보일러 압력방출장치의 종류
① 스프링식
② 중추식
③ 지렛대식

41.④ 42.③ 43.① 44.③

45

휴대용 연삭기 덮개의 각도는 몇 도 이내인가?

① 60°   ② 90°
③ 125°   ④ 180°

*용도에 따른 연삭기 덮개의 각도

형상	용도
65° 이내 / 125° 이내	일반연삭작업에 사용되는 탁상용 연삭기
60° 이상 / 60° 이상	연삭숫돌의 상부를 사용하는 것을 목적으로 하는 탁상용 연삭기
65° 이내 / 180° 이내	1. 원통연삭기 2. 센터리스연삭기 3. 공구연삭기 4. 만능연삭기
180° 이내	1. 휴대용 연삭기 2. 스윙연삭기 3. 슬리브연삭기
15° 이상 / 15° 이상	1. 평면연삭기 2. 절단연삭기

46

프레스의 종류에서 슬라이드 운동기구에 의한 분류에 해당하지 않는 것은?

① 액압 프레스   ② 크랭크 프레스
③ 너클 프레스,   ④ 마찰 프레스

*프레스의 종류

구분	종류
기계 프레스	① 크랭크 프레스 ② 너클 프레스 ③ 마찰 프레스 ④ 편심 프레스 ⑤ 랙 프레스 ⑥ 스크류 프레스 ⑦ 특수 프레스 ⑧ 캠 프레스 ⑨ 토글 프레스
액압 프레스	① 유압 프레스 ② 공압 프레스 ③ 수압 프레스

47

양중기에 해당하지 않는 것은?

① 크레인   ② 리프트
③ 체인블럭   ④ 곤돌라

*양중기의 종류
① 크레인(호이스트 포함)
② 이동식 크레인
③ 리프트(이삿짐 운반용 리프트는 적재하중 0.1ton 이상인 것)
④ 곤돌라
⑤ 승강기

48

비파괴시험의 종류가 아닌 것은?

① 자분 탐상시험 　② 침투 탐상시험
③ 와류 탐상시험 　④ 샤르피 충격시험

*비파괴검사법의 종류
① 초음파탐상검사
② 와류탐상검사
③ 자분탐상검사
④ 침투탐상검사
⑤ 음향탐상검사

49

동력프레스의 종류에 해당하지 않는 것은?

① 크랭크 프레스 　② 푸트 프레스
③ 토글 프레스 　④ 액압 프레스

*프레스의 종류

구분	종류
기계 프레스	① 크랭크 프레스 ② 너클 프레스 ③ 마찰 프레스 ④ 편심 프레스 ⑤ 랙 프레스 ⑥ 스크류 프레스 ⑦ 특수 프레스 ⑧ 캠 프레스 ⑨ 토글 프레스
액압 프레스	① 유압 프레스 ② 공압 프레스 ③ 수압 프레스

② 푸트(foot) 프레스 : 인력 프레스

50

목재가공용 등근톱의 톱날 지름이 $500mm$ 일 경우 분할날의 최소길이는 약 몇 mm 인가?

① 462 　② 362
③ 262 　④ 162

*분할날의 최소길이

$$L = \frac{\pi D}{6} = \frac{\pi \times 500}{6} = 261.8mm ≒ 262mm$$

여기서, D : 톱날 지름 $[mm]$

51

연삭숫돌의 파괴원인이 아닌 것은?

① 외부의 충격을 받았을 때
② 플랜지가 현저히 작을 때
③ 회전력이 결합력보다 클 때
④ 내·외면의 플랜지 지름이 동일할 때

*연삭숫돌의 파괴원인
① 내, 외면의 플랜지 지름이 다를 때
② 플랜지 직경이 숫돌 직경의 1/3 크기 보다 작을 때
③ 회전력이 결합력보다 클 때
④ 외부의 충격을 받았을 때
⑤ 숫돌에 균열이 있을 때
⑥ 숫돌의 측면을 사용할 때
⑦ 숫돌의 치수, 특히 내경의 크기가 적당하지 않을 때
⑧ 숫돌의 회전속도가 너무 빠를 때
⑨ 숫돌의 회전중심이 제대로 잡히지 않았을 때

52

롤러기의 급정지장치 설치기준으로 틀린 것은?

① 손조작식 급정지장치의 조작부는 밑면에서 1.8m 이내에 설치한다.
② 복부조작식 급정지장치의 조작부는 밑면에서 0.8m 이상, 1.1m 이내에 설치한다.
③ 무릎조작식 급정지장치의 조작부는 밑면에서 0.8m 이내에 설치한다.
④ 설치위치는 급정지장치의 조작부 중심점을 기준으로 한다.

*롤러기의 급정지장치
작업자가 조작부를 설치하여 건드리면 구동에너지가 차단되어 급정지가 되는 장치

종류	위치
손조작식	밑면에서 1.8m 이내
복부조작식	밑면에서 0.8m 이상 1.1m 이내
무릎조작식	밑면에서 0.6m 이내

✔ 단, 급정지장치 조작부의 중심점을 기준으로 한다.

53

산업안전보건법상 보일러에 설치하는 압력방출장치에 대하여 검사 후 봉인에 사용되는 재료로 가장 적합한 것은?

① 납   ② 주석
③ 구리   ④ 알루미늄

압력방출장치에 대한 검사 후 납으로 봉인한다.

54

밀링머신 작업의 안전수칙으로 적절하지 않은 것은?

① 강력절삭을 할 때는 일감을 바이스로부터 길게 물린다.
② 일감을 측정할 때는 반드시 정지시킨 다음에 한다.
③ 상하 이송장치의 핸들은 사용 후 반드시 빼두어야 한다.
④ 커터는 될 수 있는 한 컬럼에 가깝게 설치한다.

① 강력절삭을 할 때는 일감을 바이스로부터 짧게 (=깊게) 물린다.

55

지게차의 헤드가드(head guard)는 지게차 최대 하중의 몇 배가 되는 등분포정하중에 견딜 수 있는 강도를 가져야 하는가?

① 2   ② 3   ③ 4   ④ 5

*지게차의 헤드가드에 관한 기준
① 강도는 지게차의 최대하중의 2배 값(4톤을 넘는 값에 대해서는 4톤으로 한다.)의 등분포정하중에 견딜 수 있을 것
② 상부틀의 각 개구의 폭 또는 길이가 16cm 미만일 것
③ 운전자가 앉아서 조작하는 방식의 지게차의 경우에는 운전자의 좌석 윗면에서 헤드가드의 상부틀 아랫면까지의 높이가 0.903m 이상일 것
④ 운전자가 서서 조작하는 방식의 지게차의 경우에는 운전석의 바닥면에서 헤드가드의 상부틀 하면까지의 높이가 1.905m 이상일 것

56

기계설비의 작업능률과 안전을 위한 배치(layout)의 3단계를 올바른 순서대로 나열한 것은?

① 지역배치 → 건물배치 → 기계배치
② 건물배치 → 지역배치 → 기계배치
③ 기계배치 → 건물배치 → 지역배치
④ 지역배치 → 기계배치 → 건물배치

*안전을 위한 공장의 설비배치 3단계
지역배치 → 건물배치 → 기계배치

57

프레스기의 금형을 부착·해체 또는 조정하는 작업을 할 때, 슬라이드가 갑자기 작동함으로써 발생하는 근로자의 위험을 방지하기 위해 사용해야 하는 것은?

① 방호울   ② 안전블록
③ 시건장치   ④ 날접촉예방장치

프레스기의 금형을 부착·해체 또는 조정하는 작업을 할 때, 근로자의 신체 일부가 위험한계에 들어갈 시 슬라이드가 갑자기 작동함으로써 근로자에게 발생하는 위험을 방지하기 위해 안전블록을 사용해야 한다.

58

와이어로프의 지름 감소에 대한 폐기기준으로 옳은 것은?

① 공칭지름의 1퍼센트 초과
② 공칭지름의 3퍼센트 초과
③ 공칭지름의 5퍼센트 초과
④ 공칭지름의 7퍼센트 초과

*와이어로프의 사용금지기준
① 이음매가 있는 것
② 꼬인 것
③ 심하게 변형되거나 부식된 것
④ 열과 전기충격에 의해 손상된 것
⑤ 지름의 감소가 공칭지름의 7%를 초과한 것
⑥ 와이어로프의 한 꼬임에서 끊어진 소선의 수가 10% 이상인 것
⑦ 와이어로프의 안전계수가 5 미만인 것

59

플레이너 작업 시의 안전대책이 아닌 것은?

① 베드 위에 다른 물건을 올려놓지 않는다.
② 바이트는 되도록 짧게 나오도록 설치한다.
③ 프레임 내의 피트(pit)에는 뚜껑을 설치한다.
④ 칩 브레이커를 사용하여 칩이 길게 되도록 한다.

*칩 브레이커(Chip breaker)
선반작업 중 발생하는 칩을 짧게 끊는 장치

60

산업안전보건법상 유해·위험방지를 위한 방호조치를 하지 아니하고는 양도, 대여, 설치 또는 사용에 제공하거나, 양도·대여를 목적으로 진열해서는 아니되는 기계·기구가 아닌 것은?

① 예초기   ② 진공포장기
③ 원심기   ④ 롤러기

*유해·위험 방지를 위해 방호조치가 필요한 기계·기구
① 예초기
② 원심기
③ 공기압축기
④ 포장기계(진공포장기, 랩핑기로 한정)
⑤ 금속절단기
⑥ 지게차

61

가로등의 접지전극을 지면으로부터 $75cm$ 이상 깊은 곳에 매설하는 주된 이유는?

① 전극의 부식을 방지하기 위하여
② 접촉 전압을 감소시키기 위하여
③ 접지 저항을 증가시키기 위하여
④ 접지선의 단선을 방지하기 위하여

② 접지전극을 깊은 곳에 매설하는 이유는 접촉 전압을 감소시켜 안전성을 증대시키기 위해서이다.

62

내압방폭 금속관배선에 대한 설명으로 틀린 것은?

① 전선관은 박강전선관을 사용한다.
② 배관 인입부분은 씰링피팅(Sealing Fitting)을 설치하고 씰링콤파운드로 밀봉한다.
③ 전선관과 전기기기와의 접속은 관용평형 나사에 의해 완전나사부가 "5턱"이상 결합 되도록 한다.
④ 가용성을 요하는 접속부분에는 플렉시블 피팅(Flexible Fitting)을 사용하고, 플렉시블 피팅은 비틀어서 사용해서는 안 된다.

① 전선관은 후강전선관을 사용한다.

63

정전용량 $C_1(\mu F)$ 과 $C_2(\mu F)$ 가 직렬 연결된 회로에 $E(V)$ 로 송전되다 갑자기 정전이 발생하였을 때, C_2 단자의 전압을 나타낸 식은?

① $\dfrac{C_1}{C_1 + C_2}E$　　② $\dfrac{C_2}{C_1 + C_2}E$

③ $C_2 E$　　　　　　④ $\dfrac{E}{\sqrt{2}}$

*유도전압(V)

$$V = \frac{C_1}{C_1 + C_2} \times E$$

여기서,
E : 송전선 전압 $[V]$
C_1 : 회로 1의 정전용량 $[F]$
C_2 : 회로 2의 정전용량 $[F]$

64

충전선로의 활선작업 또는 활선근접작업을 하는 작업자의 감전위험을 방지하기 위해 착용하는 보호구로서 가장 거리가 먼 것은?

① 절연장화　　　② 절연장갑
③ 절연안전모　　④ 대전방지용 구두

*절연용 보호구
① 절연장갑(고무장갑)
② 안전모
③ 안전화(절연화)
④ 절연용 고무소매

④ 대전방지용 구두 : 정전기 발생 보호구

65

인체의 피부저항은 피부에 땀이 나있는 경우 건조 시 보다 약 어느 정도 저하되는가?

① $\frac{1}{2} \sim \frac{1}{4}$　　　② $\frac{1}{6} \sim \frac{1}{10}$

③ $\frac{1}{12} \sim \frac{1}{20}$　　　④ $\frac{1}{25} \sim \frac{1}{35}$

*인체의 전기저항

경우	기준
습기가 있는 경우	건조 시 보다 $\frac{1}{10}$ 저하
땀에 젖은 경우	건조 시 보다 $\frac{1}{12} \sim \frac{1}{20}$ 저하
물에 젖은 경우	건조 시 보다 $\frac{1}{25}$ 저하

66

정전기 재해방지를 위하여 불활성화 할 수 없는 탱크, 탱크롤리 등에 위험물을 주입하는 배관 내 액체의 유속제한에 대한 설명으로 틀린 것은?

① 물이나 기체를 혼합하는 비수용성 위험물의 배관 내 유속은 $1m/s$ 이하로 할 것
② 저항률이 $10^{10} \Omega \cdot cm$ 미만의 도전성 위험물의 배관유속은 매초 7m 이하로 할 것
③ 저항률이 $10^{10} \Omega \cdot cm$ 이상인 위험물의 배관 유속은 관내경이 $0.05m$이면 매초 $3.5m$ 이하로 할 것
④ 이황화탄소 등과 같이 유동대전이 심하고 폭발위험성이 높은 것은 배관 내 유속은 $5m/s$ 이하로 할 것

④ 이황화탄소와 같이 유동대전이 심하고 폭발 위험성이 높은 물질은 배관내 유속을 $1m/s$이하로 할 것

67

정전기로 인하여 화재로 진전되는 조건 중 관계가 없는 것은?

① 방전하기에 충분한 전위차가 있을 때
② 가연성가스 및 증기가 폭발한계 내에 있을 때
③ 대전하기 쉬운 금속부분에 접지를 한 상태일 때
④ 정전기의 스파크 에너지가 가연성가스 및 증기의 최소점화 에너지 이상일 때

③ 대전하기 쉬운 금속부분에 접지 시 정전기 사고가 예방된다.

68

화염일주한계에 대한 설명으로 옳은 것은?

① 폭발성 가스와 공기의 혼합기에 온도를 높인 경우 화염이 발생할 때까지의 시간 한계치
② 폭발성 분위기에 있는 용기의 접합면 틈새를 통해 화염이 내부에서 외부로 전파되는 것을 저지할 수 있는 틈새의 최대간격치
③ 폭발성 분위기 속에서 전기불꽃에 의하여 폭발을 일으킬 수 있는 화염을 발생시키기에 충분한 교류파형의 1주기치
④ 방폭설비에서 이상이 발생하여 불꽃이 생성된 경우에 그것이 점화원으로 작용하지 않도록 화염의 에너지를 억제 하여 폭발 하한계로 되도록 화염 크기를 조정하는 한계치

*화염일주한계(=최대안전틈새, 안전간극)
폭발화염이 내부에서 외부로 전파되지 않는 최대틈새로 폭발 등급을 결정하는 기준으로 사용된다.

69

접지저항 저감 방법으로 틀린 것은?

① 접지극의 병렬 접지를 실시한다.
② 접지극의 매설 깊이를 증가시킨다.
③ 접지극의 크기를 최대한 작게 한다.
④ 접지극 주변의 토양을 개량하여 대지
　저항률을 떨어뜨린다.

＊접지저항 저감 대책
① 접지극을 병렬로 접지한다.
② 접지극의 매설 깊이를 증가시킨다.
③ 접지극의 크기를 최대한 크게한다.
④ 토양, 토질을 개량하여 대지저항률을 낮춘다.
⑤ 접지봉을 매설한다.
⑥ 보조전극을 사용한다.

70

**Dalziel에 의하여 동물실험을 통해 얻어진 전류값을
인체에 적용했을 때 심실세동을 일으키는 전기
에너지(J)는?**
**(단, 인체 전기저항은 500Ω으로 보며, 흐르는 전류
$I=\dfrac{165}{\sqrt{T}}\,mA$로 한다.)**

① 9.8　　　　　　② 13.6
③ 19.6　　　　　④ 27

＊심실세동 전기에너지(Q)

$Q = I^2 R T$
$= \left(\dfrac{165 \times 10^{-3}}{\sqrt{T}}\right)^2 \times R \times T$
$= \left(\dfrac{165 \times 10^{-3}}{\sqrt{1}}\right)^2 \times 500 \times 1 = 13.61 J$

여기서,
R : 저항 [Ω]
T : 시간 [sec] (주어지지 않을 경우 T＝1sec)

71

접지공사에 관한 설명으로 옳은 것은?

① ~~뇌해 방지를 위한 피뢰기는 제1종 접지공
　사를 시행한다.~~
② ~~중성선 전로에 시설하는 계통접지는 특별
　제3종 접지공사를 시행한다.~~
③ ~~제3종 접지공사의 저항값은 100Ω이고 교류
　750V이하의 저압기기에 설치한다.~~
④ ~~고·저압 전로의 변압기 저압측 중성선에는
　반드시 제1종 접지공사를 시행한다.~~

출제 기준에서 제외된 내용입니다.

72

**접지 목적에 따른 분류에서 병원설비의 의료용
전기전자($M \cdot E$)기기와 모든 금속부분 또는 도전
바닥에도 접지하여 전위를 동일하게 하기 위한
접지를 무엇이라 하는가?**

① 계통 접지
② 등전위 접지
③ 노이즈 방지용 접지
④ 정전기 장해방지 이용 접지

＊등전위 접지(Equipotential bonding)
접지점을 한 곳으로 모아 접지저항을 최소화 시키
는 방법으로 의료용 전자기기와 수술실 바닥, 환자
용 철제침대 등에 사용한다.

73

정전기 발생 원인에 대한 설명으로 옳은 것은?

① 분리속도가 느리면 정전기 발생이 커진다.
② 정전기 발생은 처음 접촉, 분리 시 최소가 된다.
③ 물질 표면이 오염된 표면일 경우 정전기 발생이 커진다.
④ 접촉 면적이 작고 압력이 감소할수록 정전기 발생량이 크다.

*정전기 발생량이 많아지는 요인
① 표면이 거칠수록, 오염될수록 크다.
② 분리속도가 빠를수록 크다.
③ 대전서열이 서로 멀수록 크다.
④ 첫 분리시 정전기 발생량이 가장 크고 반복될수록 작아진다.
⑤ 접촉 면적 및 압력이 클수록 크다.
⑥ 완화시간이 길수록 크다.

74

정격전류 $20A$와 $25A$인 전동기와 정격전류 $10A$ 인 전열기 6대에 전기를 공급하는 $200V$ 단상저압 간선에는 정격 전류 몇 A의 과전류 차단기를 시설하여야 하는가?

① 200   ② 150
③ 125   ④ 100

출제 기준에서 제외된 내용입니다.

75

전기기기 방폭의 기본개념과 이를 이용한 방폭 구조로 볼 수 없는 것은?

① 점화원의 격리 : 내압(耐壓) 방폭구조
② 폭발성 위험분위기 해소 : 유입 방폭구조
③ 전기기기 안전도의 증강 : 안전증 방폭구조
④ 점화능력의 본질적 억제 : 본질안전 방폭구조

*전기기기 방폭의 기본 개념
① 점화원의 방폭적 격리 : 내압, 유압, 유입 방폭구조
② 전기기기의 안전도 증강 : 안전증 방폭구조
③ 점화능력의 본질적 억제 : 본질안전 방폭구조

76

최소 착화에너지가 $0.26mJ$인 프로판 가스에 정전 용량이 $100pF$인 대전 물체로부터 정전기 방전에 의하여 착화할 수 있는 전압은 약 몇 V 정도인가?

① 2240   ② 2260
③ 2280   ④ 2300

*착화에너지(=발화에너지, 정전에너지 E) $[J]$

$E = \dfrac{1}{2}CV^2$

$\therefore V = \sqrt{\dfrac{2E}{C}} = \sqrt{\dfrac{2 \times 0.26 \times 10^{-3}}{100 \times 10^{-12}}} = 2280V$

여기서,
C : 정전용량 $[F]$
V : 전압 $[V]$
$m = 10^{-3}$
$p = 10^{-12}$

77

전기기계 · 기구의 기능 설명으로 옳은 것은?

① CB는 부하전류를 개폐(ON-Off)시킬 수 있다.
② ACB는 접촉스파크 소호를 진공상태로 한다.
③ DS는 회로의 개폐(ON-Off) 및 대용량 부하를 개폐시킨다.
④ LA는 피뢰침으로서 낙뢰 피해의 이상 전압을 낮추어 준다.

*차단기(CB)
고장전류를 차단하여 회로보호를 주목적으로 하는 장치이며, 부하전류를 개폐시킬 수 있다.

78

배전선로에 정전작업 중 단락 접지 기구를 사용하는 목적으로 적합한 것은?

① 통신선 유도 장해 방지
② 배전용 기계 기구의 보호
③ 배전선 통전 시 전위경도 저감
④ 혼촉 또는 오동작에 의한 감전방지

④ 단락 접지기구는 혼촉 또는 오동작에 의한 감전을 방지하기 위해 사용한다.

79

교류 아크용접기의 허용사용률(%)은?
(단, 정격사용률은 10%, 2차 정격전류는 500A, 교류 아크 용접기의 사용전류는 250A이다.)

① 30   ② 40
③ 50   ④ 60

*교류 아크용접기의 허용사용률

$$허용사용률 = \left(\frac{정격2차전류}{실제용접전류} \right)^2 \times 정격사용률 \times 100 \, [\%]$$

$$= \left(\frac{500}{250} \right)^2 \times 0.1 \times 100 = 40\%$$

80

속류를 차단할 수 있는 최고의 교류전압을 피뢰기의 정격전압이라고 하는데 이 값은 통상적으로 어떤 값으로 나타내고 있는가?

① 최대값   ② 평균값
③ 실효값   ④ 파고값

피뢰기의 정격전압은 통상적으로 <u>실효값</u>으로 나타내고 있다.

81

다음 중 인화성 물질이 아닌 것은?

① 에테르   ② 아세톤
③ 에틸알코올   ④ 과염소산칼륨

④ 과염소산칼륨 : 제1류 위험물(산화성고체)

82

다음 중 산업안전보건법령상 화학설비에 해당하는 것은?

① 응축기 · 냉각기 · 가열기 · 증발기 등 열교환기류
② 사이클론 · 백필터 · 전기집진기 등 분진처리설비
③ 온도 · 압력 · 유량 등을 지시 · 기록 등을 하는 자동제어 관련설비
④ 안전밸브 · 안전판 · 긴급차단 또는 방출밸브 등 비상조치 관련설비

*화학설비 및 그 부속설비의 종류

구분	종류
화학설비	① 반응기 · 혼합조 등 화학물질 반응 또는 혼합 장치
	② 증류탑 · 흡수탑 · 추출탑 · 감압탑 등 화학물질 분리장치
	③ 저장탱크 · 계량탱크 · 호퍼 · 사일로 등 화학물질 저장설비 또는 계량설비
	④ 응축기 · 냉각기 · 가열기 · 증발기 등 열교환기류
	⑤ 고로 등 점화기를 직접 사용하는 열교환기류
	⑥ 캘린더 · 혼합기 · 발포기 · 인쇄기 · 압출기 등 화학제품 가공설비
	⑦ 분쇄기 · 분체분리기 · 용융기 등 분체화학물질 취급장치
	⑧ 결정조 · 유동탑 · 탈습기 · 건조기 등 분체화학물질 분리장치
	⑨ 펌프류 · 압축기 · 이젝터 등의 화학물질 이송 또는 압축설비
부속설비	① 배관 · 밸브 · 관 · 부속류 등 화학물질 이송 관련 설비
	② 온도 · 압력 · 유량 등을 지시 · 기록 등을 하는 자동제어 관련 설비
	③ 안전밸브 · 안전판 · 긴급차단 또는 방출밸브 등 비상조치 관련 설비
	④ 가스누출감지 및 경보 관련 설비
	⑤ 세정기, 응축기, 벤트스택, 플레어스택 등 폐가스 처리설비
	⑥ 사이클론, 백필터, 전기집진기 등 분진처리설비
	⑦ ①부터 ⑥까지의 설비를 운전하기 위하여 부속된 전기 관련 설비
	⑧ 정전기 제거장치, 긴급 샤워설비 등 안전 관련 설비

83

금속의 용접·용단 또는 가열에 사용되는 가스 등의 용기를 취급할 때의 준수사항으로 옳지 않은 것은?

① 밸브의 개폐는 서서히 할 것
② 용기의 온도를 섭씨 40도 이하로 유지할 것
③ 운반할 때에는 환기를 위하여 캡을 씌우지 않을 것
④ 용기의 부식·마모 또는 변형상태를 점검한 후 사용할 것

③ 운반 시 캡을 씌워 가스 유출이 없도록 할 것

84

다음 중 자연발화를 방지하기 위한 일반적인 방법으로 적절하지 않은 것은?

① 주위의 온도를 낮춘다.
② 공기의 출입을 방지하고 밀폐시킨다.
③ 습도가 높은 곳에는 저장하지 않는다.
④ 황린의 경우 산소와의 접촉을 피한다.

*자연발화 방지법
① 주위의 온도를 낮춘다.
② 습도가 높은 곳을 피한다.
③ 산소와의 접촉을 피한다.
④ 공기와 차단을 위해 불활성물질 속에 저장한다.
⑤ 가연성 가스의 발생에 주의한다.
⑥ 환기를 자주 한다.

85

대기압에서 물의 엔탈피가 $1kcal/kg$이었던 것이 가압하여 $1.45kcal/kg$을 나타내었다면 flash율은 얼마인가?
(단, 물의 기화열은 $540cal/g$이라고 가정한다.)

① 0.00083
② 0.0015
③ 0.0083
④ 0.015

*flash율
$$flash율 = \frac{가압\ 후\ 엔탈피 - 가압\ 전\ 엔탈피}{기화열}$$
$$= \frac{1.45 - 1}{540} = 0.00083$$

86

다음 중 설비의 주요 구조부분을 변경함으로써 공정안전보고서를 제출하여야 하는 경우가 아닌 것은?

① 플레어스택을 설치 또는 변경하는 경우
② 가스누출감지경보기를 교체 또는 추가로 설치하는 경우
③ 변경된 생산설비 및 부대설비의 해당 전기 정격용량이 $300kW$ 이상 증가한 경우
④ 생산량의 증가, 원료 또는 제품의 변경을 위하여 반응기(관련설비 포함)를 교체 또는 추가로 설치하는 경우

② 가스누출감지경보기를 교체 또는 추가로 설치하는 경우는 공정안전보고서를 제출하는 경우가 아니다.

83.③ 84.② 85.① 86.②

87

다음 중 흡인 시 인체에 구내염과 혈뇨, 손 떨림 등의 증상을 일으키며 신경계를 대표적인 표적 기관으로 하는 물질은?

① 백금   ② 석회석
③ 수은   ④ 이산화탄소

*수은(Hg)중독 증상
인체에 수은이 과다하게 흡수되었을 때 구내염, 혈뇨, 손 떨림 등의 증상을 일으킨다.

88

위험물을 저장·취급하는 화학설비 및 그 부속 설비를 설치할 때 '단위공정시설 및 설비로부터 다른 단위공정시설 및 설비의 사이'의 안전거리는 설비의 바깥 면으로부터 몇 m 이상이 되어야 하는가?

① 5   ② 10
③ 15   ④ 20

단위공정시설 및 설비로부터 다른 단위공정 시설 및 설비 사이의 안전거리는 설비의 바깥 면으로부터 10m 이상 되어야 할 것

89

다음 중 화재감지기에 있어 열감지 방식이 아닌 것은?

① 정온식   ② 광전식
③ 차동식   ④ 보상식

*화재감지기의 분류
① 열감지 방식 : 차동식, 정온식, 보상식 등
② 연기감지 방식 : 이온화식, 광전식 등

90

고온에서 완전 열분해하였을 때 산소를 발생하는 물질은?

① 황화수소   ② 과염소산칼륨
③ 메틸리튬   ④ 적린

*과염소산칼륨의 완전열분해식
$$KaO_4 \rightarrow Ka + 2O_2$$
(과염소산칼륨)   (염화칼륨)   (산소)

91

다음 중 파열판에 관한 설명으로 틀린 것은?

① 압력 방출속도가 빠르다.
② 설정 파열압력 이하에서 파열될 수 있다.
③ 한번 부착한 후에는 교환할 필요가 없다.
④ 높은 점성의 슬러리나 부식성 유체에 적용할 수 있다.

③ 파열판은 소모성 부품으로 파열될 경우 교체해야한다.

92

다음 중 허용노출기준(TWA)이 가장 낮은 물질은?

① 불소   ② 암모니아
③ 황화수소   ④ 니트로벤젠

불소의 허용노출기준(TWA)은 0.1ppm으로 매우 낮은 편이다.

93

Burgess-Wheeler의 법칙에 따르면 서로 유사한 탄화수소계의 가스에서 폭발하한계의 농도($vol\%$)와 연소열($kcal/mol$)의 곱의 값은 약 얼마정도인가?

① 1100   ② 2800
③ 3200   ④ 3800

*Burgess-Wheeler 법칙

$QX = 1100$

여기서, Q : 연소열 [$kcal/mol$]
X : 가스의 폭발하한계 [$vol\%$]

94

산업안전보건법에서 정한 공정안전보고서의 제출 대상 업종이 아닌 사업장으로서 유해·위험물질의 1일 취급량이 염소 $10000kg$, 수소 $20000kg$인 경우 공정안전보고서 제출대상 여부를 판단하기 위한 R 값은 얼마인가?
(단, 유해·위험물질의 규정수량은 표에 따른다.)

유해·위험물질명	규정수량(kg)
인화성 가스	5000
염소	20000
수소	50000

① 0.9   ② 1.2
③ 1.5   ④ 1.8

*노출지수(R)

$R = \dfrac{C_1}{T_1} + \dfrac{C_2}{T_2} + \cdots + \dfrac{C_n}{T_n} = \dfrac{10000}{20000} + \dfrac{20000}{50000} = 0.9$

95

폭발압력과 가연성가스의 농도와의 관계에 대한 설명으로 가장 적절한 것은?

① 가연성가스의 농도와 폭발압력은 반비례 관계이다.
② 가연성가스의 농도가 너무 희박하거나 너무 진하여도 폭발 압력은 최대로 높아진다.
③ 폭발압력은 화학양론 농도보다 약간 높은 농도에서 최대 폭발압력이 된다.
④ 최대 폭발압력의 크기는 공기와의 혼합기체 에서보다 산소의 농도가 큰 혼합기체에서 더 낮아진다.

① 가연성가스의 농도와 폭발압력은 비례 관계이다.
② 가연성가스의 농도가 너무 희박하거나 진하면 폭발 압력은 낮아진다.
④ 최대 폭발압력의 크기는 공기와의 혼합기체에서 보다 산소의 농도가 큰 혼합기체에서 더 높아진다.

96

프로판가스 $1m^3$를 완전 연소시키는데 필요한 이론 공기량은 몇 m^3인가?
(단, 공기 중의 산소농도는 $20vol\%$이다.)

① 20   ② 25
③ 30   ④ 35

*가연성가스의 완전연소식

종류	완전연소식
메탄	$CH_4 + 2O_2 \rightarrow CO_2 + 2H_2O$ (메탄) (산소) (이산화탄소) (물)
에탄	$2C_2H_6 + 7O_2 \rightarrow 4CO_2 + 6H_2O$ (에탄) (산소) (이산화탄소) (물)
프로판	$C_3H_8 + 5O_2 \rightarrow 3CO_2 + 4H_2O$ (프로판) (산소) (이산화탄소) (물)
부탄	$2C_4H_{10} + 13O_2 \rightarrow 8CO_2 + 10H_2O$ (부탄) (산소) (이산화탄소) (물)

97

니트로셀룰로오스와 같이 연소에 필요한 산소를
포함하고 있는 물질이 연소하는 것을 무엇이라고
하는가?

① 분해연소   ② 확산연소
③ 그을음연소   ④ 자기연소

98

다음 중 포소화약제 혼합장치로써 정하여진 농도로
물과 혼합하여 거품 수용액을 만드는 장치가 아닌
것은?

① 관로혼합장치   ② 차압혼합장치
③ 낙하혼합장치   ④ 펌프혼합장치

99

다음 중 파열판과 스프링식 안전밸브를 직렬로
설치해야 할 경우가 아닌 것은?

① 부식물질로부터 스프링식 안전밸브를 보호
   할 때
② 독성이 매우 강한 물질을 취급시 완벽하게
   격리를 할 때
③ 스프링식 안전밸브에 막힘을 유발시킬 수
   있는 슬러리를 방출시킬 때
④ 릴리프 장치가 작동 후 방출라인이 개방
   되어야 할 때

100

폭발원인물질의 물리적 상태에 따라 구분할 때
기상폭발(gas explosion)에 해당되지 않는 것은?

① 분진폭발   ② 응상폭발
③ 분무폭발   ④ 가스폭발

101

크롤라 크레인 사용 시 준수사항으로 옳지 않은 것은?

① 운반에는 수송차가 필요하다.
② 붐의 조립, 해체장소를 고려해야 한다.
③ 경사지 작업시 아웃트리거를 사용한다.
④ 크롤라의 폭을 넓게 할 수 있는 형을 사용할 경우에는 최대 폭을 고려하여 계획한다.

③ 크레인의 넘어짐을 방지하기 위해 경사지 작업 시 아웃트리거를 사용하지 않는다.

102

다음은 낙하물 방지망 또는 방호 선반을 설치하는 경우의 준수해야 할 사항이다. ( )안에 알맞은 숫자는?

높이 (A)미터 이내마다 설치하고, 내민 길이는 벽면으로부터 (B)미터 이상으로 할 것

① A : 10, B : 2   ② A : 8 , B : 2
③ A : 10, B : 3   ④ A : 8 , B : 3

*낙하물 방지망 또는 방호선반 설치시 준수사항
① 높이 $10m$ 이내마다 설치하고, 내민 길이는 벽면으로부터 $2m$ 이상으로 할 것
② 수평면과의 각도는 $20°$ ~ $30°$ 를 유지할 것

103

강관을 사용하여 비계를 구성하는 경우 준수하여야 하는 사항으로 옳지 않은 것은?

① 비계기둥의 간격은 띠장 방향에서는 $1.85m$ 이하로 할 것
② 비계기둥간의 적재하중은 $300kg$을 초과하지 않도록 할 것
③ 비계기둥의 제일 윗부분으로부터 $31m$가 되는 지점 밑부분의 비계기둥은 2개의 강관으로 묶어 세울 것
④ 띠장간격은 $2m$이하로 할 것

*강관비계 구성시 준수사항
① 비계기둥의 간격은 띠장 방향에서는 $1.85m$ 이하 장선 방향에서는 $1.5m$ 이하로 할 것
② 띠장간격은 $2m$ 이하로 할 것
③ 비계기둥의 제일 윗부분으로부터 $31m$되는 지점 밑부분의 비계기둥은 2개의 강관으로 묶어 세울 것
④ 비계기둥 간의 적재하중이 $400kg$를 초과하지 않도록 할 것

104

깊이 $10.5m$ 이상의 굴착의 경우 계측기기를 설치하여 흙막이 구조의 안전을 예측하여야 한다. 이에 해당하지 않는 계측기기는?

① 수위계   ② 경사계
③ 응력계   ④ 지진가속도계

105

다음 중 흙막이벽 설치공법에 속하지 않는 것은?

① 강제 널말뚝 공법   ② 지하연속벽 공법
③ 어스앵커 공법   ④ 트렌치컷 공법

106

다음 중 건물 해체용 기구와 거리가 먼 것은?

① 압쇄기   ② 스크레이퍼
③ 잭   ④ 철해머

107

다음은 가설통로를 설치하는 경우의 준수사항이다.
빈칸에 알맞은 수치를 고르면?

> 건설공사에 사용하는 높이 8미터 이상인 비계
> 다리에는 ( )미터 이내마다 계단참을 설치할 것

① 7   ② 6
③ 5   ④ 4

108

중량물을 운반할 때의 자세로 옳은 것은?

① 허리를 구부리고 양손으로 들어올린다.
② 중량은 보통 체중의 60%가 적당하다.
③ 물건은 최대한 몸에서 멀리 떼어서 들어
   올린다.
④ 길이가 긴 물건은 앞쪽을 높게 하여 운반
   한다.

109

콘크리트의 압축강도에 영향을 주는 요소로 가장 거리가 먼 것은?

① 콘크리트 양생 온도
② 콘크리트 재령
③ 물−시멘트비
④ 거푸집 강도

*콘크리트 압축강도 영향인자
① 콘크리트의 양생온도
② 콘크리트의 재령
③ 물과 시멘트의 혼합비
④ 골재의 배합
⑤ 슬럼프 값

110

화물의 하중을 직접 지지하는 달기 와이어로프의 안전계수 기준은?

① 2이상
② 3이상
③ 5이상
④ 10이상

*와이어로프의 안전율(=안전계수, S)

상황	안전율(S)
근로자가 탑승하는 운반구를 지지하는 달기와이어로프 또는 달기체인의 경우	10 이상
화물의 하중을 직접 지지하는 달기와이어로프 또는 달기체인의 경우	5 이상
훅, 샤클, 클램프, 리프팅 빔의 경우	3 이상
그 밖의 경우	4 이상

111

다음은 산업안전보건기준에 관한 규칙의 콘크리트 타설작업에 관한 사항이다. 빈칸에 들어갈 적절한 용어는?

당일의 작업을 시작하기 전에 당해 작업에 관한 거푸집동바리 등의 (A), 변위 및 (B) 등을 점검하고 이상을 발견한 때에는 이를 보수할 것

① A : 변형, B : 지반의 침하유무
② A : 변형, B : 개구부 방호설비
③ A : 균열, B : 깔판
④ A : 균열, B : 지주의 침하

*콘크리트 타설작업의 안전수칙
① 당일의 작업을 시작하기 전에 해당 작업에 관한 거푸집동바리등의 변형·변위 및 지반의 침하 유무 등을 점검하고 이상이 있으면 보수할 것
② 작업 중에는 거푸집동바리등의 변형·변위 및 침하 유무 등을 감시할 수 있는 감시자를 배치하여 이상이 있으면 작업을 중지하고 근로자를 대피시킬 것
③ 콘크리트 타설작업 시 거푸집 붕괴의 위험이 발생할 우려가 있으면 충분한 보강조치를 할 것
④ 설계도서상의 콘크리트 양생기간을 준수하여 거푸집동바리등을 해체할 것
⑤ 콘크리트를 타설하는 경우에는 편심이 발생하지 않도록 골고루 분산하여 타설할 것

112

건축공사(갑)으로서 대상액이 5억원 이상 50억원 미만인 경우에 사업안전보건관리비의 비율 (가) 및 기초액 (나)으로 옳은 것은?

① (가)2.26%, (나)4,325,000원
② (가)2.53%, (나)3,300,000원
③ (가)3.05%, (나)2,975,000원
④ (가)1.59%, (나)2,450,000원

*공사종류 및 규모별 산업안전보건관리비 계상기준표

구분 / 종류	5억원 미만	5억원 이상 50억원 미만		50억원 이상
		비율	기초액	
건축공사 (갑)	3.11%	2.28%	4,325,000원	2.64%
토목공사 (을)	3.15%	2.53%	3,300,000원	2.73%
중 건설 공사	3.64%	3.05%	2,975,000원	3.11%
특수 및 기타건설 공사	2.07%	1.59%	2,450,000원	1.64%
철도·궤도 신설 공사	2.45%	1.59%	4,411,000원	1.66%

113

표면장력이 흙입자의 이동을 막고 조밀하게 다져지는 것을 방해하는 현상과 관계 깊은 것은?

① 흙의 압밀(consolidation)
② 흙의 침하(settlement)
③ 벌킹(bulking)
④ 과다짐(over compaction)

*벌킹(Bulking)
표면장력이 흙입자의 이동을 막고 조밀하게 다져지는 것을 방해하는 현상

114

추락방지망 설치 시 그물코의 크기가 $10cm$인 매듭 있는 방망의 신품에 대한 인장강도 기준으로 옳은 것은?

① $1000kgf$ 이상
② $200kgf$ 이상
③ $300kgf$ 이상
④ $400kgf$ 이상

*신품 방망사에 대한 인장강도 기준

그물코의 크기 (cm)	방망의 종류(kg)	
	매듭없는 망	매듭 망
5	–	110
10	240	200

115

차량계 건설기계를 사용하는 작업 시 작업계획서 내용에 포함되는 사항이 아닌 것은?

① 사용하는 차량계 건설기계의 종류 및 성능
② 차량계 건설기계의 운행 경로
③ 차량계 건설기계에 의한 작업방법
④ 차량계 건설기계의 유도자 배치 관련사항

*작업계획 포함사항

분류	작업계획 포함사항
차량계 건설기계	① 사용하는 차량계 건설기계의 종류 및 성능 ② 차량계 건설기계의 운행경로 ③ 차량계 건설기계에 의한 작업방법
차량계 하역운반기계	① 해당 작업에 따른 추락·낙하·전도·협착 및 붕괴 등의 위험 예방대책 ② 차량계 하역운반기계 등의 운행경로 및 작업방법

116

콘크리트 타설 시 안전수칙으로 옳지 않은 것은?

① 타설순서는 계획에 의하여 실시하여야 한다.
② 진동기는 최대한 많이 사용하여야 한다.
③ 콘크리트를 치는 도중에는 거푸집, 지보공 등의 이상유무를 확인하여야 한다.
④ 손수레로 콘크리트를 운반할 때에는 손수레를 타설하는 위치까지 천천히 운반하여 거푸집에 충격을 주지 않도록 타설하여야 한다.

② 진동기는 적당히 사용하여야 안전하다.

117

건설업 산업안전보건관리비로 사용할 수 없는 것은?

① 안전관리자의 인건비
② 교통통제를 위한 교통정리 · 신호수의 인건비
③ 기성제품에 부착된 안전장치 고장시 교체 비용
④ 근로자의 안전보건 증진을 위한 교육, 세미나 등에 소요되는 비용

*산업안전보건관리비 사용항목
① 안전관리자 등의 인건비 및 각종 업무수당 등
② 안전시설비 등
③ 개인보호구 및 안전장구 구입비 등
④ 안전진단비 등
⑤ 안전 · 보건교육비 및 행사비 등
⑥ 근로자의 건강관리비 등
⑦ 건설재해예방 기술지도비
⑧ 본사 사용비

118

크레인 등에서 붐각도 및 작업반경별로 작용시킬 수 있는 최대하중에서 후크(Hook), 와이어로프 등 달기구의 중량을 공제한 하중은?

① 작업하중
② 정격하중
③ 이동하중
④ 적재하중

*정격하중
작용할 수 있는 최대 하중에서 달기구들의 중량을 제외한 하중이다.

119

산업안전보건법상 차량계 하역운반기계 등에 단위화물의 무게가 $100kg$ 이상인 화물을 싣는 작업 또는 내리는 작업을 하는 경우에 해당 작업 지휘자가 준수하여야 할 사항과 가장 거리가 먼 것은?

① 작업순서 및 그 순서마다의 작업방법을 정하고 작업을 지휘할 것
② 기구와 공구를 점검하고 불량품을 제거할 것
③ 대피방법을 미리 교육할 것
④ 로프 풀기 작업 또는 덮개 벗기기 작업은 적재함의 화물이 떨어질 위험이 없음을 확인한 후에 하도록 할 것

*싣거나 내리는 작업의 작업지휘자 준수사항
① 작업순서 및 그 순서마다의 작업방법을 정하고 작업을 지휘할 것
② 기구와 공구를 점검하고 불량품을 제거할 것
③ 로프 풀기 작업 또는 덮개 벗기기 작업은 적재함의 화물이 떨어질 위험이 없음을 확인한 후에 하도록 할 것
④ 해당 작업을 하는 장소에 관계 근로자가 아닌 사람이 출입하는 것을 금지할 것

116.② 117.② 118.② 119.③

120

다음 와이어로프 중 양중기에 사용가능한 범위 안에 있다고 볼 수 있는 것은?

① 와이어로프의 한 꼬임(스트랜드)에서 끊어진 소선의 수가 8% 인 것
② 지름의 감소가 공칭지름의 8% 인 것
③ 심하게 부식된 것
④ 이음매가 있는 것

*와이어로프의 사용금지기준
① 이음매가 있는 것
② 꼬인 것
③ 심하게 변형되거나 부식된 것
④ 열과 전기충격에 의해 손상된 것
⑤ 지름의 감소가 공칭지름의 7%를 초과한 것
⑥ 와이어로프의 한 꼬임에서 끊어진 소선의 수가 10% 이상인 것
⑦ 와이어로프의 안전계수가 5 미만인 것

120.①

제 1과목 : 산업재해 예방 및 안전보건교육

01

산업안전보건법령상 근로자 안전·보건교육 중 채용 시의 교육 및 작업내용 변경 시의 교육 내용에 포함되지 않는 것은?

① 물질안전보건자료에 관한 사항
② 작업 개시 전 점검에 관한 사항
③ 유해·위험 작업환경 관리에 관한 사항
④ 기계·기구의 위험성과 작업의 순서 및 동선에 관한 사항

＊채용 시 교육 및 작업내용 변경 시 교육
① 산업안전 및 사고 예방에 관한 사항
② 산업보건 및 직업병 예방에 관한 사항
③ 위험성 평가에 관한 사항
④ 산업안전보건법령 및 산업재해보상보험 제도에 관한 사항
⑤ 직무스트레스 예방 및 관리에 관한 사항
⑥ 직장 내 괴롭힘, 고객의 폭언 등으로 인한 건강 장해 예방 및 관리에 관한 사항
⑦ 기계·기구의 위험성과 작업의 순서 및 동선에 관한 사항
⑧ 작업 개시 전 점검에 관한 사항
⑨ 정리정돈 및 청소에 관한 사항
⑩ 사고 발생 시 긴급조치에 관한 사항
⑪ 물질안전보건자료에 관한 사항

02

매슬로우(Maslow)의 욕구단계 이론 중 2단계에 해당되는 것은?

① 생리적 욕구
② 안전에 대한 욕구
③ 자아실현의 욕구
④ 존경과 긍지에 대한 욕구

＊매슬로우(Maslow)의 욕구 5단계

단계	설명
1단계 생리적 욕구	인간의 가장 기본적인 욕구이며, 의식주, 성적 욕구 등이 있다.
2단계 안전의 욕구	위험, 위협, 박탈에서 자신을 보호하고 불안을 회피하려는 욕구이다.
3단계 사회적 욕구	타인과 친교를 맺고 원하는 집단에 귀속되고자 하는 욕구이다.
4단계 존중의 욕구	타인과 친하게 지내고 싶은 인간의 기초가 되는 욕구로서, 자아존중, 자신감, 성취, 존경 등에 관한 욕구이다.
5단계 자아실현 욕구	자기의 잠재력을 최대한 살리고 자기가 하고 싶었던 일을 실현하려는 인간의 욕구이다. 편견없이 받아들이는 성향, 타인과의 거리를 유지하며 사생활을 즐기거나 창의적 성격으로 봉사, 특별히 좋아하는 사람과 긴밀한 관계를 유지하려는 욕구 등이 있다.

03

플리커 검사(flicker test)의 목적으로 가장 적절한 것은?

① 혈중 알코올농도 측정
② 체내 산소량 측정
③ 작업강도 측정
④ 피로의 정도 측정

04

라인(Line)형 안전관리 조직의 특징으로 옳은 것은?

① 안전에 관한 기술의 축적이 용이하다.
② 안전에 관한 지시나 조치가 신속하다.
③ 조직원 전원을 자율적으로 안전활동에 참여시킬 수 있다.
④ 권한 다툼이나 조정 때문에 통제수속이 복잡해지며, 시간과 노력이 소모된다.

*안전보건관리조직

종류	특징
라인형 조직 (직계식)	① 100명 이하의 소규모 사업장 ② 안전에 관한 지시나 조치가 신속 ③ 책임 및 권한이 명백 ④ 안전에 대한 전문적 지식 및 기술 부족 ⑤ 관리 감독자의 직무가 너무 넓어 실행이 어려움
스탭형 조직 (참모식)	① 100~500명의 중규모 사업장에 적합 ② 안전업무가 표준화되어 직장에 정착 ③ 생산 조직과는 별도의 조직과 기능을 가짐 ④ 안전정보 수집과 기술 축적이 용이 ⑤ 전문적인 안전기술 연구 가능 ⑥ 생산부분은 안전에 대한 책임과 권한이 없음 ⑦ 권한 다툼이나 조정 때문에 통제 수속이 복잡해짐 ⑧ 안전과 생산을 별개로 취급하기 쉬움
라인-스탭형 조직 (복합식)	① 1000명 이상의 대규모 사업장에 적합 ② 라인형과 스탭형의 장점을 취한 절충식 ③ 안전계획, 평가 및 조사는 스탭에서, 생산 기술의 안전대책은 라인에서 실시 ④ 조직원 전원을 자율적으로 안전활동에 참여시킬 수 있음 ⑤ 안전 활동과 생산업무가 분리될 가능성이 낮아때 균형을 유지 ⑥ 라인의 관리, 감독자에게도 안전에 관한 책임과 권한이 부여 ⑦ 명령 계통과 조언 권고적 참여가 혼동되기 쉬움 ⑧ 스탭의 월권행위의 경우가 있음

①, ④ : 라인형 조직
③ : 라인-스탭형 조직

05

참가자에게 일정한 역할을 주어 실제적으로 연기를 시켜봄으로써 자기의 역할을 보다 확실히 인식할 수 있도록 체험학습을 시키는 교육방법은?

① Role playing
② Brain storming
③ Action playing
④ Fish Bowl plaing

06

인간의 적응기제 중 방어기제로 볼 수 없는 것은?

① 승화   ② 고립
③ 합리화   ④ 보상

07

교육훈련 기법 중 off·J·T의 장점에 해당되지 않는 것은?

① 우수한 전문가를 강사로 활용할 수 있다.
② 특별 교재, 교구, 설비를 유효하게 활용할 수 있다.
③ 다수의 근로자에게 조직적 훈련이 가능하다.
④ 직장의 실정에 맞는 실제적인 교육이 가능하다.

08

산업안전보건법령상 안전·보건표지의 색채와 사용 사례의 연결이 틀린 것은?

① 노란색 – 정지신호, 소화설비 및 그 장소 유해행위의 금지
② 파란색 – 특정 행위의 지시 및 사실의 고지
③ 빨간색 – 화학물질 취급장소에서의 유해·위험 경고
④ 녹색 – 비상구 및 피난소, 사람 또는 차량의 통행표지

09

버드(Bird)의 재해발생에 관한 연쇄이론 중 직접적인 원인은 몇 단계에 해당되는가?

① 1단계　　　　　② 2단계
③ 3단계　　　　　④ 4단계

*버드(Bird)의 재해발생 연쇄(=도미노) 이론
1단계 : 제어부족, 관리의 부족
2단계 : 기본원인, 기원
3단계 : 직접원인, 징후
4단계 : 사고, 접촉
5단계 : 상해, 손해, 손실

10

근로자수 300명, 총 근로 시간수 48시간×50주이고, 연재해건수는 200건 일 때 이 사업장의 강도율은? (단, 연 근로 손실일수는 800일로 한다.)

① 1.11　　　　　② 0.90
③ 0.16　　　　　④ 0.84

*강도율

$$강도율 = \frac{총근로손실일수}{연근로 총시간수} \times 10^3$$
$$= \frac{800}{300 \times 48 \times 50} \times 10^3 = 1.11$$

11

재해예방의 4원칙이 아닌 것은?

① 손실우연의 원칙　　② 사실확인의 원칙
③ 원인계기의 원칙　　④ 대책선정의 원칙

*재해예방의 4원칙

종류	설명
예방가능의 원칙	재해를 예방할 수 있는 안전대책은 반드시 존재한다.
손실우연의 원칙	재해의 발생과 손실의 발생은 우연적이다.
원인연계의 원칙	사고와 그 원인은 필연적인 인과관계를 가지고 있다.
대책선정의 원칙	재해에 대한 교육적, 기술적, 관리적 대책이 필요하다.

12

안전교육의 3요소에 해당되지 않는 것은?

① 강사　　　　　② 교육방법
③ 수강자　　　　④ 교재

*안전교육의 3요소
① 강사　　② 수강자　　③ 교재

13

산업현장에서 재해 발생 시 조치 순서로 옳은 것은?

① 긴급처리 → 재해조사 → 원인분석 → 대책수립 → 실시계획 → 실시 → 평가
② 긴급처리 → 원인분석 → 재해조사 → 대책수립 → 실시 → 평가
③ 긴급처리 → 재해조사 → 원인분석 → 실시계획 → 실시 → 대책수립 → 평가
④ 긴급처리 → 실시계획 → 재해조사 → 대책수립 → 평가 → 실시

*재해 발생 시 조치 순서 7단계
긴급처리 → 재해조사 → 원인강구 → 대책수립 → 대책실시 계획 → 실시 → 평가

14

산업재해의 분석 및 평가를 위하여 재해발생 건수 등의 추이에 대해 한계선을 설정하여 목표 관리를 수행하는 재해통계 분석기법은?

① 폴리건(polygon)
② 관리도(control chart)
③ 파레토도(pareto diagram)
④ 특성 요인도(cause &effect diagram)

*관리도(Control Chart)
재해의 분석 및 관리를 위해 월별 재해발생건수 등을 그래프화 하여 목표 관리를 수행하는 방법

15

ABE종 안전모에 대하여 내수성 시험을 할 때 물에 담그기 전의 질량이 $400g$ 이고, 물에 담근 후의 질량이 $410g$ 이었다면 질량증가율과 합격여부로 옳은 것은?

① 질량증가율 : 2.5%, 합격여부 : 불합격
② 질량증가율 : 2.5%, 합격여부 : 합격
③ 질량증가율 : 102.5%, 합격여부 : 불합격
④ 질량증가율 : 102.5%, 합격여부 : 합격

*질량증가율 • 합격여부

$$질량증가율 = \frac{담근후\ 질량 - 담그기전\ 질량}{담그기전\ 질량} \times 100$$
$$= \frac{410 - 400}{400} \times 100 = 2.5\%$$

질량증가율이 1% 미만이어야 합격이다.
∴불합격

16

무재해운동에 관한 설명으로 틀린 것은?

① 제3자의 행위에 의한 업무상 재해는 무재해로 본다.
② 작업 시간 중 천재지변 또는 돌발적인 사고로 인한 구조행위 또는 긴급피난 중 발생한 사고는 무재해로 본다.
③ 무재해란 무재해운동 시행사업장에서 근로자가 업무에 기인하여 사망 또는 2일 이상의 요양을 요하는 부상 또는 질병에 이환되지 않는 것을 말한다.
④ 작업 시간 외에 천재지변 또는 돌발적인 사고 우려가 많은 장소에서 사회통념상 인정되는 업무수행 중 발생한 사고는 무재해로 본다.

*무재해
무재해운동 시행사업장에서 근로자가 업무에 기인하여 사망 또는 4일 이상의 요양을 요하는 부상 또는 질병에 이환되지 않는 것

17

맥그리거(Mcgregor)의 X, Y 이론에서 X 이론에 대한 관리 처방으로 볼 수 없는 것은?

① 직무의 확장
② 권위주의적 리더십의 확립
③ 경제적 보상체제의 강화
④ 면밀한 감독과 엄격한 통제

*맥그리거의 X, Y이론

X 이론	Y 이론
① 경제적 보상체제의 강화	① 직무 확장 구조
② 면밀한 감독과 엄격한 통제	② 책임과 창조력 강조
③ 권위주의적 리더십	③ 분권화와 권한의 위임
	④ 인간관계 관리방식
	⑤ 민주주의적 리더십

18

산업안전보건법상 안전관리자가 수행해야 할 업무가 아닌 것은?

① 사업장 순회점검·지도 및 조치의 건의
② 산업재해에 관한 통계의 유지·관리·분석을 위한 보좌 및 조언·지도
③ 작업장 내에서 사용되는 전체 환기장치 및 국소 배기장치 등에 관한 설비의 점검
④ 해당 사업장 안전교육계획의 수립 및 안전교육 실시에 관한 보좌 및·지도

*안전관리자의 업무
① 산업안전보건위원회 또는 안전·보건에 관한 노사협의체에서 심의·의결한 업무와 해당 사업장의 안전보건관리규정 및 취업규칙에서 정한 업무
② 안전인증대상 기계·기구등과 자율안전확인대상 기계·기구등 구입 시 적격품의 선정에 관한 보좌 및 조언·지도
③ 위험성평가에 관한 보좌 및 조언·지도
④ 해당 사업장 안전교육계획의 수립 및 안전교육 실시에 관한 보좌 및 조언·지도
⑤ 사업장 순회점검·지도 및 조치의 건의
⑥ 산업재해 발생의 원인 조사·분석 및 재발 방지를 위한 기술적 보좌 및 조언·지도
⑦ 산업재해에 관한 통계의 유지·관리·분석을 위한 보좌 및 조언·지도
⑧ 법 또는 법에 따른 명령으로 정한 안전에 관한 사항의 이행에 관한 보좌 및 조언·지도
⑨ 업무수행 내용의 기록·유지

19

안전교육훈련의 진행 제3단계에 해당하는 것은?

① 적용 ② 제시
③ 도입 ④ 확인

*안전교육훈련 4단계
1단계 : 도입단계 - 학습에 의욕이 생기도록 한다.
2단계 : 제시단계 - 작업을 설명한다.
3단계 : 적용단계 - 작업을 지시한다.
4단계 : 확인단계 - 작업을 제대로 하는지 확인한다.

20

산업안전보건기준에 관한 규칙에 따른 프레스기의 작업 시작 전 점검사항이 아닌 것은?

① 클러치 및 브레이크의 기능
② 금형 및 고정볼트 상태
③ 방호장치의 기능
④ 언로드밸브의 기능

*프레스기의 작업 전 점검사항
① 클러치 및 브레이크의 기능
② 방호장치의 기능
③ 프레스의 금형 및 고정볼트 상태
④ 전단기의 칼날 및 테이블의 상태
⑤ 1행정 1정지기구·급정지장치 및 비상정지장치의 기능
⑥ 슬라이드 또는 칼날에 의한 위험방지 기구의 기능
⑦ 크랭크축·플라이휠·슬라이드·연결봉 및 연결나사의 풀림 유무

21

조종 장치의 우발작동을 방지하는 방법 중 틀린 것은?

① 오목한 곳에 둔다.
② 조종 장치를 덮거나 방호해서는 안 된다.
③ 작동을 위해서 힘이 요구되는 조종 장치에는 저항을 제공한다.
④ 순서적 작동이 요구되는 작업일 때 순서를 지나치지 않도록 잠김 장치를 설치한다.

② 조종 장치는 덮개로 덮어 방호 조치 해야한다.

22

손이나 특정 신체부위에 발생하는 누적손상장애 (CTDs)의 발생인자와 가장 거리가 먼 것은?

① 무리한 힘   ② 다습한 환경
③ 장시간의 진동   ④ 반복도가 높은 작업

*누적손상장애(CTDs)의 발생인자
① 무리한 힘
② 장시간의 진동
③ 반복도가 높은 작업
④ 건조하고 추운 환경
⑤ 부적절한 작업 자세
⑥ 날카로운 부분의 접촉

23

프레스에 설치된 안전장치의 수명은 지수분포를 따르면 평균수명은 100시간이다. 새로 구입한 안전장치가 50시간 동안 고장없이 작동할 확률(A)과 이미 100시간을 사용한 안전장치가 앞으로 100시간 이상 견딜확률(B)은 약 얼마인가?

① A : 0.368, B : 0.368
② A : 0.607, B : 0.368
③ A : 0.368, B : 0.607
④ A : 0.607, B : 0.607

*지수분포를 따르는 신뢰도(R)

$$R = e^{-\lambda t} = e^{-\frac{t}{t_0}}$$
$\begin{cases} \lambda : 고장률 \\ t : 시간 \\ t_0 : 기존시간 \end{cases}$

$$\therefore R_{(A)} = e^{-\frac{t}{t_0}} = e^{-\frac{50}{100}} = 0.607$$

$$\therefore R_{(B)} = e^{-\frac{t}{t_0}} = e^{-\frac{100}{100}} = 0.368$$

24

화학설비의 안전성 평가의 5단계중 제 2단계에 속하는 것은?

① 작성준비   ② 정량적평가
③ 안전대책   ④ 정성적평가

*안전성 평가 6단계
1단계 : 관계자료의 작성준비
2단계 : 정성적평가
3단계 : 정량적평가
4단계 : 안전대책 수립
5단계 : 재해정보에 의한 재평가
6단계 : FTA에 의한 재평가

25

그림과 같이 FTA로 분석된 시스템에서 현재 모든 기본사상에 대한 부품이 고장난 상태이다. 부품 X_1부터 부품 X_5까지 순서대로 복구한다면 어느 부품을 수리 완료하는 순간부터 시스템은 정상가동이 되겠는가?

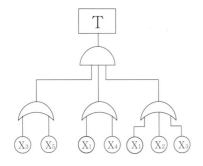

① 부품 X_2 ② 부품 X_3
③ 부품 X_4 ④ 부품 X_5

T가 정상가동 되려면 AND게이트는 아래의 OR게이트에서 하나라도 신호가 나와야 한다.

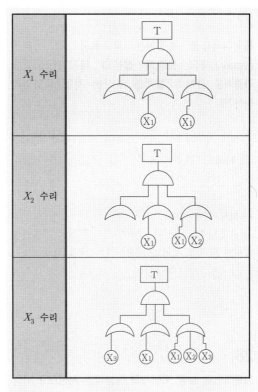

X_3까지 수리를 하여야 OR게이트 하나가 신호가 나온다.

26

설비보전에서 평균수리시간의 의미로 맞는 것은?

① MTTR   ② MTBF
③ MTTF   ④ MTBP

*설비보전 지표
MTTR(Mean Time To Repair) : 평균수리시간
MTBF(Mean Time Between Failure) : 평균고장간격
MTTF(Mean Time To Failure) : 평균고장시간
MTBP(Mean Time Between PM) : 평균보전예방간격

27

통화이해도를 측정하는 지표로서, 각 옥타브(octave)대의 음성과 잡음의 데시벨(dB)값에 가중치를 곱하여 합계를 구하는 것을 무엇이라 하는가?

① 명료도 지수　　② 통화 간섭 수준
③ 이해도 점수　　④ 소음 기준 곡선

*명료도 지수(AI)
각 옥타브대의 음성과 잡음의 데시벨 값에 가중치를 곱하여 합계를 구하는 통화이해도 측정 지표

$AI = Log(S/N) \times$ 말소리 중요도 가중치

28

일반적으로 보통 작업자의 정상적인 시선으로 가장 적합한 것은?

① 수평선을 기준으로 위쪽 5° 정도
② 수평선을 기준으로 위쪽 15° 정도
③ 수평선을 기준으로 아래쪽 5° 정도
④ 수평선을 기준으로 아래쪽 15° 정도

*보통 작업자의 정상적인 시선
수평선을 기준으로 아래쪽 15˚ 정도

29

FT도에 사용되는 다음 기호의 명칭으로 옳은 것은?

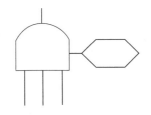

① 억제게이트　　② 조합AND게이트
③ 부정게이트　　④ 배타적OR게이트

*수정게이트의 종류

종류	그림	설명
조합 AND 게이트	2개의 출력　ai aj ak	3개의 입력사상 중 2개가 발생할 경우 출력사상이 발생한다.

30

일반적으로 위험(Risk)은 3가지 기본요소로 표현되며 3요소(Triplets)로 정의된다. 3요소에 해당되지 않는 것은?

① 사고 시나리오(S_i)
② 사고 발생 확률(P_i)
③ 시스템 불이용도(Q_i)
④ 파급효과 또는 손실(X_i)

*위험의 3가지 기본요소
① 사고 시나리오(S_i)
② 사고 발생 확률(P_i)
③ 파급효과 또는 손실(X_i)

31

다음 FT도에서 최소 컷셋을 올바르게 구한 것은?

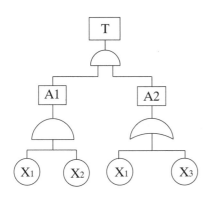

① (X_1, X_2)
② $(X_1), (X_3)$
③ (X_2, X_3)
④ (X_1, X_2, X_3)

---

*미니멀 컷셋(Minimal cut set)

$$T = A_1 \cdot A_2 = (X_1 X_2)\binom{X_1}{X_3}$$
$$= X_1 X_2 X_1, \; X_1 X_2 X_3$$

컷셋 : $X_1 X_2, \; X_1 X_2 X_3$
최소 컷셋 : $X_1 X_2$

32

시스템이 저장되어 이동되고 실행됨에 따라 발생하는 작동시스템의 기능이나 과업, 활동으로부터 발생되는 위험에 초점을 맞춘 위험분석 차트는?

① 결함수분석(FTA: Fault Tree Analysis)
② 사상수분석(ETA: Event Tree Analysis)
③ 결함위험분석(FHA: Fault Hazard Analysis)
④ 운용위험분석(OHA: Operating Hazard Analysis)

---

*운용위험분석(OHA: Operating hazard analysis)
시스템이 저장되어 이동되고 실행됨에 따라 발생하는 작동시스템의 기능이나 과업, 활동으로부터 발생되는 위험에 초점을 맞춘 위험분석 방법

33

자동화시스템에서 인간의 기능으로 적절하지 않은 것은?

① 설비보전
② 작업계획 수립
③ 조정 장치로 기계를 통제
④ 모니터로 작업 상황 감시

---

*인간-기계 시스템의 유형

유형	내용
수동 시스템	인간이 혼자서 수공구나 기타 보조물을 사용하여 자신의 힘으로 동력원을 제공한다.
기계 시스템 (=반자동 시스템)	기계는 동력원을 제공하고, 인간은 통제를 한다.
자동 시스템 (=자동화 시스템)	인간은 설비보전, 계획수립, 감시 등의 역할을 하고, 나머지는 기계가 처리한다.

③ 조정 장치로 기계를 통제하는 것은 수동 시스템이다.

34

의자 설계에 대한 조건 중 틀린 것은?

① 좌판의 깊이는 작업자의 등이 등받이에 닿을수 있도록 설계한다.
② 좌판은 엉덩이가 앞으로 미끄러지지 않는 재질과 구조로 설계한다.
③ 좌판의 넓이는 작은 사람에 적합하도록, 깊이는 큰 사람에게 적합하도록 설계한다.
④ 등받이는 충분한 넓이를 가지고 요추 부위부터 어깨부위까지 편안하게 지지하도록 설계한다.

35

시스템 분석 및 설계에 있어서 인간공학의 가치와 가장 거리가 먼 것은?

① 훈련비용의 절감
② 인력 이용률의 향상
③ 생산 및 보전의 경제성 감소
④ 사고 및 오용으로부터의 손실 감소

36

산업안전보건법령상 유해·위험방지계획서 제출대상 사업은 기계 및 가구를 제외한 금속가공제품 제조업으로서 전기 계약용량이 얼마 이상인 사업을 말하는가?

① $50kW$
② $100kW$
③ $200kW$
④ $300kW$

37

건구온도 $30℃$, 습구온도 $35℃$ 일 때의 옥스포드(Oxford) 지수는 얼마인가?

① $27.75℃$
② $24.58℃$
③ $32.78℃$
④ $34.25℃$

38

작업자가 용이하게 기계·기구를 식별하도록 암호화(Coding)를 한다. 암호화 방법이 아닌 것은?

① 강도
② 형상
③ 크기
④ 색채

39

반사형 없이 모든 방향으로 빛을 발하는 점광원에서 $5m$ 떨어진 곳의 조도가 $120Lux$ 라면 $2m$ 떨어진 곳의 조도는?

① $150Lux$　　　② $192.2Lux$
③ $750Lux$　　　④ $3000Lux$

---

*조도(Lux)의 계산

$$L = \frac{I}{D^2}$$

$$I = L_1 \times D_1^2 = 120 \times 5^2 = 3000Cd$$

$$L_2 = \frac{I}{D_2^2} = \frac{3000}{2^2} = 750Lux$$

여기서, I : 광도 $[Cd]$
　　　　D : 거리 $[m]$

$$L = \frac{I}{D^2}$$

광도 = 조도×거리² = $120 \times 5^2 = 3000cd$

$$\therefore 조도 = \frac{광도}{거리^2} = \frac{3000}{2^2} = 750Lux$$

40

육체작업의 생리학적 부하측정 척도가 아닌 것은?

① 맥박수　　　② 산소소비량
③ 근전도　　　④ 점멸융합주파수

---

*점멸융합주파수
자극이 연속적으로 느껴지게 되는 주파수로, 시각 연구에 오랫동안 사용돼왔다.

41

다음 중 드릴작업의 안전사항이 아닌 것은?

① 옷소매가 길거나 찢어진 옷은 입지 않는다.
② 작고, 길이가 긴 물건은 플라이어로 잡고 뚫는다.
③ 회전하는 드릴에 걸레 등을 가까이 하지 않는다.
④ 스핀들에서 드릴을 뽑아낼 때에는 드릴 아래에 손을 내밀지 않는다.

② 드릴 작업 시 작고 길이가 긴 물건들은 치공구 (지그, 바이스 등)로 고정시킨다.

42

슬라이드가 내려옴에 따라 손을 쳐내는 막대가 좌우로 왕복하면서 위험점으로부터 손을 보호하여 주는 프레스의 안전장치는?

① 손쳐내기식 방호장치
② 수인식 방호장치
③ 게이트 가드식 방호방치
④ 양손조작식 방호장치

*손쳐내기식 방호장치
슬라이드가 내려옴에 따라 손을 쳐내는 막대기 좌우로 왕복하면서 위험점으로부터 손을 보호하여 주는 프레스의 방호장치

43

양중기(승강기를 제외한다.)를 사용하여 작업하는 운전자 또는 작업자가 보기 쉬운 곳에 해당 양중기에 대해 표시하여야 할 내용이 아닌 것은?

① 정격 하중   ② 운전 속도
③ 경고 표시   ④ 최대 인양 높이

*양중기에 대한 표시사항
① 정격하중
② 운전속도
③ 경고표시

44

연삭기의 연삭숫돌을 교체했을 경우 시 운전은 최소 몇 분 이상 실시해야 하는가?

① 1분   ② 3분
③ 5분   ④ 7분

연삭숫돌 교체 후 3분 정도 시험운전을 실시하여 해당 기계의 이상 여부를 확인한다.

45

크레인 로프에 $2t$의 중량을 걸어 $20m/s^2$ 가속도로 감아올릴 때 로프에 걸리는 총 하중은 약 몇 kN 인가?

① 42.8   ② 59.6

③ 74.5   ④ 91.3

＊와이어로프에 걸리는 총 하중(W)

$$W = W_1 + W_2 = W_1 + \frac{W_1}{g} \times a$$

$$= 2000 + \frac{2000}{9.8} \times 20 = 4040.82kg$$

$$= 6081.63 \times 9.8 = 59600N = 59.6kN$$

여기서, W : 총 하중$[kg]$

W_1 : 정하중$[kg]$

W_2 : 동하중$\left(W_2 = \frac{W_1}{g} \times a \right)$

g : 중력가속도 $[m/s^2]$

a : 물체의 가속도 $[m/s^2]$

46

산업안전보건법령에서 정하는 간이리프트의 정의에 대한 설명 중 ( ) 안에 들어갈 말로 옳은 것은?

> 간이리프트란 동력을 사용하여 가이드 레일을 따라 움직이는 운반구를 매달아 소형화물 운반을 주목적으로 하며 승강기와 유사한 구조로서 운반구의 바닥면적이 (㉠)이거나 천장높이가 (㉡)인 것을 말한다.

~~① ㉠ － 1m^2 이상, ㉡ － 1.2m 이상~~

~~② ㉠ － 2m^2 이상, ㉡ － 2.4m 이상~~

~~③ ㉠ － 1m^2 이하, ㉡ － 1.2m 이하~~

~~④ ㉠ － 2m^2 이하, ㉡ － 2.4m 이하~~

출제 기준에서 제외된 내용입니다.

47

다음 ( ) 안에 들어갈 용어로 알맞은 것은?

> 사업주는 보일러의 과열을 방지하기 위하여 최고 사용 압력과 상용 압력 사이에서 보일러의 버너 연소를 차단할 수 있도록 (   )을 (를) 부착하여 사용하여야 한다.

① 고저수위 조절장치   ② 압력방출장치

③ 압력제한스위치   ④ 파열판

＊압력제한스위치

보일러의 과열을 방지하기 위하여 최고사용압력과 상용압력 사이에서 보일러의 버너 연소를 차단하여 정상 압력으로 유도하는 방호장치

48

다음 중 금속 등의 도체에 교류를 통한 코일을 접근시켰을 때, 결함이 존재하면 코일에 유기되는 전압이나 전류가 변하는 것을 이용한 검사방법은?

① 자분탐상검사   ② 초음파탐상검사

③ 와류탐상검사   ④ 침투형광탐상검사

＊와류탐상검사(ET)

금속 등의 도체에 교류를 통한 코일을 접근 시킬 때 결함이 존재하면 코일에 유기되는 전압이나 전류가 변하는 것을 이용한 비파괴검사법이다.

45.② 46.X 47.③ 48.③

49

산업안전보건법령에서 정하는 압력용기에서 안전 인증된 파열판에는 안전인증 표시 외에 추가로 나타내어야 하는 사항이 아닌 것은?

① 분출차(%)
② 호칭지름
③ 용도(요구성능)
④ 유체의 흐름방향 지시

---

*파열판 안전인증 표시 외 추가표시사항
① 호칭지름
② 용도(요구성능)
③ 흐름방향 지시
④ 온도
⑤ 설정파열압력
⑥ 분출용량
⑦ 재질

50

롤러기의 앞면 롤의 지름이 $300mm$, 분당회전 수가 30회일 경우 허용되는 급정지장치의 급정지 거리는 약 몇 mm이내이어야 하는가?

① 37.7
② 31.4
③ 377
④ 314

---

*롤러기의 급정지거리
$V = \pi DN = \pi \times 0.3 \times 30 = 28.27 m/min$

여기서,
D : 연삭숫돌의 바깥지름 $[m]$
N : 회전수 $[rpm]$

속도 기준	급정지거리 기준
$30m/min$ 이상	앞면 롤러 원주의 $\dfrac{1}{2.5}$ 이내
$30m/min$ 미만	앞면 롤러 원주의 $\dfrac{1}{3}$ 이내

$\therefore$ 급정지거리 $= \pi D \times \dfrac{1}{3} = \pi \times 300 \times \dfrac{1}{3} = 314mm$

51

단면적이 $1800mm^2$인 알루미늄 봉의 파괴강도는 $70MPa$ 이다. 안전율을 2로 하였을 때 봉에 가해 질 수 있는 최대하중은 얼마인가?

① 6.3 kN
② 126 kN
③ 63 kN
④ 12.6 kN

---

*안전율(=안전계수, S)
$S = \dfrac{\text{파괴강도}}{\text{최대응력}}$

최대응력 $= \dfrac{\text{파괴강도}}{S} = \dfrac{P(\text{최대하중})}{A(\text{단면적})}$

$\therefore P = \dfrac{\text{파괴강도}}{S} \times A = \dfrac{70}{2} \times 1800 = 63000N = 63kN$

52

원동기, 풀리, 기어 등 근로자에게 위험을 미칠 우려가 있는 부위에 설치하는 위험방지 장치가 아닌 것은?

① 덮개
② 슬리브
③ 건널다리
④ 램

---

*램(Ram)
유압 프레스의 구성 요소

53

아세틸렌 용접장치에서 사용하는 발생기실의 구조에 대한 요구사항으로 틀린 것은?

① 벽의 재료는 불연성의 재료를 사용할 것
② 천정과 벽은 견고한 콘크리트 구조로 할 것
③ 출입구의 문은 두께 $1.5mm$ 이상의 철판 또는 이와 동등 이상의 강도를 가진 구조로 할 것
④ 바닥 면적의 16분의 1 이상의 단면적을 가진 배기통을 옥상으로 돌출시킬 것

> ② 벽은 철근 콘크리트 또는 그 밖에 이와 동등하거나 그 이상의 강도를 가진 구조로 한다.

54

롤러기의 급정지장치로 사용되는 정지봉 또는 로프의 설치에 관한 설명으로 틀린 것은?

① 복부 조작식은 밑면으로부터 1200 ~ 1400 mm 이내의 높이로 설치한다.
② 손 조작식은 밑면으로부터 $1800mm$ 이내의 높이로 설치한다.
③ 손 조작식은 앞면 롤 끝단으로부터 수평 거리가 50 mm 이내에 설치한다.
④ 무릎 조작식은 밑면으로부터 $600mm$ 이내의 높이로 설치한다.

> ***롤러기의 급정지장치**
> 작업자가 조작부를 설치하여 건드리면 구동에너지가 차단되어 급정지가 되는 장치
>
> | 종류 | 위치 |
> |---|---|
> | 손조작식 | 밑면에서 $1.8m$ 이내 |
> | 복부조작식 | 밑면에서 $0.8m$ 이상 $1.1m$ 이내 |
> | 무릎조작식 | 밑면에서 $0.6m$ 이내 |
>
> ✔ 단, 급정지장치 조작부의 중심점을 기준으로 한다.

55

산업안전보건법령상 용접장치의 안전에 관한 준수사항 설명으로 옳은 것은?

① 아세틸렌 용접장치의 발생기실을 옥외에 설치한 때에는 그 개구부를 다른 건축물로부터 $1m$ 이상 떨어지도록 하여야 한다.
② 가스집합장치로부터 $3m$ 이내의 장소에서는 화기의 사용을 금지시킨다.
③ 아세틸렌 발생기에서 $10m$ 이내 또는 발생기실에서 $4m$ 이내의 장소에서는 흡연행위를 금지시킨다.
④ 아세틸렌 용접장치를 사용하여 용접작업을 할 경우 게이지 압력이 $127kPa$을 초과하는 아세틸렌을 발생시켜 사용해서는 아니 된다.

> ① 아세틸렌 용접장치의 발생기실을 옥외에 설치한 때에는 그 개구부를 다른 건축물로부터 1.5m이상 떨어지도록 하여야 한다.
> ② 가스집합장치로부터 $5m$이내의 장소에서는 화기의 사용을 금지시킨다.
> ③ 아세틸렌 발생기에서 $5m$이내 또는 발생기실에서 $3m$ 이내의 장소에서는 흡연행위를 금지시킨다.

56

다음 중 프레스의 방호장치에 관한 설명으로 틀린 것은?

① 양수조작식 방호장치는 1행정1정지 기구에 사용할 수 있어야 한다.
② 손쳐내기식 방호장치는 슬라이드 하행정 거리의 3/4 위치에서 손을 완전히 밀어내야 한다.
③ 광전자식 방호장치의 정상동작 표기램프는 붉은색, 위험 표시램프는 녹색으로 하며, 쉽게 근로자가 볼 수 있는 곳에 설치해야 한다.
④ 게이트 가드 방호장치는 가드가 열린 상태에서 슬라이드를 동작시킬 수 없고 또한 슬라이드 작동 중에는 게이트 가드를 열 수 없어야 한다.

③ 광전자식 방호장치는 정상동작램프는 녹색, 위험표시램프는 적색으로 하며, 쉽게 근로자가 볼 수 있는 곳에 설치해야 한다.

57

다음 중 비파괴 시험의 종류에 해당하지 않는 것은?

① 와류 탐상시험 ② 초음파 탐상시험
③ 인장 시험 ④ 방사선 투과시험

*비파괴검사법의 종류
① 초음파탐상검사
② 와류탐상검사
③ 자분탐상검사
④ 침투탐상검사
⑤ 음향탐상검사

58

두께 $2mm$ 이고 치진폭이 $2.5mm$ 인 목재가공용 둥근톱에서 반발예방장치 분할날의 두께(t) 로 적절한 것은?

① $2.2mm \leq t < 2.5mm$
② $2.0mm \leq t < 3.5mm$
③ $1.5mm \leq t < 2.5mm$
④ $2.5mm \leq t < 3.5mm$

*분할날의 두께(t)
$1.1 \times$ 톱날 두께 $\leq t <$ 치진폭
$1.1 \times 2 \leq t < 2.5$

$\therefore 2.2 \leq t < 2.5$

59

마찰 클러치가 부착된 프레스에 부적합한 방호장치는?
(단, 방호장치는 한 가지 형식만 사용할 경우로 한정한다.)

① 양수조작식 ② 광전자식
③ 가드식 ④ 수인식

*클러치 종류에 따른 분류

핀 클러치 부착	마찰 클러치 부착
① 손쳐내기식 방호장치 ② 수인식 방호장치 ③ 가드식 방호장치	① 양수조작식 방호장치 ② 광전자식 방호장치 ③ 가드식 방호장치

60

아세틸렌용접장치 및 가스집합용접장치에서 가스의 역류 및 역화를 방지하기 위한 안전기의 형식에 속하는 것은?

① 주수식
② 침지식
③ 투입식
④ 수봉식

④ 수봉식 안전기 : 역류 및 역화 방지기

61

정전기 발생에 영향을 주는 요인이 아닌 것은?

① 분리속도　　　　② 물체의 질량
③ 접촉면적 및 압력　④ 물체의 표면상태

*정전기 발생에 영향을 주는 요인
① 물질의 표면상태
② 물질의 접촉면적
③ 물질의 압력
④ 물질의 특성
⑤ 물질의 분리속도

62

입욕자에게 전기적 자극을 주기 위한 전기욕기의 전원장치에 내장되어 있는 전원 변압기의 2차측 전로의 사용전압은 몇 V 이하로 하여야 하는가?

① 10　　　　　② 15
③ 30　　　　　④ 60

*전기욕기의 사용전압
전원 변압기의 2차측 전로 사용전압은 $10V$ 이하로 한다.

63

피뢰기의 설치장소가 아닌 것은?
(단, 직접 접속하는 전선이 짧은 경우 및 피보호 기기가 보호범위 내에 위치하는 경우가 아니다.)

① 저압을 공급 받는 수용장소의 인입구
② 지중전선로와 가공전선로가 접속되는 곳
③ 가공전선로에 접속하는 배전용 변압기의 고압측
④ 발전소 또는 변전소의 가공전선 인입구 및 인출구

*피뢰기의 설치장소
① 특별고압 및 고압 수용장소의 인입구
② 가공전선로에 접속하는 배전용 변압기의 고압측
③ 지중전선로와 가공전선로가 접속되는 곳
④ 발전소 또는 변전소의 가공전선 인입구 및 인출구

64

저압방폭구조 배선 중 노출 도전성 부분의 보호 접지선으로 알맞은 항목은?

① 전선관이 충분한 지락전류를 흐르게 할 시에도 결합부에 본딩(bonding)을 해야 한다.
② 전선관이 최대지락전류를 안전하게 흐르게 할 시 접지선으로 이용 가능하다.
③ 접지선의 전선 또는 선심은 그 절연피복을 흰색 또는 검정색을 사용한다.
④ 접지선은 1000V 비닐절연전선 이상 성능을 갖는 전선을 사용한다.

① 전선관이 충분한 지락전류를 안전하게 흐르게 할 시 결합부에 본딩을 생략한다.
③ 접지선의 전선 또는 선심은 그 절연피복을 녹색 또는 황색을 사용한다.
④ 접지선은 $600V$ 비닐절연전선 이상 성능을 갖는 전선을 사용한다.

65

방폭전기설비의 용기내부에서 폭발성가스 또는 증기가 폭발하였을 때 용기가 그 압력에 견디고 접합면이나 개구부를 통해서 외부의 폭발성 가스나 증기에 인화되지 않도록 하는 방폭구조는?

① 내압 방폭구조　　② 압력 방폭구조
③ 유입 방폭구조　　④ 본질안전 방폭구조

*방폭구조의 종류

종류	내용
내압 방폭구조 (d)	용기 내 폭발시 용기가 그 압력을 견디고 개구부 등을 통해 외부로 인화될 우려가 없는 구조
압력 방폭구조 (p)	용기 내에 보호가스를 압입시켜 대기압 이상으로 유지하여 폭발성 가스가 유입되지 않도록 하는 구조
안전증 방폭구조 (e)	운전 중에 생기는 아크, 스파크, 발열 등의 발화원을 제거하여 안전도를 증가시킨 구조
유입 방폭구조 (o)	전기불꽃, 아크, 고온 발생 부분을 기름으로 채워 폭발성 가스 또는 증기에 인화되지 않도록 한 구조
본질안전 방폭구조 (ia, ib)	운전 중 단선, 단락, 지락에 의한 사고시 폭발 점화원의 발생이 방지된 구조
비점화 방폭구조 (n)	운전중에 점화원을 차단하여 폭발이 일어나지 않고, 이상 상태에서 짧은시간 동안 방폭기능을 할 수 있는 구조
몰드 방폭구조 (m)	전기불꽃, 고온 발생 부분은 컴파운드로 밀폐한 구조

66

전기시설의 직접 접촉에 의한 감전방지 방법으로 적절하지 않은 것은?

① 충전부는 내구성이 있는 절연물로 완전히 덮어 감쌀 것
② 충전부가 노출되지 않도록 폐쇄형 외함이 있는 구조로 할 것
③ 충전부에 충분한 절연효과가 있는 방호망 또는 절연 덮개를 설치할 것
④ 충전부는 관계자 외 출입이 용이한 전개된 장소에 설치하고 위험표시 등의 방법으로 방호를 강화할 것

④ 충전부는 출입이 금지되는 장소에 설치한다.

67

누전화재가 발생하기 전에 나타나는 현상으로 거리가 가장 먼 것은?

① 인체 감전현상
② 전등 밝기의 변화현상
③ 빈번한 퓨즈 용단현상
④ 전기 사용 기계장치의 오동작 감소

④ 누전화재가 발생하기 전에는 전기 사용 기계장치의 오동작이 증가한다.

68

인체에 최소감지 전류에 대한 설명으로 알맞은 것은?

① 인체가 고통을 느끼는 전류이다.
② 성인 남자의 경우 상용주파수 $60\,Hz$ 교류에서 약 $1\,mA$이다.
③ 직류를 기준으로 한 값이며, 성인남자의 경우 약 $1\,mA$에서 느낄 수 있는 전류이다.
④ 직류를 기준으로 여자의 경우 성인 남자의 70%인 $0.7\,mA$에서 느낄 수 있는 전류의 크기를 말한다.

*최소 감지전류
① 남성기준 : 직류 $-5.2\,mA$, 교류 $-1.1\,mA$
② 여성기준 : 남성보다 2/3 민감

69

그림에서 인체의 허용 접촉 전압은 약 몇 V 인가? (단, 심실세동 전류는 $\dfrac{0.165}{\sqrt{T}}$ 이며, 인체저항 $R_k = 1000\,\Omega$, 발의 저항 $R_f = 300\,\Omega$이고, 접촉 시간은 1초로 한다.)

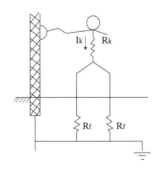

① 107
② 132
③ 190
④ 215

*인체의 허용접촉전압

$$V = IR = I \times \left(R_k + \frac{R_f}{2} \right) = \frac{0.165}{\sqrt{T}} \times \left(R_k + \frac{R_f}{2} \right)$$
$$= \frac{0.165}{\sqrt{1}} \times \left(1000 + \frac{300}{2} \right) = 189.75\,V$$

70

교류아크 용접기에 전격 방지기를 설치하는 요령 중 틀린 것은?

① 이완 방지 조치를 한다.
② 직각으로만 부착해야 한다.
③ 동작 상태를 알기 쉬운 곳에 설치한다.
④ 테스트 스위치는 조작이 용이한 곳에 위치시킨다.

*전격 방지기 설치 요령
① 이완방지 조치를 한다.
② 직각으로 설치하며, 불가피한 경우 $20˚$ 이내로 설치한다.
③ 동작상태를 알기 쉬운 곳에 설치한다.
④ 테스트 스위치는 조작이 용이한 곳에 위치시킨다.

71

피뢰침의 제한전압이 $800\,kV$, 충격절연강도가 $1000\,kV$라 할 때, 보호여유도는 몇 $\%$ 인가?

① 25
② 33
③ 47
④ 63

*피뢰기의 보호여유도

$$보호여유도 = \frac{충격절연강도 - 제한전압}{제한전압} \times 100\%$$
$$= \frac{1000 - 800}{800} \times 100\% = 25\%$$

68.② 69.③ 70.② 71.①

72

물질의 접촉과 분리에 따른 정전기 발생량의 정도를 나타낸 것으로 틀린 것은?

① 표면이 오염될수록 크다.
② 분리속도가 빠를수록 크다.
③ 대전서열이 서로 멀수록 크다.
④ 접촉과 분리가 반복될수록 크다.

*정전기 발생량이 많아지는 요인
① 표면이 거칠수록, 오염될수록 크다.
② 분리속도가 빠를수록 크다.
③ 대전서열이 서로 멀수록 크다.
④ 첫 분리시 정전기 발생량이 가장 크고 반복될수록 작아진다.
⑤ 접촉 면적 및 압력이 클수록 크다.
⑥ 완화시간이 길수록 크다.

73

감전 재해자가 발생하였을 때 취하여야 할 최우선 조치는?
(단, 감전자가 질식상태라 가정함.)

① 부상 부위를 치료한다.
② 심폐소생술을 실시한다.
③ 의사의 왕진을 요청한다.
④ 우선 병원으로 이동시킨다.

② 감전 재해자가 질식상태라면, 최우선 조치로서 심폐소생술을 실시한다.

74

방폭지역 0종 장소로 결정해야 할 곳으로 틀린 것은?

① 인화성 또는 가연성 가스가 장기간 체류하는 곳
② 인화성 또는 가연성 물질을 취급하는 설비의 내부
③ 인화성 또는 가연성 액체가 존재하는 피트 등의 내부
④ 인화성 또는 가연성 증기의 순환통로를 설치한 내부

*방폭지역의 분류

장소	내용
0종 장소	인화성 또는 가연성 가스나 증기가 장기간 체류하는 장소
1종 장소	위험분위기가 간헐적으로 존재하는 장소
2종 장소	고장이나 이상 시 위험분위기가 생성되는 장소

④ : 1종 장소

75

인체에 미치는 전격 재해의 위험을 결정하는 주된 인자 중 가장 거리가 먼 것은?

① 통전전압의 크기   ② 통전전류의 크기
③ 통전경로   ④ 통전시간

*감전위험 요인

요인	종류
직접적인 요인	① 통전 전류의 크기 ② 통전 전원의 종류 ③ 통전 시간 ④ 통전 경로
간접적인 요인	① 전압의 크기 ② 인체의 조건(저항) ③ 계절 ④ 개인차

76

방전의 분류에 속하지 않는 것은?

① 연면 방전
② 불꽃 방전
③ 코로나 방전
④ 스프레이 방전

77

정전용량 $C = 20\mu F$, 방전 시 전압 $V = 2kV$ 일 때 정전에너지는 몇 J 인가?

① 40
② 80
③ 400
④ 800

78

접지 저항치를 결정하는 저항이 아닌 것은?

① 접지선, 접지극의 도체저항
② 접지전극과 주회로 사이의 낮은 절연저항
③ 접지전극 주위의 토양이 나타내는 저항
④ 접지전극의 표면과 접하는 토양사이의
   접촉저항

79

작업장소 중 제전복을 착용하지 않아도 되는 장소는?

① 상대 습도가 높은 장소
② 분진이 발생하기 쉬운 장소
③ LCD등 display 제조 작업 장소
④ 반도체 등 전기소자 취급 작업 장소

80

방폭지역에서 저압케이블 공사 시 사용해서는 안되는 케이블은?

① MI 케이블
② 연피 케이블
③ 0.6/1kV 고무캡타이어 케이블
④ 0.6/1kV 폴리에틸렌 외장케이블

81

화재 감지에 있어서 열감지 방식 중 차동식에 해당하지 않는 것은?

① 공기관식　　　　② 열전대식
③ 바이메탈식　　　④ 열반도체식

*차동식 종류
① 공기관식
② 열전대식
③ 열반도체식

*정온식 종류
① 바이메탈식
② 고체팽창식
③ 기체팽창식

82

각 물질(A~D)의 폭발상한계와 하한계가 다음 [표]와 같을 때 다음 중 위험도가 가장 큰 물질은?

구분	A	B	C	D
폭발상한계	9.5	8.4	15.0	13
폭발하한계	2.1	1.8	5.0	2.6

① A　　　　② B
③ C　　　　④ D

*가스의 위험도(H)

$$H = \frac{L_h - L_l}{L_l}$$

여기서,
L_h : 폭발상한계
L_l : 폭발하한계

$$H_A = \frac{9.5 - 2.1}{2.1} = 3.52$$

$$H_B = \frac{8.4 - 1.8}{1.8} = 3.67$$

$$H_C = \frac{15 - 5}{5} = 2$$

$$H_D = \frac{13 - 2.6}{2.6} = 4$$

83

NH_4NO_3의 가열, 분해로부터 생성되는 무색의 가스로 일명 웃음가스라고도 하는 것은?

① N_2O　　　　② NO_2
③ N_2O_4　　　　④ NO

*아산화질소(N_2O)
질산암모늄(NH_4NO_3)의 가열 및 분해 반응으로 생성되는 무색의 가스

84

다음 중 분진 폭발의 특징으로 옳은 것은?

① 가스폭발보다 연소시간이 짧고, 발생에너지가 작다.
② 압력의 파급속도보다 화염의 파급속도가 빠르다.
③ 가스폭발에 비하여 불완전 연소가 적게 발생한다.
④ 주위의 분진에 의해 2차, 3차의 폭발로 파급될 수 있다.

① 가스폭발보다 연소시간이 길고, 발생 에너지가 크다.
② 압력의 파급속도보다 화염의 파급속도가 느리다.
③ 가스폭발에 비하여 불완전 연소가 많이 발생한다.

85

자연 발화성을 가진 물질이 자연발열을 일으키는 원인으로 거리가 먼 것은?

① 분해열　　　　　② 증발열
③ 산화열　　　　　④ 중합열

*자연발열을 일으키는 원인
① 분해열
② 산화열
③ 중합열
④ 흡착열
⑤ 미생물

86

다음 중 누설 발화형 폭발재해의 예방 대책으로 가장 거리가 먼 것은?

① 발화원 관리
② 밸브의 오동작 방지
③ 가연성 가스의 연소
④ 누설물질의 검지 경보

*누설 발화형 폭발재해 예방대책
① 발화원 관리
② 밸브의 오동작 방지
③ 누설물질의 검지 경보
④ 위험물질의 누설방지

87

다음 중 최소발화에너지($E[J]$)를 구하는 식으로 옳은 것은?
(단, I는 전류[A]. R은 저항[Ω], V는 전압[V], C는 콘덴서용량[F], T는 시간[초]이라 한다.)

① $E = I^2RT$　　　　② $E = 0.24I^2R$
③ $E = \dfrac{1}{2}CV^2$　　　④ $E = \dfrac{1}{2}\sqrt{CV}$

*착화에너지(=발화에너지, 정전에너지 E) [J]
$$E = \frac{1}{2}CV^2$$
여기서,
C : 정전용량 [F]
V : 전압 [V]

88

다음 중 분진 폭발을 일으킬 위험이 가장 높은 물질은?

① 염소 ② 마그네슘
③ 산화칼슘 ④ 에틸렌

마그네슘·철분·금속분은 제2류 위험물(가연성고체)로 공기 중으로 퍼지면, 습기와 반응하여 자연발화하며 분진 폭발한다.

89

사업주는 특수산화설비를 설치할 때 내부의 이상상태를 조기에 파악하기 위하여 필요한 계측장치를 설치하여야 한다. 다음 중 이에 해당하는 특수화학설비가 아닌 것은?

① 발열 반응이 일어나는 반응장치
② 증류, 증발 등 분리를 행하는 장치
③ 가열로 또는 가열기
④ 액체의 누설을 방지하는 방유장치

*계측장치 설치대상인 특수화학설비의 기준
① 온도가 섭씨 350℃ 이상이거나 게이지 압력이 980kPa 이상인 상태에서 운전되는 설비
② 가열로 또는 가열기
③ 발열반응이 일어나는 반응장치
④ 증류·정류·증발·추출 등 분리를 하는 장치
⑤ 가열시켜주는 물질의 온도가 가열되는 위험물질의 분해온도 또는 발화점보다 높은 상태에서 운전되는 설비
⑥ 반응폭주 등 이상 화학반응에 의하여 위험물질이 발생할 우려가 있는 설비

90

가스 또는 분진 폭발 위험장소에 설치되는 건축물의 내화 구조로 설명한 것으로 틀린 것은?

① 건축물 기둥 및 보는 지상 층까지 내화 구조로 한다.
② 위험물 저장·취급용기의 지지대는 지상으로부터 지지대의 끝부분까지 내화구조로 한다.
③ 건축물 주변에 자동소화설비를 설치한 경우 건축물 화재 시 1시간 이상 그 안전성을 유지한 경우는 내화구조로 하지 아니할 수 있다.
④ 배관·전선관 등의 지지대는 지상으로부터 1단까지 내화구조로 한다.

③ 건축물 주변에 자동소화설비를 설치한 경우 건축물 화재 시 2시간 이상 그 안전성을 유지한 경우는 내화구조로 하지 아니할 수 있다.

91

고압가스의 분류 중 압축가스에 해당되는 것은?

① 질소 ② 프로판
③ 산화에틸렌 ④ 염소

*압축가스의 종류
① 질소(N_2) ② 수소(H_2)
③ 산소(O_2) ④ 메탄(CH_4)

92

건조설비를 사용하여 작업을 하는 경우에 폭발이나 화재를 예방하기 위하여 준수하여야 하는 사항으로 틀린 것은?

① 위험물 건조설비를 사용하는 경우에는 미리 내부를 청소하거나 환기할 것
② 위험물 건조설비를 사용하여 가열건조하는 건조물은 쉽게 이탈되도록 할 것
③ 고온으로 가열건조한 인화성 액체는 발화의 위험이 없는 온도로 냉각한 후에 격납시킬 것
④ 바깥 면이 현저히 고온이 되는 건조설비에 가까운 장소에는 인화성 액체를 두지 않도록 할 것

② 위험물 건조설비를 사용하여 가열건조하는 건조물은 쉽게 이탈되지 않도록 할 것

93

트리에틸알루미늄에 화재가 발생하였을 때 다음 중 가장 적합한 소화약제는?

① 팽창질석   ② 할로겐화합물
③ 이산화탄소   ④ 물

*트리에틸알루미늄 화재시 소화약제
① 건조사(=건조모래)
② 팽창질석
③ 팽창진주암

94

액화 프로판 $310kg$을 내용적 $50L$용기에 충전할 때 필요한 소요 용기의 수는 몇 개인가? (단, 액화 프로판의 가스정수는 2.35이다.)

① 15   ② 17
③ 19   ④ 21

*용기의 수

$$용기의 수 = \frac{액화 프로판의 질량}{\left(\dfrac{내용적}{가스정수}\right)} = \frac{310}{\left(\dfrac{50}{2.35}\right)}$$

$$= 14.57 ≒ 15개$$

95

산업안전보건법령상 위험물질의 종류와 해당물질의 연결이 옳은 것은?

① 폭발성 물질 : 마그네슘분말
② 인화성 고체 : 중크롬산
③ 산화성 물질 : 니트로소화합물
④ 인화성 가스 : 에탄

① 마그네슘분말 - 물반응성물질 및 인화성고체
② 중크롬산 - 산화성고체 및 산화성액체
③ 니트로소화합물 - 폭발성물질 및 유기과산화물

96

다음 가스 중 가장 독성이 큰 것은?

① CO ② $COCl_2$
③ NH_3 ④ H_2

포스겐($COCl_2$)은 독성이 매우 강한 기체이다.

97

가연성 기체의 분출 화재 시 주 공급밸브를 닫아서 연료공급을 차단하여 소화하는 방법은?

① 제거소화   ② 냉각소화
③ 희석소화   ④ 억제소화

*제거소화
연소물을 제거하는 소화방법

98

다음 중 산업안전보건법령상 물질안전보건자료의 작성 · 비치 제외 대상이 아닌 것은?

① 원자력법에 의한 방사성 물질
② 농약관리법에 의한 농약
③ 비료관리법에 의한 비료
④ 관세법에 의해 수입되는 공업용 유기용제

*물질안전보건자료(MSDS)의 작성 · 비치대상에서 제외되는 화학물질
① 「화장품법」에 따른 화장품
② 「농약관리법」에 따른 농약
③ 「폐기물관리법」에 따른 폐기물
④ 「비료관리법」에 따른 비료
⑤ 「사료관리법」에 따른 사료
⑥ 「생활주변방사선 안전관리법」에 따른 원료물질
⑦ 「생활화학제품 및 살생물질의 안전관리에 관한 법률」에 따른
⑧ 「식품위생법」에 따른 식품 및 식품첨가물
⑨ 「약사법」에 따른 의약품 및 의약외품
⑩ 「위생용품 관리법」에 따른 위생용품
⑪ 「원자력안전법」에 따른 방사성물질
⑫ 「의료기기법」에 따른 의료기기
⑬ 「총포 · 도검 · 화약류 등의 안전관리에 관한 법률」에 따른 화약류
⑭ 「마약류 관리에 관한 법률」에 따른 마약 및 항정신성의약품
⑮ 「건강기능식품에 관한 법률」에 따른 건강기능식품

99

다음 중 산업안전보건법령상 화학설비의 부속설비로만 이루어진 것은?

① 사이클론, 백필터. 전기집진기 등 분진처리설비
② 응축기, 냉각기, 가열기, 증발기 등 열교환기류
③ 고로 등 점화기를 직접 사용하는 열교환기류
④ 혼합기, 발포기. 압출기 등 화학제품 가공설비

*화학설비 및 그 부속설비의 종류

구분	종류
화학 설비	① 반응기 · 혼합조 등 화학물질 반응 또는 혼합장치 ② 증류탑 · 흡수탑 · 추출탑 · 감압탑 등 화학물질 분리장치 ③ 저장탱크 · 계량탱크 · 호퍼 · 사일로 등 화학물질 저장설비 또는 계량설비 ④ 응축기 · 냉각기 · 가열기 · 증발기 등 열교환기류 ⑤ 고로 등 점화기를 직접 사용하는 열교환기류 ⑥ 캘린더 · 혼합기 · 발포기 · 인쇄기 · 압출기 등 화학제품 가공설비 ⑦ 분쇄기 · 분체분리기 · 용융기 등 분체화학물질 취급장치 ⑧ 결정조 · 유동탑 · 탈습기 · 건조기 등 분체화학물질 분리장치 ⑨ 펌프류 · 압축기 · 이젝터 등의 화학물질 이송 또는 압축설비
부속 설비	① 배관 · 밸브 · 관 · 부속류 등 화학물질 이송 관련 설비 ② 온도 · 압력 · 유량 등을 지시 · 기록 등을 하는 자동제어 관련 설비 ③ 안전밸브 · 안전판 · 긴급차단 또는 방출밸브 등 비상조치 관련 설비 ④ 가스누출감지 및 경보 관련 설비 ⑤ 세정기, 응축기, 벤트스택, 플레어스택 등 폐가스 처리설비 ⑥ 사이클론, 백필터, 전기집진기 등 분진처리설비 ⑦ ①부터 ⑥까지의 설비를 운전하기 위하여 부속된 전기 관련 설비 ⑧ 정전기 제거장치, 긴급 샤워설비 등 안전 관련 설비

100

증류탑에서 포종탑내에 설치되어 있는 포종의 주요 역할로 옳은 것은?

① 압력을 증가시켜주는 역할
② 탑내 액체를 이송하는 역할
③ 화학적 반응을 시켜주는 역할
④ 증기와 액체의 접촉을 용이하게 해주는 역할

＊포종탑(Bubble Cap tower)
탑 속의 단판에 포종이 설치되어 있어 공업용으로 쓰이는 단탑의 일종으로, 포종은 증기와 액체의 접촉을 용이하게 해주는 역할을 한다.

101

작업발판 및 통로의 끝이나 개구부로서 근로자가 추락할 위험이 있는 장소에서 난간등의 설치가 매우 곤란하거나 작업의 필요상 임시로 난간등을 해체하여야 하는 경우에 설치하여야 하는 것은?

① 구명구
② 수직보호망
③ 추락방호망
④ 석면포

*추락방호망
근로자가 추락할 위험이 있는 장소에 작업발판, 난간 등의 설치가 어려울 경우 설치하는 설비

102

지반조사의 목적에 해당 되지 않는 것은?

① 토질의 성질 파악
② 지층의 분포 파악
③ 지하수위 및 피압수 파악
④ 구조물의 편심에 의한 적절한 침하 유도

*지반조사의 목적
① 토질의 성질 파악
② 지층의 분포 파악
③ 지하수위 및 피압수 파악

103

풍화암의 굴착면 붕괴에 따른 재해를 예방하기 위한 굴착면의 적정한 기울기 기준은?

① 1 : 1
② 1 : 0.8
③ 1 : 0.5
④ 1 : 0.3

*굴착면의 기울기 기준

지반의 종류	기울기
모래	1 : 1.8
연암 및 풍화암	1 : 1.0
경암	1 : 0.5
그 밖의 흙	1 : 1.2

104

크레인 등 건설장비의 가공전선로 접근 시 안전대책으로 거리가 먼 것은?

① 안전 이격거리를 유지하고 작업한다.
② 장비의 조립, 준비시부터 가공전선로에 대한 감전 방지 수단을 강구한다.
③ 장비 사용 현장의 장애물, 위험물 등을 점검 후 작업계획을 수립한다.
④ 장비를 가공전선로 밑에 보관한다.

④ 장비를 가공전선로 밑에 보관하면 감전이 발생할 수 있으므로 가공전선로와 떨어뜨려 보관한다.

105

다음 중 차량계 건설기계에 속하지 않는 것은?

① 불도저 ② 스크레이퍼
③ 타워크레인 ④ 항타기

③ 타워크레인 : 양중기에 속한다.

106

산업안전보건관리비 계상 및 사용기준에 따른 공사 종류별 계상기준으로 옳은 것은?
(단, 철도·궤도 신설공사이고, 대상액이 5억원 미만인 경우)

① 1.85% ② 2.45%
③ 3.09% ④ 3.43%

*공사종류 및 규모별 산업안전보건관리비 계상기준표

구분 종류	5억원 미만	5억원 이상 50억원 미만		50억원 이상
		비율	기초액	
건축공사 (갑)	3.11%	2.28%	4,325,000원	2.64%
토목공사 (을)	3.15%	2.53%	3,300,000원	2.73%
중 건설 공사	3.64%	3.05%	2,975,000원	3.11%
특수 및 기타건설 공사	2.07%	1.59%	2,450,000원	1.64%
철도·궤도 신설 공사	2.45%	1.59%	4,411,000원	1.66%

107

건설공사 시공단계에 있어서 안전관리의 문제점에 해당되는 것은?

① 발주자의 조사, 설계 발주능력 미흡
② 용역자의 조사, 설계능력 부실
③ 발주자의 감독 소홀
④ 사용자의 시설 운영관리 능력 부족

① 준비과정의 문제점
② 건설과정의 문제점
④ 운영관리의 문제점

108

유해위험방지 계획서를 제출하려고 할 때 그 첨부서류와 가장 거리가 먼 것은?

① 공사개요서
② 산업안전보건관리비 작성요령
③ 전체공정표
④ 재해 발생 위험 시 연락 및 대피방법

*유해위험방지계획서 첨부서류

항목	제출서류 및 내용
공사개요 (건설업)	① 공사개요서 ② 공사현장의 주변 현황 및 주변과의 관계를 나타내는 도면 ③ 건설물·사용 기계설비 등의 배치를 나타내는 도면 ④ 전체 공정표
공사개요 (제조업)	① 건축물 각 층의 평면도 ② 기계·설비의 개요를 나타내는 서류 ③ 기계·설비의 배치도면 ④ 원재료 및 제품의 취급, 제조 등의 작업방법의 개요 ⑤ 그 밖의 고용노동부장관이 정하는 도면 및 서류
안전보건 관리계획	① 산업안전보건관리비 사용계획서 ② 안전관리조직표·안전보건교육 계획 ③ 개인보호구 지급계획 ④ 재해발생 위험시 연락 및 대피방법
작업환경 조성계획	① 분진 및 소음발생공사 종류에 대한 방호대책 ② 위생시설물 설치 및 관리대책 ③ 근로자 건강진단 실시계획 ④ 조명시설물 설치계획 ⑤ 환기설비 설치계획 ⑥ 위험물질의 종류별 사용량과 저장·보관 및 사용시의 안전 작업 계획

109

흙막이 지보공을 설치하였을 때 정기적으로 점검하여 이상 발견 시 즉시 보수하여야 할 사항이 아닌 것은?

① 굴착 깊이의 정도
② 버팀대의 긴압의 정도
③ 부재의 접속부·부착부 및 교차부의 상태
④ 부재의 손상·변형·부식·변위 및 탈락의 유무와 상태

*흙막이 지보공 설치 후 정기점검 사항
① 부재의 손상·변형·부식·변위 및 탈락의 유무와 상태
② 부재의 접속부·부착부 및 교차부의 상태
③ 침하의 정도
④ 버팀대의 긴압의 정도

110

크레인의 운전실 또는 운전대를 통하는 통로의 끝과 건설물 등의 벽체의 간격은 최대 얼마 이하로 하여야 하는가?

① 0.2m
② 0.3m
③ 0.4m
④ 0.5m

크레인의 운전실 또는 운전대를 통하는 통로의 끝과 건설물 등의 벽체의 간격은 0.3m로 한다.

111

달비계를 설치할 때 작업발판의 폭은 최소 얼마 이상으로 하여야 하는가?

① 30cm   ② 40cm
③ 50cm   ④ 60cm

작업발판의 폭은 최소 <u>40cm이상</u> 으로 한다.

112

산소결핍이라 함은 공기 중 산소농도가 몇 퍼센트 (%) 미만일 때를 의미하는가?

① 20%   ② 18%
③ 15%   ④ 10%

공기 중 <u>산소농도가 18%</u> 미만인 상태를 산소결핍 이라 한다.

113

크레인을 사용하여 작업을 할 때 작업 시작 전에 점검하여야 하는 사항에 해당하지 않는 것은?

① 권과방지장치 · 브레이크 · 클러치 및 운전 장치의 기능
② 주행로의 상측 및 트롤리가 횡행하는 레일의 상태
③ 와이어로프가 통하고 있는 곳의 상태
④ 압력방출방치의 기능

*크레인 및 이동식크레인 작업시작 전 점검사항

종류	작업시작 전 점검사항
크레인	① 권과방지장치 · 브레이크 · 클러치 및 운전장치의 기능 ② 주행로의 상측 및 트롤리가 횡행하는 레일의 상태 ③ 와이어로프가 통하고 있는 곳의 상태
이동식 크레인	① 권과방지장치 및 그 밖의 경보장치의 기능 ② 브레이크 · 클러치 및 조정장치의 기능 ③ 와이어로프가 통하고 있는 곳 및 작업 장소의 지반상태

114

흙막이 공법을 흙막이 지지방식에 의한 분류와 구조방식에 의한 분류로 나눌 때 다음 중 지지 방식에 의한 분류에 해당하는 것은?

① 수평 버팀대식 흙막이 공법
② H-Pile 공법
③ 지하연속벽 공법
④ Top down method 공법

②, ③, ④ : 구조방식에 의한 분류

115

그물코의 크기가 10cm인 매듭없는 방망사 신품의 인장강도는 최소 얼마 이상이어야 하는가?

① 240kg   ② 320kg
③ 400kg   ④ 500kg

*신품 방망사에 대한 인장강도 기준

그물코의 크기 (cm)	방망의 종류(kg)	
	매듭없는 망	매듭 망
5	–	110
10	240	200

116

항타기 및 항발기에 관한 설명으로 옳지 않은 것은?

① 도괴방지를 위해 시설 또는 가설물 등에 설치하는 때에는 그 내력을 확인하고 내력이 부족하면 그 내력을 보강해야 한다.
② 와이어로프의 한 꼬임에서 끊어진 소선 (필러선을 제외한다)의 수가 10% 이상인 것은 권상용 와이어로프로 사용을 금한다.
③ 지름 감소가 공칭지름의 7%를 초과하는 것은 권상용 와이어로프로 사용을 금한다.
④ 권상용 와이어로프의 안전계수가 4이상이 아니면 이를 사용하여서는 아니 된다.

*와이어로프의 사용금지기준
① 이음매가 있는 것
② 꼬인 것
③ 심하게 변형되거나 부식된 것
④ 열과 전기충격에 의해 손상된 것
⑤ 지름의 감소가 공칭지름의 7%를 초과한 것
⑥ 와이어로프의 한 꼬임에서 끊어진 소선의 수가 10% 이상인 것
⑦ 와이어로프의 <u>안전계수가 5 미만인 것</u>

117

굴착과 싣기를 동시에 할 수 있는 토공기계가 아닌 것은?

① Power shovel   ② Tractor shovel
③ Back hoe   ④ Motor grader

*모터 그레이더(Motor Grader)
지반을 고르게 하는 중장비이다.

118

다음은 강관을 사용하여 비계를 구성하는 경우에 대한 내용이다. 다음 ( )안에 들어갈 내용으로 옳은 것은?

비계기둥의 간격은 띠장 방향에서는 (   ), 장선방향에서는 $1.5m$ 이하로 할 것

① $1.2m$ 이상 $1.5m$ 이하
② $1.2m$ 이상 $2.0m$ 이하
③ $1.85m$ 이하
④ $1.5m$ 이상 $2.0m$ 이하

*강관비계 구성시 준수사항
① 비계기둥의 간격은 띠장 방향에서는 $1.85m$ 이하 장선 방향에서는 $1.5m$ 이하로 할 것
② 띠장간격은 $2m$ 이하로 할 것
③ 비계기둥의 제일 윗부분으로부터 $31m$ 되는 지점 밑부분의 비계기둥은 2개의 강관으로 묶어 세울 것
④ 비계기둥 간의 적재하중은 $400kg$를 초과하지 않도록 할 것

119

콘크리트 타설 시 거푸집의 측압에 영향을 미치는 인자들에 관한 설명으로 옳지 않은 것은?

① 슬럼프가 클수록 작다.
② 타설속도가 빠를수록 크다.
③ 거푸집 속의 콘크리트 온도가 낮을수록 크다.
④ 콘크리트의 타설높이가 높을수록 크다.

*거푸집 측압이 커지는 경우
① 온도가 낮을수록
② 타설 속도가 빠를수록
③ 슬럼프가 클수록
④ 다짐이 과할수록
⑤ 타설 높이가 높을수록
⑥ 철골 또는 철근량이 적을수록
⑦ 거푸집의 투수성의 낮을수록

120

흙의 투수계수에 영향을 주는 인자에 관한 설명으로 옳지 않은 것은?

① 공극비 : 공극비가 클수록 투수계수는 작다.
② 포화도 : 포화도가 클수록 투수계수도 크다.
③ 유체의 점성계수 : 점성계수가 클수록 투수계수는 작다.
④ 유체의 밀도 : 유체의 밀도가 클수록 투수계수는 크다.

① 공극비 : 공극비가 클수록 투수계수는 크다.

01

산업안전보건법상 안전관리자의 업무에 해당 되지 않는 것은?

① 업무수행 내용의 기록·유지
② 산업재해에 관한 통계의 유지·관리·분석을 위한 보좌 및 조언·지도
③ 법 또는 법에 따른 명령으로 정한 안전에 관한 사항의 이행에 관한 보좌 및 조언·지도
④ 작업장 내에서 사용되는 전체 환기장치 및 국소 배기장치 등에 관한 설비의 점검과 작업방법의 공학적 개선에 관한 보좌 및 조언·지도

*안전관리자의 업무
① 산업안전보건위원회 또는 안전·보건에 관한 노사협의체에서 심의·의결한 업무와 해당 사업장의 안전보건관리규정 및 취업규칙에서 정한 업무
② 안전인증대상 기계·기구등과 자율안전확인대상 기계·기구등 구입 시 적격품의 선정에 관한 보좌 및 조언·지도
③ 위험성평가에 관한 보좌 및 조언·지도
④ 해당 사업장 안전교육계획의 수립 및 안전교육 실시에 관한 보좌 및 조언·지도
⑤ 사업장 순회점검·지도 및 조치의 건의
⑥ 산업재해 발생의 원인 조사·분석 및 재발 방지를 위한 기술적 보좌 및 조언·지도
⑦ 산업재해에 관한 통계의 유지·관리·분석을 위한 보좌 및 조언·지도
⑧ 법 또는 법에 따른 명령으로 정한 안전에 관한 사항의 이행에 관한 보좌 및 조언·지도
⑨ 업무수행 내용의 기록·유지

02

버드(Bird)의 재해분포에 따르면 20건의 경상 (물적, 인적상해)사고가 발생했을 때 무상해, 무사고(위험순간) 고장은 몇 건이 발생하겠는가?

① 600건   ② 800건
③ 1200건   ④ 1600건

*버드(Bird)의 재해구성 비율
(1 : 10 : 30 : 600)

① 중상 또는 폐질 : 1건
② 경상(물적, 인적상해) : 10건
③ 무상해 사고 : 30건
④ 무상해, 무사고 고장 : 600건

경상과 무상해, 무사고 고장은 10 : 600 비율이므로
$10 : 600 = 20 : x$ $\therefore x = 1200$

03

산업안전보건법상 사업 내 안전·보건교육 중 관리감독자 정기안전·보건교육의 교육내용이 아닌 것은?

① 유해·위험 작업환경 관리에 관한 사항
② 표준안전작업방법 및 지도 요령에 관한 사항
③ 작업공정의 유해·위험과 재해 예방대책에 관한 사항
④ 기계·기구의 위험성과 작업의 순서 및 동선에 관한 사항

04

산업안전보건법상 방독마스크 사용이 가능한 공기 중 최소 산소농도 기준은 몇 % 이상인가?

① 14%   ② 16%
③ 18%   ④ 20%

05

시몬즈(Simonds)의 재해 손실비용 산정 방식에 있어 비보험 코스트에 포함되지 않는 것은?

① 영구 전노동불능 상해
② 영구 부분노동불능 상해
③ 일시 전노동불능 상해
④ 일시 부분노동불능 상해

06

하인리히 사고예방대책의 기본원리 5단계로 옳은 것은?

① 조직 → 사실의 발견 → 분석 → 시정방법의 선정 → 시정책의 적용
② 조직 → 분석 → 사실의 발견 → 시정방법의 선정 → 시정책의 적용
③ 사실의 발견 → 조직 → 분석 → 시정방법의 선정 → 시정책의 적용
④ 사실의 발견 → 분석 → 조직 → 시정방법의 선정 → 시정책의 적용

07

교육훈련의 4단계를 올바르게 나열한 것은?

① 도입 → 적용 → 제시 → 확인
② 도입 → 확인 → 제시 → 적용
③ 적용 → 제시 → 도입 → 확인
④ 도입 → 제시 → 적용 → 확인

*안전교육훈련 4단계
1단계 : 도입단계 - 학습에 의욕이 생기도록 한다.
2단계 : 제시단계 - 작업을 설명한다.
3단계 : 적용단계 - 작업을 지시한다.
4단계 : 확인단계 - 작업을 제대로 하는지 확인한다.

08

직무적성검사의 특징과 가장 거리가 먼 것은?

① 재현성   ② 객관성
③ 타당성   ④ 표준화

*직무적성검사의 특징
① 타당성
② 객관성
③ 표준화
④ 신뢰성

09

아담스(Edward Adams)의 사고연쇄 반응이론 중 관리자가 의사결정을 잘못하거나 감독자가 관리적 잘못을 하였을 때의 단계에 해당되는 것은?

① 사고   ② 작전적 에러
③ 관리구조 결함   ④ 전술적 에러

*아담스(Adams)의 연쇄이론
1단계 : 관리구조
2단계 : 작전적 에러 - 관리자의 실수
3단계 : 전술적 에러 - 작업자의 실수
4단계 : 사고 - 물적사고
5단계 : 상해 - 대인사고

10

재해조사의 목적에 해당되지 않는 것은?

① 재해발생 원인 및 결함 규명
② 재해관련 책임자 문책
③ 재해예방 자료수집
④ 동종 및 유사재해 재발방지

*재해조사의 목적
① 재해발생 원인 및 결함 규명
② 재해예방 자료수집
③ 동종 및 유사재해 재발방지

11

주의의 특성에 관한 설명 중 틀린 것은?

① 한 지점에 주의를 집중하면 다른 곳에의 주의는 약해진다.
② 장시간 주의를 집중하려 해도 주기적으로 부주의의 리듬이 존재한다.
③ 의식이 과잉상태인 경우 최고의 주의집중이 가능해진다.
④ 여러 자극을 지각할 때 소수의 현란한 자극에 선택적 주의를 기울이는 경향이 있다.

*주의의 특성
① 선택성   ② 변동성   ③ 방향성
의식이 과잉상태인 경우 주의가 흐트러진다.

12

무재해운동의 기본이념 3원칙 중 다음에서 설명하는 것은?

> 직장 내외 모든 잠재위험요인을 적극적으로 사전에 발견, 파악, 해결함으로서 뿌리에서부터 산업 재해를 제거하는 것

① 무의 원칙   ② 선취의 원칙
③ 참가의 원칙   ④ 확인의 원칙

*무재해 운동 3원칙

원칙	설명
무의 원칙	모든 잠재위험요인을 사전에 발견하여 근원적으로 산업 재해를 없앤다.
선취의 원칙	위험요소를 사전에 발견, 파악하여 재해를 예방 또는 방지한다.
참가의 원칙	전원이 협력하여 각자의 처지에서 의욕적으로 문제를 해결한다.

13

위험예지훈련 중 작업현장에서 그때 그 장소의 상황에 즉흥하여 실시하는 것은?

① 자문자답 위험예지훈련
② T.B.M 위험예지훈련
③ 시나리오 역할연기훈련
④ 1인 위험예지훈련

*TBM 위험예지훈련(Tool Box Meeting)
작업 개시 전에, 직장이나 감독자를 중심으로, 작업현장 근처에서 대화하는 훈련이다. 장소의 상황에 즉흥하여 실시하며 5~6명의 소수 인원이 10분 정도의 짧은 시간동안 진행한다.

14

도수율이 12.5인 사업장에서 근로자 1명에게 평생 동안 약 몇 건의 재해가 발생하겠는가?
(단, 평생근로년수는 40년, 평생근로시간은 잔업시간 4000시간을 포함하여 80000시간으로 가정한다.)

① 1건   ② 2건
③ 4건   ④ 12건

*환산도수율
평생 근로시간당 재해발생 건 수

$$환산도수율 = 도수율 \times \frac{평생 근로시간}{10^6}$$
$$= 12.5 \times \frac{80000}{10^6} = 1건$$

15

토의법의 유형 중 다음에서 설명하는 것은?

> 새로운 자료나 교재를 제시하고, 문제점을 피교육자로 하여금 제기하도록 하거나 피교육자의 의견을 여러 가지 방법으로 발표하게 하고 청중과 토론자간 활발한 의견개진 과정을 통하여 합의를 도출해내는 방법이다.

① 포럼   ② 심포지엄
③ 자유토의   ④ 패널 디스커션

*포럼(Forum)
새로운 자료나 교재를 제시하고, 문제점을 피교육자로 하여금 제기하도록 하거나 의견을 여러 가지 방법으로 발표하게 하여 청중과 토론자간 활발한 의견개진과 합의를 도출해가는 토의방법

16

레빈(Lewin)은 인간의 행동 특성을 다음과 같이 표현하였다. 변수 "E"가 의미하는 것은?

$$B = f(P \cdot E)$$

① 연령   ② 성격
③ 작업환경   ④ 지능

*레빈(Lewin)의 행동법칙
행동(B)은 사람(P)과 환경(E)의 함수(f)라는 법칙이다.

$B = f(P \cdot E)$
여기서,
B : 행동 – 인간의 행동
P : 사람 – 경험, 성격, 소질, 개체 등
E : 환경 – 작업환경, 인간관계 등

17

산업안전보건법상 안전 · 보건표지의 종류 중 보안경 착용이 표시된 안전 · 보건표지는?

① 안내표지   ② 금지표지
③ 경고표지   ④ 지시표지

*지시표지

보안경 착용	방독마스크 착용	방진마스크 착용	보안면 착용
안전모 착용	귀마개 착용	안전화 착용	안전장갑 착용
안전복 착용			

18

off · J · T교육의 특징에 해당되는 것은?

① 많은 지식, 경험을 교류할 수 있다.
② 교육 효과가 업무에 신속히 반영된다.
③ 현장의 관리 감독자가 강사가 되어 교육을 한다.
④ 다수의 대상자를 일괄적으로 교육하기 어려운 점이 있다.

*On.J.T(On the Jop Training)의 특징
① 개개인에게 적절한 지도훈련이 가능하다.
② 현장의 관리감독자가 강사가 되어 교육을 한다.
③ 효과가 곧 업무에 나타나며, 훈련의 좋고 나쁨에 따라 개선이 용이하다.
④ 직장의 실정에 맞는 실제적인 교육이 가능하다.
⑤ 교육 효과가 업무에 신속히 반영된다.
⑥ 훈련에 필요한 업무의 계속성이 끊이지 않는다.
⑦ 상호 신뢰 및 이해도가 높아진다.
⑧ 개개인에게 적절한 지도훈련이 가능하다.
⑨ 직장의 실정에 맞게 실제적 훈련이 가능하다.

*Off.J.T(Off the Jop Training)의 특징
① 다수의 대상자를 일괄적, 조직적으로 교육할 수 있다.
② 우수한 전문가를 강사로 활용할 수 있다.
③ 특별 교재, 교구, 설비를 유효하게 활용할 수 있다.
④ 많은 지식, 경험을 교류할 수 있다.
⑤ 훈련에만 전념할 수 있다.

19

산업안전보건법상 안전보건관리책임자 등에 대한 교육시간 기준으로 틀린 것은?

① 보건관리자, 보건관리전문기관의 종사자 보수교육 : 24시간 이상
② 안전관리자, 안전관리전문기관의 종사자 신규교육 : 34시간 이상
③ 안전보건관리책임자의 보수교육 : 6시간 이상
④ 재해예방 전문지도기관의 종사자 신규교육 : 24시간 이상

*안전보건관리책임자 등에 대한 교육

교육대상	교육시간	
	신규교육	보수교육
안전보건관리책임자	6시간 이상	6시간 이상
안전관리자, 안전관리전문기관의 종사자	34시간 이상	24시간 이상
보건관리자, 보건관리전문기관의 종사자	34시간 이상	24시간 이상
건설재해예방전문지도기관의 종사자	34시간 이상	24시간 이상
석면조사기관의 종사자	34시간 이상	24시간 이상
안전보건관리담당자	–	8시간 이상
안전검사기관, 자율안전검사기관의 종사자	34시간 이상	24시간 이상

20

안전점검표(check list)에 포함되어야 할 사항이 아닌 것은?

① 점검대상
② 판정기준
③ 점검방법
④ 조치결과

*안전점검 체크리스트에 표시하는 사항
① 점검 대상
② 점검 일시
③ 점검 방법
④ 점검 내용
⑤ 세부 점검 사항
⑥ 점검 결과

21

A 제지회사의 유아용 화장지 생산 공정에서 작업자의 불안전한 행동을 유발하는 상황이 자주 발생하고 있다. 이를 해결하기 위한 개선의 ECRS에 해당하지 않는 것은?

① Combine
② Standard
③ Eliminate
④ Rearrange

*개선의 4원칙(ECRS)
① 제거(E : Eliminate)
② 결합(C : Combine)
③ 재조정(R : Rearrange)
④ 간략화(S : Simplify)

22

결함수분석법에서 path set에 관한 설명으로 맞는 것은?

① 시스템의 약점을 표현한 것이다.
② Top사상을 발생시키는 조합이다.
③ 시스템이 고장 나지 않도록 하는 사상의 조합이다.
④ 시스템고장을 유발시키는 필요불가결한 기본사상들의 집합이다.

*컷셋(Cut set)과 패스셋(Path set)
① 컷셋(Cut set)
모든 기본사상이 발생했을 때, 정상사상을 발생시키는 기본사상들의 집합이다.

② 미니멀 컷셋(Minimal cut set)
정상사상을 발생시키기 위한 최소한의 컷셋으로 시스템의 위험성을 나타낸다.

③ 패스셋(Path set)
모든 기본사상이 발생하지 않을 때, 처음으로 정상사상을 발생시키지 않는 기본사상들의 집합이다.

④ 미니멀 패스셋(Minimal Path set)
정상사상을 발생시키지 않는 최소한의 패스셋으로 시스템의 신뢰성을 나타낸다.

23

고령자의 정보처리 과업을 설계할 경우 지켜야 할 지침으로 틀린 것은?

① 표시 신호를 더 크게 하거나 밝게 한다.
② 개념, 공간, 운동 양립성을 높은 수준으로 유지한다.
③ 정보처리 능력에 한계가 있으므로 시분할 요구량을 늘린다.
④ 제어표시장치를 설계할 때 불필요한 세부 내용을 줄인다.

③ 정보처리 능력에 한계가 있으므로 시분할 요구량을 줄인다.

24

자극과 반응의 실험에서 자극 A가 나타날 경우 1로 반응하고 자극 B가 나타날 경우 2로 반응하는 것으로 하고, 100회 반복하여 표와 같은 결과를 얻었다. 제대로 전달된 정보량을 계산하면 약 얼마인가?

반응 자극	1	2
A	50	-
B	10	40

① 0.610

② 0.871

③ 1.000

④ 1.361

*정보량(H)

구분 종류	1	2	합계
A	50	-	50
B	10	40	50
합계	60	40	100

① 자극정보량

$H_{(A)} = 0.5\log_2\left(\frac{1}{0.5}\right) + 0.5\log_2\left(\frac{1}{0.5}\right) = 1$

② 반응정보량

$H_{(B)} = 0.6\log_2\left(\frac{1}{0.6}\right) + 0.4\log_2\left(\frac{1}{0.4}\right) = 0.97$

③ 결합정보량

$H_{(A, B)} = 0.5\log_2\left(\frac{1}{0.5}\right) + 0.1\log_2\left(\frac{1}{0.1}\right) + 0.4\log_2\left(\frac{1}{0.4}\right)$
$= 1.36$

$\therefore H = H_{(A)} + H_{(B)} - H_{(A, B)} = 1 + 0.97 - 1.36 = 0.61$

25

결함수분석법(FTA)에서의 미니멀 컷셋과 미니멀 패스셋에 관한 설명으로 맞는 것은?

① 미니멀 컷셋은 시스템의 신뢰성을 표시하는 것이다.

② 미니멀 패스셋은 시스템의 위험성을 표시하는 것이다.

③ 미니멀 패스셋은 시스템의 고장을 발생시키는 최소의 패스셋이다.

④ 미니멀 컷셋은 정상사상(top event)을 일으키기 위한 최소한의 컷셋이다.

*컷셋(Cut set)과 패스셋(Path set)

① 컷셋(Cut set)
모든 기본사상이 발생했을 때, 정상사상을 발생시키는 기본사상들의 집합이다.

② 미니멀 컷셋(Minimal cut set)
정상사상을 발생시키기 위한 최소한의 컷셋으로 시스템의 위험성을 나타낸다.

③ 패스셋(Path set)
모든 기본사상이 발생하지 않을 때, 처음으로 정상사상을 발생시키지 않는 기본사상들의 집합이다.

④ 미니멀 패스셋(Minimal Path set)
정상사상을 발생시키지 않는 최소한의 패스셋으로 시스템의 신뢰성을 나타낸다.

26

자극-반응 조합의 관계에서 인간의 기대와 모순되지 않는 성질을 무엇이라 하는가?

① 양립성

② 적응성

③ 변별성

④ 신뢰성

*양립성(Compatibility)
자극과 반응 조합의 관계에서 인간의 기대와 모순되지 않는 성질

27

인간-기계시스템에 관한 내용으로 틀린 것은?

① 인간 성능의 고려는 개발의 첫 단계에서 부터 시작되어야 한다.
② 기능 할당 시에 인간 기능에 대한 초기의 주의가 필요하다.
③ 평가 초점은 인간 성능의 수용가능한 수준이 되도록 시스템을 개선하는 것이다.
④ 인간-컴퓨터 인터페이스 설계는 인간보다 기계의 효율이 우선적으로 고려되어야 한다.

④ 인간-컴퓨터 인터페이스 설계는 기계보다 인간의 효율이 우선적으로 고려되어야 한다.

28

반사율이 85%, 글자의 밝기가 $400cd/m^2$인 VDT 화면에 $350lux$의 조명이 있다면 대비는 약 얼마인가?

① -2.8 ② -4.2
③ -5.0 ④ -6.0

*대비[%]

$$소요조명[cd] = \frac{소요광도[lux]}{반사율[\%]} \times 100 \text{ 에서,}$$

$$소요광도 = 소요조명 \times 반사율 = 350 \times 80 = 297.5 lux$$

$$휘도 = \frac{광속발산도}{\pi} = \frac{297.5}{\pi} = 94.7 cd/m^2$$

또한,
글자의 총 밝기 = 글자의 밝기 + 휘도
$$= 400 + 94.7 = 494.7 cd/m^2$$

$$\therefore 대비 = \frac{휘도 - 글자의 총 밝기}{휘도} = \frac{94.7 - 494.7}{94.7} = -4.2$$

29

신호검출이론에 대한 설명으로 틀린 것은?

① 신호와 소음을 쉽게 식별할 수 없는 상황에 적용된다.
② 일반적인 상황에서 신호 검출을 간섭하는 소음이 있다.
③ 통제된 실험실에서 얻은 결과를 현장에 그대로 적용 가능하다.
④ 긍정(hit), 허위(false alarm), 누락(miss), 부정(correct rejection)의 네 가지 결과로 나눌 수 있다.

③ 통제된 실험실에서 얻은 결과는 현장의 환경과 다르므로 그대로 적용이 어렵다.

30

근섬유의 직경이 작아서 큰 힘을 발휘하지 못하지만 장시간 지속시키고 피로가 쉽게 발생하지 않는 골격근의 근섬유는 무엇인가?

① Type S 근섬유   ② TypeⅡ 근섬유
③ Type F 근섬유   ④ TypeⅢ 근섬유

*골격근의 근섬유 종류
① Type S 근섬유(=Type Ⅰ 근섬유, 지근섬유)
근섬유의 직경이 작아서 큰 힘을 발휘하지 못하지만 장시간 지속시키고 피로가 쉽게 발생하지 않는 골격근의 근섬유

② Type F 근섬유(=Type Ⅱ 근섬유, 속근섬유)
빠른 수축 속도를 보이며 큰 힘을 발생시키는 골격근의 근섬유

31

의자 설계의 인간공학적 원리로 틀린 것은?

① 쉽게 조절할 수 있도록 한다.
② 추간판의 압력을 줄일 수 있도록 한다.
③ 등근육의 정적 부하를 줄일 수 있도록 한다.
④ 고정된 자세로 장시간 유지할 수 있도록 한다.

④ 일정한 자세 고정을 줄여야 한다.

32

그림과 같은 시스템의 전체 신뢰도는 약 얼마인가?
(단, 네모 안의 수치는 각 구성요소의 신뢰도이다.)

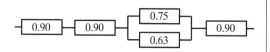

① 0.5275   ② 0.6616
③ 0.7575   ④ 0.8516

*시스템의 신뢰도(R)
$R = 0.9 \times 0.9 \times \{1-(1-0.75)(1-0.63)\} \times 0.9 = 0.6616$

33

시각적 부호의 유형과 내용으로 틀린 것은?

① 임의적 부호 – 주의를 나타내는 삼각형
② 명시적 부호 – 위험표지판의 해골과 뼈
③ 묘사적 부호 – 보도 표지판의 걷는 사람
④ 추상적 부호 – 별자리를 나타내는 12궁도

*시각적 부호의 유형

유형	내용
묘사적 부호	사물의 행동을 단순하고 정확하게 묘사한 부호 ① 위험표지판의 해골과 뼈 ② 보도표지판의 걷는 사람
임의적 부호	부호가 이미 고안되어 있어 이를 사용자가 배워야하는 부호 ① 경고 표지 : 삼각형 ② 안내 표지 : 사각형 ③ 지시 표지 : 원형
추상적 부호	전언의 기본 요소를 도시적으로 압축한 부호

34

병렬 시스템의 대한 특성이 아닌 것은?

① 요소의 수가 많을수록 고장의 기회는 줄어든다.
② 요소의 중복도가 늘어날수록 시스템의 수명은 길어진다.
③ 요소의 어느 하나라도 정상이면 시스템은 정상이다.
④ 시스템의 수명은 요소 중에서 수명이 가장 짧은 것으로 정해진다.

④ 시스템의 수명은 요소 중에서 수명이 가장 긴 것으로 정해진다.

35

적절한 온도의 작업환경에서 추운 환경으로 변할 때, 우리의 신체가 수행하는 조절작용이 아닌 것은?

① 발한(發汗)이 시작된다.
② 피부의 온도가 내려간다.
③ 직장온도가 약간 올라간다.
④ 혈액의 많은 양이 몸의 중심부를 순환한다.

36

부품에 고장이 있더라도 플레이너 공작기계를 가장 안전하게 운전할 수 있는 방법은?

① fail - soft
② fail - active
③ fail - passive
④ fail - operational

37

산업안전보건법상 유해·위험방지계획서를 제출한 사업주는 건설공사 중 얼마 이내마다 관련법에 따라 유해·위험방지계획서의 내용과 실제공사 내용이 부합하는지의 여부 등을 확인받아야 하는가?

① 1개월
② 3개월
③ 6개월
④ 12개월

38

다음 설명에 해당하는 설비보전방식의 유형은?

> 설비보전 정보와 신기술을 기초로 신뢰성, 조작성, 보전성, 안전성, 경제성 등이 우수한 설비의 선정, 조달 또는 설계를 통하여 궁극적으로 설비의 설계, 제작단계에서 보전활동이 불필요한 체제를 목표로 한 설비보전 방법을 말한다.

① 개량보전
② 보전예방
③ 사후보전
④ 일상보전

39

다음 설명 중 (   )안에 알맞은 용어가 올바르게 짝지어진 것은?

> (㉠) : FTA와 동일의 논리적 방법을 사용하여 관리, 설계, 생산, 보전 등에 대한 넓은 범위에 걸쳐 안전성을 확보하려는 시스템 안전 프로그램
>
> (㉡) : 사고 시나리오에서 연속된 사건들의 발생 경로를 파악하고 평가하기 위한 귀납적이고 정량적인 시스템안전 프로그램

① ㉠ : PHA, ㉡ : ETA
② ㉠ : ETA, ㉡ : MORT
③ ㉠ : MORT, ㉡ : ETA
④ ㉠ : MORT, ㉡ : PHA

*신뢰성 평가 및 분석 방법의 종류
① MORT(경영소홀 및 위험수 분석)
상당한 안전이 확보되어 있는 장소에서 추가적인 고도의 안전 달성을 목적으로 하고 있으며, 관리, 설계, 생산, 보전 등 광범위한 안전을 도모하기 위하여 개발된 분석기법
② ETA(사건 수 분석)
사고 시나리오에서 연속된 사건들의 발생경로를 파악하고 평가하기 위한 귀납적이고 정량적인 시스템 안전 프로그램

40

FTA에서 사용하는 다음 사상기호에 대한 설명으로 맞는 것은?

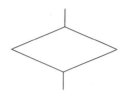

① 시스템 분석에서 좀 더 발전시켜야 하는 사상
② 시스템의 정상적인 가동상태에서 일어날 것이 기대되는 사상
③ 불충분한 자료로 결론을 내릴 수 없어 더 이상 전개 할 수 없는 사상
④ 주어진 시스템의 기본사상으로 고장원인이 분석되었기 때문에 더 이상 분석할 필요가 없는 사상

*기본 사상 기호

명칭	기호	세부 내용
기본 사상	○	더 이상 분석할 필요가 없는 사상
생략 사상	◇	더 이상 전개되지 않는 사상
통상 사상	⌂	정상적인 가동상태에서 발생할 것으로 기대되는 사상
결함 사상	▭	시스템 분석에 있어서 조금 더 발전시켜야 하는 사상

41

반복응력을 받게 되는 기계구조부분의 설계에서 허용응력을 결정하기 위한 기초강도로 가장 적합한 것은?

① 항복점(Yield point)
② 극한 강도(Ultimate strength)
③ 크리프 한도(Creep limit)
④ 피로 한도(Fatigue limit)

*피로 한도
반복응력을 받게 되는 기계구조부분의 설계에서 허용응력을 결정하기 위한 기초강도로 적합하다.

42

그림과 같이 목재가공용 둥근톱 기계에서 분할날 ($t2$) 두께가 $4.0mm$일 때 톱날 두께 및 톱날 진폭과의 관계로 옳은 것은?

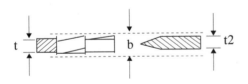

① b >4.0mm, t ≤ 3.6mm
② b >4.0mm, t ≤ 4.0mm
③ b <4.0mm, t ≤ 4.4mm
④ b >4.0mm, t ≥ 3.6mm

*분할날의 두께(t_2)
분할날의 두께(t_2)는 톱 두께(t_1)의 1.1배 이상이며 치진폭(b)보다 작을 것

$1.1t_1 \leq t_2 \leq b$

$t_2 < b \Rightarrow \therefore b > 4mm$

$t_1 \leq \dfrac{t_2(=4)}{1.1} \Rightarrow \therefore t_1 \leq 3.6mm$

43

컨베이어, 이송용 롤러 등을 사용하는 데에 정전, 전압강하 등에 의한 위험을 방지하기 위하여 설치하는 안전장치는?

① 덮개 또는 울
② 비상정지장치
③ 과부하방지장치
④ 이탈 및 역주행 방지장치

*이탈 및 역주행 방지장치
컨베이어·이송용 롤러 등을 사용하는 데에 정전 및 전압강하 등에 의한 위험을 방지하는 안전장치

44

드릴링 머신에서 드릴의 지름이 $20mm$이고 원주 속도가 $62.8m/\min$일 때 드릴의 회전수는 약 몇 rpm인가?

① $500rpm$ ② $1000rpm$
③ $2000rpm$ ④ $3000rpm$

*연삭숫돌의 원주속도

$V = \pi DN$

$\therefore N = \dfrac{V}{\pi D} = \dfrac{62.8}{\pi \times 0.02} = 1000rpm$

여기서,

D : 연삭숫돌의 바깥지름 $[m]$

N : 회전수 $[rpm]$

45

롤러 작업 시 위험점에서 가드(guard) 개구부까지의 최단 거리를 $60mm$라고 할 때, 최대로 허용할 수 있는 가드 개구부 틈새는 약 몇 mm인가?
(단, 위험점이 비전동체이다.)

① $6mm$ ② $10mm$
③ $15mm$ ④ $18mm$

*개구부의 안전간격

조건	$X < 160mm$	$X \geq 160mm$
전동체가 아니거나 조건이 주어지지 않은 경우	$Y = 6 + 0.15X$	$Y = 30mm$
전동체인 경우	$Y = 6 + 0.1X$	

여기서, X : 가드 개구부의 간격 $[mm]$

$\qquad\quad Y$: 가드와 위험점 간의 거리 $[mm]$

롤러의 맞물림점은 비전동체이므로

$Y = 6 + 0.15X = 6 + 0.15 \times 60 = 15mm$

46

지게차의 안정을 유지하기 위한 안정도 기준으로 틀린 것은?

① 5톤 미만의 부하 상태에서 하역작업시의 전후안정도는 4% 이내이어야 한다.
② 부하 상태에서 하역작업시의 좌우 안정도는 10% 이내이어야 한다.
③ 무부하 상태에서 주행시의 좌우 안정도는 $(15 + 1.1 \times V)\%$ 이내이어야 한다.
    (단, V는 구내 최고속도$[km/h/]$)
④ 부하 상태에서 주행시 전후 안정도는 18% 이내이어야 한다.

*지게차의 안정도 기준

종류	안정도
하역작업 시의 전후 안정도	4% 이내(5t 이상 : 3.5%)
하역작업 시의 좌우 안정도	6% 이내
주행 시의 전후 안정도	18% 이내
주행 시의 좌우 안정도	$(15 + 1.1V)\%$이내 (최대 40%) 여기서, V : 최고속도 $[km/hr]$

47

산업용 로봇에서 근로자에게 발생할 수 있는부상 등의 위험을 방지하기 위하여 방책을 세우고자 할 때 일반적으로 높이는 몇 m 이상으로 해야 하는가?

① $1.8m$ ② $2.1m$
③ $2.4m$ ④ $2.7m$

산업용 로봇에 사용하는 방책의 높이 : $1.8m$ 이상

48

프레스 방호장치에서 수인식 방호장치를 사용하기에 가장 적합한 기준은?

① 슬라이드 행정길이가 $100mm$ 이상, 슬라이드 행정수가 $120spm$ 이하
② 슬라이드 행정길이가 $40mm$ 이상, 슬라이드 행정수가 $120spm$ 이하
③ 슬라이드 행정길이가 $100mm$ 이상, 슬라이드 행정수가 $200spm$ 이하
④ 슬라이드 행정길이가 $40mm$ 이상, 슬라이드 행정수가 $200spm$ 이하

*수인식 방호장치의 안전기준
① 슬라이드 행정길이가 $40mm$ 이상
② 슬라이드 행정수가 $120SPM$ 이하

49

숫돌지름이 $60cm$인 경우 숫돌 고정 장치인 평형 플랜지 지름은 몇 cm 이상이어야 하는가?

① $10cm$ ② $20cm$
③ $30cm$ ④ $60cm$

*평형 플랜지 지름(D)

$D = \frac{1}{3} \times d = \frac{1}{3} \times 60 = 20cm$

여기서, d : 연삭숫돌의 바깥지름 $[cm]$

50

다음 중 산업안전보건법령상 프레스 등을 사용하여 작업을 할 때에 작업시작 전 점검 사항으로 볼 수 없는 것은?

① 압력방출장치의 기능
② 클러치 및 브레이크의 기능
③ 프레스의 금형 및 고정볼트 상태
④ 1행정 1정지기구·급정지장치 및 비상정지장치의 기능

*프레스 작업시작 전 점검사항
① 클러치 및 브레이크의 기능
② 방호장치의 기능
③ 프레스의 금형 및 고정볼트 상태
④ 전단기의 칼날 및 테이블의 상태
⑤ 1행정 1정지기구·급정지장치 및 비상정지장치의 기능
⑥ 슬라이드 또는 칼날에 의한 위험방지 기구의 기능
⑦ 크랭크축·플라이휠·슬라이드·연결봉 및 연결나사의 풀림 유무

51

산업안전보건법령에 따른 가스집합 용접장치의 안전에 관한 설명으로 옳지 않은 것은?

① 가스집합장치에 대해서는 화기를 사용하는 설비로부터 $5m$이상 떨어진 장소에 설치해야 한다.
② 가스집합 용접장치의 배관에서 플랜지, 밸브 등의 접합부에는 개스킷을 사용하고 접합면을 상호 밀착시킨다.
③ 주관 및 분기관에 안전기를 설치해야 하며 이 경우 하나의 취관에 2개 이상의 안전기를 설치해야 한다.
④ 용해아세틸렌을 사용하는 가스집합 용접장치의 배관 및 부속기구는 구리나 구리 함유량이 60퍼센트 이상인 합금을 사용해서는 아니된다.

48.② 49.② 50.① 51.④

④ 용해아세틸렌의 가스집합용접장치의 배관 및 부속기구는 구리나 구리 함유량이 70%이상인 합금을 사용해서는 안된다.

52

다음 중 안전율을 구하는 산식으로 옳은 것은?

① 허용응력/기초강도
② 허용응력/인장강도
③ 인장강도/허용응력
④ 안전하중/파단하중

*안전율(=안전계수, S)

$$S = \frac{\text{인장강도}}{\text{허용응력}} = \frac{\text{최대응력}}{\text{허용응력}} = \frac{\text{파단하중}}{\text{안전하중}}$$

$$= \frac{\text{파괴하중}}{\text{최대사용하중}} = \frac{\text{극한강도}}{\text{최대설계응력}}$$

53

다음 중 선반의 방호장치로 볼 수 없는 것은?

① 실드(shield)
② 슬라이딩(sliding)
③ 척커버(chuck cover)
④ 칩 브레이커(chip breaker)

*선반의 방호장치
① 칩 브레이커
② 실드
③ 척커버
④ 방진구
⑤ 브레이크

54

다음 중 프레스기에 사용되는 방호장치에 있어 원칙적으로 급정지 기구가 부착되어야만 사용할 수 있는 방식은?

① 양수조작식
② 손쳐내기식
③ 가드식
④ 수인식

*급정지 기구 부착 여부에 따른 분류

급정지 기구 부착	급정지기구 미부착
① 양수조작식 방호장치 ② 감응식 방호장치	① 양수기동식 방호장치 ② 게이트가드식 방호장치 ③ 수인식 방호장치 ④ 손쳐내기식 방호장치

55

다음 중 보일러의 방호장치와 가장 거리가 먼 것은?

① 언로드밸브
② 압력방출장치
③ 압력제한스위치
④ 고저수위조절장치

*보일러 폭발 방호장치
① 화염 검출기
② 압력방출장치
③ 압력제한스위치
④ 고저수위 조절장치

56

안전계수가 5인 체인의 최대설계하중이 $1000N$ 이라면 이 체인의 극한하중은 약 몇 N인가?

① $200N$
② $2000N$
③ $5000N$
④ $12000N$

52.③ 53.② 54.① 55.① 56.③

57

산업안전보건법령에 따른 아세틸렌 용접장치 발생기실의 구조에 관한 설명으로 옳지 않은 것은?

① 벽은 불연성 재료로 할 것
② 지붕과 천장에는 얇은 철판과 같은 가벼운 불연성 재료를 사용할 것
③ 벽과 발생기 사이에는 작업에 필요한 공간을 확보할 것
④ 배기통을 옥상으로 돌출시키고 그 개구부를 출입부로부터 $1.5m$ 거리 이내에 설치할 것

④ 배기통을 옥상으로 돌출시키고 그 개구부를 창이나 출입구로부터 $1.5m$ 이상 떨어지도록 한다.

58

지름 $5cm$ 이상을 갖는 회전중인 연삭숫돌의 파괴에 대비하여 필요한 방호장치는?

① 받침대   ② 과부하 방지장치
③ 덮개   ④ 프레임

지름이 $5cm$ 이상인 연삭숫돌을 사용할 경우 덮개를 설치한다.

59

다음 중 와전류비파괴검사법의 특징과 가장 거리가 먼 것은?

① 관, 환봉 등의 제품에 대해 자동화 및 고속화된 검사가 가능하다.
② 검사 대상 이외의 재료적 인자(투자율, 열처리, 온도 등)에 대한 영향이 적다.
③ 가는 선, 얇은 판의 경우도 검사가 가능하다.
④ 표면 아래 깊은 위치에 있는 결함은 검출이 곤란하다.

② 검사대상 외 재료적 인자에 의한 잡음이 발생할 수 있어 검사에 방해될 수 있다.

60

재료에 대한 시험 중 비파괴시험이 아닌 것은?

① 방사선투과시험   ② 자분탐상시험
③ 초음파탐상시험   ④ 피로시험

*비파괴검사법의 종류
① 초음파탐상검사
② 와류탐상검사
③ 자분탐상검사
④ 침투탐상검사
⑤ 음향탐상검사

61

전기설비에 작업자의 직접 접촉에 의한 감전방지 대책이 아닌 것은?

① 충전부에 절연 방호망을 설치할 것
② 충전부는 내구성이 있는 절연물로 완전히 덮어 감쌀 것
③ 충전부가 노출되지 않도록 폐쇄형 외함구조로 할 것
④ 관계자 외에도 쉽게 출입이 가능한 장소에 충전부를 설치 할 것

④ 충전부는 출입이 금지되는 장소에 설치한다.

62

교류 아크용접기의 자동전격방지장치는 아크발생이 중단된 후 출력측 무부하 전압을 1초 이내 몇 V 이하로 저하시켜야 하는가?

① 25 ~ 30
② 35 ~ 50
③ 55 ~ 75
④ 80 ~ 100

*자동전격방지장치의 구비조건
① 아크발생을 중단시킬 때 주접점이 개로될 때 까지의 시간은 1±0.3초 이내일 것
② 2차 무부하전압은 25V이내일 것

63

그림과 같은 설비에 누전되었을 때 인체가 접촉 하여도 안전하도록 ELV를 설치하려고 한다. 누전차단기 동작전류 및 시간으로 가장 적당한 것은?

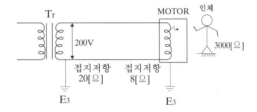

① 30mA, 0.03초
② 60mA, 0.03초
③ 90mA, 0.03초
④ 120mA, 0.03초

*정격감도전류

장소	정격감도전류
일반장소	30mA
물기가 많은 장소	15mA
단, 동작시간은 0.03초 이내로 한다.	

64

고압 및 특고압의 전로에 시설하는 피뢰기의 접지 저항은 몇 Ω 이하로 하여야 하는가?

① 10Ω 이하
② 100Ω 이하
③ $10^6\Omega$ 이하
④ 1$k\Omega$ 이하

출제 기준에서 제외된 내용입니다.

65

절연전선의 과전류에 의한 연소단계 중 착화단계의 전선전류밀도(A/mm^2)로 알맞은 것은?

① $40\,A/mm^2$
② $50\,A/mm^2$
③ $65\,A/mm^2$
④ $120\,A/mm^2$

*절연전선의 전류밀도

단계	전선 전류밀도[A/mm^2]
인화단계	40 ~ 43
착화단계	43 ~ 60
발화단계	60 ~ 120
순간용단단계	120 이상

66

변압기의 중성점을 제2종 접지한 수전전압 ~~22.9kV~~, 사용전압 ~~220V~~인 공장에서 외함을 제3종 접지공사를 한 전동기가 운전 중에 누전되었을 경우에 작업자가 접촉될 수 있는 최소전압은 약 몇 ~~V~~ 인가?
(단, ~~1선 지락전류 10A~~, 제 3종 ~~접지저항 30Ω~~, 인체저항 : ~~10000Ω 이다.~~)

~~① 116.7 V~~
~~② 127.5 V~~
~~③ 146.7 V~~
~~④ 165.6 V~~

출제 기준에서 제외된 내용입니다.

67

전압은 저압, 고압 및 특별고압으로 구분되고 있다. 다음 중 저압에 대한 설명으로 가장 알맞은 것은?

① 직류 $1500\,V$ 미만, 교류 $1000\,V$ 미만
② 직류 $1000\,V$ 이하, 교류 $1500\,V$ 이하
③ 직류 $1500\,V$ 이하, 교류 $1000\,V$ 이하
④ 직류 $1500\,V$ 미만, 교류 $1000\,V$ 미만

*전압의 구분

구분	직류	교류
저압	$1500\,V$ 이하	$1000\,V$ 이하
고압	$1500 ~ 7000\,V$	$1000 ~ 7000\,V$
특별고압	$7000\,V$ 초과	$7000\,V$ 초과

68

대전의 완화를 나타내는데 중요한 인자인 시정수(time constant)는 최초의 전하가 약 몇 %까지 완화되는 시간을 말하는가?

① 20%
② 37%
③ 45%
④ 50%

대전의 완화시간(=시정수)은 최초의 전하가 36.8%로 감소되는 시간을 말한다.

69

금속성의 전기기계장치나 구조물에 인체의 일부가 상시 접촉되어 있는 상태의 허용접촉 전압으로 옳은 것은?

① 2.5 V 이하 　　② 25 V 이하
③ 50 V 이하 　　④ 제한없음

*허용접촉전압의 구분

구분	접촉상태	허용 접촉전압
제1종	인체의 대부분이 수중에 있는 상태	2.5 V 이하
제2종	인체가 많이 젖어 있는 상태 또는 금속성의 전기기계 및 기구나 구조물에 인체의 일부가 상시 접촉되어 있는 상태	25 V 이하
제3종	1종, 2종 이외의 경우로서 통상의 인체 상태에 있어서 접촉전압이 가해지면 위험성이 높은상태	50 V 이하
제4종	1종, 2종 이외의 경우로서 통상의 인체 상태에 있어서 접촉전압이 가해지더라도 위험성이 낮은 상태 또는 접촉전압이 가해질 우려가 없는 경우	제한없음

70

정전기 대전현상의 설명으로 틀린 것은?

① 충돌대전 : 분체류와 같은 입자 상호간이나 입자와 고체와의 충돌에 의해 빠른 접촉 또는 분리가 행하여짐으로써 정전기가 발생되는 현상
② 유동대전 : 액체류가 파이프 등 내부에서 유동할 때 액체와 관 벽 사이에서 정전기가 발생되는 현상
③ 박리대전 : 고체나 분체류와 같은 물체가 파괴되었을 때 전하분리에 의해 정전기가 발생되는 현상
④ 분출대전 : 분체류, 액체류, 기체류가 단면적이 작은 분출구를 통해 공기 중으로 분출될 때 분출하는 물질과 분출구의 마찰로 인해 정전기가 발생되는 현상

*정전기 대전현상의 종류

종류	설명
마찰대전	종이, 필름 등이 금속롤러와 마찰을 일으킬 때 전하분리로 인하여 정전기가 발생되는 현상
박리대전	서로 밀착해 있는 물체가 분리될 때 전하분리로 인하여 정전기가 발생되는 현상
유동대전	파이프 속에서 액체가 유동할 때 발생하는 대전현상으로, 액체의 흐름속도가 정전기 발생에 영향을 준다.
분출대전	분체류가 단면적이 작은 분출구를 통해 공기 중으로 분출될 때 분출하는 물질과 분출구의 마찰로 인해 정전기가 발생되는 현상
충돌대전	분체류와 같은 입자 상호간이나 입자와 고체와의 충돌에 의해 빠른 접촉 또는 분리가 일어나 정전기가 발생되는 현상
파괴대전	고체나 분체류와 같은 물체가 파괴되었을 때 전하분리에 의해 정전기가 발생되는 현상
교반대전	액체류 수송 중 액체류 상호간 또는 액체와 고체와의 상호작용에 의해 정전기가 발생하는 현상

71

상용주파수 $60Hz$ 교류에서 성인 남자의 경우 고통 한계 전류로 가장 알맞은 것은?

① 15 ~ 20mA　　② 10 ~ 15mA

③ 7 ~ 8mA　　④ 1mA

*인체에 대한 전류의 영향

종류 및 전류치	전류의 영향
최소감지전류 (1~2mA)	짜릿함을 느낀 정도이다.
고통한계전류 (2~8mA)	쇼크를 느끼나 인체의 기능에는 영향이 없다.
이탈가능전류 (8~15mA)	고통을 수반한 쇼크를 느끼나 근육의 운동은 자유롭다.
이탈불능전류 (15~50mA)	고통을 느끼고 스스로 전원으로로부터 떨어질 수 없는 전류이며, 근육 수축이 일어나 호흡이 곤란해진다.
심실세동전류 (50~100mA)	심장의 기능을 잃게 되어 몇분 이내에 사망한다.

72

정상작동 상태에서 폭발 가능성이 없으나 이상 상태에서 짧은 시간동안 폭발성 가스 또는 증기가 존재하는 지역에 사용 가능한 방폭용기를 나타내는 기호는?

① ib　　② p

③ e　　④ n

*방폭구조의 종류

종류	내용
내압 방폭구조 (d)	용기 내 폭발시 용기가 그 압력을 견디고 개구부 등을 통해 외부에 인화될 우려가 없는 구조
압력 방폭구조 (p)	용기 내에 보호가스를 압입시켜 대기압 이상으로 유지하여 폭발성 가스가 유입되지 않도록 하는 구조
안전증 방폭구조 (e)	운전 중에 생기는 아크, 스파크, 발열 등의 발화원을 제거하여 안전도를 증가시킨 구조
유입 방폭구조 (o)	전기불꽃, 아크, 고온 발생 부분을 기름으로 채워 폭발성 가스 또는 증기에 인화되지 않도록 한 구조
본질안전 방폭구조 (ia, ib)	운전 중 단선, 단락, 지락에 의한 사고 시 폭발 점화원의 발생이 방지된 구조
비점화 방폭구조 (n)	운전중에 점화원을 차단하여 폭발이 일어나지 않고, 이상 상태에서 짧은시간 동안 방폭기능을 할 수 있는 구조
몰드 방폭구조 (m)	전기불꽃, 고온 발생 부분은 컴파운드로 밀폐한 구조

73

정전기 발생에 영향을 주는 요인에 대한 설명으로 틀린 것은?

① 물체의 분리속도가 빠를수록 발생량은 적어진다.
② 접촉면적이 크고 접촉압력이 높을수록 발생량이 많아진다.
③ 물체 표면이 수분이나 기름으로 오염되면 산화 및 부식에 의해 발생량이 많아진다.
④ 정전기의 발생은 처음 접촉, 분리할 대가 최대로 되고 접촉, 분리가 반복됨에 따라 발생량은 감소한다.

*정전기 발생량이 많아지는 요인
① 표면이 거칠수록, 오염될수록 크다.
② 분리속도가 빠를수록 크다.
③ 대전서열이 서로 멀수록 크다.
④ 첫 분리시 정전기 발생량이 가장 크고 반복될수록 작아진다.
⑤ 접촉 면적 및 압력이 클수록 크다.
⑥ 완화시간이 길수록 크다.

74

분진방폭 배선시설에 분진침투 방지재료로 가장 적합한 것은?

① 분진침투 케이블
② 컴파운드(compound)
③ 자기융착성 테이프
④ 씰링피팅(sealing fitting)

분진방폭 배전시설의 분진침투 방지재료로 <u>자기융</u><u>착성 테이프</u>를 사용한다.

75

인체의 저항을 $1000\,\Omega$으로 볼 때 심실세동을 일으키는 전류에서의 전기에너지는 약 몇 J 인가? (단, 심실세동전류는 $\dfrac{165}{\sqrt[3]{T}}mA$이며, 통전시간 T 는 1초, 전원은 정현파 교류이다.)

① $13.6J$ ② $27.2J$
③ $136.6J$ ④ $272.2J$

*심실세동 전기에너지(Q)

$$Q = I^2 RT$$
$$= \left(\frac{165 \times 10^{-3}}{\sqrt{T}}\right)^2 \times R \times T$$
$$= \left(\frac{165 \times 10^{-3}}{\sqrt{1}}\right)^2 \times 1000 \times 1 = 27.2J$$

여기서,
R : 저항 $[\Omega]$
T : 시간 $[\sec]$ (주어지지 않을 경우 $T = 1\sec$)

76

정전작업 시 조치사항으로 부적합한 것은?

① 작업 전 전기설비의 잔류 전하를 확실히 방전한다.
② 개로된 전로의 충전여부를 검전기구에 의하여 확인한다.
③ 개폐기에 시건장치를 하고 통전금지에 관한 표지판은 제거한다.
④ 예비 동력원의 역송전에 의한 감전의 위험을 방지하기 위해 단락접지 기구를 사용하여 단락 접지를 한다.

*정전작업 시 조치사항

작업 시기	조치사항
정전작업 전 조치사항	① 전로의 충전 여부를 검전기로 확인 ② 전력용 커패시터, 전력케이블 등 잔류전하방전 ③ 개로개폐기의 잠금장치 및 통전금지 표지판 설치 ④ 단락접지기구로 단락접지
정전작업 중 조치사항	① 작업지휘자에 의한 지휘 ② 단락접지 수시로 확인 ③ 근접활선에 대한 방호상태 관리 ④ 개폐기의 관리
정전작업 후 조치사항	① 단락접지기구의 철거 ② 시건장치 또는 표지판 철거 ③ 작업자에 대한 위험이 없는 것을 최종 확인 ④ 개폐기 투입으로 송전 재개

77

$300A$의 전류가 흐르는 저압 가공전선로의 1(한)선에서 허용 가능한 누설전류는 몇 mA인가?

① $600mA$ ② $450mA$

③ $300mA$ ④ $150mA$

*누설전류(I_g)의 한계값

$$I_g = \frac{I}{2000} = \frac{300}{2000} = 0.15A = 150mA$$

78

방폭 전기기기의 성능을 나타내는 기호표시로 $EX\ P\ \mathrm{II}\ A\ T5$를 나타내었을 때 관계가 없는 표시 내용은?

① 온도등급   ② 폭발성능

③ 방폭구조   ④ 폭발등급

*방폭전기기기의 성능 표시기호 : EX P Ⅱ A T5
① EX : 방폭구조상징
② P : 방폭구조
③ Ⅱ A : 폭발등급
④ T5 : 온도등급

79

다음 중 1종 위험장소로 분류되지 않는 것은?

① Floating roof tank 상의 shell 내의 부분
② 인화성 액체의 용기 내부의 액면 상부의 공간부
③ 점검수리 작업에서 가연성 가스 또는 증기를 방출하는 경우의 밸브 부근
④ 탱크폴리, 드럼관 등이 인화성 액체를 충전하고 있는 경우의 개구부 부근

*방폭지역의 분류

장소	내용
0종 장소	인화성 또는 가연성 가스나 증기가 장기간 체류하는 장소
1종 장소	위험분위기가 간헐적으로 존재하는 장소
2종 장소	고장이나 이상 시 위험분위기가 생성되는 장소

② : 0종 장소

80

저압 전기기기의 누전으로 인한 감전재해의 방지대책이 아닌 것은?

① 보호접지
② 안전전압의 사용
③ 비접지식 전로의 채용
④ 배선용차단기(MCCB)의 사용

*배선용차단기(MCCB)
특별고압 과전류 차단기로 과부하 및 단락 보호용이다.

81

다음 중 화학공장에서 주로 사용되는 불활성 가스는?

① 수소   ② 수증기
③ 질소   ④ 일산화탄소

불활성 가스의 종류로는 질소(N_2), 아르곤(Ar),
네온(Ne), 이산화탄소(CO_2), 헬륨(He), 오산화인
(P_2O_5), 프레온(CCl_3F), 삼산화황(SO_3)등이 있다.

82

위험물안전관리법령에서 정한 위험물의 유형 구분이
나머지 셋과 다른 하나는?

① 질산   ② 질산칼륨
③ 과염소산   ④ 과산화수소

*제6류 위험물(산화성 액체)
① 질산
② 과염소산
③ 과산화수소

✔질산칼륨은 제1류 위험물 중 질산염류에 속한다.

83

다음 중 압축기 운전 시 토출압력이 갑자기 증가
하는 이유로 가장 적절한 것은?

① 윤활유의 과다
② 피스톤 링의 가스 누설
③ 토출관 내에 저항 발생
④ 저장조 내 가스압의 감소

③ 토출압력은 토출관 내에 저항 발생 시 급증한다.

84

프로판(C_3H_8) 가스가 공기 중 연소할 때의 화학
양론농도는 약 얼마인가?
(단, 공기 중의 산소농도는 $21vol\%$ 이다.)

① $2.5vol\%$ ② $4.0vol\%$
③ $5.6vvol\%$ ④ $9.5vol\%$

*완전연소조성농도(=화학양론조성, C_{st})

$$C_{st} = \frac{100}{1+4.773\left(a+\dfrac{b-c-2d}{4}\right)} = \frac{100}{1+4.773\left(3+\dfrac{8}{4}\right)} = 4.02\%$$

여기서,
a : 탄소의 원자수
b : 수소의 원자수
c : 할로겐원자의 원자수
d : 산소의 원자수

85

다음 중 CO_2 소화약제의 장점으로 볼 수 없는 것은?

① 기체 팽창률 및 기화 잠열이 작다.
② 액화하여 용기에 보관할 수 있다.
③ 전기에 대해 부도체이다.
④ 자체 증기압이 높기 때문에 자체 압력으로 방사가 가능하다.

> ① 이산화탄소(CO_2) 소화약제는 기체팽창률 및 기화잠열이 크다.

86

아세톤에 대한 설명으로 틀린 것은?

① 증기는 유독하므로 흡입하지 않도록 주의해야 한다.
② 무색이고 휘발성이 강한 액체이다.
③ 비중이 0.79 이므로 물보다 가볍다.
④ 인화점이 20°C 이므로 여름철에 더 인화 위험이 높다.

> ④ 아세톤의 인화점은 −18°C이다.

87

다음 중 인화점이 가장 낮은 것은?

① 벤젠   ② 메탄올
③ 이황화탄소   ④ 경유

*각 물질의 인화점

물질	인화점
벤젠	−11°C
메탄올	11°C
이황화탄소	−30°C
경유	55°C

88

다음 중 왕복펌프에 속하지 않는 것은?

① 피스톤 펌프   ② 플런저 펌프
③ 기어 펌프   ④ 격막 펌프

> *왕복펌프의 종류
> ① 피스톤 펌프
> ② 플런저 펌프
> ③ 격막 펌프(=다이어프램 펌프)
>
> ③ 기어 펌프 : 회전펌프

89

다음 중 아세틸렌을 용해가스로 만들 때 사용되는 용제로 가장 적합한 것은?

① 아세톤   ② 메탄
③ 부탄   ④ 프로판

> 아세틸렌은 <u>아세톤</u>에 용해되기 때문에 용해가스로 만들 때 <u>아세톤</u>이 용제로 사용된다.

85.① 86.④ 87.③ 88.③ 89.①

90

다음 중 금속 산(acid)과 접촉하여 수소를 가장 잘 방출시키는 원소는?

① 칼륨　　　　② 구리
③ 수은　　　　④ 백금

칼륨(K)은 산과 반응하여 수소(H_2)를 발생시키는 알칼리 금속이다.

91

비점이 낮은 액체 저장탱크 주위에 화재가 발생했을 때 저장탱크 내부의 비등 현상으로인한 압력 상승으로 탱크가 파열되어 그 내용물이 증발, 팽창하면서 발생되는 폭발현상은?

① Back Draft　　　② BLEVE
③ Flash Over　　　④ UVCE

*비등액체 팽창 증기폭발(BLEVE)
비등상태의 액화가스가 기화하여 팽창하고 폭발하는 현상

92

가연성가스의 폭발범위에 관한 설명으로 틀린 것은?

① 압력 증가에 따라 폭발 상한계와 하한계가 모두 현저히 증가한다.
② 불활성가스를 주입하면 폭발범위는 좁아진다.
③ 온도의 상승과 함께 폭발범위는 넓어진다.
④ 산소 중에서의 폭발범위는 공기 중에서 보다 넓어진다.

① 압력 상승시 폭발하한계에는 영향이 없고 폭발상한계 증가하며, 온도 상승시 폭발하한계는 감소하고 폭발상한계는 증가한다.

93

고체 가연물의 일반적인 4가지 연소방식에 해당하지 않는 것은?

① 분해연소　　　② 표면연소
③ 확산연소　　　④ 증발연소

*고체연소의 구분

구분	연소물의 종류
표면연소	숯(=목탄), 코크스, 금속분 등
증발연소	나프탈렌, 황, 파라핀(=양초), 에테르, 휘발유, 경유 등
자기연소	TNT, 니트로글리세린 등
분해연소	종이, 나무, 목재, 석탄, 중유, 플라스틱

94

산업안전보건법령에 따라 정변위 압축기 등에 대해서 과압에 따른 폭발을 방지하기 위하여 설치하여야 하는 것은?

① 역화방지기　　　② 안전밸브
③ 감지기　　　　④ 체크밸브

*안전밸브 또는 파열판의 설치
① 압력용기(안지름이 150mm이하인 압력용기는 제외)
② 정변위 압축기
③ 정변위 펌프(토출축에 차단밸브가 설치된 것만 해당)
④ 배관(2개 이상의 밸브에 의하여 차단되어 대기온도에서 액체의 열팽창에 의하여 파열될 우려가 있는 것으로 한정)

95

다음 중 응상폭발이 아닌 것은?

① 분해폭발
② 수증기폭발
③ 전선폭발
④ 고상간의 전이에 의한 폭발

96

5% $NaOH$ 수용액과 10% $NaOH$ 수용액을 반응기에 혼합하여 6% 100kg의 $NaOH$ 수용액을 만들려면 각각 몇 kg의 $NaOH$ 수용액이 필요한가?

① 5% $NaOH$ 수용액 : 33.3, 10% $NaOH$
수용액 : 66.7
② 5% $NaOH$ 수용액 : 50, 10% $NaOH$
수용액 : 50
③ 5% $NaOH$ 수용액 : 66.7, 10% $NaOH$
수용액 : 33.3
④ 5% $NaOH$ 수용액 : 80, 10% $NaOH$
수용액 : 20

97

다음 설명이 의미하는 것은?

"온도, 압력 등 제어상태가 규정의 조건을 벗어나는 것에 의해 반응속도가 지수함수적으로 증대되고, 반응 용기 내의 온도, 압력이 급격히 이상 상승되어 규정 조건을 벗어나고, 반응이 과격화되는 현상"

① 비등 ② 과열·과압
③ 폭발 ④ 반응폭주

98

분진폭발의 발생 순서로 옳은 것은?

① 비산 → 분산 → 퇴적분진 → 발화원 →
2차폭발 → 전면폭발
② 비산 → 퇴적분진 → 분산 → 발화원 →
2차폭발 → 전면폭발
③ 퇴적분진 → 발화원 → 분산 → 비산 →
전면폭발 → 2차폭발
④ 퇴적분진 → 비산 → 분산 → 발화원 →
전면폭발 → 2차폭발

99

건축물 공사에 사용되고 있으나, 불에 타는 성질이 있어서 화재 시 유독한 시안화수소 가스가 발생되는 물질은?

① 염화비닐   ② 염화에틸렌
③ 메타크릴산메틸   ④ 우레탄

*우레탄
건축물 공사에 사용되며 화재 시 불에 타서 유독한 시안화수소(HCN) 가스가 발생되는 물질

100

다음 중 밀폐 공간 내 작업 시의 조치사항으로 가장 거리가 먼 것은?

① 산소결핍이 우려되거나 유해가스 등의 농도가 높아서 폭발할 우려가 있는 경우 진행중인 작업에 방해되지 않도록 주의하면서 환기를 강화하여야 한다.
② 해당 작업장을 적정한 공기상태로 유지되도록 환기하여야 한다.
③ 해당 장소에 근로자를 입장시킬 때와 퇴장시킬 때에 각각 인원을 점검하여야 한다.
④ 해당 작업장과 외부의 감시인 사이에 상시 연락을 취할 수 있는 설비를 설치하여야 한다.

① 산소결핍이 우려되거나 유해가스 등의 농도가 높아서 폭발할 우려가 있는 경우 즉시 작업을 중단시키고 해당 근로자들을 대피시킨다.

101

공정율이 65%인 건설현장의 경우 공사 진척에 따른 산업안전보건관리비의 최소 사용기준으로 옳은 것은?

① 40% 이상   ② 50% 이상
③ 60% 이상   ④ 70% 이상

*산업안전보건관리비 최소 사용기준

공정율	최소 사용기준
50% 이상 70% 미만	50% 이상
70% 이상 90% 미만	70% 이상
90% 이상	90% 이상

102

화물취급작업과 관련한 위험방지를 위해 조치하여야 할 사항으로 옳지 않은 것은?

① 작업장 및 통로의 위험한 부분에는 안전하게 작업할 수 있는 조명을 유지할 것
② 차량 등에서 화물을 내리는 작업을 하는 경우에 해당 작업에 종사하는 근로자에게 쌓여 있는 화물 중간에서 화물을 빼내도록 하지 말 것
③ 육상에서의 통로 및 작업장소로서 다리 또는 선거 갑문을 넘는 보도 등의 위험한 부분에는 안전난간 또는 울타리 등을 설치할 것
④ 부두 또는 안벽의 선을 따라 통로를 설치하는 경우에는 폭을 50cm 이상으로 할 것

④ 부두 또는 안벽의 선을 따라 통로를 설치하는 경우에는 폭을 90cm 이상으로 할 것

103

타워크레인을 자립고(自立高) 이상의 높이로 설치할 때 지지벽체가 없어 와이어로프로 지지하는 경우의 준수사항으로 옳지 않은 것은?

① 와이어로프를 고정하기 위한 전용지지 프레임을 사용할 것
② 와이어로프 설치각도는 수평면에서 60° 이내로 하되, 지지점은 4개소 이상으로 하고, 같은 각도로 설치할 것
③ 와이어로프와 그 고정부위는 충분한 강도와 장력을 갖도록 설치하되, 와이어로프를 클립·샤클(shackle) 등의 기구를 사용하여 고정하지 않도록 유의할 것
④ 와이어로프가 가공전선(架空電線)에 근접하지 않도록 할 것

*타워크레인을 와이어로프로 지지하는 경우 준수사항
① 와이어로프를 고정하기 위한 전용 지지프레임을 사용할 것
② 와이어로프 설치각도는 수평면에서 60° 이상으로 하되, 지지점은 4개소 이상으로 하고 같은 각도로 설치할 것
③ 와이어로프와 그 고정부위는 충분한 강도와 장력을 갖도록 설치할 것
④ 와이어로프가 가공전선에 근접하지 않도록 할 것
⑤ 와이어로프와 그 고정부위는 충분한 강도와 장력을 갖도록 설치하되, 와이어로프를 클립·샤클 등의 기구를 사용하여 견고하게 고정 할 것

104

말비계를 조립하여 사용할 때의 준수사항으로 옳지 않은 것은?

① 지주부재의 하단에는 미끄럼 방지장치를 한다.
② 지주부재와 수평면과의 기울기는 75° 이하로 한다.
③ 말비계의 높이가 $2m$를 초과할 경우에는 작업발판의 폭을 $30cm$ 이상으로 한다.
④ 지주부재와 지주부재 사이를 고정시키는 보조부재를 설치한다.

*말비계 조립시 준수사항
① 지주부재의 하단에는 미끄럼 방지장치를 하고, 근로자가 양측 끝 부분에 올라서서 작업하지 않도록 할 것.
② 지주부재와 수평면의 기울기를 75° 이하로 하고, 지주부재와 지주부재 사이를 고정시키는 보조부재를 설치할 것.
③ 말비계의 높이가 $2m$를 초과하는 경우에는 작업발판의 폭을 $40cm$ 이상으로 할 것.

105

흙막이 지보공의 안전조치로 옳지 않은 것은?

① 굴착배면에 배수로 미설치
② 지하매설물에 대한 조사 실시
③ 조립도의 작성 및 작업순서 준수
④ 흙막이 지보공에 대한 조사 및 점검 철저

① 굴착배면에 배수로를 설치해야 지하수가 이상 없이 배수될 수 있따.

106

거푸집동바리등을 조립 또는 해체하는 작업을 하는 경우 준수사항으로 옳지 않은 것은?

① 재료·기구 또는 공구 등을 올리거나 내리는 경우에는 근로자로 하여금 달줄·달포대 등의 사용을 금하도록 할 것
② 낙하·충격에 의한 돌발적 재해를 방지하기 위하여 버팀목을 설치하고 거푸집동바리등을 인양장비에 매단 후에 작업을 하도록 하는 등 필요한 조치를 할 것
③ 비, 눈, 그 밖의 기상상태의 불안정으로 날씨가 몹시 나쁜 경우에는 그 작업을 중지할 것
④ 해당 작업을 하는 구역에는 관계 근로자가 아닌 사람의 출입을 금지할 것

① 재료·기구 또는 공구 등을 올리거나 내리는 경우에는 근로자로 하여금 달줄·달포대 등의 사용을 하도록 할 것

107

로드(rod)·유압잭(jack) 등을 이용하여 거푸집을 연속적으로 이동시키면서 콘크리트를 타설할 때 사용되는 것으로 silo 공사 등에 적합한 거푸집은?

① 메탈폼　　　　　② 슬라이딩폼
③ 워플폼　　　　　④ 페코빔

*슬라이딩 폼(sliding form)
콘크리트를 부어 넣으면서 거푸집을 수직 방향으로 이동시켜 연속 작업을 할 수 있게 된 거푸집

108

양중기에 사용하는 와이어로프에서 화물의 하중을 직접 지지하는 달기와이어로프 또는 달기체인의 안전계수 기준은?

① 3이상   ② 4이상
③ 5이상   ④ 10이상

*와이어로프의 안전율(=안전계수, S)

상황	안전율(S)
근로자가 탑승하는 운반구를 지지하는 달기와이어로프 또는 달기체인의 경우	10 이상
화물의 하중을 직접 지지하는 달기와이어로프 또는 달기체인의 경우	5 이상
혹, 샤클, 클램프, 리프팅 빔의 경우	3 이상
그 밖의 경우	4 이상

109

건설업의 산업안전보건관리비 사용항목에 해당되지 않는 것은?

① 안전시설비   ② 근로자 건강관리비
③ 운반기계 수리비   ④ 안전진단비

*산업안전보건관리비 사용항목
① 안전관리자 등의 인건비 및 각종 업무수당 등
② 안전시설비 등
③ 개인보호구 및 안전장구 구입비 등
④ 안전진단비 등
⑤ 안전·보건교육비 및 행사비 등
⑥ 근로자의 건강관리비 등
⑦ 건설재해예방 기술지도비
⑧ 본사 사용비

110

설치·이전하는 경우 안전인증을 받아야 하는 기계·기구에 해당되지 않는 것은?

① 크레인   ② 리프트
③ 곤돌라   ④ 고소작업대

*설치 및 이전시 안전인증이 필요한 기계
① 크레인
② 리프트
③ 곤돌라

111

유해·위험방지계획서 첨부서류에 해당되지 않는 것은?

① 안전관리를 위한 교육자료
② 안전관리 조직표
③ 건설물, 사용 기계설비 등의 배치를 나타내는 도면
④ 재해 발생 위험 시 연락 및 대피방법

*유해위험방지계획서 첨부서류

항목	제출서류 및 내용
공사개요 (건설업)	① 공사개요서 ② 공사현장의 주변 현황 및 주변과의 관계를 나타내는 도면 ③ 건설물 · 사용 기계설비 등의 배치를 나타내는 도면 ④ 전체 공정표
공사개요 (제조업)	① 건축물 각 층의 평면도 ② 기계 · 설비의 개요를 나타내는 서류 ③ 기계 · 설비의 배치도면 ④ 원재료 및 제품의 취급, 제조 등의 작업방법의 개요 ⑤ 그 밖의 고용노동부장관이 정하는 도면 및 서류
안전보건 관리계획	① 산업안전보건관리비 사용계획서 ② 안전관리조직표 · 안전보건교육 계획 ③ 개인보호구 지급계획 ④ 재해발생 위험시 연락 및 대피방법
작업환경 조성계획	① 분진 및 소음발생공사 종류에 대한 방호대책 ② 위생시설물 설치 및 관리대책 ③ 근로자 건강진단 실시계획 ④ 조명시설물 설치계획 ⑤ 환기설비 설치계획 ⑥ 위험물질의 종류별 사용량과 저장 · 보관 및 사용시의 안전 작업 계획

112

항타기 또는 항발기의 권상용 와이어로프의 사용 금지기준에 해당하지 않는 것은?

① 이음매가 없는 것
② 지름의 감소가 공칭지름의 7%를 초과하는 것
③ 꼬인 것
④ 열과 전기충격에 의해 손상된 것

*와이어로프의 사용금지기준

① 이음매가 있는 것
② 꼬인 것
③ 심하게 변형되거나 부식된 것
④ 열과 전기충격에 의해 손상된 것
⑤ 지름의 감소가 공칭지름의 7%를 초과한 것
⑥ 와이어로프의 한 꼬임에서 끊어진 소선의 수가 10% 이상인 것
⑦ 와이어로프의 안전계수가 5 미만인 것

113

철골 작업 시 기상조건에 따라 안전상 작업을 중지하여야 하는 경우에 해당되는 기준으로 옳은 것은?

① 강우량이 시간당 5mm 이상인 경우
② 강우량이 시간당 10mm 이상인 경우
③ 풍속이 초당 10m 이상인 경우
④ 강설량이 시간당 20mm 이상인 경우

*철골작업의 중지 기준

종류	기준
풍속	초당 10m (10m/s)이상인 경우
강우량	시간당 1mm (1mm/hr)이상인 경우
강설량	시간당 1cm (1cm/hr)이상인 경우

114

가설통로의 구조에 관한 기준으로 옳지 않은 것은?

① 경사가 15°를 초과하는 경우에는 미끄러지지
  아니하는 구조로 할 것
② 경사는 20° 이하로 할 것
③ 추락의 위험이 있는 장소에는 안전난간을
  설치할 것
④ 수직갱에 가설된 통로의 길이가 15m 이상인
  경우에는 10m 이내마다 계단참을 설치할 것

*가설통로의 설치기준
① 견고한 구조로 할 것
② 경사는 30° 이하로 할 것
③ 경사가 15°를 초과하는 경우에는 미끄러지지
  아니하는 구조로 할 것
④ 추락할 위험이 있는 장소에는 안전난간을 설치
  할 것.
⑤ 수직갱에 가설된 통로의 길이가 15m 이상인 경우
  에는 10m 이내마다 계단참을 설치할 것
⑥ 건설공사에 사용하는 높이 8m 이상인 비계다리
  에는 7m 이내마다 계단참을 설치할 것

115

**동바리로 사용하는 파이프 서포트는 최대 몇 개
이상 이어서 사용하지 않아야 하는가?**

① 2개   ② 3개
③ 4개   ④ 5개

*파이프 서포트 조립시 준수사항
① 파이프 서포트를 3개 이상 이어서 사용하지 않도록
  할 것
② 파이프 서포트를 이어서 사용하는 경우에는 4개
  이상의 볼트 또는 전용철물을 사용하여 이을 것
③ 높이가 3.5m를 초과하는 경우에는 높이 2m 이내
  마다 수평연결재 2개 방향으로 만들고 수평연결재의
  변위를 방지할 것

116

**건설현장에 설치하는 사다리식 통로의 설치기준
으로 옳지 않은 것은?**

① 발판과 벽과의 사이는 15cm 이상의 간격을
  유지할 것
② 발판의 간격은 일정하게 할 것
③ 사다리의 상단은 걸쳐놓은 지점으로부터
  60cm 이상 올라가도록 할 것
④ 사다리식 통로의 길이가 10m 이상인 경우
  에는 3m 이내마다 계단참을 설치할 것

*사다리식 통로의 설치기준
① 견고한 구조로 할 것
② 심한 손상·부식 등이 없는 재료를 사용할 것
③ 발판의 간격은 일정하게 할 것
④ 발판과 벽과의 사이는 15cm 이상의 간격
  을 유지할 것
⑤ 폭은 30cm 이상으로 할 것
⑥ 사다리가 넘어지거나 미끄러지는 것을 방지하기
  위한 조치를 할 것
⑦ 사다리의 상단은 걸쳐놓은 지점으로부터 60cm
  이상 올라가도록 할 것
⑧ 사다리식 통로의 길이가 10m 이상인 경우에는
  5m 이내마다 계단참을 설치할 것
⑨ 사다리식 통로의 기울기는 75° 이하로 할 것.
  다만, 고정식 사다리식 통로의 기울기는 90°
  이하로 하고, 그 높이가 7m 이상인 경우에는
  다음 각 목의 구분에 따른 조치를 할 것
  ㉠ 등받이울이 있어도 근로자 이동에 지장이 없는
    경우 : 바닥으로부터 높이가 2.5m 되는 지점부터
    등받이울을 설치할 것
  ㉡ 등받이울이 있으면 근로자가 이동이 곤란한
    경우 : 한국산업표준에서 정하는 기준에 적합한
    개인용 추락 방지 시스템을 설치하고 근로자로
    하여금 한국산업표준에서 정하는 기준에 적합한
    전신안전대를 사용하도록 할 것
⑩ 접이식 사다리 기둥은 사용 시 접혀지거나 펼쳐
  지지 않도록 철물 등을 사용하여 견고하게 조치
  할 것

117

흙막이 계측기의 종류 중 주변 지반의 변형을 측정하는 기계는?

① Tilt meter
② Inclino meter
③ Strain gauge
④ Load cell

*지중수평 변위계(Inclino meter)
주변 지반의 변형을 측정하는 기계

118

차량계 하역운반기계등에 화물을 적재하는 경우에 준수해야 할 사항으로 옳지 않은 것은?

① 하중이 한쪽으로 치우치도록 하여 공간상 효율적으로 적재할 것
② 구내운반차 또는 화물자동차의 경우 화물의 붕괴 또는 낙하에 의한 위험을 방지하기 위하여 화물에 로프를 거는 등 필요한 조치를 할 것
③ 운전자의 시야를 가리지 않도록 화물을 적재할 것
④ 화물을 적재하는 경우 최대적재량을 초과하지 않을 것

*차량계 하역운반기계 화물 적재시 준수사항
① 하중이 한쪽으로 치우치지 않도록 적재할 것
② 구내운반차 또는 화물자동차의 경우 화물의 붕괴 또는 낙하에 의한 위험을 방지하기 위하여 화물에 로프를 거는 등 필요한 조치를 할 것
③ 운전자의 시야를 가리지 않도록 화물을 적재할 것
④ 최대 적재량을 초과하지 않도록 할 것

119

다음 설명에 해당하는 안전대와 관련된 용어로 옳은 것은?
(단, 보호구 안전인증 고시 기준)

신체지지의 목적으로 전신에 착용하는 띠 모양의 것으로서 상체 등 신체 일부분만 지지하는 것은 제외한다.

① 안전그네
② 벨트
③ 죔줄
④ 버클

*안전그네
신체지지의 목적으로 전신에 착용하는 띠 모양의 것으로서 상체 등 신체 일부분만 지지하는 것은 제외한다.

120

터널공사의 전기발파작업에 관한 설명으로 옳지 않은 것은?

① 전선은 점화하기 전에 화약류를 충진한 장소로부터 $30\,m$ 이상 떨어진 안전한 장소에서 도통시험 및 저항시험을 하여야 한다.
② 점화는 충분한 허용량을 갖는 발파기를 사용하고 규정된 스위치를 반드시 사용하여야 한다.
③ 발파 후 발파기와 발파모선의 연결을 유지한 채 그 단부를 절연시킨다.
④ 점화는 선임된 발파책임자가 행하고 발파기의 핸들을 점화할 때 이외는 시건장치를 하거나 모선을 분리하여야 하며 발파책임자의 엄중한 관리하에 두어야 한다.

③ 발파 후 발파기와 발파모선은 분리하고 그 단부를 절연시킨다.

01

A 사업장의 강도율이 2.5이고, 연간 재해발생 건수가 12건, 연간 총 근로 시간수가 120만 시간일 때 이 사업장의 종합재해지수는 약 얼마인가?

① 1.6
② 5.0
③ 27.6
④ 230

*종합재해지수(FSI)

종합재해지수 $= \sqrt{도수율 \times 강도율} = \sqrt{10 \times 2.5} = 5$

$\therefore$ 도수율 $= \dfrac{재해 건 수}{연 근로 총 시간 수} \times 10^6 = \dfrac{12}{1200000} \times 10^6 = 10$

02

재해 발생 시 조치순서 중 재해조사 단계에서 실시하는 내용으로 옳은 것은?

① 현장보존
② 관계자에게 통보
③ 잠재재해 위험요인의 색출
④ 피해자의 응급조치

*2단계 : 재해조사
① 6하원칙에 의한 상사보고
② 잠재 재해요인의 색출

①, ②, ④ : 긴급처리단계

03

위치, 순서, 패턴, 형상, 기억오류 등 외부적 요인에 의해 나타나는 것은?

① 메트로놈
② 리스크테이킹
③ 부주의
④ 착오

*착오(mistake)
위치, 순서, 패턴, 형상, 기억오류 등 외부적 요인에 나타나는 현상

04

학습지도 형태 중 다음 토의법 유형에 대한 설명으로 옳은 것은?

6-6회의라고도 하며, 6명씩 소집단으로 구분하고 집단별로 각각의 사회자를 선발하여 6분간씩 자유토의를 행하여 의견을 종합하는 방법

① 버즈세션(Buzz session)
② 포럼(Forum)
③ 심포지엄(Symposium)
④ 패널 디스커션(Panel discussion)

*버즈 세션(Buzz Session, 6-6회의)
참가자가 다수인 경우에 전원을 토의에 참가시키기 위한 방법으로 소집단을 구성하여 회의를 진행 시킨다.

05

하인리히의 재해발생 이론은 다음과 같이 표현할 수 있다. 이 때 α가 의미하는 것으로 옳은 것은?

> 재해의 발생 = 물적불안전상태 + 인적불안전행위
> + α = 설비적결함 + 관리적결함 + α

① 노출된 위험의 상태
② 재해의 직접원인
③ 재해의 간접원인
④ 잠재된 위험의 상태

*하인리히(Heimrich)의 재해발생 이론
재해의 발생
=물적불안전상태+안전불안전행위+잠재된 위험의 상태
=설비적결함+관리적결함+잠재된 위험의 상태

06

브레인스토밍(Brain-storming) 기법의 4원칙에 관한 설명으로 틀린 것은?

① 한 사람이 많은 의견을 제시할 수 있다.
② 타인의 의견을 수정하여 발언할 수 있다.
③ 타인의 의견에 대하여 비판, 비평하지 않는다.
④ 의견을 발언할 때에는 주어진 요건에 맞추어 발언한다.

*브레인스토밍(Brainstorming)
6~12명의 구성원이 자유로운 토론으로 다량의 아이디어를 이끌어내 해결책을 찾는 집단적 사고 기법

① 비판, 비난 자제
② 아이디어의 양과 독창성 중시
③ 자유로운 발언권
④ 다른 사람의 아이디어를 조합 및 개선

07

재해원인 분석방법의 통계적 원인분석 중 사고의 유형, 기인물 등 분류항목을 큰 순서대로 도표화한 것은?

① 파레토도
② 특성요인도
③ 크로스도
④ 관리도

*파레토도
재해의 유형, 기인물 등의 분류항목을 큰 순서대로 도표화하여 분석하는 방법

08

산업안전보건법령상 안전·보건표지의 종류 중 안내표지에 해당하지 않는 것은?

① 들것
② 비상용기구
③ 출입구
④ 세안장치

*안내표지

녹십자표지	응급구호표지	들것	세안장치
비상구	좌측비상구	우측비상구	비상용기구

09

산업안전보건법령상 근로자 안전·보건교육 중 관리감독자 정기안전·보건교육의 교육내용이 아닌 것은?

① 작업 개시 전 점검에 관한 사항
② 산업보건 및 직업병 예방에 관한 사항
③ 유해·위험 작업환경 관리에 관한 사항
④ 작업공정의 유해·위험과 재해 예방대책에 관한 사항

*관리감독자 정기교육
① 산업안전 및 사고 예방에 관한 사항
② 산업보건 및 직업병 예방에 관한 사항
③ 위험성평가에 관한 사항
④ 유해·위험 작업환경 관리에 관한 사항
⑤ 산업안전보건법령 및 산업재해보상보험 제도에 관한 사항
⑥ 직무스트레스 예방 및 관리에 관한 사항
⑦ 직장 내 괴롭힘, 고객의 폭언 등으로 인한 건강장해 예방 및 관리에 관한 사항
⑧ 작업공정의 유해·위험과 재해 예방대책에 관한 사항
⑨ 사업장 내 안전보건관리체제 및 안전·보건조치 현황에 관한 사항
⑩ 표준안전 작업방법 및 지도 요령에 관한 사항
⑪ 안전보건교육 능력 배양에 관한 사항
⑫ 비상시 또는 재해 발생시 긴급조치에 관한 사항
⑬ 관리감독자의 역할과 임무에 관한 사항

10

안전점검 보고서 작성내용 중 주요 사항에 해당되지 않는 것은?

① 작업현장의 현 배치 상태와 문제점
② 재해다발요인과 유형분석 및 비교 데이터 제시
③ 안전관리 스텝의 인적사항
④ 보호구, 방호장치 작업환경 실태와 개선제시

안전점검 보고서에 안전관리 스텝의 인적사항은 필요하지 않다.

11

안전교육방법 중 구안법(Project Method)의 4단계의 순서로 옳은 것은?

① 목적결정 → 계획수립 → 활동 → 평가
② 계획수립 → 목적결정 → 활동 → 평가
③ 활동 → 계획수립 → 목적결정 → 평가
④ 평가 → 계획수립 → 목적결정 → 활동

*구안법(Project method) 4단계
목적결정 → 계획수립 → 활동 → 평가

12

보호구 안전인증 고시에 따른 방음용 귀마개 또는 귀덮개와 관련된 용어의 정의 중 다음 (   )안에 알맞은 것은?

음압수준이란 음압을 다음 식에 따라 데시벨(dB)로 나타낸 것을 말하며 적분평균소음계(KSC1505) 또는 소음계(KSC1502)에 규정하는 소음계의 (   )특성을 기준으로 한다.

① A   ② B
③ C   ④ D

*보호구 의무안전인증 고시 제32조 3항
음압수준이란 음압을 다음 식에 따라 데시벨(dB)로 나타낸 것을 말하며 (KSC1505) 또는 (KSC1502)에 규정하는 소음계의 C특성을 기준으로 한다.

13

무재해운동 추진기법 중 위험예지훈련 4라운드 기법에 해당하지 않는 것은?

① 현상파악   ② 행동 목표설정
③ 대책수립   ④ 안전평가

*위험예지훈련 4단계(=4라운드)

단계	목적	내용
1단계	현상파악	잠재된 위험의 파악
2단계	본질추구	위험 포인트의 확정
3단계	대책수립	위험 포인트에 대한 대책 방안 마련
4단계	목표설정	행동 계획에 대한 결정

14

다음 그림과 같은 안전관리 조직의 특징으로 틀린 것은?

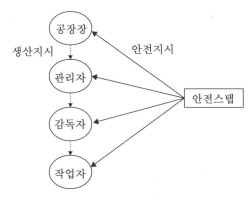

① 1000명 이상의 대규모 사업장에 적합하다.
② 생산부분은 안전에 대한 책임과 권한이 없다.
③ 사업장의 특수성에 적합한 기술연구를 전문적으로 할 수 있다.
④ 권한다툼이나 조정 때문에 통제수속이 복잡해지며, 시간과 노력이 소모된다.

*안전보건관리조직

종류	특징
라인형 조직 (직계식)	① 100명 이하의 소규모 사업장 ② 안전에 관한 지시나 조치가 신속 ③ 책임 및 권한이 명백 ④ 안전에 대한 전문적 지식 및 기술 부족 ⑤ 관리 감독자의 직무가 너무 넓어 실행이 어려움
스탭형 조직 (참모식)	① 100~500명의 중규모 사업장에 적합 ② 안전업무가 표준화되어 직장에 정착 ③ 생산 조직과는 별도의 조직과 기능을 가짐 ④ 안전정보 수집과 기술 축적이 용이 ⑤ 전문적인 안전기술 연구 가능 ⑥ 생산부분은 안전에 대한 책임과 권한이 없음 ⑦ 권한 다툼이나 조정 때문에 통제 수속이 복잡해짐 ⑧ 안전과 생산을 별개로 취급하기 쉬움
라인-스탭형 조직 (복합식)	① 1000명 이상의 대규모 사업장에 적합 ② 라인형과 스탭형의 장점을 취한 절충식 ③ 안전계획, 평가 및 조사는 스탭에서, 생산 기술의 안전대책은 라인에서 실시 ④ 조직원 전원을 자율적으로 안전활동에 참여시킬 수 있음 ⑤ 안전 활동과 생산업무가 분리될 가능성이 낮아때 균형을 유지 ⑥ 라인의 관리, 감독자에게도 안전에 관한 책임과 권한이 부여 ⑦ 명령 계통과 조언 권고적 참여가 혼동되기 쉬움 ⑧ 스탭의 월권행위의 경우가 있음

해당 그림은 스탭형 조직의 그림이다.
① : 라인-스탭형 조직

15

인간의 행동특성과 관련한 레빈의 법칙(Lewin)중 P가 의미하는 것은?

$$B = f(P \cdot E)$$

① 사람의 경험, 성격 등
② 인간의 행동
③ 심리에 영향을 주는 인간관계
④ 심리에 영향을 미치는 작업환경

*레빈(Lewin)의 행동법칙
행동(B)은 사람(P)과 환경(E)의 함수(f)라는 법칙이다.

$B = f(P \cdot E)$
여기서,
B : 행동 - 인간의 행동
P : 사람 - 경험, 성격, 소질, 개체 등
E : 환경 - 작업환경, 인간관계 등

16

안전교육의 단계에 있어 교육대상자가 스스로 행함으로서 습득하게 하는 교육은?

① 의식교육   ② 기능교육
③ 지식교육   ④ 태도교육

*안전보건교육지도 3단계
1단계 : 지식교육 - 광범위한 기초지식 주입
2단계 : 기능교육 - 반복을 통하여 스스로 습득
3단계 : 태도교육 - 안전의식과 책임감 주입

17

부주의의 현상으로 볼 수 없는 것은?

① 의식의 단절   ② 의식수준 지속
③ 의식의 과잉   ④ 의식의 우회

*부주의의 현상
① 의식의 단절
② 의식의 우회
③ 의식수준의 저하
④ 의식의 과잉

18

산업안전보건법상 근로시간 연장의 제한에 관한 기준에서 아래의 (   )안에 알맞은 것은?

사업주는 유해하거나 위험한 작업으로서 대통령령으로 정하는 작업에 종사하는 근로자에게는 1일 (㉠)시간, 1주 (㉡)시간을 초과하여 근로하게 하여서는 아니 된다.

① ㉠ 6, ㉡ 34   ② ㉠ 7, ㉡ 36
③ ㉠ 8, ㉡ 40   ④ ㉠ 8, ㉡ 44

*산업안전보건법 제139조(유해·위험작업에 대한 근로시간 제한 등)
사업주는 유해하거나 위험한 작업으로서 높은 기압에서 하는 작업 등 대통령령으로 정하는 작업에 종사하는 근로자에게는 1일 6시간, 1주 34시간을 초과하여 근로하게 해서는 아니 된다.

19

일반적으로 시간의 변화에 따라 야간에 상승하는
생체리듬은?

① 맥박수   ② 염분량
③ 혈압   ④ 체중

*생체리듬(Bio rhythm)의 증가
① 주간에 증가 : 맥박수, 혈압, 체중, 말초운동 등
② 야간에 증가 : 염분량, 수분 등

20

성인학습의 원리에 해당되지 않는 것은?

① 간접경험의 원리   ② 자발학습의 원리
③ 상호학습의 원리   ④ 참여교육의 원리

*성인학습의 원리
① 자발학습의 원리
② 상호학습의 원리
③ 참여학습의 원리
④ 생활적응의 원리

21

설비보전을 평가하기 위한 식으로 틀린 것은?

① 성능가동률 = 속도가동률 × 정미가동률
② 시간가동률 = (부하시간 − 정지시간) / 부하시간
③ 설비종합효율 = 시간가동률 × 성능가동률 × 양품률
④ 정미가동률 = (생산량 × 기준주기시간) / 가동시간

＊정미가동률

$$정미가동률 = \frac{생산량 \times 실제\ 주기시간}{부하시간 - 정지시간}$$

22

"표시장치와 이에 대응하는 조종장치간의 위치 또는 배열이 인간의 기대와 모순되지 않아야 한다."는 인간공학적 설계원리와 가장 관계가 같은 것은?

① 개념양립성   ② 운동양립성
③ 문화양립성   ④ 공간양립성

＊양립성(Compatibility)
자극과 반응 조합의 관계에서 인간의 기대와 모순되지 않는 성질

종류	정의
운동 양립성	장치의 조작방향과 장치의 반응결과가 일치하는 성질
공간 양립성	장치의 배치와 장치의 반응결과가 일치하는 성질
개념 양립성	인간의 개념적 연상과 일치하는 성질
양식 양립성	자극에 따라 정해진 응답양식이 존재하는 성질

23

다음 그림은 THERP를 수행하는 예이다. 작업 개시점 N_1에서부터 작업종점 N_4까지 도달할 확률은?

(단, $P(B_i)$, $i=1,2,3,4$는 해당 확률을 나타내며, 각 직무과오의 발생은 상호독립이라 가정한다.)

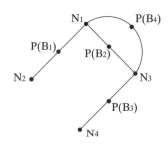

① $1-P(B_1)$

② $P(B_2) \cdot P(B_3)$

③ $\dfrac{P(B_2) \cdot P(B_3)}{1-P(B_4)}$

④ $\dfrac{P(B_2) \cdot P(B_3)}{1-P(B_2) \cdot P(B_4)}$

*도달확률

$$도달확률 = \frac{최단\ 경로}{1-루프\ 경로의\ 곱} = \frac{P(B_2) \cdot P(B_3)}{1-P(B_2) \cdot P(B_4)}$$

24

격렬한 육체적 작업의 작업부담 평가 시 활용되는 주요 생리적 척도로만 이루어진 것은?

① 부정맥, 작업량

② 맥박수, 산소 소비량

③ 점멸융합주파수, 폐활량

④ 점멸융합주파수, 근전도

*주요 생리적 척도
① 맥박수
② 산소소비량

25

산업안전보건기준에 관한 규칙상 작업장의 작업면에 따른 적정 조명 수준은 초정밀 작업에서 (㉠)lux 이상이고, 보통작업에서는 (㉡)lux 이상이다. ( )안에 들어갈 내용은?

① ㉠:650, ㉡:150

② ㉠:650, ㉡:250

③ ㉠:750, ㉡:150

④ ㉠:750, ㉡:250

*작업면의 조도 기준

작업	조도
초정밀작업	$750Lux$ 이상
정밀작업	$300Lux$ 이상
보통작업	$150Lux$ 이상
그 외 작업	$75Lux$ 이상

26

다음 그림과 같은 시스템의 신뢰도는 약 얼마인가?
(단, 각각의 네모안의 수치는 각 공정의 신뢰도를 나타낸 것이다.)

① 0.378

② 0.478

③ 0.578

④ 0.675

*시스템의 신뢰도(R)

$R = 0.8 \times 0.9 \times \{1-(1-0.75)(1-0.85)\}$
$\quad \times \{1-(1-0.8)(1-0.9)\} \times 0.85 = 0.577$

27

FTA 결과 다음과 같은 패스셋을 구하였다. X_4가 중복사상인 경우, 최소 패스셋(minimal path sets)으로 맞는 것은?

$$\{X_2, X_3, X_4\}$$
$$\{X_1, X_3, X_4\}$$
$$\{X_3, X_4\}$$

① $\{X_3, X_4\}$
② $\{X_1, X_3, X_4\}$
③ $\{X_2, X_3, X_4\}$
④ $\{X_2, X_3, X_4\}$와 $\{X_3, X_4\}$

3개의 패스셋 중 공통으로 있는 $\{X_3, X_4\}$가 최소 패스셋(Minimal path set)이다.

28

인간 – 기계 통합 체계의 인간 또는 기계에 의해서 수행되는 기본기능의 유형에 해당하지 않는 것은?

① 감지   ② 환경
③ 행동   ④ 정보보관

*인간-기계 시스템의 5대 기능
① 감지 기능
② 행동 기능
③ 정보보관 기능
④ 정보처리 기능
⑤ 의사결정 기능

29

시스템의 운용단계에서 이루어져야 할 주요한 시스템안전 부문의 작업이 아닌 것은?

① 생산시스템 분석 및 효율성 검토
② 안전성 손상 없이 사용설명서의 변경과 수정을 평가
③ 운용, 안전성 수준유지를 보증하기 위한 안전성 검사
④ 운용, 보전 및 위급 시 절차를 평가하여 설계 시 고려사항과 같은 타당성 여부 식별

*운용단계
① 안전성 손상 없이 사용설명서의 변경과 수정을 평가
② 운용, 안전성 수준유지를 보증하기 위한 안정성 검사
③ 운용, 보전 및 위급 시 절차를 평가하여 설계시 고려사항과 같은 타당성 여부 식별

30

인체측정치의 응용원리에 해당하지 않는 것은?

① 조절식 설계   ② 극단치 설계
③ 평균치 설계   ④ 다차원식 설계

*인체측정치의 응용원리

설계의 종류	적용 대상	
조절식 설계 (조절범위를 기준)	① 침대 높낮이 조절 ② 의자 높낮이 조절	
극단치 설계 (최대치수와 최소치수를 기준)	최대치	① 출입문의 크기 ② 와이어의 인장강도
	최소치	① 선반의 높이 ② 조정장치까지의 거리
평균치 설계	① 은행 창구 높이 ② 공원의 벤치	

27.① 28.② 29.① 30.④

31

산업안전보건법령상 유해·위험방지계획서의 심사 결과에 따른 구분·판정의 종류에 해당 하지 않는 것은?

① 보류   ② 부적정
③ 적정   ④ 조건부 적정

*유해·위험방지계획서 심사결과의 구분
① 적정
② 부적정
③ 조건부 적정

32

인간공학 연구조사에 사용되는 기준의 구비조건과 가장 거리가 먼 것은?

① 적절성   ② 다양성
③ 무오염성   ④ 기준 척도의 신뢰성

*인간공학 연구에 사용되는 기준
① 적절성 : 실제로 의도하는 바와 부합해야한다.
② 신뢰성 : 반복 실험시 재현성이 있어야 한다.
③ 무오염성 : 측정하고자 하는 변수 이외의 다른 변수의 영향을 받아서는 안 된다.
④ 민감도 : 피실험자 사이에서 볼 수 있는 예상 차이점에 비례하는 단위로 측정해야 한다.

33

FTA에 대한 설명으로 틀린 것은?

① 정성적 분석만 가능하다.
② 하향식(top-down) 방법이다.
③ 짧은 시간에 점검할 수 있다.
④ 비전문가라도 쉽게 할 수 있다.

*결함수분석법(FTA)의 특징
① 복잡하고 대형화된 시스템의 신뢰성 분석에 사용된다.
② 연역적, 정량적 해석을 한다.
③ 하향식(Top-Down) 방법이다.
④ 짧은 시간에 점검할 수 있다.
⑤ 비전문가라도 쉽게 할 수 있다.
⑥ 논리 기호를 사용한다.

34

$4m$ 또는 그보다 먼 물체만을 잘 볼 수 있는 원시 안경은 몇 D 인가?
(단, 명시거리는 $25cm$ 로 한다.)

① $1.75D$ ② $2.75D$
③ $3.75D$ ④ $4.75D$

*원시 안경

렌즈의 굴절률 $= \dfrac{1}{초점거리} = \dfrac{1}{0.25} = 4D$

디옵터 $= \dfrac{1}{4} = 0.25D$

안경 $=$ 렌즈의 굴절률 $-$ 디옵터 $= 4D - 0.25D = 3.75D$

35

작업공간 설계에 있어 "접근제한요건"에 대한 설명으로 맞는 것은?

① 조절식 의자와 같이 누구나 사용할 수 있도록 설계한다.
② 비상벨의 위치를 작업자의 신체조건에 맞추어 설계한다.
③ 트럭운전이나 수리작업을 위한 공간을 확보하여 설계한다.
④ 박물관의 미술품 전시와 같이, 장애물 뒤의 타겟과의 거리를 확보하여 설계한다.

④ 접근제한요건의 가장 중요한 요소는 거리 확보이다.

36

인간의 에러 중 불필요한 작업 또는 절차를 수행함으로써 기인한 에러를 무엇이라 하는가?

① Omission error
② Sequential error
③ Extraneous error
④ Commission error

*휴먼에러의 심리적(=독립행동에 의한) 분류

종류	내용
누락(=생략)오류 (Omission error)	필요한 작업 또는 절차를 수행하지 않는데 기인한 오류
작위(=실행)오류 (Commission error)	필요한 작업 또는 절차의 불확실한 수행으로 기인한 오류
시간 오류 (Time error)	필요한 작업 또는 절차의 수행 지연으로 인한 오류
순서 오류 (Sequential error)	필요한 작업 또는 절차의 순서 착오로 인한 오류
과잉행동 오류 (Extraneous error)	불필요한 작업 또는 절차를 수행함으로써 기인한 오류

명칭	기호
통상사상	
생략사상	

37

FTA(Fault Tree Analysis)의 기호 중 다음의 사상 기호에 적합한 각각의 명칭은?

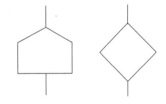

① 전이기호와 통상사상
② 통상사상과 생략사상
③ 통상사상과 전이기호
④ 생략사상과 전이기호

38

화학설비에 대한 안전성 평가에서 정성적 평가 항목이 아닌 것은?

① 건조물   ② 취급물질
③ 공장내의 배치   ④ 입지조건

*정량적, 정성적 평가
① 정량적 평가
객관적인 데이터를 활용하는 평가
ex) 압력, 온도, 용량, 취급물질, 조작 등

② 정성적 평가
객관적인 데이터로 나타내기 힘든 요소까지 종합적으로 고려하는 평가
ex) 공장의 입지 조건, 공장 내 배치, 건조물, 입지조건 등

39

청각에 관한 설명으로 틀린 것은?

① 인간에게 음의 높고 낮은 감각을 주는 것은 음의 진폭이다.
② 1000nmHz 순음의 가청최소음압을 음의 강도 표준치로 사용한다.
③ 일반적으로 음이 한 옥타브 높아지면 진동수는 2배 높아진다.
④ 복합음은 여러 주파수대의 강도를 표현한 주파수별 분포를 사용하여 나타낸다.

음의 높고 낮은 감각을 주는 것은 단위 진동수[Hz]이다.

40

초음파 소음(ultrasonic noise)에 대한 설명으로 잘못된 것은?

① 전형적으로 20000Hz 이상이다.
② 가청영역 위의 주파수를 갖는 소음이다.
③ 소음의 3dB 증가하면 허용기간은 반감한다.
④ 20000Hz 이상에서 노출 제한은 110dB 이다.

③ 초음파 소음이 2dB 증가하면 허용기간은 반감한다.

41

보일러에서 프라이밍(Priming)과 포오밍(Foaming)의 발생 원인으로 가장 거리가 먼 것은?

① 역화가 발생되었을 경우
② 기계적 결함이 있을 경우
③ 보일러가 과부하로 사용될 경우
④ 보일러 수에 불순물이 많이 포함되었을 경우

*프라이밍(Priming)과 포밍(Foaming)의 발생 원인
① 기계적 결함이 있을 경우
② 보일러가 과부하로 사용될 경우
③ 보일러 수에 불순물이 많이 포함되었을 경우

42

허용응력이 $1kN/mm^2$이고, 단면적이 $2mm^2$인 강판의 극한하중이 $4000N$이라면 안전율은 얼마인가?

① 2   ② 4   ③ 5   ④ 50

*안전율(=안전계수, S)

$$극한강도 = \frac{P(극한하중)}{A(단면적)} = \frac{4000}{2} = 2000N/mm^2$$

$$S = \frac{극한강도}{허용응력} = \frac{2000}{1000} = 2$$

43

슬라이드 행정수가 $100spm$ 이하이거나, 행정길이가 $50mm$ 이상의 프레스에 설치해야 하는 방호장치 방식은?

① 양수조작식   ② 수인식
③ 가드식   ④ 광전자식

*수인식 방호장치의 안전기준
① 슬라이드 행정길이가 $40mm$ 이상
② 슬라이드 행정수가 $120SPM$ 이하

44

"강렬한 소음작업"이라 함은 $90dB$ 이상의 소음이 1일 몇 시간 이상 발생되는 작업을 말하는가?

① 2시간   ② 4시간
③ 8시간   ④ 10시간

*소음작업
1일 8시간 작업을 기준으로하여 85dB 이상의 소음이 발생하는 작업

① 강렬한 소음작업

데시벨(이상)	발생시간(1일 기준)
90dB	8시간 이상
95dB	4시간 이상
100dB	2시간 이상
105dB	1시간 이상
110dB	30분 이상
115dB	15분 이상

② 충격 소음작업

데시벨(이상)	발생시간(1일 기준)
120dB	10000회 이상
130dB	1000회 이상
140dB	100회 이상

45

보일러에서 압력이 규정 압력이상으로 상승하여 과열되는 원인으로 가장 관계가 적은 것은?

① 수관 및 본체의 청소 불량
② 관수가 부족할 때 보일러 가동
③ 절탄기의 미부착
④ 수면계의 고장으로 인한 드럼내의 물의 감소

*절탄기(Economizer)
보일러에서 나온 연소 배기가스의 남은 열로 보일러로 공급되고 있는 급수를 미리 예열하는 장치

46

크레인에서 일반적인 권상용 와이어로프 및 권상용 체인의 안전율 기준은?

① 10 이상
② 2.7 이상
③ 4 이상
④ 5 이상

와이어로프의 안전계수는 5 이상이어야 한다.

47

컨베이어에 사용되는 방호장치와 그 목적에 관한 설명이 옳지 않은 것은?

① 운전 중인 컨베이어 등의 위로 넘어가고자 할 때를 위하여 급정지장치를 설치한다.
② 근로자의 신체 일부가 말려들 위험이 있을 때 이를 즉시 정지시키기 위한 비상정지장치를 설치한다.
③ 정전, 전압강하 등에 따른 화물 이탈을 방지하기 위해 이탈 및 역주행 방지장치를 설치한다.
④ 낙하물에 의한 위험 방지를 위한 덮개 또는 울을 설치한다.

운전 중인 컨베이어 등의 위로 넘어가고자 할 때를 위하여 건널다리를 설치한다.

48

연삭숫돌의 지름이 $20cm$이고, 원주속도가 $250m$ /min일 때 연삭숫돌의 회전수는 약 몇 rpm인가?

① 398
② 433
③ 489
④ 552

*연삭숫돌의 원주속도
$V = \pi D N$

$\therefore N = \dfrac{V}{\pi D} = \dfrac{250}{\pi \times 0.2} = 397.89rpm$

여기서,
D : 연삭숫돌의 바깥지름 $[m]$
N : 회전수 $[rpm]$

49

범용 수동 선반의 방호조치에 관한 설명으로 옳지 않은 것은?

① 척 가드의 폭은 공작물의 가공작업에 방해가 되지 않는 범위 내에서 척 전체 길이를 방호할 수 있을 것
② 척 가드의 개방 시 스핀들의 작동이 정지되도록 연동 회로를 구성할 것
③ 전면 칩 가드의 폭은 새들 폭 이하로 설치할 것
④ 전면 칩 가드는 심압대가 베드 끝단부에 위치하고 있고 공작물 고정 장치에서 심압대까지 가드를 연장시킬 수 없는 경우에는 부착위치를 조정할 수 있을 것

③ 전면 칩 가드의 폭은 새들 폭 이상으로 설치할 것

50

다음 중 용접부에 발생한 미세균열, 용입부족, 융합불량의 검출에 가장 적합한 비파괴검사법은?

① 방사선투과 검사
② 침투탐상 검사
③ 자분탐상 검사
④ 초음파탐상 검사

*초음파탐상검사(UT)
초음파를 이용하여 대상의 내부에 존재하는 결함, 불연속 등을 탐지하는 비파괴검사법으로 특히 용접부에 발생한 결함 검출에 가장 적합하다.

51

다음 설명에 해당하는 기계는?

- chip이 가늘고 예리하며 손을 잘 다치게 한다.
- 주로 평면공작물을 절삭 가공하나, 더브테일 가공이나 나사 등의 복잡한 가공도 가능하다.
- 장갑은 착용을 금하고, 보안경을 착용해야 한다.

① 선반
② 호방 머신
③ 연삭기
④ 밀링

*밀링
① 칩이 가늘고 예리하여 손을 잘 다치게 한다.
② 주로 평면공작물을 절삭 가공하나, 더브테일 가공이나 나사 등의 복잡한 가공도 가능하다.
③ 장갑은 착용을 금하고, 보안경을 착용해야 한다.

52

취성재료의 극한강도가 $128MPa$이며, 허용응력이 $64MPa$일 경우 안전계수는?

① 1
② 2
③ 4
④ $\dfrac{1}{2}$

*안전율(=안전계수, S)
$S = \dfrac{극한강도}{허용응력} = \dfrac{128}{64} = 2$

53

프레스기에 금형 설치 및 조정 작업 시 준수 하여야 할 안전수칙으로 틀린 것은?

① 금형을 부착하기 전에 하사점을 확인한다.
② 금형의 체결은 올바른 치공구를 사용하고 균등하게 체결한다.
③ 금형은 하형부터 잡고 무거운 금형의 받침은 인력으로 하지 않는다.
④ 슬라이드의 불시하강을 방지하기 위하여 안전블록을 제거한다.

> 프레스기의 금형을 부착·해체 또는 조정하는 작업을 할 때, 근로자의 신체 일부가 위험한계에 들어갈 시 슬라이드가 갑자기 작동함으로써 근로자에게 발생하는 위험을 방지하기 위해 안전블록을 사용해야 한다.

54

컨베이어 작업 시작 전 점검사항에 해당하지 않는 것은?

① 브레이크 및 클러치 기능의 이상 유무
② 비상정지장치 기능의 이상 유무
③ 이탈 등의 방지장치 기능의 이상 유무
④ 원동기 및 풀리 기능의 이상 유무

> *컨베이어 작업시작 전 점검사항
> ① 원동기 및 풀리 기능의 이상 유무
> ② 이탈 등의 방지장치 기능의 이상 유무
> ③ 비상정지장치 기능의 이상 유무
> ④ 원동기 · 회전축 · 기어 및 풀리 등의 덮개 또는 울 등의 이상 유무

55

크레인의 방호장치에 대한 설명으로 틀린 것은?

① 권과방지장치를 설치하지 않은 크레인에 대해서는 권상용 와이어로프에 위험표시를 하고 경보장치를 설치하는 등 권상용 와이어로프가 지나치게 감겨서 근로자가 위험해질 상황을 방지하기 위한 조치를 하여야 한다.
② 운반물의 중량이 초과되지 않도록 과부하방지장치를 설치하여야 한다.
③ 크레인을 필요한 상황에서는 저속으로 중지시킬 수 있도록 브레이크장치와 충돌 시 충격을 완화시킬 수 있는 완충장치를 설치한다.
④ 작업 중에 이상발견 또는 긴급히 정지시켜야 할 경우에는 비상정지장치를 사용할 수 있도록 설치하여야 한다.

> ③ 크레인을 필요한 상황에서는 정격속도로 중지시킬 수 있도록 브레이크장치와 충돌 시 충격을 완화시킬 수 있는 완충장치를 설치한다.

56

프레스의 작업 시작 전 점검 사항이 아닌 것은?

① 권과방지장치 및 그 밖의 경보장치의 기능
② 슬라이드 또는 칼날에 의한 위험방지 기구의 기능
③ 프레스기의 금형 및 고정볼트 상태
④ 전단기의 칼날 및 테이블의 상태

53.④ 54.① 55.③ 56.①

57

보일러에서 압력방출장치가 2개 설치된 경우 최고 사용압력이 $1MPa$일 때 압력방출장치의 설정방법으로 가장 옳은 것은?

① 2개 모두 1.1MPa 이하에서 작동되도록 설정하였다.
② 하나는 1MPa 이하에서 작동되고 나머지는 1.1MPa 이하에서 작동되도록 설정하였다.
③ 하나는 1MPa 이하에서 작동되고 나머지는 1.05MPa이하에서 작동되도록 설정하였다.
④ 2개 모두 1.05MPa 이하에서 작동되도록 설정하였다.

58

다음 중 롤러기에 설치하여야 할 방호장치는?

① 반발예방장치
② 급정지장치
③ 접촉예방장치
④ 파열판장치

59

연삭기의 숫돌 지름이 $300mm$ 일 경우 평형 플랜지의 지름은 몇 mm 이상으로 해야 하는가?

① 50
② 100
③ 150
④ 200

60

기계설비에 대한 본질적인 안전화 방안의 하나인 풀 프루프(Fool Proof)에 관한 설명으로 거리가 먼 것은?

① 계기나 표시를 보기 쉽게 하거나 이른바 인체공학적 설계도 넓은 의미의 풀 프루프에 해당된다.
② 설비 및 기계장치 일부가 고장이 난 경우 기능의 저하는 가져오나 전체기능은 정지하지 않는다.
③ 인간이 에러를 일으키기 어려운 구조나 기능을 가진다.
④ 조작순서가 잘못되어도 올바르게 작동한다.

61

인체의 손과 발사이에 과도전류를 인가한 경우에 파두장 $700\mu s$에 따른 전류파고치의 최대값은 약 몇 mA 이하 인가?

① 4

② 40

③ 400

④ 800

*파두장과 전류파고의 관계

파두장	전류파고치의 최대값
$60\mu s$	$90mA$ 이하
$325\mu s$	$60mA$ 이하
$700\mu s$	$40mA$ 이하

62

~~고압 및 특고압의 전로에 시설하는 피뢰기에 접지공사를 할 때 접지저항의 최대값은 몇 Ω 이하로 해야 하는가?~~

~~① 100~~   ~~② 20~~

~~③ 10~~   ~~④ 5~~

출제 기준에서 제외된 내용입니다.

63

욕실 등 물기가 많은 장소에서 인체감전보호형 누전차단기의 정격감도전류와 동작시간은?

① 정격감도전류 $30mA$, 동작시간 0.01초 이내

② 정격감도전류 $30mA$, 동작시간 0.03초 이내

③ 정격감도전류 $15mA$, 동작시간 0.01초 이내

④ 정격감도전류 $15mA$, 동작시간 0.03초 이내

*정격감도전류

장소	정격감도전류
일반장소	$30mA$
물기가 많은 장소	$15mA$
단, 동작시간은 0.03초 이내로 한다.	

64

다음 중 전압을 구분할 것으로 알맞은 것은?

① 저압이란 교류 $600\,V$ 이하, 직류는 교류의 $\sqrt{2}$배 이하인 전압을 말한다.

② 고압이란 교류 $7000\,V$ 이하, 직류 $7500\,V$ 이하의 전압을 말한다.

③ 특고압이란 교류, 직류 모두 $7000\,V$를 초과하는 전압을 말한다.

④ 고압이란 교류, 직류 모두 $7500\,V$를 넘지 않는 전압을 말한다.

61.② 62.X 63.④ 64.③

*전압의 구분

구분	직류	교류
저압	1500 V 이하	1000 V 이하
고압	1500 ~ 7000 V	1000 ~ 7000 V
특별고압	7000 V 초과	7000 V 초과

65

단로기를 사용하는 주된 목적은?

① 과부하 차단
② 변성기의 개폐
③ 이상전압의 차단
④ 무부하 선로의 개폐

*단로기(D.S)
고압회로에서 무부하 상태의 전로를 완전히 개폐하는 역할을 한다.

66

전격의 위험을 결정하는 주된 인자로 가장 거리가 먼 것은?

① 통전전류   ② 통전시간
③ 통전경로   ④ 통전전압

*감전위험 요인

요인	종류
직접적인 요인	① 통전 전류의 크기 ② 통전 전원의 종류 ③ 통전 시간 ④ 통전 경로
간접적인 요인	① 전압의 크기 ② 인체의 조건(저항) ③ 계절 ④ 개인차

67

감전되어 사망하는 주된 메커니즘으로 틀린 것은?

① 심장부에 전류가 흘러 심실세동이 발생하여 혈액순환기능이 상실되어 일어난 것
② 흉골에 전류가 흘러 혈압이 약해져 뇌에 산소 공급기능이 정지되어 일어난 것
③ 뇌의 호흡중추 신경에 전류가 흘러 호흡 기능이 정지되어 일어난 것
④ 흉부에 전류가 흘러 흉부수축에 의한 질식으로 일어난 것

*전격사의 주된 메커니즘
① 심장부에 전류가 흘러 심실세동과 심부전이 발생
② 뇌의 중추 신경에 전류가 흘러 호흡기능이 정지
③ 흉부에 전류가 흘러 흉부수축에 의한 질식
④ 전격으로 동맥이 절단되어 출혈

68

다음은 전기안전에 관한 일반적인 사항 기술한 것이다. 옳게 설명된 것은?

① 200 V 동력용 전동기의 외함에 특별 저항 공사를 하였다.
② 배선에 사용할 전선의 굵기를 허용전류, 기계적강도, 전압강하 등을 고려하여 결정하였다.
③ 누전을 방지하기 위해 피뢰침 설비를 설치하였다.
④ 전선 접속 시 전선의 세기가 30% 이상 감소되었다.

② 전선의 굵기를 결정하는 3요소에는 허용전류, 기계적강도, 전압강하가 있다.

69

정격사용률이 30%, 정격2차전류가 $300A$인 교류 아크 용접기를 $200A$로 사용하는 경우의 허용 사용률(%)은?

① 67.5   ② 91.6
③ 110.3   ④ 130.5

---

*교류 아크용접기의 허용사용률

$$허용사용률 = \left(\frac{정격2차전류}{실제용접전류}\right)^2 \times 정격사용률 \times 100\,[\%]$$

$$= \left(\frac{300}{200}\right)^2 \times 0.3 \times 100 = 67.5\%$$

70

어느 변전소에서 고장전류가 유입되었을 때 도전성 구조물과 그 부근 지표상의 점과의 사이(약 $1m$)의 허용접촉전압은 약 몇 V 인가?

(단, 심실세동전류: $I_k = \dfrac{0.165}{\sqrt{t}}A$, 인체의 저항: 1000Ω, 지표면의 저항률: $150\Omega \cdot m$, 통전시간을 1초로 한다.)

① 202   ② 186
③ 228   ④ 164

---

*허용접촉전압(V) $[V]$

$$V = IR = I \times \left(R_b + \frac{3}{2}R_e\right)$$

$$= \frac{0.165}{\sqrt{T}} \times \left(1000 + \frac{3}{2} \times 150\right) = 202.13\,V$$

여기서,

I : 심실세동전류 $[A]$ $\left(I = \dfrac{0.165}{\sqrt{T}}\right)$

R_b : 인체의 저항 $[\Omega]$

R_e : 지표면의 저항률 $[\Omega \cdot m]$

71

아크용접 작업 시 감전사고 방지대책으로 틀린 것은?

① 절연 장갑의 사용
② 절연 용접봉의 사용
③ 적정한 케이블의 사용
④ 절연 용접봉의 홀더의 사용

절연 용접봉을 사용하더라도 감전을 막을 수 없다.

72

인체저항에 대한 설명으로 옳지 않은 것은?

① 인체저항은 접촉면적에 따라 변한다.
② 피부저항은 물에 젖어 있는 경우 건조시의 약 $\dfrac{1}{12}$ 로 저하된다.
③ 인체저항은 한 개의 단일 저항체로 보아 최악의 상태를 적용한다.
④ 인체에 전압이 인가되면 체내로 전류가 흐르게 되어 전격의 정도를 결정한다.

---

*인체의 전기저항

경우	기준
습기가 있는 경우	건조 시 보다 $\dfrac{1}{10}$ 저하
땀에 젖은 경우	건조 시 보다 $\dfrac{1}{12} \sim \dfrac{1}{20}$ 저하
물에 젖은 경우	건조 시 보다 $\dfrac{1}{25}$ 저하

73

저압방폭전기의 배관방법에 대한 설명으로 틀린 것은?

① 전선관용 부속품은 방폭구조에 정한 것을 사용한다.
② 전선관용 부속품은 유효 접속면의 깊이를 $5mm$ 이상 되도록 한다.
③ 배선에서 케이블의 표면온도가 대상하는 발화온도에 충분한 여유가 있도록 한다.
④ 가요성 피팅(Fitting)은 방폭 구조를 이용하되 내측 반경을 5배 이상으로 한다.

② 전선관용 부속품은 유효 접속면의 깊이를 $5mm$ 이상 되도록 한다.

74

Freiberger가 제시한 인체의 전기적 등가회로는 다음 중 어느 것인가?
(단, 단위는 다음과 같다.
단위 : $R(\Omega), L(H), C(F)$)

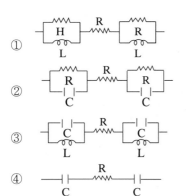

*Freiberger의 인체의 전기적 등가회로

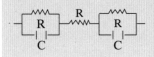

75

전동기용 퓨즈 사용 목적으로 알맞은 것은?

① 과전압 차단
② 누설전류 차단
③ 지락과전류 차단
④ 회로에 흐르는 과전류 차단

④ 퓨즈는 회로에 흐르는 과전류를 차단하기 위하여 사용한다.

76

누전으로 인한 화재의 3요소에 대한 요건이 아닌 것은?

① 접속점　　　　　② 출화점
③ 누전점　　　　　④ 접지점

*누전으로 인한 화재의 3요소
① 출화점(=발화점)
② 누전점
③ 접지점

77

교류아크 용접기의 자동전격 방지장치란 용접기의 2차전압을 $25\,V$ 이하로 자동조절하여 안전을 도모하려는 것이다. 다음 사항 중 어떤 시점에서 그 기능이 발휘 되어야 하는가?

① 전체 작업시간 동안
② 아크를 발생시킬 때만
③ 용접작업을 진행하고 있는 동안만
④ 용접작업 중단 직후부터 다음 아크 발생 시까지

*자동전격방지장치의 구비조건
① 아크발생을 중단시킬 때 주접점이 개로될 때까지의 시간은 1±0.3초 이내일 것
② 2차 무부하전압은 $25\,V$이내일 것

78

누전차단기를 설치하여야 하는 곳은?

① 기계기구를 건조한 장소에 시설한 경우
② 대지전압이 $220\,V$에서 기계기구를 물기가 없는 장소에 시설한 경우
③ 전기용품안전 관리법의 적용을 받는 2중 절연구조의 기계기구
④ 전원측에 절연변압기(2차 전압이 $300\,V$ 이하)를 시설한 경우

*누전차단기 설치장소
① 전기기계, 기구 중 대지전압이 $150\,V$를 초과하는 이동형 또는 휴대형의 것
② 물 등 도전성이 높은 액체에 의한 습윤한 장소
③ 임시배선의 전로가 설치되는 장소

79

방폭구조와 기호의 연결이 틀린 것은?

① 압력방폭구조 : p
② 내압방포구조 : d
③ 안전증방폭구조 : s
④ 본질안전방폭구조 : ia 또는 ib

*방폭구조

장소	종류
0종 장소	본질안전방폭구조(ia)
1종 장소	내압방폭구조(d) 압력방폭구조(p) 충전방폭구조(q) 유입방폭구조(o) 안전증방폭구조(e) 본질안전방폭구조(ia, ib) 몰드방폭구조(m)
2종 장소	비점화방폭구조(n)

80

전격에 의해 심실세동이 일어날 확률이 가장 큰 심장 맥동주기 파형의 설명으로 옳은 것은?
(단, 심장 맥동주기를 심전도에서 보았을 때의 파형이다.)

① 심실의 수축에 따른 파형이다.
② 심실의 팽창에 따른 파형이다.
③ 심실의 수축 종료 후 심실의 휴식 시 발생하는 파형이다.
④ 심실의 수축 시작 후 심실의 휴식 시 발생하는 파형이다.

*심장의 맥동주기
① T파 : 심실의 휴식시 발생하는 파형으로, 심실세동이 일어날 확률이 가장 크다.
② P파 : 심방의 수축에 따른 파형이다.
③ Q-R-S파 : 심실의 수축에 따른 파형이다.

81

다음 중 마그네슘의 저장 및 취급에 관한 설명으로 틀린 것은?

① 산화제와 접촉을 피한다.
② 고온의 물이나 과열 수증기와 접촉하면 격렬히 반응하므로 주의한다.
③ 분말은 분진폭발성이 있으므로 누설되지 않도록 포장한다.
④ 화재 발생 시 물의 사용을 금하고, 이산화탄소소화기를 사용하여야 한다.

④ 화재 발생 시 물의 사용을 금하고, 탄산수소염류분말소화기를 사용하여야 한다.

82

다음 중 상온에서 물과 격렬히 반응하여 수소를 발생시키는 물질은?

① Au ② K
③ S ④ $Ag Ag$

칼륨(K)은 물(H_2O)과 반응하여 수소(H_2)를 발생시킨다.

$$\underset{(칼륨)}{2K} + \underset{(물)}{2H_2O} \rightarrow \underset{(수산화칼륨)}{2KOH} + \underset{(수소)}{H_2}$$

83

산업안전보건법령상 안전밸브 등의 전단·후단에는 차단밸브를 설치하여서는 아니되지만 다음 중 자물쇠형 또는 이에 준하는 형식의 차단밸브를 설치할 수 있는 경우로 틀린 것은?

① 인접한 화학설비 및 그 부속설비에 안전밸브 등이 각각 설치되어 있고, 해당 화학설비 및 그 부속설비의 연결배관에 차단밸브가 없는 경우
② 안전밸브 등의 배출용량의 4분의 1 이상에 해당하는 용량의 자동압력조절밸브와 안전밸브 등이 직렬로 연결된 경우
③ 화학설비 및 그 부속설비에 안전밸브 등이 복수방식으로 설치되어 있는 경우
④ 열팽창에 의하여 상승된 압력을 낮추기 위한 목적으로 안전밸브가 설치된 경우

③ 안전밸브 등의 배출용량의 1/2이상에 해당하는 용량의 자동압력조절밸브와 안전밸브등이 병렬로 연결된 경우

84

압축기와 송풍의 관로에 심한 공기의 맥동과 진동을 발생하면서 불안정한 운전이 되는 서어징(surging) 현상의 방지법으로 옳지 않은 것은?

① 풍량을 감소시킨다.
② 배관의 경사를 완만하게 한다.
③ 교축밸브를 기계에서 멀리 설치한다.
④ 토출가스를 흡입측에 바이패스 시키거나 방출밸브에 의해 대기로 방출시킨다.

*맥동현상(Surging) 방지대책
① 풍량을 감소시킨다.
② 배관의 경사를 완만하게 한다.
③ 교축밸브를 기계에 가까이 설치한다.
④ 토출가스를 흡입측에 바이패스 시키거나 방출밸브에 의해 대기로 방출시킨다.

85

(보기)의 물질을 폭발 범위가 넓은 것부터 좁은 순서로 바르게 배열한 것은?

$$H_2 \quad C_3H_8 \quad CH_4 \quad CO$$

① $CO > H_2 > C_3H_8 > CH_4$
② $H_2 > CO > CH_4 > C_3H_8$
③ $C_3H_8 > CO > CH_4 > H_2$
④ $CH_4 > H_2 > CO > C_3H_8$

*폭발범위(=폭발상한계-폭발하한계)

기체	폭발하한계 [vol%]	폭발상한계 [vol%]	폭발범위 [vol%]
수소 (H_2)	4	75	71
프로판 (C_3H_8)	2.1	9.5	7.4
메탄 (CH_4)	5	15	10
일산화탄소 (CO)	12.5	74	61.5

86

다음 중 산업안전보건법령상 위험물질의 종류와 해당 물질이 올바르게 연결된 것은?

① 부식성 산류 - 아세트산(농도 90%)
② 부식성 염기류 - 아세톤(농도 90%)
③ 인화성 가스 - 이황화탄소
④ 인화성 가스 - 수산화칼륨

*부식성 물질의 구분

구분	기준농도	물질
부식성 산류	20% 이상	염산, 황산, 질산
	60% 이상	인산, 아세트산, 플루오르산
부식성 염기류	40% 이상	수산화나트륨, 수산화칼륨

87

다음 중 화재 시 주수에 의해 오히려 위험성이 증대되는 물질은?

① 황린
② 니트로셀룰로오스
③ 적린
④ 금속나트륨

나트륨(Na)은 물(H_2O)과 반응하여 <u>수소(H_2)</u>를 격렬하게 발생시켜 위험성이 증대된다.

$$2Na + 2H_2O \rightarrow 2NaOH + H_2$$
(나트륨) (물) (수산화나트륨) (수소)

88

물과 탄화칼슘이 반응하면 어떤 가스가 생성되는가?

① 염소가스 ② 아황산가스
③ 수성가스 ④ 아세틸렌가스

> 탄화칼슘(CaC_2)은 물(H_2O)과 반응하여 아세틸렌(C_2H_2)을 발생시킨다.
>
> $$CaC_2 + 2H_2O \rightarrow Ca(OH)_2 + C_2H_2$$
> (탄화칼슘) (물) (수산화칼슘) (아세틸렌)

89

다음 중 분진폭발에 관한 설명으로 틀린 것은?

① 가스폭발에 비교하여 연소시간이 짧고, 발생에너지가 작다.
② 최초의 부분적인 폭발이 분진의 비산으로 2차, 3차 폭발로 파급되어 피해가 커진다.
③ 가스에 비하여 불완전 연소를 일으키기 쉬우므로 연소 후 가스에 의한 중독 위험이 있다.
④ 폭발 시 입자가 비산하므로 이것에 부딪치는 가연물로 국부적으로 탄화를 일으킬 수 있다.

> 분진폭발은 가스폭발에 비해 연소의 속도나 폭발의 압력은 작으나 연소시간이 길고 발생에너지가 크다.

90

다음 물질 중 인화점이 가장 낮은 물질은?

① 이황화탄소 ② 아세톤
③ 크실렌 ④ 경유

> *각 물질의 인화점
>
> | 물질 | 인화점 |
> |---|---|
> | 이황화탄소 | −30℃ |
> | 아세톤 | −18℃ |
> | 크실렌 | 32℃ |
> | 경유 | 55℃ |

91

다음의 2가지 물질을 혼합 또는 접촉하였을 때 발화 또는 폭발의 위험성이 가장 낮은 것은?

① 니트로셀룰로오스와 물
② 나트륨과 물
③ 염소산칼륨과 유황
④ 황화인과 무기과산화물

> 니트로셀룰로오스는 제5류 위험물(자기반응성물질)에 속하며 제5류 위험물의 소화방법은 물에 의한 주수소화이다.

92

폭발을 기상폭발과 응상폭발로 분류할 때 다음 중 기상폭발에 해당되지 않는 것은?

① 분진폭발 ② 혼합가스폭발
③ 분무폭발 ④ 수증기폭발

> *폭발의 종류
> ① 기상폭발 : 기체상태로 일어나는 폭발
> 분진폭발, 분무폭발, 분해폭발, 가스폭발, 증기운폭발
>
> ② 응상폭발 : 액체, 고체상태로 일어나는 폭발
> 수증기폭발(=증기폭발), 전선폭발,
> 고상간의 전이에 의한 폭발

93

다음 물질 중 공기에서 폭발상한계 값이 가장 큰 것은?

① 사이클로헥산   ② 산화에틸렌
③ 수소   ④ 이황화탄소

*각 물질의 폭발한계 비교

물질	폭발하한계	폭발상한계
사이클로헥산	1.2vol%	10vol%
산화에틸렌	3.6vol%	100vol%
수소	4vol%	75vol%
이황화탄소	1.2vol%	44vol%

94

다음 중 관의 지름을 변경하고자 할 때 필요한 관 부속품은?

① reducer   ② elbow
③ plug   ④ valve

*관 부속품의 용도

용도	종류
관의 방향변경	엘보우, Y형 관이음쇠, 티, 십자
관의 직경변경	부싱, 리듀서
유로차단	캡, 밸브, 플러그

95

다음 중 자연발화에 대한 설명으로 틀린 것은?

① 분해열에 의해 자연발화가 발생할 수 있다.
② 입자의 표면적이 넓을수록 자연발화가 발생하기 쉽다.
③ 자연발화가 발생하지 않기 위해 습도를 가능한 한 높게 유지시킨다.
④ 열의 축적은 자연발화를 일으킬 수 있는 인자이다.

*자연발화가 쉽게 일어나는 조건
① 주위온도가 높은 경우
② 열전도율이 낮은 경우
③ 열의 축적이 일어날 경우
④ 입자의 표면적이 넓은 경우
⑤ 적당량의 수분이 존재할 경우
⑥ 분해열, 산화열, 중합열 등이 발생할 경우

*자연발화 방지법
① 주위의 온도를 낮춘다.
② 습도가 높은 곳을 피한다.
③ 산소와의 접촉을 피한다.
④ 공기와 차단을 위해 불활성물질 속에 저장한다.
⑤ 가연성 가스의 발생에 주의한다.
⑥ 환기를 자주 한다.

96

반응성 화학물질의 위험성은 실험에 의한 평가 대신 문헌조사 등을 통해 계산에 의해 평가하는 방법을 사용할 수 있다. 이에 관한 설명으로 옳지 않은 것은?

① 위험성이 너무 커서 물성을 측정할 수 없는 경우 계산에 의한 평가 방법을 사용할 수도 있다.
② 연소열, 분해열, 폭발열 등의 크기에 의해 그 물질의 폭발 도는 발화의 위험예측이 가능하다.
③ 계산에 의한 평가를 하기 위해서는 폭발 또는 분해에 다른 생성물의 예측이 이루어져야 한다.
④ 계산에 의한 위험성 예측은 모든 물질에 대해 정확성이 있으므로 더 이상의 실험을 필요로 하지 않는다.

④ 계산에 의한 위험성 예측은 모든 물질에 대한 정확성이 없기 때문에 실험을 통해 정확한 값을 구한다.

97

메탄(CH_4) 70vol%, 부탄(C_4H_{10}) 30vol% 혼합가스의 $25℃$, 대기압에서의 공기 중 폭발하한계($vol\%$)는 약 얼마인가?
(단, 각 물질의 폭발하한계는 다음 식을 이용하여 추정, 계산한다.)

$$C_{st} = \frac{1}{1+4.77 \times O_2} \times 100, \quad L_{25} ≒ 0.55 C_{st}$$

① 1.2   ② 3.2
③ 5.7   ④ 7.7

*혼합가스의 폭발한계식($L_{25} = 0.55 C_{st}$)

$$C_{st} = \frac{100}{1+4.773\left(a+\dfrac{b-c-2d}{4}\right)}$$

여기서,
C_{st} : 완전연소조성농도 [%]
a : 탄소의 원자수
b : 수소의 원자수
c : 할로겐원자의 원자수
d : 산소의 원자수

각 물질의 완전연소조성농도는

$$CH_4 : C_{st} = \frac{100}{1+4.773\left(1+\dfrac{4}{4}\right)} = 9.48\%$$

$$C_4H_{10} : C_{st} = \frac{100}{1+4.773\left(4+\dfrac{10}{4}\right)} = 3.12\%$$

각 물질의 폭발하한계는
$CH_4 : L_1 = 0.55 \times C_{st} = 0.55 \times 9.48 = 5.2vol\%$
$C_4H_{10} : L_2 = 0.55 \times C_{st} = 0.55 \times 3.12 = 1.7vol\%$

$$\therefore L = \frac{100}{\dfrac{V_1}{L_1}+\dfrac{V_2}{L_2}} = \frac{100}{\dfrac{70}{5.2}+\dfrac{30}{1.7}} = 3.2vol\%$$

98

다음 중 완전연소조성농도가 가장 낮은 것은?

① 메탄(CH_4) ② 프로판(C_3H_8)
③ 부탄(C_4H_{10}) ④ 아세틸렌(C_2H_2)

*완전연소조성농도(=화학양론조성, C_{st})

$$C_{st} = \frac{100}{1 + 4.773\left(a + \frac{b-c-2d}{4}\right)}$$

여기서,
C_{st} : 완전연소조성농도 [%]
a : 탄소의 원자수
b : 수소의 원자수
c : 할로겐원자의 원자수
d : 산소의 원자수

① : $C_{st} = \dfrac{100}{1 + 4.773\left(1 + \frac{4}{4}\right)} = 9.48\%$

② : $C_{st} = \dfrac{100}{1 + 4.773\left(3 + \frac{8}{4}\right)} = 4.02\%$

③ : $C_{st} = \dfrac{100}{1 + 4.773\left(4 + \frac{10}{4}\right)} = 3.12\%$

④ : $C_{st} = \dfrac{100}{1 + 4.773\left(2 + \frac{2}{4}\right)} = 7.73\%$

99

유체의 역류를 방지하기 위해 설치하는 밸브는?

① 체크밸브 ② 게이트밸브
③ 대기밸브 ④ 글로브밸브

*체크밸브(Check valve)
유체가 오직 한쪽 방향으로만 흐르도록 하는데 사용되는 밸브로 유체의 역류를 방지한다.

100

산업안전보건법령상 위험물질의 종류를 구분할 때 다음 물질들이 해당하는 것은?

리튬, 칼륨·나트륨, 황, 황린, 황화인·적린

① 폭발성 물질 및 유기과산화물
② 산화성 액체 및 산화성 고체
③ 물반응성 물질 및 인화성 고체
④ 급성 독성 물질

*물반응성물질 및 인화성고체
① 황화린
② 적린
③ 황
④ 금속분
⑤ 마그네슘분
⑥ 칼륨
⑦ 나트륨
⑧ 알킬리튬 및 알킬알루미늄
⑨ 황린
⑩ 알칼리금속 및 알칼리토금속
⑪ 유기금속화합물
⑫ 금속의 수소화물
⑬ 금속의 인화물
⑭ 칼슘 또는 알루미늄의 탄화물

101

건축공사(갑)으로서 대상액이 5억원 이상 50억원 미만인 경우에 사업안전보건관리비의 비율 (가) 및 기초액 (나)으로 옳은 것은?

① (가)2.26%, (나)4,325,000원
② (가)2.53%, (나)3,300,000원
③ (가)3.05%, (나)2,975,000원
④ (가)1.59%, (나)2,450,000원

*공사종류 및 규모별 산업안전보건관리비 계상기준표

구분 종류	5억원 미만	5억원 이상 50억원 미만		50억원 이상
		비율	기초액	
건축공사 (갑)	3.11%	2.28%	4,325,000원	2.64%
토목공사 (을)	3.15%	2.53%	3,300,000원	2.73%
중 건설 공사	3.64%	3.05%	2,975,000원	3.11%
특수 및 기타건설 공사	2.07%	1.59%	2,450,000원	1.64%
철도·궤도 신설 공사	2.45%	1.59%	4,411,000원	1.66%

102

이동식비계를 조립하여 작업을 하는 경우에 대한 준수사항으로 옳지 않은 것은?

① 승강용사다리는 견고하게 설치할 것
② 비계의 최상부에서 작업을 하는 경우에는 안전난간을 설치할 것
③ 작업발판의 최대 적재하중은 400kg을 초과하지 않도록 할 것
④ 작업발판은 항상 수평을 유지하고 작업발판 위에서 안전난간을 딛고 작업을 하거나 받침대 또는 사다리를 사용하여 작업하지 않도록 할 것

*이동식비계 작업시 준수사항
① 승강용사다리는 견고하게 설치할 것
② 비계의 최상부에서 작업을 하는 경우에는 안전난간을 설치할 것
③ 작업발판의 최대 적재하중은 250kg을 초과하지 않도록 할 것
④ 작업발판은 항상 수평을 유지하고 작업발판 위에서 안전난간을 딛고 작업을 하거나 받침대 또는 사다리를 사용하여 작업하지 않도록 할 것
⑤ 이동식비계의 바퀴에는 뜻밖의 갑작스러운 이동 또는 전도를 방지하기 위하여 브레이크·쐐기 등으로 바퀴를 고정시킨 다음 비계의 일부를 견고한 시설물에 고정하거나 아웃트리거(outrigger)를 설치하는 등 필요한 조치를 할 것

103

항타기 또는 항발기의 권상용 와이어로프의 절단하중이 $100ton$일 때 와이어로프에 걸리는 최대하중을 얼마까지 할 수 있는가?

① $20ton$ ② $33.3ton$
③ $40ton$ ④ $50ton$

와이어로프의 안전계수는 5 이상이어야 하므로

$S = \dfrac{\text{절단하중}}{\text{최대하중}}$ 에서,

$\therefore \text{최대하중} = \dfrac{\text{절단하중}}{S} = \dfrac{100}{5} = 20ton$

104

공사현장에서 가설계단을 설치하는 경우 높이가 $3m$를 초과하는 계단에는 높이 $3m$ 이내마다 최소 얼마 이상의 너비를 가진 계단참을 설치하여야 하는가?

① $3.5m$ ② $2.5m$
③ $1.2m$ ④ $1.0m$

*계단의 안전 기준

구분	안전 기준
계단강도	$500kg/m^2$ 이상의 하중을 견디는 구조
계단 폭	$1m$ 이상
참 높이	$3m$ 이내 마다 너비 $1.2m$ 이상의 참 설치
천장 높이	유효높이 $2m$ 초과 확보
난간	높이 $1m$ 이상이면 개방된 측면에 안전 난간 설치

105

터널 지보공을 조립하는 경우에는 미리 그 구조를 검토한 후 조립도를 작성하고, 그 조립도에 따라 조립하도록 하여야 하는데 이 조립도에 명시하여야 할 사항과 가장 거리가 먼 것은?

① 이음방법 ② 단면규격
③ 재료의 재질 ④ 재료의 구입처

*터널 지보공 조립도 명시사항
① 이음방법
② 단면규격
③ 재료의 재질
④ 설치간격

106

강관비계를 조립할 때 준수하여야 할 사항으로 옳지 않은 것은?

① 띠장간격은 $1.5m$ 이하로 설치할 것
② 비계기둥의 간격은 띠장 방향에서 $1.85m$ 이하로 할 것
③ 비계기둥의 제일 윗부분으로부터 $31m$가 되는 지점 밑부분의 비계기둥은 2개의 강관으로 묶어 세울 것
④ 비계기둥 간의 적재하중은 $400kg$을 초과하지 않도록 할 것

*강관비계 구성시 준수사항
① 비계기둥의 간격은 띠장 방향에서는 $1.85m$ 이하 장선 방향에서는 $1.5m$ 이하로 할 것
② 띠장간격은 $2m$ 이하로 할 것
③ 비계기둥의 제일 윗부분으로부터 $31m$되는 지점 밑부분의 비계기둥은 2개의 강관으로 묶어 세울 것
④ 비계기둥 간의 적재하중은 $400kg$를 초과하지 않도록 할 것

107

작업장소의 지형 및 지반 상태 등에 적합한 제한속도를 미리 정하지 않아도 되는 차량계 건설기계는 최대 제한속도가 최대 시속 얼마 이하인 것을 의미하는가?

① $5km/hr$ 이하   ② $10km/hr$ 이하
③ $15km/hr$ 이하   ④ $20km/hr$ 이하

최대 제한 속도가 <u>$10km/h$</u> 이하인 차량계 건설기계는 제한속도를 미리 정하지 않아도 된다.

108

산업안전보건법령에 따른 유해하거나 위험한 기계·기구에 설치하여야 할 방호장치를 연결한 것으로 옳지 않은 것은?

① 포장기계 – 헤드 가드
② 예초기 – 날접촉 예방장치
③ 원심기 – 회전체 접촉 예방장치
④ 금속절단기 – 날접촉 예방장치

① 포장기계 : 구동부에 방호 연동장치를 설치한다.

109

지반조사의 간격 및 깊이에 대한 내용으로 옳지 않은 것은?

① 조사간격은 지층상태, 구조물 규모에 따라 정한다.
② 절토, 개착, 터널구간은 기반암의 심도 5 ~ 6m 까지 확인한다.
③ 지층이 복잡한 경우에는 조사한 간격 사이에 보완조사를 실시한다.
④ 조사깊이는 액상화문제가 있는 경우에는 모래층하단에 있는 단단한 지지층까지 조사한다.

② 절토·개착·터널구간은 기반암의 <u>심도 2m까지</u> 확인한다.

110

보일링(Boiling) 현상에 관한 설명으로 옳지 않은 것은?

① 지하수위가 높은 모래 지반을 굴착할 때 발생하는 현상이다.
② 보일링 현상에 대한 대책의 일환으로 공사기간 중 지하수위를 일정하게 유지시켜야 한다.
③ 보일링 현상이 발생하는 경우 흙막이 보는 지지력이 저하된다.
④ 아랫 부분의 토사가 수압을 받아 굴착한 곳으로 밀려나와 굴착부분을 다시 메우는 현상이다.

112

**토사붕괴 재해를 방지하기 위한 흙막기 지보공
설비를 구성하는 부재와 거리가 먼 것은?**

① 말뚝   ② 버팀대
③ 띠장   ④ 턴버클

111

**철골구조의 앵커볼트매립과 관련된 준수사항 중
옳지 않은 것은?**

① 기둥중심은 기준선 및 인접기둥의 중심에서
   3mm 이상 벗어나지 않을 것
② 앵커 볼트는 매립 후에 수정하지 않도록
   설치할 것
③ 베이스플레이트의 하단은 기준 높이 및
   인접기둥의 높이에서 3mm이상 벗어나지
   않을 것
④ 앵커 볼트는 기둥중심에서 2mm 이상
   벗어나지 않을 것

113

**옥외에 설치되어 있는 주행크레인에 대하여 이탈
방지장치를 작동시키는 등 이탈 방지를 위한 조치를
하여야 하는 풍속기준으로 옳은 것은?**

① 순간풍속이 20m/sec를 초과할 때
② 순간풍속이 25m/sec를 초과할 때
③ 순간풍속이 30m/sec를 초과할 때
④ 순간풍속이 35m/sec를 초과할 때

*크레인 · 리프트의 등 작업중지 조치사항

풍속	조치사항
순간 풍속 매 초당 10m를 초과하는 경우 (풍속 10m/s 초과)	타워크레인의 설치 · 수리 · 점검 또는 해체작업을 중지
순간 풍속 매 초당 15m를 초과하는 경우 (풍속 15m/s 초과)	타워크레인, 이동식크레인, 리프트 등의 운전작업을 중지
순간 풍속 매 초당 30m를 초과하는 경우 (풍속 30m/s 초과)	옥외에 설치된 주행 크레인을 사용하여 작업하는 경우에는 이탈 방지를 위한 조치
순간 풍속 매 초당 35m를 초과하는 경우 (풍속 35m/s 초과)	건설 작업용 리프트 및 승강기에 대하여 받침의 수를 증가시키거나 붕괴 등을 방지하기 위한 조치

114

비계(달비계, 달대비계 및 말비계는 제외)의 높이가 $2m$ 이상인 작업장소에 설치하는 작업발판의 구조 및 설비에 관한 기준으로 옳지 않은 것은?

① 작업발판의 폭이 $40cm$ 이상이 되도록 한다.
② 발판재료 간의 틈은 $3cm$ 이하로 한다.
③ 작업발판을 작업에 따라 이동시킬 경우에는 위험 방지에 필요한 조치를 한다.
④ 작업발판재료는 뒤집히거나 떨어지지 않도록 하나 이상의 지지물에 연결하거나 고정시킨다.

*작업발판의 구조
① 발판재료는 작업할 때의 하중을 견딜 수 있도록 견고한 것으로 한다.
② 작업발판의 폭이 $40cm$ 이상으로 하고, 발판재료 간의 틈은 $3cm$ 이하로 한다.
③ 작업발판을 작업에 따라 이동시킬 경우에는 위험 방지에 필요한 조치를 한다.
④ 작업발판재료는 뒤집히거나 떨어지지 않도록 둘 이상의 지지물에 연결하거나 고정시킨다.
⑤ 추락의 위험이 있는 곳에는 안전난간을 설치한다.

115

차량계 하역운반기계등에 화물을 적재하는 경우의 준수사항이 아닌 것은?

① 하중이 한쪽으로 치우치지 않도록 적재할 것
② 구내운반차 또는 화물자동차의 경우 화물의 붕괴 또는 낙하에 의한 위험을 방지하기 위하여 화물에 로프를 거는 등 필요한 조치를 할 것
③ 운전자의 시야를 가리지 않도록 화물을 적재할 것
④ 차륜의 이상 유무를 점검할 것

*차량계 하역운반기계 화물 적재시 준수사항
① 하중이 한쪽으로 치우치지 않도록 적재할 것
② 구내운반차 또는 화물자동차의 경우 화물의 붕괴 또는 낙하에 의한 위험을 방지하기 위하여 화물에 로프를 거는 등 필요한 조치를 할 것
③ 운전자의 시야를 가리지 않도록 화물을 적재할 것
④ 최대 적재량을 초과하지 않도록 할 것

116

이동식 비계를 조립하여 작업을 하는 경우에 작업 발판의 최대적재하중은 몇 kg을 초과하지 않도록 해야 하는가?

① $150kg$ ② $200kg$
③ $250kg$ ④ $300kg$

이동식비계 작업발판의 최대적재하중은 <u>$250kg$을 초과하지 않도록 할 것</u>

117

취급 · 운반의 원칙으로 옳지 않은 것은?

① 연속운반을 할 것
② 생산을 최고로 하는 운반을 생각할 것
③ 운반작업을 집중하여 시킬 것
④ 곡선운반을 할 것

④ 직선 운반을 할 것

118

건설현장에서 작업 중 물체가 떨어지거나 날아올 우려가 있는 경우에 대한 안전조치에 해당하지 않는 것은?

① 수직보호망 설치   ② 방호선반 설치
③ 울타리설치   ④ 낙하물 방지망 설치

*낙하물 · 투척물에 대한 안전조치
① 수직보호망 설치
② 방호선반 설치
③ 낙하물방지망 설치
④ 출입금지구역 설정
⑤ 보호구 착용

119

유해위험방지계획서를 제출해야 할 건설공사 대상 사업장 기준으로 옳지 않은 것은?

① 최대 지간길이가 $40m$ 이상인 교량건설 등의 공사
② 지상높이가 $31m$ 이상인 건축물
③ 터널 건설등의 공사
④ 깊이 $10m$ 이상인 굴착공사

*유해위험방지계획서 제출대상 건설공사
① 지상높이가 $31m$ 이상인 건축물 또는 인공구조물
② 연면적 $30,000m^2$ 이상인 건축물
③ 연면적 $5,000m^2$ 이상인 시설

㉠ 문화 및 집회시설(전시장·동물원·식물원 제외)
㉡ 판매시설·운수시설(고속도로의 역사 및 집배송 시설 제외)
㉢ 종교시설
㉣ 의료시설 중 종합병원
㉤ 숙박시설 중 관광숙박시설
㉥ 지하도상가
㉦ 냉동·냉장 창고시설

④ 연면적 $5000m^2$ 이상의 냉동·냉장창고시설의 설비 공사 및 단열공사
⑤ 최대 지간길이가 $50m$ 이상인 교량 건설 등 공사
⑥ 터널 건설 등의 공사
⑦ 다목적댐·발전용댐 및 저수용량 2천만톤 이상의 용수 전용 댐·지방상수도 전용 댐 건설 등의 공사
⑧ 깊이 $10m$ 이상인 굴착공사

120

콘크리트 타설을 위한 거푸집동바리의 구조검토 시 가장 선행되어야 할 작업은?

① 각 부재에 생기는 응력에 대하여 안전한 단면을 산정한다.
② 가설물에 작용하는 하중 및 외력의 종류, 크 기를 산정한다.
③ 하중·외력에 의하여 각 부재에 생기는 응력을 구한다.
④ 사용할 거푸집 동바리의 설치간격을 결정한다.

콘크리트 타설을 위한 거푸집동바리의 구조검토시 가설물에 작용하는 하중 및 외력의 종류, 크기를 산정하는 것을 가장 선행작업으로 한다.

전체 작업 순서는 ② → ③ → ① → ④ 이다.

01

기업 내 정형교육 중 TWI(Training Within Industry)의 교육내용이 아닌 것은?

① Job Method Training
② Job Relation Training
③ Job Instruction Training
④ Job Standardization Training

*TWI(Training Within Industry)
관리감독자를 대상으로 하여 직무에 관한 능력을 교육하는 방법

훈련 기법	교육훈련 내용
작업방법훈련 (Job Method Training)	작업 효율성 교육 방법
작업지도훈련 (Job Instruction Training)	작업 숙련도 교육 방법
인간관계훈련 (Job Relations Training)	인간관계 관리 교육 방법
작업안전훈련 (Job Safety Training)	안전한 작업에 대한 교육 방법

02

재해사례연구의 진행단계 중 다음 (   ) 안에 알맞은 것은?

재해 상황의 파악 → (㉠) → (㉡) →
근본적 문제점의 결정 → (㉢)

① ㉠사실의 확인, ㉡문제점의 발견, ㉢대책수립
② ㉠문제점의 발견, ㉡사실의 확인, ㉢대책수립
③ ㉠사실의 확인, ㉡대책수립, ㉢문제점의 발결
④ ㉠문제점의 발견, ㉡대책수립, ㉢사실의 확인

*재해사례 연구의 진행순서
재해상황 파악 → 사실 확인 → 문제점 발견 → 근본 문제점 수정 → 대책 수립

03

교육심리학의 학습이론에 관한 설명 중 옳은 것은?

① 파블로프(Pavlov)의 조건반사설은 맹목적 시행을 반복하는 가운데 자극과 반응이 결합하여 행동하는 것이다.
② 레빈(Lewin)의 장설은 후천적으로 얻게 되는 반사작용으로 행동을 발생시킨다는 것이다.
③ 톨만(Tolman)의 기호형태설은 학습자의 머리 속에 인지적 지도 같은 인지구조를 바탕으로 학습하려는 것이다.
④ 손다이크(Thomdike)의 시행착오설은 내적, 외적의 전체구조를 새로운 시점에서 파악하여 행동하는 것이다.

*교육심리학의 학습이론

종류	내용
파블로프(Pavlov)의 조건반사설	후천적으로 얻게 되는 반사 작용이 행동으로 발생한다는 설
레빈(Lewin)의 장설	개인과 환경의 상호작용을 함수로 설명한다는 설
톨만(Tolman)의 기호형태설	학습자의 머리 속에 인지적 지도와 같은 인지구조를 바탕으로 학습하려 한다는 설
손다이크(Thorndike)의 시행착오설	가장 기본적인 형태의 학습은 자극과 반응의 연합에 의해 일어난다는 설

04

레빈(Lewin)의 법칙 $B = f(P \cdot E)$ 중 B가 의미하는 것은?

① 인간관계   ② 행동
③ 환경   ④ 함수

*레빈(Lewin)의 행동법칙
행동(B)은 사람(P)과 환경(E)의 함수(f)라는 법칙이다.

$B = f(P \cdot E)$
여기서,
B : 행동 - 인간의 행동
P : 사람 - 경험, 성격, 소질, 개체 등
E : 환경 - 작업환경, 인간관계 등

05

학습지도의 형태 중 몇 사람의 전문가에 의해 과정에 관한 견해를 발표하고 참가자로 하여금 의견이나 질문을 하게 하는 토의방식은?

① 포럼(Forum)
② 심포지엄(Symposium)
③ 버즈세션(Buzz session)
④ 자유토의법(Free discussion method)

*심포지엄(Symposium)
몇 사람의 전문가에 의해 과정에 관한 견해를 발표하고 참가자로 하여금 의견이나 질문을 하게 하는 토의방식

06

산업안전보건법령상 지방고용노동관서의 장이 사업주에게 안전관리자·보건관리자 또는 안전보건관리담당자를 정수 이상으로 증원하게 하거나 교체하여 임명할 것을 명할 수 있는 경우의 기준중 다음 ( ) 안에 알맞은 것은?

- 중대재해가 연간 (㉠)건 이상 발생한 경우
- 해당 사업장의 연간재해율이 같은 업종의 평균재해율의 (㉡)배 이상인 경우

① ㉠ 3, ㉡ 2   ② ㉠ 2, ㉡ 3
③ ㉠ 2, ㉡ 2   ④ ㉠ 3, ㉡ 3

*안전관리자 등의 증원·교체임명 명령
① 해당 사업장의 연간재해율이 같은 업종의 평균재해율의 2배 이상인 경우
② 중대재해가 연간 2건 이상 발생한 경우
③ 관리자가 질병이나 그 밖의 사유로 3개월 이상 직무를 수행할 수 없게 된 경우

07

하인리히(Heinrich)의 재해구성비율에 따른 58건의 경상이 발생한 경우 무상해 사고는 몇 건이 발생하겠는가?

① 58건   ② 116건
③ 600건   ④ 900건

*하인리히(Heinrich)의 재해구성 비율
$1 : 29 : 300$ 법칙

① 사망 또는 중상 : 1건
② 경상 : 29건
③ 무상해 사고 : 300건
$29 : 300 = 58 : x$ $\therefore x = 600$건

08

상해 정도별 분류 중 의사의 진단으로 일정 기간 정규 노동에 종사할 수 없는 상해에 해당하는 것은?

① 영구 일부노동 불능상해
② 일시 전노동 불능상해
③ 영구 전노동 불능상해
④ 구급처치 상해

*상해 정도별 분류

종류	상해 정도
영구 전노동 불능상해	부상의 결과로 근로의 기능을 완전히 상실 (신체 장해자 등급 1~3급)
영구 일부노동 불능상해	부상의 결과로 신체 일부가 영구적으로 노동의 기능 상실 (신체 장해자 등급 4~14급)
일시 전노동 불능상해	의사의 진단으로 일정기간 정규 노동에 종사할 수 없는 정도
일시 일부노동 불능상해	의사의 진단으로 일정기간 정규 노동에 종사할 수 없으나, 휴무 상태가 아닌 일시적인 가벼운 노동에 종사할 수 있는 정도

09

데이비스(Davis)의 동기부여이론 중 동기유발의 식으로 옳은 것은?

① 지식 × 기능   ② 지식 × 태도
③ 상황 × 기능   ④ 상황 × 태도

*데이비스(K.Davis)의 동기부여이론
① 지식 × 기능 = 능력
② 상황 × 태도 = 동기유발
③ 능력 × 동기유발 = 인간의 성과
④ 인간의 성과 × 물질의 성과 = 경영의 성과

10

안전보건관리조직의 유형 중 스탭형(Staff) 조직의 특징이 아닌 것은?

① 생산부문은 안전에 대한 책임과 권한이 없다.
② 권한 다툼이나 조정 때문에 통제수속이 복잡해지며 시간과 노력이 소모된다.
③ 생산부분에 협력하여 안전명령을 전달, 실시하므로 안전지시가 용이하지 않으며 안전과 생산을 별개로 취급하기 쉽다.
④ 명령 계통과 조언 권고적 참여가 혼동되기 쉽다.

*안전보건관리조직

종류	특징
라인형 조직 (직계식)	① 100명 이하의 소규모 사업장 ② 안전에 관한 지시나 조치가 신속 ③ 책임 및 권한이 명백 ④ 안전에 대한 전문적 지식 및 기술 부족 ⑤ 관리 감독자의 직무가 너무 넓어 실행이 어려움
스탭형 조직 (참모식)	① 100~500명의 중규모 사업장에 적합 ② 안전업무가 표준화되어 직장에 정착 ③ 생산 조직과는 별도의 조직과 기능을 가짐 ④ 안전정보 수집과 기술 축적이 용이 ⑤ 전문적인 안전기술 연구 가능 ⑥ 생산부분은 안전에 대한 책임과 권한이 없음 ⑦ 권한 다툼이나 조정 때문에 통제 수속이 복잡해짐 ⑧ 안전과 생산을 별개로 취급하기 쉬움
라인-스탭형 조직 (복합식)	① 1000명 이상의 대규모 사업장에 적합 ② 라인형과 스탭형의 장점을 취한 절충식 ③ 안전계획, 평가 및 조사는 스탭에서, 생산 기술의 안전대책은 라인에서 실시 ④ 조직원 전원을 자율적으로 안전활동에 참여시킬 수 있음 ⑤ 안전 활동과 생산업무가 분리될 가능성이 낮아때 균형을 유지 ⑥ 라인의 관리, 감독자에게도 안전에 관한 책임과 권한이 부여 ⑦ 명령 계통과 조언 권고적 참여가 혼동되기 쉬움 ⑧ 스탭의 월권행위의 경우가 있음

④ : 라인-스탭형 조직

11

자율검사프로그램을 인정받기 위해 보유하여야 할 검사장비의 이력카드 작성, 교정주기와 방법 설정 및 관리 등의 관리 주체는?

① 사업주
② 제조사
③ 안전관리전문기관
④ 안전보건관리책임자

자율검사 관리주체는 사업주이다.

12

다음의 방진마스크 형태로 옳은 것은?

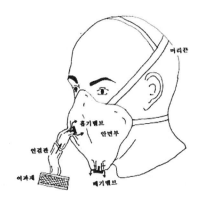

① 직결식 전면형   ② 직결식 반면형
③ 격리식 전면형   ④ 격리식 반면형

*방진마스크의 형태에 따른 분류

분류	형태
격리식 전면형	
직결식 전면형	
격리식 반면형	
직결식 반면형	
안면부 여과식	

13

작업자 적성의 요인이 아닌 것은?

① 성격(인간성) ② 지능
③ 인간의 연령 ④ 흥미

*작업자 적성의 요인
① 성격(인간성) ② 지능 ③ 흥미

14

산업안전보건법령상 근로자 안전·보건교육 기준 중 관리감독자 정기안전·보건교육의 교육내용으로 옳은 것은?
(단, 산업안전보건법 및 일반관리에 관한 사항은 제외한다.)

① 근로자의 역할과 임무에 관한 사항
② 사고 발생 시 긴급조치에 관한 사항
③ 건강증진 및 질병 예방에 관한 사항
④ 산업보건 및 직업병 예방에 관한 사항

*관리감독자 정기교육
① 산업안전 및 사고 예방에 관한 사항
② 산업보건 및 직업병 예방에 관한 사항
③ 위험성평가에 관한 사항
④ 유해·위험 작업환경 관리에 관한 사항
⑤ 산업안전보건법령 및 산업재해보상보험 제도에 관한 사항
⑥ 직무스트레스 예방 및 관리에 관한 사항
⑦ 직장 내 괴롭힘, 고객의 폭언 등으로 인한 건강장해 예방 및 관리에 관한 사항
⑧ 작업공정의 유해·위험과 재해 예방대책에 관한 사항
⑨ 사업장 내 안전보건관리체제 및 안전·보건조치 현황에 관한 사항
⑩ 표준안전 작업방법 및 지도 요령에 관한 사항
⑪ 안전보건교육 능력 배양에 관한 사항
⑫ 비상시 또는 재해 발생시 긴급조치에 관한 사항
⑬ 관리감독자의 역할과 임무에 관한 사항

15

산업안전보건법령상 안전·보건표지의 색채와 색도 기분의 연결이 틀린 것은?
(단, 색도기준은 한국산업표준(KS)에 따른 색의 3속성에 의한 표시방법에 따른다.)

① 빨간색 — 7.5R 4/14
② 노란색 — 5Y 8.5/12
③ 파란색 — 2.5PB 4/10
④ 흰색 – N0.5

*안전보건표지의 색도기준 및 용도

색채	색도기준	용도	사용 예시
빨간색	7.5R 4/14	금지	정지신호, 소화설비 및 그 장소, 유해행위의 금지
		경고	화학물질 취급장소의 유해·위험 경고
노란색	5Y 8.5/12	경고	화학물질 취급장소에서의 유해·위험 경고 이외의 위험경고, 주의표지 또는 기계 방호물
파란색	2.5PB 4/10	지시	특정 행위의 지시 및 사실의 고지
녹색	2.5G 4/10	안내	비상구 및 피난소, 사람 또는 차량의 통행표지
흰색	N9.5		파란색 또는 녹색에 대한 보조색
검은색	N0.5		문자 및 빨간색 또는 노란색에 대한 보조색

16

강도율에 관한 설명 중 틀린 것은?

① 사망 및 영구 전노동불능(신체장해등급 1~3급)의 근로손실일수는 7500일로 환산한다.
② 신체장애 등급 중 제14급은 근로손실일수를 50일로 환산한다.
③ 영구 일부 노동불능은 신체 장해등급에 따른 근로손실일수에 $\frac{300}{365}$ 을 곱하여 환산한다.
④ 일시 전노동 불능은 휴업일수에 $\frac{300}{365}$ 을 곱하여 근로손실일수를 환산한다.

> 근로손실일수에 아무것도 곱하지 않고 그대로 나타낸다.
> 근로손실일수 = 휴업일수 $\times \frac{300}{365}$

17

산업안전보건법령상 안전·보건표지의 종류 중 경고표지의 기본모형(형태)이 다른 것은?

① 폭발성물질 경고   ② 방사성물질 경고
③ 매달린 물체 경고   ④ 고압전기 경고

*경고표지

인화성물질 경고	산화성물질 경고	폭발성물질 경고	급성독성 물질경고
부식성물질 경고	방사성물질 경고	고압전기 경고	매달린물체 경고
낙하물 경고	고온 경고	저온 경고	몸균형상실 경고
레이저광선 경고	위험장소 경고	발암성·변이원성·생식독성·전신독성·호흡기 과민성물질 경고	

18

석면 취급장소에서 사용하는 방진마스크의 등급으로 옳은 것은?

① 특급   ② 1급
③ 2급   ④ 3급

*방진마스크의 등급과 사용장소

등급	사용장소
특급	① 베릴륨 등과 같이 독성이 강한 물질들을 함유한 분진 등 발생장소 ② 석면 취급장소
1급	① 특급마스크 착용장소를 제외한 분진 등 발생장소 ② 금속흄 등과 같이 열적으로 생기는 분진 등 발생장소 ③ 기계적으로 생기는 분진 등이 발생장소
2급	① 특급 및 1급 마스크 착용장소를 제외한 분진 등 발생장소

19

적응기제 중 도피기제의 유형이 아닌 것은?

① 합리화   ② 고립
③ 퇴행   ④ 억압

*인간의 적응기제

분류	종류
방어기제	투사, 승화, 보상, 합리화, 동일시, 모방 등
도피기제	고립, 억압, 퇴행 등

20

생체 리듬(Bio Rhythm)중 일반적으로 33일을 주기로 반복되며, 상상력, 사고력, 기억력 또는 의지, 판단 및 비판력 등과 깊은 관련성을 갖는 리듬은?

① 육체적 리듬   ② 지성적 리듬
③ 감성적 리듬   ④ 생활 리듬

*생체리듬(Bio rhythm)의 종류

종류	내용
육체적 리듬(P)	23일 주기로 반복되며 식욕, 소화력, 활동력, 스테미나, 지구력 등과 관련이 있음
감성적 리듬(S)	28일 주기로 반복되며 주의력, 창조력, 예감, 통찰력 등과 관련이 있음
지성적 리듬(I)	33일 주기로 반복되며 상상력, 사고력, 기억력, 의지, 판단, 비판력 등과 관련이 있음

21

에너지 대사율(RMR)에 대한 설명으로 틀린 것은?

① $RMR = \dfrac{운동대사량}{기초대사량}$

② 보통작업시 RMR은 4~7임

③ 가벼운 작업시 RMR은 1~2임

④ $RMR = \dfrac{운동시산소소모량 - 안정시산소소모량}{기초대사량(산소소비량)}$

*에너지 대사율(RMR)

$RMR = \dfrac{운동시산소소모량 - 안정시산소소모량}{기초대사량}$

작업의 종류	RMR 값
가벼운 작업(輕)	1~2
보통 작업(中)	2~4
무거운 작업(重)	4~7
초중 작업	7이상

22

FMEA의 특징에 대한 설명으로 틀린 것은?

① 서브시스템 분석시 FTA보다 효과적이다.
② 시스템 해석기법은 정성적·귀납적 분석법 등에 사용된다.
③ 각 요소간 영향 해석이 어려워 2가지 이상 동시 고장은 해석이 곤란하다.
④ 양식이 비교적 간단하고 적은 노력으로 특별한 훈련 없이 해석이 가능하다.

① 서브시스템 분석시 FMEA가 FTA보다 효과적이다.

23

A사의 안전관리자는 자사 화학 설비의 안전성 평가를 위해 제2단계인 정성적 평가를 진행하기 위하여 평가 항목 대상을 분류하였다. 주요 평가 항목 중에서 설계관계항목이 아닌 것은?

① 건조물   ② 공장 내 배치
③ 입지조건   ④ 원재료, 중간제품

*화학설비에 대한 안전성 평가
① 정량적 평가
객관적인 데이터를 활용하는 평가
ex) 압력, 온도, 용량, 취급물질, 조작 등

② 정성적 평가
객관적인 데이터로 나타내기 힘든 요소까지 종합적으로 고려하는 평가
ex) 공장의 입지 조건, 공장 내 배치, 건조물, 입지 조건 등

24

기계설비 고장 유형 중 기계의 초기결함을 찾아내 고장률을 안정시키는 기간은?

① 마모고장 기간
② 우발고장 기간
③ 에이징(aging) 기간
④ 디버깅(debugging) 기간

25

들기 작업 시 요통재해예방을 위하여 고려할 요소와 가장 거리가 먼 것은?

① 들기 빈도   ② 작업자 신장
③ 손잡이 형상   ④ 허리 비대칭 각도

26

일반적으로 작업장에서 구성요소를 배치할 때, 공간의 배치 원칙에 속하지 않는 것은?

① 사용빈도의 원칙
② 중요도의 원칙
③ 공정개선의 원칙
④ 기능성의 원칙

27

반사율이 60%인 작업 대상물에 대하여 근로자가 검사작업을 수행할 때 휘도(luminance)가 $90fL$ 이라면 이 작업에서의 소요조명(fc)은 얼마인가?

① 75   ② 150
③ 200   ④ 300

28

산업안전보건법령상 유해하거나 위험한 장소에서 사용하는 기계·기구 및 설비를 설치·이전하는 경우 유해·위험방지계획서를 작성, 제출하여야 하는 대상이 아닌 것은?

① 화학설비   ② 금속 용해로
③ 건조설비   ④ 전기용접장치

29

동작경제의 원칙에 해당하지 않는 것은?

① 공구의 기능을 각각 분리하여 사용하도록 한다.
② 두 팔의 동작은 동시에 서로 반대방향으로 대칭적으로 움직이도록 한다.
③ 공구나 재료는 작업동작이 원활하게 수행되도록 그 위치를 정해준다.
④ 가능하다면 쉽고도 자연스러운 리듬이 작업 동작에 생기도록 작업을 배치한다.

*동작경제의 원칙
작업자가 에너지의 낭비 없이 효과적으로 작업할 수 있도록 동작을 세밀하게 분석하여 가장 경제적이고 합리적인 표준동작을 설정하는 원칙

① 공구의 기능을 결합하여 사용하도록 한다.

30

휴먼 에러 예방 대책 중 인적 요인에 대한 대책이 아닌 것은?

① 설비 및 환경 개선
② 소집단 활동의 활성화
③ 작업에 대한 교육 및 훈련
④ 전문인력의 적재적소 배치

① 설비 및 환경 개선 : 물적대책

31

다음 시스템에 대하여 톱사상(top event)에 도달할 수 있는 최소 컷셋(minimal cut sets)을 구할 때 올바른 집합은?
(단, X_1, X_2, X_3, X_4는 각 부품의 고장확률을 의미하며 집합 $\{X_1, X_2\}$는 X_1부품과 X_2부품이 동시에 고장 나는 경우를 의미한다.

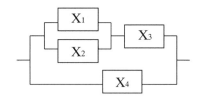

① $\{X_1, X_2\}, \{X_3, X_4\}$
② $\{X_1, X_3\}, \{X_2, X_4\}$
③ $\{X_1, X_2, X_4\}, \{X_3, X_4\}$
④ $\{X_1, X_3, X_4\}, \{X_2, X_3, X_4\}$

*정상 사상에 도달할 수 있는 미니멀 컷셋
왼쪽이나 오른쪽에서 들어와서 반대 부분으로 나갈 수 없는 경로를 구한다.

고장발생	그림
X_1, X_2, X_4	(그림)
X_3, X_4	(그림)

32

운동관계의 양립성을 고려하여 동목(moving)형 표시장치를 바람직하게 설계한 것은?

① 눈금과 손잡이가 같은 방향으로 회전하도록 설계한다.
② 눈금의 숫자는 우측으로 감소하도록 설계한다.
③ 꼭지의 시계 방향 회전이 지시치를 감소시키도록 설계한다.
④ 위의 세 가지 요건을 동시에 만족시키도록 설계한다.

*동목(Moving)형 표시장치
지침이 고정되어 있어 표시부의 면적을 작게 할 수 있는 표시장치로 공간을 적게 차지하는 이점이 있으나 지침의 빠른 인식을 요구하는 작업에 부적합하다.
① 눈금과 손잡이가 같은 방향으로 회전하도록 설계한다.
② 눈금의 숫자는 우측으로 증가하도록 설계한다.
③ 꼭지의 시계방향 회전 시 지시치가 증가하도록 설계한다.

33

신뢰성과 보전성 개선을 목적으로 한 효과적인 보전기록자료에 해당하는 것은?

① 자재관리표　　　② 주유지시서
③ 재고관리표　　　④ MTBF 분석표

*평균 고장 간격(MTBF)
신뢰성과 보전성 개선을 목적으로 한 효과적인 보전기록자료

$$MTBF = \frac{1}{\lambda(\text{고장율})} = \frac{\text{총가동시간} - \text{총고장수리시간}}{\text{고장횟수}}$$

34

보기의 실내면에서 빛의 반사율이 낮은 곳에서부터 높은 순서대로 나열한 것은?

A : 바닥　　B : 천정　　C : 가구　　D : 벽

① A < B < C < D　　　② A < C < B < D
③ A < C < D < B　　　④ A < D < C < B

*반사체의 반사율

반사체	반사율
천정	80~90%
벽	40~60%
가구	25~45%
바닥	20~40%

35

다음 시스템의 신뢰도는 얼마인가?
(단, 각 요소의 신뢰도는 a, b가 각 0.8, c, d가 각 0.6이다.)

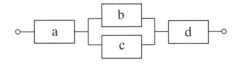

① 0.2245　　　② 0.3754
③ 0.4416　　　④ 0.5756

*시스템의 신뢰도(R)
$R = a \times \{1 - (1-b)(1-c)\} \times d$
　 $= 0.8 \times \{1 - (1-0.8)(1-0.6)\} \times 0.6 = 0.4416$

36

FTA(FaultTreeAnalysis)에 사용되는 논리 기호와 명칭이 올바르게 연결된 것은?

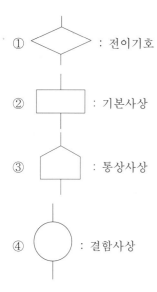

① ◇ : 전이기호

② ▭ : 기본사상

③ ⬠ : 통상사상

④ ○ : 결함사상

*기본 사상 기호

명칭	기호	세부 내용
기본 사상	○	더 이상 분석할 필요가 없는 사상
생략 사상	◇	더 이상 전개되지 않는 사상
통상 사상	⬠	정상적인 가동상태에서 발생할 것으로 기대되는 사상
결함 사상	▭	시스템 분석에 있어서 조금 더 발전시켜야 하는 사상

37

HAZOP 기법에서 사용하는 가이드워드와 그 의미가 잘못 연결된 것은?

① Other than : 기타 환경적인 요인
② No/Not : 디자인 의도의 완전한 부정
③ Reverse : 디자인 의도의 논리적 반대
④ More/Less : 정량적인 증가 또는 감소

*HAZOP(Hazard and Operability)의 가이드워드

종류	의미
As Well As	성질상의 증가
Part Of	성질상의 감소
Reverse	설계의도의 논리적 반대
No/Not	설계의도의 완전한 부정
Less	정량적인 감소
More	정량적인 증가
Other Than	완전한 대체

38

경계 및 경보신호의 설계지침으로 틀린 것은?

① 주의를 환기시키기 위하여 변조된 신호를 사용한다.
② 배경소음의 진동수와 다른 진동수의 신호를 사용한다.
③ 귀는 중음역에 민감하므로 500 ~ 3000Hz의 진동수를 사용한다.
④ 300m 이상의 장거리용으로는 1000Hz를 초과하는 진동수를 사용한다.

④ 300m이상 장거리용 신호는 1000Hz 이하의 진동수를 사용한다.

39

동작의 합리화를 위한 물리적 조건으로 적절하지 않은 것은?

① 고유 진동을 이용한다.
② 접촉 면적을 크게 한다.
③ 대체로 마찰력을 감소시킨다.
④ 인체표면에 가해지는 힘을 적게 한다.

*동작의 합리화
작업자가 작업을 할 때 합리적인 동작을 행할 수 있도록 하는 설정이다.

② 접촉 면적을 작게 한다.

40

정량적 표시장치에 관한 설명으로 맞는 것은?

① 정확한 값을 읽어야 하는 경우 일반적으로 디지털보다 아날로그 표시장치가 유리하다.
② 동목(moving scale)형 아날로그 표시장치는 표시장치의 면적을 최소화할 수 있는 장점이 있다.
③ 연속적으로 변화하는 양을 나타내는 데에는 일반적으로 아날로그보다 디지털 표시장치가 유리하다.
④ 동침(moving pointer)형 아날로그 표시장치는 바늘의 진행 방향과 증감 속도에 대한 인식적인 암시 신호를 얻는 것이 불가능하다는 단점이 있다.

① 정확한 값을 읽는 경우 디지털이 유리하다.
③ 연속적으로 변화하는 양은 아날로그가 유리하다.
④ 동침형 아날로그는 대략적인 편차나 고도를 읽을 때 그 변화방향과 변화율 등을 알 수 있다.

41

로봇의 작동범위 내에서 그 로봇에 관하여 교시 등 (로봇의 동력원을 차단하고 행하는 것을 제외한다.) 의 작업을 행하는 때 작업 시작 전 점검 사항으로 옳은 것은?

① 과부하방지장치의 이상 유무
② 압력제한 스위치 등의 기능의 이상 유무
③ 외부전선의 피복 또는 외장의 손상 유무
④ 권과방지장치의 이상 유무

*산업용 로봇의 작업시작 전 점검사항
① 외부전선의 피복 또는 외장의 손상 유무
② 제동장치 및 비상정지장치의 기능
③ 매니퓰레이터 작동의 이상 유무

42

방사선 투과검사에서 투과사진에 영향을 미치는 인자는 크게 콘트라스트(명암도)와 명료도로 나누어 검토할 수 있다. 다음 중 투과사진의 콘트라스트(명암도)에 영향을 미치는 인자에 속하지 않는 것은?

① 방사선의 선질   ② 필름의 종류
③ 현상액의 강도   ④ 초점-필름간 거리

*명암도(=콘트라스트)의 영향인자
① 방사선 성질
② 필름의 종류
③ 현상액의 강도

43

보기와 같은 기계요소가 단독으로 발생시키는 위험점은?

밀링커터, 둥근톱날

① 협착점　　　　　② 끼임점
③ 절단점　　　　　④ 물림점

*기계설비의 위험점

위험점	그림	설명
협착점		왕복운동을 하는 동작부와 움직임이 없는 고정부 사이에 형성되는 위험점 ex) 프레스전단기, 성형기, 조형기 등
끼임점		회전운동을 하는 동작부와 움직임이 없는 고정부 사이에 형성되는 위험점 ex) 연삭숫돌과 하우스, 교반기 날개와 하우스, 회전운동을 하는 기계 등
절단점		회전하는 운동 부분 자체의 위험에서 초래되는 위험점 ex) 밀링커터, 둥근톱날 등
물림점		2개의 회전체가 맞닿는 사이에 발생하는 위험점 ex) 기어, 롤러 등
접선 물림점		회전하는 부분의 접선방향으로 물려 들어가는 위험점 ex) V벨트풀리, 평벨트, 체인과 스프로킷 등
회전 말림점		회전하는 물체에 작업복 등이 말려드는 위험점 ex) 회전축, 커플링, 드릴 등

44

프레스 및 전단기에서 위험한계 내에서 작업하는 작업자의 안전을 위하여 안전블록의 사용 등 필요한 조치를 취해야 한다. 다음 중 안전 블록을 사용해야 하는 직업으로 가장 거리가 먼 것은?

① 금형 가공작업　　　② 금형 해체작업
③ 금형 부착작업　　　④ 금형 조정작업

프레스기의 금형을 부착·해체 또는 조정하는 작업을 할 때, 근로자의 신체 일부가 위험한계에 들어갈 시 슬라이드가 갑자기 작동함으로써 근로자에게 발생하는 위험을 방지하기 위해 안전블록을 사용해야 한다.

45

아세틸렌 용접장치를 사용하여 금속의 용접·용단 또는 가열작업을 하는 경우 아세틸렌을 발생시키는 게이지 압력은 최대 몇 kPa 이하이어야 하는가?

① 17　　　　　② 88
③ 127　　　　　④ 210

아세틸렌 용접장치의 게이지 압력이 127kPa 을 초과하는 압력의 아세틸렌을 발생시켜 사용하여서는 안된다.

46

산업안전보건법령상 프레스 작업시작 전 점검해야 할 사항에 해당하는 것은?

① 언로드 밸브의 기능
② 하역장치 및 유압장치 기능
③ 권과방지장치 및 그 밖의 경보장치의 기능
④ 1행정 1정지기구·급정지장치 및 비상정지 장치의 기능

47

화물중량이 $200kgf$, 지게차의 중량이 $400kgf$, 앞 바퀴에서 화물의 무게중심까지의 최단거리가 $1m$ 일 때 지게차의 무게중심까지 최단거리는 최소 몇 m 를 초과해야 하는가?

① $0.2m$ ② $0.5m$
③ $1m$ ④ $2m$

48

다음 중 셰이퍼에서 근로자의 보호를 위한 방호장 치가 아닌 것은?

① 방책   ② 칩받이
③ 칸막이   ④ 급속귀환장치

49

지게차 및 구내 운반차의 작업시작 전 점검 사항이 아닌 것은?

① 버킷, 디퍼 등의 이상유무
② 재동장치 및 조종장치 기능의 이상 유무
③ 하역장치 및 유압장치
④ 전조등, 후미등, 방향지시기 및 경보장치 기 능의 이상 유무

50

다음 중 선반에서 절삭가공시 발생하는 칩을 짧게 끊어지도록 공구에 설치되어 있는 방호장치의 일종인 칩 제거기구를 무엇이라 하는가?

① 칩 브레이커　　　② 칩 받침
③ 칩 쉴드　　　　　④ 칩 커터

*칩 브레이커(Chip breaker)
선반작업 중 발생하는 칩을 짧게 끊는 장치

51

아세틸렌 용접장치에 사용하는 역화방지기에서 요구되는 일반적인 구조로 옳지 않은 것은?

① 재사용 시 안전에 우려가 있으므로 역화 방지 후 바로 폐기하도록 해야 한다.
② 다듬질 면이 매끈하고 사용상 지장이 있는 부식, 흠, 균열 등이 없어야 한다.
③ 가스의 흐름방향은 지워지지 않도록 돌출 또는 각인하여 표시하여야 한다.
④ 소염소자는 금망, 소결금속, 스틸울(steel wool), 다공성 금속물 또는 이와 동등 이상의 소염성능을 갖는 것이어야 한다.

① 역화방지기는 역화를 방지 후 복원되어 계속 사용할 수 있는 구조일 것

52

초음파 탐상법의 종류에 해당하지 않는 것은?

① 반사식　　　　　② 투과식
③ 공진식　　　　　④ 침투식

*초음파탐상검사(UT)의 종류
① 반사식
② 투과식
③ 공진식

53

다음 목재가공용 기계에 사용되는 방호장치의 연결이 옳지 않은 것은?

① 둥근톱기계 : 톱날접촉예방장치
② 띠톱기계 : 날접촉예방장치
③ 모떼기기계 : 날접촉예방장치
④ 동력식 수동대패기계 : 반발예방장치

④ 동력식 수동대패기계 : 날접촉예방장치

54

급정지기구가 부착되어 있지 않아도 유효한 프레스의 방호장치로 옳지 않은 것은?

① 양수기동식　　　② 가드식
③ 손쳐내기식　　　④ 양수조작식

*급정지 기구 부착 여부에 따른 분류

급정지 기구 부착	급정지기구 미부착
① 양수조작식 방호장치 ② 감응식 방호장치	① 양수기동식 방호장치 ② 게이트가드식 방호장치 ③ 수인식 방호장치 ④ 손쳐내기식 방호장치

55

인장강도가 $350MPa$인 강판의 안전율이 4라면 허용응력은 몇 N/mm^2인가?

① 76.4   ② 87.5
③ 98.7   ④ 102.3

*안전율(=안전계수, S)

$$S = \frac{\text{인장강도}}{\text{허용응력}}$$

$$\text{허용응력} = \frac{\text{인장강도}}{S} = \frac{350}{4} = 87.5N/mm^2$$

56

그림과 같이 $50kN$의 중량물을 와이어 로프를 이용하여 상부에 $60°$의 각도가 되도록 들어 올릴 때, 로프 하나에 걸리는 하중(T)은 약 몇 kN인가?

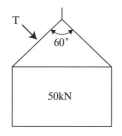

① 16.8   ② 24.5
③ 28.9   ④ 37.9

*로프 하나에 걸리는 하중(T)

$$T = \frac{\dfrac{W}{2}}{\cos\dfrac{\theta}{2}} = \frac{\dfrac{50}{2}}{\cos\dfrac{60}{2}} = 28.9kN$$

여기서, W : 중량 $[kN]$
　　　　θ : 각도 $[°]$

57

다음 중 휴대용 동력 드릴 작업 시 안전사항에 관한 설명으로 틀린 것은?

① 드릴의 손잡이를 견고하게 잡고 작업하여 드릴 손잡이 부위가 회전하지 않고 확실하게 제어 가능하도록 한다.
② 절삭하기 위하여 구멍에 드릴날을 넣거나 뺄 때 반발에 의하여 손잡이 부분이 튀거나 회전하여 위험을 초래하지 않도록 팔을 드릴과 직선으로 유지한다.
③ 드릴이나 리머를 고정시키거나 제거하고자 할 때 금속성 망치 등을 사용하여 확실히 고정 또는 제거한다.
④ 드릴을 구멍에 맞추거나 스핀들의 속도를 낮추기 위해서 드릴날을 손으로 잡아서는 안 된다.

③ 드릴이나 리머를 고정시키거나 제거할 때, 금속성 물질로 두드리면 변형 및 파손될 우려가 있으므로 고무망치를 사용한다.

58

보일러에서 폭발사고를 미연에 방지하기 위해 화염 상태를 검출할 수 있는 장치가 필요하다. 이 중 바이메탈을 이용하여 화염을 검출하는 것은?

① 프레임 아이   ② 스택 스위치
③ 전자 개폐기   ④ 프레임 로드

*스택 스위치
바이메탈을 이용하여 화염을 검출하는 장치

59

밀링작업 시 안전 수칙에 관한 설명으로 옳지 않은 것은?

① 칩은 기계를 정지시킨 다음에 브러시 등으로 제거한다.
② 일감 또는 부속장치 등을 설치하거나 제거할 때는 반드시 기계를 정지시키고 작업한다.
③ 커터는 될 수 있는 한 컬럼에서 멀게 설치한다.
④ 강력 절삭을 할 때는 일감을 바이스에 깊게 물린다.

③ 커터는 진동을 줄이기 위해 컬럼에 가깝게 설치한다.

60

다음 중 방호장치의 기본목적과 가장 관계가 먼 것은?

① 작업자의 보호
② 기계기능의 향상
③ 인적 · 물적 손실의 방지
④ 기계위험 부위의 접촉방지

*방호장치
위험·기계기구의 위험장소 또는 부위에 작업자가 접근하지 못하도록 하는 제한장치

61

화재·폭발 위험분위기의 생성방지 방법으로 옳지 않은 것은?

① 폭발성 가스의 누설 방지
② 가연성 가스의 방출 방지
③ 폭발성 가스의 체류 방지
④ 폭발성 가스의 옥내 체류

④ 폭발성 가스가 옥내에 체류하면 화재 및 폭발 의 위험이 커진다.

62

우리나라에서 사용하고 있는 접압(교류와 직류)을 크기에 따라 구분한 것으로 알맞은 것은?

① 저압 : 직류는 1000 V 이하
② 저압 : 교류는 1000 V 이하
③ 고압 : 직류는 750 V를 초과하고, 6kV 이하
④ 고압 : 교류는 700 V를 초과하고, 6kV 이하

*전압의 구분

구분	직류	교류
저압	1500 V 이하	1000 V 이하
고압	1500 ~ 7000 V	1000 ~ 7000 V
특별고압	7000 V 초과	7000 V 초과

63

내압방폭구조의 주요 시험항목이 아닌 것은?

① 폭발강도   ② 인화시험
③ 절연시험   ④ 기계적 강도시험

*내압방폭구조 주요 시험항목
① 폭발강도
② 인화시험
③ 기계적 강도시험
④ 구조시험
⑤ 온도시험

64

교류아크 용접기의 접점방식(Magnet식)의 전격방지장치에서 지동시간과 용접기 2차측 무부하전압(V)을 바르게 표현한 것은?

① 0.06초 이내, 25 V 이하
② 1±0.3초 이내, 25 V 이하
③ 2±0.3초 이내, 50 V 이하
④ 1.5±0.06초 이내, 50 V 이하

*자동전격방지장치의 구비조건
① 아크발생을 중단시킬 때 주접점이 개로될 때 까지의 시간은 1±0.3초 이내일 것
② 2차 무부하전압은 25 V이내일 것

65

누전차단기의 시설방법 중 옳지 않은 것은?

① 시설장소는 배전반 또는 분전반 내에 설치한다.
② 정격전류용량은 해당 전로의 부하전류 값 이상이여야 한다.
③ 정격감도전류는 정상의 사용상태에서 불필요하게 동작하지 않도록 한다.
④ 인체감전보호형은 0.05초 이내에 동작하는 고감도고속형이어야 한다.

*정격감도전류

장소	정격감도전류
일반장소	$30mA$
물기가 많은 장소	$15mA$
단, 동작시간은 0.03초 이내로 한다.	

66

방폭전기기기의 온도등급에서 기호 T_2의 의미로 맞는 것은?

① 최고표면온도의 허용치가 135℃이하인 것
② 최고표면온도의 허용치가 200℃이하인 것
③ 최고표면온도의 허용치가 300℃이하인 것
④ 최고표면온도의 허용치가 450℃이하인 것

*방폭전기기기의 온도등급

최고표면온도 [℃]	온도등급
300 초과 450 이하	T1
200 초과 300 이하	T2
135 초과 200 이하	T3
100 초과 135 이하	T4
85 초과 100 이하	T5
85 이하	T6

67

사업장에서 많이 사용되고 있는 이동식 전기기계 · 기구의 안전대책으로 가장 거리가 먼 것은?

① 충전부 전체를 절연한다.
② 절연이 불량인 경우 접지저항을 측정한다.
③ 금속제 외함이 있는 경우 접지를 한다.
④ 습기가 많은 장소는 누전차단기를 설치한다.

② 절연이 불량인 경우 절연저항을 측정한다.

68

감전사고를 방지하기 위해 허용보폭전압에 대한 수식으로 맞는 것은?

- E : 허용보폭전압
- R_b : 인체의 저항
- p_s : 지표상층 저항률
- I_k : 심실세동전류

① $E = (R_b + 3p_s)I_k$
② $E = (R_b + 4p_s)I_k$
③ $E = (R_b + 5p_s)I_k$
④ $E = (R_b + 6p_s)I_k$

*허용보폭전압(E) $[V]$
$E = (R_b + 6p_s)I_K$
여기서,
R_b : 인체의 저항 $[\Omega]$
p_s : 지표상층 저항률
I_K : 심실세동전류 $[A]$

69

인체저항이 $5000\,\Omega$ 이고, 전류가 $3mA$가 흘렀다.
인체의 정전용량이 $0.1\mu F$ 라면 인체에 대전된
정전하는 몇 μC 인가?

① 0.5　　　　　　② 1.0
③ 1.5　　　　　　④ 2.0

＊정전하(Q) [C]

$Q = CV = CIR$

$\quad = 0.1 \times 10^{-6} \times 3 \times 10^{-3} \times 5000 = 1.5 \times 10^{-6}C = 1.5\mu C$

여기서,

C : 정전용량 [F]

70

저압전로의 절연성능 시험에서 전로의 사용전압이
$380\,V$ 인 경우 전로의 전선 상호간 및 전로와 대지
사이의 절연저항은 최소 몇 $M\Omega$ 이상이어야 하는가?

① 0.1　　　　　　② 0.3
③ 0.5　　　　　　④ 1

＊전로의 사용전압에 따른 절연저항

사용전압	절연저항
SELV 및 PELV	$0.5M\Omega$
FELV, 500V 이하	$1.0M\Omega$
500V 초과	$1.0M\Omega$

71

방폭전기기기의 등급에서 위험장소의 등급분류에
해당되지 않는 것은?

① 3종 장소　　　　② 2종 장소
③ 1종 장소　　　　④ 0종 장소

＊방폭지역

장소	내용
0종 장소	인화성 또는 가연성 가스나 증기가 장기간 체류하는 장소
1종 장소	위험분위기가 간헐적으로 존재하는 장소
2종 장소	고장이나 이상 시 위험분위기가 생성되는 장소

72

다음은 무슨 현상을 설명한 것인가?

전위차가 있는 2개의 대전체가 특정거리에
접근하게 되면 등전위가 되기 위하여 전하가
절연공간을 깨고 순간적으로 빛과 열을 발생
하며 이동하는 현상

① 대전　　　　　　② 충전
③ 방전　　　　　　④ 열전

＊방전
전위차가 있는 2개의 대전체가 특정거리에 접근하
게 되면 등전위가 되기 위하여 전하가 절연공간을
깨고 순간적으로 빛과 열을 발생하며 이동하는 현상

73

다음 그림은 심장맥동주기를 나타낸 것이다. T파는 어떤 경우인가?

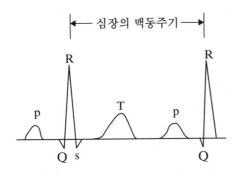

① 심방의 수축에 따른 파형
② 심실의 수축에 따른 파형
③ 심실의 휴식 시 발생하는 파형
④ 심방의 휴식 시 발생하는 파형

*심장의 맥동주기
① T파 : 심실의 휴식시 발생하는 파형으로,
　　　　심실세동이 일어날 확률이 가장 크다.
② P파 : 심방의 수축에 따른 파형이다.
③ Q-R-S파 : 심실의 수축에 따른 파형이다.

74

교류 아크 용접기의 자동전격장치는 전격의 위험을 방지하기 위하여 아크 발생이 중단된 후 약 1초 이내에 출력측 무부하 전압을 자동적으로 몇 V 이하로 저하시켜야 하는가?

① 85　　　　　　② 70
③ 50　　　　　　④ 25

*자동전격방지장치의 구비조건
① 아크발생을 중단시킬 때 주접점이 개로될 때까지의 시간은 1±0.3초 이내일 것
② 2차 무부하전압은 25V이내일 것

75

인체의 대부분이 수중에 있는 상태에서 허용접촉전압은 몇 V 이하 인가?

① 2.5 V　　　　　② 25 V
③ 30 V　　　　　④ 50 V

*허용접촉전압의 구분

구분	접촉상태	허용 접촉전압
제1종	인체의 대부분이 수중에 있는 상태	2.5 V 이하
제2종	인체가 많이 젖어 있는 상태 또는 금속성의 전기기계 및 기구나 구조물에 인체의 일부가 상시 접촉되어 있는 상태	25 V 이하
제3종	1종, 2종 이외의 경우로서 통상의 인체 상태에 있어서 접촉전압이 가해지면 위험성이 높은상태	50 V 이하
제4종	1종, 2종 이외의 경우로서 통상의 인체 상태에 있어서 접촉전압이 가해지더라도 위험성이 낮은 상태 또는 접촉전압이 가해질 우려가 없는 경우	제한없음

76

우리나라의 안전전압으로 볼 수 있는 것은 약 몇 V 인가?

① 30 V　　　　　② 50 V
③ 60 V　　　　　④ 70 V

대한민국은 30V를 안전전압으로 사용하고 있다.

77

$22.9 kV$ 충전전로에 대해 필수적으로 작업자와 이격시켜야 하는 접근한계 거리는?

① $45 cm$ ② $60 cm$
③ $90 cm$ ④ $110 cm$

*충전전로의 한계거리

충전전로의 선간전압 [kV]	충전전로에 대한 접근한계거리 [cm]
0.3 이하	접촉금지
0.3 초과 0.75 이하	30
0.75 초과 2 이하	45
2 초과 15 이하	60
15 초과 37 이하	90
37 초과 88 이하	110
88 초과 121 이하	130
121 초과 145 이하	150
145 초과 169 이하	170
169 초과 242 이하	230
242 초과 362 이하	380
362 초과 550 이하	550
550 초과 800 이하	790

78

개폐 조작 시 안전절차에 따른 차단 순서와 투입 순서로 가장 올바른 것은?

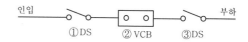

① 차단 ②→①→③, 투입 ①→②→③
② 차단 ②→③→①, 투입 ①→②→③
③ 차단 ②→①→③, 투입 ③→②→①
④ 차단 ②→③→①, 투입 ③→①→②

*개폐조작 순서

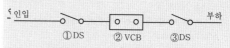

구분	순서
차단순서	② → ③ → ① 차단기(VCB) 개방 후 단로기(DS) 개방
투입순서	③ → ① → ② 단로기(DS) 투입 후 차단기(VCB) 투입

79

정전기에 대한 설명으로 가장 옳은 것은?

① 전하의 공간적 이동이 크고, 자계의 효과가 전계의 효과에 비해 매우 큰 전기
② 전하의 공간적 이동이 크고, 자계의 효과와 전계의 효과를 서로 비교할 수 없는 전기
③ 전하의 공간적 이동이 적고, 전계의 효과와 자계의 효과가 서로 비슷한 전기
④ 전하의 공간적 이동이 적고, 자계의 효과가 전계에 비해 무시할 정도의 적은 전기

---

*정전기
전하의 공간적 이동이 적고, 그것에 의한 자계의 효과가 전계에 비해 무시할 정도의 적은 전기

80

인체저항을 500Ω 이라 한다면, 심실세동을 일으키는 위험 한계 에너지는 약 몇 J 인가?

(단, 심실세동전류값 $I = \dfrac{165}{\sqrt{T}} mA$ 의 Dalziel의 식을 이용하며, 통전시간은 1초로 한다.)

① 11.5   ② 13.6
③ 15.3   ④ 16.2

---

*심실세동 전기에너지(Q)

$$Q = I^2 RT$$
$$= \left(\frac{165 \times 10^{-3}}{\sqrt{T}}\right)^2 \times R \times T$$
$$= \left(\frac{165 \times 10^{-3}}{\sqrt{1}}\right)^2 \times 500 \times 1 = 13.61 J$$

여기서,
R : 저항 [Ω]
T : 시간 [sec] (주어지지 않을 경우 $T = 1\text{sec}$)

81

다음 물질 중 물에 가장 잘 용해되는 것은?

① 아세톤
② 벤젠
③ 톨루엔
④ 휘발유

① : 제4류 위험물 중 제1석유류(수용성)
②, ③, ④ : 제4류 위험물 중 제1석유류(비수용성)

82

다음 중 최소발화에너지가 가장 작은 가연성 가스는?

① 수소
② 메탄
③ 에탄
④ 프로판

*최소발화에너지(=최소착화에너지) 비교

종류	최소발화에너지[mJ]
수소	0.019
메탄	0.28
에탄	0.67
프로판	0.26

83

안전설계의 기초에 있어 기상폭발대책을 예방대책, 긴급대책, 방호대책으로 나눌 때, 다음 중 방호대책과 가장 관계가 깊은 것은?

① 경보
② 발화의 저지
③ 방폭벽과 안전거리
④ 가연조건의 성립저지

① : 긴급대책
②, ④ : 예방대책
③ : 방호대책

84

공정안전보고서 중 공정안전자료에 포함하여야 할 세부내용에 해당하는 것은?

① 비상조치계획에 따른 교육계획
② 안전운전지침서
③ 각종 건물·설비의 배치도
④ 도급업체 안전관리계획

*공정안전자료의 세부내용
① 유해·위험설비의 목록 및 사양
② 방폭지역 구분도 및 전기단선도
③ 유해·위험물질에 대한 물질안전보건자료
④ 유해·위험설비의 운전방법을 알 수 있는 공정 도면
⑤ 취급·저장하고 있거나 취급·저장하려는 유해 ·위험물질의 종류 및 수량
⑥ 각종 건물·설비의 배치도
⑦ 위험설비의 안전설계·제작 및 설치 관련 지침서

85

다음 중 물질에 대한 저장방법으로 잘못된 것은?

① 나트륨 – 유동 파라핀 속에 저장
② 니트로글리세린 – 강산화제 속에 저장
③ 적린 – 냉암소에 격리 저장
④ 칼륨 – 등유 속에 저장

② 니트로글리세린 : 알코올에 습면하여 보관

86

화학설비 가운데 분체화학물질 분리장치에 해당하지 않는 것은?

① 건조기　　　　　② 분쇄기
③ 유동탑　　　　　④ 결정조

② 분쇄기 : 취급장치

87

특수화학설비를 설치할 때 내부의 이상상태를 조기에 파악하기 위하여 필요한 계측장치로 가장 거리가 먼 것은?

① 압력계　　　　　② 유량계
③ 온도계　　　　　④ 비중계

*특수화학설비 설치시 필요장치
① 원재료 공급의 긴급차단장치
② 즉시 사용할 수 있는 예비동력원
③ 온도계, 유량계, 압력계 등의 계측장치

88

위험물 또는 위험물이 발생하는 물질을 가열·건조하는 경우 내용적이 몇 세제곱미터 이상인 건조설비에 대해 건조실을 설치하는 건축물의 구조를 독립된 단층건물로 하여야 하는가?
(단, 건조실을 건축물의 최상층에 설치하거나 건축물이 내화구조인 경우는 제외한다.)

① 1　　　　　　　　② 10
③ 100　　　　　　　④ 1000

위험물 또는 위험물이 발생하는 물질을 가열·건조하는 경우, 내용적이 $1m^3$ 이상인 건조설비에 대해서는 건조실을 독립된 단층건물로 해야한다.

89

공기 중에서 폭발범위가 $12.5 \sim 74 vol\%$인 일산화탄소의 위험도는 얼마인가?

① 4.92　　　　　　② 5.26
③ 6.26　　　　　　④ 7.05

*가스의 위험도(H)

$$H = \frac{L_h - L_l}{L_l} = \frac{74 - 12.5}{12.5} = 4.92$$

여기서,
L_h : 폭발상한계
L_l : 폭발하한계

90

숯, 코크스, 목탄의 대표적인 연소 형태는?

① 혼합연소   ② 증발연소
③ 표면연소   ④ 비혼합연소

*고체연소의 구분

구분	연소물의 종류
표면연소	숯(=목탄), 코크스, 금속분 등
증발연소	나프탈렌, 황, 파라핀(=양초), 에테르, 휘발유, 경유 등
자기연소	TNT, 니트로글리세린 등
분해연소	종이, 나무, 목재, 석탄, 중유, 플라스틱

91

다음 중 자연발화가 가장 쉽게 일어나기 위한 조건에 해당하는 것은?

① 큰 열전도율
② 고온, 다습한 환경
③ 표면적이 작은 물질
④ 공기의 이동이 많은 장소

*자연발화가 쉽게 일어나는 조건
① 주위온도가 높은 경우
② 열전도율이 낮은 경우
③ 열의 축적이 일어날 경우
④ 입자의 표면적이 넓은 경우
⑤ 적당량의 수분이 존재할 경우
⑥ 분해열, 산화열, 중합열 등이 발생할 경우

92

위험물에 관한 설명으로 틀린 것은?

① 이황화탄소의 인화점은 0℃ 보다 낮다.
② 과염소산은 쉽게 연소되는 가연성 물질이다.
③ 황린은 물속에 저장한다.
④ 알킬알루미늄은 물과 격렬하게 반응한다.

② 과염소산은 산화성액체이다.

93

물과 반응하여 가연성 기체를 발생하는 것은?

① 피크린산   ② 이황화탄소
③ 칼륨   ④ 과산화칼륨

칼륨(K)은 물(H_2O)과 반응하여 가연성 기체인 수소(H_2)를 발생시킨다.

$$2K + 2H_2O \rightarrow 2KOH + H_2$$
(칼륨)   (물)   (수산화칼륨)   (수소)

94

프로판(C_3H_8)의 연소하한계가 $2.2vol\%$ 일 때 연소를 위한 최소산소농도(MOC)는 몇 $vol\%$인가?

① 5.0 　　　　　　② 7.0
③ 9.0 　　　　　　④ 11.0

＊최소산소농도(MOC)

$$MOC = \frac{\text{산소 몰 수}}{\text{연료 몰 수}} \times L_l = \frac{5}{1} \times 2.2 = 11vol\%$$

여기서, L_l : 폭발(연소)하한계 $[vol\%]$

95

다음 중 유기과산화물로 분류되는 것은?

① 메틸에틸케톤 　　　② 과망간산칼륨
③ 과산화마그네슘 　　④ 과산화벤조일

＊유기과산화물
① 과산화벤조일(벤조일퍼옥사이드)
② 과산화아세트산(과산화초산)
③ 과산화메틸에틸케톤

96

연소이론에 대한 설명으로 틀린 것은?

① 착화온도가 낮을수록 연소위험이 크다.
② 인화점이 낮은 물질은 반드시 착화점도 낮다.
③ 인화점이 낮을수록 일반적으로 연소위험이 크다.
④ 연소범위가 넓을수록 연소위험이 크다.

---

② 인화점이 낮을수록 무조건 착화점(발화점)이 낮아지는 것은 아니다.

97

디에틸에테르의 연소범위에 가장 가까운 값은?

① 2~10.4% 　　　　② 1.9~48%
③ 2.5~15% 　　　　④ 1.5~7.8%

디에틸에테르의 연소범위(=폭발범위)는 1.9~48% 이다.

98

송풍기의 회전차 속도가 $1300rpm$ 일 때 송풍량이 분당 $300m^3$였다. 송풍량을 분당 $400m^3$으로 증가시키고자 한다면 송풍기의 회전차 속도는 약 몇 rpm로 하여야 하는가?

① 1533   ② 1733
③ 1967   ④ 2167

*송풍기의 상사법칙

① 유량(송풍량) : $\dfrac{Q_2}{Q_1} = \left(\dfrac{D_2}{D_1}\right)^3 \left(\dfrac{n_2}{n_1}\right)$

② 풍압(정압) : $\dfrac{p_2}{p_1} = \left(\dfrac{\gamma_2}{\gamma_1}\right)\left(\dfrac{D_2}{D_1}\right)^2\left(\dfrac{n_2}{n_1}\right)^2$

③ 동력(축동력) : $\dfrac{L_2}{L_1} = \left(\dfrac{\gamma_2}{\gamma_1}\right)\left(\dfrac{D_2}{D_1}\right)^5\left(\dfrac{n_2}{n_1}\right)^3$

송풍량에 대한 식은

$n_2 = n_1 \times \dfrac{Q_2}{Q_1} = 1300 \times \dfrac{400}{300} = 1733rpm$

여기서,
D : 지름 $[mm]$
n : 회전수 $[rpm]$
γ : 비중량 $[N/m^3]$

99

다음 중 물과 반응하였을 때 흡열반응을 나타내는 것은?

① 질산암모늄   ② 탄화칼슘
③ 나트륨   ④ 과산화칼륨

질산암모늄은 물과 반응할 때 이온화 되기 위해서 흡열반응을 한다.

100

다음 중 노출기준(TWA)이 가장 낮은 물질은?

① 염소   ② 암모니아
③ 에탄올   ④ 메탄올

염소의 허용노출기준(TWA)은 $0.5ppm$으로 매우 낮은 편이다.

101

경암을 다음 그림과 같이 굴착하고자 한다. 굴착면의 기울기를 적용하고자 할 경우 L의 길이로 옳은 것은?

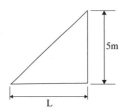

① $2m$ ② $2.5m$
③ $5m$ ④ $10m$

*굴착면의 기울기 기준

지반의 종류	기울기
모래	1 : 1.8
연암 및 풍화암	1 : 1.0
경암	1 : 0.5
그 밖의 흙	1 : 1.2

기울기는 수직높이 : 수평길이 이므로
$1 : 0.5 = 5 : L$
$\therefore L = 2.5m$

102

흙막이 지보공을 조립하는 경우 미리 조립도를 작성하여야 하는데 이 조립도에 명시되어야 할 사항과 가장 거리가 먼 것은?

① 부재의 배치 ② 부재의 치수
③ 부재의 긴압정도 ④ 설치방법과 순서

*흙막이 지보공의 조립도 명시사항
① 부재의 배치
② 부재의 치수
③ 부재의 재질
④ 설치방법
⑤ 설치순서

103

미리 작업장소의 지형 및 지반상태 등에 적합한 제한속도를 정하지 않아도 되는 차량계 건설기계의 속도 기준은?

① 최대 제한 속도가 $10km/h$ 이하
② 최대 제한 속도가 $20km/h$ 이하
③ 최대 제한 속도가 $30km/h$ 이하
④ 최대 제한 속도가 $40km/h$ 이하

최대 제한 속도가 $10km/h$ 이하인 차량계 건설기계는 제한속도를 미리 정하지 않아도 된다.

104

터널 공사에서 발파작업 시 안전대책으로 옳지 않은 것은?

① 발파전 도화선 연결상태, 저항시 조사 등의 목적으로 도통시험 실시 및 발파기의 작동 상태에 대한 사전점검 실시
② 모든 동력선은 발원점으로부터 최소한 $15m$ 이상 후방으로 옮길 것
③ 지질, 암의 절리 등에 따라 화약량에 대한 검토 및 시방기준과 대비하여 안전조치 실시
④ 발파용 점화회선은 타동력선 및 조명회선과 한곳으로 통합하여 관리

④ 발파용 점화회선은 타동력선 및 조명회선으로부터 분리하여 관리한다.

105

다음 중 와이어로프 등 달기구의 안전계수 기준으로 옳은 것은?
(단, 그 밖의 경우는 제외한다.)

① 화물을 지지하는 달기와이어로프 : 10 이상
② 근로자를 지지하는 달기체인 : 5 이상
③ 훅을 지지하는 경우 : 5 이상
④ 리프팅 빔을 지지하는 경우 : 3 이상

*와이어 로프 등 달기구의 안전계수(S)
① 근로자가 탑승하는 운반구를 지지하는 달기와이어로프 또는 달기체인의 경우 : 10 이상
② 화물을 직접 지지하는 달기와이어로프 또는 달기체인의 경우 : 5 이상
③ 훅, 샤클, 클램프, 리프팅 빔의 경우 : 3이상
④ 그 밖의 경우 : 4 이상

106

다음 보기의 ( ) 안에 알맞은 내용은?

> 동바리로 사용하는 파이프 서포트의 높이가 (　　) m를 초과하는 경우에는 높이 $2m$ 이내마다 수평연결재를 2개 방향으로 만들고 수평연결재의 변위를 방지할 것

① 3 　　　　　　② 3.5
③ 4 　　　　　　④ 4.5

*파이프 서포트 조립시 준수사항
① 파이프 서포트를 3개 이상 이어서 사용하지 않도록 할 것
② 파이프 서포트를 이어서 사용하는 경우에는 4개 이상의 볼트 또는 전용철물을 사용하여 이을 것
③ 높이가 3.5m를 초과하는 경우에는 높이 $2m$ 이내마다 수평연결재 2개 방향으로 만들고 수평연결재의 변위를 방지할 것

107

건립 중 강풍에 의한 풍압 등 외압에 대한 내력이 설계에 고려되었는지 확인하여야 하는 철골 구조물이 아닌 것은?

① 단면이 일정한 구조물
② 기둥이 타이플레이트형인 구조물
③ 이음부가 현장용접인 구조물
④ 구조물의 폭과 높이의 비가 1:4 이상인 구조물

*강풍내력설계를 고려해야하는 철골구조물의 기준
① 연면적당 철골량이 $50kg/m^2$ 이하인 구조물
② 기둥이 타이플레이트 형인 구조물
③ 이음부가 현장용접인 구조물
④ 높이가 $20m$ 이상의 구조물
⑤ 구조물의 폭과 높이의 비가 1:4 이상인 구조물
⑥ 고층건물, 호텔 등에서 단면구조가 현저한 차이가 있는 것

108

건설업 산업안전보건관리비 중 안전시설비로 사용할 수 없는 것은?

① 안전통로
② 비계에 추가 설치하는 추락방지용 안전난간
③ 사다리 전도방지장치
④ 통로의 낙하물 방호선반

*안전시설비를 적용할 수 없는 항목
① 안전발판, 통로, 계단 설치 비용
② 비계설치 비용
③ 방음시설 설치 비용
④ 일체형 안전장치 구입 비용

109

터널 등의 건설작업을 하는 경우에 낙반 등에 의하여 근로자가 위험해질 우려가 있는 경우에 필요한 조치와 가장 거리가 먼 것은?

① 터널 지보공을 설치한다.
② 록볼트를 설치한다.
③ 환기, 조명시설을 설치한다.
④ 부석을 제거한다.

*터널 건설 작업시 낙반 위험에 대한 조치사항
① 터널지보공 설치
② 록볼트(Lock bolt) 설치
③ 부석 제거

110

강관을 사용하여 비계를 구성하는 경우 준수해야 할 사항으로 옳지 않은 것은?

① 비계기둥의 간격은 띠장 방향에서는 $1.85m$ 이하 장선 방향에서는 $1.5m$ 이하로 할 것
② 띠장 간격은 $2m$ 이하로 할 것
③ 비계기둥의 제일 윗부분으로부터 $31m$가 되는 지점 밑부분의 비계기둥은 3개의 강관으로 묶어 세울 것
④ 비계기둥 간의 적재하중은 $400kg$을 초과하지 않도록 할 것

*강관비계 구성시 준수사항
① 비계기둥의 간격은 띠장 방향에서는 $1.85m$ 이하 장선 방향에서는 $1.5m$ 이하로 할 것
② 띠장간격은 $2m$ 이하로 할 것
③ 비계기둥의 제일 윗부분으로부터 $31m$되는 지점 밑부분의 비계기둥은 2개의 강관으로 묶어 세울 것
④ 비계기둥 간의 적재하중은 $400kg$를 초과하지 않도록 할 것

111

이동식비계 조립 및 사용 시 준수사항으로 옳지 않은 것은?

① 비계의 최상부에서 작업을 하는 경우에는 안전난간을 설치할 것
② 승강용사다리는 견고하게 설치할 것
③ 작업발판은 항상 수평을 유지하고 작업발판 위에서 작업을 위한 거리가 부족할 경우에는 받침대 또는 사다리를 사용할 것
④ 작업발판의 최대적재하중은 $250kg$을 초과하지 않도록 할 것

*이동식비계 작업시 준수사항
① 승강용사다리는 견고하게 설치할 것
② 비계의 최상부에서 작업을 하는 경우에는 안전난간을 설치할 것
③ 작업발판의 최대 적재하중은 $250kg$을 초과하지 않도록 할 것
④ 작업발판은 항상 수평을 유지하고 작업발판 위에서 안전난간을 딛고 작업을 하거나 받침대 또는 사다리를 사용하여 작업하지 않도록 할 것
⑤ 이동식비계의 바퀴에는 뜻밖의 갑작스러운 이동 또는 전도를 방지하기 위하여 브레이크 · 쐐기 등으로 바퀴를 고정시킨 다음 비계의 일부를 견고한 시설물에 고정하거나 아웃트리거(outrigger)를 설치하는 등 필요한 조치를 할 것

112

유해 · 위험 방지를 위한 방호조치를 하지 아니하고는 양도, 대여, 설치 또는 사용에 제동하거나, 양도 · 대여를 목적으로 진열해서는 아니 되는 기계 · 기구에 해당하지 않는 것은?

① 지게차   ② 공기압축기
③ 원심기   ④ 덤프트럭

*유해 · 위험 방지를 위해 방호조치가 필요한 기계 · 기구
① 예초기
② 원심기
③ 공기압축기
④ 포장기계(진공포장기, 랩핑기로 한정)
⑤ 금속절단기
⑥ 지게차

113

화물 운반 · 하역 작업 중 걸이작업에 관한 설명으로 옳지 않은 것은?

① 와이어로프 등은 크레인의 후크 중심에 걸어야 한다.
② 인양 물체의 안정을 위하여 2줄 걸이 이상을 사용하여야 한다.
③ 매다는 각도는 60° 이상으로 하여야 한다.
④ 근로자를 매달린 물체 위에 탑승시키지 않아야 한다.

③ 매다는 각도는 60˚ 이내로 하여야 한다.

114

거푸집동바리 등을 조립하는 경우에 준수하여야 할 사항으로 옳지 않은 것은?

① 깔목의 사용, 콘크리트 타설, 말뚝박기 등 동바리의 침하를 방지하기 위한 조치를 할 것
② 개구부 상부에 동바리를 설치하는 경우에는 상부하중을 견딜 수 있는 견고한 받침대를 설치할 것
③ 거푸집이 곡면인 경우에는 버팀대의 부착등 그 거푸집의 부상을 방지하기 위한 조치를 할 것
④ 동바리의 이음은 맞댄이음이나 장부이음을 피할 것

④ 동바리의 이음은 맞댄이음이나 장부이음으로 하고 같은 품질의 재료를 사용할 것

115

사업의 종류가 건설업이고, 공사금액이 850억원 일 경우 산업안전보건법령에 따른 안전관리자를 최소 몇 명 이상 두어야 하는가?
(단, 상시근로자는 600명으로 가정)

① 1명 이상
② 2명 이상
③ 3명 이상
④ 4명 이상

*공사금액에 따른 안전관리자 수

공사금액	안전관리자 수
50억원 이상 800억원 미만	1명 이상
800억원 이상 1500억원 미만	2명 이상
1500억원 이상 2200억원 미만	3명 이상
2200억원 이상 3000억원 미만	4명 이상

116

선박에서 하역작업 시 근로자들이 안전하게 오르내릴 수 있는 현문 사다리 및 안전망을 설치하여야 하는 것은 선박이 최소 몇 톤급 이상일 경우인가?

① 500톤급
② 300톤급
③ 200톤급
④ 100톤급

300톤급 이상의 선박에서 하역작업을 하는 경우에 근로자들이 안전하게 오르내릴 수 있는 현문 사다리를 설치하여야 하며, 이 사다리 밑에 안전망을 설치할 것

117

타워크레인을 와이어로프로 지지하는 경우에 준수해야 할 사항으로 옳지 않은 것은?

① 와이어로프를 고정하기 위한 전용 지지프레임을 사용할 것
② 와이어로프 설치각도는 수평면에서 60° 이상으로 하되, 지지점은 4개소 미만으로 할 것
③ 와이어로프와 그 고정부위는 충분한 강도와 장력을 갖도록 설치할 것
④ 와이어로프가 가공전선에 근접하지 않도록 할 것

*타워크레인을 와이어로프로 지지하는 경우 준수사항
① 와이어로프를 고정하기 위한 전용 지지프레임을 사용할 것
② 와이어로프 설치각도는 수평면에서 60° 이상으로 하되, 지지점은 4개소 이상으로 하고 같은 각도로 설치할 것
③ 와이어로프와 그 고정부위는 충분한 강도와 장력을 갖도록 설치할 것
④ 와이어로프가 가공전선에 근접하지 않도록 할 것
⑤ 와이어로프와 그 고정부위는 충분한 강도와 장력을 갖도록 설치하되, 와이어로프를 클립·샤클 등의 기구를 사용하여 견고하게 고정 할 것

118

터널붕괴를 방지하기 위한 지보공에 대한 점검사항과 가장 거리가 먼 것은?

① 부재의 긴압 정도
② 부재의 손상·변형·부식·변위 탈락의 유무 및 상태
③ 기둥침하의 유무 및 상태
④ 경보장치의 작동상태

*터널지보공 점검사항
① 부재의 손상·변형·부식·변위 탈락의 유무 및 상태
② 부재의 긴압의 정도
③ 부재의 접속부 및 교차부의 상태
④ 기둥침하의 유무 및 상태

119

작업중이던 미장공이 상부에서 떨어지는 공구에 의해 상해를 입었다면 어느 부분에 대한 결함이 있었겠는가?

① 작업대 설치   ② 작업방법
③ 낙하물 방지시설 설치   ④ 비계설치

낙하물에 의한 상해는 낙하물 방지시설을 설치하여 예방 할 수 있다.

120

이동식 크레인을 사용하여 작업을 할 때 작업시작 전 점검 사항이 아닌 것은?

① 주행로의 상측 및 트롤리(trolley)가 횡행하는 레일의 상태
② 권과방지장치 그 밖의 경보장치의 기능
③ 브레이크·클러치 및 조정장치의 기능
④ 와이어로프가 통하고 있는 곳 및 작업장소의 지반상태

*크레인 및 이동식크레인 작업시작 전 점검사항

종류	작업시작 전 점검사항
크레인	① 권과방지장치·브레이크·클러치 및 운전장치의 기능 ② 주행로의 상측 및 트롤리가 횡행하는 레일의 상태 ③ 와이어로프가 통하고 있는 곳의 상태
이동식 크레인	① 권과방지장치 및 그 밖의 경보장치의 기능 ② 브레이크·클러치 및 조정장치의 기능 ③ 와이어로프가 통하고 있는 곳 및 작업장소의 지반상태

01

6~12명의 구성원으로 타인의 비판 없이 자유로운 토론을 통하여 다량의 독창적인 아이디어를 이끌어내고, 대안적 해결안을 찾기 위한 집단적 사고 기법은?

① Role playing
② Brain storming
③ Action playing
④ Fish Bowl playing

*브레인스토밍(Brainstorming)
6~12명의 구성원이 자유로운 토론으로 다량의 아이디어를 이끌어내 해결책을 찾는 집단적 사고 기법

① 비판, 비난 자제
② 아이디어의 양과 독창성 중시
③ 자유로운 발언권
④ 다른 사람의 아이디어를 조합 및 개선

02

재해의 발생형태 중 다음 그림이 나타내는 것은?

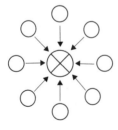

① 단순연쇄형
② 복합연쇄형
③ 단순자극형
④ 복합형

*재해의 발생형태

분류	형태
단순 자극형	
단순 연쇄형	
복합 연쇄형	
복합형	

03

산업안전보건법령상 근로자에 대한 일반건강진단의 실시 시기 기준으로 옳은 것은?

① 사무직에 종사하는 근로자 : 1년에 1회 이상
② 사무직에 종사하는 근로자 : 2년에 1회 이상
③ 사무직외의 업무에 종사하는 근로자 : 6월에 1회 이상
④ 사무직외의 업무에 종사하는 근로자 : 2년에 1회 이상

*근로자 건강진단 실시기준
① 사무직 종사 근로자 : 2년에 1회 이상
② 사무직 외의 종사 근로자 : 1년에 1회 이상

04

재해통계에 있어 강도율이 2.0인 경우에 대한 설명으로 옳은 것은?

① 한 건의 재해로 인해 전제 작업비용의 2.0%에 해당하는 손실이 발생하였다.
② 근로자 1000명당 2.0건의 재해가 발생하였다.
③ 근로시간 1000시간당 2.0건의 재해가 발생하였다.
④ 근로시간 1000시간당 2.0일의 근로손실이 발생하였다.

*강도율
근로시간 1000시간당 ○일의 근로손실이 발생함

$$강도율 = \frac{총근로손실일수}{연근로 총시간수} \times 10^3$$

05

산업안전보건법령상 교육대상별 교육내용 중 관리감독자의 정기안전·보건교육 내용이 아닌 것은? (단, 산업안전보건법 및 일반관리에 관한 사항은 제외한다.)

① 사업장 순회점검·지도 및 조치에 관한 사항
② 산업보건 및 직업병 예방에 관한 사항
③ 유해·위험 작업환경 관리에 관한 사항
④ 표준안전작업방법 및 지도 요령에 관한 사항

*관리감독자 정기교육
① 산업안전 및 사고 예방에 관한 사항
② 산업보건 및 직업병 예방에 관한 사항
③ 위험성평가에 관한 사항
④ 유해·위험 작업환경 관리에 관한 사항
⑤ 산업안전보건법령 및 산업재해보상보험 제도에 관한 사항
⑥ 직무스트레스 예방 및 관리에 관한 사항
⑦ 직장 내 괴롭힘, 고객의 폭언 등으로 인한 건강장해 예방 및 관리에 관한 사항
⑧ 작업공정의 유해·위험과 재해 예방대책에 관한 사항
⑨ 사업장 내 안전보건관리체제 및 안전·보건조치 현황에 관한 사항
⑩ 표준안전 작업방법 및 지도 요령에 관한 사항
⑪ 안전보건교육 능력 배양에 관한 사항
⑫ 비상시 또는 재해 발생시 긴급조치에 관한 사항
⑬ 관리감독자의 역할과 임무에 관한 사항

06

Off JT(Off the Job Training)의 특징으로 옳은 것은?

① 훈련에만 전념할 수 있다.
② 상호신뢰 및 이해도가 높아진다.
③ 개개인에게 적절한 지도훈련이 가능하다.
④ 직장의 실정에 맞게 실제적 훈련이 가능하다.

*On.J.T(On the Jop Training)의 특징
① 개개인에게 적절한 지도훈련이 가능하다.
② 현장의 관리감독자가 강사가 되어 교육을 한다.
③ 효과가 곧 업무에 나타나며, 훈련의 좋고 나쁨에 따라 개선이 용이하다.
④ 직장의 실정에 맞는 실제적인 교육이 가능하다.
⑤ 교육 효과가 업무에 신속히 반영된다.
⑥ 훈련에 필요한 업무의 계속성이 끊기지 않는다.
⑦ 상호 신뢰 및 이해도가 높아진다.
⑧ 개개인에게 적절한 지도훈련이 가능하다.
⑨ 직장의 실정에 맞게 실제적 훈련이 가능하다.

*Off.J.T(Off the Jop Training)의 특징
① 다수의 대상자를 일괄적, 조직적으로 교육할 수 있다.
② 우수한 전문가를 강사로 활용할 수 있다.
③ 특별 교재, 교구, 설비를 유효하게 활용할 수 있다.
④ 많은 지식, 경험을 교류할 수 있다.
⑤ 훈련에만 전념할 수 있다.

07

산업안전보건법령상 안전 · 보건표지의 종류 중 다음 안전 · 보건 표지의 명칭은?

① 화물적재금지
② 차량통행금지
③ 물체이동금지
④ 화물출입금지

*금지표지

출입금지	보행금지	차량통행 금지	사용금지
탑승금지	금연	화기금지	물체이동 금지

08

AE형 안전모에 있어 내전압성 이란 최대 몇 V 이하의 전압에 견디는 것을 말하는가?

① 750
② 1000
③ 3000
④ 7000

*내전압성
$7000V$ 이하의 전압을 견디는 것

09

안전점검의 종류 중 태풍, 폭우 등에 의한 침수, 지진 등의 천재지변이 발생한 경우나 이상사태 발생 시 관리자나 감독자가 기계 · 기구, 설비 등의 기능상 이상 유무에 대하여 점검하는 것은?

① 일상점검
② 정기점검
③ 특별점검
④ 수시점검

*특별점검
안전점검의 종류 중 태풍이나 폭우 등의 천재지변이 발생한 후에 실시하는 기계, 기구 및 설비 등에 대해 점검하는 것

10

재해발생의 직접원인 중 불안전한 상태가 아닌 것은?

① 불안전한 인양
② 부적절한 보호구
③ 결함 있는 기계설비
④ 불안전한 방호장치

> ① 불안전한 인양 : 불안전한 행동

11

매슬로우(Maslow)의 욕구단계 이론 중 제2단계 욕구에 해당하는 것은?

① 자아실현의 욕구　② 안전에 대한 욕구
③ 사회적 욕구　　　④ 생리적 욕구

*매슬로우(Maslow)의 욕구 5단계

단계	설명
1단계 생리적 욕구	인간의 가장 기본적인 욕구이며, 의식주, 성적 욕구 등이 있다.
2단계 안전의 욕구	위험, 위협, 박탈에서 자신을 보호하고 불안을 회피하려는 욕구이다.
3단계 사회적 욕구	타인과 친교를 맺고 원하는 집단에 귀속되고자 하는 욕구이다.
4단계 존중의 욕구	타인과 친하게 지내고 싶은 인간의 기초가 되는 욕구로서, 자아존중, 자신감, 성취, 존경 등에 관한 욕구이다.
5단계 자아실현 욕구	자기의 잠재력을 최대한 살리고 자기가 하고 싶었던 일을 실현하려는 인간의 욕구이다. 편견없이 받아들이는 성향, 타인과의 거리를 유지하며 사생활을 즐기거나 창의적 성격으로 봉사, 특별히 좋아하는 사람과 긴밀한 관계를 유지하려는 욕구 등이 있다.

12

대뇌의 human error로 인한 착오요인이 아닌 것은?

① 인지과정 착오　　② 조치과정 착오
③ 판단과정 착오　　④ 행동과정 착오

*착오의 종류와 요인

종류	착오 요인
인지과정 착오	① 정서 불안정 ② 감각 차단 현상 ③ 기억력의 한계 ④ 생리, 심리적 능력의 한계
판단과정 착오	① 합리화 ② 능력 및 정보부족 ③ 작업조건 불량
조치과정 착오	① 잘못된 정보의 입수 ② 합리적 조치의 미숙

13

주의의 수준이 Phase 0인 상태에서의 의식상태로 옳은 것은?

① 무의식 상태　　② 의식의 이완 상태
③ 명료한 상태　　④ 과긴장 상태

*주의의 수준

phase	의식의 상태
0	무의식
1	의식 불명 (몽롱한 상태)
2	이완 상태
3	명료한 상태
4	과긴장 상태

14

생체리듬의 변화에 대한 설명으로 틀린 것은?

① 야간에는 체중이 감소한다.
② 야간에는 말초운동 기능 저하된다.
③ 체온, 혈압, 맥박수는 주간에 상승하고 야간에 감소한다.
④ 혈액의 수분과 염분량은 주간에 증가하고 야간에 감소한다.

*생체리듬(Bio rhythm)의 증가
① 주간에 증가 : 맥박수, 혈압, 체중, 말초운동 등
② 야간에 증가 : 염분량, 수분 등

*요양근로손실일수 산정요령

신체 장해자 등급	근로손실 일 수
사망	7500일
1~3급	7500일
4급	5500일
5급	4000일
6급	3000일
7급	2200일
8급	1500일
9급	1000일
10급	600일
11급	400일
12급	200일
13급	100일
14급	50일

15

어떤 사업장의 상시근로자 1000명이 작업 중 2명 사망자와 의사진단에 의한 휴업일수 90일 손실을 가져온 경우의 강도율은?
(단, 1일 8시간, 연 300일 근무)

① 7.32
② 6.28
③ 8.12
④ 5.92

*강도율

$$강도율 = \frac{총근로손실일수}{연근로 총시간수} \times 10^3$$

$$= \frac{7500 \times 2 + 90 \times \frac{300}{365}}{1000 \times 8 \times 300} \times 10^3 = 6.28$$

16

교육심리학의 기본이론 중 학습지도의 원리가 아닌 것은?

① 직관의 원리
② 개별화의 원리
③ 계속성의 원리
④ 사회화의 원리

*학습지도의 원리
① 자기활동의 원리
② 개별화의 원리
③ 사회화의 원리
④ 직관의 원리

17

안전보건교육 계획에 포함하여야 할 사항이 아닌 것은?

① 교육의 종류 및 대상
② 교육의 과목 및 내용
③ 교육장소 및 방법
④ 교육지도안

*안전보건교육계획 수립시 포함할 내용
① 교육의 종류 및 대상
② 교육의 과목 및 내용
③ 교육장소 및 방법
④ 교육기간 및 시간
⑤ 교육담당자 및 강사
⑥ 안전보건관련 예산 및 시설

18

인간관계의 매커니즘 중 다른 사람의 행동양식이나 태도를 투입시키거나 다른 사람 가운데서 자기와 비슷한 것을 발견하는 것은?

① 동일화
② 일체화
③ 투사
④ 공감

*동일화
다른 사람의 행동양식이나 태도를 투입시키거나 다른 사람 가운데서 자기와 비슷한 것을 발견하는 현상

19

유기화합물용 방독마스크 시험가스의 종류가 아닌 것은?

① 염소가스 또는 증기
② 시클로헥산
③ 디메틸에테르 .
④ 이소부탄

*방독마스크의 종류와 시험가스

종류	시험가스	외부 표시색
유기화합물용	시클로헥산 (C_6H_{12}) 디메틸에테르 (CH_3OCH_3) 이소부탄 (C_4H_{10})	갈색
할로겐용	염소가스(Cl_2) 또는 증기(H_2O)	회색
황화수소용	황화수소가스 (H_2S)	
시안화수소용	시안화수소가스 (HCN)	
아황산용	아황산가스 (SO_2)	노란색
암모니아용	암모니아가스 (NH_3)	녹색

20

Line-Staff형 안전보건관리조직에 관한 특징이 아닌 것은?

① 조직원 전원을 자율적으로 안전활동에 참여 시킬 수 있다.
② 스탭의 월권행위의 경우가 있으며 라인 스탭에 의존 또는 활용치 않는 경우가 있다.
③ 생산부문은 안전에 대한 책임과 권한이 없다.
④ 명령계통과 조언 권고적 참여가 혼동되기 쉽다.

＊안전보건관리조직

종류	특징
라인형 조직 (직계식)	① 100명 이하의 소규모 사업장 ② 안전에 관한 지시나 조치가 신속 ③ 책임 및 권한이 명백 ④ 안전에 대한 전문적 지식 및 기술 부족 ⑤ 관리 감독자의 직무가 너무 넓어 실행이 어려움
스탭형 조직 (참모식)	① 100~500명의 중규모 사업장에 적합 ② 안전업무가 표준화되어 직장에 정착 ③ 생산 조직과는 별도의 조직과 기능을 가짐 ④ 안전정보 수집과 기술 축적이 용이 ⑤ 전문적인 안전기술 연구 가능 ⑥ 생산부분은 안전에 대한 책임과 권한이 없음 ⑦ 권한 다툼이나 조정 때문에 통제 수속이 복잡해짐 ⑧ 안전과 생산을 별개로 취급하기 쉬움
라인- 스탭형 조직 (복합식)	① 1000명 이상의 대규모 사업장에 적합 ② 라인형과 스탭형의 장점을 취한 절충식 ③ 안전계획, 평가 및 조사는 스탭에서, 생산 기술의 안전대책은 라인에서 실시 ④ 조직원 전원을 자율적으로 안전활동에 참여시킬 수 있음 ⑤ 안전 활동과 생산업무가 분리될 가능성이 낮아때 균형을 유지 ⑥ 라인의 관리, 감독자에게도 안전에 관한 책임과 권한이 부여 ⑦ 명령 계통과 조언 권고적 참여가 혼동 되기 쉬움 ⑧ 스탭의 월권행위의 경우가 있음

③ : 스탭형 조직

20.③

21

사업장에서 인간공학의 적용분야로 가장 거리가 먼 것은?

① 제품설계
② 설비의 고장률
③ 재해·질병 예방
④ 장비·공구·설비의 배치

*인간공학의 적용분야
① 제품설계
② 재해·질병 예방
③ 장비·공구·설비의 배치
④ 작업환경 개선

22

결함수분석법(FTA)의 특징으로 볼 수 없는 것은?

① Top Down 형식
② 특정사상에 대한 해석
③ 정량적 해석의 불가능
④ 논리기호를 사용한 해석

*결함수분석법(FTA)의 특징
① 복잡하고 대형화된 시스템의 신뢰성 분석에 사용된다.
② 연역적, 정량적 해석을 한다.
③ 하향식(Top-Down) 방법이다.
④ 짧은 시간에 점검할 수 있다.
⑤ 비전문가라도 쉽게 할 수 있다.
⑥ 논리 기호를 사용한다.

23

음향기기 부품 생산공장에서 안전업무를 담당하는 직원이 공장 내부에 경보등을 설치하는 과정에서 도움이 될 만한 몇 가지 지식을 적용하고자 한다. 적용 지식 중 맞는 것은?

① 신호 대 배경의 휘도대비가 작을 때는 백색 신호가 효과적이다.
② 광원의 노출시간이 1초보다 작으면 광속 발산도는 작아야 한다.
③ 표적의 크기가 커짐에 따라 광도의 역치가 안정되는 노출시간은 증가한다.
④ 배경광 중 점멸 잡음광의 비율이 10%이상 이면 점멸등은 사용하지 않는 것이 좋다.

④ 점멸 잡음광의 비율이 10%이상이면 상점등을 신호로 사용하는 것이 효과적이며, 점멸등은 사용하지 않는 것이 좋다.

24

인간이 기계와 비교하여 정보처리 및 결정의 측면 에서 상대적으로 우수한 것은?
(단, 인공지능은 제외한다.)

① 연역적 추리
② 정량적 정보처리
③ 관찰을 통한 일반화
④ 정보의 신속한 보관

①, ②, ④ : 기계가 우수한 요소

25

제한된 실내 공간에서 소음문제의 음원에 관한 적극적 대책이 아닌 것은?

① 저소음 기계로 대체한다.
② 소음 발생원을 밀폐한다.
③ 방음 보호구를 착용한다.
④ 소음 발생원을 제거한다.

*소극적 대책과 적극적 대책
소극적 대책 : 작업자가 사용하는 도구 및 작업자의 조작에 관련된 대책으로 방어에 주된 목적이 있다.
③ 방음 보호구 착용 : 소극적 대책
①, ②, ④ : 적극적 대책

26

인간실수확률에 대한 추정기법으로 가장 적절하지 않은 것은?

① CIT(Critical Incident Technique) : 위급 사건기법
② FMEA(Failure Mode and Effect Analysis) : 고장형태 영향분석
③ TCRAM(Task Criticality Rating Analysis Method) : 직무위급도 분석법
④ THERP(Technique for Human Error Rate Prediction) : 인간 실수율 예측기법

② FMEA은 시스템에 대한 위험분석 기법이다.

27

음성통신에 있어 소음환경과 관련하여 성격이 다른 지수는?

① AI(Articulation Index) : 명료도 지수
② MAA(Minimum Audible Angle) : 최소가청 각도
③ PSIL(Preferred-Octave Speech Interference Level) : 음성간섭수준
④ PNC(Preferred Noise Criteria Curves) : 선호 소음판단 기준곡선

*음성통신지수(STI)
① 명료도지수(AI)
② PNC
③ 우선회화방해레벨(PSIL)
④ 회화방해레벨(SIL)
⑤ 소음평가지수(NRN)

✔최소가청운동각도(MAA)
청각신호의 위치 식별할 때 사용하는 척도이다.

28

A 회사에서는 새로운 기계를 설계하면서 레버를 위로 올리면 압력이 올라가도록 하고, 오른쪽 스위치를 눌렀을 때 오른쪽 전등이 커지도록 하였다면, 이것은 각각 어떤 유형의 양립성을 고려한 것인가?

① 레버 - 공간양립성, 스위치 - 개념양립성
② 레버 - 운동양립성, 스위치 - 개념양립성
③ 레버 - 개념양립성, 스위치 - 운동양립성
④ 레버 - 운동양립성, 스위치 - 공간양립성

29

압력 B_1과 B_2의 어느 한쪽이 일어나면 출력 A가 생기는 경우를 논리합의 관계라 한다. 이때 입력과 출력 사이에는 무슨 게이트로 연결되는가?

① OR 게이트   ② 억제 게이트
③ AND 게이트   ④ 부정 게이트

30

다음의 FT도에서 사상 A의 발생 확률 값은?

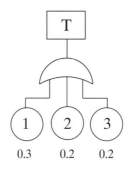

① 게이트 기호가 OR이므로 0.012
② 게이트 기호가 AND이므로 0.012
③ 게이트 기호가 OR이므로 0.552
④ 게이트 기호가 AND이므로 0.552

31

작업공간의 포락면(包絡面)에 대한 설명으로 맞는 것은?

① 개인이 그 안에서 일하는 일차원 공간이다.
② 작업복 등은 포락면에 영향을 미치지 않는다.
③ 가장 작은 포락면은 몸통을 움직이는 공간이다.
④ 작업의 성질에 따라 포락면의 경계가 달라진다.

32

안전교육을 받지 못한 신입직원이 작업 중 전극을 반대로 끼우려고 시도했으나, 플러그의 모양이 반대로 끼울 수 없도록 설계되어 있어서 사고를 예방할 수 있었다. 작업자가 범한 오류와 이와 같은 사고 예방을 위해 적용된 안전설계 원칙으로 가장 적합한 것은?

① 누락(omission) 오류, fail safe 설계원칙
② 누락(omission) 오류, fool proof 설계원칙
③ 작위(commission) 오류, fail safe 설계원칙
④ 작위(commission) 오류, fool proof 설계원칙

*휴먼 에러의 종류

종류	내용
누락오류 (Omission error)	필요한 작업 또는 절차를 수행하지 않는데 기인한 오류
작위오류 (Commission error)	필요한 작업 또는 절차의 불확실한 수행으로 기인한 오류

① Fool Proof
제품을 설계할 때 잘못될 가능성을 사전에 방지하는 설계이다.

② Fail Safe(안전작동)
인간 또는 기계의 오류로 인한 사고가 발생하지 않도록 다중으로 통제를 가하는 대책이다.

33

FMEA에서 고장 평점을 결정하는 5가지 평가요소에 해당하지 않는 것은?

① 생산능력의 범위
② 고장발생의 빈도
③ 고장방지의 가능성
④ 영향을 미치는 시스템의 범위

*FMEA의 고장등급 평가 요소
① 고장발생의 빈도
② 고장방지의 가능성
③ 영향을 미치는 시스템의 범위
④ 고장형태의 종류
⑤ 기능적 고장 영향의 중요도

34

어떤 소리가 $1000Hz$, $60dB$ 인 음과 같은 높이임에도 4배 더 크게 들린다면, 이 소리의 음압수준은 얼마인가?

① $70dB$ ② $80dB$
③ $90dB$ ④ $100dB$

*음압수준과 소음의 관계
음압수준이 $10dB$ 증가할 경우, 소음은 2배 증가한다.
$dB = 60 + 2 \times 10 = 80dB$

35

작업장 배치 시 유의사항으로 적절하지 않은 것은?

① 작업의 흐름에 따라 기계를 배치한다.
② 생산효율 증대를 위해 기계설비 주위에 재료나 반제품을 충분히 놓아둔다.
③ 공장내외는 안전한 통로를 두어야 하며, 통로는 선을 그어 작업장과 명확히 구별하도록 한다.
④ 비상시에 쉽게 대비할 수 있는 통로를 마련하고 사고 진압을 위한 활동통로가 반드시 마련되어야 한다.

② 기계설비 주위에는 안전을 위해 충분한 작업공간을 확보해야 한다.

36

시스템의 수명 및 신뢰성에 관한 설명으로 틀린 것은?

① 병렬설계 및 디레이팅 기술로 시스템의 신뢰성을 증가시킬 수 있다.
② 직렬시스템에서는 부품들 중 최소 수명을 갖는 부품에 의해 시스템 수명이 정해진다.
③ 수리가 가능한 시스템의 평균수명(MTBF)은 평균 고장율(λ)과 정비례관계가 성립한다.
④ 수리가 불가능한 구성요소로 병렬구조를 갖는 설비는 중복도가 늘어날수록 시스템 수명이 길어진다.

*평균 고장 간격(MTBF)

$$MTBF = \frac{1}{\lambda(\text{고장율})}$$

③ 수리가 가능한 시스템의 평균수명(MTBF)은 평균 고장율(λ)과 반비례관계가 성립한다.

38

산업안전보건법령에 따라 제조업 등 유해·위험 방지계획서를 작성하고자 할 때 관련 규정에 따라 1명 이상 포함시켜야 하는 사람의 자격으로 적합하지 않은 것은?

① 한국산업안전보건공단이 실시하는 관련 교육을 8시간 이수한 사람
② 기계, 재료, 화학, 전기, 전자, 안전관리 또는 환경분야 기술사 자격을 취득한 사람
③ 관련분야 기사 자격을 취득한 사람으로서 해당 분야에서 3년 이상 근무한 경력이 있는 사람
④ 기계안전, 전기안전, 화공안전분야의 산업안전지도사 또는 산업보건지도사 자격을 취득한 사람

① 한국산업안전보건공단이 실시하는 관련교육을 20시간 이수한 사람

37

스트레스에 반응하는 신체의 변화로 맞는 것은?

① 혈소판이나 혈액응고 인자가 증가한다.
② 더 많은 산소를 얻기 위해 호흡이 느려진다.
③ 중요한 장기인 뇌·심장·근육으로 가는 혈류가 감소한다.
④ 상황 판단과 빠른 행동 대응을 위해 감각 기관은 매우 둔감해진다.

① 스트레스 받으면 혈액을 응고시키는 혈소판이 증가하여 심근경색 등의 질환이 생길 위험이 있다.

39

다음 그림과 같은 직·병렬 시스템의 신뢰도는? (단, 병렬 각 구성요소의 신뢰도는 R 이고, 직렬 구성요소의 신뢰도는 M 이다.)

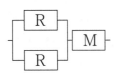

① MR^3

② $R^2(1-MR)$

③ $M(R^2+R)-1$

④ $M(2R-R^2)$

40

현재 시험문제와 같이 4지택일형 문제의 정보량은 얼마인가?

① 2bit

② 4bit

③ 2byte

④ 4byte

41

연삭숫돌의 상부를 사용하는 것을 목적으로 하는 탁상용 연삭기에서 안전덮개의 노출부위 각도는 몇 ° 이내이어야 하는가?

① 90° 이내
② 75° 이내
③ 60° 이내
④ 105° 이내

*용도에 따른 연삭기 덮개의 각도

형상	용도
125° 이내 / 65° 이내	일반연삭작업에 사용되는 탁상용 연삭기
60° 이상 / 60° 이상	연삭숫돌의 상부를 사용하는 것을 목적으로 하는 탁상용 연삭기
65° 이내 / 180° 이내	1. 원통연삭기 2. 센터리스연삭기 3. 공구연삭기 4. 만능연삭기
180° 이내	1. 휴대용 연삭기 2. 스윙연삭기 3. 슬리브연삭기
15° 이상 / 15° 이상	1. 평면연삭기 2. 절단연삭기

42

다음 중 산업안전보건법령상 아세틸렌 가스용접장치에 관한 기준으로 틀린 것은?

① 전용의 발생기실은 건물의 최상층에 위치하여야 하며, 화기를 사용하는 설비로부터 $1m$를 초과하는 장소에 설치하여야 한다.
② 전용의 발생기실을 옥외에 설치한 경우에는 그 개구부를 다른 건축물로부터 $1.5m$ 이상 떨어지도록 하여야 한다.
③ 아세틸렌 용접장치를 사용하여 금속의 용접·용단 또는 가열작업을 하는 경우에는 게이지 압력이 $127kPa$을 초과하는 압력의 아세틸렌을 발생시켜 사용해서는 아니된다.
④ 전용의 발생기실을 설치하는 경우 벽은 불연성 재료로 하고 철근 콘크리트 또는 그 밖에 이와 동등 하거나 그 이상의 강도를 가진 구조로 하여야 한다.

① 전용의 발생기실은 건물의 최상층에 위치하여야 하며, 화기를 사용하는 설비로부터 3m를 초과하는 장소에 설치하여야 한다.

43

다음 중 포터블 벨트 컨베이어(potable belt conveyor)의 안전 사항과 관련한 설명으로 옳지 않은 것은?

① 포터블 벨트 컨베이어의 차륜간의 거리는 전도 위험이 최소가 되도록 하여야 한다.
② 기복장치는 포터블 벨트 컨베이어의 옆면에서만 조작하도록 한다.
③ 포터블 벨트 컨베이어를 사용하는 경우는 차륜을 고정하여야 한다.
④ 전동식 포터블 벨트 컨베이어를 이동하는 경우는 먼저 전원을 내린 후 컨베이어를 이동시킨 다음 컨베이어를 최저의 위치로 내린다.

④ 컨베이어를 최저의 위치로 내린 후 전원을 차단할 것

44

사람이 작업하는 기계장치에서 작업자가 실수를 하거나 오조작을 하여도 안전하게 유지되게 하는 안전설계방법은?

① Fail Safe
② 다중계화
③ Fool proof
④ Back up

*Fool Proof(바보 방지 설계)
제품을 설계할 때 잘못 사용될 가능성을 사전에 방지하는 설계이다.

45

질량 $100kg$의 화물이 와이어로프에 매달려 $2m/s^2$의 가속도로 권상되고 있다. 이 때 와이어로프에 작용하는 장력의 크기는 몇 N인가? (단, 여기서 중력가속도는 $10m/s^2$로 한다.)

① $200N$
② $300N$
③ $1200N$
④ $2000N$

*와이어로프에 걸리는 총 하중(W)

$$W = W_1 + W_2 = W_1 + \frac{W_1}{g} \times a$$

$$= 100 + \frac{100}{9.8} \times 2 = 120kg$$

$$= 120 \times 10 = 1200N$$

여기서, W : 총 하중$[kg]$
W_1 : 정하중$[kg]$
W_2 : 동하중$\left(W_2 = \frac{W_1}{g} \times a\right)$
g : 중력가속도 $[m/s^2]$
a : 물체의 가속도 $[m/s^2]$

46

광전자식 방호장치의 광선에 신체의 일부가 감지된 후로부터 급정지기구가 작동개시 하기까지의 시간이 $40ms$이고, 광축의 최소설치거리(안전거리)가 $200mm$일 때 급정지기구가 작동개시한 때로부터 프레스기의 슬라이드가 정지될 때까지의 시간은 약 몇 ms인가?

① $60ms$
② $85ms$
③ $105ms$
④ $130ms$

*안전거리
$D = 1.6(T_c + T_s)$
$\begin{cases} D : 안전거리[mm] \\ T_c : 방호장치의 작동시간[ms] \\ T_s : 프레스의 급정지시간[ms] \end{cases}$

$$\therefore T_s = \frac{D}{1.6} - T_c = \frac{200}{1.6} - 40 = 85ms$$

47

방사선 투과검사에서 투과사진의 상질을 점검할 때 확인해야 할 항목으로 거리가 먼 것은?

① 투과도계의 식별도
② 시험부의 사진농도 범위
③ 계조계의 값
④ 주파수의 크기

*투과사진 상질점검 항목
① 투과도계의 식별도
② 시험부의 사진농도 범위
③ 계조계의 값

48

양중기의 과부하장치에서 요구하는 일반적인 성능 기준으로 틀린 것은?

① 과부하방지장치 작동 시 경보음과 경보램프가 작동되어야 하며 양중기는 작동이 되지 않아야 한다.
② 외함의 전선 접촉부분은 고무 등으로 밀폐되어 물과 먼지 등이 들어가지 않도록 한다.
③ 과부하방지장치와 타 방호장치는 기능에 서로 장애를 주지 않도록 부착할 수 있는 구조이어야 한다.
④ 방호장치의 기능을 제거하더라도 양중기는 원활하게 작동시킬 수 있는 구조이여야 한다.

④ 방호장치의 기능을 제거 또는 정지할 때 양중기의 기능도 동시에 정지할 수 있는 구조이어야 한다.

49

프레스 작업에서 제품 및 스크랩을 자동적으로 위험한계 밖으로 배출하기 위한 장치로 볼 수 없는 것은?

① 피더   ② 키커
③ 이젝터   ④ 공기 분사 장치

*파쇄철 제거장치
압축공기(공기분사장치, 키커, 이젝터 등)

50

용접장치에서 안전기의 설치 기준에 관한 설명으로 옳지 않은 것은?

① 아세틸렌 용접장치에 대하여는 일반적으로 각 취관마다 안전기를 설치하여야 한다.
② 아세틸렌 용접장치의 안전기는 가스용기와 발생기가 분리되어 있는 경우 발생기와 가스용기 사이에 설치한다.
③ 가스집합 용접장치에서는 주관 및 분기관에 안전기를 설치하며, 이 경우 하나의 취관에 2개 이상의 안전기를 설치한다.
④ 가스집합 용접장치의 안전기 설치는 화기 사용설비로부터 $3m$ 이상 떨어진 곳에 설치한다.

④ 가스집합 용접장치의 안전기 설치는 화기사용 설비로부터 $5m$ 이상 떨어진 곳에 설치한다.

51

산업안전보건법상 보일러의 안전한 가동을 위하여 보일러 규격에 맞는 압력방출장치가 2개 이상 설치된 경우에 최고사용압력 이하에서 1개가 작동되고, 다른 압력방출장치는 최고 사용압력의 몇 배 이하에서 작동되도록 부착하여야 하는가?

① 1.03배 ② 1.05배
③ 1.2배   ④ 1.5배

압력방출장치 2개 이상이 설치된 경우에는 최고사용압력 이하에서 1개가 작동되고 나머지는 최고사용압력의 <u>1.05배 이하</u>에서 작동되도록 부착할 것.

52

밀링작업에서 주의해야 할 사항으로 옳지 않은 것은?

① 보안경을 쓴다.
② 일감 절삭 중 치수를 측정한다.
③ 커터에 옷이 감기지 않게 한다.
④ 커터는 될 수 있는 한 컬럼에 가깝게 설치한다.

② 회전을 중지한 후 치수를 측정한다.

53

작업자의 신체부위가 위험한계 내로 접근하였을 때 기계적인 작용에 의하여 접근을 못하도록 하는 방호장치는?

① 위치제한형 방호장치
② 접근거부형 방호장치
③ 접근반응형 방호장치
④ 감지형 방호장치

*접근거부형 방호장치
작업자의 신체부위 위험한계 내로 접근하였을 때 기계적인 작용에 의하여 접근을 못하도록 하는 방호장치

54

사업주가 보일러의 폭발사고 예방을 위하여 기능이 정상적으로 작동될 수 있도록 유지, 관리할 대상이 아닌 것은?

① 과부하방지장치   ② 압력방출장치
③ 압력제한스위치   ④ 고저수위조절장치

*보일러 폭발 방호장치
① 화염 검출기
② 압력방출장치
③ 압력제한스위치
④ 고저수위 조절장치

55

산업안전보건법령에 따라 프레스 등을 사용하여 작업을 하는 경우 작업 시작 전 점검 사항과 거리가 먼 것은?

① 전단기의 칼날 및 테이블의 상태
② 프레스의 금형 및 고정 볼트 상태
③ 슬라이드 또는 칼날에 의한 위험방지 기구의 기능
④ 전자밸브, 압력조정밸브 기타 공압 계통의 이상 유무

*프레스 작업시작 전 점검사항
① 클러치 및 브레이크의 기능
② 방호장치의 기능
③ 프레스의 금형 및 고정볼트 상태
④ 전단기의 칼날 및 테이블의 상태
⑤ 1행정 1정지기구·급정지장치 및 비상정지장치의 기능
⑥ 슬라이드 또는 칼날에 의한 위험방지 기구의 기능
⑦ 크랭크축·플라이휠·슬라이드·연결봉 및 연결나사의 풀림 유무

56

숫돌 바깥지름이 $150mm$일 경우 평형 플랜지의 지름은 최소 몇 mm 이상이어야 하는가?

① $25mm$ ② $50mm$
③ $75mm$ ④ $100mm$

*평형 플랜지 지름(D)
$D = \dfrac{1}{3} \times d = \dfrac{1}{3} \times 150 = 50mm$
여기서, d : 연삭숫돌의 바깥지름 $[mm]$

57

다음 중 아세틸렌 용접장치에서 역화의 원인으로 가장 거리가 먼 것은?

① 아세틸렌의 공급 과다
② 토치 성능의 부실
③ 압력조정기의 고장
④ 토치 팁에 이물질이 묻은 경우

① 산소의 공급 과다

58

설비의 고장형태를 크게 초기고장, 우발고장, 마모고장으로 구분할 때 다음 중 마모고장과 가장 거리가 먼 것은?

① 부품, 부재의 마모
② 열화에 생기는 고장
③ 부품, 부재의 반복피로
④ 순간적 외력에 의한 파손

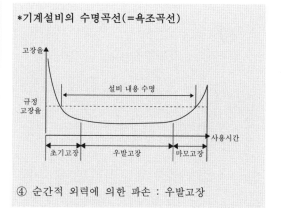

*기계설비의 수명곡선(=욕조곡선)

④ 순간적 외력에 의한 파손 : 우발고장

59

와이어로프 호칭이 '6×19'라고 할 때 숫자 '6'이 의미하는 것은?

① 소선의 지름(mm)
② 소선의 수량(wire수)
③ 꼬임의 수량(strand수)
④ 로프의 최대인장강도(MPa)

＊와이어로프의 호칭

$A \times B$

여기서, A : 꼬임의 수(＝스트랜드 수)
B : 소선의 수(＝와이어 수)

60

목재가공용 둥근톱에서 안전을 위해 요구되는 구조로 옳지 않은 것은?

① 톱날은 어떤 경우에도 외부에 노출되지 않고 덮개가 덮여 있어야 한다.
② 작업 중 근로자의 부주의에도 신체의 일부가 날에 접촉할 염려가 없도록 설계되어야 한다.
③ 덮개 및 지지부는 경량이면서 충분한 강도를 가져야 하며, 외부에서 힘을 가했을 때 쉽게 회전될 수 있는 구조로 설계되어야 한다.
④ 덮개의 가동부는 원활하게 상하로 움직일 수 있고 좌우로 움직일 수 없는 구조로 설계되어야 한다.

③ 덮개 및 지지부는 중량이면서 충분한 강도를 가져야 하며, 외부에서 힘을 가했을 때 쉽게 회전되지 않게 설계할 것

61

전기기기의 충격 전압시험 시 사용하는 표준충격파형(T_f, T_t)은?

① $1.2 \times 50 \mu s$
② $1.2 \times 100 \mu s$
③ $2.4 \times 50 \mu s$
④ $2.4 \times 100 \mu s$

*표준충격파형
$1.2 \times 50 \mu s$

여기서,
1.2 : 파두장
50 : 파미장

62

심실세동 전류란?

① 최소 감지전류
② 치사적 전류
③ 고통 한계전류
④ 마비 한계전류

심실세동전류는 사람의 심장이 멈출 수 있는 치사적 전류이다.

63

인체의 전기저항을 $0.5k\Omega$이라고 하면 심실세동을 일으키는 위험한계 에너지는 몇 J인가?

(단, 심실세동전류값 $I = \dfrac{165}{\sqrt{T}} mA$의 Dalziel의 식을 이용하며, 통전시간은 1초로 한다.)

① 13.6
② 12.6
③ 11.6
④ 10.6

*심실세동 전기에너지(Q)

$Q = I^2 RT$

$= \left(\dfrac{165 \times 10^{-3}}{\sqrt{T}} \right)^2 \times R \times T$

$= \left(\dfrac{165 \times 10^{-3}}{\sqrt{1}} \right)^2 \times 500 \times 1 = 13.61 J$

여기서,
R : 저항 $[\Omega]$
T : 시간 $[sec]$ (주어지지 않을 경우 $T = 1sec$)

64

지구를 고립한 지구도체라 생각하고 $1C$의 전하가 대전되었다면 지구 표면의 전위는 대략 몇 $[V]$ 인가?
(단, 지구의 반경은 $6367km$이다.)

① $1414 V$
② $2828 V$
③ $9 \times 10^4 V$
④ $9 \times 10^9 V$

65

감전사고로 인한 적격사의 메카니즘으로 가장 거리가 먼 것은?

① 흉부수축에 의한 질식
② 심실세동에 의한 혈액순환기능의 상실
③ 내장파열에 의한 소화기계통의 기능상실
④ 호흡중추신경 마비에 따른 호흡기능 상실

66

조명기구를 사용함에 따라 작업면의 조도가 점차적으로 감소되어가는 원인으로 가장 거리가 먼 것은?

① 점등 광원의 노화로 인한 광속의 감소
② 조명기구에 붙은 먼지, 오물, 반사면의 변질에 의한 광속 흡수율 감소
③ 실내 반사면에 붙은 먼지, 오물, 반사면의 화학적 변질에 의한 광속 반사율 감소
④ 공급전압과 광원의 정격전압의 차이에서 오는 광속의 감소

67

정전작업 시 정전시킨 전로에 잔류전하를 방전할 필요가 있다. 전원차단 이후에도 잔류 전하가 남아 있을 가능성이 가장 낮은 것은?

① 방전 코일　　　　② 전력 케이블
③ 전력용 콘덴서　　④ 용량이 큰 부하기기

68

이동식 전기기기의 감전사고를 방지하기 위한 가장 적정한 시설은?

① 접지설비　　　　② 폭발방지설비
③ 시건장치　　　　④ 피뢰기설비

69

인체의 피부 전기저항은 여러 가지의 제반조건에 의해서 변화를 일으키는데 제반조건으로써 가장 가까운 것은?

① 피부의 청결   ② 피부의 노화
③ 인가전압의 크기   ④ 통전경로

*인체피부의 전기저항에 영향을 주는 주요인자
① 접촉 전압(=인가 전압)
② 통전 시간(=인가 시간)
③ 접촉 면적 및 부위
④ 주파수

70

자동차가 통행하는 도로에서 고압의 지중전선로를 직접 매설식으로 시설할 때 사용되는 전선으로 가장 적합한 것은?

① 비닐 외장 케이블
② 폴리에틸렌 외장 케이블
③ 클로로프렌 외장 케이블
④ 콤바인 덕트 케이블(combine duct cable)

*콤바인 덕트 케이블(Combine Duck Cable)
고압의 지중전선로 직접 매설식에 사용되는 전선으로, 노출 및 은폐공사를 할 경우에 전용의 불연성 또는 난연성의 관 또는 덕트에 넣어 시설하는 케이블이다.

71

산업안전보건법에는 보호구를 사용 시 안전인증을 받은 제품을 사용토록 하고 있다. 다음 중 안전인증 대상이 아닌 것은?

① 안전화   ② 고무장화
③ 안전장갑   ④ 감전위험방지용 안전모

*안전인증대상 기계 등

보호구	① 추락 및 감전 위험방지용 안전모
	② 안전화
	③ 안전장갑
	④ 방진마스크
	⑤ 방독마스크
	⑥ 송기마스크
	⑦ 전동식 호흡보호구
	⑧ 보호복
	⑨ 안전대
	⑩ 차광 및 비산물 위험방지용 보안경
	⑪ 용접용 보안면
	⑫ 방음용 귀마개 또는 귀덮개

72

감전사고로 인한 호흡 정지 시 구강대 구강법에 의한 인공호흡의 매분 회수와 시간은 어느 정도 하는 것이 가장 바람직한가?

① 매분 5~10회, 30분 이하
② 매분 12~15회, 30분 이상
③ 매분 20~30회, 30분 이하
④ 매분 30회 이상, 20분~30분 정도

*인공호흡 요령
매분 12~15회, 30분 이상 실시한다.

73

누전차단기의 구성요소가 아닌 것은?

① 누전검출부　　　　② 영상변류기
③ 차단장치　　　　　④ 전력퓨즈

74

$1C$을 갖는 2개의 전하가 공기 중에서 $1m$의 거리에 있을 때 이들 사이에 작용하는 정전력은?

① $8.854 \times 10^{-12} [N]$　　② $1.0 [N]$
③ $3 \times 10^3 [N]$　　　　　　④ $9 \times 10^9 [N]$

75

고장전류와 같은 대전류를 차단할 수 있는 것은?

① 차단기(CB)　　　　② 유입 개폐기(OS)
③ 단로기(DS)　　　　④ 선로 개폐기(LS)

76

금속제 외함을 가지는 기계기구에 전기를 공급하는 전로에 지락이 발생했을 때에 자동적으로 전로를 차단하는 누전차단기 등을 설치하여야 한다. 누전차단기를 설치해야 되는 경우로 옳은 것은?

① 기계기구가 고무, 합성수지 기타 절연물로 피복된 것일 경우
② 기계기구가 유도전동기의 2차측 전로에 접속된 저항기일 경우
③ 대지전압이 $150V$를 초과하는 전동기계·기구를 시설하는 경우
④ 전기용품안전관리법의 적용을 받는 2중 절연구조의 기계기구를 시설하는 경우

77

전기화재의 경로별 원인으로 거리가 먼 것은?

① 단락　　　　　　　② 누전
③ 저전압　　　　　　④ 접촉부의 과열

*전기화재의 원인

경로별	발화원별
① 합선(단락)	① 전기 기기
② 기기 발열	② 전기장치
③ 과전류	③ 배선기구
④ 누전	④ 절연기
⑤ 스파크	⑤ 배선
⑥ 접촉부 과열	
⑦ 정전기	

78

내압 방폭구조는 다음 중 어느 경우에 가장 가까운가?

① 점화 능력의 본질적 억제
② 점화원의 방폭적 격리
③ 전기설비의 안전도 증강
④ 전기 설비의 밀폐화

*전기기기 방폭의 기본 개념
① 점화원의 방폭적 격리 – 내압, 유압, 유입
② 전기기기의 안전도 증강 – 안전증
③ 점화능력의 본질적 억제 - 본질안전

79

인입개폐기를 개방하지 않고 전등용 변압기 1차측 COS만 개방 후 전등용 변압기 접속용 볼트 작업 중 동력용 COS에 접촉, 사망한 사고에 대한 원인으로 가장 거리가 먼 것은?

① 안전장구 미사용
② 동력용 변압기 COS 미개방
③ 전등용 변압기 2차측 COS 미개방
④ 인입구 개폐기 미개방한 상태에서 작업

전등용 변압기 1차측 COS를 개방하면 2차측 COS 개방은 의미가 없다.

80

인체통전으로 인한 전격(electric shock)의 정도를 정함에 있어 그 인자로서 가장 거리가 먼 것은?

① 전압의 크기　　　　② 통전시간
③ 전류의 크기　　　　④ 통전경로

*감전위험 요인

요인	종류
직접적인 요인	① 통전 전류의 크기 ② 통전 전원의 종류 ③ 통전 시간 ④ 통전 경로
간접적인 요인	① 전압의 크기 ② 인체의 조건(저항) ③ 계절 ④ 개인차

81

다음 중 가연성 물질과 산화성 고체가 혼합하고 있을 때 연소에 미치는 현상으로 옳은 것은?

① 착화온도(발화점)가 높아진다.
② 최소점화에너지가 감소하며, 폭발의 위험성이 증가한다.
③ 가스나 가연성 증기의 경우 공기혼합보다 연소범위가 축소된다.
④ 공기 중에서보다 산화작용이 약하게 발생하여 화염온도가 감소하며 연소속도가 늦어진다.

① 착화온도(발화점)가 낮아진다.
③ 가스나 가연성 증기의 경우 공기혼합보다 연소범위가 증대된다.
④ 공기 중에서보다 산화작용이 크게 발생하여 화염온도가 증가하며 연소속도가 빨라진다.

82

다음 중 전기화재의 종류에 해당하는 것은?

① A급
② B급
③ C급
④ D급

*화재의 구분

등급	종류	색	소화방법
A급	일반화재	백색	냉각소화
B급	유류 및 가스화재	황색	질식소화
C급	전기화재	청색	질식소화
D급	금속화재	무색	피복소화

83

사업주는 산업안전보건법령에서 정한 설비에 대해서는 과압에 따른 폭발을 방지하기 위하여 안전밸브 등을 설치하여야 한다. 다음 중 이에 해당하는 설비가 아닌 것은?

① 원심펌프
② 정변위 압축기
③ 정변위 펌프(토출축에 차단밸브가 설치된 것만 해당한다)
④ 배관(2개 이상의 밸브에 의하여 차단되어 대기온도에서 액체의 열팽창에 의하여 파열될 우려가 있는 것으로 한정한다)

*안전밸브 또는 파열판의 설치
① 압력용기(안지름이 150mm 이하인 압력용기는 제외)
② 정변위 압축기
③ 정변위 펌프(토출축에 차단밸브가 설치된 것만 해당)
④ 배관(2개 이상의 밸브에 의하여 차단되어 대기온도에서 액체의 열팽창에 의하여 파열될 우려가 있는 것으로 한정)

84

니트로셀룰로오스의 취급 및 저장방법에 관한 설명으로 틀린 것은?

① 저장 중 충격과 마찰 등을 방지하여야 한다.
② 물과 격렬히 반응하여 폭발함으로 습기를 제거하고, 건조 상태를 유지한다.
③ 자연발화 방지를 위하여 안전용제를 사용한다.
④ 화재 시 질식소화는 적응성이 없으므로 냉각소화를 한다.

② 니트로셀룰로오스는 물과 반응하지 않으며, 건조하면 분해폭발하므로 알코올에 습면하여 저장한다.

85

위험물을 산업안전보건법령에서 정한 기준량 이상으로 제조하거나 취급하는 설비로서 특수화학설비에 해당되는 것은?

① 가열시켜 주는 물질의 온도가 가열되는 위험물질의 분해온도보다 높은 상태에서 운전되는 설비
② 상온에서 게이지 압력으로 $200kPa$의 압력으로 운전되는 설비
③ 대기압 하에서 섭씨 $300℃$ 로 운전되는 설비
④ 흡열반응이 행하여지는 반응설비

*계측장치 설치대상인 특수화학설비의 기준
① 온도가 섭씨 $350℃$ 이상이거나 게이지 압력이 $980kPa$ 이상인 상태에서 운전되는 설비
② 가열로 또는 가열기
③ 발열반응이 일어나는 반응장치
④ 증류·정류·증발·추출 등 분리를 하는 장치
⑤ 가열시켜주는 물질의 온도가 가열되는 위험물질의 분해온도 또는 발화점보다 높은 상태에서 운전되는 설비
⑥ 반응폭주 등 이상 화학반응에 의하여 위험물질이 발생할 우려가 있는 설비

86

폭발에 관한 용어 중 "BLEVE"가 의미하는 것은?

① 고농도의 분진폭발
② 저농도의 분해폭발
③ 개방계 증기운 폭발
④ 비등액 팽창증기폭발

*비등액체 팽창 증기폭발(BLEVE)
비등상태의 액화가스가 기화하여 팽창하고 폭발하는 현상

87

다음 중 인화점이 가장 낮은 물질은?

① CS_2 ② C_2H_5OH
③ CH_3COCH_3 ④ $CH_3COOC_2H_5$

*각 물질의 인화점

물질	인화점
이황화탄소 (CS_2)	$-30℃$
에틸알코올 (C_2H_5OH)	$13℃$
아세톤 (CH_3COCH_3)	$-18℃$
아세트산에틸 ($CH_3COOC_2H_5$)	$-4℃$

88

아세틸렌 압축 시 사용되는 희석제로 적당하지 않은 것은?

① 메탄   ② 질소
③ 산소   ④ 에틸렌

아세틸렌과 산소는 연소반응을 일으키기 때문에 희석제로 부적합하다.

89

수분을 함유하는 에탄올에서 순수한 에탄올을 얻기 위해 벤젠과 같은 물질을 첨가하여 수분을 제거하는 증류 방법은?

① 공비증류　　　　② 추출증류
③ 가압증류　　　　④ 감압증류

＊공비증류
두가지 물질이 혼합되이 증류할때 공비혼합물의 끓는점이 일정해서 그 비율로 증발되어 나오는 증류이다.

90

다음 중 벤젠(C_6H_6)의 공기 중 폭발하한계값 $vol\%$에 가장 가까운 것은?

① 1.0　　　　② 1.5
③ 2.0　　　　④ 2.5

＊완전연소조성농도(＝화학양론조성, C_{st})

$$C_{st} = \frac{100}{1 + 4.773\left(a + \dfrac{b - c - 2d}{4}\right)}$$

여기서,
C_{st} : 완전연소조성농도 [%]
a : 탄소의 원자수
b : 수소의 원자수
c : 할로겐원자의 원자수
d : 산소의 원자수

$$C_{st} = \frac{100}{1 + 4.773\left(6 + \dfrac{6}{4}\right)} = 2.72 vol\%$$

$$L = 0.55 \times C_{st} = 0.55 \times 2.72 = 1.5 vol$$

91

다음 중 퍼지의 종류에 해당하지 않는 것은?

① 압력퍼지　　　　② 진공퍼지
③ 스위프퍼지　　　　④ 가열퍼지

＊퍼지(Fuzzy)의 종류
① 압력퍼지
② 진공퍼지
③ 스위프퍼지
④ 사이펀퍼지

92

공업용 용기의 몸체 도색으로 가스명과 도색명의 연결이 옳은 것은?

① 산소 – 청색　　　　② 질소 – 백색
③ 수소 – 주황색　　　　④ 아세틸렌 – 회색

＊가연성가스 및 독성가스의 용기

고압가스	도색
산소	녹색
수소	주황색
염소	갈색
탄산가스	청색
석유가스 or 질소	회색
아세틸렌	황색
암모니아	백색

89.① 90.② 91.④ 92.③

93

다음 중 분말 소화약제로 가장 적절한 것은?

① 사염화탄소
② 브롬화메탄
③ 수산화암모늄
④ 제1인산암모늄

*분말소화기의 종류

종별	소화약제	화재 종류
제1종 소화분말	$NaHCO_3$ (탄산수소나트륨)	BC 화재
제2종 소화분말	$KHCO_3$ (탄산수소칼륨)	BC 화재
제3종 소화분말	$NH_4H_2PO_4$ (인산암모늄)	ABC 화재
제4종 소화분말	$KHCO_3 +$ $(NH_2)_2CO$ (탄산수소칼륨 + 요소)	BC 화재

94

비중이 1.5 이고, 직경이 $74\mu m$인 분체가 종말속도 $0.2 m/s$로 직경 $6m$의 사일로(silo)에서 질량유속 $400kg/h$로 흐를 때 평균 농도는 약 얼마인가?

① $10.8 mg/L$
② $14.8 mg/L$
③ $19.8 mg/L$
④ $25.8 mg/L$

*평균농도(D) $[mg/L]$

질량유속($\dot{m}$)의 단위를 정리하면

$$\dot{m} = 400kg/h = \frac{400 \times 10^6}{3600} = 111000 mg/s$$

$$D = \frac{\dot{m}}{V} = \frac{\dot{m}}{VA} = \frac{111000}{0.2 \times \frac{\pi \times 6^2}{4}} = 19629.11 mg/m^3$$

$$= 19.6 mg/L$$

95

다음 중 분진폭발이 발생하기 쉬운 조건으로 적절하지 않은 것은?

① 발열량이 클 때
② 입자의 표면적이 작을 때
③ 입자의 형상이 복잡할 때
④ 분진의 초기 온도가 높을 때

② 입자의 표면적이 클 때 분진폭발이 발생하기 쉽다.

96

다음 중 폭발 또는 화재가 발생할 우려가 있는 건조설비의 구조로 적절하지 않은 것은?

① 건조설비의 바깥 면은 불연성 재료로 만들 것
② 위험물 건조설비의 열원으로서 직화를 사용하지 아니할 것
③ 위험물 건조설비의 측벽이나 바닥은 견고한 구조로 할 것
④ 위험물 건조설비는 상부를 무거운 재료로 만들고 폭발구를 설치할 것

④ 위험물 건조설비는 상부를 가벼운 재료로 하고 주위상황을 고려하여 폭발구를 설치할 것

97

위험물안전관리법령에 의한 위험물의 분류 중 제1류 위험물에 속하는 것은?

① 염소산염류   ② 황린
③ 금속칼륨   ④ 질산에스테르

① 염소산염류 : 제1류 위험물
② 황린, ③ 금속칼륨 : 제3류 위험물
④ 질산에스테르 : 제5류 위험물

98

산업안전보건법령상 위험물질의 종류에서 "폭발성 물질 및 유기과산화물"에 해당하는 것은?

① 리튬   ② 아조화합물
③ 아세틸렌   ④ 셀룰로이드류

*폭발성물질 및 유기과산화물
① 질산에스테르
② 니트로화합물
③ 니트로소화합물
④ 아조화합물
⑤ 디아조화합물
⑥ 하이드라진 유도체
⑦ 유기과산화물

99

다음 중 축류식 압축기에 대한 설명으로 옳은 것은?

① Casing 내에 1개 또는 수 개의 회전체를 설치하여 이것을 회전시킬 때 Casing과 피스톤 사이의 체적이 감소해서 기체를 압축하는 방식이다.
② 실린더 내에서 피스톤을 왕복시켜 이것에 따라 개폐하는 흡입밸브 및 배기밸브의 작용에 의해 기체를 압축하는 방식이다.
③ Casing 내에 넣어진 날개바퀴를 회전시켜 기체에 작용하는 원심력에 의해서 기체를 압송하는 방식이다.
④ 프로펠러의 회전에 의한 추진력에 의해 기체를 압송하는 방식이다.

① : 회전식 압축기
② : 왕복식 압축기
③ : 터보식 압축기

100

메탄 $50 vol\%$, 에탄 $30 vol\%$, 프로판 $20 vol\%$ 혼합가스의 공기 중 폭발 하한계는?
(단, 메탄, 에탄, 프로판의 폭발 하한계는 각각 $5.0 vol\%$, $3.0 vol\%$, $2.1 vol\%$ 이다.)

① $1.6 vol\%$ ② $2.1 vol\%$
③ $3.4 vol\%$ ④ $4.8 vol\%$

*혼합가스의 폭발한계 산술평균식
$$L = \frac{100 (= V_1 + V_2 + V_3)}{\dfrac{V_1}{L_1} + \dfrac{V_2}{L_2} + \dfrac{V_3}{L_3}} = \frac{100}{\dfrac{50}{5} + \dfrac{30}{3} + \dfrac{20}{2.1}} = 3.4 vol\%$$

101

차량계 건설기계를 사용하여 작업할 때, 그 기계가 넘어지거나 굴러떨어짐으로써 근로자가 위험해질 우려가 있는 경우에 조치하여야 할 사항과 거리가 먼 것은?

① 갓길의 붕괴 방지
② 작업반경 유지
③ 지반의 부동침하 방지
④ 도로 폭의 유지

*차량계 하역운반기계 사용시 준수사항
① 유도하는 자 배치
② 지반의 부동침하방지
③ 갓길의 붕괴 방지
④ 도로의 폭 유지

102

유해위험방지계획서 제출 대상 공사로 볼 수 없는 것은?

① 지상 높이가 $31m$ 이상인 건축물의 건설공사
② 터널건설공사
③ 깊이 $10m$ 이상인 굴착공사
④ 교량의 전체길이가 $40m$ 이상인 교량공사

*유해위험방지계획서 제출대상 건설공사
① 지상높이가 $31m$ 이상인 건축물 또는 인공구조물
② 연면적 $30,000m^2$ 이상인 건축물
③ 연면적 $5,000m^2$ 이상인 시설
 ㉠ 문화 및 잡화시설(전시장·동물원·식물원 제외)
 ㉡ 판매시설·운수시설(고속도로의 역사 및 집배송 시설 제외)

 ㉢ 종교시설
 ㉣ 의료시설 중 종합병원
 ㉤ 숙박시설 중 관광숙박시설
 ㉥ 지하도상가
 ㉦ 냉동·냉장 창고시설
④ 연면적 $5000m^2$ 이상의 냉동·냉장창고시설의 설비 공사 및 단열공사
⑤ 최대 지간길이가 $50m$ 이상인 교량 건설 등 공사
⑥ 터널 건설 등의 공사
⑦ 다목적댐·발전용댐 및 저수용량 2천만톤 이상의 용수 전용 댐·지방상수도 전용 댐 건설 등의 공사
⑧ 깊이 $10m$ 이상인 굴착공사

103

건설업 산업안전보건관리비 계상 및 사용기준에 따른 안전관리비의 개인보호구 및 안전장구 구입비 항목에서 안전관리비로 사용이 가능한 경우는?

① 안전·보건관리자가 선임되지 않은 현장에서 안전·보건업무를 담당하는 현장관계자용 무전기, 카메라, 컴퓨터, 프린터 등 업무용기기
② 혹한·혹서에 장기간 노출로 인해 건강장해를 일으킬 우려가 있는 경우 특정 근로자에게 지급되는 기능성 보호 장구
③ 근로자에게 일률적으로 지급하는 보냉·보온 장구
④ 감리원이나 외부에서 방문하는 인사에게 지급하는 보호구

근로자 보호 목적으로 보기 어려운 피복, 장구, 용품등은 안전관리비의 사용이 불가능하지만, 혹한·혹서에 장기간 노출로 인해 건강장해를 일으킬 우려가 있는 경우 특정 근로자에게 지급되는 기능성 보호 장구는 안전관리비로 사용이 가능하다.

104

지반에서 나타나는 보일링(boiling) 현상의 직접적인 원인으로 볼 수 있는 것은?

① 굴착부와 배면부의 지하수위의 수두차
② 굴착부와 배면부의 흙의 중량차
③ 굴착부와 배면부의 흙의 함수비차
④ 굴착부와 배면부의 흙의 토압차

*보일링(Boiling)현상
사질지반 굴착시 흙막이벽 배면의 지하수가 굴착저면으로 흘러들어와 흙과 물이 분출되는 현상

*보일링(Boiling)현상의 발생원인

① 흙막이벽의 근입장 깊이 부족
② 흙막이벽 배면의 지하수위가 굴착저면 지하수위보다 높은 경우
③ 굴착저면 하부의 투수성이 좋은 사질

105

강풍이 불어올 때 타워크레인의 운전작업을 중지하여야 하는 순간풍속의 기준으로 옳은 것은?

① 순간풍속이 초당 10m 초과
② 순간풍속이 초당 15m 초과
③ 순간풍속이 초당 25m 초과
④ 순간풍속이 초당 30m 초과

*크레인·리프트의 등 작업중지 조치사항

풍속	조치사항
순간 풍속 매 초당 10m를 초과하는 경우 (풍속 10m/s 초과)	타워크레인의 설치·수리·점검 또는 해체작업을 중지
순간 풍속 매 초당 15m를 초과하는 경우 (풍속 15m/s 초과)	타워크레인, 이동식크레인, 리프트 등의 운전작업을 중지
순간 풍속 매 초당 30m를 초과하는 경우 (풍속 30m/s 초과)	옥외에 설치된 주행 크레인을 사용하여 작업하는 경우에는 이탈 방지를 위한 조치
순간 풍속 매 초당 35m를 초과하는 경우 (풍속 35m/s 초과)	건설 작업용 리프트 및 승강기에 대하여 받침의 수를 증가시키거나 붕괴 등을 방지하기 위한 조치

106

말비계를 조립하여 사용하는 경우에 지주부재와 수평면의 기울기는 최대 몇 도 이하로 하여야 하는가?

① 30°   ② 45°
③ 60°   ④ 75°

*말비계 조립시 준수사항
① 지주부재의 하단에는 미끄럼 방지장치를 하고, 근로자가 양측 끝 부분에 올라서서 작업하지 않도록 할 것.
② 지주부재와 수평면의 기울기를 75° 이하로 하고, 지주부재와 지주부재 사이를 고정시키는 보조부재를 설치할 것.
③ 말비계의 높이가 2m를 초과하는 경우에는 작업발판의 폭을 40cm 이상으로 할 것.

107

추락의 위험이 있는 개구부에 대한 방호조치와 거리가 먼 것은?

① 안전난간, 울타리, 수직형 추락방망 등으로 방호조치를 한다.
② 충분한 강도를 가진 구조의 덮개를 뒤집히거나 떨어지지 않도록 설치한다.
③ 어두운 장소에서도 식별이 가능한 개구부 주의 표지를 부착한다.
④ 폭 30cm 이상의 발판을 설치한다.

④ 작업발판의 폭은 최소 40cm이상 으로 한다.

108

로프길이 2m의 안전대를 착용한 근로자가 추락으로 인한 부상을 당하지 않기 위한 지면으로부터 안전대 고정점까지의 높이(H)의 기준으로 옳은 것은?
(단, 로프의 신장율 30%, 근로자의 신장 180cm)

① H > 1.5m   ② H > 2.5m
③ H > 3.5m   ④ H > 4.5m

*지면으로부터 안전대 고정점까지의 높이(H)

H = 로프의 길이 + 로프의 늘어난 길이 + $\dfrac{신장}{2}$

$= 2 + 2 \times 0.3 + \dfrac{1.8}{2} = 3.5m$

109

가설통로의 설치 기준으로 옳지 않은 것은?

① 추락할 위험이 있는 장소에는 안전난간을 설치할 것
② 경사가 10°를 초과하는 경우에는 미끄러지지 아니하는 구조로 할 것
③ 경사는 30° 이하로 할 것
④ 건설공사에 사용하는 높이 8m 이상인 비계다리에는 7m 이내마다 계단참을 설치할 것

*가설통로의 설치기준
① 견고한 구조로 할 것
② 경사는 30° 이하로 할 것
③ 경사가 15°를 초과하는 경우에는 미끄러지지 아니하는 구조로 할 것
④ 추락할 위험이 있는 장소에는 안전난간을 설치할 것
⑤ 수직갱에 가설된 통로의 길이가 15m 이상인 경우에는 10m 이내마다 계단참을 설치할 것
⑥ 건설공사에 사용하는 높이 8m 이상인 비계다리에는 7m 이내마다 계단참을 설치할 것

110

터널 지보공을 조립하거나 변경하는 경우에 조치하여야 하는 사항으로 옳지 않은 것은?

① 목재의 터널 지보공은 그 터널 지보공의 각 부재에 작용하는 긴압정도를 체크하여 그 정도가 최대한 차이나도록 한다.
② 강(鋼)아치 지보공의 조립은 연결볼트 및 띠장 등을 사용하여 주재 상호간을 튼튼하게 연결할 것
③ 기둥에는 침하를 방지하기 위하여 받침목을 사용하는 등의 조치를 할 것
④ 주재(主材)를 구성하는 1세트의 부재는 동일 평면 내에 배치할 것

111

콘크리트 타설작업 시 안전에 대한 유의사항으로 옳지 않은 것은?

① 콘크리트를 치는 도중에는 지보공·거푸집 등의 이상유무를 확인한다.
② 높은 곳으로부터 콘크리트를 타설할 때는 호퍼로 받아 거푸집내에 꽂아 넣는 슈트를 통해서 부어 넣어야 한다.
③ 진동기를 가능한 한 많이 사용할수록 거푸집에 작용하는 측압상 안전하다.
④ 콘크리트를 한 곳에만 치우쳐서 타설하지 않도록 주의한다.

112

개착식 흙막이벽의 계측 내용에 해당되지 않는 것은?

① 경사측정
② 지하수위 측정
③ 변형률 측정
④ 내공변위 측정

113

다음은 산업안전보건법령에 따른 달비계를 설치하는 경우에 준수해야 할 사항이다. ( )에 들어갈 내용으로 옳은 것은?

> 작업발판은 폭을 (   ) 이상으로 하고 틈새가 없도록 할 것

① 15cm
② 20cm
③ 40cm
④ 60cm

114

강관틀 비계를 조립하여 사용하는 경우 준수해야 하는 사항으로 옳지 않은 것은?

① 길이가 띠장 방향으로 $4m$ 이하이고 높이가 $10m$를 초과하는 경우에는 $10m$ 이내마다 띠장 방향으로 버팀기둥을 설치할 것
② 높이가 $20m$를 초과하거나 중량물의 적재를 수반하는 작업을 할 경우에는 주틀 간의 간격을 $1.8m$ 이하로 할 것
③ 주틀 간에 교차가새를 설치하고 최상층 및 10층 이내마다 수평재를 설치할 것
④ 수직방향으로 $6m$, 수평방향으로 $8m$ 이내마다 벽이음을 할 것

강관틀비계를 조립하여 사용하는 경우 준수사항
① 수직방향으로 $6m$, 수평방향으로 $8m$ 이내마다 벽이음을 할 것
② 높이가 $20m$를 초과하거나 중량물의 적재를 수반하는 작업을 할 경우에는 주틀 간의 간격을 $1.8m$ 이하로 할 것
③ 길이가 띠장 방향으로 $4m$ 이하이고 높이가 $10m$를 초과하는 경우에는 $10m$ 이내 마다 띠장 방향으로 버팀기둥을 설치할 것
④ 주틀 간에 교차 가새를 설치하고 최상층 및 5층 이내마다 수평재를 설치할 것

115

철골기둥, 빔 및 트러스 등의 철골구조물을 일체화 또는 지상에서 조립하는 이유로 가장 타당한 것은?

① 고소작업의 감소
② 화기사용의 감소
③ 구조체 강성 증가
④ 운반물량의 감소

철골구조물을 일체화 하거나 지상에서 조립하는 이유는 <u>고소작업을 최소화 하기위해서</u> 이다.

116

압쇄기를 사용하여 건물해체 시 그 순서로 가장 타당한 것은?

> A : 보, B : 기둥, C : 슬래브, D : 벽체

① A→B→C→D   ② A→C→B→D
③ C→A→D→B   ④ D→C→B→A

---

*건물해체 순서(압쇄기 사용)
슬래브 → 보 → 벽체 → 기둥

117

흙의 간극비를 나타낸 식으로 옳은 것은?

① (공기＋물의체적)/(흙＋물의체적)
② (공기＋물의체적)/흙의체적
③ 물의체적/(물＋흙의체적)
④ (공기＋물의체적)/(공기＋흙＋물의체적)

---

*간극비(＝공극비, σ)
$$\sigma = \frac{공기의 \ 체적＋물의 \ 체적}{흙의 \ 체적}$$

118

부두·안벽 등 하역작업을 하는 장소에서 부두 또는 안벽의 선을 따라 통로를 설치하는 경우에는 그 폭을 최소 얼마 이상으로 하여야 하는가?

① 80 cm   ② 90 cm
③ 100 cm   ④ 120 cm

부두 또는 안벽의 선을 따라 통로를 설치하는 경우에는 폭을 <u>90 cm</u> 이상으로 할 것

119

취급·운반의 원칙으로 옳지 않은 것은?

① 곡선 운반을 할 것
② 운반 작업을 집중하여 시킬 것
③ 생산을 최고로 하는 운반을 생각할 것
④ 연속 운반을 할 것

④ <u>직선 운반을 할 것</u>

120

사면 보호 공법 중 구조물에 의한 보호 공법에 해당되지 않는 것은?

① 식생구멍공
② 블럭공
③ 돌쌓기공
④ 현장타설 콘크리트 격자공

*구조물에 의한 보호 공법의 종류
① 현장타설 콘크리트 격자공법
② 블록공법
③ 돌쌓기공법
④ 피복공법
⑤ 콘크리트 붙임공법

① 식생구멍공법은 사면을 식물로 피복하는 보호 공법이다.

Memo

01

집단에서의 인간관계 메커니즘(Mechanism)과 가장 거리가 먼 것은?

① 모방, 암시
② 분열, 강박
③ 동일화, 일체화
④ 커뮤니케이션, 공감

*인간관계 메커니즘
① 모방, 암시
② 동일화, 일체화
③ 커뮤니케이션, 공감

02

산업안전보건법령에 따른 안전보건관리규정에 포함되어야 할 세부 내용이 아닌 것은?

① 위험성 감소대책 수립 및 시행에 관한 사항
② 하도급 사업장에 대한 안전·보건관리에 관한 사항
③ 질병자의 근로 금지 및 취업 제한 등에 관한 사항
④ 물질안전보건자료에 관한 사항

④ 물질안전보건자료에 관한 사항은 작업장 보건관리의 항목이다.

03

안전교육 중 프로그램 학습법의 장점이 아닌 것은?

① 학습자의 학습과정을 쉽게 알 수 있다.
② 여러 가지 수업 매체를 동시에 다양하게 활용할 수 있다.
③ 지능, 학습속도 등 개인차를 충분히 고려할 수 있다.
④ 매 반응마다 피드백이 주어지기 때문에 학습자가 흥미를 가질 수 있다.

*프로그램 학습법의 장점 및 단점
① 장점
  ㉠ 학습자의 학습 과정을 쉽게 알 수 있다.
  ㉡ 지능, 학습속도 등 개인차를 충분히 고려할 수 있다.
  ㉢ 매 반응마다 피드백이 주어지기 때문에 학습자가 흥미를 가질 수 있다.

② 단점
  ㉠ 여러 수업 매체를 동시에 활용할 수 없다.
  ㉡ 개발된 프로그램은 변경이 불가하다.
  ㉢ 집단 사고의 기회가 없다.
  ㉣ 학습에 많은 시간이 걸린다.

04

산업안전보건법령에 따른 근로자 안전·보건교육 중 근로자 정기 안전·보건교육의 교육내용에 해당하지 않는 것은?
(단, 산업안전보건법 및 일반관리에 관한 사항은 제외한다.)

① 건강증진 및 질병 예방에 관한 사항
② 산업보건 및 직업병 예방에 관한 사항
③ 작업 개시 전 점검에 관한 사항
④ 작업공정의 유해·위험과 재해 예방대책에 관한 사항

05

최대사용전압이 교류(실효값) $500V$ 또는 직류 $750V$인 내전압용 절연장갑의 등급은?

① 00
② 0
③ 1
④ 2

*절연장갑의 등급 및 색상

등급	색상	최대사용전압	
		교류(V, 실효값)	직류(V)
00	갈색	500	750
0	빨간색	1000	1500
1	흰색	7500	11250
2	노란색	17000	25500
3	녹색	26500	39750
4	등색	36000	54000
비고 : 직류=1.5×교류			

06

산업재해 기록·분류에 관한 지침에 따른 분류기준 중 다음의 (   ) 안에 알맞은 것은?

> 재해자가 넘어짐으로 인하여 기계의 동력 전달부위 등에 끼이는 사고가 발생하여 신체부위가 절단되는 경우는 (   )으로 분류한다.

① 넘어짐
② 끼임
③ 깔림
④ 절단

07

산업안전보건법령에 따라 사업주가 사업장에서 중대재해가 발생한 사실을 알게 된 경우 관할지방고용노동관서의 장에게 보고하여야 하는 시기로 옳은 것은?
(단, 천재지변 등 부득이한 사유가 발생한 경우는 제외한다.)

① 지체 없이   ② 12시간 이내
③ 24시간 이내   ④ 48시간 이내

*산업재해 발생보고 시기
① 일반재해 : 1개월 이내 보고
② 중대재해 : 지체없이 보고

08

유기화합물용 방독마스크의 시험가스가 아닌 것은?

① 증기(Cl_2)
② 디메틸에테르(CH_3OCH_3)
③ 시클로헥산(C_6H_{12})
④ 이소부탄(C_4H_{10})

*방독마스크의 종류와 시험가스

종류	시험가스	외부 표시색
유기화합물용	시클로헥산 (C_6H_{12}) 디메틸에테르 (CH_3OCH_3) 이소부탄 (C_4H_{10})	갈색
할로겐용	염소가스(Cl_2) 또는 증기(H_2O)	회색
황화수소용	황화수소가스 (H_2S)	
시안화수소용	시안화수소가스 (HCN)	
아황산용	아황산가스 (SO_2)	노란색
암모니아용	암모니아가스 (NH_3)	녹색

09

안전교육의 학습경험선정 원리에 해당되지 않는 것은?

① 계속성의 원리
② 가능성의 원리
③ 동기유발의 원리
④ 다목적 달성의 원리

*학습경험선정 원리
① 기회의 원리
② 만족의 원리
③ 가능성의 원리
④ 다목적 달성의 원리
⑤ 다경험의 원리
⑥ 동기유발의 원리

10

재해사례연구의 진행순서로 옳은 것은?

① 재해 상황 파악 → 사실의 확인 → 문제점 발견 → 근본적 문제점 결정 → 대책 수립
② 사실의 확인 → 재해 상황 파악 → 문제점 발견 → 근본적 문제점 결정 → 대책 수립
③ 재해 상황 파악 → 사실의 확인 → 근본적 문제점 결정 → 문제점 발견 → 대책 수립
④ 사실의 확인 → 재해 상황 파악 → 근본적 문제점 결정 → 문제점 발견 → 대책 수립

*재해사례 연구의 진행순서
재해상황 파악 → 사실 확인 → 문제점 발견 → 근본 문제점 수정 → 대책 수립

11

산업안전보건법령에 따른 특정행위의 지시 및 사실의 고지에 사용되는 안전·보건표지의 색도기준으로 옳은 것은?

① 2.5G 4/10
② 2.5PB 4/10
③ 5Y 8.5/12
④ 7.5R 4/14

*안전보건표지의 색도기준 및 용도

색채	색도기준	용도	사용 예시
빨간색	7.5R 4/14	금지	정지신호, 소화설비 및 그 장소, 유해행위의 금지
		경고	화학물질 취급장소의 유해·위험 경고
노란색	5Y 8.5/12	경고	화학물질 취급장소에서의 유해·위험 경고 이외의 위험경고, 주의표지 또는 기계 방호물
파란색	2.5PB 4/10	지시	특정 행위의 지시 및 사실의 고지
녹색	2.5G 4/10	안내	비상구 및 피난소, 사람 또는 차량의 통행표지
흰색	N9.5		파란색 또는 녹색에 대한 보조색
검은색	N0.5		문자 및 빨간색 또는 노란색에 대한 보조색

12

부주의에 대한 사고방지대책 중 기능 및 작업측면의 대책이 아닌 것은?

① 작업표준의 습관화
② 적성배치
③ 안전의식의 제고
④ 작업조건의 개선

③ 안전의식의 제고 : 정신적 측면의 대책

13

버드(Bird)의 신연쇄성 이론 중 재해발생의 근원적 원인에 해당하는 것은?

① 상해 발생
② 징후 발생
③ 접촉 발생
④ 관리의 부족

*버드(Bird)의 재해발생 연쇄(=도미노) 이론
1단계 : 제어부족, 관리의 부족
2단계 : 기본원인, 기원
3단계 : 직접원인, 징후
4단계 : 사고, 접촉
5단계 : 상해, 손해, 손실

14

브레인스토밍(Brain-storming) 기법의 4원칙에 관한 설명으로 옳은 것은?

① 주제와 관련이 없는 내용은 발표할 수 없다.
② 동료의 의견에 대하여 좋고 나쁨을 평가한다.
③ 발표 순서를 정하고, 동일한 발표기회를 부여한다.
④ 타인의 의견에 대하여는 수정하여 발표할 수 있다.

*브레인스토밍(Brainstorming)
6~12명의 구성원이 자유로운 토론으로 다량의 아이디어를 이끌어내 해결책을 찾는 집단적 사고 기법
① 비판, 비난 자제
② 아이디어의 양과 독창성 중시
③ 자유로운 발언권
④ 다른 사람의 아이디어를 조합 및 개선

15

주의의 특성에 해당되지 않는 것은?

① 선택성   ② 변동성
③ 가능성   ④ 방향성

*주의의 특성
① 선택성   ② 변동성   ③ 방향성

16

OJT(On Job Training)의 특징에 대한 설명으로 옳은 것은?

① 특별한 교재·교구·설비 등을 이용하는 것이 가능하다.
② 외부의 전문가를 위촉하여 전문교육을 실시할 수 있다.
③ 직장의 실정에 맞는 구체적이고 실제적인 지도 교육이 가능하다.
④ 다수의 근로자들에게 조직적 훈련이 가능하다.

*On.J.T(On the Jop Training)의 특징
① 개개인에게 적절한 지도훈련이 가능하다.
② 현장의 관리감독자가 강사가 되어 교육을 한다.
③ 효과가 곧 업무에 나타나며, 훈련의 좋고 나쁨에 따라 개선이 용이하다.
④ 직장의 실정에 맞는 실제적인 교육이 가능하다.
⑤ 교육 효과가 업무에 신속히 반영된다.
⑥ 훈련에 필요한 업무의 계속성이 끊이지 않는다.
⑦ 상호 신뢰 및 이해도가 높아진다.
⑧ 개개인에게 적절한 지도훈련이 가능하다.
⑨ 직장의 실정에 맞게 실제적 훈련이 가능하다.

*Off.J.T(Off the Jop Training)의 특징
① 다수의 대상자를 일괄적, 조직적으로 교육할 수 있다.
② 우수한 전문가를 강사로 활용할 수 있다.
③ 특별 교재, 교구, 설비를 유효하게 활용할 수 있다.
④ 많은 지식, 경험을 교류할 수 있다.
⑤ 훈련에만 전념할 수 있다.

17

연간근로자수가 1000명인 공장의 도수율이 10인 경우 이공장에서 연간 발생한 재해건수는 몇 건인가?

① 20건   ② 22건
③ 24건   ④ 26건

*도수율

$$도수율 = \frac{재해건수}{연근로\ 총시간수} \times 10^6$$

$$\therefore 재해건수 = \frac{도수율 \times 연근로\ 총시간수}{10^6}$$

$$= \frac{10 \times 1000 \times 300 \times 8}{10^6} = 24건$$

✔ 연근로 시간수는 주어지지 않으면, 1년에 300일, 하루 8시간 근무를 기본으로 두고 계산한다.

18

산업안전보건법령상 안전검사 대상 유해 · 위험 기계 등에 해당하는 것은?

① 정격 하중이 2톤 미만인 크레인
② 이동식 국소 배기장치
③ 밀폐형 구조 롤러기
④ 산업용 원심기

*안전검사대상 기계 등
① 프레스
② 전단기
③ 크레인(정격하중 2톤 미만 제외)
④ 리프트
⑤ 압력용기
⑥ 곤돌라
⑦ 국소 배기장치(이동식은 제외)
⑧ 원심기(산업용만 해당)
⑨ 롤러기(밀폐형 구조는 제외)
⑩ 사출성형기
⑪ 고소작업대
⑫ 컨베이어
⑬ 산업용 로봇

19

안전교육 방법의 4단계의 순서로 옳은 것은?

① 도입 → 확인 → 적용 → 제시
② 도입 → 제시 → 적용 → 확인
③ 제시 → 도입 → 적용 → 확인
④ 제시 → 확인 → 도입 → 적용

*안전교육훈련 4단계
1단계 : 도입단계 – 학습에 의욕이 생기도록 한다.
2단계 : 제시단계 – 작업을 설명한다.
3단계 : 적용단계 – 작업을 지시한다.
4단계 : 확인단계 – 작업을 제대로 하는지 확인한다.

20

관리 그리드 이론에서 인간관계 유지에는 낮은 관심을 보이지만 과업에 대해서는 높은 관심을 가지는 리더십의 유형은?

① 1.1형   ② 1.9형
③ 9.1형   ④ 9.9형

*관리 그리드 이론

종류	관심의 기준
무관심형	(1.1)
인기형	(1.9)
과업형	(9.1)
타협형	(5.5)
이상형	(9.9)

21

고용노동부 고시의 근골격계부담작업의 범위에서 근골격계부담작업에 대한 설명으로 틀린 것은?

① 하루에 10회 이상 25kg 이상의 물체를 드는 작업
② 하루에 총 2시간 이상 쪼그리고 앉거나 무릎을 굽힌 자세에서 이루어지는 작업
③ 하루에 총 2시간 이상 집중적으로 자료입력 등을 위해 키보드 또는 마우스를 조작하는 작업
④ 하루에 총 2시간 이상 지지되지 않은 상태에서 4.5kg 이상의 물건을 한 손으로 들거나 동일한 힘으로 쥐는 작업

*근골격계부담작업의 범위
① 하루에 4시간 이상 집중적으로 자료입력 등을 위해 키보드 또는 마우스를 조작하는 작업
② 하루에 총 2시간 이상 목, 어깨, 팔꿈치, 손목 또는 손을 사용하여 같은 동작을 반복하는 작업
③ 하루에 총 2시간 이상 머리 위에 손이 있거나, 팔꿈치가 어깨위에 있거나, 팔꿈치를 몸통으로부터 들거나, 팔꿈치를 몸통뒤쪽에 위치하도록 하는 상태에서 이루어지는 작업
④ 지지되지 않은 상태이거나 임의로 자세를 바꿀 수 없는 조건에서, 하루에 총 2시간 이상 목이나 허리를 구부리거나 트는 상태에서 이루어지는 작업
⑤ 하루에 총 2시간 이상 쪼그리고 앉거나 무릎을 굽힌 자세에서 이루어지는 작업
⑥ 하루에 총 2시간 이상 지지되지 않은 상태에서 1kg 이상의 물건을 한손의 손가락으로 집어 옮기거나, 2kg 이상에 상응하는 힘을 가하여 한손의 손가락으로 물건을 쥐는 작업
⑦ 하루에 총 2시간 이상 지지되지 않은 상태에서 4.5kg 이상의 물건을 한 손으로 들거나 동일한 힘으로 쥐는 작업
⑧ 하루에 10회 이상 25kg 이상의 물체를 드는 작업
⑨ 하루에 25회 이상 10kg 이상의 물체를 무릎 아래에서 들거나, 어깨 위에서 들거나, 팔을 뻗은 상태에서 드는 작업
⑩ 하루에 총 2시간 이상, 분당 2회 이상 4.5kg 이상의 물체를 드는 작업
⑪ 하루에 총 2시간 이상 시간당 10회 이상 손 또는 무릎을 사용하여 반복적으로 충격을 가하는 작업

22

양립성(compatibility)에 대한 설명 중 틀린 것은?

① 개념양립성, 운동양립성, 공간양립성 등이 있다.
② 인간의 기대에 맞는 자극과 반응의 관계를 의미한다.
③ 양립성의 효과가 크면 클수록, 코딩의 시간이나 반응의 시간은 길어진다.
④ 양립성이 인간의 예상과 어느 정도 일치하는 것을 의미 한다.

③ 양립성의 효과가 크면 클수록 코딩의 시간이나 반응의 시간이 짧아진다.

23

정보처리과정에서 부적절한 분석이나 의사결정의 오류에 의하여 발생하는 행동은?

① 규칙에 기초한 행동(rule-based behavior)
② 기능에 기초한 행동(skill-based behavior)
③ 지식에 기초한 행동(knowledge-based behavior)
④ 무의식에 기초한 행동(unconsciousness-based behavior)

24

욕조곡선의 설명으로 맞는 것은?

① 마모고장 기간의 고장 형태는 감소형이다.
② 디버깅(Debugging)기간은 마모고장에 나타난다.
③ 부식 또는 산화로 인하여 초기고장이 일어난다.
④ 우발고장기간은 고장률이 비교적 낮고 일정한 현상이 나타난다

*기계설비의 수명곡선(=욕조곡선)

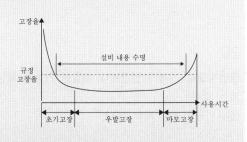

① 마모고장 기간의 고장 형태는 증가형이다.
② 디버깅 기간은 초기고장에 나타난다.
③ 부식 또는 산화로 인하여 마모고장이 일어난다.

25

시력에 대한 설명으로 맞는 것은?

① 배열시력(vernier acuity) – 배경과 구별하여 탐지할 수 있는 최소의 점
② 동적시력(dynamic visual acuity) – 비슷한 두 물체가 다른 거리에 있다고 느껴지는 시차각의 최소차로 측정되는 시력
③ 입체시력(stereoscopic acuity) – 거리가 있는 한 물체에 대한 약간 다른 상이 두 눈의 망막에 맺힐 때 이것을 구별하는 능력
④ 최소지각시력(minimum perceptible acuity) – 하나의 수직선이 중간에서 끊겨 아래 부분이 옆으로 옮겨진 경우에 탐지할 수 있는 최소 측변방위

*시력의 종류

종류	내용
배열시력	둘 혹은 그 이상의 물체들을 평면에 배열하여 놓고 그것이 일렬로 서있는지 여부를 판별하는 능력
동적시력	움직이는 물체를 정확하고 빠르게 인지하는 능력
입체시력	거리가 있는 한 물체에 대한 약간 다른 상이 두 눈의 망막에 맺힐 때 이것을 구별하는 능력
최소지각시력	배경과 구별하여 탐지할 수 있는 최소의 점

26

인간의 귀의 구조에 대한 설명으로 틀린 것은?

① 외이는 귓바퀴와 외이도로 구성된다.
② 고막은 중이와 내이의 경계부위에 위치해 있으며 음파를 진동으로 바꾼다.
③ 중이에는 인두와 교통하여 고실 내압을 조절하는 유스타키오관이 존재한다.
④ 내이는 신체의 평형감각수용기인 반규관과 청각을 담당하는 전정기관 및 와우로 구성되어 있다.

② 고막은 외이와 중이의 경계에 위치하는 막이다.

27

FTA를 수행함에 있어 기본사상들의 발생이 서로 독립인가 아닌가의 여부를 파악하기 위해서는 어느 값을 계산해 보는 것이 가장 적합한가?

① 공분산   ② 분산
③ 고장률   ④ 발생확률

*공분산
2개의 확률변수의 선형 관계를 나타내는 값으로, 기본사상들의 발생이 서로 독립인가 아닌가의 여부를 파악하기 위해서 사용한다.

28

산업안전보건법령에 따라 제출된 유해·위험방지계획서의 심사 결과에 따른 구분·판정결과에 해당하지 않는 것은?

① 적정   ② 일부 적정
③ 부적정   ④ 조건부 적정

*유해·위험방지계획서 심사결과의 구분
① 적정
② 부적정
③ 조건부 적정

29

일반적으로 기계가 인간보다 우월한 기능에 해당되는 것은?
(단, 인공지능은 제외한다.)

① 귀납적으로 추리한다.
② 원칙을 적용하여 다양한 문제를 해결한다.
③ 다양한 경험을 토대로 하여 의사 결정을 한다.
④ 명시된 절차에 따라 신속하고, 정량적인 정보처리를 한다.

①, ②, ③ : 인간이 기계보다 더 우월한 기능

30

섬유유연제 생산 공정이 복잡하게 연결되어 있어 작업자의 불안전한 행동을 유발하는 상황이 발생하고 있다. 이것을 해결하기 위한 위험처리 기술에 해당하지 않는 것은?

① Transfer(위험전가)
② Retention(위험보류)
③ Reduction(위험감축)
④ Rearrange(작업순서의 변경 및 재배열)

*위험조정기술
① 위험 전가(Transfer)
② 위험 보류(Retention)
③ 위험 감축(Reduction)
④ 위험 회피(Avoidanace)

31

다음 그림의 결함수에서 최소 패스셋(minmal pathsets)과 그 신뢰도 $R(t)$는?
(단, 각각의 부품 신뢰도는 0.9이다.)

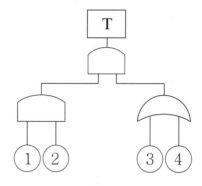

① 최소 패스셋 : {1}, {2}, {3, 4}
　R(t) = 0.9081
② 최소 패스셋 : {1}, {2}, {3, 4}
　R(t) = 0.9981
③ 최소 패스셋 : {1, 2, 3}, {1, 2, 4}
　R(t) = 0.9081
④ 최소 패스셋 : {1, 2, 3}, {1, 2, 4}
　R(t) = 0.9981

*최소 패스셋(Minimal path set)
최소 패스셋을 구하는 방법은, FT도를 반대로 변환하여 미니멀 컷셋을 구하면 된다.

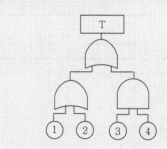

$$\therefore T = A \times B = \begin{pmatrix} ① \\ ② \\ (③, ④) \end{pmatrix}$$
$$= (①), (②), (③, ④)$$

$A = 1-(1-0.9)(1-0.9) = 0.99$
$B = 0.9 \times 0.9 = 0.81$

$$\therefore R(t) = 1-(1-A)(1-B)$$
$$= 1-(1-0.99)(1-0.81) = 0.9981$$

32

3개 공정의 소음수준 측정 결과 1공정은 $100dB$에서 1시간, 2공정은 $95dB$에서 1시간, 3공정은 $90dB$에서 1시간이 소요될 때 총 소음량(TND)과 소음설계의 적합성을 맞게 나열한 것은?
(단, $90dB$에 8시간 노출될 때를 허용기준으로 하며, $5dB$증가할 때 허용시간은 $\frac{1}{2}$로 감소되는 법칙을 적용한다.)

① TND = 0.785, 적합
② TND = 0.875, 적합
③ TND = 0.985, 적합
④ TND = 1.085, 부적합

*소음작업
1일 8시간 작업을 기준으로하여 85dB 이상의 소음이 발생하는 작업

① 강렬한 소음작업

데시벨(이상)	발생시간(1일 기준)
90dB	8시간 이상
95dB	4시간 이상
100dB	2시간 이상
105dB	1시간 이상
110dB	30분 이상
115dB	15분 이상

② 충격 소음작업

데시벨(이상)	발생시간(1일 기준)
120dB	10000회 이상
130dB	1000회 이상
140dB	100회 이상

$$TND = \frac{1}{T_1} + \frac{1}{T_2} + \frac{1}{T_3} \cdots = \frac{1}{8} + \frac{1}{4} + \frac{1}{2} = 0.875$$

∴ TND가 1 이하이므로 적합하다.

33

인간공학에 있어 기본적인 가정에 관한 설명으로 틀린 것은?

① 인간 기능의 효율은 인간 - 기계 시스템의 효율과 연계된다.
② 인간에게 적절한 동기부여가 된다면 좀 더 나은 성과를 얻게 된다.
③ 개인이 시스템에서 효과적으로 기능을 하지 못하여도 시스템의 수행도는 변함없다.
④ 장비, 물건, 환경 특성이 인간의 수행도와 인간 - 기계 시스템의 성과에 영향을 준다.

③ 개인이 시스템에서 효과적으로 기능을 하지 못하면 시스템의 수행도가 인간의 기능만큼 보완을 한다.

34

안전성 평가의 기본원칙 6단계에 해당되지 않는 것은?

① 안전대책
② 정성적 평가
③ 작업환경 평가
④ 관계 자료의 정비검토

*안전성 평가 6단계
1단계 : 관계자료의 작성준비
2단계 : 정성적평가
3단계 : 정량적평가
4단계 : 안전대책 수립
5단계 : 재해정보에 의한 재평가
6단계 : FTA에 의한 재평가

35

다음 내용의 ( )안에 들어갈 내용을 순서대로 정리한 것은?

> 근섬유의 수축단위는 (A)(이)라 하는데, 이것은 두 가지 기본형의 단백질 필라멘트로 구성되어 있으며, (B)이(가) (C) 사이로 미끄러져 들어가는 현상으로 근육의 수축을 설명하기도 한다.

① A: 근막, B: 마이오신, C: 액틴
② A: 근막, B: 액틴, C: 마이오신
③ A: 근원섬유, B: 근막, C: 근섬유
④ A: 근원섬유, B: 액틴, C: 마이오신

근섬유의 수축단위는 근원섬유라 하는데, 이것은 두 가지 기본형의 단백질 필라멘트로 구성되어 있으며, 액틴이 마이오신 사이로 미끄러져 들어가는 현상으로 근육의 수축을 설명하기도 한다.

36

소음 발생에 있어 음원에 대한 대책으로 볼 수 없는 것은?

① 설비의 격리
② 적절한 재배치
③ 저소음 설비 사용
④ 귀마개 및 귀덮개 사용

④ 귀마개 및 귀덮개 사용 : 수음자에 대한 대책

37

인간공학적 의자 설계의 원리로 가장 적합하지 않은 것은?

① 자세고정을 줄인다.
② 요부측만을 촉진한다.
③ 디스크 압력을 줄인다.
④ 등근육의 정적 부하를 줄인다.

② 요부전만의 곡선을 유지한다.

38

FTA에서 사용되는 논리게이트 중 입력과 반대되는 현상으로 출력되는 것은?

① 부정 게이트
② 억제 게이트
③ 배타적 OR 게이트
④ 우선적 AND 게이트

명칭	기호	설명
부정 게이트		입력과 반대되는 현상

39

다음 그림에서 시스템 위험분석 기법 중 PHA (예비위험분석)가 실행되는 사이클의 영역으로 맞는 것은?

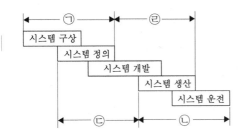

① ㉠

② ㉡

③ ㉢

④ ㉣

＊시스템 안전 분석 방법

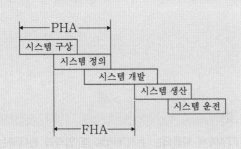

① PHA(예비 위험성 분석)
최초단계 해석으로 시스템 내의 위험한 요소가 어떤 위험상태에 있는가를 정성적으로 평가하는 방법

② FHA(결함 위험성 분석)
서브시스템 간의 인터페이스를 조정하여 각각의 서브시스템이 서로와 전체 시스템에 악영향을 미치지 않게 하는 방법

40

인간과 기계의 신뢰도가 인간 0.40, 기계 0.95인 경우, 병렬작업 시 전체 신뢰도는?

① 0.89

② 0.92

③ 0.95

④ 0.97

＊시스템의 신뢰도(R)
$R = 1 - (1 - 0.4)(1 - 0.95) = 0.97$

41

어떤 양중기에서 $3000kg$의 질량을 가진 물체를 한쪽이 $45°$인 각도로 그림과 같이 2개의 와이어로프로 직접 들어올릴 때, 안전율이 고려된 가장 적절한 와이어로프 지름을 표에서 구하면? (단, 안전율은 산업안전보건법령을 따르고, 두 와이어로프의 지름은 동일하며, 기준을 만족하는 가장 작은 지름을 선정한다.)

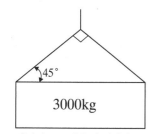

3000kg

<와이어로프 지름 및 절단강도>

와이어로프 지름[mm]	절단강도 [kN]
10	56kN
12	88kN
14	110kN
16	144kN

① $10mm$ ② $12mm$
③ $14mm$ ④ $16mm$

---

*로프 하나에 걸리는 하중(T)

$$T = \frac{\frac{W}{2}}{\cos\frac{\theta}{2}} = \frac{\frac{3000}{2}}{\cos\frac{90}{2}} = 2121.32kg$$

여기서, W : 중량 $[kg]$
θ : 각도 $[°]$

또한, 화물에 직접 지지하는 와이어로프 안전계수는 5 이므로

절단강도 = $T \times$ 안전율 = 2121.32×5
= $10606.6kg \times 9.8 = 103944.68N = 103.94kN$

안전을 고려하여 구한 절단강도보다 큰 값($110kN$)을 표에서 고른 후 와이어로프 지름을 선정한다.
$\therefore d = 14mm$

42

다음 중 금형 설치·해체작업의 일반적인 안전사항으로 틀린 것은?

① 금형을 설치하는 프레스의 T홈 안길이는 설치 볼트 직경 이하로 한다.
② 금형의 설치용구는 프레스의 구조에 적합한 형태로 한다.
③ 고정볼트는 고정 후 가능하면 나사산이 3~4개 정도 짧게 남겨 슬라이드 면과의 사이에 협착이 발생하지 않도록 해야 한다.
④ 금형 고정용 브래킷(물림판)을 고정시킬 때 고정용 브래킷은 수평이 되게 하고, 고정 볼트는 수직이 되게 고정하여야 한다.

① 금형을 설치하는 프레스의 T홈 안길이는 설치 볼트 직경의 2배 이상으로 한다.

43

휴대용 동력드릴의 사용 시 주의해야 할 사항에 대한 설명으로 옳지 않은 것은?

① 드릴 작업 시 과도한 진동을 일으키면 즉시 작업을 중단한다.
② 드릴이나 리머를 고정하거나 제거할 때는 금속성 망치 등을 사용한다.
③ 절삭하기 위하여 구멍에 드릴날을 넣거나 뺄 때는 팔을 드릴과 직선이 되도록 한다.
④ 작업 중에는 드릴을 구멍에 맞추거나 하기 위해서 드릴 날을 손으로 잡아서는 안된다.

② 드릴이나 리머를 고정시키거나 제거할 때, 금속성 물질로 두드리면 변형 및 파손될 우려가 있으므로 고무망치를 사용한다.

44

방호장치를 분류할 때는 크게 위험장소에 대한 방호장치와 위험원에 대한 방호장치로 구분할 수 있는데, 다음 중 위험장소에 대한 방호장치가 아닌 것은?

① 격리형 방호장치
② 접근거부형 방호장치
③ 접근반응형 방호장치
④ 포집형 방호장치

*위험원에 대한 방호장치
① 포집형 방호장치
② 감지형 방호장치

45

다음 ( )안의 A와 B의 내용을 옳게 나타낸 것은?

> 아세틸렌용접장치의 관리상 발생기에서 (A)미터 이내 또는 발생기실에게 (B)미터 이내의 장소에서는 흡연, 화기의 사용 또는 불꽃이 발생할 위험한 행위를 금지해야 한다.

① A: 7, B: 5   ② A: 3, B: 1
③ A: 5, B: 5   ④ A: 5, B: 3

아세틸렌 용접장치의 관리상 발생기에서 <u>5m</u>이내 또는 발생기실에게 <u>3m</u>미터 이내의 장소에서는 흡연, 화기의 사용 또는 불꽃이 발생할 위험한 행위를 금지해야 한다.

46

크레인의 로프에 질량 $100kg$인 물체를 $5m/s^2$의 가속도로 감아올릴 때, 로프에 걸리는 하중은 약 몇 N인가?

① $500N$ ② $1480N$
③ $2540N$ ④ $4900N$

*와이어로프에 걸리는 총 하중(W)

$$W = W_1 + W_2 = W_1 + \frac{W_1}{g} \times a$$
$$= 100 + \frac{100}{9.8} \times 5 = 151.02kg$$
$$= 151.02 \times 9.8 = 1480N$$

여기서, W : 총 하중[kg]
  W_1 : 정하중[kg]
  W_2 : 동하중$\left(W_2 = \frac{W_1}{g} \times a \right)$
  g : 중력가속도 [m/s^2]
  a : 물체의 가속도 [m/s^2]

47

침투탐상검사에서 일반적인 작업 순서로 옳은 것은?

① 전처리 → 침투처리 → 세척처리 → 현상
처리 → 관찰 → 후처리
② 전처리 → 세척처리 → 침투처리 → 현상
처리 → 관찰 → 후처리
③ 전처리 → 현상처리 → 침투처리 → 세척
처리 → 관찰 → 후처리
④ 전처리 → 침투처리 → 현상처리 → 세척
처리 → 관찰 → 후처리

---

*침투탐상검사(PT)의 작업순서
전처리 → 침투처리 → 세척처리 → 현상처리 →
관찰 → 후처리

48

**연삭기 덮개의 개구부 각도가 그림과 같이 150°
이하여야 하는 연삭기의 종류로 옳은 것은?**

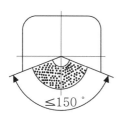

① 센터리스 연삭기　　② 탁상용 연삭기
③ 내면 연삭기　　　　④ 평면 연삭기

---

*용도에 따른 연삭기 덮개의 각도

형상	용도
125°이하 / 65°이하	일반연삭작업에 사용되는 탁상용 연삭기
60°이하 / 60°이상	연삭숫돌의 상부를 사용하는 것을 목적으로 하는 탁상용 연삭기
65°이내 / 180°이내	1. 원통연삭기 2. 센터리스연삭기 3. 공구연삭기 4. 만능연삭기
180°이내	1. 휴대용 연삭기 2. 스윙연삭기 3. 슬리브연삭기
15°이상 / 15°이상	1. 평면연삭기 2. 절단연삭기

49

**다음 중 선반에서 사용하는 바이트와 관련된 방호
장치는?**

① 심압대　　　　　　② 터릿
③ 칩 브레이커　　　　④ 주축대

---

*칩 브레이커(Chip breaker)
선반작업 중 발생하는 칩을 짧게 끊는 장치

50

프레스기를 사용하여 작업을 할 때 작업 시작 전 점검사항으로 틀린 것은?

① 클러치 및 브레이크의 기능
② 압력방출장치의 기능
③ 크랭크축·플라이휠·슬라이드·연결봉 및 연결 나사의 풀림유무
④ 금형 및 고정 볼트의 상태

*프레스 작업시작 전 점검사항
① 클러치 및 브레이크의 기능
② 방호장치의 기능
③ 프레스의 금형 및 고정볼트 상태
④ 전단기의 칼날 및 테이블의 상태
⑤ 1행정 1정지기구·급정지장치 및 비상정지장치의 기능
⑥ 슬라이드 또는 칼날에 의한 위험방지 기구의 기능
⑦ 크랭크축·플라이휠·슬라이드·연결봉 및 연결 나사의 풀림 유무

51

다음 중 기계 설비에서 재료 내부의 균열결함을 확인할 수 있는 가장 적절한 검사 방법은?

① 육안검사
② 초음파탐상검사
③ 피로검사
④ 액체침투탐상검사

*초음파탐상검사(UT)
초음파를 이용하여 대상의 내부에 존재하는 결함, 불연속 등을 탐지하는 비파괴검사법으로 특히 용접부에 발생한 결함 검출에 가장 적합하다.

52

다음은 프레스 제작 및 안전기준에 따라 높이 $2m$ 이상인 작업용 발판의 설치 기준을 설명한 것이다. ( )안에 알맞은 말은?

[안전난간 설치기준]

- 상부 난간대는 바닥면으로부터 (가) 이상 120cm 이하에 설치하고, 중간 난간대는 상부 난간대와 바닥면 등의 중간에 설치할 것
- 발끝막이판은 바닥면 등으로부터 (나) 이상의 높이를 유지할 것

① 가. 90cm 나. 10cm
② 가. 60cm 나. 10cm
③ 가. 90cm 나. 20cm
④ 가. 60cm 나. 20cm

*안전난간 설치기준
① 상부 난간대, 중간 난간대, 발끝막이판 및 난간 기둥으로 구성할 것.
② 상부 난간대는 바닥면·발판 또는 경사로의 표면으로부터 90cm 이상 지점에 설치하고, 상부 난간대를 120cm 이하에 설치하는 경우에는 중간 난간대는 상부 난간대와 바닥면등의 중간에 설치하여야 하며, 120cm 이상 지점에 설치하는 경우에는 중간 난간대를 2단 이상으로 균등하게 설치하고 난간의 상하 간격은 60cm 이하가 되도록 할 것. 다만, 계단의 개방된 측면에 설치된 난간기둥 간의 간격이 25cm 이하인 경우에는 중간 난간대를 설치하지 아니할 수 있다.
③ 발끝막이판은 바닥면등으로부터 10cm 이상의 높이를 유지할 것. 다만, 물체가 떨어지거나 날아올 위험이 없거나 그 위험을 방지할 수 있는 망을 설치하는 등 필요한 예방 조치를 한 장소는 제외한다.
④ 난간기둥은 상부 난간대와 중간 난간대를 견고하게 떠받칠 수 있도록 적정한 간격을 유지할 것
⑤ 상부 난간대와 중간 난간대는 난간 길이 전체에 걸쳐 바닥면등과 평행을 유지할 것
⑥ 난간대는 지름 2.7cm 이상의 금속제 파이프나 그 이상의 강도가 있는 재료일 것
⑦ 안전난간은 구조적으로 가장 취약한 지점에서 가장 취약한 방향으로 작용하는 100kg 이상의 하중에 견딜 수 있는 튼튼한 구조일 것

53

다음 중 산업안전보건법령상 보일러 및 압력용기에 관한 사항으로 틀린 것은?

① 공정안전보고서 제출 대상으로서 이행상태 평가결과가 우수한 사업장의 경우 보일러의 압력방출장치에 대하여 8년에 1회 이상으로 설정압력에서 압력방출장치가 적정하게 작동하는지를 검사할 수 있다.
② 보일러의 안전한 가동을 위하여 보일러 규격에 맞는 압력방출장치를 1개 이상 설치하고 최고 사용압력 이하에서 작동되도록 하여야 한다.
③ 보일러의 과열을 방지하기 위하여 최고사용 압력과 상용 압력 사이에서 보일러의 버너 연소를 차단할 수 있도록 압력제한스위치를 부착하여 사용하여야 한다.
④ 압력용기에서는 이를 식별할 수 있도록 하기 위하여 그 압력 용기의 최고사용압력, 제조연월일, 제조회사명이 지워지지 않도록 각인(刻印) 표시된 것을 사용하여야 한다.

① 압력방출장치는 매년 1회 이상 정기적으로 작동 시험을 하며, 공정안전보고서 제출 대상으로서 이행수준 평가결과가 우수한 사업장의 경우 보일러의 압력방출장치에 대하여 4년에 1회 이상으로 설정압력에서 압력방출장치가 적정하게 작동하는지를 검사할 수 있다.

54

목재가공용 둥근톱 기계에서 가동식 접촉예방장치에 대한 요건으로 옳지 않은 것은?

① 덮개의 하단이 송급되는 가공재의 상면에 항상 접하는 방식의 것이고 절단작업을 하고 있지 않을 때에는 톱날에 접촉되는 것을 방지할 수 있어야 한다.
② 절단작업 중 가공재의 절단에 필요한 날 이외의 부분을 항상 자동적으로 덮을 수 있는 구조여야 한다.
③ 지지부는 덮개의 위치를 조정할 수 있고 체결볼트에는 이완방지조치를 해야 한다.
④ 톱날이 보이지 않게 완전히 가려진 구조이어야 한다.

④ 톱날이 보이게 부분적으로 가려진 구조일 것

55

다음 중 기계설비에서 반대로 회전하는 두 개의 회전체가 맞닿는 사이에 발생하는 위험점을 무엇이라 하는가?

① 물림점(nip point)
② 협착점(squeeze pint)
③ 접선물림점(tangential point)
④ 회전말림점(trapping point)

위험점	그림	설명
협착점		왕복운동을 하는 동작부와 움직임이 없는 고정부 사이에 형성되는 위험점 ex) 프레스전단기, 성형기, 조형기 등
끼임점		회전운동을 하는 동작부와 움직임이 없는 고정부 사이에 형성되는 위험점 ex) 연삭숫돌과 하우스, 교반기 날개와 하우스, 회전운동을 하는 기계 등
절단점		회전하는 운동 부분 자체의 위험에서 초래되는 위험점 ex) 밀링커터, 둥근톱날 등
물림점		2개의 회전체가 맞닿는 사이에 발생하는 위험점 ex) 기어, 롤러 등
접선 물림점		회전하는 부분의 접선방향 으로 물려 들어가는 위험점 ex) V벨트풀리, 평벨트, 체인과 스프로킷 등
회전 말림점		회전하는 물체에 작업복 등이 말려드는 위험점 ex) 회전축, 커플링, 드릴 등

56

롤러의 가드 설치방법 중 안전한 작업공간에서 사고를 일으키는 공간함정(trap)을 막기위해 확보해야 할 신체 부위별 최소 틈새가 바르게 짝지어진 것은?

① 다리: $240mm$
② 발: $180mm$
③ 손목: $150mm$
④ 손가락: $25mm$

신체부위	최소 틈새
몸	$500mm$
다리	$180mm$
발, 팔	$120mm$
손목	$100mm$
손가락	$25mm$

57

지게차가 부하상태에서 수평거리가 $12m$이고, 수직높이가 $1.5m$인 오르막길을 주행할 때 이 지게차의 전후 안정도와 지게차 안정도 기준의 전후 안정도와 지게차 안정도 기준의 만족여부로 옳은 것은?

① 지게차 전후 안정도는 12.5%이고 안정도 기준을 만족하지 못한다.
② 지게차 전후 안정도는 12.5%이고 안정도 기준을 만족한다.
③ 지게차 전후 안정도는 25%이고 안정도 기준을 만족하지 못한다.
④ 지게차 전후 안정도는 25%이고 안정도 기준을 만족한다.

*지게차의 안정도 기준

종류	안정도
하역작업 시의 전후 안정도	4% 이내(5t 이상 : 3.5%)
하역작업 시의 좌우 안정도	6% 이내
주행 시의 전후 안정도	18% 이내
주행 시의 좌우 안정도	(15+1.1V)%이내 (최대 40%) 여기서, V : 최고속도 [km/hr]

안정도$=\dfrac{H}{L}\times100=\dfrac{1.5}{12}\times100=12.5\%$

18% 이내이므로 기준에 만족한다.

58

사출성형기에서 동력작동시 금형고정장치의 안전 사항에 대한 설명으로 옳지 않은 것은?

① 금형 또는 부품의 낙하를 방지하기 위해 기계적 억제장치를 추가하거나 자체 고정 장치(self retain clamping unit) 등을 설치해야 한다.

② 자석식 금형 고정장치는 상·하(좌·우) 금형의 정확한 위치가 자동적으로 모니터(monitor) 되어야 한다.

③ 상·하(좌·우)의 두 금형 중 어느 하나가 위치를 이탈하는 경우 플레이트를 작동시켜야 한다.

④ 전자석 금형 고정장치를 사용하는 경우에는 전자기파에 의한 영향을 받지 않도록 전자파 내성대책을 고려해야 한다.

> ③ 상하(좌우) 두 금형 중 어느 하나가 위치를 이탈 하는 경우 플레이트를 절대 작동시키지 말 것

59

인장강도가 $250N/mm^2$인 강판의 안전율이 4라면 이 강판의 허용응력(N/mm^2)은 얼마인가?

① 42.5
② 62.5
③ 82.5
④ 102.5

> *안전율(=안전계수, S)
>
> $S = \dfrac{인장강도}{허용응력}$
>
> $허용응력 = \dfrac{인장강도}{S} = \dfrac{250}{4} = 62.5N/mm^2$

60

다음 설명 중 (   )안에 알맞은 내용은?

> 롤러기의 급정지장치는 롤러를 무부하로 회전 시킨 상태에서 앞면 롤러의 표면속도가 $30m/min$ 미만일 때에는 급정지거리가 앞면 롤러 원주의 (   )이내에서 롤러를 정지시킬 수 있는 성능을 보유하여야 한다.

① 1/2
② 1/4
③ 1/3
④ 1/2.5

> *롤러기의 급정지거리
>
> | 속도 기준 | 급정지거리 기준 |
> | --- | --- |
> | 30m/min 이상 | 앞면 롤러 원주의 $\dfrac{1}{2.5}$ 이내 |
> | 30m/min 미만 | 앞면 롤러 원주의 $\dfrac{1}{3}$ 이내 |

61

심장의 맥동주기 중 어느 때에 전격이 인가되면 심실세동을 일으킬 확률이 크고, 위험한가?

① 심방의 수축이 있을 때
② 심실의 수축이 있을 때
③ 심실의 수축 종료 후 심실의 휴식이 있을 때
④ 심실의 수축이 있고 심방의 휴식이 있을 때

*심장의 맥동주기
① T파 : 심실의 휴식시 발생하는 파형으로, 심실세동이 일어날 확률이 가장 크다.
② P파 : 심방의 수축에 따른 파형이다.
③ Q-R-S파 : 심실의 수축에 따른 파형이다.

62

교류 아크 용접기의 전격방지장치에서 시동감도를 바르게 정의한 것은?

① 용접봉을 모재에 접촉시켜 아크를 발생시킬 때 전격방지 장치가 동작할 수 있는 용접기의 2차측 최대저항을 말한다.
② 안전전압(24V 이하)이 2차측 전압(85~95V)으로 얼마나 빨리 전환되는가 하는 것을 말한다.
③ 용접봉을 모재로부터 분리시킨 후 주접점이 개로 되어 용접기의 2차측 전압이 무부하 전압(25V 이하)으로 될 때까지의 시간을 말한다.
④ 용접봉에서 아크를 발생시키고 있을 때 누설전류가 발생하면 전격방지 장치를 작동시켜야 할지 운전을 계속해야 할지를 결정해야 하는 민감도를 말한다.

*시동감도
용접봉을 모재에 접촉시켜 아크를 발생시킬 때 전격 방지 장치가 동작 할 수 있는 용접기의 2차측 최대저항

63

다음 ( )안에 들어갈 내용으로 옳은 것은?

A. 감전 시 인체에 흐르는 전류는 인가전압에 (㉠)하고 인체저항에 (㉡)한다.
B. 인체는 전류의 열작용인 (㉢)×(㉣)이 어느 정도 이상이 되면 발생한다.

① ㉠비례, ㉡반비례, ㉢전류의 세기, ㉣시간
② ㉠반비례, ㉡비례, ㉢전류의 세기, ㉣시간
③ ㉠비례, ㉡반비례, ㉢전압, ㉣시간
④ ㉠반비례, ㉡비례, ㉢전압, ㉣시간

$$V = IR \quad \therefore I = \frac{V(전압)}{R(저항)}$$

따라서 전류는 전압과 비례, 저항과 반비례하며, 전기열량은 '전력량[kJ]=전류의 세기×시간'으로 나타낼 수 있다.

64

폭발 위험장소 분류 시 분진폭발위험장소의 종류에 해당하지 않는 것은?

① 20종 장소 ② 21종 장소
③ 22종 장소 ④ 23종 장소

*분진폭발 위험장소의 종류

장소	내용
20종	폭발의 위험이 있는 가연성 분진이 폭발을 형성할 수 있을 정도로 충분한 양이 보통의 상태에서 지속적 또는 자주 존재하는 장소
21종	폭발의 위험이 있는 가연성 분진이 폭발할 수 있는 정도의 충분한 양으로 보통의 상태에서 존재할 수 있는 장소
22종	고장 조건하에 분진폭발의 우려가 있는 장소

62

분진폭발 방지대책으로 거리가 먼 것은?

① 작업장 등은 분진이 퇴적하지 않는 형상으로 한다.
② 분진 취급 장치에는 유효한 집진 장치를 설치한다.
③ 분체 프로세스의 장치는 밀폐화하고 누설이 없도록 한다.
④ 분진 폭발의 우려가 있는 작업장에는 감독자를 상주시킨다.

④ 분진 폭발시 감독자가 위험에 처할 수 있으므로 상주하는 것은 위험하다.

66

정전유도를 받고 있는 접지되어 있지 않는 도전성 물체에 접촉한 경우 전격을 당하게 되는데 이 때 물체에 유도된 전압 $V(V)$를 옳게 나타낸 것은? (단, E는 송전선의 대지전압, C_1은 송전선과 물체사이의 정전용량, C_2는 물체와 대지사이의 정전용량이며, 물체와 대지사이의 저항은 무시한다.)

① $V = \dfrac{C_1}{C_1 + C_2} \cdot E$

② $V = \dfrac{C_1 + C_2}{C_1} \cdot E$

③ $V = \dfrac{C_1}{C_1 \times C_2} \cdot E$

④ $V = \dfrac{C_1 \times C_2}{C_1} \cdot E$

*유도전압(V)

$V = \dfrac{C_1}{C_1 + C_2} \times E$

여기서,
E : 송전선 전압 $[V]$
C_1 : 송전선과 물체사이의 정전용량 $[F]$
C_2 : 물체와 대지사이의 정전용량 $[F]$

67

화염일주한계에 대해 가장 잘 설명한 것은?

① 화염이 발화온도로 전파될 가능성의 한계값이다.
② 화염이 전파되는 것을 저지할 수 있는 틈새의 최대 간격치이다.
③ 폭발성 가스와 공기가 혼합되어 폭발한계내에 있는 상태를 유지하는 한계값이다.
④ 폭발성 분위기가 전기 불꽃에 의하여 화염을 일으킬 수 있는 최소의 전류값이다.

*화염일주한계(=최대안전틈새, 안전간극)
폭발화염이 내부에서 외부로 전파되지 않는 최대틈새로 폭발 등급을 결정하는 기준으로 사용된다.

68

정전기 발생의 일반적인 종류가 아닌 것은?

① 마찰
② 중화
③ 박리
④ 유동

*정전기 대전현상의 종류

종류	설명
마찰대전	종이, 필름 등이 금속롤러와 마찰을 일으킬 때 전하분리로 인하여 정전기가 발생되는 현상
박리대전	서로 밀착해 있는 물체가 분리될 때 전하분리로 인하여 정전기가 발생되는 현상
유동대전	파이프 속에서 액체가 유동할 때 발생하는 대전현상으로, 액체의 흐름속도가 정전기 발생에 영향을 준다.
분출대전	분체류가 단면적이 작은 분출구를 통해 공기 중으로 분출될 때 분출하는 물질과 분출구의 마찰로 인해 정전기가 발생되는 현상
충돌대전	분체류와 같은 입자 상호간이나 입자와 고체와의 충돌에 의해 빠른 접촉 또는 분리가 일어나 정전기가 발생되는 현상
파괴대전	고체나 분체류와 같은 물체가 파괴되었을 때 전하분리에 의해 정전기가 발생되는 현상
교반대전	액체류 수송 중 액체류 상호간 또는 액체와 고체와의 상호작용에 의해 정전기가 발생하는 현상

69

전기기계·기구의 조작 시 안전조치로서 사업주는 근로자가 안전하게 작업할 수 있도록 전기 기계·기구로부터 폭 얼마 이상의 작업공간을 확보하여야 하는가?

① 30cm
② 50cm
③ 70cm
④ 100cm

전기기계·기구의 조작부분을 점검 및 보수하는 경우 폭 70cm 이상의 작업공간을 확보할 것

70

가수전류(Let-go Current)에 대한 설명으로 옳은 것은?

① 마이크 사용 중 전격으로 사망에 이른 전류
② 전격을 일으킨 전류가 교류인지 직류인지 구별할 수 없는 전류
③ 충전부로부터 인체가 자력으로 이탈할 수 있는 전류
④ 몸이 물에 젖어 전압이 낮은 데도 전격을 일으킨 전류

*가수전류(=이탈전류, Let-go Current)
충전부로부터 인체가 자력으로 이탈할 수 있는 전류

71

정전 작업 시 작업 전 안전조치사항으로 가장 거리가 '먼 것은?

① 단락 접지
② 잔류 전하 방전
③ 절연 보호구 수리
④ 검전기에 의한 정전확인

*정전작업 시 조치사항

작업 시기	조치사항
정전작업 전 조치사항	① 전로의 충전 여부를 검전기로 확인 ② 전력용 커패시터, 전력케이블 등 잔류전하방전 ③ 개로개폐기의 잠금장치 및 통전금지 표지판 설치 ④ 단락접지기구로 단락접지
정전작업 중 조치사항	① 작업지휘자에 의한 지휘 ② 단락접지 수시로 확인 ③ 근접활선에 대한 방호상태 관리 ④ 개폐기의 관리
정전작업 후 조치사항	① 단락접지기구의 철거 ② 시건장치 또는 표지판 철거 ③ 작업자에 대한 위험이 없는 것을 최종 확인 ④ 개폐기 투입으로 송전 재개

72

감전사고의 방지 대책으로 가장 거리가 먼 것은?

① 전기 위험부의 위험 표시
② 충전부가 노출된 부분에 절연방호구 사용
③ 충전부에 접근하여 작업하는 작업자 보호구 착용
④ 사고발생 시 처리프로세스 작성 및 조치

④ 사고발생 시 처리프로세스 작성 및 조치 : 감전 사고 발생 후 처리사항

73

위험방지를 위한 전기기계·기구의 설치 시 고려할 사항으로 거리가 먼 것은?

① 전기기계·기구의 충분한 전기적 용량 및 기계적 강도
② 전기기계·기구의 안전효율을 높이기 위한 시간 가동율
③ 습기·분진 등 사용장소의 주위 환경
④ 전기적·기계적 방호수단의 적정성

*위험방지를 위한 전기기계·기구설치 시 고려사항
① 전기기계·기구의 충분한 전기적용량 및 기계적 강도
② 습기·분진 등 사용장소의 주위환경
③ 전기적·기계적 방호수단의 적정성

74

$200A$의 전류가 흐르는 단상 전로의 한 선에서 누전되는 최소 전류(mA)의 기준은?

① 100   ② 200
③ 10   ④ 20

*누설전류(I_g)의 한계값

$$I_g = \frac{I}{2000} = \frac{200}{2000} = 0.1A = 100mA$$

75

정전기 방전에 의한 폭발로 추정되는 사고를 조사함에 있어서 필요한 조치로서 가장 거리가 먼 것은?

① 가연성 분위기 규명
② 사고현장의 방전흔적 조사
③ 방전에 따른 점화 가능성 평가
④ 전하발생 부위 및 축적 기구 규명

*정전기 사고조사 필요조치
① 가연성 분위기 규명
② 전하발생 부위 및 축적 기구 규명
③ 방전에 따른 점화 가능성 평가

76

감전쇼크에 의해 호흡이 정지되었을 경우 일반적으로 약 몇 분 이내에 응급처치를 개시하면 95% 정도를 소생시킬 수 있는가?

① 1분 이내   ② 3분 이내
③ 5분 이내   ④ 7분 이내

*응급처치 소생률

시간	소생률
1분 이내	95%
2분 이내	85%
3분 이내	75%
4분 이내	50%
5분 경과	25%

77

다음 중 방폭구조의 종류가 아닌 것은?

① 본질안전 방폭구조   ② 고압 방폭구조
③ 압력 방폭구조   ④ 내압 방폭구조

*방폭구조의 종류

종류	내용
내압 방폭구조 (d)	용기 내 폭발시 용기가 그 압력을 견 디고 개구부 등을 통해 외부에 인화될 우려가 없는 구조
압력 방폭구조 (p)	용기 내에 보호가스를 압입시켜 대기 압 이상으로 유지하여 폭발성 가스가 유입되지 않도록 하는 구조
안전증 방폭구조 (e)	운전 중에 생기는 아크, 스파크, 발열 등의 발화원을 제거하여 안전도를 증 가시킨 구조
유입 방폭구조 (o)	전기불꽃, 아크, 고온 발생 부분을 기 름으로 채워 폭발성 가스 또는 증기에 인화되지 않도록 한 구조
본질안전 방폭구조 (ia, ib)	운전 중 단선, 단락, 지락에 의한 사고 시 폭발 점화원의 발생이 방지된 구조
비점화 방폭구조 (n)	운전중에 점화원을 차단하여 폭발이 일어나지 않고, 이상 상태에서 짧은시 간 동안 방폭기능을 할 수 있는 구조
몰드 방폭구조 (m)	전기불꽃, 고온 발생 부분은 컴파운드 로 밀폐한 구조

78

전선의 절연 피복이 손상되어 동선이 서로 직접 접촉한 경우를 무엇이라 하는가?

① 절연   ② 누전
③ 접지   ④ 단락

*단락
전선의 절연 피복이 손상되어 동선이 서로 직접 접촉한 경우

79

이상적인 피뢰기가 가져야 할 성능으로 틀린 것은?

① 제한전압이 낮을 것
② 방전개시전압이 낮을 것
③ 뇌전류 방전능력이 적을 것
④ 속류차단을 확실하게 할 수 있을 것

*피뢰기의 성능조건
① 제한전압이 낮을 것
② (충격)방전개시전압이 낮을 것
③ 상용주파 방전개시전압은 높을 것
④ 뇌전류 방전능력이 클 것
⑤ 속류차단을 확실하게 할 것
⑥ 반복동작이 가능할 것
⑦ 구조가 견고하고 특성이 변화하지 않을 것
⑧ 점검 및 보수가 간단할 것

80

인체의 전기저항이 $5000\,\Omega$이고, 세동전류와 통전시간과의 관계를 $I = \dfrac{165}{\sqrt{T}}\,mA$라 할 경우, 심실세동을 일으키는 위험 에너지는 약 몇 J인가? (단, 통전시간은 1초로 한다.)

① 5   ② 30
③ 136   ④ 825

*심실세동 전기에너지(Q)

$$Q = I^2 RT$$
$$= \left(\frac{165 \times 10^{-3}}{\sqrt{T}}\right)^2 \times R \times T$$
$$= \left(\frac{165 \times 10^{-3}}{\sqrt{1}}\right)^2 \times 5000 \times 1 = 136J$$

여기서,
R : 저항 $[\Omega]$
T : 시간 $[sec]$ (주어지지 않을 경우 $T = 1sec$)

81

사업주는 인화성 액체 및 인화성 가스를 저장 취급하는 화학설비에서 증기나 가스를 대기로 방출하는 경우에는 외부로부터의 화염을 방지하기 위하여 화염방지기를 설치하여야 한다. 다음 중 화염방지기의 설치 위치로 옳은 것은?

① 설비의 상단   ② 설비의 하단
③ 설비의 측면   ④ 설비의 조작부

화염을 방지하기 위하여 화염방지기를 설비의 <u>상단</u>에 설치하여야 한다.

82

다음 중 자연발화가 쉽게 일어나는 조건으로 틀린 것은?

① 주위온도가 높을수록
② 열 축적이 클수록
③ 적당량의 수분이 존재할 때
④ 표면적이 작을수록

*자연발화가 쉽게 일어나는 조건
① 주위온도가 높은 경우
② 열전도율이 낮은 경우
③ 열의 축적이 일어날 경우
④ 입자의 표면적이 넓은 경우
⑤ 적당량의 수분이 존재할 경우
⑥ 분해열, 산화열, 중합열 등이 발생할 경우

83

8% $NaOH$ **수용액과** 5% $NaOH$ **수용액을 반응기에 혼합하여** 6% $100kg$**의** $NaOH$ **수용액을 만들려면 각각 약 몇** kg**의** $NaOH$ **수용액이 필요한가?**

① 5% $NaOH$ 수용액: $33.3kg$, 8% $NaOH$
   수용액: $66.7kg$
② 5% $NaOH$ 수용액: $56.8kkggg$, 8% $NaOH$
   수용액: $43.2kg$
③ 5% $NaOH$ 수용액: $66.7kkggg$, 8% $NaOH$
   수용액: $33.3kg$
④ 5% $NaOH$ 수용액: $43.2kg$, 8% $NaOH$
   수용액: $56.8kg$

*수용액의 혼합 비율
$0.08A + 0.05B = 0.06 \times 100 = 6$ ········①
$A + B = 100$ $\therefore A = 100 - B$ ··········②

②식을 ①에 대입하면

$0.08(100 - B) + 0.05B = 6$

$\therefore B = 66.7kg$, $A = 33.3kg$

84

사업주는 산업안전보건기준에 관한 규칙에서 정한 위험물을 기준량 이상으로 제조하거나 취급하는 특수화학설비를 설치하는 경우에는 내부의 이상 상태를 조기에 파악하기 위하여 필요한 온도계·유량계·압력계 등의 계측장치를 설치하여야 한다. 이 때 위험물질별 기준량으로 옳은 것은?

① 부탄 − $25m^3$
② 부탄 − $150m^3$
③ 시안화수소 − 5kg
④ 시안화수소 − 200kg

*위험물질별 기준량
① 부탄(C_4H_{10}) : $50m^3$
② 시안화수소(HCN) : $5kg$

85

폭발의 위험성을 고려하기 위해 정전에너지 값을 구하고자 한다. 다음 중 정전에너지를 구하는 식은? (단, E는 정전에너지, C는 정전 용량, V는 전압을 의미한다.)

① $E = \dfrac{1}{2} CV^2$
② $E = \dfrac{1}{2} VC^2$
③ $E = VC^2$
④ $E = \dfrac{1}{4} VC$

*착화에너지(=발화에너지, 정전에너지 E) [J]
$$E = \dfrac{1}{2} CV^2$$
여기서,
C : 정전용량 [F]
V : 전압 [V]

86

다음 중 유류화재에 해당하는 화재의 급수는?

① A급
② B급
③ C급
④ D급

*화재의 구분

등급	종류	색	소화방법
A급	일반화재	백색	냉각소화
B급	유류 및 가스화재	황색	질식소화
C급	전기화재	청색	질식소화
D급	금속화재	무색	피복소화

87

할론 소화약제 중 $Halon\ 2402$의 화학식으로 옳은 것은?

① $C_2F_4Br_2$
② $C_2H_4Br_2$
③ $C_2Br_4H_2$
④ $C_2Br_4F_2$

*Halon 소화약제
Halon 소화약제의 Halon번호는 순서대로 C, F, Cl, Br, I의 개수를 나타낸다.

명칭	분자식
Halon 1001	CH_3Br
Halon 10001	CH_3I
Halon 1011	CH_2ClBr
Halon 1211	CF_2ClBr
Halon 1301	CF_3Br
Halon 104	CCl_4
Halon 2402	$C_2F_4Br_2$

88

위험물의 저장방법으로 적절하지 않은 것은?

① 탄화칼슘은 물 속에 저장한다.
② 벤젠은 산화성 물질과 격리시킨다.
③ 금속나트륨은 석유 속에 저장한다.
④ 질산은 갈색병에 넣어 냉암소에 보관한다.

제3류 위험물인 탄화칼슘과 물이 반응하여 가연성의 아세틸렌가스를 발생하여 위험성이 증대된다. 탄화칼슘은 밀폐용기에 저장하고 불연성가스로 봉입하여야 한다.

89

다음 중 산업안전보건법령상 공정안전 보고서의 안전 운전 계획에 포함되지 않는 항목은?

① 안전작업허가
② 안전운전지침서
③ 가동 전 점검지침
④ 비상조치계획에 따른 교육계획

*공정안전보고서의 안전운전계획 포함사항
① 안전운전지침서
② 설비점검·검사 및 보수계획, 유지계획 및 지침서
③ 안전작업허가
④ 도급업체 안전관리계획
⑤ 근로자 등 교육계획
⑥ 가동 전 점검지침
⑦ 변경요소 관리계획
⑧ 자체감사 및 사고조사계획

90

마그네슘의 저장 및 취급에 관한 설명으로 틀린 것은?

① 화기를 엄금하고, 가열, 충격, 마찰을 피한다.
② 분말이 비산하지 않도록 밀봉하여 저장한다.
③ 제6류 위험물과 같은 산화제와 혼합되지 않도록 격리, 저장한다.
④ 일단 연소하면 소화가 곤란하지만 초기 소화 또는 소규모 화재 시 물, CO_2 소화설비를 이용하여 소화한다.

④ 화재 발생 시 물의 사용을 금하고, 탄산수소 염류분말소화기를 사용하여야 한다.

91

다음 중 분진이 발화 폭발하기 위한 조건으로 거리가 먼 것은?

① 불연성질
② 미분상태
③ 점화원의 존재
④ 지연성가스 중에서의 교반과 운동

① 불연성 : 쉽게 연소되지 않는 성질

92

다음 중 산업안전보건법령상 산화성 액체 또는 산화성 고체에 해당하지 않는 것은?

① 질산   ② 중크롬산
③ 과산화수소   ④ 질산에스테르

④ 질산에스테르 : 폭발성물질 및 유기과산화물

93

열교환기의 열 교환 능률을 향상시키기 위한 방법이 아닌 것은?

① 유체의 유속을 적절하게 조절한다.
② 유체의 흐르는 방향을 병류로 한다.
③ 열교환하는 유체의 온도차를 크게 한다.
④ 열전도율이 높은 재료를 사용한다.

② 열 교환 능률을 향상시키기 위해선 유체가 흐르는 방향을 향류로 한다.

94

다음 중 고체의 연소방식에 관한 설명으로 옳은 것은?

① 분해연소란 고체가 표면의 고온을 유지하며 타는 것을 말한다.
② 표면연소란 고체가 가열되어 열분해가 일어나고 가연성 가스가 공기 중의 산소와 타는 것을 말한다.
③ 자기연소란 공기 중 산소를 필요로 하지 않고 자신이 분해되며 타는 것을 말한다.
④ 분무연소란 고체가 가열되어 가연성가스를 발생시키며 타는 것을 말한다.

① 표면연소
② 분해연소
④ 증발연소

95

사업주는 안전밸브등의 전단·후단에 차단밸브를 설치해서는 아니 된다. 다만, 별도로 정한 경우에 해당할 때는 자물쇠형 또는 이에 준하는 형식의 차단밸브를 설치할 수 있다. 이에 해당하는 경우가 아닌 것은?

① 화학설비 및 그 부속설비에 안전밸브등이 복수방식으로 설치되어 있는 경우
② 예비용 설비를 설치하고 각각의 설비에 안전밸브등이 설치되어 있는 경우
③ 파열판과 안전밸브를 직렬로 설치한 경우
④ 열팽창에 의하여 상승된 압력을 낮추기 위한 목적으로 안전밸브가 설치된 경우

③ 안전밸브 등의 배출용량의 1/2이상에 해당하는 용량의 자동압력조절밸브와 안전밸브등이 병렬로 연결된 경우

96

위험물안전관리법령에서 정한 제3류 위험물에 해당하지 않는 것은?

① 나트륨
② 알킬알루미늄
③ 황린
④ 니트로글리세린

*제3류 위험물(금수성물질 및 자연발화성물질)
① 칼륨
② 나트륨
③ 알킬알루미늄
④ 알킬리튬
⑤ 알칼리금속 및 알칼리토금속
⑥ 유기금속화합물
⑦ 금속인화합물
⑧ 금속수소화합물
⑨ 금속알루미늄 및 탄소화합물
⑩ 황린

✔니트로글리세린 - 제5류 위험물(자기반응성물질)

97

다음 [표]를 참조하여 메탄 $70vol\%$, 프로판 21 $vol\%$, 부탄 $9vol\%$인 혼합가스의 폭발범위를 구하면 약 몇 $vol\%$인가?

가스	폭발하한계 (vol%)	폭발상한계 (vol%)
C_4H_{10}	1.8	8.4
C_3H_8	2.1	9.5
C_2H_6	3.0	12.4
CH_4	5.0	15.0

① 3.45~9.11
② 3.45~12.58
③ 3.85~9.11
④ 3.85~12.58

*혼합가스의 폭발한계 산술평균식

폭발상한계 : $L_h = \dfrac{100(= V_1 + V_2 + V_3)}{\dfrac{V_1}{L_1} + \dfrac{V_2}{L_2} + \dfrac{V_3}{L_3}}$

$\qquad\qquad = \dfrac{100}{\dfrac{70}{5} + \dfrac{21}{2.1} + \dfrac{9}{1.8}} = 3.45vol\%$

폭발하한계 : $L_l = \dfrac{100(= V_1 + V_2 + V_3)}{\dfrac{V_1}{L_1} + \dfrac{V_2}{L_2} + \dfrac{V_3}{L_3}}$

$\qquad\qquad = \dfrac{100}{\dfrac{70}{15} + \dfrac{21}{9.5} + \dfrac{9}{8.4}} = 12.58vol\%$

*탄화수소가스의 화학식

명칭	화학식
메탄	CH_4
에탄	C_2H_6
프로판	C_3H_8
부탄	C_4H_{10}

98

ABC급 분말 소화약제의 주성분에 해당하는 것은?

① $NH_4H_2PO_4$
② Na_2CO_3
③ Na_2SO_3
④ K_2CO_3

*분말소화기의 종류

종별	소화약제	화재 종류
제1종 소화분말	$NaHCO_3$ (탄산수소나트륨)	BC 화재
제2종 소화분말	$KHCO_3$ (탄산수소칼륨)	BC 화재
제3종 소화분말	$NH_4H_2PO_4$ (인산암모늄)	ABC 화재
제4종 소화분말	$KHCO_3 +$ $(NH_2)_2CO$ (탄산수소칼륨 + 요소)	BC 화재

99

공기 중 아세톤의 농도가 $200ppm$($TLV : 500$ ppm), 메틸에틸케톤(MEK)의 농도가 $100ppm$ ($TLV : 200ppm$)일 때 혼합물질의 허용농도는 약 몇 ppm인가?
(단, 두 물질은 서로 상가작용을 하는 것으로 가정 한다.)

① 150   ② 200
③ 270   ④ 333

*노출지수(R) 및 혼합물질의 허용농도(D)

$$R = \frac{C_1}{T_1} + \frac{C_2}{T_2} + \cdots + \frac{C_n}{T_n} = \frac{200}{500} + \frac{100}{200} = 0.9$$

$$D = \frac{C_1 + C_2 + \cdots + C_n}{R} = \frac{200 + 100}{0.9} = 333ppm$$

100

다음의 설명에 해당하는 안전장치는?

> 대형의 반응기, 탑, 탱크 등에서 이상상태가 발생할 때 밸브를 정지시켜 원료공급을 차단 하기 위한 안전장치로, 공기압식, 유압식, 전기식 등이 있다.

① 파열판   ② 안전밸브
③ 스팀트랩   ④ 긴급차단장치

*긴급차단장치
이상상태가 발생할 때 밸브를 정지시켜 원료공급을 차단하기 위한 방호장치

101

단관비계의 도괴 또는 전도를 방지하기 위하여 사용하는 벽이음의 간격기준으로 옳은 것은?

① 수직방향 $5m$ 이하, 수평방향 $5m$ 이하
② 수직방향 $6m$ 이하, 수평방향 $6m$ 이하
③ 수직방향 $7m$ 이하, 수평방향 $7m$ 이하
④ 수직방향 $8m$ 이하, 수평방향 $8m$ 이하

*비계의 조립간격

비계의 종류	조립간격	
	수직방향	수평방향
단관비계	5m 이하	5m 이하
틀비계 (높이가 5m미만 인 것 제외)	6m 이하	8m 이하
통나무비계	5.5m 이하	7.5m 이하

102

건설업 산업안전보건관리비 내역 중 계상비용에 해당되지 않는 것은?

① 근로자 건강관리비
② 건설재해예방 기술지도비
③ 개인보호구 및 안전장구 구입비
④ 외부비계, 작업발판 등의 가설구조물 설치 소요비

*산업안전보건관리비 사용항목
① 안전관리자 등의 인건비 및 각종 업무수당 등
② 안전시설비 등
③ 개인보호구 및 안전장구 구입비 등
④ 안전진단비 등
⑤ 안전·보건교육비 및 행사비 등
⑥ 근로자의 건강관리비 등
⑦ 건설재해예방 기술지도비
⑧ 본사 사용비

103

다음은 산업안전보건법령에 따른 동바리로 사용하는 파이프 서포트에 관한 사항이다. ( )안에 들어갈 내용을 순서대로 옳게 나타낸 것은?

> 가. 파이프 서포트를 (A) 이상 이어서 사용하지 않도록 할 것
> 나. 파이프 서포트를 이어서 사용하는 경우에는 (B) 이상의 볼트 또는 전용철물을 사용하여 이을 것

① A: 2개, B: 2개 ② A: 3개, B: 4개
③ A: 4개, B: 3개 ④ A: 4개, B: 4개

*파이프 서포트 조립시 준수사항
① 파이프 서포트를 3개 이상 이어서 사용하지 않도록 할 것
② 파이프 서포트를 이어서 사용하는 경우에는 4개 이상의 볼트 또는 전용철물을 사용하여 이을 것
③ 높이가 $3.5m$를 초과하는 경우에는 높이 $2m$ 이내마다 수평연결재 2개 방향으로 만들고 수평연결재의 변위를 방지할 것

104

화물취급 작업 시 준수사항으로 옳지 않은 것은?

① 꼬임이 끊어지거나 심하게 부식된 섬유로프는 화물운반용으로 사용해서는 아니 된다.
② 섬유로프 등을 사용하여 화물취급작업을 하는 경우에 해당 섬유로프 등을 점검하고 이상을 발견한 섬유로프 등을 즉시 교체하여야 한다.
③ 차량 등에서 화물을 내리는 작업을 하는 경우에 해당 작업에 종사하는 근로자에게 쌓여 있는 화물의 중간에서 필요한 화물을 빼낼 수 있도록 허용한다.
④ 하역작업을 하는 장소에서 작업장 및 통로의 위험한 부분에는 안전하게 작업할 수 있는 조명을 유지한다.

③ 차량 등에서 화물을 내리는 작업을 하는 경우에 해당 작업에 종사하는 근로자에게 쌓여 있는 화물의 중간에서 화물을 빼내도록 해서는 아니할 것

105

시스템 비계를 사용하여 비계를 구성하는 경우의 준수사항으로 옳지 않은 것은?

① 수직재·수평재·가새재를 견고하게 연결하는 구조가 되도록 할 것
② 수평재는 수직재와 직각으로 설치하여야 하며, 체결 후 흔들림이 없도록 견고하게 설치할 것
③ 비계 밑단의 수직재와 받침철물은 밀착되도록 설치하고, 수직재와 받침철물의 연결부의 겹침길이는 받침철물 전체길이의 3분의 1 이상이 되도록 할 것
④ 벽 연결재의 설치간격은 시공자가 안전을 고려하여 임의대로 결정한 후 설치할 것

④ 벽 연결재의 설치간격은 제조사가 정한 기준에 따를 것

106

건설공사 위험성평가에 관한 내용으로 옳지 않은 것은?

① 건설물, 기계·기구, 설비 등에 의한 유해·위험요인을 찾아내어 위험성을 결정하고 그 결과에 따른 조치를 하는 것을 말한다.
② 사업주는 위험성평가의 실시내용 및 결과를 기록·보존하여야 한다.
③ 위험성평가 기록물의 보존기간은 2년이다.
④ 위험성평가 기록물에는 평가대상의 유해·위험요인, 위험성결정의 내용 등이 포함된다.

③ 위험성평가 기록물의 보존기간은 3년이다.

107

철골작업에서의 승강로 설치기준 중 ( )안에 알맞은 것은?

사업주는 근로자가 수직방향으로 이동하는 철골부재에는 답단간격이 ( )이내인 고정된 승강로를 설치하여야 한다.

① 20cm   ② 30cm
③ 40cm   ④ 50cm

사업주는 근로자가 수직방향으로 이동하는 철골부재에는 답단 간격이 30cm 이내인 고정된 승강로를 설치하여야 한다.

108

사다리식 통로 등을 설치하는 경우 폭은 최소 얼마 이상으로 하여야 하는가?

① 30cm
② 40cm
③ 50cm
④ 60cm

*사다리식 통로의 설치기준
① 견고한 구조로 할 것
② 심한 손상·부식 등이 없는 재료를 사용할 것
③ 발판의 간격은 일정하게 할 것
④ 발판과 벽과의 사이는 15cm 이상의 간격을 유지할 것
⑤ 폭은 30cm 이상으로 할 것
⑥ 사다리가 넘어지거나 미끄러지는 것을 방지하기 위한 조치를 할 것
⑦ 사다리의 상단은 걸쳐놓은 지점으로부터 60cm 이상 올라가도록 할 것
⑧ 사다리식 통로의 길이가 10m 이상인 경우에는 5m 이내마다 계단참을 설치할 것
⑨ 사다리식 통로의 기울기는 75° 이하로 할 것. 다만, 고정식 사다리식 통로의 기울기는 90° 이하로 하고, 그 높이가 7m 이상인 경우에는 다음 각 목의 구분에 따른 조치를 할 것
ㄱ) 등받이울이 있어도 근로자 이동에 지장이 없는 경우 : 바닥으로부터 높이가 2.5m 되는 지점부터 등받이울을 설치할 것
ㄴ) 등받이울이 있으면 근로자가 이동이 곤란한 경우 : 한국산업표준에서 정하는 기준에 적합한 개인용 추락 방지 시스템을 설치하고 근로자로 하여금 한국산업표준에서 정하는 기준에 적합한 전신안전대를 사용하도록 할 것
⑩ 접이식 사다리 기둥은 사용 시 접혀지거나 펼쳐지지 않도록 철물 등을 사용하여 견고하게 조치할 것

109

추락재해에 대한 예방차원에서 고소작업의 감소를 위한 근본적인 대책으로 옳은 것은?

① 방망 설치
② 지붕트러스의 일체화 또는 지상에서 조립
③ 안전대 사용
④ 비계 등에 의한 작업대 설치

철골구조물을 일체화 하거나 지상에서 조립하는 이유는 고소작업을 최소화 하기위해서 이다.

110

다음 중 건설공사 유해·위험방지계획서 제출대상 공사가 아닌 것은?

① 지상높이가 50m인 건축물 또는 인공구조물 건설공사
② 연면적이 3,000m²인 냉동·냉장창고시설의 설비공사
③ 최대 지간길이가 60m인 교량건설공사
④ 터널건설공사

*유해위험방지계획서 제출대상 건설공사
① 지상높이가 31m 이상인 건축물 또는 인공구조물
② 연면적 30,000m² 이상인 건축물
③ 연면적 5,000m² 이상인 시설

ㄱ) 문화 및 잡화시설(전시장·동물원·식물원 제외)
ㄴ) 판매시설·운수시설(고속도로의 역사 및 집배송시설 제외)
ㄷ) 종교시설
ㄹ) 의료시설 중 종합병원
ㅁ) 숙박시설 중 관광숙박시설
ㅂ) 지하도상가
ㅅ) 냉동·냉장 창고시설

④ 연면적 $5000m^2$ 이상의 냉동·냉장창고시설의 설비
   공사 및 단열공사
⑤ 최대 지간길이가 $50m$ 이상인 교량 건설 등 공사
⑥ 터널 건설 등의 공사
⑦ 다목적댐·발전용댐 및 저수용량 2천만톤 이상의
   용수 전용 댐·지방상수도 전용 댐 건설 등의 공사
⑧ 깊이 $10m$ 이상인 굴착공사

111

겨울철 공사중인 건축물의 벽체 콘크리트 타설 시 거푸집이 터져서 콘크리트 쏟아지는 사고가 발생하였다. 이 사고의 발생 원인으로 추정 가능한 사안 중 가장 타당한 것은?

① 콘크리트의 타설속도가 빨랐다.
② 진동기를 사용하지 않았다.
③ 철근 사용량이 많았다.
④ 콘크리트의 슬럼프가 작았다.

*거푸집 측압이 커지는 경우
① 온도가 낮을수록
② 타설 속도가 빠를수록
③ 슬럼프가 클수록
④ 다짐이 과할수록
⑤ 타설 높이가 높을수록
⑥ 철골 또는 철근량이 적을수록
⑦ 거푸집의 투수성의 낮을수록

112

다음 중 운반 작업 시 주의사항으로 옳지 않은 것은?

① 운반 시의 시선은 진행방향을 향하고 뒷걸음 운반을 하여서는 안 된다.
② 무거운 물건을 운반할 때 무게 중심이 높은 화물은 인력으로 운반하지 않는다.
③ 어깨높이보다 높은 위치에서 화물을 들고 운반하여서는 안 된다.
④ 단독으로 긴 물건을 어깨에 메고 운반할 때에는 뒤쪽을 위로 올린 상태로 운반한다.

④ 단독으로 긴 물건을 어깨에 메고 운반할 때에는 앞쪽을 위로 올린 상태로 운반한다.

113

다음 중 직접기초의 터파기 공법이 아닌 것은?

① 개착 공법
② 시트 파일 공법
③ 트렌치 컷 공법
④ 아일랜드 컷 공법

*터파기 공법의 종류
① 개착공법
② 트랜치 컷 공법
③ 아일랜드 컷 공법
② 시트파일 공법은 흙막이 공법 중 하나이다.

114

건설재해대책의 사면보호공법 중 식물을 생육시켜 그 뿌리로 사면의 표층토를 고정하여 빗물에 의한 침식, 동상, 이완 등을 방지하고, 녹화에 의한 경관 조성을 목적으로 시공하는 것은?

① 식생공
② 쉴드공
③ 뿜어 붙이기공
④ 블록공

*식생구멍공법(=식생공법)
사면을 식물로 피복하는 사면 보호 공법이다.

115

훅걸이용 와이어로프 등이 훅으로부터 벗겨지는 것을 방지하기 위한 장치는?

① 해지장치
② 권과방지장치
③ 과부하방지장치
④ 턴버클

*훅 해지장치
와이어로프가 훅에서 이탈하는 것을 방지하는 장치

116

장비가 위치한 지면보다 낮은 장소를 굴착하는데 적합한 장비는?

① 트럭크레인
② 파워쇼벨
③ 백호우
④ 진폴

백호는 기계가 위치한 지면보다 낮은 곳의 땅을 파는데 적합하고, 파워쇼벨이 지면보다 높은 곳을 굴착하기 적합하다.

117

추락방지용 방망 중 그물코의 크기가 $5cm$인 매듭 방망 신품의 인장강도는 최소 몇 kg 이상이어야 하는가?

① 60
② 110
③ 150
④ 200

*신품 방망사에 대한 인장강도 기준

그물코의 크기 (cm)	방망의 종류(kg)	
	매듭없는 망	매듭 망
5	-	110
10	240	200

118

잠함 또는 우물통의 내부에서 굴착작업을 할 때의 준수사항으로 옳지 않은 것은?

① 굴착 깊이가 $10m$를 초과하는 경우에는 해당 작업장소와 외부와의 연락을 위한 통신설비 등을 설치하여야 한다.
② 산소 결핍의 우려가 있는 경우에는 산소의 농도를 측정하는 자를 지명하여 측정하도록 한다.
③ 근로자가 안전하게 승강하기 위한 설비를 설치한다.
④ 측정 결과 산소의 결핍이 인정될 경우에는 송기를 위한 설비를 설치하여 필요한 양의 공기를 공급하여야 한다.

① 굴착깊이가 $20m$를 초과하는 때에는 해당 작업 장소와 외부와의 연락을 위한 통신설비 등을 설치한다.

119

이동식비계를 조립하여 작업을 하는 경우의 준수 사항으로 옳지 않은 것은?

① 비계의 최상부에서 작업을 하는 경우에는 안전난간을 설치할 것
② 작업발판은 항상 수평을 유지하고 작업발판 위에서 안전난간을 딛고 작업을 하거나 받침대 또는 사다리를 사용하여 작업하지 않도록 할 것
③ 작업발판의 최대적재하중은 $150kg$을 초과하지 않도록 할 것
④ 이동식비계의 바퀴에는 뜻밖의 갑작스러운 이동 또는 전도를 방지하기 위하여 브레이크·쐐기 등으로 바퀴를 고정시킨 다음 비계의 일부를 견고한 시설물에 고정하거나 아웃트리거(outrigger)를 설치하는 등 필요한 조치를 할 것

*이동식비계 작업시 준수사항
① 승강용사다리는 견고하게 설치할 것
② 비계의 최상부에서 작업을 하는 경우에는 안전난간을 설치할 것
③ 작업발판의 최대 적재하중은 $250kg$을 초과하지 않도록 할 것
④ 작업발판은 항상 수평을 유지하고 작업발판 위에서 안전난간을 딛고 작업을 하거나 받침대 또는 사다리를 사용하여 작업하지 않도록 할 것
⑤ 이동식비계의 바퀴에는 뜻밖의 갑작스러운 이동 또는 전도를 방지하기 위하여 브레이크·쐐기 등으로 바퀴를 고정시킨 다음 비계의 일부를 견고한 시설물에 고정하거나 아웃트리거(outrigger)를 설치하는 등 필요한 조치를 할 것

120

항타기 또는 항발기의 권상장치 드럼축과 권상장치로부터 첫 번째 도르래의 축간의 거리는 권상장치 드럼폭의 몇 배 이상으로 하여야 하는가?

① 5배 ② 8배
③ 10배 ④ 15배

항타기 또는 항발기의 권상장치 드럼축과 권상장치로부터 첫 번째 도르래의 축간거리는 권상장치 드럼폭의 15배 이상으로 할 것

Memo

01

제일선의 감독자를 교육대상으로 하고, 작업을 지도하는 방법, 작업개선방법 등의 주요 내용을 다루는 기업내 교육방법은?

① TWI   ② MTP
③ ATT   ④ CCS

*TWI(Training Within Industry)
관리감독자를 대상으로 하여 직무에 관한 능력을 교육하는 방법

훈련 기법	교육훈련 내용
작업방법훈련 (Job Method Training)	작업 효율성 교육 방법
작업지도훈련 (Job Instruction Training)	작업 숙련도 교육 방법
인간관계훈련 (Job Relations Training)	인간관계 관리 교육 방법
작업안전훈련 (Job Safety Training)	안전한 작업에 대한 교육 방법

02

안전검사기관 및 자율검사프로그램 인정기관은 고용노동부장관에게 그 실적을 보고하도록 관련법에 명시되어 있는데 그 주기로 옳은 것은?

① 매월   ② 격월
③ 분기   ④ 반기

안전검사기관 및 자율검사프로그램 인정기관은 고용노동부장관에게 <u>분기마다</u> 실적을 보고할 것

03

다음 재해사례에서 기인물에 해당하는 것은?

기계작업에 배치된 작업자가 반장의 지시를 받기전에 정지된 선반을 운전시키면서 변속치차의 덮개를 벗겨내고 치차를 저속으로 운전하면서 급유하려고 할 때 오른손이 변속치차에 맞물려 손가락이 절단되었다.

① 덮개   ② 급유
③ 선반   ④ 변속치차

*기인물과 가해물
① 기인물 : 재해를 초래한 직접적인 원인이 된 설비, 시설 또는 물질 등을 말한다.
② 가해물 : 재해자에게 직접적으로 상해를 가한 설비, 시설 또는 물질 등을 말한다.

위 상황에서는
① 기인물 : 선반
② 가해물 : 변속치차

04

보호구 안전인증 고시에 따른 분리식 방진 마스크의 성능기준에서 포집효율이 특급인 경우, 염화나트륨($NaCl$) 및 파라핀 오일(Paraffin oil)시험에서의 포집효율은?

① 99.95% 이상   ② 99.9% 이상
③ 99.5% 이상   ④ 99.0% 이상

*방진마스크의 성능기준

	종류	등급	염화나트륨($NaCl$) 및 파라핀 오일 시험
여과재 분진 등 포집효율	분리식	특급	99.95% 이상
		1급	94% 이상
		2급	80% 이상
	안면부 여과식	특급	99% 이상
		1급	94% 이상
		2급	80% 이상

05

산업안전보건법상 특별안전보건교육에서 방사선 업무에 관계되는 작업을 할 때 교육내용으로 거리가 먼 것은?

① 방사선의 유해·위험 및 인체에 미치는 영향
② 방사선 측정기기 기능의 점검에 관한 사항
③ 비상 시 응급처리 및 보호구 착용에 관한 사항
④ 산소농도측정 및 작업환경에 관한 사항

*방사선 업무와 관계되는 작업 시 특별안전보건교육
① 방사선의 유해·위험 및 인체에 미치는 영향
② 방사선 측정기기 기능의 점검에 관한사항
③ 방호거리·방호벽 및 방사선 물질의 취급 요령에 관한사항
④ 응급처치 및 보호구 착용에 관한사항

06

주의의 수준이 Phase 0 인 상태에서의 의식상태는?

① 무의식상태   ② 의식의 이완상태
③ 명료한상태   ④ 과긴장상태

*주의의 수준

phase	의식의 상태
0	무의식
1	의식 불명 (몽롱한 상태)
2	이완 상태
3	명료한 상태
4	과긴장 상태

07

한 사람, 한 사람의 위험에 대한 감수성 향상을 도모하기 위하여 삼각 및 원 포인트 위험예지훈련을 통합한 활용기법은?

① 1인 위험예지훈련
② TBM 위험예지훈련
③ 자문자답 위험예지훈련
④ 시나리오 역할연기훈련

*1인 위험예지훈련
각각의 1인에게 위험에 대한 감수성 향상을 도모하기 위하여 삼각 및 원 포인트 위험예지 훈련을 통합한 활용 기법 중의 하나이다. 각 개인이 1인 위험예지를 확인하면서 단시간에 실시한 뒤, 그 결과를 서로 발표한다.

08

재해예방의 4원칙에 관한 설명으로 틀린 것은?

① 재해의 발생에는 반드시 원인이 존재한다.
② 재해의 발생과 손실의 발생은 우연적이다.
③ 재해를 예방할 수 있는 안전대책은 반드시 존재한다.
④ 재해는 원인 제거가 불가능하므로 예방만이 최선이다.

*재해예방의 4원칙

종류	설명
예방가능의 원칙	재해를 예방할 수 있는 안전대책은 반드시 존재한다.
손실우연의 원칙	재해의 발생과 손실의 발생은 우연적이다.
원인연계의 원칙	사고와 그 원인은 필연적인 인과관계를 가지고 있다.
대책선정의 원칙	재해에 대한 교육적, 기술적, 관리적 대책이 필요하다.

09

적응기제(適應機制, Adjustment Mechanism)의 종류 중 도피적 기제(행동)에 해당하지 않는 것은?

① 고립   ② 퇴행
③ 억압   ④ 합리화

*인간의 적응기제

분류	종류
방어기제	투사, 승화, 보상, 합리화, 동일시, 모방 등
도피기제	고립, 억압, 퇴행 등

10

인간오류에 관한 분류 중 독립행동에 의한 분류가 아닌 것은?

① 생략오류   ② 실행오류
③ 명령오류   ④ 시간오류

*휴먼에러의 심리적(=독립행동에 의한) 분류

종류	내용
누락(=생략)오류 (Omission error)	필요한 작업 또는 절차를 수행하지 않는데 기인한 오류
작위(=실행)오류 (Commission error)	필요한 작업 또는 절차의 불확실한 수행으로 기인한 오류
시간 오류 (Time error)	필요한 작업 또는 절차의 수행 지연으로 인한 오류
순서 오류 (Sequential error)	필요한 작업 또는 절차의 순서 착오로 인한 오류
과잉행동 오류 (Extraneous error)	불필요한 작업 또는 절차를 수행함으로써 기인한 오류

11

다음 중 안전·보건교육계획을 수립할 때 고려할 사항으로 가장 거리가 먼 것은?

① 현장의 의견을 충분히 반영한다.
② 대상자의 필요한 정보를 수집한다.
③ 안전교육시행체계와의 연관성을 고려한다.
④ 정부 규정에 의한 교육에 한정하여 실시한다.

④ 정부 규정에 의한 교육에만 한정하지 않고 상황에 따라 가능한 교육을 추가로 실시한다.

12

사고의 원인분석방법에 해당하지 않는 것은?

① 통계적 원인분석
② 종합적 원인분석
③ 클로즈(close)분석
④ 관리도

＊통계적 원인분석 방법
① 파레토도
② 관리도
③ 클로즈(크로스) 분석
④ 특성요인도

13

하인리히의 재해 코스트 평가방식 중 직접비에 해당하지 않는 것은?

① 산재보상비　　　② 치료비
③ 간호비　　　　　④ 생산손실

＊하인리히(Heimrich)의 재해손실비용

직접비(=보험급여)	간접비
① 치료비 ② 휴업보상비 ③ 장해보상비 ④ 유족보상비 ⑤ 장례비 ⑥ 요양 및 간병비 ⑦ 장해특별보상비 ⑧ 상병보상연금 ⑨ 직업재활급여 등	작업 중단으로 인한 생산손실, 기계 및 공구의 손실, 납기 지연손실 등 직접비를 제외한 모든비용

14

안전관리조직의 참모식(staff형)에 대한 장점이 아닌 것은?

① 경영자의 조언과 자문역할을 한다.
② 안전정보 수집이 용이하고 빠르다.
③ 안전에 관한 명령과 지시는 생산라인을 통해 신속하게 전달한다.
④ 안전전문가가 안전계획을 세워 문제해결 방안을 모색하고 조치한다.

＊안전보건관리조직

종류	특징
라인형 조직 (직계식)	① 100명 이하의 소규모 사업장 ② 안전에 관한 지시나 조치가 신속 ③ 책임 및 권한이 명백 ④ 안전에 대한 전문적 지식 및 기술 부족 ⑤ 관리 감독자의 직무가 너무 넓어 실행이 어려움
스탭형 조직 (참모식)	① 100~500명의 중규모 사업장에 적합 ② 안전업무가 표준화되어 직장에 정착 ③ 생산 조직과는 별도의 조직과 기능을 가짐 ④ 안전정보 수집과 기술 축적이 용이 ⑤ 전문적인 안전기술 연구 가능 ⑥ 생산부분은 안전에 대한 책임과 권한이 없음 ⑦ 권한 다툼이나 조정 때문에 통제 수속이 복잡해짐 ⑧ 안전과 생산을 별개로 취급하기 쉬움
라인－스탭형 조직 (복합식)	① 1000명 이상의 대규모 사업장에 적합 ② 라인형과 스탭형의 장점을 취한 절충식 ③ 안전계획, 평가 및 조사는 스탭에서, 생산 기술의 안전대책은 라인에서 실시 ④ 조직원 전원을 자율적으로 안전활동에 참여시킬 수 있음 ⑤ 안전 활동과 생산업무가 분리될 가능성이 낮아때 균형을 유지 ⑥ 라인의 관리, 감독자에게도 안전에 관한 책임과 권한이 부여 ⑦ 명령 계통과 조언 권고적 참여가 혼동되기 쉬움 ⑧ 스탭의 월권행위의 경우가 있음

③ : 라인형 조직

15

산업안전보건법령상 의무안전인증대상 기계 · 기구 및 설비가 아닌 것은?

① 연삭기   ② 롤러기
③ 압력용기   ④ 고소(高所) 작업대

*안전인증대상 기계 등

기계 또는 설비	① 프레스 ② 전단기 및 절곡기 ③ 크레인 ④ 리프트 ⑤ 압력용기 ⑥ 롤러기 ⑦ 사출성형기 ⑦ 고소 작업대 ⑧ 곤돌라

16

안전교육방법 중 학습자가 이미 설명을 듣거나 시범을 보고 알게 된 지식이나 기능을 강사의 감독 아래 직접적으로 연습하여 적용할 수 있도록 하는 교육방법은?

① 모의법   ② 토의법
③ 실연법   ④ 반복법

*실연법
학습자가 이미 학습된 지식이나 기능을 교사의 지휘나 감독 아래에서 직접 실습하는 교육법이다.

17

산업안전보건법상의 안전 · 보건표지 종류 중 관계자 외 출입금지 표지에 해당되는 것은?

① 안전모 착용
② 폭발성물질 경고
③ 방사성물질 경고
④ 석면취급 및 해체·제거

*관계자외 출입금지표지의 종류
① 허가대상유해물질 취급
② 석면취급 및 해체 · 제거
③ 금지유해물질 취급

18

국제노동기구(ILO)의 산업재해 정도구분에서 부상 결과 근로자가 신체장해등급 제12급 판정을 받았다면 이는 어느 정도의 부상을 의미하는가?

① 영구 전노동불능
② 영구 일부노동불능
③ 일시 전노동불능
④ 일시 일부노동불능

*상해 정도별 분류

종류	상해 정도
영구 전노동 불능상해	부상의 결과로 근로의 기능을 완전히 상실 (신체 장해자 등급 1~3급)
영구 일부노동 불능상해	부상의 결과로 신체 일부가 영구적으로 노동의 기능 상실 (신체 장해자 등급 4~14급)
일시 전노동 불능상해	의사의 진단으로 일정기간 정규 노동에 종사할 수 없는 정도
일시 일부노동 불능상해	의사의 진단으로 일정기간 정규 노동에 종사할 수 없으나, 휴무 상태가 아닌 일시적인 가벼운 노동에 종사할 수 있는 정도

19

특정과업에서 에너지 소비수준에 영향을 미치는 인자가 아닌 것은?

① 작업방법   ② 작업속도
③ 작업관리   ④ 도구

*에너지 소비수준 영향인자
① 작업방법
② 작업속도
③ 도구
④ 작업자세

20

사고예방대책의 기본원리 5단계 중 틀린 것은?

① 1단계 : 안전관리계획
② 2단계 : 현상파악
③ 3단계 : 분석평가
④ 4단계 : 대책의 선정

*하인리히(Heimrich)의 사고예방대책 5단계
1단계 : 조직(안전관리조직)
2단계 : 사실의 발견(현상파악)
3단계 : 평가분석(원인규명)
4단계 : 시정책의 선정(대책의 선정)
5단계 : 시정책의 적용(목표달성)

21

의도는 올바른 것이었지만, 행동이 의도한 것과는 다르게 나타나는 오류를 무엇이라 하는가?

① Slip   ② Mistake

③ Lapse   ④ Violation

*인간 오류의 종류

종류	내용
실수 (Slip)	의도는 올바른 것이었지만, 행동이 의도한 것과는 다르게 나타나는 오류
착오 (Mistake)	외부적 요인에 나타나는 현상으로 목표를 잘못 이해하는 과정에서 발생하는 오류
건망증 (Lapse)	연쇄적 행동들 중에서 일부를 잊어버려 발생하는 오류
위반 (Violation)	알고 있음에도 의도적으로 따르지 않거나 무시하여 발생하는 오류

22

시스템 수명주기 단계 중 마지막 단계인 것은?

① 구상단계   ② 개발단계

③ 운전단계   ④ 생산단계

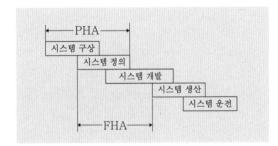

*시스템 수명주기의 단계

1단계 : 구상단계
2단계 : 정의단계
3단계 : 개발단계
4단계 : 생산단계
5단계 : 운전단계

23

FT도에 사용되는 다음 게이트의 명칭은?

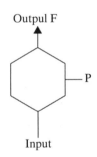

① 부정 게이트
② 억제 게이트
③ 배타적 OR 게이트
④ 우선적 AND 게이트

종류	그림	설명
억제 (제어) 게이트		조건부로 입력사상이 발생할 때 출력사상이 발생한다.

24

FTA에서 시스템의 기능을 살리는데 필요한 최소 요인의 집합을 무엇이라 하는가?

① critical set
② minimal gate
③ minimal path
④ Boolean indicated cut set

*컷셋(Cut set)과 패스셋(Path set)
① 컷셋(Cut set)
모든 기본사상이 발생했을 때, 정상사상을 발생시키는 기본사상들의 집합이다.
② 미니멀 컷셋(Minimal cut set)
정상사상을 발생시키기 위한 최소한의 컷셋으로 시스템의 위험성을 나타낸다.
③ 패스셋(Path set)
모든 기본사상이 발생하지 않을 때, 처음으로 정상사상을 발생시키지 않는 기본사상들의 집합이다.
④ 미니멀 패스셋(Minimal Path set)
정상사상을 발생시키지 않는 최소한의 패스셋으로 시스템의 신뢰성을 나타낸다.

25

쾌적 환경에서 추운 환경으로 변화 시 신체의 조절 작용이 아닌 것은?

① 피부온도가 내려간다.
② 직장온도가 약간 내려간다.
③ 몸이 떨리고 소름이 돋는다.
④ 피부를 경유하는 혈액 순환량이 감소한다.

*온도 변화에 따른 신체 조절작용
① 적정온도에서 추운 환경으로 바뀔 때 인체반응
 ㉠ 피부의 온도가 내려간다.
 ㉡ 직장의 온도가 약간 올라간다.
 ㉢ 혈액의 많은 양이 몸의 중심부를 순환한다.
 ㉣ 몸 떨림 및 소름이 돋는다.

② 적정온도에서 더운 환경으로 바뀔 때 인체반응
 ㉠ 피부의 온도가 올라간다.
 ㉡ 직장의 온도가 내려간다.
 ㉢ 피부를 경유하는 혈액 순환량이 증가한다.
 ㉣ 발한이 시작된다.(=땀이 난다.)

26

염산을 취급하는 *A* 업체에서는 신설 설비에 관한 안전성 평가를 실시해야 한다. 정성적 평가단계의 주요 진단 항목에 해당하는 것은?

① 공장 내의 배치
② 제조공정의 개요
③ 재평가 방법 및 계획
④ 안전·보건교육 훈련계획

*화학설비에 대한 안전성 평가
① 정량적 평가
객관적인 데이터를 활용하는 평가
ex) 압력, 온도, 용량, 취급물질, 조작 등

② 정성적 평가
객관적인 데이터로 나타내기 힘든 요소까지 종합적으로 고려하는 평가
ex) 공장의 입지 조건, 공장 내 배치, 건조물, 입지 조건 등

27

인간-기계시스템의 설계를 6단계로 구분할 때, 첫 번째 단계에서 시행하는 것은?

① 기본설계
② 시스템의 정의
③ 인터페이스 설계
④ 시스템의 목표와 성능명세 결정

28

점광원으로부터 $0.3m$ 떨어진 구면에 비추는 광량이 $5 Lumen$ 일 때, 조도는 약 몇 럭스인가?

① 0.06
② 16.7
③ 55.6
④ 83.4

29

음량수준을 측정할 수 있는 3가지 척도에 해당되지 않는 것은?

① sone
② 럭스
③ phon
④ 인식소음 수준

*음압수준을 나타내는 단위

① phon
② sone
③ PNdB

30

실린더 블록에 사용하는 가스켓의 수명은 평균 10000시간이며, 표준편차는 200시간으로 정규분포를 따른다. 사용시간이 9600시간일 경우에 신뢰도는 약 얼마인가?
(단, 표준 정규분표표에서 $u_{0.8413} = 1$, $u_{0.9772} = 2$ 이다.)

① 84.13%
② 88.73%
③ 92.72%
④ 97.72%

31

음압수준이 $70 dB$인 경우, $1000 Hz$에서 순음의 phon 치는?

① 50phon
② 70phon
③ 90phon
④ 100phon

32

인체계측자료의 응용원칙 중 조절 범위에서 수용하는 통상의 범위는 얼마인가?

① 5 ~ 95 %tile　　② 20 ~ 80 %tile
③ 30 ~ 70 %tile　　④ 40 ~ 60 %tile

수용 조절 범위 : 5 ~ 95%tile

33

동작 경제 원칙에 해당되지 않는 것은?

① 신체사용에 관한 원칙
② 작업장 배치에 관한 원칙
③ 사용자 요구 조건에 관한 원칙
④ 공구 및 설비 디자인에 관한 원칙

*동작경제의 원칙
① 신체 사용에 관한 원칙
② 작업장의 배치에 관한 원칙
③ 공구 및 설비 디자인에 관한 원칙

34

정신적 작업 부하에 관한 생리적 척도에 해당하지 않는 것은?

① 부정맥 지수　　② 근전도
③ 점멸융합주파수　④ 뇌파도

*정신적 부하측정 척도의 종류
① 부정맥 지수
② 점멸융합주파수
③ 뇌파도
④ 안구전위도

② 근전도 : 육체적 부하측정 척도

35

FMEA의 장점이라 할 수 있는 것은?

① 분석방법에 대한 논리적 배경이 강하다.
② 물적, 인적요소 모두가 분석대상이 된다.
③ 서식이 간단하고 비교적 적은 노력으로 분석이 가능하다.
④ 두 가지 이상의 요소가 동시에 고장 나는 경우에도 분석이 용이하다.

*FMEA의 특징
① 논리성이 부족하다.
② 인적요소 분석이 어렵다.
④ 두 가지 이상의 요소가 동시에 고장 나는 경우 분석이 어렵다.

36

수리가 가능한 어떤 기계의 가용도(availability)는 0.9이고, 평균수리시간(MTTR)이 2시간일 때, 이 기계의 평균수명(MTBF)은?

① 15시간　　　② 16시간
③ 17시간　　　④ 18시간

*가용도(가동률)

$$가동률(가용도) = \frac{MTBF}{MTBF + MTTR}$$

$$0.9 = \frac{MTBF}{MTBF + 2}$$

$$0.9(MTBF + 2) = MTBF$$

$$0.9MTBF + 1.8 = MTBF$$

$$\therefore MTBF = 18 hour$$

37

산업안전보건법령에 따라 제조업 중 유해·위험 방지계획서 제출대상 사업의 사업주가 유해·위험 방지계획서를 제출하고자 할 때 첨부하여야 하는 서류에 해당하지 않는 것은?

(단, 기타 고용노동부장관이 정하는 도면 및 서류 등은 제외한다.)

① 공사개요서
② 기계·설비의 배치도면
③ 기계·설비의 개요를 나타내는 서류
④ 원재료 및 제품의 취급, 제조 등의 작업방법의 개요

*유해위험방지계획서 첨부서류

항목	제출서류 및 내용
공사개요 (건설업)	① 공사개요서 ② 공사현장의 주변 현황 및 주변과의 관계를 나타내는 도면 ③ 건설물·사용 기계설비 등의 배치를 나타내는 도면 ④ 전체 공정표
공사개요 (제조업)	① 건축물 각 층의 평면도 ② 기계·설비의 개요를 나타내는 서류 ③ 기계·설비의 배치도면 ④ 원재료 및 제품의 취급, 제조 등의 작업방법의 개요 ⑤ 그 밖의 고용노동부장관이 정하는 도면 및 서류
안전보건 관리계획	① 산업안전보건관리비 사용계획서 ② 안전관리조직표·안전보건교육 계획 ③ 개인보호구 지급계획 ④ 재해발생 위험시 연락 및 대피방법
작업환경 조성계획	① 분진 및 소음발생공사 종류에 대한 방호대책 ② 위생시설물 설치 및 관리대책 ③ 근로자 건강진단 실시계획 ④ 조명시설물 설치계획 ⑤ 환기설비 설치계획 ⑥ 위험물질의 종류별 사용량과 저장·보관 및 사용시의 안전 작업 계획

38

생명유지에 필요한 단위시간당 에너지량을 무엇이라 하는가?

① 기초 대사량   ② 산소 소비율
③ 작업 대사량   ④ 에너지 소비율

*기초대사량(BMR)
생명유지에 필요한 단위시간당 에너지량

39

다음의 각 단계를 결함수분석법(FTA)에 의한 재해사례의 연구 순서대로 나열한 것은?

> ㉠ 정상사상의 선정
> ㉡ FT도 작성 및 분석
> ㉢ 개선 계획의 작성
> ㉣ 각 사상의 재해원인 규명

① ㉠ → ㉡ → ㉢ → ㉣
② ㉠ → ㉣ → ㉢ → ㉡
③ ㉠ → ㉢ → ㉡ → ㉣
④ ㉠ → ㉣ → ㉡ → ㉢

*결함수분석법(FTA)의 순서
1단계 : 정상사상(=Top 사상)을 선정
2단계 : 각 사상의 재해원인을 규명
3단계 : FT(Fault Tree)도 작성 및 분석
4단계 : 개선 계획의 작성

37.① 38.① 39.④

40

인간-기계시스템의 연구 목적으로 가장 적절한 것은?

① 정보 저장의 극대화
② 운전시 피로의 평준화
③ 시스템의 신뢰성 극대화
④ 안전의 극대화 및 생산능률의 향상

＊인간-기계 시스템의 연구 목적
① 안전을 극대화시키고 생산능률 향상
② 쾌적한 작업환경
③ 여러 가지 사고예방

41

휴대용 연삭기 덮개의 개방부 각도는 몇 도(°)
이내여야 하는가?

① 60°　　　　　② 90°
③ 125°　　　　 ④ 180°

*용도에 따른 연삭기 덮개의 각도

형상	용도
	일반연삭작업에 사용되는 탁상용 연삭기
	연삭숫돌의 상부를 사용하는 것을 목적으로 하는 탁상용 연삭기
	1. 원통연삭기 2. 센터리스연삭기 3. 공구연삭기 4. 만능연삭기
	1. 휴대용 연삭기 2. 스윙연삭기 3. 슬리브연삭기
	1. 평면연삭기 2. 절단연삭기

42

롤러기 급정지장치 조작부에 사용하는 로프의 성능
기준으로 적합한 것은?
(단, 로프의 재질은 관련 규정에 적합한 것으로
본다.)

① 지름 $1mm$ 이상의 와이어로프
② 지름 $2mm$ 이상의 합성섬유로프
③ 지름 $3mm$ 이상의 합성섬유로프
④ 지름 $4mm$ 이상의 와이어로프

> 롤러기 급정지장치 조작부에 사용하는 로프의 성능은
> 지름 4mm 이상의 와이어 로프 또는 지름 6mm 이
> 상이고 절단하중 $300kg_f$ 이상의 합성섬유로프를 사
> 용한다.

43

다음 중 공장 소음에 대한 방지계획에 있어 소음
원에 대한 대책에 해당하지 않는 것은?

① 해당 설비의 밀폐
② 설비실의 차음벽 시공
③ 작업자의 보호구 착용
④ 소음기 및 흡음장치 설치

> ③ 작업자의 보호구 착용 : 수음자에 대한 대책

44

와이어로프의 꼬임은 일반적으로 특수로프를 제외하고는 보통 꼬임(Ordinary Lay)과 랭 꼬임(Lang's Lay)으로 분류할 수 있다. 다음 중 랭 꼬임과 비교하여 보통 꼬임의 특징에 관한 설명으로 틀린 것은?

① 킹크가 잘 생기지 않는다.
② 내마모성, 유연성, 저항성이 우수하다.
③ 로프의 변형이나 하중을 걸었을 때 저항성이 크다.
④ 스트랜드의 꼬임 방향과 로프의 꼬임 방향이 반대이다.

＊와이어로프의 꼬임 종류

보통 꼬임	랭 꼬임
① 소선 마모가 쉽다.	① 내마모성이 우수하다.
② 킹크가 잘 생기지 않는다.	② 킹크가 잘 생기기 쉽다.
③ 스트랜드의 꼬임 방향과 로프를 구성하는 소선의 꼬임 방향이 반대이다.	③ 스트랜드의 꼬임 방향과 로프를 구성하는 소선의 꼬임 방향이 동일방향이다.
④ 로프의 자체 변형이 적고 하중을 걸었을 때 저항성이 크다.	④ 꼬임이 풀리기 쉽다.
	⑤ 소선의 접촉길이가 길다.
	⑥ 수명이 길다.

45

보일러 등에 사용하는 압력방출장치의 봉인은 무엇으로 실시해야 하는가?

① 구리 테이프
② 납
③ 봉인용 철사
④ 알루미늄 실(seal)

압력방출장치 검사 후 납으로 봉인하여 사용한다.

46

프레스 및 전단기에 사용되는 손쳐내기식 방호장치의 성능기준에 대한 설명 중 옳지 않은 것은?

① 진동각도·진폭시험 : 행정길이가 최소일 때 진동각도는 60°~90° 이다.
② 진동각도·진폭시험 : 행정길이가 최대일 때 진동각도는 30°~60° 이다.
③ 완충시험 : 손쳐내기봉에 의한 과도한 충격이 없어야 한다.
④ 무부하 동작시험 : 1회의 오동작도 없어야 한다.

＊손쳐내기식 방호장치 성능기준

시험	조건
진동각도 진폭시험	행정길이가 최소일 때 진동각도 60~90° 최대일 때 진동각도 45~90°
완충시험	손쳐내기봉에 의한 과도한 충격이 없을 것
무부하 동작시험	1회의 오동작도 없을 것

47

다음 중 산업안전보건법령상 연삭숫돌을 사용하는 작업의 안전수칙으로 틀린 것은?

① 연삭숫돌을 사용하는 경우 작업시작 전과 연삭숫돌을 교체한 후에는 1분 정도 시운전을 통해 이상 유무를 확인한다.
② 회전 중인 연삭숫돌이 근로자에 위험을 미칠 우려가 있는 경우에 그 부위에 덮개를 설치하여야 한다.
③ 연삭숫돌의 최고 사용회전속도를 초과하여 사용하여서는 안 된다.
④ 측면을 사용하는 목적으로 하는 연삭숫돌 이외에는 측면을 사용해서는 안 된다.

① 연삭숫돌 교체 후 3분 정도 시험운전을 실시하여 해당 기계의 이상 여부를 확인한다.

48

다음 중 산업용 로봇에 의한 작업 시 안전조치 사항으로 적절하지 않은 것은?

① 로봇이 운전으로 인해 근로자가 로봇에 부딪칠 위험이 있을 때에는 1.8m 이상의 울타리를 설치하여야 한다.
② 작업을 하고 있는 동안 로봇의 기동스위치 등은 작업에 종사하고 있는 근로자가 아닌 사람이 그 스위치 등을 조작할 수 없도록 필요한 조치를 한다.
③ 로봇의 조작방법 및 순서, 작업 주의 매니퓰레이터의 속도 등에 관한 지침에 따라 작업을 하여야 한다.
④ 작업에 종사하는 근로자가 이상을 발견하면, 관리 감독자에게 우선 보고하고, 지시에 따라 로봇의 운전을 정지시킨다.

④ 작업에 종사하는 근로자가 이상을 발견하면 즉시 로봇의 운전을 정지시키기 위한 조치를 할 것

49

프레스 작업 시작 전 점검해야 할 사항으로 거리가 먼 것은?

① 매니퓰레이터 작동의 이상유무
② 클러치 및 브레이크 기능
③ 슬라이드, 연결봉 및 연결 나사의 풀림 여부
④ 프레스 금형 및 고정볼트 상태

*프레스 작업시작 전 점검사항
① 클러치 및 브레이크의 기능
② 방호장치의 기능
③ 프레스의 금형 및 고정볼트 상태
④ 전단기의 칼날 및 테이블의 상태
⑤ 1행정 1정지기구 · 급정지장치 및 비상정지장치의 기능
⑥ 슬라이드 또는 칼날에 의한 위험방지 기구의 기능
⑦ 크랭크축 · 플라이휠 · 슬라이드 · 연결봉 및 연결 나사의 풀림 유무

50

압력용기 등에 설치하는 안전밸브에 관련한 설명으로 옳지 않은 것은?

① 안지름이 150mm를 초과하는 압력용기에 대해서는 과압에 따른 폭발을 방지하기 위해 규정에 맞는 안전밸브를 설치해야 한다.
② 급성 독성물질이 지속적으로 외부에 유출될 수 있는 화학설비 및 그 부속설비에는 파열판과 안전밸브를 병렬로 설치한다.
③ 안전밸브는 보호하려는 설비의 최고사용 압력 이하에서 작동되도록 하여야 한다.
④ 안전밸브의 배출용량은 그 작동원인에 따라 각 소요분출량을 계산하여 가장 큰 수치를 해당 안전밸브의 배출용량으로 하여야 한다.

② 급성독성물질이 지속적으로 외부에 유출될 수 있는 화학설비 및 그 부속설비에는 파열판과 안전밸브를 직렬로 설치하고 그 사이에는 압력 지시계 또는 자동경보장치를 설치할 것

51

유해 · 위험기계 · 기구 중에서 진동과 소음을 동시에 수반하는 기계설비로 가장 거리가 먼 것은?

① 컨베이어　　　　② 사출 성형기
③ 가스 용접기　　　④ 공기 압축기

③ 가스 용접기 : 소음만을 수반하는 기계설비

52

기능의 안전화 방안을 소극적 대책과 적극적 대책으로 구분할 때 다음 중 적극적 대책에 해당하는 것은?

① 기계의 이상을 확인하고 급정지시켰다.
② 원활한 작동을 위해 급유를 하였다.
③ 회로를 개선하여 오동작을 방지하도록 하였다.
④ 기계를 볼트 및 너트가 이완되지 않도록 다시 조립하였다.

①, ②, ④ : 소극적 대책

53

프레스기의 비상정지스위치 작동 후 슬라이드가 하사점까지 도달시간이 0.15초 걸렸다면 양수기동식 방호장치의 안전거리는 최소 몇 cm 이상이어야 하는가?

① 24
② 240
③ 15
④ 150

*방호장치의 안전거리(D)
$D = 1.6T = 1.6 \times 0.15 = 0.24m = 24cm$

54

컨베이어(conveyor) 역전방지장치의 형식을 기계식과 전기식으로 구분할 때 기계식에 해당하지 않는 것은?

① 라쳇식
② 밴드식
③ 스러스트식
④ 롤러식

*컨베이어 역전방지장치의 형식
① 기계식
　㉠ 라쳇식
　㉡ 밴드식
　㉢ 롤러식
② 전기식
　㉠ 스러스트식

55

재료의 강도시험 중 항복점을 알 수 있는 시험의 종류는?

① 비파괴시험
② 충격시험
③ 인장시험
④ 피로시험

*인장시험
천천히 잡아당겨 끊어질 때 까지의 변형과 이에 대한 하중을 측정하여 시험재료의 변형에 대한 항복점 및 인장강도를 측정하는 시험

56

다음 중 프레스를 제외한 사출성형기·주형조형기 및 형단조기 등에 관한 안전조치 사항으로 틀린 것은?

① 근로자의 신체 일부가 말려들어갈 우려가 있는 경우에는 양수조작식 방호장치를 설치하여 사용한다.
② 게이트가드식 방호장치를 설치할 경우에는 연동구조를 적용하여 문을 닫지 않아도 동작할 수 있도록 한다.
③ 사출성형기의 전면에 작업용 발판을 설치할 경우 근로자가 쉽게 미끄러지지 않는 구조여야 한다.
④ 기계의 히터 등의 가열부위, 감전우려가 있는 부위에는 방호덮개를 설치하여 사용한다.

57

자분탐사검사에서 사용하는 자화방법이 아닌 것은?

① 축통전법　　　　② 전류 관통법
③ 극간법　　　　　④ 임피던스법

58

다음 중 소성가공을 열간가공과 냉간가공으로 분류하는 가공온도의 기준은?

① 융해점 온도　　　② 공석점 온도
③ 공정점 온도　　　④ 재결정 온도

59

컨베이어 설치 시 주의사항에 관한 설명으로 옳지 않은 것은?

① 컨베이어에 설치된 보도 및 운전실 상면은 가능한 수평이어야 한다.
② 근로자가 컨베이어를 횡단하는 곳에는 바닥면 등으로부터 $90cm$ 이상 $120cm$ 이하에 상부 난간대를 설치하고, 바닥면과의 중간에 중간 난간대가 설치된 건널다리를 설치한다.
③ 폭발의 위험이 있는 가연성 분진 등을 운반하는 컨베이어 또는 폭발의 위험이 있는 장소에 사용되는 컨베이어의 전기기계 및 기구는 방폭구조이어야 한다.
④ 보도, 난간, 계단, 사다리의 설치 시 컨베이어를 가동시킨 후에 설치하면서 설치상황을 확인한다.

60

다음 중 용접 결함의 종류에 해당하지 않는 것은?

① 비드(bead)
② 기공(blow hole)
③ 언더컷(under cut)
④ 용입 불량(incomplt penetration)

61

정전작업 시 작업 중의 조치사항으로 옳은 것은?

① 검전기에 의한 정전확인
② 개폐기의 관리
③ 잔류전하의 방전
④ 단락접지 실시

*정전작업 시 조치사항

작업 시기	조치사항
정전작업 전 조치사항	① 전로의 충전 여부를 검전기로 확인 ② 전력용 커패시터, 전력케이블 등 잔류전하방전 ③ 개로개폐기의 잠금장치 및 통전 금지 표지판 설치 ④ 단락접지기구로 단락접지
정전작업 중 조치사항	① 작업지휘자에 의한 지휘 ② 단락접지 수시로 확인 ③ 근접활선에 대한 방호상태 관리 ④ 개폐기의 관리
정전작업 후 조치사항	① 단락접지기구의 철거 ② 시건장치 또는 표지판 철거 ③ 작업자에 대한 위험이 없는 것을 최종 확인 ④ 개폐기 투입으로 송전 재개

62

자동전격방지장치에 대한 설명으로 틀린 것은?

① 무부하시 전력손실을 줄인다.
② 무부하 전압을 안전전압 이하로 저하시킨다.
③ 용접을 할 때에만 용접기의 주회로를 개로 (OFF)시킨다.
④ 교류 아크용접기의 안전장치로서 용접기의 1차 또는 2차측에 부착한다.

③ 용접을 할 때에만 용접기의 주회로를 폐로(ON) 시킨다.

63

인체의 전기저항 R을 $1000\,\Omega$ 이라고 할 때 위험 한계 에너지의 최저는 약 몇 J 인가?
(단, 통전 시간은 1초이고, 심실세동전류는 $I = \dfrac{165}{\sqrt{T}}\,mA$ 이다.)

① 17.23   ② 27.23
③ 37.23   ④ 47.23

*심실세동 전기에너지(Q)

$$Q = I^2 RT$$
$$= \left(\frac{165 \times 10^{-3}}{\sqrt{T}}\right)^2 \times R \times T$$
$$= \left(\frac{165 \times 10^{-3}}{\sqrt{1}}\right)^2 \times 1000 \times 1 = 27.22 J$$

여기서,
R : 저항 $[\Omega]$
T : 시간 $[sec]$ (주어지지 않을 경우 $T = 1sec$)

64

다음 그림과 같은 완전 누전되고 있는 전기기기의 외함에 사람이 접촉하였을 경우 인체에 흐르는 전류(lm)는?
(단, $E(V)$는 전원의 대지전압, $R_2(\Omega)$는 변압기 1선 접지저항, $R_3(\Omega)$는 전기기기 외함 접지저항 $R_m(\Omega)$은 인체저항이다.)

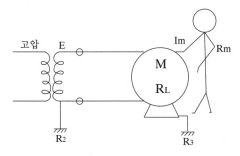

① $\dfrac{E}{R_2 + \left(\dfrac{R_3 \times R_m}{R_3 + R_m}\right)} \times \dfrac{R_3}{R_3 + R_m}$

② $\dfrac{E}{R_2 + \left(\dfrac{R_3 + R_m}{R_3 \times R_m}\right)} \times \dfrac{R_3}{R_3 + R_m}$

③ $\dfrac{E}{R_2 + \left(\dfrac{R_3 \times R_m}{R_3 + R_m}\right)} \times \dfrac{R_m}{R_3 + R_m}$

④ $\dfrac{E}{R_3 + \left(\dfrac{R_2 \times R_m}{R_2 + R_m}\right)} \times \dfrac{R_3}{R_3 + R_m}$

---

*인체에 흐르는 전류(I_m)

$$I_m = \dfrac{E}{R_2 + \left(\dfrac{R_m R_3}{R_m + R_3}\right)} \times \dfrac{R_3}{R_m + R_3}$$

여기서, V : 전원의 대지전압 $[V]$
　　　　R_m : 인체저항 $[\Omega]$
　　　　R_2, R_3 : 접지저항 $[\Omega]$

65

전기화재가 발생되는 비중이 가장 큰 발화원은?

① 주방기기
② 이동식 전열기구
③ 회전체 전기기계 및 기구
④ 전기배선 및 배선기구

*전기화재 발화원 비중

발화원	비중
이동식 전열기구	35%
전등, 전화 등의 배선	27%
전기기기	14%
전기장치	9%
배선기구	5%
고정식 전열기구	5%

66

역률개선용 커패시터(capacitor)가 접속 되어있는 전로에서 정전작업을 할 경우 다른 정전작업과는 달리 주의 깊게 취해야 할 조치사항으로 옳은 것은?

① 안전표지 부착
② 개폐기 전원투입 금지
③ 잔류전하 방전
④ 활선 근접작업에 대한 방호

역률개선용 전력콘덴서가 접속된 경우, 전원을 차단한 후에 잔류전하에 의한 감전위험이 존재하기 때문에 방전기구로 안전하게 잔류전하를 방전시켜야 한다.

67

감전사고를 방지하기 위한 방법으로 틀린 것은?

① 전기기기 및 설비의 위험부에 위험표지
② 전기설비에 대한 누전차단기 설치
③ 전기기에 대한 정격표시
④ 무자격자는 전기기계 및 기구에 전기적인
　접촉 금지

③ 감전사고 예방과 정격표시는 관계가 없다.

68

전기기기 방폭의 기본 개념이 아닌 것은?

① 점화원의 방폭적 격리
② 전기기기의 안전도 증강
③ 점화능력의 본질적 억제
④ 전기설비 주위 공기의 절연능력 향상

① 점화원의 방폭적 격리 : 내압, 유압, 유입
② 전기기기의 안전도 증강 : 안전증
③ 점화능력의 본질적 억제 : 본질안전

69

대전물체의 표면전위를 검출전극에 의한 용량분할을 통해 측정할 수 있다. 대전물체의 표면전위 V_s는? (단, 대전물체와 검출전극간의 정전용량은 C_1, 검출전극과 대지간의 정전용량은 C_2, 검출전극의 전위는 V_e이다.)

① $V_s = \dfrac{C_1 + C_2}{C_2} V_e$

② $V_s = \dfrac{C_1 + C_2}{C_1} V_e$

③ $V_s = \dfrac{C_2}{C_1 + C_2} V_e$

④ $V_s = \left(\dfrac{C_1}{C_1 + C_2} + 1\right) V_e$

* **대전물체의 표면전위 (V_s) [V]**

$$V_s = \frac{C_1 + C_2}{C_1} \times V_e$$

여기서,
C_1 : 대전물체와 검출전극간의 정전용량 [F]
C_2 : 검출전극과 대지간의 정전용량 [F]
V_e : 검출전극의 전위 [V]

70

다음 중 불꽃(spark)방전의 발생 시 공기 중에 생성되는 물질은?

① O_2　　② O_3　　③ H_2　　④ C

* **불꽃 방전**
접지된 도체사이에서 강한 발광과 파괴음을 수반하는 방전 현상으로, 공기중에 오존(O_3)을 발생시킨다.

71

감전사고가 발생했을 때 피해자를 구출하는 방법으로 틀린 것은?

① 피해자가 계속하여 전기설비에 접촉되어 있다면 우선 그 설비의 전원을 신속히 차단한다.
② 감전 사항을 빠르게 판단하고 피해자의 몸과 충전부가 접촉되어 있는지를 확인한다.
③ 충전부에 감전되어 있으면 몸이나 손을 잡고 피해자를 곧바로 이탈시켜야 한다.
④ 절연 고무장갑, 고무장화 등을 착용한 후에 구원해 준다.

③ 충전부에 감전되어 있으면 전원을 차단 후 피해자를 이탈시켜야 한다.

72

샤워시설이 있는 욕실에 콘센트를 시설하고자한다. 이 때 설치되는 인체감전보호용 누전차단기의 정격감도전류는 몇 mA 이하인가?

① 5   ② 15
③ 30   ④ 60

*정격감도전류

장소	정격감도전류
일반장소	$30mA$
물기가 많은 장소	$15mA$
단, 동작시간은 0.03초 이내로 한다.	

73

인체의 저항을 500Ω이라 할 때 단상 $440\,V$의 회로에서 누전으로 인한 감전재해를 방지할 목적으로 설치하는 누전차단기의 규격은?

① $30mA$, 0.1초   ② $30mA$, 0.03초
③ $50mA$, 0.1초   ④ $50mA$, 0.03초

*정격감도전류

장소	정격감도전류
일반장소	$30mA$
물기가 많은 장소	$15mA$
단, 동작시간은 0.03초 이내로 한다.	

74

접지의 종류와 목적이 바르게 짝지어지지 않은 것은?

① 계통접지 - 고압전로와 저압전로가 혼촉되었을 때의 감전이나 화재 방지를 위하여
② 지락검출용 접지 - 차단기의 동작을 확실하게 하기 위하여
③ 기능용 접지 - 피뢰기 등의 기능손상을 방지하기 위하여
④ 등전위 접지 - 병원에 있어서 의료기기 사용 시 안전을 위하여

③ 기능용 접지는 장비나 시스템의 안정적인 가동이나 운용을 목적으로하는 접지이다.

75

방폭 기기-일반요구사항($KS\ C\ IEC\ 60079-0$)규정에서 제시하고 있는 방폭기기 설치 시 표준환경 조건이 아닌 것은?

① 압력 : $80 \sim 110kPa$
② 상대습도 : $40 \sim 80\%$
③ 주위온도 : $-20 \sim 40℃$
④ 산소 함유율 $21\%v/v$ 의 공기

*방폭기 설치 시 표준환경 조건

구분	조건
압력	$80 \sim 110kPa$
상대습도	$45 \sim 85\%$
주위온도	$-20 \sim 40℃$
공기의 산소 함유율	$21\%v/v$

76

정격감도전류에서 동작 시간이 가장 짧은 누전차단기는?

① 시연형 누전차단기
② 반한시형 누전차단기
③ 고속형 누전차단기
④ 감전보호용 누전차단기

*동작시간 비교

누전차단기 종류	동작시간
시연형 누전차단기	0.1 ~ 2초
반한시형 누전차단기	0.2 ~ 2초
고속형 누전차단기	0.1초
감전보호용 누전차단기	0.03초

77

방폭지역 구분 중 폭발성 가스 분위기가 정상상태에서 조성되지 않거나 조성 된다 하더라도 짧은 기간에만 존재할 수 있는 장소는?

① 0종 장소
② 1종 장소
③ 2종 장소
④ 비방폭지역

*방폭지역의 분류

장소	내용
0종 장소	인화성 또는 가연성 가스나 증기가 장기간 체류하는 장소
1종 장소	위험분위기가 간헐적으로 존재하는 장소
2종 장소	고장이나 이상 시 위험분위기가 짧은 기간동안 생성되는 장소

78

전기설비기술기준에서 정의하는 전압의 구분으로 틀린 것은?

① 교류 저압 : $1000\,V$ 이하
② 직류 저압 : $1500\,V$ 이하
③ 직류 고압 : $1500\,V$ 초과 $7000\,V$ 이하
④ 특고압 : $7000\,V$ 이상

*전압의 구분

구분	직류	교류
저압	$1500\,V$ 이하	$1000\,V$ 이하
고압	$1500 \sim 7000\,V$	$1000 \sim 7000\,V$
특별고압	$7000\,V$ 초과	$7000\,V$ 초과

79

피뢰기의 구성요소로 옳은 것은?

① 직렬갭, 특성요소
② 병렬갭, 특성요소
③ 직렬갭, 충격요소
④ 병렬갭, 충격요소

*피뢰기의 구성요소
직렬캡, 특성요소

80

내압방폭구조의 필요충분조건에 대한 사항으로 틀린 것은?

① 폭발화염이 외부로 유출되지 않을 것
② 습기침투에 대한 보호를 충분히 할 것
③ 내부에서 폭발한 경우 그 압력에 견딜 것
④ 외함의 표면온도가 외부의 폭발성가스를 점화하지 않을 것

② 내압방폭구조는 습기침투와는 무관하다.

81

위험물 또는 가스에 의한 화재를 경보하는 기구에 필요한 설비가 아닌 것은?

① 간이완강기
② 자동화재감지기
③ 축전지설비
④ 자동화재수신기

완강기는 화재 발생 시 높은곳에서 낮은곳으로 이동시켜 주는 비상용기구이다.

82

산업안전보건기준에 관한 규칙에서 지정한 '화학설비 및 그 부속설비의 종류' 중 화학설비의 부속설비에 해당하는 것은?

① 응축기·냉각기·가열기 등의 열교환기류
② 반응기·혼합조 등의 화학물질 반응 또는 혼합장치
③ 펌프류·압축기 등의 화학물질 이송 또는 압축설비
④ 온도·압력·유량 등을 지시·기록하는 자동제어 관련 설비

*화학설비 및 그 부속설비의 종류

구분	종류
화학설비	① 반응기·혼합조 등 화학물질 반응 또는 혼합장치 ② 증류탑·흡수탑·추출탑·감압탑 등 화학물질 분리장치 ③ 저장탱크·계량탱크·호퍼·사일로 등 화학물질 저장설비 또는 계량설비 ④ 응축기·냉각기·가열기·증발기 등 열교환기류 ⑤ 고로 등 점화기를 직접 사용하는 열교환기류 ⑥ 캘린더·혼합기·발포기·인쇄기·압출기 등 화학제품 가공설비 ⑦ 분쇄기·분체분리기·용융기 등 분체화학물질 취급장치 ⑧ 결정조·유동탑·탈습기·건조기 등 분체화학물질 분리장치 ⑨ 펌프류·압축기·이젝터 등의 화학물질 이송 또는 압축설비
부속설비	① 배관·밸브·관·부속류 등 화학물질 이송 관련 설비 ② 온도·압력·유량 등을 지시·기록 등을 하는 자동제어 관련 설비 ③ 안전밸브·안전판·긴급차단 또는 방출밸브 등 비상조치 관련 설비 ④ 가스누출감지 및 경보 관련 설비 ⑤ 세정기, 응축기, 벤트스택, 플레어스택 등 폐가스 처리설비 ⑥ 사이클론, 백필터, 전기집진기 등 분진처리설비 ⑦ ①부터 ⑥까지의 설비를 운전하기 위하여 부속된 전기 관련 설비 ⑧ 정전기 제거장치, 긴급 샤워설비 등 안전 관련 설비

83

다음 중 반응기를 조작방식에 따라 분류할 때 이에 해당하지 않는 것은?

① 회분식 반응기   ② 반회분식 반응기
③ 연속식 반응기   ④ 관형식 반응기

*반응기의 분류
① 조작방식에 따른 분류
회분식, 반회분식, 연속식

② 구조방식에 따른 분류
관형식, 탑형식, 유동층식, 교반조식

84

다음 중 물과 반응하여 수소가스를 발생할 위험이 가장 낮은 물질은?

① Mg ② Zn
③ Cu ④ Na

구리(Cu)는 물과의 반응성이 낮은 금속이다.

85

다음 중 가연성 물질이 연소하기 쉬운 조건으로 옳지 않은 것은?

① 연소 발열량이 클 것
② 점화에너지가 작을 것
③ 산소와 친화력이 클 것
④ 입자의 표면적이 작을 것

④ 입자의 표면적이 클수록 연쇄반응이 쉽게 일어나 연소에 유리하다.

86

다음 중 열교환기의 보수에 있어 일상점검 항목과 정기적 개방점검항목으로 구분할 때 일상점검항목으로 가장 거리가 먼 것은?

① 도장의 노후상황
② 부착물에 의한 오염의 상황
③ 보온재, 보냉재의 파손여부
④ 기초볼트의 체결정도

② 부착물에 의한 오염은 열교환기 내부의 셸(Shell) 또는 튜브(Tube)에 일어나는 오염으로 분해하여 개방점검 해야한다.

87

헥산 $1vol\%$, 메탄 $2vol\%$, 에틸렌 $2vol\%$, 공기 $95vol\%$로 된 혼합가스의 폭발하한계 값($vol\%$)은 약 얼마인가?
(단, 헥산, 메탄, 에틸렌의 폭발하한계 값은 각각 1.1, 5.0, $2.7vol\%$ 이다.)

① 2.44   ② 12.89
③ 21.78   ④ 48.78

*혼합가스의 폭발한계 산술평균식

$$L = \frac{100(= V_1 + V_2 + V_3)}{\dfrac{V_1}{L_1} + \dfrac{V_2}{L_2} + \dfrac{V_3}{L_3}} = \frac{100}{\dfrac{1}{1.1} + \dfrac{2}{5} + \dfrac{2}{2.7}} = 2.44vol\%$$

88

이산화탄소소화약제의 특징으로 가장 거리가 먼 것은?

① 전기절연성이 우수하다.
② 액체로 저장할 경우 자체 압력으로 방사할 수 있다.
③ 기화상태에서 부식성이 매우 강하다.
④ 저장에 의한 변질이 없어 장기간 저장이 용이한 편이다.

③ 이산화탄소 및 할로겐화합물은 불활성 물질로 부식성이 없다.

89

산업안전보건기준에 관한 규칙 중 급성 독성물질에 관한 기준 중 일부이다. (A)와 (B)에 알맞은 수치를 옳게 나타낸 것은?

- 쥐에 대한 경구투입실험에 의하여 실험동물의 50퍼센트를 사망시킬 수 있는 물질의 양, 즉 LD_{50}(경구, 쥐)이 킬로그램당 (A)밀리그램-(체중) 이하인 화학물질
- 쥐 또는 토끼에 대한 경피흡수실험에 의하여 실험동물의 50퍼센트를 사망시킬 수 있는 물질의 양, 즉 LD_{50}(경피, 토끼 또는 쥐)이 킬로그램당 (B)밀리그램-(체중) 이하인 화학물질

① A : 1000,   B : 300
② A : 1000,   B : 1000
③ A : 300,   B : 300
④ A : 300,   B : 1000

*급성독성물질의 분류

분류	기준
LD_{50} (경구, 쥐)	$300mg/kg$ 이하
LD_{50} (경피, 토끼 또는 쥐)	$1000mg/kg$ 이하
가스 LC_{50} (쥐, 4시간 흡입)	$2500ppm$ 이하
증기 LC_{50} (쥐, 4시간 흡입)	$10mg/\ell$ 이하
분진, 미스트 LC_{50} (쥐, 4시간 흡입)	$1mg/\ell$ 이하

90

분진폭발을 방지하기 위하여 첨가하는 불활성 첨가물로 적합하지 않는 것은?

① 탄산칼슘   ② 모래
③ 석분   ④ 마그네슘

마그네슘(Mg)은 물과 반응하여 수소(H_2)를 발생시키므로 분진폭발을 촉진한다.

91

다음 중 가연성 가스이며 독성 가스에 해당하는 것은?

① 수소   ② 프로판
③ 산소   ④ 일산화탄소

일산화탄소(CO)는 가연성 및 유독성 가스이다.

92

위험물질을 저장하는 방법으로 틀린 것은?

① 황인은 물속에 저장
② 나트륨은 석유 속에 저장
③ 칼륨은 석유 속에 저장
④ 리튬은 물속에 저장

리튬(Li)은 물과 반응하여 폭발성 가스인 수소(H_2)를 발생시키므로 위험성이 증대된다.

93

다음 중 인화성 가스가 아닌 것은?

① 부탄 ② 메탄
③ 수소 ④ 산소

산소(O_2)는 가연물의 연소를 돕는 조연성 가스이다.

94

다음 중 자연 발화의 방지법으로 가장 거리가 먼 것은?

① 직접 인화할 수 있는 불꽃과 같은 점화원만 제거하면 된다.
② 저장소 등의 주위 온도를 낮게 한다.
③ 습기가 많은 곳에는 저장하지 않는다.
④ 통풍이나 저장법을 고려하여 열의 축척을 방지한다.

① 자연발화는 점화원이 없어도 자연 상태에서 연소가 가능하다.

95

인화성 가스가 발생할 우려가 있는 지하 작업장에서 작업을 할 경우 폭발이나 화재를 방지하기 위한 조치사항 중 가스의 농도를 측정하는 기준으로 적절하지 않은 것은?

① 매일 작업을 시작하기 전에 측정한다.
② 가스의 누출이 의심되는 경우 측정한다.
③ 장시간 작업할 때에는 매 8시간마다 측정한다.
④ 가스가 발생하거나 정체할 위험이 있는 장소에 대하여 측정한다.

③ 장시간 작업할 때에는 매 4시간마다 측정한다.

96

다음 중 가연성가스가 밀폐된 용기 안에서 폭발할 때 최대폭발압력에 영향을 주는 인자로 가장 거리가 먼 것은?

① 가연성가스의 농도(몰수)
② 가연성가스의 초기온도
③ 가연성가스의 유속
④ 가연성가스의 초기압력

*최대폭발압력에 영향을 주는 인자
① 농도
② 초기온도
③ 초기압력
④ 용기의 형태
⑤ 발화원의 강도

97

물이 관 속을 흐를 때 유동하는 물 속의 어느 부분의 정압이 그 때의 물의 증기압보다 낮을 경우 물이 증발하여 부분적으로 증기가 발생되어 배관의 부식을 초래하는 경우가 있다. 이러한 현상을 무엇이라 하는가?

① 서징현상　　　　② 공동현상
③ 비말동반　　　　④ 수격작용

98

메탄이 공기 중에서 연소될 때의 이론혼합비(화학양론조성)는 약 몇 $vol\%$ 인가?

① 2.21　　　　② 4.03
③ 5.76　　　　④ 9.50

*탄화수소가스의 화학식

명칭	화학식
메탄	CH_4
에탄	C_2H_6
프로판	C_3H_8
부탄	C_4H_{10}

99

고압의 환경에서 장시간 작업하는 경우에 발생할 수 있는 잠함병(潛函病) 또는 잠수병(潛水病)은 다음 중 어떤 물질에 의하여 중독현상이 일어나는가?

① 질소　　　　② 황화수소
③ 일산화탄소　　　　④ 이산화탄소

잠함병 및 잠수병은 주위 압력이 낮아질 때 체액내에 용해돼있던 불활성기체(주로 질소) 등이 과포화상태로 되면서 혈액이나 조직 내에 기포를 형성하는 질환이다.

100

공기 중에서 A 가스의 폭발하한계는 $2.2vol\%$이다. 이 폭발하한계 값을 기준으로 하여 표준 상태에서 A 가스와 공기의 혼합기체 $1m^3$에 함유되어 있는 A 가스의 질량을 구하면 약 몇 g 인가? (단, A 가스의 분자량은 26 이다.)

① 19.02　　　　② 25.54
③ 29.02　　　　④ 35.54

101

산업안전보건법령에 따른 거푸집동바리를 조립하는 경우의 준수사항으로 옳지 않은 것은?

① 개구부 상부에 동바리를 설치하는 경우에는 상부하중을 견딜 수 있는 견고한 받침대를 설치할 것
② 동바리의 이음은 맞댄이음나 장부이음으로 하고 같은 품질의 제품을 사용할 것
③ 강재와 강재의 접속부 및 교차부는 철선을 사용하여 단단히 연결할 것
④ 거푸집이 곡면인 경우에는 버팀대의 부착 등 그 거푸집의 부상(浮上)을 방지하기 위한 조치를 할 것

③ 강재와 강재의 접속부 및 교차부는 볼트·클램프 등 전용철물을 사용하여 단단히 연결할 것

102

타워 크레인(Tower Crane)을 선정하기 위한 사전 검토사항으로서 가장 거리가 먼 것은?

① 붐의 모양   ② 인양능력
③ 작업반경   ④ 붐의 높이

*타워크레인 사전 검토사항
① 인양 능력
② 작업 변경
③ 붐의 높이
④ 입지 조건
⑤ 건물 형태

103

건설현장에서 근로자의 추락재해를 예방하기 위한 안전난간을 설치하는 경우 그 구성요소와 거리가 먼 것은?

① 상부난간대   ② 중간난간대
③ 사다리   ④ 발끝막이판

*안전난간 설치기준
상부 난간대, 중간 난간대, 발끝막이판 및 난간기둥 으로 구성할 것.

104

다음 중 와이어로프 등 달기구의 안전계수 기준으로 옳은 것은?
(단, 그 밖의 경우는 제외한다.)

① 화물을 지지하는 달기와이어로프 : 10 이상
② 근로자를 지지하는 달기체인 : 5 이상
③ 훅을 지지하는 경우 : 5 이상
④ 리프팅 빔을 지지하는 경우 : 3 이상

*와이어 로프 등 달기구의 안전계수(S)
① 근로자가 탑승하는 운반구를 지지하는 달기와이어 로프 또는 달기체인의 경우 : 10 이상
② 화물을 직접 지지하는 달기와이어로프 또는 달기 체인의 경우 : 5 이상
③ 훅, 샤클, 클램프, 리프팅 빔의 경우 : 3이상
④ 그 밖의 경우 : 4 이상빔의 경우 : 3이상
④ 그 밖의 경우 : 4 이상

105

달비계의 구조에서 달비계 작업발판의 폭은 최소 얼마 이상 이어야 하는가?

① 30cm
② 40cm
③ 50cm
④ 60cm

작업발판의 폭은 최소 <u>40cm이상</u> 으로 한다.

106

건설업 중 교량건설 공사의 유해위험방지 계획서를 제출하여야 하는 기준으로 옳은 것은?

① 최대 지간길이가 40m 이상인 교량건설등 공사
② 최대 지간길이가 50m 이상인 교량건설등 공사
③ 최대 지간길이가 60m 이상인 교량건설등 공사
④ 최대 지간길이가 70m 이상인 교량건설등 공사

*유해위험방지계획서 제출대상 건설공사
① 지상높이가 31m 이상인 건축물 또는 인공구조물
② 연면적 30,000m² 이상인 건축물
③ 연면적 5,000m² 이상인 시설
　㉠ 문화 및 잡화시설(전시장·동물원·식물원 제외)
　㉡ 판매시설·운수시설(고속도로의 역사 및 집배송 시설 제외)
　㉢ 종교시설
　㉣ 의료시설 중 종합병원
　㉤ 숙박시설 중 관광숙박시설
　㉥ 지하도상가
　㉦ 냉동·냉장 창고시설
④ 연면적 5000m² 이상의 냉동·냉장창고시설의 설비 공사 및 단열공사
⑤ 최대 지간길이가 50m 이상인 교량 건설 등 공사
⑥ 터널 건설 등의 공사

⑦ 다목적댐·발전용댐 및 저수용량 2천만톤 이상의 용수 전용 댐·지방상수도 전용 댐 건설 등의 공사
⑧ 깊이 10m 이상인 굴착공사

107

구축물이 풍압·지진 등에 의하여 붕괴 또는 전도하는 위험을 예방하기 위한 조치와 가장 거리가 먼 것은?

① 설계도서에 따라 시공했는지 확인
② 건설공사 시방서에 따라 시공했는지 확인
③ 「건축물의 구조기준 등에 관한 규칙」에 따른 구조기준을 준수했는지 확인
④ 보호구 및 방호장치의 성능검정 합격품을 사용했는지 확인

④ 보호구 및 방호장치의 성능검정 합격품을 사용 했는지 확인하는 것은 안전인증제도의 내용이다.

108

철골건립준비를 할 때 준수하여야 할 사항과 가장 거리가 먼 것은?

① 지상 작업장에서 건립준비 및 기계기구를 배치할 경우에는 낙하물의 위험이 없는 평탄한 장소를 선정하여 정비하고 경사지에는 작업대나 임시발판 등을 설치하는 등 안전조치를 한 후 작업하여야 한다.
② 건립작업에 다소 지장이 있다 하더라도 수목은 제거하여서는 안된다.
③ 사용전에 기계기구에 대한 정비 및 보수를 철저히 실시하여야 한다.
④ 기계에 부착된 앵커 등 고정장치와 기초 구조 등을 확인하여야 한다.

② 건립작업에 지장이 되는 수목은 제거하거나 이설하여야 한다.

105.② 106.② 107.④ 108.②

109

건설현장에서 높이 $5m$ 이상인 콘크리트 교량의 설치작업을 하는 경우 재해예방을 위해 준수해야 할 사항으로 옳지 않은 것은?

① 작업을 하는 구역에는 관계 근로자가 아닌 사람의 출입을 금지할 것
② 재료, 기구 또는 공구 등을 올리거나 내릴 경우에는 근로자로 하여금 크레인을 이용하도록 하고, 달줄, 달포대 등의 사용을 금하도록 할 것
③ 중량물 부재를 크레인 등으로 인양하는 경우에는 부재에 인양용 고리를 견고하게 설치하고, 인양용 로프는 부재에 두 군데 이상 결속하여 인양하여야 하며, 중량물이 안전하게 거치되기 전까지는 걸이로프를 해제시키지 아니할 것
④ 자재나 부재의 낙하, 전도 또는 붕괴 등에 의하여 근로자에게 위험을 미칠 우려가 있을 경우에는 출입금지구역의 설정, 자재 또는 가설시설의 좌굴(挫屈) 또는 변형 방지를 위한 보강재 부착 등의 조치를 할 것

② 재료·기구 또는 공구 등을 올리거나 내리는 경우에는 근로자로 하여금 달줄·달포대 등의 사용을 하도록 할 것

110

건축공사(갑)으로서 대상액이 5억원 이상 50억원 미만인 경우에 사업안전보건관리비의 비율 (가) 및 기초액 (나)으로 옳은 것은?

① (가)2.26%, (나)4,325,000원
② (가)2.53%, (나)3,300,000원
③ (가)3.05%, (나)2,975,000원
④ (가)1.59%, (나)2,450,000원

*공사종류 및 규모별 산업안전보건관리비 계상기준표

구분 \ 종류	5억원 미만	5억원 이상 50억원 미만		50억원 이상
		비율	기초액	
건축공사 (갑)	3.11%	2.28%	4,325,000원	2.64%
토목공사 (을)	3.15%	2.53%	3,300,000원	2.73%
중 건설 공사	3.64%	3.05%	2,975,000원	3.11%
특수 및 기타건설 공사	2.07%	1.59%	2,450,000원	1.64%
철도·궤도 신설 공사	2.45%	1.59%	4,411,000원	1.66%

111

중량물을 운반할 때의 바른 자세로 옳은 것은?

① 허리를 구부리고 양손으로 들어올린다.
② 중량은 보통 체중의 60%가 적당하다.
③ 물건은 최대한 몸에서 멀리 떼어서 들어올린다.
④ 길이가 긴 물건은 앞쪽을 높게 하여 운반한다.

① 허리를 펴고 양손으로 들어올린다.
② 중량은 남자 체중의 40%, 여자 체중의 24%가 적당하다.
③ 물건은 최대한 몸에 가까이하여 들어 올린다.

112

추락방지용 방망의 그물코의 크기가 $10cm$인 신품 매듭방망사의 인장강도는 몇 킬로그램 이상이어야 하는가?

① 80　　　　　　　　② 110
③ 150　　　　　　　　④ 200

*신품 방망사에 대한 인장강도 기준

그물코의 크기 (cm)	방망의 종류(kg)	
	매듭없는 망	매듭 망
5	–	110
10	240	200

113

다음 중 방망에 표시해야 할 사항이 아닌 것은?

① 방망의 신축성　　　② 제조자명
③ 제조년월　　　　　④ 재봉 치수

*방망의 표시사항
① 제조자명
② 제조연월
③ 재봉치수
④ 그물코
⑤ 신품인 때의 방망의 강

114

강관비계 조립시의 준수사항으로 옳지 않은 것은?

① 비계기둥에는 미끄러지거나 침하하는 것을 방지하기 위하여 밑받침철물을 사용한다.
② 지상높이 4층 이하 또는 $12m$ 이하인 건축물의 해체 및 조립등의 작업에서만 사용한다.
③ 교차가새로 보강한다.
④ 외줄비계·쌍줄비계 또는 돌출비계에 대해서는 벽이음 및 버팀을 설치한다.

② : 통나무비계 조립시의 준수사항

115

사다리식 통로 등을 설치하는 경우 고정식 사다리식 통로의 기울기는 최대 몇 도 이하로 하여야 하는가?

① 60도　　　　　　　② 75도
③ 80도　　　　　　　④ 90도

*사다리식 통로의 설치기준
① 견고한 구조로 할 것
② 심한 손상·부식 등이 없는 재료를 사용할 것
③ 발판의 간격은 일정하게 할 것
④ 발판과 벽과의 사이는 $15cm$ 이상의 간격을 유지할 것
⑤ 폭은 $30cm$ 이상으로 할 것
⑥ 사다리가 넘어지거나 미끄러지는 것을 방지하기 위한 조치를 할 것
⑦ 사다리의 상단은 걸쳐놓은 지점으로부터 $60cm$ 이상 올라가도록 할 것
⑧ 사다리식 통로의 길이가 $10m$ 이상인 경우에는 $5m$ 이내마다 계단참을 설치할 것
⑨ 사다리식 통로의 기울기는 $75°$ 이하로 할 것. 다만, 고정식 사다리식 통로의 기울기는 $90°$ 이하로 하고, 그 높이가 $7m$ 이상인 경우에는 다음 각 목의 구분에 따른 조치를 할 것
　㉠ 등받이울이 있어도 근로자 이동에 지장이 없는 경우 : 바닥으로부터 높이가 $2.5m$ 되는 지점부터 등받이울을 설치할 것

ⓛ 등받이울이 있으면 근로자가 이동이 곤란한 경우 : 한국산업표준에서 정하는 기준에 적합한 개인용 추락 방지 시스템을 설치하고 근로자로 하여금 한국산업표준에서 정하는 기준에 적합한 전신안전대를 사용하도록 할 것

ⓜ 접이식 사다리 기둥은 사용 시 접혀지거나 펼쳐지지 않도록 철물 등을 사용하여 견고하게 조치할 것

116

부두·안벽 등 하역작업을 하는 장소에서 부두 또는 안벽의 선을 따라 통로를 설치하는 경우에는 폭을 최소 얼마 이상으로 해야 하는가?

① 70 cm
② 80 cm
③ 90 cm
④ 100 cm

부두 또는 안벽의 선을 따라 통로를 설치하는 경우에는 폭을 90cm 이상으로 할 것

117

건설작업장에서 근로자가 상시 작업하는 장소의 작업면 조도기준으로 옳지 않은 것은?
(단, 갱내 작업장과 감광재료를 취급하는 작업장의 경우는 제외)

① 초정밀 작업 : 600럭스(lux) 이상
② 정밀작업 : 300럭스(lux) 이상
③ 보통작업 : 150럭스(lux) 이상
④ 초정밀, 정밀, 보통작업을 제외한 기타 작업 : 75럭스(lux) 이상

*작업면의 조도 기준

작업	조도
초정밀작업	750Lux 이상
정밀작업	300Lux 이상
보통작업	150Lux 이상
그 외 작업	75Lux 이상

118

승강기 강선의 과다감기를 방지하는 장치는?

① 비상정지장치
② 권과방지장치
③ 해지장치
④ 과부하방지장치

*권과방지장치
과다감기를 방지하는 방호장치

119

흙막이 지보공을 설치하였을 때 정기적으로 점검하여야 할 사항과 거리가 먼 것은?

① 경보장치의 작동상태
② 부재의 손상·변형·부식·변위 및 탈락의 유무와 상태
③ 버팀대의 긴압(緊壓)의 정도
④ 부재의 접속부·부착부 및 교차부의 상태

*흙막이 지보공 설치 후 정기점검 사항
① 부재의 손상·변형·부식·변위 및 탈락의 유무와 상태
② 부재의 접속부·부착부 및 교차부의 상태
③ 침하의 정도
④ 버팀대의 긴압의 정도

116.③ 117.① 118.② 119.①

120

사질지반 굴착 시, 굴착부와 지하수위차가 있을 때 수두차에 의하여 삼투압이 생겨 흙막이벽 근입 부분을 침식하는 동시에 모래가 액상화되어 솟아 오르는 현상은?

① 동상현상　　　　② 연화현상
③ 보일링현상　　　④ 히빙현상

＊보일링(Boiling)현상
사질지반 굴착시 흙막이벽 배면의 지하수가 굴착저면으로 흘러들어와 흙과 물이 분출되는 현상

01

연천인율 45인 사업장의 도수율은 얼마인가?

① 10.8
② 18.75
③ 108
④ 187.5

*도수율과 연천인율의 관계
① 도수율 : 100만 근로시간당 재해발생 건 수
② 연천인율 : 1년간 평균 근로자수에 대해 1000명당 재해발생 건 수

연천인율 = 도수율×2.4

$$\therefore 도수율 = \frac{연천인율}{2.4} = \frac{45}{2.4} = 18.75$$

02

다음 중 산업안전보건법상 안전인증대상 기계·기구 등의 안전인증 표시로 옳은 것은?

①
②
③
④

*안전인증대상 기계·기구의 안전인증표시

03

불안전 상태와 불안전 행동을 제거하는 안전관리의 시책에는 적극적인 대책과 소극적인 대책이 있다. 다음 중 소극적인 대책에 해당하는 것은?

① 보호구의 사용
② 위험공정의 배제
③ 위험물질의 격리 및 대체
④ 위험성평가를 통한 작업환경 개선

*소극적 대책과 적극적 대책
소극적 대책 : 작업자가 사용하는 도구 및 작업자의 조작에 관련된 대책으로 방어에 주된 목적이 있다.
① 보호구의 사용 : 소극적 대책
②,③,④ : 적극적 대책

04

안전조직 중에서 라인-스탭(Line-Staff) 조직의 특징으로 옳지 않은 것은?

① 라인형과 스탭형의 장점을 취한 절충식 조직형태이다.
② 중규모 사업장(100명 이상 ~ 500명 미만)에 적합하다.
③ 라인의 관리, 감독자에게도 안전에 관한 책임과 권한이 부여된다.
④ 안전 활동과 생산업무가 분리될 가능성이 낮기 때문에 균형을 유지할 수 있다.

*안전보건관리조직

종류	특징
라인형 조직 (직계식)	① 100명 이하의 소규모 사업장 ② 안전에 관한 지시나 조치가 신속 ③ 책임 및 권한이 명백 ④ 안전에 대한 전문적 지식 및 기술 부족 ⑤ 관리 감독자의 직무가 너무 넓어 실행이 어려움
스탭형 조직 (참모식)	① 100~500명의 중규모 사업장에 적합 ② 안전업무가 표준화되어 직장에 정착 ③ 생산 조직과는 별도의 조직과 기능을 가짐 ④ 안전정보 수집과 기술 축적이 용이 ⑤ 전문적인 안전기술 연구 가능 ⑥ 생산부분은 안전에 대한 책임과 권한이 없음 ⑦ 권한 다툼이나 조정 때문에 통제 수속이 복잡해짐 ⑧ 안전과 생산을 별개로 취급하기 쉬움
라인-스탭형 조직 (복합식)	① 1000명 이상의 대규모 사업장에 적합 ② 라인형과 스탭형의 장점을 취한 절충식 ③ 안전계획, 평가 및 조사는 스탭에서, 생산 기술의 안전대책은 라인에서 실시 ④ 조직원 전원을 자율적으로 안전활동에 참여시킬 수 있음 ⑤ 안전 활동과 생산업무가 분리될 가능성이 낮아때 균형을 유지 ⑥ 라인의 관리, 감독자에게도 안전에 관한 책임과 권한이 부여 ⑦ 명령 계통과 조언 권고적 참여가 혼동되기 쉬움 ⑧ 스탭의 월권행위의 경우가 있음

② : 스탭형 조직

05

다음 중 브레인스토밍(Brain Storming)의 4원칙을 올바르게 나열한 것은?

① 자유분방, 비판금지, 대량발언, 수정발언
② 비판자유, 소량발언, 자유분방, 수정발언
③ 대량발언, 비판자유, 자유분방, 수정발언
④ 소량발언, 자유분방, 비판금지, 수정발언

*브레인스토밍(Brainstorming)
6~12명의 구성원이 자유로운 토론으로 다량의 아이디어를 이끌어내 해결책을 찾는 집단적 사고 기법

① 비판, 비난 자제
② 아이디어의 양과 독창성 중시
③ 자유로운 발언권
④ 다른 사람의 아이디어를 조합 및 개선

06

매슬로우의 욕구단계이론 중 자기의 잠재력을 최대한 살리고 자기가 하고 싶었던 일을 실현하려는 인간의 욕구에 해당하는 것은?

① 생리적 욕구
② 사회적 욕구
③ 자아실현의 욕구
④ 학습과 과정의 평가를 과학적으로 할 수 있다.

07

수업매체별 장·단점 중 '컴퓨터 수업(computer assisted Instruction)'의 장점으로 옳지 않은 것은?

① 개인차를 최대한 고려할 수 있다.
② 학습자가 능동적으로 참여하고, 실패율이 낮다.
③ 교사와 학습자가 시간을 효과적으로 이용할 수 없다.
④ 학생의 학습과 과정의 평가를 과학적으로 할 수 있다.

08

산업안전보건법령상 산업안전보건위원회의 구성에서 사용자위원 구성원이 아닌 것은?
(단, 해당 위원이 사업장에 선임이 되어 있는 경우에 한한다.)

① 안전관리자   ② 보건관리자
③ 산업보건의   ④ 명예산업안전감독관

09

다음 중 상황성 누발자의 재해유발원인으로 옳지 않은 것은?

① 작업의 난이성   ② 기계설비의 결함
③ 도덕성의 결여   ④ 심신의 근심

10

다음 중 안전·보건교육의 단계별 교육과정 순서로 옳은 것은?

① 안전 태도교육 → 안전 지식교육 → 안전 기능교육
② 안전 지식교육 → 안전 기능교육 → 안전 태도교육
③ 안전 기능교육 → 안전 지식교육 → 안전 태도교육
④ 안전 자세교육 → 안전 지식교육 → 안전 기능교육

---

*안전보건교육지도 3단계
1단계 : 지식교육 - 광범위한 기초지식 주입
2단계 : 기능교육 - 반복을 통하여 스스로 습득
3단계 : 태도교육 - 안전의식과 책임감 주입

11

산업안전보건법령상 안전모의 시험성능기준 항목으로 옳지 않은 것은?

① 내열성   ② 턱끈풀림
③ 내관통성   ④ 충격흡수성

---

*안전모의 시험성능기준
① 내관통성
② 충격흡수성
③ 내전압성
④ 내수성
⑤ 난연성
⑥ 턱끈풀림

12

재해통계에 있어 강도율이 2.0인 경우에 대한 설명으로 옳은 것은?

① 재해로 인해 전체 작업비용의 2.0%에 해당하는 손실이 발생하였다.
② 근로자 100명당 2.0건의 재해가 발생하였다.
③ 근로시간 1000시간당 2.0건의 재해가 발생하였다.
④ 근로시간 1000시간당 2.0일의 근로손실 일수가 발생하였다.

---

*강도율
1,000 근로시간당 근로손실 일 수

$$강도율 = \frac{총 근로 손실일수}{연 근로 총 시간수} \times 10^3$$

13

다음 중 산업안전심리의 5대 요소에 포함되지 않는 것은?

① 습관   ② 동기
③ 감정   ④ 지능

---

*산업안전심리 5대 요소
① 습관   ② 동기   ③ 감정   ④ 습성   ⑤ 기질

14

교육훈련 방법 중 OJT(On the Job Training)의 특징으로 옳지 않은 것은?

① 동시에 다수의 근로자들을 조직적으로 훈련이 가능하다.
② 개개인에게 적절한 지도 훈련이 가능하다.
③ 훈련효과에 의해 상호 신뢰 및 이해도가 높아진다.
④ 직장의 실정에 맞게 실제적 훈련이 가능하다.

*On.J.T(On the Jop Training)의 특징
① 개개인에게 적절한 지도훈련이 가능하다.
② 현장의 관리감독자가 강사가 되어 교육을 한다.
③ 효과가 곧 업무에 나타나며, 훈련의 좋고 나쁨에 따라 개선이 용이하다.
④ 직장의 실정에 맞는 실제적인 교육이 가능하다.
⑤ 교육 효과가 업무에 신속히 반영된다.
⑥ 훈련에 필요한 업무의 계속성이 끊이지 않는다.
⑦ 상호 신뢰 및 이해도가 높아진다.
⑧ 개개인에게 적절한 지도훈련이 가능하다.
⑨ 직장의 실정에 맞게 실제적 훈련이 가능하다.

*Off.J.T(Off the Jop Training)의 특징
① 다수의 대상자를 일괄적, 조직적으로 교육할 수 있다.
② 우수한 전문가를 강사로 활용할 수 있다.
③ 특별 교재, 교구, 설비를 유효하게 활용할 수 있다.
④ 많은 지식, 경험을 교류할 수 있다.
⑤ 훈련에만 전념할 수 있다.

15

기술교육의 형태 중 존 듀이(J.Dewey)의 사고과정 5단계에 해당하지 않는 것은?

① 추론한다.
② 시사를 받는다.
③ 가설을 설정한다.
④ 가슴으로 생각한다.

*존 듀이(John Dewey)의 사고과정 5단계
1단계 : 시사를 받는다.
2단계 : 지식화 한다.(=머리로 생각한다.)
3단계 : 가설을 설정한다.
4단계 : 추론한다.
5단계 : 행동에 의하여 가설을 검토한다.

16

허츠버그(Herzberg)의 일을 통한 동기부여 원칙으로 틀린 것은?

① 새롭고 어려운 업무의 부여
② 교육을 통한 간접적 정보제공
③ 자기과업을 위한 작업자의 책임감 증대
④ 작업자에게 불필요한 통제를 배제

*허츠버그(Herzberg)의 동기부여 원칙
① 새롭고 어려운 업무의 부여
② 자기과업을 위한 작업자의 책임감 증대
③ 작업자에게 불필요한 통제를 배제
④ 작업에 대한 직접적인 정기보고
⑤ 전문성을 늘리기 위해 전문화된 임무 배정

17

산업안전보건법상 환기가 극히 불량한 좁고 밀폐된 장소에서 용접작업을 하는 근로자 대상의 특별 안전보건교육 교육내용에 해당하지 않는 것은? (단, 기타 안전·보건관리에 필요한 사항은 제외한다.)

① 환기설비에 관한 사항
② 작업환경 점검에 관한 사항
③ 질식 시 응급조치에 관한 사항
④ 화재예방 및 초기대응에 관한 사항

*밀폐공간 작업시 특별안전보건교육
① 작업순서, 안전작업방법 및 수칙에 관한 사항
② 환기설비에 관한 사항
③ 전격 방지 및 보호구 착용에 관한 사항
④ 질식 시 응급조치에 관한 사항
⑤ 작업환경 점검에 관한 사항
⑥ 그 밖에 안전·보건관리에 필요한 사항

18

다음의 무재해운동의 이념 중 "선취의 원칙"에 대한 설명으로 가장 적절한 것은?

① 사고의 잠재요인을 사후에 파악하는 것
② 근로자 전원이 일체감을 조성하여 참여하는 것
③ 위험요소를 사전에 발견, 파악하여 재해를 예방 또는 방지하는 것
④ 관리감독자 또는 경영층에서의 자발적 참여로 안전 활동을 촉진하는 것

*무재해 운동 3원칙

원칙	설명
무의 원칙	모든 잠재위험요인을 사전에 발견하여 근원적으로 산업 재해를 없앤다.
선취의 원칙	위험요소를 사전에 발견, 파악하여 재해를 예방 또는 방지한다.
참가의 원칙	전원이 협력하여 각자의 처지에서 의욕적으로 문제를 해결한다.

19

산업안전보건법령상 유기화합물용 방독마스크의 시험가스로 옳지 않은 것은?

① 이소부탄
② 시클로헥산
③ 디메틸에테르
④ 염소가스 또는 증기

*방독마스크의 종류와 시험가스

종류	시험가스	외부 표시색
유기화합물용	시클로헥산 (C_6H_{12}) 디메틸에테르 (CH_3OCH_3) 이소부탄 (C_4H_{10})	갈색
할로겐용	염소가스(Cl_2) 또는 증기(H_2O)	회색
황화수소용	황화수소가스 (H_2S)	
시안화수소용	시안화수소가스 (HCN)	
아황산용	아황산가스 (SO_2)	노란색
암모니아용	암모니아가스 (NH_3)	녹색

20

산업안전보건법령상 근로자 안전보건교육 중 작업 내용 변경시의 교육을 할 때 일용근로자를 제외한 근로자의 교육시간으로 옳은 것은?

① 1시간 이상   ② 2시간 이상

③ 4시간 이상   ④ 8시간 이상

＊사업 내 안전보건교육

교육과정	교육대상	교육시간
정기교육	사무직 종사 근로자	매반기 6시간 이상
	판매업무에 직접 종사하는 근로자	매반기 6시간 이상
	판매업무 외에 종사하는 근로자	매반기 12시간 이상
채용 시의 교육	일용근로자	1시간 이상
	근로계약기간 1주일 이하인 근로자	1시간 이상
	근로계약기간 1주일 초과 1개월 이하인 근로자	4시간 이상
	그 밖의 근로자	8시간 이상
작업내용 변경 시의 교육	일용근로자	1시간 이상
	근로계약기간 1주일 이하인 근로자	1시간 이상
	그 밖의 근로자	2시간 이상
건설업기초 안전보건교육	건설 일용근로자	4시간 이상

✔ 특별 교육 과정은 제외한 내용입니다.

21

화학설비에 대한 안정성 평가(safety assessment)에서 정량적 평가 항목이 아닌 것은?

① 습도
② 온도
③ 압력
④ 용량

*화학설비에 대한 안전성 평가
① 정량적 평가
객관적인 데이터를 활용하는 평가
ex) 압력, 온도, 용량, 취급물질, 조작 등

② 정성적 평가
객관적인 데이터로 나타내기 힘든 요소까지 종합적으로 고려하는 평가
ex) 공장의 입지 조건, 공장 내 배치, 건조물, 입지 조건 등

22

신체 부위의 운동에 대한 설명으로 틀린 것은?

① 굴곡(flexion)은 부위간의 각도가 증가하는 신체의 움직임을 의미한다.
② 외전(abduction)은 신체 중심선으로부터 이동하는 신체의 움직임을 의미한다.
③ 내전(adduction)은 신체의 외부에서 중심선으로 이동하는 신체의 움직임을 의미한다.
④ 외선(lateral rotation)은 신체의 중심선으로부터 회전하는 신체의 움직임을 의미한다.

*신체 동작의 유형

유형	내용
굴곡 (flexion)	부위간의 각도가 증가하는 신체의 움직임
외전 (abduction)	신체 중심선으로부터 이동하는 신체의 움직임
내전 (adduction)	신체의 외부에서 중심선으로 이동하는 신체의 움직임
외선 (lateral rotation)	신체의 중심선으로부터 회전하는 신체의 움직임

23

n개의 요소를 가진 병렬 시스템에 있어 요소의 수명($MTTF$)이 지수분포를 따를 경우 이 시스템의 수명을 구하는 식으로 맞는 것은?

① $MTTF \times n$

② $MTTF \times \dfrac{1}{n}$

③ $MTTF(1 + \dfrac{1}{2} + \cdots + \dfrac{1}{n})$

④ $MTTF(1 \times \dfrac{1}{2} \times \cdots \times \dfrac{1}{n})$

*시스템의 형태에 따른 평균 고장 시간(MTTF)
① 직렬 시스템 : $MTTF \times \dfrac{1}{n}$

② 병렬 시스템 : $MTTF\left(1 + \dfrac{1}{2} + \cdots + \dfrac{1}{n}\right)$

24

인간 전달 함수(Human Transfer Function)의 결점이 아닌 것은?

① 입력의 협소성
② 시점적 제약성
③ 정신운동의 묘사성
④ 불충분한 직무 묘사

25

고장형태와 영향분석(FMEA)에서 평가요소로 틀린 것은?

① 고장발생의 빈도
② 고장의 영향크기
③ 고장방지의 가능성
④ 기능적 고장 영향의 중요도

26

결함수분석의 기대효과와 가장 관계가 먼 것은?

① 시스템의 결함 진단
② 시간에 따른 원인 분석
③ 사고원인 규명의 간편화
④ 사고원인 분석의 정량화

27

인간공학에 대한 설명으로 틀린 것은?

① 인간이 사용하는 물건, 설비, 환경의 설계에 적용된다.
② 인간을 작업과 기계에 맞추는 설계 철학이 바탕이 된다.
③ 인간 – 기계 시스템의 안전성과 편리성, 효율성을 높인다.
④ 인간의 생리적, 심리적인 면에서의 특성이나 한계점을 고려한다.

28

빨강, 노랑, 파랑의 3가지 색으로 구성된 교통 신호등이 있다. 신호등은 항상 3가지 색 중 하나가 켜지도록 되어 있다. 1시간 동안 조사한 결과, 파란등은 총 30분 동안, 빨간등과 노란등은 각각 총 15분 동안 켜진 것으로 나타났다. 이 신호등의 총 정보량은 몇 *bit* 인가?

① 0.5
② 0.75
③ 1.0
④ 1.5

*정보량(H)

파란등의 확률(A) : $\dfrac{30}{60} = 0.5$

빨간등의 확률(B) : $\dfrac{15}{60} = 0.25$

노란등의 확률(C) : $\dfrac{15}{60} = 0.25$

$$\therefore H = A\log_2\left(\dfrac{1}{A}\right) + B\log_2\left(\dfrac{1}{B}\right) + C\log_2\left(\dfrac{1}{C}\right)$$

$$= 0.5\log_2\left(\dfrac{1}{0.5}\right) + 0.25\log_2\left(\dfrac{1}{0.25}\right) + 0.25\log_2\left(\dfrac{1}{0.25}\right)$$

$$= 1.5\,bit$$

29

다음과 같은 실내 표면에서 일반적으로 추천반사율의 크기를 맞게 나열한 것은?

$\bigcirc$ 바닥 $\bigcirc$ 천정 $\bigcirc$ 가구 $\bigcirc$ 벽

① $\bigcirc < \textcircled{ㄹ} < \textcircled{ㄷ} < \textcircled{ㄴ}$ ② $\textcircled{ㄹ} < \bigcirc < \textcircled{ㄴ} < \textcircled{ㄷ}$

③ $\bigcirc < \textcircled{ㄷ} < \textcircled{ㄹ} < \textcircled{ㄴ}$ ④ $\textcircled{ㄹ} < \textcircled{ㄴ} < \bigcirc < \textcircled{ㄷ}$

*반사체의 반사율

반사체	반사율
천정	80~90%
벽	40~60%
가구	25~45%
바닥	20~40%

30

어떤 결함수를 분석하여 minimal cut set을 구한 결과 다음과 같았다. 각 기본사상의 발생확률을 q_i, $i = 1, 2, 3$라 할 때 정상사상의 발생확률함수로 옳은 것은?

$$k_1 = [1,2], \quad k_2 = [1,3], \quad k_3 = [2,3]$$

① $q_1q_2 + q_1q_2 - q_2q_3$

② $q_1q_2 + q_1q_3 - q_2q_3$

③ $q_1q_2 + q_1q_3 + q_2q_3 - q_1q_2q_3$

④ $q_1q_2 + q_1q_3 + q_2q_3 - 2q_1q_2q_3$

*정상사상의 발생확률함수

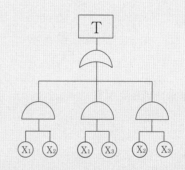

$$T = 1 - (1 - q_1q_2)(1 - q_1q_3)(1 - q_2q_3)$$
$$= 1 - (1 - q_1q_2 - q_1q_3 + q_1q_2q_1q_3)(1 - q_2q_3)$$
$$= 1 - (1 - q_1q_2 - q_1q_3 + q_1q_2q_3)(1 - q_2q_3)$$
$$= 1 - (1 - q_1q_2 - q_1q_3 + q_1q_2q_3 - q_2q_3 + q_1q_2q_2q_3$$
$$\quad + q_1q_3q_2q_3 - q_1q_2q_3q_2q_3)$$
$$= 1 - (1 - q_1q_2 - q_1q_3 + q_1q_2q_3 - q_2q_3 + q_1q_2q_3$$
$$\quad + q_1q_2q_3 - q_1q_2q_3)$$
$$\therefore T = q_1q_2 + q_1q_3 + q_2q_3 - 2q_1q_2q_3$$

여기서, $(q_1 \cdot q_1 = q_1 , q_2 \cdot q_2 = q_2 , q_3 \cdot q_3 = q_3)$

31

산업안전보건법령에 따라 유해위험방지 계획서의 제출대상 사업은 해당 사업으로서 전기 계약용량이 얼마 이상이 사업인가?

① 150 kW ② 200 kW
③ 300 kW ④ 500 kW

유해위험방지계획서의 제출대상 사업은 해당 사업으로서 전기 계약용량이 <u>300 kW 이상</u>인 사업이다.

32

음량수준을 평가하는 척도와 관계없는 것은?

① HSI   ② phon
③ dB   ④ sone

*음압수준을 나타내는 단위
① phon
② sone
③ PNdB

② HSI : 열압박 지수

33

인간의 오류모형에서 "알고 있음에도 의도적으로 따르지 않거나 무시한 경우"를 무엇이라 하는가?

① 실수(Slip)   ② 착오(Mistake)
③ 건망증(Lapse)   ④ 위반(Violation)

*인간 오류의 종류

종류	내용
실수 (Slip)	의도는 올바른 것이었지만, 행동이 의도한 것과는 다르게 나타나는 오류
착오 (Mistake)	외부적 요인에 나타나는 현상으로 목표를 잘못 이해하는 과정에서 발생하는 오류
건망증 (Lapse)	연쇄적 행동들 중에서 일부를 잊어버려 발생하는 오류
위반 (Violation)	알고 있음에도 의도적으로 따르지 않거나 무시하여 발생하는 오류

34

그림과 같이 7개의 부품으로 구성된 시스템의 신뢰도는 약 얼마인가?
(단, 네모안의 숫자는 각 부품의 신뢰도이다.)

① 0.5552   ② 0.5427
③ 0.6234   ④ 0.9740

*시스템의 신뢰도(R)
$$R = 0.75 \times [1 - (1 - 0.8 \times 0.8)(1 - 0.9)(1 - 0.8 \times 0.8)] \times 0.75$$
$$= 0.5552$$

35

소음방지 대책에 있어 가장 효과적인 방법은?

① 음원에 대한 대책
② 수음자에 대한 대책
③ 전파경로에 대한 대책
④ 거리감쇠와 지향성에 대한 대책

36

정성적 표시장치의 설명으로 틀린 것은?

① 정성적 표시장치의 근본 자료 자체는 정량적인 것이다.
② 전력계에서와 같이 기계적 혹은 전자적으로 숫자가 표시된다.
③ 색채 부호가 부적합한 경우에는 계기판 표시 구간을 형상 부호화하여 나타낸다.
④ 연속적으로 변하는 변수의 대략적인 값이나 변화추세, 변화율 등을 알고자 할 때 사용된다.

37

FT도에 사용하는 기호에서 3개의 입력현상 중 임의의 시간에 2개가 발생하면 출력이 생기는 기호의 명칭은?

① 억제 게이트
② 조합 AND 게이트
③ 배타적 OR 게이트
④ 우선적 AND 게이트

38

공정안전관리(process safety management : PSMM)의 적용대상 사업장이 아닌 것은?

① 복합비료 제조업
② 농약 원제 제조업
③ 차량 등의 운송설비업
④ 합성수지 및 기타 플라스틱물질 제조업

39

아령을 사용하여 30분간 훈련한 후, 이두근의 근육 수축작용에 대한 전기적인 신호 데이터를 모았다. 이 데이터들을 이용하여 분석할 수 있는 것은 무엇인가?

① 근육의 질량과 밀도
② 근육의 활성도와 밀도
③ 근육의 피로도와 크기
④ 근육의 피로도와 활성도

*근전도
국소적 근육 활동의 피로와 활성도에 대한 척도이다.

40

착석식 작업대의 높이 설계를 할 경우 고려해야 할 사항과 가장 관계가 먼 것은?

① 의자의 높이   ② 대퇴여유
③ 작업의 성격   ④ 작업대의 형태

*착석식 작업대 높이 설계시 고려사항
① 의자의 높이
② 대퇴 여유
③ 작업의 성격
④ 작업대의 두께

41

컨베이어 방호장치에 대한 설명으로 맞는 것은?

① 역전방지장치에 롤러식, 라쳇식, 권과방지식, 전기브레이크식 등이 있다.
② 작업자가 임의로 작업을 중단할 수 없도록 비상정지장치를 부착하지 않는다.
③ 구동부 측면에 로울러 안내가이드 등의 이탈방지장치를 설치한다.
④ 로울러컨베이어의 로울 사이에 방호판을 설지할 때 로울과의 최대간격은 $8mm$ 이다.

---

*컨베이어 역전방지장치의 형식
① 기계식   ② 전기식
  ㉠ 라쳇식   ㉠ 스러스트식
  ㉡ 밴드식
  ㉢ 롤러식

② 작업자가 임의로 작업을 중단할 수 있도록 비상정지장치를 부착할 것
④ 로울과의 최대간격 5mm

42

가스 용접에 이용되는 아세틸렌가스 용기의 색상으로 옳은 것은?

① 녹색   ② 회색
③ 황색   ④ 청색

*가연성가스 및 독성가스의 용기

고압가스	도색
산소	녹색
수소	주황색
염소	갈색
탄산가스	청색
석유가스 or 질소	회색
아세틸렌	황색
암모니아	백색

43

로울러가 맞물림점의 전방에 개구부의 간격을 30 mm로 하여 가드를 설치하고자 한다. 가드의 설치 위치는 맞물림점에서 적어도 얼마의 간격을 유지하여야 하는가?

① $154mm$ ② $160mm$
③ $166mm$ ④ $172mm$

*개구부의 안전간격

조건	$X < 160mm$	$X \geq 160mm$
전동체가 아니거나 조건이 주어지지 않은 경우	$Y = 6 + 0.15X$	$Y = 30mm$
전동체인 경우	$Y = 6 + 0.1X$	

여기서, X : 가드 개구부의 간격 $[mm]$
        Y : 가드와 위험점 간의 거리 $[mm]$

롤러의 맞물림점은 비전동체이므로
$Y = 6 + 0.15X$

$$\therefore X = \frac{Y - 6}{0.15} = \frac{30 - 6}{0.15} = 160mm$$

44

비파괴시험의 종류가 아닌 것은?

① 자분 탐상시험   ② 침투 탐상시험
③ 와류 탐상시험   ④ 샤르피 충격시험

*비파괴검사법의 종류
① 초음파탐상검사
② 와류탐상검사
③ 자분탐상검사
④ 침투탐상검사
⑤ 음향탐상검사

45

소음에 관한 사항으로 틀린 것은?

① 소음에는 익숙해지기 쉽다.
② 소음계는 소음에 한하여 계측할 수 있다.
③ 소음의 피해는 정신적, 심리적인 것이 주가
   된다.
④ 소음이란 귀에 불쾌한 음이나 생활을 방해
   하는 음을 통틀어 말한다.

② 소음계는 소음 또는 소음의 아닌 음의 레벨을
   정해진 방법으로 계측하는 장비이다.

46

와이어 로프의 꼬임에 관한 설명으로 틀린 것은?

① 보통꼬임에는 S꼬임이나 Z꼬임이 있다.
② 보통꼬임은 스트랜드의 꼬임방향과 로프의
   꼬임방향이 반대로 된 것을 말한다.
③ 랭꼬임은 로프의 끝이 자유로이 회전하는
   경우나 킹크가 생기기 쉬운 곳에 적당하다.
④ 랭꼬임은 보통꼬임에 비하여 마모에 대한
   저항성이 우수하다.

*와이어로프의 꼬임 종류

보통 꼬임	랭 꼬임
① 소선 마모가 쉽다.	① 내마모성이 우수하다.
② 킹크가 잘 생기지 않는다.	② 킹크가 잘 생기기 쉽다.
③ 스트랜드의 꼬임 방향과 로프를 구성하는 소선의 꼬임 방향이 반대이다.	③ 스트랜드의 꼬임 방향과 로프를 구성하는 소선의 꼬임 방향이 동일방향이다.
④ 로프의 자체 변형이 적고 하중을 걸었을 때 저항성이 크다.	④ 꼬임이 풀리기 쉽다.
	⑤ 소선의 접촉길이가 길다.
	⑥ 수명이 길다.

① 보통 꼬임과 랭 꼬임 모두 S와 Z꼬임이 있다.

47

구내운반차의 제동장치 준수사항에 대한 설명으로 틀린 것은?

① 조명이 없는 장소에서 작업 시 전조등과
   후미등을 갖출 것
② 운전석이 차 실내에 있는 것은 좌우에
   한 개씩 방향지시기를 갖출 것
③ 경음기는 따로 갖추지 않아도 될 것
④ 주행을 제동하거나 정지상태를 유지하기
   위하여 유효한 제동장치를 갖출 것

③ 경음기를 갖출 것

48

프레스의 방호장치 중 광전자식 방호장치에 관한 설명으로 틀린 것은?

① 연속 운전작업에 사용할 수 있다.
② 핀클러치 구조의 프레스에 사용할 수 있다.
③ 기계적 고장에 의한 2차 낙하에는 효과가 없다.
④ 시계를 차단하지 않기 때문에 작업에 지장을 주지 않는다.

*핀 클러치와 마찰 클러치의 방호장치
① 핀 클러치 부착 방호장치
 ㉠ 수인식 방호장치
 ㉡ 손쳐내기식 방호장치
 ㉢ 가드식 방호장치

② 마찰 클러치 부착 방호장치
 ㉠ 양수조작식 방호장치
 ㉡ 광전자식 방호장치
 ㉢ 가드식 방호장치

49

다음 용접 중 불꽃 온도가 가장 높은 것은?

① 산소-메탄 용접
② 산소-수소 용접
③ 산소-프로판 용접
④ 산소-아세틸렌 용접

*불꽃 온도 비교

용접의 종류	불꽃 온도
산소-메탄 용접	2700℃
산소-수소 용접	2900℃
산소-프로판 용접	2820℃
산소-아세틸렌 용접	3430℃

50

다음 중 선반 작업 시 지켜야 할 안전수칙으로 거리가 먼 것은?

① 작업 중 절삭칩이 눈에 들어가지 않도록 보안경을 착용한다.
② 공작물 세팅에 필요한 공구는 세팅이 끝난 후 바로 제거한다.
③ 상의의 옷자락은 안으로 넣고, 끈을 이용하여 소맷자락을 묶어 작업을 준비한다.
④ 공작물은 전원스위치를 끄고 바이트를 충분히 멀리 위치시킨 후 고정한다.

③ 상의의 옷자락은 안으로 넣고, 끈이 말려들어가서 위험이 발생할 수 있기 때문에 소맷자락을 묶을 때 끈을 사용하지 않는다.

51

기계설비 구조의 안전화 중 가공결함 방지를 위해 고려할 사항이 아닌 것은?

① 안전율   ② 열처리
③ 가공경화   ④ 응력집중

*가공결함 방지 고려사항
① 열처리
② 가공경화
③ 응력집중
① 안전율 : 설계상의 결함 방지

52

회전수가 $300rpm$, 연삭숫돌의 지름이 $200mm$일 때 숫돌의 원주 속도는 약 몇 $m/\min$인가?

① 60.0   ② 94.2
③ 150.0   ④ 188.5

*연삭숫돌의 원주속도
$$V = \pi DN = \pi \times 0.2 \times 300 = 188.5 m/\min$$

여기서,
D : 연삭숫돌의 바깥지름 $[m]$
N : 회전수 $[rpm]$

53

일반적으로 장갑을 착용해야 하는 작업은?

① 드릴작업   ② 밀링작업
③ 선반작업   ④ 전기용접작업

전기용접작업은 용접물의 화상방지 및 감전방지를 위해 용접용 장갑을 착용할 것

54

산업용 로봇에 사용되는 안전 매트의 종류 및 일반구조에 관한 설명으로 틀린 것은?

① 단선 경보장치가 부착되어 있어야 한다.
② 감응시간을 조절하는 장치가 부착되어 있어야 한다.
③ 감응도 조절장치가 있는 경우 봉인되어 있어야 한다.
④ 안전 매트의 종류는 연결사용 가능여부에 따라 단일 감지기와 복합 감지기가 있다.

*산업용로봇 안전매트의 특징
① 단선경보장치가 부착되어 있어야 한다.
② 감응시간을 조절하는 장치가 부착되어 있지 않아야 한다.
③ 감응도 조절장치가 있는 경우 봉인되어 있어야 한다.
④ 안전 매트의 종류는 연결사용 가능여부에 따라 단일감지기와 복합감지기가 있다.

55

지게차의 방호장치인 헤드가드에 대한 설명으로 맞는 것은?

① 상부틀의 각 개구의 폭 또는 길이는 $16cm$ 미만일 것
② 운전자가 앉아서 조작하는 방식의 지게차의 경우에는 운전자의 좌석 윗면에서 헤드가드의 상부틀 아랫면까지의 높이는 $1.5m$ 이상일 것
③ 지게차에는 최대하중의 2배(5톤을 넘는 값에 대해서는 5톤으로 한다.)에 해당하는 등분포 정하중에 견딜 수 있는 강도의 헤드가드를 설치하여야 한다.
④ 운전자가 서서 조작하는 방식의 지게차의 경우에는 운전석의 바닥면에서 헤드가드의 상부틀 하면까지의 높이는 1.905미터 이상일 것

*지게차의 헤드가드에 관한 기준
① 강도는 지게차의 최대하중의 2배 값(4톤을 넘는 값에 대해서는 4톤으로 한다.)의 등분포정하중에 견딜 수 있을 것
② 상부틀의 각 개구의 폭 또는 길이가 $16cm$ 미만일 것
③ 운전자가 앉아서 조작하는 방식의 지게차의 경우에는 운전자의 좌석 윗면에서 헤드가드의 상부틀 아랫면까지의 높이가 $0.903m$ 이상일 것
④ 운전자가 서서 조작하는 방식의 지게차의 경우에는 운전석의 바닥면에서 헤드가드의 상부틀 하면까지의 높이가 $1.905m$ 이상일 것

56

프레스기에 설치하는 방호장치에 관한 사항으로 틀린 것은?

① 수인식 방호장치의 수인끈 재료는 합성섬유로 직경이 4mm 이상이어야 한다.
② 양수조작식 방호장치는 1행정마다 누름 버튼에서 양손을 떼지 않으면 다음 작업의 동작을 할 수 없는 구조이어야 한다.
③ 광전자식 방호장치는 정상동작표시램프는 적색, 위험표시램프는 녹색으로 하며, 쉽게 근로자가 볼 수 있는 곳에 설치해야 한다.
④ 손쳐내기식 방호장치는 슬라이드 하행정 거리의 3/4위치에서 손을 완전히 밀어내야 한다.

③ 광전자식 방호장치는 정상동작램프는 녹색, 위험표시램프는 적색으로 하며, 쉽게 근로자가 볼 수 있는 곳에 설치해야 한다.

57

프레스 금형부착, 수리 작업 등의 경우 슬라이드의 낙하를 방지하기 위하여 설치하는 것은?

① 슈트   ② 키이록
③ 안전블럭   ④ 스트리퍼

프레스기의 금형을 부착·해체 또는 조정하는 작업을 할 때, 근로자의 신체 일부가 위험한계에 들어갈 시 슬라이드가 갑자기 작동함으로써 근로자에게 발생하는 위험을 방지하기 위해 <u>안전블록</u>을 사용해야 한다.

58

회전 중인 연삭숫돌이 근로자에게 위험을 미칠 우려가 있을 시 덮개를 설치하여야 할 연삭숫돌의 최소 지름은?

① 지름이 5cm 이상인 것
② 지름이 10cm 이상인 것
③ 지름이 15cm 이상인 것
④ 지름이 20cm 이상인 것

지름이 <u>5cm 이상</u>인 연삭숫돌을 사용할 경우 덮개를 설치한다.

59

다음 중 기계설비의 정비·청소·급유·검사·수리 등의 작업 시 근로자가 위험해질 우려가 있는 경우 필요한 조치와 거리가 먼 것은?

① 근로자의 위험방지를 위하여 해당 기계를 정지시킨다.
② 작업지휘자를 배치하여 갑작스런 기계 가동에 대비한다.
③ 기계 내부에 압출된 기체나 액체가 불시에 방출될 수 있는 경우에는 사전에 방출조치를 실시한다.
④ 기계 운전을 정지한 경우에는 기동장치에 잠금장치를 하고 다른 작업자가 그 기계를 임의 조작할 수 있도록 열쇠를 찾기 쉬운 곳에 보관한다.

④ 다른 작업자가 기계를 임의로 조작할 수 없도록 할 것

60

아세틸렌 용접 시 역류를 방지하기 위하여 설치하여야 하는 것은?

① 안전기   ② 청정기
③ 발생기   ④ 유량기

아세틸렌 용접시 역류를 방지하기 위하여 <u>안전기</u>를 설치할 것

61

교류 아크용접기의 허용사용률(%)은?
(단, 정격사용률은 10%, 2차 정격전류는 500A,
교류 아크용접기의 사용전류는 250A이다.)

① 30   ② 40
③ 50   ④ 60

---

*교류 아크용접기의 허용사용률

$$허용사용률 = \left(\frac{정격2차전류}{실제용접전류}\right)^2 \times 정격사용률 \times 100\,[\%]$$

$$= \left(\frac{500}{250}\right)^2 \times 0.1 \times 100 = 40\%$$

62

피뢰기의 여유도가 33%이고, 충격절연강도가 1000
kV라고 할 때 피뢰기의 제한전압은 약 몇 kV
인가?

① 852   ② 752
③ 652   ④ 552

---

*피뢰기의 보호여유도

$$보호여유도 = \frac{충격절연강도 - 제한전압}{제한전압} \times 100\%$$

$$33 = \frac{1000 - X}{X} \times 100$$
$$33X = (1000 - X) \times 100$$
$$33X = 100000 - 100X$$
$$133X = 100000$$
$$\therefore X(제한전압) = \frac{100000}{133} = 752 kV$$

63

전력용 피뢰기에서 직렬 갭의 주된 사용 목적은?

① 방전내량을 크게 하고 장시간 사용 시
   열화를 적게 하기 위하여
② 충격방전 개시전압을 높게 하기 위하여
③ 이상전압 발생 시 신속히 대지로 방류함과
   동시에 속류를 즉시 차단하기 위하여
④ 충격파 침입시에 대지로 흐르는 방전전류를
   크게 하여 제한전압을 낮게 하기 위하여

---

*직렬캡의 사용목적
이상전압 발생 시 신속히 대지로 방류함과 동시에
속류를 즉시 차단하기 위해서

64

방전전극에 약 7000 V의 전압을 인가하면 공기가
전리되어 코로나 방전을 일으킴으로서 발생한
이온으로 대전체의 전하를 중화시키는 방법을
이용한 제전기는?

① 전압인가식 제전기
② 자기방전식 제전기
③ 이온스프레이식 제전기
④ 이온식 제전기

---

*전압인가식 제전기
방전전극에 약 7000 V의 전압을 인가하면 공기가 전리
되어 코로나 방전을 일으킴으로서 발생한 이온으로
대전체의 전하를 중화시키는 방법을 이용한 제전기

65

전류가 흐르는 상태에서 단로기를 끊었을 때 여러 가지 파괴작용을 일으킨다. 다음 그림에서 유입차단기의 차단순위와 투입순위가 안전수칙에 가장 적합한 것은?

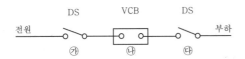

① 차단: ㉮→㉯→㉰, 투입: ㉮→㉯→㉰
② 차단: ㉯→㉰→㉮, 투입: ㉯→㉰→㉮
③ 차단: ㉰→㉯→㉮, 투입: ㉰→㉮→㉯
④ 차단: ㉯→㉰→㉮, 투입: ㉰→㉮→㉯

*개폐조작 순서

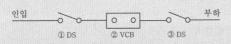

구분	순서
차단순서	② → ③ → ① 차단기(VCB) 개방 후 단로기(DS) 개방
투입순서	③ → ① → ② 단로기(DS) 투입 후 차단기(VCB) 투입

66

내압 방폭구조에서 안전간극(safe gap)을 적게 하는 이유로 옳은 것은?

① 최소점화에너지를 높게 하기 위해
② 폭발화염이 외부로 전파되지 않도록 하기 위해
③ 폭발압력에 견디고 파손되지 않도록 하기 위해
④ 설치류가 전선 등을 훼손하지 않도록 하기 위해

*화염일주한계(=최대안전틈새, 안전간극)
폭발화염이 내부에서 외부로 전파되지 않는 최대틈새로 폭발 등급을 결정하는 기준으로 사용된다.

67

정전작업 시 작업 전 조치하여야 할 실무사항으로 틀린 것은?

① 잔류전하의 방전
② 단락 접지기구의 철거
③ 검전기에 의한 정전확인
④ 개로개폐기의 잠금 또는 표시

*정전작업 시 조치사항

작업 시기	조치사항
정전작업 전 조치사항	① 전로의 충전 여부를 검전기로 확인 ② 전력용 커패시터, 전력케이블 등 잔류전하방전 ③ 개로개폐기의 잠금장치 및 통전 금지 표지판 설치 ④ 단락접지기구로 단락접지
정전작업 중 조치사항	① 작업지휘자에 의한 지휘 ② 단락접지 수시로 확인 ③ 근접활선에 대한 방호상태 관리 ④ 개폐기의 관리
정전작업 후 조치사항	① 단락접지기구의 철거 ② 시건장치 또는 표지판 철거 ③ 작업자에 대한 위험이 없는 것을 최종 확인 ④ 개폐기 투입으로 송전 재개

68

인체감전보호용 누전차단기의 정격감도전류(mA)와 동작시간(초)의 최대값은?

① $10mA$, 0.03초
② $20mA$, 0.01초
③ $30mA$, 0.03초
④ $50mA$, 0.01초

*정격감도전류

장소	정격감도전류
일반장소	$30mA$
물기가 많은 장소	$15mA$
단, 동작시간은 0.03초 이내로 한다.	

69

방폭전기기기의 온도등급의 기호는?

① E   ② S
③ T   ④ N

*방폭전기기기의 온도등급

최고표면온도 [℃]	온도등급
300 초과 450 이하	T1
200 초과 300 이하	T2
135 초과 200 이하	T3
100 초과 135 이하	T4
85 초과 100 이하	T5
85 이하	T6

70

산업안전보건기준에 관한 규칙에서 일반 작업장에 전기위험 방지 조치를 취하지 않아도 되는 전압은 몇 V 이하인가?

① 24   ② 30
③ 50   ④ 100

대한민국은 30V를 안전전압으로 사용하고 있다.

71

폭발위험장소에서의 본질안전 방폭구조에 대한 설명으로 틀린 것은?

① 본질안전 방폭구조의 기본적 개념은 점화 능력의 본질적 억제이다.
② 본질안전 방폭구조는 Exib는 fault에 대한 2중 안전보장으로 0종~2종 장소에 사용할 수 있다.
③ 이론적으로는 모든 전기기기를 본질안전 방폭구조를 적용할 수 있으나, 동력을 직접 사용하는 기기는 실제적으로 적용이 곤란하다.
④ 온도, 압력, 액면유량 등의 검출용 측정기는 대표적인 본질 안전 방폭구조의 예이다.

*방폭구조의 종류

장소	종류
0종 장소	본질안전방폭구조(ia)
1종 장소	내압방폭구조(d) 압력방폭구조(p) 충전방폭구조(q) 유입방폭구조(o) 안전증방폭구조(e) 본질안전방폭구조(ia, ib) 몰드방폭구조(m)
2종 장소	비점화방폭구조(n)

72

감전사고를 방지하기 위한 대책으로 틀린 것은?

① 전기설비에 대한 보호 접지
② 전기기기에 대한 정격 표시
③ 전기설비에 대한 누전차단기 설치
④ 충전부가 노출된 부분에는 절연 방호구 사용

② 감전사고 예방과 정격표시는 관계가 없다.

73

인체 피부의 전기저항에 영향을 주는 주요인자와 가장 거리가 먼 것은?

① 접촉면적
② 인가전압의 크기
③ 통전경로
④ 인가시간

---

*인체피부의 전기저항에 영향을 주는 주요인자
① 접촉 전압(=인가 전압)
② 통전 시간(=인가 시간)
③ 접촉 면적 및 부위
④ 주파수

74

다음 중 전동기를 운전하고자 할 때 개폐기의 조작순서로 옳은 것은?

① 메인 스위치 → 분전반 스위치 → 전동기용 개폐기
② 분전반 스위치 → 메인 스위치 → 전동기용 개폐기
③ 전동기용 개폐기 → 분전반 스위치 → 메인 스위치
④ 분전반 스위치 → 전동기용 스위치 → 메인 스위치

---

*개폐기의 조작순서
메인 스위치 → 분전반 스위치 → 전동기용 개폐기

75

정전기 발생현상의 분류에 해당되지 않는 것은?

① 유체대전
② 마찰대전
③ 박리대전
④ 교반대전

---

*정전기 대전현상의 종류

종류	설명
마찰대전	종이, 필름 등이 금속롤러와 마찰을 일으킬 때 전하분리로 인하여 정전기가 발생되는 현상
박리대전	서로 밀착해 있는 물체가 분리될 때 전하분리로 인하여 정전기가 발생되는 현상
유동대전	파이프 속에서 액체가 유동할 때 발생하는 대전현상으로, 액체의 흐름속도가 정전기 발생에 영향을 준다.
분출대전	분체류가 단면적이 작은 분출구를 통해 공기 중으로 분출될 때 분출하는 물질과 분출구의 마찰로 인해 정전기가 발생되는 현상
충돌대전	분체류와 같은 입자 상호간이나 입자와 고체와의 충돌에 의해 빠른 접촉 또는 분리가 일어나 정전기가 발생되는 현상
파괴대전	고체나 분체류와 같은 물체가 파괴되었을 때 전하분리에 의해 정전기가 발생되는 현상
교반대전	액체류 수송 중 액체류 상호간 또는 액체와 고체와의 상호작용에 의해 정전기가 발생하는 현상

76

전기기기, 설비 및 전선로 등의 충전 유무 등을 확인하기 위한 장비는?

① 위상검출기
② 디스콘 스위치
③ COS
④ 저압 및 고압용 검전기

---

*검전기
전기기기·설비 및 전선로 등의 충전 유무 확인

77

다음 ( )안에 들어갈 내용으로 알맞은 것은?

> 과전류차단장치는 반드시 접지선이 아닌 전로에
> ( )로 연결하여 과전류 발생 시 전로를 자
> 동으로 차단하도록 설치 할 것

① 직렬
② 병렬
③ 임시
④ 직병렬

> 과전류차단장치는 접지선외의 전로에 <u>직렬</u>로 연결
> 하여 과전류 발생 시 전로를 자동으로 차단할 수
> 있어야 한다.

78

**일반 허용접촉 전압과 그 종별을 짝지은 것으로
틀린 것은?**

① 제1종 : 0.5 V 이하
② 제2종 : 25 V 이하
③ 제3종 : 50 V 이하
④ 제4종 : 제한없음

＊허용접촉전압의 구분

구분	접촉상태	허용 접촉전압
제1종	인체의 대부분이 수중에 있는 상태	2.5 V 이하
제2종	인체가 많이 젖어 있는 상태 또는 금속성의 전기기계 및 기구나 구조물에 인체의 일부가 상시 접촉되어 있는 상태	25 V 이하
제3종	1종, 2종 이외의 경우로서 통상의 인체 상태에 있어서 접촉전압이 가해지면 위험성이 높은상태	50 V 이하
제4종	1종, 2종 이외의 경우로서 통상의 인체 상태에 있어서 접촉전압이 가해지더라도 위험 성이 낮은 상태 또는 접촉전압이 가해질 우려가 없는 경우	제한없음

79

**누전된 전동기에 인체가 접촉하여 $500mA$의 누전
전류가 흘렀고 정격감도전류 $500mA$인 누전차단
기가 동작하였다. 이때 인체전류를 약 $10mA$로
제한하기 위해서는 전동기 외함에 설치할 접지
저항의 크기는 약 몇 Ω인가?**
(단, 인체저항은 $500Ω$이며, 다른 저항은 무시한다.)

① 5
② 10
③ 50
④ 100

> **＊접지저항(R)**
>
> $V = I_h R_h = 10 \times 10^{-3} \times 500 = 5\,V$
>
> $\therefore R = \dfrac{V}{I} = \dfrac{5}{(500-10) \times 10^{-3}} = 10.2\,Ω$

80

내부에서 폭발하더라도 틈의 냉각 효과로 인하여 외부의 폭발성 가스에 착화될 우려가 없는 방폭구조는?

① 내압 방폭구조
② 유입 방폭구조
③ 안전증 방폭구조
④ 본질안전 방폭구조

---

*방폭구조의 종류

종류	내용
내압 방폭구조 (d)	용기 내 폭발시 용기가 그 압력을 견디고 개구부 등을 통해 외부에 인화될 우려가 없는 구조
압력 방폭구조 (p)	용기 내에 보호가스를 압입시켜 대기압 이상으로 유지하여 폭발성 가스가 유입되지 않도록 하는 구조
안전증 방폭구조 (e)	운전 중에 생기는 아크, 스파크, 발열 등의 발화원을 제거하여 안전도를 증가시킨 구조
유입 방폭구조 (o)	전기불꽃, 아크, 고온 발생 부분을 기름으로 채워 폭발성 가스 또는 증기에 인화되지 않도록 한 구조
본질안전 방폭구조 (ia, ib)	운전 중 단선, 단락, 지락에 의한 사고 시 폭발 점화원의 발생이 방지된 구조
비점화 방폭구조 (n)	운전중에 점화원을 차단하여 폭발이 일어나지 않고, 이상 상태에서 짧은시간 동안 방폭기능을 할 수 있는 구조
몰드 방폭구조 (m)	전기불꽃, 고온 발생 부분은 컴파운드로 밀폐한 구조

81

가연성 가스 혼합물을 구성하는 각 성분의 조성과 연소범위가 다음[표]와 같을 때 혼합 가스의 연소하한값은 약 몇 $vol\%$ 인가?

성분	조성 ($vol\%$)	연소하한값 ($vol\%$)	연소상한값 ($vol\%$)
헥산	1	1.1	7.4
메탄	2.5	5.0	15.0
에틸렌	0.5	2.7	36.0
공기	96	-	-

① 2.51 ② 7.51
③ 12.07 ④ 15.01

＊혼합가스의 폭발한계 산술평균식

$$L = \frac{100(= V_1 + V_2 + V_3)}{\frac{V_1}{L_1} + \frac{V_2}{L_2} + \frac{V_3}{L_3}} = \frac{100}{\frac{1}{1.1} + \frac{2.5}{5} + \frac{0.5}{2.7}} = 2.51 vol\%$$

82

다음 중 자연발화의 방지법으로 적절하지 않은 것은?

① 통풍을 잘 시킬 것
② 습도가 높은 곳에 저장할 것
③ 저장실의 온도 상승을 피할 것
④ 공기가 접촉되지 않도록 불활성물질 중에 저장할 것

＊자연발화 방지법
① 주위의 온도를 낮춘다.
② 습도가 높은 곳을 피한다.
③ 산소와의 접촉을 피한다.
④ 공기와 차단을 위해 불활성물질 속에 저장한다.
⑤ 가연성 가스의 발생에 주의한다.
⑥ 환기를 자주 한다.

83

알루미늄분이 고온의 물과 반응하였을 때 생성되는 가스는?

① 산소 ② 수소
③ 메탄 ④ 에탄

알루미늄(Al)은 물(H_2O)과 반응하여 수소(H_2)를 발생시킨다.

$$\underset{(알루미늄)}{2Al} + \underset{(물)}{6H_2O} \rightarrow \underset{(수산화알루미늄)}{2Al(OH)_3} + \underset{(수소)}{3H_2}$$

84

20℃, 1기압의 공기를 5기압으로 단열압축하면 공기의 온도는 약 몇 ℃가 되겠는가? (단, 공기의 비열비는 1.4이다.)

① 32 ② 191
③ 305 ④ 464

85

가연성물질을 취급하는 장치를 퍼지하고자 할 때 잘못된 것은?

① 대상물질의 물성을 파악한다.
② 사용하는 불활성가스의 물성을 파악한다.
③ 퍼지용 가스를 가능한 한 빠른 속도로 단시간에 다량 송입한다.
④ 장치내부를 세정한 후 퍼지용 가스를 송입한다.

86

다음 물질이 물과 접촉하였을 때 위험성이 가장 낮은 것은?

① 과산화칼륨　　　　② 나트륨
③ 메틸리튬　　　　　④ 이황화탄소

87

폭발원인물질의 물리적 상태에 따라 구분할 때 기상폭발(gas explosion)에 해당되지 않는 것은?

① 분진폭발　　　　　② 응상폭발
③ 분무폭발　　　　　④ 가스폭발

88

화염방지기의 설치에 관한 사항으로 (　)에 알맞은 것은?

> 사업주는 인화성 액체 및 인화성 가스를 저장 취급하는 화학설비에서 증기나 가스를 대기로 방출하는 경우에는 외부로부터의 화염을 방지하기 위하여 화염방지기를 그 설비 (　)에 설치하여야 한다.

① 상단　　　　　　　② 하단
③ 중앙　　　　　　　④ 무게중심

89

공정안전보고서에 포함하여야 할 세부 내용 중 공정안전자료의 세부내용이 아닌 것은?

① 유해 · 위험설비의 목록 및 사양
② 폭발위험장소 구분도 및 전기단선도
③ 유해 · 위험물질에 대한 물질안전보건자료
④ 설비점검 · 검사 및 보수계획, 유지계획 및 지침서

*공정안전자료의 세부내용
① 유해 · 위험설비의 목록 및 사양
② 방폭지역 구분도 및 전기단선도
③ 유해 · 위험물질에 대한 물질안전보건자료
④ 유해 · 위험설비의 운전방법을 알 수 있는 공정 도면
⑤ 취급 · 저장하고 있거나 취급 · 저장하려는 유해 · 위험물질의 종류 및 수량
⑥ 각종 건물 · 설비의 배치도
⑦ 위험설비의 안전설계 · 제작 및 설치 관련 지침서

90

산업안전보건법령상 화학설비와 화학설비의 부속설비를 구분할 때 화학설비에 해당하는 것은?

① 응축기 · 냉각기 · 가열기 · 증발기 등 열교환기류
② 사이클론 · 백필터 · 전기집진기 등 분진처리설비
③ 온도 · 압력 · 유량 등을 지시 · 기록 등을 하는 자동제어 관련설비
④ 안전밸브 · 안전판 · 긴급차단 또는 방출밸브 등 비상조치 관련설비

*화학설비 및 그 부속설비의 종류

구분	종류
화학설비	① 반응기 · 혼합조 등 화학물질 반응 또는 혼합 장치
	② 증류탑 · 흡수탑 · 추출탑 · 감압탑 등 화학물질 분리장치
	③ 저장탱크 · 계량탱크 · 호퍼 · 사일로 등 화학물질 저장설비 또는 계량설비
	④ 응축기 · 냉각기 · 가열기 · 증발기 등 열교환기류
	⑤ 고로 등 점화기를 직접 사용하는 열교환기류
	⑥ 캘린더 · 혼합기 · 발포기 · 인쇄기 · 압출기 등 화학제품 가공설비
	⑦ 분쇄기 · 분체분리기 · 용융기 등 분체화학물질 취급장치
	⑧ 결정조 · 유동탑 · 탈습기 · 건조기 등 분체화학물질 분리장치
	⑨ 펌프류 · 압축기 · 이젝터 등의 화학물질 이송 또는 압축설비
부속설비	① 배관 · 밸브 · 관 · 부속류 등 화학물질 이송 관련 설비
	② 온도 · 압력 · 유량 등을 지시 · 기록 등을 하는 자동제어 관련 설비
	③ 안전밸브 · 안전판 · 긴급차단 또는 방출밸브 등 비상조치 관련 설비
	④ 가스누출감지 및 경보 관련 설비
	⑤ 세정기, 응축기, 벤트스택, 플레어스택 등 폐가스 처리설비
	⑥ 사이클론, 백필터, 전기집진기 등 분진처리설비
	⑦ ①부터 ⑥까지의 설비를 운전하기 위하여 부속된 전기 관련 설비
	⑧ 정전기 제거장치, 긴급 샤워설비 등 안전 관련 설비

91

산업안전보건법령에 따라 사업주가 특수화학설비를 설치하는 때에 그 내부의 이상상태를 조기에 파악하기 위하여 설치하여야 하는 장치는?

① 자동경보장치   ② 긴급차단장치
③ 자동문개폐장치   ④ 스크러버개방장치

사업주가 특수화학설비를 설치할 때 그 내부의 이상상태를 조기에 파악하기 위하여 자동경보장치를 설치할 것

92

다음 중 위험물과 그 소화방법이 잘못 연결된 것은?

① 염소산칼륨 – 다량의 물로 냉각소화
② 마그네슘 – 건조사 등에 의한 질식소화
③ 칼륨 – 이산화탄소에 의한 질식소화
④ 아세트알데히드 – 다량의 물에 의한 희석
   소화

③ 칼륨 : 탄산수소염류분말소화기에 의한 질식소화

93

부탄(C_4H_{10})의 연소에 필요한 최소산소농도(MOC)를 추정하여 계산하면 약 몇 $vol\%$인가?
(단, 부탄의 폭발하한계는 공기 중에서 $1.6 vol\%$ 이다.)

① 5.6   ② 7.8
③ 10.4   ④ 14.1

*최소산소농도(MOC)
$$2C_4H_{10} + 13O_2 \rightarrow 8CO_2 + 10H_2O$$
(부탄)   (산소)   (이산화탄소) (물)
부탄의 반응식은 위와 같으므로

$$MOC = \frac{산소 \ 몰수}{연료 \ 몰수} \times L_1 = \frac{13}{2} \times 1.6 = 10.4 vol\%$$

여기서, L_1 : 폭발(연소)하한계 $[vol\%]$

94

다음 중 산화성 물질이 아닌 것은?

① KNO_3 ② NH_4ClO_3
③ HNO_3 ④ P_4S_3

*산화성 액체 또는 산화성 고체
① 차아염소산 및 그 염류
② 아염소산 및 그 염류
③ 염소산 및 그 염류 – ②(염소산암모늄)
④ 과염소산 및 그 염류
⑤ 브롬산 및 그 염류
⑥ 요오드산 및 그 염류
⑦ 과산화수소 및 무기과산화물
⑧ 질산 및 그 염류 – ①(질산칼륨), ③(질산)

✔④(삼황화린)은 물반응성물질 및 인화성고체이다.

95

위험물안전관리법령상 제4류 위험물 중 제2석유류로 분류되는 물질은?

① 실린더유   ② 휘발유
③ 등유   ④ 중유

① 제4류 위험물 중 제4석유류
② 제4류 위험물 중 제1석유류
④ 제4류 위험물 중 제3석유류

96

산업안전보건법령상 사업주가 인화성액체위험물을 액체상태로 저장하는 저장탱크를 설치하는 경우에는 위험물질이 누출되어 확산되는 것을 방지하기 위하여 무엇을 설치하여야 하는가?

① Flame arrester   ② Ventstack
③ 긴급방출장치   ④ 방유제

*방유제(Diking)
저장탱크에서 위험물질이 누출될 경우에 외부로 확산되지 못하게 하는 지상방벽 구조물

97

다음 가스 중 가장 독성이 큰 것은?

① CO ② $COCl_2$
③ NH_3 ④ H_2

포스겐($COCl_2$)은 독성이 매우 강한 기체이다.

98

건조설비를 사용하여 작업을 하는 경우에 폭발이나 화재를 예방하기 위하여 준수하여야 하는 사항으로 틀린 것은?

① 위험물 건조설비를 사용하는 경우에는 미리 내부를 청소하거나 환기 할 것
② 위험물 건조설비를 사용하여 가열건조하는 건조물은 쉽게 이탈되도록 할 것
③ 고온으로 가열건조한 인화성 액체는 발화의 위험이 없는 온도로 냉각한 후에 격납시킬 것
④ 바깥 면이 현저히 고온이 되는 건조설비에 가까운 장소에는 인화성 액체를 두지 않도록 할 것

② 위험물 건조설비를 사용하여 가열건조하는 건조물은 쉽게 이탈되지 않도록 할 것

99

가솔린(휘발유)의 일반적인 연소범위에 가장 가까운 값은?

① 2.7~27.8vol%   ② 3.4~11.8vol%
③ 1.4~7.6vol%   ④ 5.1~18.2vol%

가솔린(휘발유)의 연소범위(=폭발범위)는 1.4~7.6vol% 이다.

100

가스 또는 분진 폭발 위험장소에 설치되는 건축물의 내화 구조를 설명한 것으로 틀린 것은?

① 건축물 기둥 및 보는 지상 1층까지 내화 구조로 한다.
② 위험물 저장·취급용기의 지지대는 지상으로부터 지지대의 끝부분까지 내화구조로 한다.
③ 건축물 주변에 자동소화설비를 설치한 경우 건축물 화재 시 1시간 이상 그 안전성을 유지한 경우는 내화구조로 하지 아니할 수 있다.
④ 배관·전선관 등의 지지대는 지상으로부터 1단까지 내화구조로 한다.

③ 건축물 주변에 자동소화설비를 설치한 경우 건축물 화재 시 2시간 이상 그 안전성을 유지한 경우는 내화구조로 하지 아니할 수 있다.

101

그물코의 크기가 $5cm$인 매듭 방망사의 폐기 시 인장강도 기준으로 옳은 것은?

① $200kg$ ② $100kg$
③ $60kg$ ④ $30kg$

*폐기 방망사에 대한 인장강도 기준

그물코의 크기	방망의 종류(kg)	
(cm)	매듭없는 망	매듭 망
5	–	60
10	150	135

102

크레인 등에서 붐각도 및 작업반경별로 작용시킬 수 있는 최대하중에서 후크(Hook), 와이어로프 등 달기구의 중량을 공제한 하중은?

① 작업하중   ② 정격하중
③ 이동하중   ④ 적재하중

*정격하중
작용할 수 있는 최대 하중에서 달기구들의 중량을 제외한 하중이다.

103

차량계 하역운반기계를 사용하는 작업을 할 때 그 기계가 넘어지거나 굴러떨어짐으로써 근로자에게 위험을 미칠 우려가 있는 경우에 우선적으로 조치하여야 할 사항과 가장 거리가 먼 것은?

① 해당 기계에 대한 유도자 배치
② 지반의 부동침하 방지 조치
③ 갓길 붕괴 방지 조치
④ 경보 장치 설치

*차량계 하역운반기계 사용시 준수사항
① 유도하는 자 배치
② 지반의 부동침하방지
③ 갓길의 붕괴 방지
④ 도로의 폭 유지

104

모래로 이루어진 지반을 흙막이지보공 없이 굴착하려 할 때 굴착면의 기울기 기준으로 옳은 것은?

① $1 : 1$ ② $1 : 1.8$
③ $1 : 0.5$ ④ $1 : 1.2$

*굴착면의 기울기 기준

지반의 종류	기울기
모래	$1 : 1.8$
연암 및 풍화암	$1 : 1.0$
경암	$1 : 0.5$
그 밖의 흙	$1 : 1.2$

105

차량계 하역운반기계등에 화물을 적재하는 경우에 준수하여야 할 사항으로 옳지 않은 것은?

① 하중이 한쪽으로 치우쳐서 효율적으로 적재되도록 할 것
② 구내운반차 또는 화물자동차의 경우 화물의 붕괴 또는 낙하에 의한 위험을 방지하기 위하여 화물에 로프를 거는 등 필요한 조치를 할 것
③ 운전자의 시야를 가리지 않도록 화물을 적재할 것
④ 최대적재량을 초과하지 않도록 할 것

*차량계 하역운반기계 화물 적재시 준수사항
① 하중이 한쪽으로 치우치지 않도록 적재할 것
② 구내운반차 또는 화물자동차의 경우 화물의 붕괴 또는 낙하에 의한 위험을 방지하기 위하여 화물에 로프를 거는 등 필요한 조치를 할 것
③ 운전자의 시야를 가리지 않도록 화물을 적재할 것
④ 최대 적재량을 초과하지 않도록 할 것

106

강관비계의 설치 기준으로 옳은 것은?

① 비계기둥의 간격은 띠장방향에서는 $1.5m$ 이상 $1.8m$ 이하로 하고, 장선방향에서는 $2.0m$ 이하로 한다.
② 띠장 간격은 $1.8m$ 이하로 설치하되, 첫 번째 띠장은 지상으로부터 $2m$ 이하의 위치에 설치한다.
③ 비계기둥 간의 적재하중은 $400kg$을 초과하지 않도록 한다.
④ 비계기둥의 제일 윗부분으로부터 $21m$되는 지점 밑부분의 비계기둥은 2개의 강관으로 묶어 세운다.

*강관비계 구성시 준수사항
① 비계기둥의 간격은 띠장 방향에서는 $1.85m$ 이하 장선 방향에서는 $1.5m$ 이하로 할 것
② 띠장간격은 $2m$ 이하로 할 것
③ 비계기둥의 제일 윗부분으로부터 $31m$되는 지점 밑부분의 비계기둥은 2개의 강관으로 묶어 세울 것
④ 비계기둥 간의 적재하중은 $400kg$를 초과하지 않도록 할 것

107

다음 중 유해·위험방지계획서를 작성 및 제출하여야 하는 공사에 해당되지 않는 것은?

① 지상높이가 $31m$인 건축물의 건설·개조 또는 해체
② 최대 지간길이가 $50m$인 교량건설 등 공사
③ 깊이가 $9m$인 굴착공사
④ 터널 건설 등의 공사

*유해위험방지계획서 제출대상 건설공사
① 지상높이가 $31m$ 이상인 건축물 또는 인공구조물
② 연면적 $30,000m^2$ 이상인 건축물
③ 연면적 $5,000m^2$ 이상인 시설
ㄱ 문화 및 잡화시설(전시장·동물원·식물원 제외)
ㄴ 판매시설·운수시설(고속도로의 역사 및 집배송 시설 제외)
ㄷ 종교시설
ㄹ 의료시설 중 종합병원
ㅁ 숙박시설 중 관광숙박시설
ㅂ 지하도상가
ㅅ 냉동·냉장 창고시설
④ 연면적 $5000m^2$ 이상의 냉동·냉장창고시설의 설비공사 및 단열공사
⑤ 최대 지간길이가 $50m$ 이상인 교량 건설 등 공사
⑥ 터널 건설 등의 공사
⑦ 다목적댐·발전용댐 및 저수용량 2천만톤 이상의 용수 전용 댐·지방상수도 전용 댐 건설 등의 공사
⑧ 깊이 $10m$ 이상인 굴착공사

108

건립 중 강풍에 의한 풍압 등 외압에 대한 내력이 설계에 고려되었는지 확인하여야 하는 철골구조물의 기준으로 옳지 않은 것은?

① 높이 20m이상의 구조물
② 구조물의 폭과 높이의 비가 1:4 이상인 구조물
③ 이음부가 공장 제작인 구조물
④ 연면적당 철골량이 50kg/m²이하인 구조물

---

*강풍내력설계를 고려해야하는 철골구조물의 기준
① 연면적당 철골량이 $50kg/m^2$ 이하인 구조물
② 기둥이 타이플레이트 형인 구조물
③ 이음부가 현장용접인 구조물
④ 높이가 $20m$ 이상의 구조물
⑤ 구조물의 폭과 높이의 비가 1:4 이상인 구조물
⑥ 고층건물, 호텔 등에서 단면구조가 현저한 차이가 있는 것

109

흙막이 가시설 공사 시 사용되는 각 계측기 설치 목적으로 옳지 않은 것은?

① 지표침하계 - 지표면 침하량 측정
② 수위계 - 지반 내 지하수위의 변화 측정
③ 하중계 - 상부 적재하중 변화 측정
④ 지중경사계 - 지중의 수평 변위량 측정

---

③ 하중계(Load Cell) : 축하중 변화상태 측정

110

건설현장의 가설계단 및 계단참을 설치하는 경우 얼마 이상의 하중에 견딜 수 있는 강도를 가진 구조로 설치하여야 하는가?

① $200kg/m^2$ ② $300kg/m^2$
③ $400kg/m^2$ ④ $500kg/m^2$

사업주는 계단 및 계단참을 설치하는 경우 매제곱미터당 $500kg$ 이상의 하중에 견딜 수 있는 강도를 가진 구조로 설치하여야 하며, 안전율은 4 이상으로 할 것

111

터널굴착작업을 하는 때 미리 작성하여야 하는 작업계획서에 포함되어야 할 사항이 아닌 것은?

① 굴착의 방법
② 암석의 분할방법
③ 환기 또는 조명시설을 설치할 때에는 그 방법
④ 터널지보공 및 복공의 시공방법과 용수의 처리 방법

---

② 암석의 분할방법은 채석작업시 작업계획에 해당한다.

112

근로자에게 작업 중 또는 통행 시 전락(轉洛)으로 인하여 근로자가 화상·질식 등의 위험에 처할 우려가 있는 케틀(kettle), 호퍼(hopper), 피트(pit) 등이 있는 경우에 그 위험을 방지하기 위하여 최소 높이 얼마 이상의 울타리를 설치하여야 하는가?

① 80cm 이상
② 85cm 이상
③ 90cm 이상
④ 95cm 이상

사업주는 근로자에게 작업 중 또는 통행 시 굴러 떨어짐으로 인하여 근로자가 화상·질식 등의 위험에 처할 우려가 있는 케틀, 호퍼, 피트 등이 있는 경우에 그 위험을 방지하기 위하여 필요한 장소에 <u>높이 90cm 이상</u>의 울타리를 설치하여야 한다.

113

거푸집 해체작업 시 유의사항으로 옳지 않은 것은?

① 일반적으로 수평부재의 거푸집은 연직부재의 거푸집보다 빨리 떼어낸다.
② 해체된 거푸집이나 각목 등에 박혀있는 못 또는 날카로운 돌출물은 즉시 제거하여야 한다.
③ 상하 동시 작업은 원칙적으로 금지하여 부득이한 경우에는 긴밀히 연락을 위하여 작업을 하여야 한다.
④ 거푸집 해체작업장 주위에는 관계자를 제외하고는 출입을 금지시켜야 한다.

① 일반적으로 연직부재의 거푸집은 수평부재의 거푸집보다 빨리 떼어낸다.

114

비계(달비계, 달대비계 및 말비계는 제외한다.)의 높이가 2m 이상인 작업장소에 설치하여야 하는 작업발판의 기준으로 옳지 않은 것은?

① 작업발판의 폭은 40cm 이상으로 하고, 발판재료 간의 틈은 3cm 이하로 할 것
② 추락의 위험이 있는 장소에는 안전난간을 설치 할 것
③ 작업발판의 지지물은 하중에 의하여 파괴될 우려가 없는 것을 사용할 것
④ 작업발판재료는 뒤집히거나 떨어지지 않도록 1개 이상의 지지물에 연결하거나 고정시킬 것

*작업발판의 구조
① 발판재료는 작업할 때의 하중을 견딜 수 있도록 견고한 것으로 한다.
② 작업발판의 폭이 40cm 이상으로 하고, 발판재료 간의 틈은 3cm 이하로 한다.
③ 작업발판을 작업에 따라 이동시킬 경우에는 위험 방지에 필요한 조치를 한다.
④ 작업발판재료는 뒤집히거나 떨어지지 않도록 둘 이상의 지지물에 연결하거나 고정시킨다.
⑤ 추락의 위험이 있는 곳에는 안전난간을 설치한다.

115

안전대의 종류는 사용구분에 따라 벨트식과 안전 그네식으로 구분되는데 이 중 안전그네식에만 적용하는 것은?

① 추락방지대, 안전블록
② 1개 걸이용, U자 걸이용
③ 1개 걸이용, 추락방지대
④ U자 걸이용, 안전블록

*안전그네식 안전대의 연결장치
① 죔줄
② 추락방지대
③ 안전블록
④ 훅
⑤ 카라비나

116

다음은 달비계 또는 높이 $5m$ 이상의 비계를 조립·해체하거나 변경하는 작업을 하는 경우에 대한 내용이다. ( )에 알맞은 숫자는?

> 비계재료의 연결·해체작업을 하는 경우에는 폭 ( )cm 이상의 발판을 설치하고 근로자로 하여금 안전대를 사용하도록 하는 등 추락을 방지하기 위한 조치를 할 것

① 15   ② 20
③ 25   ④ 30

비계재료의 연결·해체작업을 하는 경우에는 폭 <u>20cm</u> 이상의 발판을 설치하고 근로자로 하여금 안전대를 사용하도록 하는 등 추락을 방지하기 위한 조치를 할 것

117

다음은 사다리식 통로 등을 설치하는 경우의 준수사항이다. ( )안에 들어갈 숫자로 옳은 것은?

> 사다리의 상단은 걸쳐놓은 지점으로부터 ( )cm 이상 올라가도록 할 것

① 30   ② 40
③ 50   ④ 60

*사다리식 통로의 설치기준
① 견고한 구조로 할 것
② 심한 손상·부식 등이 없는 재료를 사용할 것
③ 발판의 간격은 일정하게 할 것
④ 발판과 벽과의 사이는 15cm 이상의 간격을 유지할 것
⑤ 폭은 30cm 이상으로 할 것
⑥ 사다리가 넘어지거나 미끄러지는 것을 방지하기 위한 조치를 할 것
⑦ 사다리의 상단은 걸쳐놓은 지점으로부터 60cm 이상 올라가도록 할 것
⑧ 사다리식 통로의 길이가 10m 이상인 경우에는 5m 이내마다 계단참을 설치할 것
⑨ 사다리식 통로의 기울기는 75°이하로 할 것. 다만, 고정식 사다리식 통로의 기울기는 90° 이하로 하고, 그 높이가 7m 이상인 경우에는 다음 각 목의 구분에 따른 조치를 할 것
  ㉠ 등받이울이 있어도 근로자 이동에 지장이 없는 경우 : 바닥으로부터 높이가 2.5m 되는 지점부터 등받이울을 설치할 것
  ㉡ 등받이울이 있으면 근로자가 이동이 곤란한 경우 : 한국산업표준에서 정하는 기준에 적합한 개인용 추락 방지 시스템을 설치하고 근로자로 하여금 한국산업표준에서 정하는 기준에 적합한 전신안전대를 사용하도록 할 것
⑩ 접이식 사다리 기둥은 사용 시 접혀지거나 펼쳐지지 않도록 철물 등을 사용하여 견고하게 조치할 것

118

다음은 가설통로를 설치하는 경우의 준수사항이다. ( )안에 들어갈 숫자로 옳은 것은?

> 건설공사에 사용하는 높이 8m 이상인 비계다리에는 ( )m 이내마다 계단참을 설치 할 것

① 7   ② 6
③ 5   ④ 4

*가설통로의 설치기준
① 견고한 구조로 할 것
② 경사는 30° 이하로 할 것
③ 경사가 15°를 초과하는 경우에는 미끄러지지 아니하는 구조로 할 것
④ 추락할 위험이 있는 장소에는 안전난간을 설치할 것
⑤ 수직갱에 가설된 통로의 길이가 15m 이상인 경우에는 10m 이내마다 계단참을 설치할 것
⑥ 건설공사에 사용하는 높이 8m 이상인 비계다리에는 7m 이내마다 계단참을 설치할 것

119

건설업 산업안전 보건관리비의 사용내역에 대하여 수급인 또는 자기공사자는 공사 시작 후 몇 개월마다 1회 이상 발주자 또는 감리원의 확인을 받아야 하는가?

① 3개월   ② 4개월
③ 5개월   ④ 6개월

건설업 산업안전보건관리비의 사용내역에 대하여 수급인 또는 자기공사자는 공사 시작 후 6개월 마다 1회 이상 발주자 또는 감리원의 확인을 받을 것. 다만, 6개월 이내 공사가 종료되는 경우에는 종료 시 확인을 받을 것.

120

터널 지보공을 설치한 경우에 수시로 점검하여 이상을 발견 시 즉시 보강하거나 보수해야 할 사항이 아닌 것은?

① 부재의 손상·변형·부식·변위·탈락의 유무 및 상태
② 부재의 긴압의 정도
③ 부재의 접속부 및 교차부의 상태
④ 계측기 설치상태

*터널 지보공 정기점검 사항
① 부재의 손상·변형·부식·변위 및 탈락의 유무
② 부재의 접속부 및 교차부의 상태
③ 부재의 긴압의 정도
④ 기둥침하의 유무와 상태

01

적성요인에 있어 직업적성을 검사하는 항목이 아닌 것은?

① 지능
② 측각 적응력
③ 형태식별능력
④ 운동속도

*직업적성 검사항목
① 지능
② 형태식별능력
③ 운동속도
④ 수리, 논리력
⑤ 손재능

02

라인(Line)형 안전관리조직에 대한 설명으로 옳은 것은?

① 명령계통과 조언이나 권고적 참여가 혼동 되기 쉽다.
② 생산부서와의 마찰이 일어나기 쉽다.
③ 명령계통이 간단명료하다.
④ 생산부분에는 안전에 대한 책임과 권한이 없다.

*안전보건관리조직

종류	특징
라인형 조직 (직계식)	① 100명 이하의 소규모 사업장 ② 안전에 관한 지시나 조치가 신속 ③ 책임 및 권한이 명백 ④ 안전에 대한 전문적 지식 및 기술 부족 ⑤ 관리 감독자의 직무가 너무 넓어 실행이 어려움
스탭형 조직 (참모식)	① 100~500명의 중규모 사업장에 적합 ② 안전업무가 표준화되어 직장에 정착 ③ 생산 조직과는 별도의 조직과 기능을 가짐 ④ 안전정보 수집과 기술 축적이 용이 ⑤ 전문적인 안전기술 연구 가능 ⑥ 생산부분은 안전에 대한 책임과 권한이 없음 ⑦ 권한 다툼이나 조정 때문에 통제 수속이 복잡해짐 ⑧ 안전과 생산을 별개로 취급하기 쉬움
라인-스탭형 조직 (복합식)	① 1000명 이상의 대규모 사업장에 적합 ② 라인형과 스탭형의 장점을 취한 절충식 ③ 안전계획, 평가 및 조사는 스탭에서, 생산 기술의 안전대책은 라인에서 실시 ④ 조직원 전원을 자율적으로 안전활동에 참여시킬 수 있음 ⑤ 안전 활동과 생산업무가 분리될 가능성이 낮아때 균형을 유지 ⑥ 라인의 관리, 감독자에게도 안전에 관한 책임과 권한이 부여 ⑦ 명령 계통과 조언 권고적 참여가 혼동 되기 쉬움 ⑧ 스탭의 월권행위의 경우가 있음

① : 라인-스탭형 조직
②, ④ : 스탭형 조직

03

서로 손을 얹고 팀의 행동구호를 외치는 무재해 운동 추진 기법의 하나로, 스킨십(Skinship)에 바탕을 두고 팀 전원의 일체감, 연대감을 느끼게 하며, 대뇌피질에 안전태도 형성에 좋은 이미지를 심어주는 기법은?

① Touch and call
② Brain Storming
③ Error cause removal
④ Safety training observation program

*터치 앤 콜(Touch and Call)
팀 전원이 왼손을 포개거나 잡는 등 접촉을 하면서 팀의 행동목표 구호를 외치는 것으로 전원의 스킨쉽(Skinship)이라 할 수 있다.

04

안전점검의 종류 중 태풍이나 폭우 등의 천재지변이 발생한 후에 실시하는 기계, 기구 및 설비 등에 대한 점검의 명칭은?

① 정기점검   ② 수시점검
③ 특별점검   ④ 임시점검

*특별점검
안전점검의 종류 중 태풍이나 폭우 등의 천재지변이 발생한 후에 실시하는 기계, 기구 및 설비 등에 대해 점검하는 것

05

하인리히 안전론에서 (   )안에 들어갈 단어로 적합한 것은?

- 안전은 사고예방
- 사고예방은 (   )와(과) 인간 및 기계의 관계를 통제하는 과학이자 기술이다.

① 물리적 환경   ② 화학적 요소
③ 위험요인   ④ 사고 및 재해

사고예방은 물리적 환경과 인간 및 기계의 관계를 통제하는 과학이자 기술이다.

06

1년간 80건의 재해가 발생한 A 사업장은 1000명의 근로자가 1주일당 48시간, 1년간 52주를 근무하고 있다. A 사업장의 도수율은?
(단, 근로자들은 재해와 관련 없는 사유로 연간 노동시간의 3%를 결근하였다.)

① 31.06   ② 32.05
③ 33.04   ④ 34.03

*도수율
$$도수율 = \frac{재해건수}{연근로 총 시간수} \times 10^6$$
$$= \frac{80}{1000 \times 48 \times 52 \times 0.97} \times 10^6 = 33.04$$

07

안전보건교육의 단계에 해당하지 않는 것은?

① 지식교육   ② 기초교육
③ 태도교육   ④ 기능교육

*안전보건교육지도 3단계
1단계 : 지식교육 - 광범위한 기초지식 주입
2단계 : 기능교육 - 반복을 통하여 스스로 습득
3단계 : 태도교육 - 안전의식과 책임감 주입

08

위험예지훈련의 문제해결 4라운드에 속하지 않는 것은?

① 현상파악   ② 본질추구
③ 원인결정   ④ 대책수립

*위험예지훈련 4단계(=4라운드)

단계	목적	내용
1단계	현상파악	잠재된 위험의 파악
2단계	본질추구	위험 포인트의 확정
3단계	대책수립	위험 포인트에 대한 대책 방안 마련
4단계	목표설정	행동 계획에 대한 결정

09

산소결핍이 예상되는 맨홀 내에서 작업을 실시할 때의 사고 방지 대책으로 적절하지 않은 것은?

① 작업 시작 전 및 작업 중 충분한 환기 실시
② 작업 장소의 입장 및 퇴장 시 인원점검
③ 방진마스크의 보급과 착용 철저
④ 작업장과 외부와의 상시 연락을 위한 설비 설치

③ 밀폐공간 작업 시엔 유해가스를 차단하는 기능을 갖춘 공기호흡기나 송기마스크의 보급과 사용을 철저히 해야한다.

10

안전교육방법 중 강의법에 대한 설명으로 옳지 않은 것은?

① 단기간의 교육 시간 내에 비교적 많은 내용을 전달할 수 있다.
② 다수의 수강자를 대상으로 동시에 교육할 수 있다.
③ 다른 교육방법에 비해 수강자의 참여가 제약된다.
④ 수강자 개개인의 학습진도를 조절할 수 있다.

④ 강의법은 강사가 직접 강의를 하는 방법으로 수강자 개개인의 학습진도를 조절할 수 없다.

11

적응기제(適應機制)의 형태 중 방어적 기제에 해당하지 않는 것은?

① 고립   ② 보상
③ 승화   ④ 합리화

*인간의 적응기제

분류	종류
방어기제	투사, 승화, 보상, 합리화, 동일시, 모방 등
도피기제	고립, 억압, 퇴행 등

12

부주의의 발생 원인에 포함되지 않는 것은?

① 의식의 단절   ② 의식의 우회
③ 의식수준의 저하   ④ 의식의 지배

*부주의의 현상
① 의식의 단절
② 의식의 우회
③ 의식수준의 저하
④ 의식의 과잉

13

안전교육 훈련에 있어 동기부여 방법에 대한 설명으로 가장 거리가 먼 것은?

① 안전 목표를 명확히 설정한다.
② 안전활동의 결과를 평가, 검토하도록 한다.
③ 경쟁과 협동을 유발시킨다.
④ 동기유발 수준을 과도하게 높인다.

*안전교육 훈련시 동기부여 방법
① 안전 목표를 명확히 설정한다.
② 안전 활동의 결과를 평가, 검토하게 한다.
③ 경쟁심, 협동심, 책임감을 유발시킨다.
④ 동기유발 수준을 적절한 상태로 유지한다.
⑤ 물질적 이해관계에 관심을 두게한다.

14

산업안전보건법령상 유해위험 방지계획서 제출 대상 공사에 해당하는 것은?

① 깊이가 5m 이상인 굴착공사
② 최대지간거리 30m 이상인 교량건설 공사
③ 지상 높이 21m 이상인 건축물 공사
④ 터널 건설 공사

*유해위험방지계획서 제출대상 건설공사
① 지상높이가 31m 이상인 건축물 또는 인공구조물
② 연면적 30,000m² 이상인 건축물
③ 연면적 5,000m² 이상인 시설
  ㉠ 문화 및 집회시설(전시장·동물원·식물원 제외)
  ㉡ 판매시설·운수시설(고속도로의 역사 및 집배송 시설 제외)
  ㉢ 종교시설
  ㉣ 의료시설 중 종합병원
  ㉤ 숙박시설 중 관광숙박시설
  ㉥ 지하도상가
  ㉦ 냉동·냉장 창고시설
④ 연면적 5000m² 이상의 냉동·냉장창고시설의 설비 공사 및 단열공사
⑤ 최대 지간길이가 50m 이상인 교량 건설 등 공사
⑥ 터널 건설 등의 공사
⑦ 다목적댐·발전용댐 및 저수용량 2천만톤 이상의 용수 전용 댐·지방상수도 전용 댐 건설 등의 공사
⑧ 깊이 10m 이상인 굴착공사

15

스트레스의 요인 중 외부적 자극 요인에 해당하지 않는 것은?

① 자존심의 손상   ② 대인관계 갈등
③ 가족의 죽음, 질병 ④ 경제적 어려움

*자극요인의 종류

내부적 자극요인	외부적 자극요인
① 자존심의 손상	① 대인관계 갈등
② 업무상 죄책감	② 죽음, 질병
③ 지나친 경쟁심	③ 경제적 어려움
④ 재물에 대한 욕심	④ 자신의 건강문제

16

하인리히 방식의 재해코스트 산정에서 직접비에 해당되지 않은 것은?

① 휴업보상비
② 병상위문금
③ 장해특별보상비
④ 상병보상연금

17

산업안전보건법령상 관리감독자 대상 정기안전보건교육의 교육내용으로 옳은 것은?

① 작업 개시 전 점검에 관한 사항
② 정리정돈 및 청소에 관한 사항
③ 작업공정의 유해·위험과 재해 예방대책에 관한 사항
④ 기계·기구의 위험성과 작업의 순서 및 동선에 관한 사항

18

산업안전보건법령상 (   )에 알맞은 기준은?

> 안전·보건표지의 제작에 있어 안전·보건표지 속의 그림 또는 부호의 크기는 안전·보건표지의 크기와 비례하여야 하며, 안전·보건표지 전체 규격의 (   )이상이 되어야 한다.

① 20%
② 30%
③ 40%
④ 50%

19

산업안전보건법령상 주로 고음을 차음하고, 저음은 차음하지 않는 방음보호구의 기호로 옳은 것은?

① NRP
② EM
③ EP-1
④ EP-2

*방음보호구 기호

종류	등급	기호	성능
귀마개	1종	EP-1	저음에서 고음까지 차음
	2종	EP-2	주로 고음을 차음하고, 저음은 차음하지 않음
귀덮개	-	EM	-

20

산업재해의 기본원인 중 "작업정보, 작업방법 및 작업환경" 등이 분류되는 항목은?

① Man
② Machine
③ Media
④ Management

*4M 위험성 평가 기법
① Machine : 생산설비의 설계, 제작, 안전장치 평가
② Media : 작업 정보, 방법, 환경 평가
③ Man : 불안전 행동을 유발하는 인적위험 평가
④ Management : 관리적인 사항 평가

21

작업의 강도는 에너지대사율(RMR)에 따라 분류된다. 분류 기간 중, 중(中)작업(보통작업)의 에너지대사율은?

① 0~1RMR
② 2~4RMR
③ 4~7RMR
④ 7~9RMR

*에너지 대사율(RMR)

$$RMR = \frac{운동시산소소모량 - 안정시산소소모량}{기초대사량}$$

작업의 종류	RMR 값
가벼운 작업(輕)	1~2
보통 작업(中)	2~4
무거운 작업(重)	4~7
초중 작업	7이상

22

산업안전보건법령상 유해·위험방지계획서의 제출시 첨부하는 서류에 포함되지 않는 것은?

① 설비 점검 및 유지계획
② 기계·설비의 배치도면
③ 건축물 각 층의 평면도
④ 원재료 및 제품의 취급, 제조 등의 작업방법의 개요

*유해위험방지계획서 첨부서류

항목	제출서류 및 내용
공사개요 (건설업)	① 공사개요서 ② 공사현장의 주변 현황 및 주변과의 관계를 나타내는 도면 ③ 건설물·사용 기계설비 등의 배치를 나타내는 도면 ④ 전체 공정표
공사개요 (제조업)	① 건축물 각 층의 평면도 ② 기계·설비의 개요를 나타내는 서류 ③ 기계·설비의 배치도면 ④ 원재료 및 제품의 취급, 제조 등의 작업방법의 개요 ⑤ 그 밖의 고용노동부장관이 정하는 도면 및 서류
안전보건 관리계획	① 산업안전보건관리비 사용계획서 ② 안전관리조직표·안전보건교육 계획 ③ 개인보호구 지급계획 ④ 재해발생 위험시 연락 및 대피방법
작업환경 조성계획	① 분진 및 소음발생공사 종류에 대한 방호대책 ② 위생시설물 설치 및 관리대책 ③ 근로자 건강진단 실시계획 ④ 조명시설물 설치계획 ⑤ 환기설비 설치계획 ⑥ 위험물질의 종류별 사용량과 저장·보관 및 사용시의 안전 작업 계획

23

인간의 실수 중 수행해야 할 작업 및 단계를 생략하여 발생하는 오류는?

① omission error
② commission error
③ sequence error
④ timing error

*휴먼에러의 심리적(=독립행동에 의한) 분류

종류	내용
누락(=생략)오류 (Omission error)	필요한 작업 또는 절차를 수행하지 않는데 기인한 오류
작위(=실행)오류 (Commission error)	필요한 작업 또는 절차의 불확실한 수행으로 기인한 오류
시간 오류 (Time error)	필요한 작업 또는 절차의 수행 지연으로 인한 오류
순서 오류 (Sequential error)	필요한 작업 또는 절차의 순서 착오로 인한 오류
과잉행동 오류 (Extraneous error)	불필요한 작업 또는 절차를 수행함으로써 기인한 오류

24

초기고장과 마모고장 각각의 고장형태와 그 예방대책에 관한 연결로 틀린 것은?

① 초기고장 – 감소형 – 번인(Burn in)
② 마모고장 – 증가형 – 예방보전(PM)
③ 초기고장 – 감소형 – 디버깅(debugging)
④ 마모고장 – 증가형 – 스크리닝(screening)

*기계설비의 수명곡선(=욕조곡선)

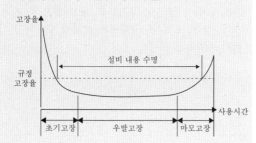

④ 스크리닝(Screening)
부품의 잠재 결함을 조기에 제거하는 비파괴적 선별기술로 초기고장 상태에서 시도한다.

25

작업개선을 위하여 도입되는 원리인 ECRS에 포함되지 않는 것은?

① Combine   ② Standard
③ Eliminate   ④ Rearrange

*개선의 4원칙(ECRS)
① 제거(E : Eliminate)
② 결합(C : Combine)
③ 재조정(R : Rearrange)
④ 간략화(S : Simplify)

26

온도와 습도 및 공기 유동이 인체에 미치는 열효과를 하나의 수치로 통합한 경험적 감각지수로, 상대습도 100%일 때의 건구 온도에서 느끼는 것과 동일한 온감을 의미하는 온열 조건의 용어는?

① Oxford 지수   ② 발한율
③ 실효온도   ④ 열압박지수

*실효온도(Effective Temperature)
무풍상태, 습도 100%일 때 건구온도계가 가리키는 눈금을 기준으로 한다.

27

화학설비의 안전성 평가 5단계 중 4단계에 해당하는 것은?

① 안전대책　　　　② 정성적 평가
③ 정량적 평가　　　④ 재평가

*안전성 평가 6단계
1단계 : 관계자료의 작성준비
2단계 : 정성적평가
3단계 : 정량적평가
4단계 : 안전대책 수립
5단계 : 재해정보에 의한 재평가
6단계 : FTA에 의한 재평가

28

양립성의 종류에 포함되지 않는 것은?

① 공간 양립성　　　② 형태 양립성
③ 개념 양립성　　　④ 운동 양립성

*양립성(Compatibility)
자극과 반응 조합의 관계에서 인간의 기대와 모순되지 않는 성질

종류	정의
운동 양립성	장치의 조작방향과 장치의 반응결과가 일치하는 성질
공간 양립성	장치의 배치와 장치의 반응결과가 일치하는 성질
개념 양립성	인간의 개념적 연상과 일치하는 성질
양식 양립성	자극에 따라 정해진 응답양식이 존재하는 성질

29

다음 설명에 해당하는 설비보전방식의 유형은?

> 설비보전 정보와 신기술을 기초로 신뢰성, 조작성, 보전성, 안전성, 경제성, 등이 우수한 설비의 선정, 조달 또는 설계를 통하여 궁극적으로 설비의 설계, 제작 단계에서 보전활동이 불필요한 체제를 목표로 한 설비보전 방법을 말한다.

① 개량보전　　　　② 보전예방
③ 사후보전　　　　④ 일상보전

*보전예방
설비보전 정보와 신기술을 기초로 신뢰성, 조작성, 보전성, 안전성, 경제성 등이 우수한 설비의 선정, 조달 또는 설계를 통하여 궁극적으로 설비의 설계, 제작단계에서 보전활동이 불필요한 체제를 목표로 한 설비보전 방법이다.

30

원자력 산업과 같이 상당한 안전이 확보되어 있는 장소에서 추가적인 고도의 안전 달성을 목적으로 하고 있으며, 관리, 설계, 생산, 보전 등 광범위한 안전을 도모하기 위하여 개발된 분석기법은?

① DT　　　　　　② FTA
③ THERP　　　　④ MORT

*MORT(경영소홀 및 위험수 분석)
상당한 안전이 확보되어 있는 장소에서 추가적인 고도의 안전 달성을 목적으로 하고 있으며, 관리, 설계, 생산, 보전 등 광범위한 안전을 도모하기 위하여 개발된 분석기법

31

결함수분석(FTA)에 관한 설명으로 틀린 것은?

① 연역적 방법이다.
② 버텀-업(Bottom-Up)방식이다.
③ 기능적 결함의 원인을 분석하는데 용이하다.
④ 정량적 분석이 가능하다.

② FTA는 톱다운(Top-down) 방식이다.

32

조종-반응비(Control-Response Ratio, $\dfrac{C}{R}$ 비)에 대한 설명 중 틀린 것은?

① 조종장치와 표시장치의 이동 거리 비율을 의미한다.
② C/R비가 클수록 조종장치는 민감하다.
③ 최적 C/R비는 조정시간과 이동시간의 교점이다.
④ 이동시간과 조정시간을 감안하여 최적 C/R 비를 구할 수 있다.

② $\dfrac{C}{R}$ 비가 작을수록 민감한 제어장치이다.

33

다음 FT도에서 최소컷셋(Minimal cut set)으로만 올바르게 나열한 것은?

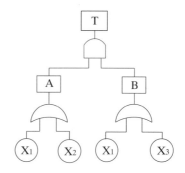

① $[X_1]$
② $[X_1]$, $[X_2]$
③ $[X_1, X_2, X_3]$
④ $[X_1, X_2]$, $[X_1, X_3]$

*미니멀 컷셋(Minimal cut set)
$$T = A \cdot B = \begin{pmatrix} X_1 \\ X_2 \end{pmatrix}\begin{pmatrix} X_1 \\ X_3 \end{pmatrix}$$

$$= (X_1 X_1),\ (X_1 X_3),\ (X_1 X_2),\ (X_2 X_3)$$
$$= (X_1),\ (X_1 X_3),\ (X_1 X_2),\ (X_2 X_3)$$

$\therefore$ 최소컷셋 $= (X_1),\ (X_2 X_3)$
(OR게이트는 한쪽이 가동되면 정상가동된다.)

34

인간의 정보처리 과정 3단계에 포함되지 않는 것은?

① 인지 및 정보처리단계
② 반응단계
③ 행동단계
④ 인식 및 감지단계

*인식과 자극의 정보처리 과정 3단계
① 인지 및 정보처리단계
② 인식 및 감지단계
③ 행동단계

35

시각 표시장치보다 청각 표시장치의 사용이 바람직한 경우는?

① 전언이 복잡한 경우
② 전언이 재참조되는 경우
③ 전언이 즉각적인 행동을 요구하는 경우
④ 직무상 수신자가 한 곳에 머무는 경우

*청각적 표시장치를 사용하는 경우
① 메시지가 간단한 경우
② 메시지를 추후에 재참조 해야하는 경우
③ 수신 장소가 너무 밝거나 어두울 때
④ 직무상 수신자가 자주 움직이는 경우
⑤ 수신자가 즉각적인 행동을 해야하는 경우
⑥ 수신자의 시각 계통이 과부하 상태인 경우

36

FTA에서 사용하는 수정게이트의 종류 중 3개의 입력현상 중 2개가 발생한 경우에 출력이 생기는 것은?

① 위험지속기호
② 조합 AND 게이트
③ 배타적 OR 게이트
④ 억제 게이트

*수정게이트의 종류

종류	그림	설명
위험 지속 기호		입력사상이 발생해 일정시간동안 지속되면 출력사상이 발생한다.
조합 AND 게이트		3개의 입력사상 중 2개가 발생할 경우 출력사상이 발생한다.
배타적 OR 게이트		2개 이상의 입력사상이 동시에 발생할 경우 출력사상이 발생하지 않는다.
억제 (제어) 게이트		조건부로 입력사상이 발생할 때 출력사상이 발생한다.

37

인간의 신뢰도가 0.6, 기계의 신뢰도가 0.9이다. 인간과 기계가 직렬체제로 작업할 때의 신뢰도는?

① 0.32
② 0.54
③ 0.75
④ 0.96

*시스템의 신뢰도(R)
$R = 0.6 \times 0.9 = 0.54$

38

8시간 근무를 기준으로 남성작업자 A의 대사량을 측정한 결과, 산소소비량이 $1.3L/min$으로 측정되었다. Murrell 방법으로 계산 시, 8시간의 총 근로시간에 포함되어야 할 휴식시간은?

① 124분
② 134분
③ 144분
④ 154분

*머렐(Murrel)의 휴식시간(R)

$$R = \frac{T(E-S)}{E-1.5} = \frac{480 \times (1.5 \times 5 - 5)}{1.5 \times 5 - 1.5} = 144\,min$$

여기서,

R : 운동시간 [min]

T : 작업시간 [min]

(언급이 없을 경우 60[min]으로 한다.)

E : 작업시 필요한 에너지 [kcal]

(E = 산소소비량×5 [kcal])

S : 평균 에너지 소비량 [kcal/min]

(기초대사량 포함 했을 경우 : 5[kcal/min])

(기초대사량 포함하지 않을 경우 : 4[kcal/min])

39

국소진동에 지속적으로 노출된 근로자에게 발생할 수 있으며, 말초혈관 장해로 손가락이 창백해지고 동통을 느끼는 질환의 명칭은?

① 레이노 병(Raynaud's phenomenon)
② 파킨슨 병(Parkinson's disease)
③ 규폐증
④ C5-dip 현상

*레이노 병(Raynaud's phenomenon)
국소진동에 지속적으로 노출된 근로자에게 발생할 수 있으며, 말초혈관 장해로 손가락이 창백해지고 동통을 느끼는 질환

40

암호체계의 사용상에 있어서, 일반적인 지침에 포함되지 않는 것은?

① 암호의 검출성
② 부호의 양립성
③ 암호의 표준화
④ 암호의 단일 차원화

*시각적 요소를 의도적으로 사용할 때 고려사항
① 암호 : 검출성, 판별성, 표준화
② 부호 : 양립성, 의미
③ 암호 : 다차원성

41

연삭기에서 숫돌의 바깥지름이 $180mm$일 경우 숫돌 고정용 평형플랜지의 지름으로 적합한 것은?

① $30mm$ 이상
② $40mm$ 이상
③ $50mm$ 이상
④ $60mm$ 이상

---

*평형 플랜지 지름(D)

$D = \frac{1}{3} \times d = \frac{1}{3} \times 180 = mm$

여기서, d : 연삭숫돌의 바깥지름 $[mm]$

42

산업안전보건법령에 따라 산업용 로봇의 작동범위에서 교시 등의 작업을 하는 경우에 로봇에 의한 위험을 방지하기 위한 조치사항으로 틀린 것은?

① 2명 이상의 근로자에게 작업을 시킬 경우의 신호방법을 정한다.
② 작업 중의 매니플레이터 속도에 관한 지침을 정하고 그 지침에 따라 작업한다.
③ 작업을 하는 동안 다른 작업자가 작동시킬 수 없도록 기동스위치에 작업 중 표시를 한다.
④ 작업에 종사하고 있는 근로자가 이상을 발견하면 즉시 안전담당자에게 보고하고 계속해서 로봇을 운전한다.

---

④ 작업에 종사하고 있는 근로자가 이상을 발견하면 즉시 로봇의 운전을 정지시키기 위한 조치를 할 것

43

기본무부하 상태에서 지게차 주행 시의 좌우 안정도 기준은?
(단, V는 구내최고속도(km/h)이다.)

① $(15+1.1 \times V)\%$ 이내
② $(15+1.5 \times V)\%$ 이내
③ $(20+1.1 \times V)\%$ 이내
④ $(20+1.5 \times V)\%$ 이내

---

*지게차의 안정도 기준

종류	안정도
하역작업 시의 전후 안정도	4% 이내(5t 이상 : 3.5%)
하역작업 시의 좌우 안정도	6% 이내
주행 시의 전후 안정도	18% 이내
주행 시의 좌우 안정도	$(15+1.1\,V)\%$이내 (최대 40%) 여기서, V : 최고속도 $[km/hr]$

44

산업안전보건법령에 따라 사다리식 통로를 설치하는 경우 준수해야 할 기준으로 틀린 것은?

① 사다리식 통로의 기울기는 60°이하로 할 것
② 발판과 벽과의 사이는 15cm 이상의 간격을 유지할 것
③ 사다리의 상단은 걸쳐놓은 지점으로부터 60cm 이상 올라가도록 할 것
④ 사다리식 통로의 길이가 10m 이상인 경우에는 5m 이내마다 계단참을 설치할 것

*사다리식 통로의 설치기준
① 견고한 구조로 할 것
② 심한 손상·부식 등이 없는 재료를 사용할 것
③ 발판의 간격은 일정하게 할 것
④ 발판과 벽과의 사이는 15cm 이상의 간격을 유지할 것
⑤ 폭은 30cm 이상으로 할 것
⑥ 사다리가 넘어지거나 미끄러지는 것을 방지하기 위한 조치를 할 것
⑦ 사다리의 상단은 걸쳐놓은 지점으로부터 60cm 이상 올라가도록 할 것
⑧ 사다리식 통로의 길이가 10m 이상인 경우에는 5m 이내마다 계단참을 설치할 것
⑨ 사다리식 통로의 기울기는 75° 이하로 할 것. 다만, 고정식 사다리식 통로의 기울기는 90° 이하로 하고, 그 높이가 7m 이상인 경우에는 다음 각 목의 구분에 따른 조치를 할 것
   ㉠ 등받이울이 있어도 근로자 이동에 지장이 없는 경우 : 바닥으로부터 높이가 2.5m 되는 지점부터 등받이울을 설치할 것
   ㉡ 등받이울이 있으면 근로자가 이동이 곤란한 경우 : 한국산업표준에서 정하는 기준에 적합한 개인용 추락 방지 시스템을 설치하고 근로자로 하여금 한국산업표준에서 정하는 기준에 적합한 전신안전대를 사용하도록 할 것
⑩ 접이식 사다리 기둥은 사용 시 접혀지거나 펼쳐지지 않도록 철물 등을 사용하여 견고하게 조치할 것

45

산업안전보건법령에 따른 승강기의 종류에 해당하지 않는 것은?

① 리프트
② 승객용 엘리베이터
③ 에스컬레이터
④ 화물용 엘리베이터

*승강기의 종류

구분	승강기의 세부 종류
엘리베이터	승객용 엘리베이터
	전망용 엘리베이터
	병원용 엘리베이터
	장애인용 엘리베이터
	소방구조용 엘리베이터
	피난용 엘리베이터
	주택용 엘리베이터
	승객화물용 엘리베이터
	화물용 엘리베이터
	자동차용 엘리베이터
	소형화물용 엘리베이터 (Dumbwaiter)
에스컬레이터	승객용 에스컬레이터
	장애인용 에스컬레이터
	승객화물용 에스컬레이터
	승객용 무빙워크
	승객화물용 무빙워크
휠체어 리프트	장애인용 수직형 리프트
	장애인용 경사형 리프트

46

재료가 변형 시에 외부응력이나 내부의 변형과정에서 방출되는 낮은 응력파(stress wave)를 감지하여 측정하는 비파괴시험은?

① 와류탐상 시험
② 침투탐상 시험
③ 음향탐상 시험
④ 방사선투과 시험

*음향탐상검사(AT)
재료가 변형 시에 방출되는 낮은 응력파를 감지하여 측정하는 비파괴검사법이다.

47

산업안전보건법령에 따라 다음 괄호 안에 들어갈 내용으로 옳은 것은?

> 사업주는 바닥으로부터 짐 윗면까지의 높이가 ( )미터 이상인 화물자동차에 짐을 싣는 작업 또는 내리는 작업을 하는 경우에는 근로자의 추가 위험을 방지하기 위하여 해당 작업에 종사하는 근로자가 바닥과 적재함의 짐 윗면간을 안전하게 오르내리기 위한 설비를 설치하여야 한다.

① 1.5　　　　　　　　② 2
③ 2.5　　　　　　　　④ 3

사업주는 바닥으로부터 짐 윗면까지의 높이가 <u>2m 이상</u>인 화물자동차에 짐을 싣는 작업 또는 내리는 작업을 하는 경우에는 근로자의 추가 위험을 방지하기 위하여 해당 작업에 종사하는 근로자가 바닥과 적재함의 짐 윗면간을 안전하게 오르내리기 위한 설비를 설치하여야 한다.

48

진동에 의한 1차 설비진단법 중 정상, 비정상, 악화의 정도를 판단하기 위한 방법에 해당하지 않는 것은?

① 상호 판단　　　　　② 비교 판단
③ 절대 판단　　　　　④ 평균 판단

*진동에 대한 설비진단법

정상 · 비정상 · 악화 정도의 판단	실패의 원인과 발생한 장소의 탐지
① 상호 판단	① 직접 판단
② 비교 판단	② 평균 판단
③ 절대 판단	③ 주파수 판단

49

둥근톱 기계의 방호장치에서 분할날과 톱날 원주면과의 거리는 몇 mm 이내로 조정, 유지할 수 있어야 하는가?

① 12　　　② 14　　　③ 16　　　④ 18

*분할날 설치조건
① 분할날의 두께는 둥근톱 두께의 1.1배 이상일 것
② 견고히 고정할 수 있으며 분할날과 톱날 원주면과의 거리는 <u>12mm</u> 이내로 조정·유지할 수 있어야 하고 표준 테이블면 상의 톱 뒷날의 $\frac{2}{3}$ 이상을 덮도록 할 것
③ 톱날 등 분할 날에 대면하고 있는 부분 및 송급하는 가공재의 상면에서 덮개 하단까지의 간격이 8mm 이하가 되게 위치를 조정해 주어야 한다. 또한 덮개의 하단이 테이블면 위치로 25mm 이상 높이로 올릴 수 있게 스토퍼를 설치한다.

50

산업안전보건법령에 따라 사업주가 보일러의 폭발 사고를 예방하기 위하여 유지·관리 하여야 할 안전장치가 아닌 것은?

① 압력방호판　　　　② 화염 검출기
③ 압력방출장치　　　④ 고저수위 조절장치

*보일러 폭발 방호장치
① 화염 검출기
② 압력방출장치
③ 압력제한스위치
④ 고저수위 조절장치

51

질량이 $100kg$인 물체를 그림과 같이 길이가 같은 2개의 와이어로프로 매달아 옮기고자 할 때 와이어로프 T_a에 걸리는 장력은 약 몇 N인가?

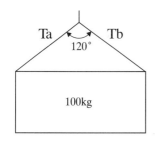

① 200   ② 400
③ 490   ④ 980

52

다음 중 드릴 작업의 안전수칙으로 가장 적합한 것은?

① 손을 보호하기 위하여 장갑을 착용한다.
② 작은 일감은 양 손으로 견고히 잡고 작업한다.
③ 정확한 작업을 위하여 구멍에 손을 넣어 확인한다.
④ 작업시작 전 척 렌치(chuck wrench)를 반드시 제거하고 작업한다.

53

산업안전보건법령에 따라 레버풀러(levelpuller) 또는 체인블록(chain block)을 사용하는 경우 훅의 입구(hook mouth) 간격이 제조자가 제공하는 제품사양서 기준으로 몇 % 이상 벌어진 것은 폐기하여야 하는가?

① 3   ② 5   ③ 7   ④ 10

54

금형의 설치, 해체, 운반 시 안전사항에 관한 설명으로 틀린 것은?

① 운반을 위하여 관통 아이볼트가 사용될 때는 구멍 틈새가 최소화되도록 한다.
② 금형을 설치하는 프레스의 T홈 안길이는 설치 볼트 지름의 1/2배 이하로 한다.
③ 고정볼트는 고정 후 가능하면 나사산이 3~4개 정도 짧게 남겨 설치 또는 해체 시 슬라이드 면과의 사이에 협착이 발생하지 않도록 해야 한다.
④ 운반 시 상부금형과 하부금형이 닿을 위험이 있을 때는 고정 패드를 이용한 스트랩, 금속 재질이나 우레탄 고무의 블록 등을 사용한다.

55

밀링작업의 안전조치에 대한 설명으로 적절하지 않은 것은?

① 절삭 중의 칩 제거는 칩 브레이커로 한다.
② 공작물을 고정할 때에는 기계를 정지시킨 후 작업한다.
③ 강력절삭을 할 경우에는 공작물을 바이스에 깊게 물려 작업한다.
④ 가공 중 공작물의 치수를 측정할 때에는 기계를 정지시킨 후 측정한다.

① 밀링작업시 칩의 제거는 브러쉬나 청소용 솔을 사용하고 선반 작업시 칩 브레이커를 사용한다.

56

산업안전보건법령에 따라 아세틸렌 용접장치의 아세틸렌 발생기를 설치하는 경우, 발생기실의 설치장소에 대한 설명 중 A, B 에 들어갈 내용으로 옳은 것은?

- 발생기실은 건물의 최상층에 위치하여야 하며, 화기를 사용하는 설비로부터 (A)를 초과하는 장소에 설치하여야 한다.
- 발생기실을 옥외에 설치한 경우에는 그 개구부를 다른 건축물로부터 (B)이상 떨어지도록 하여야 한다.

① A: $1.5m$, B: $3m$　　② A: $2m$, B: $4m$
③ A: $3m$, B: $1.5m$　　④ A: $4m$, B: $2m$

전용의 발생기실은 건물의 최상층에 위치하여야 하며, 화기를 사용하는 설비로부터 3m를 초과하는 장소에 설치하여야 한다.
발생기실을 옥외에 설치한 경우에는 그 개구부를 다른 건축물로부터 1.5m 이상 떨어지도록 하여야 한다.

57

프레스기의 방호장치 중 위치제한형 방호장치에 해당되는 것은?

① 수인식 방호장치
② 광전자식 방호장치
③ 손쳐내기식 방호장치
④ 양수조작식 방호장치

*위치제한형 방호장치
조작자의 신체부위가 위험한계 밖에 위치하도록 기계조작 장치를 위험구역에서 일정거리 이상 떨어지게 하는 방호장치로, 대표적으로 양수조작식 방호장치가 있다.

58

프레스 방호장치 중 수인식 방호장치의 일반구조에 대한 사항으로 틀린 것은?

① 수인끈의 재료는 합성섬유로 지름이 $4mm$ 이상이어야 한다.
② 수인끈의 길이는 작업자에 따라 임의로 조정할 수 없도록 해야 한다.
③ 수인끈의 안내통은 끈의 마모와 손상을 방지할 수 있는 조치를 해야 한다.
④ 손목밴드(wrist band)의 재료는 유연한 내유성 피혁 또는 이와 동등한 재료를 사용해야 한다.

② 수인끈의 길이는 작업자에 따라 임의로 조정할 수 있도록 해야 한다.

59

산업안전보건법령에 따라 원동기·회전축 등의 위험 방지를 위한 설명 중 괄호 안에 들어갈 내용은?

> 사업주는 회전축·기어·풀리 및 플라이휠 등에 부속되는 키·핀 등의 기계요소는 ( )으로 하거나 해당 부위에 덮개를 설치하여야 한다.

① 개방형　　　　② 돌출형
③ 묻힘형　　　　④ 고정형

기계·기구 및 설비의 위험예방을 위하여 사업주는 회전축·기어·풀리 및 플라이휠 등에 부속되는 키·핀 등의 기계요소는 묻힘형으로 할 것

60

공기압축기의 방호장치가 아닌 것은?

① 언로드 벨브　　　② 압력방출장치
③ 수봉식 안전기　　④ 회전부의 덮개

*공기압축기의 방호장치
① 압력방출장치
② 언로드벨브
③ 안전벨브
④ 회전부 덮개

61

아래 그림과 같이 인체가 전기설비의 외함에 접촉하였을 때 누전사고가 발생하였다. 인체통과전류(mA)는 약 얼마인가?

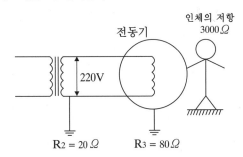

① 35
② 47
③ 58
④ 66

*인체에 흐르는 전류(I_m)

$$I_m = \frac{E}{R_2 + \left(\frac{R_m R_3}{R_m + R_3}\right)} \times \frac{R_3}{R_m + R_3}$$

여기서, V : 전원의 대지전압 [V]
R_m : 인체저항 [Ω]
R_2, R_3 : 접지저항 [Ω]

$$I_m = \frac{220}{20 + \left(\frac{3000 \times 80}{3000 + 80}\right)} \times \frac{80}{3000 + 80}$$

$= 0.05836A = 58.36mA$

62

전기화재 발생 원인으로 틀린 것은?

① 발화원
② 내화물
③ 착화물
④ 출화의 경과

*내화물
고온, 화학적 작용 등에도 견딜 수 있는 재료

63

저압전로의 절연성능 시험에서 전로의 사용전압이 $380\,V$인 경우 전로의 전선 상호간 및 전로와 대지 사이의 절연저항은 최소 몇 $M\Omega$ 이상이어야 하는가?

① 0.1
② 0.3
③ 0.5
④ 1

*전로의 사용전압에 따른 절연저항

사용전압	절연저항
SELV 및 PELV	$0.5M\Omega$
FELV, 500V 이하	$1.0M\Omega$
500V 초과	$1.0M\Omega$

64

정전에너지를 나타내는 식으로 알맞은 것은?
(단, Q는 대전 전하량, C는 정전용량이다.)

① $\dfrac{Q}{2C}$ ② $\dfrac{Q}{2C^2}$

③ $\dfrac{Q^2}{2C}$ ④ $\dfrac{Q^2}{2C^2}$

*착화에너지(=발화에너지, 정전에너지 E) $[J]$

$$E = \frac{1}{2}CV^2 = \frac{Q^2}{2C}$$

여기서,
C : 정전용량 $[F]$
V : 전압 $[V]$
Q : 대전 전하량 $[C]$ $(Q = CV)$

65

누전차단기의 설치가 필요한 것은?

① 이중절연 구조의 전기기계·기구
② 비접지식 전로의 전기기계·기구
③ 절연대 위에서 사용하는 전기기계·기구
④ 도전성이 높은 장소의 전기기계·기구

*누전차단기 설치장소
① 전기기계·기구 중 대지전압이 150 V를 초과하는 이동형 또는 휴대형의 것
② 물 등 도전성이 높은 액체에 의한 습윤한 장소
③ 임시배선의 전로가 설치되는 장소

66

동작 시 아크를 발생하는 고압용 개폐기·차단기·피뢰기 등은 목재의 벽 또는 천장 기타의 가연성 물체로부터 몇 m 이상 떼어놓아야 하는가?

① 0.3   ② 0.5
③ 1.0   ④ 1.5

*개폐기 및 차단기의 이격거리

구분	이격거리
고압용	1m 이상
특고압용	2m 이상 (사용전압이 35kV 이하의 특고압용 기구 등으로서 동작할 때에 생기는 아크의 방향과 길이를 화재가 발생할 우려가 없도록 제한하는 경우에는 1m 이상)

67

6600/100 V, 15 kVA의 변압기에서 공급하는 저압 전선로의 허용 누설전류는 몇 A를 넘지 않아야 하는가?

① 0.025   ② 0.045
③ 0.075   ④ 0.085

*누설전류(I_g)의 한계값

$$W = VI \quad \therefore I = \frac{W}{V} = \frac{15 \times 10^3}{100} = 150 A$$

$$I_g = \frac{I}{2000} = \frac{150}{2000} = 0.075 A$$

68

이동하여 사용하는 전기기계기구의 금속제 외함등에 제1종 접지공사를 하는 경우, 접지선 중 가요성을 요하는 부분의 접지선 종류와 단면적의 기준으로 옳은 것은?

① 다심코드, $0.75mm^2$이상
② 다심캡타이어 케이블, $2.5mm^2$이상
③ 3종 클로로프렌캡타이어 케이블, $4mm^2$ 이상
④ 3종 클로로프렌캡타이어 케이블, $110mm^2$ 이상

출제 기준에서 제외된 내용입니다.

69

정전기 발생에 대한 방지대책의 설명으로 틀린 것은?

① 가스용기, 탱크 등의 도체부는 전부 접지한다.
② 배관 내 액체의 유속을 제한한다.
③ 화학섬유의 작업복을 착용한다.
④ 대전 방지제 또는 제전기를 사용한다.

> *정전기 재해 방지대책
> ① 정전화(안전화) 착용
> ② 제전복 착용
> ③ 정전기 제전용구 착용
> ④ 작업장 바닥 등에 도전성을 갖추도록 조치
> ⑤ 도체부 접지

70

정전기의 유동대전에 가장 크게 영향을 미치는 요인은?

① 액체의 밀도　　　　② 액체의 유동속도
③ 액체의 접촉면적　　④ 액체의 분출온도

*정전기 대전현상의 종류

종류	설명
마찰대전	종이, 필름 등이 금속롤러와 마찰을 일으킬 때 전하분리로 인하여 정전기가 발생되는 현상
박리대전	서로 밀착해 있는 물체가 분리될 때 전하분리로 인하여 정전기가 발생되는 현상
유동대전	파이프 속에서 액체가 유동할 때 발생하는 대전현상으로, 액체의 흐름속도가 정전기 발생에 영향을 준다.
분출대전	분체류가 단면적이 작은 분출구를 통해 공기 중으로 분출될 때 분출하는 물질과 분출구의 마찰로 인해 정전기가 발생되는 현상
충돌대전	분체류와 같은 입자 상호간이나 입자와 고체와의 충돌에 의해 빠른 접촉 또는 분리가 일어나 정전기가 발생되는 현상
파괴대전	고체나 분체류와 같은 물체가 파괴되었을 때 전하분리에 의해 정전기가 발생되는 현상
교반대전	액체류 수송 중 액체류 상호간 또는 액체와 고체와의 상호작용에 의해 정전기가 발생하는 현상

71

과전류에 의해 전선의 허용전류보다 큰 전류가 흐르는 경우 절연물이 화구가 없더라도 자연히 발화하고 심선이 용단되는 발화단계의 전선 전류밀도(A/mm^2)는?

① 10 ～ 20　　　　　　② 30 ～ 50
③ 60 ～ 120　　　　　④ 130 ～ 200

*절연전선의 전류밀도

단계	전선 전류밀도[A/mm^2]
인화단계	40 ～ 43
착화단계	43 ～ 60
발화단계	60 ～ 120
순간용단단계	120 이상

72

방폭구조에 관계있는 위험 특성이 아닌 것은?

① 발화 온도　　　　② 증기 밀도
③ 화염 일주한계　　④ 최소 점화전류

② 증기밀도는 폭발성분위기 생성조건과 관련된 위험 특성이다.

73

금속관의 방폭형 부속품에 대한 설명으로 틀린 것은?

① 재료는 아연도금을 하거나 녹이 스는 것을 방지하도록 한 강 또는 가단주철일 것
② 안쪽 면 및 끝부분은 전선의 피복을 손상하지 않도록 매끈한 것일 것
③ 전선관과의 접속부분의 나사는 5턱 이상 완전히 나사결합이 될 수 있는 길이일 것
④ 완성품은 유입방폭구조의 폭발압력시험에 적합할 것

④ 완성품은 내압방폭구조(d)의 폭발압력시험에 적합해야 한다.

74

접지의 목적과 효과로 볼 수 없는 것은?

① 낙뢰에 의한 피해방지
② 송배전선에서 지락사고의 발생 시 보호 계전기를 신속하게 작동시킴
③ 설비의 절연물이 손상되었을 때 흐르는 누설전류에 의한 감전방지
④ 송배전선로의 지락사고 시 대지전위의 상승을 억제하고 절연강도를 상승시킴

④ 송배전선로의 지락사고 시 대지전위의 상승을 억제하고 절연강도를 경감시킨다.

75

방폭전기설비의 용기내부에 보호가스를 압입하여 내부압력을 외부 대기 이상의 압력으로 유지함으로써 용기 내부에 폭발성가스 분위기가 형성되는 것을 방지하는 방폭구조는?

① 내압 방폭구조　　② 압력 방폭구조
③ 안전증 방폭구조　④ 유입 방폭구조

*방폭구조의 종류

종류	내용
내압 방폭구조 (d)	용기 내 폭발시 용기가 그 압력을 견디고 개구부 등을 통해 외부에 인화될 우려가 없는 구조
압력 방폭구조 (p)	용기 내에 보호가스를 압입시켜 대기압 이상으로 유지하여 폭발성 가스가 유입되지 않도록 하는 구조
안전증 방폭구조 (e)	운전 중에 생기는 아크, 스파크, 발열 등의 발화원을 제거하여 안전도를 증가시킨 구조
유입 방폭구조 (o)	전기불꽃, 아크, 고온 발생 부분을 기름으로 채워 폭발성 가스 또는 증기에 인화되지 않도록 한 구조
본질안전 방폭구조 (ia, ib)	운전 중 단선, 단락, 지락에 의한 사고 시 폭발 점화원의 발생이 방지된 구조
비점화 방폭구조 (n)	운전중에 점화원을 차단하여 폭발이 일어나지 않고, 이상 상태에서 짧은시간 동안 방폭기능을 할 수 있는 구조
몰드 방폭구조 (m)	전기불꽃, 고온 발생 부분은 컴파운드로 밀폐한 구조

76

1종 위험장소로 분류되지 않는 것은?

① 탱크류의 벤트(Vent) 개구부 부근
② 인화성 액체 탱크 내의 액면 상부의 공간부
③ 점검수리 작업에서 가연성 가스 또는 증기를 방출하는 경우의 밸브 부근
④ 탱크로리, 드럼관 등이 인화성 액체를 충전하고 있는 경우의 개구부 부근

＊위험장소의 분류

위험장소	내용
0종	정상상태에서 위험분위기가 장시간 지속되어 존재하는 장소
1종	정상상태에서 위험분위기가 주기적으로 발생할 우려가 있는 장소
2종	이상상태에서 위험분위기가 단시간 발생할 우려가 있는 장소

인화성 액체 탱크 내의 액면 상부의 공간부는 위험분위기가 장시간 지속되어 존재하는 장소이기 때문에 0종 위험장소이다.

77

기중 차단기의 기호로 옳은 것은?

① VCB
② MCCB
③ OCB
④ ACB

＊차단기 기호

차단기 종류	기호
진공 차단기	VCB
배선용 차단기	MCCB
유입 차단기	OCB
기중 차단기	ACB

78

누전사고가 발생될 수 있는 취약 개소가 아닌 것은?

① 나선으로 접속된 분기회로의 접속점
② 전선의 열화가 발생한 곳
③ 부도체를 사용하여 이중절연이 되어 있는 곳
④ 리드선과 단자와의 접속이 불량한 곳

③ 부도체를 사용하여 이중절연이 되어있는 곳은 누전사고가 잘 일어나지 않는다.

79

지락전류가 거의 0에 가까워서 안정도가 양호하고 무정전의 송전이 가능한 접지방식은?

① 직접접지방식
② 리액터접지방식
③ 저항접지방식
④ 소호리액터접지방식

＊소호리액터 접지방식
지락전류가 거의 0에 가까워서 안정도가 양호하고 무정전의 송전이 가능한 접지방식

80

피뢰기가 갖추어야 할 특성으로 알맞은 것은?

① 충격방전 개시전압이 높을 것
② 제한 전압이 높을 것
③ 뇌전류의 방전 능력이 클 것
④ 속류를 차단하지 않을 것

＊피뢰기의 성능조건
① 제한전압이 낮을 것
② (충격)방전개시전압이 낮을 것
③ 상용주파 방전개시전압은 높을 것
④ 뇌전류 방전능력이 클 것
⑤ 속류차단을 확실하게 할 것
⑥ 반복동작이 가능할 것
⑦ 구조가 견고하고 특성이 변화하지 않을 것
⑧ 점검 및 보수가 간단할 것

81

고체의 연소형태 중 증발연소에 속하는 것은?

① 나프탈렌 ② 목재
③ TNT ④ 목탄

*고체연소의 구분

구분	연소물의 종류
표면연소	숯(=목탄), 코크스, 금속분 등
증발연소	나프탈렌, 황, 파라핀(=양초), 에테르, 휘발유, 경유 등
자기연소	TNT, 니트로글리세린 등
분해연소	종이, 나무, 목재, 석탄, 중유, 플라스틱

82

산업안전보건법령상 "부식성 산류"에 해당하지 않는 것은?

① 농도 20%인 염산
② 농도 40%인 인산
③ 농도 50%인 질산
④ 농도 60%인 아세트산

*부식성 물질의 구분

구분	기준농도	물질
부식성 산류	20% 이상	염산, 황산, 질산
	60% 이상	인산, 아세트산, 플루오르산
부식성 염기류	40% 이상	수산화나트륨, 수산화칼륨

83

뜨거운 금속에 물이 닿으면 튀는 현상과 같이 핵비등 (nucleate boiling) 상태에서 막비등(film boiling) 으로 이행하는 온도를 무엇이라 하는가?

① Burn-out point
② Leidenfrost point
③ Entrainment point
④ Sub-cooling boiling point

*라이덴프로스트점(Leidenfrost point)
끓는 점보다 높은 온도 중 열전달 계수가 가장 낮은 부분이 가장 천천히 증발할 때의 온도로, 핵비등에서 막비등으로 이행하는 온도라고도 표현한다.

84

위험물의 취급에 관한 설명으로 틀린 것은?

① 모든 폭발성 물질은 석유류에 침지시켜 보관해야 한다.
② 산화성 물질의 경우 가연물과의 접촉을 피해야 한다.
③ 가스 누설의 우려가 있는 장소에서는 점화원의 철저한 관리가 필요하다.
④ 도전성이 나쁜 액체는 정전기 발생을 방지하기 위한 조치를 취한다.

① 폭발성물질은 화기나 그 밖에 점화원이 될 만한 물질에 접근, 가열, 마찰, 충격 등을 피해야 한다.

85

이상반응 또는 폭발로 인하여 발생되는 압력의 방출장치가 아닌 것은?

① 파열판　　　　　② 폭압방산구
③ 화염방지기　　　④ 가용합금안전밸브

화염방지기(Flame Arrester)
유류저장탱크에서 화염의 차단을 목적으로 소염거리 혹은 소염직경 원리를 이용하여 외부에 증기를 방출하기도 하고 탱크 내로 외기를 흡입하기도 하는 부분에 설치하는 안전장치

86

분진폭발의 특징으로 옳은 것은?

① 연소속도가 가스폭발보다 크다.
② 완전연소로 가스중독의 위험이 작다.
③ 화염의 파급속도보다 압력의 파급속도가 크다.
④ 가스 폭발보다 연소시간은 짧고 발생에너지는 작다.

① 연소속도가 가스폭발보다 느리다.
② 불완전 연소가 많이 발생한다.
④ 가스폭발보다 연소시간이 길고 발생에너지가 크다.

87

독성가스에 속하지 않은 것은?

① 암모니아　　　② 황화수소
③ 포스겐　　　　④ 질소

질소(N_2)는 공기 조성비가 78%로, 만약 독성물질일 경우 인체에 큰 영향을 미친다.

88

Burgess-Wheeler의 법칙에 따르면 서로 유사한 탄화수소계의 가스에서 폭발하한계의 농도($vol\%$)와 연소열($kcal/mol$)의 곱의 값은 약 얼마 정도인가?

① 1100　　　　　② 2800
③ 3200　　　　　④ 3800

버지스-휠러(Burgess-Wheeler)의 법칙
$QX = 1100$
여기서, Q : 연소열 [$kcal/mol$]
　　　　X : 가스의 폭발하한계 [$vol\%$]

89

위험물 안전관리법령상 제3류 위험물 중 금수성 물질에 대하여 적응성이 있는 소화기는?

① 포소화기
② 이산화탄소소화기
③ 할로겐화합물소화기
④ 탄산수소염류분말소화기

금수성 물질은 탄산수소염류분말소화기를 사용하여 소화한다.

90

공기 중에서 이황화탄소(CS_2)의 폭발한계는 하한값이 $1.25vol\%$, 상한값이 $44vol\%$이다. 이를 $20℃$ 대기압하에서 mg/L의 단위로 환산하면 하한값과 상한값은 각각 약 얼마인가?
(단, 이황화탄소의 분자량은 76.1 이다.)

① 하한값 : 61, 상한값 : 640
② 하한값 : 39.6, 상한값 : 1393
③ 하한값 : 146, 상한값 : 860
④ 하한값 : 55.4, 상한값 : 1642

91

일산화탄소에 대한 설명으로 틀린 것은?

① 무색·무취의 기체이다.
② 염소와 촉매 존재 하에 반응하여 포스겐이 된다.
③ 인체 내의 헤모글로빈과 결합하여 산소운반 기능을 저하시킨다.
④ 불연성가스로서, 허용농도가 $10ppm$이다.

92

금속의 용접·용단 또는 가열에 사용되는 가스 등의 용기를 취급할 때의 준수사항으로 틀린 것은?

① 전도의 위험이 없도록 한다.
② 밸브를 서서히 개폐한다.
③ 용해아세틸렌의 용기는 세워서 보관한다.
④ 용기의 온도를 섭씨 65도 이하로 유지한다.

④ 용기의 온도를 40℃ 이하로 유지한다.

93

산업안전보건법령상 건조설비를 사용하여 작업을 하는 경우 폭발 또는 화재를 예방하기 위하여 준수하여야 하는 사항으로 적절하지 않은 것은?

① 위험물 건조설비를 사용하는 때에는 미리 내부를 청소하거나 환기할 것
② 위험물 건조설비를 사용하는 때에는 건조로 인하여 발생하는 가스·증기 또는 분진에 의하여 폭발·화재의 위험이 있는 물질을 안전한 장소로 배출시킬 것
③ 위험물 건조설비를 사용하여 가열건조하는 건조물은 쉽게 이탈되도록 할 것
④ 고온으로 가열 건조한 가연성 물질은 발화의 위험이 없는 온도로 냉각한 후에 격납시킬 것

94

유류저장탱크에서 화염의 차단을 목적으로 외부에 증기를 방출하기도 하고 탱크 내 외기를 흡입하기도 하는 부분에 설치하는 안전장치는?

① vent stack
② safety valve
③ gate valve
④ flame arrester

95

다음 중 공기와 혼합 시 최소착화에너지 값이 가장 작은 것은?

① CH_4　　　　　② C_3H_6

③ C_6H_6　　　　　④ H_2

96

펌프의 사용 시 공동현상(cavitation)을 방지하고자 할 때의 조치사항으로 틀린 것은?

① 펌프의 회전수를 높인다.
② 흡입비 속도를 작게 한다.
③ 펌프의 흡입관의 두(head) 손실을 줄인다.
④ 펌프의 설치높이를 낮추어 흡입양정을 짧게 한다.

97

다음 중 연소속도에 영향을 주는 요인으로 가장 거리가 먼 것은?

① 가연물의 색상　　② 촉매
③ 산소와의 혼합비　　④ 반응계의 온도

98

기체의 자연발화온도 측정법에 해당하는 것은?

① 중량법　　　　　② 접촉법
③ 예열법　　　　　④ 발열법

99

디에틸에테르와 에틸알코올이 3 : 1로 혼합증기의 몰비가 각각 $0.75, 0.25$이고, 디에틸에테르와 에틸알코올의 폭발하한값이 각각 $1.9vol\%$, $4.3vol\%$일 때 혼합가스의 폭발하한값은 약 몇 $vol\%$인가?

① 2.2　　　　　② 3.5
③ 22.0　　　　　④ 34.7

100

프로판가스 $1m^3$를 완전 연소시키는데 필요한 이론 공기량은 몇 m^3인가?
(단, 공기 중의 산소농도는 $20vol\%$이다.)

① 20 ② 25
③ 30 ④ 35

*가연성가스의 완전연소식

종류	완전연소식
메탄	$CH_4 + 2O_2 \rightarrow CO_2 + 2H_2O$ (메탄) (산소) (이산화탄소) (물)
에탄	$2C_2H_6 + 7O_2 \rightarrow 4CO_2 + 6H_2O$ (에탄) (산소) (이산화탄소) (물)
프로판	$C_3H_8 + 5O_2 \rightarrow 3CO_2 + 4H_2O$ (프로판) (산소) (이산화탄소) (물)
부탄	$2C_4H_{10} + 13O_2 \rightarrow 8CO_2 + 10H_2O$ (부탄) (산소) (이산화탄소) (물)

$C_3H_8 : O_2 = 1 : 5$ 이므로 프로판 가스 $1m^3$을 완전 연소하기 위해서 산소 $5m^3$이 필요하다.
공기 중의 산소농도는 약 20%이기 때문에, 필요한 공기의 양은 $5 \times 5m^3 = 25m^3$이다.

100.②

101

다음은 동바리로 사용하는 파이프 서포트의 설치 기준이다. (　)안에 들어갈 내용으로 옳은 것은?

> 파이프 서포트를 (　)이상 이어서 사용하지 않도록 할 것

① 2개
② 3개
③ 4개
④ 5개

> *파이프 서포트 조립시 준수사항
> ① 파이프 서포트를 <u>3개 이상</u> 이어서 사용하지 않도록 할 것
> ② 파이프 서포트를 이어서 사용하는 경우에는 4개 이상의 볼트 또는 전용철물을 사용하여 이을 것
> ③ 높이가 3.5m를 초과하는 경우에는 높이 2m 이내마다 수평연결재 2개 방향으로 만들고 수평연결재의 변위를 방지할 것

102

콘크리트 타설 시 거푸집 측압에 관한 설명으로 옳지 않은 것은?

① 타설속도가 빠를수록 측압이 커진다.
② 거푸집의 투수성이 낮을수록 측압은 커진다.
③ 타설높이가 높을수록 측압이 커진다.
④ 콘크리트의 온도가 높을수록 측압이 커진다.

> *거푸집 측압이 커지는 경우
> ① 온도가 낮을수록
> ② 타설 속도가 빠를수록
> ③ 슬럼프가 클수록
> ④ 다짐이 과할수록
> ⑤ 타설 높이가 높을수록
> ⑥ 철골 또는 철근량이 적을수록
> ⑦ 거푸집의 투수성의 낮을수록

103

권상용 와이어로프의 절단하중이 $200ton$일 때 와이어로프에 걸리는 최대하중은?
(단, 안전계수는 5임)

① $1000ton$
② $400ton$
③ $100ton$
④ $40ton$

> *안전율(=안전계수, S)
> $$S = \frac{절단하중}{최대하중}$$
> $$최대하중 = \frac{절단하중}{S} = \frac{200}{5} = 40ton$$

104

터널 지보공을 설치한 경우에 수시로 점검하고, 이상을 발견한 경우에는 즉시 보강하거나 보수해야 할 사항이 아닌 것은?

① 부재의 긴압 정도
② 기둥침하의 유무 및 상태
③ 부재의 접속부 및 교차부 상태
④ 부재를 구성하는 재질의 종류 확인

*터널 지보공 정기점검 사항
① 부재의 손상·변형·부식·변위 및 탈락의 유무
② 부재의 접속부 및 교차부의 상태
③ 부재의 긴압의 정도
④ 기둥침하의 유무와 상태

105

선창의 내부에서 화물 취급작업을 하는 근로자가 안전하게 통행할 수 있는 설비를 설치하여야 하는 기준은 갑판의 윗면에서 선창 밑바닥까지의 깊이가 최소 얼마를 초과할 때 인가?

① 1.3m   ② 1.5m
③ 1.8m   ④ 2.0m

사업주는 갑판의 윗면에서 선창 밑바닥까지의 깊이가 1.5m를 초과하는 선창의 내부에서 화물취급작업을 하는 경우에 그 작업에 종사하는 근로자가 안전하게 통행할 수 있는 설비를 설치할 것

106

굴착기계의 운행 시 안전대책으로 옳지 않은 것은?

① 버킷에 사람의 탑승을 허용해서는 안된다.
② 운전반경 내에 사람이 있을 때 회전은 10 rpm 정도의 느린 속도로 하여야 한다.
③ 장비의 주차 시 경사지나 굴착작업장으로 부터 충분히 이격시켜 주차한다.
④ 전선이나 구조물 등에 인접하여 붐을 선회해야 할 작업에는 사전에 회전반경, 높이 제한 등 방호조치를 강구한다.

② 운전반경 내에 사람이 있을 때 회전해서는 안된다.

107

폭우 시 옹벽배면의 배수시설이 취약하면 옹벽 저면을 통하여 침투수(seepage)의 수위가 올라간다. 이 침투수가 옹벽의 안정에 미치는 영향으로 옳지 않은 것은?

① 옹벽 배면토의 단위수량 감소로 인한 수직 저항력 증가
② 옹벽 바닥면에서의 양압력 증가
③ 수평 저항력(수동토압)의 감소
④ 포화 또는 부분 포화에 따른 뒷채움용 흙무게의 증가

*침투수가 옹벽의 안정에 미치는 영향
① 옹벽 배면토의 단위수량 증가로 인한 수직 저항력 증가
② 옹벽 바닥면에서의 양압력 증가
③ 수평 저항력(=수동토압)의 감소
④ 포화 또는 부분 포화에 따른 뒷채움용 흙무게 증가

108

그물코의 크기가 $5cm$인 매듭방망일 경우 방망사의 인장강도는 최소 얼마 이상이어야 하는가? (단, 방망사는 신품인 경우이다.)

① $50kg$ ② $100kg$
③ $110kg$ ④ $150kg$

*신품 방망사에 대한 인장강도 기준

그물코의 크기 (cm)	방망의 종류(kg)	
	매듭없는 망	매듭 망
5	–	110
10	240	200

109

부두 등의 하역작업장에서 부두 또는 안벽의 선에 따라 통로를 설치하는 경우, 최소 폭 기준은?

① $90cm$ 이상   ② $75cm$ 이상
③ $60cm$ 이상   ④ $45cm$ 이상

부두 또는 안벽의 선을 따라 통로를 설치하는 경우에는 폭을 90cm 이상으로 할 것

110

건설업 산업안전보건관리비 계상 및 사용기준(고용노동부 고시)은 산업재해보상보험법의 적용을 받는 공사 중 총 공사금액이 얼마 이상인 공사에 적용하는가?

① 4천만원   ② 3천만원
③ 2천만원   ④ 1천만원

건설업 산업안전보건관리비 계상 및 사용기준은 산업재해보상보험법의 적용을 받는 공사 중 총 공사금액이 2000만원 이상인 공사에 적용한다.

111

가설통로를 설치하는 경우 준수하여야 할 기준으로 옳지 않은 것은?

① 경사는 30°이하로 할 것
② 경사가 15°를 초과하는 경우에는 미끄러지지 아니하는 구조로 할 것
③ 수직갱에 가설된 통로의 길이가 $15m$ 이상인 때에는 $15m$ 이내마다 계단참을 설치할 것
④ 건설공사에 사용하는 높이 $8m$ 이상의 비계 다리에는 $7m$ 이내마다 계단참을 설치할 것

*가설통로의 설치기준
① 견고한 구조로 할 것
② 경사는 30° 이하로 할 것
③ 경사가 15°를 초과하는 경우에는 미끄러지지 아니하는 구조로 할 것
④ 추락할 위험이 있는 장소에는 안전난간을 설치할 것
⑤ 수직갱에 가설된 통로의 길이가 $15m$ 이상인 경우에는 $10m$ 이내마다 계단참을 설치할 것
⑥ 건설공사에 사용하는 높이 $8m$ 이상인 비계다리에는 $7m$ 이내마다 계단참을 설치할 것

112

온도가 하강함에 따라 토중수가 얼어 부피가 약 9% 정도 증대하게 됨으로써 지표면이 부풀어오르는 현상은?

① 동상현상   ② 연화현상
③ 리칭현상   ④ 액상화현상

물이 결빙되는 위치로 지속적으로 유입되는 조건에서
온도가 하강함에 따라 토중수가 얼어 생성된 결빙
크기가 계속 커져 지표면이 부풀어 오르는 현상

113

강관틀비계를 조립하여 사용하는 경우 준수해야 할 기준으로 옳지 않은 것은?

① 높이가 $20m$를 초과하거나 중량물의 적재를 수반하는 작업을 할 경우에는 주틀 간의 간격을 $2.4m$ 이하로 할 것
② 수직방향으로 $6m$, 수평방향으로 $8m$ 이내마다 벽이음을 할 것
③ 길이가 띠장 방향으로 $4m$ 이하이고 높이가 $10m$를 초과하는 경우에는 $10m$ 이내마다 띠장 방향으로 버팀기둥을 설치할 것
④ 주틀 간에 교차 가새를 설치하고 최상층 및 5층 이내마다 수평재를 설치할 것

*강관틀비계를 조립하여 사용하는 경우 준수사항
① 수직방향으로 $6m$, 수평방향으로 $8m$ 이내마다 벽이음을 할 것
② 높이가 $20m$를 초과하거나 중량물의 적재를 수반하는 작업을 할 경우에는 주틀 간의 간격을 $1.8m$ 이하로 할 것
③ 길이가 띠장 방향으로 $4m$ 이하이고 높이가 $10m$를 초과하는 경우에는 $10m$ 이내 마다 띠장 방향으로 버팀기둥을 설치할 것
④ 주틀 간에 교차 가새를 설치하고 최상층 및 5층 이내마다 수평재를 설치할 것

114

근로자의 추락 등의 위험을 방지하기 위한 안전 난간의 구조 및 설치요건에 관한 기준으로 옳지 않은 것은?

① 상부난간대는 바닥면·발판 또는 경사로의 표면으로부터 $90cm$ 이상 지점에 설치할 것
② 발끝막이판은 바닥면 등으로부터 $10cm$ 이상의 높이를 유지할 것
③ 난간대는 지름 $1.5cm$ 이상의 금속제 파이프나 그 이상의 강도를 가진 재료일 것
④ 안전난간은 구조적으로 가장 취약한 지점에서 가장 취약한 방향으로 작용하는 $100kg$ 이상의 하중에 견딜 수 있는 튼튼한 구조일 것

*안전난간 설치기준
① 상부 난간대, 중간 난간대, 발끝막이판 및 난간기둥으로 구성할 것.
② 상부 난간대는 바닥면·발판 또는 경사로의 표면으로부터 $90cm$ 이상 지점에 설치하고, 상부 난간대를 $120cm$ 이하에 설치하는 경우에는 중간 난간대는 상부 난간대와 바닥면등의 중간에 설치하여야 하며, $120cm$ 이상 지점에 설치하는 경우에는 중간 난간대를 2단 이상으로 균등하게 설치하고 난간의 상하 간격은 $60cm$ 이하가 되도록 할 것. 다만, 계단의 개방된 측면에 설치된 난간기둥 간의 간격이 $25cm$ 이하인 경우에는 중간 난간대를 설치하지 아니할 수 있다.
③ 발끝막이판은 바닥면등으로부터 $10cm$ 이상의 높이를 유지할 것. 다만, 물체가 떨어지거나 날아올 위험이 없거나 그 위험을 방지할 수 있는 망을 설치하는 등 필요한 예방 조치를 한 장소는 제외한다.
④ 난간기둥은 상부 난간대와 중간 난간대를 견고하게 떠받칠 수 있도록 적정한 간격을 유지할 것
⑤ 상부 난간대와 중간 난간대는 난간 길이 전체에 걸쳐 바닥면등과 평행을 유지할 것
⑥ 난간대는 지름 $2.7cm$ 이상의 금속제 파이프나 그 이상의 강도가 있는 재료일 것
⑦ 안전난간은 구조적으로 가장 취약한 지점에서 가장 취약한 방향으로 작용하는 $100kg$ 이상의 하중에 견딜 수 있는 튼튼한 구조일 것

115

건설공사 유해 · 위험방지계획서를 제출해야 할 대상공사에 해당하지 않는 것은?

① 깊이 10m인 굴착공사
② 다목적댐 건설공사
③ 최대 지간길이가 40m인 교량건설 공사
④ 연면적 5000m²인 냉동 · 냉장창고시설의 설비공사

*유해위험방지계획서 제출대상 건설공사
① 지상높이가 31m 이상인 건축물 또는 인공구조물
② 연면적 30,000m² 이상인 건축물
③ 연면적 5,000m² 이상인 시설
  ㉠ 문화 및 집회시설(전시장 · 동물원 · 식물원 제외)
  ㉡ 판매시설 · 운수시설(고속도로의 역사 및 집배송 시설 제외)
  ㉢ 종교시설
  ㉣ 의료시설 중 종합병원
  ㉤ 숙박시설 중 관광숙박시설
  ㉥ 지하도상가
  ㉦ 냉동 · 냉장 창고시설
④ 연면적 5000m² 이상의 냉동 · 냉장창고시설의 설비공사 및 단열공사
⑤ 최대 지간길이가 50m 이상인 교량 건설 등 공사
⑥ 터널 건설 등의 공사
⑦ 다목적댐 · 발전용댐 및 저수용량 2천만톤 이상의 용수 전용 댐 · 지방상수도 전용 댐 건설 등의 공사
⑧ 깊이 10m 이상인 굴착공사

116

건설현장에 달비계를 설치하여 작업 시 달비계에 사용가능한 와이어로프로 볼 수 있는 것은?

① 이음매가 있는 것
② 와이어로프의 한 꼬임에서 끊어진 소선의 수가 5%인 것
③ 지름의 감소가 공칭지름의 10%인 것
④ 열과 전기충격에 의해 손상된 것

*와이어로프의 사용금지기준
① 이음매가 있는 것
② 꼬인 것
③ 심하게 변형되거나 부식된 것
④ 열과 전기충격에 의해 손상된 것
⑤ 지름의 감소가 공칭지름의 7%를 초과한 것
⑥ 와이어로프의 한 꼬임에서 끊어진 소선의 수가 10% 이상인 것
⑦ 와이어로프의 안전계수가 5 미만인 것

117

토질시험(soil test)방법 중 전단시험에 해당하지 않는 것은?

① 1면 전단 시험   ② 베인 테스트
③ 일축 압축 시험   ④ 투수시험

*전단시험의 종류
① 1면 전단 시험
② 베인 테스트
③ 일축 압축 시험

④ 투수시험은 흙 속의 간극을 통과하는 물의 흐름에 대한 시험이다.

118

철골 건립기계 선정 시 사전 검토사항과 가장 거리가 먼 것은?

① 건립기계의 소음영향
② 건립기계로 인한 일조권 침해
③ 건물형태
④ 작업반경

*철골 건립기계 선정 시 사전 검토사항
① 소음영향
② 건물형태
③ 작업반경
④ 입지조건
⑤ 인양능력

119

감전재해의 직접적인 요인으로 가장 거리가 먼 것은?

① 통전전압의 크기   ② 통전전류의 크기
③ 통전시간   ④ 통전경로

*감전위험 요인

요인	종류
직접적인 요인	① 통전 전류의 크기 ② 통전 전원의 종류 ③ 통전 시간 ④ 통전 경로
간접적인 요인	① 전압의 크기 ② 인체의 조건(저항) ③ 계절 ④ 개인차

120

클램쉘(Clam shell)의 용도로 옳지 않은 것은?

① 잠함안의 굴착에 사용된다.
② 수면아래의 자갈, 모래를 굴착하고 준설선에 많이 사용된다.
③ 건축구조물의 기초 등 정해진 범위의 깊은 굴착에 적합하다.
④ 단단한 지반의 작업도 가능하며 작업속도가 빠르고 특히 암반굴착에 적합하다.

④ 크램쉘은 지질이 단단한 곳을 굴착하는데 부적합하다.

01

산업안전보건법령상 안전보건표지의 종류 중 경고 표지에 해당하지 않는 것은?

① 레이저광선 경고
② 급성독성물질 경고
③ 매달린 물체 경고
④ 차량통행 경고

*경고표지

인화성물질 경고	산화성물질 경고	폭발성물질 경고	급성독성물질경고
부식성물질 경고	방사성물질 경고	고압전기 경고	매달린물체 경고
낙하물 경고	고온 경고	저온 경고	몸균형상실 경고
레이저광선 경고	위험장소 경고	발암성·변이원성·생식 독성·전신독성·호흡기 과민성물질 경고	

02

몇 사람의 전문가에 의하여 과제에 관한 견해를 발표한 뒤에 참가자로 하여금 의견이나 질문을 하게 하여 토의하는 방법을 무엇이라 하는가?

① 심포지움(symposium)
② 버즈 세션(buzz session)
③ 케이스 메소드(case method)
④ 패널 디스커션(panel discussion)

*심포지엄(Symposium)
몇 사람의 전문가에 의해 과정에 관한 견해를 발표하고 참가자로 하여금 의견이나 질문을 하게 하는 토의방식

03

작업을 하고 있을 때 긴급 이상상태 또는 돌발 사태가 되면 순간적으로 긴장하게 되어 판단능력의 둔화 또는 정지상태가 되는 것은?

① 의식의 우회   ② 의식의 과잉
③ 의식의 단절   ④ 의식의 수준저하

*의식의 과잉
작업을 하고 있을 때 긴급 이상상태 또는 돌발 사태가 발생하면 순간적으로 긴장하게 되어 판단 능력의 둔화 또는 정지상태가 되는 것

04

A 사업장의 2019년 도수율이 10이라 할 때 연천인율은 얼마인가?

① 2.4 　　　② 5 　　　③ 12 　　　④ 24

＊도수율과 연천인율의 관계
① 도수율 : 100만 근로시간당 재해발생 건 수
② 연천인율 : 1년간 평균 근로자수에 대해 1000명당 재해발생 건 수

연천인율 = 도수율×2.4 = 10×2.4 = 24

05

산업안전보건법령상 산업안전보건위원회의 사용자위원에 해당되지 않는 사람은?
(단, 각 사업장은 해당하는 사람을 선임하여야 하는 대상 사업장으로 한다.)

① 안전관리자
② 산업보건의
③ 명예산업안전감독관
④ 해당 사업장 부서의 장

＊산업안전보건위원회의 구성
① 근로자위원
　㉠ 근로자 대표 1명
　㉡ 명예산업안전감독관 1명(위촉된 경우)
　㉢ 근로자대표가 지명하는 근로자

② 사용자위원
　㉠ 기관장 1명
　㉡ 안전관리자 1명
　㉢ 보건관리자 1명(선임된 경우)
　㉣ 산업안전보건의 1명(선임된 경우)
　㉤ 기관장이 지명하는 부서의 장

06

산업안전보건법상 안전관리자의 업무는?

① 직업성질환 발생의 원인조사 및 대책수립
② 해당 사업장 안전교육계획의 수립 및 안전교육 실시에 관한 보좌 조언·지도
③ 근로자의 건강장해의 원인조사와 재발방지를 위한 의학적 조치
④ 당해 작업에서 발생한 산업재해에 관한 보고 및 이에 대한 응급조치

＊안전관리자의 업무
① 산업안전보건위원회 또는 안전·보건에 관한 노사협의체에서 심의·의결한 업무와 해당 사업장의 안전보건관리규정 및 취업규칙에서 정한 업무
② 안전인증대상 기계·기구등과 자율안전확인대상 기계·기구등 구입 시 적격품의 선정에 관한 보좌 및 조언·지도
③ 위험성평가에 관한 보좌 및 조언·지도
④ 해당 사업장 안전교육계획의 수립 및 안전교육 실시에 관한 보좌 및 조언·지도
⑤ 사업장 순회점검·지도 및 조치의 건의
⑥ 산업재해 발생의 원인 조사·분석 및 재발 방지를 위한 기술적 보좌 및 조언·지도
⑦ 산업재해에 관한 통계의 유지·관리·분석을 위한 보좌 및 조언·지도
⑧ 법 또는 법에 따른 명령으로 정한 안전에 관한 사항의 이행에 관한 보좌 및 조언·지도
⑨ 업무수행 내용의 기록·유지

07

어느 사업장에서 물적손실이 수반된 무상해 사고가 180건 발생하였다면 중상은 몇 건이나 발생할 수 있는가?
(단, 버드의 재해구성 비율법칙에 따른다.)

① 6건 　　　　　　② 18건
③ 20건 　　　　　　④ 29건

08

안전보건교육 계획에 포함해야 할 사항이 아닌 것은?

① 교육지도안
② 교육장소 및 교육방법
③ 교육의 종류 및 대상
④ 교육의 과목 및 교육내용

09

Y·G 성격검사에서 "안전, 적응, 적극형"에 해당하는 형의 종류는?

① A형   ② B형   ③ C형   ④ D형

10

안전교육에 대한 설명으로 옳은 것은?

① 사례중심과 실연을 통하여 기능적 이해를 돕는다.
② 사무직과 기능직은 그 업무가 판이하게 다르므로 분리하여 교육한다.
③ 현장 작업자는 이해력이 낮으므로 단순 반복 및 암기를 시킨다.
④ 안전교육에 건성으로 참여하는 것을 방지하기 위하여 인사고과에 필히 반영한다.

11

산업안전보건법상 환기가 극히 불량한 좁고 밀폐된 장소에서 용접작업을 하는 근로자 대상의 특별 안전보건교육 교육내용에 해당하지 않는 것은? (단, 기타 안전·보건관리에 필요한 사항은 제외한다.)

① 환기설비에 관한 사항
② 작업환경 점검에 관한 사항
③ 질식 시 응급조치에 관한 사항
④ 화재예방 및 초기대응에 관한 사항

12

크레인, 리프트 및 곤돌라는 사업장에 설치가 끝난 날부터 몇 년 이내에 최초의 안전검사를 실시해야 하는가?
(단, 이동식 크레인, 이삿짐운반용 리프트는 제외한다.)

① 1년 　　② 2년 　　③ 3년 　　④ 4년

*크레인, 리프트 및 곤돌라의 안전검사 주기
최초 설치가 끝난 날부터 3년 이내에 최초 안전검사를 실시하되, 그 이후부터 매 2년(건설현장에서 사용하는 것은 최초로 설치한 날부터 매 6개월마다)

13

재해 코스트 산정에 있어 시몬즈(R.H.Simonds) 방식에 의한 재해코스트 산정법으로 옳은 것은?

① 직접비+간접비
② 간접비+비보험코스트
③ 보험코스트+비보험코스트
④ 보험코스트+사업부보상금 지급액

*시몬즈방식에 따른 재해손실비 산정법
총 재해 코스트
= 보험 코스트 + 비보험 코스트

= 보험 코스트 + $\left(\begin{array}{l}휴업상해건수 \times A + 통원상해건수 \times B \\ + 응급조치건수 \times C + 무상해건수 \times D\end{array}\right)$

여기서, A, B, C, D는 비보험 코스트의 평균값을 나타낸다.

14

다음 중 맥그리거(McGregor)의 Y 이론과 가장 거리가 먼 것은?

① 성선설 　　　　② 상호신뢰
③ 선진국형 　　　④ 권위주의적 리더십

*맥그리거의 X, Y이론

X 이론	Y 이론
① 경제적 보상체제의 강화	① 직무 확장 구조
② 면밀한 감독과 엄격한 통제	② 책임과 창조력 강조
③ 권위주의적 리더십	③ 분권화와 권한의 위임
	④ 인간관계 관리방식
	⑤ 민주주의적 리더십

15

생체 리듬(Bio Rhythm)중 일반적으로 28일을 주기로 반복되며, 주의력·창조력·예감 및 통찰력 등을 좌우하는 리듬은?

① 육체적 리듬 　　　② 지성적 리듬
③ 감성적 리듬 　　　④ 정신적 리듬

*생체리듬(Bio rhythm)의 종류

종류	내용
육체적 리듬(P)	23일 주기로 반복되며 식욕, 소화력, 활동력, 스테미나, 지구력 등과 관련이 있음
감성적 리듬(S)	28일 주기로 반복되며 주의력, 창조력, 예감, 통찰력 등과 관련이 있음
지성적 리듬(I)	33일 주기로 반복되며 상상력, 사고력, 기억력, 의지, 판단, 비판력 등과 관련이 있음

16

재해예방의 4원칙에 해당하지 않는 것은?

① 예방가능의 원칙
② 손실가능의 원칙
③ 원인연계의 원칙
④ 대책선정의 원칙

종류	설명
예방가능의 원칙	재해를 예방할 수 있는 안전대책은 반드시 존재한다.
손실우연의 원칙	재해의 발생과 손실의 발생은 우연적이다.
원인연계의 원칙	사고와 그 원인은 필연적인 인과관계를 가지고 있다.
대책선정의 원칙	재해에 대한 교육적, 기술적, 관리적 대책이 필요하다.

17

관리감독자를 대상으로 교육하는 TWI의 교육내용이 아닌 것은?

① 문제해결훈련　　　　② 작업지도훈련
③ 인간관계훈련　　　　④ 작업방법훈련

*TWI(Training Within Industry)
관리감독자를 대상으로 하여 직무에 관한 능력을 교육하는 방법

훈련 기법	교육훈련 내용
작업방법훈련 (Job Method Training)	작업 효율성 교육 방법
작업지도훈련 (Job Instruction Training)	작업 숙련도 교육 방법
인간관계훈련 (Job Relations Training)	인간관계 관리 교육 방법
작업안전훈련 (Job Safety Training)	안전한 작업에 대한 교육 방법

18

위험예지훈련 $4R$(라운드) 기법의 진행방법에서 $3R$에 해당하는 것은?

① 목표설정　　　　② 대책수립
③ 본질추구　　　　④ 현상파악

*위험예지훈련 4단계(=4라운드)

단계	목적	내용
1단계	현상파악	잠재된 위험의 파악
2단계	본질추구	위험 포인트의 확정
3단계	대책수립	위험 포인트에 대한 대책 방안 마련
4단계	목표설정	행동 계획에 대한 결정

19

무재해운동의 3원칙 중 다음에서 설명하는 것은?

직장 내의 모든 잠재위험요인을 적극적으로 사전에 발견, 파악, 해결함으로서 뿌리에서부터 산업재해를 제거하는 것

① 무의 원칙　　　　② 선취의 원칙
③ 참가의 원칙　　　　④ 확인의 원칙

*무재해 운동 3원칙

원칙	설명
무의 원칙	모든 잠재위험요인을 사전에 발견하여 근원적으로 산업 재해를 없앤다.
선취의 원칙	위험요소를 사전에 발견, 파악하여 재해를 예방 또는 방지한다.
참가의 원칙	전원이 협력하여 각자의 처지에서 의욕적으로 문제를 해결한다.

20

방진마스크의 사용 조건 중 산소농도의 최소기준으로 옳은 것은?

① 16%　　　　② 18%
③ 21%　　　　④ 23.5%

*방독마스크 사용 가능한 공기 중 최소 산소농도 기준
18% 이상

21

인체 계측 자료의 응용 원칙이 아닌 것은?

① 기존 동일 제품을 기준으로 한 설계
② 최대치수와 최소치수를 기준으로 한 설계
③ 조절범위를 기준으로 한 설계
④ 평균치를 기준으로 한 설계

*인체측정치의 응용원리

설계의 종류		적용 대상
조절식 설계 (조절범위를 기준)		① 침대 높낮이 조절 ② 의자 높낮이 조절
극단치 설계 (최대치수와 최소치수를 기준)	최대치	① 출입문의 크기 ② 와이어의 인장강도
	최소치	① 선반의 높이 ② 조정장치까지의 거리
평균치 설계		① 은행 창구 높이 ② 공원의 벤치

22

인체에서 뼈의 주요 기능이 아닌 것은?

① 인체의 지주   ② 장기의 보호
③ 골수의 조혈   ④ 근육의 대사

*뼈의 주요기능
① 인체의 지주
② 장기의 보호
③ 골수의 조혈
④ 무기질 저장 및 공급
⑤ 신체활동 수행

23

각 부품의 신뢰도가 다음과 같을 때 시스템의 전체 신뢰도는 약 얼마인가?

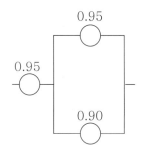

① 0.8123   ② 0.9453
③ 0.9553   ④ 0.9953

*시스템의 신뢰도(R)
$$R = 0.95 \times \{1 - (1 - 0.95)(1 - 0.9)\} = 0.9453$$

24

손이나 특정 신체부위에 발생하는 누적손상장애 (CTD)의 발생인자와 가장 거리가 먼 것은?

① 무리한 힘
② 다습한 환경
③ 장시간의 진동
④ 반복도가 높은 작업

*누적손상장애(CTDs)의 발생인자
① 무리한 힘
② 장시간의 진동
③ 반복도가 높은 작업
④ 건조하고 추운 환경
⑤ 부적절한 작업 자세
⑥ 날카로운 부분의 접촉

25

인간공학 연구조사에 사용되는 기준의 구비조건과 가장 거리가 먼 것은?

① 다양성   ② 적절성
③ 무오염성   ④ 기준 척도의 신뢰성

*인간공학 연구에 사용되는 기준
① 적절성 : 실제로 의도하는 바와 부합해야한다.
② 신뢰성 : 반복 실험시 재현성이 있어야 한다.
③ 무오염성 : 측정하고자 하는 변수 이외의 다른 변수의 영향을 받아서는 안 된다.
④ 민감도 : 피실험자 사이에서 볼 수 있는 예상 차이점에 비례하는 단위로 측정해야 한다.

26

의자 설계 시 고려해야 할 일반적인 원리와 가장 거리가 먼 것은?

① 자세고정을 줄인다.
② 조정이 용이해야 한다.
③ 디스크가 받는 압력을 줄인다.
④ 요추 부위의 후만곡선을 유지한다.

④ 요부전만의 곡선을 유지한다.

27

다음 FT도에서 시스템에 고장이 발생할 확률은 약 얼마인가?
(단, X_1과 X_2의 발생확률은 각각 0.05, 0.03이다.)

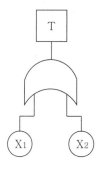

① 0.0015   ② 0.0785
③ 0.9215   ④ 0.9985

*고장확률(=발생확률)
$$T = 1 - (1 - X_1)(1 - X_2)$$
$$= 1 - (1 - 0.05)(1 - 0.03) = 0.0785$$

28

반사율이 85%, 글자의 밝기가 $400cd/m^2$인 VDT 화면에 $350lux$의 조명이 있다면 대비는 약 얼마인가?

① −6.0   ② −5.0
③ −4.2   ④ −2.8

*대비[%]

소요조명$[cd] = \dfrac{\text{소요광도}[lux]}{\text{반사율}[\%]} \times 100$ 에서,

소요광도 = 소요조명 × 반사율 = $350 \times 80 = 297.5 lux$

휘도 = $\dfrac{\text{광속발산도}}{\pi} = \dfrac{297.5}{\pi} = 94.7cd/m^2$

또한,
글자의 총 밝기 = 글자의 밝기 + 휘도
$$= 400 + 94.7 = 494.7cd/m^2$$

∴ 대비 = $\dfrac{\text{휘도} - \text{글자의 총 밝기}}{\text{휘도}} = \dfrac{94.7 - 494.7}{94.7} = -4.2$

29

화학설비에 대한 안전성 평가 중 정량적 평가항목에 해당되지 않는 것은?

① 공정   ② 취급물질
③ 압력   ④ 화학설비용량

*설비에 대한 안전성 평가
① 정량적 평가
객관적인 데이터를 활용하는 평가
ex) 압력, 온도, 용량, 취급물질, 조작 등

② 정성적 평가
객관적인 데이터로 나타내기 힘든 요소까지 종합적으로 고려하는 평가
ex) 공장의 입지 조건, 공장 내 배치, 건조물, 입지 조건 등

30

시각 장치와 비교하여 청각 장치 사용이 유리한 경우는?

① 메시지가 길 때
② 메시지가 복잡할 때
③ 정보 전달 장소가 너무 소란할 때
④ 메시지에 대한 즉각적인 반응이 필요할 때

*청각적 표시장치를 사용하는 경우
① 메시지가 간단한 경우
② 메시지를 추후에 재참조 해야하는 경우
③ 수신 장소가 너무 밝거나 어두울 때
④ 직무상 수신자가 자주 움직이는 경우
⑤ 수신자가 즉각적인 행동을 해야하는 경우
  ⑥ 수신자의 시각 계통이 과부하 상태인 경우

31

산업안전보건법령상 사업주가 유해위험방지 계획서를 제출할 때에는 사업장별로 관련 서류를 첨부하여 해당 작업 시작 며칠 전까지 해당 기관에 제출하여야 하는가?

① 7일   ② 15일
③ 30일   ④ 60일

*서류제출 기한

서류 내용	제출 기한
유해·위험방지계획서	15일 이내
공정안전보고서	30일 이내
안전보건개선계획서	60일 이내

32

인간-기계 시스템을 설계할 때에는 특정기능을 기계에 할당하거나 인간에게 할당하게 된다. 이러한 기능할당과 관련된 사항으로 옳지 않은 것은? (단, 인공지능과 관련된 사항은 제외한다.)

① 인간은 원칙을 적용하여 다양한 문제를 해결하는 능력이 기계에 비해 우월하다.
② 일반적으로 기계는 장시간 일관성이 있는 작업을 수행하는 능력이 인간에 비해 우월하다.
③ 인간은 소음, 이상온도 등의 환경에서 작업을 수행하는 능력이 기계에 비해 우월하다.
④ 일반적으로 인간은 주위가 이상하거나 예기치 못한 사건을 감지하여 대처하는 능력이 기계에 비해 우월하다.

③ 기계는 소음, 이상온도 등의 환경에서 작업을 수행하는 능력이 인간에 비해 우월하다.

33

모든 시스템 안전분석에서 제일 첫번째 단계의 분석으로, 실행되고 있는 시스템을 포함한 모든 것의 상태를 인식하고 시스템의 개발단계에서 시스템 고유의 위험상태를 식별하여 예상되고 있는 재해의 위험수준을 결정하는 것을 목적으로 하는 위험분석 기법은?

① 결함위험분석(FHA: Fault Hazard Analysis)
② 시스템위험분석(SHA: System Hazard Analysis)
③ 예비위험분석(PHA: Preliminary Hazard Analysis)
④ 운용위험분석(OHA: Operating Hazard Analysis)

*시스템 안전 분석 방법

① PHA(예비 위험성 분석)
최초단계 해석으로 시스템 내의 위험한 요소가 어떤 위험상태에 있는가를 정성적으로 평가하는 방법

② FHA(결함 위험성 분석)
서브시스템 간의 인터페이스를 조정하여 각각의 서브시스템이 서로와 전체 시스템에 악영향을 미치지 않게 하는 방법

34

컷셋(cut set)과 패스셋(path set)에 관한 설명으로 옳은 것은?

① 동일한 시스템에서 패스셋의 개수와 컷셋의 개수는 같다.
② 패스셋은 동시에 발생했을 때 정상사상을 유발하는 사상들의 집합이다.
③ 일반적으로 시스템에서 최소 컷셋의 개수가 늘어나면 위험 수준이 높아진다.
④ 최소 컷셋은 어떤 고장이나 실수를 일으키지 않으면 재해는 일어나지 않는다고 하는 것이다.

*컷셋(Cut set)과 패스셋(Path set)

① 컷셋(Cut set)
모든 기본사상이 발생했을 때, 정상사상을 발생시키는 기본사상들의 집합이다.

② 미니멀 컷셋(Minimal cut set)
정상사상을 발생시키기 위한 최소한의 컷셋으로 시스템의 위험성을 나타낸다.

③ 패스셋(Path set)
모든 기본사상이 발생하지 않을 때, 처음으로 정상사상을 발생시키지 않는 기본사상들의 집합이다.

④ 미니멀 패스셋(Minimal Path set)
정상사상을 발생시키지 않는 최소한의 패스셋으로 시스템의 신뢰성을 나타낸다.

35

조종장치를 촉각적으로 식별하기 위하여 사용되는 촉각적 코드화의 방법으로 옳지 않은 것은?

① 색감을 활용한 코드화
② 크기를 이용한 코드화
③ 조종장치의 형상 코드화
④ 표면 촉감을 이용한 코드화

① 색감을 활용한 코드화 : 시각적 코드화 방법

36

FT도에서 사용하는 기호 중 다음 그림과 같이 *OR* 게이트이지만 2개 또는 그 이상의 입력이 동시에 존재할 때 출력이 생기지 않는 경우 사용하는 것은?

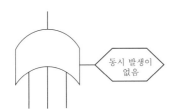

① 부정 OR 게이트
② 배타적 OR 게이트
③ 억제 게이트
④ 조합 OR 게이트

---

*수정게이트의 종류

종류	그림	설명
배타적 OR 게이트	동시발생 안한다	2개 이상의 입력사상이 동시에 발생할 경우 출력사상이 발생하지 않는다.

37

휴먼 에러(Human Error)의 요인을 심리적 요인과 물리적 요인으로 구분할 때, 심리적 요인에 해당하는 것은?

① 일이 너무 복잡한 경우
② 일의 생산성이 너무 강조될 경우
③ 동일 형상의 것이 나란히 있을 경우
④ 서두르거나 절박한 상황에 놓여있을 경우

①, ②, ③ : 물리적 요인

38

적절한 온도의 작업환경에서 추운 환경으로 온도가 변할 때 우리의 신체가 수행하는 조절작용이 아닌 것은?

① 발한(發汗)이 시작된다.
② 피부의 온도가 내려간다.
③ 직장(直腸)온도가 약간 올라간다.
④ 혈액의 많은 양이 몸의 중심부를 위주로 순환한다.

---

*온도 변화에 따른 신체 조절작용
① 적정온도에서 추운 환경으로 바뀔 때 인체반응
 ㉠ 피부의 온도가 내려간다.
 ㉡ 직장의 온도가 약간 올라간다.
 ㉢ 혈액의 많은 양이 몸의 중심부를 순환한다.
 ㉣ 몸 떨림 및 소름이 돈다.

② 적정온도에서 더운 환경으로 바뀔 때 인체반응
 ㉠ 피부의 온도가 올라간다.
 ㉡ 직장의 온도가 내려간다.
 ㉢ 피부를 경유하는 혈액 순환량이 증가한다.
 ㉣ 발한이 시작된다.(＝땀이 난다.)

39

시스템안전 MIL-STD-882B 분류기준의 위험성 평가 매트릭스에서 발생빈도에 속하지 않는 것은?

① 거의 발생하지 않는(remote)
② 전혀 발생하지 않는(impossible)
③ 보통 발생하는(reasonably probable)
④ 극히 발생하지 않을 것 같은(extremely improbable)

*MIL-STD-882B 분류기준의 위험성 평가 매트릭스
① 자주 발생하는(Frequent)
② 보통 발생하는(Reasonably Probable)
③ 가끔 발생하는(Occasional)
④ 거의 발생하지 않는(Remote)
⑤ 극히 발생하지 않는(Extremely Improbable)

40

FTA에 의한 재해사례 연구순서 중 2단계에 해당하는 것은?

① FT 도의 작성
② 톱 사상의 선정
③ 개선계획의 작성
④ 사상의 재해원인을 규명

*결함수분석법(FTA)의 순서
1단계 : 정상사상(=Top 사상)을 선정
2단계 : 각 사상의 재해원인을 규명
3단계 : FT(Fault Tree)도 작성 및 분석
4단계 : 개선 계획의 작성

41

산업안전보건법령상 로봇에 설치되는 제어장치의 조건에 적합하지 않은 것은?

① 누름버튼은 오작동 방지를 위한 가드를 설치하는 등 불시기동을 방지할 수 있는 구조로 제작·설치되어야 한다.
② 로봇에는 외부 보호 장치와 연결하기 위해 하나 이상의 보호정지회로를 구비해야 한다.
③ 전원공급램프, 자동운전, 결함검출 등 작동 제어의 상태를 확인할 수 있는 표시장치를 설치해야 한다.
④ 조작버튼 및 선택스위치 등 제어장치에는 해당 기능을 명확하게 구분할 수 있도록 표시해야 한다.

---

*로봇에 설치되는 제어장치의 조건
① 누름버튼은 오작동 방지를 위한 가드를 설치하는 등 불시기동을 방지할 수 있는 구조로 제작·설치 되어야 한다.
② 전원공급램프, 자동운전, 결함검출 등 작동제어의 상태를 확인할 수 있는 표시장치를 설치해야 한다.
③ 조작버튼 및 선택스위치 등 제어장치에는 해당 기능을 명확하게 구분할 수 있도록 표시해야 한다.

② : 로봇에 설치되는 보호장치의 조건

42

컨베이어의 제작 및 안전기준 상 작업구역 및 통행구역에 덮개, 울 등을 설치해야 하는 부위에 해당하지 않는 것은?

① 컨베이어의 동력전달 부분
② 컨베이어의 제동장치 부분
③ 호퍼, 슈트의 개구부 및 장력 유지장치
④ 컨베이어 벨트, 풀리, 롤러, 체인, 스프라켓, 스크류 등

---

*컨베이어 제작 및 안전기준상 덮개, 울 등 설치기준
① 컨베이어의 동력전달 부분
② 호퍼, 슈트의 개구부 및 장력 유지장치
③ 컨베이어 벨트, 풀리, 롤러, 체인, 스프라켓, 스크류 등

43

산업안전보건법령상 탁상용 연삭기의 덮개에는 작업 받침대와 연삭숫돌과의 간격을 몇 mm 이하로 조정할 수 있어야 하는가?

① 3   ② 4   ③ 5   ④ 10

탁상용 연삭기에서 숫돌과 작업 받침대의 간격은 __3mm__ 이하로 유지한다.

41.② 42.② 43.①

44

다음 중 회전축, 커플링 등 회전하는 물체에 작업복등이 말려드는 위험을 초래하는 위험점은?

① 협착점
② 접선물림점
③ 절단점
④ 회전말림점

*기계설비의 위험점

위험점	그림	설명
협착점		왕복운동을 하는 동작부와 움직임이 없는 고정부 사이에 형성되는 위험점 ex) 프레스전단기, 성형기, 조형기 등
끼임점		회전운동을 하는 동작부와 움직임이 없는 고정부 사이에 형성되는 위험점 ex) 연삭숫돌과 하우스, 교반기 날개와 하우스, 회전운동을 하는 기계 등
절단점		회전하는 운동 부분 자체의 위험에서 초래되는 위험점 ex) 밀링커터, 둥근톱날 등
물림점		2개의 회전체가 맞닿는 사이에 발생하는 위험점 ex) 기어, 롤러 등
접선 물림점		회전하는 부분의 접선방향으로 물려 들어가는 위험점 ex) V벨트풀리, 평벨트, 체인과 스프로킷 등
회전 말림점		회전하는 물체에 작업복 등이 말려드는 위험점 ex) 회전축, 커플링, 드릴 등

45

가공기계에 쓰이는 주된 풀 푸르프(Fool Proof)에서 가드(Guard)의 형식으로 틀린 것은?

① 인터록 가드(Interlock Guard)
② 안내 가드(Guide Guard)
③ 조정 가드(Adjustable Guard)
④ 고정 가드(Fixed Guard)

*Fool Proof 가드형식
① 인터록 가드(Interlock Guard)
② 조정 가드(Adjustable Guard)
③ 고정 가드(Fixed Guard)
④ 자동 가드(Autometic Guard)

46

밀링작업 시 안전수칙으로 틀린 것은?

① 보안경을 착용한다.
② 칩은 기계를 정지시킨 다음에 브러시로 제거한다.
③ 가공 중에는 손으로 가공면을 점검하지 않는다.
④ 면장갑을 착용하여 작업한다.

④ 회전작업시에는 회전 말림점에 장갑이 말려들어 갈 수 있으므로 장갑 착용을 금한다.

47

크레인의 방호장치에 해당되지 않은 것은?

① 권과방지장치
② 과부하방지장치
③ 비상정지장치
④ 자동보수장치

*크레인의 방호장치
① 권과방지장치
② 과부하방지장치
③ 제동장치
④ 비상정지장치

48

무부하 상태에서 지게차로 $20km/h$의 속도로 주행할 때, 좌우 안정도는 몇 % 이내이어야 하는가?

① 37%

② 39%

③ 41%

④ 43%

49

선반가공 시 연속적으로 발생되는 칩으로 인해 작업자가 다치는 것을 방지하기 위하여 칩을 짧게 절단 시켜주는 안전장치는?

① 커버

② 브레이크

③ 보안경

④ 칩 브레이커

50

아세틸렌 용접장치에 관한 설명 중 틀린 것은?

① 아세틸렌발생기로부터 $5m$ 이내, 발생기실로부터 $3m$ 이내에는 흡연 및 화기사용을 금지한다.

② 발생기실에는 관계 근로자가 아닌 사람이 출입하는 것을 금지한다.

③ 아세틸렌 용기는 뉘어서 사용한다.

④ 건식안전기의 형식으로 소결금속식과 우회로식이 있다.

51

산업안전보건법령상 프레스의 작업시작 전 점검 사항이 아닌 것은?

① 금형 및 고정볼트 상태

② 방호장치의 기능

③ 전단기의 칼날 및 테이블의 상태

④ 트롤리(trolley)가 횡행하는 레일의 상태

52

프레스 양수조작식 방호장치 누름버튼의 상호간 내측거리는 몇 mm 이상인가?

① 50

② 100

③ 200

④ 300

53

산업안전보건법령에 따른 승강기의 종류에 해당하지 않는 것은?

① 리프트
② 승객용 엘리베이터
③ 에스컬레이터
④ 화물용 엘리베이터

54

롤러기의 앞면 롤의 지름이 $300mm$, 분당회전수가 30회일 경우 허용되는 급정지장치의 급정지거리는 약 몇 mm 이내이어야 하는가?

① 37.7
② 31.4
③ 377
④ 314

여기서,
D : 연삭숫돌의 바깥지름 $[m]$
N : 회전수 $[rpm]$

속도 기준	급정지거리 기준
$30m/min$ 이상	앞면 롤러 원주의 $\frac{1}{2.5}$ 이내
$30m/min$ 미만	앞면 롤러 원주의 $\frac{1}{3}$ 이내

$\therefore$ 급정지거리 $= \pi D \times \frac{1}{3} = \pi \times 300 \times \frac{1}{3} = 314.16mm$

55

어떤 로프의 최대하중이 $700N$이고, 정격하중은 $100N$ 이다. 이 때 안전계수는 얼마인가?

① 5
② 6
③ 7
④ 8

56

다음 중 설비의 진단방법에 있어 비파괴 시험이나 검사에 해당하지 않는 것은?

① 피로시험
② 음향탐상검사
③ 방사선투과시험
④ 초음파탐상검사

57

지름 $5cm$ 이상을 갖는 회전중인 연삭숫돌이 근로자들에게 위험을 미칠 우려가 있는 경우에 필요한 방호장치는?

① 받침대   ② 과부하 방지장치
③ 덮개   ④ 프레임

> 지름이 $5cm$ 이상인 연삭숫돌을 사용할 경우 <u>덮개</u>를 설치한다.

58

프레스 금형의 파손에 의한 위험방지 방법이 아닌 것은?

① 금형에 사용하는 스프링은 반드시 인장형으로 할 것
② 작업 중 진동 및 충격에 의해 볼트 및 너트의 헐거워짐이 없도록 할 것
③ 금형의 하중 중심은 원칙적으로 프레스 기계의 하중 중심과 일치하도록 할 것
④ 캠, 기타 충격이 반복해서 가해지는 부분에는 완충장치를 설치할 것

> ① 금형에 사용하는 스프링은 반드시 압축형으로 할 것

59

기계설비의 작업능률과 안전을 위해 공장의 설비배치 3단계를 올바른 순서대로 나열한 것은?

① 지역배치→건물배치→기계배치
② 건물배치→지역배치→기계배치
③ 기계배치→건물배치→지역배치
④ 지역배치→기계배치→건물배치

> *안전을 위한 공장의 설비배치 3단계
> 지역배치 → 건물배치 → 기계배치

60

다음 중 연삭 숫돌의 파괴원인으로 거리가 먼 것은?

① 플랜지가 현저히 클 때
② 숫돌에 균열이 있을 때
③ 숫돌의 측면을 사용할 때
④ 숫돌의 치수 특히 내경의 크기가 적당하지 않을 때

> *연삭숫돌의 파괴원인
> ① 내, 외면의 플랜지 지름이 다를 때
> ② 플랜지 직경이 숫돌 직경의 1/3 크기 보다 작을 때
> ③ 회전력이 결합력보다 클 때
> ④ 외부의 충격을 받았을 때
> ⑤ 숫돌에 균열이 있을 때
> ⑥ 숫돌의 측면을 사용할 때
> ⑦ 숫돌의 치수, 특히 내경의 크기가 적당하지 않을 때
> ⑧ 숫돌의 회전속도가 너무 빠를 때
> ⑨ 숫돌의 회전중심이 제대로 잡히지 않았을 때

61

충격전압시험시의 표준충격파형을 $1.2 \times 50 \mu s$ 로 나타내는 경우 1.2와 50이 뜻하는 것은?

① 파두장 − 파미장
② 최초섬락시간 − 최종섬락시간
③ 라이징타임 − 스테이블타임
④ 라이징타임 − 충격전압인가시간

***표준충격파형**

$1.2 \times 50 \mu s$

여기서,

1.2 : 파두장

50 : 파미장

62

폭발위험장소의 분류 중 인화성 액체의 증기 또는 가연성 가스에 의한 폭발위험이 지속적으로 또는 장기간 존재하는 장소는 몇 종 장소로 분류되는가?

① 0종 장소
② 1종 장소
③ 2종 장소
④ 3종 장소

***위험장소의 분류**

위험장소	내용
0종	정상상태에서 위험분위기가 장시간 지속되어 존재하는 장소
1종	정상상태에서 위험분위기가 주기적으로 발생할 우려가 있는 장소
2종	이상상태에서 위험분위기가 단시간 발생할 우려가 있는 장소

63

활선 작업 시 사용할 수 없는 전기작업용 안전 장구는?

① 전기안전모
② 절연장갑
③ 검전기
④ 승주용 가제

***활선안전장구**

① 전기안전모
② 절연장갑
③ 검전기
④ 방염복
⑤ 절연장화
⑥ 안전대

64

인체의 전기저항을 500Ω 이라 한다면 심실세동을 일으키는 위험에너지(J)는?

(단, 심실세동전류 $I = \dfrac{165}{\sqrt{T}} mA$, 통전시간은 1초이다.)

① 13.61
② 23.21
③ 33.42
④ 44.63

***심실세동 전기에너지(Q)**

$Q = I^2 RT$

$= \left(\dfrac{165 \times 10^{-3}}{\sqrt{T}} \right)^2 \times R \times T$

$= \left(\dfrac{165 \times 10^{-3}}{\sqrt{1}} \right)^2 \times 500 \times 1 = 13.61J$

여기서,

R : 저항 [Ω]

T : 시간 [sec] (주어지지 않을 경우 $T = 1sec$)

65

피뢰침의 제한전압이 $800kV$, 충격절연강도가 1000 kV라 할 때, 보호여유도는 몇 $\%$ 인가?

① 25   ② 33

③ 47   ④ 63

*피뢰기의 보호여유도

$$보호여유도 = \frac{충격절연강도-제한전압}{제한전압} \times 100\%$$

$$= \frac{1000-800}{800} \times 100\% = 25\%$$

66

감전사고를 일으키는 주된 형태가 아닌 것은?

① 충전전로에 인체가 접촉되는 경우
② 이중절연 구조로 된 전기 기계 · 기구를 사용하는 경우
③ 고전압의 전선로에 인체가 근접하여 섬락이 발생된 경우
④ 충전 전기회로에 인체가 단락회로의 일부를 형성하는 경우

② 이중절연의 구조는 감전사고 방지 구조이다.

67

화재가 발생하였을 때 조사해야 하는 내용으로 가장 관계가 먼 것은?

① 발화원   ② 착화물
③ 출화의 경과   ④ 응고물

*전기화재 폭발의 3가지 원인
① 발화원
② 착화물
③ 출화의 경과

68

정전기에 관한 설명으로 옳은 것은?

① 정전기는 발생에서부터 억제−축적방지 −안전한 방전이 재해를 방지할 수 있다.
② 정전기발생은 고체의 분쇄공정에서 가장 많이 발생한다.
③ 액체의 이송시는 그 속도(유속)를 $7(m/s)$ 이상 빠르게 하여 정전기의 발생을 억제한다.
④ 접지 값은 $10(\Omega)$이하로 하되 플라스틱 같은 절연도가 높은 부도체를 사용한다.

② 정전기발생은 고체의 분쇄공정에서 그다지 많이 발생하진 않는다.
③ 액체의 이송시는 그 속도(유속)를 $7m/s$ 이상 느리게하여 정전기의 발생을 억제한다.
④ 접지 값은 10Ω 이하로 하되 절연도가 낮은 도체를 사용한다.

69

전기설비의 필요한 부분에 반드시 보호접지를 실시하여야 한다. 접지공사의 종류에 따른 접지 저항과 접지선의 굵기가 틀린 것은?

① ~~제1종 : 10Ω이하, 공칭단면적 $6mm^2$이상의 연동선~~

② ~~제2종 : $\frac{150}{1선지락전류}\Omega$이하, 공칭단면적 $2.5mm^2$이상의 연동선~~

③ ~~제3종 : 100Ω이하, 공칭단면적 $2.5mm^2$ 이상의 연동선~~

④ ~~특별 제3종 : 10Ω이하, 공칭단면적 2.5 mm^2이상의 연동선~~

출제 기준에서 제외된 내용입니다.

70

교류아크 용접기에 전격 방지기를 설치하는 요령 중 틀린 것은?

① 이완 방지 조치를 한다.
② 직각으로만 부착해야 한다.
③ 동작 상태를 알기 쉬운 곳에 설치한다.
④ 테스트 스위치는 조작이 용이한 곳에 위치시킨다.

*전격 방지기 설치 요령
① 이완방지 조치를 한다.
② 직각으로 설치하며, 불가피한 경우 20° 이내로 설치한다.
③ 동작상태를 알기 쉬운 곳에 설치한다.
④ 테스트 스위치는 조작이 용이한 곳에 위치시킨다.

71

전기기기의 Y종 절연물의 최고 허용온도는?

① 80℃   ② 85℃
③ 90℃   ④ 105℃

*절연물의 종류별 최고허용온도

종류	최고허용온도
Y종 절연	90℃
A종 절연	105℃
E종 절연	120℃
B종 절연	130℃
F종 절연	155℃
H종 절연	180℃
C종 절연	180℃ 초과

72

내압방폭구조의 기본적 성능에 관한 사항으로 틀린 것은?

① 내부에서 폭발할 경우 그 압력에 견딜 것
② 폭발화염이 외부로 유출되지 않을 것
③ 습기침투에 대한 보호가 될 것
④ 외함 표면온도가 주위의 가연성 가스에 점화하지 않을 것

③ 내압방폭구조는 습기침투와는 무관하다.

73

온도조절용 바이메탈과 온도 퓨즈가 회로에 조합되어 있는 다리미를 사용한 가정에서 화재가 발생했다. 다리미에 부착되어 있던 바이메탈과 온도 퓨즈를 대상으로 화재사고를 분석하려 하는데 논리기호를 사용하여 표현하고자 한다. 어느 기호가 적당한가?
(단, 바이메탈의 작동과 온도 퓨즈가 끊어졌을 경우를 0, 그렇지 않을 경우를 1이라 한다.)

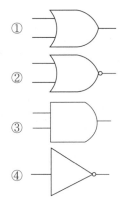

바이메탈과 온도퓨즈를 대상으로 화재사고를 분석하려 할 때 AND게이트를 이용하여 분석한다.

74

화염일주한계에 대한 설명으로 옳은 것은?

① 폭발성 가스와 공기의 혼합기에 온도를 높인 경우 화염이 발생할 때까지의 시간 한계치
② 폭발성 분위기에 있는 용기의 접합면 틈새를 통해 화염이 내부에서 외부로 전파되는 것을 저지할 수 있는 틈새의 최대간격치
③ 폭발성 분위기 속에서 전기불꽃에 의하여 폭발을 일으킬 수 있는 화염을 발생시키기에 충분한 교류파형의 1주기치
④ 방폭설비에서 이상이 발생하여 불꽃이 생성된 경우에 그것이 점화원으로 작용하지 않도록 화염의 에너지를 억제하여 폭발하한계로 되도록 화염 크기를 조정하는 한계치

75

폭발위험이 있는 장소의 설정 및 관리와 가장 관계가 먼 것은?

① 인화성 액체의 증기 사용
② 가연성 가스의 제조
③ 가연성 분진 제조
④ 종이 등 가연성 물질 취급

76

인체의 표면적이 $0.5m^2$ 이고 정전용량은 $0.02pF/cm^2$ 이다. $3300\,V$의 전압이 인가되어있는 전선에 접근하여 작업을 할 때 인체에 축적되는 정전기 에너지(J)는?

① 5.445×10^{-2} ② 5.445×10^{-4}
③ 2.723×10^{-2} ④ 2.723×10^{-4}

77

제 3종 접지공사를 시설하여야 하는 장소가 아닌 것은?

① 금속몰드 배선에 사용하는 몰드
② 고압계기용 변압기의 2차측 전로
③ 고압용 금속제 케이블트래이 계통의 금속 트래이
④ 400 V 미만의 저압용 기계기구의 철대 및 금속제 외함

출제 기준에서 제외된 내용입니다.

78

전자파 중에서 광량자 에너지가 가장 큰 것은?

① 극저주파   ② 마이크로파
③ 가시광선   ④ 적외선

*광량자 에너지 비교
자외선 > 가시광선 > 적외선 > 마이크로파 > 극저주파

79

다음 중 폭발위험장소에 전기설비를 설치할 때 전기적인 방호조치로 적절하지 않은 것은?

① 다상 전기기기는 결상운전으로 인한 과열 방지 조치를 한다.
② 배선은 단락·지락 사고시의 영향과 과부하 로부터 보호한다.
③ 자동차단이 점화의 위험보다 클 때는 경보 장치를 사용한다.
④ 단락보호장치는 고장상태에서 자동복구 되도록 한다.

④ 단락보호장치는 고장상태에서 수동복구를 할 것

80

감전사고 방지대책으로 틀린 것은?

① 설비의 필요한 부분에 보호접지 실시
② 노출된 충전부에 통전망 설치
③ 안전전압 이하의 전기기기 사용
④ 전기기기 및 설비의 정비

② 노출된 충전부에 절연방호구 설치

81

다음 관(pipe) 부속품 중 관로의 방향을 변경하기 위하여 사용하는 부속품은?

① 니플(nipple)
② 유니온(union)
③ 플랜지(flange)
④ 엘보우(elbow)

*관 부속품의 용도

용도	종류
관의 방향변경	엘보우, Y형 관이음쇠, 티, 십자
관의 직경변경	부싱, 리듀서
유로차단	캡, 밸브, 플러그

82

산업안전보건기준에 관한 규칙상 국소배기장치의 후드 설치 기준이 아닌 것은?

① 유해물질이 발생하는 곳마다 설치할 것
② 후드의 개구부 면적은 가능한 한 크게 할 것
③ 외부식 또는 리시버식 후드는 해당 분진등의 발산원에 가장 가까운 위치에 설치할 것
④ 후드 형식은 가능하면 포위식 또는 부스식 후드를 설치할 것

*국소배기장치의 후드 설치 기준
① 유해물질이 발생하는 곳마다 설치할 것
② 후드의 개구부 면적을 작게할 것
③ 외부식 또는 리시버식 후드는 해당 분진등의 발산원에 가장 가까운 위치에 설치할 것
④ 후드의 형식은 가능하면 포위식 또는 부스식 후드를 설치할 것

⑤ 유해인자의 발생형태와 비중, 작업방법 등을 고려하여 해당 분진 등의 발산원을 제어할 수 있는 구조로 설치할 것

83

산업안전보건기준에 관한 규칙에 따르면 쥐에 대한 경구투입실험에 의하여 실험동물의 50%를 사망시킬 수 있는 물질의 양, 즉 LD_{50}(경구, 쥐)이 킬로그램당 몇 밀리그램-(체중) 이하인 화학물질을 급성 독성 물질로 분류하는가?

① 25
② 100
③ 300
④ 500

*급성독성물질의 분류

분류	기준
LD_{50} (경구, 쥐)	$300mg/kg$ 이하
LD_{50} (경피, 토끼 또는 쥐)	$1000mg/kg$ 이하
가스 LC_{50} (쥐, 4시간 흡입)	$2500ppm$ 이하
증기 LC_{50} (쥐, 4시간 흡입)	$10mg/\ell$ 이하
분진, 미스트 LC_{50} (쥐, 4시간 흡입)	$1mg/\ell$ 이하

84

반응성 화학물질의 위험성은 실험에 의한 평가 대신 문헌조사 등을 통해 계산에 의해 평가하는 방법을 사용할 수 있다. 이에 관한 설명으로 옳지 않은 것은?

① 위험성이 너무 커서 물성을 측정할 수 없는 경우 계산에 의한 평가 방법을 사용할 수도 있다.
② 연소열, 분해열, 폭발열 등의 크기에 의해 그 물질의 폭발 또는 발화의 위험예측이 가능하다.
③ 계산에 의한 평가를 하기 위해서는 폭발 또는 분해에 따른 생성물의 예측이 이루어져야 한다.
④ 계산에 의한 위험성 예측은 모든 물질에 대해 정확성이 있으므로 더 이상의 실험을 필요로 하지 않는다.

④ 계산에 의한 위험성 예측은 모든 물질에 대한 정확성이 없기 때문에 실험을 통해 정확한 값을 구한다.

85

압축기와 송풍의 관로에 심한 공기의 맥동과 진동을 발생하면서 불안정한 운전이 되는 서징(surging) 현상의 방지법으로 옳지 않은 것은?

① 풍량을 감소시킨다.
② 배관의 경사를 완만하게 한다.
③ 교축밸브를 기계에서 멀리 설치한다.
④ 토출가스를 흡입측에 바이패스 시키거나 방출밸브에 의해 대기로 방출시킨다.

*맥동현상(Surging) 방지대책
① 풍량을 감소시킨다.
② 배관의 경사를 완만하게 한다.
③ 교축밸브를 기계에 가까이 설치한다.
④ 토출가스를 흡입측에 바이패스 시키거나 방출밸브에 의해 대기로 방출시킨다.

86

다음 중 독성이 가장 강한 가스는?

① NH_3
② $COCl_2$
③ $C_6H_5CH_3$
④ H_2S

포스겐($COCl_2$)은 독성이 매우 강한 기체이다.

87

다음 중 분해 폭발의 위험성이 있는 아세틸렌의 용제로 가장 적절한 것은?

① 에테르
② 에틸알코올
③ 아세톤
④ 아세트알데히드

아세틸렌은 아세톤에 용해되므로 아세톤을 용제로 사용한다.

88

분진폭발의 발생 순서로 옳은 것은?

① 비산 → 분산 → 퇴적분진 → 발화원 → 2차폭발 → 전면폭발
② 비산 → 퇴적분진 → 분산 → 발화원 → 2차폭발 → 전면폭발
③ 퇴적분진 → 발화원 → 분산 → 비산 → 전면폭발 → 2차폭발
④ 퇴적분진 → 비산 → 분산 → 발화원 → 전면폭발 → 2차폭발

*분진폭발의 발생 순서
퇴적분진 → 비산 → 분산 → 발화원 → 전면폭발 → 2차폭발

89

폭발방호대책 중 이상 또는 과잉압력에 대한 안전
장치로 볼 수 없는 것은?

① 안전 밸브(safety valve)
② 릴리프 밸브(relief valve)
③ 파열판(bursting disk)
④ 플레임 어레스터(flame arrester)

*화염방지기(Flame Arrester)
유류저장탱크에서 화염의 차단을 목적으로 소염거
리 혹은 소염직경 원리를 이용하여 외부에 증기를
방출하기도 하고 탱크 내로 외기를 흡입하기도 하
는 부분에 설치하는 안전장치

90

다음 인화성 가스 중 가장 가벼운 물질은?

① 아세틸렌   ② 수소
③ 부탄   ④ 에틸렌

*인화성가스 분자량 비교

인화성가스	분자량
아세틸렌(C_2H_2)	$12 \times 2 + 1 \times 2 = 26$
수소(H_2)	$1 \times 2 = 2$
부탄(C_4H_{10})	$12 \times 4 + 1 \times 10 = 58$
에틸렌(C_2H_4)	$12 \times 2 + 1 \times 4 = 28$
여기서 분자량은, $C : 12$, $H : 1$	

91

가연성 가스 및 증기의 위험도에 따른 방폭전기
기기의 분류로 폭발등급을 사용하는데, 이러한 폭
발등급을 결정하는 것은?

① 발화도   ② 화염일주한계
③ 폭발한계   ④ 최소발화에너지

*화염일주한계(=최대안전틈새, 안전간극)
폭발화염이 내부에서 외부로 전파되지 않는 최대틈
새로 폭발 등급을 결정하는 기준으로 사용된다.

92

다음 중 메타인산(HPO_3)에 의한 소화효과를 가진
분말소화약제의 종류는?

① 제1종 분말소화약제
② 제2종 분말소화약제
③ 제3종 분말소화약제
④ 제4종 분말소화약제

*제3종 분말소화약제 열분해식
$$NH_4H_2PO_4 \rightarrow NH_3 + HPO_3 + H_2O$$
(인산암모늄)   (암모니아) (메타인산) (물)

93

다음 중 파열판에 관한 설명으로 틀린 것은?

① 압력 방출속도가 빠르다.
② 한번 파열되면 재사용 할 수 없다.
③ 한번 부착한 후에는 교환할 필요가 없다.
④ 높은 점성의 슬러리나 부식성 유체에 적용
   할 수 있다.

③ 파열판은 소모성 부품으로 파열될 경우 교체
   해야한다.

94

공기 중에서 폭발범위가 $12.5 \sim 74vol\%$ 인 일산
화탄소의 위험도는 얼마인가?

① 4.92   ② 5.26
③ 6.26   ④ 7.05

95

산업안전보건법령에 따라 유해하거나 위험한 설비의 설치·이전 또는 주요 구조부분의 변경공사 시 공정안전보고서의 제출시기는 착공일 며칠 전까지 관련기관에 제출하여야 하는가?

① 15일
② 30일
③ 60일
④ 90일

96

소화약제 $IG-100$의 구성성분은?

① 질소
② 산소
③ 이산화탄소
④ 수소

97

프로판(C_3H_8)의 연소에 필요한 최소 산소농도의 값은 약 얼마인가?

(단, 프로판의 폭발하한은 Jone식에 의해 추산한다.)

① $8.1\%v/v$
② $11.1\%v/v$
③ $15.1\%v/v$
④ $20.1\%v/v$

98

다음 중 물과 반응하여 아세틸렌을 발생시키는 물질은?

① Zn
② Mg
③ Al
④ CaC_2

99

메탄 $1vol\%$, 헥산 $2vol\%$, 에틸렌 $2vol\%$, 공기 $95vol\%$로 된 혼합가스의 폭발하한계값($vol\%$)은 약 얼마인가?

(단, 메탄, 헥산, 에틸렌의 폭발하한계 값은 각각 5.0, 1.1, 2.7$vol\%$ 이다.)

① 1.8

② 3.5

③ 12.8

④ 21.7

*혼합가스의 폭발한계 산술평균식

$$L = \frac{100(= V_1 + V_2 + V_3)}{\dfrac{V_1}{L_1} + \dfrac{V_2}{L_2} + \dfrac{V_3}{L_3}} = \frac{5}{\dfrac{1}{5} + \dfrac{2}{1.1} + \dfrac{2}{2.7}} = 1.8vol\%$$

$$L = \frac{100(= V_1 + V_2 + V_3)}{\dfrac{V_1}{L_1} + \dfrac{V_2}{L_2} + \dfrac{V_3}{L_3}} = \frac{5}{\dfrac{1}{5} + \dfrac{2}{1.1} + \dfrac{2}{2.7}} = 1.8vol\%$$

100

가열·마찰·충격 또는 다른 화학물질과의 접촉 등으로 인하여 산소나 산화제의 공급이 없더라도 폭발 등 격렬한 반응을 일으킬 수 있는 물질은?

① 에틸알코올

② 인화성 고체

③ 니트로화합물

④ 테레핀유

*폭발성물질 및 유기과산화물

가열·마찰·충격 또는 다른 화학물질과의 접촉 등으로 인하여 산소나 산화제의 공급이 없더라도 폭발 등 격렬한 반응을 일으킬 수 있는 물질

① 질산에스테르

② 니트로화합물

③ 니트로소화합물

④ 아조화합물

⑤ 디아조화합물

⑥ 하이드라진 유도체

⑦ 유기과산화물

101

사업주가 유해위험방지 계획서 제출 후 건설공사 중 6개월 이내마다 안전보건공단의 확인을 받아야 할 내용이 아닌 것은?

① 유해위험방지 계획서의 내용과 실제공사 내용이 부합하는지 여부
② 유해위험방지 계획서 변경 내용의 적정성
③ 자율안전관리 업체 유해·위험방지 계획서 제출·심사 면제
④ 추가적인 유해·위험요인의 존재여부

*유해위험방지계획서 실행 확인사항
① 유해위험방지계획서의 내용과 실제공사 내용이 부합하는지 여부
② 유해위험방지계획서 변경내용의 적정성
③ 추가적인 유해·위험요인의 존재여부

102

철골공사 시 안전작업방법 및 준수사항으로 옳지 않은 것은?

① 강풍, 폭우 등과 같은 악천우시에는 작업을 중지하여야 하며 특히 강풍시에는 높은 곳에 있는 부재나 공구류가 낙하비래하지 않도록 조치하여야 한다.
② 철골부재 반입 시 시공순서가 빠른 부재는 상단부에 위치하도록 한다.
③ 구명줄 설치 시 마닐라 로프 직경 10mm를 기준하여 설치하고 작업방법을 충분히 검토하여야 한다.
④ 철골보의 두곳을 매어 인양시킬 때 와이어 로프의 내각은 60° 이하이어야 한다.

③ 구명줄 설치 시 마닐라 로프 직경 16mm를 기준으로 하여 설치하고 작업방법을 충분히 검토해야 한다.

103

지면보다 낮은 땅을 파는데 적합하고 수중굴착도 가능한 굴착기계는?

① 백호우　　　　　② 파워쇼벨
③ 가이데릭　　　　④ 파일드라이버

백호는 기계가 위치한 지면보다 낮은 곳의 땅을 파는데 적합하고, 파워쇼벨이 지면보다 높은 곳을 굴착하기 적합하다.

104

산업안전보건법령에 따른 지반의 종류별 굴착면의 기울기 기준으로 옳지 않은 것은?

① 모래 − 1 : 1.8
② 연암 − 1 : 1.5
③ 경암 − 1 : 0.5
④ 그 밖의 흙 − 1 : 1.2

*굴착면의 기울기 기준

지반의 종류	기울기
모래	1 : 1.8
연암 및 풍화암	1 : 1.0
경암	1 : 0.5
그 밖의 흙	1 : 1.2

105

콘크리트 타설 시 거푸집 측압에 관한 설명으로 옳지 않은 것은?

① 기온이 높을수록 측압은 크다.
② 타설속도가 클수록 측압은 크다.
③ 슬럼프가 클수록 측압은 크다.
④ 다짐이 과할수록 측압은 크다.

*거푸집 측압이 커지는 경우
① 온도가 낮을수록
② 타설 속도가 빠를수록
③ 슬럼프가 클수록
④ 다짐이 과할수록
⑤ 타설 높이가 높을수록
⑥ 철골 또는 철근량이 적을수록
⑦ 거푸집의 투수성의 낮을수록

106

강관비계의 수직방향 벽이음 조립간격(m)으로 옳은 것은?
(단, 틀비계이며 높이가 $5m$ 이상일 경우)

① $2m$ ② $4m$
③ $6m$ ④ $9m$

*비계의 조립간격

비계의 종류	조립간격	
	수직방향	수평방향
단관비계	5m 이하	5m 이하
틀비계 (높이가 5m미만인 것 제외)	6m 이하	8m 이하
통나무비계	5.5m 이하	7.5m 이하

107

굴착과 싣기를 동시에 할 수 있는 토공기계가 아닌 것은?

① Power shovel   ② Tractor shovel
③ Back hoe   ④ Motor grader

*모터 그레이더(Motor Grader)
지반을 고르게 하는 중장비이다.

108

구축물에 안전진단 등 안전성 평가를 실시하여 근로자에게 미칠 위험성을 미리 제거하여야 하는 경우가 아닌 것은?

① 구축물 또는 이와 유사한 시설물의 인근에서 굴착·항타작업 등으로 침하·균열 등이 발생하여 붕괴의 위험이 예상될 경우
② 구조물, 건축물, 그 밖의 시설물이 그 자체의 무게·적설·풍압 또는 그 밖에 부가되는 하중 등으로 붕괴 등의 위험이 있을 경우
③ 화재 등으로 구축물 또는 이와 유사한 시설물의 내력(耐力)이 심하게 저하되었을 경우
④ 구축물의 구조체가 과도한 안전측으로 설계가 되었을 경우

④ 구축물의 구조체가 과도한 안전측으로 설계되는 것은 매우 안전한 구조이다.

109

다음 중 방망사의 폐기 시 인장강도에 해당하는 것은?
(단, 그물코의 크기는 $10cm$이며 매듭없는 방망의 경우임)

① $50kg$ ② $100kg$
③ $150kg$ ④ $200kg$

*폐기 방망사에 대한 인장강도 기준

그물코의 크기 (cm)	방망의 종류(kg)	
	매듭없는 망	매듭 망
5	–	60
10	150	135

110

작업장에 계단 및 계단참을 설치하는 경우 매제곱미터 당 최소 몇 킬로그램 이상의 하중에 견딜 수 있는 강도를 가진 구조로 설치하여야 하는가?

① $300kg$ ② $400kg$
③ $500kg$ ④ $600kg$

*계단 및 계단참
사업주는 계단 및 계단참을 설치하는 경우 매제곱미터 당 500kg 이상의 하중에 견딜 수 있는 강도를 가진 구조로 설치하여야 하며, 안전율은 4 이상으로 할 것

111

굴착공사에서 비탈면 또는 비탈면 하단을 성토하여 붕괴를 방지하는 공법은?

① 배수공   ② 배토공
③ 공작물에 의한 방지공   ④ 압성토공

*압성토공
굴착공사에서 비탈면 또는 비탈면 하단을 성토하여 붕괴를 방지하는 공법

112

공정율이 65%인 건설현장의 경우 공사 진척에 따른 산업안전보건관리비의 최소 사용기준으로 옳은 것은?
(단, 공정율은 기성공정율을 기준으로 함)

① 40% 이상   ② 50% 이상
③ 60% 이상   ④ 70% 이상

*산업안전보건관리비 최소 사용기준

공정율	최소 사용기준
50% 이상 70% 미만	50% 이상
70% 이상 90% 미만	70% 이상
90% 이상	90% 이상

113

해체공사 시 작업용 기계기구의 취급 안전기준에 관한 설명으로 옳지 않은 것은?

① 철제햄머와 와이어로프의 결속은 경험이 많은 사람으로서 선임된 자에 한하여 실시하도록 하여야 한다.
② 팽창제 천공간격은 콘크리트 강도에 의하여 결정되나 70~120cm 정도를 유지하도록 한다.
③ 쐐기타입으로 해체 시 천공구멍은 타입기 삽입부분의 직경과 거의 같아야 한다.
④ 화염방사기로 해체작업 시 용기 내 압력은 온도에 의해 상승하기 때문에 항상 40℃이하로 보존해야 한다.

② 팽창제 천공간격은 콘크리트 강도에 의하여 결정되나 30~70cm 정도를 유지하도록 한다.

114

가설통로의 설치에 관한 기준으로 옳지 않은 것은?

① 경사는 30° 이하로 한다.
② 건설공사에 사용하는 높이 8m 이상인 비계다리에는 7m 이내마다 계단참을 설치한다.
③ 작업상 부득이한 경우에는 필요한 부분에 한하여 안전난간을 임시로 해체할 수 있다.
④ 수직갱에 가설된 통로의 길이가 10m 이상인 경우에는 5m 이내마다 계단참을 설치한다.

*가설통로의 설치기준
① 견고한 구조로 할 것
② 경사는 30° 이하로 할 것
③ 경사가 15°를 초과하는 경우에는 미끄러지지 아니하는 구조로 할 것
④ 추락할 위험이 있는 장소에는 안전난간을 설치할 것
⑤ 수직갱에 가설된 통로의 길이가 15m 이상인 경우에는 10m 이내마다 계단참을 설치할 것
⑥ 건설공사에 사용하는 높이 8m 이상인 비계다리에는 7m 이내마다 계단참을 설치할 것

115

작업으로 인하여 물체가 떨어지거나 날아올 위험이 있는 경우 필요한 조치와 가장 거리가 먼 것은?

① 투하설비 설치
② 낙하물 방지망 설치
③ 수직보호망 설치
④ 출입금지구역 설정

*낙하물·투척물에 대한 안전조치
① 수직보호망 설치
② 방호선반 설치
③ 낙하물방지망 설치
④ 출입금지구역 설정
⑤ 보호구 착용

116

다음은 안전대와 관련된 설명이다. 아래 내용에 해당되는 용어로 옳은 것은?

로프 또는 레일 등과 같은 유연하거나 단단한 고정줄로서 추락발생 시 추락을 저지시키는 추락방지대를 지탱해 주는 줄모양의 부품

① 안전블록
② 수직구명줄
③ 죔줄
④ 보조죔줄

*수직구명줄
로프 또는 레일 등과 같은 유연하거나 단단한 고정줄로서 추락발생시 추락을 저지시키는 추락방지대를 지탱해 주는 줄모양의 부품

117

크레인의 운전실 또는 운전대를 통하는 통로의 끝과 건설물 등의 벽체의 간격은 최대 얼마 이하로 하여야 하는가?

① 0.2m
② 0.3m
③ 0.4m
④ 0.5m

크레인의 운전실 또는 운전대를 통하는 통로의 끝과 건설물 등의 벽체의 간격은 0.3m로 한다.

118

다음 중 와이어로프 등 달기구의 안전계수 기준으로 옳은 것은?
(단, 그 밖의 경우는 제외한다.)

① 화물을 지지하는 달기와이어로프 : 10 이상
② 근로자를 지지하는 달기체인 : 5 이상
③ 혹을 지지하는 경우 : 5 이상
④ 리프팅 빔을 지지하는 경우 : 3 이상

*와이어 로프 등 달기구의 안전계수(S)
① 근로자가 탑승하는 운반구를 지지하는 달기와이어로프 또는 달기체인의 경우 : 10 이상
② 화물을 직접 지지하는 달기와이어로프 또는 달기체인의 경우 : 5 이상
③ 혹, 샤클, 클램프, 리프팅 빔의 경우 : 3이상
④ 그 밖의 경우 : 4 이상

119

달비계에 사용이 불가한 와이어로프의 기준으로 옳지 않은 것은?

① 이음매가 있는 것
② 와이어로프의 한 꼬임에서 끊어진 소선의 수가 7% 이상인 것
③ 지름의 감소가 공칭지름의 7%를 초과하는 것
④ 심하게 변형되거나 부식된 것

*와이어로프의 사용금지기준
① 이음매가 있는 것
② 꼬인 것
③ 심하게 변형되거나 부식된 것
④ 열과 전기충격에 의해 손상된 것
⑤ 지름의 감소가 공칭지름의 7%를 초과한 것
⑥ 와이어로프의 한 꼬임에서 끊어진 소선의 수가 10% 이상인 것
⑦ 와이어로프의 안전계수가 5 미만인 것

120

흙막이 지보공을 설치하였을 때 정기적으로 점검하여 이상 발견 시 즉시 보수하여야 할 사항이 아닌 것은?

① 굴착 깊이의 정도
② 버팀대의 긴압의 정도
③ 부재의 접속부·부착부 및 교차부의 상태
④ 부재의 손상·변형·부식·변위 및 탈락의 유무와 상태

*흙막이 지보공 설치 후 정기점검 사항
① 부재의 손상·변형·부식·변위 및 탈락의 유무와 상태
② 부재의 접속부·부착부 및 교차부의 상태
③ 침하의 정도
④ 버팀대의 긴압의 정도

Memo

01

레빈(Lewin)의 인간 행동 특성을 다음과 같이 표현하였다. 변수 'E'가 의미하는 것은?

$$B = f(P \cdot E)$$

① 연령　　　　② 성격
③ 환경　　　　④ 지능

---

*레빈(Lewin)의 행동법칙

행동(B)은 사람(P)과 환경(E)의 함수(f)라는 법칙이다.

$B = f(P \cdot E)$

여기서,

B : 행동 - 인간의 행동
P : 사람 - 경험, 성격, 소질, 개체 등
E : 환경 - 작업환경, 인간관계 등

02

다음 중 안전교육의 형태 중 OJT(On The Job of training) 교육에 대한 설명과 거리가 먼 것은?

① 다수의 근로자에게 조직적 훈련이 가능하다.
② 직장의 실정에 맞게 실제적인 훈련이 가능하다.
③ 훈련에 필요한 업무의 지속성이 유지된다.
④ 직장의 직속상사에 의한 교육이 가능하다.

---

*On.J.T(On the Jop Training)의 특징
① 개개인에게 적절한 지도훈련이 가능하다.
② 현장의 관리감독자가 강사가 되어 교육을 한다.
③ 효과가 곧 업무에 나타나며, 훈련의 좋고 나쁨에 따라 개선이 용이하다.
④ 직장의 실정에 맞는 실제적인 교육이 가능하다.
⑤ 교육 효과가 업무에 신속히 반영된다.
⑥ 훈련에 필요한 업무의 계속성이 끊이지 않는다.
⑦ 상호 신뢰 및 이해도가 높아진다.
⑧ 개개인에게 적절한 지도훈련이 가능하다.
⑨ 직장의 실정에 맞게 실제적 훈련이 가능하다.

*Off.J.T(Off the Jop Training)의 특징
① 다수의 대상자를 일괄적, 조직적으로 교육할 수 있다.
② 우수한 전문가를 강사로 활용할 수 있다.
③ 특별 교재, 교구, 설비를 유효하게 활용할 수 있다.
④ 많은 지식, 경험을 교류할 수 있다.
⑤ 훈련에만 전념할 수 있다.

03

다음 중 안전교육의 기본 방향과 가장 거리가 먼 것은?

① 생산성 향상을 위한 교육
② 사고사례중심의 안전교육
③ 안전작업을 위한 교육
④ 안전의식 향상을 위한 교육

---

*안전교육의 기본방향
① 안전작업(표준작업)을 위한 교육
② 사고사례중심의 안전교육
③ 안전의식 향상을 위한 교육

04

다음 설명의 학습지도 형태는 어떤 토의법 유형인가?

> 6-6 회의라고도 하며, 6명씩 소집단으로 구분하고, 집단별로 각각의 사회자를 선발하여 6분간씩 자유토의를 행하여 의견을 종합하는 방법

① 포럼(Forum)
② 버즈세션(Buzz session)
③ 케이스 메소드(case method)
④ 패널 디스커션(Panel Discussion)

*버즈 세션(Buzz Session, 6-6회의)
참가자가 다수인 경우에 전원을 토의에 참가시키기 위한 방법으로 소집단을 구성하여 회의를 진행 시킨다.

05

안전점검의 종류 중 태풍, 폭우 등에 의한 침수, 지진 등의 천재지변이 발생한 경우나 이상사태 발생시 관리자나 감독자가 기계, 기구, 설비 등의 기능상 이상 유무에 대하여 점검하는 것은?

① 일상점검
② 정기점검
③ 특별점검
④ 수시점검

*특별점검
안전점검의 종류 중 태풍이나 폭우 등의 천재지변이 발생한 후에 실시하는 기계, 기구 및 설비 등에 대해 점검하는 것

06

다음 중 산업재해의 원인으로 간접적 원인에 해당되지 않는 것은?

① 기술적 원인
② 물적 원인
③ 관리적 원인
④ 교육적 원인

*산업재해의 원인

직접원인	간접원인
① 인적 원인 (불안전한 행동)	① 기술적 원인
	② 교육적 원인
② 물적 원인 (불안전한 상태)	③ 관리적 원인
	④ 정신적 원인

07

산업안전보건법령상 안전보건관리책임자 등에 대한 교육시간 기준으로 틀린 것은?

① 보건관리자, 보건관리전문기관의 종사자 보수교육 : 24시간 이상
② 안전관리자, 안전관리전문기관의 종사자 신규교육 : 34시간 이상
③ 안전보건관리책임자 보수교육 : 6시간 이상
④ 건설재해예방전문지도기관의 종사자 신규 교육 : 24시간 이상

*안전보건관리책임자 등에 대한 교육

교육대상	교육시간	
	신규교육	보수교육
안전보건관리책임자	6시간 이상	6시간 이상
안전관리자, 안전관리전문기관의 종사자	34시간 이상	24시간 이상
보건관리자, 보건관리전문기관의 종사자	34시간 이상	24시간 이상
건설재해예방전문지도기관의 종사자	34시간 이상	24시간 이상
석면조사기관의 종사자	34시간 이상	24시간 이상
안전보건관리담당자	–	8시간 이상
안전검사기관, 자율안전검사기관의 종사자	34시간 이상	24시간 이상

08

매슬로우(Maslow)의 욕구단계 이론 중 제2단계 욕구에 해당하는 것은?

① 자아실현의 욕구
② 안전에 대한 욕구
③ 사회적 욕구
④ 생리적 욕구

*매슬로우(Maslow)의 욕구 5단계

단계	설명
1단계 생리적 욕구	인간의 가장 기본적인 욕구이며, 의식주, 성적 욕구 등이 있다.
2단계 안전의 욕구	위험, 위협, 박탈에서 자신을 보호하고 불안을 회피하려는 욕구이다.
3단계 사회적 욕구	타인과 친교를 맺고 원하는 집단에 귀속되고자 하는 욕구이다.
4단계 존중의 욕구	타인과 친하게 지내고 싶은 인간의 기초가 되는 욕구로서, 자아존중, 자신감, 성취, 존경 등에 관한 욕구이다.
5단계 자아실현 욕구	자기의 잠재력을 최대한 살리고 자기가 하고 싶었던 일을 실현하려는 인간의 욕구이다. 편견없이 받아들이는 성향, 타인과의 거리를 유지하며 사생활을 즐기거나 창의적 성격으로 봉사, 특별히 좋아하는 사람과 긴밀한 관계를 유지하려는 욕구 등이 있다.

09

다음 중 재해예방의 4원칙과 관련이 가장 적은 것은?

① 모든 재해의 발생 원인은 우연적인 상황에서 발생한다.
② 재해손실은 사고가 발생할 때 사고 대상의 조건에 따라 달라진다.
③ 재해예방을 위한 가능한 안전대책은 반드시 존재한다.
④ 재해는 원칙적으로 원인만 제거되면 예방이 가능하다.

＊재해예방의 4원칙

종류	설명
예방가능의 원칙	재해를 예방할 수 있는 안전대책은 반드시 존재한다.
손실우연의 원칙	재해의 발생과 손실의 발생은 우연이다.
원인연계의 원칙	사고와 그 원인은 필연적인 인과관계를 가지고 있다.
대책선정의 원칙	재해에 대한 교육적, 기술적, 관리적 대책이 필요하다.

10

파블로프(Pavlov)의 조건반사설에 의한 학습이론의 원리가 아닌 것은?

① 일관성의 원리 ② 계속성의 원리
③ 준비성의 원리 ④ 강도의 원리

＊파블로프(Pavlov)의 조건반사설 원리
① 일관성의 원리
② 계속성의 원리
③ 강도의 원리
④ 시간의 원리

11

인간의 동작특성 중 인지과정의 착오요인이 아닌 것은?

① 정서 불안정 ② 작업조건불량
③ 감각 차단 현상 ④ 심리적 한계

＊착오의 종류와 요인

종류	착오 요인
인지과정 착오	① 정서 불안정 ② 감각 차단 현상 ③ 기억력의 한계 ④ 생리, 심리적 능력의 한계
판단과정 착오	① 합리화 ② 능력 및 정보부족 ③ 작업조건 불량
조치과정 착오	① 잘못된 정보의 입수 ② 합리적 조치의 미숙

12

산업안전보건법령상 안전/보건표지의 색채와 사용 사례의 연결로 틀린 것은?

① 노란색 – 정지신호, 소화설비 및 그 장소, 유해행위의 금지
② 파란색 – 특정 행위의 지시 및 사실의 고지
③ 빨간색 – 화학물질 취급장소에서의 유해/위험 경고
④ 녹색 – 비상구 및 피난소, 사람 또는 차량의 통행표지

*안전보건표지의 색도기준 및 용도

색채	색도기준	용도	사용 예시
빨간색	7.5R 4/14	금지	정지신호, 소화설비 및 그 장소, 유해행위의 금지
		경고	화학물질 취급장소의 유해·위험 경고
노란색	5Y 8.5/12	경고	화학물질 취급장소에서의 유해·위험 경고 이외의 위험경고, 주의표지 또는 기계방호물
파란색	2.5PB 4/10	지시	특정 행위의 지시 및 사실의 고지
녹색	2.5G 4/10	안내	비상구 및 피난소, 사람 또는 차량의 통행표지
흰색	N9.5		파란색 또는 녹색에 대한 보조색
검은색	N0.5		문자 및 빨간색 또는 노란색에 대한 보조색

13

산업안전보건법령상 안전/보건표지의 종류 중 다음 표지의 명칭은?
(단, 마름모 테두리는 빨간색이며, 안의 내용은 검은색이다.)

① 폭발성물질 경고
② 산화성물질 경고
③ 부식성물질 경고
④ 급성독성물질 경고

*경고표지

인화성물질 경고	산화성물질 경고	폭발성물질 경고	급성독성 물질경고
부식성물질 경고	방사성물질 경고	고압전기 경고	매달린물체 경고
낙하물 경고	고온 경고	저온 경고	몸균형상실 경고
레이저광선 경고	위험장소 경고	발암성·변이원성·생식독성·전신독성·호흡기 과민성물질 경고	

14

하인리히의 재해발생 이론이 다음과 같이 표현될 때, α가 의미하는 것으로 옳은 것은?

> 재해의 발생 = 설비적 결함 + 관리적 결함
> $+ \alpha$

① 노출된 위험의 상태
② 재해의 직접적인 원인
③ 물적 불안전 상태
④ 잠재된 위험의 상태

*하인리히(Heimrich)의 재해발생 이론
재해의 발생
=물적불안전상태+안전불안전행위+잠재된 위험의 상태
=설비적결함+관리적결함+잠재된 위험의 상태

15

허즈버그(Herzberg)의 위생-동기 이론에서 동기요인에 해당하는 것은?

① 감독
② 안전
③ 책임감
④ 작업조건

*허즈버그(Herzberg)의 위생·동기 이론

위생요인	동기요인
① 감독	① 책임감
② 안전	② 인정
③ 작업조건	③ 도전
④ 조직의 정책	④ 자기 발전
⑤ 대인관계	⑤ 업무상 성취
⑥ 신분, 지위 등	⑥ 보람된 직무 등

16

재해분석도구 중 재해발생의 유형을 어골상(魚骨像)으로 분류하여 분석하는 것은?

① 파레토도
② 특성요인도
③ 관리도
④ 클로즈분석

*특성요인도
재해발생의 유형을 생선뼈 모양으로 분류하여 분석하는 방법

17

다음 중 안전모의 성능시험에 있어서 AE, ABE종에만 한하여 실시하는 시험은?

① 내관통성시험, 충격흡수성시험
② 난연성시험, 내수성시험
③ 난연성시험, 내전압성시험
④ 내전압성시험, 내수성시험

*AE, ABE종에만 한하여 실시하는 시험
① 내전압성시험
② 내수성시험

18

플리커 검사(flicker test)의 목적으로 가장 적절한 것은?

① 혈중 알코올농도 측정
② 체내 산소량 측정
③ 작업강도 측정
④ 피로의 정도 측정

*플리커 검사(Flicker test)
정신적 피로의 생리학적 측정방법 중 하나로, 플리커 값은 정신적 작용이 강해졌을 때 높고, 약해졌을 때는 낮아진다.

19

강도율에 관한 설명 중 틀린 것은?

① 사망 및 영구 전노동불능(신체장해등급 1~3급)의 근로손실일수는 7500일로 환산한다.
② 신체장해등급 중 제14급은 근로손실일수를 50일로 환산한다.
③ 영구 일부 노동불능은 신체 장해등급에 따른 근로손실일수에 300/365를 곱하여 환산한다.
④ 일시 전노동 불능은 휴업일수에 300/365를 곱하여 근로손실일수를 환산한다.

③ 근로손실일수를 구할때는 아무것도 곱하지 않고 그대로 나타낸다.

$$근로손실일수 = 휴업일수 \times \frac{300}{365}$$

20

다음 중 브레인스토밍의 4원칙과 가장 거리가 먼 것은?

① 자유로운 비평
② 자유분방한 발언
③ 대량적인 발언
④ 타인 의견의 수정 발언

*브레인스토밍(Brainstorming)
6~12명의 구성원이 자유로운 토론으로 다량의 아이디어를 이끌어내 해결책을 찾는 집단적 사고 기법

① 비판, 비난 자제
② 아이디어의 양과 독창성 중시
③ 자유로운 발언권
④ 다른 사람의 아이디어를 조합 및 개선

21

화학설비의 안전성 평가에서 정량적 평가의 항목에 해당되지 않는 것은?

① 훈련
② 조작
③ 취급물질
④ 화학설비용량

*설비에 대한 안전성 평가
① 정량적 평가
객관적인 데이터를 활용하는 평가
ex) 압력, 온도, 용량, 취급물질, 조작 등

② 정성적 평가
객관적인 데이터로 나타내기 힘든 요소까지 종합적으로 고려하는 평가
ex) 공장의 입지 조건, 공장 내 배치, 건조물, 입지 조건 등

22

인간 에러(human error)에 관한 설명으로 틀린 것은?

① omission error : 필요한 작업 또는 절차를 수행하지 않는데 기인한 에러
② commission error : 필요한 작업 또는 절차의 수행지연으로 인한 에러
③ extraneous error : 불필요한 작업 또는 절차를 수행함으로써 기인한 에러
④ sequential error : 필요한 작업 또는 절차의 순서 착오로 인한 에러

*휴먼에러의 심리적(=독립행동에 의한) 분류

종류	내용
누락(=생략)오류 (Omission error)	필요한 작업 또는 절차를 수행하지 않는데 기인한 오류
작위(=실행)오류 (Commission error)	필요한 작업 또는 절차의 불확실한 수행으로 기인한 오류
시간 오류 (Time error)	필요한 작업 또는 절차의 수행 지연으로 인한 오류
순서 오류 (Sequential error)	필요한 작업 또는 절차의 순서 착오로 인한 오류
과잉행동 오류 (Extraneous error)	불필요한 작업 또는 절차를 수행함으로써 기인한 오류

23

다음은 유해위험방지계획서의 제출에 관한 설명이다. ( )안의 들어갈 내용으로 옳은 것은?

산업안전보건법령상 "대통령령으로 정하는 사업의 종류 및 규모에 해당하는 사업으로서 해당 제품의 생산 공정과 직접적으로 관련된 건설물·기계·기구 및 설비 등 일체를 설치·이전하거나 그 주요 구조 부분을 변경하려는 경우"에 해당하는 사업주는 유해위험방지 계획서에 관련 서류를 첨부하여 해당 작업 시작 (㉠)까지 공단에 (㉡)부를 제출하여야 한다.

① ㉠ : 7일전,   ㉡ : 2
② ㉠ : 7일전,   ㉡ : 4
③ ㉠ : 15일전,   ㉡ : 2
④ ㉠ : 15일전,   ㉡ : 4

24

그림과 같이 FTA로 분석된 시스템에서 현재 모든 기본사상에 대한 부품이 고장난 상태이다. 부품 X_1 부터 부품 X_5까지 순서대로 복구한다면 어느 부품을 수리 완료하는 시점에서 시스템이 정상가동 되는가?

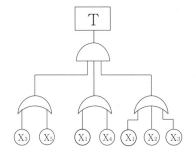

① 부품 X_2 ② 부품 X_3
③ 부품 X_4 ④ 부품 X_5

T가 정상가동 되려면 AND게이트는 아래의 OR게이트에서 하나라도 신호가 나와야 한다.

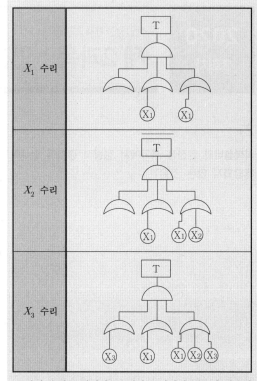

X_3까지 수리를 하여야 OR게이트 하나가 신호가 나온다.

24.②

25

눈과 물체의 거리가 $23cm$, 시선과 직각으로 측정한 물체의 크기가 $0.03cm$일 때 시각(분)은 얼마인가? (단, 시각은 600이하이며, radian 단위를 분으로 환산하기 위한 상수값은 57.3과 60을 모두 적용하여 계산하도록 한다.)

① 0.001   ② 0.007

③ 4.48   ④ 24.55

*시각의 계산

$$시각 = \frac{57.3 \times 60 \times H}{D} = \frac{57.3 \times 60 \times 0.03}{23} = 4.48분$$

여기서,
H : 물체의 크기 $[cm]$
D : 글자 거리 $[cm]$

26

Sanders와 McCormick의 의자 설계의 일반적인 원칙으로 옳지 않은 것은?

① 요부 후반을 유지한다.
② 조정이 용이해야 한다.
③ 등근육의 정적부하를 줄인다.
④ 디스크가 받는 압력을 줄인다.

① 요부전만의 곡선을 유지한다.

27

후각적 표시장치(olfactory display)와 관련된 내용으로 옳지 않은 것은?

① 냄새의 확산을 제어할 수 없다.
② 시각적 표시장치에 비해 널리 사용되지 않는다.
③ 냄새에 대한 민감도의 개별적 차이가 존재한다.
④ 경보 장치로서 실용성이 없기 때문에 사용되지 않는다.

④ 시각적 표시장지 보다는 민감도가 떨어지나 경보 장치로서 실용성이 있기 때문에 사용될 수 있다.

28

그림과 같은 FT도에서 $F_1 = 0.015$, $F_2 = 0.02$, $F_3 = 0.05$이면, 정상사상 T가 발생할 확률은 약 얼마인가?

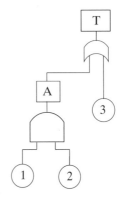

① 0.0002   ② 0.0283

③ 0.0503   ④ 0.9500

*고장확률(발생확률)

$$T = A \cdot ③$$
$$= 1 - (1 - ① \times ②) \times (1 - ③)$$
$$= 1 - (1 - 0.015 \times 0.02) \times (1 - 0.05) = 0.0503$$

29

NOISH lifting guideline 에서 권장무게한계(RWL) 산출에 사용되는 계수가 아닌 것은?

① 휴식 계수
② 수평 계수
③ 수직 계수
④ 비대칭 계수

30

인간공학을 기업에 적용할 때의 기대효과로 볼 수 없는 것은?

① 노사 간의 신뢰 저하
② 작업손실시간의 감소
③ 제품과 작업의 질 향상
④ 작업자의 건강 및 안전 향상

31

THERP(Technique for Human Error Rate Prediction)의 특징에 대한 설명으로 옳은 것을 모두 고른 것은?

> ㉠ 인간-기계계(SYSTEM)에서 여러 가지의 에러와 이에 의해 발생할 수 있는 위험성의 예측과 개선을 위한 기법
> ㉡ 인간의 과오를 정성적으로 평가하기 위하여 개발된 기법
> ㉢ 가지처럼 갈라지는 형태의 논리구조와 나무 형태의 그래프를 이용

① ㉠, ㉡
② ㉠, ㉢
③ ㉡, ㉢
④ ㉠, ㉡, ㉢

32

차폐효과에 대한 설명으로 옳지 않은 것은?

① 차폐음과 배음의 주파수가 가까울 때 차폐 효과가 크다.
② 헤어드라이어 소음 때문에 전화 음을 듣지 못한 것과 관련이 있다.
③ 유의적 신호와 배경 소음의 차이를 신호/소음(S/N) 비로 나타낸다.
④ 차폐효과는 어느 한 음 때문에 다른 음에 대한 감도가 증가되는 현상이다.

33

산업안전보건기준에 관한 규칙상 '강렬한 소음 작업'에 해당하는 기준은?

① 85데시벨 이상의 소음이 1일 4시간 이상 발생하는 작업
② 85데시벨 이상의 소음이 1일 8시간 이상 발생하는 작업
③ 90데시벨 이상의 소음이 1일 4시간 이상 발생하는 작업
④ 90데시벨 이상의 소음이 1일 8시간 이상 발생하는 작업

*소음작업
1일 8시간 작업을 기준으로하여 85dB 이상의 소음이 발생하는 작업

① 강렬한 소음작업

데시벨(이상)	발생시간(1일 기준)
90dB	8시간 이상
95dB	4시간 이상
100dB	2시간 이상
105dB	1시간 이상
110dB	30분 이상
115dB	15분 이상

② 충격 소음작업

데시벨(이상)	발생시간(1일 기준)
120dB	10000회 이상
130dB	1000회 이상
140dB	100회 이상

34

HAZOP 기법에서 사용하는 가이드 워드와 의미가 잘못 연결된 것은?

① No/Not - 설계 의도의 완전한 부정
② More/Less - 정량적인 증가 또는 감소
③ Part of - 성질상의 감소
④ Other than - 기타 환경적인 요인

*HAZOP(Hazard and Operability)의 가이드워드

종류	의미
As Well As	성질상의 증가
Part Of	성질상의 감소
Reverse	설계의도의 논리적 반대
No/Not	설계의도의 완전한 부정
Less	정량적인 감소
More	정량적인 증가
Other Than	완전한 대체

35

그림과 같이 신뢰도가 95%인 펌프 A가 각각 신뢰도 90%인 밸브 B와 밸브 C의 병렬밸브계와 직렬계를 이룬 시스템의 실패확률은 약 얼마인가?

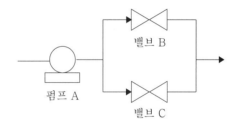

① 0.0091
② 0.0595
③ 0.9405
④ 0.9811

*고장확률(=발생확률)
$$R(신뢰도) = A \cdot \{1-(1-B)(1-C)\}$$
$$= 0.95 \times \{1-(1-0.9)(1-0.9)\} = 0.9405$$

∴ 발생확률 $= 1 - R = 1 - 0.9405 = 0.0595$

36

인간이 기계보다 우수한 기능으로 옳지 않은 것은? (단, 인공지능은 제외한다.)

① 암호화된 정보를 신속하게 대량으로 보관할 수 있다.
② 관찰을 통해서 일반화하여 귀납적으로 추리한다.
③ 항공사진의 피사체나 말소리처럼 상황에 따라 변화하는 복잡한 자극의 형태를 식별할 수 있다.
④ 수신 상태가 나쁜 음극선관에 나타나는 영상과 같이 배경 잡음이 심한 경우에도 신호를 인지할 수 있다.

> ① 기계는 인간보다 정보 저장능력이 뛰어나다.

37

FTA에서 사용되는 최소 컷셋에 대한 설명으로 옳지 않은 것은?

① 일반적으로 Fussell Algorithm을 이용한다.
② 정상사상(Top event)을 일으키는 최소한의 집합이다.
③ 반복되는 사건이 많은 경우 Limnios와 Ziani Algorithm을 이용하는 것이 유리하다.
④ 시스템에 고장이 발생하지 않도록 하는 모든 사상의 집합이다.

> ***컷셋(Cut set)과 패스셋(Path set)**
> ① 컷셋(Cut set)
> 모든 기본사상이 발생했을 때, 정상사상을 발생시키는 기본사상들의 집합이다.
> ② 미니멀 컷셋(Minimal cut set)
> 정상사상을 발생시키기 위한 최소한의 컷셋으로 시스템의 위험성을 나타낸다.

> ③ 패스셋(Path set)
> 모든 기본사상이 발생하지 않을 때, 처음으로 정상사상을 발생시키지 않는 기본사상들의 집합이다.
> ④ 미니멀 패스셋(Minimal Path set)
> 정상사상을 발생시키지 않는 최소한의 패스셋으로 시스템의 신뢰성을 나타낸다.

38

직무에 대하여 청각적 자극 제시에 대한 음성 응답을 하도록 할 때 가장 관련 있는 양립성은?

① 공간적 양립성   ② 양식 양립성
③ 운동 양립성   ④ 개념적 양립성

> ***양립성(Compatibility)**
> 자극과 반응 조합의 관계에서 인간의 기대와 모순되지 않는 성질
>
> | 종류 | 정의 |
> |---|---|
> | 운동 양립성 | 장치의 조작방향과 장치의 반응결과가 일치하는 성질 |
> | 공간 양립성 | 장치의 배치와 장치의 반응결과가 일치하는 성질 |
> | 개념 양립성 | 인간의 개념적 연상과 일치하는 성질 |
> | 양식 양립성 | 자극에 따라 정해진 응답양식이 존재하는 성질 |

39

컴퓨터 스크린 상에 있는 버튼을 선택하기 위해 커서를 이동시키는데 걸리는 시간을 예측하는 가장 적합한 법칙은?

① Fitts의 법칙　　② Lewin의 법칙
③ Hick의 법칙　　④ Weber의 법칙

*피츠의 법칙(Fitt's law)
목표물의 크기가 작고 움직이는 거리가 증가할수록 운동 시간(MT)이 증가한다는 법칙으로 빠르게 수행되는 운동일수록 정확도가 떨어진다는 원리를 바탕으로 한다.

$$MT = a + b\log_2\left(\frac{D}{W} + 1\right)$$

여기서,
MT : 운동시간 [sec]
a, b : 실험상수
D : 타겟중심까지의 거리 [mm]
W : 목표물의 크기 [mm]

40

설비의 고장과 같이 발생확률이 낮은 사건의 특정 시간 또는 구간에서의 발생횟수를 측정하는데 가장 적합한 확률분포는?

① 이항분포(Binomial distribution)
② 푸아송분포(Poisson distribution)
③ 와이블분포(Weibulll distribution)
④ 지수분포(Exponential distribution)

*푸아송 분포(Poisson Distribution)
설비의 고장과 같이 특정시간 또는 구간에 어떤 사건의 발생확률이 적은 경우 그 사건의 발생횟수를 측정하는 확률분포이다.

41

산업안전보건법령상 양중기를 사용하여 작업하는 운전자 또는 작업자가 보기 쉬운 곳에 해당 양중기에 대해 표시하여야할 내용으로 가장 거리가 먼 것은?
(단, 승강기는 제외한다.)

① 정격 하중
② 운전 속도
③ 경고 표시
④ 최대 인양 높이

*양중기에 대한 표시사항
① 정격하중
② 운전속도
③ 경고표시

42

롤러기의 급정지장치에 관한 설명으로 가장 적절하지 않은 것은?

① 복부 조작식은 조작부 중심점을 기준으로 밑면으로부터 1.2 ~ 1.4m 이내의 높이로 설치한다.
② 손 조작식은 조작부 중심점을 기준으로 밑면으로부터 1.8m 이내의 높이로 설치한다.
③ 급정지장치의 조작부에 사용하는 줄은 사용 중에 늘어져서는 안된다.
④ 급정지장치의 조작부에 사용하는 줄은 충분한 인장강도를 가져야 한다.

*롤러기의 급정지장치
작업자가 조작부를 설치하여 건드리면 구동에너지가 차단되어 급정지가 되는 장치

종류	위치
손조작식	밑면에서 1.8m 이내
복부조작식	밑면에서 0.8m 이상 1.1m 이내
무릎조작식	밑면에서 0.6m 이내

✔ 단, 급정지장치 조작부의 중심점을 기준으로 한다.

43

연삭기의 안전작업수칙에 대한 설명 중 가장 거리가 먼 것은?

① 숫돌의 정면에 서서 숫돌 원주면을 사용한다.
② 숫돌 교체시 3분 이상 시운전을 한다.
③ 숫돌의 회전은 최고 사용 원주속도를 초과하여 사용하지 않는다.
④ 연삭숫돌에 충격을 가하지 않는다.

연삭작업 시 숫돌의 측면에 서서 숫돌 원주면을 사용한다.

44

롤러기의 가드와 위험점검간의 거리가 $100mm$일 경우 ILO 규정에 의한 가드 개구부의 안전간격은?

① $11mm$　　　　　② $21mm$
③ $26mm$　　　　　④ $31mm$

*개구부의 안전간격

조건	$X < 160mm$	$X \geq 160mm$
전동체가 아니거나 조건이 주어지지 않은 경우	$Y = 6 + 0.15X$	$Y = 30mm$
전동체인 경우	$Y = 6 + 0.1X$	

여기서, X : 가드 개구부의 간격 [mm]
　　　　Y : 가드와 위험점 간의 거리 [mm]

롤러의 맞물림점은 비전동체이므로
$Y = 6 + 0.15X = 6 + 0.15 \times 100 = 21mm$

45

지게차의 포크에 적재된 화물이 마스트 후방으로 낙하함으로서 근로자에게 미치는 위험을 방지하기 위하여 설치하는 것은?

① 헤드가드　　　　② 백레스트
③ 낙하방지장치　　④ 과부하방지장치

*백레스트(Back Rest)
지게차의 포크에 적재된 화물이 마스트 후방으로 낙하함으로서 근로자에게 미치는 위험을 방지하기 위하여 설치하는 장치이며, 낙하에 대한 위험이 없다면 반드시 갖추지 않아도 된다.

46

산업안전보건법령상 프레스 및 전단기에서 안전블록을 사용해야 하는 작업으로 가장 거리가 먼 것은?

① 금형 가공작업　　② 금형 해체작업
③ 금형 부착작업　　④ 금형 조정작업

프레스기의 금형을 부착·해체 또는 조정하는 작업을 할 때, 근로자의 신체 일부가 위험한계에 들어갈 시 슬라이드가 갑자기 작동함으로써 근로자에게 발생하는 위험을 방지하기 위해 안전블록을 사용해야 한다.

47

다음 중 기계설비의 안전조건에서 안전화의 종류로 가장 거리가 먼 것은?

① 재질의 안전화　　② 작업의 안전화
③ 기능의 안전화　　④ 외형의 안전화

*기계설비의 안전조건
① 구조의 안전화
② 기능의 안전화(＝기능적 안전화)
③ 외형의 안전화(＝외관상 안전화)
④ 작업의 안전화
⑤ 작업점의 안전화

48

다음 중 비파괴검사법으로 틀린 것은?

① 인장검사　　　　② 자기탐상검사
③ 초음파탐상검사　④ 침투탐상검사

49

산업안전보건법령상 아세틸렌 용접장치를 사용하여 금속의 용접·용단 또는 가열작업을 하는 경우 게이지 압력은 얼마를 초과하는 압력의 아세틸렌을 발생시켜 사용하면 안되는가?

① 98 kPa   ② 127 kPa
③ 147 kPa   ④ 196 kPa

아세틸렌 용접장치의 게이지 압력이 127kPa 을 초과하는 압력의 아세틸렌을 발생시켜 사용하여서는 안된다.

50

산업안전보건법령상 산업용 로봇으로 인하여 근로자에게 발생할 수 있는 부상 등의 위험이 있는 경우 위험을 방지하기 위하여 울타리를 설치할 때 높이는 최소 몇 m 이상으로 해야하는가?
(단, 산업표준화법 및 국제적으로 통용되는 안전기준은 제외한다.)

① 1.8   ② 2.1
③ 2.4   ④ 1.2

로봇을 운전하는 경우에 근로자가 로봇에 부딪칠 위험이 있을 때에는 안전매트 및 높이 1.8m 이상의 방책을 설치하는 등 위험을 방지하기 위하여 필요한 조치를 하여야 한다.

51

크레인의 사용 중 하중이 정격을 초과하였을 때 자동적으로 상승이 정지되는 장치는?

① 해지장치   ② 이탈방지장치
③ 아우트리거   ④ 과부하방지장치

*과부하방지장치
하중이 정격을 초과하였을 때 자동적으로 상승이 정지되는 방호장치

52

인간이 기계 등의 취급을 잘못해도 그것이 바로 사고나 재해와 연결되는 일이 없는 기능을 의미하는 것은?

① fail safe   ② fail active
③ fail operational   ④ fool proof

*Fool Proof(바보 방지 설계)
제품을 설계할 때 잘못 사용될 가능성을 사전에 방지하는 설계이다.

53

산압안전보건법령상 컨베이어를 사용하여 작업을 할 때 작업시작 전 점검사항으로 가장 거리가 먼 것은?

① 원동기 및 풀리(pulley) 기능의 이상 유무
② 이탈 등의 방지장치 기능의 이상 유무
③ 유압장치의 기능의 이상 유무
④ 비상정지장치 기능의 이상 유무

*컨베이어 작업시작 전 점검사항
① 원동기 및 풀리 기능의 이상 유무
② 이탈 등의 방지장치 기능의 이상 유무
③ 비상정지장치 기능의 이상 유무
④ 원동기·회전축·기어 및 풀리 등의 덮개 또는 울 등의 이상 유무

54

다음 중 기계설비에서 반대로 회전하는 두 개의 회전체가 맞닿는 사이에 발생하는 위험점으로 가장 적절한 것은?

① 물림점　　　　② 협착점
③ 끼임점　　　　④ 절단점

*기계설비의 위험점

위험점	그림	설명
협착점		왕복운동을 하는 동작부와 움직임이 없는 고정부 사이에 형성되는 위험점 ex) 프레스전단기, 성형기, 조형기 등
끼임점		회전운동을 하는 동작부와 움직임이 없는 고정부 사이에 형성되는 위험점 ex) 연삭숫돌과 하우스, 교반기 날개와 하우스, 회전운동을 하는 기계 등
절단점		회전하는 운동 부분 자체의 위험에서 초래되는 위험점 ex) 밀링커터, 둥근톱날 등
물림점		2개의 회전체가 맞닿는 사이에 발생하는 위험점 ex) 기어, 롤러 등
접선 물림점		회전하는 부분의 접선방향으로 물려 들어가는 위험점 ex) V벨트풀리, 평벨트, 체인과 스프로킷 등
회전 말림점		회전하는 물체에 작업복 등이 말려드는 위험점 ex) 회전축, 커플링, 드릴 등

55

선반 작업 시 안전수칙으로 가장 적절하지 않은 것은?

① 기계에 주유 및 청소 시 반드시 기계를 정지시키고 한다.
② 칩 제거시 브러시를 사용한다.
③ 바이트에는 칩 브레이커를 설치한다.
④ 선반의 바이트는 끝을 길게 장치한다.

④ 선반의 바이트는 끝을 짧게 장치한다.

56

산업안전보건법령상 산업용 로봇의 작업 시작 전 점검 사항으로 가장 거리가 먼 것은?

① 외부 전선의 피복 또는 외장의 손상 유무
② 압력방출장치의 이상 유무
③ 매니퓰레이터 작동 이상 유무
④ 제동장치 및 비상정지 장치의 기능

*산업용 로봇의 작업시작 전 점검사항
① 외부전선의 피복 또는 외장의 손상 유무
② 제동장치 및 비상정지장치의 기능
③ 매니퓰레이터 작동의 이상 유무

57

산업안전보건법령상 보일러의 과열을 방지하기 위하여 최고사용압력과 상용압력 사이에서 보일러의 버너 연소를 차단하여 정상 압력으로 유도하는 방호장치로 가장 적절한 것은?

① 압력방출장치
② 고저수위조절장치
③ 언로우드밸브
④ 압력제한스위치

*압력제한스위치
보일러의 과열을 방지하기 위하여 최고사용압력과 상용압력 사이에서 보일러의 버너 연소를 차단하여 정상 압력으로 유도하는 방호장치

58

프레스 작동 후 슬라이드가 하사점에 도달할 때까지의 소요시간이 $0.5s$일 때 양수기동식 방호장치의 안전거리는 최소 얼마인가?

① $200mm$
② $400mm$
③ $600mm$
④ $800mm$

*방호장치의 안전거리(D)
$D = 1.6T = 1.6 \times 0.5 = 0.8m = 800mm$

59

둥근톱기계의 방호장치 중 반발예방장치의 종류로 틀린 것은?

① 분할날
② 반발방지 기구(finger)
③ 보조 안내판
④ 안전덮개

*반발예방장치의 종류
① 분할날
② 반발방지 기구
③ 보조 안내판
④ 안전덮개 : 날접촉예방장치

60

산업안전보건법령상 형삭기(slotter, shaper)의 주요 구조부로 가장 거리가 먼 것은?
(단, 수치제어식은 제외)

① 공구대   ② 공작물 테이블
③ 램   ④ 아버

*아버(Arbor)
밀링머신에 장치하여 사용하는 축

61

피뢰기가 구비하여야 할 조건으로 틀린 것은?

① 제한전압이 낮아야 한다.
② 상용 주파 방전 개시 전압이 높아야 한다.
③ 충격방전 개시전압이 높아야 한다.
④ 속류 차단 능력이 충분하여야 한다.

*피뢰기의 성능조건
① 제한전압이 낮을 것
② (충격)방전개시전압이 낮을 것
③ 상용주파 방전개시전압은 높을 것
④ 뇌전류 방전능력이 클 것
⑤ 속류차단을 확실하게 할 것
⑥ 반복동작이 가능할 것
⑦ 구조가 견고하고 특성이 변화하지 않을 것
⑧ 점검 및 보수가 간단할 것

62

다음 중 정전기의 발생 현상에 포함되지 않는 것은?

① 파괴에 의한 발생
② 분출에 의한 발생
③ 전도 대전
④ 유동에 의한 대전

*정전기 대전현상의 종류

종류	설명
마찰대전	종이, 필름 등이 금속롤러와 마찰을 일으킬 때 전하분리로 인하여 정전기가 발생되는 현상
박리대전	서로 밀착해 있는 물체가 분리될 때 전하분리로 인하여 정전기가 발생되는 현상
유동대전	파이프 속에서 액체가 유동할 때 발생하는 대전현상으로, 액체의 흐름속도가 정전기 발생에 영향을 준다.
분출대전	분체류가 단면적이 작은 분출구를 통해 공기 중으로 분출될 때 분출하는 물질과 분출구의 마찰로 인해 정전기가 발생되는 현상
충돌대전	분체류와 같은 입자 상호간이나 입자와 고체와의 충돌에 의해 빠른 접촉 또는 분리가 일어나 정전기가 발생되는 현상
파괴대전	고체나 분체류와 같은 물체가 파괴되었을 때 전하분리에 의해 정전기가 발생되는 현상
교반대전	액체류 수송 중 액체류 상호간 또는 액체와 고체와의 상호작용에 의해 정전기가 발생하는 현상

63

방폭기기에 별도의 주위 온도 표시가 없을 때 방폭기기의 주위 온도 범위는?
(단, 기호 "X"의 표시가 없는 기기이다.)

① 20℃ ~ 40℃
② -20℃ ~ 40℃
③ 10℃ ~ 50℃
④ -10℃ ~ 50℃

64

정전기로 인한 화재 및 폭발을 방지하기 위하여 조치가 필요한 설비가 아닌 것은?

① 드라이클리닝 설비
② 위험물 건조설비
③ 화약류 제조설비
④ 위험기구의 제전설비

65

$300A$의 전류가 흐르는 저압 가공전선로의 1선 에서 허용 가능한 누설전류(mA)는?

① 600   ② 450
③ 300   ④ 150

66

산업안전보건기준에 관한 규칙 제 319조에 따라 감전될 우려가 있는 장소에서 작업을 하기 위해 서는 전로를 차단하여야 한다. 전로 차단을 위한 시행 절차 중 틀린 것은?

① 전기기기 등에 공급되는 모든 전원을 관련 도면, 배선도 등으로 확인
② 각 단로기를 개방한 후 전원 차단
③ 단로기 개방 후 차단장치나 단로기 등에 잠금장치 및 꼬리표를 부착
④ 잔류전하 방전 후 검전기를 이용하여 작업 대상기기가 충전되어 있는 지 확인

67

유자격자가 아닌 근로자가 방호되지 않은 충전전로 인근의 높은 곳에서 작업할 때에 근로자의 몸은 충전전로에서 몇 cm 이내로 접근할 수 없도록 하여야 하는가?
(단, 대지전압이 $50kV$이다.)

① 50   ② 100
③ 200   ④ 300

68

다음 중 정전기의 재해방지 대책으로 틀린 것은?

① 설비의 도체 부분을 접지
② 작업자는 정전화를 착용
③ 작업장의 습도를 30% 이하로 유지
④ 배관 내 액체의 유속제한

*정전기 제거방법
① 공기 중 상대습도를 70% 이상으로 하는 방법
② 도전성재료 사용
③ 대전방지제 사용
④ 제전기 사용
⑤ 접지에 의한 방법
⑥ 공기를 이온화하는 방법

69

가스(발화온도 120℃)가 존재하는 지역에 방폭기기를 설치하고자 한다. 설치가 가능한 기기의 온도 등급은?

① T2
② T3
③ T4
④ T5

*폭발성가스의 발화온도

최고표면온도의 범위[℃]	온도등급
450 초과	G1
300 초과 450 이하	G2
200 초과 300 이하	G3
135 초과 200 이하	G4
100 초과 135 이하	G5(=T5)
85 초과 100 이하	G6

✔ 숫자가 동일한 것들 끼리 동일한 등급이다.

70

변압기의 ~~중성점을~~ ~~제2종~~ ~~접지한~~ ~~수전전압~~ ~~22.9kV,~~ ~~사용전압~~ ~~220V인~~ ~~공장에서~~ ~~외함을~~ ~~제3종~~ ~~접지공사를~~ ~~한~~ ~~전동기가~~ ~~운전~~ ~~중에~~ ~~누전되~~ ~~었을~~ ~~경우에~~ ~~작업자가~~ ~~접촉될~~ ~~수~~ ~~있는~~ ~~최소전압은~~ ~~약~~ ~~몇~~ ~~V인가?~~
~~(단, 1선 지락전류 10A, 제3종 접지저항 30Ω,~~
~~인체저항 : 10000Ω 이다.)~~

~~① 116.7~~   ~~② 127.5~~
~~③ 146.7~~   ~~④ 165.6~~

출제 기준에서 제외된 내용입니다.

71

제전기의 종류가 아닌 것은?

① 전압인가식 제전기
② 정전식 제전기
③ 방사선식 제전기
④ 자기방전식 제전기

*제전기의 종류
① 전압인가식 제전기
② 이온식 제전기(방사선식 제전기)
③ 자기방전식 제전기

72

정전기 방전현상에 해당되지 않는 것은?

① 연면방전
② 코로나 방전
③ 낙뢰방전
④ 스팀방전

73

전로에 지락이 생겼을 때에 자동적으로 전로를 차단하는 장치를 시설해야하는 전기기계의 사용 전압 기준은?
(단, 금속제 외함을 가지는 저압의 기계 기구로서 사람이 쉽게 접촉할 우려가 있는 곳에 시설되어 있다.)

① 30 V 초과
② 50 V 초과
③ 90 V 초과
④ 150 V 초과

*자동적으로 전로를 차단하는 장치를 시설해야하는 전기기계의 사용전압 기준
50 V 초과

74

정전용량 $C = 20\mu F$, 방전 시 전압 $V = 2kV$일 때 정전에너지(J)는 얼마인가?

① 40
② 80
③ 400
④ 800

*착화에너지(=발화에너지, 정전에너지 E) $[J]$

$$E = \frac{1}{2}CV^2 = \frac{1}{2} \times 20 \times 10^{-6} \times (2 \times 10^3)^2 = 40J$$

여기서,
C : 정전용량 $[F]$
V : 전압 $[V]$
$\mu = 10^{-6}$

75

전로에 시설하는 기계기구의 금속제 외함에 접지공사를 하지 않아도 되는 경우로 틀린 것은?

① 저압용의 기계기구를 건조한 목재의 마루 위에서 취급하도록 시설한 경우
② 외함 주위에 적당한 절연대를 설치한 경우
③ 교류 대지 전압이 380 V 이하인 기계기구를 건조한 곳에 시설한 경우
④ 전기용품 및 생활용품 안전관리법의 적용을 받는 2중 절연구조로 되어 있는 기계기구를 시설하는 경우

*금속제 외함에 접지공사를 안해도 되는 경우
① 「전기용품 및 생활용품 안전관리법」이 적용되는 이중절연 또는 이와 같은 수준 이상으로 보호되는 구조로 된 전기기계·기구
② 절연대 위 등과 같이 감전 위험이 없는 장소에서 사용하는 전기기계·기구
③ 비접지방식의 전로(그 전기기계·기구의 전원측의 전로에 설치한 절연변압기의 2차 전압이 300 V 이하, 정격용량이 $3kV \cdot \Omega$ 이하이고 그 절연전압기의 부하측의 전로가 접지되어 있지 아니한 것으로 한정한다)에 접속하여 사용되는 전기기계·기구

76

Dalziel에 의하여 동물 실험을 통해 얻어진 전류 값을 인체에 적용했을 때 심실세동을 일으키는 전기에너지(J)는 약 얼마인가?
(단, 인체 전기저항은 500Ω으로 보며, 흐르는 전류 $I = \frac{165}{\sqrt{T}} mA$로 한다.)

① 9.8
② 13.6
③ 19.6
④ 27

*심실세동 전기에너지(Q)

$$Q = I^2 RT$$
$$= \left(\frac{165 \times 10^{-3}}{\sqrt{T}}\right)^2 \times R \times T$$
$$= \left(\frac{165 \times 10^{-3}}{\sqrt{1}}\right)^2 \times 500 \times 1 = 13.61\,J$$

여기서,
R : 저항 [Ω]
T : 시간 [sec] (주어지지 않을 경우 $T = 1\,\text{sec}$)

77

전기설비의 방폭구조의 종류가 아닌 것은?

① 근본 방폭구조
② 압력 방폭구조
③ 안전증 방폭구조
④ 본질안전 방폭구조

*방폭구조의 종류

종류	내용
내압 방폭구조 (d)	용기 내 폭발시 용기가 그 압력을 견디고 개구부 등을 통해 외부에 인화될 우려가 없는 구조
압력 방폭구조 (p)	용기 내에 보호가스를 압입시켜 대기압 이상으로 유지하여 폭발성 가스가 유입되지 않도록 하는 구조
안전증 방폭구조 (e)	운전 중에 생기는 아크, 스파크, 발열 등의 발화원을 제거하여 안전도를 증가시킨 구조
유입 방폭구조 (o)	전기불꽃, 아크, 고온 발생 부분을 기름으로 채워 폭발성 가스 또는 증기에 인화되지 않도록 한 구조
본질안전 방폭구조 (ia, ib)	운전 중 단선, 단락, 지락에 의한 사고시 폭발 점화원의 발생이 방지된 구조
비점화 방폭구조 (n)	운전중에 점화원을 차단하여 폭발이 일어나지 않고, 이상 상태에서 짧은시간 동안 방폭기능을 할 수 있는 구조
몰드 방폭구조 (m)	전기불꽃, 고온 발생 부분은 컴파운드로 밀폐한 구조

78

작업자가 교류전압 $7000\,V$ 이하의 전로에 활선 근접 작업 시 감전사고 방지를 위한 절연용 보호구는?

① 고무절연관
② 절연시트
③ 절연커버
④ 절연안전모

안전모 : $7000\,V$ 이하의 전압에 견딜 것

79

방폭전기기기에 "Ex ia IIC T4 Ga"라고 표시되어 있다. 해당 기기에 대한 설명으로 틀린 것은?

① 정상 작동, 예상된 오작동에 또는 드문 오작동 중에 점화원이 될 수 없는 "매우 높은" 보호등급의 기기이다.
② 온도 등급이 T4이므로 최고표면온도가 150℃를 초과해서는 안된다.
③ 본질안전 방폭구조로 0종 장소에서 사용이 가능하다.
④ 수소 및 아세틸렌 등의 가스가 존재하는 곳에 사용이 가능하다.

*방폭전기기기의 온도등급

최고표면온도 [℃]	온도등급
300 초과 450 이하	T1
200 초과 300 이하	T2
135 초과 200 이하	T3
100 초과 135 이하	T4
85 초과 100 이하	T5
85 이하	T6

77.① 78.④ 79.②

80

전기기계·기구의 기능 설명으로 옳은 것은?

① CB는 부하전류를 개폐시킬 수 있다.
② ACB는 진공 중에서 차단동작을 한다.
③ DS는 회로의 개폐 및 대용량부하를 개폐
　시킨다.
④ 피뢰침은 뇌나 계통의 개폐에 의해 발생
　하는 이상 전압을 대지로 방전시킨다.

*전기기계·기구의 기능

전기기계·기구	설명
차단기 (CB)	고장전류와 같이 대전류를 차단하여 회로보호를 주목적으로 하는 장치이며, 부하전류를 개폐시킬 수 있다.
기중 차단기 (ACB)	대기 중에서 아크를 길게 하여 소호하는 차단기
단로기 (DS)	무부하 선로의 개폐하는 역할
유입 차단기 (OCB)	기름을 이용하여 소호하는 차단기
진공 차단기 (VCB)	고진공 중에서 전자의 고속도 확산에 의해 차단하는 차단기

80.①

3회차

산업안전기사 기출문제
제 5과목 : 화학설비 안전 관리

81

다음 중 압축기 운전시 토출압력이 갑자기 증가하는 이유로 가장 적절한 것은?

① 윤활유의 과다
② 피스톤 링의 가스 누설
③ 토출관 내에 저항 발생
④ 저장조 내 가스압의 감소

토출압력은 토출관 내에 저항 발생 시 급증한다.

82

진한 질산이 공기 중에서 햇빛에 의해 분해되었을 때 발생하는 갈색증기는?

① N_2　　　　② NO_2
③ NH_3　　　　④ NH_2

*질산(HNO_3) 분해식

$4HNO_3 \rightarrow 4NO_2 + 2H_2O + O_2$
(질산)　(이산화질소)　(물)　(산소)
에서 갈색증기는 이산화질소(NO_2)를 의미한다.

83

고온에서 완전 열분해하였을 대 산소를 발생하는 물질은?

① 황화수소　　　② 과염소산칼륨
③ 메틸리튬　　　④ 적린

*과염소산칼륨의 완전열분해식

$KaO_4 \rightarrow Ka + 2O_2$
(과염소산칼륨)　(염화칼륨)　(산소)

84

다음 중 분진 폭발에 관한 설명으로 틀린 것은?

① 폭발한계 내에서 분진의 휘발성분이 많으면 폭발 위험성이 높다.
② 분진이 발화 폭발하기 위한 조건은 가연성, 미분상태, 공기 중에서의 교반과 유동 및 점화원의 존재이다.
③ 가스폭발과 비교하여 연소의 속도나 폭발의 압력이 크고, 연소시간이 짧으며, 발생에너지가 작다.
④ 폭발한계는 입자의 크기, 입도분포, 산소농도, 함유수분, 가연성가스의 혼입 등에 의해 같은 물질의 분진에서도 달라진다.

③ 분진폭발은 가스폭발에 비해 연소의 속도나 폭발의 압력은 작으나 연소시간이 길고 발생에너지가 크다.

85

다음 중 유류화재의 화재급수에 해당하는 것은?

① A급　　　　② B급
③ C급　　　　④ D급

등급	종류	색	소화방법
A급	일반화재	백색	냉각소화
B급	유류 및 가스화재	황색	질식소화
C급	전기화재	청색	질식소화
D급	금속화재	무색	피복소화

86

증기 배관 내에 생성하는 응축수를 제거할 때 증기가 배출되지 않도록 하면서 응축수를 자동적으로 배출하기 위한 장치를 무엇이라 하는가?

① Vent stack   ② Steam trap
③ Blow down   ④ Relief valve

*증기트랩(Steam Trap)
증기 열교환기 등에서 나오는 응축수를 자동적으로 급속히 환수관측 등에 배출시키는 기구

87

다음 중 수분(H_2O)과 반응하여 유독성 가스인 포스핀이 발생되는 물질은?

① 금속나트륨   ② 알루미늄 분발
③ 인화칼슘   ④ 수소화리튬

인화칼슘(Ca_3P_2)은 물(H_2O)과 반응하여 포스핀가스($2PH_3$)를 발생시킨다.

$$Ca_3P_2 + 6H_2O \rightarrow 3Ca(OH)_2 + 2PH_3$$
(인화칼슘) (물) (수산화칼슘) (포스핀)

88

대기압에서 사용하나 증발에 의한 액체의 손실을 방지함과 동시에 액면 위의 공간에 폭발성 위험 가스를 형성할 위험이 적은 구조의 저장탱크는?

① 유동형 지붕 탱크
② 원추형 지붕 탱크
③ 원통형 저장 탱크
④ 구형 저장탱크

*유동형 지붕 탱크(Floating roof tank)
천장이 고정돼있지 않은 저장탱크로 휘발성이 강한 액체의 손실을 방지할 수 있다.

89

자동화재탐지설비의 감지기 종류 중 열감지기가 아닌 것은?

① 차동식   ② 정온식
③ 보상식   ④ 광전식

*화재감지기의 분류
① 열감지 방식 : 차동식, 정온식, 보상식 등
② 연기감지 방식 : 이온화식, 광전식 등

90

산업안전보건법령에서 규정하고 있는 위험물질의 종류 중 부식성 염기류로 분류되기 위하여 농도가 40% 이상이어야 하는 물질은?

① 염산   ② 아세트산
③ 불산   ④ 수산화칼륨

구분	기준농도	물질
부식성 산류	20% 이상	염산, 황산, 질산
	60% 이상	인산, 아세트산, 플루오르산
부식성 염기류	40% 이상	수산화나트륨, 수산화칼륨

91

인화점이 각 온도 범위에 포함되지 않는 물질은?

① −30℃ 미만 : 디에틸에테르
② −30℃ 이상 0℃ 미만 : 아세톤
③ 0℃ 이상 30℃ 미만 : 벤젠
④ 30℃ 이상 65℃ 이하 : 아세트산

*각 물질의 인화점

물질	인화점
디에틸에테르	−45℃
아세톤	−18℃
벤젠	−11℃
아세트산	39℃

92

다음 중 아세틸렌을 용해가스로 만들 때 사용되는 용제로 가장 적합한 것은?

① 아세톤
② 메탄
③ 부탄
④ 프로판

아세틸렌은 아세톤에 용해되기 때문에 용해가스로 만들 때 <u>아세톤이 용제로 사용된다.</u>

93

다음 중 산업안전보건법령상 화학설비의 부속설비로만 이루어진 것은?

① 사이클론, 백필터, 전기집진기 등 분진처리설비
② 응축기, 냉각기, 가열기, 증발기 등 열교환기류
③ 고로 등 점화기를 직접 사용하는 열교환기류
④ 혼합기, 발포기, 압출기 등 화학제품 가공설비

*화학설비 및 그 부속설비의 종류

구분	종류
화학 설비	① 반응기·혼합조 등 화학물질 반응 또는 혼합 장치 ② 증류탑·흡수탑·추출탑·감압탑 등 화학물질 분리장치 ③ 저장탱크·계량탱크·호퍼·사일로 등 화학물질 저장설비 또는 계량설비 ④ 응축기·냉각기·가열기·증발기 등 열교환기류 ⑤ 고로 등 점화기를 직접 사용하는 열교환기류 ⑥ 캘린더·혼합기·발포기·인쇄기·압출기 등 화학제품 가공설비 ⑦ 분쇄기·분체분리기·용융기 등 분체화학물질 취급장치 ⑧ 결정조·유동탑·탈습기·건조기 등 분체화학 물질 분리장치 ⑨ 펌프류·압축기·이젝터 등의 화학물질 이송 또는 압축설비
부속 설비	① 배관·밸브·관·부속류 등 화학물질 이송 관련 설비 ② 온도·압력·유량 등을 지시·기록 등을 하는 자동제어 관련 설비 ③ 안전밸브·안전판·긴급차단 또는 방출밸브 등 비상조치 관련 설비 ④ 가스누출감지 및 경보 관련 설비 ⑤ 세정기, 응축기, 벤트스택, 플레어스택 등 폐가스 처리설비 ⑥ 사이클론, 백필터, 전기집진기 등 분진처리설비 ⑦ ①부터 ⑥까지의 설비를 운전하기 위하여 부속된 전기 관련 설비 ⑧ 정전기 제거장치, 긴급 샤워설비 등 안전 관련 설비

91.③ 92.① 93.①

94

다음 중 밀폐 공간 내 작업 시의 조치사항으로 가장 거리가 먼 것은?

① 산소결핍이나 유해가스로 인한 질식의 우려가 있으면 진행 중인 작업에 방해되지 않도록 주의하면서 환기를 강화해야 한다.
② 해당 작업장을 적정한 공기상태로 유지되도록 환기하여야 한다.
③ 그 장소에 근로자를 입장시킬 때와 퇴장시킬 때마다 인원을 점검하여야 한다.
④ 그 작업장과 외부의 감시인 간에 항상 연락을 취할 수 있는 설비를 설치하여야 한다.

*밀폐 공간 내 환기에 대한 조치사항
① 사업주는 근로자가 밀폐공간에서 작업을 하는 경우에 작업을 시작하기 전과 작업 중에 해당 작업장을 적정공기 상태가 유지되도록 환기하여야 한다. 다만, 폭발이나 산화 등의 위험으로 인하여 환기할 수 없거나 작업의 성질상 환기하기가 매우 곤란한 경우에는 근로자에게 공기호흡기 또는 송기마스크를 지급하여 착용하도록 하고 환기하지 아니할 수 있다.
② 근로자는 1.에 따라 지급된 보호구를 착용하여야 한다.

95

산업안전보건법령상 폭발성 물질을 취급하는 화학설비를 설치하는 경우에 단위공정설비로부터 다른 단위 공정설비 사이의 안전거리는 설비 바깥 면으로부터 몇 m 이상이어야 하는가?

① 10 ② 15
③ 20 ④ 30

단위공정시설 및 설비로부터 다른 단위공정 시설 및 설비 사이의 안전거리는 설비의 바깥 면으로부터 <u>10m 이상</u> 되어야 할 것

96

탄화수소 증기의 연소하한값 추정식은 연료의 양론농도(C_{st})의 0.55배이다. 프로판 1몰의 연소반응식이 다음과 같을 때 연소하한값은 약 몇 $vol\%$인가?

$$C_3H_8 + 5O_2 \rightarrow 3CO_2 + 4H_2O$$

① 2.22 ② 4.03
③ 4.44 ④ 8.06

*완전연소조성농도(=화학양론조성, C_{st})

$$C_{st} = \frac{100}{1 + 4.773\left(a + \dfrac{b-c-2d}{4}\right)}$$

여기서,
C_{st} : 완전연소조성농도 [%]
a : 탄소의 원자수
b : 수소의 원자수
c : 할로겐원자의 원자수
d : 산소의 원자수

$$C_{st} = \frac{100}{1 + 4.773\left(3 + \dfrac{8}{4}\right)} = 4.02 vol\%$$

$$L = 0.55 \times C_{st} = 0.55 \times 4.02 = 2.21 vol\%$$

97

에틸알콜(C_2H_5OH) 1몰이 완전연소할 때 생성되는 CO_2의 몰수로 옳은 것은?

① 1   ② 2   ③ 3   ④ 4

*에틸알코올 연소반응식
$$\underset{(\text{에틸알코올})}{C_2H_5OH} + \underset{(\text{산소})}{3O_2} \rightarrow \underset{(\text{이산화탄소})}{2CO_2} + \underset{(\text{물})}{3H_2O}$$

98

프로판과 메탄의 폭발하한계가 각각 2.5, 5.0$vol\%$이라고 할 때 프로판과 메탄이 $3:1$의 체적비로 혼합되어 있다면 이 혼합가스의 폭발하한계는 약 몇 $vol\%$인가?
(단, 상온, 상압 상태이다.)

① 2.9
② 3.3
③ 3.8
④ 4.0

*혼합가스의 폭발한계 산술평균식

$$L = \frac{100(= V_1 + V_2)}{\dfrac{V_1}{L_1} + \dfrac{V_2}{L_2}} = \frac{4}{\dfrac{3}{2.5} + \dfrac{1}{5}} = 2.9vol\%$$

99

다음 중 소화약제로 사용되는 이산화탄소에 관한 설명으로 틀린 것은?

① 사용 후에 오염의 영향이 거의 없다.
② 장시간 저장하여도 변화가 없다.
③ 주된 소화효과는 억제소화이다.
④ 자체 압력으로 방사가 가능하다.

③ 이산화탄소의 주된 소화효과는 질식소화이다.

100

다음 중 물질의 자연발화를 촉진시키는 요인으로 가장 거리가 먼 것은?

① 표면적이 넓고, 발열량이 클 것
② 열전도율이 클 것
③ 주위 온도가 높을 것
④ 적당한 수분을 보유할 것

*자연발화가 쉽게 일어나는 조건
① 주위온도가 높은 경우
② 열전도율이 낮은 경우
③ 열의 축적이 일어날 경우
④ 입자의 표면적이 넓은 경우
⑤ 적당량의 수분이 존재할 경우
⑥ 분해열, 산화열, 중합열 등이 발생할 경우

101

콘크리트 타설을 위한 거푸집 동바리의 구조검토 시 가장 선행되어야 할 작업은?

① 각 부재에 생기는 응력에 대하여 안전한 단면을 산정한다.
② 가설물에 작용하는 하중 및 외력의 종류, 크기를 산정한다.
③ 하중 및 외력에 의하여 각 부재에 생기는 응력을 구한다.
④ 사용할 거푸집동바리의 설치간격을 결정한다.

콘크리트 타설을 위한 거푸집동바리의 구조검토시 가설물에 작용하는 하중 및 외력의 종류, 크기를 산정하는 것을 가장 선행작업으로 한다.

전체 작업 순서는 ② → ③ → ① → ④ 이다.

102

다음 중 해체작업용 기계 기구로 가장 거리가 먼 것은?

① 압쇄기   ② 핸드 브레이커
③ 철제 햄머   ④ 진동롤러

진동롤러는 다짐용 기계이다.

103

거푸집동바리 등을 조립하는 경우에 준수하여야 할 안전조치기준으로 옳지 않은 것은?

① 동바리로 사용하는 강관은 높이 $2m$ 이내마다 수평연결재를 2개 방향으로 만들고 수평연결재의 변위를 방지할 것
② 동바리로 사용하는 파이프 서포트는 3개 이상이어서 사용하지 않도록 할 것
③ 동바리로 사용하는 파이프 서포트를 이어서 사용하는 경우에는 3개 이상의 볼트 또는 전용철물을 사용하여 이을 것
④ 동바리로 사용하는 강관틀과 강관틀 사이에는 교차가새를 설치할 것

*파이프 서포트 조립시 준수사항
① 파이프 서포트를 3개 이상 이어서 사용하지 않도록 할 것
② 파이프 서포트를 이어서 사용하는 경우에는 4개 이상의 볼트 또는 전용철물을 사용하여 이을 것
③ 높이가 $3.5m$를 초과하는 경우에는 높이 $2m$ 이내마다 수평연결재 2개 방향으로 만들고 수평연결재의 변위를 방지할 것

104

다음은 말비계를 조립하여 사용하는 경우에 관한 준수사항이다. (   )안에 들어갈 내용으로 옳은 것은?

- 지주부재와 수평면의 기울기를 (A)°이하로하고 지주부재와 지주부재 사이를 고정시키는 보조부재를 설치할 것
- 말비계의 높이가 $2m$를 초과하는 경우에는 작업 발판의 폭을 (B)cm 이상으로 할 것

① A : 75, B : 30   ② A : 75, B : 40
③ A : 85, B : 30   ④ A : 85, B : 40

*말비계 조립시 준수사항
① 지주부재의 하단에는 미끄럼 방지장치를 하고, 근로자가 양측 끝 부분에 올라서서 작업하지 않도록 할 것.
② 지주부재와 수평면의 기울기를 75°이하로 하고, 지주부재와 지주부재 사이를 고정시키는 보조부재를 설치할 것.
③ 말비계의 높이가 $2m$를 초과하는 경우에는 작업 발판의 폭을 40cm 이상으로 할 것.

105

건축공사(갑)으로서 대상액이 5억원 이상 50억원 미만인 경우에 사업안전보건관리리비의 비율 (가) 및 기초액 (나)으로 옳은 것은?

① (가)2.26%, (나)4,325,000원
② (가)2.53%, (나)3,300,000원
③ (가)3.05%, (나)2,975,000원
④ (가)1.59%, (나)2,450,000원

*공사종류 및 규모별 산업안전보건관리비 계상기준표

구분 종류	5억원 미만	5억원 이상 50억원 미만		50억원 이상
		비율	기초액	
건축공사 (갑)	3.11%	2.28%	4,325,000원	2.64%
토목공사 (을)	3.15%	2.53%	3,300,000원	2.73%
중 건설 공사	3.64%	3.05%	2,975,000원	3.11%
특수 및 기타건설 공사	2.07%	1.59%	2,450,000원	1.64%
철도·궤도 신설 공사	2.45%	1.59%	4,411,000원	1.66%

106

터널 작업 시 자동경보장치에 대하여 당일의 작업 시작 전 점검하여야 할 사항으로 옳지 않은 것은?

① 검지부의 이상 유무
② 조명시설의 이상 유무
③ 경보장치의 작동 상태
④ 계기의 이상 유무

*자동경보장치 작업시작 전 점검사항
① 계기의 이상유무
② 검지부의 이상유무
③ 경보장치의 작동상태

107

다음은 강관틀비계를 조립하여 사용하는 경우 준수해야 할 기준이다. ( )안에 알맞은 숫자를 나열한 것은?

> 길이가 띠장방향으로 (A)미터 이하이고 높이가 (B)미터를 초과하는 경우에는 (C)미터 이내마다 띠장방향으로 버팀기둥을 설치할 것

① A:4, B:10, C:5   ② A:4, B:10, C:10
③ A:5, B:10, C:5   ④ A:5, B:10, C:10

> 길이가 띠장방향으로 4m 이하이고 높이가 10m를 초과하는 경우에는 10m 이내마다 띠장방향으로 버팀기둥을 설치할 것

108

지반의 종류가 다음과 같을 때 굴착면의 기울기 기준으로 옳은 것은?

> 연암 및 풍화암

① 1 : 1.8
② 1 : 1.0
③ 1 : 0.5
④ 1 : 1.2

*굴착면의 기울기 기준

지반의 종류	기울기
모래	1 : 1.8
연암 및 풍화암	1 : 1.0
경암	1 : 0.5
그 밖의 흙	1 : 1.2

109

동력을 사용하는 항타기 또는 항발기에 대하여 무너짐을 방지하기 위하여 준수하여야 할 기준으로 옳지 않은 것은?

① 연약한 지반에 설치하는 경우에는 각부(脚部)나 가대(架臺)의 침하를 방지하기 위하여 깔판·깔목 등을 사용할 것
② 각부나 가대가 미끄러질 우려가 있는 경우에는 말뚝 또는 쐐기 등을 사용하여 각부나 가대를 고정시킬 것
③ 버팀대만으로 상단부분을 안정시키는 경우에는 버팀대는 3개 이상으로 하고 그 하단부분은 견고한 버팀·말뚝 또는 철골 등으로 고정시킬 것
④ 버팀줄만으로 상단 부분을 안정시키는 경우에는 버팀줄을 2개 이상으로 하고 같은 간격으로 배치할 것

> ④ 버팀줄만으로 상단부분을 안정시키는 경우에는 버팀줄을 3개 이상으로 하고 같은 간격으로 배치할 것

110

운반작업을 인력운반작업과 기계운반작업으로 분류할 때 기계운반작업으로 실시하기에 부적당한 대상은?

① 단순하고 반복적인 작업
② 표준화되어 있어 지속적이고 운반량이 많은 작업
③ 취급물의 형상, 성질, 크기 등이 다양한 작업
④ 취급물이 중량인 작업

> ③ 취급물의 형상, 성질, 크기 등이 다양한 작업은 인력운반작업에 적합하다.

111

터널등의 건설작업을 하는 경우에 낙반 등에 의하여 근로자가 위험해질 우려가 있는 경우에 필요한 직접적인 조치사항과 거리가 먼 것은?

① 터널지보공 설치   ② 부석의 제거
③ 울 설치   ④ 록볼트 설치

*터널건설작업 시 낙반 등에 의한 직접적인 조치사항
① 터널지보공 설치
② 부석의 제거
③ 록볼트 설치

112

장비 자체보다 높은 장소의 땅을 굴착하는 데 적합한 장비는?

① 파워 쇼벨(Power Shovel)
② 불도저(Bulldozer)
③ 드래그라인(Drag line)
④ 클램쉘(Clam Shell)

백호는 기계가 위치한 지면보다 낮은 곳의 땅을 파는데 적합하고, <u>파워쇼벨</u>은 지면보다 높은 곳을 굴착하기 적합하다.

113

사다리식 통로의 길이가 $10m$ 이상일 때 얼마 이내마다 계단참을 설치하여야 하는가?

① $3m$ 이내마다   ② $4m$ 이내마다
③ $5m$ 이내마다   ④ $6m$ 이내마다

*사다리식 통로의 설치기준
① 견고한 구조로 할 것
② 심한 손상·부식 등이 없는 재료를 사용할 것
③ 발판의 간격은 일정하게 할 것
④ 발판과 벽과의 사이는 $15cm$ 이상의 간격을 유지할 것
⑤ 폭은 $30cm$ 이상으로 할 것
⑥ 사다리가 넘어지거나 미끄러지는 것을 방지하기 위한 조치를 할 것
⑦ 사다리의 상단은 걸쳐놓은 지점으로부터 $60cm$ 이상 올라가도록 할 것
⑧ 사다리식 통로의 길이가 $10m$ 이상인 경우에는 $5m$ 이내마다 계단참을 설치할 것
⑨ 사다리식 통로의 기울기는 $75°$ 이하로 할 것. 다만, 고정식 사다리식 통로의 기울기는 $90°$ 이하로 하고, 그 높이가 $7m$ 이상인 경우에는 다음 각 목의 구분에 따른 조치를 할 것
 ㉠ 등받이울이 있어도 근로자 이동에 지장이 없는 경우 : 바닥으로부터 높이가 $2.5m$ 되는 지점부터 등받이울을 설치할 것
 ㉡ 등받이울이 있으면 근로자가 이동이 곤란한 경우 : 한국산업표준에서 정하는 기준에 적합한 개인용 추락 방지 시스템을 설치하고 근로자로 하여금 한국산업표준에서 정하는 기준에 적합한 전신안전대를 사용하도록 할 것
⑩ 접이식 사다리 기둥은 사용 시 접혀지거나 펼쳐지지 않도록 철물 등을 사용하여 견고하게 조치할 것

114

추락방지망 설치 시 그물코의 크기가 $10cm$인 매듭 있는 방망의 신품에 대한 인장강도 기준으로 옳은 것은?

① $100kg_f$ 이상   ② $200kg_f$ 이상
③ $300kg_f$ 이상   ④ $400kg_f$ 이상

*신품 방망사에 대한 인장강도 기준

그물코의 크기	방망의 종류(kg)	
(cm)	매듭없는 망	매듭 망
5	–	110
10	240	200

115

타워크레인을 자립고(自立高) 이상의 높이로 설치할 때 지지벽체가 없어 와이어로프로 지지하는 경우의 준수사항으로 옳지 않은 것은?

① 와이어로프를 고정하기 위한 전용지지 프레임을 사용할 것
② 와이어로프 설치각도는 수평면에서 60° 이내로 하되, 지지점은 4개소 이상으로 하고, 같은 각도로 설치할 것
③ 와이어로프와 그 고정부위는 충분한 강도와 장력을 갖도록 설치하되, 와이어로프를 클립·샤클(shackle) 등의 기구를 사용하여 고정하지 않도록 유의할 것
④ 와이어로프가 가공전선(架空電線)에 근접하지 않도록 할 것

116

토질시험 중 연약한 점토 지반의 점착력을 판별하기 위하여 실시하는 현장시험은?

① 베인테스트(Vane Test)
② 표준관입시험(SPT)
③ 하중재하시험
④ 삼축압축시험

117

비계의 부재 중 기둥과 기둥을 연결시키는 부재가 아닌 것은?

① 띠장   ② 장선
③ 가새   ④ 작업발판

118

항만하역작업에서의 선박승강설비 설치기준으로 옳지 않은 것은?

① 200톤급 이상의 선박에서 하역작업을 하는 경우에 근로자들이 안전하게 오르내릴 수 있는 현문(舷門) 사다리를 설치하여야 하며, 이 사다리 밑에 안전망을 설치하여야 한다.
② 현문 사다리는 견고한 재료로 제작된 것으로 너비는 55cm 이상이어야 한다.
③ 현문 사다리의 양측에는 82cm 이상의 높이로 울타리를 설치하여야 한다.
④ 현문 사다리는 근로자의 통행에만 사용하여야 하며, 화물용 발판 또는 화물용 보관으로 사용하도록 해서는 아니 된다.

119

다음 중 유해위험방지계획서 제출 대상 공사가 아닌 것은?

① 지상높이가 $30m$인 건축물 건설공사
② 최대지간길이가 $50m$인 교량건설공사
③ 터널 건설공사
④ 깊이가 $11m$인 굴착공사

＊유해위험방지계획서 제출대상 건설공사
① 지상높이가 $31m$ 이상인 건축물 또는 인공구조물
② 연면적 $30,000m^2$ 이상인 건축물
③ 연면적 $5,000m^2$ 이상인 시설
  ㉠ 문화 및 잡화시설(전시장·동물원·식물원 제외)
  ㉡ 판매시설·운수시설(고속도로의 역사 및 집배송
      시설 제외)
  ㉢ 종교시설
  ㉣ 의료시설 중 종합병원
  ㉤ 숙박시설 중 관광숙박시설
  ㉥ 지하도상가
  ㉦ 냉동·냉장 창고시설
④ 연면적 $5000m^2$ 이상의 냉동·냉장창고시설의 설비
  공사 및 단열공사
⑤ 최대 지간길이가 $50m$ 이상인 교량 건설 등 공사
⑥ 터널 건설 등의 공사
⑦ 다목적댐·발전용댐 및 저수용량 2천만톤 이상의
  용수 전용 댐·지방상수도 전용 댐 건설 등의 공사
⑧ 깊이 $10m$ 이상인 굴착공사

120

본 터널(main tunnel)을 시공하기 전에 터널에서 약간 떨어진 곳에 지질조사, 환기, 배수, 운반 등의 상태를 알아보기 위하여 설치하는 터널은?

① 프리패브(prefab) 터널
② 사이드(side) 터널
③ 쉴드(shield) 터널
④ 파일럿(pilot) 터널

＊파일럿 터널
본 터널을 시공하기 전에 터널에서 약간 떨어진 곳에 지질조사, 환기, 배수, 운반 등의 상태를 알아 보기 위하여 설치하는 터널

Memo

01

라인(Line)형 안전관리 조직의 특징으로 옳은 것은?

① 안전에 관한 기술의 축적이 용이하다.
② 안전에 관한 지시나 조치가 신속하다
③ 조직원 전원을 자율적으로 안전활동에 참여시킬 수 있다.
④ 권한 다툼이나 조정 때문에 통제수속이 복잡해지며, 시간과 노력이 소모된다.

*안전보건관리조직

종류	특징
라인형 조직 (직계식)	① 100명 이하의 소규모 사업장 ② 안전에 관한 지시나 조치가 신속 ③ 책임 및 권한이 명백 ④ 안전에 대한 전문적 지식 및 기술 부족 ⑤ 관리 감독자의 직무가 너무 넓어 실행이 어려움
스탭형 조직 (참모식)	① 100~500명의 중규모 사업장에 적합 ② 안전업무가 표준화되어 직장에 정착 ③ 생산 조직과는 별도의 조직과 기능을 가짐 ④ 안전정보 수집과 기술 축적이 용이 ⑤ 전문적인 안전기술 연구 가능 ⑥ 생산부분은 안전에 대한 책임과 권한이 없음 ⑦ 권한 다툼이나 조정 때문에 통제 수속이 복잡해짐 ⑧ 안전과 생산을 별개로 취급하기 쉬움
라인-스탭형 조직 (복합식)	① 1000명 이상의 대규모 사업장에 적합 ② 라인형과 스탭형의 장점을 취한 절충식 ③ 안전계획, 평가 및 조사는 스탭에서, 생산 기술의 안전대책은 라인에서 실시 ④ 조직원 전원을 자율적으로 안전활동에 참여시킬 수 있음 ⑤ 안전 활동과 생산업무가 분리될 가능성이 낮아때 균형을 유지 ⑥ 라인의 관리, 감독자에게도 안전에 관한 책임과 권한이 부여 ⑦ 명령 계통과 조언 권고적 참여가 혼동되기 쉬움 ⑧ 스탭의 월권행위의 경우가 있음

① : 스탭형 조직, ③, ④ : 라인-스탭형 조직

02

레빈(Lewin)의 인간 행동 특성을 다음과 같이 표현하였다. 변수 'P'가 의미하는 것은?

$$B = f(P \cdot E)$$

① 행동
② 소질
③ 환경
④ 함수

*레빈(Lewin)의 행동법칙
행동(B)은 사람(P)과 환경(E)의 함수(f)라는 법칙이다.

$B = f(P \cdot E)$
여기서,
B : 행동 - 인간의 행동
P : 사람 - 경험, 성격, 소질, 개체 등
E : 환경 - 작업환경, 인간관계 등

03

Y-K(Yutaka-Kohate)성격검사에 관한 사항으로 옳은 것은?

① C,C'형은 적응이 빠르다.
② M,M'형은 내구성, 집념이 부족하다.
③ S,S'형은 담력, 자신감이 강하다
④ P,P'형은 운동, 결단이 빠르다.

*Y-K(Yutaka-Kohate) 성격검사

종류	특징
C,C'형 (담즙질형)	① 운동, 결단이 빠르다. ② 적응이 빠르다. ③ 세심하지 않다. ④ 내구성, 집념이 부족하다. ⑤ 자신감이 강하다.
M,M'형 (흑담즙질, 신경질형)	① 운동성이 느리다. ② 적응이 느리다. ③ 세심, 억제, 정확하다. ④ 내구성, 집념, 지속성이 좋다. ⑤ 담력, 자신감이 강하다.
S,S'형 (다형질, 운동성형)	C,C'형과 동일하나, 담력과 자신감이 부족하다.
P,P'형 (점액질, 평범수동형)	M,M'형과 동일하나. 담력과 자신감이 부족하다
Am형 (이상질형)	운동성, 적응성, 세심함, 내구성 등이 극도로 나쁘며, 담력과 자신감이 극도로 강하거나 약하다.

04

재해예방의 4원칙이 아닌 것은?

① 손실우연의 원칙
② 사전준비의 원칙
③ 원인계기의 원칙
④ 대책선정의 원칙

*재해예방의 4원칙

종류	설명
예방가능의 원칙	재해를 예방할 수 있는 안전대책은 반드시 존재한다.
손실우연의 원칙	재해의 발생과 손실의 발생은 우연적이다.
원인연계의 원칙	사고와 그 원인은 필연적인 인과관계를 가지고 있다.
대책선정의 원칙	재해에 대한 교육적, 기술적, 관리적 대책이 필요하다.

05

재해의 발생확률은 개인적 특성이 아니라 그 사람이 종사하는 작업의 위험성에 기초한다는 이론은?

① 암시설   ② 경향설
③ 미숙설   ④ 기회설

*기회설
재해의 발생확률은 개인적 특성이 아니라 그 사람이 종사하는 작업의 위험성에 기초한다는 이론

06

타인의 비판 없이 자유로운 토론을 통하여 다량의 독창적인 아이디어를 이끌어내고, 대안적 해결안을 찾기 위한 집단적 사고기법은?

① Role playing   ② Brain storming
③ Action playing   ④ Fish Bowl playing

*브레인스토밍(Brainstorming)
6~12명의 구성원이 자유로운 토론으로 다량의 아이디어를 이끌어내 해결책을 찾는 집단적 사고 기법

07

강도율 7인 사업장에서 한 작업자가 평생 동안 작업을 한다면 산업재해로 인한 근로손실 일수는 며칠로 예상되는가?
(단, 이 사업장의 연근로시간과 한 작업자의 평생 근로시간은 100000시간으로 가정한다.)

① 500
② 600
③ 700
④ 800

*환산강도율
평생 근로시간당 근로손실 일 수

$$환산강도율 = 강도율 \times \frac{평생 근로 시간}{10^3}$$
$$= 강도율 \times \left(\frac{100000}{10^3}\right) = 7 \times 100 = 700일$$

08

산업안전보건법령상 유해·위험 방지를 위한 방호조치가 필요한 기계·기구가 아닌 것은?

① 예초기
② 지게차
③ 금속절단기
④ 금속탐지기

*유해·위험 방지를 위해 방호조치가 필요한 기계·기구
① 예초기
② 원심기
③ 공기압축기
④ 포장기계(진공포장기, 랩핑기로 한정)
⑤ 금속절단기
⑥ 지게차

09

산업안전보건법령상 안전·보건표지의 색채와 사용사례의 연결로 틀린 것은?

① 노란색 - 화학물질 취급장소에서의 유해·위험 경고 이외의 위험경고
② 파란색 - 특정 행위의 지시 및 사실의 고지
③ 빨간색 - 화학물질 취급장소에서의 유해·위험 경고
④ 녹색 - 정지신호, 소화설비 및 그 장소, 유해행위의 금지

*안전보건표지의 색도기준 및 용도

색채	색도기준	용도	사용 예시
빨간색	7.5R 4/14	금지	정지신호, 소화설비 및 그 장소, 유해행위의 금지
		경고	화학물질 취급장소의 유해·위험 경고
노란색	5Y 8.5/12	경고	화학물질 취급장소에서의 유해·위험 경고 이외의 위험경고, 주의표지 또는 기계 방호물
파란색	2.5PB 4/10	지시	특정 행위의 지시 및 사실의 고지
녹색	2.5G 4/10	안내	비상구 및 피난소, 사람 또는 차량의 통행표지
흰색	N9.5		파란색 또는 녹색에 대한 보조색
검은색	N0.5		문자 및 빨간색 또는 노란색에 대한 보조색

07.③ 08.④ 09.④

10

재해의 발생형태 중 다음 그림이 나타내는 것은?

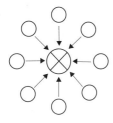

① 단순연쇄형   ② 복합연쇄형
③ 단순자극형   ④ 복합형

*재해의 발생형태

분류	형태
단순 자극형	
단순 연쇄형	○─○─○─○─⊗
복합 연쇄형	
복합형	

11

생체리듬의 변화에 대한 설명으로 틀린 것은?

① 야간에는 체중이 감소한다.
② 야간에는 말초운동 기능이 증가된다.
③ 체온, 혈압, 맥박수는 주간에 상승하고 야간에 감소한다.
④ 혈액의 수분과 염분량은 주간에 감소하고 야간에 상승한다.

*생체리듬(Bio rhythm)의 증가
① 주간에 증가 : 맥박수, 혈압, 체중, 말초운동 등
② 야간에 증가 : 염분량, 수분 등

12

무재해 운동을 추진하기 위한 조직의 세 기둥으로 볼 수 없는 것은?

① 최고경영자의 경영자세
② 소집단 자주활동의 활성화
③ 전 종업원의 안전요원화
④ 라인관리자에 의한 안전보건의 추진

*무재해 운동 추진의 3요소(=3기둥)
① 경영자 : 엄격하고 확고한 안전방침 및 자세
② 관리감독자 : 안전활동의 라인화
③ 근로자 : 직장 자주활동의 활성화

13

안전인증 절연장갑에 안전인증 표시 외에 추가로 표시하여야 하는 등급별 색상의 연결로 옳은 것은? (단, 고용노동부 고시를 기준으로 한다.)

① 00등급 : 갈색   ② 0등급 : 흰색
③ 1등급 : 노란색   ④ 2등급 : 빨강색

*절연장갑의 등급 및 색상

등급	색상	최대사용전압	
		교류(V , 실효값)	직류(V)
00	갈색	500	750
0	빨간색	1000	1500
1	흰색	7500	11250
2	노란색	17000	25500
3	녹색	26500	39750
4	등색	36000	54000
비고 : 직류=1.5×교류			

14

안전교육방법 중 구안법(Project Method)의 4단계의 순서로 옳은 것은?

① 계획수립 → 목적결정 → 활동 → 평가
② 평가 → 계획수립 → 목적결정 → 활동
③ 목적결정 → 계획수립 → 활동 → 평가
④ 활동 → 계획수립 → 목적결정 → 평가

*구안법(Project method) 4단계
목적결정 → 계획수립 → 활동 → 평가

15

산업안전보건법령상 사업 내 안전보건교육 중 관리감독자 정기교육의 내용이 아닌 것은?

① 유해·위험 작업환경 관리에 관한 사항
② 표준안전작업방법 및 지도 요령에 관한 사항
③ 작업공정의 유해·위험과 재해 예방대책에 관한 사항
④ 기계·기구의 위험성과 작업의 순서 및 동선에 관한 사항

*관리감독자 정기교육
① 산업안전 및 사고 예방에 관한 사항
② 산업보건 및 직업병 예방에 관한 사항
③ 위험성평가에 관한 사항
④ 유해·위험 작업환경 관리에 관한 사항
⑤ 산업안전보건법령 및 산업재해보상보험 제도에 관한 사항
⑥ 직무스트레스 예방 및 관리에 관한 사항
⑦ 직장 내 괴롭힘, 고객의 폭언 등으로 인한 건강장해 예방 및 관리에 관한 사항
⑧ 작업공정의 유해·위험과 재해 예방대책에 관한 사항
⑨ 사업장 내 안전보건관리체제 및 안전·보건조치 현황에 관한 사항
⑩ 표준안전 작업방법 및 지도 요령에 관한 사항
⑪ 안전보건교육 능력 배양에 관한 사항
⑫ 비상시 또는 재해 발생시 긴급조치에 관한 사항
⑬ 관리감독자의 역할과 임무에 관한 사항

13.① 14.③ 15.④

16

다음 재해원인 중 간접원인에 해당하지 않는 것은?

① 기술적 원인
② 교육적 원인
③ 관리적 원인
④ 인적 원인

*산업재해의 원인

직접원인	간접원인
① 인적 원인 　(불안전한 행동)	① 기술적 원인
	② 교육적 원인
② 물적 원인 　(불안전한 상태)	③ 관리적 원인
	④ 정신적 원인

17

재해원인 분석방법의 통계적 원인분석 중 사고의 유형, 기인물 등 분류항목을 큰 순서대로 도표화 한 것은?

① 파레토도
② 특성요인도
③ 크로스도
④ 관리도

*파레토도
재해의 유형, 기인물 등의 분류항목을 큰 순서대로 도표화하여 분석하는 방법

18

다음 중 헤드십(headship)에 관한 설명과 가장 거리가 먼 것은?

① 권한의 근거는 공식적이다.
② 지휘의 형태는 민주주의적이다.
③ 상사와 부하와의 사회적 간격은 넓다.
④ 상사와 부하와의 관계는 지배적이다.

*헤드십과 리더십의 비교

헤드십(Headship)	리더십(Leadership)
① 지휘 형태가 권위적	① 지휘 형태가 민주적
② 부하와 관계는 지배적	② 부하와 관계는 개인적
③ 부하의 사회적 간격이 　넓음	③ 부하의 사회적 간격이 　좁음
④ 임명된 헤드	④ 추천된 헤드
⑤ 공식적 직권자	⑤ 추종자의 의사로 발탁

19

다음 설명에 해당하는 학습 지도의 원리는?

학습자가 지니고 있는 각자의 요구와 능력 등에 알맞은 학습활동의 기회를 마련해주어야 한다는 원리

① 직관의 원리
② 자기활동의 원리
③ 개별화의 원리
④ 사회화의 원리

*개별화의 원리
학습자가 지니고 있는 각자의 요구와 능력 등에 알맞은 학습활동의 기회를 마련해주어야 한다는 원리

20

안전교육의 단계에 있어 교육대상자가 스스로 행함으로서 습득하게 하는 교육은?

① 의식교육
② 기능교육
③ 지식교육
④ 태도교육

*안전보건교육지도 3단계
1단계 : 지식교육 - 광범위한 기초지식 주입
2단계 : 기능교육 - 반복을 통하여 스스로 습득
3단계 : 태도교육 - 안전의식과 책임감 주입

16.④ 17.① 18.② 19.③ 20.②

21

결함수분석의 기호 중 입력사상이 어느 하나라도 발생할 경우 출력사상이 발생하는 것은?

① NOR GATE
② AND GATE
③ OR GATE
④ NAND GATE

*AND, OR 게이트

종류	AND 게이트	OR 게이트
그림		
내용	모든 입력사상이 존재할 때만 출력사상이 발생한다. 논리곱(직렬)으로 표현된다.	1개 이상의 입력사상이 존재할 때 출력 사상이 발생한다. 논리합(병렬)으로 표현한다.

22

가스밸브를 잠그는 것을 잊어 사고가 발생했다면 작업자는 어떤 인적오류를 범한 것인가?

① 생략 오류(omission error)
② 시간지연 오류(time error)
③ 순서 오류(sequential error)
④ 작위적 오류(commission error)

*휴먼에러의 심리적(=독립행동에 의한) 분류

종류	내용
누락(=생략)오류 (Omission error)	필요한 작업 또는 절차를 수행하지 않는데 기인한 오류
작위(=실행)오류 (Commission error)	필요한 작업 또는 절차의 불확실한 수행으로 기인한 오류
시간 오류 (Time error)	필요한 작업 또는 절차의 수행 지연으로 인한 오류
순서 오류 (Sequential error)	필요한 작업 또는 절차의 순서 착오로 인한 오류
과잉행동 오류 (Extraneous error)	불필요한 작업 또는 절차를 수행함으로써 기인한 오류

23

어떤 소리가 $1000Hz$, $60dB$인 음과 같은 높이임에도 4배 더 크게 들린다면, 이 소리의 음압수준은 얼마인가?

① $70dB$
② $80dB$
③ $90dB$
④ $100dB$

*음압수준과 소음의 관계
음압수준이 $10dB$ 증가할 경우, 소음은 2배 증가한다.
$dB = 60 + 2 \times 10 = 80dB$

24

시스템 안전분석 방법 중 예비위험분석(PHA)단계에서 식별하는 4가지 범주에 속하지 않는 것은?

① 위기상태
② 무시가능상태
③ 파국적상태
④ 예비조치상태

25

다음은 불꽃놀이용 화학물질취급설비에 대한 정량적 평가이다. 해당 항목에 대한 위험등급이 올바르게 연결된 것은?

항목	A (10점)	B (5점)	C (2점)	D (0점)
취급물질	○	○	○	
조작		○		○
화학설비의 용량	○		○	
온도	○	○		
압력		○	○	○

① 취급물질 – Ⅰ등급, 화학설비의 용량 – Ⅰ등급
② 온도 – Ⅰ등급, 화학설비의 용량 – Ⅱ등급
③ 취급물질 – Ⅰ등급, 조작 – Ⅳ등급
④ 온도 – Ⅱ등급, 압력 – Ⅲ등급

*위험등급

위험등급	위험등급 *I*	위험등급 *II*	위험등급 *III*
조건	합산 점수 16점 이상	합산 점수 11~15점	합산 점수 10점 이하

취급물질	10 + 5 + 2 = 17점	*I*등급
조작	5 + 0 = 5점	*III*등급
화학설비의 용량	10 + 2 = 12점	*II*등급
온도	10 + 5 = 15점	*II*등급
압력	5 + 2 + 0 = 7점	*III*등급

26

산업안전보건법령상 유해위험방지계획서의 제출 대상 제조업은 전기 계약 용량이 얼마 이상인 경우에 해당되는가?
(단, 기타 예외사항은 제외한다.)

① $50kW$ 　　　　② $100kW$
③ $200kW$ 　　　　④ $300kW$

유해위험방지계획서의 제출대상 사업은 해당 사업으로서 전기 계약용량이 <u>300kW 이상</u>인 사업이다.

27

인간-기계 시스템에서 시스템의 설계를 다음과 같이 구분할 때 제3단계인 기본설계에 해당되지 않는 것은?

1단계 : 시스템의 목표와 성능 명세 결정
2단계 : 시스템의 정의
3단계 : 기본설계
4단계 : 인터페이스 설계
5단계 : 보조물 설계
6단계 : 시험 및 평가

① 화면 설계 　　　② 작업 설계
③ 직무 분석 　　　④ 기능 할당

*3단계 : 기본 설계
① 작업 설계
② 직무 분석
③ 기능 할당

28

결함수분석법에서 Path set에 관한 설명으로 옳은 것은?

① 시스템의 약점을 표현한 것이다.
② Top 사상을 발생시키는 조합이다.
③ 시스템이 고장 나지 않도록 하는 사상의 조합이다.
④ 시스템고장을 유발시키는 필요불가결한 기본사상들의 집합이다.

> ***컷셋(Cut set)과 패스셋(Path set)**
>
> ① 컷셋(Cut set)
> 모든 기본사상이 발생했을 때, 정상사상을 발생시키는 기본사상들의 집합이다.
>
> ② 미니멀 컷셋(Minimal cut set)
> 정상사상을 발생시키기 위한 최소한의 컷셋으로 시스템의 위험성을 나타낸다.
>
> ③ 패스셋(Path set)
> 모든 기본사상이 발생하지 않을 때, 처음으로 정상사상을 발생시키지 않는 기본사상들의 집합이다.
>
> ④ 미니멀 패스셋(Minimal Path set)
> 정상사상을 발생시키지 않는 최소한의 패스셋으로 시스템의 신뢰성을 나타낸다.

29

연구 기준의 요건과 내용이 옳은 것은?

① 무오염성 : 실제로 의도하는 바와 부합해야 한다.
② 적절성 : 반복 실험 시 재현성이 있어야 한다.
③ 신뢰성 : 측정하고자 하는 변수 이외의 다른 변수의 영향을 받아서는 안 된다.
④ 민감도 : 피실험자 사이에서 볼 수 있는 예상 차이점에 비례하는 단위로 측정해야 한다.

> ***인간공학 연구에 사용되는 기준**
> ① 적절성 : 실제로 의도하는 바와 부합해야한다.

> ② 신뢰성 : 반복 실험시 재현성이 있어야 한다.
> ③ 무오염성 : 측정하고자 하는 변수 이외의 다른 변수의 영향을 받아서는 안 된다.
> ④ 민감도 : 피실험자 사이에서 볼 수 있는 예상 차이점에 비례하는 단위로 측정해야 한다.

30

FTA결과 다음과 같은 패스셋을 구하였다. 최소 패스셋(Minimal path sets)으로 옳은 것은?

$$\{X_2, X_3, X_4\}$$
$$\{X_1, X_3, X_4\}$$
$$\{X_3, X_4\}$$

① $\{X_3, X_4\}$
② $\{X_1, X_3, X_4\}$
③ $\{X_2, X_3, X_4\}$
④ $\{X_2, X_3, X_4\}$와 $\{X_3, X_4\}$

> 3개의 패스셋 중 공통으로 있는 $\{X_3, X_4\}$가 최소 패스셋이다.

31

인체측정에 대한 설명으로 옳은 것은?

① 인체측정은 동적측정과 정적측정이 있다.
② 인체측정학은 인체의 생화학적 특징을 다룬다.
③ 자세에 따른 인체치수의 변화는 없다고 가정한다.
④ 측정항목에 무게, 둘레, 두께, 길이는 포함되지 않는다.

> ② 인체측정학은 인체공학적 특징을 다룬다.
> ③ 자세에 따른 인체치수의 변화는 있다고 본다.
> ④ 측정항목에 무게, 둘레, 두께, 길이가 포함된다.

28.③ 29.④ 30.① 31.①

32

실린더 블록에 사용하는 가스켓의 수명 분포는 $X \sim$ $N(10000, 200^2)$인 정규분포를 따른다. $t = 9600$ 시간일 경우에 신뢰도 $R(t)$는?
(단, $P(Z \leq 1) = 0.8413$, $P(Z \leq 1.5) = 0.9332$, $P(Z \leq 2) = 0.9772$, $P(Z \leq 3) = 0.9987$ 이다.)

① 84.13%
② 93.32%
③ 97.72%
④ 99.87%

> *정규분포표의 신뢰도(R)
> $$Z = \frac{\text{평균시간} - \text{사용시간}}{\text{표준편차}} = \frac{10000 - 9600}{200} = 2$$
> 신뢰도 $R = P(Z \leq 2) = 0.9772 = 97.72\%$

33

다음 중 열 중독증(heat illness)의 강도를 올바르게 나열한 것은?

> ⓐ 열소모 (*heat exhaustion*)
> ⓑ 열발진 (*heat rash*)
> ⓒ 열경련 (*heat cramp*)
> ⓓ 열사병 (*heat stroke*)

① ⓒ < ⓑ < ⓐ < ⓓ
② ⓒ < ⓑ < ⓓ < ⓐ
③ ⓑ < ⓒ < ⓐ < ⓓ
④ ⓑ < ⓓ < ⓐ < ⓒ

> *열중독증의 강도
> 열발진 < 열경련 < 열소모 < 열사병

34

사무실 의자나 책상에 적용할 인체 측정 자료의 설계 원칙으로 가장 적합한 것은?

① 평균치 설계
② 조절식 설계
③ 최대치 설계
④ 최소치 설계

> *인체측정치의 응용원리

설계의 종류		적용 대상
조절식 설계 (조절범위를 기준)		① 침대 높낮이 조절 ② 의자 높낮이 조절
극단치 설계 (최대치수와 최소치수를 기준)	최대치	① 출입문의 크기 ② 와이어의 인장강도
	최소치	① 선반의 높이 ② 조정장치까지의 거리
평균치 설계		① 은행 창구 높이 ② 공원의 벤치

35

암호체계의 사용 시 고려해야 될 사항과 거리가 먼 것은?

① 정보를 암호화한 자극은 검출이 가능하여야 한다.
② 다차원의 암호보다 단일 차원화된 암호가 정보 전달이 촉진된다.
③ 암호를 사용할 때는 사용자가 그 뜻을 분명히 알 수 있어야 한다.
④ 모든 암호 표시는 감지장치에 의해 검출될 수 있고, 다른 암호 표시와 구별될 수 있어야 한다.

> ② 2개 이상의 암호를 조합하여 사용하면 정보 전달이 촉진된다.

36

신호검출이론(SDT)의 판정결과 중 신호가 없었는
데도 있었다고 말하는 경우는?

① 긍정(hit)
② 누락(miss)
③ 허위(false alarm)
④ 부정(correct rejection)

*신호검출이론(SDT)의 판정결과

종류	내용
긍정 (Hit)	신호를 신호로 인식하는 경우
누락 (Miss)	신호를 신호로 인식하지 못하는 경우
허위 (False Alarm)	신호가 없었는데 신호로 인식하는 경우
부정 (Correct Rejection)	소음을 소음으로 인식하는 경우

37

촉감의 일반적인 척도의 하나인 2점 문턱값
(two-point Threshold)이 감소하는 순서대로
나열된 것은?

① 손가락 → 손바닥 → 손가락 끝
② 손바닥 → 손가락 → 손가락 끝
③ 손가락 끝 → 손가락 → 손바닥
④ 손가락 끝 → 손바닥 → 손가락

*2점 문턱값이 감소하는 순서
손바닥 → 손가락 → 손가락 끝

38

시스템 안전분석 방법 중 HAZOP에서 "완전대체"를
의미하는 것은?

① NOT   ② REVERSE
③ PART OF   ④ OTHER THAN

*HAZOP(Hazard and Operability)의 가이드워드

종류	의미
As Well As	성질상의 증가
Part Of	성질상의 감소
Reverse	설계의도의 논리적 반대
No/Not	설계의도의 완전한 부정
Less	정량적인 감소
More	정량적인 증가
Other Than	완전한 대체

39

어느부품 1000개를 100000시간 동안 가동 하였을
때 5개의 불량품이 발생하였을 경우 평균 동작
시간(MTTF)은?

① 1×10^6시간   ② 2×10^7시간
③ 1×10^8시간   ④ 1×10^9시간

*평균 고장 시간(MTTF)

$$고장률(\lambda) = \frac{고장건수}{총가동시간} = \frac{5}{1000 \times 100000} = 5 \times 10^{-8}$$

$$\therefore MTTF = \frac{1}{\lambda} = \frac{1}{5 \times 10^{-8}} = 2 \times 10^7 시간$$

40

신체활동의 생리학적 측정법 중 전신의 육체적인
활동을 측정하는데 가장 적합한 방법은?

① Flicker측정
② 산소 소비량 측정
③ 근전도(EMG) 측정
④ 피부전기반사(GSR) 측정

*산소 소비량 측정
전신의 육체활동의 피로에 대한 척도이다.

41

산업안전보건법령상 롤러기의 방호장치 중 롤러의 앞면 표면 속도가 $30m/\min$ 이상 일 때 무부하 동작에서 급정지 거리는?

① 앞면 롤러 원주의 1/2.5 이내
② 앞면 롤러 원주의 1/3 이내
③ 앞면 롤러 원주의 1/3.5 이내
④ 앞면 롤러 원주의 1/5.5 이내

*롤러기의 급정지거리

속도 기준	급정지거리 기준
$30m/\min$ 이상	앞면 롤러 원주의 $\dfrac{1}{2.5}$ 이내
$30m/\min$ 미만	앞면 롤러 원주의 $\dfrac{1}{3}$ 이내

42

극한하중이 $600N$인 체인에 안전계수가 4일 때 체인의 정격하중(N)은?

① 130　　　　　② 140
③ 150　　　　　④ 160

*안전율(=안전계수, S)

$$S = \frac{극한하중}{정격하중}$$

$$\therefore 정격하중 = \frac{극한하중}{S} = \frac{600}{4} = 150N$$

43

연삭작업에서 숫돌의 파괴원인으로 가장 적절하지 않은 것은?

① 숫돌의 회전속도가 너무 빠를 때
② 연삭작업 시 숫돌의 정면을 사용할 때
③ 숫돌에 큰 충격을 줬을 때
④ 숫돌의 회전중심이 제대로 잡히지 않았을 때

*연삭숫돌의 파괴원인
① 내, 외면의 플랜지 지름이 다를 때
② 플랜지 직경이 숫돌 직경의 1/3 크기 보다 작을 때
③ 회전력이 결합력보다 클 때
④ 외부의 충격을 받았을 때
⑤ 숫돌에 균열이 있을 때
⑥ 숫돌의 측면을 사용할 때
⑦ 숫돌의 치수, 특히 내경의 크기가 적당하지 않을 때
⑧ 숫돌의 회전속도가 너무 빠를 때
⑨ 숫돌의 회전중심이 제대로 잡히지 않았을 때

44

산업안전보건법령상 용접장치의 안전에 관한 준수 사항으로 옳은 것은?

① 아세틸렌 용접장치의 발생기실을 옥외에 설치한 경우에는 그 개구부를 다른 건축물로부터 $1m$ 이상 떨어지도록 하여야 한다.

② 가스집합장치로부터 $7m$ 이내의 장소에서는 화기의 사용을 금지시킨다.

③ 아세틸렌 발생기에서 $10m$ 이내 또는 발생기실에서 $4m$ 이내의 장소에서는 화기의 사용을 금지시킨다.

④ 아세틸렌 용접장치를 사용하여 용접작업을 할 경우 게이지 압력이 $127kPa$을 초과하는 압력의 아세틸렌을 발생시켜 사용해서는 아니 된다.

① 아세틸렌 용접장치의 발생기실을 옥외에 설치한 경우에는 그 개구부를 다른 건축물로부터 $1.5m$ 이상 떨어지도록 하여야 한다.
② 가스집합장치로부터 $5m$ 이내의 장소에서는 화기의 사용을 금지시킨다.
③ 아세틸렌 발생기에서 $5m$ 이내 또는 발생기실에서 $3m$ 이내의 장소에서는 화기의 사용을 금지시킨다.

45

$500rpm$ 으로 회전하는 연삭숫돌의 지름이 $300mm$ 일 때 원주속도(m/min)은?

① 약 748   ② 약 650
③ 약 532   ④ 약 471

*연삭숫돌의 원주속도
$V = \pi DN = \pi \times 0.3 \times 500 = 471.24 m/min$
여기서,
D : 연삭숫돌의 바깥지름 $[m]$
N : 회전수 $[rpm]$

46

산업안전보건법령상 로봇을 운전하는 경우 근로자가 로봇에 부딪칠 위험이 있을 때 높이는 최소 얼마 이상의 울타리를 설치하여야 하는가?
(단, 로봇의 가동범위 등을 고려하여 높이로 인한 위험성이 없는 경우는 제외)

① $0.9m$ ② $1.2m$
③ $1.5m$ ④ $1.8m$

로봇을 운전하는 경우에 근로자가 로봇에 부딪칠 위험이 있을 때에는 안전매트 및 높이 $1.8m$ 이상의 방책을 설치하는 등 위험을 방지하기 위하여 필요한 조치를 하여야 한다.

47

일반적으로 전류가 과대하고, 용접속도가 너무 빠르며, 아크를 짧게 유지하기 어려운 경우 모재 및 용접부의 일부가 녹아서 홈 또는 오목한 부분이 생기는 용접부 결함은?

① 잔류응력   ② 융합불량
③ 기공   ④ 언더컷

*언더컷(Under Cut)
모재 및 용접부의 일부가 녹아서 홈 또는 오목한 부분이 생기는 결함

48

산업안전보건법령상 승강기의 종류로 옳지 않은 것은?

① 승객용 엘리베이터
② 리프트
③ 화물용 엘리베이터
④ 승객화물용 엘리베이터

*승강기의 종류

구분	승강기의 세부 종류
엘리베이터	승객용 엘리베이터
	전망용 엘리베이터
	병원용 엘리베이터
	장애인용 엘리베이터
	소방구조용 엘리베이터
	피난용 엘리베이터
	주택용 엘리베이터
	승객화물용 엘리베이터
	화물용 엘리베이터
	자동차용 엘리베이터
	소형화물용 엘리베이터 (Dumbwaiter)
에스컬레이터	승객용 에스컬레이터
	장애인용 에스컬레이터
	승객화물용 에스컬레이터
	승객용 무빙워크
	승객화물용 무빙워크
휠체어 리프트	장애인용 수직형 리프트
	장애인용 경사형 리프트

49

다음 중 선반의 방호장치로 가장 거리가 먼 것은?

① 쉴드(Shield)
② 슬라이딩
③ 척 커버
④ 칩 브레이커

*선반의 방호장치
① 칩 브레이커
② 실드
③ 척커버
④ 방진구
⑤ 브레이크

50

산업안전보건법령상 목재가공용 둥근톱 작업에서 분할날과 톱날 원주면과의 간격은 최대 얼마 이내가 되도록 조정하는가?

① $10mm$ ② $12mm$
③ $14mm$ ④ $16mm$

*분할날 설치조건
① 분할날의 두께는 둥근톱 두께의 1.1배 이상일 것
② 견고히 고정할 수 있으며 분할날과 톱날 원주면과의 거리는 $12mm$ 이내로 조정·유지할 수 있어야 하고 표준 테이블면 상의 톱 뒷날의 $\frac{2}{3}$ 이상을 덮도록 할 것
③ 톱날 등 분할 날에 대면하고 있는 부분 및 송급하는 가공재의 상면에서 덮개 하단까지의 간격이 $8mm$ 이하가 되게 위치를 조정해 주어야 한다. 또한 덮개의 하단이 테이블면 위치로 $25mm$ 이상 높이로 올릴 수 있게 스토퍼를 설치한다.

51

기계설비에서 기계 고장률의 기본 모형으로 옳지 않은 것은?

① 조립 고장
② 초기 고장
③ 우발 고장
④ 마모 고장

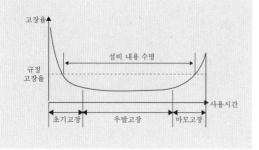

*기계설비의 수명곡선(=욕조곡선)

52

산업안전보건법령상 화물의 낙하에 의해 운전자가 위험을 미칠 경우 지게차의 헤드가드(head guard)는 지게차의 최대하중의 몇 배가 되는 등분포정하중에 견디는 강도를 가져야 하는가?
(단, 4톤을 넘는 값은 제외)

① 1배   ② 1.5배
③ 2배   ④ 3배

53

다음 중 컨베이어의 안전장치로 옳지 않은 것은?

① 비상정지장치   ② 반발예방장치
③ 역회전방지장치   ④ 이탈방지장치

54

크레인에 돌발 상황이 발생한 경우 안전을 유지하기 위하여 모든 전원을 차단하여 크레인을 급정지시키는 방호장치는?

① 호이스트   ② 이탈방지장치
③ 비상정지장치   ④ 아우트리거

55

산업안전보건법령상 프레스 등을 사용하여 작업을 할 때에 작업시작 전 점검 사항으로 가장 거리가 먼 것은?

① 압력방출장치의 기능
② 클러치 및 브레이크의 기능
③ 프레스의 금형 및 고정볼트 상태
④ 1행정 1정지기구·급정지장치 및 비상정지 장치의 기능

56

다음 중 프레스 방호장치에서 게이트 가드식 방호장치의 종류를 작동방식에 따라 분류할 때 가장 거리가 먼 것은?

① 경사식   ② 하강식
③ 도립식   ④ 횡 슬라이드 식

*게이트가드식 방호장치의 종류
① 하강식
② 도립식
③ 횡슬라이드식
④ 상승식

57

선반작업의 안전수칙으로 가장 거리가 먼 것은?

① 기계에 주유 및 청소를 할 때에는 저속회전에서 한다.
② 일반적으로 가공물의 길이가 지름의 12배 이상일 때는 방진구를 사용하여 선반작업을 한다.
③ 바이트는 가급적 짧게 설치한다.
④ 면장갑을 사용하지 않는다.

기계에 주유 및 청소를 할 때에는 정지시킨다.

58

다음 중 보일러 운전 시 안전수칙으로 가장 적절하지 않은 것은?

① 가동 중인 보일러에는 작업자가 항상 정위치를 떠나지 아니할 것
② 보일러의 각종 부속장치의 누설상태를 점검할 것
③ 압력방출장치는 매 7년마다 정기적으로 작동시험을 할 것
④ 노 내의 환기 및 통풍장치를 점검할 것

③ 압력방출장치는 매년 1회 이상 정기적으로 작동시험을 한다.

59

산업안전보건법령상 크레인에서 권과방지장치의 달기구 윗면이 권상장치의 아랫면과 접촉할 우려가 있는 경우 최소 몇 m 이상 간격이 되도록 조정하여야 하는가?
(단, 직동식 권과방지장치의 경우는 제외)

① 0.1   ② 0.15
③ 0.25   ④ 0.3

권상장치의 아랫면과 접촉할 우려가 있는 경우에 그 간격이 0.25m 이상(작동식은 0.05m)이 되도록 조정할 것

60

슬라이드가 내려옴에 따라 손을 쳐내는 막대가 좌우로 왕복하면서 위험한계에 있는 손을 보호하는 프레스 방호장치는?

① 수인식   ② 게이트 가드식
③ 반발예방장치   ④ 손쳐내기식

---

*손쳐내기식 방호장치
슬라이드가 내려옴에 따라 손을 쳐내는 막대기 좌우로 왕복하면서 위험점으로부터 손을 보호하여 주는 프레스의 방호장치

61

KS C IEC 60079-6에 따른 방폭기기에 대한 설명이다. 다음 빈칸에 들어갈 알맞은 용어는?

> (ⓐ)은 EPL로 표현되며 점화원이 될 수 있는 가능성을 기초하여 기기에 부여된 보호등급이다. EPL의 등급 중 (ⓑ)는 정상 작동, 예상된 오작동, 드문 오작동 중에 점화원이 될 수 없는 "매우 높은" 보호 등급의 기기이다.

① ⓐ Explosion Protection Level, ⓑ EPL Ga
② ⓐ Explosion Protection Level, ⓑ EPL Gc
③ ⓐ Equipment Protection Level, ⓑ EPL Ga
④ ⓐ Equipment Protection Level, ⓑ EPL Gc

*KS C IEC 60079-0 방폭기기

Equipment Protection Level은 EPL로 표현되며 점화원이 될 수 있는 가능성에 기초하여 기기에 부여된 보호등급이다.

EPL의 등급 중 EPL Ga는 정상 작동, 예상된 오작동, 드문 오작동 중에 점화원이 될 수 있는 매우 높은 보호 등급의 기기이다.

62

접지계통 분류에서 TN접지방식이 아닌 것은?

① TN-S 방식   ② TN-C 방식
③ TN-T 방식   ④ TN-C-S 방식

*TN 접지방식의 종류
① TN-S 방식
② TN-C 방식
③ TN-C-S 방식
④ TT 방식
⑤ IT 방식

63

접지공사의 종류에 따른 접지선(연동선)의 굵기 기준으로 옳은 것은?

① 제1종 : 공칭단면적 $6mm^2$이상
② 제2종 : 공칭단면적 $12mm^2$이상
③ 제3종 : 공칭단면적 $5mm^2$이상
④ 특별 제3종 : 공칭단면적 $3.5mm^2$이상

출제 기준에서 제외된 내용입니다.

64

최소 착화에너지가 $0.26mJ$인 가스에 정전용량이 $100pF$인 대전 물체로부터 정전기 방전에 의하여 착화할 수 있는 전압은 약 몇 V 인가?

① 2240   ② 2260
③ 2280   ④ 2300

61.③ 62.③ 63.X 64.③

65

누전차단기의 구성요소가 아닌 것은?

① 누전검출부   ② 영상변류기
③ 차단장치   ④ 전력퓨즈

66

우리나라의 안전전압으로 볼 수 있는 것은 약 몇 V 인가?

① 30   ② 50
③ 60   ④ 70

67

산업안전보건기준에 관한 규칙에 따라 누전에 의한 감전의 위험을 방지하기 위하여 접지를 하여야 하는 대상의 기준으로 틀린 것은?
(단, 예외조건은 고려하지 않는다.)

① 전기기계·기구의 금속제 외함
② 고압 이상의 전기를 사용하는 전기기계·기구 주변의 금속제 칸막이
③ 고정배선에 접속된 전기기계·기구 중 사용전압이 대지 전압 100 V를 넘는 비충전 금속체
④ 코드와 플러그를 접속하여 사용하는 전기기계·기구 중 휴대형 전동기계·기구의 노출된 비충전 금속체

68

정전유도를 받고있는 접지되어 있지 않는 도전성 물체에 접촉한 경우 전격을 당하게 되는데 이 때 물체에 유도된 전압 V를 옳게 나타낸 것은?
(단, E 는 송전선의 대지전압, C_1은 송전선과 물체 사이의 정전용량, C_2는 물체와 대지사이의 정전용량이며, 물체와 대지사이의 저항은 무시한다.)

① $V = \dfrac{C_1}{C_1 + C_2} \times E$

② $V = \dfrac{C_1 + C_2}{C_1} \times E$

③ $V = \dfrac{C_1}{C_1 \times C_2} \times E$

④ $V = \dfrac{C_1 \times C_2}{C_1} \times E$

$$V = \frac{C_1}{C_1 + C_2} \times E$$

여기서,
E : 송전선 전압 [V]
C_1 : 송전선과 물체사이의 정전용량 [F]
C_2 : 물체와 대지사이의 정전용량 [F]

69

교류 아크 용접기의 자동전격방지장치는 전격의 위험을 방지하기 위하여 아크 발생이 중단된 후 약 1초 이내에 출력 측 무부하 전압을 자동적으로 몇 V 이하로 저하시켜야 하는가?

① 85   ② 70
③ 50   ④ 25

*자동전격방지장치의 구비조건
① 아크발생을 중단시킬 때 주접점이 개로될 때까지의 시간은 1±0.3초 이내일 것
② 2차 무부하전압은 25V이내일 것

70

정전기 발생에 영향을 주는 요인으로 가장 적절하지 않은 것은?

① 분리속도   ② 물체의 질량
③ 접촉면적 및 압력   ④ 물체의 표면상태

*정전기 발생에 영향을 주는 요인
① 물질의 표면상태
② 물질의 접촉면적
③ 물질의 압력
④ 물질의 특성
⑤ 물질의 분리속도

71

다음에서 설명하고 있는 방폭구조는?

> 전기기기의 정상 사용 조건 및 특정 비정상 상태에서 과도한 온도 상승, 아크 또는 스파크의 발생위험을 방지하기 위해 추가적인 안전 조치를 취한 것으로 Ex e 라고 표시한다.

① 유입 방폭구조   ② 압력 방폭구조
③ 내압 방폭구조   ④ 안전증 방폭구조

*방폭구조의 종류

종류	내용
내압 방폭구조 (d)	용기 내 폭발시 용기가 그 압력을 견디고 개구부 등을 통해 외부에 인화될 우려가 없는 구조
압력 방폭구조 (p)	용기 내에 보호가스를 압입시켜 대기압 이상으로 유지하여 폭발성 가스가 유입되지 않도록 하는 구조
안전증 방폭구조 (e)	운전 중에 생기는 아크, 스파크, 발열 등의 발화원을 제거하여 안전도를 증가시킨 구조
유입 방폭구조 (o)	전기불꽃, 아크, 고온 발생 부분을 기름으로 채워 폭발성 가스 또는 증기에 인화되지 않도록 한 구조
본질안전 방폭구조 (ia, ib)	운전 중 단선, 단락, 지락에 의한 사고 시 폭발 점화원의 발생이 방지된 구조
비점화 방폭구조 (n)	운전중에 점화원을 차단하여 폭발이 일어나지 않고, 이상 상태에서 짧은시간 동안 방폭기능을 할 수 있는 구조
몰드 방폭구조 (m)	전기불꽃, 고온 발생 부분은 컴파운드로 밀폐한 구조

72

KS C IEC 60079-6에 따른 유입방폭구조 "o"방폭장비의 최소 IP 등급은?

① IP44   ② IP54
③ IP55   ④ IP66

KS C IEC 60079-6에 따라 유입방복구조는 최소 IP66등급에 적합할 것

73

20Ω의 저항 중에 $5A$의 전류를 3분간 흘렸을 때의 발열량(cal)은?

① 4320
② 90000
③ 21600
④ 376560

*발열량(Q)

$Q = I^2RT$

$\begin{cases} Q : \text{발열량}[J] & (\text{단, } 1cal = 4.18J,\ 1J = 0.24cal\text{이다.}) \\ I : \text{전류}[A] \\ R : \text{저항}[\Omega] \\ T : \text{시간}[sec] \end{cases}$

$\therefore Q = I^2RT = 5^2 \times 20 \times 3 \times 60 = 90000J$
$= 90000 \times 0.24 = 21600cal$

74

다음은 어떤 방전에 대한 설명인가?

> 정전기가 대전되어 있는 부도체에 접지체가 접근한 경우 대전물체와 접지체 사이에 발생하는 방전과 거의 동시에 부도체의 표면을 따라서 발생하는 나뭇가지 형태의 발광을 수반하는 방전

① 코로나 방전
② 뇌상 방전
③ 연면 방전
④ 불꽃 방전

*연면 방전
절연물의 표면을 따라 강한 발광을 수반하여 발생하는 방전 현상

75

가연성 가스가 있는 곳에 저압 옥내전기설비를 금속관 공사에 의해 시설하고자 한다. 관 상호간 또는 관과 전기기계기구와는 몇 턱 이상 나사 조임으로 접속하여야 하는가?

① 2턱
② 3턱
③ 4턱
④ 5턱

전선관과의 접속부분의 나사는 5턱 이상으로 완전한 나사결합이 될 수 있는 길이일 것

76

전기시설의 직접 접촉에 의한 감전방지 방법으로 적절하지 않은 것은?

① 충전부는 내구성이 있는 절연물로 완전히 덮어 감쌀 것
② 충전부가 노출되지 않도록 폐쇄형 외함이 있는 구조로 할 것
③ 충전부에 충분한 절연효과가 있는 방호망 또는 절연 덮개를 설치할 것
④ 충전부는 출입이 용이한 전개된 장소에 설치하고, 위험표시 등의 방법으로 방호를 강화할 것

④ 충전부는 출입이 금지되는 장소에 설치한다.

77

심실세동을 일으키는 위험한계 에너지는 약 몇 J 인가?

(단, 심실세동 전류 $I = \dfrac{165}{\sqrt{T}} mA$, 인체의 전기저항 $R = 800\Omega$, 통전시간 $T = 1$초 이다.)

① 12
② 22
③ 32
④ 42

$$Q = I^2 RT$$
$$= \left(\frac{165 \times 10^{-3}}{\sqrt{T}}\right)^2 \times R \times T$$
$$= \left(\frac{165 \times 10^{-3}}{\sqrt{1}}\right)^2 \times 800 \times 1 = 21.78J$$

여기서,
R : 저항 [Ω]
T : 시간 [sec] (주어지지 않을 경우 $T = 1sec$)

*피뢰레벨에 따른 회전구체 반경

피뢰레벨	회전구체 반경
I	$20m$
II	$30m$
III	$45m$
IV	$60m$

78

전기기계 · 기구에 설치되어 있는 감전방지용 누전차단기의 정격감도전류 및 작동시간으로 옳은 것은? (단, 정격전부하전류가 $50A$ 미만이다.)

① $15mA$ 이하, 0.1초 이내
② $30mA$ 이하, 0.03초 이내
③ $50mA$ 이하, 0.5초 이내
④ $100mA$ 이하, 0.05초 이내

*정격감도전류

장소	정격감도전류
일반장소	$30mA$
물기가 많은 장소	$15mA$
단, 동작시간은 0.03초 이내로 한다.	

79

피뢰레벨에 따른 회전구체 반경이 틀린 것은?

① 피뢰레벨 I : $20m$
② 피뢰레벨 II : $30m$
③ 피뢰레벨 III : $50m$
④ 피뢰레벨 IV: $60m$

80

지락사고 시 1초를 초과하고 2초 이내에 고압전로를 자동 차단하는 장치가 설치되어 있는 고압전로에 제2종 접지공사를 하였다. 접지저항은 몇 Ω 이하로 유지해야 하는가? (단, 변압기의 고압측 전로의 1선 지락전류는 10A 이다.)

① 10Ω   ② 20Ω
③ 30Ω   ④ 40Ω

출제 기준에서 제외된 내용입니다.

81

사업주는 가스폭발 위험장소 또는 분진폭발 위험장소에 설치되는 건축물 등에 대해서는 규정에서 정한 부분을 내화구조로 하여야 한다. 다음 중 내화구조로 하여야 하는 부분에 대한 기준이 틀린 것은?

① 건축물의 기둥 : 지상 1층(지상 1층의 높이가 6미터를 초과하는 경우에는 6미터)까지
② 위험물 저장·취급용기의 지지대(높이가 30센티미터 이하인 것은 제외) : 지상으로부터 지지대의 끝부분까지
③ 건축물의 보 : 지상2층(지상 2층의 높이가 10미터를 초과하는 경우에는 10미터)까지
④ 배관·전선관 등의 지지대 : 지상으로부터 1단(1단의 높이가 6미터를 초과하는 경우에는 6미터)까지

*내화구조의 기준
① 건축물의 기둥 및 보 :
 지상 1층(지상 1층의 높이가 $6m$를 초과하는 경우에는 $6m$)까지

② 위험물 저장·취급용기의 지지대 :
 (높이가 $30cm$ 이하인 것은 제외)
 지상으로부터 지지대의 끝부분까지

③ 배관·전선관 등의 지지대 :
 지상으로부터 1단(1단의 높이가 $6m$를 초과하는 경우에는 $6m$)까지

82

다음 물질 중 인화점이 가장 낮은 물질은?

① 이황화탄소   ② 아세톤
③ 크실렌   ④ 경유

*각 물질의 인화점

물질	인화점
이황화탄소	−30℃
아세톤	−18℃
크실렌	32℃
경유	55℃

83

물의 소화력을 높이기 위하여 물에 탄산칼륨(K_2CO_3)과 같은 염류를 첨가한 소화약제를 일반적으로 무엇이라 하는가?

① 포 소화약제
② 분말 소화약제
③ 강화액 소화약제
④ 산알칼리 소화약제

*강화액 소화기
탄산칼륨(K_2CO_3)을 용해시켜 만든 수용액을 소화약제로 써서 물의 소화능력을 증대시켜 겨울철에도 사용할 수 있는 소화기이다.

84

다음 중 분진의 폭발위험성을 증대시키는 조건에 해당하는 것은?

① 분진의 온도가 낮을수록
② 분위기 중 산소 농도가 작을수록
③ 분진 내의 수분농도가 작을수록
④ 분진의 표면적이 입자체적에 비교하여 작을수록

*분진의 폭발위험성이 커지는 조건
① 분진의 발열량이 클수록
② 분위기 중 산소 농도가 클수록
③ 분진 내의 수분농도가 작을수록
④ 분진의 표면적이 입자체적에 비해 클수록
⑤ 입자의 형상이 복잡할수록
⑥ 온도가 높을수록

85

다음 중 관의 지름을 변경하는데 사용되는 관의 부속품으로 가장 적절한 것은?

① 엘보우(Elbow)
② 커플링(Coupling)
③ 유니온(Union)
④ 리듀서(Reducer)

*관 부속품의 용도

용도	종류
관의 방향변경	엘보우, Y형 관이음쇠, 티, 십자
관의 직경변경	부싱, 리듀서
유로차단	캡, 밸브, 플러그

86

가연성물질의 저장 시 산소농도를 일정한 값 이하로 낮추어 연소를 방지할 수 있는데 이 때 첨가하는 물질로 적합하지 않은 것은?

① 질소
② 이산화탄소
③ 헬륨
④ 일산화탄소

불활성 가스의 종류로는 질소(N_2), 아르곤(Ar), 네온(Ne), 이산화탄소(CO_2), 헬륨(He), 오산화인(P_2O_5), 프레온(CCl_3F), 삼산화황(SO_3)등이 있다.

87

다음 중 물과의 반응성이 가장 큰 물질은?

① 니트로글리세린
② 이황화탄소
③ 금속나트륨
④ 석유

나트륨(Na)은 물(H_2O)과 반응하여 수소(H_2)를 격렬하게 발생시켜 위험성이 증대된다.

$$2Na + 2H_2O \rightarrow 2NaOH + H_2$$
(나트륨) (물)   (수산화나트륨) (수소)

88

산업안전보건법령상 위험물질의 종류에서 폭발성 물질에 해당하는 것은?

① 니트로화합물
② 등유
③ 황
④ 질산

*폭발성물질 및 유기과산화물
① 질산에스테르
② 니트로화합물
③ 니트로소화합물
④ 아조화합물
⑤ 디아조화합물
⑥ 하이드라진 유도체
⑦ 유기과산화물

84.③ 85.④ 86.④ 87.③ 88.①

89

어떤 습한 고체재료 $10kg$을 완전 건조 후 무게를 측정하였더니 $6.8kg$ 이었다. 이 재료의 건량 기준 함수율은 몇 $kg \cdot H_2O/kg$ 인가?

① 0.25   ② 0.36
③ 0.47   ④ 0.58

*함수율

$$함수율 = \frac{건조\ 전\ 질량 - 건조\ 후\ 질량}{건조\ 후\ 질량} = \frac{10 - 6.8}{6.8}$$

$$= 0.47kg \cdot H_2O/kg$$

90

대기압하에서 인화점이 $0℃$ 이하인 물질이 아닌 것은?

① 메탄올   ② 이황화탄소
③ 산화프로필렌   ④ 디에틸에테르

*각 물질의 인화점

물질	인화점
메탄올	11℃
이황화탄소	−30℃
산화프로필렌	−37℃
디에틸에테르	−45℃

91

가연성가스의 폭발범위에 관한 설명으로 틀린 것은?

① 압력 증가에 따라 폭발 상한계와 하한계가 모두 현저히 증가한다.
② 불활성가스를 주입하면 폭발범위는 좁아진다.
③ 온도의 상승과 함께 폭발범위는 넓어진다.
④ 산소 중에서 폭발범위는 공기 중에서 보다 넓어진다.

온도 상승시 폭발하한계가 감소하고 폭발상한계가 증가하며, 압력 상승시 폭발하한계에 영향이 없고 폭발상한계는 증가한다.

92

열교환기의 정기적 점검을 일상점검과 개방점검으로 구분할 때 개방점검 항목에 해당하는 것은?

① 보냉재의 파손 상황
② 플랜지부나 용접부에서의 누출 여부
③ 기초볼트의 체결 상태
④ 생성물, 부착물에 의한 오염 상황

④ 부착물에 의한 오염은 열교환기 내부의 셀(Shell) 또는 튜브(Tube)에 일어나는 오염으로 분해하여 개방점검 해야한다.

93

다음 중 분진 폭발을 일으킬 위험이 가장 높은 물질은?

① 염소   ② 마그네슘
③ 산화칼슘   ④ 에틸렌

*분진폭발을 일으키는 물질
① 농산물(분유, 콩가루, 옥수수 전분 등)
② 농작물(사과, 비트, 양배추 등)
③ 탄소(숯, 코크스, 목탄, 활성탄 등)
④ 금속분(알루미늄, 마그네슘, 아연 등)
⑤ 플라스틱 등

94

산업안전보건법령에서 인화성 액체를 정의할 때 기준이 되는 표준압력은 몇 kPa 인가?

① 1   ② 100
③ 101.3   ④ 273.15

*표준압력(=표준대기압)
$1atm = 101.325kPa$

95

다음 중 C급 화재에 해당하는 것은?

① 금속화재   ② 전기화재
③ 일반화재   ④ 유류화재

*화재의 구분

등급	종류	색	소화방법
A급	일반화재	백색	냉각소화
B급	유류 및 가스화재	황색	질식소화
C급	전기화재	청색	질식소화
D급	금속화재	무색	피복소화

96

액화 프로판 $310kg$을 내용적 $50L$ 용기에 충전할 때 필요한 소요 용기의 수는 몇 개인가?
(단, 액화 프로판의 가스정수는 2.35이다.)

① 15   ② 17
③ 19   ④ 21

*용기의 수

$$용기의 수 = \frac{액화 프로판의 질량}{\left(\frac{내용적}{가스정수}\right)} = \frac{310}{\left(\frac{50}{2.35}\right)}$$

$$= 14.57 \fallingdotseq 15개$$

97

다음 중 가연성 가스의 연소형태에 해당하는 것은?

① 분해연소   ② 증발연소
③ 표면연소   ④ 확산연소

가연성 가스는 <u>확산연소</u> 한다.

98

다음 중 산업안전보건법령상 위험물질의 종류에 있어 인화성 가스에 해당하지 않는 것은?

① 수소   ② 부탄
③ 에틸렌   ④ 과산화수소

*인화성 가스
① 수소   ② 아세틸렌   ③ 에틸렌
④ 메탄   ⑤ 에탄   ⑥ 프로판
⑦ 부탄

99

반응폭주 등 급격한 압력상승의 우려가 있는 경우에 설치하여야 하는 것은?

① 파열판
② 통기밸브
③ 체크밸브
④ Flame arrester

*반응폭주 등 급격한 압력상승 우려가 있는 경우에 설치해야 하는 것
파열판

100

다음 중 응상폭발이 아닌 것은?

① 분해폭발
② 수증기폭발
③ 전선폭발
④ 고상간의 전이에 의한 폭발

*폭발의 종류
① 기상폭발 : 기체상태로 일어나는 폭발
분진폭발, 분무폭발, 분해폭발, 가스폭발, 증기운폭발

② 응상폭발 : 액체, 고체상태로 일어나는 폭발
수증기폭발(=증기폭발), 전선폭발,
고상간의 전이에 의한 폭발

101

건설재해대책의 사면보호공법 중 식물을 생육시켜 그 뿌리로 사면의 표층토를 고정하여 빗물에 의한 침식, 동상, 이완 등을 방지하고, 녹화에 의한 경관 조성을 목적으로 시공하는 것은?

① 식생공　　　　　② 쉴드공
③ 뿜어 붙이기공　　④ 블록공

*식생구멍공법(=식생공법)
사면을 식물로 피복하는 사면 보호 공법이다.

102

산업안전보건법령에 따른 양중기의 종류에 해당하지 않는 것은?

① 곤돌라　　　　　② 리프트
③ 클램쉘　　　　　④ 크레인

*양중기의 종류
① 크레인(호이스트 포함)
② 이동식 크레인
③ 리프트(이삿짐 운반용 리프트는 적재하중 0.1ton 이상인 것)
④ 곤돌라
⑤ 승강기

103

화물취급작업과 관련한 위험방지를 위해 조치하여야 할 사항으로 옳지 않은 것은?

① 하역작업을 하는 장소에서 작업장 및 통로의 위험한 부분에는 안전하게 작업할 수 있는 조명을 유지할 것
② 하역작업을 하는 장소에서 부두 또는 안벽의 선을 따라 통로를 설치하는 경우에는 폭을 50cm 이상으로 할 것
③ 차량 등에서 화물을 내리는 작업을 하는 경우에 해당 작업에 종사하는 근로자에게 쌓여 있는 화물 중간에서 화물을 빼내도록 하지 말 것
④ 꼬임이 끊어진 섬유로프 등을 화물운반용 또는 고정용으로 사용하지 말 것

② 부두 또는 안벽의 선을 따라 통로를 설치하는 경우에는 폭을 90cm 이상으로 할 것

104

표준관입시험에 관한 설명으로 옳지 않은 것은?

① N치(N-value)는 지반을 $30cm$ 굴진하는데 필요한 타격횟수를 의미한다.
② N치 4~10일 경우 모래의 상대밀도는 매우 단단한 편이다.
③ 63.5kg 무게의 추를 $76cm$ 높이에서 자유 낙하하여 타격하는 시험이다.
④ 사질지반에 적용하며, 점토지반에서는 편차가 커서 신뢰성이 떨어진다.

*타격회수에 의한 상대밀도

타격회수(N)	상대밀도
0 ~ 4	매우 느슨
4 ~ 10	느슨
10 ~ 30	중간
30 ~ 50	조밀
50 이상	매우 조밀

105

근로자의 추락 등의 위험을 방지하기 위한 안전난간의 설치요건에서 상부난간대를 $120cm$ 이상 지점에 설치하는 경우 중간난간대를 최소 몇 단 이상 균등하게 설치하여야 하는가?

① 2단   ② 3단
③ 4단   ④ 5단

*안전난간 설치기준
① 상부 난간대, 중간 난간대, 발끝막이판 및 난간 기둥으로 구성할 것.
② 상부 난간대는 바닥면 · 발판 또는 경사로의 표면 으로부터 $90cm$ 이상 지점에 설치하고, 상부 난간대 를 $120cm$ 이하에 설치하는 경우에는 중간 난간대 는 상부 난간대와 바닥면등의 중간에 설치하여야 하며, $120cm$ 이상 지점에 설치하는 경우에는 중간 난간대를 2단 이상으로 균등하게 설치하고 난간의 상하 간격은 $60cm$ 이하가 되도록 할 것. 다만, 계단의 개방된 측면에 설치된 난간기둥 간의 간격 이 $25cm$ 이하인 경우에는 중간 난간대를 설치 하지 아니할 수 있다.
③ 발끝막이판은 바닥면등으로부터 $10cm$ 이상의 높이를 유지할 것. 다만, 물체가 떨어지거나 날아올 위험이 없거나 그 위험을 방지할 수 있는 망을 설치하는 등 필요한 예방 조치를 한 장소는 제외한다.
④ 난간기둥은 상부 난간대와 중간 난간대를 견고 하게 떠받칠 수 있도록 적정한 간격을 유지할 것
⑤ 상부 난간대와 중간 난간대는 난간 길이 전체에 걸쳐 바닥면등과 평행을 유지할 것
⑥ 난간대는 지름 $2.7cm$ 이상의 금속제 파이프나 그 이상의 강도가 있는 재료일 것
⑦ 안전난간은 구조적으로 가장 취약한 지점에서 가장 취약한 방향으로 작용하는 $100kg$ 이상의 하중에 견딜 수 있는 튼튼한 구조일 것

106

건설현장에 설치하는 사다리식 통로의 설치기준으로 옳지 않은 것은?

① 발판과 벽과의 사이는 15cm 이상의 간격을 유지할 것
② 발판의 간격은 일정하게 할 것
③ 사다리의 상단은 걸쳐놓은 지점으로부터 60cm 이상 올라가도록 할 것
④ 사다리식 통로의 길이가 10m 이상인 경우에는 3m 이내마다 계단참을 설치할 것

*사다리식 통로의 설치기준
① 견고한 구조로 할 것
② 심한 손상·부식 등이 없는 재료를 사용할 것
③ 발판의 간격은 일정하게 할 것
④ 발판과 벽과의 사이는 15cm 이상의 간격을 유지할 것
⑤ 폭은 30cm 이상으로 할 것
⑥ 사다리가 넘어지거나 미끄러지는 것을 방지하기 위한 조치를 할 것
⑦ 사다리의 상단은 걸쳐놓은 지점으로부터 60cm 이상 올라가도록 할 것
⑧ 사다리식 통로의 길이가 10m 이상인 경우에는 5m 이내마다 계단참을 설치할 것
⑨ 사다리식 통로의 기울기는 75° 이하로 할 것. 다만, 고정식 사다리식 통로의 기울기는 90° 이하로 하고, 그 높이가 7m 이상인 경우에는 다음 각 목의 구분에 따른 조치를 할 것
  ㉠ 등받이울이 있어도 근로자 이동에 지장이 없는 경우 : 바닥으로부터 높이가 2.5m 되는 지점부터 등받이울을 설치할 것
  ㉡ 등받이울이 있으면 근로자가 이동이 곤란한 경우 : 한국산업표준에서 정하는 기준에 적합한 개인용 추락 방지 시스템을 설치하고 근로자로 하여금 한국산업표준에서 정하는 기준에 적합한 전신안전대를 사용하도록 할 것
⑩ 접이식 사다리 기둥은 사용 시 접혀지거나 펼쳐지지 않도록 철물 등을 사용하여 견고하게 조치할 것

107

불도저를 이용한 작업 중 안전조치사항으로 옳지 않은 것은?

① 작업종료와 동시에 삽날을 지면에서 띄우고 주차 제동장치를 건다.
② 모든 조종간은 엔진 시동전에 중립 위치에 놓는다.
③ 장비의 승차 및 하차 시 뛰어내리거나 오르지 말고 안전하게 잡고 오르내린다.
④ 야간작업 시 자주 장비에서 내려와 장비 주위를 살피며 점검하여야 한다.

① 작업종료 후 삽날을 지면에 내려두고 주차 제동장치를 건다.

108

건설공사의 산업안전보건관리비 계상 시 대상액이 구분되어 있지 않은 공사는 도급계약 또는 자체사업 계획상의 총 공사금액 중 얼마를 대상액으로 하는가?

① 50%
② 60%
③ 70%
④ 80%

*대상액의 구분이 없을 때
70%

109

도심지 폭파해체공법에 관한 설명으로 옳지 않은 것은?

① 장기간 발생하는 진동, 소음이 적다.
② 해체 속도가 빠르다.
③ 주위의 구조물에 끼치는 영향이 적다.
④ 많은 분진 발생으로 민원을 발생시킬 우려가 있다.

③ 주위의 구조물에 끼치는 영향이 많다.

110

NATM 공법 터널공사의 경우 록 볼트 작업과 관련된 계측결과에 해당되지 않은 것은?

① 내공변위 측정 결과
② 천단침하 측정 결과
③ 인발시험 결과
④ 진동 측정 결과

*록볼트 표준시공방법
① 내공변위 측정
② 천단침하 측정
③ 지중변위 측정
④ 인발시험

111

거푸집동바리 등을 조립하는 경우에 준수하여야 할 사항으로 옳지 않은 것은?

① 깔목의 사용, 콘크리트 타설, 말뚝박기 등 동바리의 침하를 방지하기 위한 조치를 할 것
② 개구부 상부에 동바리를 설치하는 경우에는 상부하중을 견딜 수 있는 견고한 받침대를 설치할 것
③ 거푸집이 곡면인 경우에는 버팀대의 부착 등 그 거푸집의 부상(浮上)을 방지하기 위한 조치를 할 것
④ 동바리의 이음은 맞댄이음나 장부이음을 피할 것

④ 동바리의 이음은 맞댄이음이나 장부이음으로 하고 같은 품질의 재료를 사용할 것

112

비계의 높이가 $2m$ 이상인 작업장소에 설치하는 작업발판의 설치기준으로 옳지 않은 것은?
(단, 달비계, 달대비계 및 말비계는 제외)

① 작업발판의 폭은 $40cm$ 이상으로 한다.
② 작업발판재료는 뒤집히거나 떨어지지 않도록 하나 이상의 지지물에 연결하거나 고정시킨다.
③ 발판재료 간의 틈은 $3cm$ 이하로 한다.
④ 작업발판의 지지물은 하중에 의하여 파괴될 우려가 없는 것을 사용한다.

*작업발판의 구조
① 발판재료는 작업할 때의 하중을 견딜 수 있도록 견고한 것으로 한다.
② 작업발판의 폭이 $40cm$ 이상으로 하고, 발판재료 간의 틈은 $3cm$ 이하로 한다.
③ 작업발판을 작업에 따라 이동시킬 경우에는 위험 방지에 필요한 조치를 한다.
④ 작업발판재료는 뒤집히거나 떨어지지 않도록 둘 이상의 지지물에 연결하거나 고정시킨다.
⑤ 추락의 위험이 있는 곳에는 안전난간을 설치한다.

113

흙막이 지보공을 설치하였을 경우 정기적으로 점검하고 이상을 발견하면 즉시 보수하여야 하는 사항과 가장 거리가 먼 것은?

① 부재의 접속부·부착부 및 교차부의 상태
② 버팀대의 긴압(緊壓)의 정도
③ 부재의 손상·변형·부식·변위 및 탈락의 유무와 상태
④ 지표수의 흐름 상태

*흙막이 지보공 설치 후 정기점검 사항
① 부재의 손상·변형·부식·변위 및 탈락의 유무와 상태
② 부재의 접속부·부착부 및 교차부의 상태
③ 침하의 정도
④ 버팀대의 긴압의 정도

114

말비계를 조립하여 사용하는 경우 지주부재와 수평면의 기울기는 얼마 이하로 하여야 하는가?

① 65°   ② 70°
③ 75°   ④ 80°

*말비계 조립시 준수사항
① 지주부재의 하단에는 미끄럼 방지장치를 하고, 근로자가 양측 끝 부분에 올라서서 작업하지 않도록 할 것.
② 지주부재와 수평면의 기울기를 75° 이하로 하고, 지주부재와 지주부재 사이를 고정시키는 보조부재를 설치할 것.
③ 말비계의 높이가 2m를 초과하는 경우에는 작업발판의 폭을 40cm 이상으로 할 것.

115

지반 등의 굴착 시 위험을 방지하기 위한 연암지반 굴착면의 기울기 기준으로 옳은 것은?

① 1 : 0.3   ② 1 : 0.4
③ 1 : 1   ④ 1 : 1.5

*굴착면의 기울기 기준

지반의 종류	기울기
모래	1 : 1.8
연암 및 풍화암	1 : 1.0
경암	1 : 0.5
그 밖의 흙	1 : 1.2

116

작업발판 및 통로의 끝이나 개구부로서 근로자가 추락할 위험이 있는 장소에서 난간등의 설치가 매우 곤란하거나 작업의 필요상 임시로 난간등을 해체하여야 하는 경우에 설치하여야 하는 것은?

① 구명구   ② 수직보호망
③ 석면포   ④ 추락방호망

*추락방호망
근로자가 추락할 위험이 있는 장소에 작업발판, 난간 등의 설치가 어려울 경우 설치하는 설비

117

흙막이 공법을 흙막이 지지방식에 의한 분류와 구조
방식에 의한 분류로 나눌 때 다음 중 지지방식에 의한
분류에 해당하는 것은?

① 수평 버팀대식 흙막이 공법
② H-Pile 공법
③ 지하연속벽 공법
④ Top down method 공법

*흙막이벽 설치공법의 분류

지지방식	구조방식
① 자립식 공법 ② 버팀대식 공법 ③ 어스앵커 공법 ④ 타이로드 공법	① H-Pile 공법 ② 널말뚝 공법 ③ 지하연속벽 공법 ④ SCW 공법 ⑤ 톱다운 공법

118

철골용접부의 결함을 검사하는 비파괴 검사방법으로
가장 거리가 먼 것은?

① 알칼리 반응 시험
② 방사선 투과시험
③ 자기분말 탐상시험
④ 침투 탐상시험

*용접결함 비파괴검사의 종류
① 초음파탐상검사
② 방사능투과검사
③ 자분탐상검사
④ 침투탐상검사
⑤ 와전류탐상검사
⑥ 육안검사
⑦ 누설탐상검사

119

유해위험방지 계획서를 제출하려고 할 때 그 첨부
서류와 가장 거리가 먼 것은?

① 공사개요서
② 산업안전보건관리비 작성요령
③ 전체 공정표
④ 재해 발생 위험 시 연락 및 대피방법

*유해위험방지계획서 첨부서류

항목	제출서류 및 내용
공사개요 (건설업)	① 공사개요서 ② 공사현장의 주변 현황 및 주변과의 　관계를 나타내는 도면 ③ 건설물·사용 기계설비 등의 배치를 　나타내는 도면 ④ 전체 공정표
공사개요 (제조업)	① 건축물 각 층의 평면도 ② 기계·설비의 개요를 나타내는 서류 ③ 기계·설비의 배치도면 ④ 원재료 및 제품의 취급, 제조 등의 　작업방법의 개요 ⑤ 그 밖의 고용노동부장관이 정하는 　도면 및 서류
안전보건 관리계획	① 산업안전보건관리비 사용계획서 ② 안전관리조직표·안전보건교육 계획 ③ 개인보호구 지급계획 ④ 재해발생 위험시 연락 및 대피방법
작업환경 조성계획	① 분진 및 소음발생공사 종류에 대한 　방호대책 ② 위생시설물 설치 및 관리대책 ③ 근로자 건강진단 실시계획 ④ 조명시설물 설치계획 ⑤ 환기설비 설치계획 ⑥ 위험물질의 종류별 사용량과 저장 　·보관 및 사용시의 안전 작업 계획

120

콘크리트 타설작업과 관련하여 준수하여야 할 사항으로 가장 거리가 먼 것은?

① 당일의 작업을 시작하기 전에 해당 작업에 관한 거푸집 동바리 등의 변형·변위 및 지반의 침하 유무 등을 점검하고 이상이 있으면 보수할 것
② 콘크리트를 타설하는 경우에는 편심이 발생하지 않도록 골고루 분산하여 타설할 것
③ 진동기의 사용은 많이 할수록 균일한 콘크리트를 얻을 수 있으므로 가급적 많이 사용할 것
④ 설계도서상의 콘크리트 양생기간을 준수하여 거푸집동바리 등을 해체할 것

③ 진동기를 적당히 사용하여야 안전하다.

01

참가자에게 일정한 역할을 주어 실제적으로 연기를 시켜봄으로써 자기의 역할을 보다 확실히 인식할 수 있도록 체험학습을 시키는 교육방법은?

① Symposium
② Brain Storming
③ Role Playing
④ Fish Bowl Playing

*롤 플레잉(Role Playing)
참가자에게 역할을 주어 실제적으로 연기를 시켜 자기 역할을 확실히 인식시키는 학습지도방법

02

일반적으로 시간의 변화에 따라 야간에 상승하는 생체리듬은?

① 혈압
② 맥박수
③ 체중
④ 혈액의 수분

*생체리듬(Bio rhythm)의 증가
① 주간에 증가 : 맥박수, 혈압, 체중, 말초운동 등
② 야간에 증가 : 염분량, 수분 등

03

하인리히의 재해구성비율 "1 : 29 : 300"에서 "29"에 해당되는 사고발생비율은?

① 8.8%
② 9.8%
③ 10.8%
④ 11.8%

*하인리히(Heinrich)의 재해구성 비율
1 : 29 : 300 법칙

① 사망 또는 중상 : 1건
② 경상 : 29건
③ 무상해 사고 : 300건

사망 또는 중상 : $\dfrac{1}{1+29+300} = 0.3\%$

경상 : $\dfrac{29}{1+29+300} = 8.8\%$

무상해 사고 : $\dfrac{300}{1+29+300} = 90.9\%$

04

무재해 운동의 3원칙에 해당되지 않는 것은?

① 무의 원칙
② 참가의 원칙
③ 선취의 원칙
④ 대책선정의 원칙

*무재해 운동 3원칙

원칙	설명
무의 원칙	모든 잠재위험요인을 사전에 발견하여 근원적으로 산업 재해를 없앤다.
선취의 원칙	위험요소를 사전에 발견, 파악하여 재해를 예방 또는 방지한다.
참가의 원칙	전원이 협력하여 각자의 처지에서 의욕적으로 문제를 해결한다.

05

안전보건관리조직의 형태 중 라인-스태프(Line-Staff)형에 관한 설명으로 틀린 것은?

① 조직원 전원을 자율적으로 안전 활동에 참여시킬 수 있다.
② 라인의 관리, 감독자에게도 안전에 관한 책임과 권한이 부여된다.
③ 중규모 사업장(100명 이상 ~ 500명 미만)에 적합하다.
④ 안전 활동과 생산업무가 유리될 우려가 없기 때문에 균형을 유지할 수 있어 이상적인 조직형태이다.

*안전보건관리조직

종류	특징
라인형 조직 (직계식)	① 100명 이하의 소규모 사업장 ② 안전에 관한 지시나 조치가 신속 ③ 책임 및 권한이 명백 ④ 안전에 대한 전문적 지식 및 기술 부족 ⑤ 관리 감독자의 직무가 너무 넓어 실행이 어려움
스탭형 조직 (참모식)	① 100~500명의 중규모 사업장에 적합 ② 안전업무가 표준화되어 직장에 정착 ③ 생산 조직과는 별도의 조직과 기능을 가짐 ④ 안전정보 수집과 기술 축적이 용이 ⑤ 전문적인 안전기술 연구 가능 ⑥ 생산부분은 안전에 대한 책임과 권한이 없음 ⑦ 권한 다툼이나 조정 때문에 통제 수속이 복잡해짐 ⑧ 안전과 생산을 별개로 취급하기 쉬움
라인- 스탭형 조직 (복합식)	① 1000명 이상의 대규모 사업장에 적합 ② 라인형과 스탭형의 장점을 취한 절충식 ③ 안전계획, 평가 및 조사는 스탭에서, 생산 기술의 안전대책은 라인에서 실시 ④ 조직원 전원을 자율적으로 안전활동에 참여시킬 수 있음 ⑤ 안전 활동과 생산업무가 분리될 가능성이 낮아때 균형을 유지 ⑥ 라인의 관리, 감독자에게도 안전에 관한 책임과 권한이 부여 ⑦ 명령 계통과 조언 권고적 참여가 혼동되기 쉬움 ⑧ 스탭의 월권행위의 경우가 있음

③ : 스탭형 조직

06

브레인스토밍 기법에 관한 설명으로 옳은 것은?

① 타인의 의견을 수정하지 않는다.
② 지정된 표현방식에서 벗어나 자유롭게 의견을 제시한다.
③ 참여자에게는 동일한 횟수의 의견제시 기회가 부여된다.
④ 주제와 내용이 다르거나 잘못된 의견은 지적하여 조정한다.

*브레인스토밍(Brainstorming)
6~12명의 구성원이 자유로운 토론으로 다량의 아이디어를 이끌어내 해결책을 찾는 집단적 사고 기법

① 비판, 비난 자제
② 아이디어의 양과 독창성 중시
③ 자유로운 발언권
④ 다른 사람의 아이디어를 조합 및 개선

07

산업안전보건법령상 안전인증대상기계등에 포함되는 기계, 설비, 방호장치에 해당하지 않는 것은?

① 롤러기
② 크레인
③ 동력식 수동대패용 칼날 접촉 방지장치
④ 방폭구조(防爆構造) 전기기계·기구 및 부품

*안전인증대상 기계 등

기계 또는 설비	① 프레스 ② 전단기 및 절곡기 ③ 크레인 ④ 리프트 ⑤ 압력용기 ⑥ 롤러기 ⑦ 사출성형기 ⑦ 고소 작업대 ⑧ 곤돌라
방호장치	① 프레스 및 전단기 방호장치 ② 양중기용 과부하 방지장치 ③ 보일러 압력방출용 안전밸브 ④ 압력용기 압력방출용 안전밸브 ⑤ 압력용기 압력방출용 파열판 ⑥ 절연용 방호구 및 활선작업용 기구 ⑦ 방폭구조 전기기계 · 기구 및 부품 ⑧ 추락 · 낙하 및 붕괴 등의 위험방지 및 보호에 필요한 가설기자재로서 고용노동부장관이 정하여 고시하는 것 ⑨ 충돌 · 협착 등의 위험 방지에 필요한 산업용 로봇 방호장치로서 고용노동부장관이 정하여 고시하는 것

08

안전교육 중 같은 것을 반복하여 개인의 시행착오에 의해서만 점차 그 사람에게 형성되는 것은?

① 안전기술의 교육
② 안전지식의 교육
③ 안전기능의 교육
④ 안전태도의 교육

*안전보건교육지도 3단계
1단계 : 지식교육 – 광범위한 기초지식 주입
2단계 : 기능교육 – 반복을 통하여 스스로 습득
3단계 : 태도교육 – 안전의식과 책임감 주입

09

상황성 누발자의 재해 유발원인과 가장 거리가 먼 것은?

① 작업이 어렵기 때문이다.
② 심신에 근심이 있기 때문이다.
③ 기계설비의 결함이 있기 때문이다.
④ 도덕성이 결여되어 있기 때문이다.

*상황성 누발자의 재해 유발원인
① 작업의 난이성
② 기계 및 설비의 결함
③ 심신에 근심
④ 주의력의 혼란

*상황성 누발자
기초 지식은 있으나 작동 기기에 대한 임기응변이 어려워 재해를 유발시키는 자

10

작업자 적성의 요인이 아닌 것은?

① 지능   ② 인간성
③ 흥미   ④ 연령

*작업자 적성의 요인
① 성격(인간성)   ② 지능   ③ 흥미

11

재해로 인한 직접비용으로 8000만원의 산재보상비가 지급되었을 때, 하인리히 방식에 따른 총 손실비용은?

① 16000만원   ② 24000만원

③ 32000만원   ④ 40000만원

*하인리히의 재해 손실비용(1 : 4 법칙)
총손실비용 = 직접손실비 + 간접손실비
= 직접손실비 + (4×직접손실비)
= 5×직접손실비 = 5×8000만원 = 40000만원

12

재해조사의 목적과 가장 거리가 먼 것은?

① 재해예방 자료수집
② 재해관련 책임자 문책
③ 동종 및 유사재해 재발방지
④ 재해발생 원인 및 결함 규명

*재해조사의 목적
① 재해발생 원인 및 결함 규명
② 재해예방 자료수집
③ 동종 및 유사재해 재발방지

13

교육훈련기법 중 Off · J · T(Off the Job Training) 의 장점이 아닌 것은?

① 업무의 계속성이 유지된다.
② 외부의 전문가를 강사로 활용할 수 있다.
③ 특별교재, 시설을 유효하게 사용할 수 있다.
④ 다수의 대상자에게 조직적 훈련이 가능하다.

*On.J.T(On the Jop Training)의 특징
① 개개인에게 적절한 지도훈련이 가능하다.
② 현장의 관리감독자가 강사가 되어 교육을 한다.
③ 효과가 곧 업무에 나타나며, 훈련의 좋고 나쁨에 따라 개선이 용이하다.
④ 직장의 실정에 맞는 실제적인 교육이 가능하다.
⑤ 교육 효과가 업무에 신속히 반영된다.
⑥ 훈련에 필요한 업무의 계속성이 끊기지 않는다.
⑦ 상호 신뢰 및 이해도가 높아진다.
⑧ 개개인에게 적절한 지도훈련이 가능하다.
⑨ 직장의 실정에 맞게 실제적 훈련이 가능하다.

*Off.J.T(Off the Jop Training)의 특징
① 다수의 대상자를 일괄적, 조직적으로 교육할 수 있다.
② 우수한 전문가를 강사로 활용할 수 있다.
③ 특별 교재, 교구, 설비를 유효하게 활용할 수 있다.
④ 많은 지식, 경험을 교류할 수 있다.
⑤ 훈련에만 전념할 수 있다.

14

산업안전보건법령상 중대재해의 범위에 해당하지 않는 것은?

① 1명의 사망자가 발생한 재해
② 1개월의 요양을 요하는 부상자가 동시에 5명 발생한 재해
③ 3개월의 요양을 요하는 부상자가 동시에 3명 발생한 재해
④ 10명의 직업성 질병자가 동시에 발생한 재해

＊지시표지

보안경 착용	방독마스크 착용	방진마스크 착용	보안면 착용
안전모 착용	귀마개 착용	안전화 착용	안전장갑 착용
안전복 착용			

15

Thorndike의 시행착오설에 의한 학습의 원칙이 아닌 것은?

① 연습의 원칙　　　② 효과의 원칙
③ 동일성의 원칙　　④ 준비성의 원칙

16

산업안전보건법령상 보안경 착용을 포함하는 안전보건표지의 종류는?

① 지시표지　　　② 안내표지
③ 금지표지　　　④ 경고표지

17

보호구에 관한 설명으로 옳은 것은?

① 유해물질이 발생하는 산소결핍지역에서는 필히 방독마스크를 착용하여야 한다.
② 차광용보안경의 사용구분에 따른 종류에는 자외선용, 적외선용, 복합용, 용접용이 있다.
③ 선반작업과 같이 손에 재해가 많이 발생하는 작업장에서는 장갑 착용을 의무화한다.
④ 귀마개는 처음에는 저음만을 차단하는 제품부터 사용하며, 일정 기간이 지난 후 고음까지 모두 차단할 수 있는 제품을 사용한다.

18

산업안전보건법령상 사업 내 안전보건교육의 교육시간에 관한 설명으로 옳은 것은?

① 일용근로자의 작업내용 변경 시의 교육은 2시간 이상이다.
② 사무직에 종사하는 근로자의 정기교육은 매반기 3시간 이상이다.
③ 일용근로자를 제외한 근로자의 채용 시 교육은 4시간 이상이다.
④ 관리감독자의 지위에 있는 사람의 정기교육은 연간 8시간 이상이다.

*사업 내 안전보건교육

교육과정	교육대상	교육시간
정기교육	사무직 종사 근로자	매반기 6시간 이상
	판매업무에 직접 종사하는 근로자	매반기 6시간 이상
	판매업무 외에 종사하는 근로자	매반기 12시간 이상
채용 시의 교육	일용근로자	1시간 이상
	근로계약기간 1주일 이하인 근로자	1시간 이상
	근로계약기간 1주일 초과 1개월 이하인 근로자	4시간 이상
	그 밖의 근로자	8시간 이상
작업내용 변경 시의 교육	일용근로자	1시간 이상
	근로계약기간 1주일 이하인 근로자	1시간 이상
	그 밖의 근로자	2시간 이상
건설업기초 안전보건교육	건설 일용근로자	4시간 이상

✔ 특별 교육 과정은 제외한 내용입니다.

19

집단에서의 인간관계 메커니즘 (Mechanism)과 가장 거리가 먼 것은?

① 분열, 강박
② 모방, 암시
③ 동일화, 일체화
④ 커뮤니케이션, 공감

*인간관계 메커니즘
① 모방, 암시
② 동일화, 일체화
③ 커뮤니케이션, 공감

20

재해의 빈도와 상해의 강약도를 혼합하여 집계하는 지표로 옳은 것은?

① 강도율
② 종합재해지수
③ 안전활동율
④ Safe-T-Score

*종합재해지수(FSI)
재해의 빈도와 상해의 강약도를 혼합하여 집계하는 지표

종합재해지수 $= \sqrt{도수율 \times 강도율}$

21

인체측정 자료를 장비, 설비 등의 설계에 적용하기
위한 응용원칙에 해당하지 않는 것은?

① 조절식 설계
② 극단치를 이용한 설계
③ 구조적 치수 기준의 설계
④ 평균치를 기준으로 한 설계

22

컷셋(Cut Sets)과 최소 패스셋(Minimal Path Sets)
의 정의로 옳은 것은?

① 컷셋은 시스템 고장을 유발시키는 필요
   최소한의 고장들의 집합이며, 최소 패스셋은
   시스템의 신뢰성을 표시한다.
② 컷셋은 시스템 고장을 유발시키는 기본고장
   들의 집합이며, 최소 패스셋은 시스템의
   불신뢰도를 표시한다.
③ 컷셋은 그 속에 포함되어 있는 모든 기본
   사상이 일어났을 때 정상사상을 일으키는
   기본사상의 집합이며, 최소 패스셋은 시스
   템의 신뢰성을 표시한다.
④ 컷셋은 그 속에 포함되어 있는 모든 기본
   사상이 일어났을 때 정상사상을 일으키는
   기본사상의 집합이며, 최소 패스셋은 시스
   템의 성공을 유발하는 기본사상의 집합이다.

23

작업공간의 배치에 있어 구성요소 배치의 원칙에
해당하지 않는 것은?

① 기능성의 원칙   ② 사용빈도의 원칙
③ 사용순서의 원칙   ④ 사용방법의 원칙

24

시스템의 수명 및 신뢰성에 관한 설명으로 틀린 것은?

① 병렬설계 및 디레이팅 기술로 시스템의 신뢰성을 증가시킬 수 있다.
② 직렬시스템에서는 부품들 중 최소 수명을 갖는 부품에 의해 시스템 수명이 정해진다.
③ 수리가 가능한 시스템의 평균 수명(MTBF)은 평균 고장률(λ)과 정비례 관계가 성립한다.
④ 수리가 불가능한 구성요소로 병렬구조를 갖는 설비는 중복도가 늘어날수록 시스템 수명이 길어진다.

*평균 고장 간격(MTBF)

$$MTBF = \frac{1}{\lambda(고장율)}$$

반비례 관계이다.

25

자동차를 생산하는 공장의 어떤 근로자가 $95dB(A)$의 소음수준에서 하루 8시간 작업하며 매 시간 조용한 휴게실에서 20분씩 휴식을 취한다고 가정하였을 때, 8시간 시간가중평균(TWA)은? (단, 소음은 누적소음노출량측정기로 측정하였으며, OSHA에서 정한 $95dB(A)$의 허용시간은 4시간이라 가정한다.)

① 약 $91dB(A)$
② 약 $92dB(A)$
③ 약 $93dB(A)$
④ 약 $94dB(A)$

*시간가중평균(TWA)

$$소음노출량(D) = \frac{가동시간}{기준시간}$$
$$= \frac{8 \times (60-20)}{60 \times 4} = 1.33 = 133\%$$
$$\therefore TWA = 16.61\log\frac{D}{100} + 90 = 16.61\log\frac{133}{100} + 90 = 92dB$$

26

화학설비에 대한 안정성 평가 중 정성적 평가방법의 주요 진단 항목으로 볼 수 없는 것은?

① 건조물
② 취급물질
③ 입지 조건
④ 공장 내 배치

*화학설비에 대한 안전성 평가
① 정량적 평가
객관적인 데이터를 활용하는 평가
ex) 압력, 온도, 용량, 취급물질, 조작 등

② 정성적 평가
객관적인 데이터로 나타내기 힘든 요소까지 종합적으로 고려하는 평가
ex) 공장의 입지 조건, 공장 내 배치, 건조물, 입지 조건 등

27

작업면상의 필요한 장소만 높은 조도를 취하는 조명은?

① 완화조명
② 전반조명
③ 투명조명
④ 국소조명

*국소조명(=국부조명)
전체 조명으로 충분한 밝기가 얻어지지 않을 때 부근을 밝게 하는 조명 방식

28

동작경제의 원칙에 해당하지 않는 것은?

① 공구의 기능을 각각 분리하여 사용하도록 한다.
② 두 팔의 동작은 동시에 서로 반대방향으로 대칭적으로 움직이도록 한다.
③ 공구나 재료는 작업동작이 원활하게 수행되도록 그 위치를 정해준다.
④ 가능하다면 쉽고도 자연스러운 리듬이 작업 동작에 생기도록 작업을 배치한다.

*동작경제의 원칙
작업자가 에너지의 낭비 없이 효과적으로 작업할 수 있도록 동작을 세밀하게 분석하여 가장 경제적이고 합리적인 표준동작을 설정하는 원칙

① 공구의 기능을 결합하여 사용하도록 한다.

29

인간이 기계보다 우수한 기능이라 할 수 있는 것은?
(단, 인공지능은 제외한다.)

① 일반화 및 귀납적 추리
② 신뢰성 있는 반복 작업
③ 신속하고 일관성 있는 반응
④ 대량의 암호화된 정보의 신속한 보관

②, ③, ④ : 인간보다 기계가 우수한 기능

30

시각적 표시장치보다 청각적 표시장치를 사용 하는 것이 더 유리한 경우는?

① 정보의 내용이 복잡하고 긴 경우
② 정보가 공간적인 위치를 다룬 경우
③ 직무상 수신자가 한 곳에 머무르는 경우
④ 수신 장소가 너무 밝거나 암순응이 요구될 경우

*청각적 표시장치를 사용하는 경우
① 메시지가 간단한 경우
② 메시지를 추후에 재참조 해야하는 경우
③ 수신 장소가 너무 밝거나 어두울 때
④ 직무상 수신자가 자주 움직이는 경우
⑤ 수신자가 즉각적인 행동을 해야하는 경우
⑥ 수신자의 시각 계통이 과부하 상태인 경우

31

다음 시스템의 신뢰도 값은?

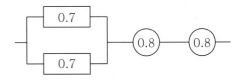

① 0.5824
② 0.6682
③ 0.7855
④ 0.8642

*시스템의 신뢰도(R)
$R = \{1-(1-0.7)(1-0.7)\} \times 0.8 \times 0.8 = 0.5824$

32

다음 현상을 설명한 이론은?

> 인간이 감지할 수 있는 외부의 물리적 자극 변화의 최소범위는 표준 자극의 크기에 비례한다.

① 피츠(Fitts) 법칙
② 웨버(Weber) 법칙
③ 신호검출이론(SDT)
④ 힉-하이만(Hick-Hyman) 법칙

*웨버(Weber)의 법칙

웨버 비 $= \dfrac{\text{변화감지역}(\triangle I)}{\text{표준자극}(I)}$

33

그림과 같은 FT도에서 정상사상 T의 발생 확률은?
(단, X_1, X_2, X_3의 발생확률은 각각 $0.1, 0.15$, 0.1 이다.)

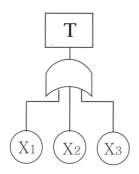

① 0.3115   ② 0.35
③ 0.496   ④ 0.9985

*발생확률(=고장확률)
$$T = 1 - (1 - X_1)(1 - X_2)(1 - X_3)$$
$$= 1 - (1 - 0.1)(1 - 0.15)(1 - 0.1) = 0.3115$$

34

산업안전보건법령상 해당 사업주가 유해위험 방지 계획서를 작성하여 제출해야하는 대상은?

① 시·도지사   ② 관할 구청장
③ 고용노동부장관   ④ 행정안전부장관

사업주는 유해위험방지계획서를 고용노동부장관에게 제출할 것

35

인간의 위치 동작에 있어 눈으로 보지 않고 손을 수평 면상에서 움직이는 경우 짧은 거리는 지나치고, 긴 거리는 못 미치는 경향이 있는데 이를 무엇이라고 하는가?

① 사정효과(range effect)
② 반응효과(reaction effect)
③ 간격효과(distance effect)
④ 손동작효과(hand action effect)

*사정효과(Range Effect)
눈으로 보지 않고 손을 수평면상에서 움직이는 경우 짧은 거리는 지나치고, 긴 거리는 못 미치는 경향

36

정신작업 부하를 측정하는 척도를 크게 4가지로 분류할 때 심박수의 변동, 뇌 전위, 동공 반응 등 정보처리에 중추신경계 활동이 관여하고 그 활동 이나 징후를 측정하는 것은?

① 주관적(subjective) 척도
② 생리적(physiological) 척도
③ 주 임무(primary task) 척도
④ 부 임무(secondary task) 척도

심박수의 변동, 뇌 전위, 동공반응 등과 같은 척도 는 생리지표(생리적 척도)이다.

37

서브시스템, 구성요소, 기능 등의 잠재적 고장 형태에 따른 시스템의 위험을 파악하는 위험 분석 기법으로 옳은 것은?

① ETA(Event Tree Analysis)
② HEA(Human Error Analysis)
③ PHA(Preliminary Hazard Analysis)
④ FMEA(Failure Mode and Effect Analysis)

*FMEA(고장형태 영향분석)
서브시스템, 구성요소, 기능 등의 잠재적 고장 형태에 따른 시스템의 위험을 파악하는 위험 분석 기법

38

불필요한 작업을 수행함으로써 발생하는 오류로 옳은 것은?

① Command error
② Extraneous error
③ Secondary error
④ Commission error

*휴먼에러의 심리적(=독립행동에 의한) 분류

종류	내용
누락(=생략)오류 (Omission error)	필요한 작업 또는 절차를 수행하지 않는데 기인한 오류
작위(=실행)오류 (Commission error)	필요한 작업 또는 절차의 불확실한 수행으로 기인한 오류
시간 오류 (Time error)	필요한 작업 또는 절차의 수행 지연으로 인한 오류
순서 오류 (Sequential error)	필요한 작업 또는 절차의 순서 착오로 인한 오류
과잉행동 오류 (Extraneous error)	불필요한 작업 또는 절차를 수행함으로써 기인한 오류

39

불(Boole) 대수의 정리를 나타낸 관계식으로 틀린 것은?

① $A \cdot A = A$
② $A + \overline{A} = 0$
③ $A + AB = A$
④ $A + A = A$

*불(Boole)대수의 정리

① $A + 0 = A$
② $A + 1 = 1$
③ $A \cdot 0 = 0$
④ $A \cdot 1 = A$
⑤ $A + A = A$
⑥ $A \cdot A = A$
⑦ $A + \overline{A} = 1$
⑧ $A \cdot \overline{A} = 0$
⑨ $\overline{\overline{A}} = A$
⑩ $A + AB = A$
⑪ $A + \overline{A}B = A + B$
⑫ $A(A + B) = A$

40

Chapanis가 정의한 위험의 확률수준과 그에 따른 위험발생률로 옳은 것은?

① 전혀 발생하지 않는(impossible) 발생빈도
 : 10^{-8}/day
② 극히 발생할 것 같지 않는(extremely unlikely) 발생빈도 : 10^{-7}/day
③ 거의 발생하지 않은(remote) 발생빈도
 : 10^{-6}/day
④ 가끔 발생하는(occasional) 발생빈도
 : 10^{-5}/day

*Chapanis의 위험확률수준 및 위험발생률

발생빈도	위험발생률
자주 발생	$10^{-2}/day$
보통 발생	$10^{-3}/day$
가끔 발생	$10^{-4}/day$
거의 발생하지 않은	$10^{-5}/day$
극히 발생하지 않은	$10^{-6}/day$
전혀 발생하지 않은	$10^{-8}/day$

41

휴대형 연삭기 사용 시 안전사항에 대한 설명으로 가장 적절하지 않은 것은?

① 잘 안 맞는 장갑이나 옷은 착용하지 말 것
② 긴 머리는 묶고 모자를 착용하고 작업할 것
③ 연삭숫돌을 설치하거나 교체하기 전에 전선과 압축공기 호스를 설치할 것
④ 연삭작업 시 클램핑 장치를 사용하여 공작물을 확실히 고정할 것

③ 연삭숫돌을 설치하거나 교체한 후에 전선과 압축공기 호스를 설치한다.

42

선반 작업에 대한 안전수칙으로 가장 적절하지 않은 것은?

① 선반의 바이트는 끝을 짧게 장치한다.
② 작업 중에는 면장갑을 착용하지 않도록 한다.
③ 작업이 끝난 후 절삭 칩의 제거는 반드시 브러시 등의 도구를 사용한다.
④ 작업 중 일감의 치수 측정 시 기계 운전상태를 저속으로 하고 측정한다.

④ 작업 중 일감의 치수 측정 시 기계를 정지시킨다.

43

다음 중 금형을 설치 및 조정할 때 안전수칙으로 가장 적절하지 않은 것은?

① 금형을 체결할 때에는 적합한 공구를 사용한다.
② 금형의 설치 및 조정은 전원을 끄고 실시한다.
③ 금형을 부착하기 전에 하사점을 확인하고 설치한다.
④ 금형을 체결할 때에는 안전블럭을 잠시 제거하고 실시한다.

④ 프레스기의 금형을 부착·해체 또는 조정하는 작업을 할 때, 근로자의 신체 일부가 위험한계에 들어갈 시 슬라이드가 갑자기 작동함으로써 근로자에게 발생하는 위험을 방지하기 위해 안전블록을 사용해야 한다.

44

지게차의 방호장치에 해당하는 것은?

① 버킷   ② 포크
③ 마스트   ④ 헤드가드

*지게차의 방호장치
① 전조등 및 후미등
② 헤드가드
③ 백레스트
④ 좌석 안전띠(안전벨트)

45

다음 중 절삭가공으로 틀린 것은?

① 선반   ② 밀링
③ 프레스   ④ 보링

③ 프레스 : 소성가공

46

산업안전보건법령상 롤러기의 방호장치 설치 시 유의해야 할 사항으로 가장 적절하지 않은 것은?

① 손으로 조작하는 급정지장치의 조작부는 롤러기의 전면 및 후면에 각각 1개씩 수평으로 설치하여야 한다.
② 앞면 롤러의 표면속도가 $30m/min$ 미만인 경우 급정지 거리는 앞면 롤러 원주의 1/2.5 이하로 한다.
③ 급정지장치의 조작부에 사용하는 줄은 사용 중 늘어져서는 안 된다.
④ 급정지장치의 조작부에 사용하는 줄은 충분한 인장강도를 가져야 한다.

*롤러기의 급정지거리

속도 기준	급정지거리 기준
$30m/min$ 이상	앞면 롤러 원주의 $\frac{1}{2.5}$ 이내
$30m/min$ 미만	앞면 롤러 원주의 $\frac{1}{3}$ 이내

47

보일러 부하의 급변, 수위의 과상승 등에 의해 수분이 증기와 분리되지 않아 보일러 수면이 심하게 솟아올라 올바른 수위를 판단하지 못하는 현상은?

① 프라이밍   ② 모세관
③ 워터해머   ④ 역화

*보일러 이상현상

종류	내용
프라이밍 (Priming)	보일러 부하의 급변으로 수위가 급상승하여 증기와 분리되지 않고 수면이 심하게 솟아올라 올바른 수위를 판단하지 못하는 현상
포밍 (Foaming)	유지분이나 부유물 등에 의하여 보일러수의 비등과 함께 수면부에 거품을 발생시키는 현상
캐리오버 (Carry over)	보일러수 속의 용해 고형물이나 현탁 고형물이 증기에 섞여 보일러 밖으로 튀어 나가는 현상
역화 (Fire back)	불꽃이 토치 안 쪽으로 밀려들어가면서 불꽃이 꺼졌다가 다시 나타나는 현상
수격작용 (Water hammer)	밸브를 열 때나 물이 빠른 속도로 이동할 때, 정체되었던 물이 배관을 때리는 현상

48

자동화 설비를 사용하고자 할 때 기능의 안전화를 위하여 검토할 사항으로 거리가 가장 먼 것은?

① 재료 및 가공 결함에 의한 오동작
② 사용압력 변동 시의 오동작
③ 전압강하 및 정전에 따른 오동작
④ 단락 또는 스위치 고장 시의 오동작

① : 구조의 안전화 검토사항

49

산업안전보건법령상 금속의 용접, 용단에 사용하는 가스 용기를 취급할 때 유의사항으로 틀린 것은?

① 밸브의 개폐는 서서히 할 것
② 운반하는 경우에는 캡을 벗길 것
③ 용기의 온도는 40℃ 이하로 유지할 것
④ 통풍이나 환기가 불충분한 장소에는 설치하지 말 것

② 운반하는 경우에는 캡을 씌울 것

50

크레인 로프에 질량 $2000kg$의 물건을 $10m/s^2$의 가속도로 감아올릴 때, 로프에 걸리는 총 하중 $[kN]$은?
(단, 중력가속도는 $9.8m/s^2$)

① 9.6   ② 19.6
③ 29.6   ④ 39.6

*와이어로프에 걸리는 총 하중(W)

$$W = W_1 + W_2 = W_1 + \frac{W_1}{g} \times a$$

$$= 2000 + \frac{2000}{9.8} \times 10 = 4040.82kg$$
$$= 4040.82 \times 9.8 = 39600N = 39.6kN$$

여기서, W : 총 하중$[kg]$
　　　　W_1 : 정하중$[kg]$
　　　　W_2 : 동하중$\left(W_2 = \frac{W_1}{g} \times a\right)$
　　　　g : 중력가속도 $[m/s^2]$
　　　　a : 물체의 가속도 $[m/s^2]$

51

산업안전보건법령상 보일러에 설치해야하는 안전장치로 거리가 가장 먼 것은?

① 해지장치   ② 압력방출장치
③ 압력제한스위치   ④ 고·저수위조절장치

*보일러 폭발 방호장치
① 화염 검출기
② 압력방출장치
③ 압력제한스위치
④ 고저수위 조절장치

52

프레스 작동 후 작업점까지의 도달시간이 0.3초인 경우 위험한계로부터 양수조작식 방호장치의 최단 설치거리는?

① $48cm$ 이상   ② $58cm$ 이상
③ $68cm$ 이상   ④ $78cm$ 이상

*방호장치의 안전거리(D)
$D = 1.6T = 1.6 \times 0.3 = 0.48m = 48cm$

53

산업안전보건법령상 고속회전체의 회전시험을 하는 경우 미리 회전축의 재질 및 형상 등에 상응하는 종류의 비파괴검사를 해서 결함 유무를 확인해야 한다. 이 때 검사 대상이 되는 고속회전체의 기준은?

① 회전축의 중량이 0.5톤을 초과하고, 원주 속도가 $100m/s$ 이내인 것
② 회전축의 중량이 0.5톤을 초과하고, 원주 속도가 $120m/s$ 이상인 것
③ 회전축의 중량이 1톤을 초과하고, 원주 속도가 $100m/s$ 이내인 것
④ 회전축의 중량이 1톤을 초과하고, 원주 속도가 $120m/s$ 이상인 것

*고속회전체 비파괴검사 대상
회전축의 중량이 <u>1톤</u>을 초과하고, 원주속도가 <u>120m/s 이상</u>인 것

54

프레스의 손쳐내기식 방호장치 설치기준으로 틀린 것은?

① 방호판의 폭이 금형 폭의 1/2 이상이어야 한다.
② 슬라이드 행정수가 $300SPM$ 이상의 것에 사용한다.
③ 손쳐내기봉의 행정(Stroke) 길이를 금형의 높이에 따라 조정할 수 있고 진동폭은 금형 폭 이상이어야 한다.
④ 슬라이드 하행정거리의 3/4 위치에서 손을 완전히 밀어내야 한다.

*손쳐내기식 방호장치 설치기준
① 슬라이드 하행거리의 3/4 위치에서 손을 완전히 밀어내어야 한다.
② 손쳐내기봉의 길이를 금형의 높이에 따라 조정할 수 있고 진동폭은 금형폭 이상이어야 한다.

③ 방호판의 폭은 금형폭의 1/2 이상이어야 한다.
④ 행정길이가 300mm이상인 프레스 기계에는 방호판 폭을 300mm로 해야 한다.
⑤ 손쳐내기봉은 손 접촉 시 충격을 완화할 수 있는 구조여야한다.

55

산업안전보건법령상 컨베이어에 설치하는 방호장치로 거리가 가장 먼 것은?

① 건널다리   ② 반발예방장치
③ 비상정지장치   ④ 역주행방지장치

*컨베이어 방호장치
① 역주행방지장치(역회전방지장치)
② 비상정지장치
③ 건널다리
④ 덮개 또는 울
⑤ 이탈방지장치

56

산업안전보건법령상 숫돌 지름이 $60cm$인 경우 숫돌 고정 장치인 평형 플랜지의 지름은 최소 몇 cm 이상인가?

① 10   ② 20
③ 30   ④ 60

*평형 플랜지 지름(D)
$$D = \frac{1}{3} \times d = \frac{1}{3} \times 60 = 20cm$$
여기서, d : 연삭숫돌의 바깥지름 $[cm]$

57

기계설비의 위험점 중 연삭숫돌과 작업받침대, 교반기의 날개와 하우스 등 고정부분과 회전하는 동작 부분 사이에서 형성되는 위험점은?

① 끼임점   ② 물림점
③ 협착점   ④ 절단점

*기계설비의 위험점

위험점	그림	설명
협착점		왕복운동을 하는 동작부와 움직임이 없는 고정부 사이에 형성되는 위험점 ex) 프레스전단기, 성형기, 조형기 등
끼임점		회전운동을 하는 동작부와 움직임이 없는 고정부 사이에 형성되는 위험점 ex) 연삭숫돌과 하우스, 교반기 날개와 하우스, 회전운동을 하는 기계 등
절단점		회전하는 운동 부분 자체의 위험에서 초래되는 위험점 ex) 밀링커터, 둥근톱날 등
물림점		2개의 회전체가 맞닿는 사이에 발생하는 위험점 ex) 기어, 롤러 등
접선 물림점		회전하는 부분의 접선방향으로 물려 들어가는 위험점 ex) V벨트풀리, 평벨트, 체인과 스프로킷 등
회전 말림점		회전하는 물체에 작업복 등이 말려드는 위험점 ex) 회전축, 커플링, 드릴 등

58

$500rpm$으로 회전하는 연삭숫돌의 지름이 $300\ mm$일 때 회전속도$[m/min]$는?

① 471   ② 551
③ 751   ④ 1025

*연삭숫돌의 원주속도

$V = \pi DN = \pi \times 0.3 \times 500 = 471.24 m/min$

여기서,
D : 연삭숫돌의 바깥지름 $[m]$
N : 회전수 $[rpm]$

59

산업안전보건법령상 정상적으로 작동될 수 있도록 미리 조정해 두어야 할 이동식 크레인의 방호장치로 가장 적절하지 않은 것은?

① 제동장치
② 권과방지장치
③ 과부하방지장치
④ 파이널 리미트 스위치

*크레인의 방호장치
① 권과방지장치
② 과부하방지장치
③ 제동장치
④ 비상정지장치

60

비파괴 검사 방법으로 틀린 것은?

① 인장 시험
② 음향 탐상 시험
③ 와류 탐상 시험
④ 초음파 탐상 시험

*비파괴검사법의 종류
① 초음파탐상검사
② 와류탐상검사
③ 자분탐상검사
④ 침투탐상검사
⑤ 음향탐상검사

61

속류를 차단할 수 있는 최고의 교류전압을 피뢰기의 정격전압이라고 하는데 이 값은 통상적으로 어떤 값으로 나타내고 있는가?

① 최대값　　　　② 평균값
③ 실효값　　　　④ 파고값

피뢰기의 정격전압은 통상적으로 <u>실효값</u>으로 나타내고 있다.

62

전로에 시설하는 기계기구의 철대 및 금속제 외함에 접지공사를 생략할 수 없는 경우는?

① $30\,V$ 이하의 기계기구를 건조한 곳에 시설하는 경우
② 물기 없는 장소에 설치하는 저압용 기계기구를 위한 전로에 정격감도전류 40mA 이하, 동작시간 2초 이하의 전류동작형 누전차단기를 시설하는 경우
③ 철대 또는 외함의 주위에 적당한 절연대를 설치하는 경우
④ 「전기용품 및 생활용품 안전관리법」 의 적용을 받는 이중절연구조로 되어 있는 기계기구를 시설하는 경우

*금속제 외함에 접지공사를 안해도 되는 경우
① 「전기용품 및 생활용품 안전관리법」이 적용되는 이중절연 또는 이와 같은 수준 이상으로 보호되는 구조로 된 전기기계·기구
② 절연대 위 등과 같이 감전 위험이 없는 장소에서 사용하는 전기기계·기구

③ 비접지방식의 전로(그 전기기계·기구의 전원측의 전로에 설치한 절연변압기의 2차 전압이 $300\,V$ 이하, 정격용량이 $3\,kV\cdot\Omega$ 이하이고 그 절연전압기의 부하측의 전로가 접지되어 있지 아니한 것으로 한정한다)에 접속하여 사용되는 전기기계·기구

63

인체의 전기저항을 $500\,\Omega$ 으로 하는 경우 심실세동을 일으킬 수 있는 에너지는 약 얼마인가?

(단, 심실세동전류 $I = \dfrac{165}{\sqrt{T}}\,mA$로 한다.)

① $13.6\,J$　　　　② $19.0\,J$
③ $13.6\,mJ$　　　　④ $19.0\,mJ$

*심실세동 전기에너지(Q)

$$Q = I^2 R T$$
$$= \left(\frac{165\times10^{-3}}{\sqrt{T}}\right)^2 \times R \times T$$
$$= \left(\frac{165\times10^{-3}}{\sqrt{1}}\right)^2 \times 500 \times 1 = 13.61\,J$$

여기서,
R : 저항 $[\Omega]$
T : 시간 [sec] (주어지지 않을 경우 $T = 1\text{sec}$)

64

전기설비에 접지를 하는 목적으로 틀린 것은?

① 누설전류에 의한 감전방지
② 낙뢰에 의한 피해방지
③ 지락사고 시 대지전위 상승유도 및 절연 강도 증가
④ 지락사고 시 보호계전기 신속동작

③ 지락사고 시 대지전위를 억제하고 절연강도를 감소 시켜야한다.

65

한국전기설비규정에 따라 과전류차단기로 저압전로에 사용하는 범용 퓨즈[gG]의 용단전류는 정격전류의 몇 배인가?
(단, 정격전류가 $4A$ 이하인 경우이다.)

① 1.5배 　　　　　② 1.6배
③ 1.9배 　　　　　④ 2.1배

*저압전로에 사용하는 범용 퓨즈의 용단전류
과전류 차단기로 저압전로에 사용하는 범용의 퓨즈는 아래 표에 적합한 것이어야 한다.

정격전류의 구분	시간	정격전류의 배수	
		불용단전류	용단전류
4A 이하	60분	1.5배	2.1배
4A 초과 16A 미만	60분	1.5배	1.9배
16A 이상 63A 이하	60분	1.25배	1.6배
63A 초과 160A 이하	120분	1.25배	1.6배
160A 초과 400A 이하	180분	1.25배	1.6배
400A 초과	240분	1.25배	1.6배

66

정전기가 대전된 물체를 제전시키려고 한다. 다음 중 대전된 물체의 절연저항이 증가되어 제전의 효과를 감소시키는 것은?

① 접지한다.
② 건조시킨다.
③ 도전성 재료를 첨가한다.
④ 주위를 가습한다.

④ 가습시 정전기 발생이 감소하고 건조시 정전시 발생이 증가한다.

67

감전 등의 재해를 예방하기 위하여 특고압용 기계·기구 주위에 관계자 외 출입을 금하도록 울타리를 설치할 때, 울타리의 높이와 울타리로 부터 충전부분까지의 거리의 합이 최소 몇 m 이상이 되어야 하는가?
(단, 사용전압이 $35kV$ 이하인 특고압용 기계기구 이다.)

① $5m$ 　　② $6m$ 　　③ $7m$ 　　④ $9m$

*울타리의 높이와 울타리로 부터 충전부분까지의 거리의 합

사용전압의 구분	거리의 합계
$35kV$ 이하	$5m$
$35kV$ 초과 $160kV$ 이하	$6m$
$160kV$ 초과	$6m$에 $160kV$를 초과하는 $10kV$ 또는 그 단수마다 $12cm$를 더한 값

68

개폐기로 인한 발화는 스파크에 의한 가연물의 착화화재가 많이 발생한다. 이를 방지하기 위한 대책으로 틀린 것은?

① 가연성증기, 분진 등이 있는 곳은 방폭형을 사용한다.
② 개폐기를 불연성 상자 안에 수납한다.
③ 비포장 퓨즈를 사용한다.
④ 접속부분의 나사풀림이 없도록 한다.

③ 스파크로 인한 착화화재의 방지를 위해 포장 퓨즈를 사용한다.

69

극간 정전용량이 $1000pF$이고, 착화에너지가 $0.019\ mJ$인 가스에서 폭발한계 전압(V)은 약 얼마인가? (단, 소수점 이하는 반올림한다.)

① 3900
② 1950
③ 390
④ 195

*착화에너지(=발화에너지, 정전에너지 E) $[J]$

$E = \dfrac{1}{2}CV^2$

$\therefore V = \sqrt{\dfrac{2E}{C}} = \sqrt{\dfrac{2 \times 0.019 \times 10^{-3}}{1000 \times 10^{-12}}} = 195\,V$

여기서,
C : 정전용량 $[F]$
V : 전압 $[V]$
$m = 10^{-3}$
$p = 10^{-12}$

70

개폐기, 차단기, 유도 전압조정기의 최대 사용 전압이 $7kV$ 이하인 전로의 경우 절연 내력 시험은 최대 사용 전압의 1.5배의 전압을 몇 분간 가하는가?

① 10
② 15
③ 20
④ 25

*절연내력시험의 전압시간
10분

71

한국전기설비규정에 따라 욕조나 샤워시설이 있는 욕실 등 인체가 물에 젖어있는 상태에서 전기를 사용하는 장소에 인체감전보호용 누전차단기가 부착된 콘센트를 시설하는 경우 누전차단기의 정격감도전류 및 동작시간은?

① $15mA$ 이하, 0.01초 이하
② $15mA$ 이하, 0.03초 이하
③ $30mA$ 이하, 0.01초 이하
④ $30mA$ 이하, 0.03초 이하

*정격감도전류

장소	정격감도전류
일반장소	$30mA$
물기가 많은 장소	$15mA$
단, 동작시간은 0.03초 이내로 한다.	

72

불활성화할 수 없는 탱크, 탱크롤리 등에 위험물을 주입하는 배관은 정전기 재해방지를 위하여 배관 내 액체의 유속제한을 한다. 배관 내 유속제한에 대한 설명으로 틀린 것은?

① 물이나 기체를 혼합하는 비수용성 위험물의 배관 내 유속은 $1m/s$ 이하로 할 것

② 저항률이 $10^{10}\Omega \cdot cm$ 미만의 도전성 위험물의 배관 내 유속은 $7m/s$ 이하로 할 것

③ 저항률이 $10^{10}\Omega \cdot cm$ 이상인 위험물의 배관 내 유속은 관내경이 $0.05m$이면 $3.5m/s$ 이하로 할 것

④ 이황화탄소 등과 같이 유동대전이 심하고 폭발 위험성이 높은 것은 배관 내 유속을 $3m/s$ 이하로 할 것

④ 에텔, 이황화탄소 등과 같이 유동대전이 심하고 폭발 위험성이 높은 것은 배관 내 유속을 $1m/s$ 이하로 할 것

73

절연물의 절연계급을 최고허용온도가 낮은 온도에서 높은 온도 순으로 배치한 것은?

① Y종 → A종 → E종 → B종
② A종 → B종 → E종 → Y종
③ Y종 → E종 → B종 → A종
④ B종 → Y종 → A종 → E종

*절연물의 종류별 최고허용온도

종류	최고허용온도
Y종 절연	90℃
A종 절연	105℃
E종 절연	120℃
B종 절연	130℃
F종 절연	155℃
H종 절연	180℃
C종 절연	180℃ 초과

74

다른 두 물체가 접촉할 때 접촉 전위차가 발생하는 원인으로 옳은 것은?

① 두 물체의 온도 차
② 두 물체의 습도 차
③ 두 물체의 밀도 차
④ 두 물체의 일함수 차

*접촉 전위차 발생원인
두 물체의 일함수의 차

75

방폭인증서에서 방폭부품을 나타내는 데 사용되는 인증번호의 접미사는?

① "G"   ② "X"
③ "D"   ④ "U"

① 단락 접지기구 및 작업기구를 제거하고 전기기기 등이 안전하게 통전될 수 있는지 확인한다.
② 모든 작업자가 작업이 완료된 전기기기에서 떨어져 있는지 확인한다.
③ 잠금장치와 꼬리표를 근로자가 직접 설치한다.
④ 모든 이상 유무를 확인한 후 전기기기 등의 전원을 투입한다.

76

고압 및 특고압 전로에 시설하는 피뢰기의 설치장소로 잘못된 곳은?

① 가공전선로와 지중전선로가 접속되는 곳
② 발전소, 변전소의 가공전선 인입구 및 인출구
③ 고압 가공전선로에 접속하는 배전용 변압기의 저압측
④ 고압 가공전선로로부터 공급을 받는 수용장소의 인입구

78

변압기의 최소 IP 등급은?
(단, 유입 방폭구조의 변압기이다.)

① IP55 ② IP56
③ IP65 ④ IP66

77

산업안전보건기준에 관한 규칙 제319조에 의한 정전 전로에서의 정전 작업을 마친 후 전원을 공급하는 경우에 사업주가 작업에 종사하는 근로자 및 전기기기와 접촉할 우려가 있는 근로자에게 감전의 위험이 없도록 준수해야 할 사항이 아닌 것은?

79

가스그룹이 IIB인 지역에 내압방폭구조 "d"의 방폭 기기가 설치되어 있다. 기기의 플랜지 개구부에서 장애물까지의 최소 거리(mm)는?

① 10   ② 20
③ 30   ④ 40

*플랜지 개구부에서 장애물까지의 최소 이격거리

가스 그룹	최소 이격거리
IIA	10mm
IIB	30mm
IIC	40mm

80

방폭전기설비의 용기내부에서 폭발성가스 또는 증기가 폭발하였을 때 용기가 그 압력에 견디고 접합면이나 개구부를 통해서 외부의 폭발성가스나 증기에 인화되지 않도록 한 방폭구조는?

① 내압 방폭구조
② 압력 방폭구조
③ 유입 방포구조
④ 본질안전 방폭구조

*방폭구조의 종류

종류	내용
내압 방폭구조 (d)	용기 내 폭발시 용기가 그 압력을 견디고 개구부 등을 통해 외부에 인화될 우려가 없는 구조
압력 방폭구조 (p)	용기 내에 보호가스를 압입시켜 대기압 이상으로 유지하여 폭발성 가스가 유입되지 않도록 하는 구조
안전증 방폭구조 (e)	운전 중에 생기는 아크, 스파크, 발열 등의 발화원을 제거하여 안전도를 증가시킨 구조
유입 방폭구조 (o)	전기불꽃, 아크, 고온 발생 부분을 기름으로 채워 폭발성 가스 또는 증기에 인화되지 않도록 한 구조
본질안전 방폭구조 (ia, ib)	운전 중 단선, 단락, 지락에 의한 사고 시 폭발 점화원의 발생이 방지된 구조
비점화 방폭구조 (n)	운전중에 점화원을 차단하여 폭발이 일어나지 않고, 이상 상태에서 짧은시간 동안 방폭기능을 할 수 있는 구조
몰드 방폭구조 (m)	전기불꽃, 고온 발생 부분은 컴파운드로 밀폐한 구조

81

포스겐가스 누설검지의 시험지로 사용되는 것은?

① 연당지   ② 염화파라듐지
③ 하리슨시험지   ④ 초산벤젠지

포스겐($COCl_2$) 누설검지는 하리슨 시험지로 한다.

82

안전밸브 전단 · 후단에 자물쇠형 또는 이에 준하는 형식의 차단밸브 설치를 할 수 있는 경우에 해당하지 않는 것은?

① 자동압력조절밸브와 안전밸브 등이 직렬로 연결된 경우
② 화학설비 및 그 부속설비에 안전밸브 등이 복수방식으로 설치되어 있는 경우
③ 열팽창에 의하여 상승된 압력을 낮추기 위한 목적으로 안전밸브가 설치된 경우
④ 인접한 화학설비 및 그 부속설비에 안전밸브 등이 각각 설치되어 있고, 해당 화학설비 및 그 부속설비의 연결배관에 차단밸브가 없는 경우

① 안전밸브 등의 배출용량의 1/2이상에 해당하는 용량의 자동압력조절밸브와 안전밸브등이 병렬로 연결된 경우

83

압축하면 폭발할 위험성이 높아 아세톤 등에 용해시켜 다공성 물질과 함께 저장하는 물질은?

① 염소   ② 아세틸렌
③ 에탄   ④ 수소

아세틸렌은 아세톤에 용해되기 때문에 용해가스로 만들 때 아세톤이 용제로 사용된다.

84

산업안전보건법령상 대상 설비에 설치된 안전밸브에 대해서는 경우에 따라 구분된 검사주기마다 안전밸브가 적정하게 작동하는지 검사하여야 한다. 화학공정 유체와 안전밸브의 디스크 또는 시트가 직접 접촉될 수 있도록 설치된 경우의 검사주기로 옳은 것은?

① 2년마다 1회 이상
② 3년마다 1회 이상
③ 4년마다 1회 이상
④ 5년마다 1회 이상

*안전밸브 검사주기
① 화학공정 유체와 안전밸브의 디스크 또는 시트가 직접 접촉될 수 있도록 접촉된 경우
  : 2년마다 1회 이상
② 안전밸브 전단에 파열판이 설치된 경우
  : 3년마다 1회 이상
③ 공정안전보고서 제출 대상으로서 고용노동부장관이 실시하는 공정안전보고서 이행상태 평가결과가 우수한 사업장의 안전밸브의 경우
  : 4년마다 1회 이상

85

위험물을 산업안전보건법령에서 정한 기준량 이상으로 제조하거나 취급하는 설비로서 특수화학 설비에 해당되는 것은?

① 가열시켜 주는 물질의 온도가 가열되는 위험물질의 분해온도보다 높은 상태에서 운전되는 설비
② 상온에서 게이지 압력으로 $200kPa$의 압력으로 운전되는 설비
③ 대기압 하에서 300℃로 운전되는 설비
④ 흡열반응이 행하여지는 반응설비

> *계측장치 설치대상인 특수화학설비의 기준
> ① 온도가 섭씨 350℃ 이상이거나 게이지 압력이 $980kPa$ 이상인 상태에서 운전되는 설비
> ② 가열로 또는 가열기
> ③ 발열반응이 일어나는 반응장치
> ④ 증류·정류·증발·추출 등 분리를 하는 장치
> ⑤ 가열시켜주는 물질의 온도가 가열되는 위험물질의 분해온도 또는 발화점보다 높은 상태에서 운전되는 설비
> ⑥ 반응폭주 등 이상 화학반응에 의하여 위험물질이 발생할 우려가 있는 설비

86

산업안전보건법령상 다음 내용에 해당하는 폭발 위험장소는?

> 20종 장소 밖으로서 분진운 형태의 가연성 분진이 폭발농도를 형성할 정도의 충분한 양이 정상 작동 중에 존재할 수 있는 장소를 말한다.

① 21종 장소   ② 22종 장소
③ 0종 장소   ④ 1종 장소

*분진폭발 위험장소의 종류

장소	내용
20종	폭발의 위험이 있는 가연성 분진이 폭발을 형성할 수 있을 정도로 충분한 양이 보통의 상태에서 지속적 또는 자주 존재하는 장소
21종	폭발의 위험이 있는 가연성 분진이 폭발할 수 있는 정도의 충분한 양으로 보통의 상태에서 존재할 수 있는 장소
22종	고장 조건하에 분진폭발의 우려가 있는 장소

87

Li과 Na에 관한 설명으로 틀린 것은?

① 두 금속 모두 실온에서 자연발화의 위험성이 있으므로 알코올 속에 저장해야 한다.
② 두 금속은 물과 반응하여 수소기체를 발생한다.
③ Li은 비중 값이 물보다 작다.
④ Na는 은백색의 무른 금속이다.

> ① 리튬(Li), 나트륨(Na)은 석유(등유, 경유, 유동 파라핀유, 벤젠 등)에 저장하여야 한다.

88

다음 중 누설 발화형 폭발재해의 예방 대책으로 가장 거리가 먼 것은?

① 발화원 관리
② 밸브의 오동작 방지
③ 가연성 가스의 연소
④ 누설물질의 검지 경보

89

수분을 함유하는 에탄올에서 순수한 에탄올을 얻기 위해 벤젠과 같은 물질을 첨가하여 수분을 제거하는 증류 방법은?

① 공비증류　　　　② 추출증류
③ 가압증류　　　　④ 감압증류

90

다음 중 인화점에 관한 설명으로 옳은 것은?

① 액체의 표면에서 발생한 증기농도가 공기 중에서 연소하한 농도가 될 수 있는 가장 높은 액체온도
② 액체의 표면에서 발생한 증기농도가 공기 중에서 연소상한 농도가 될 수 있는 가장 낮은 액체온도
③ 액체의 표면에 발생한 증기농도가 공기 중에서 연소하한 농도가 될 수 있는 가장 낮은 액체온도
④ 액체의 표면에서 발생한 증기농도가 공기 중에서 연소상한 농도가 될 수 있는 가장 높은 액체온도

91

분진폭발의 특징에 관한 설명으로 옳은 것은?

① 가스폭발보다 발생에너지가 작다.
② 폭발압력과 연소속도는 가스폭발보다 크다.
③ 입자의 크기, 부유성 등이 분진폭발에 영향을 준다.
④ 불완전연소로 인한 가스중독의 위험성은 작다.

92

위험물안전관리법령상 제1류 위험물에 해당하는 것은?

① 과염소산나트륨　　　② 과염소산
③ 과산화수소　　　　　④ 과산화벤조일

93

다음 중 질식소화에 해당하는 것은?

① 가연성 기체의 분출화재시 주 밸브를 닫는다.
② 가연성 기체의 연쇄반응을 차단하여 소화한다.
③ 연료 탱크를 냉각하여 가연성 가스의 발생 속도를 작게 한다.
④ 연소하고 있는 가연물이 존재하는 장소를 기계적으로 폐쇄하여 공기의 공급을 차단한다.

*질식소화
산소의 공급을 차단시키는 소화
① : 제거소화
② : 억제소화
③ : 냉각소화

94

산업안전보건기준에 관한 규칙에서 정한 위험물질의 종류에서 "물반응성 물질 및 인화성 고체"에 해당하는 것은?

① 질산에스테르류　　② 니트로화합물
③ 칼륨·나트륨　　　④ 니트로소화합물

*물반응성물질 및 인화성고체
① 황화린
② 적린
③ 황
④ 금속분
⑤ 마그네슘분
⑥ 칼륨
⑦ 나트륨
⑧ 알킬리튬 및 알킬알루미늄
⑨ 황린
⑩ 알칼리금속 및 알칼리토금속
⑪ 유기금속화합물
⑫ 금속의 수소화물
⑬ 금속의 인화물
⑭ 칼슘 또는 알루미늄의 탄화물

95

공기 중 아세톤의 농도가 $200ppm$ ($TLV : 500ppm$), 메틸에틸케톤(MEK)의 농도가 $100ppm$ ($TLV : 200ppm$)일 때 혼합물질의 허용농도는 약 몇 ppm인가?
(단, 두 물질은 서로 상가작용을 하는 것으로 가정한다.)

① 150　　　　　　② 200
③ 270　　　　　　④ 333

*노출지수(R) 및 혼합물질의 허용농도(D)

$$R = \frac{C_1}{T_1} + \frac{C_2}{T_2} + \cdots + \frac{C_n}{T_n} = \frac{200}{500} + \frac{100}{200} = 0.9$$

$$D = \frac{C_1 + C_2 + \cdots + C_n}{R} = \frac{200 + 100}{0.9} = 333ppm$$

96

다음 중 분진이 발화 폭발하기 위한 조건으로 거리가 먼 것은?

① 불연성질　　　　② 미분상태
③ 점화원의 존재　　④ 산소 공급

① 불연성 : 쉽게 연소되지 않는 성질

97

다음 중 폭발한계($vol\%$)의 범위가 가장 넓은 것은?

① 메탄 ② 부탄
③ 톨루엔 ④ 아세틸렌

*각 물질의 폭발한계 비교

물질	폭발하한계	폭발상한계
메탄 (CH_4)	5vol%	15vol%
부탄 (C_4H_{10})	1.9vol%	8.5vol%
톨루엔 ($C_6H_5CH_3$)	1.2vol%	7.1vol%
아세틸렌 (C_2H_2)	2.5vol%	81vol%

98

다음 중 최소발화에너지($E[J]$)를 구하는 식으로 옳은 것은?
(단, I는 전류$[A]$, R은 저항$[\Omega]$, V는 전압$[V]$, C는 콘덴서용량$[F]$, T는 시간[초]이라 한다.)

① $E = IRT$

② $E = 0.24I^2\sqrt{R}$

③ $E = \dfrac{1}{2}CV^2$

④ $E = \dfrac{1}{2}\sqrt{C^2V}$

*착화에너지(=발화에너지, 정전에너지 E) $[J]$

$$E = \frac{1}{2}CV^2$$

여기서,
C : 정전용량 $[F]$
V : 전압 $[V]$

99

공기 중에서 A 물질의 폭발하한계가 $4vol\%$, 상한계가 $75vol\%$라면 이 물질의 위험도는?

① 16.75 ② 17.75
③ 18.75 ④ 19.75

*가스의 위험도(H)

$$H = \frac{L_h - L_l}{L_l} = \frac{75 - 4}{4} = 17.75$$

여기서,
L_h : 폭발상한계
L_l : 폭발하한계

100

다음 중 관의 지름을 변경하고자 할 때 필요한 관 부속품은?

① elbow ② reducer
③ plug ④ valve

*관 부속품의 용도

용도	종류
관의 방향변경	엘보우, Y형 관이음쇠, 티, 십자
관의 직경변경	부싱, 리듀서
유로차단	캡, 밸브, 플러그

101

다음 중 지하수위 측정에 사용되는 계측기가 아닌 것은?

① Load Cell   ② Inclinometer
③ Extensometer   ④ Thermometer

*지하수위 측정에 사용되는 계측기
① 하중계(Load Cell)
② 경사계(Inclinometer)
③ 신장계(Extensometer)
④ 침하계(Subsidence Gauge)
⑤ 변형계(Strain Gauge)
⑥ 토압계(Earth Pressure Meter)
⑦ 간극수압계(Piezometer)
⑧ 지하수위계(Water Level Meter)

102

이동식비계를 조립하여 작업을 하는 경우에 준수하여야 할 기준으로 옳지 않은 것은?

① 승강용사다리는 견고하게 설치할 것
② 비계의 최상부에서 작업을 하는 경우에는 안전난간을 설치할 것
③ 작업발판의 최대적재하중은 400kg을 초과하지 않도록 할 것
④ 작업발판은 항상 수평을 유지하고 작업발판 위에서 안전난간을 딛고 작업을 하거나 받침대 또는 사다리를 사용하여 작업하지 않도록 할 것

*이동식비계 작업시 준수사항
① 승강용사다리는 견고하게 설치할 것
② 비계의 최상부에서 작업을 하는 경우에는 안전난간을 설치할 것
③ 작업발판의 최대 적재하중은 250kg을 초과하지 않도록 할 것
④ 작업발판은 항상 수평을 유지하고 작업발판 위에서 안전난간을 딛고 작업을 하거나 받침대 또는 사다리를 사용하여 작업하지 않도록 할 것

⑤ 이동식비계의 바퀴에는 뜻밖의 갑작스러운 이동 또는 전도를 방지하기 위하여 브레이크·쐐기 등으로 바퀴를 고정시킨 다음 비계의 일부를 견고한 시설물에 고정하거나 아웃트리거(outrigger)를 설치하는 등 필요한 조치를 할 것

103

터널 지보공을 조립하거나 변경하는 경우에 조치하여야 하는 사항으로 옳지 않은 것은?

① 목재의 터널 지보공은 그 터널 지보공의 각 부재에 작용하는 긴압 정도를 체크하여 그 정도가 최대한 차이나도록 할 것
② 강(鋼)아치 지보공의 조립은 연결볼트 및 띠장 등을 사용하여 주재 상호간을 튼튼하게 연결할 것
③ 기둥에는 침하를 방지하기 위하여 받침목을 사용하는 등의 조치를 할 것
④ 주재(主材)를 구성하는 1세트의 부재는 동일 평면 내에 배치할 것

*터널 지보공 조립시 조치사항
① 목재의 터널 지보공은 그 터널 지보공의 각 부재에 작용하는 긴압정도를 체크하여 그 정도가 균등하도록 할 것
② 강(鋼)아치 지보공의 조립은 연결볼트 및 띠장 등을 사용하여 주재 상호간을 튼튼하게 연결할 것
③ 기둥에는 침하를 방지하기 위하여 받침목을 사용하는 등의 조치를 할 것
④ 주재(主材)를 구성하는 1세트의 부재는 동일평면 내에 배치할 것

104

거푸집동바리 등을 조립하는 경우에 준수하여야 하는 기준으로 옳지 않은 것은?

① 동바리로 사용하는 파이프 서포트를 이어서 사용하는 경우에는 3개 이상의 볼트 또는 전용철물을 사용하여 이을 것
② 동바리로 사용하는 강관은 높이 2m이내마다 수평연결재를 2개 방향으로 만들 것
③ 깔목의 사용, 콘크리트 타설, 말뚝박기 등 동바리의 침하를 방지하기 위한 조치를 할 것
④ 동바리로 사용하는 파이프 서포트를 3개 이상 이어서 사용하지 않도록 할 것

*파이프 서포트 조립시 준수사항
① 파이프 서포트를 3개 이상 이어서 사용하지 않도록 할 것
② 파이프 서포트를 이어서 사용하는 경우에는 4개 이상의 볼트 또는 전용철물을 사용하여 이을 것
③ 높이가 3.5m를 초과하는 경우에는 높이 2m 이내마다 수평연결재 2개 방향으로 만들고 수평연결재의 변위를 방지할 것

105

가설통로를 설치하는 경우 준수하여야 할 기준으로 옳지 않은 것은?

① 경사는 30° 이하로 할 것
② 경사가 15°를 초과하는 경우에는 미끄러지지 아니하는 구조로 할 것
③ 추락할 위험이 있는 장소에는 안전난간을 설치할 것
④ 수직갱에 가설된 통로의 길이가 15m 이상인 경우에는 7m 이내마다 계단참을 설치할 것

*가설통로의 설치기준
① 견고한 구조로 할 것
② 경사는 30° 이하로 할 것
③ 경사가 15°를 초과하는 경우에는 미끄러지지 아니하는 구조로 할 것
④ 추락할 위험이 있는 장소에는 안전난간을 설치할 것
⑤ 수직갱에 가설된 통로의 길이가 15m 이상인 경우에는 10m 이내마다 계단참을 설치할 것
⑥ 건설공사에 사용하는 높이 8m 이상인 비계다리에는 7m 이내마다 계단참을 설치할 것

106

사면 보호 공법 중 구조물에 의한 보호 공법에 해당되지 않는 것은?

① 블럭공
② 식생구멍공
③ 돌쌓기공
④ 현장타설 콘크리트 격자공

*구조물에 의한 보호 공법의 종류
① 현장타설 콘크리트 격자공법
② 블록공법
③ 돌쌓기공법
④ 피복공법
⑤ 콘크리트 붙임공법
① 식생구멍공법은 사면을 식물로 피복하는 보호 공법이다.

107

안전계수가 4이고 2000MPa의 인장강도를 갖는 강선의 최대허용응력은?

① 500MPa
② 1000MPa
③ 1500MPa
④ 2000MPa

*안전율(=안전계수, S)

$$S = \frac{인장강도}{최대허용응력}$$

최대허용응력 $= \dfrac{인장강도}{S} = \dfrac{2000}{4} = 500MPa$

108

터널공사의 전기발파작업에 관한 설명으로 옳지 않은 것은?

① 전선은 점화하기 전에 화약류를 충진한 장소로부터 30m 이상 떨어진 안전한 장소에서 도통시험 및 저항시험을 하여야 한다.
② 점화는 충분한 허용량을 갖는 발파기를 사용하고 규정된 스위치를 반드시 사용하여야 한다.
③ 발파 후 발파기와 발파모선의 연결을 유지한 채 그 단부를 절연시킨다.
④ 점화는 선임된 발파책임자가 행하고 발파기의 핸들을 점화할 때 이외는 시건장치를 하거나 모선을 분리하여야 하며 발파책임자의 엄중한 관리하에 두어야 한다.

③ 발파 후 발파기와 발파모선은 분리하고 그 단부를 절연시킨다.

109

화물을 적재하는 경우의 준수사항으로 옳지 않은 것은?

① 침하 우려가 없는 튼튼한 기반 위에 적재할 것
② 건물의 칸막이나 벽 등이 화물의 압력에 견딜 만큼의 강도를 지니지 아니한 경우에는 칸막이나 벽에 기대어 적재하지 않도록 할 것
③ 불안정한 정도로 높이 쌓아 올리지 말 것
④ 하중을 한쪽으로 치우치더라도 화물을 최대한 효율적으로 적재할 것

*차량계 하역운반기계 화물 적재시 준수사항
① 하중이 한쪽으로 치우치지 않도록 적재할 것
② 구내운반차 또는 화물자동차의 경우 화물의 붕괴 또는 낙하에 의한 위험을 방지하기 위하여 화물에 로프를 거는 등 필요한 조치를 할 것
③ 운전자의 시야를 가리지 않도록 화물을 적재할 것
④ 최대 적재량을 초과하지 않도록 할 것

110

발파구간 인접구조물에 대한 피해 및 손상을 예방하기 위한 건물기초에서의 허용진동치(cm/sec) 기준으로 옳지 않은 것은?
(단, 기존 구조물에 금이 가 있거나 노후구조물 대상일 경우 등은 고려하지 않는다.)

① 문화재 : 0.2cm/sec
② 주택, 아파트 : 0.5cm/sec
③ 상가 : 1.0cm/sec
④ 철골콘크리트 빌딩 : 0.8 ~ 1.0cm/sec

구분	건물기초 허용진동치 [cm/sec]
문화재	0.2
주택 • 아파트	0.5
상가	1.0
철골콘크리트 빌딩 및 상가	1.0 ~ 4.0

111

거푸집동바리등을 조립 또는 해체하는 작업을 하는 경우의 준수사항으로 옳지 않은 것은?

① 재료 • 기구 또는 공구 등을 올리거나 내리는 경우에는 근로자로 하여금 달줄 • 달포대 등의 사용을 금하도록 할 것

② 낙하 • 충격에 의한 돌발적 재해를 방지하기 위하여 버팀목을 설치하고 거푸집동바리등을 인양장비에 매단 후에 작업을 하도록 하는 등 필요한 조치를 할 것

③ 비, 눈, 그 밖의 기상상태의 불안정으로 날씨가 몹시 나쁜 경우에는 그 작업을 중지할 것

④ 해당 작업을 하는 구역에는 관계 근로자가 아닌 사람의 출입을 금지할 것

① 재료 • 기구 또는 공구 등을 올리거나 내리는 경우에는 근로자로 하여금 달줄 • 달포대 등의 사용을 하도록 할 것

112

강관을 사용하여 비계를 구성하는 경우 준수하여야 할 기준으로 옳지 않은 것은?

① 비계기둥의 간격은 띠장 방향에서는 $1.85m$ 이하, 장선(長線) 방향에서는 $1.5m$ 이하로 할 것

② 띠장 간격은 $2.0m$ 이하로 할 것

③ 비계기둥의 제일 윗부분으로부터 $31m$ 되는 지점 밑부분의 비계기둥은 3개의 강관으로 묶어 세울 것

④ 비계기둥 간의 적재하중은 $400kg$을 초과하지 않도록 할 것

*강관비계 구성시 준수사항
① 비계기둥의 간격은 띠장 방향에서는 $1.85m$ 이하 장선 방향에서는 $1.5m$ 이하로 할 것
② 띠장간격은 $2m$ 이하로 할 것
③ 비계기둥의 제일 윗부분으로부터 $31m$되는 지점 밑부분의 비계기둥은 2개의 강관으로 묶어 세울 것
④ 비계기둥 간의 적재하중은 $400kg$를 초과하지 않도록 할 것

113

지하수위 상승으로 포화된 사질토 지반의 액상화 현상을 방지하기 위한 가장 직접적이고 효과적인 대책은?

① well point 공법 적용

② 동다짐 공법 적용

③ 입도가 불량한 재료를 입도가 양호한 재료로 치환

④ 밀도를 증가시켜 한계간극비 이하로 상대밀도를 유지하는 방법 강구

*웰포인트 공법(Well Point공법)
기초공사 등을 무수상태에서 시공하는 등의 목적으로 지하수위를 낮추는 공법으로 지반의 액상화 현상을 방지하기 위해 효과적이다.

114

크레인 등 건설장비의 가공전선로 접근 시 안전대책으로 옳지 않은 것은?

① 안전 이격거리를 유지하고 작업한다.
② 장비를 가공전선로 밑에 보관한다.
③ 장비의 조립, 준비 시부터 가공전선로에 대한 감전 방지 수단을 강구한다.
④ 장비 사용 현장의 장애물, 위험물 등을 점검 후 작업계획을 수립한다.

④ 장비를 가공전선로 밑에 보관하면 감전이 발생할 수 있으므로 가공전선로와 떨어뜨려 보관한다.

115

흙의 투수계수에 영향을 주는 인자에 관한 설명으로 옳지 않은 것은?

① 포화도 : 포화도가 클수록 투수계수도 크다.
② 공극비 : 공극비가 클수록 투수계수는 작다.
③ 유체의 점성계수 : 점성계수가 클수록 투수계수는 작다.
④ 유체의 밀도 : 유체의 밀도가 클수록 투수계수는 크다.

② 간극비(공극비) $= \dfrac{\text{공기의 체적} + \text{물의 체적}}{\text{흙의 체적}}$ 이므로 공극비가 클수록 투수계수는 크다.

116

산업안전보건법령에서 규정하는 철골작업을 중지하여야 하는 기후조건에 해당하지 않는 것은?

① 풍속이 초당 10m 이상인 경우
② 강우량이 시간당 1mm 이상인 경우
③ 강설량이 시간당 1cm 이상인 경우
④ 기온이 영하 5℃ 이하인 경우

*철골작업의 중지 기준

종류	기준
풍속	초당 $10m$ ($10m/s$)이상인 경우
강우량	시간당 $1mm$ ($1mm/hr$)이상인 경우
강설량	시간당 $1cm$ ($1cm/hr$)이상인 경우

117

차량계 건설기계를 사용하여 작업을 하는 경우 작업계획서 내용에 포함되지 않는 사항은?

① 차량계 건설기계의 종류 및 성능
② 차량계 건설기계의 운행경로
③ 차량계 건설기계에 의한 작업방법
④ 차량계 건설기계 사용 시 유도자 배치 위치

*차량계 건설기계의 작업계획서 포함사항
① 차량계 건설기계의 종류 및 성능
② 차량계 건설기계의 운행경로
③ 차량계 건설기계에 의한 작업방법

118

유해위험방지계획서를 고용노동부장관에게 제출하고 심사를 받아야 하는 대상 건설공사 기준으로 옳지 않은 것은?

① 최대 지간길이가 50m 이상인 다리의 건설등 공사
② 지상높이 25m 이상인 건축물 또는 인공 구조물의 건설등 공사
③ 깊이 10m 이상인 굴착공사
④ 다목적댐, 발전용댐, 저수용량 2천만톤 이상의 용수 전용 댐 및 지방상수도 전용 댐의 건설등 공사

*유해위험방지계획서 제출대상 건설공사
① 지상높이가 31m 이상인 건축물 또는 인공구조물
② 연면적 30,000m² 이상인 건축물
③ 연면적 5,000m² 이상인 시설
  ㉠ 문화 및 잡화시설(전시장·동물원·식물원 제외)
  ㉡ 판매시설·운수시설(고속도로의 역사 및 집배송 시설 제외)
  ㉢ 종교시설
  ㉣ 의료시설 중 종합병원
  ㉤ 숙박시설 중 관광숙박시설
  ㉥ 지하도상가
  ㉦ 냉동·냉장 창고시설
④ 연면적 5000m² 이상의 냉동·냉장창고시설의 설비공사 및 단열공사
⑤ 최대 지간길이가 50m 이상인 교량 건설 등 공사
⑥ 터널 건설 등의 공사
⑦ 다목적댐·발전용댐 및 저수용량 2천만톤 이상의 용수 전용 댐·지방상수도 전용 댐 건설 등의 공사
⑧ 깊이 10m 이상인 굴착공사

119

공사진척에 따른 공정율이 다음과 같을 때 안전관리비 사용기준으로 옳은 것은?
(단, 공정율은 기성공정율을 기준으로 함)

> 공정율: 70퍼센트 이상, 90퍼센트 미만

① 50퍼센트 이상   ② 60퍼센트 이상
③ 70퍼센트 이상   ④ 80퍼센트 이상

*산업안전보건관리비 최소 사용기준

공정율	최소 사용기준
50% 이상 70% 미만	50% 이상
70% 이상 90% 미만	70% 이상
90% 이상	90% 이상

120

미리 작업장소의 지형 및 지반상태 등에 적합한 제한 속도를 정하지 않아도 되는 차량계 건설기계의 속도 기준은?

① 최대 제한 속도가 10km/h 이하
② 최대 제한 속도가 20km/h 이하
③ 최대 제한 속도가 30km/h 이하
④ 최대 제한 속도가 40km/h 이하

최대 제한 속도가 10km/h 이하인 차량계 건설기계는 제한속도를 미리 정하지 않아도 된다.

01

학습자가 자신의 학습속도에 적합하도록 프로그램 자료를 가지고 단독으로 학습하도록 하는 안전교육 방법은?

① 실연법　　　　② 모의법
③ 토의법　　　　④ 프로그램 학습법

*프로그램 학습법
학생의 자기학습 속도에 따른 학습이 허용돼있는 상태에서 학습자가 프로그램 자료를 가지고 단독으로 학습하도록 유도하는 교육법이다.

02

헤드십의 특성이 아닌 것은?

① 지휘형태는 권위주의적이다.
② 권한행사는 임명된 헤드이다.
③ 구성원과의 사회적 간격은 넓다.
④ 상관과 부하와의 관계는 개인적인 영향이다.

*헤드십과 리더십의 비교

헤드십(Headship)	리더십(Leadership)
① 지휘 형태가 권위적	① 지휘 형태가 민주적
② 부하와 관계는 지배적	② 부하와 관계는 개인적
③ 부하의 사회적 간격이 넓음	③ 부하의 사회적 간격이 좁음
④ 임명된 헤드	④ 추천된 헤드
⑤ 공식적 직권자	⑤ 추종자의 의사로 발탁

03

산업안전보건법령상 특정행위의 지시 및 사실의 고지에 사용되는 안전 · 보건표지의 색도기준으로 옳은 것은?

① 2.5G 4/10　　　　② 5Y 8.5/12
③ 2.5PB 4/10　　　　④ 7.5R 4/14

*안전보건표지의 색도기준 및 용도

색채	색도기준	용도	사용 예시
빨간색	7.5R 4/14	금지	정지신호, 소화설비 및 그 장소, 유해행위의 금지
		경고	화학물질 취급장소의 유해 · 위험 경고
노란색	5Y 8.5/12	경고	화학물질 취급장소에서의 유해 · 위험 경고 이외의 위험경고, 주의표지 또는 기계 방호물
파란색	2.5PB 4/10	지시	특정 행위의 지시 및 사실의 고지
녹색	2.5G 4/10	안내	비상구 및 피난소, 사람 또는 차량의 통행표지
흰색	N9.5		파란색 또는 녹색에 대한 보조색
검은색	N0.5		문자 및 빨간색 또는 노란색에 대한 보조색

04

인간관계의 메커니즘 중 다른 사람의 행동 양식이나 태도를 투입시키거나 다른 사람 가운데서 자기와 비슷한 것을 발견하는 것은?

① 공감   ② 모방
③ 동일화   ④ 일체화

*동일화
다른 사람의 행동양식이나 태도를 투입시키거나 다른 사람 가운데서 자기와 비슷한 것을 발견하는 현상

05

다음의 교육내용과 관련 있는 교육은?

- 작업 동작 및 표준작업방법의 습관화
- 공구·보호구 등의 관리 및 취급태도의 확립
- 작업 전후의 점검, 검사요령의 정확화 및 습관화

① 지식교육   ② 기능교육
③ 태도교육   ④ 문제해결교육

*안전보건교육지도 중 태도교육
① 작업 동작 및 표준작업방법의 습관화
② 공구·보호구 등의 관리 및 취급태도의 확립
③ 작업 전후의 점검·검사요령의 정확화 및 습관화

06

데이비스(K.Davis)의 동기부여 이론에 관한 등식에서 그 관계가 틀린 것은?

① 지식 × 기능 = 능력
② 상황 × 능력 = 동기유발
③ 능력 × 동기유발 = 인간의 성과
④ 인간의 성과 × 물질의 성과 = 경영의 성과

*데이비스(K.Davis)의 동기부여이론
① 지식 × 기능 = 능력
② 상황 × 태도 = 동기유발
③ 능력 × 동기유발 = 인간의 성과
④ 인간의 성과 × 물질의 성과 = 경영의 성과

07

산업안전보건법령상 보호구 안전인증 대상 방독마스크의 유기화합물용 정화통 외부 측면 표시색으로 옳은 것은?

① 갈색   ② 녹색
③ 회색   ④ 노랑색

*방독마스크의 종류와 시험가스

종류	시험가스	외부 표시색
유기화합물용	시클로헥산 (C_6H_{12}) 디메틸에테르 (CH_3OCH_3) 이소부탄 (C_4H_{10})	갈색
할로겐용	염소가스(Cl_2) 또는 증기(H_2O)	회색
황화수소용	황화수소가스 (H_2S)	
시안화수소용	시안화수소가스 (HCN)	
아황산용	아황산가스 (SO_2)	노란색
암모니아용	암모니아가스 (NH_3)	녹색

08

재해원인 분석기법의 하나인 특성요인도의 작성 방법에 대한 설명으로 틀린 것은?

① 큰뼈는 특성이 일어나는 요인이라고 생각되는 것을 크게 분류하여 기입한다.
② 등뼈는 원칙적으로 우측에서 좌측으로 향하여 가는 화살표를 기입한다.
③ 특성의 결정은 무엇에 대한 특성요인도를 작성할 것인가를 결정하고 기입한다.
④ 중뼈는 특성이 일어나는 큰뼈의 요인마다 다시 미세하게 원인을 결정하여 기입한다.

② 등뼈는 원칙적으로 좌측에서 우측으로 향하여 가는 화살표로 기입한다.

09

TWI의 교육 내용 중 인간관계 관리방법 즉 부하 통솔법을 주로 다루는 것은?

① JST(Job Safety Training)
② JMT(Job Method Training)
③ JRT(Job Relation Training)
④ JIT(Job Instruction Training)

*TWI(Training Within Industry)
관리감독자를 대상으로 하여 직무에 관한 능력을 교육하는 방법

훈련 기법	교육훈련 내용
작업방법훈련 (Job Method Training)	작업 효율성 교육 방법
작업지도훈련 (Job Instruction Training)	작업 숙련도 교육 방법
인간관계훈련 (Job Relations Training)	인간관계 관리 교육 방법
작업안전훈련 (Job Safety Training)	안전한 작업에 대한 교육 방법

10

산업안전보건법령상 안전보건관리규정에 반드시 포함되어야 할 사항이 아닌 것은?
(단, 그 밖에 안전 및 보건에 관한 사항은 제외한다.)

① 재해코스트 분석 방법
② 사고 조사 및 대책 수립
③ 작업장 안전 및 보건관리
④ 안전 및 보건 관리조직과 그 직무

*안전보건관리규정에 포함해야 하는 사항
① 안전·보건 관리조직과 그 직무에 관한 사항
② 안전·보건교육에 관한 사항
③ 작업장 안전관리에 관한 사항
④ 작업장 보건관리에 관한 사항
⑤ 사고조사 및 대책수립에 관한 사항

11

재해조사에 관한 설명으로 틀린 것은?

① 조사목적에 무관한 조사는 피한다.
② 조사는 현장을 정리한 후에 실시한다.
③ 목격자나 현장 책임자의 진술을 듣는다.
④ 조사자는 객관적이고 공정한 입장을 취해야 한다.

② 조사는 현장이 보존된 상태에서 실시해야 한다.

12

산업안전보건법령상 안전보건표지의 종류 중 경고 표지의 기본모형(형태)이 다른 것은?

① 고압전기 경고 ② 방사성물질 경고
③ 폭발성물질 경고 ④ 매달린 물체 경고

*경고표지

인화성물질 경고	산화성물질 경고	폭발성물질 경고	급성독성 물질경고
부식성물질 경고	방사성물질 경고	고압전기 경고	매달린물체 경고
낙하물 경고	고온 경고	저온 경고	몸균형상실 경고
레이저광선 경고	위험장소 경고	발암성·변이원성·생식독성·전식독성·호흡기 과민성물질 경고	

13

무재해운동 추진의 3요소에 관한 설명이 아닌 것은?

① 안전보건은 최고경영자의 무재해 및 무질병에 대한 확고한 경영자세로 시작된다.
② 안전보건을 추진하는 데에는 관리감독자들의 생산 활동 속에 안전보건을 실천하는 것이 중요하다.
③ 모든 재해는 잠재요인을 사전에 발견·파악 ·해결함으로써 근원적으로 산업재해를 없애야 한다.

④ 안전보건은 각자 자신의 문제이며, 동시에 동료의 문제로서 직장의 팀 멤버와 협동 및 노력하여 자주적으로 추진하는 것이 필요하다.

*무재해 운동 추진의 3요소(=3기둥)
① 경영자 : 엄격하고 확고한 안전방침 및 자세
② 관리감독자 : 안전활동의 라인화
③ 근로자 : 직장 자주활동의 활성화

14

헤링(Hering)의 착시현상에 해당하는 것은?

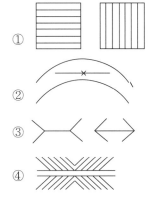

①
②
③
④

*착시현상의 종류

종류	형태
헬름홀츠(Helmholz) 착시현상	
콜러(Kohler) 착시현상	
뮐러 라이어(Muller Lyer) 착시현상	
헤링(Herling) 착시현상	

15

도수율이 24.5이고, 강도율이 1.15인 사업장에서 한 근로자가 입사하여 퇴직할 때까지의 근로손실 일수는?

① 2.45일   ② 115일
③ 215일   ④ 245일

*환산도수율과 환산강도율
① 환산도수율 : 평생 근로시간당 재해발생 건 수
② 환산강도율 : 평생 근로시간당 근로손실 일 수

여기서는 근로손실 일 수를 물어봤으므로 환산강도율로 계산한다.

$$환산강도율 = 강도율 \times \frac{평생\ 근로\ 시간}{10^3}$$
$$= 강도율 \times \left(\frac{100000}{10^3}\right) = 1.15 \times 100 = 115일$$

16

학습을 자극(Stimulus)에 의한 반응(Respons)으로 보는 이론에 해당하는 것은?

① 장설(Field Theory)
② 통찰설(Insight Theory)
③ 기호형태설(Sign-gestalt Theory)
④ 시행착오설(Trial and Error Theory)

*교육심리학의 학습이론

종류	내용
파블로프(Pavlov)의 조건반사설	후천적으로 얻게 되는 반사 작용이 행동으로 발생한다는 설
레빈(Lewin)의 장설	개인과 환경의 상호작용을 함수로 설명한다는 설
톨만(Tolman)의 기호형태설	학습자의 머리 속에 인지적 지도와 같은 인지구조를 바탕으로 학습하려 한다는 설
손다이크(Thorndike)의 시행착오설	가장 기본적인 형태의 학습은 자극과 반응의 연합에 의해 일어난다는 설

17

하인리히의 사고방지 기본원리 5단계 중 시정방법의 선정 단계에 있어서 필요한 조치가 아닌 것은?

① 인사조정
② 안전행정의 개선
③ 교육 및 훈련의 개선
④ 안전점검 및 사고조사

*하인리히(Heimrich)의 사고예방대책 5단계
1단계 : 조직(안전관리조직)
2단계 : 사실의 발견(현상파악)
3단계 : 평가분석(원인규명)
4단계 : 시정책의 선정(대책의 선정)
5단계 : 시정책의 적용(목표달성)

①, ②, ③ : 4단계 : 시정책의 선정(대책의 선정)
④ : 사실의 발견(현상파악)

18

산업안전보건법령상 안전보건교육 교육대상별 교육내용 중 관리감독자 정기교육의 내용으로 틀린 것은?

① 정리정돈 및 청소에 관한 사항
② 유해·위험 작업환경 관리에 관한 사항
③ 표준안전작업방법 및 지도 요령에 관한 사항
④ 작업공정의 유해·위험과 재해 예방대책에 관한 사항

*관리감독자 정기교육
① 산업안전 및 사고 예방에 관한 사항
② 산업보건 및 직업병 예방에 관한 사항
③ 위험성평가에 관한 사항
④ 유해·위험 작업환경 관리에 관한 사항
⑤ 산업안전보건법령 및 산업재해보상보험 제도에 관한 사항
⑥ 직무스트레스 예방 및 관리에 관한 사항
⑦ 직장 내 괴롭힘, 고객의 폭언 등으로 인한 건강장해 예방 및 관리에 관한 사항
⑧ 작업공정의 유해·위험과 재해 예방대책에 관한 사항
⑨ 사업장 내 안전보건관리체제 및 안전·보건조치 현황에 관한 사항
⑩ 표준안전 작업방법 및 지도 요령에 관한 사항
⑪ 안전보건교육 능력 배양에 관한 사항
⑫ 비상시 또는 재해 발생시 긴급조치에 관한 사항
⑬ 관리감독자의 역할과 임무에 관한 사항

19

산업안전보건법령상 협의체 구성 및 운영에 관한 사항으로 (   )에 알맞은 내용은?

> 도급인은 관계수급인 근로자가 도급인의 사업장에서 작업을 하는 경우 도급인과 수급인을 구성원으로 하는 안전 및 보건에 관한 협의체를 구성 및 운영하여야 한다. 이 협의체는 (   ) 정기적으로 회의를 개최하고 그 결과를 기록·보존해야 한다.

① 매월 1회 이상   ② 2개월마다 1회
③ 3개월마다 1회   ④ 6개월마다 1회

협의체는 <u>매월 1회 이상</u> 정기적으로 회의를 개최한다.

20

산업안전보건법령상 프레스를 사용하여 작업을 할 때 작업시작 전 점검사항으로 틀린 것은?

① 방호장치의 기능
② 언로드밸브의 기능
③ 금형 및 고정볼트 상태
④ 클러치 및 브레이크의 기능

*프레스 작업시작 전 점검사항
① 클러치 및 브레이크의 기능
② 방호장치의 기능
③ 프레스의 금형 및 고정볼트 상태
④ 전단기의 칼날 및 테이블의 상태
⑤ 1행정 1정지기구·급정지장치 및 비상정지장치의 기능
⑥ 슬라이드 또는 칼날에 의한 위험방지 기구의 기능
⑦ 크랭크축·플라이휠·슬라이드·연결봉 및 연결나사의 풀림 유무

21

일반적으로 은행의 접수대 높이나 공원의 벤치를 설계할 때 가장 적합한 인체 측정 자료의 응용 원칙은?

① 조절식 설계
② 평균치를 이용한 설계
③ 최대치수를 이용한 설계
④ 최소치수를 이용한 설계

*인체측정치의 응용원리

설계의 종류	적용 대상	
조절식 설계 (조절범위를 기준)	① 침대 높낮이 조절 ② 의자 높낮이 조절	
극단치 설계 (최대치수와 최소치수를 기준)	최대치	① 출입문의 크기 ② 와이어의 인장강도
	최소치	① 선반의 높이 ② 조정장치까지의 거리
평균치 설계	① 은행 창구 높이 ② 공원의 벤치	

22

위험분석기법 중 고장이 시스템의 손실과 인명의 사상에 연결되는 높은 위험도를 가진 요소나 고장의 형태에 따른 분석법은?

① CA
② ETA
③ FHA
④ FTA

*CA(위험도 분석)
고장이 시스템의 손실과 인명의 사상에 연결되는 높은 위험도를 가진 요소나 고장의 형태에 따른 분석법

23

작업장의 설비 3대에서 각각 $80dB$, $86dB$, $78dB$ 의 소음이 발생되고 있을 때 작업장의 음압 수준은?

① 약 $81.3dB$
② 약 $85.5dB$
③ 약 $87.5dB$
④ 약 $90.3dB$

*전체 소음원의 음압수준

$$dB_{total} = 10\log\left(10^{\frac{dB_1}{10}} + 10^{\frac{dB_2}{10}} + 10^{\frac{dB_3}{10}} + \cdots + 10^{\frac{dB_N}{10}}\right)$$

$$= 10\log\left(10^{\frac{80}{10}} + 10^{\frac{86}{10}} + 10^{\frac{78}{10}}\right) = 87.5dB$$

24

일반적인 화학설비에 대한 안전성 평가(safety assessment) 절차에 있어 안전대책 단계에 해당되지 않는 것은?

① 보전
② 위험도 평가
③ 설비적 대책
④ 관리적 대책

② 위험도 평가 : 2단계 정성적 평가 내용

25

욕조곡선에서의 고장 형태에서 일정한 형태의 고장률이 나타나는 구간은?

① 초기 고장구간　② 마모 고장구간
③ 피로 고장구간　④ 우발 고장구간

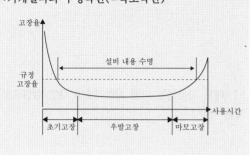
26

음량수준을 평가하는 척도와 관계없는 것은?

① dB　② HSI
③ phon　④ sone

27

실효 온도(effective temperature)에 영향을 주는 요인이 아닌 것은?

① 온도　② 습도
③ 복사열　④ 공기 유동

28

FT도에서 시스템의 신뢰도는 얼마인가?
(단, 모든 부품의 발생확률은 0.1 이다.)

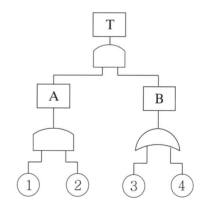

① 0.0033　② 0.0062
③ 0.9981　④ 0.9936

29

인간공학 연구방법 중 실제의 제품이나 시스템이 추구하는 특성 및 수준이 달성되는지를 비교하고 분석하는 연구는?

① 조사연구　　　　② 실험연구
③ 분석연구　　　　④ 평가연구

*평가 연구(Evaluation Research)
실제의 제품이나 시스템이 추구하는 특성 및 수준이 달성되는지를 비교하고 분석하는 연구

30

어떤 설비의 시간당 고장률이 일정하다고 할 때 이 설비의 고장간격은 다음 중 어떤 확률분포를 따르는가?

① t분포　　　　② 와이블분포
③ 지수분포　　　　④ 아이링(Eyring)분포

설비의 시간당 고장률이 일정하다고 하면 고장간격은 지수분포를 따른다.

31

시스템 수명주기에 있어서 예비위험분석(*PHA*)이 이루어지는 단계에 해당하는 것은?

① 구상단계　　　　② 점검단계
③ 운전단계　　　　④ 생산단계

*시스템 안전 분석 방법

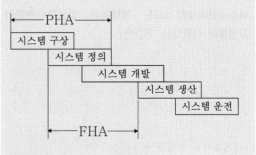

시스템 구상단계에서 PHA가 이루어진다.

32

FTA에서 사용하는 다음 사상기호에 대한 설명으로 맞는 것은?

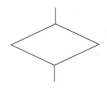

① 시스템 분석에서 좀 더 발전시켜야 하는 사상
② 시스템의 정상적인 가동상태에서 일어날 것이 기대되는 사상
③ 불충분한 자료로 결론을 내릴 수 없어 더 이상 전개 할 수 없는 사상
④ 주어진 시스템의 기본사상으로 고장원인이 분석되었기 때문에 더 이상 분석할 필요가 없는 사상

*기본 사상 기호

명칭	기호	세부 내용
기본 사상	○	더 이상 분석할 필요가 없는 사상
생략 사상	◇	더 이상 전개되지 않는 사상
통상 사상	⌂	정상적인 가동상태에서 발생할 것으로 기대되는 사상
결함 사상	▭	시스템 분석에 있어서 조금 더 발전시켜야 하는 사상

33

정보를 전송하기 위해 청각적 표시장치보다 시각적 표시장치를 사용하는 것이 더 효과적인 경우는?

① 정보의 내용이 간단한 경우
② 정보가 후에 재참조되는 경우
③ 정보가 즉각적인 행동을 요구하는 경우
④ 정보의 내용이 시간적인 사건을 다루는 경우

*시각적 표시장치를 사용하는 경우
① 메시지가 간단한 경우
② 메시지가 추후에 재참조되지 않는 경우
③ 수신 장소의 소음이 과도할 때
④ 직무상 수신자가 자주 움직이지 않는 경우
⑤ 수신자가 즉각적인 행동을 하지 않는 경우
⑥ 수신자의 청각 계통이 과부하 상태인 경우

34

감각저장으로부터 정보를 작업기억으로 전달하기 위한 코드화 분류에 해당되지 않는 것은?

① 시각코드   ② 촉각코드
③ 음성코드   ④ 의미코드

*코드화 분류
① 시각코드
② 음성코드
③ 의미코드

35

인간-기계시스템 설계과정 중 직무분석을 하는 단계는?

① 제1단계 : 시스템의 목표와 성능명세 결정
② 제2단계 : 시스템의 정의
③ 제3단계 : 기본 설계
④ 제4단계 : 인터페이스 설계

*3단계 : 기본 설계
① 작업 설계
② 직무 분석
③ 기능 할당

36

중량물 들기 작업 시 5분간의 산소소비량을 측정한 결과 $90L$의 배기량 중에 산소가 16%, 이산화탄소가 4%로 분석되었다. 해당 작업에 대한 산소소비량($L/\min$)은 약 얼마인가?
(단, 공기 중 질소는 $79vol\%$, 산소는 $21vol\%$이다.)

① 0.948   ② 1.948
③ 4.74   ④ 5.74

*분당 산소소비량

분당 배기량 : $V_2 = \dfrac{총배기량}{시간} = \dfrac{90}{5} = 18L/\min$

분당 흡기량 : $V_1 = \dfrac{100 - O_2 - CO_2}{79} \times V_2$

$\qquad\qquad = \dfrac{100 - 16 - 4}{79} \times 18 = 18.23L/\min$

$\therefore$ 분당 산소소비량 $= (V_1 \times 0.21) - (V_2 \times 0.16)$
$\qquad\qquad\qquad = (18.23 \times 0.21) - (18 \times 0.16)$
$\qquad\qquad\qquad = 0.948L/\min$

37

의도는 올바른 것이었지만, 행동이 의도한 것과는 다르게 나타나는 오류는?

① Slip   ② Mistake
③ Lapse   ④ Violation

*인간 오류의 종류

종류	내용
실수 (Slip)	의도는 올바른 것이었지만, 행동이 의도한 것과는 다르게 나타나는 오류
착오 (Mistake)	외부적 요인에 나타나는 현상으로 목표를 잘못 이해하는 과정에서 발생하는 오류
건망증 (Lapse)	연쇄적 행동들 중에서 일부를 잊어 버려 발생하는 오류
위반 (Violation)	알고 있음에도 의도적으로 따르지 않거나 무시하여 발생하는 오류

38

동작경제의 원칙과 가장 거리가 먼 것은?

① 급작스런 방향의 전환은 피하도록 할 것
② 가능한 관성을 이용하여 작업하도록 할 것
③ 두 손의 동작은 같이 시작하고 같이 끝나도록 할 것
④ 두 팔의 동작은 동시에 같은 방향으로 움직일 것

*동작경제의 원칙
작업자가 에너지의 낭비 없이 효과적으로 작업할 수 있도록 동작을 세밀하게 분석하여 가장 경제적이고 합리적인 표준동작을 설정하는 원칙

④ 두 팔의 동작은 서로 반대의 대칭적 방향으로 이루어져야 하며 동시에 행하여질 것

39

두 가지 상태 중 하나가 고장 또는 결함으로 나타나는 비정상적인 사건은?

① 톱사상   ② 결함사상
③ 정상적인 사상   ④ 기본적인 사상

*결함사상
두 상태중 하나가 결함으로 나타나는 사상이며 시스템 분석상 더 발전시켜야 하는 사상이다.

40

설비보전 방법 중 설비의 열화를 방지하고 그 진행을 지연시켜 수명을 연장하기 위한 점검, 청소, 주유 및 교체 등의 활동은?

① 사후 보전   ② 개량 보전
③ 일상 보전   ④ 보전 예방

*일상보전
설비의 열화를 방지하고 그 진행을 지연시켜 수명을 연장하기 위한 점검, 청소, 주유 및 교체 등의 설비 보전 방법이다.

41

산업안전보건법령상 보일러 수위가 이상 현상으로 인해 위험수위로 변하면 작업자가 쉽게 감지할 수 있도록 경보등, 경보음을 발하고 자동적으로 급수 또는 단수되어 수위를 조절하는 방호장치는?

① 압력방출장치
② 고저수위 조절장치
③ 압력제한 스위치
④ 과부하방지장치

*고저수위 조절장치
보일러 수위가 이상현상으로 인해 위험수위로 변하면 작업자가 쉽게 감지할 수 있도록 경보등, 경보음을 발하고 자동적으로 급수 또는 단수되어 수위를 조절하는 방호장치

42

프레스 작업에서 제품 및 스크랩을 자동적으로 위험한계 밖으로 배출하기 위한 장치로 틀린 것은?

① 피더   ② 키커
③ 이젝터   ④ 공기 분사 장치

*파쇄철 제거장치
압축공기(공기분사장치, 키커, 이젝터 등)

43

산업안전보건법령상 로봇의 작동범위 내에서 그 로봇에 관하여 교시 등 작업을 행하는 때 작업시작 전 점검 사항으로 옳은 것은?
(단, 로봇의 동력원을 차단하고 행하는 것은 제외)

① 과부하방지장치의 이상 유무
② 압력제한스위치의 이상 유무
③ 외부 전선의 피복 또는 외장의 손상 유무
④ 권과방지장치의 이상 유무

*산업용 로봇의 작업시작 전 점검사항
① 외부전선의 피복 또는 외장의 손상 유무
② 제동장치 및 비상정지장치의 기능
③ 매니플레이터 작동의 이상 유무

44

산업안전보건법령상 지게차 작업시작 전 점검사항으로 거리가 가장 먼 것은?

① 제동장치 및 조종장치 기능의 이상 유무
② 압력방출장치의 작동 이상 유무
③ 바퀴의 이상 유무
④ 전조등·후미등·방향지시기 및 경보장치 기능의 이상 유무

*지게차 및 구내운반차 작업시작 전 점검사항
① 제동장치 및 조종장치 기능의 이상유무
② 하역장치 및 유압장치 기능의 이상유무
③ 바퀴의 이상유무
④ 전조등 · 후미등 · 방향지시기 및 경보장치 기능의 이상유무

41.② 42.① 43.③ 44.②

45

다음 중 가공재료의 칩이나 절삭유 등이 비산되어 나오는 위험으로부터 보호하기 위한 선반의 방호장치는?

① 바이트
② 권과방지장치
③ 압력제한스위치
④ 쉴드(shield)

*쉴드(Shield)
가공재료의 칩이나 절삭유 등이 비산되어 나오는 위험으로부터 보호하기 위한 선반의 방호장치

46

산업안전보건법령상 보일러의 압력방출장치가 2개 설치된 경우 그 중 1개는 최고 사용압력 이하에서 작동 된다고 할 때 다른 압력방출장치는 최고사용압력의 최대 몇 배 이하에서 작동되도록 하여야 하는가?

① 0.5
② 1
③ 1.05
④ 2

압력방출장치 2개 이상이 설치된 경우에는 최고사용압력 이하에서 1개가 작동되고 나머지는 최고사용압력의 1.05배 이하에서 작동되도록 부착할 것.

47

상용운전압력 이상으로 압력이 상승할 경우 보일러의 파열을 방지하기 위하여 버너의 연소를 차단하여 정상압력으로 유도하는 장치는?

① 압력방출장치
② 고저수위 조절장치
③ 압력제한 스위치
④ 통풍제어 스위치

*압력제한스위치
보일러의 과열을 방지하기 위하여 최고사용압력과 상용압력 사이에서 보일러의 버너 연소를 차단하여 정상 압력으로 유도하는 방호장치

48

용접부 결함에서 전류가 과대하고, 용접속도가 너무 빨라 용접부의 일부가 홈 또는 오목하게 생기는 결함은?

① 언더컷
② 기공
③ 균열
④ 융합불량

*언더컷(Under Cut)
모재 및 용접부의 일부가 녹아서 홈 또는 오목한 부분이 생기는 결함

49

물체의 표면에 침투력이 강한 적색 또는 형광성의 침투액을 표면 개구 결함에 침투시켜 직접 또는 자외선 등으로 관찰하여 결함장소와 크기를 판별하는 비파괴시험은?

① 피로시험
② 음향탐상시험
③ 와류탐상시험
④ 침투탐상시험

*침투탐상검사(PT)
물체의 표면 결함에 침투력이 강한 적색 또는 형광성의 침투액을 침투시켜 직접 또는 자외선 등으로 검출하는 비파괴검사법이다.

50

연삭숫돌의 파괴원인으로 거리가 가장 먼 것은?

① 숫돌이 외부의 큰 충격을 받았을 때
② 숫돌의 회전속도가 너무 빠를 때
③ 숫돌 자체에 이미 균열이 있을 때
④ 플랜지 직경이 숫돌 직경의 1/3 이상일 때

*연삭숫돌의 파괴원인
① 내, 외면의 플랜지 지름이 다를 때
② 플랜지 직경이 숫돌 직경의 1/3 크기 보다 작을 때
③ 회전력이 결합력보다 클 때
④ 외부의 충격을 받았을 때
⑤ 숫돌에 균열이 있을 때
⑥ 숫돌의 측면을 사용할 때
⑦ 숫돌의 치수, 특히 내경의 크기가 적당하지 않을 때
⑧ 숫돌의 회전속도가 너무 빠를 때
⑨ 숫돌의 회전중심이 제대로 잡히지 않았을 때

51

산업안전보건법령상 프레스 등 금형을 부착·해체 또는 조정하는 작업을 할 때, 슬라이드가 갑자기 작동함으로써 근로자에게 발생할 우려가 있는 위험을 방지하기 위해 사용해야 하는 것은? (단, 해당 작업에 종사하는 근로자의 신체가 위험한계 내에 있는 경우)

① 방진구
② 안전블록
③ 시건장치
④ 날접촉예방장치

프레스기의 금형을 부착·해체 또는 조정하는 작업을 할 때, 근로자의 신체 일부가 위험한계에 들어갈 시 슬라이드가 갑자기 작동함으로써 근로자에게 발생하는 위험을 방지하기 위해 안전블록을 사용해야 한다.

52

페일 세이프(fail safe)의 기능적인 면에서 분류할 때 거리가 가장 먼 것은?

① Fool proof
② Fail passive
③ Fail active
④ Fail operational

*Fail Safe의 기능적 분류

단계	세부내용
1단계 Fail Passive	부품이 고장나면 운행을 정지
2단계 Fail Active	부품이 고장나면 기계는 경보를 올리는 가운데 짧은 시간동안 운전 가능
3단계 Fail Operational	부품에 고장이 있어도 기계는 추후의 보수가 될 때 까지 기능을 유지

53

산업안전보건법령상 크레인에서 정격하중에 대한 정의는?
(단, 지브가 있는 크레인은 제외)

① 부하할 수 있는 최대하중
② 부하할 수 있는 최대하중에서 달기기구의 중량에 상당하는 하중을 뺀 하중
③ 짐을 싣고 상승할 수 있는 최대하중
④ 가장 위험한 상태에서 부하할 수 있는 최대하중

＊정격하중
작용할 수 있는 최대 하중에서 달기구들의 중량을 제외한 하중이다.

54

기계설비의 안전조건인 구조의 안전화와 거리가 가장 먼 것은?

① 전압 강하에 따른 오동작 방지
② 재료의 결함 방지
③ 설계상의 결함 방지
④ 가공 결함 방지

① : 기능의 안전화

55

공기압축기의 작업안전수칙으로 가장 적절하지 않은 것은?

① 공기압축기의 점검 및 청소는 반드시 전원을 차단한 후에 실시한다.
② 운전 중에 어떠한 부품도 건드려서는 안 된다.
③ 공기압축기 분해 시 내부의 압축공기를 이용하여 분해한다.
④ 최대공기압력을 초과한 공기압력으로는 절대로 운전하여서는 안 된다.

③ 공기압축기 분해 시 내부의 압축공기를 완전히 배출한 뒤에 실시한다.

56

산업안전보건법령상 컨베이어, 이송용 롤러 등을 사용하는 경우 정전·전압강하 등에 의한 위험을 방지하기 위하여 설치하는 안전장치는?

① 권과방지장치
② 동력전달장치
③ 과부하방지장치
④ 화물의 이탈 및 역주행 방지장치

＊이탈 및 역주행 방지장치
컨베이어 · 이송용 롤러 등을 사용하는 데에 정전 및 전압강하 등에 의한 위협을 방지하는 안전장치

57

회전하는 동작부분과 고정부분이 함께 만드는 위험점으로 주로 연삭숫돌과 작업대, 교반기의 교반날개와 몸체사이에서 형성되는 위험점은?

① 협착점   ② 절단점
③ 물림점   ④ 끼임점

*기계설비의 위험점

위험점	그림	설명
협착점		왕복운동을 하는 동작부와 움직임이 없는 고정부 사이에 형성되는 위험점 ex) 프레스전단기, 성형기, 조형기 등
끼임점		회전운동을 하는 동작부와 움직임이 없는 고정부 사이에 형성되는 위험점 ex) 연삭숫돌과 하우스, 교반기 날개와 하우스, 회전운동을 하는 기계 등
절단점		회전하는 운동 부분 자체의 위험에서 초래되는 위험점 ex) 밀링커터, 둥근톱날 등
물림점		2개의 회전체가 맞닿는 사이에 발생하는 위험점 ex) 기어, 롤러 등
접선 물림점		회전하는 부분의 접선방향으로 물려 들어가는 위험점 ex) V벨트풀리, 평벨트, 체인과 스프로킷 등
회전 말림점		회전하는 물체에 작업복 등이 말려드는 위험점 ex) 회전축, 커플링, 드릴 등

58

다음 중 드릴 작업의 안전사항으로 틀린 것은?

① 옷소매가 길거나 찢어진 옷은 입지 않는다.
② 작고, 길이가 긴 물건은 손으로 잡고 뚫는다.
③ 회전하는 드릴에 걸레 등을 가까이 하지 않는다.
④ 스핀들에서 드릴을 뽑아낼 때에는 드릴 아래에 손을 내밀지 않는다.

② 드릴 작업 시 작고 길이가 긴 물건들은 치공구 (지그, 바이스 등)로 고정시킨다.

59

산업안전보건법령상 양중기의 과부하방지장에서 요구하는 일반적인 성능기준으로 가장 적절하지 않은 것은?

① 과부하방지장치 작동 시 경보음과 경보램프가 작동되어야 하며 양중기는 작동이 되지 않아야 한다.
② 외함의 전선 접촉부분은 고무 등으로 밀폐되어 물과 먼지 등이 들어가지 않도록 한다.
③ 과부하방지장치와 타 방호장치는 기능에 서로 장애를 주지 않도록 부착할 수 있는 구조이어야 한다.
④ 방호장치의 기능을 정지 및 제거할 때 양중기의 기능이 동시에 원활하게 작동하는 구조이며 정지해서는 안 된다.

④ 방호장치의 기능을 정지 및 제거할 때 양중기의 기능도 동시에 정지할 수 있는 구조일 것

60

프레스기의 SPM(stroke per minute)이 200이고, 클러치의 맞물림 개소수가 6인 경우 양수기동식 방호장치의 안전거리는?

① 120mm   ② 200mm

③ 320mm   ④ 400mm

*방호장치의 안전거리(D)

$$T = \left(\frac{1}{클러치개수} + \frac{1}{2} \right) \times \left(\frac{60}{SPM} \right)$$

$$= \left(\frac{1}{6} + \frac{1}{2} \right) \times \left(\frac{60}{200} \right) = 0.2s$$

$$D = 1.6\,T = 1.6 \times 0.2 = 0.32m = 320mm$$

61

폭발한계에 도달한 메탄가스가 공기에 혼합되었을 경우 착화한계전압(V)은 약 얼마인가?
(단, 메탄의 착화최소에너지는 $0.2mJ$, 극간용량은 $10pF$으로 한다.)

① 6325

② 5225

③ 4135

④ 3035

＊착화에너지(＝발화에너지, 정전에너지 E) $[J]$

$$E = \frac{1}{2}CV^2$$

$$\therefore V = \sqrt{\frac{2E}{C}} = \sqrt{\frac{2 \times 0.2 \times 10^{-3}}{10 \times 10^{-12}}} = 6325\,V$$

여기서,

C : 정전용량 $[F]$

V : 전압 $[V]$

$m = 10^{-3}$

$p = 10^{-12}$

62

$Q = 2 \times 10^{-7} C$으로 대전하고 있는 반경 $25cm$ 도체구의 전위$[kV]$는 약 얼마인가?

① 7.2

② 12.5

③ 14.4

④ 25

＊도체구의 전위(E) $[V]$

$$E = \frac{Q}{4\pi\varepsilon_0 r}$$

$$= \frac{2 \times 10^{-7}}{4\pi \times 8.855 \times 10^{-12} \times 0.25} = 7189.38\,V = 7.19\,kV$$

$$\fallingdotseq 7.2\,kV$$

여기서,

Q : 전하 $[C]$

ε_o : 유전율($\varepsilon = 8.855 \times 10^{-12}$)

r : 반지름 $[m]$

63

다음 중 누전차단기를 시설하지 않아도 되는 전로가 아닌 것은?
(단, 전로는 금속제 외함을 가지는 사용전압이 $50V$를 초과하는 저압의 기계기구에 전기를 공급하는 전로이며, 기계기구에는 사람이 쉽게 접촉할 우려가 있다.)

① 기계기구를 건조한 장소에 시설하는 경우

② 기계기구가 고무, 합성수지, 기타 절연물로 피복된 경우

③ 대지전압 $200\,V$ 이하인 기계기구를 물기가 있는 곳 이외의 곳에 시설하는 경우

④ 「전기용품 및 생활용품 안전관리법」의 적용을 받는 이중절연구조의 기계기구를 시설하는 경우

＊누전차단기 설치장소

① 전기기계·기구 중 대지전압이 $150V$를 초과하는 이동형 또는 휴대형의 것

② 물 등 도전성이 높은 액체에 의한 습윤한 장소

③ 임시배선의 전로가 설치되는 장소

64

고압전로에 설치된 전동기용 고압전류 제한퓨즈의 불용단전류의 조건은?

① 정격전류 1.3배의 전류로 1시간 이내에 용단되지 않을 것
② 정격전류 1.3배의 전류로 2시간 이내에 용단되지 않을 것
③ 정격전류 2배의 전류로 1시간 이내에 용단되지 않을 것
④ 정격전류 2배의 전류로 2시간 이내에 용단되지 않을 것

*고압용 퓨즈의 불용단전류 조건

종류	정격용량	용단시간
포장 퓨즈	정격전류 1.3배	2시간
비포장 퓨즈	정격전류 1.25배	2분

65

누전차단기의 시설방법 중 옳지 않은 것은?

① 시설장소는 배전반 또는 분전반 내에 설치한다.
② 정격전류용량은 해당 전로의 부하전류 값 이상이어야 한다.
③ 정격감도전류는 정상의 사용상태에서 불필요하게 동작하지 않도록 한다.
④ 인체감전보호형은 0.05초 이내에 동작하는 고감도고속형이어야 한다.

*정격감도전류

장소	정격감도전류
일반장소	$30mA$
물기가 많은 장소	$15mA$
단, 동작시간은 0.03초 이내로 한다.	

66

정전기 방지대책 중 적합하지 않는 것은?

① 대전서열이 가급적 먼 것으로 구성한다.
② 카본 블랙을 도포하여 도전성을 부여한다.
③ 유속을 저감 시킨다.
④ 도전성 재료를 도포하여 대전을 감소시킨다.

① 대전서열이 가까운 것으로 구성한다.

67

다음 중 방폭전기기기의 구조별 표시방법으로 틀린 것은?

① 내압방폭구조 : p
② 본질안전방폭구조 : ia, ib
③ 유입방폭구조 : o
④ 안전증방폭구조 : e

*방폭구조의 종류

종류	내용
내압 방폭구조 (d)	용기 내 폭발시 용기가 그 압력을 견디고 개구부 등을 통해 외부에 인화될 우려가 없는 구조
압력 방폭구조 (p)	용기 내에 보호가스를 압입시켜 대기압 이상으로 유지하여 폭발성 가스가 유입되지 않도록 하는 구조
안전증 방폭구조 (e)	운전 중에 생기는 아크, 스파크, 발열 등의 발화원을 제거하여 안전도를 증가시킨 구조
유입 방폭구조 (o)	전기불꽃, 아크, 고온 발생 부분을 기름으로 채워 폭발성 가스 또는 증기에 인화되지 않도록 한 구조
본질안전 방폭구조 (ia, ib)	운전 중 단선, 단락, 지락에 의한 사고 시 폭발 점화원의 발생이 방지된 구조
비점화 방폭구조 (n)	운전중에 점화원을 차단하여 폭발이 일어나지 않고, 이상 상태에서 짧은시간 동안 방폭기능을 할 수 있는 구조
몰드 방폭구조 (m)	전기불꽃, 고온 발생 부분은 컴파운드로 밀폐한 구조

68

내접압용절연장갑의 등급에 따른 최대사용전압이 틀린 것은?
(단, 교류 전압은 실효값이다.)

① 등급 00 :교류 500 V
② 등급 1 :교류 7500 V
③ 등급 2 :직류 17000 V
④ 등급 3 :직류 39750 V

*절연장갑의 등급 및 색상

등급	색상	최대사용전압	
		교류(V, 실효값)	직류(V)
00	갈색	500	750
0	빨간색	1000	1500
1	흰색	7500	11250
2	노란색	17000	25500
3	녹색	26500	39750
4	등색	36000	54000
비고 : 직류＝1.5×교류			

69

저압전로의 절연성능에 관한 설명으로 적합하지 않는 것은?

① 전로의 사용전압이 SELV 및 PELV 일 때 절연저항은 $0.5M\Omega$ 이상이어야 한다.
② 전로의 사용전압이 FELV 일 때 절연저항은 $1M\Omega$ 이상이어야 한다.
③ 전로의 사용전압이 FELV 일 때 DC 시험전압은 $500\,V$이다
④ 전로의 사용전압이 $600\,V$ 일 때 절연저항은 $1.5M\Omega$ 이상이어야 한다.

*절연저항 기준

전로의 사용전압	DC 시험전압 (이상)	절연저항 (이상)
SELV PELV	$250\,V$	$0.5M\Omega$
FELV 500V 이하	$500\,V$	$1M\Omega$
500V 초과	$1000\,V$	$1M\Omega$

70

다음 중 0종 장소에 사용될 수 있는 방폭구조의 기호는?

① Ex ia
② Ex ib
③ Ex d
④ Ex e

*방폭구조의 종류

장소	종류
0종 장소	본질안전방폭구조(ia)
1종 장소	내압방폭구조(d) 압력방폭구조(p) 충전방폭구조(q) 유입방폭구조(o) 안전증방폭구조(e) 본질안전방폭구조(ia, ib) 몰드방폭구조(m)
2종 장소	비점화방폭구조(n)

71

다음 중 전기화재의 주요 원인이라고 할 수 없는 것은?

① 절연전선의 열화
② 정전기 발생
③ 과전류 발생
④ 절연저항값의 증가

④ 절연저항값의 감소가 화재의 원인이 될 수 있다.

72

배전선로에 정전작업 중 단락 접지기구를 사용하는 목적으로 가장 적합한 것은?

① 통신선 유도 장해 방지
② 배전용 기계 기구의 보호
③ 배전선 통전 시 전위경도 저감
④ 혼촉 또는 오동작에 의한 감전방지

④ 단락 접지기구는 혼촉 또는 오동작에 의한 감전을 방지하기 위해 사용한다.

73

어느 변전소에서 고장전류가 유입되었을 때 도전성 구조물과 그 부근 지표상의 점과의 사이(약 $1m$)의 허용접촉전압은 약 몇 V 인가?

(단, 심실세동전류: $I_k = \dfrac{0.165}{\sqrt{t}}A$, 인체의 저항 : 1000Ω, 지표면의 저항률: $150\Omega \cdot m$, 통전시간을 1초로 한다.)

① 164
② 186
③ 202
④ 228

*허용접촉전압(V) $[V]$

$$V = IR = I \times \left(R_b + \frac{3}{2}R_e\right)$$

$$= \frac{0.165}{\sqrt{T}} \times \left(1000 + \frac{3}{2} \times 150\right) = 202.13\,V$$

여기서,

I : 심실세동전류 $[A]$ $\left(I = \dfrac{0.165}{\sqrt{T}}\right)$

R_b : 인체의 저항 $[\Omega]$

R_e : 지표면의 저항률 $[\Omega \cdot m]$

74

방폭기기 그룹에 관한 설명으로 틀린 것은?

① 그룹 Ⅰ, 그룹 Ⅱ, 그룹 Ⅲ가 있다.
② 그룹 Ⅰ의 기기는 폭발성 갱내 가스에 취약한 광산에서의 사용을 목적으로 한다.
③ 그룹 Ⅱ의 세부 분류로 ⅡA, ⅡB, ⅡC가 있다.
④ ⅡA로 표시된 기기는 그룹 ⅡB기기를 필요로 하는 지역에 사용할 수 있다.

④ ⅡA보다 ⅡB가 위험하기 때문에 사용이 불가능 하다.

75

한국전기설비규정에 따라 피뢰설비에서 외부피뢰 시스템의 수뢰부시스템으로 적합하지 않은 것은?

① 돌침
② 수평도체
③ 메시도체
④ 환상도체

*외부피뢰시스템의 수뢰부시스템
① 돌침
② 수평도체
③ 메시도체

76

정전기 재해의 방지를 위하여 배관 내 액체의 유속 제한이 필요하다. 배관의 내경과 유속 제한 값으로 적절하지 않은 것은?

① 관내경(mm): 25, 제한유속(m/s): 6.5
② 관내경(mm): 50, 제한유속(m/s): 3.5
③ 관내경(mm): 100, 제한유속(m/s): 2.5
④ 관내경(mm): 200, 제한유속(m/s): 1.8

*관내경을 기준으로 한 제한유속

관내경[mm]	제한유속[m/s]
10	8
25	4.9
50	3.5
100(=4인치)	2.5
200	1.8
400	1.3
600	1

77

지락이 생긴 경우 접촉상태에 따라 접촉전압을 제한할 필요가 있다. 인체의 접촉상태에 따른 허용 접촉전압을 나타낸 것으로 다음 중 옳지 않은 것은?

① 제1종: 2.5 V 이하
② 제2종: 25 V 이하
③ 제3종: 35 V 이하
④ 제4종: 제한 없음

*허용접촉전압의 구분

구분	접촉상태	허용 접촉전압
제1종	인체의 대부분이 수중에 있는 상태	2.5 V 이하
제2종	인체가 많이 젖어 있는 상태 또는 금속성의 전기기계 및 기구나 구조물에 인체의 일부가 상시 접촉되어 있는 상태	25 V 이하
제3종	1종, 2종 이외의 경우로서 통상의 인체 상태에 있어서 접촉전압이 가해지면 위험성이 높은상태	50 V 이하
제4종	1종, 2종 이외의 경우로서 통상의 인체 상태에 있어서 접촉전압이 가해지더라도 위험성이 낮은 상태 또는 접촉전압이 가해질 우려가 없는 경우	제한없음

78

계통접지로 적합하지 않는 것은?

① TN계통
② TT계통
③ IN계통
④ IT계통

*TN 접지방식의 종류
① TN-S 방식
② TN-C 방식
③ TN-C-S 방식
④ TT 방식
⑤ IT 방식

79

정전기 방생에 영향을 주는 요인이 아닌 것은?

① 물체의 분리속도 ② 물체의 특성
③ 물체의 접촉시간 ④ 물체의 표면상태

*정전기 발생에 영향을 주는 요인
① 물질의 표면상태
② 물질의 접촉면적
③ 물질의 압력
④ 물질의 특성
⑤ 물질의 분리속도

80

정전기재해의 방지대책에 대한 설명으로 적합하지 않는 것은?

① 접지의 접속은 납땜, 용접 또는 멈춤나사로 실시한다.
② 회전부품의 유막저항이 높으면 도전성의 윤활제를 사용한다.
③ 이동식의 용기는 절연성 고무제 바퀴를 달아서 폭발위험을 제거한다.
④ 폭발의 위험이 있는 구역은 도전성 고무류로 바닥 처리를 한다.

③ 이동식의 용기는 도전성 바퀴를 달아서 폭발위험을 제거한다.

81

산업안전보건법령상 특수화학설비를 설치할 때 내부의 이상상태를 조기에 파악하기 위하여 필요한 계측장치를 설치하여야 한다. 이러한 계측장치로 거리가 먼 것은?

① 압력계   ② 유량계
③ 온도계   ④ 중계

*특수화학설비 설치시 필요장치
① 원재료 공급의 긴급차단장치
② 즉시 사용할 수 있는 예비동력원
③ 온도계, 유량계, 압력계 등의 계측장치

82

불연성이지만 다른 물질의 연소를 돕는 산화성 액체 물질에 해당하는 것은?

① 히드라진   ② 과염소산
③ 벤젠   ④ 암모니아

*산화성액체
① 질산
② 과산화수소
③ 과염소산

83

아세톤에 대한 설명으로 틀린 것은?

① 증기는 유독하므로 흡입하지 않도록 주의해야 한다.
② 무색이고 휘발성이 강한 액체이다.
③ 비중이 0.79 이므로 물보다 가볍다.
④ 인화점이 20℃이므로 여름철에 인화 위험이 더 높다.

④ 아세톤의 인화점은 −18℃ 이다.

84

화학물질 및 물리적 인자의 노출기준에서 정한 유해 인자에 대한 노출기준의 표시단위가 잘못 연결된 것은?

① 에어로졸 : ppm
② 증기 : ppm
③ 가스 : ppm
④ 고온 : 습구흑구온도지수(WBGT)

① 에어로졸의 노출기준 단위는 mg/m^3 이다.

85

다음 [표]를 참조하여 메탄 $70vol\%$, 프로판 $21vol\%$, 부탄 $9vol\%$인 혼합가스의 폭발범위를 구하면 약 몇 $vol\%$인가?

가스	폭발하한계 $(vol\%)$	폭발상한계 $(vol\%)$
C_4H_{10}	1.8	8.4
C_3H_8	2.1	9.5
C_2H_6	3.0	12.4
CH_4	5.0	15.0

① 3.45~9.11　　　　② 3.45~12.58

③ 3.85~9.11　　　　④ 3.85~12.58

*혼합가스의 폭발한계 산술평균식

폭발상한계 : $L_h = \dfrac{100(= V_1 + V_2 + V_3)}{\dfrac{V_1}{L_1} + \dfrac{V_2}{L_2} + \dfrac{V_3}{L_3}}$

$= \dfrac{100}{\dfrac{70}{5} + \dfrac{21}{2.1} + \dfrac{9}{1.8}} = 3.45vol\%$

폭발하한계 : $L_l = \dfrac{100(= V_1 + V_2 + V_3)}{\dfrac{V_1}{L_1} + \dfrac{V_2}{L_2} + \dfrac{V_3}{L_3}}$

$= \dfrac{100}{\dfrac{70}{15} + \dfrac{21}{9.5} + \dfrac{9}{8.4}} = 12.58vol\%$

*탄화수소가스의 화학식

명칭	화학식
메탄	CH_4
에탄	C_2H_6
프로판	C_3H_8
부탄	C_4H_{10}

86

산업안전보건법령상 위험물질의 종류를 구분할 때 다음 물질들이 해당하는 것은?

리튬, 칼륨 · 나트륨, 황, 황린, 황화인 · 적린

① 폭발성 물질 및 유기과산화물
② 산화성 액체 및 산화성 고체
③ 물반응성 물질 및 인화성 고체
④ 급성 독성 물질

*물반응성물질 및 인화성고체
① 황화린
② 적린
③ 황
④ 금속분
⑤ 마그네슘분
⑥ 칼륨
⑦ 나트륨
⑧ 알킬리튬 및 알킬알루미늄
⑨ 황린
⑩ 알칼리금속 및 알칼리토금속
⑪ 유기금속화합물
⑫ 금속의 수소화물
⑬ 금속의 인화물
⑭ 칼슘 또는 알루미늄의 탄화물

87

제1종 분말소화약제의 주성분에 해당하는 것은?

① 사염화탄소 ② 브롬화메탄
③ 수산화암모늄 ④ 탄산수소나트륨

＊분말소화기의 종류

종별	소화약제	화재 종류
제1종 소화분말	$NaHCO_3$ (탄산수소나트륨)	BC 화재
제2종 소화분말	$KHCO_3$ (탄산수소칼륨)	BC 화재
제3종 소화분말	$NH_4H_2PO_4$ (인산암모늄)	ABC 화재
제4종 소화분말	$KHCO_3 +$ $(NH_2)_2CO$ (탄산수소칼륨 + 요소)	BC 화재

88

탄화칼슘이 물과 반응하였을 때 생성물을 옳게 나타낸 것은?

① 수산화칼슘 + 아세틸렌
② 수산화칼슘 + 수소
③ 염화칼슘 + 아세틸렌
④ 염화칼슘 + 수소

탄화칼슘(CaC_2)은 물(H_2O)과 반응하여 <u>수산화칼슘($Ca(OH)_2$)</u>과 <u>아세틸렌(C_2H_2)</u>을 생성한다.

$$CaC_2 + 2H_2O \rightarrow Ca(OH)_2 + C_2H_2$$
(탄화칼슘) (물) (수산화칼슘) (아세틸렌)

89

다음 중 분진 폭발의 특징으로 옳은 것은?

① 가스폭발보다 연소시간이 짧고, 발생 에너지가 작다.
② 압력의 파급속도보다 화염의 파급속도가 빠르다.
③ 가스폭발에 비하여 불완전 연소의 발생이 없다.
④ 주의의 분진에 의해 2차, 3차의 폭발로 파급될 수 있다.

① 가스폭발보다 연소시간이 길고, 발생 에너지가 크다.
② 압력의 파급속도보다 화염의 파급속도가 느리다.
③ 가스폭발에 비하여 불완전 연소가 많이 발생한다.

90

가연성 가스 A의 연소범위를 $2.2 \sim 9.5 vol\%$ 라 할 때 가스 A의 위험도는 얼마인가?

① 2.52 ② 3.32
③ 4.91 ④ 5.64

＊가스의 위험도(H)

$$H = \frac{L_h - L_l}{L_l} = \frac{9.5 - 2.2}{2.2} = 3.32$$

여기서,

L_h : 폭발상한계

L_l : 폭발하한계

91

다음 중 증기배관내에 생성된 증기의 누설을 막고 응축수를 자동적으로 배출하기 위한 안전장치는?

① Steam trap   ② Vent stack
③ Blow down   ④ Flame arrester

*증기트랩(Steam Trap)
증기 배관 내 생성하는 응축수를 제거할 때 증기가 배출되지 않도록 하면서 응축수를 자동적으로 배출하기 위한 장치

92

CF_3Br 소화약제의 하론 번호를 옳게 나타낸 것은?

① 하론 1031   ② 하론 1311
③ 하론 1301   ④ 하론 1310

*Halon 소화약제
Halon 소화약제의 Halon번호는 순서대로 C, F, Cl, Br, I의 개수를 나타낸다.

명칭	분자식
Halon 1001	CH_3Br
Halon 10001	CH_3I
Halon 1011	CH_2ClBr
Halon 1211	CF_2ClBr
Halon 1301	CF_3Br
Halon 104	CCl_4
Halon 2402	$C_2F_4Br_2$

93

산업안전보건법령에 따라 공정안전보고서에 포함해야 할 세부내용 중 공정안전자료에 해당하지 않는 것은?

① 안전운전지침서
② 각종 건물·설비의 배치도
③ 유해하거나 위험한 설비의 목록 및 사양
④ 위험설비의 안전설계 · 제작 및 설치관련 지침서

*공정안전자료의 세부내용
① 유해·위험설비의 목록 및 사양
② 방폭지역 구분도 및 전기단선도
③ 유해·위험물질에 대한 물질안전보건자료
④ 유해·위험설비의 운전방법을 알 수 있는 공정도면
⑤ 취급·저장하고 있거나 취급·저장하려는 유해·위험물질의 종류 및 수량
⑥ 각종 건물·설비의 배치도
⑦ 위험설비의 안전설계·제작 및 설치 관련 지침서

94

산업안전보건법령상 단위공정시설 및 설비로부터 다른 단위공정 시설 및 설비사이의 안전거리는 설비의 바깥 면부터 얼마 이상이 되어야 하는가?

① $5m$ ② $10m$
③ $15m$ ④ $20m$

단위공정시설 및 설비로부터 다른 단위공정 시설 및 설비 사이의 안전거리는 설비의 바깥 면으로부터 <u>$10m$ 이상</u> 되어야 할 것

95

자연발화 성질을 갖는 물질이 아닌 것은?

① 질화면   ② 목탄분말
③ 아마인유   ④ 과염소산

과염소산은 제6류 위험물(산화성액체)로, 자연발화의
성질이 존재하지 않는다.

96

다음 중 왕복펌프에 속하지 않는 것은?

① 피스톤 펌프   ② 플런저 펌프
③ 기어 펌프   ④ 격막 펌프

*왕복펌프의 종류
① 피스톤 펌프
② 플런저 펌프
③ 격막 펌프(=다이어프램 펌프)

③ 기어 펌프 : 회전펌프

97

두 물질을 혼합하면 위험성이 커지는 경우가 아닌 것은?

① 이황화탄소+물
② 나트륨+물
③ 과산화나트륨+염산
④ 염소산칼륨+적린

① 이황화탄소는 물과 반응하지 않아, 물속에 저장
할 수 있을 정도로 위험성이 적다.

98

5% $NaOH$ 수용액과 10% $NaOH$ 수용액을 반응기에 혼합하여 6% 100kg의 $NaOH$ 수용액을 만들려면 각각 몇 kg의 $NaOH$ 수용액이 필요한가?

① 5% $NaOH$ 수용액: 33.3, 10% $NaOH$ 수용액: 66.7
② 5% $NaOH$ 수용액: 50, 10% $NaOH$ 수용액: 50
③ 5% $NaOH$ 수용액: 66.7, 10% $NaOH$ 수용액: 33.3
④ 5% $NaOH$ 수용액: 80, 10% $NaOH$ 수용액: 20

*수용액의 혼합 비율
$0.05A + 0.1B = 0.06 \times 100 = 6$ ········· ①
$A + B = 100$ ∴ $A = 100 - B$ ·········· ②

②식을 ①에 대입하면

$0.05(100 - B) + 0.1B = 6$

∴ $B = 20kg, \ A = 80kg$

99

다음 중 노출기준(TWA, ppm) 값이 가장 작은 물질은?

① 염소   ② 암모니아
③ 에탄올   ④ 메탄올

염소의 허용노출기준(TWA)은 $0.5ppm$으로 매우
낮은 편이다.

100

산업안전보건법령에 따라 위험물 건조설비 중 건조실을 설치하는 건축물의 구조를 독립된 단층 건물로 하여야 하는 건조설비가 아닌 것은?

① 위험물 또는 위험물이 발생하는 물질을 가열 ·건조하는 경우 내용적이 $2m^3$인 건조설비
② 위험물이 아닌 물질을 가열·건조하는 경우 액체연료의 최대사용량이 $5kg/h$ 인 건조설비
③ 위험물이 아닌 물질을 가열·건조하는 경우 기체연료의 최대사용량이 $2m^3/h$ 인 건조설비
④ 위험물이 아닌 물질을 가열·건조하는 경우 전기사용 정격용량이 $20kW$ 인 건조설비

② 위험물이 아닌 물질을 가열·건조하는 경우 고체 또는 액체연료의 최대사용량이 $10kg/h$ 이상인 건조설비에 대해 독립된 단층건물로 한다.

101

부두·안벽 등 하역작업을 하는 장소에서 부두 또는 안벽의 선을 따라 통로를 설치하는 경우에는 폭을 최소 얼마 이상으로 하여야 하는가?

① 85cm   ② 90cm

③ 100cm   ④ 120cm

부두 또는 안벽의 선을 따라 통로를 설치하는 경우에는 폭을 90cm 이상으로 할 것

102

다음은 산업안전보건법령에 따른 산업안전보건관리비의 사용에 관한 규정이다. ( )안에 들어갈 내용을 순서대로 옳게 작성한 것은?

> 건설공사도급인은 고용노동부장관이 정하는 바에 따라 해당 건설공사를 위하여 계산된 산업안전보건관리비를 그가 사용하는 근로자와 그의 관계수급인이 사용하는 근로자의 산업재해 및 건강장해 예방에 사용하고, 그 사용명세서를 ( ) 작성하고 건설공사 종료 후 ( )간 보존해야 한다.

① 매월, 6개월   ② 매월, 1년
③ 2개월 마다, 6개월   ④ 2개월 마다, 1년

*산업안전보건관리비의 사용에 관한 규정
건설공사도급인은 고용노동부장관이 정하는 바에 따라 해당 건설공사를 위하여 계상된 산업안전보건관리비를 그가 사용하는 근로자와 그의 관계수급인이 사용하는 근로자의 산업재해 및 건강장해 예방에 사용하고, 그 사용명세서를 매월 작성하고 건설공사 종료 후 1년간 보존해야 한다.

103

지반의 굴착 작업에 있어서 비가 올 경우를 대비한 직접적인 대책으로 옳은 것은?

① 측구 설치
② 낙하물 방지망 설치
③ 추락 방호망 설치
④ 매설물 등의 유무 또는 상태 확인

*지반 굴착 작업에서 비가 올 경우의 대책
① 측구(도랑) 설치
② 굴착사면에 비닐덮개처리

104

강관틀비계(높이 5m 이상)의 넘어짐을 방지하기 위하여 사용하는 벽이음 및 버팀의 설치간격 기준으로 옳은 것은?

① 수직방향 5m, 수평방향 5m
② 수직방향 6m, 수평방향 7m
③ 수직방향 6m, 수평방향 8m
④ 수직방향 7m, 수평방향 8m

*비계의 조립간격

비계의 종류	조립간격	
	수직방향	수평방향
단관비계	5m 이하	5m 이하
틀비계 (높이가 5m미만 인 것 제외)	6m 이하	8m 이하
통나무비계	5.5m 이하	7.5m 이하

105

굴착공사에 있어서 비탈면붕괴를 방지하기 위하여 실시하는 대책으로 옳지 않은 것은?

① 지표수의 침투를 막기 위해 표면배수공을 한다.
② 지하수위를 내리기 위해 수평배수공을 설치한다.
③ 비탈면 하단을 성토한다.
④ 비탈면 상부에 토사를 적재한다.

④ 비탈면 붕괴 위험을 방지하기 위하여 비탈면 상부에 토사를 적재하지 않는다.

106

강관을 사용하여 비계를 구성하는 경우 준수해야 할 사항으로 옳지 않은 것은?

① 비계기둥의 간격은 띠장 방향에서는 $1.85m$ 이하, 장선(長線) 방향에서는 $1.5m$ 이하로 할 것
② 띠장 간격은 $2.0m$ 이하로 할 것
③ 비계기둥의 제일 윗부분으로부터 $31m$ 되는 지점 밑부분의 비계기둥은 3개의 강관으로 묶어 세울 것
④ 비계기둥 간의 적재하중은 $400kg$을 초과하지 않도록 할 것

*강관비계 구성시 준수사항
① 비계기둥의 간격은 띠장 방향에서는 $1.85m$ 이하 장선 방향에서는 $1.5m$ 이하로 할 것
② 띠장간격은 $2m$ 이하로 할 것
③ 비계기둥의 제일 윗부분으로부터 $31m$ 되는 지점 밑부분의 비계기둥은 2개의 강관으로 묶어 세울 것
④ 비계기둥 간의 적재하중은 $400kg$를 초과하지 않도록 할 것

107

다음은 산업안전보건법령에 따른 시스템 비계의 구조에 관한 사항이다. ( )안에 들어갈 내용으로 옳은 것은?

비계 밑단의 수직재와 받침철물은 밀착되도록 설치하고, 수직재와 받침철물의 연결부의 겹침 길이는 받침철물 전체길이의 ( ) 이상이 되도록 할 것

① 2분의 1   ② 3분의 1
③ 4분의 1   ④ 5분의 1

시스템 동바리를 조립하는 경우 수직재와 받침철물 연결부의 겹침길이는 받침철물 전체길이의 1/3 이상이 되도록 할 것

108

건설현장에서 작업으로 인하여 물체가 떨어지거나 날아올 위험이 있는 경우에 대한 안전조치에 해당하지 않는 것은?

① 수직보호망 설치   ② 방호선반 설치
③ 울타리설치   ④ 낙하물 방지망 설치

*낙하물·투척물에 대한 안전조치
① 수직보호망 설치
② 방호선반 설치
③ 낙하물방지망 설치
④ 출입금지구역 설정
⑤ 보호구 착용

109

흙막이 가시설 공사 중 발생할 수 있는 보일링 (boiling) 현상에 관한 설명으로 옳지 않은 것은?

① 이 현상이 발생하면 흙막이 벽의 지지력이 상실된다.
② 지하수위가 높은 지반을 굴착할 때 주로 발생된다.
③ 흙막이벽의 근입장 깊이가 부족할 경우 발생한다.
④ 연약한 점토지반에서 굴착면의 융기로 발생한다.

*보일링(Boiling)현상
사질지반 굴착시 흙막이벽 배면의 지하수가 굴착저면으로 흘러들어와 흙과 물이 분출되는 현상

*보일링(Boiling)현상의 발생원인

① 흙막이벽의 근입장 깊이 부족
② 흙막이벽 배면의 지하수위가 굴착저면 지하수위보다 높은 경우
③ 굴착저면 하부의 투수성이 좋은 사질

110

거푸집동바리 동을 조립하는 경우에 준수해야 할 기준으로 옳지 않은 것은?

① 동바리의 상하 고정 및 미끄러짐 방지조치를 하고, 하중의 지지상태를 유지한다.
② 강재와 강재의 접속부 및 교차부는 볼트·클램프 등 전용철물을 사용하여 단단히 연결한다.
③ 파이프서포트를 제외한 동바리로 사용하는 강관은 높이 $2m$마다 수평연결재를 2개 방향으로 만들고 수평연결재의 변위를 방지할 것
④ 동바리로 사용하는 파이프서포트는 4개이상 이어서 사용하지 않도록 할 것

*파이프 서포트 조립시 준수사항
① 파이프 서포트를 3개 이상 이어서 사용하지 않도록 할 것
② 파이프 서포트를 이어서 사용하는 경우에는 4개 이상의 볼트 또는 전용철물을 사용하여 이을 것
③ 높이가 3.5m를 초과하는 경우에는 높이 2m 이내마다 수평연결재 2개 방향으로 만들고 수평연결재의 변위를 방지할 것

111

장비가 위치한 지면보다 낮은 장소를 굴착하는 데 적합한 장비는?

① 트럭크레인   ② 파워셔블
③ 백호   ④ 진폴

백호는 기계가 위치한 지면보다 낮은 곳의 땅을 파는데 적합하고, 파워쇼벨이 지면보다 높은 곳을 굴착하기 적합하다.

112

건설공사도급인은 건설공사 중에 가설구조물의 붕괴 등 산업재해가 발생할 위험이 있다고 판단되면 건축·토목 분야의 전문가의 의견을 들어 건설공사 발주자에게 해당 건설공사의 설계변경을 요청할 수 있는데, 이러한 가설구조물의 기준으로 옳지 않은 것은?

① 높이 $20m$ 이상인 비계
② 작업발판 일체형 거푸집 또는 높이 $5m$ 이상인 거푸집 동바리
③ 터널의 지보공 또는 높이 $2m$ 이상인 흙막이 지보공
④ 동력을 이용하여 움직이는 가설구조물

*가설구조물의 기준
① 높이가 31미터 이상인 비계
② 작업발판 일체형 거푸집 또는 높이가 5미터 이상인 거푸집 및 동바리
③ 터널의 지보공 또는 높이가 2미터 이상인 흙막이 지보공
④ 동력을 이용하여 움직이는 가설구조물
⑤ 그 밖에 발주자 또는 인·허가기관의 장이 필요하다고 인정하는 가설구조물

113

콘크리트 타설 시 안전수칙으로 옳지 않은 것은?

① 타설순서는 계획에 의하여 실시하여야 한다.
② 진동기는 최대한 많이 사용하여야 한다.
③ 콘크리트를 치는 도중에는 거푸집, 지보공 등의 이상유무를 확인하여야 한다.
④ 손수레로 콘크리트를 운반할 때에는 손수레를 타설하는 위치까지 천천히 운반하여 거푸집에 충격을 주지 않도록 타설하여야 한다.

② 진동기는 적당히 사용하여야 안전하다.

114

산업안전보건법령에 따른 작업발판 일체형 거푸집에 해당되지 않는 것은?

① 갱 폼(Gang Form)
② 슬립 폼(Slip Form)
③ 유로 폼(Euro Form)
④ 클라이밍 폼(Climbing Form)

*일체형 거푸집 종류
① 갱폼
② 슬립폼
③ 클라이밍폼
④ 터널라이닝폼

115

터널 지보공을 조립하는 경우에는 미리 그 구조를 검토한 후 조립도를 작성하고, 그 조립도에 따라 조립하도록 하여야 하는데 이 조립도에 명시하여야 할 사항과 가장 거리가 먼 것은?

① 이음방법   ② 단면규격
③ 재료의 재질   ④ 재료의 구입처

*터널 지보공 조립도 명시사항
① 이음방법
② 단면규격
③ 재료의 재질
④ 설치간격

116

산업안전보건법령에 따른 건설공사 중 다리건설공사의 경우 유해위험방지계획서를 제출하여야 하는 기준으로 옳은 것은?

① 최대 지간길이가 $40m$ 이상인 다리의 건설등 공사
② 최대 지간길이가 $50m$ 이상인 다리의 건설등 공사
③ 최대 지간길이가 $60m$ 이상인 다리의 건설등 공사
④ 최대 지간길이가 $70m$ 이상인 다리의 건설등 공사

*유해위험방지계획서 제출대상 건설공사
① 지상높이가 $31m$ 이상인 건축물 또는 인공구조물
② 연면적 $30,000m^2$ 이상인 건축물
③ 연면적 $5,000m^2$ 이상인 시설
　㉠ 문화 및 잡화시설(전시장·동물원·식물원 제외)
　㉡ 판매시설·운수시설(고속도로의 역사 및 집배송 시설 제외)
　㉢ 종교시설
　㉣ 의료시설 중 종합병원
　㉤ 숙박시설 중 관광숙박시설
　㉥ 지하도상가
　㉦ 냉동·냉장 창고시설
④ 연면적 $5000m^2$ 이상의 냉동·냉장창고시설의 설비공사 및 단열공사
⑤ 최대 지간길이가 $50m$ 이상인 교량 건설 등 공사
⑥ 터널 건설 등의 공사
⑦ 다목적댐·발전용댐 및 저수용량 2천만톤 이상의 용수 전용 댐·지방상수도 전용 댐 건설 등의 공사
⑧ 깊이 $10m$ 이상인 굴착공사

117

가설통로 설치에 있어 경사가 최소 얼마를 초과하는 경우에는 미끄러지지 아니하는 구조로 하여야 하는가?

① 15도　　　　　② 20도
③ 30도　　　　　④ 40도

*가설통로의 설치기준
① 견고한 구조로 할 것
② 경사는 $30°$ 이하로 할 것
③ 경사가 $15°$를 초과하는 경우에는 미끄러지지 아니하는 구조로 할 것
④ 추락할 위험이 있는 장소에는 안전난간을 설치할 것
⑤ 수직갱에 가설된 통로의 길이가 $15m$ 이상인 경우에는 $10m$ 이내마다 계단참을 설치할 것
⑥ 건설공사에 사용하는 높이 $8m$ 이상인 비계다리에는 $7m$ 이내마다 계단참을 설치할 것

118

굴착과 싣기를 동시에 할 수 있는 토공기계가 아닌 것은?

① 트랙터 셔블(tractor shovel)
② 백호(back hoe)
③ 파워 셔블(power shovel)
④ 모터 그레이더(motor grader)

*모터 그레이더(Motor Grader)
지반을 고르게 하는 중장비이다.

119

강관틀 비계를 조립하여 사용하는 경우 준수하여야 할 사항으로 옳지 않은 것은?

① 비계기둥의 밑둥에는 밑받침 철물을 사용할 것
② 높이가 $20m$를 초과하거나 중량물의 적재를 수반하는 작업을 할 경우에는 주틀 간의 간격을 $1.8m$ 이하로 할 것
③ 주틀 간에 교차 가새를 설치하고 최하층 및 3층 이내마다 수평재를 설치할 것
④ 길이가 띠장 방향으로 $4m$ 이하이고 높이가 $10m$를 초과하는 경우에는 $10m$ 이내마다 띠장 방향으로 버팀기둥을 설치할 것

*강관틀비계를 조립하여 사용하는 경우 준수사항
① 수직방향으로 $6m$, 수평방향으로 $8m$ 이내마다 벽이음을 할 것
② 높이가 $20m$를 초과하거나 중량물의 적재를 수반하는 작업을 할 경우에는 주틀 간의 간격을 $1.8m$ 이하로 할 것
③ 길이가 띠장 방향으로 $4m$ 이하이고 높이가 $10m$를 초과하는 경우에는 $10m$ 이내 마다 띠장 방향으로 버팀기둥을 설치할 것
④ 주틀 간에 교차 가새를 설치하고 최상층 및 5층 이내마다 수평재를 설치할 것

120

산업안전보건법령에 따른 양중기의 종류에 해당하지 않는 것은?

① 고소작업차   ② 이동식 크레인
③ 승강기   ④ 리프트(Lift)

*양중기의 종류
① 크레인(호이스트 포함)
② 이동식 크레인
③ 리프트(이삿짐 운반용 리프트는 적재하중 $0.1ton$ 이상인 것)
④ 곤돌라
⑤ 승강기

Memo

01

안전점검표(체크리스트) 항목 작성 시 유의사항으로 틀린 것은?

① 정기적으로 검토하여 설비나 작업방법이 타당성 있게 개조된 내용일 것
② 사업장에 적합한 독자적 내용을 가지고 작성할 것
③ 위험성이 낮은 순서 또는 긴급을 요하는 순서대로 작성할 것
④ 점검항목을 이해하기 쉽게 구체적으로 표현할 것

③ 위험성이 높은 순서 또는 긴급을 요하는 순서대로 작성할 것

02

안전교육에 있어서 동기부여 방법으로 가장 거리가 먼 것은?

① 책임감을 느끼게 한다.
② 관리감독을 철저히 한다.
③ 자기 보존본능을 자극한다.
④ 물질적 이해관계에 관심을 두도록 한다.

*안전교육 훈련시 동기부여 방법
① 안전 목표를 명확히 설정한다.
② 안전 활동의 결과를 평가, 검토하게 한다.
③ 경쟁심, 협동심, 책임감을 유발시킨다.
④ 동기유발 수준을 적절한 상태로 유지한다.
⑤ 물질적 이해관계에 관심을 두게한다.

03

교육과정 중 학습경험조직의 원리에 해당하지 않는 것은?

① 기회의 원리   ② 계속성의 원리
③ 계열성의 원리   ④ 통합성의 원리

*학습경험조직의 원리
① 계속성의 원리
② 계열성의 원리
③ 통합성의 원리
④ 균형성의 원리

04

근로자 1000명 이상의 대규모 사업장에 적합한 안전 관리 조직의 유형은?

① 직계식 조직
② 참모식 조직
③ 병렬식 조직
④ 직계참모식조직

*안전보건관리조직

종류	특징
라인형 조직 (직계식)	① 100명 이하의 소규모 사업장 ② 안전에 관한 지시나 조치가 신속 ③ 책임 및 권한이 명백 ④ 안전에 대한 전문적 지식 및 기술 부족 ⑤ 관리 감독자의 직무가 너무 넓어 실행이 어려움
스탭형 조직 (참모식)	① 100~500명의 중규모 사업장에 적합 ② 안전업무가 표준화되어 직장에 정착 ③ 생산 조직과는 별도의 조직과 기능을 가짐 ④ 안전정보 수집과 기술 축적이 용이 ⑤ 전문적인 안전기술 연구 가능 ⑥ 생산부분은 안전에 대한 책임과 권한이 없음 ⑦ 권한 다툼이나 조정 때문에 통제 수속이 복잡해짐 ⑧ 안전과 생산을 별개로 취급하기 쉬움
라인-스탭형 조직 (복합식)	① 1000명 이상의 대규모 사업장에 적합 ② 라인형과 스탭형의 장점을 취한 절충식 ③ 안전계획, 평가 및 조사는 스탭에서, 생산 기술의 안전대책은 라인에서 실시 ④ 조직원 전원을 자율적으로 안전활동에 참여시킬 수 있음 ⑤ 안전 활동과 생산업무가 분리될 가능성이 낮아때 균형을 유지 ⑥ 라인의 관리, 감독자에게도 안전에 관한 책임과 권한이 부여 ⑦ 명령 계통과 조언 권고적 참여가 혼동되기 쉬움 ⑧ 스탭의 월권행위의 경우가 있음

라인-스탭형 조직 : 직계-참모식 조직

05

산업안전보건법령상 안전보건표지의 종류와 형태 중 관계자외 출입금지에 해당하지 않는 것은?

① 관리대상물질 취급
② 허가대상유해물질 취급
③ 석면취급 및 해체·제거
④ 금지유해물질 취급

*관계자외 출입금지표지의 종류
① 허가대상유해물질 취급
② 석면취급 및 해체·제거
③ 금지유해물질 취급

06

산업안전보건법령상 명시된 타워크레인을 사용하는 작업에서 신호업무를 하는 작업 시 특별교육 대상 작업별 교육 내용이 아닌 것은?
(단, 그 밖에 안전·보건관리에 필요한 사항은 제외한다.)

① 신호방법 및 요령에 관한 사항
② 걸고리·와이어로프 점검에 관한 사항
③ 화물의 취급 및 안전작업방법에 관한 사항
④ 인양물이 적재될 지반의 조건, 인양하중, 풍압 등이 인양물과 타워크레인에 미치는 영향

*타워크레인 신호수 특별교육
① 타워크레인의 기계적특성 및 방호장치 등에 관한 사항
② 화물의 취급 및 안전작업방법에 관한사항
③ 신호방법 및 요령에 관한사항
④ 인양 물건의 위험성 및 낙하·비래·충돌재해 예방에 관한 사항
⑤ 인양물이 적재될 지반의 조건, 인양하중, 풍압 등이 인양물과 타워크레인에 미치는 영향

07

보호구 안전인증 고시상 추락방지대가 부착된 안전대 일반구조에 관한 내용 중 틀린 것은?

① 죔줄은 합성섬유로프를 사용해서는 안된다.
② 고정된 추락방지대의 수직구명줄은 와이어 로프 등으로 하며 최소지름이 $8mm$ 이상 이어야 한다.
③ 수직구명줄에서 걸이설비와의 연결부위는 혹 또는 카라비너 등이 장착되어 걸이설비와 확실히 연결되어야 한다.
④ 추락방지대를 부착하여 사용하는 안전대는 신체지지의 방법으로 안전그네만을 사용 하여야 하며 수직구명줄이 포함되어야 한다.

① 죔줄은 합성섬유로프, 웨빙, 와이어로프 등을 사용해야 한다.

08

하인리히 재해구성 비율 중 무상해 사고가 600건이 라면 사망 또는 중상 발생 건수는?

① 1   ② 2
③ 29   ④ 58

*하인리히(Heinrich)의 재해구성 비율
$1 : 29 : 300$ 법칙

① 사망 또는 중상 : 1건
② 경상 : 29건
③ 무상해 사고 : 300건

$1 : 300 = x : 600$ $\therefore x = 2$건

09

재해사례연구 순서로 옳은 것은?

재해 상황의 파악 → (㉠) → (㉡) → 근본적 문제점의 결정 → (㉢)

① ㉠ 문제점의 발견, ㉡ 대책수립, ㉢ 사실의 확인
② ㉠ 문제점의 발견, ㉡ 사실의 확인, ㉢ 대책 수립
③ ㉠ 사실의 확인, ㉡ 대책수립, ㉢ 문제점의 발견
④ ㉠ 사실의 확인, ㉡ 문제점의 발견, ㉢ 대책 수립

*재해사례 연구의 진행순서
재해상황 파악 → 사실 확인 → 문제점 발견 → 근 본 문제점 수정 → 대책 수립

10

강의식 교육지도에서 가장 많은 시간을 소비하는 단계는?

① 도입　　　　　　　② 제시
③ 적용　　　　　　　④ 확인

*안전교육훈련 4단계
1단계 : 도입단계 - 학습에 의욕이 생기도록 한다.
2단계 : 제시단계 - 작업을 설명한다.
3단계 : 적용단계 - 작업을 지시한다.
4단계 : 확인단계 - 작업을 제대로 하는지 확인한다.

*1시간 교육 시 단계별 교육시간

단계	강의식	토의식
1단계 (도입단계)	5분	5분
2단계 (제시단계)	40분	10분
3단계 (적용단계)	10분	40분
4단계 (확인단계)	5분	5분

11

위험예지훈련 4단계의 진행 순서를 바르게 나열한 것은?

① 목표설정→현상파악→대책수립→본질추구
② 목표설정→현상파악→본질추구→대책수립
③ 현상파악→본질추구→대책수립→목표설정
④ 현상파악→본질추구→목표설정→대책수립

*위험예지훈련 4단계(=4라운드)

단계	목적	내용
1단계	현상파악	잠재된 위험의 파악
2단계	본질추구	위험 포인트의 확정
3단계	대책수립	위험 포인트에 대한 대책 방안 마련
4단계	목표설정	행동 계획에 대한 결정

12

레빈(Lewin.K)에 의하여 제시된 인간의 행동에 관한 식을 올바르게 표현한 것은?
(단, B는 인간의 행동, P는 개체, E는 환경, f는 함수관계를 의미한다.)

① $B = f(P \cdot E)$　　　　② $B = f(P+1)^E$
③ $P = E \cdot f(B)$　　　　④ $E = f(P \cdot E)$

*레빈(Lewin)의 행동법칙
행동(B)은 사람(P)과 환경(E)의 함수(f)라는 법칙이다.

$B = f(P \cdot E)$
여기서,
B : 행동 - 인간의 행동
P : 사람 - 경험, 성격, 소질, 개체 등
E : 환경 - 작업환경, 인간관계 등

13

산업안전보건법령상 근로자에 대한 일반 건강진단의 실시 시기 기준으로 옳은 것은?

① 사무직에 종사하는 근로자: 1년에 1회 이상
② 사무직에 종사하는 근로자: 2년에 1회 이상
③ 사무직외의 업무에 종사하는 근로자: 6월에 1회 이상
④ 사무직외의 업무에 종사하는 근로자: 2년에 1회 이상

*근로자 건강진단 실시기준
① 사무직 종사 근로자 : 2년에 1회 이상
② 사무직 외의 종사 근로자 : 1년에 1회 이상

14

매슬로우의 욕구 5단계 이론 중 안전욕구의 단계는?

① 제1단계   ② 제2단계
③ 제3단계   ④ 제4단계

*매슬로우(Maslow)의 욕구 5단계

단계	설명
1단계 생리적 욕구	인간의 가장 기본적인 욕구이며, 의식주, 성적 욕구 등이 있다.
2단계 안전의 욕구	위험, 위협, 박탈에서 자신을 보호하고 불안을 회피하려는 욕구이다.
3단계 사회적 욕구	타인과 친교를 맺고 원하는 집단에 귀속되고자 하는 욕구이다.
4단계 존중의 욕구	타인과 친하게 지내고 싶은 인간의 기초가 되는 욕구로서, 자아존중, 자신감, 성취, 존경 등에 관한 욕구이다.
5단계 자아실현 욕구	자기의 잠재력을 최대한 살리고 자기가 하고 싶었던 일을 실현하려는 인간의 욕구이다. 편견없이 받아들이는 성향, 타인과의 거리를 유지하며 사생활을 즐기거나 창의적 성격으로 봉사, 특별히 좋아하는 사람과 긴밀한 관계를 유지하려는 욕구 등이 있다.

15

교육계획 수립 시 가장 먼저 실시하여야 하는 것은?

① 교육내용의 결정
② 실행교육계획서 작성
③ 교육의 요구사항 파악
④ 교육실행을 위한 순서, 방법, 자료의 검토

*교육계획의 수립 및 추진순서
① 교육의 필요점 및 요구사항 파악
② 교육의 대상, 방법, 내용 결정
③ 교육 준비
④ 교육 실시
⑤ 교육의 성과 평가

16

상황성 누발자의 재해유발원인이 아닌 것은?

① 심신의 근심   ② 작업의 어려움
③ 도덕성의 결여   ④ 기계설비의 결함

*상황성 누발자의 재해 유발원인
① 작업의 난이성
② 기계 및 설비의 결함
③ 심신에 근심
④ 주의력의 혼란
*상황성 누발자
기초 지식은 있으나 작동 기기에 대한 임기응변이 어려워 재해를 유발시키는 자

17

인간의 의식 수준을 5단계로 구분할 때 의식이 몽롱한 상태의 단계는?

① Phase Ⅰ   ② Phase Ⅱ
③ Phase Ⅲ   ④ Phase Ⅳ

*주의의 수준

phase	의식의 상태
0	무의식
1	의식 불명 (몽롱한 상태)
2	이완 상태
3	명료한 상태
4	과긴장 상태

18

산업안전보건법령상 사업장에서 산업재해 발생 시 사업주가 기록·보존하여야 하는 사항을 모두 고른 것은?
(단, 산업재해조사표와 요양신청서의 사본은 보존하지 않았다.)

ㄱ. 사업장의 개요 및 근로자의 인적사항
ㄴ. 재해 발생의 일시 및 장소
ㄷ. 재해 발생의 원인 및 과정
ㄹ. 재해 재발방지 계획

① ㄱ, ㄹ   ② ㄴ, ㄷ, ㄹ
③ ㄱ, ㄴ, ㄷ   ④ ㄱ, ㄴ, ㄷ, ㄹ

*산업재해시 기록·보존해야하는 사항
① 사업장의 개요 및 근로자의 인적사항
② 재해발생의 일시 및 장소
③ 재해발생의 원인 및 과정
④ 재해 재발방지 계획

19

A 사업장의 조건이 다음과 같을 때 A 사업장에서 연간재해발생으로 인한 근로손실일수는?

- 강도율: 0.4
- 근로자 수: 1000명
- 연근로시간 수: 2400시간

① 480   ② 720
③ 960   ④ 1440

*강도율

$$강도율 = \frac{총 \, 근로 \, 손실 \, 일 \, 수}{연 \, 근로 \, 총 \, 시간 \, 수} \times 10^3$$

$$\therefore 총 \, 근로 \, 손실 \, 일수 = \frac{강도율 \times 연 \, 근로 \, 총 \, 시간 \, 수}{10^3}$$

$$= \frac{0.4 \times 1000 \times 2400}{10^3} = 960일$$

20

무재해운동의 이념 중 선취의 원칙에 대한 설명으로 옳은 것은?

① 사고의 잠재요인을 사후에 파악하는 것
② 근로자 전원이 일체감을 조성하여 참여하는 것
③ 위험요소를 사전에 발견, 파악하여 재해를 예방 또는 방지하는 것
④ 관리감독자 또는 경영층에서의 자발적 참여로 안전 활동을 촉진하는 것

*무재해 운동 3원칙

원칙	설명
무의 원칙	모든 잠재위험요인을 사전에 발견하여 근원적으로 산업 재해를 없앤다.
선취의 원칙	위험요소를 사전에 발견, 파악하여 재해를 예방 또는 방지한다.
참가의 원칙	전원이 협력하여 각자의 처지에서 의욕적으로 문제를 해결한다.

21

다음 상황은 인간실수의 분류 중 어느 것에 해당하는가?

> 전자기기 수리공이 어떤 제품의 분해·조립 과정을 거쳐서 수리를 마친 후 부품하나가 남았다.

① time error
② omission error
③ command error
④ extraneous error

*휴먼에러의 심리적(=독립행동에 의한) 분류

종류	내용
누락(=생략)오류 (Omission error)	필요한 작업 또는 절차를 수행하지 않는데 기인한 오류
작위(=실행)오류 (Commission error)	필요한 작업 또는 절차의 불확실한 수행으로 기인한 오류
시간 오류 (Time error)	필요한 작업 또는 절차의 수행 지연으로 인한 오류
순서 오류 (Sequential error)	필요한 작업 또는 절차의 순서 착오로 인한 오류
과잉행동 오류 (Extraneous error)	불필요한 작업 또는 절차를 수행함으로써 기인한 오류

22

스트레스의 영향으로 발생된 신체 반응의 결과인 스트레인(strain)을 측정하는 척도가 잘못 연결된 것은?

① 인지적 활동 - EEG
② 육체적 동적 활동 - GSR
③ 정신 운동적 활동 - EOG
④ 국부적 근육 활동 - EMG

*스트레인(strain) 측정 척도
① EEG - 인지적 활동(뇌파도)
② GSR - 전기피부 반응
③ EOG - 정신 운동적 활동(안구전위도)
④ EMG - 국부적 근육 활동(근전도)
⑤ RPE - 운동자각도
⑥ ECG - 심전도

23

일반적인 시스템의 수명곡선(욕조곡선)에서 고장형태 중 증가형 고장률을 나타내는 기간으로 옳은 것은?

① 우발 고장기간
② 마모 고장기간
③ 초기 고장기간
④ Burn-in 고장기간

*기계설비의 수명곡선(=욕조곡선)

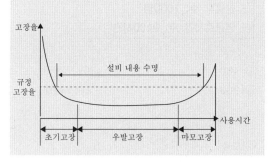

24

청각적 표시장치의 설계 시 적용하는 일반 원리에 대한 설명으로 틀린 것은?

① 양립성이란 긴급용 신호일 때는 낮은 주파수를 사용하는 것을 의미한다.
② 검약성이란 조작자에 대한 입력신호는 꼭 필요한 정보만을 제공하는 것이다.
③ 근사성이란 복잡한 정보를 나타내고자 할 때 2단계의 신호를 고려하는 것이다.
④ 분리성이란 두 가지 이상의 채널을 듣고 있다면 각 채널의 주파수가 분리되어 있어야 한다는 의미이다.

① 긴급용 신호일 때는 개념 양립성에 맞게 높은 주파수를 사용해야 한다.

25

FTA에 대한 설명으로 가장 거리가 먼 것은?

① 정성적 분석만 가능
② 하향식(top-down) 방법
③ 복잡하고 대형화된 시스템에 활용
④ 논리게이트를 이용하여 도해적으로 표현하여 분석하는 방법

*결함수분석법(FTA)의 특징
① 복잡하고 대형화된 시스템의 신뢰성 분석에 사용된다.
② 연역적, 정량적 해석을 한다.
③ 하향식(Top-Down) 방법이다.
④ 짧은 시간에 점검할 수 있다.
⑤ 비전문가라도 쉽게 할 수 있다.
⑥ 논리 기호를 사용한다.

26

발생 확률이 동일한 64가지의 대안이 있을 때 얻을 수 있는 총 정보량은?

① 6 bit
② 16 bit
③ 32 bit
④ 64 bit

*정보량(H)
$H = \log_2 A = \log_2 64 = 6bit$

27

인간-기계 시스템의 설계 과정을 [보기]와 같이 분류할 때 다음 중 인간, 기계의 기능을 할당하는 단계는?

1단계: 시스템의 목표와 성능명세 결정
2단계: 시스템의 정의
3단계: 기본 설계
4단계: 인터페이스 설계
5단계: 보조물 설계 혹은 편의수단 설계
6단계: 평가

① 기본 설계
② 인터페이스 설계
③ 시스템의 목표와 성능명세 결정
④ 보조물 설계 혹은 편의수단 설계

*3단계 : 기본 설계
① 작업 설계
② 직무 분석
③ 기능 할당

28

FT도에서 최소 컷셋을 올바르게 구한 것은?

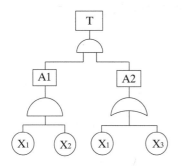

① (X_1, X_2) ② (X_1, X_3)

③ (X_2, X_3) ④ (X_1, X_2, X_3)

---

*미니멀 컷셋(Minimal cut set)

$$T = A_1 \cdot A_2 = (X_1 X_2)\begin{pmatrix} X_1 \\ X_3 \end{pmatrix}$$

$$= X_1 X_2 X_1, \ X_1 X_2 X_3$$

컷셋 : $X_1 X_2$, $X_1 X_2 X_3$
최소 컷셋 : $X_1 X_2$

29

일반적으로 인체측정치의 최대집단치를 기준으로 설계하는 것은?

① 선반의 높이   ② 공구의 크기
③ 출입문의 크기   ④ 안내 데스크의 높이

---

*인체측정치의 응용원리

설계의 종류	적용 대상	
조절식 설계 (조절범위를 기준)	① 침대 높낮이 조절 ② 의자 높낮이 조절	
극단치 설계 (최대치수와 최소치수를 기준)	최대치	① 출입문의 크기 ② 와이어의 인장강도
	최소치	① 선반의 높이 ② 조정장치까지의 거리
평균치 설계	① 은행 창구 높이 ② 공원의 벤치	

30

인간공학의 궁극적인 목적과 가장 관계가 깊은 것은?

① 경제성 향상
② 인간 능력의 극대화
③ 설비의 가동률 향상
④ 안전성 및 효율성 향상

---

*인간공학의 목표
① 안정성 및 효율성 향상
② 생산성 증대
③ 에러 감소

31

'화재 발생'이라는 시작(초기)사상에 대하여, 화재 감지기, 화재 경보, 스프링클러 등의 성공 또는 실패 작동여부와 그 확률에 따른 피해 결과를 분석하는데 가장 적합한 위험 분석 기법은?

① FTA   ② ETA
③ FHA   ④ THERP

---

*ETA(사건수 분석)
사고 시나리오에서 연속된 사건들의 발생경로를 파악하고 평가하기 위한 귀납적이고 정량적인 시스템 안전 프로그램

32

여러 사람이 사용하는 의자의 좌판 높이 설계 기준으로 옳은 것은?

① 5% 오금높이   ② 50% 오금높이

③ 75% 오금높이   ④ 95% 오금높이

---

*의자의 좌면높이 기준
5% 오금높이

33

FTA에서 사용되는 사상기호 중 결함사상을 나타낸 기호로 옳은 것은?

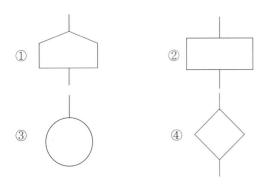

---

*기본 사상 기호

명칭	기호	세부 내용
기본 사상		더 이상 분석할 필요가 없는 사상
생략 사상		더 이상 전개되지 않는 사상
통상 사상		정상적인 가동상태에서 발생할 것으로 기대되는 사상
결함 사상		시스템 분석에 있어서 조금 더 발전시켜야 하는 사상

34

기술개발과정에서 효율성과 위험성을 종합적으로 분석·판단할 수 있는 평가방법으로 가장 적절한 것은?

① Risk Assessment

② Risk Management

③ Safety Assessment

④ Technology Assessment

---

*기술 평가서(Technology Assessment)
기술개발과정에서 효율성과 위험성을 종합적으로 분석
·판단할 수 있는 평가방법

35

자동차를 타이어가 4개인 하나의 시스템으로 볼 때, 타이어 1개가 파열될 확률이 0.01이라면, 이 자동차의 신뢰도는 약 얼마인가?

① 0.91   ② 0.93

③ 0.96   ④ 0.99

---

*시스템의 신뢰도(R)
타이어 1개의 신뢰도
$R = 1 - \lambda = 1 - 0.01 = 0.99$

직렬관계인 타이어 4개의 신뢰도
$R = 0.99 \times 0.99 \times 0.99 \times 0.99 = 0.96$

36

다음 그림에서 명료도 지수는?

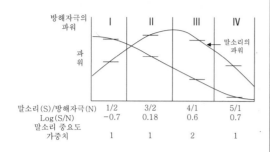

말소리(S)/방해자극(N)	1/2	3/2	4/1	5/1
Log(S/N)	−0.7	0.18	0.6	0.7
말소리 중요도 가중치	1	1	2	1

① 0.38　　　　② 0.68
③ 1.38　　　　④ 5.68

---

*명료도 지수(AI)

각 옥타브대의 음성과 잡음의 데시벨 값에 가중치를 곱하여 합계를 구하는 통화이해도 측정 지표

$AI = Log(S/N) \times$ 말소리 중요도 가중치

$= (-0.7 \times 1) + (0.18 \times 1) + (0.6 \times 2) + (0.7 \times 1)$

$= 1.38$

37

정보수용을 위한 작업자의 시각 영역에 대한 설명으로 옳은 것은?

① 판별시야 – 안구운동만으로 정보를 주시하고 순간적으로 특정정보를 수용할 수 있는 범위
② 유효시야 – 시력, 색판별 등의 시각 기능이 뛰어나며 정밀도가 높은 정보를 수용할 수 있는 범위
③ 보조시야 – 머리부분의 운동이 안구운동을 돕는 형태로 발생하며 무리 없이 주시가 가능한 범위
④ 유도시야 – 제시된 정보의 존재를 판별할 수 있는 정도의 식별능력 밖에 없지만 인간의 공간좌표 감각에 영향을 미치는 범위

---

*작업자의 시각 영역

종류	설명
판별시야	시력, 색판별 등의 시각 기능이 뛰어나며 정밀도가 높은 정보를 수용할 수 있는 범위
유효시야	안구운동만으로 정보를 주시하고 순간적으로 특정정보를 수용할 수 있는 범위
보조시야	거의 식별이 곤란하고 고개를 돌려야만 볼 수 있는 범위
유도시야	제시된 정보의 존재를 판별할 수 있는 정도의 식별능력 밖에 없지만 인간의 공간좌표 감각에 영향을 미치는 범위

38

FMEA 분석 시 고장평점법의 5가지 평가요소에 해당하지 않는 것은?

① 고장발생의 빈도
② 신규설계의 가능성
③ 기능적 고장 영향의 중요도
④ 영향을 미치는 시스템의 범위

---

*FMEA의 고장등급 평가 요소

① 고장발생의 빈도
② 고장방지의 가능성
③ 영향을 미치는 시스템의 범위
④ 고장형태의 종류
⑤ 기능적 고장 영향의 중요도

39

건구온도 30℃, 습구온도 35℃일 때의 옥스퍼드 (Oxford) 지수는?

① 20.75　　　　② 24.58
③ 30.75　　　　④ 34.25

*옥스포드 지수(Oxford index, WD)

$WD = 0.85W + 0.15D$

$\quad\quad = 0.85 \times 35 + 0.15 \times 30 = 34.25℃$

여기서,
W : 습구온도(Wet bulb temperature) [℃]
D : 건구온도(Dry bulb temperature) [℃]

40

설비보전에서 평균수리시간을 나타내는 것은?

① MTBF　　　　② MTTR
③ MTTF　　　　④ MTBP

*설비보전 지표
MTTR(Mean Time To Repair) : 평균수리시간
MTBF(Mean Time Between Failure) : 평균고장간격
MTTF(Mean Time To Failure) : 평균고장시간
MTBP(Mean Time Between PM) : 평균보전예방간격

41

산업안전보건법령상 사업장내 근로자 작업환경 중 '강렬한 소음작업'에 해당하지 않는 것은?

① 85데시벨 이상의 소음이 1일 10시간 이상 발생하는 작업
② 90데시벨 이상의 소음이 1일 8시간 이상 발생하는 작업
③ 95데이벨 이상의 소음이 1일 4시간 이상 발생하는 작업
④ 100데시벨 이상의 소음이 1일 2시간 이상 발생하는 작업

*소음작업
1일 8시간 작업을 기준으로하여 85dB 이상의 소음이 발생하는 작업

① 강렬한 소음작업

데시벨(이상)	발생시간(1일 기준)
90dB	8시간 이상
95dB	4시간 이상
100dB	2시간 이상
105dB	1시간 이상
110dB	30분 이상
115dB	15분 이상

② 충격 소음작업

데시벨(이상)	발생시간(1일 기준)
120dB	10000회 이상
130dB	1000회 이상
140dB	100회 이상

42

산업안전보건법령상 프레스의 작업 시작 전 점검 사항이 아닌 것은?

① 슬라이드 또는 칼날에 의한 위험방지 기구의 기능
② 프레스의 금형 및 고정볼트 상태
③ 전단기의 칼날 및 테이블의 상태
④ 권과방지장치 및 그 밖의 경보장치의 기능

*프레스 작업시작 전 점검사항
① 클러치 및 브레이크의 기능
② 방호장치의 기능
③ 프레스의 금형 및 고정볼트 상태
④ 전단기의 칼날 및 테이블의 상태
⑤ 1행정 1정지기구·급정지장치 및 비상정지장치의 기능
⑥ 슬라이드 또는 칼날에 의한 위험방지 기구의 기능
⑦ 크랭크축·플라이휠·슬라이드·연결봉 및 연결나사의 풀림 유무

43

동력전달부분의 전방 $35cm$ 위치에 일반 평형보호망을 설치하고자 한다. 보호망의 최대 구멍의 크기는 몇 mm인가?

① 41   ② 45

③ 51   ④ 55

*개구부의 안전간격

조건	$X < 160mm$	$X \geq 160mm$
전동체가 아니거나 조건이 주어지지 않은 경우	$Y = 6 + 0.15X$	$Y = 30mm$
전동체인 경우	$Y = 6 + 0.1X$	

여기서, X : 가드 개구부의 간격 $[mm]$
          Y : 가드와 위험점 간의 거리 $[mm]$

동력전달부분은 전동체이므로
$Y = 6 + 0.1X = 6 + 0.1 \times 350 = 41mm$

44

다음 연삭숫돌의 파괴원인 중 가장 적절하지 않은 것은?

① 숫돌의 회전속도가 너무 빠른 경우
② 플랜지의 직경이 숫돌 직경의 1/3이상으로 고정된 경우
③ 숫돌 자체에 균열 및 파손이 있는 경우
④ 숫돌에 과대한 충격을 준 경우

*연삭숫돌의 파괴원인
① 내, 외면의 플랜지 지름이 다를 때
② 플랜지 직경이 숫돌 직경의 1/3 크기 보다 작을 때
③ 회전력이 결합력보다 클 때
④ 외부의 충격을 받았을 때
⑤ 숫돌에 균열이 있을 때
⑥ 숫돌의 측면을 사용할 때

⑦ 숫돌의 치수, 특히 내경의 크기가 적당하지 않을 때
⑧ 숫돌의 회전속도가 너무 빠를 때
⑨ 숫돌의 회전중심이 제대로 잡히지 않았을 때

45

화물중량이 $200kgf$, 지게차의 중량이 $400kgf$, 앞바퀴에서 화물의 무게중심까지의 최단거리가 $1m$일 때 지게차가 안정되기 위하여 앞바퀴에서 지게차의 무게중심까지 최단거리는 최소 몇 m를 초과해야 하는가?

① $0.2m$ ② $0.5m$

③ $1m$ ④ $2m$

*지게차 무게중심 거리
$W \times a \leq G \times b$
$\begin{cases} W : \text{화물의 중량} \\ a : \text{앞바퀴에서 화물의 무게중심까지의 최단거리} \\ G : \text{지게차의 중량} \\ b : \text{앞바퀴에서 지게차의 무게중심까지의 최단거리} \end{cases}$

$200 \times 1 \leq 400 \times b$

$\therefore b = 0.5m$

46

산업안전보건법령에서 정하는 압력용기에서 안전인증된 파열판에는 안전인증 표시 외에 추가로 나타내어야 하는 사항이 아닌 것은?

① 분출차(%)
② 호칭지름
③ 용도(요구성능)
④ 유체의 흐름방향 지시

*파열판 안전인증 표시 외 추가표시사항
① 호칭지름
② 용도(요구성능)
③ 흐름방향 지시
④ 온도
⑤ 설정파열압력
⑥ 분출용량
⑦ 재질

47

선반에서 일감의 길이가 지름에 비하여 상당히 길때 사용하는 부속품으로 절삭 시 절삭저항에 의한 일감의 진동을 방지하는 장치는?

① 칩 브레이커
② 척 커버
③ 방진구
④ 실드

*방진구
일감의 길이가 직경의 12배 이상일 때 사용하며, 일감의 진동을 방지하는 선반의 방호장치이다.

48

산업안전보건법령상 프레스를 제외한 사출성형기·주형조형기 및 형단조기 등에 관한 안전조치 사항으로 틀린 것은?

① 근로자의 신체 일부가 말려들어갈 우려가 있는 경우에는 양수조작식 방호장치를 설치하여 사용한다.
② 게이트 가드식 방호장치를 설치할 경우에는 연동구조를 적용하여 문을 닫지 않아도 동작할 수 있도록 한다.
③ 사출성형기의 전면에 작업용 발판을 설치할 경우 근로자가 쉽게 미끄러지지 않는 구조여야 한다.
④ 기계의 히터 등의 가열 부위, 감전 우려가 있는 부위에는 방호덮개를 설치하여 사용한다.

*게이트가드식 방호장치
기계가 열려있으면 슬라이드가 작동하지 않고, 슬라이드가 작동할 때 기계가 열리지 않도록 하는 방호장치

49

연강의 인장강도가 $420MPa$이고, 허용응력이 140 MPa 이라면 안전율은?

① 1
② 2
③ 3
④ 4

*안전율(=안전계수, S)
$S = \dfrac{인장강도}{허용응력} = \dfrac{420}{140} = 3$

50

밀링 작업 시 안전 수칙에 관한 설명으로 틀린 것은?

① 칩은 기계를 정지시킨 다음에 브러시 등으로 제거한다.
② 일감 또는 부속장치 등을 설치하거나 제거할 때는 반드시 기계를 정지시키고 작업한다.
③ 면장갑을 반드시 끼고 작업한다.
④ 강력 절삭을 할 때는 일감을 바이스에 깊게 물린다.

③ 회전작업시에는 회전 말림점에 장갑이 말려들어갈 수 있으므로 장갑 착용을 금한다.

51

다음 중 프레스기에 사용되는 방호장치에 있어 원칙적으로 급정지 기구가 부착되어야만 사용할 수 있는 방식은?

① 양수조작식　　　　② 손쳐내기식
③ 가드식　　　　　　④ 수인식

*급정지기구 부착여부

급정지기구 부착○	급정지기구 부착×
① 양수조작식 방호장치 ② 감응식 방호장치	① 양수기동식 방호장치 ② 게이트가드식 방호장치 ③ 수인식 방호장치 ④ 손쳐내기식 방호장치

52

산업안전보건법령상 지게차의 최대하중의 2배 값이 6톤일 경우 헤드가드의 강도는 몇 톤의 등분포정하중에 견딜 수 있어야 하는가?

① 4　　　　　　　　② 6
③ 8　　　　　　　　④ 10

*지게차의 헤드가드에 관한 기준
① 강도는 지게차의 최대하중의 2배 값(4톤을 넘는 값에 대해서는 4톤으로 한다.)의 등분포정하중에 견딜 수 있을 것
② 상부틀의 각 개구의 폭 또는 길이가 16cm 미만일 것
③ 운전자가 앉아서 조작하는 방식의 지게차의 경우에는 운전자의 좌석 윗면에서 헤드가드의 상부틀 아랫면까지의 높이가 0.903m 이상일 것
④ 운전자가 서서 조작하는 방식의 지게차의 경우에는 운전석의 바닥면에서 헤드가드의 상부틀 하면까지의 높이가 1.905m 이상일 것

53

강자성체를 자화하여 표면의 누설자속을 검출하는 비파괴 검사 방법은?

① 방사선 투과 시험
② 인장시험
③ 초음파 탐상 시험
④ 자분 탐상 시험

*자분탐상검사(MT)
강자성체의 결함을 찾을 때 사용하는 비파괴검사법으로 표면의 누설자속을 육안으로 검출할 수 있다.

54

산업안전보건법령상 보일러 방호장치로 거리가 가장 먼 것은?

① 고저수위 조절장치
② 아우트리거
③ 압력방출장치
④ 압력제한스위치

*보일러 폭발 방호장치
① 화염 검출기
② 압력방출장치
③ 압력제한스위치
④ 고저수위 조절장치

55

산업안전보건법령상 아세틸렌 용접장치에 관한 설명이다. ( )안에 공통으로 들어갈 내용으로 옳은 것은?

> - 사업주는 아세틸렌 용접장치의 취관마다 ( )를 설치하여야 한다.
> - 사업주는 가스용기가 발생기와 분리되어 있는 아세틸렌 용접장치에 대하여 발생기와 가스용기 사이에 ( )를 설치하여야 한다.

① 분기장치   ② 자동발생 확인장치
③ 유수 분리장치   ④ 안전기

사업주는 아세틸렌 용접장치의 취관마다 <u>안전기</u>를 설치하여야 한다.

사업주는 가스용기가 발생기와 분리되어 있는 아세틸렌 용접장치에 대하여 발생기와 가스용기 사이에 <u>안전기</u>를 설치하여야 한다.

56

프레스기의 안전대책 중 손을 금형 사이에 집어넣을 수 없도록 하는 본질적 안전화를 위한 방식(no-hand in die)에 해당하는 것은?

① 수인식   ② 광전자식
③ 방호울식   ④ 손쳐내기식

*금형 접근 방식에 따른 분류

No-Hand in die	Hand in die
① 안전울 부착 프레스 ② 안전금형 부착 프레스 ③ 전용 프레스 ④ 자동 프레스	① 손쳐내기식 방호장치 ② 수인식 방호장치 ③ 게이트가드식 방호장치 ④ 양수조작식 방호장치 ⑤ 광전자식 방호장치

57

회전하는 부분의 접선방향으로 몰려 들어갈 위험이 존재하는 점으로 주로 체인, 풀리, 벨트, 기어와 랙 등에서 형성되는 위험점은?

① 끼임점   ② 협착점
③ 절단점   ④ 접선물림점

*기계설비의 위험점

위험점	그림	설명
협착점		왕복운동을 하는 동작부와 움직임이 없는 고정부 사이에 형성되는 위험점 ex) 프레스전단기, 성형기, 조형기 등
끼임점		회전운동을 하는 동작부와 움직임이 없는 고정부 사이에 형성되는 위험점 ex) 연삭숫돌과 하우스, 교반기 날개와 하우스, 회전운동을 하는 기계 등
절단점		회전하는 운동 부분 자체의 위험에서 초래되는 위험점 ex) 밀링커터, 둥근톱날 등
물림점		2개의 회전체가 맞닿는 사이에 발생하는 위험점 ex) 기어, 롤러 등
접선물림점		회전하는 부분의 접선방향으로 물려 들어가는 위험점 ex) V벨트풀리, 평벨트, 체인과 스프로킷 등
회전말림점		회전하는 물체에 작업복 등이 말려드는 위험점 ex) 회전축, 커플링, 드릴 등

58

산업안전보건법령상 양중기에 해당하지 않는 것은?

① 곤돌라
② 이동식 크레인
③ 적재하중 0.05톤의 이삿짐운반용 리프트
　화물용 엘리베이터
④ 크레인(호이스트 포함)

*양중기의 종류
① 크레인(호이스트 포함)
② 이동식 크레인
③ 리프트(이삿짐 운반용 리프트는 적재하중 0.1ton
　이상인 것)
④ 곤돌라
⑤ 승강기

59

다음 설명 중 ( )안에 알맞은 내용은?

> 산업안전보건법령상 롤러기의 급정지장치는 롤러를 무부하로 회전시킨 상태에서 앞면롤러의 표면속도가 30m/min 미만일 때에는 급정지거리가 앞면 롤러 원주의 ( )이내에서 롤러를 정지시킬 수 있는 성능을 보유해야 한다.

① 1/4　　　　　　　② 1/3
③ 1/2.5　　　　　　④ 1/2

*롤러기의 급정지거리

속도 기준	급정지거리 기준
30m/min 이상	앞면 롤러 원주의 $\frac{1}{2.5}$ 이내
30m/min 미만	앞면 롤러 원주의 $\frac{1}{3}$ 이내

60

산업안전보건법령상 지게차에서 통상적으로 갖추고 있어야 하나, 마스트의 후방에서 화물이 낙하함으로써 근로자에게 위험을 미칠 우려가 없는 때에는 반드시 갖추지 않아도 되는 것은?

① 전조등　　　　　　② 헤드가드
③ 백레스트　　　　　④ 포크

*백레스트(Back Rest)
지게차의 포크에 적재된 화물이 마스트 후방으로 낙하함으로서 근로자에게 미치는 위험을 방지하기 위하여 설치하는 장치이며, 낙하에 대한 위험이 없다면 반드시 갖추지 않아도 된다.

61

피뢰시스템의 등급에 따른 회전구체의 반지름으로 틀린 것은?

① Ⅰ등급: 20m
② Ⅱ등급: 30m
③ Ⅲ등급: 40m
④ Ⅳ등급: 60m

*피뢰레벨에 따른 회전구체 반경

피뢰레벨	회전구체 반경
Ⅰ	20m
Ⅱ	30m
Ⅲ	45m
Ⅳ	60m

62

전류가 흐르는 상태에서 단로기를 끊을 때 여러 가지 파괴작용을 일으킨다. 다음 그림에서 유입차단기의 차단순서와 투입순서가 안전수칙에 가장 적합한 것은?

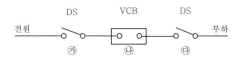

① 차단: ㉮→㉯→㉰, 투입: ㉮→㉯→㉰
② 차단: ㉯→㉰→㉮, 투입: ㉯→㉰→㉮
③ 차단: ㉰→㉯→㉮, 투입: ㉰→㉮→㉯
④ 차단: ㉯→㉰→㉮, 투입: ㉰→㉮→㉯

*개폐조작 순서

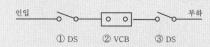

구분	순서
차단순서	② → ③ → ① 차단기(VCB) 차단 후 단로기(DS) 차단
투입순서	③ → ① → ② 단로기(DS) 투입 후 차단기(VCB) 투입

63

다음은 무슨 현상을 설명한 것인가?

전위차가 있는 2개의 대전체가 특정 거리에 접근하게 되면 등전위가 되기 위하여 전하가 절연공간을 깨고 순간적으로 빛과 열을 발생하며 이동하는 현상

① 대전
② 충전
③ 방전
④ 열전

*방전
전위차가 있는 2개의 대전체가 특정거리에 접근하게 되면 등전위가 되기 위하여 전하가 절연공간을 깨고 순간적으로 빛과 열을 발생하며 이동하는 현상

64

정전기 재해를 예방하기 위해 설치하는 제전기의 제전효율은 설치 시에 얼마 이상이 되어야 하는가?

① 40%이상   ② 50%이상
③ 70%이상   ④ 90%이상

제전기 설치 전후의 대전전위를 측정하여 제전의 목표치를 만족하는 위치 또는 제전효율이 90% 이상이 되는 곳을 선정해야 한다.

65

정전기 화재폭발 원인으로 인체대전에 대한 예방대책으로 옳지 않은 것은?

① Wrist Strap을 사용하여 접지선과 연결한다.
② 대전방지제를 넣은 제전복을 착용한다.
③ 대전방지 성능이 있는 안전화를 착용한다.
④ 바닥 재료는 고유저항이 큰 물질로 사용한다.

④ 바닥 재료는 고유저항이 작은 물질로 사용한다.

66

정격사용률이 30%, 정격 2차전류가 $300A$인 교류 아크 용접기를 $200A$로 사용하는 경우의 허용사용률(%)은?

① 13.3   ② 67.5
③ 110.3   ④ 157.5

*교류 아크용접기의 허용사용률

$$허용사용률 = \left(\frac{정격2차전류}{실제용접전류}\right)^2 \times 정격사용률 \times 100 \, [\%]$$

$$= \left(\frac{300}{200}\right)^2 \times 0.3 \times 100 = 67.5\%$$

67

피뢰기의 제한 전압이 $752kV$이고 변압기의 기준 충격 절연강도가 $1050kV$이라면, 보호 여유도(%)는 약 얼마인가?

① 18   ② 28
③ 40   ④ 43

*피뢰기의 보호여유도

$$보호여유도 = \frac{충격절연강도 - 제한전압}{제한전압} \times 100\%$$

$$= \frac{1050 - 752}{752} \times 100\% = 39.63\%$$

68

절연물의 절연불량 주요원인으로 거리가 먼 것은?

① 진동, 충격 등에 의한 기계적 요인
② 산화 등에 의한 화학적 용인
③ 온도상승에 의한 열적 요인
④ 정격전압에 의한 전기적 요인

*절연불량 주요원인
① 진동 · 충격 등에 의한 기계적 요인
② 산화 등에 의한 화학적 요인
③ 온도상승에 의한 열적 요인
④ 이상전압상승 등에 의한 전기적 요인

69

고장전류를 차단할 수 있는 것은?

① 차단기(CB) ② 유입 개폐기(OS)
③ 단로기(DS) ④ 선로 개폐기(LS)

70

주택용 배선차단기 B 타입의 경우 순시동작범위는? (단, I_n는 차단기 정격전류이다.)

① $3I_n$초과 ~ $5I_n$이하
② $5I_n$초과 ~ $10I_n$이하
③ $10I_n$초과 ~ $15I_n$이하
④ $10I_n$초과 ~ $20I_n$이하

＊주택용 배선차단기

타입	순시동작범위
B타입	$3I_n$ 초과 $5I_n$ 이하
C타입	$5I_n$ 초과 $10I_n$ 이하
D타입	$10I_n$ 초과 $20I_n$ 이하

71

다음 중 방폭 구조의 종류가 아닌 것은?

① 유압 방폭구조(k)
② 내압 방폭구조(d)
③ 본질안전 방폭구조(i)
④ 압력 방폭구조(p)

＊방폭구조의 종류

종류	내용
내압 방폭구조 (d)	용기 내 폭발시 용기가 그 압력을 견디고 개구부 등을 통해 외부에 인화될 우려가 없는 구조
압력 방폭구조 (p)	용기 내에 보호가스를 압입시켜 대기압 이상으로 유지하여 폭발성 가스가 유입되지 않도록 하는 구조
안전증 방폭구조 (e)	운전 중에 생기는 아크, 스파크, 발열 등의 발화원을 제거하여 안전도를 증가시킨 구조
유입 방폭구조 (o)	전기불꽃, 아크, 고온 발생 부분을 기름으로 채워 폭발성 가스 또는 증기에 인화되지 않도록 한 구조
본질안전 방폭구조 (ia, ib)	운전 중 단선, 단락, 지락에 의한 사고 시 폭발 점화원의 발생이 방지된 구조
비점화 방폭구조 (n)	운전중에 점화원을 차단하여 폭발이 일어나지 않고, 이상 상태에서 짧은시간 동안 방폭기능을 할 수 있는 구조
몰드 방폭구조 (m)	전기불꽃, 고온 발생 부분은 컴파운드로 밀폐한 구조

72

동작 시 아크가 발생하는 고압 및 특고압용 개폐기·차단기의 이격거리(목재의 벽 또는 천장, 기타 가연성 물체로부터의 거리)의 기준으로 옳은 것은? (단, 사용전압이 $35kV$ 이하의 특고압용의 기구 등으로서 동작할 때에 생기는 아크의 방향과 길이를 화재가 발생할 우려가 없도록 제한하는 경우가 아니다.)

① 고압용: $0.8m$ 이상, 특고압용: $1.0m$ 이상
② 고압용: $1.0m$ 이상, 특고압용: $2.0m$ 이상
③ 고압용: $2.0m$ 이상, 특고압용: $3.0m$ 이상
④ 고압용: $3.5m$ 이상, 특고압용: $4.0m$ 이상

*개폐기 및 차단기의 이격거리

구분	이격거리
고압용	$1m$ 이상
특고압	$2m$ 이상 (사용전압이 $35kV$ 이하의 특고압용 기구 등으로서 동작할 때에 생기는 아크의 방향과 길이를 화재가 발생할 우려가 없도록 제한하는 경우에는 $1m$ 이상)

73

$3300/220\,V, 20\,kVA$인 3상 변압기로부터 공급받고 있는 저압 전선로의 절연 부분의 전선과 대지 간의 절연저항의 최소값은 약 몇 Ω인가? (단, 변압기의 저압 측 중성점에 접지가 되어 있다.)

① 1240   ② 2794
③ 4840   ④ 8383

*3상 절연저항
$P = \sqrt{3}\,VI$에서,
$$I = \frac{P}{\sqrt{3}\,V} = \frac{20 \times 10^3}{\sqrt{3} \times 220} = 52.49A$$
$$I_g = \frac{I}{2000} = \frac{52.49}{2000} = 0.026245$$
$$\therefore R = \frac{V}{I_g} = \frac{220}{0.026245} = 8383\Omega$$

74

감전사고로 인한 전격사의 메카니즘으로 가장 거리가 먼 것은?

① 흉부수축에 의한 질식
② 심실세동에 의한 혈액순환기능의 상실
③ 내장파열에 의한 소화기계통의 기능상실
④ 호흡중추신경 마비에 따른 호흡기능 상실

*전격사의 주된 매커니즘
① 심장부에 전류가 흘러 심실세동과 심부전이 발생
② 뇌의 중추 신경에 전류가 흘러 호흡기능이 정지
③ 흉부에 전류가 흘러 흉부수축에 의한 질식
④ 전격으로 동맥이 절단되어 출혈

75

욕조나 샤워시설이 있는 욕실 또는 화장실에 콘센트가 시설되어 있다. 해당 전로에 설치된 누전차단기의 정격감도전류와 동작시간은?

① 정격감도전류 15mA 이하, 동작시간 0.01초 이하
② 정격감도전류 15mA 이하, 동작시간 0.03초 이하
③ 정격감도전류 30mA 이하, 동작시간 0.01초 이하
④ 정격감도전류 30mA 이하, 동작시간 0.03초 이하

*정격감도전류

장소	정격감도전류
일반장소	30mA
물기가 많은 장소	15mA
단, 동작시간은 0.03초 이내로 한다.	

76

$50kW, 60Hz$ **3상 유도전동기가** $380V$ **전원에 접속된 경우 흐르는 전류(A)는 약 얼마인가? (단, 역률은 80%이다.)**

① 82.24   ② 94.96
③ 116.30   ④ 164.47

*3상 전력(W)

$W = \sqrt{3} \, VI \times 역률$

$\therefore I = \dfrac{W}{\sqrt{3} \, V} \times \dfrac{1}{역률} = \dfrac{50 \times 10^3}{\sqrt{3} \times 380} \times \dfrac{1}{0.8} = 94.96A$

77

인체저항을 500Ω이라 한다면, 심실세동을 일으키는 위험 한계 에너지는 약 몇 J인가?

(단, 심실세동전류값 $I = \dfrac{165}{\sqrt{T}} mA$의 Dalziel의 식을 이용하며, 통전시간은 1초로 한다.)

① 11.5   ② 13.6
③ 15.3   ④ 16.2

*심실세동 전기에너지(Q)

$Q = I^2 RT$

$= \left(\dfrac{165 \times 10^{-3}}{\sqrt{T}} \right)^2 \times R \times T$

$= \left(\dfrac{165 \times 10^{-3}}{\sqrt{1}} \right)^2 \times 500 \times 1 = 13.61J$

여기서,
R : 저항 [Ω]
T : 시간 [sec] (주어지지 않을 경우 $T = 1$sec)

78

내압방폭용기 "d"에 대한 설명으로 틀린 것은?

① 원통형 나사 접합부의 체결 나사산 수는 5산 이상이어야 한다.
② 가스/증기 그룹이 ⅡB일 때 내압 접합면과 장애물과의 최소 이격거리는 20mm이다.
③ 용기 내부의 폭발이 용기 주위의 폭발성 가스 분위기로 화염이 전파되지 않도록 방지하는 부분은 내압방폭 접합부이다.
④ 가스/증기 그룹이 ⅡC일 때 내압 접합면과 장애물과의 최소 이격거리는 40mm이다.

*플랜지 개구부에서 장애물까지의 최소 이격거리

가스 그룹	최소 이격거리
ⅡA	10mm
ⅡB	30mm
ⅡC	40mm

79

KS C IEC 60079-0의 정의에 따라 '두 도전부 사이의 고체 절연물 표면을 따른 최단거리'를 나타내는 명칭은?

① 전기적 간격   ② 절연공간거리
③ 연면거리   ④ 충전물 통과거리

*연면거리
두 도전부 사이의 고체 절연물 표면을 따른 최단거리

80

접지 목적에 따른 분류에서 병원설비의 의료용 전기전자(M · E)기기와 모든 금속부분 또는 도전 바닥에도 접지하여 전위를 동일하게 하기 위한 접지를 무엇이라 하는가?

① 계통 접지
② 등전위 접지
③ 노이즈방지용 접지
④ 정전기 장해방지 이용 접지

*등전위 접지(Equipotential bonding)
접지점을 한 곳으로 모아 접지저항을 최소화 시키는 방법으로 의료용 전자기기와 수술실 바닥, 환자용 철제침대 등에 사용한다.

81

다음 중 고체연소의 종류에 해당하지 않는 것은?

① 표면연소   ② 증발연소
③ 분해연소   ④ 예혼합연소

*고체연소의 구분

구분	연소물의 종류
표면연소	숯(=목탄), 코크스, 금속분 등
증발연소	나프탈렌, 황, 파라핀(=양초), 에테르, 휘발유, 경유 등
자기연소	TNT, 니트로글리세린 등
분해연소	종이, 나무, 목재, 석탄, 중유, 플라스틱

82

가연성물질을 취급하는 장치를 퍼지하고자 할 때 잘못된 것은?

① 대상물질의 물성을 파악한다.
② 사용하는 불활성가스의 물성을 파악한다.
③ 퍼지용 가스를 가능한 한 빠른 속도로 단시간에 다량 송입한다.
④ 장치내부를 세정한 후 퍼지용 가스를 송입한다.

③ 퍼지용 가스는 천천히 송입해야 한다.

83

위험물질에 대한 설명 중 틀린 것은?

① 과산화나트륨에 물이 접촉하는 것은 위험하다.
② 황린은 물속에 저장한다.
③ 염소산나트륨은 물과 반응하여 폭발성의 수소기체를 발생한다.
④ 아세트알데히드는 0℃ 이하의 온도에서도 인화할 수 있다.

③ 염소산나트륨은 물에 녹는다.

84

공정안전보고서 중 공정안전자료에 포함하여야 할 세부내용에 해당하는 것은?

① 비상조치계획에 따른 교육계획
② 안전운전지침서
③ 각종 건물·설비의 배치도
④ 도급업체 안전관리계획

*공정안전자료의 세부내용
① 유해·위험설비의 목록 및 사양
② 방폭지역 구분도 및 전기단선도
③ 유해·위험물질에 대한 물질안전보건자료
④ 유해·위험설비의 운전방법을 알 수 있는 공정 도면
⑤ 취급·저장하고 있거나 취급·저장하려는 유해·위험물질의 종류 및 수량
⑥ 각종 건물·설비의 배치도
⑦ 위험설비의 안전설계·제작 및 설치 관련 지침서

85

디에틸에테르의 연소범위에 가장 가까운 값은?

① 2~10.4%   ② 1.9~48%
③ 2.5~15%   ④ 1.5~7.8%

디에틸에테르의 연소범위(=폭발범위)는 <u>1.9~48%</u>
이다.

86

공기 중에서 A 가스의 폭발하한계는 $2.2vol\%$이다.
이 폭발하한계 값을 기준으로 하여 표준 상태에서
A 가스와 공기의 혼합기체 $1m^3$에 함유되어 있는
A 가스의 질량을 구하면 약 몇 g 인가?
(단, A 가스의 분자량은 26 이다.)

① 19.02   ② 25.54
③ 29.02   ④ 35.54

*가스의 단위부피당 질량(ρ) $[g/m^3]$
표준상태($1atm$, $0℃$)에서,
기체 $1mol$의 부피는 $22.4L = 0.0224m^3$이다.
$$\rho = \frac{m}{V} = \frac{M \times L_1}{V} = \frac{26 \times 0.022}{0.0224} = 25.54kg/m^3$$
여기서,
M : 분자량
L_1 : 폭발(연소)하한계 $[vol\%]$
V : 부피 $[m^3]$

87

다음 물질 중 물에 가장 잘 융해되는 것은?

① 아세톤   ② 벤젠
③ 톨루엔   ④ 휘발유

<u>아세톤</u>은 수용성으로 물에 잘 용해된다.

88

가스누출감지경보기 설치에 관한 기술상의 지침으로
틀린 것은?

① 암모니아를 제외한 가연성가스 누출감지
   경보기는 방폭성능을 갖는 것이어야 한다.
② 독성가스 누출감지경보기는 해당 독성가스
   허용농도의 25% 이하에서 경보가 울리도록
   설정하여야 한다.
③ 하나의 감지대상가스가 가연성이면서 독성인
   경우에는 독성가스를 기준하여 가스누출
   감지경보기를 선정하여야 한다.
④ 건축물 안에 설치되는 경우, 감지대상가스의
   비중이 공기보다 무거운 경우에는 건축물
   내의 하부에 설치하여야 한다.

② 독성가스 누출감지경보기는 해당 독성가스 허용
   농도의 ±30% 이하에서 경보가 울리도록 설정할 것

89

폭발을 기상폭발과 응상폭발로 분류할 때 기상
폭발에 해당되지 않는 것은?

① 분진폭발   ② 혼합가스폭발
③ 분무폭발   ④ 수증기폭발

*폭발의 종류
① 기상폭발 : 기체상태로 일어나는 폭발
분진폭발, 분무폭발, 분해폭발, 가스폭발, 증기운폭발

② 응상폭발 : 액체, 고체상태로 일어나는 폭발
수증기폭발(=증기폭발), 전선폭발,
고상간의 전이에 의한 폭발

90

다음 가스 중 가장 독성이 큰 것은?

① CO ② $COCl_2$
③ NH_3 ④ H_2

포스겐($COCl_2$)은 독성이 매우 강한 기체이다.

91

처음 온도가 $20℃$ 인 공기를 절대압력 1 기압에서 3 기압으로 단열압축하면 최종온도는 약 몇 도인가? (단, 공기의 비열비 1.4 이다.)

① $68℃$ ② $75℃$
③ $128℃$ ④ $164℃$

*단열 지수 관계식

$\dfrac{T_2}{T_1} = \left(\dfrac{P_2}{P_1}\right)^{\frac{k-1}{k}}$ 에서,

$\therefore T_2 = T_1 \times \left(\dfrac{P_2}{P_1}\right)^{\frac{k-1}{k}} = (20+273) \times \left(\dfrac{3}{1}\right)^{\frac{1.4-1}{1.4}} = 401K$

$\qquad = (401-273)℃ = 128℃$

92

물질의 누출방지용으로써 접합면을 상호 밀착시키기 위하여 사용하는 것은?

① 개스킷   ② 체크밸브
③ 플러그   ④ 콕크

*개스킷(Gasket)
물질의 누출방지용으로써 접합면을 상호 밀착시키기 위하여 사용하는 부품

93

건조설비의 구조를 구조 부분, 가열장치, 부속설비로 구분할 때 다음 중 "부속설비"에 속하는 것은?

① 보온판   ② 열원장치
③ 소화장치   ④ 철골부

*건조설비의 구조

구조부분	가열장치	부속설비
① 보온판	① 송풍기	① 소화장치
② 철골부	② 열원장치	② 안전장치
③ shell부		③ 환기장치
		④ 온도조절장치

94

에틸렌(C_2H_4)이 완전연소하는 경우 다음의 Jones 식을 이용하여 계산할 경우 연소하한계는 약 몇 $vol\%$ 인가?

$$Jones 식 : LFL = 0.55 \times C_{st}$$

① 0.55 ② 3.6
③ 6.3 ④ 8.5

*완전연소조성농도(=화학양론조성, C_{st})

$$C_{st} = \dfrac{100}{1+4.773\left(a+\dfrac{b-c-2d}{4}\right)}$$

여기서,
C_{st} : 완전연소조성농도 [%]
a : 탄소의 원자수
b : 수소의 원자수
c : 할로겐원자의 원자수
d : 산소의 원자수

$$C_{st} = \dfrac{100}{1+4.773\left(2+\dfrac{4}{4}\right)} = 6.53vol\%$$

$$L = 0.55 \times C_{st} = 0.55 \times 6.53 = 3.6vol\%$$

95

[보기]의 물질을 폭발 범위가 넓은 것부터 좁은 순서로 옳게 배열한 것은?

$$H_2 \quad C_3H_8 \quad CH_4 \quad CO$$

① $CO > H_2 > C_3H_8 > CH_4$
② $H_2 > CO > CH_4 > C_3H_8$
③ $C_3H_8 > CO > CH_4 > H_2$
④ $CH_4 > H_2 > CO > C_3H_8$

*폭발범위(=폭발상한계−폭발하한계)

기체	폭발하한계 [vol%]	폭발상한계 [vol%]	폭발범위 [vol%]
수소 (H_2)	4	75	71
프로판 (C_3H_8)	2.1	9.5	7.4
메탄 (CH_4)	5	15	10
일산화탄소 (CO)	12.5	74	61.5

96

산업안전 보건법령상 위험 물질의 종류에서 "폭발성 물질 및 유기과산화물"에 해당하는 것은?

① 디아조화합물
② 황린
③ 알킬알루미늄
④ 마그네슘 분말

*폭발성물질 및 유기과산화물
① 질산에스테르
② 니트로화합물
③ 니트로소화합물
④ 아조화합물
⑤ 디아조화합물
⑥ 하이드라진 유도체
⑦ 유기과산화물

97

화염방지기의 설치에 관한 사항으로 (   )에 알맞은 것은?

> 사업주는 인화성 액체 및 인화성 가스를 저장·취급하는 화학설비에서 증기나 가스를 대기로 방출하는 경우에는 외부로부터의 화염을 방지하기 위하여 화염방지기를 그 설비 (   )에 설치하여야 한다.

① 상단
② 하단
③ 중앙
④ 무게중심

화염을 방지하기 위하여 화염방지기를 설비의 <u>상단</u>에 설치하여야 한다.

98

다음 중 인화성 가스가 아닌 것은?

① 부탄
② 메탄
③ 수소
④ 산소

*인화성 가스
① 수소
② 아세틸렌
③ 에틸렌
④ 메탄
⑤ 에탄
⑥ 프로판
⑦ 부탄

95.② 96.① 97.① 98.④

99

반응기를 조작방식에 따라 분류할 때 해당 되지 않는 것은?

① 회분식 반응기   ② 반회분식 반응기
③ 연속식 반응기   ④ 관형식 반응기

*반응기의 분류
① 조작방식에 따른 분류
회분식, 반회분식, 연속식

② 구조방식에 따른 분류
관형식, 탑형식, 유동층식, 교반조식

100

다음 중 가연성 물질과 산화성 고체가 혼합하고 있을 때 연소에 미치는 현상으로 옳은 것은?

① 착화온도(발화점)가 높아진다.
② 최소점화에너지가 감소하며, 폭발의 위험성이 증가한다.
③ 가스나 가연성 증기의 경우 공기혼합보다 연소범위가 축소된다.
④ 공기 중에서보다 산화작용이 약하게 발생하여 화염온도가 감소하며 연소속도가 늦어진다.

① 착화온도(발화점)가 낮아진다.
③ 가스나 가연성 증기의 경우 공기혼합보다 연소범위가 증대된다.
④ 공기 중에서보다 산화작용이 크게 발생하여 화염온도가 증가하며 연소속도가 빨라진다.

101

건설현장에서 사용되는 작업발판 일체형 거푸집의 종류에 해당되지 않는 것은?

① 갱폼(gang form)
② 슬립폼(slip form)
③ 클라이밍 폼(climbing form)
④ 유로폼(euro form)

*일체형 거푸집 종류
① 갱폼
② 슬립폼
③ 클라이밍폼
④ 터널라이닝폼

102

콘크리트 타설작업을 하는 경우 준수하여야 할 사항으로 옳지 않은 것은?

① 당일의 작업을 시작하기 전에 해당 작업에 관한 거푸집동바리등의 변형·변위 및 지반의 침하 유무 등을 점검하고 이상이 있으면 보수할 것
② 콘크리트를 타설하는 경우에는 편심이 발생하지 않도록 골고루 분산하여 타설할 것
③ 설계도서상의 콘크리트 양생기간을 준수하여 거푸집동바리등을 해체할 것
④ 작업 중에는 거푸집동바리등의 변형·변위 및 침하 유무 등을 감시할 수 있는 감시자를 배치하여 이상이 있으면 작업을 중지하지 아니하고, 즉시 충분한 보강조치를 실시할 것

*콘크리트 타설작업의 안전수칙
① 당일의 작업을 시작하기 전에 해당 작업에 관한 거푸집동바리등의 변형·변위 및 지반의 침하 유무 등을 점검하고 이상이 있으면 보수할 것
② 작업 중에는 거푸집동바리등의 변형·변위 및 침하 유무 등을 감시할 수 있는 감시자를 배치하여 이상이 있으면 작업을 중지하고 근로자를 대피시킬 것
③ 콘크리트 타설작업 시 거푸집 붕괴의 위험이 발생할 우려가 있으면 충분한 보강조치를 할 것
④ 설계도서상의 콘크리트 양생기간을 준수하여 거푸집동바리등을 해체할 것
⑤ 콘크리트를 타설하는 경우에는 편심이 발생하지 않도록 골고루 분산하여 타설할 것

103

버팀보, 앵커 등의 축하중 변화상태를 측정하여 이들 부재의 지지효과 및 그 변화 추이를 파악하는데 사용되는 계측기기는?

① water level meter
② load cell
③ piezo meter
④ strain gauge

③ 하중계(Load Cell) : 축하중 변화상태 측정

104

차량계 건설기계를 사용하여 작업을 하는 경우 작업계획서 내용에 포함되지 않는 것은?

① 사용하는 차량계 건설기계의 종류 및 성능
② 차량계 건설기계의 운행경로
③ 차량계 건설기계에 의한 작업방법
④ 차량계 건설기계의 유지보수방법

＊차량계 건설기계의 작업계획서 포함사항
① 차량계 건설기계의 종류 및 성능
② 차량계 건설기계의 운행경로
③ 차량계 건설기계에 의한 작업방법

105

근로자의 추락 등의 위험을 방지하기 위한 안전난간의 설치기준으로 옳지 않은 것은?

① 상부 난간대와 중간 난간대는 난간 길이 전체에 걸쳐 바닥면등과 평행을 유지할 것
② 발끝막이판은 바닥면등으로부터 20cm 이상의 높이를 유지할 것
③ 난간대는 지름 2.7cm 이상의 금속제 파이프나 그 이상의 강도가 있는 재료일 것
④ 안전난간은 구조적으로 가장 취약한 지점에서 가장 취약한 방향으로 작용하는 100kg 이상의 하중에 견딜 수 있는 튼튼한 구조일 것

＊안전난간 설치기준
① 상부 난간대, 중간 난간대, 발끝막이판 및 난간기둥으로 구성할 것.
② 상부 난간대는 바닥면 · 발판 또는 경사로의 표면으로부터 90cm 이상 지점에 설치하고, 상부 난간대를 120cm 이하에 설치하는 경우에는 중간 난간대

는 상부 난간대와 바닥면등의 중간에 설치하여야 하며, 120cm 이상 지점에 설치하는 경우에는 중간 난간대를 2단 이상으로 균등하게 설치하고 난간의 상하 간격은 60cm 이하가 되도록 할 것. 다만, 계단의 개방된 측면에 설치된 난간기둥 간의 간격이 25cm 이하인 경우에는 중간 난간대를 설치하지 아니할 수 있다.
③ 발끝막이판은 바닥면등으로부터 10cm 이상의 높이를 유지할 것. 다만, 물체가 떨어지거나 날아올 위험이 없거나 그 위험을 방지할 수 있는 망을 설치하는 등 필요한 예방 조치를 한 장소는 제외한다.
④ 난간기둥은 상부 난간대와 중간 난간대를 견고하게 떠받칠 수 있도록 적정한 간격을 유지할 것
⑤ 상부 난간대와 중간 난간대는 난간 길이 전체에 걸쳐 바닥면등과 평행을 유지할 것
⑥ 난간대는 지름 2.7cm 이상의 금속제 파이프나 그 이상의 강도가 있는 재료일 것
⑦ 안전난간은 구조적으로 가장 취약한 지점에서 가장 취약한 방향으로 작용하는 100kg 이상의 하중에 견딜 수 있는 튼튼한 구조일 것

106

흙 속의 전단응력을 증대시키는 원인에 해당하지 않는 것은?

① 자연 또는 인공에 의한 지하공동의 형성
② 함수비의 감소에 따른 흙의 단위체적 중량의 감소
③ 지진, 폭파에 의한 진동 발생
④ 균열내에 작용하는 수압증가

② 함수비의 감소에 따른 흙의 단위체적 중량의 증

107

다음은 산업안전보건법령에 따른 항타기 또는 항발기에 권상용 와이어로프를 사용하는 경우에 준수하여야 할 사항이다. ( )안에 알맞은 내용으로 옳은 것은?

> 권상용 와이어로프는 추 또는 해머가 최저의 위치에 있을 때 또는 널말뚝을 빼내기 시작할 때에 기준으로 권상장치의 드럼에 적에도 ( ) 감기고 남을 수 있는 충분한 길이일 것

① 1회
② 2회
③ 4회
④ 6회

권상용 와이어로프는 추 또는 해머가 최저의 위치에 있을 때 또는 널말뚝을 빼내기 시작할 때를 기준으로 권상장치의 드럼에 적어도 2회 감기고 남을 수 있는 충분한 길이일 것

108

산업안전보건법령에 따른 유해위험방지계획서 제출 대상 공사로 볼 수 없는 것은?

① 지상 높이가 31m 이상인 건축물의 건설공사
② 터널 건설공사
③ 깊이 10m 이상인 굴착공사
④ 다리의 전체길이가 40m 이상인 건설공사

*유해위험방지계획서 제출대상 건설공사
① 지상높이가 31m 이상인 건축물 또는 인공구조물
② 연면적 30,000m² 이상인 건축물
③ 연면적 5,000m² 이상인 시설

  ㉠ 문화 및 잡화시설(전시장·동물원·식물원 제외)
  ㉡ 판매시설·운수시설(고속도로의 역사 및 집배송
                시설 제외)
  ㉢ 종교시설
  ㉣ 의료시설 중 종합병원
  ㉤ 숙박시설 중 관광숙박시설
  ㉥ 지하도상가
  ㉦ 냉동·냉장 창고시설

④ 연면적 5000m² 이상의 냉동·냉장창고시설의 설비
  공사 및 단열공사
⑤ 최대 지간길이가 50m 이상인 교량 건설 등 공사
⑥ 터널 건설 등의 공사
⑦ 다목적댐·발전용댐 및 저수용량 2천만톤 이상의
  용수 전용 댐·지방상수도 전용 댐 건설 등의 공사
⑧ 깊이 10m 이상인 굴착공사

109

사다리식 통로 등을 설치하는 경우 고정식 사다리식 통로의 기울기는 최대 몇 도 이하로 하여야 하는가?

① 60도   ② 75도
③ 80도   ④ 90도

*사다리식 통로의 설치기준
① 견고한 구조로 할 것
② 심한 손상·부식 등이 없는 재료를 사용할 것
③ 발판의 간격은 일정하게 할 것
④ 발판과 벽과의 사이는 15cm 이상의 간격을 유지할 것
⑤ 폭은 30cm 이상으로 할 것
⑥ 사다리가 넘어지거나 미끄러지는 것을 방지하기 위한 조치를 할 것
⑦ 사다리의 상단은 걸쳐놓은 지점으로부터 60cm 이상 올라가도록 할 것
⑧ 사다리식 통로의 길이가 10m 이상인 경우에는 5m 이내마다 계단참을 설치할 것
⑨ 사다리식 통로의 기울기는 75° 이하로 할 것. 다만, 고정식 사다리식 통로의 기울기는 90° 이하로 하고, 그 높이가 7m 이상인 경우에는 다음 각 목의 구분에 따른 조치를 할 것
   ㉠ 등받이울이 있어도 근로자 이동에 지장이 없는 경우 : 바닥으로부터 높이가 2.5m 되는 지점부터 등받이울을 설치할 것
   ㉡ 등받이울이 있으면 근로자가 이동이 곤란한 경우 : 한국산업표준에서 정하는 기준에 적합한 개인용 추락 방지 시스템을 설치하고 근로자로 하여금 한국산업표준에서 정하는 기준에 적합한 전신안전대를 사용하도록 할 것
⑩ 접이식 사다리 기둥은 사용 시 접혀지거나 펼쳐지지 않도록 철물 등을 사용하여 견고하게 조치할 것

110

거푸집동바리 구조에서 높이가 $\ell = 3.5m$인 파이프 서포트의 좌굴하중은?
(단, 상부받이판과 하부받이판은 힌지로 가정하고, 단면 2차모멘트 $I = 8.31cm^4$, 탄성계수 $E = 2.1 \times 10^5 MPa$)

① 14060N ② 15060N
③ 16060N ④ 17060N

*좌굴하중(P_B)

$$P_B = n\pi^2 \frac{EI}{l^2}$$

$$= 1 \times \pi^2 \times \frac{2.1 \times 10^5 \times 10^6 \times 8.31 \times 10^{-8}}{3.5^2} = 14060N$$

$I = 8.31cm^4 = 8.31 \times 10^{-8} m^4$
$E = 2.1 \times 10^5 MPa = 2.1 \times 10^5 \times 10^6 Pa (= N/m)$
양단힌지이프로 단말계수(n)는 1이다.

여기서,
E : 탄성계수 $[MPa]$
I : 단면2차모멘트 $[m^4]$
ℓ : 길이 $[m]$

111

하역작업 등에 의한 위험을 방지하기 위하여 준수하여야 할 사항으로 옳지 않은 것은?

① 꼬임이 끊어진 섬유로프를 화물운반용으로 사용해서는 안 된다.
② 심하게 부식된 섬유로프를 고정용으로 사용해서는 안 된다.
③ 차량 등에서 화물을 내리는 작업 시 해당 작업에 종사하는 근로자에게 쌓여 있는 화물 중간에서 화물을 빼내도록 할 경우에는 사전교육을 철저히 한다.
④ 부두 또는 안벽의 선을 따라 통로를 설치하는 경우에는 폭을 90cm 이상으로 한다.

③ 차량 등에서 화물을 내리는 작업을 하는 경우에 해당 작업에 종사하는 근로자에게 쌓여 있는 화물의 중간에서 화물을 빼내도록 해서는 아니될 것

112

추락방지용 방망 중 그물코의 크기가 $5cm$인 매듭 방망 신품의 인장강도는 최소 몇 kg이상이어야 하는가?

① 60
② 110
③ 150
④ 200

*신품 방망사에 대한 인장강도 기준

그물코의 크기 (cm)	방망의 종류(kg)	
	매듭없는 망	매듭 망
5	–	110
10	240	200

113

단관비계의 도괴 또는 전도를 방지하기 위하여 사용하는 벽이음의 간격기준으로 옳은 것은?

① 수직방향 $5m$ 이하, 수평방향 $5m$ 이하
② 수직방향 $6m$ 이하, 수평방향 $6m$ 이하
③ 수직방향 $7m$ 이하, 수평방향 $7m$ 이하
④ 수직방향 $8m$ 이하, 수평방향 $8m$ 이하

*비계의 조립간격

비계의 종류	조립간격	
	수직방향	수평방향
단관비계	5m 이하	5m 이하
틀비계 (높이가 5m미만 인 것 제외)	6m 이하	8m 이하
통나무비계	5.5m 이하	7.5m 이하

114

인력으로 하물을 인양할 때의 몸의 자세와 관련하여 준수하여야 할 사항으로 옳지 않은 것은?

① 한쪽 발은 들어올리는 물체를 향하여 안전하게 고정시키고 다른 발은 그 뒤에 안전하게 고정시킬 것
② 등은 항상 직립한 상태와 90도 각도를 유지하여 가능한 한 지면과 수평이 되도록 할 것
③ 팔은 몸에 밀착시키고 끌어당기는 자세를 취하며 가능한 한 수평거리를 짧게 할 것
④ 손가락으로만 인양물을 잡아서는 아니 되며 손바닥으로 인양물 전체를 잡을 것

② 등은 항상 직립한 상태와 90° 각도를 유지하여 가능한 한 지면과 수직이 되도록 할 것

115

산업안전보건관리비 항목 중 안전시설비로 사용가능한 것은?

① 원활한 공사수행을 위한 가설시설 중 비계 설치 비용
② 소음관련 민원예방을 위한 건설현장 소음 방지용 방음시설 설치 비용
③ 근로자의 재해예방을 위한 목적으로만 사용하는 CCTV에 사용되는 비용
④ 기계·기구 등과 일체형 안전장치의 구입비용

*안전시설비를 적용할 수 없는 항목
① 안전발판, 통로, 계단 설치 비용
② 비계설치 비용
③ 방음시설 설치 비용
④ 일체형 안전장치 구입 비용

116

유한사면에서 원형활동면에 의해 발생하는 일반적인 사면 파괴의 종류에 해당하지 않는 것은?

① 사면내파괴(Slope failure)
② 사면선단파괴(Toe failure)
③ 사면인장파괴(Tension failure)
④ 사면저부파괴(Base failure)

*사면 붕괴형태의 종류
① 사면선 파괴(사면선단 파괴)
② 사면내 파괴
③ 바닥면 붕괴(사면저부 파괴)

117

강관비계를 사용하여 비계를 구성하는 경우 준수해야할 기준으로 옳지 않은 것은?

① 비계기둥의 간격은 띠장 방향에서는 $1.85m$ 이하, 장선(長線) 방향에서는 $1.5m$ 이하로 할 것
② 띠장 간격은 $2.0m$ 이하로 할 것
③ 비계기둥의 제일 윗부분으로부터 31m 되는 지점 밑부분의 비계기둥은 2개의 강관으로 묶어 세울 것
④ 비계기둥 간의 적재하중은 $600kg$을 초과하지 않도록 할 것

*강관비계 구성시 준수사항
① 비계기둥의 간격은 띠장 방향에서는 $1.85m$ 이하 장선 방향에서는 $1.5m$ 이하로 할 것
② 띠장간격은 $2m$ 이하로 할 것
③ 비계기둥의 제일 윗부분으로부터 $31m$되는 지점 밑부분의 비계기둥은 2개의 강관으로 묶어 세울 것
④ 비계기둥 간의 적재하중은 $400kg$를 초과하지 않도록 할 것

118

다음은 산업안전보건법령에 따른 화물자동차의 승강설비에 관한 사항이다. ( )안에 알맞은 내용으로 옳은 것은?

사업주는 바닥으로부터 짐 윗면까지의 높이가 ( )이상인 화물자동차에 짐을 싣는 작업 또는 내리는 작업을 하는 경우에는 근로자의 추가 위험을 방지하기 위하여 해당 작업에 종사하는 근로자가 바닥과 적재함의 짐 윗면 간을 안전하게 오르내리기 위한 설비를 설치하여야 한다.

① $2m$ ② $4m$
③ $6m$ ④ $8m$

사업주는 바닥으로부터 짐 윗면까지의 높이가 2m 이상인 화물자동차에 짐을 싣는 작업 또는 내리는 작업을 하는 경우에는 근로자의 추가 위험을 방지하기 위하여 해당 작업에 종사하는 근로자가 바닥과 적재함의 짐 윗면간을 안전하게 오르내리기 위한 설비를 설치하여야 한다.

119

다음 중 와이어로프 등 달기구의 안전계수의 기준으로 옳은 것은?

① 화물을 지지하는 달기와이어로프 : 10 이상
② 근로자가 타승하는 운반구를 지지하는 달기와이어로프 : 5 이상
③ 클램프를 지지하는 경우 : 5 이상
④ 리프팅 빔을 지지하는 경우 : 3 이상

*와이어 로프 등 달기구의 안전계수(S)
① 근로자가 탑승하는 운반구를 지지하는 달기와이어로프 또는 달기체인의 경우 : 10 이상
② 화물을 직접 지지하는 달기와이어로프 또는 달기체인의 경우 : 5 이상
③ 혹, 샤클, 클램프, 리프팅 빔의 경우 : 3이상
④ 그 밖의 경우 : 4 이상

120

발파작업 시 암질변화 구간 및 이상암질의 출현시 반드시 암질판별을 실시하여야 하는데, 이와 관련된 암질판별기준과 가장 거리가 먼 것은?

① R.Q.D(%)
② 탄성파속도($m/\sec$)
③ 전단강도(kg/cm^2)
④ R.M.R

*암질판별기준
① R.Q.D
② 탄성파 속도
③ 일축 압축강도
④ R.M.R

01

산업안전보건법령상 산업안전보건위원회의 구성·운영에 관한 설명 중 틀린 것은?

① 정기회의는 분기마다 소집한다.
② 위원장은 위원 중에서 호선(互選)한다.
③ 근로자대표가 지명하는 명예산업안전 감독관은 근로자 위원에 속한다.
④ 공사금액 100억원 이상의 건설업의 경우 산업안전보건위원회를 구성·운영해야 한다.

④ 공사금액 120억원 이상의 건설업의 경우 산업안전보건위원회를 구성·운영해야 한다.

02

산업안전보건법령상 잠함(潛函) 또는 잠수 작업 등 높은 기압에서 작업하는 근로자의 근로시간 기준은?

① 1일 6시간, 1주 32시간 초과금지
② 1일 6시간, 1주 34시간 초과금지
③ 1일 8시간, 1주 32시간 초과금지
④ 1일 8시간, 1주 34시간 초과금지

근로시간이 제한되는 작업은 잠함 또는 잠수작업 등 높은 기압에서 하는 작업을 종사하는 근로자에게 1일 6시간·1주 34시간을 초과하여 근로하게 해서는 아니할 것

03

산업현장에서 재해 발생 시 조치 순서로 옳은 것은?

① 긴급처리 → 재해조사 → 원인분석 → 대책수립
② 긴급처리 → 원인분석 → 대책수립 → 재해조사
③ 재해조사 → 원인분석 → 대책수립 → 긴급처리
④ 재해조사 → 대책수립 → 원인분석 → 긴급처리

*재해 발생 시 조치 순서 7단계
긴급처리 → 재해조사 → 원인강구 → 대책수립 → 대책실시 계획 → 실시 → 평가

04

산업재해보험적용근로자 1000명인 플라스틱 제조 사업장에서 작업 중 재해 5건이 발생하였고, 1명이 사망하였을 때 이 사업장의 사망만인율은?

① 2
② 5
③ 10
④ 20

*사망만인율

$$사망만인율 = \frac{사망자\ 수}{근로자\ 수} \times 10000 = \frac{1}{1000} \times 10000 = 10$$

05

안전·보건 교육계획 수립 시 고려사항 중 틀린 것은?

① 필요한 정보를 수집한다.
② 현장의 의견은 고려하지 않는다.
③ 지도안은 교육대상을 고려하여 작성한다.
④ 법령에 의한 교육에만 그치지 않아야 한다.

② 현장의 의견을 꼭 고려하여야 한다.

06

학습지도의 형태 중 몇 사람의 전문가가 주제에 대한 견해를 발표하고 참가자로 하여금 의견을 내거나 질문을 하게 하는 토의방식은?

① 포럼(Forum)
② 심포지엄(Symposium)
③ 버즈세션(Buzz session)
④ 자유토의법(Free discussion method)

*심포지엄(Symposium)
몇 사람의 전문가에 의해 과정에 관한 견해를 발표하고 참가자로 하여금 의견이나 질문을 하게하는 토의방식

07

산업안전보건법령상 근로자 안전보건교육대상에 따른 교육시간 기준 중 틀린 것은?
(단, 상시작업이며, 일용근로자 및 근로기간 1주일 이하인 근로자는 제외한다.)

① 판매업무 외에 종사하는 근로자 - 매반기 16시간 이상
② 채용 시 교육 - 8시간 이상
③ 작업내용 변경 시 교육 - 2시간 이상
④ 사무직 종사 근로자 정기교육 - 매반기 2시간 이상

*사업 내 안전보건교육

교육과정	교육대상	교육시간
정기교육	사무직 종사 근로자	매반기 6시간 이상
	판매업무에 직접 종사하는 근로자	매반기 6시간 이상
	판매업무 외에 종사하는 근로자	매반기 12시간 이상
채용 시의 교육	일용근로자	1시간 이상
	근로계약기간 1주일 이하인 근로자	1시간 이상
	근로계약기간 1주일 초과 1개월 이하인 근로자	4시간 이상
	그 밖의 근로자	8시간 이상
작업내용 변경 시의 교육	일용근로자	1시간 이상
	근로계약기간 1주일 이하인 근로자	1시간 이상
	그 밖의 근로자	2시간 이상
건설업기초 안전보건교육	건설 일용근로자	4시간 이상

✔ 특별 교육 과정은 제외한 내용입니다.

08

버드(Bird)의 신 도미노이론 5단계에 해당하지 않는 것은?

① 제어부족(관리)　　② 직접원인(징후)
③ 간접원인(평가)　　④ 기본원인(기원)

*버드(Bird)의 재해발생 연쇄(=도미노) 이론
1단계 : 제어부족, 관리의 부족
2단계 : 기본원인, 기원
3단계 : 직접원인, 징후
4단계 : 사고, 접촉
5단계 : 상해, 손해, 손실

09

재해예방의 4원칙에 해당하지 않은 것은?

① 예방가능의 원칙
② 손실우연의 원칙
③ 원인연계의 원칙
④ 재해 연쇄성의 원칙

10

안전점검을 점검시기에 따라 구분할 때 다음에서 설명하는 안전점검은?

> 작업담당자 또는 해당 관리감독자가 맡고 있는 공정의 설비, 기계, 공구 등을 매일 작업 전 또는 작업 중에 일상적으로 실시하는 안전점검

① 정기점검
② 수시점검
③ 특별점검
④ 임시점검

11

타일러(Tyler)의 교육과정 중 학습경험선정의 원리에 해당하는 것은?

① 기회의 원리
② 계속성의 원리
③ 계열성의 원리
④ 통합성의 원리

12

주의(Attention)의 특성에 관한 설명 중 틀린 것은?

① 고도의 주의는 장시간 지속하기 어렵다.
② 한 지점에 주의를 집중하면 다른 곳의 주의는 약해진다.
③ 최고의 주의 집중은 의식의 과잉 상태에서 가능하다.
④ 여러 자극을 지각할 때 소수의 현란한 자극에 선택적 주의를 기울이는 경향이 있다.

13

산업재해보상보험법령상 보험급여의 종류가 아닌 것은?

① 장례비   ② 간병급여
③ 직업재활급여   ④ 생산손실비용

*하인리히(Heimrich)의 재해손실비용

직접비(=보험급여)	간접비
① 치료비 ② 휴업보상비 ③ 장해보상비 ④ 유족보상비 ⑤ 장례비 ⑥ 요양 및 간병비 ⑦ 장해특별보상비 ⑧ 상병보상연금 ⑨ 직업재활급여 등	작업 중단으로 인한 생산손실, 기계 및 공구의 손실, 납기 지연손실 등 직접비를 제외한 모든비용

14

산업안전보건법령상 그림과 같은 기본 모형이 나타내는 안전·보건표지의 표시사항으로 옳은 것은? (단, L은 안전·보건표지를 인식할 수 있거나 인식해야 할 안전거리를 말한다.)

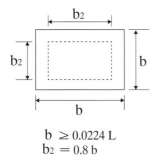

$$b \geq 0.0224\,L$$
$$b_2 = 0.8\,b$$

① 금지   ② 경고
③ 지시   ④ 안내

*안전보건표지의 기본 모형

표시사항 및 기본 모형	규격비율(크기)
<금지> 45° d_3 d_2 d_1 d	$d \geqq 0.025L$ $d_1 = 0.8d$ $0.7d < d_2 < 0.8d$ $d_3 = 0.1d$
<경고> 60° a_2 a_1 a 60°	$\geqq 0.034L$ $a_1 = 0.8a$ $0.7a < a_2 < 0.8a$
<경고> 45° a a_2 a_1 a 45°	$a \geqq 0.025L$ $a_1 = 0.8a$ $0.7a < a_2 < 0.8a$
<지시> d_1 d	$d \geqq 0.025L$ $d_1 = 0.8d$
<안내> b_2 b b_2 b	$b \geqq 0.0224L$ $b_2 = 0.8b$
<안내> e_2 e_2 h_2 h ℓ_2 ℓ	$h < L$ $h_2 = 0.8h$ $L \times h \geqq 0.0005L^2$ $h - h_2 = L - L_2 = 2e_2$ $L/h = 1, 2, 4, 8$ (4종류)

15

기업내의 계층별 교육훈련 중 주로 관리감독자를 교육대상자로 하며 작업을 가르치는 능력, 작업방법을 개선하는 기능 등을 교육 내용으로 하는 기업 내 정형교육은?

① TWI(Training Within Industry)
② ATT(American Telephone Telegram)
③ MTP(Management Training Program)
④ ATP(Administraion Training Program)

*TWI(Training Within Industry)
관리감독자를 대상으로 하여 직무에 관한 능력을 교육하는 방법

훈련 기법	교육훈련 내용
작업방법훈련 (Job Method Training)	작업 효율성 교육 방법
작업지도훈련 (Job Instruction Training)	작업 숙련도 교육 방법
인간관계훈련 (Job Relations Training)	인간관계 관리 교육 방법
작업안전훈련 (Job Safety Training)	안전한 작업에 대한 교육 방법

16

사회행동의 기본 형태가 아닌 것은?

① 모방   ② 대립
③ 도피   ④ 협력

*사회행동의 기본 형태
① 협력 : 조력, 분업 등
② 대립 : 공격, 경쟁 등
③ 도피 : 고립, 정신질환 등
④ 융합 : 타협, 통합 등

17

위험예지훈련의 문제해결 4라운드에 해당하지 않는 것은?

① 현상파악   ② 본질추구
③ 대책수립   ④ 원인결정

*위험예지훈련 4단계(=4라운드)

단계	목적	내용
1단계	현상파악	잠재된 위험의 파악
2단계	본질추구	위험 포인트의 확정
3단계	대책수립	위험 포인트에 대한 대책 방안 마련
4단계	목표설정	행동 계획에 대한 결정

18

바이오리듬(생체리듬)에 관한 설명 중 틀린 것은?

① 안정기(+)와 불안정기(-)의 교차점을 위험일이라 한다.
② 감성적 리듬은 33일을 주기로 반복하며, 주의력, 예감 등과 관련되어 있다.
③ 지성적 리듬은 "I"로 표시하며 사고력과 관련이 있다.
④ 육체적 리듬은 신체적 컨디션의 율동적 발현, 즉 식욕·활동력 등과 밀접한 관계를 갖는다.

*생체리듬(Bio rhythm)의 종류

종류	내용
육체적 리듬(P)	23일 주기로 반복되며 식욕, 소화력, 활동력, 스테미나, 지구력 등과 관련이 있음
감성적 리듬(S)	28일 주기로 반복되며 주의력, 창조력, 예감, 통찰력 등과 관련이 있음
지성적 리듬(I)	33일 주기로 반복되며 상상력, 사고력, 기억력, 의지, 판단, 비판력 등과 관련이 있음

19

운동의 시지각(착각현상) 중 자동운동이 발생하기
쉬운 조건에 해당하지 않는 것은?

① 광점이 작은 것
② 대상이 단순한 것
③ 광의 강도가 큰 것
④ 시야의 다른 부분이 어두운 것

*자동운동
어두운 공간 속에서 정지해있는 작은 점이 움직이지
않았음에도 마치 움직이는 것처럼 느끼는 착시 현상

*자동운동이 발생하기 쉬운 조건
① 광점이 작은 것
② 대상이 단순한 것
③ 광의 강도가 작은 것
④ 시야의 다른 부분이 어두운 것

20

보호구 안전인증 고시상 안전인증 방독마스크의
정화통 종류와 외부 측면의 표시 색이 잘못 연결된
것은?

① 할로겐용 - 회색
② 황화수소용 - 회색
③ 암모니아용 - 회색
④ 시안화수소용 - 회색

*방독마스크의 종류와 시험가스

종류	시험가스	외부 표시색
유기화합물용	시클로헥산 (C_6H_{12}) 디메틸에테르 (CH_3OCH_3) 이소부탄 (C_4H_{10})	갈색
할로겐용	염소가스(Cl_2) 또는 증기(H_2O)	회색
황화수소용	황화수소가스 (H_2S)	
시안화수소용	시안화수소가스 (HCN)	
아황산용	아황산가스 (SO_2)	노란색
암모니아용	암모니아가스 (NH_3)	녹색

21

인간공학적 연구에 사용되는 기준 척도의 요건 중 다음 설명에 해당하는 것은?

> 기준 척도는 측정하고자 하는 변수 외의 다른 변수들의 영향을 받아서는 안된다.

① 신뢰성 ② 적절성
③ 검출성 ④ 무오염성

*인간공학 연구에 사용되는 기준
① 적절성 : 실제로 의도하는 바와 부합해야한다.
② 신뢰성 : 반복 실험시 재현성이 있어야 한다.
③ 무오염성 : 측정하고자 하는 변수 이외의 다른 변수의 영향을 받아서는 안 된다.
④ 민감도 : 피실험자 사이에서 볼 수 있는 예상 차이점에 비례하는 단위로 측정해야 한다.

22

그림과 같은 시스템에서 부품 A, B, C, D 의 신뢰도가 모두 r 로 동일할 때 이 시스템의 신뢰도는 ?

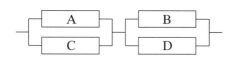

① $r(2-r^2)$ ② $r^2(2-r)^2$
③ $r^2(2-r^2)$ ④ $r^2(2-r)$

*시스템의 신뢰도(R)
$$R = \{1-(1-A)(1-C)\} \times \{1-(1-B)(1-D)\}$$
$$= \{1-(1-r)(1-r)\} \times \{1-(1-r)(1-r)\}$$
$$= \{1-(r^2-2r+1)\} \times \{1-(r^2-2r+1)\}$$
$$= (-r^2+2r) \times (-r^2+2r)$$
$$= r(2-r) \times r(2-r)$$
$$= r^2(2-r)^2$$

23

서브시스템 분석에 사용되는 분석방법 시스템 수명주기에서 ㉠에 들어갈 위험분석기법은?

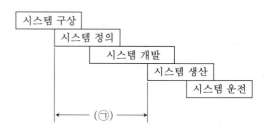

① PHA ② FHA
③ FTA ④ ETA

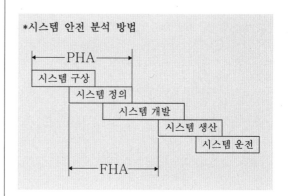

*시스템 안전 분석 방법

① PHA(예비 위험성 분석)
최초단계 해석으로 시스템 내의 위험한 요소가 어떤 위험상태에 있는가를 정성적으로 평가하는 방법

② FHA(결함 위험성 분석)
서브시스템 간의 인터페이스를 조정하여 각각의 서브시스템이 서로와 전체 시스템에 악영향을 미치지 않게 하는 방법

*화학설비에 대한 안전성 평가
① 정량적 평가
객관적인 데이터를 활용하는 평가
ex) 압력, 온도, 용량, 취급물질, 조작 등

② 정성적 평가
객관적인 데이터로 나타내기 힘든 요소까지 종합적으로 고려하는 평가
ex) 공장의 입지 조건, 공장 내 배치, 건조물, 입지 조건 등

24

정신적 작업 부하에 관한 생리적 척도에 해당하지 않는 것은?

① 근전도   ② 뇌파도
③ 부정맥 지수   ④ 점멸융합주파수

*정신적 부하측정 척도의 종류
① 부정맥 지수
② 점멸융합주파수
③ 뇌파도
④ 안구전위도

② 근전도 : 육체적 부하측정 척도

26

불(Boole) 대수의 관계식으로 틀린 것은?

① $A + \overline{A} = 1$

② $A + AB = A$

③ $A(A + B) = A + B$

④ $A + \overline{A}B = A + B$

*불(Boole)대수의 정리

① $A + 0 = A$	② $A + 1 = 1$
③ $A \cdot 0 = 0$	④ $A \cdot 1 = A$
⑤ $A + A = A$	⑥ $A \cdot A = A$
⑦ $A + \overline{A} = 1$	⑧ $A \cdot \overline{A} = 0$
⑨ $\overline{\overline{A}} = A$	⑩ $A + AB = A$
⑪ $A + \overline{A}B = A + B$	⑫ $A(A + B) = A$

25

A사의 안전관리자는 자사 화학 설비의 안전성 평가를 실시하고 있다. 그 중 제 2단계인 정성적 평가를 진행하기 위하여 평가항목을 설계관계 대상과 운전관계 대상으로 분류하였을 때 설계 관계 항목이 아닌 것은?

① 건조물   ② 공장 내 배치
③ 입지조건   ④ 원재료, 중간제품

24.① 25.④ 26.③

27

인간공학의 목표와 거리가 가장 먼 것은?

① 사고 감소　　　② 생산성 증대
③ 안전성 향상　　④ 근골격계질환 증가

28

통화이해도 척도로서 통화 이해도에 영향을 주는 잡음의 영향을 추정하는 지수는?

① 명료도 지수　　　② 통화 간섭 수준
③ 이해도 점수　　　④ 통화 공진 수준

29

예비위험분석(PHA)에서 식별된 사고의 범주가 아닌 것은?

① 중대(critical)
② 한계적(marginal)
③ 파국적(catastrophic)
④ 수용가능(acceptable)

30

어떤 결함수를 분석하여 minimal cut set을 구한 결과 다음과 같았다. 각 기본사상의 발생확률을 q_i, $i = 1, 2, 3$라 할 때, 정상사상의 발생확률함수로 맞는 것은?

> [다음]
> $k_1 = [1, 2]$, $k_2 = [1, 3]$, $k_3 = [2, 3]$

① $q_1 q_2 + q_1 q_2 - q_2 q_3$

② $q_1 q_2 + q_1 q_3 - q_2 q_3$

③ $q_1 q_2 + q_1 q_3 + q_2 q_3 - q_1 q_2 q_3$

④ $q_1 q_2 + q_1 q_3 + q_2 q_3 - 2 q_1 q_2 q_3$

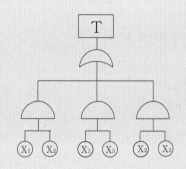
27.④ 28.② 29.④ 30.④

31

반사경 없이 모든 방향으로 빛을 발하는 점광원에서 $3m$ 떨어진 곳의 조도가 $300lux$라면 $2m$ 떨어진 곳에서 조도(lux)는?

① 375   ② 675
③ 875   ④ 975

---

*조도(Lux)의 계산

$$L = \frac{I}{D^2}$$

$$I = L_1 \times D_1^2 = 300 \times 3^2 = 2700\,Cd$$

$$L_2 = \frac{I}{D_2^2} = \frac{2700}{2^2} = 675\,Lux$$

여기서, I : 광도 $[Cd]$
D : 거리 $[m]$

32

근골격계부담작업의 범위 및 유해요인조사방법에 관한 고시상 근골격계부담작업에 해당하지 않는 것은? (단, 상시작업을 기준으로 한다.)

① 하루에 10회 이상 $25kg$ 이상의 물체를 드는 작업
② 하루에 총 2시간 이상 쪼그리고 앉거나 무릎을 굽힌 자세에서 이루어지는 작업
③ 하루에 총 2시간 이상 시간당 5회 이상 손 또는 무릎을 사용하여 반복적으로 충격을 가하는 작업
④ 하루에 4시간 이상 집중적으로 자료입력 등을 위해 키보드 또는 마우스를 조작하는 작업

---

*근골격계부담작업의 범위
① 하루에 4시간 이상 집중적으로 자료입력 등을 위해 키보드 또는 마우스를 조작하는 작업
② 하루에 총 2시간 이상 목, 어깨, 팔꿈치, 손목 또는 손을 사용하여 같은 동작을 반복하는 작업
③ 하루에 총 2시간 이상 머리 위에 손이 있거나, 팔꿈치가 어깨위에 있거나, 팔꿈치를 몸통으로부터 들거나, 팔꿈치를 몸통뒤쪽에 위치하도록 하는 상태에서 이루어지는 작업
④ 지지되지 않은 상태이거나 임의로 자세를 바꿀 수 없는 조건에서, 하루에 총 2시간 이상 목이나 허리를 구부리거나 트는 상태에서 이루어지는 작업
⑤ 하루에 총 2시간 이상 쪼그리고 앉거나 무릎을 굽힌 자세에서 이루어지는 작업
⑥ 하루에 총 2시간 이상 지지되지 않은 상태에서 1kg 이상의 물건을 한손의 손가락으로 집어 옮기거나, 2kg 이상에 상응하는 힘을 가하여 한손의 손가락으로 물건을 쥐는 작업
⑦ 하루에 총 2시간 이상 지지되지 않은 상태에서 4.5kg 이상의 물건을 한 손으로 들거나 동일한 힘으로 쥐는 작업
⑧ 하루에 10회 이상 25kg 이상의 물체를 드는 작업
⑨ 하루에 25회 이상 10kg 이상의 물체를 무릎 아래에서 들거나, 어깨 위에서 들거나, 팔을 뻗은 상태에서 드는 작업
⑩ 하루에 총 2시간 이상, 분당 2회 이상 4.5kg 이상의 물체를 드는 작업
⑪ 하루에 총 2시간 이상 시간당 10회 이상 손 또는 무릎을 사용하여 반복적으로 충격을 가하는 작업

33

시각적 식별에 영향을 주는 각 요소에 대한 설명 중 틀린 것은?

① 조도는 광원의 세기를 말한다.
② 휘도는 단위 면적당 표면에 반사 또는 방출되는 광량을 말한다.
③ 반사율은 물체의 표면에 도달하는 조도와 광도의 비를 말한다.
④ 광도 대비란 표적의 광도와 배경의 광도의 차이를 배경 광도로 나눈 값을 말한다.

조도 : 어떤 면에 받는 빛의 세기
광도 : 광원의 세기

34

부품 배치의 원칙 중 기능적으로 관련된 부품들을 모아서 배치한다는 원칙은?

① 중요성의 원칙
② 사용 빈도의 원칙
③ 사용 순서의 원칙
④ 기능별 배치의 원칙

*공간 배치의 원칙
① 사용빈도의 원칙
② 사용순서의 원칙
③ 중요도의 원칙
④ 기능성의 원칙

35

HAZOP 분석기법의 장점이 아닌 것은?

① 학습 및 적용이 쉽다.
② 기법 적용에 큰 전문성을 요구하지 않는다.
③ 짧은 시간에 저렴한 비용으로 분석이 가능하다.
④ 다양한 관점을 가진 팀 단위 수행이 가능하다.

*HAZOP(Hazard and Operability) 분석기법
장비에 대해 잠재된 위험이나 기능 저하 등이 시설에 미칠 수 있는 영향을 평가하기 위해 공정이나 설계도 등을 체계적으로 검토하는 과정이다.
③ HAZOP 분석기법은 많은 인력과 시간이 소요된다.

36

태양광이 내리쬐지 않는 옥내의 습구흑구온도지수(WBGT) 산출 식은?

① 0.6×자연습구온도+0.3×흑구온도
② 0.7×자연습구온도+0.3×흑구온도
③ 0.6×자연습구온도+0.4×흑구온도
④ 0.7×자연습구온도+0.4×흑구온도

*습구흑구온도(WBGT)
① 태양 직사광선이 있을 때
$WBGT = 0.7NWB + 0.2GT + 0.1DB$

② 태양 직사광선이 없을 때
$WBGT = 0.7NWB + 0.3GT$

여기서,
NWB : 자연습구온도(Nature Wet Bulb) [℃]
GT : 흑구온도(Globe Temperature) [℃]
DB : 건구온도(Dry Bulb) [℃]

37

FTA에서 사용되는 논리게이트 중 입력과 반대되는 현상으로 출력되는 것은?

① 부정 게이트
② 억제 게이트
③ 배타적 OR 게이트
④ 우선적 AND 게이트

명칭	기호	설명
부정 게이트		입력과 반대되는 현상

38

부품고장이 발생하여도 기계가 추후 보수 될 때까지 안전한 기능을 유지할 수 있도록 하는 기능은?

① fail - soft   ② fail - active
③ fail - operational   ④ fail - passive

*Fail Safe의 기능적 분류

단계	세부내용
1단계 Fail Passive	부품이 고장나면 운행을 정지
2단계 Fail Active	부품이 고장나면 기계는 경보를 울리는 가운데 짧은 시간동안 운전 가능
3단계 Fail Operational	부품에 고장이 있어도 기계는 추후의 보수가 될 때 까지 기능을 유지

39

양립성의 종류가 아닌 것은?

① 개념의 양립성   ② 감성의 양립성
③ 운동의 양립성   ④ 공간의 양립성

*양립성(Compatibility)
자극과 반응 조합의 관계에서 인간의 기대와 모순되지 않는 성질

종류	정의
운동 양립성	장치의 조작방향과 장치의 반응결과가 일치하는 성질
공간 양립성	장치의 배치와 장치의 반응결과가 일치하는 성질
개념 양립성	인간의 개념적 연상과 일치하는 성질
양식 양립성	자극에 따라 정해진 응답양식이 존재하는 성질

40

James Reason의 원인적 휴먼에러 종류 중 다음 설명의 휴먼에러 종류는?

> 자동차가 우측 운행하는 한국의 도로에 익숙해진 운전자가 좌측 운행을 해야 하는 일본에서 우측 운행을 하다가 교통사고를 냈다.

① 고의 사고(Violation)
② 숙련 기반 에러(Skill based error)
③ 규칙 기반 착오(Rule based mistake)
④ 지식 기반 착오(Knowledge based mistake)

*제임스 리슨(James Reason)의 원인적 휴먼에러

행동	설명
숙련 기반 에러	실수와 망각으로 구분
지식 기반 착오	처음부터 장기기억 속에 관련 지식이 없는 경우는 추론이나 유추로 지식 처리과정 중에 실패 또는 과오로 이어지는 에러
규칙 기반 착오	잘못된 규칙을 기억하거나, 정확한 규칙이라도 상황에 맞지 않게 잘못 적용한 경우

41

산업안전보건법령상 사업주가 진동 작업을 하는 근로자에게 충분히 알려야 할 사항과 거리가 가장 먼 것은?

① 인체에 미치는 영향과 증상
② 진동기계·기구 관리방법
③ 보호구 선정과 착용방법
④ 진동재해 시 비상연락체계

*진동 작업에 대한 교육사항
① 인체에 미치는 영향과 증상
② 보호구 선정과 착용방법
③ 진동기계·기구 관리방법
④ 진동 장해 예방방법

42

산업안전보건법령상 크레인에 전용탑승설비를 설치하고 근로자를 달아 올린 상태에서 작업에 종사시킬 경우 근로자의 추락 위험을 방지하기 위하여 실시해야 할 조치 사항으로 적합하지 않은 것은?

① 승차석 외의 탑승 제한
② 안전대나 구명줄의 설치
③ 탑승설비의 하강시 동력하강방법을 사용
④ 탑승설비가 뒤집히거나 떨어지지 않도록 필요한 조치

*크레인 추락방지대책
① 안전대나 구명줄 설치
② 안전난간 설치
③ 탑승설비 하강시 동력하강방법 사용
④ 탑승설비가 뒤집히거나 떨어지지 않도록 조치

43

연삭기에서 숫돌의 바깥지름이 $150mm$일 경우 평형플랜지 지름은 몇 mm 이상이어야 하는가?

① 30
② 50
③ 60
④ 90

*평형 플랜지 지름(D)
$$D = \frac{1}{3} \times d = \frac{1}{3} \times 150 = 50cm$$
여기서, d : 연삭숫돌의 바깥지름 $[cm]$

44

플레이너 작업시의 안전대책이 아닌 것은?

① 베드 위에 다른 물건을 올려놓지 않는다.
② 바이트는 되도록 짧게 나오도록 설치한다.
③ 프레임 내의 피트(pit)에는 뚜껑을 설치한다.
④ 칩 브레이커를 사용하여 칩이 길게 되도록 한다.

*칩 브레이커
선반작업 시 발생하는 칩을 짧게 끊어지게 하는 장치

45

양중기 과부하방지장치의 일반적인 공통사항에 대한 설명 중 부적합한 것은?

① 과부하방지장치와 타 방호장치는 기능에 서로 장애를 주지 않도록 부착할 수 있는 구조이어야 한다.
② 방호장치의 기능을 변형 또는 보수할 때 양중기의 기능도 동시에 정지할 수 있는 구조이어야 한다.
③ 과부하방지장치에는 정상동작상태의 녹색 램프와 과부하 시 경고 표시를 할 수 있는 붉은색램프와 경보음을 발하는 장치 등을 갖추어야 하며, 양중기 운전자가 확인할 수 있는 위치에 설치해야 한다.
④ 과부하방지장치 작동 시 경보음과 경보램프가 작동되어야 하며 양중기는 작동이 되지 않아야 한다. 다만, 크레인은 과부하 상태 해지를 위하여 권상된 만큼 권하시킬 수 있다.

> ② 방호장치의 기능을 제거 또는 정지할 때 양중기의 기능도 동시에 정지할 수 있는 구조이어야 한다.

46

산업안전보건법령상 프레스 작업시작 전 점검해야 할 사항에 해당하는 것은?

① 와이어로프가 통하고 있는 곳 및 작업장소의 지반상태
② 하역장치 및 유압장치 기능
③ 권과방지장치 및 그 밖의 경보장치의 기능
④ 1행정 1정지기구·급정지장치 및 비상정지 장치의 기능

> *프레스 작업시작 전 점검사항
> ① 클러치 및 브레이크의 기능
> ② 방호장치의 기능
> ③ 프레스의 금형 및 고정볼트 상태
> ④ 전단기의 칼날 및 테이블의 상태
> ⑤ 1행정 1정지기구·급정지장치 및 비상정지장치의 기능
> ⑥ 슬라이드 또는 칼날에 의한 위험방지 기구의 기능
> ⑦ 크랭크축·플라이휠·슬라이드·연결봉 및 연결나사의 풀림 유무

47

방호장치를 분류할 때는 크게 위험장소에 대한 방호장치와 위험원에 대한 방호장치로 구분할 수 있는데, 다음 중 위험장소에 대한 방호장치가 아닌 것은?

① 격리형 방호장치
② 접근거부형 방호장치
③ 접근반응형 방호장치
④ 포집형 방호장치

> *위험원에 대한 방호장치
> ① 포집형 방호장치
> ② 감지형 방호장치

48

산업안전보건법령상 목재가공용 기계에 사용되는 방호장치의 연결이 옳지 않은 것은?

① 둥근톱기계 : 톱날접촉예방장치
② 띠톱기계 : 날접촉예방장치
③ 모떼기기계 : 날접촉예방장치
④ 동력식 수동대패기계 : 반발예방장치

> 동력식 수동대패기계 방호장치 : 날접촉예방장치

49

다음 중 금속 등의 도체에 교류를 통한 코일을 접근시켰을 때, 결함이 존재하면 코일에 유기되는 전압이나 전류가 변하는 것을 이용한 검사방법은?

① 자분탐상검사   ② 초음파탐상검사
③ 와류탐상검사   ④ 침투형광탐상검사

＊와류탐상검사(ET)

금속 등의 도체에 교류를 통한 코일을 접근 시킬 때 결함이 존재하면 코일에 유기되는 전압이나 전류가 변하는 것을 이용한 비파괴검사법이다.

50

산업안전보건법령상에서 정한 양중기의 종류에 해당하지 않는 것은?

① 크레인[호이스트(hoist)를 포함한다]
② 도르래
③ 곤돌라
④ 승강기

＊양중기의 종류
① 크레인(호이스트 포함)
② 이동식 크레인
③ 리프트(이삿짐 운반용 리프트는 적재하중 0.1ton 이상인 것)
④ 곤돌라
⑤ 승강기

51

롤러의 급정지를 위한 방호장치를 설치하고자 한다. 앞면 롤러 직경이 $36cm$이고, 분당회전속도가 $50rpm$이라면 급정지거리는 약 얼마 이내이어야 하는가?
(단, 무부하동작에 해당한다.)

① $45cm$ ② $50cm$
③ $55cm$ ④ $60cm$

＊롤러기의 급정지거리

$V = \pi DN = \pi \times 0.36 \times 50 = 56.55 m/min$

여기서,
D : 연삭숫돌의 바깥지름 $[m]$
N : 회전수 $[rpm]$

속도 기준	급정지거리 기준
$30m/min$ 이상	앞면 롤러 원주의 $\dfrac{1}{2.5}$ 이내
$30m/min$ 미만	앞면 롤러 원주의 $\dfrac{1}{3}$ 이내

$\therefore$ 급정지거리 $= \pi D \times \dfrac{1}{3}$

$= \pi \times 36 \times \dfrac{1}{2.5} = 45.24cm \fallingdotseq 45cm$

52

다음 중 금형 설치·해체작업의 일반적인 안전사항으로 틀린 것은?

① 고정볼트는 고정 후 가능하면 나사산이 3~4개 정도 짧게 남겨 슬라이드 면과의 사이에 협착이 발생하지 않도록 해야 한다.
② 금형 고정용 브래킷(물림판)을 고정시킬 때 고정용 브래킷은 수평이 되게 하고, 고정볼트는 수직이 되게 고정하여야 한다.
③ 금형을 설치하는 프레스의 T홈 안길이는 설치 볼트 직경 이하로 한다.
④ 금형의 설치용구는 프레스의 구조에 적합한 형태로 한다.

③ 금형을 설치하는 프레스의 T홈 안길이는 설치 볼트 직경의 2배 이상으로 한다.

53

산업안전보건법령상 보일러에 설치하는 압력방출장치에 대하여 검사 후 봉인에 사용되는 재료로 가장 적합한 것은?

① 납   ② 주석
③ 구리   ④ 알루미늄

압력방출장치 검사 후 납으로 봉인하여 사용한다.

54

슬라이드가 내려옴에 따라 손을 쳐내는 막대가 좌우로 왕복하면서 위험점으로부터 손을 보호하여 주는 프레스의 안전장치는?

① 수인식 방호장치
② 양손조작식 방호장치
③ 손쳐내기식 방호장치
④ 게이트 가드식 방호장치

*손쳐내기식 방호장치
슬라이드가 내려옴에 따라 손을 쳐내는 막대기 좌우로 왕복하면서 위험점으로부터 손을 보호하여 주는 프레스의 방호장치

55

산업안전보건법령에 따라 사업주는 근로자가 안전하게 통행할 수 있도록 통로에 얼마 이상의 채광 또는 조명시설을 하여야 하는가?

① 50럭스   ② 75럭스
③ 90럭스   ④ 100럭스

사업주는 근로자가 안전하게 통행할 수 있도록 통로에 75Lux 이상의 채광 또는 조명시설을 할 것

56

산업안전보건법령상 다음 중 보일러의 방호장치와 가장 거리가 먼 것은?

① 언로드밸브   ② 압력방출장치
③ 압력제한스위치   ④ 고저수위 조절장치

*보일러 폭발 방호장치
① 화염 검출기
② 압력방출장치
③ 압력제한스위치
④ 고저수위 조절장치

57

다음 중 롤러기 급정지장치의 종류가 아닌 것은?

① 어깨조작식   ② 손조작식
③ 복부조작식   ④ 무릎조작식

*롤러기의 급정지장치
작업자가 조작부를 설치하여 건드리면 구동에너지가 차단되어 급정지가 되는 장치

종류	위치
손조작식	밑면에서 1.8m 이내
복부조작식	밑면에서 0.8m 이상 1.1m 이내
무릎조작식	밑면에서 0.6m 이내

✔ 단, 급정지장치 조작부의 중심점을 기준으로 한다.

58

산업안전보건법령에 따라 레버풀러(lever puller) 또는 체인블록(chain block)을 사용하는 경우 훅의 입구(hook mouth) 간격이 제조자가 제공하는 제품사양서 기준으로 몇 % 이상 벌어진 것은 폐기하여야 하는가?

① 3   ② 5   ③ 7   ④ 10

레버풀러 또는 체인블록을 사용하는 경우, 혹의 입구 간격이 제조자가 제공하는 제품사양서 기준으로 10% 이상 벌어진 것은 폐기처리 할 것

59

컨베이어(conveyor) 역전방지장치의 형식을 기계식과 전기식으로 구분할 때 기계식에 해당하지 않는 것은?

① 라쳇식   ② 밴드식
③ 슬러스트식   ④ 롤러식

*컨베이어 역전방지장치의 형식
① 기계식
 ㉠ 라쳇식
 ㉡ 밴드식
 ㉢ 롤러식

② 전기식
 ㉠ 스러스트식

60

다음 중 연삭숫돌의 3요소가 아닌 것은?

① 결합제   ② 입자
③ 저항   ④ 기공

*연삭숫돌의 3요소
① 입자
② 결합제
③ 기공

61

다음 ( ) 안의 알맞은 내용을 나타낸 것은?

> 폭발성 가스의 폭발등급 측정에 사용되는 표준
> 용기는 내용적이 (㉮)cm^3, 반구상의 플렌지
> 접합면의 안길이 (㉯)mm의 구상용기의 틈새를
> 통과시켜 화염일주 한계를 측정하는 장치이다.

① ㉮ 600 ㉯ 0.4   ② ㉮ 1800 ㉯ 0.6
③ ㉮ 4500 ㉯ 8   ④ ㉮ 8000 ㉯ 25

＊폭발등급 측정에 사용되는 표준용기
폭발성 가스의 폭발등급 측정에 사용되는 표준용기는
내용적이 $8000cm^3$, 반구상의 플렌지 접합면의 안길이
25mm의 구상용기의 틈새를 통과시켜 화염일주 한
계를 측정하는 장치이다.

62

다음 차단기는 개폐기구가 절연물의 용기 내에
일체로 조립한 것으로 과부하 및 단락사고 시에
자동적으로 전로를 차단하는 장치는?

① OS   ② VCB
③ MCCB   ④ ACB

＊배선용차단기(MCCB)
특별고압 과전류 차단기로 과부하 및 단락 보호용이다.

63

한국전기설비규정에 따라 보호등전위본딩 도체로서
주접지단자에 접속하기 위한 등전위본딩 도체(구리
도체)의 단면적은 몇 mm^2 이상이어야 하는가?
(단, 등전위본딩 도체는 설비 내에 있는 가장 큰
보호접지 도체 단면적의 $\frac{1}{2}$ 이상의 단면적을 가지고
있다.)

① 2.5   ② 6
③ 16   ④ 50

＊보호등전위본딩 도체
주접지단자에 접속하기 위한 등전위본딩 도체는 설비
내에 있는 가장 큰 보호접지도체의 단면적의 1/2
이상의 단면적을 가져야하고 다음의 단면적 이상이
어야 한다.

① 구리도체 : 6mm^2
② 알루미늄 도체 : 16mm^2
③ 강철 도체 : 50mm^2

64

저압전로의 절연성능 시험에서 전로의 사용전압이 $380\,V$인 경우 전로의 전선 상호간 및 전로와 대지 사이의 절연저항은 최소 몇 $M\Omega$ 이상이어야 하는가?

① 0.1   ② 0.3
③ 0.5   ④ 1

*전로의 사용전압에 따른 절연저항

사용전압	절연저항
SELV 및 PELV	$0.5M\Omega$
FELV, 500V 이하	$1.0M\Omega$
500V 초과	$1.0M\Omega$

66

교류 아크용접기의 허용사용률(%)은?
(단, 정격사용률은 10%, 2차 정격전류는 $500A$, 교류 아크용접기의 사용전류는 $250A$ 이다.)

① 30   ② 40
③ 50   ④ 60

*교류 아크용접기의 허용사용률

$$허용사용률 = \left(\frac{정격2차전류}{실제용접전류}\right)^2 \times 정격사용률 \times 100\,[\%]$$
$$= \left(\frac{500}{250}\right)^2 \times 0.1 \times 100 = 40\%$$

65

전격의 위험을 결정하는 주된 인자로 가장 거리가 먼 것은?

① 통전전류   ② 통전시간
③ 통전경로   ④ 접촉전압

*감전위험 요인

요인	종류
직접적인 요인	① 통전 전류의 크기 ② 통전 전원의 종류 ③ 통전 시간 ④ 통전 경로
간접적인 요인	① 전압의 크기 ② 인체의 조건(저항) ③ 계절 ④ 개인차

67

내압방폭구조의 필요충분조건에 대한 사항으로 틀린 것은?

① 폭발화염이 외부로 유출되지 않을 것
② 습기침투에 대한 보호를 충분히 할 것
③ 내부에서 폭발한 경우 그 압력에 견딜 것
④ 외함의 표면온도가 외부의 폭발성가스를 점화하지 않을 것

② 내압방폭구조는 습기침투와는 무관하다.

68

다음 중 전동기를 운전하고자 할 때 개폐기의 조작순서로 옳은 것은?

① 메인 스위치 → 분전반 스위치 → 전동기용 개폐기
② 분전반 스위치 → 메인 스위치 → 전동기용 개폐기
③ 전동기용 개폐기 → 분전반 스위치 → 메인 스위치
④ 분전반 스위치 → 전동기용 스위치 → 메인 스위치

*전동기 운전에 대한 개폐기의 조작순서
메인 스위치 → 분전반 스위치 → 전동기용 개폐기

69

다음 빈칸에 들어갈 내용으로 알맞은 것은?

"교류 특고압 가공전선로에서 발생하는 극저주파 전자계는 지표상 $1m$에서 전계가 (ⓐ), 자계가 (ⓑ)가 되도록 시설하는 등 상시 정전유도 및 전자유도 작용에 의하여 사람에게 위험을 줄 우려가 없도록 시설하여야 한다."

① ⓐ $0.35kV/m$이하　　ⓑ $0.833\mu T$이하
② ⓐ $3.5\ kV/m$이하　　ⓑ $8.33\mu T$ 이하
③ ⓐ $3.5\ kV/m$이하　　ⓑ $83.3\mu T$ 이하
④ ⓐ $35\ kV/m$이하　　ⓑ $833\mu T$ 이하

교류 특고압 가공전선로에서 발생하는 극저주파 전자계는 지표상 1m에서 전계가 3.5kV/m 이하, 자계가 83.3μT 이하가 되도록 시설하는 등 상시 정전유도 및 전자유도 작용에 의하여 살마에게 위험을 줄 우려가 없도록 시설하여야 한다.

70

감전사고를 방지하기 위한 방법으로 틀린 것은?

① 전기기기 및 설비의 위험부에 위험표지
② 전기설비에 대한 누전차단기 설치
③ 전기기기에 대한 정격표시
④ 무자격자는 전기기계 및 기구에 전기적인 접촉 금지

③ 감전사고 예방과 정격표시는 관계가 없다.

71

외부피뢰시스템에서 접지극은 지표면에서 몇 m 이상 깊이로 매설하여야 하는가?
(단, 동결심도는 고려하지 않는 경우이다.)

① 0.5　　　　　　② 0.75
③ 1　　　　　　　④ 1.25

외부피뢰시스템에서 접지전극을 지면으로부터 75cm(=0.75m)이상 깊은 곳에 매설하는 주된 이유는 접촉 전압을 감소시키기 위해서이다.

72

정전기의 재해방지 대책이 아닌 것은?

① 부도체에는 도전성을 향상 또는 제전기를 설치 운영한다.
② 접촉 및 분리를 일으키는 기계적 작용으로 인한 정전기 발생을 적게 하기 위해서는 가능한 접촉 면적을 크게 하여야 한다.
③ 저항률이 $10^{10}\Omega\cdot cm$ 미만의 도전성 위험물의 배관유속은 $7m/s$ 이하로 한다.
④ 생산공정에 별다른 문제가 없다면, 습도를 70(%)정도 유지하는 것도 무방하다.

② 접촉 및 분리를 일으키는 기계작 작용으로 인한 정전기 발생을 적게 하기 위해서는 가능한 접촉 면적을 작게 하여야 한다.

73

어떤 부도체에서 정전용량이 $10pF$ 이고, 전압이 $5kV$ 일 때 전하량(C)은?

① 9×10^{-12}
② 6×10^{-10}
③ 5×10^{-8}
④ 2×10^{-6}

*전하량 $[C]$
$Q = CV = 10 \times 10^{-12} \times 5000 = 5 \times 10^{-8} C$
여기서,
C : 정전용량 $[F]$
V : 전압 $[V]$
Q : 대전 전하량 $[C]$ $(Q = CV)$

*단위접두사

양수 단위	음수 단위
k(킬로) : 10^3	m(밀리) : 10^{-3}
M(메가) : 10^6	μ(마이크로) : 10^{-6}
G(기가) : 10^9	n(나노) : 10^{-9}
T(테라) : 10^{12}	p(피코) : 10^{-12}

74

KS C IEC 600179 − 0에 따른 방폭에 대한 설명으로 틀린 것은?

① 기호 "X"는 방폭기기의 특정사용조건을 나타내는 데 사용되는 인증번호의 접미사이다.
② 인화하한(LFL)과 인화상한(UFL) 사이의 범위가 클수록 폭발성 가스 분위기 형성 가능성이 크다.
③ 기기그룹에 따라 폭발성가스를 분류할 때 IIA의 대표 가스로 에틸렌이 있다.
④ 연면거리는 두 도전부 사이의 고체 절연물 표면을 따른 최단거리를 말한다.

*방폭전기기기의 폭발등급

가스 그룹	최대안전틈새	가스 명칭
IIA	0.9mm 이상	프로판 가스
IIB	0.5mm 초과 0.9mm 미만	에틸렌 가스
IIC	0.5mm 이하	수소 또는 아세틸렌 가스

75

다음 중 활선근접 작업시의 안전조치로 적절하지 않은 것은?

① 근로자가 절연용 방호구의 설치·해체 작업을 하는 경우에는 절연용 보호구를 착용하거나 활선작업용 기구 및 장치를 사용하도록 하여야 한다.

② 저압인 경우에는 해당 전기작업자가 절연용 보호구를 착용하되, 충전전로에 접촉할 우려가 없는 경우에는 절연용 방호구를 설치하지 아니할 수 있다.

③ 유자격자가 아닌 근로자가 근로자의 몸 또는 긴 도전성 물체가 방호되지 않은 충전전로에서 대지전압이 $50kV$ 이하인 경우에는 $400cm$ 이내로 접근할 수 없도록 하여야 한다.

④ 고압 및 특별고압의 전로에서 전기작업을 하는 근로자에게 활선작업용 기구 및 장치를 사용하여야 한다.

＊충전전로의 한계거리

충전전로의 선간전압 $[kV]$	충전전로에 대한 접근한계거리 $[cm]$
0.3 이하	접촉금지
0.3 초과 0.75 이하	30
0.75 초과 2 이하	45
2 초과 15 이하	60
15 초과 37 이하	90
37 초과 88 이하	110
88 초과 121 이하	130
121 초과 145 이하	150
145 초과 169 이하	170
169 초과 242 이하	230
242 초과 362 이하	380
362 초과 550 이하	550
550 초과 800 이하	790

76

밸브 저항형 피뢰기의 구성요소로 옳은 것은?

① 직렬캡, 특성요소
② 병렬캡, 특성요소
③ 직렬캡, 충격요소
④ 병렬캡, 충격요소

＊피뢰기의 구성요소
직렬캡, 특성요소

77

정전기 제거 방법으로 가장 거리가 먼 것은?

① 작업장 바닥을 도전처리한다.
② 설비의 도체 부분은 접지시킨다.
③ 작업자는 대전방지화를 신는다.
④ 작업장을 항온으로 유지한다.

＊정전기 제거방법
① 공기 중 상대습도를 70% 이상으로 하는 방법
② 도전성재료 사용
③ 대전방지제 사용
④ 제전기 사용
⑤ 접지에 의한 방법
⑥ 공기를 이온화하는 방법

78

인체의 전기저항을 $0.5k\Omega$이라고 하면 심실세동을 일으키는 위험한계 에너지는 몇 J 인가?

(단, 심실세동전류값 $I = \dfrac{165}{\sqrt{T}}$ mA의 Dalziel의 식을 이용하며, 통전시간은 1초로 한다.)

① 13.6

② 12.6

③ 11.6

④ 10.6

*심실세동 전기에너지(Q)

$$Q = I^2 RT$$
$$= \left(\frac{165 \times 10^{-3}}{\sqrt{T}}\right)^2 \times R \times T$$
$$= \left(\frac{165 \times 10^{-3}}{\sqrt{1}}\right)^2 \times 500 \times 1 = 13.61 J$$

여기서,
R : 저항 $[\Omega]$
T : 시간 $[sec]$ (주어지지 않을 경우 $T = 1sec$)

79

다음 중 전기설비기술기준에 따른 전압의 구분으로 틀린 것은?

① 저압 : 직류 $1kV$ 이하
② 고압 : 교류 $1kV$를 초과, $7kV$ 이하
③ 특고압 : 직류 $7kV$ 초과
④ 특고압 : 교류 $7kV$ 초과

*전압의 구분

구분	직류	교류
저압	$1500V$ 이하	$1000V$ 이하
고압	$1500 \sim 7000V$	$1000 \sim 7000V$
특별고압	$7000V$ 초과	$7000V$ 초과

80

가스 그룹 Ⅱ B 지역에 설치된 내압방폭구조 "d" 장비의 플랜지 개구부에서 장애물까지의 최소 거리(mm)는?

① 10

② 20

③ 30

④ 40

*플랜지 개구부에서 장애물 간 최소 이격거리

가스그룹	최소 이격거리$[mm]$
ⅡA	10mm
ⅡB	30mm
ⅡC	40mm

81

다음 설명이 의미하는 것은?

> 온도, 압력 등 제어상태가 규정의 조건을 벗어나는 것에 의해 반응속도가 지수함수적으로 증대되고, 반응용기 내의 온도, 압력이 급격히 이상 상승되어 규정 조건을 벗어나고, 반응이 과격화되는 현상

① 비등   ② 과열·과압
③ 폭발   ④ 반응폭주

*반응폭주
온도·압력 등 제어상태가 규정의 조건을 벗어나는 것에 의해 반응속도가 지수함수적으로 증대되고, 반응용기 내의 온도·압력이 급격히 이상 상승되어 규정 조건을 벗어나고, 반응이 과격화되는 현상

82

다음 중 전기화재의 종류에 해당하는 것은?

① A급   ② B급
③ C급   ④ D급

*화재의 구분

등급	종류	색	소화방법
A급	일반화재	백색	냉각소화
B급	유류 및 가스화재	황색	질식소화
C급	전기화재	청색	질식소화
D급	금속화재	무색	피복소화

83

다음 중 폭발범위에 관한 설명으로 틀린 것은?

① 상한값과 하한값이 존재한다.
② 온도에는 비례하지만 압력과는 무관하다.
③ 가연성 가스의 종류에 따라 각가 다른 값을 갖는다.
④ 공기와 혼합된 가연성 가스의 체적 농도로 나타낸다.

온도 상승시 : 폭발하한계 감소, 폭발상한계 증가
압력 상승시 : 폭발하한계에 영향 없음, 폭발상한계 증가

84

다음 [표]와 같은 혼합가스의 폭발범위($vol\%$)로 옳은 것은?

종류	용적비율 ($vol\%$)	폭발하한계 ($vol\%$)	폭발상한계 ($vol\%$)
CH_4	70	5	15
C_2H_6	15	3	12.5
C_3H_8	5	2.1	9.5
C_4H_{10}	10	1.9	8.5

① 3.75 ~ 13.21
② 4.33 ~ 13.21
③ 4.33 ~ 15.22
④ 3.75 ~ 15.22

*혼합가스의 폭발한계 산술평균식

폭발상한계 : $L_h = \dfrac{100(= V_1 + V_2 + V_3 + V_4)}{\dfrac{V_1}{L_1} + \dfrac{V_2}{L_2} + \dfrac{V_3}{L_3} + \dfrac{V_4}{L_4}}$

$= \dfrac{100}{\dfrac{70}{5} + \dfrac{15}{3} + \dfrac{5}{2.1} + \dfrac{10}{1.9}} = 3.75 vol\%$

폭발하한계 : $L_l = \dfrac{100(= V_1 + V_2 + V_3 + V_4)}{\dfrac{V_1}{L_1} + \dfrac{V_2}{L_2} + \dfrac{V_3}{L_3} + \dfrac{V_4}{L_4}}$

$= \dfrac{100}{\dfrac{70}{15} + \dfrac{15}{12.5} + \dfrac{5}{9.5} + \dfrac{10}{8.5}} = 13.21 vol\%$

85

위험물을 저장·취급하는 화학설비 및 그 부속설비를 서치할 때 '단위공정시설 및 설비로부터 다른 단위공정시설 및 설비의 사이'의 안전거리는 설비의 바깥 면으로부터 몇 m 이상이 되어야 하는가?

① 5
② 10
③ 15
④ 20

단위공정시설 및 설비로부터 다른 단위공정 시설 및 설비 사이의 안전거리는 설비의 바깥 면으로부터 10m 이상 되어야 할 것

86

열교환기의 열교환 능률을 향상시키기 위한 방법으로 거리가 먼 것은?

① 유체의 유속을 적절하게 조절한다.
② 유체의 흐르는 방향을 병류로 한다.
③ 열교환기 입구와 출구의 온도차를 크게 한다.
④ 열전도율이 좋은 재료를 사용한다.

② 열 교환 능률을 향상시키기 위해선 유체가 흐르는 방향을 향류로 한다.

87

다음 중 인화성 물질이 아닌 것은?

① 디에틸에테르
② 아세톤
③ 에틸알코올
④ 과염소산칼륨

과염소산칼륨 – 제1류 위험물(산화성고체)

88

산업안전보건법령상 위험물질의 종류에서 "폭발성 물질 및 유기과산화물"에 해당하는 것은?

① 리튬
② 아조화합물
③ 아세틸렌
④ 셀룰로이드류

*폭발성물질 및 유기과산화물
① 질산에스테르
② 니트로화합물
③ 니트로소화합물
④ 아조화합물
⑤ 디아조화합물
⑥ 하이드라진 유도체
⑦ 유기과산화물

89

건축물 공사에 사용되고 있으나, 불에 타는 성질이 있어서 화재 시 유독한 시안화수소 가스가 발생되는 물질은?

① 염화비닐   ② 염화에틸렌
③ 메타크릴산메틸   ④ 우레탄

*우레탄
건축물 공사에 사용되며 화재 시 불에 타서 유독한 시안화수소(HCN) 가스가 발생되는 물질

90

반응기를 설계할 때 고려하여야 할 요인으로 가장 거리가 먼 것은?

① 부식성   ② 상의 형태
③ 온도 범위   ④ 중간생성물의 유무

*반응기 설계 시 고려사항
① 부식성
② 상의 형태
③ 온도 범위 등

91

에틸알코올 1몰이 완전 연소 시 생성되는 CO_2와 H_2O의 몰수로 옳은 것은?

① $CO_2 : 1, H_2O : 4$ ② $CO_2 : 2, H_2O : 3$
③ $CO_2 : 3, H_2O : 2$ ④ $CO_2 : 4, H_2O : 1$

*에틸알코올 연소반응식

$$\underset{\text{(에틸알코올)}}{C_2H_5OH} + \underset{\text{(산소)}}{3O_2} \rightarrow \underset{\text{(이산화탄소)}}{2CO_2} + \underset{\text{(물)}}{3H_2O}$$

92

산업안전보건법령상 각 물질이 해당하는 위험물질의 종류를 옳게 연결한 것은?

① 아세트산(농도 90%) – 부식성 산류
② 아세톤(농도 90%) – 부식성 염기류
③ 이황화탄소 – 인화성 가스
④ 수산화칼륨 – 인화성 가스

*부식성 물질의 구분

구분	기준농도	물질
부식성 산류	20% 이상	염산, 황산, 질산
	60% 이상	인산, 아세트산, 플루오르산
부식성 염기류	40% 이상	수산화나트륨, 수산화칼륨

93

물과의 반응으로 유독한 포스핀가스를 발생하는 것은?

① HCl ② $NaCl$
③ Ca_3P_2 ④ $Al(OH)_3$

인화칼슘(Ca_3P_2)은 물(H_2O)과 반응하여 <u>포스핀가스($2PH_3$)</u>를 발생시킨다.

$$\underset{\text{(인화칼슘)}}{Ca_3P_2} + \underset{\text{(물)}}{6H_2O} \rightarrow \underset{\text{(수산화칼슘)}}{3Ca(OH)_2} + \underset{\text{(포스핀)}}{2PH_3}$$

94

분진폭발의 요인을 물리적 인자와 화학적 인자로 분류할 때 화학적 인자에 해당하는 것은?

① 연소열
② 입도분포
③ 열전도율
④ 입자의 형상

*분진폭발의 요인
① 물리적 인자
- 입도분포
- 열전도율
- 입자의 형상

② 화학적 인자
- 연소열

95

메탄올에 관한 설명으로 틀린 것은?

① 무색투명한 액체이다.
② 비중은 1보다 크고, 증기는 공기보다 가볍다.
③ 금속나트륨과 반응하여 수소를 발생한다.
④ 물에 잘 녹는다.

메탄올의 비중은 0.79이다.

96

다음 중 자연발화가 쉽게 일어나는 조건으로 틀린 것은?

① 주위온도가 높을수록
② 열 축적이 클수록
③ 적당량의 수분이 존재할 때
④ 표면적이 작을수록

*자연발화가 쉽게 일어나는 조건
① 주위온도가 높은 경우
② 열전도율이 낮은 경우
③ 열의 축적이 일어날 경우
④ 입자의 표면적이 넓은 경우
⑤ 적당량의 수분이 존재할 경우
⑥ 분해열, 산화열, 중합열 등이 발생할 경우

97

다음 중 인화점이 가장 낮은 것은?

① 벤젠
② 메탄올
③ 이황화탄소
④ 경유

*각 물질의 인화점

물질	인화점
벤젠	$-11℃$
메탄올	$11℃$
이황화탄소	$-30℃$
경유	$55℃$

98

자연발화성을 가진 물질이 자연발화를 일으키는 원인으로 거리가 먼 것은?

① 분해열   ② 증발열
③ 산화열   ④ 중합열

*자연발화가 쉽게 일어나는 조건
① 주위온도가 높은 경우
② 열전도율이 낮은 경우
③ 열의 축적이 일어날 경우
④ 입자의 표면적이 넓은 경우
⑤ 적당량의 수분이 존재할 경우
⑥ 분해열, 산화열, 중합열 등이 발생할 경우

99

비점이 낮은 가연성 액체 저장탱크 주위에 화재가 발생했을 때 저장탱크 내부의 비등현상으로 인한 압력 상승으로 탱크가 파열되어 그 내용물이 증발, 팽창하면서 발생되는 폭발현상은?

① Back Draft   ② BLEVE
③ Flash Over   ④ UVCE

*비등액체 팽창 증기폭발(BLEVE)
비등상태의 액화가스가 기화하여 팽창하고 폭발하는 현상

100

사업주는 산업안전보건법령에서 정한 설비에 대해서는 과압에 따른 폭발을 방지하기 위하여 안전밸브 등을 설치하여야 한다. 다음 중 이에 해당하는 설비가 아닌 것은?

① 원심펌프
② 정변위 압축기
③ 정변위 펌프(토출축에 차단밸브가 설치된 것만 해당한다.)
④ 배관(2개 이상의 밸브에 의하여 차단되어 대기온도에서 액체의 열팽창에 의하여 파열될 우려가 있는 것으로 한정한다.)

*안전밸브 또는 파열판의 설치
① 압력용기(안지름이 150mm 이하인 압력용기는 제외)
② 정변위 압축기
③ 정변위 펌프(토출축에 차단밸브가 설치된 것만 해당)
④ 배관(2개 이상의 밸브에 의하여 차단되어 대기온도에서 액체의 열팽창에 의하여 파열될 우려가 있는 것으로 한정)

101

유해 · 위험방지계획서 제출 시 첨부서류로 옳지 않은 것은?

① 공사현장의 주변 현황 및 주변과의 관계를 나타내는 도면
② 공사개요서
③ 전체공정표
④ 작업인부의 배치를 나타내는 도면 및 서류

*유해위험방지계획서 첨부서류

항목	제출서류 및 내용
공사개요 (건설업)	① 공사개요서 ② 공사현장의 주변 현황 및 주변과의 관계를 나타내는 도면 ③ 건설물·사용 기계설비 등의 배치를 나타내는 도면 ④ 전체 공정표
공사개요 (제조업)	① 건축물 각 층의 평면도 ② 기계·설비의 개요를 나타내는 서류 ③ 기계·설비의 배치도면 ④ 원재료 및 제품의 취급, 제조 등의 작업방법의 개요 ⑤ 그 밖의 고용노동부장관이 정하는 도면 및 서류
안전보건 관리계획	① 산업안전보건관리비 사용계획서 ② 안전관리조직표·안전보건교육 계획 ③ 개인보호구 지급계획 ④ 재해발생 위험시 연락 및 대피방법
작업환경 조성계획	① 분진 및 소음발생공사 종류에 대한 방호대책 ② 위생시설물 설치 및 관리대책 ③ 근로자 건강진단 실시계획 ④ 조명시설물 설치계획 ⑤ 환기설비 설치계획 ⑥ 위험물질의 종류별 사용량과 저장 ·보관 및 사용시의 안전 작업 계획

102

거푸집 해체작업 시 유의사항으로 옳지 않은 것은?

① 일반적으로 수평부재의 거푸집은 연직부재의 거푸집보다 빨리 떼어낸다.
② 해체된 거푸집이나 각목 등에 박혀있는 못 또는 날카로운 돌출물은 즉시 제거하여야 한다.
③ 상하 동시 작업은 원칙적으로 금지하여 부득이한 경우에는 긴밀히 연락을 위하여 작업을 하여야 한다.
④ 거푸집 해체작업장 주위에는 관계자를 제외하고는 출입을 금지시켜야 한다.

① 일반적으로 연직부재의 거푸집은 수평부재의 거푸집보다 빨리 떼어낸다.

103

사다리식 통로 등을 설치하는 경우 통로 구조로서 옳지 않은 것은?

① 발판의 간격은 일정하게 한다.
② 발판과 벽과의 사이는 15cm 이상의 간격을 유지한다.
③ 사다리의 상단은 걸쳐놓은 지점으로부터 60 cm 이상 올라가도록 한다.
④ 폭은 40cm 이상으로 한다.

*사다리식 통로의 설치기준
① 견고한 구조로 할 것
② 심한 손상·부식 등이 없는 재료를 사용할 것
③ 발판의 간격은 일정하게 할 것
④ 발판과 벽과의 사이는 15cm 이상의 간격을 유지할 것
⑤ 폭은 30cm 이상으로 할 것
⑥ 사다리가 넘어지거나 미끄러지는 것을 방지하기 위한 조치를 할 것
⑦ 사다리의 상단은 걸쳐놓은 지점으로부터 60cm 이상 올라가도록 할 것
⑧ 사다리식 통로의 길이가 10m 이상인 경우에는 5m 이내마다 계단참을 설치할 것
⑨ 사다리식 통로의 기울기는 75° 이하로 할 것. 다만, 고정식 사다리식 통로의 기울기는 90° 이하로 하고, 그 높이가 7m 이상인 경우에는 다음 각 목의 구분에 따른 조치를 할 것
  ㉠ 등받이울이 있어도 근로자 이동에 지장이 없는 경우 : 바닥으로부터 높이가 2.5m 되는 지점부터 등받이울을 설치할 것
  ㉡ 등받이울이 있으면 근로자가 이동이 곤란한 경우 : 한국산업표준에서 정하는 기준에 적합한 개인용 추락 방지 시스템을 설치하고 근로자로 하여금 한국산업표준에서 정하는 기준에 적합한 전신안전대를 사용하도록 할 것
⑩ 접이식 사다리 기둥은 사용 시 접혀지거나 펼쳐지지 않도록 철물 등을 사용하여 견고하게 조치할 것

104

추락 재해방지 설비 중 근로자의 추락재해를 방지할 수 있는 설비로 작업발판 설치가 곤란한 경우에 필요한 설비는?

① 경사로 ② 추락방호망
③ 고정사다리 ④ 달비계

*추락방호망
근로자가 추락할 위험이 있는 장소에 작업발판, 난간 등의 설치가 어려울 경우 설치하는 설비

105

콘크리트 타설작업을 하는 경우에 준수해야할 사항으로 옳지 않은 것은?

① 당일의 작업을 시작하기 전에 해당 작업에 관한 거푸집동바리 등의 변형·변위 및 지반의 침하 유무 등을 점검하고 이상이 있으면 보수한다.
② 작업 중에는 거푸집동바리 등의 변형·변위 및 침하 유무 등을 감시할 수 있는 감시자를 배치하여 이상이 있으면 작업을 빠른 시간 내 우선 완료하고 근로자를 대피시킨다.
③ 콘크리트 타설작업 시 거푸집붕괴의 위험이 발생할 우려가 있으면 충분한 보강조치를 한다.
④ 콘크리트를 타설하는 경우에는 편심이 발생하지 않도록 골고루 분산하여 타설한다.

*콘크리트 타설작업의 안전수칙
① 당일의 작업을 시작하기 전에 해당 작업에 관한 거푸집동바리등의 변형·변위 및 지반의 침하 유무 등을 점검하고 이상이 있으면 보수할 것
② 작업 중에는 거푸집동바리등의 변형·변위 및 침하 유무 등을 감시할 수 있는 감시자를 배치하여 이상이 있으면 작업을 중지하고 근로자를 대피시킬 것

③ 콘크리트 타설작업 시 거푸집 붕괴의 위험이 발생할 우려가 있으면 충분한 보강조치를 할 것
④ 설계도서상의 콘크리트 양생기간을 준수하여 거푸집동바리등을 해체할 것
⑤ 콘크리트를 타설하는 경우에는 편심이 발생하지 않도록 골고루 분산하여 타설할 것

*작업면의 조도 기준

작업	조도
초정밀작업	$750Lux$ 이상
정밀작업	$300Lux$ 이상
보통작업	$150Lux$ 이상
그 외 작업	$75Lux$ 이상

106

작업장 출입구 설치 시 준수해야 할 사항으로 옳지 않은 것은?

① 출입구의 위치·수 및 크기가 작업장의 용도와 특성에 맞도록 한다.
② 출입구에 문을 설치하는 경우에는 근로자가 쉽게 열고 닫을 수 있도록 한다.
③ 주된 목적이 하역운반기계용인 출입구에는 보행자용 출입구를 따로 설치하지 않는다.
④ 계단이 출입구와 바로 연결된 경우에는 작업자의 안전한 통행을 위하여 그 사이에 $1.2m$ 이상 거리를 두거나 안내표지 또는 비상벨 등을 설치한다.

③ 주된 목적이 하역운반기계용인 출입구에는 인접하여 보행자용 출입구를 따로 설치할 것

107

건설작업장에서 근로자가 상시 작업하는 장소의 작업면 조도기준으로 옳지 않은 것은?
(단, 갱내 작업장과 감광재료를 취급하는 작업장의 경우는 제외)

① 초정밀작업 : 600럭스(lux) 이상
② 정밀작업 : 300럭스(lux) 이상
③ 보통작업 : 150럭스(lux) 이상
④ 초정밀, 정밀, 보통작업을 제외한 기타 작업 : 75럭스(lux) 이상

108

건설업 산업안전보건관리비 계상 및 사용기준에 따른 안전관리비의 개인보호구 및 안전장구 구입비 항목에서 안전관리비로 사용이 가능한 경우는?

① 안전·보건관리자가 선임되지 않은 현장에서 안전·보건업무를 담당하는 현장관계자용 무전기, 카메라, 컴퓨터, 프린터 등 업무용기기
② 혹한·혹서에 장기간 노출로 인해 건강장해를 일으킬 우려가 있는 경우 특정 근로자에게 지급되는 기능성 보호 장구
③ 근로자에게 일률적으로 지급하는 보냉·보온 장구
④ 감리원이나 외부에서 방문하는 인사에게 지급하는 보호구

근로자 보호 목적으로 보기 어려운 피복, 장구, 용품등은 안전관리비의 사용이 불가능하지만, 혹한·혹서에 장기간 노출로 인해 건강장해를 일으킬 우려가 있는 경우 특정 근로자에게 지급되는 기능성 보호 장구는 안전관리비로 사용이 가능하다.

109

옥외에 설치되어 있는 주행크레인에 대하여 이탈
방지장치를 작동시키는 등 그 이탈을 방지하기 위한
조치를 하여야 하는 순간풍속에 대한 기준으로 옳은
것은?

① 순간풍속이 초당 10m를 초과하는 바람이
   불어올 우려가 있는 경우
② 순간풍속이 초당 20m를 초과하는 바람이
   불어올 우려가 있는 경우
③ 순간풍속이 초당 30m를 초과하는 바람이
   불어올 우려가 있는 경우
④ 순간풍속이 초당 40m를 초과하는 바람이
   불어올 우려가 있는 경우

*크레인·리프트의 등 작업중지 조치사항

풍속	조치사항
순간 풍속 매 초당 10m를 초과하는 경우 (풍속 10m/s 초과)	타워크레인의 설치·수리·점검 또는 해체작업을 중지
순간 풍속 매 초당 15m를 초과하는 경우 (풍속 15m/s 초과)	타워크레인, 이동식크레인, 리프트 등의 운전작업을 중지
순간 풍속 매 초당 30m를 초과하는 경우 (풍속 30m/s 초과)	옥외에 설치된 주행 크레인을 사용하여 작업하는 경우에는 이탈 방지를 위한 조치
순간 풍속 매 초당 35m를 초과하는 경우 (풍속 35m/s 초과)	건설 작업용 리프트 및 승강기에 대하여 받침의 수를 증가시키거나 붕괴 등을 방지하기 위한 조치

110

지반 등의 굴착작업 시 연암의 굴착면 기울기로
옳은 것은?

① 1 : 0.3   ② 1 : 0.5
③ 1 : 0.8   ④ 1 : 1.0

*굴착면의 기울기 기준

지반의 종류	기울기
모래	1 : 1.8
연암 및 풍화암	1 : 1.0
경암	1 : 0.5
그 밖의 흙	1 : 1.2

111

철골작업 시 철골부재에서 근로자가 수직방향으로
이동하는 경우에 설치하여야 하는 고정된 승강로의
최대 답단 간격은 얼마 이내인가?

① 20cm   ② 25cm
③ 30cm   ④ 40cm

사업주는 근로자가 수직방향으로 이동하는 철골부
재에는 답단 간격이 30cm 이내인 고정된 승강로를
설치하여야 한다.

112

흙막이벽의 근입깊이를 깊게하고, 전면의 굴착부분을
남겨두어 흙의 중량으로 대항하게 하거나, 굴착 예
정부분의 일부를 미리 굴착하여 기초콘크리트를
타설하는 등의 대책과 가장 관계 깊은 것은?

① 파이핑현상이 있을 때
② 히빙현상이 있을 때
③ 지하수위가 높을 때
④ 굴착깊이가 깊을 때

*히빙(Heaving)현상의 방지대책
① 흙막이벽의 근입장을 깊게 한다.
② 흙막이벽 주변의 과재하를 금지한다.
③ 굴착저면 지반을 개량한다.
④ Island cut 공법을 사용한다.

113

재해사고를 방지하기 위하여 크레인에 설치된 방호장치로 옳지 않은 것은?

① 공기정화장치   ② 비상정지장치
③ 제동장치   ④ 권과방지장치

*크레인 방호장치
① 권과방지장치
② 과부하방지장치
③ 비상정지장치
④ 제동장치

114

가설구조물의 문제점으로 옳지 않은 것은?

① 도괴재해의 가능성이 크다.
② 추락재해 가능성이 크다.
③ 부재의 결합이 간단하나 연결부가 견고하다.
④ 구조물이라는 통상의 개념이 확고하지 않으며 조립의 정밀도가 낮다.

③ 부재의 결합이 간단하여 연결부가 견고하지 않다.

115

강관틀비계를 조립하여 사용하는 경우 준수해야 할 기준으로 옳지 않은 것은?

① 수직방향으로 $6m$, 수평방향으로 $8m$ 이내마다 벽이음을 할 것
② 높이가 $20m$를 초과하거나 중량물의 적재를 수반하는 작업을 할 경우에는 주틀 간의 간격을 $2.4m$ 이하로 할 것
③ 길이가 띠장 방향으로 $4m$ 이하이고 높이가 $10m$를 초과하는 경우에는 $10m$ 이내마다 띠장 방향으로 버팀기둥을 설치할 것
④ 주틀 간에 교차 가새를 설치하고 최상층 및 5층 이내마다 수평재를 설치할 것

*강관틀비계를 조립하여 사용하는 경우 준수사항
① 수직방향으로 $6m$, 수평방향으로 $8m$ 이내마다 벽이음을 할 것
② 높이가 $20m$를 초과하거나 중량물의 적재를 수반하는 작업을 할 경우에는 주틀 간의 간격을 $1.8m$ 이하로 할 것
③ 길이가 띠장 방향으로 $4m$ 이하이고 높이가 $10m$를 초과하는 경우에는 $10m$ 이내 마다 띠장 방향으로 버팀기둥을 설치할 것
④ 주틀 간에 교차 가새를 설치하고 최상층 및 5층 이내마다 수평재를 설치할 것

116

비계의 높이가 $2m$ 이상인 작업장소에 작업발판을 설치할 경우 준수하여야 할 기준으로 옳지 않은 것은?

① 작업발판의 폭은 $30cm$ 이상으로 한다.
② 발판재료간의 틈은 $3cm$ 이하로 한다.
③ 추락의 위험성이 있는 장소에는 안전난간을 설치한다.
④ 발판재료는 뒤집히거나 떨어지지 않도록 2개 이상의 지지물에 연결하거나 고정시킨다.

*작업발판의 구조
① 발판재료는 작업할 때의 하중을 견딜 수 있도록 견고한 것으로 한다.
② 작업발판의 폭이 40cm 이상으로 하고, 발판재료 간의 틈은 3cm 이하로 한다.
③ 작업발판을 작업에 따라 이동시킬 경우에는 위험 방지에 필요한 조치를 한다.
④ 작업발판재료는 뒤집히거나 떨어지지 않도록 둘 이상의 지지물에 연결하거나 고정시킨다.
⑤ 추락의 위험이 있는 곳에는 안전난간을 설치한다.

117

사면지반 개량공법으로 옳지 않은 것은?

① 전기 화학적 공법
② 석회 안정처리 공법
③ 이온 교환 공법
④ 옹벽 공법

*사면지반 개량공법
① 전기 화학적 공법
② 석회 안정처리 공법
③ 이온 교환 공법

118

법면 붕괴에 의한 재해 예방조치로서 옳은 것은?

① 지표수와 지하수의 침투를 방지한다.
② 법면의 경사를 증가한다.
③ 절토 및 성토높이를 증가한다.
④ 토질의 상태에 관계없이 구배조건을 일정하게 한다.

*법면 붕괴에 의한 재해 예방조치
① 지표수와 지하수의 침투를 방지한다.
② 법면의 경사를 감소시킨다.
③ 절토 및 성토높이를 감소시킨다.
④ 토질의 상태에 따라 구배조건을 알맞게 조정한다.

119

취급·운반의 원칙으로 옳지 않은 것은?

① 운반 작업을 집중하여 시킬 것
② 생산을 최고로 하는 운반을 생각할 것
③ 곡선 운반을 할 것
④ 연속 운반을 할 것

④ 직선 운반을 할 것

120

가설통로의 설치기준으로 옳지 않은 것은?

① 경사가 15°를 초과하는 때에는 미끄러지지 않는 구조로 한다.
② 건설공사에 사용하는 높이 8m 이상인 비계 다리에는 7m 이내마다 계단참을 설치한다.
③ 수직갱에 가설된 통로의 길이가 15m 이상일 경우에는 15m 이내 마다 계단참을 설치한다.
④ 추락의 위험이 있는 장소에는 안전난간을 설치한다.

*가설통로의 설치기준
① 견고한 구조로 할 것
② 경사는 30° 이하로 할 것
③ 경사가 15°를 초과하는 경우에는 미끄러지지 아니하는 구조로 할 것
④ 추락할 위험이 있는 장소에는 안전난간을 설치할 것
⑤ 수직갱에 가설된 통로의 길이가 15m 이상인 경우에는 10m 이내마다 계단참을 설치할 것
⑥ 건설공사에 사용하는 높이 8m 이상인 비계다리에는 7m 이내마다 계단참을 설치할 것

01

매슬로우(Maslow)의 인간의 욕구단계 중 5번째 단계에 속하는 것은?

① 안전 욕구　　　　② 존경의 욕구
③ 사회적 욕구　　　④ 자아실현의 욕구

*매슬로우(Maslow)의 욕구 5단계

단계	설명
1단계 생리적 욕구	인간의 가장 기본적인 욕구이며, 의식주, 성적 욕구 등이 있다.
2단계 안전의 욕구	위험, 위협, 박탈에서 자신을 보호하고 불안을 회피하려는 욕구이다.
3단계 사회적 욕구	타인과 친교를 맺고 원하는 집단에 귀속되고자 하는 욕구이다.
4단계 존중의 욕구	타인과 친하게 지내고 싶은 인간의 기초가 되는 욕구로서, 자아존중, 자신감, 성취, 존경 등에 관한 욕구이다.
5단계 자아실현 욕구	자기의 잠재력을 최대한 살리고 자기가 하고 싶었던 일을 실현하려는 인간의 욕구이다. 편견없이 받아들이는 성향, 타인과의 거리를 유지하며 사생활을 즐기거나 창의적 성격으로 봉사, 특별히 좋아하는 사람과 긴밀한 관계를 유지하려는 욕구 등이 있다.

02

A사업장의 현황이 다음과 같을 때 이 사업장의 강도율은?

- 근로자 수 : 500명
- 연근로시간수 : 2400시간
- 신체장해등급
  - 2급 : 3명
  - 10급 : 5명
- 의사 진단에 의한 휴업일수 : 1500일

① 0.22　　　　② 2.22
③ 22.28　　　　④ 222.88

*강도율

$$강도율 = \frac{근로\ 손실\ 일\ 수}{연\ 근로\ 총\ 시간\ 수} \times 10^3$$

$$= \frac{7500 \times 3 + 600 \times 5 + 1500 \times \dfrac{300}{365}}{2400 \times 500} \times 10^3$$

$$= 22.28$$

*요양근로손실일수 산정요령

신체 장해자 등급	근로손실 일 수
사망	7500일
1~3급	7500일
4급	5500일
5급	4000일
6급	3000일
7급	2200일
8급	1500일
9급	1000일
10급	600일
11급	400일
12급	200일
13급	100일
14급	50일

03

보호구 자율안전확인 고시상 자율안전확인 보호구에 표시하여야 하는 사항을 모두 고른 것은?

```
ㄱ. 모델명
ㄴ. 제조 번호
ㄷ. 사용 기한
ㄹ. 자율안전확인 번호
```

① ㄱ, ㄴ, ㄷ   ② ㄱ, ㄴ, ㄹ
③ ㄱ, ㄷ, ㄹ   ④ ㄴ, ㄷ, ㄹ

*자율안전확인 보호구에 표시해야하는 사항
① 형식 또는 모델명
② 규격 또는 등급 등
③ 제조자명
④ 제조번호 및 제조연월
⑤ 자율안전확인 번호

04

학습지도의 형태 중 참가자에게 일정한 역할을 주어 실제적으로 연기를 시켜봄으로써 자기의 역할을 보다 확실히 인식시키는 방법은?

① 포럼(Forum)
② 심포지엄(Symposium)
③ 롤 플레잉(Role playing)
④ 사례연구법(Case study method)

*롤 플레잉(Role Playing)
참가자에게 일정한 역할을 주어 실제로 연기를 시켜봄으로써 자기의 역할을 보다 확실히 인식할 수 있도록 체험학습을 시키는 교육방법

05

보호구 안전인증 고시상 전로 또는 평로 등의 작업 시 사용하는 방열두건의 차광도 번호는?

① #2 ~ #3   ② #3 ~ #5
③ #6 ~ #8   ④ #9 ~ #11

*방열두건의 사용구분

차광도 번호	사용구분
#2 ~ #3	고로강판가열로, 조괴 등의 작업
#3 ~ #5	전로 또는 평로 등의 작업
#6 ~ #8	전기로의 작업

06

산업재해의 분석 및 평가를 위하여 재해발생 건수 등의 추이에 대해 한계선을 설정하여 목표 관리를 수행하는 재해통계 분석기법은?

① 관리도   ② 안전 T점수
③ 파레토도   ④ 특성 요인도

*관리도(Control Chart)
재해의 분석 및 관리를 위해 월별 재해발생건수 등을 그래프화 하여 목표 관리를 수행하는 방법

07

산업안전보건법령상 안전보건관리규정 작성 시 포함 되어야 하는 사항을 모두 고른 것은? (단, 그 밖에 안전 및 보건에 관한 사항은 제외 한다.)

> ㄱ. 안전보건교육에 관한 사항
> ㄴ. 재해사례 연구·토의결과에 관한 사항
> ㄷ. 사고 조사 및 대책 수립에 관한 사항
> ㄹ. 작업장의 안전 및 보건 관리에 관한 사항
> ㅁ. 안전 및 보건에 관한 관리조직과 그 직무에 관한 사항

① ㄱ, ㄴ, ㄷ, ㄹ   ② ㄱ, ㄴ, ㄹ, ㅁ
③ ㄱ, ㄷ, ㄹ, ㅁ   ④ ㄴ, ㄷ, ㄹ, ㅁ

*안전보건관련규정 작성 시 포함사항
① 안전 및 보건에 관한 관리조직과 그 직무에 관한 사항
② 안전보건교육에 관한 사항
③ 작업장의 안전 및 보건 관리에 관한 사항
④ 사고 조사 및 대책 수립에 관한 사항
⑤ 그 밖에 안전 및 보건에 관한 사항

08

억측판단이 발생하는 배경으로 볼 수 없는 것은?

① 정보가 불확실할 때
② 타인의 의견에 동조할 때
③ 희망적인 관측이 있을 때
④ 과거에 성공한 경험이 있을 때

*억측판단
자의적인 주관적 판단, 희망적 관측을 토대로 위험을 확인하지 않은 채 불확실한 상황에서 괜찮을 것이라고 생각하고 행동하는 것

09

하인리히의 사고예방원리 5단계 중 교육 및 훈련의 개선, 인사조정, 안전관리규정 및 수칙의 개선 등을 행하는 단계는?

① 사실의 발견   ② 분석 평가
③ 시정방법의 선정   ④ 시정책의 적용

*하인리히(Heimrich)의 사고예방대책 5단계
1단계 : 조직(안전관리조직)
2단계 : 사실의 발견(현상파악)
3단계 : 평가분석(원인규명)
4단계 : 시정책의 선정(대책의 선정)
5단계 : 시정책의 적용(목표달성)

교육 및 훈련개선, 인사조정, 안전관리규정 개선 등은 시정방법을 선정하는 단계이다.

10

재해예방의 4원칙에 대한 설명으로 틀린 것은?

① 재해발생은 반드시 원인이 있다.
② 손실과 사고와의 관계는 필연적이다.
③ 재해는 원인을 제거하면 예방이 가능하다.
④ 재해를 예방하기 위한 대책은 반드시 존재한다.

*재해예방의 4원칙

종류	설명
예방가능의 원칙	재해를 예방할 수 있는 안전대책은 반드시 존재한다.
손실우연의 원칙	재해의 발생과 손실의 발생은 우연적이다.
원인연계의 원칙	사고와 그 원인은 필연적인 인과관계를 가지고 있다.
대책선정의 원칙	재해에 대한 교육적, 기술적, 관리적 대책이 필요하다.

11

산업안전보건법령상 안전보건진단을 받아 안전보건 개선계획의 수립 및 명령을 할 수 있는 대상이 아닌 것은?

① 유해인자의 노출기준을 초과한 사업장
② 산업재해율이 같은 업종 평균 산업재해율의 2배 이상인 사업장
③ 사업주가 필요한 안전조치 또는 보건조치를 이행하지 아니하여 중대재해가 발생한 사업장
④ 상시근로자 1천명 이상인 사업장에서 직업성 질병자가 연간 2명 이상 발생한 사업장

*안전보건개선계획의 수립 및 명령을 할 수 있는 대상
① 산업재해율이 같은 업종 평균 산업재해율의 2배 이상인 사업장
② 사업주가 필요한 안전조치 또는 보건조치를 이행하지 아니하여 중대재해가 발생한 사업장
③ 직업성 질병자가 연간 2명 이상(상시근로자 1천명 이상인 경우 3명 이상)
④ 작업환경불량, 화재, 폭발 또는 누출사고 등으로 사회적 물의를 일으킨 사업장
⑤ 고용노동부령으로 정하는 사업장

12

버드(Bird)의 재해분포에 따르면 20건의 경상(물적, 인적상해)사고가 발생했을 때 무상해 · 무사고(위험순간) 고장 발생 건수는?

① 200   ② 600
③ 1200   ④ 12000

*버드(Bird)의 재해구성 비율
$(1:10:30:600)$

① 중상 또는 폐질 : 1건
② 경상(물적, 인적상해) : 10건
③ 무상해 사고 : 30건
④ 무상해, 무사고 고장 : 600건

경상과 무상해, 무사고 고장은 $10:600$ 비율이므로
$10:600 = 20:x$ $\therefore x = 1200$

13

산업안전보건법령상 거푸집 동바리의 조립 또는 해체작업 시 특별교육 내용이 아닌 것은?
(단, 그 밖에 안전 · 보건관리에 필요한 사항은 제외한다.)

① 비계의 조립순서 및 방법에 관한 사항
② 조립 해체 시의 사고 예방에 관한 사항
③ 동바리의 조립방법 및 작업 절차에 관한 사항
④ 조립재료의 취급방법 및 설치기준에 관한 사항

*거푸집 동바리의 조립 또는 해체작업 시 특별교육 내용
① 동바리의 조립방법 및 작업 절차에 관한 사항
② 조립재료의 취급방법 및 설치기준에 관한 사항
③ 조립 해체 시의 사고 예방에 관한 사항
④ 보호구 착용 및 점검에 관한 사항
⑤ 그 밖의 안전 · 보건관리에 필요한 사항

14

산업안전보건법령상 다음의 안전보건표지 중 기본 모형이 다른 것은?

① 위험장소 경고
② 레이저 광선 경고
③ 방사성 물질 경고
④ 부식성 물질 경고

15

학습정도(Level of learning)의 4단계를 순서대로 나열한 것은?

① 인지 → 이해 → 지각 → 적용
② 인지 → 지각 → 이해 → 적용
③ 지각 → 이해 → 인지 → 적용
④ 지각 → 인지 → 이해 → 적용

16

기업 내 정형교육 중 TWI(Training Within Industry)의 교육내용이 아닌 것은?

① Job Method Training
② Job Relation Training
③ Job Instruction Training
④ Job Standardization Training

17

레빈(Lewin)의 법칙 $B = f(P \cdot E)$ 중 B가 의미하는 것은?

① 행동
② 경험
③ 환경
④ 인간관계

18

재해원인을 직접원인과 간접원인으로 분류할 때 직접원인에 해당하는 것은?

① 물적 원인　　　　② 교육적 원인
③ 정신적 원인　　　④ 관리적 원인

*산업재해의 원인

직접원인	간접원인
① 인적 원인 　(불안전한 행동) ② 물적 원인 　(불안전한 상태)	① 기술적 원인 ② 교육적 원인 ③ 관리적 원인 ④ 정신적 원인

19

산업안전보건법령상 안전관리자의 업무가 아닌 것은? (단, 그 밖에 고용노동부장관이 정하는 사항은 제외한다.)

① 업무 수행 내용의 기록
② 산업재해에 관한 통계의 유지·관리·분석을 위한 보좌 및 지도·조언
③ 안전교육계획의 수립 및 안전교육 실시에 관한 보좌 및 지도·조언
④ 작업장 내에서 사용되는 전체 환기장치 및 국소 배기장치 등에 관한 설비의 점검

*안전관리자의 업무

① 산업안전보건위원회 또는 안전·보건에 관한 노사협의체에서 심의·의결한 업무와 해당 사업장의 안전보건관리규정 및 취업규칙에서 정한 업무
② 안전인증대상 기계·기구등과 자율안전확인대상 기계·기구등 구입 시 적격품의 선정에 관한 보좌 및 조언·지도
③ 위험성평가에 관한 보좌 및 조언·지도
④ 해당 사업장 안전교육계획의 수립 및 안전교육 실시에 관한 보좌 및 조언·지도
⑤ 사업장 순회점검·지도 및 조치의 건의
⑥ 산업재해 발생의 원인 조사·분석 및 재발 방지를 위한 기술적 보좌 및 조언·지도
⑦ 산업재해에 관한 통계의 유지·관리·분석을 위한 보좌 및 조언·지도
⑧ 법 또는 법에 따른 명령으로 정한 안전에 관한 사항의 이행에 관한 보좌 및 조언·지도
⑨ 업무수행 내용의 기록·유지

20

헤드십(headship)의 특성에 관한 설명으로 틀린 것은?

① 지휘형태는 권위주의적이다.
② 상사의 권한 근거는 비공식적이다.
③ 상사와 부하의 관계는 지배적이다.
④ 상사와 부하의 사회적 간격은 넓다.

*헤드십과 리더십의 비교

헤드십(Headship)	리더십(Leadership)
① 지휘 형태가 권위적	① 지휘 형태가 민주적
② 부하와 관계는 지배적	② 부하와 관계는 개인적
③ 부하의 사회적 간격이 넓음	③ 부하의 사회적 간격이 좁음
④ 임명된 헤드	④ 추천된 헤드
⑤ 공식적 직권자	⑤ 추종자의 의사로 발탁

21

위험분석 기법 중 시스템 수명주기 관점에서 적용 시점이 가장 빠른 것은?

① PHA   ② FHA

③ OHA   ④ SHA

---

*시스템 안전 분석 방법

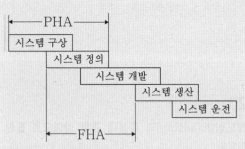

① PHA(예비 위험성 분석)
최초단계 해석으로 시스템 내의 위험한 요소가 어떤 위험상태에 있는가를 정성적으로 평가하는 방법

② FHA(결함 위험성 분석)
서브시스템 간의 인터페이스를 조정하여 각각의 서브시스템이 서로와 전체 시스템에 악영향을 미치지 않게 하는 방법

22

상황해석을 잘못하거나 목표를 잘못 설정하여 발생하는 인간의 오류 유형은?

① 실수(Slip)   ② 착오(Mistake)

③ 위반(Violation)   ④ 건망증(Lapse)

---

*착오(mistake)
위치, 순서, 패턴, 형상, 기억오류 등 외부적 요인에 나타나는 현상

23

A 작업의 평균에너지소비량이 다음과 같을 때, 60분간의 총 작업시간 내에 포함되어야 하는 휴식시간 (분)은?

- 휴식중 에너지소비량 : $1.5 kcal/min$
- A작업 시 평균 에너지소비량 : $6 kcal/min$
- 기초대사를 포함한 작업에 대한 평균 에너지소비량 상한 : $5 kcal/min$

① 10.3   ② 11.3

③ 12.3   ④ 13.3

---

*머렐(Murrel)의 휴식시간(R)

$$R = \frac{T(E-S)}{E-1.5} = \frac{60 \times (6-5)}{6-1.5} = 13.3 \min$$

여기서,

R : 운동시간 [min]

T : 작업시간 [min]

(언급이 없을 경우 60[min]으로 한다.)

E : 작업시 필요한 에너지 [kcal]

(E = 산소소비량×5 [kcal])

S : 평균 에너지 소비량 [kcal/min]

(기초대사량 포함 했을 경우 : 5[kcal/min])

(기초대사량 포함하지 않을 경우 : 4[kcal/min])

24

시스템의 수명곡선(욕조곡선)에 있어서 디버깅 (Debugging)에 관한 설명으로 옳은 것은?

① 초기 고장의 결함을 찾아 고장률을 안정 시키는 과정이다.
② 우발 고장의 결함을 찾아 고장률을 안정 시키는 과정이다.
③ 마모 고장의 결함을 찾아 고장률을 안정 시키는 과정이다.
④ 기계 결함을 발견하기 위해 동작시험을 하는 기간이다.

*디버깅(Debugging) 기간
초기결함을 찾아내 단시간 내 고장률을 안정시키는 기간

25

밝은 곳에서 어두운 곳으로 갈 때 망막에 시홍이 형성되는 생리적 과정인 암조응이 발생하는데 완전 암조응(Dark adaptation)이 발생하는데 소요되는 시간은?

① 약 3 ~ 5   ② 약 10 ~ 15분
③ 약 30 ~ 40분   ④ 약 60 ~ 90분

*조응(adaptation)이 발생하는데 소요되는 시간
① 완전암조응 : 30~40분
② 명조응 : 1~3분

26

인간공학에 대한 설명으로 틀린 것은?

① 인간-기계 시스템의 안전성, 편리성, 효율성을 높인다.
② 인간을 작업과 기계에 맞추는 설계 철학이 바탕이 된다.
③ 인간이 사용하는 물건, 설비, 환경의 설계에 적용된다.
④ 인간의 생리적, 심리적인 면에서의 특성이나 한계점을 고려한다.

② 기계와 작업을 인간에 맞추는 설계 철학이 바탕이 된다.

27

HAZOP 기법에서 사용하는 가이드워드와 그 의미가 잘못 연결된 것은?

① Part of : 성질상의 감소
② As well as : 성질상의 증가
③ Other than : 기타 환경적인 요인
④ More/Less : 정량적인 증가 또는 감소

*HAZOP(Hazard and Operability)의 가이드워드

종류	의미
As Well As	성질상의 증가
Part Of	성질상의 감소
Reverse	설계의도의 논리적 반대
No/Not	설계의도의 완전한 부정
Less	정량적인 감소
More	정량적인 증가
Other Than	완전한 대체

24.① 2.5③ 26.② 27.③

28

그림과 같은 FT도에 대한 최소 컷셋(minimal cut sets)으로 옳은 것은?
(단, Fussell의 알고리즘을 따른다.)

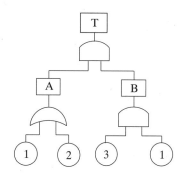

① {1, 2}　　　　② {1, 3}

③ {2, 3}　　　　④ {1, 2, 3}

---

*미니멀 컷셋(Minimal cut set)

$T = A \cdot B = \begin{pmatrix} ① \\ ② \end{pmatrix} (③ ①)$

$\quad = (① ③ ①), (① ② ③)$

컷셋 : (① ③), (① ② ③)
미니멀컷셋 : (① ③)

29

경계 및 경보신호의 설계지침으로 틀린 것은?

① 주의를 환기시키기 위하여 변조된 신호를 사용한다.

② 배경소음의 진동수와 다른 진동수의 신호를 사용한다.

③ 귀는 중음역에 민감하므로 500 ~ 3000Hz의 진동수를 사용한다.

④ 300m 이상의 장거리용으로는 1000Hz를 초과하는 진동수를 사용한다.

---

④ 300m이상 장거리용 신호는 1000Hz 이하의 진동수를 사용한다.

30

FTA(Fault Tree Analysis)에서 사용되는 사상 기호 중 통상의 작업이나 기계의 상태에서 재해의 발생 원인이 되는 요소가 있는 것을 나타내는 것은?

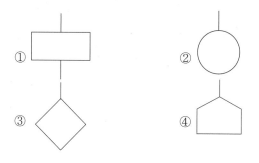

---

*기본 사상 기호

명칭	기호	세부 내용
기본 사상		더 이상 분석할 필요가 없는 사상
생략 사상		더 이상 전개되지 않는 사상
통상 사상		정상적인 가동상태에서 발생할 것으로 기대되는 사상
결함 사상		시스템 분석에 있어서 조금 더 발전시켜야 하는 사상

31

불(Bool) 대수의 정리를 나타낸 관계식 중 틀린 것은?

① $A \cdot 0 = 0$　　　　② $A + 1 = 1$

③ $A \cdot \overline{A} = 1$　　　　④ $A(A + B) = A$

*불(Boole)대수의 정리

① $A + 0 = A$　　　② $A + 1 = 1$

③ $A \cdot 0 = 0$　　　④ $A \cdot 1 = A$

⑤ $A + A = A$　　　⑥ $A \cdot A = A$

⑦ $A + \overline{A} = 1$　　　⑧ $A \cdot \overline{A} = 0$

⑨ $\overline{\overline{A}} = A$　　　⑩ $A + AB = A$

⑪ $A + \overline{A}B = A + B$　　　⑫ $A(A + B) = A$

32

근골격계질환 작업분석 및 평가 방법인 OWAS의 평가요소를 모두 고른 것은?

ㄱ. 상지	ㄴ. 무게(하중)
ㄷ. 하지	ㄹ. 허리

① ㄱ, ㄴ　　　　② ㄱ, ㄷ, ㄹ

③ ㄴ, ㄷ, ㄹ　　　　④ ㄱ, ㄴ, ㄷ, ㄹ

*OWAS의 평가요소

① 상지

② 무게(하중)

③ 하지

④ 허리

33

다음 중 좌식작업이 가장 적합한 것은?

① 정밀 조립 작업

② 4.5kg 이상의 중량물을 다루는 작업

③ 작업장이 서로 떨어져 있으며 작업장 간 이동이 잦은 작업

④ 작업자의 정면에서 매우 높거나 낮은 곳으로 손을 자주 뻗어야 하는 작업

① 정밀 조립 작업은 좌식작업에 적합하다.

34

n개의 요소를 가진 병렬 시스템에 있어 요소의 수명(MTTF)이 지수 분포를 따를 경우, 이 시스템의 수명으로 옳은 것은?

① $MTTF \times n$

② $MTTF \times \dfrac{1}{n}$

③ $MTTF \times \left(1 + \dfrac{1}{2} + \cdots + \dfrac{1}{n}\right)$

④ $MTTF \times \left(1 \times \dfrac{1}{2} \times \cdots \times \dfrac{1}{n}\right)$

*시스템의 형태에 따른 평균 고장 시간(MTTF)

① 직렬 시스템 : $MTTF \times \dfrac{1}{n}$

② 병렬 시스템 : $MTTF\left(1 + \dfrac{1}{2} + \cdots + \dfrac{1}{n}\right)$

35

인간-기계 시스템에 관한 설명으로 틀린 것은?

① 자동 시스템에서는 인간요소를 고려하여야 한다.
② 자동차 운전이나 전기 드릴 작업은 반자동 시스템의 예시이다.
③ 자동 시스템에서 인간은 감시, 정비유지, 프로그램 등의 작업을 담당한다.
④ 수동 시스템에서 기계는 동력원을 제공하고 인간의 통제 하에서 제품을 생산한다.

*인간-기계 시스템의 유형

유형	내용
수동 시스템	인간이 혼자서 수공구나 기타 보조물을 사용하여 자신의 힘으로 동력원을 제공한다.
기계 시스템 (=반자동 시스템)	기계는 동력원을 제공하고, 인간은 통제를 한다.
자동 시스템 (=자동화 시스템)	인간은 설비보전, 계획수립, 감시 등의 역할을 하고, 나머지는 기계가 처리한다.

④ 수동 시스템이 아닌 기계 시스템에서 기계는 동력원을 제공하고 인간의 통제하에서 제품을 생산한다.

36

양식 양립성의 예시로 가장 적절한 것은?

① 자동차 설계 시 고도계 높낮이 표시
② 방사능 사업장에 방사능 폐기물 표시
③ 청각적 자극 제시와 이에 대한 음성 응답
④ 자동차 설계 시 제어장치와 표시장치의 배열

*양립성(Compatibility)
자극과 반응 조합의 관계에서 인간의 기대와 모순되지 않는 성질

종류	정의
운동 양립성	장치의 조작방향과 장치의 반응결과가 일치하는 성질
공간 양립성	장치의 배치와 장치의 반응결과가 일치하는 성질
개념 양립성	인간의 개념적 연상과 일치하는 성질
양식 양립성	자극에 따라 정해진 응답양식이 존재하는 성질

① 공간 양립성
② 개념 양립성
④ 운동 양립성

37

다음에서 설명하는 용어는?

> 유해 · 위험요인을 파악하고 해당 유해 위험요인에 의한 부상 또는 질병의 발생 가능성(빈도)과 중대성(강도)을 추정 · 결정하고 감소대책을 수립하여 실행하는 일련의 과정을 말한다.

① 위험성 결정　　② 위험성 평가
③ 위험빈도 추정　　④ 유해·위험요인 파악

*위험성 평가
유해 · 위험요인을 파악하고 해당 유해 위험요인에 의한 부상 또는 질병의 발생 가능성(빈도)과 중대성(강도)을 추정 · 결정하고 감소대책을 수립하여 실행하는 일련의 과정을 말한다.

38

태양광선이 내리쬐는 옥외장소의 자연습구온도 20℃, 흑구온도 18℃, 건구온도 30℃ 일 때 습구흑구온도지수(WBGT)는?

① 20.6℃ 　　　　② 22.5℃

③ 25.0℃ 　　　　④ 28.5℃

*습구흑구온도(WBGT)

① 태양 직사광선이 있을 때
$$WBGT = 0.7NWB + 0.2GT + 0.1DB$$

② 태양 직사광선이 없을 때
$$WBGT = 0.7NWB + 0.3GT$$

여기서,

NWB : 자연습구온도(Nature Wet Bulb) [℃]

GT : 흑구온도(Globe Temperature) [℃]

DB : 건구온도(Dry Bulb) [℃]

$$WBGT = 0.7NWB + 0.2GT + 0.1DB$$
$$= 0.7 \times 20 + 0.2 \times 18 + 0.1 \times 30 = 20.6℃$$

39

FTA(Fault Tree Analysis)에 관한 설명으로 옳은 것은?

① 정성적 분석만 가능하다.

② 복잡하고 대형화된 시스템의 신뢰성 분석 및 안정성 분석에 이용되는 기법이다.

③ FT에 동일한 사건이 중복되어 나타나는 경우 상향식(Bottom up)으로 정상 사건 T의 발생 확률을 계산할 수 있다.

④ 기초사건과 생략사건의 확률 값이 주어지게 되더라도 정상 사건의 최종적인 발생확률을 계산할 수 없다.

*결함수분석법(FTA)의 특징

① 복잡하고 대형화된 시스템의 신뢰성 분석에 사용된다.

② 연역적, 정량적 해석을 한다.

③ 하향식(Top-Down) 방법이다.

④ 짧은 시간에 점검할 수 있다.

⑤ 비전문가라도 쉽게 할 수 있다.

⑥ 논리 기호를 사용한다.

40

1 sone에 관한 설명으로 (　)에 알맞은 수치는?

1 sone : (ㄱ)Hz , (ㄴ)dB의 음압수준을 가진 순음의 크기

① ㄱ : 1000, ㄴ : 1

② ㄱ : 4000, ㄴ : 1

③ ㄱ : 1000, ㄴ : 40

④ ㄱ : 4000, ㄴ : 40

*1sone

1000Hz, 40dB의 음압수준을 가진 순음의 크기

제 3과목 : 기계·기구 및 설비 안전 관리

41

다음 중 와이어 로프의 구성요소가 아닌 것은?

① 클립　　　　　　② 소선
③ 스트랜드　　　　④ 심강

> ***와이어로프의 구성요소**
> ① 와이어(=소선)
> ② 스트랜드(=가닥)
> ③ 심(=심강)

42

산업안전보건법령상 산업용 로봇에 의한 작업시 안전조치 사항으로 적절하지 않은 것은?

① 로봇의 운전으로 인해 근로자가 로봇에 부딪힐 위험이 있을 때에는 높이 $1.8m$ 이상의 울타리를 설치하여야 한다.
② 작업을 하고 있는 동안 로봇의 기동스위치 등은 작업에 종사하고 있는 근로자가 아닌 사람이 그 스위치 등을 조작할 수 없도록 필요한 조치를 한다.
③ 로봇의 조작방법 및 순서, 작업 중의 매니퓰레이터의 속도 등에 관한 지침에 따라 작업을 하여야 한다.
④ 작업에 종사하는 근로자가 이상을 발견하면, 관리 감독자에게 우선 보고하고, 지시가 나올 때 까지 작업을 진행한다.

> ④ 작업에 종사하는 근로자가 이상을 발견하면 즉시 로봇의 운전을 정지시키기 위한 조치를 할 것

43

밀링 작업 시 안전수칙으로 옳지 않은 것은?

① 테이블 위에 공구나 기타 물건 등을 올려 놓지 않는다.
② 제품 치수를 측정할 때는 절삭 공구의 회전을 정지한다.
③ 강력 절삭을 할 때는 일감을 바이스에 짧게 물린다.
④ 상·하, 좌·우 이송장치의 핸들은 사용 후 풀어 둔다.

> ③ 강력절삭을 할 때에는 일감을 바이스로부터 깊게 물린다.

44

다음 중 지게차의 작업 상태별 안정도에 관한 설명으로 틀린 것은?
(단, V는 최고속도(km/h) 이다.)

① 기준 부하상태에서 하역작업 시의 전후 안정도는 20% 이내이다.
② 기준 부하상태에서 하역작업 시의 좌우 안정도는 6% 이내이다.
③ 기준 무부하상태에서 주행 시의 전후 안정도는 18% 이내이다.
④ 기준 무부하상태에서 주행 시의 좌우 안정도는 $(15 + 1.1 V)$% 이내이다.

45

산업안전보건법령상 보일러의 안전한 가동을 위하여 보일러 규격에 맞는 압력방출장치가 2개 이상 설치된 경우에 최고사용압력 이하에서 1개가 작동 되고, 다른 압력방출장치는 최고사용압력의 몇 배 이하에서 작동되도록 부착하여야 하는가?

① 1.03배　　　　　② 1.05배
③ 1.2배　　　　　④ 1.5배

46

금형의 설치, 해체, 운반 시 안전사항에 관한 설명으로 틀린 것은?

① 운반을 위하여 관통 아이볼트가 사용 될 때는 구멍 틈새가 최소화되도록 한다.
② 금형을 설치하는 프레스의 T홈 안길이는 설치 볼트 지름의 1/2 이하로 한다.
③ 고정볼트는 고정 후 가능하면 나사산을 3~4 개 정도 짧게 남겨 설치 또는 해체 시 슬라이드 면과의 사이에 협착이 발생하지 않도록 해야 한다.
④ 운반 시 상부금형과 하부금형이 닿을 위험이 있을 때는 고정 패드를 이용한 스트랩, 금속 재질이나 우레탄 고무의 블록 등을 사용한다.

② 금형을 설치하는 프레스의 T홈 안길이는 설치 볼트 직경의 2배 이상으로 한다.

47

선반에서 절삭 가공 시 발생하는 칩을 짧게 끊어지 도록 공구에 설치되어 있는 방호장치의 일종인 칩 제거 기구를 무엇이라 하는가?

① 칩 브레이커　　　② 칩 받침
③ 칩 쉴드　　　　　④ 칩 커터

48

다음 중 산업안전보건법령상 안전인증대상 방호 장치에 해당하지 않는 것은?

① 연삭기 덮개
② 압력용기 압력방출용 파열판
③ 압력용기 압력방출용 안전밸브
④ 방폭구조(防爆構造) 전기기계·기구 및 부품

49

인장강도가 $250N/mm^2$인 강판에서 안전율이 4라면 이 강판의 허용응력(N/mm^2)은 얼마인가?

① 42.5
② 62.5
③ 82.5
④ 102.5

50

산업안전보건법령상 강렬한 소음작업에서 데시벨에 따른 노출시간으로 적합하지 않은 것은?

① 100데시벨 이상의 소음이 1일 2시간 이상 발생하는 작업
② 110데시벨 이상의 소음이 1일 30분 이상 발생하는 작업
③ 115데시벨 이상의 소음이 1일 15분 이상 발생하는 작업
④ 120데시벨 이상의 소음이 1일 7분 이상 발생하는 작업

51

방호장치 안전인증 고시에 따라 프레스 및 전단기에 사용되는 광전자식 방호장치의 일반구조에 대한 설명으로 가장 적절하지 않은 것은?

① 정상동작표시램프는 녹색, 위험표시램프는 붉은색으로 하며, 근로자가 쉽게 볼 수 있는 곳에 설치해야 한다.
② 슬라이드 하강 중 정전 또는 방호장치의 이상 시에 정지할 수 있는 구조이어야 한다.
③ 방호장치는 릴레이, 리미트 스위치 등의 전기부품의 고장, 전원전압의 변동 및 정전에 의해 슬라이드가 불시에 동작하지 않아야 하며, 사용전원전압의 ±(100분의 10)의 변동에 대하여 정상으로 작동되어야 한다.
④ 방호장치의 감지기능은 규정한 검출영역 전체에 걸쳐 유효하여야 한다.(다만, 블랭킹 기능이 있는 경우 그렇지 않다.)

52

산업안전보건법령상 연삭기 작업 시 작업자가 안심하고 작업을 할 수 있는 상태는?

① 탁상용 연삭기에서 숫돌과 작업 받침대의 간격이 $5mm$ 이다.
② 덮개 재료의 인장강도는 $224MPa$ 이다.
③ 숫돌 교체 후 2분 정도 시험운전을 실시하여 해당 기계의 이상 여부를 확인 하였다.
④ 작업 시작 전 1분 정도 시험운전을 실시하여 해당 기계의 이상 여부를 확인 하였다.

① 탁상용 연삭기에서 숫돌과 작업 받침대의 간격이 $3mm$ 이하로 유지할 것.
② 덮개 재료의 인장강도는 $274.5MPa$ 이상이다.
③ 숫돌 교체 후 3분 정도 시험운전을 실시하여 해당 기계의 이상 여부를 확인 하였다.

53

보기와 같은 기계요소가 단독으로 발생시키는 위험점은?

> 보기 : 밀링커터, 둥근톱날

① 협착점   ② 끼임점
③ 절단점   ④ 물림점

*기계설비의 위험점

위험점	그림	설명
협착점		왕복운동을 하는 동작부와 움직임이 없는 고정부 사이에 형성되는 위험점 ex) 프레스전단기, 성형기, 조형기 등
끼임점		회전운동을 하는 동작부와 움직임이 없는 고정부 사이에 형성되는 위험점 ex) 연삭숫돌과 하우스, 교반기 날개와 하우스, 회전운동을 하는 기계 등
절단점		회전하는 운동 부분 자체의 위험에서 초래되는 위험점 ex) 밀링커터, 둥근톱날 등
물림점		2개의 회전체가 맞닿는 사이에 발생하는 위험점 ex) 기어, 롤러 등
접선 물림점		회전하는 부분의 접선방향으로 물려 들어가는 위험점 ex) V벨트풀리, 평벨트, 체인과 스프로킷 등
회전 말림점		회전하는 물체에 작업복 등이 말려드는 위험점 ex) 회전축, 커플링, 드릴 등

54

다음 중 크레인의 방호장치로 가장 거리가 먼 것은?

① 권과방지장치　　　② 과부하방지장치
③ 비상정지장치　　　④ 자동보수장치

*크레인의 방호장치
① 권과방지장치
② 과부하방지장치
③ 제동장치
④ 비상정지장치

55

산업안전보건법령상 프레스기를 사용하여 작업을 할 때 작업시작 전 점검사항으로 틀린 것은?

① 클러치 및 브레이크의 기능
② 압력방출장치의 기능
③ 크랭크축·플라이휠·슬라이드·연결봉 및 연결 나사의 풀림 유무
④ 프레스의 금형 및 고정 볼트의 상태

*프레스 작업시작 전 점검사항
① 클러치 및 브레이크의 기능
② 방호장치의 기능
③ 프레스의 금형 및 고정볼트 상태
④ 전단기의 칼날 및 테이블의 상태
⑤ 1행정 1정지기구·급정지장치 및 비상정지장치 의 기능
⑥ 슬라이드 또는 칼날에 의한 위험방지 기구의 기능
⑦ 크랭크축·플라이휠·슬라이드·연결봉 및 연결 나사의 풀림 유무

56

설비보전은 예방보전과 사후보전으로 대별된다. 다음 중 예방보전의 종류가 아닌 것은?

① 시간계획보전　　　② 개량보전
③ 상태기준보전　　　④ 적응보전

개량보전은 사후보전에 해당된다.

57

천장크레인에 중량 $3kN$의 화물을 2줄로 매달았을 때 매달기용 와이어(sling wire)에 걸리는 장력은 약 몇 kN인가?
(단, 매달기용 와이어(sling wire) 2줄 사이의 각도는 $55°$이다.)

① 1.3　　　　　　② 1.7
③ 2.0　　　　　　④ 2.3

*로프 하나에 걸리는 하중(T)

$$T = \frac{\frac{W}{2}}{\cos\frac{\theta}{2}} = \frac{\frac{3}{2}}{\cos\frac{55}{2}} = 1.7kN$$

여기서, W : 중량 $[kg]$
　　　　　θ : 각도 $[°]$

58

다음 중 롤러의 급정지 성능으로 적합하지 않은 것은?

① 앞면 롤러 표면 원주속도가 $25m/\min$, 앞면 롤러의 원주가 $5m$ 일 때 급정지거리 $1.6m$ 이내
② 앞면 롤러 표면 원주속도가 $35m/\min$, 앞면 롤러의 원주가 $7m$ 일 때 급정지거리 $2.8m$ 이내
③ 앞면 롤러 표면 원주속도가 $30m/\min$, 앞면 롤로의 원주가 $6m$ 일 때 급정지거리 $2.6m$ 이내
④ 앞면 롤러 표면 원주속도가 $20m/\min$, 앞면 롤러의 원주가 $8m$ 일 때 급정지거리 $2.6m$ 이내

*급정지거리

속도 기준	급정지거리 기준
$30m/\min$ 이상	앞면 롤러 원주의 $\dfrac{1}{2.5}$ 이내
$30m/\min$ 미만	앞면 롤러 원주의 $\dfrac{1}{3}$ 이내

① 급정지거리 $= 5 \times \dfrac{1}{3} = 1.67m \fallingdotseq 1.6m$ 이내
② 급정지거리 $= 7 \times \dfrac{1}{2.5} = 2.8m$ 이내
③ 급정지거리 $= 6 \times \dfrac{1}{2.5} = 2.4m$ 이내
④ 급정지거리 $= 8 \times \dfrac{1}{3} = 2.67 \fallingdotseq 2.6m$ 이내

59

조작자의 신체부위가 위험한계 밖에 위치하도록 기계의 조작 장치를 위험구역에서 일정거리 이상 떨어지게 하는 방호장치는?

① 덮개형 방호장치
② 차단형 방호장치
③ 위치제한형 방호장치
④ 접근반응형 방호장치

*위치제한형 방호장치
조작자의 신체부위가 위험한계 밖에 위치하도록 기계조작 장치를 위험구역에서 일정거리 이상 떨어지게 하는 방호장치로, 대표적으로 양수조작식 방호장치가 있다.

60

산업안전보건법령상 아세틸렌 용접장치의 아세틸렌 발생기실을 설치하는 경우 준수하여야 하는 사항으로 옳은 것은?

① 벽은 가연성 재료로 하고 철근 콘크리트 또는 그 밖에 이와 동등하거나 그 이상의 강도를 가전 구조로 할 것
② 바닥면적의 16분의 1 이상의 단면적을 가진 배기통을 옥상으로 돌출시키고 그 개구부를 창이나 출입구로부터 1.5미터 이상 떨어지도록 할 것
③ 출입구의 문은 불연성 재료로 하고 두께 1.0 밀리미터 이하의 철판이나 그 밖에 그 이상의 강도를 가진 구조로 할 것
④ 발생기실을 옥외에 설치한 경우에는 그 개구부를 다른 건축물로부터 1.0미터 이내 떨어지도록 할 것

③ 출입구의 문은 불연성 재료로 하고 두께 1.5mm 이상의 철판이나 그 밖에 그 이상의 강도를 가진 구조로 한다.

61

대지에서 용접작업을 하고 있는 작업자가 용접봉에 접촉한 경우 통전전류는?
(단, 용접기의 출력 측 무부하전압 : $90\,V$,접촉저항 (손, 용접봉 등 포함) : $10k\Omega$, 인체의 내부저항 : $1k\Omega$, 발과 대지의 접촉저항 : $20k\Omega$ 이다.)

① 약 $0.19mA$ ② 약 $0.29mA$
③ 약 $1.96mA$ ④ 약 $2.90mA$

*통전전류

$V = IR$에서

$$\therefore I = \frac{V}{R} = \frac{90}{(10+1+20) \times 10^3} = 2.9 \times 10^{-3}A = 2.9mA$$

62

KS C IEC 60079-10-2에 따라 공기 중에 분진운의 형태로 폭발성 분진 분위기가 지속적으로 또는 장기간 또는 빈번히 존재하는 장소는?

① 0종 장소   ② 1종 장소
③ 20종 장소   ④ 21종 장소

*분진폭발 위험장소의 종류

장소	내용
20종	폭발의 위험이 있는 가연성 분진이 폭발을 형성할 수 있을 정도로 충분한 양이 보통의 상태에서 지속적 또는 자주 존재하는 장소
21종	폭발의 위험이 있는 가연성 분진이 폭발할 수 있는 정도의 충분한 양으로 보통의 상태에서 존재할 수 있는 장소
22종	고장 조건하에 분진폭발의 우려가 있는 장소

63

설비의 이상현상에 나타나는 아크(Arc)의 종류가 아닌 것은?

① 단락에 의한 아크
② 지락에 의한 아크
③ 차단기에서의 아크
④ 전선저항에 의한 아크

*설비의 이상현상에 나타나는 아크의 종류
① 단락에 의한 아크
② 지락에 의한 아크
③ 차단기에 의한 아크

64

정전기 재해방지에 관한 설명 중 틀린 것은?

① 이황화탄소의 수송 과정에서 배관 내의 유속을 $2.5m/s$ 이상으로 한다.
② 포장 과정에서 용기를 도전성 재료에 접지한다.
③ 인쇄 과정에서 도포량을 소량으로 하고 접지한다.
④ 작업장의 습도를 높여 전하가 제거되기 쉽게 한다.

① 이황화탄소 등과 같이 유동대전이 심하고 폭발 위험성이 높으면 $1m/s$ 이하로 할 것

65

한국전기설비규정에 따라 사람이 쉽게 접촉할 우려가 있는 곳에 금속제 외함을 가지는 저압의 기계기구가 시설되어 있다. 이 기계기구의 사용전압이 몇 V를 초과할 때 전기를 공급하는 전로에 누전차단기를 시설해야하는가?

(단, 누전차단기를 시설하지 않아도 되는 조건은 제외한다.)

① $30 V$　　　　② $40 V$
③ $50 V$　　　　④ $60 V$

사람이 쉽게 접촉할 우려가 있는 곳에 금속제 외함을 가지는 저압의 기계기구의 사용전압이 <u>50V를 초과</u>할 때 전기를 공급하는 전로에 누전차단기를 시설해야 한다.

66

다음 중 방폭설비의 보호등급(IP)에 대한 설명으로 옳은 것은?

① 제1 특성 숫자가 "1"인 경우 지름 $50mm$ 이상의 외부 분진에 대한 보호
② 제1 특성 숫자가 "2"인 경우 지름 $10mm$ 이상의 외부 분진에 대한 보호
③ 제2 특성 숫자가 "1"인 경우 지름 $50mm$ 이상의 외부 분진에 대한 보호
④ 제2 특성 숫자가 "2"인 경우 지름 $10mm$ 이상의 외부 분진에 대한 보호

＊방폭설비의 보호등급(IP)
- IP"XX" 등급
① 첫 번째 숫자(제1특성) – 방진등급

숫자	설명
1	50mm 이상의 고체로부터 보호
2	12mm 이상의 고체로부터 보호
3	2.4mm 이상의 고체로부터 보호
4	1mm 이상의 고체로부터 보호
5	먼지로부터 보호
6	먼지로부터 완벽하게 보호

② 두 번째 숫자(제2특성) – 방수등급

숫자	설명
1	수직의 낙수물로부터 보호
2	15°정도 들이치는 낙수물로부터 보호
3	60°까지의 스프레이로부터 보호
4	모든 방향의 스프레이로부터 보호
5	모든 방향의 낮은 압력의 분사되는 물로부터 보호
6	모든 방향의 높은 압력의 분사되는 물로부터 보호
7	15cm~1m 까지 침수되어도 보호
8	장기간 침수되어 수압을 받아도 보호

67

정전기 발생에 영향을 주는 요인에 대한 설명으로 틀린 것은?

① 물체의 분리속도가 빠를수록 발생량은 적어진다.
② 접촉면적이 크고 접촉압력이 높을수록 발생량이 많아진다.
③ 물체 표면이 수분이나 기름으로 오염되면 산화 및 부식에 의해 발생량이 많아진다.
④ 정전기의 발생은 처음 접촉, 분리할 때가 최대로 되고 접촉, 분리가 반복됨에 따라 발생량은 감소한다.

＊정전기 발생량이 많아지는 요인
① 표면이 거칠수록, 오염될수록 크다.
② 분리속도가 빠를수록 크다.
③ 대전서열이 서로 멀수록 크다.
④ 첫 분리시 정전기 발생량이 가장 크고 반복될수록 작아진다.
⑤ 접촉 면적 및 압력이 클수록 크다.
⑥ 완화시간이 길수록 크다.

65.③ 66.① 67.①

68

전기기기, 설비 및 전선로 등의 충전 유무 등을 확인하기 위한 장비는?

① 위상검출기
② 디스콘 스위치
③ COS
④ 저압 및 고압용 검전기

*검전기
전기기기, 설비 및 전선로 등의 충전 유무 등을 확인하기 위한 장비

69

피뢰기로서 갖추어야 할 성능 중 틀린 것은?

① 충격 방전 개시전압이 낮을 것
② 뇌전류 방전 능력이 클 것
③ 제한전압이 높을 것
④ 속류 차단을 확실하게 할 수 있을 것

*피뢰기의 성능조건
① 제한전압이 낮을 것
② (충격)방전개시전압이 낮을 것
③ 상용주파 방전개시전압은 높을 것
④ 뇌전류 방전능력이 클 것
⑤ 속류차단을 확실하게 할 것
⑥ 반복동작이 가능할 것
⑦ 구조가 견고하고 특성이 변화하지 않을 것
⑧ 점검 및 보수가 간단할 것

70

접지저항 저감 방법으로 틀린 것은?

① 접지극의 병렬 접지를 실시한다.
② 접지극의 매설 깊이를 증가시킨다.
③ 접지극의 크기를 최대한 작게 한다.
④ 접지극 주변의 토양을 개량하여 대지 저항률을 떨어뜨린다.

*접지저항 저감 대책
① 접지극을 병렬로 접지한다.
② 접지극의 매설 깊이를 증가시킨다.
③ 접지극의 크기를 최대한 크게한다.
④ 토양, 토질을 개량하여 대지저항률을 낮춘다.
⑤ 접지봉을 매설한다.
⑥ 보조전극을 사용한다.

71

교류 아크용접기의 사용에서 무부하 전압이 $80\,V$, 아크 전압 $25\,V$, 아크 전류 $300\,A$ 일 경우 효율은 약 몇 % 인가?
(단, 내부손실은 $4kW$ 이다.)

① 65.2   ② 70.5
③ 75.3   ④ 80.6

*전기 효율(η)
출력(W) $= VI = 25 \times 300 = 7500\,W = 7.5kW$

$$\therefore \eta = \frac{출력}{입력} \times 100 = \frac{출력}{출력+손실} \times 100$$
$$= \frac{7.5}{7.5+4} \times 100 = 65.2\%$$

72

아크방전의 전압전류 특성으로 가장 옳은 것은?

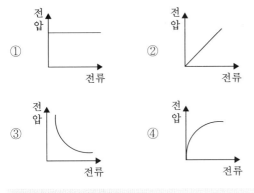

*아크방전의 전압전류 그래프

73

다음 중 기기보호등급(EPL)에 해당하지 않는 것은?

① EPL Ga   ② EPL Ma
③ EPL Dc   ④ EPL Mc

74

다음 중 산업안전보건기준에 관한 규칙에 따라 누전차단기를 설치하지 않아도 되는 곳은?

① 철판·철골 위 등 도전성이 높은 장소에서 사용하는 이동형 전기기계·기구
② 대지전압이 220 V인 휴대형 전기기계·기구
③ 임시배선의 전로가 설치되는 장소에서 사용하는 이동형 전기기계·기구
④ 절연대 위에서 사용하는 전기기계·기구

75

다음 설명이 나타내는 현상은?

> 전압이 인가된 이극 도체간의 고체 절연물 표면에 이물질이 부착되면 미소방전이 일어난다. 이 미소방전이 반복되면서 절연물 표면에 도전성 통로가 형성되는 현상이다.

① 흑연화현상   ② 트래킹현상
③ 반단선현상   ④ 절연이동현상

76

다음 중 방폭구조의 종류가 아닌 것은?

① 본질안전 방폭구조   ② 고압 방폭구조
③ 압력 방폭구조   ④ 내압 방폭구조

*방폭구조의 종류

종류	내용
내압 방폭구조 (d)	용기 내 폭발시 용기가 그 압력을 견디고 개구부 등을 통해 외부에 인화될 우려가 없는 구조
압력 방폭구조 (p)	용기 내에 보호가스를 압입시켜 대기압 이상으로 유지하여 폭발성 가스가 유입되지 않도록 하는 구조
안전증 방폭구조 (e)	운전 중에 생기는 아크, 스파크, 발열 등의 발화원을 제거하여 안전도를 증가시킨 구조
유입 방폭구조 (o)	전기불꽃, 아크, 고온 발생 부분을 기름으로 채워 폭발성 가스 또는 증기에 인화되지 않도록 한 구조
본질안전 방폭구조 (ia, ib)	운전 중 단선, 단락, 지락에 의한 사고시 폭발 점화원의 발생이 방지된 구조
비점화 방폭구조 (n)	운전중에 점화원을 차단하여 폭발이 일어나지 않고, 이상 상태에서 짧은시간 동안 방폭기능을 할 수 있는 구조
몰드 방폭구조 (m)	전기불꽃, 고온 발생 부분은 컴파운드로 밀폐한 구조

77

심실세동 전류가 $I=\dfrac{165}{\sqrt{t}}(mA)$라면 심실세동 시 인체에 직접 받는 전기 에너지(cal)는 약 얼마인가? (단, t는 통전시간으로 1초이며, 인체의 저항은 500Ω으로 한다.)

① 0.52   ② 1.35
③ 2.14   ④ 3.27

*심실세동 전기에너지(Q)

$Q = I^2RT$

$\quad = \left(\dfrac{165 \times 10^{-3}}{\sqrt{T}}\right)^2 \times R \times T$

$\quad = \left(\dfrac{165 \times 10^{-3}}{\sqrt{1}}\right)^2 \times 500 \times 1 = 13.61 J$

$\qquad\qquad\qquad\qquad = 13.61 \times 0.24 = 3.27 cal$

여기서,
R : 저항 [Ω]
T : 시간 [sec] (주어지지 않을 경우 $T = 1sec$)
$1cal = 0.24J$

78

산업안전보건기준에 관한 규칙에 따른 전기기계·기구의 설치 시 고려할 사항으로 거리가 먼 것은?

① 전기기계·기구의 충분한 전기적 용량 및 기계적 강도
② 전기기계·기구의 안전효율을 높이기 위한 시간 가동율
③ 습기·분진 등 사용장소의 주위 환경
④ 전기적·기계적 방호수단의 적정성

*위험방지를 위한 전기기계·기구설치 시 고려사항
① 전기기계·기구의 충분한 전기적용량 및 기계적 강도
② 습기·분진 등 사용장소의 주위환경
③ 전기적·기계적 방호수단의 적정성

79

정전작업 시 조치사항으로 틀린 것은?

① 작업 전 전기설비의 잔류 전하를 확실히 방전한다.
② 개로된 전로의 충전여부를 검전기구에 의하여 확인한다.
③ 개폐기에 잠금장치를 하고 통전금지에 관한 표지판은 제거한다.
④ 예비 동력원의 역송전에 의한 감전의 위험을 방지하기 위해 단락접지 기구를 사용하여 단락 접지를 한다.

*정전작업 시 조치사항

작업 시기	조치사항
정전작업 전 조치사항	① 전로의 충전 여부를 검전기로 확인 ② 전력용 커패시터, 전력케이블 등 잔류전하방전 ③ 개로개폐기의 잠금장치 및 통전금지 표지판 설치 ④ 단락접지기구로 단락접지
정전작업 중 조치사항	① 작업지휘자에 의한 지휘 ② 단락접지 수시로 확인 ③ 근접활선에 대한 방호상태 관리 ④ 개폐기의 관리
정전작업 후 조치사항	① 단락접지기구의 철거 ② 시건장치 또는 표지판 철거 ③ 작업자에 대한 위험이 없는 것을 최종 확인 ④ 개폐기 투입으로 송전 재개

80

정전기로 인한 화재 폭발의 위험이 가장 높은 것은?

① 드라이클리닝설비
② 농작물 건조기
③ 가습기
④ 전동기

습도가 낮을수록 정전기의 위험이 커지므로 드라이클리닝 설비를 사용하면 습도가 제일 많이 낮아져 정전기로 인한 화재 폭발의 위험이 가장 높다.

81

산업안전보건법에서 정한 위험물질을 기준량 이상 제조하거나 취급하는 화학설비로서 내부의 이상 상태를 조기에 파악하기 위하여 필요한 온도계·유량계·압력계 등의 계측장치를 설치하여야 하는 대상이 아닌 것은?

① 가열로 또는 가열기
② 증류·정류·증발·추출 등 분리를 하는 장치
③ 반응폭주 등 이상 화학반응에 의하여 위험 물질이 발생할 우려가 있는 설비
④ 흡열반응이 일어나는 반응장치

＊계측장치 설치대상인 특수화학설비의 기준
① 온도가 섭씨 350℃ 이상이거나 게이지 압력이 980kPa 이상인 상태에서 운전되는 설비
② 가열로 또는 가열기
③ 발열반응이 일어나는 반응장치
④ 증류·정류·증발·추출 등 분리를 하는 장치
⑤ 가열시켜주는 물질의 온도가 가열되는 위험물질의 분해온도 또는 발화점보다 높은 상태에서 운전 되는 설비
⑥ 반응폭주 등 이상 화학반응에 의하여 위험물질 이 발생할 우려가 있는 설비

82

다음 중 퍼지의 종류에 해당하지 않는 것은?

① 압력퍼지   ② 진공퍼지
③ 스위프퍼지   ④ 가열퍼지

＊퍼지(Purgy)의 종류
① 압력퍼지
② 진공퍼지
③ 스위프퍼지
④ 사이펀퍼지

83

폭발한계와 완전 연소 조성 관계인 Jones 식을 이용하여 부탄(C_4H_{10})의 폭발하한계를 구하면 몇 $vol\%$ 인가?

① 1.4   ② 1.7
③ 2.0   ④ 2.3

＊완전연소조성농도(＝화학양론조성, C_{st})

$$C_{st} = \frac{100}{1+4.773\left(a+\dfrac{b-c-2d}{4}\right)}$$

여기서,

C_{st} : 완전연소조성농도 [%]
a : 탄소의 원자수
b : 수소의 원자수
c : 할로겐원자의 원자수
d : 산소의 원자수

$$C_{st} = \frac{100}{1+4.773\left(4+\dfrac{10}{4}\right)} = 3.12vol\%$$

$$L = 0.55 \times C_{st} = 0.55 \times 3.12 = 1.7vol\%$$

84

가스를 분류할 때 독성가스에 해당하지 않는 것은?

① 황화수소
② 시안화수소
③ 이산화탄소
④ 산화에틸렌

이산화탄소(CO_2)는 공기 조성비가 0.03%로, 만약 독성물질일 경우 인체에 큰 영향을 미친다.

85

다음 중 폭발 방호 대책과 가장 거리가 먼 것은?

① 불활성화
② 억제
③ 방산
④ 봉쇄

*폭발 방호 대책
① 억제
② 방산
③ 봉쇄
④ 차단
⑤ 불꽃방지
⑥ 안전거리

86

질화면(Nitrocellulose)은 저장 · 취급 중에는 에틸 알코올 등으로 습면상태를 유지해야 한다. 그 이유를 옳게 설명한 것은?

① 질화면은 건조 상태에서는 자연적으로 분해
   하면서 발화할 위험이 있기 때문이다.
② 질화면은 알코올과 반응하여 안정한 물질
   을 만들기 때문이다.
③ 질화면은 건조 상태에서 공기 중의 산소와
   환원반응을 하기 때문이다.
④ 질화면은 건조 상태에서 유독한 중합물을
   형성하기 때문이다.

① 질화면은 건조 상태에서는 자연발열을 일으켜
   분해 폭발의 위험이 존재하기 때문에 알코올에
   습면하여 저장한다.

87

분진폭발의 특징으로 옳은 것은?

① 연소속도가 가스폭발보다 크다.
② 완전연소로 가스중독의 위험이 작다.
③ 화염의 파급속도보다 압력의 파급속도가
   빠르다.
④ 가스폭발보다 연소시간은 짧고 발생에너지
   는 작다.

① 연소속도가 가스폭발보다 작다.
② 가스중독의 위험이 크다.
④ 가스폭발보다 연소시간이 길고 발생에너지가 크다.

88

크롬에 대한 설명으로 옳은 것은?

① 은백색 광택이 있는 금속이다.
② 중독 시 미나마타병이 발병한다.
③ 비중이 물보다 작은 값을 나타낸다.
④ 3가 크롬이 인체에 가장 유해하다.

*크롬
① 은백색 광택이 있는 중금속이다.
② 중독 시 비중격천공증이 발병한다.
③ 비중은 7.1로 물보다 크다.
④ 6가 크롬이 인체에 가장 유해하다.

84.③ 85.① 86.① 87.③ 88.①

84.③ 85.① 86.① 87.③ 88.①

89

사업주는 인화성 액체 및 인화성 가스를 저장 취급하는 화학설비에서 증기나 가스를 대기로 방출하는 경우에는 외부로부터의 화염을 방지하기 위하여 화염방지기를 설치하여야 한다. 다음 중 화염방지기의 설치 위치로 옳은 것은?

① 설비의 상단
② 설비의 하단
③ 설비의 측면
④ 설비의 조작부

화염을 방지하기 위하여 화염방지기를 설비의 <u>상단</u>에 설치하여야 한다.

90

열교환탱크 외부를 두께 $0.2m$의 단열재(열전도율 $k = 0.037 kcal/m \cdot h \cdot ℃$)로 보온하였더니 단열재 내면은 $40℃$, 외면은 $20℃$ 이었다. 면적 $1m^2$ 당 1시간에 손실되는 열량($kcal$)은?

① 0.0037
② 0.037
③ 1.37
④ 3.7

*시간당 손실 열량 (Q)

$$Q = \frac{kT}{t} = \frac{0.037 \times (40 - 20)}{0.2} = 3.7 kcal/hr \cdot m^2$$

여기서,

Q : 단위 시간당 면적당 손실 열량 $[kcal/hr \cdot m^2]$

k : 열전도율 $[kcal/mCDOThr \cdot ℃]$

t : 두께 $[m]$

$\triangle T$: 내외면의 온도차 $[℃]$

91

산업안전보건법령상 다음 인화성 가스의 정의에서 ( ) 안에 알맞은 값은?

"인화성 가스"란 인화한계 농도의 최저한도가 (㉠)% 이하 또는 최고한도와 최저한도의 차가 (㉡)% 이상인 것으로서 표준압력($101.3kPa$), $20℃$에서 가스 상태인 물질을 말한다.

① ㉠13, ㉡12
② ㉠13, ㉡15
③ ㉠12, ㉡13
④ ㉠12, ㉡15

*인화성 가스

인화한계 농도의 최저한도가 13% 이하 또는 최고한도와 최저한도의 차가 12% 이상인 것으로서 표준압력(101.3kPa), 20℃에서 가스 상태인 물질

92

액체 표면에서 발생한 증기농도가 공기 중에서 연소 하한농도가 될 수 있는 가장 낮은 액체온도를 무엇이라 하는가?

① 인화점
② 비등점
③ 연소점
④ 발화온도

*인화점

액체의 표면에 발생한 증기농도가 공기 중에서 연소 하한 농도가 될 수 있는 가장 낮은 액체온도

93

위험물의 저장방법으로 적절하지 않은 것은?

① 탄화칼슘은 물 속에 저장한다.
② 벤젠은 산화성 물질과 격리시킨다.
③ 금속나트륨은 석유 속에 저장한다.
④ 질산은 갈색병에 넣어 냉암소에 보관한다.

탄화칼슘(CaC_2)은 물(H_2O)과 반응하여 가연성 및 유독성 가스인 <u>아세틸렌(C_2H_2)</u>을 발생시키므로 위험하다.

$$CaC_2 + 2H_2O \rightarrow Ca(OH)_2 + C_2H_2$$
(탄화칼슘)   (물)   (수산화칼슘) (아세틸렌)

94

다음 중 열교환기의 보수에 있어 일상점검 항목과 정기적 개방점검항목으로 구분할 때 일상점검항목으로 거리가 먼 것은?

① 도장의 노후상황
② 부착물에 의한 오염의 상황
③ 보온재, 보냉재의 파손여부
④ 기초볼트의 체결정도

---

② 부착물에 의한 오염은 열교환기 내부의 셸(Shell) 또는 튜브(Tube)에 일어나는 오염으로 분해하여 개방점검 해야한다.

95

다음 중 반응기의 구조 방식에 의한 분류에 해당하는 것은?

① 탑형 반응기
② 연속식 반응기
③ 반회분식 반응기
④ 회분식 균일상반응기

---

*반응기의 분류
① 조작방식에 따른 분류
회분식, 반회분식, 연속식

② 구조방식에 따른 분류
관형식, 탑형식, 유동층식, 교반조식

96

다음 중 공기 중 최소 발화에너지 값이 가장 작은 물질은?

① 에틸렌   ② 아세트알데히드
③ 메탄   ④ 에탄

<u>에틸렌</u>은 최소발화에너지가 매우 적은 편이다.

97

다음 [표]의 가스(A~D)를 위험도가 큰것부터 작은 순으로 나열한 것은?

	폭발하한값	폭발상한값
A	4.0vol%	75.0vol%
B	3.0vol%	80.0vol%
C	1.25vol%	44.0vol%
D	2.5vol%	81.0vol%

① D-B-C-A
② D-B-A-C
③ C-D-A-B
④ C-D-B-A

---

*가스의 위험도(H)

$$H = \frac{L_h - L_l}{L_l} = \frac{74 - 12.5}{12.5} = 4.92$$

여기서,

L_h : 폭발상한계

L_l : 폭발하한계

$$H_A = \frac{75 - 4}{4} = 17.75$$

$$H_B = \frac{80 - 3}{3} = 25.67$$

$$H_C = \frac{44 - 1.25}{1.25} = 34.2$$

$$H_D = \frac{81 - 2.5}{2.5} = 31.4$$

C(이황화탄소) > D(아세틸렌) > B(산화에틸렌) > A(수소)

98

알루미늄분이 고온의 물과 반응하였을 때 생성되는 가스는?

① 이산화탄소　　　　② 수소
③ 메탄　　　　　　　④ 에탄

알루미늄(Al)은 물(H_2O)과 반응하여 수소(H_2)를 발생시킨다.

$$\underset{\text{(알루미늄)}}{2Al} + \underset{\text{(물)}}{6H_2O} \rightarrow \underset{\text{(수산화알루미늄)}}{2Al(OH)_3} + \underset{\text{(수소)}}{3H_2}$$

99

메탄, 에탄, 프로판의 폭발하한계가 각각 $5vol\%$, $3vol\%$, $2.1vol\%$ 일 때 다음 중 폭발하한계가 가장 낮은 것은?
(단, Lo Chatelier의 법칙을 이용한다.)

① 메탄 $20vol\%$, 에탄 30%, 프로판 $50vol\%$의 혼합가스
② 메탄 $30vol\%$, 에탄 30%, 프로판 $40vol\%$의 혼합가스
③ 메탄 $40vol\%$, 에탄 30%, 프로판 $30vol\%$의 혼합가스
④ 메탄 $50vol\%$, 에탄 30%, 프로판 $20vol\%$의 혼합가스

100

고압가스 용기 파열사고의 주요 원인 중 하나는 용기의 내압력(耐壓力, capacity to resist pressure)부족이다. 다음 중 내압력 부족의 원인으로 거리가 먼 것은?

① 용기 내벽의 부식　　② 강재의 피로
③ 과잉 충전　　　　　④ 용접 불량

101

건설현장에 거푸집동바리 설치 시 준수사항으로 옳지 않은 것은?

① 파이프서포트 높이가 4.5m를 초과하는 경우에는 높이 2m 이내마다 2개 방향으로 수평 연결재를 설치한다.
② 동바리의 침하 방지를 위해 깔목의 사용, 콘크리트 타설, 말뚝박기 등을 실시한다.
③ 강재와 강재의 접속부는 볼트 또는 클램프 등 전용철물을 사용한다.
④ 강관틀 동바리는 강관틀과 강관틀 사이에 교차가새를 설치한다.

＊파이프 서포트 조립시 준수사항
① 파이프 서포트를 3개 이상 이어서 사용하지 않도록 할 것
② 파이프 서포트를 이어서 사용하는 경우에는 4개 이상의 볼트 또는 전용철물을 사용하여 이을 것
③ 높이가 3.5m를 초과하는 경우에는 높이 2m 이내마다 수평연결재 2개 방향으로 만들고 수평연결재의 변위를 방지할 것

102

고소작업대를 설치 및 이동하는 경우에 준수하여야 할 사항으로 옳지 않은 것은?

① 화물을 직접지지하는 달기체인의 안전율은 3이상 일 것
② 붐의 최대 지면경사각을 초과 운전하여 전도되지 않도록 할 것
③ 고소작업대를 이동하는 경우 작업대를 가장 낮게 내릴 것
④ 작업대에 끼임·충돌 등 재해를 예방하기 위한 가드 또는 과상승방지장치를 설치할 것

＊와이어 로프 등 달기구의 안전계수(S)
① 근로자가 탑승하는 운반구를 지지하는 달기와이어 로프 또는 달기체인의 경우 : 10 이상
② 화물을 직접 지지하는 달기와이어로프 또는 달기체인의 경우 : 5 이상
③ 훅, 샤클, 클램프, 리프팅 빔의 경우 : 3이상
④ 그 밖의 경우 : 4 이상

103

건설공사의 유해위험방지계획서 제출 기준일로 옳은 것은?

① 당해공사 착공 1개월 전까지
② 당해공사 착공 15일 전까지
③ 당해공사 착공 전날까지
④ 당해공사 착공 15일 후까지

산업안전보건법령상 제출대상 사업으로 제조업의 경우 유해·유해위험방지계획서를 제출하려면 관련 서류를 첨부하여 해당 작업 시작 15일 전 까지, <u>건설업의 경우 해당 공사의 착공 전날 까지</u> 관련 기관에 제출하여야 한다.

104

철골건립준비를 할 때 준수하여야 할 사항으로 옳지 않은 것은?

① 지상 작업장에서 건립준비 및 기계기구를 배치할 경우에는 낙하물의 위험이 없는 평탄한 장소를 선정하여 정비하여야 한다.
② 건립작업에 다소 지장이 있다하더라도 수목은 제거하거나 이설하여서는 안된다.
③ 사용전에 기계기구에 대한 정비 및 보수를 철저히 실시하여야 한다.
④ 기계에 부착된 앵카 등 고정장치와 기초구조 등을 확인하여야 한다.

② 건립작업에 지장이 되는 수목은 제거하거나 이설하여야 한다.

105

가설공사 표준안전 작업지침에 따른 통로발판을 설치하여 사용함에 있어 준수사항으로 옳지 않은 것은?

① 추락의 위험이 있는 곳에는 안전난간이나 철책을 설치하여야 한다.
② 작업발판의 최대폭은 1.6m 이내이어야 한다.
③ 비계발판의 구조에 따라 최대 적재하중을 정하고 이를 초과하지 않도록 하여야 한다.
④ 발판을 겹쳐 이음하는 경우 장선 위에서 이음을 하고 겹침길이는 10cm 이상으로 하여야 한다.

*통로발판 설치 준수사항
① 근로자가 작업 및 이동하기에 충분한 넓이가 확보되어야 한다.
② 추락의 위험이 있는 곳에는 안전난간이나 철책을 설치하여야 한다.
③ 발판을 겹쳐 이음하는 경우 장선 위에서 이음을 하고 겹침길이는 20cm 이상으로 하여야 한다.
④ 발판 1개에 대한 지지물은 2개 이상이어야 한다.
⑤ 작업발판의 최대폭은 1.6m 이내이어야 한다.
⑥ 작업발판 위에는 돌출된 못, 옹이, 철선 등이 없어야 한다.
⑦ 비계발판의 구조에 따라 최대 적재하중을 정하고 이를 초과하지 않도록 하여야 한다.

106

항타기 또는 항발기의 사용 시 준수사항으로 옳지 않은 것은?

① 증기나 공기를 차단하는 장치를 작업관리자가 쉽게 조작할 수 있는 위치에 설치한다.
② 해머의 운동에 의하여 증기호스 또는 공기호스와 해머의 접속부가 파손되거나 벗겨지는 것을 방지하기 위하여 그 접속부가 아닌 부위를 선정하여 증기호스 또는 공기호스를 해머에 고정시킨다.
③ 항타기나 항발기의 권상장치의 드럼에 권상용 와이어로프가 꼬인 경우에는 와이어로프에 하중을 걸어서는 안된다.
④ 항타기나 항발기의 권상장치에 하중을 건 상태로 정지하여 두는 경우에는 쐐기장치 또는 역회전방지용 브레이크를 사용하여 제동하는 등 확실하게 정지시켜 두어야 한다.

*항타기 또는 항발기 사용 시 준수사항
① 해머의 운동에 의하여 공기호스와 해머의 접속부가 파손되거나 벗겨지는 것을 방지하기 위하여 그 접속부가 아닌 부위를 선정하여 공기호스를 해머에 고정시킬 것
② 공기를 차단하는 장치를 해머의 운전자가 쉽게 조작할 수 있는 위치에 설치할 것
③ 사업주는 항타기나 항발기의 권상장치의 드럼에 권상용 와이어로프가 꼬인 경우에는 와이어로프에 하중을 걸어서는 아니 된다.
④ 사업주는 항타기나 항발기의 권상장치에 하중을 건 상태로 정지하여 두는 경우에는 쐐기장치 또는 역회전방지용 브레이크를 사용하여 제동하는 등 확실하게 정지시켜 두어야 한다.

107

건설업 중 유해위험방지계획서 제출 대상 사업장으로 옳지 않은 것은?

① 지상높이가 $31m$ 이상인 건축물 또는 인공구조물, 연면적 $30000m^2$ 이상인 건축물 또는 연면적 $5000m^2$ 이상의 문화 및 집회시설의 건설공사
② 연면적 $3000m^2$ 이상의 냉동·냉장 창고시설의 설비공사 및 단열공사
③ 깊이 $10m$ 이상인 굴착공사
④ 최대 지간길이가 $50m$ 이상인 다리의 건설공사

*유해위험방지계획서 제출대상 건설공사
① 지상높이가 $31m$ 이상인 건축물 또는 인공구조물
② 연면적 $30,000m^2$ 이상인 건축물
③ 연면적 $5,000m^2$ 이상인 시설
  ㉠ 문화 및 잡화시설(전시장·동물원·식물원 제외)
  ㉡ 판매시설·운수시설(고속도로의 역사 및 집배송시설 제외)
  ㉢ 종교시설
  ㉣ 의료시설 중 종합병원
  ㉤ 숙박시설 중 관광숙박시설
  ㉥ 지하도상가
  ㉦ 냉동·냉장 창고시설
④ 연면적 $5000m^2$ 이상의 냉동·냉장창고시설의 설비공사 및 단열공사
⑤ 최대 지간길이가 $50m$ 이상인 교량 건설 등 공사
⑥ 터널 건설 등의 공사
⑦ 다목적댐·발전용댐 및 저수용량 2천만톤 이상의 용수 전용 댐·지방상수도 전용 댐 건설 등의 공사
⑧ 깊이 $10m$ 이상인 굴착공사

108

건설작업용 타워크레인의 안전장치로 옳지 않은 것은?

① 권과 방지장치
② 과부하 방지장치
③ 비상정지 장치
④ 호이스트 스위치

*타워크레인 방호장치
① 권과방지장치
② 과부하방지장치
③ 비상정지장치
④ 브레이크장치

109

이동식 비계를 조립하여 작업을 하는 경우의 준수 기준으로 옳지 않은 것은?

① 비계의 최상부에서 작업을 할 때에는 안전 난간을 설치하여야 한다.
② 작업발판의 최대적재하중은 $400kg$을 초과 하지 않도록 한다.
③ 승강용 사다리는 견고하게 설치하여야 한다.
④ 작업발판은 항상 수평을 유지하고 작업발판 위에서 안전난간을 딛고 작업을 하거나 받 침대 또는 사다리를 사용하여 작업하지 않 도록 한다.

② 이동식 비계의 작업발판의 최대적재하중은 $250kg$를 초과하지 않도록 할 것

110

토사붕괴원인으로 옳지 않은 것은?

① 경사 및 기울기 증가
② 성토높이의 증가
③ 건설기계 등 하중작용
④ 토사중량의 감소

*토사붕괴의 원인
① 외적원인
 – 사면 법면의 경사 및 기울기 증가
 – 절토 및 성토의 높이 증가
 – 공사에 의한 진동 및 반복하중의 증가
 – 지표수 및 지하수의 침투에 의한 토사중량 증가
 – 지진·차량·구조물의 하중

② 내적원인
 – 토석의 강도저하
 – 절토사면의 토질·암석
 – 성토사면의 토질

111

건설용 리프트의 붕괴 등을 방지하기 위해 받침의 수를 증가 시키는 등 안전조치를 하여야 하는 순간 풍속 기준은?

① 초당 15미터 초과
② 초당 25미터 초과
③ 초당 35미터 초과
④ 초당 45미터 초과

*크레인·리프트의 등 작업중지 조치사항

풍속	조치사항
순간 풍속 매 초당 $10m$를 초과하는 경우 (풍속 $10m/s$ 초과)	타워크레인의 설치·수리·점검 또는 해체작업을 중지
순간 풍속 매 초당 $15m$를 초과하는 경우 (풍속 $15m/s$ 초과)	타워크레인, 이동식크레인, 리프트 등의 운전작업을 중지
순간 풍속 매 초당 $30m$를 초과하는 경우 (풍속 $30m/s$ 초과)	옥외에 설치된 주행 크레인을 사용하여 작업하는 경우에는 이탈 방지를 위한 조치
순간 풍속 매 초당 $35m$를 초과하는 경우 (풍속 $35m/s$ 초과)	건설 작업용 리프트 및 승 강기에 대하여 받침의 수를 증가시키거나 붕괴 등을 방 지하기 위한 조치

112

토사붕괴에 따른 재해를 방지하기 위한 흙막이 지보공 부재로 옳지 않은 것은?

① 흙막이판   ② 말뚝
③ 턴버클   ④ 띠장

*흙막이 지보공 설치시 부재의 종류
① 흙막이판
② 말뚝
③ 띠장
④ 버팀대

113

가설구조물의 특징으로 옳지 않은 것은?

① 연결재가 적은 구조로 되기 쉽다.
② 부재 결합이 간략하여 불안전 결합이다.
③ 구조물이라는 개념이 확고하여 조립의
   정밀도가 높다.
④ 사용부재는 과소단면이거나 결함재가
   되기 쉽다.

③ 구조물이라는 통상의 개념이 확고하지 않으며
   조립 정밀도가 낮다.

114

사다리식 통로 등의 구조에 대한 설치기준으로 옳지 않은 것은?

① 발판의 간격은 일정하게 할 것
② 발판과 벽과의 사이는 15cm 이상의 간격을
   유지할 것
③ 사다리식 통로의 길이가 10m 이상인 때에는
   7m 이내마다 계단참을 설치할 것
④ 사다리의 상단은 걸쳐놓은 지점으로부터 60cm
   이상 올라가도록 할 것

*사다리식 통로의 설치기준
① 견고한 구조로 할 것
② 심한 손상·부식 등이 없는 재료를 사용할 것
③ 발판의 간격은 일정하게 할 것
④ 발판과 벽과의 사이는 15cm 이상의 간격
   을 유지할 것
⑤ 폭은 30cm 이상으로 할 것
⑥ 사다리가 넘어지거나 미끄러지는 것을 방지하기
   위한 조치를 할 것
⑦ 사다리의 상단은 걸쳐놓은 지점으로부터 60cm
   이상 올라가도록 할 것
⑧ 사다리식 통로의 길이가 10m 이상인 경우에는
   5m 이내마다 계단참을 설치할 것
⑨ 사다리식 통로의 기울기는 75° 이하로 할 것.
   다만, 고정식 사다리식 통로의 기울기는 90°
   이하로 하고, 그 높이가 7m 이상인 경우에는
   다음 각 목의 구분에 따른 조치를 할 것
   ㉠ 등받이울이 있어도 근로자 이동에 지장이 없는
      경우 : 바닥으로부터 높이가 2.5m 되는 지점부터
      등받이울을 설치할 것
   ㉡ 등받이울이 있으면 근로자가 이동이 곤란한
      경우 : 한국산업표준에서 정하는 기준에 적합한
      개인용 추락 방지 시스템을 설치하고 근로자로
      하여금 한국산업표준에서 정하는 기준에 적합한
      전신안전대를 사용하도록 할 것
⑩ 접이식 사다리 기둥은 사용 시 접혀지거나 펼쳐
   지지 않도록 철물 등을 사용하여 견고하게 조치
   할 것

115

가설통로를 설치하는 경우 준수해야할 기준으로 옳지 않은 것은?

① 경사는 30°이하로 할 것
② 경사가 25°를 초과하는 경우에는 미끄러지지 아니하는 구조로 할 것
③ 건설공사에 사용하는 높이 8m 이상인 비계다리에는 7m 이내마다 계단참을 설치할 것
④ 수직갱에 가설된 통로의 길이가 15m 이상인 때에는 10m 이내마다 계단참을 설치할 것

*가설통로의 설치기준
① 견고한 구조로 할 것
② 경사는 30° 이하로 할 것
③ 경사가 15°를 초과하는 경우에는 미끄러지지 아니하는 구조로 할 것
④ 추락할 위험이 있는 장소에는 안전난간을 설치할 것
⑤ 수직갱에 가설된 통로의 길이가 15m 이상인 경우에는 10m 이내마다 계단참을 설치할 것
⑥ 건설공사에 사용하는 높이 8m 이상인 비계다리에는 7m 이내마다 계단참을 설치할 것

116

터널 공사에서 발파작업 시 안전대책으로 옳지 않은 것은?

① 발파전 도화선 연결상태, 저항치 조사 등의 목적으로 도통시험 실시 및 발파기의 작동상태에 대한 사전점검 실시
② 모든 동력선은 발원점으로부터 최소한 15m 이상 후방으로 옮길 것
③ 지질, 암의 절리 등에 따라 화약량에 대한 검토 및 시방기준과 대비하여 안전조치 실시
④ 발파용 점화회선은 타동력선 및 조명회선과 한곳으로 통합하여 관리

④ 발파용 점화회선은 타동력선 및 조명회선으로부터 분리하여 관리한다.

117

건설업 산업안전보건관리비 계상 및 사용기준은 산업재해보상 보험법의 적용을 받는 공사 중 총 공사금액이 얼마 이상인 공사에 적용하는가?
(단, 전기공사업법, 정보통신공사업법에 의한 공사는 제외)

① 4천만원　　　② 3천만원
③ 2천만원　　　④ 1천만원

건설업 산업안전보건관리비 계상 및 사용기준은 산업재해보상보험법의 적용을 받는 공사 중 총 공사금액이 2000만원 이상인 공사에 적용한다.

118

건설업의 공사금액이 850억 원일 경우 산업안전보건법령에 따른 안전관리자의 수로 옳은 것은?
(단, 전체 공사기간을 100으로 할 때 공사 전·후 15에 해당하는 경우는 고려하지 않는다.)

① 1명 이상　　　② 2명 이상
③ 3명 이상　　　④ 4명 이상

*공사금액 800억 이상 1500억 미만 건설업의 안전관리자의 선임기준
안전관리자 2명 이상

115.② 116.④ 117.③ 118.②

119

거푸집 동바리의 침하를 방지하기 위한 직접적인
조치로 옳지 않은 것은?

① 수평연결재 사용   ② 깔목의 사용
③ 콘크리트의 타설   ④ 말뚝박기

*거푸집동바리의 침하방지를 위한 조치사항
① 깔목의 사용
② 콘크리트의 타설
③ 말뚝박기

120

달비계에 사용하는 와이어로프의 사용금지 기준으로
옳지 않은 것은?

① 이음매가 있는 것
② 열과 전기 충격에 의해 손상된 것
③ 지름의 감소가 공칭지름의 7%를 초과하
　 는 것
④ 와이어로프의 한 꼬임에서 끊어진 소선의
　 수가 7% 이상인 것

*와이어로프의 사용금지기준
① 이음매가 있는 것
② 꼬인 것
③ 심하게 변형되거나 부식된 것
④ 열과 전기충격에 의해 손상된 것
⑤ 지름의 감소가 공칭지름의 7%를 초과한 것
⑥ 와이어로프의 한 꼬임에서 끊어진 소선의 수가
　 10% 이상인 것
⑦ 와이어로프의 안전계수가 5 미만인 것

Memo

01

다음 중 무재해운동의 이념에 있어 모든 잠재위험요인을 사전에 발견·파악·해결함으로써 근원적으로 산업재해를 없앤다는 원칙에 해당하는 것은?

① 참가의 원칙　　② 인간존중의 원칙
③ 무의 원칙　　　④ 선취의 원칙

*무재해 운동 3원칙

원칙	설명
무의 원칙	모든 잠재위험요인을 사전에 발견하여 근원적으로 산업 재해를 없앤다.
선취의 원칙	위험요소를 사전에 발견, 파악하여 재해를 예방 또는 방지한다.
참가의 원칙	전원이 협력하여 각자의 처지에서 의욕적으로 문제를 해결한다.

02

다음 중 한번 학습한 결과가 다른 학습이나 반응에 영향을 주는 것으로 특히 학습효과를 설명할 때 많이 쓰이는 용어는?

① 학습의 연습　　② 학습곡선
③ 학습의 전이　　④ 망각곡선

*학습의 전이
한번 학습한 결과가 다른 학습이나 반응에 영향을 주는 것으로 특히 학습효과를 설명할 때 많이 쓰인다.

03

다음 중 산업안전보건법상 안전검사 대상 유해·위험 기계에 해당하는 것은?

① 정격하중이 2톤 미만인 크레인
② 이동식 국소배기장치
③ 밀폐형 롤러기
④ 산업용 원심기

*안전검사대상 기계 등
① 프레스
② 전단기
③ 크레인(정격하중 2톤 미만 제외)
④ 리프트
⑤ 압력용기
⑥ 곤돌라
⑦ 국소 배기장치(이동식은 제외)
⑧ 원심기(산업용만 해당)
⑨ 롤러기(밀폐형 구조는 제외)
⑩ 사출성형기
⑪ 고소작업대
⑫ 컨베이어
⑬ 산업용 로봇

04

무재해운동의 추진기법에 있어 위험예지훈련 제4단계(4라운드) 중 제2단계에 해당하는 것은?

① 본질추구
② 현상파악
③ 목표설정
④ 대책수립

*위험예지훈련 4단계(=4라운드)

단계	목적	내용
1단계	현상파악	잠재된 위험의 파악
2단계	본질추구	위험 포인트의 확정
3단계	대책수립	위험 포인트에 대한 대책 방안 마련
4단계	목표설정	행동 계획에 대한 결정

05

법령에서 정한 최소한의 수준이 아닌 좀 더 높은 수준의 안전보건 향상을 위해 참고할 광범위한 기술적 사항을 안내하는 기술지침은?

① 업무 가이드라인
② 중대재해처벌법
③ KOSHA 가이드
④ 건설기술진흥법

*KOSHA 가이드
법령에서 정한 최소한의 수준이 아니라, 좀더 높은 수준의 안전보건 향상을 위해 참고할 광범위한 기술적 사항에 대해 기술하고 있으며 사업장의 자율적 안전보건 수준향상을 지원하기 위한 기술지침

06

다음의 교육내용과 관련 있는 교육은?

- 작업 동작 및 표준작업방법의 습관화
- 공구·보호구 등의 관리 및 취급태도의 확립
- 작업 전후의 점검, 검사요령의 정확화 및 습관화

① 지식교육
② 기능교육
③ 태도교육
④ 문제해결교육

*안전보건교육지도 중 태도교육
① 작업 동작 및 표준작업방법의 습관화
② 공구·보호구 등의 관리 및 취급태도의 확립
③ 작업 전후의 점검·검사요령의 정확화 및 습관화

07

새로운 자료나 교재를 제시하고, 문제점을 피교육자로 하여금 제기하도록 하거나 의견을 여러 가지 방법으로 발표하게 하여 청중과 토론자간 활발한 의견 개진과 합의를 도출해가는 토의방법은?

① 포럼(Forum)
② 심포지엄(Symposium)
③ 자유토의(Free discussion)
④ 패널 디스커션(Panel discussion)

*포럼(Forum)
새로운 자료나 교재를 제시하고, 문제점을 피교육자로 하여금 제기하도록 하거나 의견을 여러 가지 방법으로 발표하게 하여 청중과 토론자간 활발한 의견 개진과 합의를 도출해가는 토의방법

08

기업 내 정형 교육 중 TWI(Training Within Industry)의 교육 내용과 가장 거리가 먼 것은?

① Job Standardization Training
② Job Instruction Training
③ Job Method Training
④ Job Relation Training

*TWI(Training Within Industry)
관리감독자를 대상으로 하여 직무에 관한 능력을 교육하는 방법

훈련 기법	교육훈련 내용
작업방법훈련 (Job Method Training)	작업 효율성 교육 방법
작업지도훈련 (Job Instruction Training)	작업 숙련도 교육 방법
인간관계훈련 (Job Relations Training)	인간관계 관리 교육 방법
작업안전훈련 (Job Safety Training)	안전한 작업에 대한 교육 방법

09

산업안전보건법상 안전·보건표지의 종류 중 바탕은 파란색, 관련 그림은 흰색을 사용하는 표지는?

① 사용금지
② 세안장치
③ 몸균형상실경고
④ 안전복착용

*지시표지

보안경 착용	방독마스크 착용	방진마스크 착용	보안면 착용
안전모 착용	귀마개 착용	안전화 착용	안전장갑 착용
안전복 착용			

10

다음 중 준비, 교시, 연합, 총괄, 응용 시키는 사고 과정의 기술교육 진행방법에 해당하는 것은?

① 듀이의 사고과정
② 태도 교육 단계이론
③ 하버드학파의 교수법
④ MTP(Management Training Program)

*하버드학파의 교수법
1단계 : 준비
2단계 : 교시
3단계 : 연합
4단계 : 총괄
5단계 : 응용

08.① 09.④ 10.③

11

매슬로우의 욕구단계이론에서 편견없이 받아들이는 성향, 타인과의 거리를 유지하며 사생활을 즐기거나 창의적 성격으로 봉사, 특별히 좋아하는 사람과 긴밀한 관계를 유지하려는 인간의 욕구에 해당하는 것은?

① 생리적 욕구   ② 사회적 욕구
③ 자아실현의 욕구   ④ 안전에 대한 욕구

*매슬로우(Maslow)의 욕구 5단계

단계	설명
1단계 생리적 욕구	인간의 가장 기본적인 욕구이며, 의식주, 성적 욕구 등이 있다.
2단계 안전의 욕구	위험, 위협, 박탈에서 자신을 보호하고 불안을 회피하려는 욕구이다.
3단계 사회적 욕구	타인과 친교를 맺고 원하는 집단에 귀속되고자 하는 욕구이다.
4단계 존중의 욕구	타인과 친하게 지내고 싶은 인간의 기초가 되는 욕구로서, 자아존중, 자신감, 성취, 존경 등에 관한 욕구이다.
5단계 자아실현 욕구	자기의 잠재력을 최대한 살리고 자기가 하고 싶었던 일을 실현하려는 인간의 욕구이다. 편견없이 받아들이는 성향, 타인과의 거리를 유지하며 사생활을 즐기거나 창의적 성격으로 봉사, 특별히 좋아하는 사람과 긴밀한 관계를 유지하려는 욕구 등이 있다.

12

다음 중 하인리히의 재해 손실비용 산정에 있어서 1 : 4 의 비율은 각각 무엇을 의미하는가?

① 치료비의 보상비의 비율
② 급료와 손해보상의 비율
③ 직접손실비와 간접손실비의 비율
④ 보험지급비와 비보험손실비의 비용

*하인리히의 재해 손실비용(1 : 4 법칙)
총손실비용 = 직접손실비 + 간접손실비

= 직접손실비 + (4×직접손실비)

13

다음 중 학생이 자기 학습속도에 따른 학습이 허용되어 있는 상태에서 학습자가 프로그램 자료를 가지고 단독으로 학습하도록 하는 교육방법은?

① 토의법   ② 모의법
③ 실연법   ④ 프로그램 학습법

*프로그램 학습법
학생의 자기학습 속도에 따른 학습이 허용돼있는 상태에서 학습자가 프로그램 자료를 가지고 단독으로 학습하도록 유도하는 교육법이다.

14

다음 중 산업안전보건법령상 안전보건 · 표지의 종류에 있어 금지표지에 해당하지 않는 것은?

① 금연   ② 사용금지
③ 물체이동금지   ④ 유해물질접촉금지

*금지표지

출입금지	보행금지	차량통행 금지	사용금지
탑승금지	금연	화기금지	물체이동 금지

15

다음 중 구체적인 동기유발요인에 속하지 않는 것은?

① 기회   ② 자세

③ 인정   ④ 참여

*동기유발의 요인
① 책임
② 참여
③ 성과
④ 안정
⑤ 인정
⑥ 기회
⑦ 권력
⑧ 독자성

16

1일 근무시간이 9시간이고, 지난 한 해 동안의 근무일이 300일인 A 사업장의 재해건수는 24건, 의사진단에 의한 총 휴업일수는 3650일이었다. 해당 사업장의 도수율과 강도율은 얼마인가? (단, 사업장의 평균근로자수는 450명이다.)

① 도수율 : 0.02, 강도율 : 2.55

② 도수율 : 0.19, 강도율 : 0.25

③ 도수율 : 19.75, 강도율 : 2.47

④ 도수율 : 20.43, 강도율 : 2.55

*도수율 · 강도율

$$도수율 = \frac{재해건수}{연근로 총시간수} \times 10^6$$

$$= \frac{24}{450 \times 9 \times 300} \times 10^6 = 19.75$$

$$강도율 = \frac{총근로손실일수}{연근로 총시간수} \times 10^3$$

$$= \frac{3650 \times \frac{300}{365}}{450 \times 9 \times 300} \times 10^3 = 2.47$$

17

산업안전보건법령상 안전인증 절연장갑에 안전인증 표시외에 추가로 표시하여야 하는 내용 중 등급별 색상의 연결이 옳은 것은?

① 00등급 : 갈색   ② 0등급 : 흰색

③ 1등급 : 노랑색   ④ 2등급 : 빨강색

*절연장갑의 등급 및 색상

등급	색상	최대사용전압	
		교류(V, 실효값)	직류(V)
00	갈색	500	750
0	빨간색	1000	1500
1	흰색	7500	11250
2	노란색	17000	25500
3	녹색	26500	39750
4	등색	36000	54000
비고 : 직류=1.5×교류			

18

다음 중 맥그리거(McGregor)의 인간해설에 있어 X 이론적 관리 처방으로 가장 적합한 것은?

① 직무의 확장

② 분권화와 권한의 위임

③ 민주적 리더쉽의 확립

④ 경제적 보상체계의 강화

*맥그리거의 X, Y이론

X 이론	Y 이론
① 경제적 보상체제의 강화	① 직무 확장 구조
② 면밀한 감독과 엄격한 통제	② 책임과 창조력 강조
③ 권위주의적 리더십	③ 분권화와 권한의 위임
	④ 인간관계 관리방식
	⑤ 민주주의적 리더십

19

다음 중 산업안전보건법령상 [그림]에 해당하는 안전·보건표지의 명칭으로 옳은 것은?

① 물체이동 경고
② 양중기운행 경고
③ 낙하위험 경고
④ 매달린물체 경고

*경고표지

인화성물질 경고	산화성물질 경고	폭발성물질 경고	급성독성 물질경고
부식성물질 경고	방사성물질 경고	고압전기 경고	매달린물체 경고
낙하물경고	고온 경고	저온 경고	몸균형상실 경고
레이저광선 경고	위험장소 경고	발암성·변이원성·생식독성·전신독성·호흡기 과민성물질 경고	

20

다음 중 산업안전보건법령상 안전·보건표지의 색채와 사용사례가 잘못 연결된 것은?

① 노란색 –정지신호, 소화설비 및 그 장소
② 파란색 –특정 행위의 지시 및 사실의 고지
③ 빨간색 –화학물질 취급 장소에서의 유해·위험 경고
④ 녹색 – 비상구 및 피난소, 사람 또는 차량의 통행표지

*안전보건표지의 색도기준 및 용도

색채	색도기준	용도	사용 예시
빨간색	7.5R 4/14	금지	정지신호, 소화설비 및 그 장소, 유해행위의 금지
		경고	화학물질 취급장소의 유해·위험 경고
노란색	5Y 8.5/12	경고	화학물질 취급장소에서의 유해·위험 경고 이외의 위험경고, 주의표지 또는 기계 방호물
파란색	2.5PB 4/10	지시	특정 행위의 지시 및 사실의 고지
녹색	2.5G 4/10	안내	비상구 및 피난소, 사람 또는 차량의 통행표지
흰색	N9.5		파란색 또는 녹색에 대한 보조색
검은색	N0.5		문자 및 빨간색 또는 노란색에 대한 보조색

21

인간의 반응시간을 조사하는 실험에서 0.1, 0.2, 0.3, 0.4 의 점등확률을 갖는 4개의 전등이 있다. 이 자극 전등이 전달하는 정보량은 약 얼마인가?

① $2.42\,bit$ 　　　　② $2.16\,bit$
③ $1.85\,bit$ 　　　　④ $1.53\,bit$

*정보량(H)

$$H = A\log_2\left(\frac{1}{A}\right) + B\log_2\left(\frac{1}{B}\right) + C\log_2\left(\frac{1}{C}\right) + D\log_2\left(\frac{1}{D}\right)$$

$$= 0.1\log_2\left(\frac{1}{0.1}\right) + 0.2\log_2\left(\frac{1}{0.2}\right) + 0.3\log_2\left(\frac{1}{0.3}\right)$$

$$+ 0.4\log_2\left(\frac{1}{0.4}\right) = 1.85\,bit$$

22

다음 설명에 해당하는 설비보전방식의 유형은?

설비보전 정보와 신기술을 기초로 신뢰성, 조작성, 보전성, 안전성, 경제성 등이 우수한 설비의 선정, 조달 또는 설계를 통하여 궁극적으로 설비의 설계, 제작 단계에서 보전 활동이 불필요한 체제를 목표로 한 설비보전 방법을 말한다.

① 개량 보전 　　　　② 사후 보전
③ 일상 보전 　　　　④ 보전 예방

*보전예방
설비보전 정보와 신기술을 기초로 신뢰성, 조작성, 보전성, 안전성, 경제성 등이 우수한 설비의 선정, 조달 또는 설계를 통하여 궁극적으로 설비의 설계, 제작단계에서 보전활동이 불필요한 체제를 목표로 한 설비보전 방법이다.

23

각 부품의 신뢰도가 R 인 다음과 같은 시스템의 전체 신뢰도는?

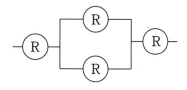

① R^4 　　　　② $2R - R^2$
③ $2R^2 - R^3$ 　　　　④ $2R^3 - R^4$

*시스템의 신뢰도(R)

$$\begin{aligned}
\text{신뢰도} &= R \times [1 - (1-R)(1-R)] \times R \\
&= R^2 \times [1 - (1-R^2)] \\
&= R^2 \times [1 - (1 - 2R + R^2)] \\
&= R^2 \times (1 - 1 + 2R - R^2) = 2R^3 - R^4
\end{aligned}$$

24

다음 중 개선의 ECRS의 원칙에 해당하지 않는 것은?

① 제거(Eliminate)
② 결합(Combine)
③ 재조정(Rearrange)
④ 안전(Safety)

*개선의 4원칙(ECRS)
① 제거(E : Eliminate)
② 결합(C : Combine)
③ 재조정(R : Rearrange)
④ 간략화(S : Simplify)

25

다음 중 기계 또는 설비에 이상이나 오동작이 발생하여도 안전사고를 발생시키지 않도록 2중 또는 3중으로 통제를 가하도록 한 체계에 속하지 않는 것은?

① 다경로하중구조   ② 하중경감구조

③ 교대구조   ④ 격리구조

---

*Fail Safe 구조의 종류
① 다경로하중구조
② 하중경감구조
③ 교대구조
④ 분할구조

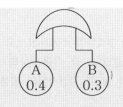

최소 컷셋을 구하는 문제이기 때문에 A(0.4)와 B(0.3) 중 작은 값을 선정 후 계산해야 한다.

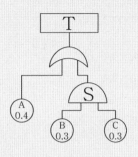

$$\therefore T = A \cdot S = 1 - (1 - 0.4)(1 - 0.3 \times 0.3) = 0.454$$

26

다음 FT도에서 정상사상(Top Event)이 발생하는 최소 컷셋의 $P(T)$는 약 얼마인가?
(단, 원 안의 수치는 각 사상의 발생확률이다.)

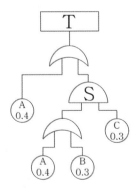

① 0.311   ② 0.454

③ 0.204   ④ 0.928

27

어떤 결함수를 분석하여 minimal cut set을 구한 결과 다음과 같았다. 각 기본사상의 발생확률을 q_i, $i=1,2,3$라 할 때 정상사상의 발생확률함수로 옳은 것은?

$$k_1 = [1,2],\ k_2 = [1,3],\ k_3 = [2,3]$$

① $q_i q_2 + q_1 q_2 - q_2 q_3$

② $q_i q_2 + q_1 q_3 - q_2 q_3$

③ $q_1 q_2 + q_1 q_3 + q_2 q_3 - q_1 q_2 q_3$

④ $q_1 q_2 + q_1 q_3 + q_2 q_3 - 2q_1 q_2 q_3$

*정상사상의 발생확률함수

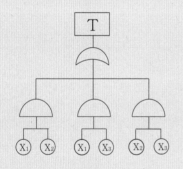

$$T = 1 - (1-q_1 q_2)(1-q_1 q_3)(1-q_2 q_3)$$
$$= 1 - (1 - q_1 q_2 - q_1 q_3 + q_1 q_2 q_1 q_3)(1-q_2 q_3)$$
$$= 1 - (1 - q_1 q_2 - q_1 q_3 + q_1 q_2 q_3)(1-q_2 q_3)$$
$$= 1 - (1 - q_1 q_2 - q_1 q_3 + q_1 q_2 q_3 - q_2 q_3 + q_1 q_2 q_2 q_3$$
$$\quad + q_1 q_3 q_2 q_3 - q_1 q_2 q_3 q_2 q_3)$$
$$= 1 - (1 - q_1 q_2 - q_1 q_3 + q_1 q_2 q_3 - q_2 q_3 + q_1 q_2 q_3$$
$$\quad + q_1 q_2 q_3 - q_1 q_2 q_3)$$
$$\therefore T = q_1 q_2 + q_1 q_3 + q_2 q_3 - 2q_1 q_2 q_3$$
여기서, $(q_1 \cdot q_1 = q_1,\ q_2 \cdot q_2 = q_2,\ q_3 \cdot q_3 = q_3)$

28

건습구도온도계에서 건구온도가 24℃이고, 습구온도가 20℃일 때 Oxfrd지수는 얼마인가?

① 20.6℃　　　　② 21.0℃

③ 23.0℃　　　　④ 23.4℃

*옥스포드 지수(Oxford index, WD)
$$WD = 0.85W + 0.15D$$
$$\quad = 0.85 \times 20 + 0.15 \times 24 = 34.25℃$$

여기서,

W : 습구온도(Wet bulb temperature) [℃]

D : 건구온도(Dry bulb temperature) [℃]

29

경보사이렌으로부터 $10m$ 떨어진 음압수준이 140 dB 이면 $100m$ 떨어진 곳에서 음의 강도는 얼마인가?

① $100dB$　　　　② $110dB$

③ $120dB$　　　　④ $140dB$

*음압수준의 강도 비교
$$dB_2 = dB_1 - 20\log\left(\frac{D_2}{D_1}\right) = 140 - 20\log\left(\frac{100}{10}\right) = 120dB$$

30

다음 중 시스템의 수명 및 신뢰성에 관한 설명으로 틀린 것은?

① 수리가 가능한 시스템의 평균 수명은 평균 고장율(MTBF)과 비례관계가 성립한다.

② 직렬시스템을 구성하는 부품들 중에서 최소 수명을 갖는 부품에 의해 시스템의 수명이 정해진다.

③ 리던던시 설계와 디레이팅을 시스템 설계 기술로 적용하면 시스템 고유의 신뢰성을 증가시킬 수 있다.

④ 수리가 불가능한 n개의 구성요소가 병렬구조를 갖는 설비는 중복도(n−1)가 늘어날수록 수명이 길어진다.

*평균 고장 간격(MTBF)

$$MTBF = \frac{1}{\lambda(\text{고장율})}$$

반비례 관계이다.

31

자동생산시스템에서 3가지 고장 유형에 따라 각기 다른색의 신호등에 불이 들어오고 운전원은 색에 따라 다른 조종 장치를 조작하도록 하려고 한다. 이때 운전원이 신호를 보고 어떤 장치를 조작해야 할지를 결정하기까지 걸리는 시간을 예측하기 위해서 사용할 수 있는 이론은?

① 웨버(Weber) 법칙

② 피츠(Fitts) 법칙

③ 힉−하이만(Hick−Hyman) 법칙

④ 학습효과(learning effect) 법칙

*힉−하이만(Hick−Hyman) 법칙
반응시간과 자극, 반응 대안간의 관계를 나타내는 법칙으로 운전원이 신호를 보고 어떤 장치를 조작할지를 결정하는 것 까지 걸리는 시간을 예측한다.

32

다음 중 촉감의 일반적인 척도의 하나인 2점 문턱값 (two-point threshold)이 감소하는 순서대로 나열된 것은?

① 손바닥 → 손가락 → 손가락 끝

② 손가락 → 손바닥 → 손가락 끝

③ 손가락 끝 → 손가락 → 손바닥

④ 손가락 끝 → 손바닥 → 손가락

*2점 문턱값이 감소하는 순서
손바닥 → 손가락 → 손가락 끝

33

다음 중 소음에 의한 청력손실이 가장 크게 나타나는 주파수대는?

① 2000 Hz　　② 4000 Hz

③ 10000 Hz　　④ 20000 Hz

청력손실은 4000 Hz에서 가장 크게 나타난다.

34

다음 중 인간의 눈이 일반적으로 완전암조응에 걸리는데 소요되는 시간은?

① 5 ~ 10분　　② 10 ~ 20분

③ 30 ~ 40분　　④ 50 ~ 60분

*조응
① 완전암조응 : 30 ~ 40분
② 명조응 : 1 ~ 3분

35

다음 중 강한 음영 때문에 근로자의 눈 피로도가 큰 조명방법은?

① 간접조명   ② 반간접조명
③ 직접조명   ④ 전반조명

직접조명은 강한 음영 때문에 근로자의 눈 피로도가 크다.

36

다음 중 인체계측자료의 응용 원칙에 있어 조절 범위에서 수용하는 통상의 범위는 몇 $\%tile$ 정도인가?

① 5 ~ 95$\%tile$ ② 20 ~ 80$\%tile$
③ 30 ~ 70$\%tile$ ④ 40 ~ 60$\%tile$

수용 조절 범위 : 5 ~ 95%tile

37

한 화학공장에는 24개의 공정제어회로가 있으며, 4000시간의 공정 가동 중 이 회로에는 14번의 고장이 발생하였고, 고장이 발생하였을 때마다 회로는 즉시 교체 되었다. 이 회로의 평균고장시간(MTTF)은 약 얼마인가?

① 6857시간   ② 7571시간
③ 8240시간   ④ 9800시간

*평균 고장 시간(MTTF)
$$MTTF = \frac{총가동시간}{고장건수} = \frac{24 \times 4000}{14} = 6857.14hr$$

38

다음 중 인체의 피부감각에 있어 민감한 순서대로 나열된 것은?

① 압각 – 온각 – 냉각 – 통각
② 냉각 – 통각 – 온각 – 압각
③ 온각 – 냉각 – 통각 – 압각
④ 통각 – 압각 – 냉각 - 온각

*인체의 피부감각 민감도 순서
통각 – 압각 – 냉각 – 온각

39

다음 중 4지선다형 문제의 정보량은 얼마인가?

① 1bit   ② 2bit
③ 3bit   ④ 4bit

*정보량(H)
$$H = \log_2 A = \log_2 4 = 2bit$$

40

다음 중 사람이 음원의 방향을 결정하는 주된 암시신호(cue)로 가장 적합하게 조합된 것은?

① 소리의 강도차와 진동수차
② 소리의 진동수차와 위상차
③ 음원의 거리차와 시간차
④ 소리의 강도차와 위상차

*음원방향 결정의 주된 암시신호(cue)
소리의 강도차와 위상차

41

다음 중 위험 기계의 구동 에너지를 작업자가 차단할 수 있는 장치에 해당하는 것은?

① 급정지장치　　　　② 감속장치
③ 위험방지장치　　　④ 방호설비

*롤러기의 급정지장치
작업자가 조작부를 설치하여 건드리면 구동에너지가 차단되어 급정지가 되는 장치

42

다음 중 산업안전보건법상 보일러에 설치되어 있는 압력방출장치의 검사주기로 옳은 것은?

① 분기별 1회 이상
② 6개월에 1회 이상
③ 매년 1회 이상
④ 2년마다 1회 이상

압력방출장치는 매년 1회 이상 정기적으로 작동시험을 한다.

43

다음 중 설비의 내부에 균열 결함을 확인할 수 있는 가장 적절한 검사방법은?

① 육안검사　　　　　② 액체침투탐상검사
③ 초음파탐상검사　　④ 피로검사

*초음파탐상검사(UT)
초음파를 이용하여 대상의 내부에 존재하는 결함, 불연속 등을 탐지하는 비파괴검사법으로 특히 용접부에 발생한 결함 검출에 가장 적합하다.

44

연삭기에서 숫돌의 바깥지름이 $270mm$일 경우 평형 플랜지 지름은 몇 mm 이상이어야 하는가?

① 30　　　　　　　　② 50
③ 60　　　　　　　　④ 90

*평형 플랜지 지름(D)
$$D = \frac{1}{3} \times d = \frac{1}{3} \times 270 = 90mm$$
여기서, d : 연삭숫돌의 바깥지름 $[mm]$

45

[그림]과 같은 프레스의 punch와 금형의 die에서 손가락이 punch와 die 사이에 들어가지 않도록 할 때 D의 거리로 가장 적절한 것은?

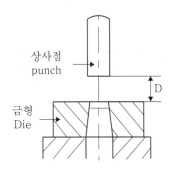

① 8mm 이하
② 10mm 이상
③ 15mm 이하
④ 15mm 초과

펀치와 다이의 간격은 8mm 이하로 할 것.

46

다음 중 소성가공을 열간가공과 냉간가공으로 분류하는 가공온도의 기준은?

① 융해점 온도
② 공석점 온도
③ 공정점 온도
④ 재결정 온도

*재결정 온도
고상에서 변태를 발생하는 온도로 열간가공과 냉간가공을 구분하는 온도이다.

47

프레스기의 금형을 부착·해체 또는 조정하는 작업을 할 때, 근로자의 신체의 일부가 위험한계에 들어갈 때에 슬라이드가 갑자기 작동함으로써 발생하는 근로자의 위험을 방지하기 위해 사용해야 하는 것은?

① 방호울
② 안전블록
③ 시건장치
④ 날접촉예방장치

프레스기의 금형을 부착·해체 또는 조정하는 작업을 할 때, 근로자의 신체 일부가 위험한계에 들어갈 시 슬라이드가 갑자기 작동함으로써 근로자에게 발생하는 위험을 방지하기 위해 안전블록을 사용해야 한다.

48

다음 중 원심기의 안전에 관한 설명으로 적절하지 않은 것은?

① 원심기에는 덮개를 설치하여야 한다.
② 원심기로부터 내용물을 꺼내거나 원심기의 정비, 청소, 검사, 수리작업을 하는 때에는 운전을 정지 시켜야 한다.
③ 원심기의 최고사용회전수를 초과하여 사용하여서는 아니 된다.
④ 원심기에 과압으로 인한 폭발을 방지하기 위하여 압력방출장치를 설치하여야 한다.

④ 압력방출장치 : 보일러 방호장치

49

안전율을 구하는 방법으로 옳은 것은?

① 안전율 = 허용응력 / 기초강도
② 안전율 = 허용응력 / 인장강도
③ 안전율 = 인장강도 / 허용응력
④ 안전율 = 안전하중 / 파단하중

*안전율(=안전계수, S)

$$S = \frac{인장강도}{허용응력} = \frac{최대응력}{허용응력} = \frac{파단하중}{안전하중}$$

$$= \frac{파괴하중}{최대사용하중} = \frac{극한강도}{최대설계응력}$$

50

크레인의 로프에 질량 $2000kg$의 물건을 $10m/s^2$의 가속도로 감아올릴 때, 로프에 걸리는 총 하중은 약 몇 kN 인가?

① 9.6   ② 19.6
③ 29.6   ④ 39.6

*와이어로프에 걸리는 총 하중(W)

$$W = W_1 + W_2 = W_1 + \frac{W_1}{g} \times a$$

$$= 2000 + \frac{2000}{9.8} \times 10 = 4040.82kg$$

$$= 4040.82 \times 9.8 = 39600N = 39.6kN$$

여기서, W : 총 하중$[kg]$

W_1 : 정하중$[kg]$

W_2 : 동하중$\left(W_2 = \frac{W_1}{g} \times a \right)$

g : 중력가속도 $[m/s^2]$

a : 물체의 가속도 $[m/s^2]$

51

다음 중 세이퍼의 작업 시 안전수칙으로 틀린 것은?

① 바이트를 짧게 고정한다.
② 공작물을 견고하게 고정한다.
③ 가드, 방책, 칩받이 등을 설치한다.
④ 운전자가 바이트의 운동방향에 선다.

④ 운전자는 운동방향의 측면에서 작업해야 한다.

52

다음 중 드릴 작업의 안전사항이 아닌 것은?

① 옷소매가 길거나 찢어진 옷은 입지 않는다.
② 회전하는 드릴에 걸레 등을 가까이 하지 않는다.
③ 작고, 길이가 긴 물건은 플라이어로 잡고 뚫는다.
④ 스핀들에서 드릴을 뽑아낼 때에는 드릴 아래에 손을 내밀지 않는다.

③ 드릴 작업 시 작고 길이가 긴 물건들은 치공구(지그, 바이스 등)로 고정시킨다.

53

다음 중 선반에서 절삭가공시 발생하는 칩을 짧게 끊어지도록 공구에 설치되어 있는 방호장치의 일종인 칩 제거기구를 무엇이라 하는가?

① 칩 브레이크   ② 칩 받침
③ 칩 쉴드   ④ 칩 커터

선반작업에서 칩은 <u>칩 브레이크</u>로 제거한다.

49.③ 50.④ 51.④ 52.③ 53.①

54

다음 중 프레스기에 설치하는 방호장치에 관한 사항으로 틀린 것은?

① 수인식 방호장치의 수인끈 재료는 합성 섬유로 직경이 4mm 이상이어야 한다.
② 양수조작식 방호장치는 1행정마다 누름버튼에서 양손을 떼지 않으면 다음 작업의 동작을 할 수 없는 구조 이어야 한다.
③ 광전자식 방호장치는 정상동작램프는 적색, 위험 표시 램프는 녹색으로 하며, 쉽게 근로자가 볼 수 있는 곳에 설치해야 한다.
④ 손쳐내기식 방호장치는 슬라이드 하행정 거리의 3/4 위치에서 손을 완전히 밀어내야 한다.

③ 광전자식 방호장치는 정상동작램프는 녹색, 위험표시램프는 적색으로 하며, 쉽게 근로자가 볼 수 있는 곳에 설치해야 한다.

55

다음 중 기계설비의 작업능률과 안전을 위한 배치(lay out)의 3단계를 올바른 순서대로 나열한 것은?

① 지역배치 → 건물배치 → 기계배치
② 건물배치 → 지역배치 → 기계배치
③ 기계배치 → 건물배치 → 지역배치
④ 지역배치 → 기계배치 → 건물배치

*안전을 위한 공장의 설비배치 3단계
지역배치 → 건물배치 → 기계배치

56

다음 그림의 와이어로프의 클립(Clip)연결 순서로 옳은 것은?

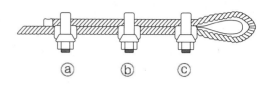

ⓐ   ⓑ   ⓒ

① ⓐ → ⓑ → ⓒ   ② ⓑ → ⓐ → ⓒ
③ ⓐ → ⓒ → ⓑ   ④ ⓑ → ⓒ → ⓐ

*와이어로프의 클립 연결 순서
① 클립ⓐ 가체결
② 팀블쪽 클립ⓒ 가체결
③ 가운데 클립ⓑ 가체결

57

프레스기의 SPM(stroke per minute)이 200이고, 클러치의 맞물림 개소수가 6인 경우 양수기동식 방호장치의 설치거리는 얼마인가?

① 120mm   ② 200mm
③ 320mm   ④ 400mm

*방호장치의 안전거리(D)
$$T = \left(\frac{1}{클러치개수} + \frac{1}{2}\right) \times \left(\frac{60}{SPM}\right)$$
$$= \left(\frac{1}{6} + \frac{1}{2}\right) \times \left(\frac{60}{200}\right) = 0.2s$$
$$D = 1.6T = 1.6 \times 0.2 = 0.32m = 320mm$$

58

진동에 의한 설비진단법 중 정상, 비정상, 악화의 정도를 판단하기 위한 방법이 아닌 것은?

① 상호 판단　　　　② 비교 판단
③ 절대 판단　　　　④ 평균 판단

*진동에 대한 설비진단법

정상·비정상·악화 정도의 판단	실패의 원인과 발생한 장소의 탐지
① 상호 판단	① 직접 판단
② 비교 판단	② 평균 판단
③ 절대 판단	③ 주파수 판단

59

조작자의 신체부위가 위험한계 밖에 위치하도록 기계의 조작 장치를 위험구역에서 일정 거리 이상 떨어지게 하는 방호장치를 무엇이라 하는가?

① 덮개형 방호장치
② 차단형 방호장치
③ 위치제한형 방호장치
④ 접근반응형 방호장치

*위치제한형 방호장치
조작자의 신체부위가 위험한계 밖에 위치하도록 기계조작 장치를 위험구역에서 일정거리 이상 떨어지게 하는 방호장치로, 대표적으로 양수조작식 방호장치가 있다.

60

공기압축기에서 공기탱크 내의 압력이 최고사용압력에 도달하면 압송을 정지하고, 소정의 압력까지 강하하면 다시 압송작업을 하는 밸브는?

① 감압 밸브　　　　② 언로드 밸브
③ 릴리프 밸브　　　④ 시퀀스 밸브

*언로드 밸브
공기압축기에서 공기탱크내의 압력이 최고사용압력에 도달하면 압송을 정지하고, 소정의 압력까지 강하하면 다시 압송작업을 하는 밸브

61

한국전기설비규정에 따라 과전류차단기로 저압전로에 사용하는 범용 퓨즈[gG]의 용단전류는 정격전류의 몇 배인가?
(단, 정격전류가 $15A$인 경우이다.)

① 1.5배   ② 1.6배
③ 1.9배   ④ 2.1배

---

*저압전로에 사용하는 범용 퓨즈의 용단전류
과전류 차단기로 저압전로에 사용하는 범용의 퓨즈는 아래 표에 적합한 것이어야 한다.

정격전류의 구분	시간	정격전류의 배수	
		불용단전류	용단전류
4A 이하	60분	1.5배	2.1배
4A 초과 16A 미만	60분	1.5배	1.9배
16A 이상 63A 이하	60분	1.25배	1.6배
63A 초과 160A 이하	120분	1.25배	1.6배
160A 초과 400A 이하	180분	1.25배	1.6배
400A 초과	240분	1.25배	1.6배

62

활선 작업 시 필요한 보호구 중 가장 거리가 먼 것은?

① 고무장갑   ② 안전화
③ 대전방지용 구두   ④ 안전모

---

*절연용 보호구
① 절연장갑(고무장갑)
② 안전모
③ 안전화(절연화)
④ 절연용 고무소매

④ 대전방지용 구두 : 정전기 발생 보호구

63

정격사용율 30%, 정격2차전류 $300A$인 교류 아크 용접기를 $200A$로 사용하는 경우의 허용 사용률은?

① 67.5%   ② 91.6%
③ 110.3%   ④ 130.5%

---

*교류 아크용접기의 허용사용률

$$허용사용률 = \left(\frac{정격2차전류}{실제용접전류}\right)^2 \times 정격사용률 \times 100 \, [\%]$$
$$= \left(\frac{300}{200}\right)^2 \times 0.3 \times 100 = 67.5\%$$

64

인체의 전격시의 통전시간이 16초 일 때 심실세동 전류를 Dalziel이 주장한 식으로 계산한 것으로 다음 중 알맞은 것은?

① 41.3mA
② 82.5mA
③ 102.5mA
④ 143mA

*심실세동 전류(I)

$I = \dfrac{165}{\sqrt{T}} = \dfrac{165}{\sqrt{16}} = 41.3mA$

여기서,
T : 시간 [sec] (주어지지 않을 경우 $T=1\text{sec}$)

65

정전작업 시 정전시킨 전로에 잔류전하를 방전할 필요가 있다. 전원차단 이후에도 잔류전하가 남아 있을 가능성이 낮은 것은?

① 전력 케이블
② 용량이 큰 부하기기
③ 전력용 콘덴서
④ 방전 코일

*방전 코일
콘덴서를 회로로부터 개방 시 잔류 전하로 인한 위험사고방지 및 재투입 시 걸리는 과전압 방지를 위하여 짧은 시간에 방전시킬 목적으로 설치한다.

66

4000A의 전류가 흐르는 단상 전로의 한 선에서 누전되는 최소 전류는 몇 A인가?

① 0.1[A]
② 0.2[A]
③ 1.0[A]
④ 2.0[A]

*누설전류(I_g)의 한계값

$I_g = \dfrac{I}{2000} = \dfrac{4000}{2000} = 2A$

67

감전 사고시 전선이나 개폐기 터미널 등의 금속 분자가 고열로 용융됨으로서 피부 속으로 녹아 들어가는 것은?

① 피부의 광성변화
② 전문
③ 표피박탈
④ 전류반점

*피부의 광성변화
감전사고 시 전선이나 개폐기 터미널 등의 금속분자가 고열로 용융됨으로서 피부 속으로 녹아 들어가는 현상

68

어떤 부도체에서 정전용량이 $10pF$ 이고, 전압이 $5000 V$ 일 때 전하량은?

① $2 \times 10^{-14}[C]$ ② $2 \times 10^{-8}[C]$
③ $5 \times 10^{-8}[C]$ ④ $5 \times 10^{-2}[C]$

$Q = CV = 10 \times 10^{-12} \times 5000 = 5 \times 10^{-8} C$
여기서,
C : 정전용량 $[F]$
V : 전압 $[V]$
Q : 대전 전하량 $[C]$ $(Q = CV)$

*단위접두사

양수 단위	음수 단위
k(킬로) : 10^3	m(밀리) : 10^{-3}
M(메가) : 10^6	μ(마이크로) : 10^{-6}
G(기가) : 10^9	n(나노) : 10^{-9}
T(테라) : 10^{12}	p(피코) : 10^{-12}

69

정전기 방지대책 중 틀린 것은?

① 대전서열이 가급적 먼 것으로 구성한다.
② 카본 블랙을 도포하여 도전성을 부여한다.
③ 유속을 저감 시킨다.
④ 도전성 재료를 도포하여 대전을 감소시킨다.

① 대전서열이 가급적 가까운 것으로 구성한다.

70

반도체 취급시에 정전기로 인한 재해 방지대책으로 거리가 먼 것은?

① 송풍형 제전기 설치
② 부도체의 접지 실시
③ 작업자의 대전방지 작업복 착용
④ 작업대에 정전기 매트 사용

② 정전기로 인한 재해를 방지하기 위하여 도체의 접지를 한다.

71

대전물체의 표면전위를 검출전극에 의한 용량분할 하여 측정할 수 있다. 대전물체와 검출전극간의 정전용량을 C_1, 검출전극과 대지간의 정전용량을 C_2, 검출전극의 전위를 V_e 라 할 때 대전물체의 표면전위 V_s 를 나타내는 것은?

① $V_s = \dfrac{C_1 + C_2}{C_2} V_e$

② $V_s = \dfrac{C_1 + C_2}{C_1} V_e$

③ $V_s = \dfrac{C_1}{C_1 + C_2} V_e$

④ $V_s = \dfrac{C_2}{C_1 + C_2} V_e$

*대전물체의 표면전위(V_s) $[V]$

$$V_s = \frac{C_1 + C_2}{C_1} \times V_e$$

여기서,
C_1 : 대전물체와 검출전극간의 정전용량 $[F]$
C_2 : 검출전극과 대지간의 정전용량 $[F]$
V_e : 검출전극의 전위 $[V]$

72

정전유도를 받고 있는 접지되어 있지 않는 도전성 물체에 접촉한 경우 전격을 당하게 되는데 물체에 유도된 전압 V 를 옳게 나타낸 것은?
(단, 송전선전압 E, 송전선과 물체사이의 정전용량을 C_1, 물체와 대지사이의 정전용량을 C_2, 물체와 대지사이의 저항을 무한대인 경우이다.)

① $V = \dfrac{C_1}{C_1 + C_2} \cdot E$

② $V = \dfrac{C_1 + C_2}{C_1} \cdot E$

③ $V = \dfrac{C_1}{C_1 \cdot C_2} \cdot E$

④ $V = \dfrac{C_1 \cdot C_2}{C_1} \cdot E$

*유도전압(V)

$$V = \frac{C_1}{C_1 + C_2} \times E$$

여기서,

E : 송전선 전압 $[V]$

C_1 : 송전선과 물체사이의 정전용량 $[F]$

C_2 : 물체와 대지사이의 정전용량 $[F]$

73

개폐조작의 순서에 있어서 그림의 기구 번호의 경우 차단순서와 투입순서가 안전수칙에 적합한 것은?

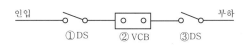

① 차단 ①→②→③, 투입 ①→②→③
② 차단 ②→③→①, 투입 ②→①→③
③ 차단 ③→②→①, 투입 ③→②→①
④ 차단 ②→③→①, 투입 ③→①→②

*개폐조작 순서

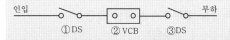

구분	순서
차단순서	② → ③ → ① 차단기(VCB) 개방 후 단로기(DS) 개방
투입순서	③ → ① → ② 단로기(DS) 투입 후 차단기(VCB) 투입

74

다음 중 정전기에 대한 설명으로 가장 알맞은 것은?

① 전하의 공간적 이동이 크고, 그것에 의한 자계의 효과가 전계의 효과에 비해 매우 큰 전기
② 전하의 공간적 이동이 적고, 그것에 의한 자계의 효과가 전계에 비해 무시할 정도의 적은 전기
③ 전하의 공간적 이동이 적고, 그것에 의한 전계의 효과와 자계의 효과가 서로 비슷한 전기
④ 전하의 공간적 이동이 크고, 그것에 의한 자계의 효과와 전계의 효과를 서로 비교할 수 없는 전기

*정전기
전하의 공간적 이동이 적고, 그것에 의한 자계의 효과가 전계에 비해 무시할 정도의 적은 전기

75

대전서열을 올바르게 나열한 것은?
(단, (+) ~ (−) 순임)

① 폴리에틸렌 − 셀룰로이드 − 염화비닐 −
　테프론
② 셀룰로이드 − 폴리에틸렌 − 염화비닐 −
　테프론
③ 염화비닐 − 폴리에틸렌 − 셀룰로이드 −
　테프론
④ 테프론 − 셀룰로이드 − 염화비닐 −
　폴리에틸렌

＊대전서열(+ → −)
폴리에틸렌 − 셀룰로이드 − 염화비닐 − 테프론

76

인체의 저항을 1000Ω으로 볼 때 심실세동을
일으키는 전류에서의 전기에너지는 약 몇 J인가?
(단, 심실세동전류는 $\dfrac{165}{\sqrt{T}}mA$ 이며,
통전시간 T는 4초 전원은 정현파 교류이다.)

① 3.3　　　　　　② 13.0
③ 13.6　　　　　　④ 27.2

＊심실세동 전기에너지(Q)

$$Q = I^2 RT$$
$$= \left(\frac{165 \times 10^{-3}}{\sqrt{T}}\right)^2 \times R \times T$$
$$= \left(\frac{165 \times 10^{-3}}{\sqrt{4}}\right)^2 \times 1000 \times 4 = 27.2J$$

여기서,
R : 저항 [Ω]
T : 시간 [sec] (주어지지 않을 경우 T=1sec)

77

다음 중 가수전류(Let-go Current)에 대한 설명
으로 옳은 것은?

① 마이크 사용 중 전격으로 사망에 이른 전류
② 전격을 일으킨 전류가 교류인지 직류인지
　구별할 수 없는 전류
③ 충전부로부터 인체가 자력으로 이탈할 수
　있는 전류
④ 몸이 물에 젖어 전압이 낮은 데도 전격을
　일으킨 전류

＊가수전류(이탈전류, Let-go Current)
충전부로부터 인체가 자력으로 이탈할 수 있는 전류

78

누전차단기의 설치 장소로 적합하지 않은 것은?

① 주위 온도는 −10~40(℃)범위 내에서 설치
　할 것
② 먼지가 많고 표고가 높은 장소에 설치할 것
③ 상대습도가 45~80(%)사이의 장소에 설치
　할 것
④ 전원전압이 정격전압의 85~110(%)사이
　에서 사용할 것

② 먼지가 적고 표고가 낮은 장소에 설치할 것

79

정전기 제거만을 목적으로 하는 접지에 있어서의 적당한 접지저항 값은 몇 Ω 이하로 하면 좋은가?

① $10^6[\Omega]$이하

② $10^{12}[\Omega]$이하

③ $10^{15}[\Omega]$이하

④ $10^{18}[\Omega]$이하

정전기 제거만을 목적으로 하는 접지는 $\underline{10^6\Omega}$ 이하에서의 접지이다.

80

인체 피부의 전기저항에 영향을 주는 주요 인자와 거리가 먼 것은?

① 접지경로

② 접촉면적

③ 접촉부위

④ 인가전압

*인체피부의 전기저항에 영향을 주는 주요인자
① 접촉 전압(=인가 전압)
② 통전 시간(=인가 시간)
③ 접촉 면적 및 부위
④ 주파수

81

메탄, 에탄, 프로판의 폭발하한계가 각각 $5vol\%$, $3vol\%$, $2.5vol\%$일 때 다음 중 폭발하한계가 가장 낮은 것은?
(단, Le chatelier법칙을 이용한다.)

① 메탄 $50vol\%$, 에탄 $30vol\%$, 프로판 $20vol\%$의 혼합가스
② 메탄 $40vol\%$, 에탄 $30vol\%$, 프로판 $30vol\%$의 혼합가스
③ 메탄 $30vol\%$, 에탄 $30vol\%$, 프로판 $40vol\%$의 혼합가스
④ 메탄 $20vol\%$, 에탄 $30vol\%$, 프로판 $50vol\%$의 혼합가스

---

*혼합가스의 폭발한계 산술평균식

$$L = \frac{100(= V_1 + V_2 + V_3)}{\dfrac{V_1}{L_1} + \dfrac{V_2}{L_2} + \dfrac{V_3}{L_3}}$$

① $L = \dfrac{100}{\dfrac{50}{5} + \dfrac{30}{3} + \dfrac{20}{2.5}} = 3.57vol\%$

② $L = \dfrac{100}{\dfrac{40}{5} + \dfrac{30}{3} + \dfrac{30}{2.5}} = 3.33vol\%$

③ $L = \dfrac{100}{\dfrac{30}{5} + \dfrac{30}{3} + \dfrac{40}{2.5}} = 3.13vol\%$

④ $L = \dfrac{100}{\dfrac{20}{5} + \dfrac{30}{3} + \dfrac{50}{2.5}} = 2.94vol\%$

82

다음 중 분진폭발이 발생하는 순서로 옳은 것은?

① 퇴적분진 → 비산 → 분산 → 발화원 → 전면폭발 → 2차폭발
② 퇴적분진 → 발화원 → 분산 → 비산 → 전면폭발 → 2차폭발
③ 비산 → 퇴적분진 → 분산 → 발화원 → 2차폭발 → 전면폭발
④ 비산 → 분산 → 퇴적분진 → 발화원 → 2차폭발 → 전면폭발

---

*분진폭발의 발생 순서
퇴적분진 → 비산 → 분산 → 발화원 → 전면폭발 → 2차폭발

83

자동화재 탐지설비의 감지기 종류 중 열감지기가 아닌 것은?

① 차동식   ② 정온식
③ 광전식   ④ 보상식

---

*화재감지기의 분류
① 열감지 방식 : 차동식, 정온식, 보상식 등
② 연기감지 방식 : 이온화식, 광전식 등

84

다음 중 연소하고 있는 가연물이 들어 있는 용기를 기계적으로 밀폐하여 공기의 공급을 차단하거나 타고 있는 액체나 고체의 표면을 거품 또는 불연성 액체로 피복하여 연소에 필요한 공기의 공급을 차단시키는 방법의 소화방법은?

① 냉각소화　　　　② 질식소화
③ 제거소화　　　　④ 억제소화

*소화방법의 종류

소화의 종류	설명
냉각소화	화점을 냉각시키는 소화
질식소화	공기의 공급을 차단시키는 소화
제거소화	가연물을 제거하는 소화
억제소화	연속적인 관계를 차단시키는 소화

85

다음 중 긴급차단장치의 차단방식과 관계가 가장 적은 것은?

① 공기압식　　　　② 유압식
③ 전기식　　　　　④ 보온식

*긴급차단장치
이상상태가 발생할 때 밸브를 정지시켜 원료공급을 차단하기 위한 방호장치

*긴급차단장치의 차단방식
① 공기압식
② 유압식
③ 전기식

86

비교적 저압 또는 상압에서 가연성의 증기를 발생하는 유류를 저장하는 탱크에서 외부에 그 증기를 방출하기도 하고, 탱크 내에 외기를 흡입하기도 하는 부분에 설치하며, 가는 눈금의 금망이 여러 개 겹쳐진 구조로 된 안전장치는?

① check valve　　　② flame arrester
③ ventstack　　　　④ rupture disk

*화염방지기(Flame Arrester)
유류저장탱크에서 화염의 차단을 목적으로 소염거리 혹은 소염직경 원리를 이용하여 외부에 증기를 방출하기도 하고 탱크 내로 외기를 흡입하기도 하는 부분에 설치하는 안전장치

87

다음 중 아세틸렌을 용해가스로 만들 때 사용되는 용제로 가장 적합한 것은?

① 아세톤　　　　　② 메탄
③ 부탄　　　　　　④ 프로판

아세틸렌은 아세톤에 용해되기 때문에 용해가스로 만들 때 아세톤이 용제로 사용된다.

88

5% $NaOH$ 수용액과 10% $NaOH$ 수용액을 반응기에 혼합하여 6% 100kg의 $NaOH$ 수용액을 만들려면 각각 몇 kg의 $NaOH$ 수용액이 필요한가?

① 5% $NaOH$ 수용액: 33.3, 10% $NaOH$ 수용액: 66.7
② 5% $NaOH$ 수용액: 50, 10% $NaOH$ 수용액: 50
③ 5% $NaOH$ 수용액: 66.7, 10% $NaOH$ 수용액: 33.3
④ 5% $NaOH$ 수용액: 80, 10% $NaOH$ 수용액: 20

*수용액의 혼합 비율

$0.05A + 0.1B = 0.06 \times 100 = 6$ ········①
$A + B = 100$ $\therefore A = 100 - B$ ··········②

②식을 ①에 대입하면

$0.05(100 - B) + 0.1B = 6$

$\therefore B = 20kg, \ A = 80kg$

89

다음 중 반응폭주에 의한 위급상태의 발생을 방지하기 위하여 특수 반응 설비에 설치하여야 하는 장치로 적당하지 않은 것은?

① 원·재료의 공급차단장치
② 보유 내용물의 방출장치
③ 불활성 가스의 제거장치
④ 반응정지제 등의 공급장치

*특수 반응 설비에 설치하여야 하는 장치
① 원·재료 공급차단장치
② 보유 내용물 방출장치
③ 불활성 가스의 공급장치
④ 반응정지제(반응억제제) 등의 공급장치

90

다음 중 가연성 물질과 산화성 고체가 혼합하고 있을 때 연소에 미치는 현상으로 옳은 것은?

① 착화온도(발화점)가 높아진다.
② 최소점화에너지가 감소하며, 폭발의 위험성이 증가한다.
③ 가스나 가연성 증기의 경우 공기혼합보다 연소범위가 축소된다.
④ 공기 중에서보다 산화작용이 약하게 발생하여 화염온도가 감소하며 연소속도가 늦어진다.

① 착화온도(발화점)가 낮아진다.
③ 가스나 가연성 증기의 경우 공기혼합보다 연소범위가 증대된다.
④ 공기 중에서보다 산화작용이 크게 발생하여 화염온도가 증가하며 연소속도가 빨라진다.

91

에틸렌(C_2H_4)이 완전연소하는 경우 다음의 Jones 식을 이용하여 계산할 경우 연소하한계는 약 몇 $vol\%$인가?

$$Jones식 : LFL = 0.55 \times C_{st}$$

① 0.55   ② 3.6
③ 6.3   ④ 8.5

*완전연소조성농도(=화학양론조성, C_{st})

$$C_{st} = \frac{100}{1 + 4.773\left(a + \dfrac{b - c - 2d}{4}\right)}$$

여기서,
C_{st} : 완전연소조성농도 [%]
a : 탄소의 원자수
b : 수소의 원자수
c : 할로겐원자의 원자수
d : 산소의 원자수

$$C_{st} = \frac{100}{1+4.773\left(2+\frac{4}{4}\right)} = 6.53 vol\%$$

$$L = 0.55 \times C_{st} = 0.55 \times 6.53 = 3.6 vol\%$$

92

다음 중 건조설비를 사용하여 작업을 하는 경우에 폭발이나 화재를 예방하기 위하여 준수하여야 하는 사항으로 틀린 것은?

① 위험물 건조설비를 사용하는 경우에는 미리 내부를 청소하거나 환기할 것
② 위험물 건조설비를 사용하여 가열건조하는 건조물은 쉽게 이탈되도록 할 것
③ 고온으로 가열건조한 인화성 액체는 발화의 위험이 없는 온도로 냉각한 후에 격납시킬 것
④ 바깥 면이 현저히 고온이 되는 건조설비에 가까운 장소에는 인화성 액체를 두지 않도록 할 것

② 위험물 건조설비를 사용하여 가열건조하는 건조물은 쉽게 이탈되지 않도록 할 것

93

공기 중에서 이황화탄소(CS_2)의 폭발한계는 하한값이 $1.25 vol\%$, 상한값이 $44 vol\%$이다. 이를 $20°C$ 대기압하에서 mg/L의 단위로 환산하면 하한값과 상한값은 각각 약 얼마인가?
(단, 이황화탄소의 분자량은 76.1 이다.)

① 하한값 : 61, 상한값 : 640
② 하한값 : 39.6, 상한값 : 1395.2
③ 하한값 : 146, 상한값 : 860
④ 하한값 : 55.4, 상한값 : 1641.8

보일 샤를의 법칙에 의해

$$V_2 = V_1 \times \frac{T_2}{T_1} = 22.4 \times \frac{273+20}{273+0} = 24.04 L$$

따라서 이황화탄소의 밀도는
하한값 :
$$\rho_l = \frac{m}{V} = \frac{M \times L_l}{V} = \frac{76.1 \times 0.0125}{24.04} = 39.56 mg/L$$
상한값 :
$$\rho_h = \frac{m}{V} = \frac{M \times L_h}{V} = \frac{76.1 \times 0.44}{24.04} = 1392.6 mg/L$$

94

다음 중 반응 또는 조작과정에서 발열을 동반하지 않는 것은?

① 질소와 산소의 반응
② 탄화칼슘과 물과의 반응
③ 물에 의한 진한 황산의 희석
④ 생석회와 물과의 반응

① 질소와 산소는 대기 중에서 반응하지 않는다.

95

다음 중 건조설비의 가열방법으로 방사전열, 대전 전열 방식 등이 있고, 병류형, 직교류형 등의 강제 대류방식을 사용하는 것이 많으며 직물, 종이 등의 건조물 건조에 주로 사용하는 건조기는?

① 터널형 건조기　　　② 회전 건조기
③ Sheet 건조기　　　④ 분무 건조기

*시트 건조기(sheet)
방사전열, 대전전열 등이 있고, 병류형, 직교류형 등의 강제대류방식을 사용하는 것이 많으며 직물, 종이 등의 건조물 건조에 주로 사용된다.

92.② 93.② 94.① 95.③

96

프로판(C_3H_8)의 연소에 필요한 최소 산소농도의 값은? (단, 프로판의 폭발하한은 Jone식에 의해 추산한다.)

① 8.1%v/v ② 11.1%v/v
③ 15.1%v/v ④ 20.1%v/v

*최소산소농도(MOC)
완전연소조성농도는

$$C_{st} = \frac{100}{1+4.773\left(a+\frac{b-c-2d}{4}\right)} = \frac{100}{1+4.773\left(3+\frac{8}{4}\right)} = 4.02\%$$

여기서,
a : 탄소의 원자수
b : 수소의 원자수
c : 할로겐원자의 원자수
d : 산소의 원자수

$$L_l = 0.55 \times C_{st} = 0.55 \times 4.02 = 2.21 vol\%$$

$$\underset{(프로판)}{C_3H_8} + \underset{(산소)}{5O_2} \rightarrow \underset{(이산화탄소)}{3CO_2} + \underset{(물)}{4H_2O}$$

프로판의 반응식은 위와 같으므로

$$MOC = \frac{산소 \; 몰수}{연료 \; 몰수} \times L_l = \frac{5}{1} \times 2.21 = 11.1 vol\%$$

여기서, L_l : 폭발(연소)하한계 $[vol\%]$

97

다음 중 누설 발화형 폭발재해의 예방 대책으로 가장 적합하지 않은 것은?

① 발화원 관리
② 밸브의 오동작 방지
③ 불활성 가스의 치환
④ 누설물질의 검지 경보

*누설 발화형 폭발재해 예방대책
① 발화원 관리
② 밸브의 오동작 방지
③ 누설물질의 검지 경보
④ 위험물질의 누설방지

98

다음 중 메타인산(HPO_3)에 의한 방진효과를 가진 분말소화약제의 종류는?

① 제1종 분말소화약제
② 제2종 분말소화약제
③ 제3종 분말소화약제
④ 제4종 분말소화약제

*제3종 분말소화약제 열분해식
$$\underset{(인산암모늄)}{NH_4H_2PO_4} \rightarrow \underset{(암모니아)}{NH_3} + \underset{(메타인산)}{HPO_3} + \underset{(물)}{H_2O}$$

99

다음 중 탱크 내 작업 시 복장에 관한 설명으로 틀린 것은?

① 불필요하게 피부를 노출시키지 말 것
② 작업복의 바지 속에는 밑을 집어넣지 말 것
③ 작업모를 쓰고 긴팔의 상의를 반듯하게 착용할 것
④ 수분의 흡수를 방지하기 위하여 유지가 부착된 작업복을 착용할 것

④ 수분의 흡수를 방지하기 위하여 불침투성 보호복을 착용할 것

100

에틸알콜(C_2H_5OH)이 완전 연소 시 생성되는 CO_2와 H_2O의 몰수로 옳은 것은?

① CO_2: 1, H_2O : 4 ② CO_2: 2, H_2O : 3
③ CO_2: 3, H_2O : 4 ④ CO_2: 4, H_2O : 1

*에틸알코올(에탄올) 완전연소식
$$C_2H_5OH + 3O_2 \rightarrow 2CO_2 + 3H_2O$$
$$\therefore CO_2의 \; 몰수 : 2mol$$
$$\therefore H_2O의 \; 몰수 : 3mol$$

101

콘크리트 타설작업을 하는 경우에 준수해야 할 사항으로 옳지 않은 것은?

① 당일의 작업을 시작하기 전에 해당 작업에 관한 거푸집 동바리 등의 변형·변위 및 지반의 침하유무 등을 점검하고 이상이 있으면 보수할 것
② 작업중에는 거푸집동바리 등의 변형·변위 및 침하 유무 등을 감시할 수 있는 감시자를 배치하여 이상이 있으면 작업을 중지하고 근로자를 대피시킬 것
③ 설계도서상의 콘크리트 양생기간을 준수하여 거푸집 동바리 등을 해체할 것
④ 거푸집붕괴의 위험이 발생할 우려가 있는 때에는 보강조치 없이 즉시 해체할 것

④ 거푸집붕괴의 위험이 발생할 우려가 있는 때에는 충분한 보강조치를 할 것

102

안전계수가 4 이고 $2000kg/cm^2$의 인장강도를 갖는 강선의 최대허용응력은?

① $500\,kg/cm^2$
② $1000\,kg/cm^2$
③ $1500\,kg/cm^2$
④ $2000\,kg/cm^2$

*안전율(=안전계수, S)

$$S = \frac{인장강도}{최대허용응력}$$

$$최대허용응력 = \frac{인장강도}{S} = \frac{2000}{4} = 500\,kg/cm^2$$

103

토질시험 중 연약한 점토 지반의 점착력을 판별하기 위하여 실시하는 현장시험은?

① 베인테스트(Vane Test)
② 표준관입시험(SPT)
③ 하중재하시험
④ 삼축압축시험

*베인테스트(Vane Test)
보링 작업 후 십자형 날개를 회전시켜 회전력에 의하여 연약점토의 점착력을 판별하고 전단강도를 구하는 시험이다.

104

다음은 달비계 또는 높이 $5m$ 이상의 비계를 조립·해체하거나 변경하는 작업을 하는 경우에 대한 내용이다. (   )에 알맞은 숫자는?

> 비계재료의 연결·해체작업을 하는 경우에는 폭 (   )cm 이상의 발판을 설치하고 근로자로 하여금 안전대를 사용하도록 하는 등 추락을 방지하기 위한 조치를 할 것

① 15
② 20
③ 25
④ 30

비계재료의 연결·해체작업을 하는 경우에는 폭 _20cm_ 이상의 발판을 설치하고 근로자로 하여금 안전대를 사용하도록 하는 등 추락을 방지하기 위한 조치를 할 것

105

굴착작업 시 굴착깊이가 최소 몇 m 이상인 경우 사다리, 계단 등 승강설비를 설치하여야 하는가?

① $1.5m$ ② $2.5m$
③ $3.5m$ ④ $4.5m$

굴착작업 시 굴착깊이가 <u>1.5m 이상</u>인 경우는 사다리, 계단 등 승강설비를 설치할 것

106

토질시험 중 사질토 시험에서 얻을 수 있는 값이 아닌 것은?

① 체적압축계수 ② 내부마찰각
③ 액상화 평가 ④ 탄성계수

*토질시험

시험	얻을 수 있는 값
사질토 시험	① 내부마찰각 ② 액상화 평가 ③ 탄성계수
점성토 시험	① 체적압축계수 ② 일축압축강도 ③ 기초지반의 허용지지력 ④ 비배수점착력

107

물체가 떨어지거나 날아올 위험을 방지하기 위한 낙하물 방지망 또는 방호 선반을 설치할 때 수평면과의 적정한 각도는?

① $10° \sim 20°$ ② $20° \sim 30°$
③ $30° \sim 40°$ ④ $40° \sim 45°$

*낙하물 방지망 또는 방호선반 설치시 준수사항
① 높이 $10m$ 이내마다 설치하고, 내민 길이는 벽면으로부터 $2m$ 이상으로 할 것
② 수평면과의 각도는 $20° \sim 30°$ 를 유지할 것

108

다음 중 그물코의 크기가 $5cm$ 인 매듭방망의 폐기 기준 인장강도는?

① $200kg$ ② $100kg$
③ $60kg$ ④ $30kg$

*폐기 방망사에 대한 인장강도 기준

그물코의 크기 (cm)	방망의 종류(kg)	
	매듭없는 망	매듭 망
5	–	60
10	150	135

109

작업장으로 통하는 장소 또는 작업장 내에 근로자가 사용할 통로설치에 대한 준수사항 중 다음 (   )안에 알맞은 숫자는?

• 통로의 주요 부분에는 통로표시를 하고, 근로자가 안전하게 통행할 수 있도록 하여야 한다.
• 통로면으로부터 높이 (   ) m 이내에는 장애물이 없도록 하여야 한다.

① 2 ② 3 ③ 4 ④ 5

통로면으로부터 높이 <u>2m</u> 이내에는 장애물이 없도록 한다.

110

비계의 부재 중 기둥과 기둥을 연결시키는 부재가 아닌 것은?

① 띠장　　　　　　② 장선
③ 가새　　　　　　④ 작업발판

111

표준관입시험에서 $30cm$ 관입에 필요한 타격횟수(N)가 50이상 일 때 모래의 상대밀도는 어떤 상태인가?

① 몹시 느슨하다.　　② 느슨하다.
③ 보통이다.　　　　④ 대단히 조밀하다.

*타격횟수에 의한 상대밀도

타격횟수(N)	상대밀도
0 ~ 4	매우 느슨
4 ~ 10	느슨
10 ~ 30	중간
30 ~ 50	조밀
50 이상	매우 조밀

112

다음 중 수중굴착 공사에 가장 적합한 건설기계는?

① 파워쇼벨　　　　② 스크레이퍼
③ 불도저　　　　　④ 클램쉘

*클램쉘(clamshell)
크레인의 붐에 버킷을 매달아 토사를 퍼 올리는 기계이다. 좁고 깊은 곳의 굴착에 적합하여 수중굴착에 사용된다.

113

지표면에서 소정의 위치까지 파내려간 후 구조물을 축조하고 되메운 후 지표면을 원상태로 복구시키는 공법은?

① NATM 공법　　　② 개착식 터널공법
③ TBM 공법　　　　④ 침매공법

*개착식 터널공법
지표면에서 소정의 위치까지 파내려간 후 구조물을 축조하고 되메운 후 지표면을 원상태로 복구시키는 공법

114

굴착, 싣기, 운반, 흙깔기 등의 작업을 하나의 기계로서 연속적으로 행할 수 있으며 비행장과 같이 대규모 정지작업에 적합하고 피견인식 자주식으로 구분할 수 있는 차량계 건설 기계는?

① 크램쉘(clamshell)
② 로우더(loader)
③ 불도저(bulldozer)
④ 스크레이퍼(scraper)

*스크레이퍼(Scraper)
굴착, 싣기, 운반, 흙깔기 등의 작업을 할 수 있는 토공용 건설기계이다.

115

공사진척에 따른 안전관리비 사용기준은 얼마 이상인가?
(단, 공정율이 70% 이상 ~ 90% 미만일 경우)

① 50% ② 60%
③ 70% ④ 90%

*산업안전보건관리비 최소 사용기준

공정율	최소 사용기준
50% 이상 70% 미만	50% 이상
70% 이상 90% 미만	70% 이상
90% 이상	90% 이상

116

흙막이 지보공을 설치하였을 때 정기점검 사항에 해당되지 않는 것은?

① 검지부의 이상유무
② 버팀대의 긴압의 정도
③ 침하의 정도
④ 부재의 손상, 변형, 부식, 변위 및 탈락의 유무와 상태

*흙막이 지보공 설치 후 정기점검 사항
① 부재의 손상·변형·부식·변위 및 탈락의 유무와 상태
② 부재의 접속부·부착부 및 교차부의 상태
③ 침하의 정도
④ 버팀대의 긴압의 정도

117

백호우(Backhoe)의 운행방법에 대한 설명으로 옳지 않은 것은?

① 경사로나 연약지반에서는 무한궤도식 보다는 타이어식이 안전하다.
② 작업계획서를 작성하고 계획에 따라 작업을 실시하여야 한다.
③ 작업장소의 지형 및 지반상태 등에 적합한 제한속도를 정하고 운전자로 하여금 이를 준수하도록 하여야 한다.
④ 작업 중 승차석 외의 위치에 근로자를 탑승시켜서는 안 된다.

① 경사로나 연약지반에서는 무한궤도식이 안전하다.

118

투하설비 설치와 관련된 아래 표의 ( )에 적합한 것은?

사업주는 높이가 ( )m 이상인 장소로부터 물체를 투하하는 때에는 적당한 투하설비를 설치하거나 감시인을 배치하는 등 위험방지를 위하여 필요한 조치를 하여야 한다.

① 1 ② 2
③ 3 ④ 4

투하설비 설치는 높이 $3m$ 이상으로 한다.

119

다음은 시스템 비계구성에 관한 내용이다. ( )안에 들어갈 말로 옳은 것은?

> 비계 밑단의 수직재와 받침철물은 밀착되도록 설치하고, 수직재와 받침철물의 연결부의 겹침 길이는 받침철물 ( )이상이 되도록 할 것

① 전체길이의 4분의 1
② 전체길이의 3분의 1
③ 전체길이의 3분의 2
④ 전체길이의 2분의 1

시스템 동바리를 조립하는 경우 수직재와 받침철물 연결부의 겹침길이는 <u>받침철물 전체길이의 1/3 이상</u>이 되도록 할 것

120

철륜 표면에 다수의 돌기를 붙여 접지면적을 작게 하여 접지압을 증가시킨 롤러로서 깊은 다짐이나 고함수비 지반의 다짐에 많이 이용되는 롤러는?

① 머캐덤롤러   ② 탠덤롤러
③ 탬핑롤러   ④ 타이어롤러

＊탬핑 롤러
댐의 축제공사와 제방, 도로, 비행장 등의 다짐 작업에 쓰인다. 다수의 돌기 형태의 구조물이 롤러에 붙어있는 특징을 가지고 있다.

제 1과목 : 산업재해 예방 및 안전보건교육

01

관리자 교육 훈련(MTP)시간으로 가장 적당한 것은?

① 20시간(4시간×5회)
② 20시간(2시간×10회)
③ 40시간(4시간×10회)
④ 40시간(2시간×20회)

*관리자 교육 훈련(MTP) 시간
10~15명으로 2시간씩 20회, 총 40시간

02

안전교육 중 앞의 학습이 뒤의 학습에 미치는 영향을 무엇이라 하는가?

① 반사(reflex)
② 반응(Reaction)
③ 전이(Transfer)
④ 효과(Effect)

*전이(Transfer)
한 번 학습한 결과가 다른 학습이나 반응에 영향을 주는 것으로 특히 학습효과 또는 훈련효과를 설명할 때 사용된다.

03

일 중심형으로 업적에 대한 관심은 높지만 인간 관계에 무관심한 리더십의 타입은?

① 이상형   ② 권력형
③ 방임형   ④ 중도형

*리더십 종류

종류	설명
이상형	구성원들과 조직체의 공동목표, 상호의존관계 강조. 상호신뢰적이고 상호존경적 관계에서 구성원을 통한 과업달성
권력형	업적에 관심이 높고, 인간에 대한 관심이 낮음
자유방임형	업적 보다는 부하들의 의사결정을 반영

04

안전태도교육의 순서를 보기에서 골라 올바르게 나열한 것은?

[보기]
㉠ 들어본다.   ㉡ 이해시킨다.
㉢ 시범을 보인다.   ㉣ 평가한다.

① ㉠ → ㉡ → ㉢ → ㉣
② ㉡ → ㉠ → ㉢ → ㉣
③ ㉢ → ㉡ → ㉠ → ㉣
④ ㉠ → ㉢ → ㉡ → ㉣

01.④ 02.③ 03.② 04.①

05

바이오리듬(Biorhythm) 가운데 판단력, 추리력과 가장 관계가 깊은 리듬은?

① 지성리듬
② 감성리듬
③ 육체리듬
④ 생활리듬

06

플리커검사(flicker test)란 무엇을 측정하는 검사인가?

① 혈중 알콜농도를 측정하는 검사이다.
② 체내 산소량을 측정하는 검사이다.
③ 작업강도를 측정하는 검사이다.
④ 피로의 정도를 측정하는 검사이다.

07

안전교육방법 중 인간의 5관을 활용하는 방법에서 그 효과치가 가장 낮은 것은?

① 시각
② 청각
③ 촉각
④ 미각

08

유기용제용 방독마스크의 정화통에 주로 사용되는 정화제는?

① 호프카라이트
② 큐프라마이트
③ 활성탄
④ 소다라임

09

경보기가 울려도 전철이 오기까지 아직 시간이 있다고 판단하여 건널목을 건나다가 사고를 당했다면 이 재해자의 행동성향으로 옳은 것은?

① 착시
② 무의식행동
③ 억측판단
④ 지름길반응

10

경험한 내용이나 학습된 행동을 다시 생각하여 작업에 적용하지 아니하고 방치함으로서 경험의 내용이나 인상이 약해지거나 소멸되는 현상을 무엇이라 하는가?

① 착각   ② 훼손   ③ 망각   ④ 단절

*망각
지속되지 않고 소실되는 현상

11

버드(Bird)의 재해발생이론에 따를 경우 15건의 경상(물적 또는 인적 상해)사고가 발생하였다면 무상해, 무사고(위험순간)는 몇 건이 발생하겠는가?

① 300   ② 450
③ 600   ④ 900

*버드(Bird)의 재해구성 비율
(1 : 10 : 30 : 600)
① 중상 또는 폐질 : 1건
② 경상(물적, 인적상해) : 10건
③ 무상해 사고 : 30건
④ 무상해, 무사고 고장 : 600건

경상과 무상해, 무사고 고장은 10 : 600 비율이므로
$10 : 600 = 15 : x$ $\therefore x = 900$

12

동기부여와 관련하여 다음과 같은 레빈(Lewin · K)의 법칙에서 "P"가 의미하는 것은?

$$B = f(P \cdot E)$$

① 개체   ② 인간의 행동
③ 심리적 환경   ④ 인간관계

*레빈(Lewin)의 행동법칙
행동(B)은 사람(P)과 환경(E)의 함수(f)라는 법칙이다.

$B = f(P \cdot E)$

여기서,
B : 행동 - 인간의 행동
P : 사람 - 경험, 성격, 소질, 개체 등
E : 환경 - 작업환경, 인간관계 등

13

다음 중 인간의 적성과 안전과의 관계를 가장 올바르게 설명한 것은?

① 사고를 일으키는 것은 그 작업에 적성이 맞지 않는 사람이 그 일을 수행한 이유 이므로, 반드시 적성검사를 실시하여 그 결과에 따라 작업자를 배치하여야 한다.
② 인간의 감각기별 반응시간은 시각, 청각, 통각 순으로 빠르므로 비상시 비상등을 먼저 켜야 한다.
③ 사생활에 중대한 변화가 있는 사람이 사고를 유발할 가능성이 높으므로 그러한 사람들 에게는 특별한 배려가 필요하다.
④ 일반적으로 집단의 심적 태도를 교정하는 것보다 개인의 심적 태도를 교정하는 것이 더 용이하다.

① 실수, 컨디션 등 다양한 원인에 의해 사고가 난다.
② 반응시간 : 청각 - 시각 - 통각 순으로 빠르다.
④ 개인의 심적 태도보다 집단의 심적 태도 교정이 더 용이하다.

14

다음 중 KOSHA GUIDE에 대한 설명으로 옳지 않은 것은?

① 법령에서 정한 수준보다 좀 더 높은 수준의 안전보건 기준을 제시한다.
② 사업장의 자율적 안전보건 수준향상을 지원하기 위한 기술지침이다.
③ KOSHA GUIDE의 각 항목의 내용은 법적 구속력이 있다.
④ 기술지침은 분야별 또는 업종별 분류기호로 분류한다.

KOSHA GUIDE는 <u>법적 구속력은 없으나</u>, 법령에서 정한 최소한의 수준이 아니라, 좀더 높은 수준의 안전보건 향상을 위해 참고할 광범위한 기술적 사항에 대해 기술하고 있다.

15

모랄서베이(Morale Survey)의 주요방법 중 태도조사법에 해당하지 않은 것은?

① 질문지법
② 면접법
③ 통계법
④ 집단토의법

*모랄서베이(Morale Survey)의 태도조사법
① 질문지법
② 면접법
③ 집단토의법
④ 문답법
⑤ 투사법

16

다음 중 억압당한 욕구가 사회적·문화적으로 가치 있는 목적으로 향하여 노력함으로써 욕구를 충족하는 적응기제(Adjustment Mechanism)를 무엇이라 하는가?

① 보상
② 투사
③ 승화
④ 합리화

*승화
억압당한 욕구가 사회적·문화적으로 가치 있는 목적으로 향하여 노력함으로써 욕구를 충족하는 적응기제

17

교육의 형태에 있어 존 듀이(Dewey)가 주장하는 대표적인 형식적 교육에 해당하는 것은?

① 가정안전교육
② 사회안전교육
③ 학교안전교육
④ 부모안전교육

*존 듀이 교육
① 형식적 교육 : 학교안전교육
② 비형식적 교육 : 가정·사회·부모안전교육

18

인간관계 관리기법에 있어 구성원 상호간의 선호도를 기초로 집단 내부의 동태적 상호관계를 분석하는 방법으로 가장 적절한 것은?

① 소시오매트리(sociometry)
② 그리드 훈련(grid training)
③ 집단역학(group dynamic)
④ 감수성 훈련(sensitivity training)

*소시오매트리(Sociometry)
구성원 상호간의 선호도를 기초로 집단 내부의 동태적 상호관계를 분석하는 방법

19

다음 중 학습정도(Level of Learning)의 4단계를 순서대로 옳게 나열한 것은?

① 이해 → 적용 → 인지 → 지각
② 인지 → 지각 → 이해 → 적용
③ 지각 → 인지 → 적용 → 이해
④ 적용 → 인지 → 지각 → 이해

*학습정도의 4단계
인지 → 지각 → 이해 → 적용

20

데이비스(K.Davis)의 동기부여이론 등식으로 옳은 것은?

① 지식 × 기능 = 태도
② 지식 × 상황 = 동기유발
③ 능력 × 상황 = 인간의 성과
④ 능력 × 동기유발 = 인간의 성과

*데이비스(K.Davis)의 동기부여이론
① 지식 × 기능 = 능력
② 상황 × 태도 = 동기유발
③ 능력 × 동기유발 = 인간의 성과
④ 인간의 성과 × 물질의 성과 = 경영의 성과

21

다음 중 시각심리에서 형태 식별의 논리적 배경을 정리한 게슈탈트(Gestalt)의 4법칙에 해당하지 않는 것은?

① 보편성　　　　　② 접근성
③ 폐쇄성　　　　　④ 연속성

*게슈탈트(Gestalt)의 4법칙
① 폐쇄성
② 유사성
③ 접근성
④ 연속성

22

인간이 기계를 조종하여 임무를 수행하여야 하는 인간-기계체계가 있다. 이 체계의 신뢰도가 0.8이상이어야 하며, 인간의 신뢰도는 0.9라 하면 기계의 신뢰도는 얼마 이상이어야 하는가?

① 0.1　　② 0.72　　③ 0.89　　④ 1.125

*시스템의 신뢰도(R)
체계의 신뢰도 = 인간의 신뢰도×기계의 신뢰도
$$\therefore 기계의 신뢰도 = \frac{체계의 신뢰도}{인간의 신뢰도} = \frac{0.8}{0.9} = 0.89$$

23

체계 설계에서 인간공학의 가치와 관계가 가장 먼 것은?

① 인력 이용률의 향상
② 훈련 비용의 절감
③ 체계제작비의 절감
④ 사고 및 오용으로부터의 손실 감소

*체계 설계에서 인간공학의 가치와 관계
① 인력 이용률의 향상
② 훈련 비용의 절감
③ 사고 및 오용으로부터의 손실 감소
④ 성능의 향상
⑤ 생산 및 정비유지의 경제성 증대
⑥ 사용자의 수용도 향상

24

회전운동을 하는 조종구와 같은 조종장치의 반경이 10cm이고 30°만큼 움직였을 때, 선형표시장치의 눈금이 4.84cm 움직였다. 이때의 통제표시비는?

① 1.256　　② 1.08　　③ 0.965　　④ 0.833

*통제표시비
$$통제표시비 = \frac{\frac{a}{360} \times 2\pi L}{Y}$$
$$= \frac{\frac{30}{360} \times 2\pi \times 10}{4.84} = 1.08$$

여기서,
a : 조종장치가 움직인 각도
L : 조종장치의 반경
Y : 표시장치의 이동거리

25

작업공간 포락면(Work Space Envelope)이란 사람이 작업하는데 사용하는 공간을 말하는데 다음의 어떤 경우인가?

① 한 장소에 엎드려서 수행하는 작업활동
② 한 장소에 누워서 수행하는 작업활동
③ 한 장소에 앉아서 수행하는 작업활동
④ 한 장소에 서서 수행하는 작업활동

*작업공간의 포락면
한 장소에 앉아서 수행하는 작업 활동에서, 사람이 작업하는데 사용하는 공간

26

디시전 트리(Decision Tree)를 재해사고의 분석에 이용한 경우의 분석법이며, 설비의 설계단계에서부터 사용단계까지의 각 단계에서 위험을 분석하는 귀납적, 정량적 분석방법은?

① ETA   ② FMEA
③ THERP   ④ CA

*ETA(사건수 분석)
사고 시나리오에서 연속된 사건들의 발생 경로를 파악하고 평가하기 위한 귀납적이고 정량적인 시스템안전 프로그램

27

인간 전달함수(Human Transfer Function)의 결점이 아닌 것은?

① 입력의 협소성
② 불충분한 직무분석
③ 시점적 제약성
④ 정신운동의 묘사성

*인간 전달함수의 결점
① 입력의 협소성
② 불충분한 직무분석
③ 시점적 제약성

28

1970년 이후 미국의 W. G. Johnson에 의해 개발된 최신 시스템 안전 프로그램으로서 원자력 산업의 고도 안전달성을 위해 개발된 분석기법이다. 관리, 설계, 생산, 보전 등 광범위한 안전을 도모하기 위하여 개발된 분석 기법은?

① MORT   ② DT
③ ETA   ④ FTA

*MORT(경영소홀 및 위험수 분석)
상당한 안전이 확보되어 있는 장소에서 추가적인 고도의 안전 달성을 목적으로 하고 있으며, 관리, 설계, 생산, 보전 등 광범위한 안전을 도모하기 위하여 개발된 분석기법

25.③ 26.① 27.④ 28.①

29

다음 색채 중 경쾌하고 가벼운 느낌에서 느리고 둔한 색의 순서로 바르게 배열한 것은?

① 백색 – 황색 – 녹색 – 자색
② 녹색 – 황색 – 적색 – 흑색
③ 청색 – 자색 – 적색 – 흑색
④ 황색 – 등색 – 녹색 – 청색

*경쾌하고 가벼운 느낌에서 느리고 둔한 색의 순서
백색 → 황색 → 녹색 → 등색 → 자색 → 적색 →
청색 → 흑색

30

C/D비(control-display ratio)가 크다는 것의 의미로 옳은 것은?

① 미세한 조종은 쉽지만 수행시간은 상대적으로 길다.
② 미세한 조종이 쉽고 수행시간도 상대적으로 짧다.
③ 미세한 조종은 어렵지만 수행시간은 상대적으로 짧다.
④ 미세한 조종이 어렵고 수행시간도 상대적으로 길다.

*C/D비 크기
① C/D비가 크다
: 미세한 조정은 쉽지만 수행시간은 길다.

② C/D비가 작다
: 미세한 조정이 어렵고 수행시간이 짧으므로 민감하다.

31

다음 중 의자를 설계하는데 있어 적용할 수 있는 일반적인 인간공학적 원칙으로 가장 적절하지 않은 것은?

① 조절을 용이하게 한다.
② 요부 전만을 유지할 수 있도록 한다.
③ 등근육의 정적 부하를 높이도록 한다.
④ 추간판에 가해지는 압력을 줄일 수 있도록 한다.

③ 등근육의 정적 부하를 감소시키도록 한다.

32

다음 중 인간의 제어 및 조정능력을 나타내는 법칙인 Fitt's law와 관련된 변수가 아닌 것은?

① 표적의 너비
② 표적의 색상
③ 시작점에서 표적까지의 거리
④ 작업의 난이도(Index of Difficulty)

*피츠의 법칙(Fitt's law)
목표물의 크기가 작고 움직이는 거리가 증가할수록 운동 시간(MT)이 증가한다는 법칙으로 빠르게 수행되는 운동일수록 정확도가 떨어진다는 원리를 바탕으로 한다.

$$MT = a + b\log_2\left(\frac{D}{W} + 1\right)$$

여기서,
MT : 운동시간 [sec]
a, b : 실험상수
D : 타겟중심까지의 거리 [mm]
W : 목표률의 크기 [mm]

33

인체 계측 중 운전 또는 워드 작업과 같이 인체의 각 부분이 서로 조화를 이루며 움직이는 자세에서의 인체치수를 측정하는 것을 무엇이라 하는가?

① 구조적 치수
② 정적 치수
③ 외곽 치수
④ 기능적 치수

*기능적 치수
인체의 각 부분이 서로 조화를 이루며 움직이는 자세에서의 인체치수를 측정

34

다음 중 청각적 표시장치의 설계에 관한 설명으로 가장 거리가 먼 것은?

① 신호를 멀리 보내고자 할 때에는 낮은 주파수를 사용하는 것이 바람직하다.
② 배경 소음의 주파수와 다른 주파수의 신호를 사용하는 것이 바람직하다.
③ 신호가 장애물을 돌아가야 할 때에는 높은 주파수를 사용하는 것이 바람직하다.
④ 경보는 청취자에게 위급 상황에 대한 정보를 제공하는 것이 바람직하다.

③ 신호가 장애물을 돌아가야 할 때에는 낮은 주파수(500Hz 이하)를 사용하는 것이 바람직하다.

35

다음 중 기계 설비의 안전성 평가시 정밀진단기술과 가장 관계가 먼 것은?

① 파단면 해석
② 강제열화 테스트
③ 파괴 테스트
④ 인화점 평가 기술

*정밀진단기술의 종류
① 파단면 해석
② 강제열화 테스트
③ 파괴 테스트

36

산업현장의 생산설비의 경우 안전장치가 부착되어 있으나 생산성을 위해 제거하고 사용하는 경우가 있다. 설비 설계자는 고의로 안전장치를 제거하는 데에도 대비하여야 하는데 이러한 예방 설계 개념을 무엇이라 하는가?

① fail safe
② fool safety
③ lock out
④ tamper proof

*Tamper proof
방호장치의 임의 해제를 방지하는 시스템

37

안전 · 보건표지에서 경고표지는 삼각형, 안내표지는 사각형, 지시표지는 원형 등으로 부호가 고안되어 있다. 이처럼 부호가 이미 고안되어 이를 사용자가 배워야 하는 부호를 무엇이라 하는가?

① 묘사적 부호
② 추상적 부호
③ 임의적 부호
④ 사실적 부호

*시각적 부호의 유형

유형	내용
묘사적 부호	사물의 행동을 단순하고 정확하게 묘사한 부호 ① 위험표지판의 해골과 뼈 ② 보도표지판의 걷는 사람
임의적 부호	부호가 이미 고안되어 있어 이를 사용자가 배워야하는 부호 ① 경고 표지 : 삼각형 ② 안내 표지 : 사각형 ③ 지시 표지 : 원형
추상적 부호	전언의 기본 요소를 도시적으로 압축한 부호

38

다음 중 화학설비에 대한 안전성 평가에 있어 정량적 평가항목에 해당되지 않는 것은?

① 공정
② 취급물질
③ 압력
④ 화학설비용량

*화학설비에 대한 안전성 평가
① 정량적 평가
객관적인 데이터를 활용하는 평가
ex) 압력, 온도, 용량, 취급물질, 조작 등

② 정성적 평가
객관적인 데이터로 나타내기 힘든 요소까지 종합적으로 고려하는 평가
ex) 공장의 입지 조건, 공장 내 배치, 건조물, 입지 조건 등

39

다음 그림과 같이 7개의 기기로 구성된 시스템의 신뢰도는 약 얼마인가?

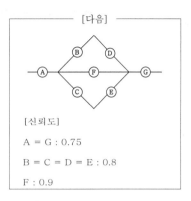

[다음]

[신뢰도]
A = G : 0.75
B = C = D = E : 0.8
F : 0.9

① 0.5427
② 0.6234
③ 0.5552
④ 0.9740

*시스템의 신뢰도(R)
$$R = A \times \{1 - (1 - B \times D)(1 - F)(1 - C \times E)\} \times G$$
$$= 0.75 \times \{1 - (1 - 0.8 \times 0.8)(1 - 0.9)(1 - 0.8 \times 0.8)\} \times 0.75$$
$$= 0.5552$$

40

첨단 경보기시스템의 고장율은 0이다. 경계의 효과로 조작자 오류율은 $0.01/hr$ 이며, 인간의 실수율은 균질(homogeneous)한 것으로 가정한다. 또한, 이 시스템의 스위치 조작자는 1시간마다 스위치를 작동해야 하는데 인간오류확률(HEP : Human Error Probability)이 0.001인 경우에 2시간에서 6시간 사이에 인간-기계 시스템의 신뢰도는 약 얼마인가?

① 0.938
② 0.948
③ 0.957
④ 0.967

*인간−기계 시스템의 신뢰도(R)
HEP = 조작자 오류율 + 인간오류확률 이므로
① 1번 조작시 $R_1 = 1 - HEP = 1 - (0.01 + 0.001) = 0.989$
② 4번 조작시 $R_4 = (R_1)^4 = 0.989^4 = 0.957$

37.③ 38.① 39.③ 40.③

41

교류아크 용접에서 지동시간이란?

① 홀더에 용접기 출력측의 무부하 전압이 발생한 후 주접점이 개방될 때까지의 시간
② 용접봉을 피용접물에 접촉시켜 전격 방지장치의 주접점이 폐로될 때까지의 시간
③ 홀더에 용접기 출력측의 무부하 전압이 발생한 후 주접점이 닫힐 때까지의 시간
④ 용접봉을 피용접물에 접촉시켜 전격 방지장치의 주접점이 개방될 때까지의 시간

*지동시간
용접봉 홀더에 용접기 출력측의 무부하 전압이 발생한 후 주접점이 개방될 때까지의 시간

42

경질합금드릴을 장착한 탁상식 드릴기계를 사용하여 알루미늄합금에 구멍을 가공하려고 한다. 적정 작업조건으로 구성된 것은?

① 절삭속도 260m/min, 선단각 120°
② 절삭속도 55m/min, 선단각 118°
③ 절삭속도 55m/min, 선단각 130°
④ 절삭속도 100m/min, 선단각 118°

*탁상식 드릴기계의 적정 작업조건
① 절삭속도 : 250~260m/min
② 선단각 : 120~~130°

43

프레스 작업에서 그림과 같이 용기의 가장자리를 잘라내는 작업명은?

가장자리절단선

(작업전)　　　(작업후)

① 스웨이징(Swazing)
② 업셋팅(upsetting)
③ 트리밍(Trimming)
④ 슬리팅(Slitting)

*트리밍(Trimming)
주조가공이나 프레스 가공으로 생산된 제품의 불필요한 테두리나 핀 등을 잘라 내거나 떼어내어 제품을 깨끗이 다듬는 작업

44

다음 그림은 와이어로프의 단말처리 방법에 대한 내용일 때 옳은 방법을 고르면?

ⓐ

ⓑ

ⓒ

① ⓐ   ② ⓑ   ③ ⓒ   ④ 모두 틀리다.

와이어로프의 클립 가공시 너트가 로프의 짧은쪽으로 가도록 해야한다.

45

기계가공에는 절삭에 의한 가공과 입자에 의한 가공이 있다. 입자에 의한 가공 중 미세입자를 분말상태로 사용 하여 가공하는 방법은?

① 연삭   ② 래핑
② 호닝   ④ 슈퍼피니싱

*래핑(Rapping)
가공물과 랩(주철, 동)사이에 미세한 분말 상태의 랩제를 넣고 가공물에 압력을 가하면서 상대운동을 시켜 표면 거칠기가 매우 우수한 가공면을 얻는 방법

46

진동의 단위는 다음 중 어느 것인가?

① dB   ② rpm
③ NRN   ④ SPL

*진동의 단위
dB

47

컨베이어의 종류가 아닌 것은?

① 체인 컨베이어
② 롤러 컨베이어
③ 스크류 컨베이어
④ 그리드 컨베이어

*컨베이어의 종류
① 체인 컨베이어
② 롤러 컨베이어
③ 스크류 컨베이어
④ 벨트 컨베이어

48

연삭숫돌에 결합도가 높아 무디어진 입자가 탈락하지 않으므로 숫돌표면이 매끈해져서 연삭 성능이 떨어지며 절삭이 어렵게 되는 현상을 무엇이라 하는가?

① 자생 현상
② 부식 현상
③ 글레이징 현상
④ 드레싱 현상

*글레이징(=무딤, Glazing) 현상
연삭숫돌의 입자가 탈락되지 않고 마멸에 의해서 납작하게 되어 연삭 성능이 떨어지고 절삭력이 감소되는 현상

49

보일러의 안전밸브는 보일러의 증기압력이 규정 이상이 될 때 자동적으로 열리게 하여 일정 압력을 유지하는 장치이다. 현재 가장 많이 사용되는 안전밸브는?

① 중추 안전밸브
② 스프링 안전밸브
③ 지렛대 안전밸브
④ 플랜지 안전밸브

스프링 안전밸브가 보일러의 안전밸브의 종류 중 가장 많이 사용된다.

50

일반적으로 프레스에서 사용하는 수공구로 적합하지 않은 것은?

① 플라이어류
② 마그넷공구류
③ 진공컵류
④ 엔드밀류

*프레스에서 사용하는 수공구의 종류
① 플라이어류
② 마그넷공구류
③ 진공컵류
④ 핀셋트류
⑤ 밀대, 갈고리류

51

상용운전압력 이상으로 압력이 상승할 경우 보일러의 파열을 방지하기 위하여 버너의 연소를 차단하여 열원을 제거함으로써 정상압력으로 유도하는 장치는?

① 압력방출장치
② 고저수위 조절장치
③ 압력제한 스위치
④ 통풍제어 스위치

*압력제한스위치
보일러의 과열을 방지하기 위해 최고사용압력과 상용압력 사이에서 보일러의 버너 연소를 차단하여 정상 압력으로 유도하는 방호장치

52

다음 중 유체의 흐름에 있어 수격작용(water hammering)과 가장 관계가 적은 것은?

① 과열   ② 밸부의 개폐
③ 압력파   ④ 관내의 유동

*수격작용 요인
① 밸브의 개폐
② 압력변화(압력파)
③ 관내의 유동

49.② 50.④ 51.③ 52.①

53

비파괴 검사 방법 중 육안으로 결함을 검출하는 시험법은?

① 방사선 투과시험
② 와류 탐상시험
③ 초음파 탐상시험
④ 자분 탐상시험

54

와이어로프의 파단하중을 $P(kg)$, 로프가닥수를 N, 안전 하중을 $Q(kg)$라고 할 때 다음 중 와이어로프의 안전율 S를 구하는 산식은?

① $S = NP$
② $S = \dfrac{QP}{N}$
③ $S = \dfrac{NQ}{P}$
④ $S = \dfrac{NP}{Q}$

55

다음 중 용접 결함의 종류에 해당하지 않는 것은?

① 비드(bead)
② 기공(blow hole)
③ 언더 컷(under cut)
④ 용입 불량(incomplete penetration)

56

단면 $6 \times 10cm$인 목재가 $4000kg$의 압축하중을 받고 있다. 안전율을 5로 하면 실제사용응력은 허용응력의 몇 %나 되는가?
(단, 목재의 압축강도는 $500kg/cm^2$이다.)

① 33.3
② 66.7
③ 99.5
④ 250

57

밀링작업의 안전수칙이 아닌 것은?

① 주축속도를 변속시킬 때는 반드시 주축이 정지한 후에 변환한다.
② 절삭 공구를 설치할 때에는 전원을 반드시 끄고 한다.
③ 정면밀링커터 작업 시 날끝과 동일높이에서 확인하며 작업한다.
④ 작은 칩의 제거는 브러쉬나 청소용 솔을 사용하며 제거한다.

53.④ 54.④ 55.① 56.② 57.③

58

연삭숫돌 교환 시 연삭숫돌을 끼우기 전에 숫돌의 파손이나 균열의 생성 여부를 확인해 보기 위한 검사방법이 아닌 것은?

① 음향검사   ② 회전검사
③ 균형검사   ④ 진동검사

*연삭숫돌 결합 전 검사방법
① 음향검사
② 균형검사
③ 진동검사

59

와이어로프의 구성요소가 아닌 것은?

① 소선   ② 클립
③ 스트랜드   ④ 심강

*와이어로프의 구성요소
① 와이어(＝소선)
② 스트랜드(＝가닥)
③ 심(＝심강)

60

다음 중 지브가 없는 크레인의 정격하중에 관한 정의로 옳은 것은?

① 짐을 싣고 상승할 수 있는 최대하중
② 크레인의 구조 및 재료에 따라 들어올릴 수 있는 최대하중
③ 권상하중에서 혹, 그랩 또는 버킷 등 달기구의 중량에 상당하는 하중을 뺀 하중
④ 짐을 싣지않고 상승할 수 있는 최대하중

*정격하중
작용할 수 있는 최대 하중에서 달기구들의 중량을 제외한 하중이다.

61

전기작업에서 안전을 위한 일반 사항이 아닌 것은?

① 단로기의 개폐는 차단기의 차단 여부를 확인한 후에 한다.
② 전로의 충전여부 시험은 검전기를 사용한다.
③ 전선을 연결할 때 전원 쪽을 먼저 하고 연결해 간다.
④ 첨가전화선에는 사전에 접지 후 작업을 하며 끝난 후 반드시 제거해야 한다.

③ 전선을 연결할 때 부하쪽을 먼저 연결하고 전원을 가장 나중에 연결한다.

62

목재와 같은 부도체가 탄화로 인해 도전경로가 형성되어 결국 발화하게 되는데 이와 같은 현상은?

① 트리킹 현상
② 가네하라 현상
③ 흑화 현상
④ 열화 현상

*가네하라 현상
누전 경로상에서 목재 등과 같은 부도체에 나타난 탄화도전로가 증식 확대되어 발화하는 현상

63

Polyester, Nylon, Acryl 등의 섬유에 정전기 대전 방지 성능이 특히 효과가 있고, 섬유에의 균일 부착성과 열 안전성이 양호한 외부용 일시성 대전방지제는?

① 양ion계
② 음ion계
③ 비ion계
④ 양성ion계

*음이온계 활성제
① 값이 싸고 무독성이다.
② 섬유의 균일 부착성과 열안정성이 양호하다.
③ 섬유의 원사등에 사용된다.
④ 폴리에스터, 나일론, 아크릴 등의 섬유에 정전기 대전 방지성능이 특히 효과가 있다.

64

전기의 안전장구에 속하지 않는 것은?

① 활선장구
② 검출용구
③ 접지용구
④ 전선접속용구

*전기의 안전장구
① 활선장구
② 검출용구
③ 접지용구
④ 보호구
⑤ 방호구
⑥ 표지용구
⑦ 시험장치

65

인체의 대전에 기인하여 발생하는 전격의 발생한계 전위는 몇 $[kV]$ 정도 인가?

① 0.5 ② 3.0 ③ 5.5 ④ 8.0

인체의 방전 전하량이 약 $3 \times 10^{-7} C$, 정전용량이 $100 pF$이기 때문에, 인체의 대전 전위를 계산해보면,
$Q = CV$
$$\therefore V = \frac{Q}{C} = \frac{3 \times 10^{-7}}{100 \times 10^{-12}} = 3000 V = 3kV$$

66

전력량 $1[kWh]$를 열량으로 환산하면 몇 $[kcal]$ 인가?

① 754 ② 804 ③ 864 ④ 954

$$Q = 0.24Pt$$
$$= 0.24 \times 1[kW] \times 1[hr]$$
$$= 0.24 \times 1[kW] \times 3600[\sec] = 864kcal$$

67

비파괴검사 방법 중 자성체 분말을 뿌려 금속(자성체)파이프 등의 결함을 발견하는 방법이 있다. 이 방법은 어떤 매질상수에 비례하는 성질을 이용한 것인가?

① 도전율 ② 투자율
③ 유전율 ④ 저항율

비파괴검사 종류 중 하나인 자분 탐상법은 투자율이 높은 자성체 분말을 도포하여 결함을 찾는 방법이다.

68

절연물의 절연불량의 원인 중 열적 요인에 의한 절연불량 현상은 매우 중요하다. 최고 허용온도가 $105℃$ 이고, 보통의 회전기, 변압기의 제작에 적당한 절연계급은?

① Y종 ② A종 ③ B종 ④ C종

*절연물의 종류별 최고허용온도

종류	최고허용온도
Y종 절연	90℃
A종 절연	105℃
E종 절연	120℃
B종 절연	130℃
F종 절연	155℃
H종 절연	180℃
C종 절연	180℃ 초과

69

폭발한계에 도달한 메탄가스가 공기에 혼합되었을 경우 착화한계전압은 약 몇 $[V]$인가? (단, 메탄의 착화최소에너지는 $0.2mJ$, 극간 용량은 $10pF$으로 한다.)

① 6325V ② 5225V
③ 4135V ④ 3035V

*착화에너지(=발화에너지, 정전에너지 E) $[J]$
$$E = \frac{1}{2}CV^2$$
$$\therefore V = \sqrt{\frac{2E}{C}} = \sqrt{\frac{2 \times 0.2 \times 10^{-3}}{10 \times 10^{-12}}} = 6325V$$
여기서,
C : 정전용량 $[F]$
V : 전압 $[V]$
$m = 10^{-3}$
$p = 10^{-12}$

70

전자, 통신기기의 전자파장해(EMI)를 일으키는 노이즈와 이를 방지하기 위한 조치로서 그 연결이 적절하지 않은 것은?

① 전도노이즈 - 접지대책실시
② 전도노이즈 - 차폐대책실시
③ 방사노이즈 - 차폐대책실시
④ 방사노이즈 - 접지대책실시

① 방사노이즈
방송이나 휴대 무선기 등의 통신용 전파에 의한 장해는 물론 송전선의 코로나 방전, 오토바이의 점화시의 노이즈 등 공간으로 직접 피해측에 전파하는 것으로 접지나 차폐로 노이즈 대책이 가능하다.

② 전도노이즈
기기나 회로간을 연결하는 신호선이나 제어선, 전원선 등이 본래 전송해야 할 신호들과 달리 이들 도선을 통해 피해측에 유도되는 전자파를 말하고, 접지로 노이즈 대책이 가능하다.

71

전기설비의 안전을 유지하기 위해서는 체계적인 점검, 보수가 아주 중요하다. 방폭전기설비의 유지보수에 관한 사항으로 틀린 것은?

① 점검원은 해당 전기설비에 대해 필요한 지식과 기능을 가져야 한다.
② 불꽃 점화시점의 경과조치에 따른다.
③ 본질안전 방폭구조의 경우에도 통전 중에는 기기의 외함을 열어서는 안 된다.
④ 위험분위기에서 작업 시에는 수공구 등의 충격에 의한 불꽃이 생기지 않도록 주의해야 한다.

③ 본질안전 방폭구조의 경우에는 통전 중 기기의 외함을 열어 유지보수를 진행하여도 된다.

72

정전유도를 받고 있는 접지되어 있지 않은 도전성 물체에 접촉한 경우 전격을 당하게 되는데 물체에 유도된 전압 V 를 옳게 나타낸 것은?
(단, 송전선전압 E, 송전선과 물체사이의 정전용량을 C_1, 물체와 대지사이의 정전용량을 C_2, 물체와 대지사이의 저항을 무한대인 경우이다.)

① $V = \dfrac{C_1}{C_1 + C_2} \cdot E$ ② $V = \dfrac{C_1 + C_2}{C_1} \cdot E$

③ $V = \dfrac{C_1}{C_1 \cdot C_2} \cdot E$ ④ $V = \dfrac{C_1 \cdot C_2}{C_1} \cdot E$

*유도전압(V)

$$V = \dfrac{C_1}{C_1 + C_2} \times E$$

여기서,

E : 송전선 전압 $[V]$
C_1 : 송전선과 물체사이의 정전용량 $[F]$
C_2 : 물체와 대지사이의 정전용량 $[F]$

73

다음 ( ) 안에 들어갈 내용으로 알맞은 것은?

> 과전류보호장치는 반드시 접지선외의 전로에 ( )로 연결하여 과전류 발생 시 전로를 자동으로 차단하도록 할 것

① 직렬   ② 병렬
③ 임시   ④ 직병렬

과전류보호장치는 반드시 접지선외의 전로에 직렬로 연결하여 과전류 발생 시 전로를 자동으로 차단하도록 할 것

74

제전기의 제전효과에 영향을 미치는 요인으로 볼 수 없는 것은?

① 제전기의 이온 생성능력
② 전원의 극성 및 전선의 길이
③ 대전 물체의 대전위치 및 대전분포
④ 제전기의 설치 위치 및 설치 각도

*제전기의 제전효과 영향인자
① 제전기의 이온 생성능력
② 대전 물체의 대전전위 및 대전분포
③ 제전기의 설치 위치 및 설치 각도
④ 피대전 물체의 이동속도 및 형상
⑤ 대전물체와 제전기 사이의 기류
⑥ 근접 접지체의 형상 위치 크기

75

교류 아크 용접기의 전격방지장치에서 시동감도에 관한 용어의 정의를 옳게 나타낸 것은?

① 용접봉을 모재에 접촉시켜 아크를 발생시킬 때 전격 방지 장치가 동작 할 수 있는 용접기의 2차측 최대저항을 말한다.
② 안전전압(24 V 이하)이 2차측 전압(85~95 V)으로 얼마나 빨리 전환 되는가 하는 것을 말한다.
③ 용접봉을 모재로부터 분리시킨 후 주접점이 개로 되어 용접기의 2차측 전압이 무부하 전압(25 V 이하)으로 될때까지의 시간을 말한다.
④ 용접봉에서 아크를 발생시키고 있을 때 누설전류가 발생하면 전격방지 장치를 작동 시켜야 할지 운전을 계속해야 할지를 결정 해야 하는 민감도를 말한다.

*시동감도
용접봉을 모재에 접촉시켜 아크를 발생시킬 때 전격방지 장치가 동작 할 수 있는 용접기의 2차측 최대저항

76

활선장구 중 활선시메라의 사용 목적이 아닌 것은?

① 충전중인 전선을 장선할 때
② 충전중인 전선의 변경작업을 할 때
③ 활선작업으로 애자 등을 교환할 때
④ 특고압 부분의 검전 및 잔류전하를 방전 할 때

*활선시메라의 사용목적
① 충전중인 전선의 장선작업
② 충전중인 전선의 변경작업
③ 활선작업으로 애자 등 교환

77

다음은 어떤 방폭구조에 대한 설명인가?

전기기구의 권선, 에어-캡, 접점부, 단자부 등과 같이 정상적인 운전 중에 불꽃, 아크, 또는 과열이 생겨서는 안될 부분에 대하여 이를 방지하거나 또는 온도상승을 제한하기 위하여 전기 안전도를 증가시켜 제작한 구조이다.

① 안전증방폭구조　　② 내압방폭구조
③ 몰드방폭구조　　　④ 본질안전방폭구조

78

다음 작업조건에 적합한 보호구로 옳은 것은?

> 물체의 낙하 충격, 물체에의 끼임, 감전 또는 정전기의 대전에 의한 위험이 있는 직업

① 안전모   ② 안전화
③ 방열복   ④ 보안면

79

코로나 방전이 발생할 경우 공기 중에 생성되는 것은?

① O_2 ② O_3
③ N_2 ④ N_3

80

$50kW, 60Hz$ 3상 유도전동기가 $380V$ 전원에 접속된 경우 흐르는 전류는 약 몇 A인가?
(단, 역률은 80%이다.)

① 82.24   ② 94.96
③ 116.30   ④ 164.47

81

다음의 물질 중에서 폭발상한계가 100%인 것은?

① 사이클로 헥산
② 산화에틸렌
③ 수소
④ 이황화탄소

산화에틸렌은 일반적으로 폭발상한계가 3~80%이지만 공기와 혼합되지 않고서도 분해폭발을 일으키기 때문에 폭발상한은 100%가 될 수 있다.

82

열교환기의 구조에 의한 분류 중 다관식 열교환기에 해당하지 않는 것은?

① 이중관식 열교환기
② 고정관판식 열교환기
③ 유동관판식 열교환기
④ U형관식 열교환기

*다관식 열교환기 종류
① 고정관판식 열교환기
② 유동관판식 열교환기
③ U형관식 열교환기
④ 케틀식 열교환기

83

결정수를 함유하는 물질이 공기 중에 결정수를 잃는 현상을 무엇이라 하는가?

① 풍해성   ② 산화성
③ 부식성   ④ 조해성

*풍해성
수화물이 수분을 방출하여 가루가 되는 성질로 결정수를 함유하는 물질이 공기 중에 결정수를 잃는 현상이다.

84

평활한 금속판 상에 한 방울의 니트로글리세린을 떨어 뜨려 놓고 금속추로 타격을 행할 때 니트로글리세린 중에 아주 작은 기포가 존재한 경우, 기포가 존재하지 않을 때보다도 작은 충격에 의해 발화가 일어난다. 이 원인은 다음 중 어느 것인가?

① 단열압축
② 정전기 발생
③ 기포의 탈출
④ 미분화 현상

*기체의 부피를 변화시키는 방법
열을 이용하거나 외부에 열 출입 없이 압력을 이용하는 방법이다. 단열압축이란 단열(열 출입이 없는)상태에서 니트로글리세린에 압력을 가해 부피를 줄이는 방법으로 이때 니트로글리세린의 내부 온도는 증가하여 발화가 발생할 수 있다.

85

배관설계 시 배관특성을 결정짓는 요소로 가장 관계가 먼 것은?

① 압력　　　　　② 온도
③ 유량　　　　　④ 전기전도도

*배관특성을 결정짓는 요소
① 압력　　　　　② 온도
③ 유량　　　　　④ 유속
⑤ 관경

86

가스폭발 한계의 측정에 있어서 화염의 전파방향이 어느 방향일 때 가장 넓은 값을 나타내는가?

① 상향
② 하향
③ 수평
④ 방향에 관계없다.

*화염의 전파방향에 따른 가스폭발한계의 크기
상향 > 수평 > 하향

87

다음 그림은 포말소화약제혼합장치 중 어떤 장치에 해당하는가?

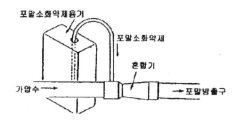

① 관로 혼합 장치
② 차압 혼합 장치
③ 펌프 혼합 장치
④ 압입 혼합 장치

*라인 프로포셔너(관로혼합장치)
송수관 계통의 도중에 흡입기를 접속하여 소화약제를 가압수에 혼합시켜 노즐에서 흡입포를 형성시키는 방식

88

다음 중 소염거리 혹은 소염직경 원리를 이용한 안전장치에 해당하는 것은?

① 화염방지기(flame arrester)
② 벤트스텍(vent-stack)
③ 안전밸브(safety valve)
④ 체크밸브(check valve)

*소염거리
두 전극판 사이에 전압을 걸어 에너지를 주면 불꽃이 발생하게 되고, 또 두 전극판 사이를 조정하여 어느 거리에 이르면 갑자기 불꽃이 발생하지 않는 곳을 소염거리라 한다.

*소염거리 원리를 이용한 안전장치
① 화염방지기
② 역화방지기
③ 방폭전기기

89

증기 배관 내에 생성하는 응축수는 송기상 지장이 되어 제거할 필요가 있는데 이 때 증기가 날아가지 않도록 이 응축수를 자동적으로 배출하기 위한 장치를 무엇이라 하는가?

① Ventstack
② Steamdraft
③ Blow-down
④ Relief valve

*스팀 드래프트(steamdraft)
증기배관 내에 생기는 응축수를 자동적으로 배출하기 위한 장치

90

다음 중 일반적으로 가연성 기체의 폭발한계에 영향을 미치는 인자로서 가장 거리가 먼 것은?

① 압력　　　　　　　② 온도
③ 고유저항　　　　　④ 산소농도

*가연성 기체의 폭발한계에 영향을 미치는 인자
① 압력
② 온도
③ 산소농도
④ 화염의 진행 방향

91

다음 중 가연성 물질이 연소하기 쉬운 조건으로 옳지 않은 것은?

① 연소 발열량이 클 것
② 점화에너지가 작을 것
③ 산소화 친화력이 클 것
④ 입자의 표면적이 작을 것

④ 입자의 표면적이 클수록 연쇄반응이 쉽게 일어나 연소에 유리하다.

92

연소의 형태 중 확산연소의 정의로 가장 적절한 것은?

① 고체의 표면이 고온을 유지하면서 연소하는 현상
② 가연성 가스가 공기 중의 지연성 가스와 접촉하여 접촉면에서 연소가 일어나는 현상
③ 가연성 가스와 지연성 가스가 미리 일정한 농도로 혼합된 상태에서 점화원에 의하여 연소되는 현상
④ 액체 표면에서 증발하는 가연성 증기가 공기와 혼합하여 연소범위 내에서 열원에 의하여 연소하는 현상

*확산연소
가연성 가스가 공기 중의 지연성 가스와 접촉하여 접촉면에서 연소가 일어나는 현상

93

에틸에테르와 에틸알콜이 $3:1$로 혼합증기의 몰비가 각각 $0.75, 0.25$이고, 에틸에테르와 에틸알콜의 폭발하한값이 각각 $1.9 vol\%$, $4.3 vol\%$일 때 혼합가스의 폭발하한값은 약 몇 $vol\%$인가?

① 2.2　　　　　　　② 3.5
③ 22.0　　　　　　 ④ 34.7

*혼합가스의 폭발한계 산술평균식
$$L = \frac{100 (= V_1 + V_2)}{\dfrac{V_1}{L_1} + \dfrac{V_2}{L_2}} = \frac{100}{\dfrac{75}{1.9} + \dfrac{25}{4.3}} = 2.2 vol\%$$

94

송풍기의 상사법칙에 관한 설명으로 옳지 않은 것은?

① 송풍량은 회전수와 비례한다.
② 정압은 회전수 제곱에 비례한다.
③ 축동력은 회전수의 세제곱에 비례한다.
④ 정압은 임펠러 직경의 네제곱에 비례한다.

*송풍기의 상사법칙

① 유량(송풍량) : $\dfrac{Q_2}{Q_1} = \left(\dfrac{D_2}{D_1}\right)^3 \left(\dfrac{n_2}{n_1}\right)$

② 풍압(정압) : $\dfrac{p_2}{p_1} = \left(\dfrac{\gamma_2}{\gamma_1}\right)\left(\dfrac{D_2}{D_1}\right)^2 \left(\dfrac{n_2}{n_1}\right)^2$

③ 동력(축동력) : $\dfrac{L_2}{L_1} = \left(\dfrac{\gamma_2}{\gamma_1}\right)\left(\dfrac{D_2}{D_1}\right)^5 \left(\dfrac{n_2}{n_1}\right)^3$

여기서,
D : 지름 $[mm]$
n : 회전수 $[rpm]$
γ : 비중량 $[N/m^3]$

95

산업안전보건기준에 관한 규칙에서 규정하고 있는 급성독성물질의 정의에 해당되지 않는 것은?

① 가스 LC_{50}(쥐, 4시간 흡입)이 $2500ppm$ 이하인 화학 물질
② LD_{50}(경구, 쥐)이 킬로그램당 300밀리 그램−(체중) 이하인 화학물질
③ LD_{50}(경피, 쥐)이 킬로그램당 1000밀리 그램−(체중) 이하인 화학물질
④ LD_{50}(경피, 토끼)이 킬로그램당 2000밀리 그램−(체중) 이하인 화학물질

*급성독성물질의 분류

분류	기준
LD_{50} (경구, 쥐)	$300mg/kg$ 이하
LD_{50} (경피, 토끼 또는 쥐)	$1000mg/kg$ 이하
가스 LC_{50} (쥐, 4시간 흡입)	$2500ppm$ 이하
증기 LC_{50} (쥐, 4시간 흡입)	$10mg/\ell$ 이하
분진, 미스트 LC_{50} (쥐, 4시간 흡입)	$1mg/\ell$ 이하

96

다음 중 공업용 가연성 가스 및 독성가스의 저장용기 도색에 관한 설명으로 옳은 것은?

① 아세틸렌가스는 적색으로 도색한 용기를 사용한다.
② 액화염소가스는 갈색으로 도색한 용기를 사용한다.
③ 액화석유가스는 주황색으로 도색한 용기를 사용한다.
④ 액화암모니아가스는 황색으로 도색한 용기를 사용한다.

*가연성가스 및 독성가스의 용기

고압가스	도색
산소	녹색
수소	주황색
염소	갈색
탄산가스	청색
석유가스 or 질소	회색
아세틸렌	황색
암모니아	백색

97

20℃, 1기압의 공기를 5기압으로 단열압축하면 공기의 온도는 약 몇 ℃ 가 되겠는가? (단, 공기의 비열비는 1.4이다.)

① 32

② 191

③ 305

④ 464

98

다음 중 관로의 방향을 변경하는데 가장 적합한 것은?

① 소켓

② 엘보우

③ 유니온

④ 플러그

99

4% $NaOH$ 수용액과 10% $NaOH$ 수용액을 반응기에 혼합하여 6% 100kg의 $NaOH$ 수용액을 만들려면 각각 몇 kg의 $NaOH$ 수용액이 필요한가?

① 4%$NaOH$수용액 : 50, 10% $NaOH$수용액 : 50

② 4%$NaOH$수용액 : 56.2, 10% $NaOH$수용액 : 43.8

③ 4%$NaOH$수용액 : 66.67, 10% $NaOH$수용액 : 33.33

④ 4%$NaOH$수용액 : 80, 10% $NaOH$수용액 : 20

100

다음 중 Flash over의 방지(지연)대책으로 가장 적절한 것은?

① 출입구 개방전 외부 공기 유입

② 실내의 가열

③ 가연성 건축자재 사용

④ 개구부 제한

101

다음 중 일반적으로 사용되는 암질의 판별 기준이
아닌 것은?

① R.Q.D(%)
② 삼축 압축강도(kg/cm2)
③ R.M.R(%)
④ 탄성파 속도(kine)

*암질의 판별 기준
① R.Q.D[%]
② R.M.R[%]
③ 탄성파 속도[km/sec]
④ 일축압축강도[kg/cm^2]

102

콘크리트의 워커빌리티(workability)를 측정하는
시험방법과 관계가 없는 것은?

① 슬럼프시험(Slump test)
② 베인시험(Vane test)
③ 흐름시험(Flow test)
④ 캐리볼관입시험(Kelly Ball Penetration test)

*콘크리트의 워커빌리티 측정하는 시험방법
① 슬럼프시험
② 흐름시험
③ 캐리볼관입시험

103

아래 설명은 경화한 콘크리트에서 발생할 수 있는
현상을 설명한 것이다. 이러한 현상을 무엇이라
하는가?

> 시멘트의 수화 반응에서 생성되는 수산화칼슘
> 은 pH12~13정도의 알칼리성을 나타낸다. 이
> 수산화칼슘이 대기 중에 있는 약산성의 이산
> 화탄소와 접촉, 반응하여 pH8~10 정도의 탄
> 산칼슘과 물로 변화하는 현상

① 알칼리－골재반응
② 염해
③ 동결융해
④ 중성화

*콘크리트의 중성화
① 경화한 콘크리트는 시멘트의 수화생성물인 수산
  화석회를 분리시켜 강한 알칼리성을 나타낸다.
  (pH12～13정도)
② 수산화석회는 시간이 경과함에 따라 콘크리트
  표면의 미세한 구멍으로 공기 중의 탄산가스가
  침투하여 산화칼슘과 반응하여 탄산석회로 변
  화하여 알칼리성을 잃는다.

104

지반굴착작업에 있어서 미리 작업장소 및 그 주변의
지반에 대하여 조사하여야 할 사항이 아닌 것은?

① 형상·지질 및 지층의 상태
② 균열·함수·용수 및 동결의 유무 또는 상태
③ 지반의 지하수위 상태
④ 버팀대의 긴압의 상태

105

다음 중 대상액 50억원 이상의 건설업 산업안전
보건관리비 계상기준에 맞지 않는 것은?

① 건축공사 (갑) : 2.64%
② 토목공사 (을) : 2.73%
③ 중건설공사 : 3.11%
④ 철도, 궤도신설공사 : 0.94%

*공사종류 및 규모별 산업안전보건관리비 계상기준표

구분 종류	5억원 미만	5억원 이상 50억원 미만		50억원 이상
		비율	기초액	
건축공사 (갑)	3.11%	2.28%	4,325,000원	2.64%
토목공사 (을)	3.15%	2.53%	3,300,000원	2.73%
중 건설 공사	3.64%	3.05%	2,975,000원	3.11%
특수 및 기타건설 공사	2.07%	1.59%	2,450,000원	1.64%
철도·궤도 신설 공사	2.45%	1.59%	4,411,000원	1.66%

106

지름이 $10cm$ 이고 높이가 $20cm$ 인 원기둥 콘크리
트 공시체가 할렬 인장강도 시험에서 $10,000kg$ 에
서 파괴되었다. 이 때 콘크리트의 할렬 인장강도
는 몇 kg/cm^2 인가?

① 21.8   ② 31.8   ③ 41.8   ④ 51.8

*할렬 인장강도

$$할렬\ 인장강도 = \frac{2P}{\pi dh} = \frac{2 \times 10000}{\pi \times 10 \times 20} = 31.8 kg/cm^2$$

여기서,
P : 인장강도
d : 지름
h : 높이

107

철골공사시 사전 안전성 확보를 위해 공작도에 반
영하여야 할 사항이 아닌 것은?

① 주변 고압전주
② 외부비계받이
③ 기둥승강용 트랩
④ 방망 설치용 부재

*철골공사시 공작도에 반영하여야 할 사항
① 외부비계받이 및 화물승강설비용 브라켓
② 기둥 승강용 트랩
③ 구명줄 설치용 고리
④ 건립에 필요한 와이어 걸이용 고리
⑤ 난간 설치용 부재
⑥ 기둥 및 보 중앙의 안전대 설치용 고리
⑦ 방망 설치용 부재
⑧ 비계 연결용 부재
⑨ 방호선반 설치용 부재
⑩ 양중기 설치용 보강재

108

안전난간대에 폭목(toe board)을 대는 이유는?

① 작업자의 손을 보호하기 위하여
② 작업자의 작업능률을 높이기 위하여
③ 안전난가대의 강도를 높이기 위하여
④ 공구 등 물체가 작업발판에서 지상으로
   낙하되지 않도록 하기 위하여

*폭목(toe board)
공구 등 물체가 작업발판에서 지상으로 낙하되지 않도록 하기 위하여 안전난간대에 댄다.

109

흙막이 공법 선정 시 고려사항으로 옳지 않은 것은?

① 흙막이 해체를 고려
② 안전하고 경제적인 공법 선택
③ 차수성이 낮은 공법 선택
④ 지반성상에 적합한 공법 선택

*흙막이 공법 선정시 고려사항
① 흙막이 해체 고려
② 안전하고 경제적인 공법 선택
③ 차수성이 높은 공법 선택
④ 지반성상에 적합한 공법 선택

110

연약 점토 지반 개량에 있어서 적합하지 않은 공법은?

① 샌드드레인(Sand darin) 공법
② 생석회 말뚝(Chemico pile) 공법
③ 페이퍼드레인(Paper drain) 공법
④ 바이브로 플로테이션(Vibro flotation) 공법

*점성토 개량공법
① 샌드 드레인 공법
② 생석회 말뚝 공법
③ 페이퍼 드레인 공법
④ 치환 공법

111

철륜 표면에 다수의 돌기를 붙여 접지면적을 작게 하여 접지압을 증가시킨 롤러로서 고함수비 점성토 지반의 다짐작업에 적합한 롤러는?

① 탠덤롤러   ② 로드롤러
③ 타이어롤러   ④ 탬핑롤러

*탬핑 롤러
댐의 축제공사와 제방, 도로, 비행장 등의 다짐 작업에 쓰인다. 다수의 돌기 형태의 구조물이 롤러에 붙어있다는 특징이 있다.

112

사면 보호 공법 중 구조물에 의한 보호 공법에 해당되지 않는 것은?

① 현장타설 콘크리트 격자공
② 식생구멍공
③ 블록공
④ 돌쌓기공

*구조물에 의한 보호 공법의 종류
① 현장타설 콘크리트 격자공법
② 블록공법
③ 돌쌓기공법
④ 피복공법
⑤ 콘크리트 붙임공법

① 식생구멍공법은 사면을 식물로 피복하는 보호 공법이다.

113

지름이 $15cm$이고 높이가 $30cm$인 원기둥 콘크리트공 시편에 대해 압축강도시험을 한 결과 $460kN$에서 파괴되었다. 이 때 콘크리트 압축강도는?

① $16.2\,MPa$ ② $21.5\,MPa$
③ $26\,MPa$ ④ $31.2\,MPa$

*압축강도(압축응력, σ)

$$\sigma = \frac{P(\text{인장하중})}{A(\text{단면적})} = \frac{P}{\frac{\pi d^2}{4}}$$

$$= \frac{460 \times 10^3}{\frac{\pi \times 0.15^2}{4}} = 26030675.14\,Pa = 26.03\,MPa$$

114

굴착공사에 있어서 비탈면붕괴를 방지하기 위하여 행하는 대책이 아닌 것은?

① 지표수의 침투를 막기 위해 표면배수공을 한다.
② 지하수위를 내리기 위해 수평배수공을 설치한다.
③ 비탈면 하단을 성토한다.
④ 비탈면 상부에 토사를 적재한다.

④ 비탈면 상부에 토사를 적재하지 않는다.

115

터널 작업에 있어서 자동경보장치가 설치된 경우에 이 자동경보장치에 대하여 당일의 작업 시작 전 점검하여야 할 사항이 아닌 것은?

① 계기의 이상 유무
② 검지부의 이상 유무
③ 경보장치의 작동 상태
④ 환기 또는 조명시설의 이상 유무

*자동경보장치 작업시작 전 점검사항
① 계기의 이상유무
② 검지부의 이상유무
③ 경보장치의 작동상태

116

외줄비계 · 쌍줄비계 또는 돌출비계는 벽이음 및 버팀을 설치하여야 하는데 강관비계 중 단관비계로 설치할 때의 조립간격으로 옳은 것은?
(단, 수직방향, 수평방향의 순서임)

① $4m$, $4m$ ② $5m$, $5m$
③ $5.5m$, $7.5m$ ④ $6m$, $8m$

*비계의 조립간격

비계의 종류	조립간격	
	수직방향	수평방향
단관비계	5m 이하	5m 이하
틀비계 (높이가 5m미만인 것 제외)	6m 이하	8m 이하
통나무비계	5.5m 이하	7.5m 이하

117

구조물 해체작업으로 사용되는 공법이 아닌 것은?

① 압쇄공   ② 잭공법
③ 절단공법   ④ 진공공법

*구조물 해체공법
① 압쇄공법   ② 잭공법
③ 절단공법   ④ 전도공법
⑤ 폭발공법   ⑥ 화염공법
⑦ 통전공법   ⑧ 브레이커공법

118

재해사고를 방지하기 위하여 크레인에 설치하는 방호장치와 거리가 먼 것은?

① 공기정화장치　　② 비상정지장치
③ 제동장치　　　　④ 권과방지장치

*크레인 방호장치
① 권과방지장치
② 과부하방지장치
③ 비상정지장치
④ 제동장치

119

깊이 $10.5m$ 이상의 굴착의 경우 계측기기를 설치하여 흙막이 구조의 안전을 예측하여야 한다. 이에 해당하지 않는 계측기기는?

① 수위계　　　　　② 경사계
③ 응력계　　　　　④ 지진가속도계

*굴착작업 시 계측기기
① 수위계
② 경사계
③ 응력계
④ 하중 및 침하계

120

콘크리트의 압축강도에 영향을 주는 요소로 가장 거리가 먼 것은?

① 콘크리트 양생 온도
② 콘크리트 재령
③ 물-시멘트비
④ 거푸집 강도

*콘크리트 압축강도 영향인자
① 콘크리트의 양생온도
② 콘크리트의 재령
③ 물과 시멘트의 혼합비
④ 골재의 배합
⑤ 슬럼프 값

01

다음 중 일반적인 기억의 과정으로 올바르게 나타낸 것은?

① 기명 → 파지 → 재생 → 재인
② 파지 → 기명 → 재생 → 재인
③ 재인 → 재생 → 기명 → 파지
④ 재인 → 기명 → 재생 → 파지

*일반적인 기억의 과정
기명 → 파지 → 재생 → 재인

02

다음 중 재해의 발생 원인에 있어 관리적 원인에 해당하지 않는 것은?

① 안전수칙의 미제정
② 작업량 과다
③ 정리정돈 미실시
④ 사용설비의 설계불량

*산업재해의 원인

직접원인	간접원인
① 인적 원인	① 기술적 원인
(불안전한 행동)	② 교육적 원인
② 물적 원인	③ 관리적 원인
(불안전한 상태)	④ 정신적 원인
④ : 기술적 원인	

03

다음 중 산업안전보건법상 안전검사 대상 유해·위험 기계에 해당하는 것은?

① 정격하중이 1톤인 크레인
② 이동식 국소배기장치
③ 밀폐형 롤러기
④ 산업용 원심기

*안전검사대상 기계 등
① 프레스
② 전단기
③ 크레인(정격하중 2톤 미만 제외)
④ 리프트
⑤ 압력용기
⑥ 곤돌라
⑦ 국소 배기장치(이동식은 제외)
⑧ 원심기(산업용만 해당)
⑨ 롤러기(밀폐형 구조는 제외)
⑩ 사출성형기
⑪ 고소작업대
⑫ 컨베이어
⑬ 산업용 로봇

04

다음 중 리더십 이론에서 성공적인 리더는 어떤 특성을 가지고 있는가를 연구하는 이론은?

① 특성이론
② 행동이론
③ 상황적합성이론
④ 수명주기이론

*리더쉽의 유형
① 권위주의형(=독재형) 리더쉽
② 참여형(=민주형) 리더쉽
③ 위임형(=자유방임형) 리더쉽
④ 비전형 리더쉽
⑤ 코치형 리더쉽
⑥ 관계 중시형 리더쉽
⑦ 민주형 리더쉽
⑧ 선도형 리더쉽

05

다음 중 안전교육계획 수립 시 포함하여야 할 사항과 가장 거리가 먼 것은?

① 교재의 준비
② 교육기간 및 시간
③ 교육의 종류 및 교육대상
④ 교육담당자 및 강사

*안전보건교육계획 수립시 포함할 내용
① 교육의 종류 및 대상
② 교육의 과목 및 내용
③ 교육장소 및 방법
④ 교육기간 및 시간
⑤ 교육담당자 및 강사
⑥ 안전보건관련 예산 및 시설

① 교재의 준비는 교육의 3요소에 포함된다.

06

교육심리학의 기본이론 중 학습지도의 원리에 속하지 않는 것은?

① 직관의 원리
② 개별화의 원리
③ 사회화의 원리
④ 계속성의 원리

*학습지도의 원리
① 자기활동의 원리
② 개별화의 원리
③ 사회화의 원리
④ 직관의 원리

07

법령에서 정한 최소한의 수준이 아닌 좀 더 높은 수준의 안전보건 향상을 위해 참고할 광범위한 기술적 사항을 안내하는 기술지침은?

① 업무 가이드라인
② 중대재해처벌법
③ 건설기술진흥법
④ KOSHA 가이드

*KOSHA 가이드
법령에서 정한 최소한의 수준이 아니라, 좀더 높은 수준의 안전보건 향상을 위해 참고할 광범위한 기술적 사항에 대해 기술하고 있으며 사업장의 자율적 안전보건 수준향상을 지원하기 위한 기술지침

08

다음 중 한번 학습한 결과가 다른 학습이나 반응에 영향을 주는 것으로 특히 학습효과를 설명할 때 많이 쓰이는 용어는?

① 학습의 연습　　② 학습곡선
③ 학습의 전이　　④ 망각곡선

*학습의 전이
한번 학습한 결과가 다른 학습이나 반응에 영향을 주는 것으로 특히 학습효과를 설명할 때 많이 쓰인다.

09

다음 중 강의법에 대한 설명으로 틀린 것은?

① 많은 내용을 체계적으로 전달할 수 있다.
② 다수를 대상으로 동시에 교육할 수 있다.
③ 전체적인 전망을 제시하는데 유리하다.
④ 수강자 개개인의 학습진도를 조절할 수 있다.

*강의법 특징
① 많은 내용을 체계적으로 전달할 수 있다.
② 다수를 대상으로 동시에 교육할 수 있다.
③ 전체적인 전망을 제시하는데 유리하다.
④ 시간에 대한 조정이 용이하다.
⑤ 수강자 개개인의 학습진도를 조절할 순 없다.

10

다음 중 스탭형 안전조직에 있어 스탭의 주된 역할이 아닌 것은?

① 안전관리 계획안의 작성
② 정보수집과 주지, 활용
③ 실시계획의 추진
④ 기업의 제도적 기본방침 시달

*스탭의 주된 역할
① 상사의 직무 전반에 걸쳐 조언하고 조력한다.
② 계획, 조직, 동기부여, 통제 등의 스탭활동을 통해 전문적인 견지에서 적절한 조언하고 조력한다.
③ 정보수집·해석에 의한 합리적인 실시계획·절차 방법을 작용시킨다.

11

근로손실일수 산출에 있어서 사망으로 인한 근로손실연수는 보통 몇 년을 기준으로 산정하는가?

① 30　　　　　　② 25
③ 15　　　　　　④ 10

*요양근로손실일수 산정요령

신체 장해자 등급	근로손실 일수
사망	7500일
1~3급	7500일
4급	5500일
5급	4000일
6급	3000일
7급	2200일
8급	1500일
9급	1000일
10급	600일
11급	400일
12급	200일
13급	100일
14급	50일

1년에 300일이 기준이기 때문에,
$\therefore 7500 \div 300 = 25$년

08.③ 09.④ 10.④ 11.②

12

안전교육 방법 중 강의식 교육을 1시간 하려고 할 경우 가장 많이 소비되는 단계는?

① 도입
② 제시
③ 적용
④ 확인

*안전교육훈련 4단계
1단계 : 도입단계 - 학습에 의욕이 생기도록 한다.
2단계 : 제시단계 - 작업을 설명한다.
3단계 : 적용단계 - 작업을 지시한다.
4단계 : 확인단계 - 작업을 제대로 하는지 확인한다.

*1시간 교육 시 단계별 교육시간

단계	강의식	토의식
1단계 (도입단계)	5분	5분
2단계 (제시단계)	40분	10분
3단계 (적용단계)	10분	40분
4단계 (확인단계)	5분	5분

13

산업안전보건법령상 근로자 안전·보건교육 중 채용 시의 교육 및 작업내용 변경 시의 교육 내용에 포함되지 않는 것은?

① 물질안전보건자료에 관한 사항
② 작업 개시 전 점검에 관한 사항
③ 유해·위험 작업환경 관리에 관한 사항
④ 기계·기구의 위험성과 작업의 순서 및 동선에 관한 사항

*채용 시 교육 및 작업내용 변경 시 교육
① 산업안전 및 사고 예방에 관한 사항
② 산업보건 및 직업병 예방에 관한 사항
③ 산업안전보건법령 및 산업재해보상보험 제도에

관한 사항
④ 직무스트레스 예방 및 관리에 관한 사항
⑤ 직장 내 괴롭힘, 고객의 폭언 등으로 인한 건강 장해 예방 및 관리에 관한 사항
⑥ 기계·기구의 위험성과 작업의 순서 및 동선에 관한 사항
⑦ 작업 개시 전 점검에 관한 사항
⑧ 정리정돈 및 청소에 관한 사항
⑨ 사고 발생 시 긴급조치에 관한 사항
⑩ 물질안전보건자료에 관한 사항

보기 ③은 관리감독자 정기교육에 관한 내용이다.

14

매슬로우(Maslow)의 욕구단계 이론 중 2단계에 해당되는 것은?

① 생리적 욕구
② 안전에 대한 욕구
③ 자아실현의 욕구
④ 존경과 긍지에 대한 욕구

*매슬로우(Maslow)의 욕구 5단계

단계	설명
1단계 생리적 욕구	인간의 가장 기본적인 욕구이며, 의식주, 성적 욕구 등이 있다.
2단계 안전의 욕구	위험, 위협, 박탈에서 자신을 보호하고 불안을 회피하려는 욕구이다.
3단계 사회적 욕구	타인과 친교를 맺고 원하는 집단에 귀속되고자 하는 욕구이다.
4단계 존중의 욕구	타인과 친하게 지내고 싶은 인간의 기초가 되는 욕구로서, 자아존중, 자신감, 성취, 존경 등에 관한 욕구이다.
5단계 자아실현 욕구	자기의 잠재력을 최대한 살리고 자기가 하고 싶었던 일을 실현하려는 인간의 욕구이다. 편견없이 받아들이는 성향, 타인과의 거리를 유지하며 사생활을 즐기거나 창의적 성격으로 봉사, 특별히 좋아하는 사람과 긴밀한 관계를 유지하려는 욕구 등이 있다.

15

버드(Bird)의 재해분포에 따르면 20건의 경상(물적, 인적상해)사고가 발생했을 때 무상해, 무사고(위험 순간) 고장은 몇 건이 발생하겠는가?

① 600건   ② 800건
③ 1200건   ④ 1600건

*버드(Bird)의 재해구성 비율

(1 : 10 : 30 : 600)

① 중상 또는 폐질 : 1건
② 경상(물적, 인적상해) : 10건
③ 무상해 사고 : 30건
④ 무상해, 무사고 고장 : 600건

경상과 무상해, 무사고 고장은 10 : 600 비율이므로
$10 : 600 = 20 : x$ $\therefore x = 1200$

16

시몬즈(Simonds)의 재해 손실비용 산정 방식에 있어 비보험 코스트에 포함되지 않는 것은?

① 영구 전노동불능 상해
② 영구 부분노동불능 상해
③ 일시 전노동불능 상해
④ 일시 부분노동불능 상해

*시몬즈의 비보험코스트

휴업상해	영구 부분노동 불능, 일시 전노동 불능
통원상해	일시 부분노동 불능, 의사가 통원조치를 한 상해
응급조치상해	응급조치상해, 8시간 미만 휴업의료조치상해
무상해사고	의료조치를 필요로 하지 않은 상해사고

17

A 사업장의 강도율이 2.5이고, 연간 재해발생 건수가 12건, 연간 총 근로 시간수가 120만 시간일 때 이 사업장의 종합재해지수는 약 얼마인가?

① 1.6   ② 5.0
③ 27.6   ④ 230

*종합재해지수(FSI)

종합재해지수 $= \sqrt{\text{도수율} \times \text{강도율}} = \sqrt{10 \times 2.5} = 5$

$\therefore \text{도수율} = \dfrac{\text{재해 건 수}}{\text{연 근로 총 시간 수}} \times 10^6 = \dfrac{12}{1200000} \times 10^6 = 10$

18

위치, 순서, 패턴, 형상, 기억오류 등 외부적 요인에 의해 나타나는 것은?

① 메트로놈   ② 리스크테이킹
③ 부주의   ④ 착오

*착오(mistake)
위치, 순서, 패턴, 형상, 기억오류 등 외부적 요인에 나타나는 현상

19

기업 내 정형교육 중 TWI(Training Within Industry)의 교육내용이 아닌 것은?

① Job Method Training
② Job Relation Training
③ Job Instruction Training
④ Job Standardization Training

*TWI(Training Within Industry)
관리감독자를 대상으로 하여 직무에 관한 능력을 교육하는 방법

훈련 기법	교육훈련 내용
작업방법훈련 (Job Method Training)	작업 효율성 교육 방법
작업지도훈련 (Job Instruction Training)	작업 숙련도 교육 방법
인간관계훈련 (Job Relations Training)	인간관계 관리 교육 방법
작업안전훈련 (Job Safety Training)	안전한 작업에 대한 교육 방법

20

레빈(Lewin)의 법칙 $B = f(P \cdot E)$ 중 B가 의미하는 것은?

① 인간관계　　　　　② 행동
③ 환경　　　　　　④ 함수

*레빈(Lewin)의 행동법칙
행동(B)은 사람(P)과 환경(E)의 함수(f)라는 법칙이다.

$B = f(P \cdot E)$
여기서,
B : 행동 – 인간의 행동
P : 사람 – 경험, 성격, 소질, 개체 등
E : 환경 – 작업환경, 인간관계 등

21

다음 중 고장형태와 영향분석(FMEA)에 관한 설명으로 틀린 것은?

① 각 요소가 영향의 해석이 가능하기 때문에 동시에 2가지 이상의 요소가 고장 나는 경우에 적합하다.
② 해석영역이 물체에 한정되기 때문에 인적 원인 해석이 곤란하다.
③ 양식이 간단하여 특별한 훈련 없이 해석이 가능하다.
④ 시스템 해석의 기법은 정성적, 귀납적 분석법 등에 사용한다.

① FMEA은 논리적으로 빈약하여 동시에 2가지 이상의 요소가 고장나는 경우 해석이 곤란하다.

22

다음 중 인간의 귀에 대한 구조를 설명한 것으로 틀린 것은?

① 외이(external ear)는 귓바퀴와 외이도로 구성된다.
② 중이(middle ear)에는 인두와 교통하여 고실 내압을 조절하는 유스타키오관이 존재한다.
③ 내이(inner ear)는 신체의 평형감각수용기인 반규관과 청각을 담당하는 전정기관 및 와우로 구성어 있다.
④ 고막은 중이와 내이의 경계부위에 위치해 있으며 음파를 진동으로 바꾼다.

④ 고막은 외이와 중이의 경계부위에 위치함.

23

다음 중 인간공학을 나타내는 용어로 적절하지 않은 것은?

① human factors
② ergonomics
③ human engineering
④ customize engineering

④ costomize engineering(맞춤형 엔지니어링)은 고객이 주문한대로 설계하는 것을 의미한다.

24

다음 중 실효온도(Effective Temperature)에 대한 설명으로 틀린 것은?

① 체온계로 입안의 온도를 측정하여 기준으로 한다.
② 실제로 감각되는 온도로서 실감온도라고 한다.
③ 온도, 습도 및 공기 유동이 인체에 미치는 열효과를 나타낸 것이다.
④ 상대습도 100% 일 때의 건구온도에서 느끼는 것과 동일한 온감이다.

① 무풍상태, 상대습도 100%일 때 건구온도계가 가리키는 눈금을 기준으로 한다.

25

다음 중 인간이 현존하는 기계보다 우월한 기능이 아닌 것은?

① 귀납적으로 추리한다.
② 원칙을 적용하여 다양한 문제를 해결한다.
③ 다양한 경험을 토대로 하여 의사 결정을 한다.
④ 명시된 절차에 따라 신속하고, 정량적인 정보처리를 한다.

④ 명시된 절차에 따라 신속하고, 정량적인 정보처리를 한다.

26

다음 중 시스템 안전관리의 주요 업무와 가장 거리가 먼 것은?

① 시스템 안전에 필요한 사항의 식별
② 안전활동의 계획, 조직 및 관리
③ 시스템 안전활동 결과의 평가
④ 생산시스템의 비용과 효과 분석

*시스템안전관리의 주요 업무
① 시스템 안전에 필요한 사항의 식별
② 안전활동의 계획, 조직 및 관리
③ 시스템 안전활동 경과의 평가

27

다음 중 기계 또는 설비에 이상이나 오동작이 발생하여도 안전사고를 발생시키지 않도록 2중 또는 3중으로 통제를 가하도록 한 체계에 속하지 않는 것은?

① 다경로하중구조   ② 하중경감구조
③ 교대구조   ④ 격리구조

*Fail Safe 구조의 종류
① 다경로하중구조
② 하중경감구조
③ 교대구조
④ 분할구조

28

다음 중 위험관리에 있어 위험조정기술로 가장 적절하지 않은 것은?

① 책임(responsibility)
② 위험 감축(reduction)
③ 보류(retention)
④ 위험 회피(avoidance)

*위험조정기술
① 위험 전가(Transfer)
② 위험 보류(Retention)
③ 위험 감축(Reduction)
④ 위험 회피(Avoidanace)

25.④ 26.④ 27.④ 28.①

29

다음 중 설비의 고장과 같이 특정시간 또는 구간에 어떤 사건의 발생확률이 적은 경우 그 사건의 발생횟수를 측정하는데 가장 적합한 확률분포는?

① 와이블 분포(Weibull distribution)
② 푸아송 분포(Poisson distribution)
③ 지수 분포(exponential distribution)
④ 이항 분포(binomial distribution)

30

불안전한 행동을 유발하는 요인 중 인간의 생리적 요인이 아닌 것은?

① 근력   ② 반응시간
③ 감지능력   ④ 주의력

31

다음 FT도에서 최소컷셋(Minimal cut set)으로만 올바르게 나열한 것은?

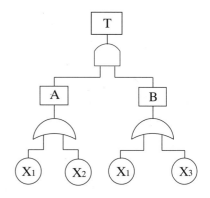

① $[X_1]$ ② $[X_1]$, $[X_2]$
③ $[X_1, X_2, X_3]$ ④ $[X_1, X_2], [X_1, X_3]$

32

산업안전보건법령에 따라 기계 · 기구 및 설비의 설치 · 이전 등으로 인해 유해 · 위험방지계획서를 제출하여야 하는 대상에 해당하지 않는 것은?

① 건조 설비　　　② 공기압축기
③ 화학설비　　　④ 가스집합 용접장치

*기계 · 기구 및 설비의 설치 · 이전 등으로 인한 유해 · 위험방지계획서 제출대상
① 건조설비
② 화학설비
③ 가스집합 용접장치
④ 금속이나 그 밖의 광물의 용해로
⑤ 허가대상 유해물질 및 분진작업 관련설비

33

프레스에 설치된 안전장치의 수명은 지수분포를 따르면 평균수명은 100시간이다. 새로 구입한 안전장치가 50시간 동안 고장없이 작동할 확률(A)과 이미 100시간을 사용한 안전장치가 앞으로 100시간 이상 견딜확률(B)은 약 얼마인가?

① A : 0.368, B : 0.368
② A : 0.607, B : 0.368
③ A : 0.368, B : 0.607
④ A : 0.607, B : 0.607

*지수분포를 따르는 신뢰도(R)

$$R = e^{-\lambda t} = e^{-\frac{t}{t_0}}$$

$$\begin{cases} \lambda : \text{고장률} \\ t : \text{시간} \\ t_0 : \text{기존시간} \end{cases}$$

$$\therefore R_{(A)} = e^{-\frac{t}{t_0}} = e^{-\frac{50}{100}} = 0.607$$

$$\therefore R_{(B)} = e^{-\frac{t}{t_0}} = e^{-\frac{100}{100}} = 0.368$$

34

손이나 특정 신체부위에 발생하는 누적손상장애(CTDs)의 발생인자와 가장 거리가 먼 것은?

① 무리한 힘　　　② 다습한 환경
③ 장시간의 진동　④ 반복도가 높은 작업

*누적손상장애(CTDs)의 발생인자
① 무리한 힘
② 장시간의 진동
③ 반복도가 높은 작업
④ 건조하고 추운 환경
⑤ 부적절한 작업 자세
⑥ 날카로운 부분의 접촉

35

자극과 반응의 실험에서 자극 A가 나타날 경우 1로 반응하고 자극 B가 나타날 경우 2로 반응하는 것으로 하고, 100회 반복하여 표와 같은 결과를 얻었다. 제대로 전달된 정보량을 계산하면 약 얼마인가?

반응 자극	1	2
A	50	-
B	10	40

① 0.610
② 0.871
③ 1.000
④ 1.361

*정보량(H)

구분 종류	1	2	합계
A	50	–	50
B	10	40	50
합계	60	40	100

① 자극정보량
$$H_{(A)} = 0.5\log_2\left(\frac{1}{0.5}\right) + 0.5\log_2\left(\frac{1}{0.5}\right) = 1$$

② 반응정보량
$$H_{(B)} = 0.6\log_2\left(\frac{1}{0.6}\right) + 0.4\log_2\left(\frac{1}{0.4}\right) = 0.97$$

③ 결합정보량
$$H_{(A,\,B)} = 0.5\log_2\left(\frac{1}{0.5}\right) + 0.1\log_2\left(\frac{1}{0.1}\right) + 0.4\log_2\left(\frac{1}{0.4}\right)$$
$$= 1.36$$

$$\therefore H = H_{(A)} + H_{(B)} - H_{(A,\,B)} = 1 + 0.97 - 1.36 = 0.61$$

36

반사율이 85%, 글자의 밝기가 $400cd/m^2$인 VDT 화면에 $350lux$의 조명이 있다면 대비는 약 얼마인가?

① -2.8
② -4.2
③ -5.0
④ -6.0

*대비 [%]

소요조명$[cd] = \dfrac{\text{소요광도}[lux]}{\text{반사율}[\%]} \times 100$ 에서,

소요광도 = 소요조명 × 반사율 $= 350 \times 80 = 297.5\,lux$

휘도 $= \dfrac{\text{광속발산도}}{\pi} = \dfrac{297.5}{\pi} = 94.7cd/m^2$

또한,
글자의 총 밝기 = 글자의 밝기 + 휘도
$= 400 + 94.7 = 494.7cd/m^2$

$\therefore$ 대비 $= \dfrac{\text{휘도} - \text{글자의 총 밝기}}{\text{휘도}} = \dfrac{94.7 - 494.7}{94.7} = -4.2$

37

설비보전을 평가하기 위한 식으로 틀린 것은?

① 성능가동률 = 속도가동률 × 정미가동률
② 시간가동률 = (부하시간 − 정지시간) / 부하시간
③ 설비종합효율 = 시간가동률 × 성능가동률 × 양품률
④ 정미가동률 = (생산량 × 기준주기시간) / 가동시간

④ 정미가동률 $= \dfrac{\text{생산량} \times \text{실제 주기시간}}{\text{부하시간} - \text{정지시간}}$

38

다음 그림은 THERP를 수행하는 예이다. 작업 개시점 N_1에서부터 작업종점 N_4까지 도달할 확률은?

(단, $P(B_i)$, $i=1,2,3,4$는 해당 확률을 나타내며, 각 직무과오의 발생은 상호독립이라 가정한다.)

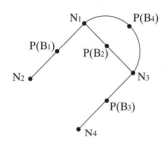

① $1-P(B_1)$

② $P(B_2)\cdot P(B_3)$

③ $\dfrac{P(B_2)\ \cdot\ P(B_3)}{1-P(B_4)}$

④ $\dfrac{P(B_2)\ \cdot\ P(B_3)}{1-P(B_2)\ \cdot\ P(B_4)}$

39

다음 시스템에 대하여 톱사상(top event)에 도달할 수 있는 최소 컷셋(minimal cut sets)을 구할 때 올바른 집합은?

(단, X_1, X_2, X_3, X_4는 각 부품의 고장확률을 의미하며 집합$\{X_1, X_2\}$는 X_1부품과 X_2부품이 동시에 고장 나는 경우를 의미한다.

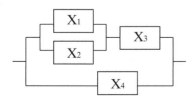

① $\{X_1, X_2\}$, $\{X_3, X_4\}$

② $\{X_1, X_3\}$, $\{X_2, X_4\}$

③ $\{X_1, X_2, X_4\}$, $\{X_3, X_4\}$

④ $\{X_1, X_3, X_4\}$, $\{X_2, X_3, X_4\}$

40

보기의 실내면에서 빛의 반사율이 낮은 곳에서부터 높은 순서대로 나열한 것은?

A : 바닥   B : 천정   C : 가구   D : 벽

① $A<B<C<D$ ② $A<C<B<D$

③ $A<C<D<B$ ④ $A<D<C<B$

41

다음 중 위험기계의 구동에너지를 작업자가 차단할 수 있는 장치에 해당하는 것은?

① 급정지장치　　　　② 감속장치
③ 위험방지장치　　　④ 방호설비

*롤러기의 급정지장치
작업자가 조작부를 설치하여 건드리면 구동에너지가 차단되어 급정지가 되는 장치

42

다음 중 산업안전보건법상 보일러에 설치되어 있는 압력방출장치의 검사주기로 옳은 것은?

① 분기별 1회 이상
② 6개월에 1회 이상
③ 매년 1회 이상
④ 2년마다 1회 이상

압력방출장치는 매년 1회 이상 정기적으로 작동시험을 한다.

43

다음 중 설비의 내부에 균열 결함을 확인할 수 있는 가장 적절한 검사방법은?

① 육안검사　　　　② 액체침투탐상검사
③ 초음파탐상검사　④ 피로검사

*초음파탐상검사(UT)
초음파를 이용하여 대상의 내부에 존재하는 결함, 불연속 등을 탐지하는 비파괴검사법으로 특히 용접부에 발생한 결함 검출에 가장 적합하다.

44

기계설비가 이상이 있을 때 기계를 급정지시키거나 방호장치가 작동되도록 하는 것과 전기회로를 개선하여 오동작을 방지하거나 별도의 완전한 회로에 의해 정상기능을 찾을 수 있도록 하는 것은?

① 구조부분 안전화
② 기능적 안전화
③ 보전작업 안전화
④ 외관상 안전화

*기능의 안전화(=기능적 안전화)
① 기계의 이상을 확인하고 급정지
② 원활한 작동을 위해 급유
③ 기계를 볼트 및 너트가 이완되지 않도록 다시 조립
④ 회로를 개선하여 오동작을 방지
⑤ 별도의 안전한 회로에 의한 정상기능 적용

45

다음 중 산업안전보건법상 크레인에 전용 탑승 설비를 설치하고 근로자를 달아 올린 상태에서 작업에 종사시킬 경우 근로자의 추락 위험을 방지하기 위하여 실시해야할 조치사항으로 적합하지 않은 것은?

① 승차석 외의 탑승 제한
② 안전대나 구명줄의 설치
③ 탑승설비의 하강시 동력하강방법을 사용
④ 탑승설비가 뒤집히거나 떨어지지 않도록 필요한 조치

＊크레인 추락방지대책
① 안전대나 구명줄 설치
② 안전난간 설치
③ 탑승설비 하강시 동력하강방법 사용
④ 탑승설비가 뒤집히거나 떨어지지 않도록 조치

46

재료의 강도시험 중 항복점을 알 수 있는 시험의 종류는?

① 압축시험　　　　② 충격시험
③ 인장시험　　　　④ 피로시험

＊인장시험
천천히 잡아당겨 끊어질 때 까지의 변형과 이에 대한 하중을 측정하여 시험재료의 변형에 대한 항복점 및 인장강도를 측정하는 시험

47

상용운전압력 이상으로 압력이 상승할 경우, 보일러의 과열을 방지하기 위하여 최고사용압력과 상용압력 사이에서 보일러의 버너 연소를 차단하여 열원을 제거하여 정상압력으로 유도하는 보일러의 방호장치는 무엇인가?

① 압력방출장치　　　② 고저수위조절장치
③ 언로드밸드　　　　④ 압력제한스위치

＊압력제한스위치
보일러의 과열을 방지하기 위하여 최고사용압력과 상용압력 사이에서 보일러의 버너 연소를 차단하여 정상 압력으로 유도하는 방호장치

48

다음 중 산업안전보건법상 컨베이어에 설치하는 방호장치가 아닌 것은?

① 비상정지장치　　　② 역주행방지장치
③ 잠금장치　　　　　④ 건널다리

＊컨베이어 방호장치
① 역주행방지장치(역회전방지장치)
② 비상정지장치
③ 건널다리
④ 덮개 또는 울
⑤ 이탈방지장치

49

다음 중 셰이퍼에서 근로자의 보호를 위한 방호 장치가 아닌 것은?

① 방책   ② 칩받이

③ 칸막이   ④ 급속귀환장치

*셰이퍼 방호장치
① 방책
② 칩받이
③ 칸막이
④ 가드

50

다음 중 밀링작업의 안전조치에 대한 사항으로 적절하지 않은 것은?

① 절삭중의 칩 제거는 칩 브레이크로 한다.
② 가공품을 측정할 때에는 기계를 정지시킨다.
③ 일감을 풀어내거나 고정할 때에는 기계를 정지시킨다.
④ 상하, 좌우의 이송 장치의 핸들은 사용 후 풀어놓는다.

① 밀링작업에서는 브러쉬나 청소용 솔을 이용하여 제거하고, 선반작업에서는 칩 브레이크로 제거한다.

51

크레인 로프에 질량 $2000kg$의 물건을 $10m/s^2$의 가속도로 감아올릴 때, 로프에 걸리는 총 하중은 약 몇 kN인가?

① 39.6   ② 29.6

③ 19.6   ④ 9.6

*와이어로프에 걸리는 총 하중(W)

$$W = W_1 + W_2 = W_1 + \frac{W_1}{g} \times a$$

$$= 2000 + \frac{2000}{9.8} \times 10 = 4040.82 kg$$

$$= 4040.82 \times 9.8 = 39600N = 39.6kN$$

여기서, W : 총 하중 $[kg]$

W_1 : 정하중 $[kg]$

W_2 : 동하중 $\left(W_2 = \frac{W_1}{g} \times a \right)$

g : 중력가속도 $[m/s^2]$

a : 물체의 가속도 $[m/s^2]$

52

목재가공용 둥근톱의 톱날 지름이 $500mm$ 일 경우 분할날의 최소길이는 약 몇 mm 인가?

① 462   ② 362

③ 262   ④ 162

*분할날의 최소길이

$$L = \frac{\pi D}{6} = \frac{\pi \times 500}{6} = 261.8mm ≒ 262mm$$

여기서, D : 톱날 지름 $[mm]$

53

양중기(승강기를 제외한다.)를 사용하여 작업하는 운전자 또는 작업자가 보기 쉬운 곳에 해당 양중기에 대해 표시하여야 할 내용이 아닌 것은?

① 정격 하중   ② 운전 속도

③ 경고 표시   ④ 최대 인양 높이

*양중기에 대한 표시사항
① 정격하중
② 운전속도
③ 경고표시

54

단면적이 $1800mm^2$인 알루미늄 봉의 파괴강도는 $70MPa$ 이다. 안전율을 2로 하였을 때 봉에 가해질 수 있는 최대하중은 얼마인가?

① 6.3 kN ② 126 kN
③ 63 kN ④ 12.6 kN

*안전율(=안전계수, S)

$$S = \frac{파괴강도}{최대응력}$$

$$최대응력 = \frac{파괴강도}{S} = \frac{P(최대하중)}{A(단면적)}$$

$$\therefore P = \frac{파괴강도}{S} \times A = \frac{70}{2} \times 1800 = 63000N = 63kN$$

55

그림과 같이 목재가공용 둥근톱 기계에서 분할날($t2$) 두께가 $4.0mm$일 때 톱날 두께 및 톱날 진폭과의 관계로 옳은 것은?

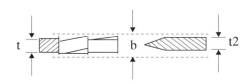

① b $>4.0mm$, t $\leq 3.6mm$
② b $>4.0mm$, t $\leq 4.0mm$
③ b $<4.0mm$, t $\leq 4.4mm$
④ b $>4.0mm$, t $\geq 3.6mm$

*분할날의 두께(t_2)
분할날의 두께(t_2)는 톱 두께(t_1)의 1.1배 이상이며 치진폭(b)보다 작을 것

$$1.1t_1 \leq t_2 \leq b$$

$$t_2 < b \Rightarrow \therefore b > 4mm$$

$$t_1 \leq \frac{t_2(=4)}{1.1} \Rightarrow \therefore t_1 \leq 3.6mm$$

56

드릴링 머신에서 드릴의 지름이 $20mm$이고 원주속도가 $62.8m/min$ 일 때 드릴의 회전수는 약 몇 rpm인가?

① $500rpm$ ② $1000rpm$
③ $2000rpm$ ④ $3000rpm$

*드릴의 원주속도
$$V = \pi DN$$

$$\therefore N = \frac{V}{\pi D} = \frac{62.8}{\pi \times 0.02} = 1000rpm$$

여기서,
D : 드릴의 지름 $[m]$
N : 회전수 $[rpm]$

57

"강렬한 소음작업"이라 함은 $90dB$ 이상의 소음이 1일 몇 시간 이상 발생되는 작업을 말하는가?

① 2시간 ② 4시간
③ 8시간 ④ 10시간

*소음작업
1일 8시간 작업을 기준으로하여 85dB 이상의 소음이 발생하는 작업

① 강렬한 소음작업

데시벨(이상)	발생시간(1일 기준)
90dB	8시간 이상
95dB	4시간 이상
100dB	2시간 이상
105dB	1시간 이상
110dB	30분 이상
115dB	15분 이상

② 충격 소음작업

데시벨(이상)	발생시간(1일 기준)
120dB	10000회 이상
130dB	1000회 이상
140dB	100회 이상

58

다음 중 와이어로프의 단말 처리방법으로 옳지 않은 것은?

① 클립은 균등하게 체결 될 것
② 클립과 와이어로프간에 틈새가 없을 것
③ 클립의 수는 와이어로프 지름에 따라 4개 이상으로 할 것
④ 클립 가공시 너트가 로프의 짧은쪽으로 가도록 할 것

*클립가공(U볼트법)시 주의사항
① 클립은 균등하게 체결 될 것
② 클립과 와이어로프간에 틈새가 없을 것
③ 클립 가공시 너트가 로프의 짧은쪽으로 가도록 할 것
④ 클립의 수는 와이어로프 지름에 따라 4개 이상으로 할 것
⑤ 클립의 간격은 와이어로프 직경의 6배 이상이 되도록 할 것

59

보일러에서 폭발사고를 미연에 방지하기 위해 화염 상태를 검출할 수 있는 장치가 필요하다. 이 중 바이메탈을 이용하여 화염을 검출하는 것은?

① 프레임 아이
② 스택 스위치
③ 전자 개폐기
④ 프레임 로드

*스택 스위치
바이메탈을 이용하여 화염을 검출하는 장치

60

다음 중 방호장치의 기본목적과 가장 관계가 먼 것은?

① 작업자의 보호
② 기계기능의 향상
③ 인적 · 물적 손실의 방지
④ 기계위험 부위의 접촉방지

*방호장치
위험·기계기구의 위험장소 또는 부위에 작업자가 접근하지 못하도록 하는 제한장치

61

공기의 파괴전계는 주어진 여건에 따라 정해지나 이상적인 경우로 가정할 경우 대기압 공기의 절연 내력은 몇 $[kV/cm]$ 정도인가?

① 평행판전극 $30kV/cm$
② 평행판전극 $10kV/cm$
③ 평행판전극 $5kV/cm$
④ 평행판전극 $3kV/cm$

상온 기압의 평등전계에서 공기의 절연파괴강도는 약 $30kV/cm$(파고치) 정도로 고체, 액체에 비해 낮으므로, 이들과의 복합계에서는 공기층이 먼저 약점이 되므로 열화의 원인이 된다.

62

활선 작업 시 필요한 보호구 중 가장 거리가 먼 것은?

① 고무장갑　　　　② 안전화
③ 대전방지용 구두　④ 안전모

*절연용 보호구
① 절연장갑(고무장갑)
② 안전모
③ 안전화(절연화)
④ 절연용 고무소매

④ 대전방지용 구두 : 정전기 발생 보호구

63

누전화재경보기에 사용하는 변류기에 대한 설명으로 잘못된 것은?

① 옥외 전로에는 옥외형을 설치
② 점검이 용이한 옥외 인입선의 부하측에 설치
③ 건물의 구조상 부득이 하여 인입구에 근접한 옥내에 설치
④ 수신부에 있는 스위치 1차측에 설치

*누전화재경보기에 사용하는 변류기 설치
① 옥외 전로에 설치하는 경우에는 옥외형 설치
② 옥외 인입선의 부하측에 설치
③ 건물의 구조상 부득이한 경우엔 인입구에 근접한 옥내에 설치

64

하나의 피뢰침 인하도선에 2개 이상의 접지극을 병렬 접속 할 때 그 간격은 몇 m 이상이어야 하는가?

① 1　　　　　　　② 2
③ 3　　　　　　　④ 4

접지극을 병렬로 하는 경우에는 그 간격을 $2m$ 이상으로 한다.

65

방전의 종류 중 도체가 대전되었을 때 접지된 도체와의 사이에서 발생하는 강한 발광과 파괴음을 수반하는 방전을 무엇이라 하는가?

① 연면 방전   ② 자외선 방전
③ 불꽃 방전   ④ 스트리머 방전

*불꽃 방전
도체가 대전되었을 때 접지된 도체사이에서 발생하는 강한 발광과 파괴음을 수반하는 방전

66

전기누전으로 인한 화재조사 시에 착안해야 할 입증 흔적과 관계없는 것은?

① 접지점   ② 누전점
③ 혼촉점   ④ 발화점

*전기누전 화재의 입증 흔적
① 누전점
② 접지점
③ 발화점

67

정전작업 시 정전시킨 전로에 잔류전하를 방전할 필요가 있다. 전원차단 이후에도 잔류전하가 남아 있을 가능성이 낮은 것은?

① 전력 케이블
② 용량이 큰 부하기기
③ 전력용 콘덴서
④ 방전 코일

*방전 코일
콘덴서를 회로로부터 개방 시 잔류 전하로 인한 위험사고방지 및 재투입 시 걸리는 과전압 방지를 위하여 짧은 시간에 방전시킬 목적으로 설치한다.

68

정전기의 유동대전에 가장 크게 영향을 미치는 요인은?

① 액체의 밀도
② 액체의 유동속도
③ 액체의 접촉면적
④ 액체의 분출온도

정전기는 액체의 유동속도에 가장 큰 영향을 받는다.

69

정전기로 인한 화재폭발을 방지하기 위한 조치가 필요한 설비가 아닌 것은?

① 인화성물질을 함유하는 도료 및 접착제 등을 도포하는 설비
② 위험물을 탱크로리에 주입하는 설비
③ 탱크로리·탱크차 및 드럼 등 위험물 저장설비
④ 위험기계·기구 및 그 수중설비

*정전기로 인한 화재폭발 방지를 위한 조치가 필요한 설비
① 인화성물질을 함유하는 도료 및 접착제 등을 도포하는 설비
② 위험물을 탱크로리에 주입하는 설비
③ 탱크로리·탱크차 및 드럼 등 위험물 저장설비
④ 위험물 건조설비 또는 그 부속설비
⑤ 가연성 분진을 저장 또는 취급하는 설비
⑥ 화약류 제조설비 등

70

역률개선용 콘덴서에 접속되어있는 전로에서 정전 작업을 실시할 경우 다른 정전작업과는 달리 특별히 주의 깊게 취해야 할 조치사항은 다음 중 어떤 것인가?

① 개폐기 통전금지
② 활선 근접 작업에 대한 방호
③ 전력 콘덴서의 잔류전하 방전
④ 안전표지의 부착

> 역률개선용 전력콘덴서가 접속된 경우, 전원을 차단한 후에 잔류전하에 의한 감전위험이 존재하기 때문에 방전기구로 안전하게 <u>잔류전하를 방전</u>시켜야 한다.

71

정전용량 $C_1(\mu F)$과 $C_2(\mu F)$가 직렬 연결된 회로에 $E(V)$로 송전되다 갑자기 정전이 발생하였을 때, C_2 단자의 전압을 나타낸 식은?

① $\dfrac{C_1}{C_1 + C_2}E$ ② $\dfrac{C_2}{C_1 + C_2}E$

③ $C_2 E$ ④ $\dfrac{E}{\sqrt{2}}$

> *유도전압(V)
>
> $$V = \frac{C_1}{C_1 + C_2} \times E$$
>
> 여기서,
> E : 송전선 전압 $[V]$
> C_1 : 회로 1의 정전용량 $[F]$
> C_2 : 회로 2의 정전용량 $[F]$

72

인체의 피부저항은 피부에 땀이 나있는 경우 건조 시 보다 약 어느 정도 저하되는가?

① $\dfrac{1}{2} \sim \dfrac{1}{4}$ ② $\dfrac{1}{6} \sim \dfrac{1}{10}$

③ $\dfrac{1}{12} \sim \dfrac{1}{20}$ ④ $\dfrac{1}{25} \sim \dfrac{1}{35}$

> *인체의 전기저항
>
> | 경우 | 기준 |
> |------|------|
> | 습기가 있는 경우 | 건조 시 보다 $\dfrac{1}{10}$ 저하 |
> | 땀에 젖은 경우 | 건조 시 보다 $\dfrac{1}{12} \sim \dfrac{1}{20}$ 저하 |
> | 물에 젖은 경우 | 건조 시 보다 $\dfrac{1}{25}$ 저하 |

73

정전기 발생에 영향을 주는 요인이 아닌 것은?

① 분리속도   ② 물체의 질량
③ 접촉면적 및 압력   ④ 물체의 표면상태

> *정전기 발생에 영향을 주는 요인
> ① 물질의 표면상태
> ② 물질의 접촉면적
> ③ 물질의 압력
> ④ 물질의 특성
> ⑤ 물질의 분리속도

74

누전화재가 발생하기 전에 나타나는 현상으로 거리가 가장 먼 것은?

① 인체 감전현상
② 전등 밝기의 변화현상
③ 빈번한 퓨즈 용단현상
④ 전기 사용 기계장치의 오동작 감소

④ 누전화재 발생하기 전에는 전기 사용 기계장치의 오동작이 증가한다.

75

절연전선의 과전류에 의한 연소단계 중 착화단계의 전선전류밀도(A/mm^2)로 알맞은 것은?

① $40\,A/mm^2$
② $50\,A/mm^2$
③ $65\,A/mm^2$
④ $120\,A/mm^2$

*절연전선의 전류밀도

단계	전선 전류밀도[A/mm^2]
인화단계	40 ~ 43
착화단계	43 ~ 60
발화단계	60 ~ 120
순간용단단계	120 이상

76

전압은 저압, 고압 및 특별고압으로 구분되고 있다. 다음 중 저압에 대한 설명으로 가장 알맞은 것은?

① 직류 1500 V 미만, 교류 1000 V 미만
② 직류 1000 V 이하, 교류 1500 V 이하
③ 직류 1500 V 이하, 교류 1000 V 이하
④ 직류 1500 V 미만, 교류 1000 V 미만

*전압의 구분

구분	직류	교류
저압	1500 V 이하	1000 V 이하
고압	1500 ~ 7000 V	1000 ~ 7000 V
특별고압	7000 V 초과	7000 V 초과

77

인체의 손과 발사이에 과도전류를 인가한 경우에 파두장 $700\mu s$에 따른 전류파고치의 최대값은 약 몇 mA 이하 인가?

① 4
② 40
③ 400
④ 800

*파두장과 전류파고의 관계

파두장	전류파고치의 최대값
$60\mu s$	$90mA$ 이하
$325\mu s$	$60mA$ 이하
$700\mu s$	$40mA$ 이하

78

정격사용률이 30%, 정격2차전류가 300A인 교류 아크 용접기를 200A로 사용하는 경우의 허용 사용률(%)은?

① 67.5
② 91.6
③ 110.3
④ 130.5

*교류 아크용접기의 허용사용률

$$허용사용률 = \left(\frac{정격2차전류}{실제용접전류}\right)^2 \times 정격사용률 \times 100\,[\%]$$

$$= \left(\frac{300}{200}\right)^2 \times 0.3 \times 100 = 67.5\%$$

79

감전사고를 방지하기 위해 허용보폭전압에 대한 수식으로 맞는 것은?

> - E : 허용보폭전압
> - R_b : 인체의 저항
> - p_s : 지표상층 저항률
> - I_k : 심실세동전류

① $E = (R_b + 3p_s)I_k$

② $E = (R_b + 4p_s)I_k$

③ $E = (R_b + 5p_s)I_k$

④ $E = (R_b + 6p_s)I_k$

＊허용보폭전압(E) $[V]$

$E = (R_b + 6p_s)I_K$

여기서,

R_b : 인체의 저항 $[\Omega]$

p_s : 지표상층 저항률

I_K : 심실세동전류 $[A]$

80

인체저항이 5000Ω 이고, 전류가 $3mA$ 가 흘렀다. 인제의 정전용량이 $0.1\mu F$ 라면 인체에 대전된 정전하는 몇 μC 인가?

① 0.5   ② 1.0

③ 1.5   ④ 2.0

＊정전하

$Q = CV = CIR$
$= 0.1 \times 10^{-6} \times 3 \times 10^{-3} \times 5000 = 1.5 \times 10^{-6}C = 1.5\mu C$

＊단위

양수 단위	음수 단위
k(킬로) : 10^3	m(밀리) : 10^{-3}
M(메가) : 10^6	μ(마이크로) : 10^{-6}
G(기가) : 10^9	n(나노) : 10^{-9}
T(테라) : 10^{12}	p(피코) : 10^{-12}

81

다음 중 위험물질에 대한 저장방법으로 적절하지 않은 것은?

① 탄화칼슘은 물 속에 저장한다.
② 벤젠은 산화성 물질과 격리시킨다.
③ 금속나트륨은 석유 속에 저장한다.
④ 질산은 통풍이 잘 되는 곳에 보관하고 물기와의 접촉을 금지한다.

제3류 위험물인 탄화칼슘과 물이 반응하여 가연성의 아세틸렌가스를 발생하여 위험성이 증대된다.
① 탄화칼슘은 밀폐용기에 저장하고 불연성가스로 봉입하여야 한다.

82

다음 중 혼합위험성인 혼합에 따른 발화위험성 물질로 구분되는 것은?

① 에탄올과 가성소다의 혼합
② 발연질산과 아닐린의 혼합
③ 아세트산과 포름산의 혼합
④ 황산암모늄과 물의 혼합

② 발연질산과 아닐린이 혼합하면 발화한다.

83

고압가스 용기 파열사고의 주요 원인 중 하나는 용기의 내압력(耐壓力) 부족이다. 다음 중 내압력 부족의 원인으로 틀린 것은?

① 용기 내벽의 부식   ② 강재의 피로
③ 과잉 충전   ④ 용접 불량

*용기 내압력 부족의 원인
① 용기 내벽의 부식
② 강재의 피로
③ 용접 불량

③ 과잉충전은 용기 내 압력의 이상상승의 원인이다.

84

다음 중 부탄의 연소시 산소농도를 일정한 값 이하로 낮추어 연소를 방지할 수 있는데 이 때 첨가하는 물질로 가장 적절하지 않은 것은?

① 질소   ② 이산화탄소
③ 헬륨   ④ 수증기

*불연성가스
산소와 반응하지 않거나 반응을 하더라도 산화·흡열 반응을 일으키는 가스이다.

*불연성가스 종류
질소, 이산화탄소, 헬륨, 아르곤, 네온, 프레온, 오산화인, 삼산화황 등

85

다음 중 외부에서 화염, 전기불꽃 등의 착화원을 주지 않고 물질을 공기 중 또는 산소 중에서 가열할 경우에 착화 또는 폭발을 일으키는 최저온도는 무엇인가?

① 인화온도   ② 연소점
③ 비등점   ④ 발화온도

*인화점·연소점 및 발화점
① 인화점
가연성 증기에 점화원을 주었을 때 연소가 시작되는 최저온도

② 연소점
연소가 지속적으로 확산될 수 있는 최저온도

③ 발화점
가연물을 가열할 때 점화원 없이 스스로 연소 시작되는 최저온도

86

다음 중 아세틸렌을 용해가스로 만들 때 사용되는 용제로 가장 적합한 것은?

① 아세톤   ② 메탄
③ 부탄   ④ 프로판

아세틸렌은 아세톤에 용해되기 때문에 용해가스로 만들 때 아세톤이 용제로 사용된다.

87

다음 중 반응폭주에 의한 위급상태의 발생을 방지하기 위하여 특수 반응 설비에 설치하여야 하는 장치로 적당하지 않은 것은?

① 원·재료의 공급차단장치
② 보유 내용물의 방출장치
③ 불활성 가스의 제거장치
④ 반응정지제 등의 공급장치

*특수 반응 설비에 설치하여야 하는 장치
① 원·재료 공급차단장치
② 보유 내용물 방출장치
③ 불활성 가스의 공급장치
④ 반응정지제(반응억제제) 등의 공급장치

88

다음 중 산업안전보건법상 공정안전보고서의 안전운전 계획에 포함되지 않는 항목은?

① 안전작업허가
② 안전운전지침서
③ 가동 전 점검지침
④ 비상조치계획에 따른 교육계획

*공정안전보고서의 안전운전계획 포함사항
① 안전운전지침서
② 설비점검·검사 및 보수계획, 유지계획 및 지침서
③ 안전작업허가
④ 도급업체 안전관리계획
⑤ 근로자 등 교육계획
⑥ 가동 전 점검지침
⑦ 변경요소 관리계획
⑧ 자체감사 및 사고조사계획

89

고압(高壓)의 공기 중에서 장시간 작업하는 경우에 발생하는 잠함병(潛函病) 또는 잠수병(潛水病)은 다음 중 어떤 물질에 의하여 중독현상이 일어나는가?

① 질소   ② 황화수소
③ 일산화탄소   ④ 이산화탄소

*잠함병 또는 잠수병의 원인
질소가스(N_2)에 의한 중독

90

압축기의 운전 중 흡입배기 밸브의 불량으로 인한 주요 현상으로 볼 수 없는 것은?

① 가스온도가 상승한다.
② 가스압력에 변화가 초래된다.
③ 밸브 작동음에 이상을 초래한다.
④ 피스톤링의 마모와 파손이 발생한다.

④ 피스톤링의 마모와 파손이 발생은 토출구의 불량으로 인한 주요 현상이다.

91

대기압에서 물의 엔탈피가 $1 kcal/kg$이었던 것이 가압하여 $1.45 kcal/kg$을 나타내었다면 flash율은 얼마인가?
(단, 물의 기화열은 $540 cal/g$이라고 가정한다.)

① 0.00083   ② 0.0015
③ 0.0083   ④ 0.015

*flash율
$$flash율 = \frac{\text{가압 후 엔탈피} - \text{가압 전 엔탈피}}{\text{기화열}}$$
$$= \frac{1.45 - 1}{540} = 0.00083$$

92

산업안전보건법에서 정한 공정안전보고서의 제출대상 업종이 아닌 사업장으로서 유해·위험물질의 1일 취급량이 염소 $10000 kg$, 수소 $20000 kg$인 경우 공정안전보고서 제출대상 여부를 판단하기 위한 R값은 얼마인가?
(단, 유해·위험물질의 규정수량은 표에 따른다.)

유해·위험물질명	규정수량(kg)
인화성 가스	5000
염소	20000
수소	50000

① 0.9   ② 1.2
③ 1.5   ④ 1.8

*노출지수(R)
$$R = \frac{C_1}{T_1} + \frac{C_2}{T_2} + \cdots + \frac{C_n}{T_n} = \frac{10000}{20000} + \frac{20000}{50000} = 0.9$$

93

각 물질(A~D)의 폭발상한계와 하한계가 다음 [표]와 같을 때 다음 중 위험도가 가장 큰 물질은?

구분	A	B	C	D
폭발 상한계	9.5	8.4	15.0	13
폭발 하한계	2.1	1.8	5.0	2.6

① A   ② B   ③ C   ④ D

*가스의 위험도(H)

$$H = \frac{L_h - L_l}{L_l}$$

여기서,

L_h : 폭발상한계

L_l : 폭발하한계

$$H_A = \frac{9.5 - 2.1}{2.1} = 3.52$$

$$H_B = \frac{8.4 - 1.8}{1.8} = 3.67$$

$$H_C = \frac{15 - 5}{5} = 2$$

$$H_D = \frac{13 - 2.6}{2.6} = 4$$

94

다음 중 최소발화에너지($E[J]$)를 구하는 식으로 옳은 것은?

(단, I는 전류$[A]$, R은 저항$[\Omega]$, V는 전압$[V]$, C는 콘덴서용량$[F]$, T는 시간$[초]$이라 한다.)

① $E = I^2 RT$ ② $E = 0.24 I^2 R$

③ $E = \frac{1}{2} CV^2$ ④ $E = \frac{1}{2}\sqrt{CV}$

*착화에너지(=발화에너지, 정전에너지 E) $[J]$

$$E = \frac{1}{2} CV^2$$

$$\therefore V = \sqrt{\frac{2E}{C}} = \sqrt{\frac{2 \times 1.15 \times 10^{-3}}{100 \times 10^{-12}}} = 4795.83\,V$$

$$\fallingdotseq 4.8 \times 10^3\,V$$

여기서,

C : 정전용량 $[F]$

V : 전압 $[V]$

$m = 10^{-3}$

$p = 10^{-12}$

95

프로판(C_3H_8) 가스가 공기 중 연소할 때의 화학 양론농도는 약 얼마인가?

(단, 공기 중의 산소농도는 $21vol\%$ 이다.)

① $2.5vol\%$ ② $4.0vol\%$

③ $5.6vvol\%$ ④ $9.5vol\%$

*완전연소조성농도(=화학양론농도, C_{st})

$$C_{st} = \frac{100}{1 + 4.773\left(a + \frac{b - c - 2d}{4}\right)} = \frac{100}{1 + 4.773\left(3 + \frac{8}{4}\right)} = 4.02\%$$

여기서,

a : 탄소의 원자수

b : 수소의 원자수

c : 할로겐원자의 원자수

d : 산소의 원자수

96

비점이 낮은 액체 저장탱크 주위에 화재가 발생했을 때 저장탱크 내부의 비등 현상으로인한 압력 상승으로 탱크가 파열되어 그 내용물이 증발, 팽창하면서 발생되는 폭발현상은?

① Back Draft   ② BLEVE
③ Flash Over   ④ UVCE

*비등액체 팽창 증기폭발(BLEVE)
비등상태의 액화가스가 기화하여 팽창하고 폭발하는 현상

97

다음 중 자연발화에 대한 설명으로 틀린 것은?

① 분해열에 의해 자연발화가 발생할 수 있다.
② 입자의 표면적이 넓을수록 자연발화가 발생하기 쉽다.
③ 자연발화가 발생하지 않기 위해 습도를 가능한 한 높게 유지시킨다.
④ 열의 축적은 자연발화를 일으킬 수 있는 인자이다.

*자연발화가 쉽게 일어나는 조건
① 주위온도가 높은 경우
② 열전도율이 낮은 경우
③ 열의 축적이 일어날 경우
④ 입자의 표면적이 넓은 경우
⑤ 적당량의 수분이 존재할 경우
⑥ 분해열, 산화열, 중합열 등이 발생할 경우

*자연발화 방지법
① 주위의 온도를 낮춘다.
② 습도가 높은 곳을 피한다.
③ 산소와의 접촉을 피한다.
④ 공기와 차단을 위해 불활성물질 속에 저장한다.
⑤ 가연성 가스의 발생에 주의한다.
⑥ 환기를 자주 한다.

98

반응성 화학물질의 위험성은 실험에 의한 평가 대신 문헌조사 등을 통해 계산에 의해 평가하는 방법을 사용할 수 있다. 이에 관한 설명으로 옳지 않은 것은?

① 위험성이 너무 커서 물성을 측정할 수 없는 경우 계산에 의한 평가 방법을 사용할 수도 있다.
② 연소열, 분해열, 폭발열 등의 크기에 의해 그 물질의 폭발 도는 발화의 위험예측이 가능하다.
③ 계산에 의한 평가를 하기 위해서는 폭발 또는 분해에 다른 생성물의 예측이 이루어져야 한다.
④ 계산에 의한 위험성 예측은 모든 물질에 대해 정확성이 있으므로 더 이상의 실험을 필요로 하지 않는다.

④ 계산에 의한 위험성 예측은 모든 물질에 대한 정확성이 없기 때문에 <u>실험을 통해 정확한 값을 구한다.</u>

99

공기 중에서 폭발범위가 12.5~74vol%인 일산화탄소의 위험도는 얼마인가?

① 4.92
② 5.26
③ 6.26
④ 7.05

*가스의 위험도(H)

$$H = \frac{L_h - L_l}{L_l} = \frac{74 - 12.5}{12.5} = 4.92$$

여기서,
L_h : 폭발상한계
L_l : 폭발하한계

100

송풍기의 회전차 속도가 $1300rpm$ 일 때 송풍량이 분당 $300m^3$였다. 송풍량을 분당 $400m^3$으로 증가시키고자 한다면 송풍기의 회전차 속도는 약 몇 rpm로 하여야 하는가?

① 1533
② 1733
③ 1967
④ 2167

*송풍기의 상사법칙

① 유량(송풍량) : $\dfrac{Q_2}{Q_1} = \left(\dfrac{D_2}{D_1}\right)^3 \left(\dfrac{n_2}{n_1}\right)$

② 풍압(정압) : $\dfrac{p_2}{p_1} = \left(\dfrac{\gamma_2}{\gamma_1}\right) \left(\dfrac{D_2}{D_1}\right)^2 \left(\dfrac{n_2}{n_1}\right)^2$

③ 동력(축동력) : $\dfrac{L_2}{L_1} = \left(\dfrac{\gamma_2}{\gamma_1}\right) \left(\dfrac{D_2}{D_1}\right)^5 \left(\dfrac{n_2}{n_1}\right)^3$

송풍량에 대한 식은

$$n_2 = n_1 \times \frac{Q_2}{Q_1} = 1300 \times \frac{400}{300} = 1733rpm$$

여기서,
D : 지름 $[mm]$
n : 회전수 $[rpm]$
γ : 비중량 $[N/m^3]$

101

유해 · 위험방지계획서 제출 시 첨부서류로 옳지 않은 것은?

① 공사현장의 주변 현황 및 주변과의 관계를 나타내는 도면
② 공사개요서
③ 전체공정표
④ 작업인부의 배치를 나타내는 도면 및 서류

*유해위험방지계획서 첨부서류

항목	제출서류 및 내용
공사개요 (건설업)	① 공사개요서 ② 공사현장의 주변 현황 및 주변과의 관계를 나타내는 도면 ③ 건설물 · 사용 기계설비 등의 배치를 나타내는 도면 ④ 전체 공정표
공사개요 (제조업)	① 건축물 각 층의 평면도 ② 기계 · 설비의 개요를 나타내는 서류 ③ 기계 · 설비의 배치도면 ④ 원재료 및 제품의 취급, 제조 등의 작업방법의 개요 ⑤ 그 밖의 고용노동부장관이 정하는 도면 및 서류
안전보건 관리계획	① 산업안전보건관리비 사용계획서 ② 안전관리조직표 · 안전보건교육 계획 ③ 개인보호구 지급계획 ④ 재해발생 위험시 연락 및 대피방법
작업환경 조성계획	① 분진 및 소음발생공사 종류에 대한 방호대책 ② 위생시설물 설치 및 관리대책 ③ 근로자 건강진단 실시계획 ④ 조명시설물 설치계획 ⑤ 환기설비 설치계획 ⑥ 위험물질의 종류별 사용량과 저장 · 보관 및 사용시의 안전 작업 계획

102

작업장 출입구 설치 시 준수해야 할 사항으로 옳지 않은 것은?

① 출입구의 위치·수 및 크기가 작업장의 용도와 특성에 맞도록 한다.
② 출입구에 문을 설치하는 경우에는 근로자가 쉽게 열고 닫을 수 있도록 한다.
③ 주된 목적이 하역운반기계용인 출입구에는 보행자용 출입구를 따로 설치하지 않는다.
④ 계단이 출입구와 바로 연결된 경우에는 작업자의 안전한 통행을 위하여 그 사이에 $1.2m$ 이상 거리를 두거나 안내표지 또는 비상벨 등을 설치한다.

주된 목적이 하역운반기계용인 출입구에는 인접하여 보행자용 출입구를 따로 설치할 것

103

건설공사의 유해위험방지계획서 제출 기준일로 옳은 것은?

① 당해공사 착공 1개월 전까지
② 당해공사 착공 15일 전까지
③ 당해공사 착공 전날까지
④ 당해공사 착공 15일 후까지

산업안전보건법령상 제출대상 사업으로 제조업의 경우 유해 · 유해위험방지계획서를 제출하려면 관련 서류를 첨부하여 해당 작업 시작 15일 전 까지, <u>건설업의 경우 해당 공사의 착공 전날 까지</u> 관련 기간에 제출하여야 한다.

104

건설업 중 유해위험방지계획서 제출 대상 사업장으로 옳지 않은 것은?

① 지상높이가 31m 이상인 건축물 또는 인공구조물, 연면적 30000m² 이상인 건축물 또는 연면적 5000m² 이상의 문화 및 집회시설의 건설공사
② 연면적 3000m² 이상의 냉동·냉장 창고시설의 설비공사 및 단열공사
③ 깊이 10m 이상인 굴착공사
④ 최대 지간길이가 50m 이상인 다리의 건설공사

105

지면보다 낮은 땅을 파는데 적합하고 수중굴착도 가능한 굴착기계는?

① 백호우
② 파워쇼벨
③ 가이데릭
④ 파일드라이버

106

산업안전보건법령에 따른 지반의 종류별 굴착면의 기울기 기준으로 옳지 않은 것은?

① 모래 – 1 : 1.8
② 연암 – 1 : 1.2
③ 풍화암 – 1 : 1
④ 경암 – 1 : 0.5

107

콘크리트 타설을 위한 거푸집 동바리의 구조검토 시 가장 선행되어야 할 작업은?

① 각 부재에 생기는 응력에 대하여 안전한 단면을 산정한다.
② 가설물에 작용하는 하중 및 외력의 종류, 크기를 산정한다.
③ 하중 및 외력에 의하여 각 부재에 생기는 응력을 구한다.
④ 사용할 거푸집동바리의 설치간격을 결정한다.

108

터널 작업 시 자동경보장치에 대하여 당일의 작업 시작 전 점검하여야 할 사항으로 옳지 않은 것은?

① 검지부의 이상 유무
② 조명시설의 이상 유무
③ 경보장치의 작동 상태
④ 계기의 이상 유무

*자동경보장치 작업시작 전 점검사항
① 계기의 이상유무
② 검지부의 이상유무
③ 경보장치의 작동상태

109

산업안전보건법령에 따른 양중기의 종류에 해당하지 않는 것은?

① 곤돌라   ② 리프트
③ 클램쉘   ④ 크레인

*양중기의 종류
① 크레인(호이스트 포함)
② 이동식 크레인
③ 리프트(이삿짐 운반용 리프트는 적재하중 $0.1ton$ 이상인 것)
④ 곤돌라
⑤ 승강기

110

화물취급작업과 관련한 위험방지를 위해 조치하여야 할 사항으로 옳지 않은 것은?

① 하역작업을 하는 장소에서 작업장 및 통로의 위험한 부분에는 안전하게 작업할 수 있는 조명을 유지할 것
② 하역작업을 하는 장소에서 부두 또는 안벽의 선을 따라 통로를 설치하는 경우에는 폭을 $50cm$ 이상으로 할 것
③ 차량 등에서 화물을 내리는 작업을 하는 경우에 해당 작업에 종사하는 근로자에게 쌓여 있는 화물 중간에서 화물을 빼내도록 하지 말 것
④ 꼬임이 끊어진 섬유로프 등을 화물운반용 또는 고정용으로 사용하지 말 것

② 부두 또는 안벽의 선을 따라 통로를 설치하는 경우에는 폭을 $90cm$ 이상으로 할 것

111

크롤라 크레인 사용 시 준수사항으로 옳지 않은 것은?

① 운반에는 수송차가 필요하다.
② 붐의 조립, 해체장소를 고려해야 한다.
③ 경사지 작업시 아웃트리거를 사용한다.
④ 크롤라의 폭을 넓게 할 수 있는 형을 사용할 경우에는 최대 폭을 고려하여 계획한다.

③ 크레인의 넘어짐을 방지하기 위해 경사지 작업 시 아웃트리거를 사용하지 않는다.

112

다음은 낙하물 방지망 또는 방호 선반을 설치하는 경우의 준수해야 할 사항이다. ( )안에 알맞은 숫자는?

> 높이 (A)미터 이내마다 설치하고, 내민 길이는 벽면으로부터 (B)미터 이상으로 할 것

① A : 10, B : 2   ② A : 8 , B : 2
③ A : 10, B : 3   ④ A : 8 , B : 3

*낙하물 방지망 또는 방호선반 설치시 준수사항
① 높이 10m 이내마다 설치하고, 내민 길이는 벽면으로부터 2m 이상으로 할 것
② 수평면과의 각도는 20° ~ 30° 를 유지할 것

113

지반조사의 목적에 해당 되지 않는 것은?

① 토질의 성질 파악
② 지층의 분포 파악
③ 지하수위 및 피압수 파악
④ 구조물의 편심에 의한 적절한 침하 유도

*지반조사의 목적
① 토질의 성질 파악
② 지층의 분포 파악
③ 지하수위 및 피압수 파악

114

항타기 및 항발기에 관한 설명으로 옳지 않은 것은?

① 도괴방지를 위해 시설 또는 가설물 등에 설치하는 때에는 그 내력을 확인하고 내력이 부족하면 그 내력을 보강해야 한다.
② 와이어로프의 한 꼬임에서 끊어진 소선 (필러선을 제외한다)의 수가 10% 이상인 것은 권상용 와이어로프로 사용을 금한다.
③ 지름 감소가 공칭지름의 7%를 초과하는 것은 권상용 와이어로프로 사용을 금한다.
④ 권상용 와이어로프의 안전계수가 4이상이 아니면 이를 사용하여서는 아니 된다.

*와이어로프의 사용금지기준
① 이음매가 있는 것
② 꼬인 것
③ 심하게 변형되거나 부식된 것
④ 열과 전기충격에 의해 손상된 것
⑤ 지름의 감소가 공칭지름의 7%를 초과한 것
⑥ 와이어로프의 한 꼬임에서 끊어진 소선의 수가 10% 이상인 것
⑦ 와이어로프의 안전계수가 5 미만인 것

115

공정율이 65%인 건설현장의 경우 공사 진척에 따른 산업안전보건관리비의 최소 사용기준으로 옳은 것은?

① 40% 이상   ② 50% 이상
③ 60% 이상   ④ 70% 이상

*산업안전보건관리비 최소 사용기준

공정율	최소 사용기준
50% 이상 70% 미만	50% 이상
70% 이상 90% 미만	70% 이상
90% 이상	90% 이상

116

로드(rod)·유압잭(jack) 등을 이용하여 거푸집을 연속적으로 이동시키면서 콘크리트를 타설할 때 사용되는 것으로 silo 공사 등에 적합한 거푸집은?

① 메탈폼 ② 슬라이딩폼
③ 워플폼 ④ 페코빔

*슬라이딩 폼(sliding form)
콘크리트를 부어 넣으면서 거푸집을 수직 방향으로 이동시켜 연속 작업을 할 수 있게 된 거푸집

117

건축공사(갑)으로서 대상액이 5억원 이상 50억원 미만인 경우에 사업안전보건관리비의 비율 (가) 및 기초액 (나)으로 옳은 것은?

① (가)2.26%, (나)4,325,000원
② (가)2.53%, (나)3,300,000원
③ (가)3.05%, (나)2,975,000원
④ (가)1.59%, (나)2,450,000원

*공사종류 및 규모별 산업안전보건관리비 계상기준표

구분 종류	5억원 미만	5억원 이상 50억원 미만		50억원 이상
		비율	기초액	
건축공사 (갑)	3.11%	2.28%	4,325,000원	2.64%
토목공사 (을)	3.15%	2.53%	3,300,000원	2.73%
중 건설 공사	3.64%	3.05%	2,975,000원	3.11%
특수 및 기타건설 공사	2.07%	1.59%	2,450,000원	1.64%
철도·궤도 신설 공사	2.45%	1.59%	4,411,000원	1.66%

118

공사현장에서 가설계단을 설치하는 경우 높이가 $3m$를 초과하는 계단에는 높이 $3m$ 이내마다 최소 얼마 이상의 너비를 가진 계단참을 설치하여야 하는가?

① $3.5m$ ② $2.5m$
③ $1.2m$ ④ $1.0m$

*계단의 안전 기준

구분	안전 기준
계단강도	$500kg/m^2$ 이상의 하중을 견디는 구조
계단 폭	$1m$ 이상
참 높이	$3m$ 이내 마다 너비 $1.2m$ 이상의 참 설치
천장 높이	유효높이 $2m$ 초과 확보
난간	높이 $1m$ 이상이면 개방된 측면에 안전 난간 설치

119

경암을 다음 그림과 같이 굴착하고자 한다. 굴착면의 기울기를 적용하고자 할 경우 L의 길이로 옳은 것은?

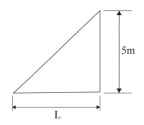

① $2m$

② $2.5m$

③ $5m$

④ $10m$

*굴착면의 기울기 기준

지반의 종류	기울기
모래	1 : 1.8
연암 및 풍화암	1 : 1.0
경암	1 : 0.5
그 밖의 흙	1 : 1.2

기울기는 수직높이 : 수평길이 이므로

$1 : 0.5 = 5 : L$

$\therefore L = 2.5m$

120

미리 작업장소의 지형 및 지반상태 등에 적합한 제한속도를 정하지 않아도 되는 차량계 건설기계의 속도 기준은?

① 최대 제한 속도가 $10km/h$ 이하

② 최대 제한 속도가 $20km/h$ 이하

③ 최대 제한 속도가 $30km/h$ 이하

④ 최대 제한 속도가 $40km/h$ 이하

최대 제한 속도가 $10km/h$ 이하인 차량계 건설기계는 제한속도를 미리 정하지 않아도 된다.

01

연습의 방법 중 전습법(whole method)의 장점에 해당되지 않는 것은?

① 망각이 적다.
② 연합이 생긴다.
③ 길고 복잡한 학습에 적당하다.
④ 학습에 필요한 반복이 적다.

*전습법(wholde method) 장점
① 망각이 적다.
② 연합이 생긴다.
③ 반복이 적다.
④ 시간과 노력이 적다.

02

인간의 심리 중에는 안전수단이 생략되어 불안전 행위가 나타나는데 다음 중 안전수단이 생략되는 경우와 가장 거리가 먼 것은?

① 의식과잉이 있는 경우
② 작업규율이 엄한 경우
③ 피로하거나 과로한 경우
④ 조명, 소음 등 주변 환경의 영향이 있는 경우

*안전수단을 생략 하는 경우
① 의식과잉
② 피로, 과로
③ 주변 영향

03

안전 · 보건교육계획을 수립할 때 계획에 포함하여야 할 사항과 가장 거리가 먼 것은?

① 교육장소와 방법
② 교육의 과목 및 교육내용
③ 교육담당자 및 강사
④ 교육기자재 및 평가

*안전보건교육계획 수립할 때 계획의 포함사항
① 교육장소와 방법
② 교육의 과목 및 교육내용
③ 교육담당자 및 강사
④ 교육목표
⑤ 교육기간 및 시간

04

작업자가 보행 중 바닥에 미끄러지면서 상자에 머리를 부딪쳐 머리에 상해를 입었다면 이 때 기인물에 해당 하는 것은?

① 바닥   ② 상자
③ 전도   ④ 머리

*기인물과 가해물
① 기인물 : 재해를 초래한 직접적인 원인이 된 설비, 시설 또는 물질 등을 말한다.
② 가해물 : 재해자에게 직접적으로 상해를 가한 설비, 시설 또는 물질 등을 말한다.

위 상황에서는
① 기인물 : 바닥
② 가해물 : 상자

05

A사업장의 연천인율이 10.8인 경우 이 사업장의 도수율은 약 얼마인가?

① 5.4   ② 4.5   ③ 3.7   ④ 1.8

*도수율과 연천인율의 관계
① 도수율 : 100만 근로시간당 재해발생 건 수
② 연천인율 : 1년간 평균 근로자수에 대해 1000명당 재해발생 건 수

연천인율 = 도수율×2.4

$$\therefore 도수율 = \frac{연천인율}{2.4} = \frac{10.8}{2.4} = 4.5$$

06

무재해 운동의 3원칙에 해당되지 않는 것은?

① 무의 원칙   ② 참가의 원칙
③ 대책선정의 원칙   ④ 선취의 원칙

*무재해 운동 3원칙

원칙	설명
무의 원칙	모든 잠재위험요인을 사전에 발견하여 근원적으로 산업 재해를 없앤다.
선취의 원칙	위험요소를 사전에 발견, 파악하여 재해를 예방 또는 방지한다.
참가의 원칙	전원이 협력하여 각자의 처지에서 의욕적으로 문제를 해결한다.

07

다음 중 학습정도(Level of Learning)의 4단계를 순서대로 옳게 나열한 것은?

① 이해 → 적용 → 인지 → 지각
② 인지 → 지각 → 이해 → 적용
③ 지각 → 인지 → 적용 → 이해
④ 적용 → 인지 → 지각 → 이해

*학습정도의 4단계
인지 → 지각 → 이해 → 적용

08

산업안전보건법상 중대재해에 해당하지 않는 것은?

① 사망자가 2명 발생한 재해
② 6개월 요양을 요하는 부상자가 동시에 4명 발생한 재해
③ 부상자 또는 직업성 질병자가 동시에 12명 발생한 재해
④ 3개월 요양을 요하는 부상자가 1명, 2개월 요양을 요하는 부상자가 4명 발생한 재해

*중대재해의 범위
중대재해란, 중대산업재해와 중대시민재해를 포괄하는 재해이다.

① 사망자가 1명 이상 발생한 재해
② 3개월 이상의 요양이 필요한 부상자가 동시에 2명 이상 발생한 재해
③ 부상자 또는 직업성 질병자가 동시에 10명 이상 발생한 재해

09

안전에 관한 기본 방침을 명확하게 해야 할 임무는 누구에게 있는가?

① 안전관리자
② 관리감독자
③ 근로자
④ 사업주

안전에 관한 기본 방침의 책임은 <u>사업주</u>에게 있다.

10

학습지도의 형태 중 토의법에 해당되지 않는 것은?

① 패널 디스커션(panel discussion)
② 포럼(forum)
③ 구안법(project method)
④ 버즈 세션(buzz session)

*토의법의 종류
① 버즈세션(Buzz session)
② 심포지엄(Symposium)
③ 포럼(Forum)
④ 패널 디스커션(Panel discussion)
⑤ 자유토의법(Free discussion)

11

매슬로우의 욕구단계 이론 중 2단계에 해당되는 것은?

① 생리적 욕구
② 안전에 대한 욕구
③ 자아실현의 욕구
④ 존경과 긍지에 대한 욕구

*매슬로우(Maslow)의 욕구 5단계

단계	설명
1단계 생리적 욕구	인간의 가장 기본적인 욕구이며, 의식주, 성적 욕구 등이 있다.
2단계 안전의 욕구	위험, 위협, 박탈에서 자신을 보호하고 불안을 회피하려는 욕구이다.
3단계 사회적 욕구	타인과 친교를 맺고 원하는 집단에 귀속되고자 하는 욕구이다.
4단계 존중의 욕구	타인과 친하게 지내고 싶은 인간의 기초가 되는 욕구로서, 자아존중, 자신감, 성취, 존경 등에 관한 욕구이다.
5단계 자아실현 욕구	자기의 잠재력을 최대한 살리고 자기가 하고 싶었던 일을 실현하려는 인간의 욕구이다. 편견없이 받아들이는 성향, 타인과의 거리를 유지하며 사생활을 즐기거나 창의적 성격으로 봉사, 특별히 좋아하는 사람과 긴밀한 관계를 유지하려는 욕구 등이 있다.

12

라인(Line)형 안전관리 조직의 특징으로 옳은 것은?

① 안전에 관한 기술의 축적이 용이하다.
② 안전에 관한 지시나 조치가 신속하다.
③ 조직원 전원을 자율적으로 안전활동에 참여시킬 수 있다.
④ 권한 다툼이나 조정 때문에 통제수속이 복잡해지며, 시간과 노력이 소모된다.

*안전보건관리조직

종류	특징
라인형 조직 (직계식)	① 100명 이하의 소규모 사업장 ② 안전에 관한 지시나 조치가 신속 ③ 책임 및 권한이 명백 ④ 안전에 대한 전문적 지식 및 기술 부족 ⑤ 관리 감독자의 직무가 너무 넓어 실행이 어려움
스탭형 조직 (참모식)	① 100~500명의 중규모 사업장에 적합 ② 안전업무가 표준화되어 직장에 정착 ③ 생산 조직과는 별도의 조직과 기능을 가짐 ④ 안전정보 수집과 기술 축적이 용이 ⑤ 전문적인 안전기술 연구 가능 ⑥ 생산부분은 안전에 대한 책임과 권한이 없음 ⑦ 권한 다툼이나 조정 때문에 통제 수속이 복잡해짐 ⑧ 안전과 생산을 별개로 취급하기 쉬움
라인-스탭형 조직 (복합식)	① 1000명 이상의 대규모 사업장에 적합 ② 라인형과 스탭형의 장점을 취한 절충식 ③ 안전계획, 평가 및 조사는 스탭에서, 생산 기술의 안전대책은 라인에서 실시 ④ 조직원 전원을 자율적으로 안전활동에 참여시킬 수 있음 ⑤ 안전 활동과 생산업무가 분리될 가능성이 낮아때 균형을 유지 ⑥ 라인의 관리, 감독자에게도 안전에 관한 책임과 권한이 부여 ⑦ 명령 계통과 조언 권고적 참여가 혼동되기 쉬움 ⑧ 스탭의 월권행위의 경우가 있음

① : 스탭형 조직
③, ④ : 스탭-라인형 조직

13

인간의 적응기제 중 방어기제로 볼 수 없는 것은?

① 승화   ② 고립
③ 합리화   ④ 보상

*인간의 적응기제

분류	종류
방어기제	투사, 승화, 보상, 합리화, 동일시, 모방 등
도피기제	고립, 억압, 퇴행 등

14

산업안전보건법령상 안전·보건표지의 색채와 사용 사례의 연결이 틀린 것은?

① 노란색 – 정지신호, 소화설비 및 그 장소 유해행위의 금지
② 파란색 – 특정 행위의 지시 및 사실의 고지
③ 빨간색 – 화학물질 취급장소에서의 유해·위험 경고
④ 녹색 – 비상구 및 피난소, 사람 또는 차량의 통행표지

*안전보건표지의 색도기준 및 용도

색채	색도기준	용도	사용 예시
빨간색	7.5R 4/14	금지	정지신호, 소화설비 및 그 장소, 유해행위의 금지
		경고	화학물질 취급장소의 유해·위험 경고
노란색	5Y 8.5/12	경고	화학물질 취급장소에서의 유해·위험 경고 이외의 위험경고, 주의표지 또는 기계 방호물
파란색	2.5PB 4/10	지시	특정 행위의 지시 및 사실의 고지
녹색	2.5G 4/10	안내	비상구 및 피난소, 사람 또는 차량의 통행표지
흰색	N9.5		파란색 또는 녹색에 대한 보조색
검은색	N0.5		문자 및 빨간색 또는 노란색에 대한 보조색

13.② 14.①

15

근로자수 300명, 총 근로 시간수 48시간×50
주이고, 연재해건수는 200건 일 때 이 사업장의
강도율은?
(단, 연 근로 손실일수는 800일로 한다.)

① 1.11　　　　　　　② 0.90
③ 0.16　　　　　　　④ 0.84

*강도율

$$강도율 = \frac{총근로손실일수}{연근로 총시간수} \times 10^3$$
$$= \frac{800}{300 \times 48 \times 50} \times 10^3 = 1.11$$

16

다음 중 KOSHA GUIDE에 대한 설명으로 옳지
않은 것은?

① 법령에서 정한 수준보다 좀 더 높은 수준의
안전보건 기준을 제시한다.
② KOSHA GUIDE의 각 항목의 내용은 법적
구속력이 있다.
③ 사업장의 자율적 안전보건 수준향상을 지원
하기 위한 기술지침이다.
④ 기술지침은 분야별 또는 업종별 분류기호로
분류한다.

KOSHA GUIDE는 법적 구속력은 없으나, 법령에
서 정한 최소한의 수준이 아니라, 좀더 높은 수준
의 안전보건 향상을 위해 참고할 광범위한 기술적
사항에 대해 기술하고 있다.

17

산업재해의 분석 및 평가를 위하여 재해발생 건수
등의 추이에 대해 한계선을 설정하여 목표 관리를
수행하는 재해통계 분석기법은?

① 폴리건(polygon)
② 관리도(control chart)
③ 파레토도(pareto diagram)
④ 특성 요인도(cause &effect diagram)

*관리도(Control Chart)
재해의 분석 및 관리를 위해 월별 재해발생건수 등
을 그래프화 하여 목표 관리를 수행하는 방법

18

무재해운동에 관한 설명으로 틀린 것은?

① 제3자의 행위에 의한 업무상 재해는 무재해로
본다.
② 작업 시간 중 천재지변 또는 돌발적인 사고로
인한 구조행위 또는 긴급피난 중 발생한 사고는
무재해로 본다.
③ 무재해란 무재해운동 시행사업장에서 근로
자가 업무에 기인하여 사망 또는 2일 이상의
요양을 요하는 부상 또는 질병에 이환되지
않는 것을 말한다.
④ 작업 시간 외에 천재지변 또는 돌발적인 사고
우려가 많은 장소에서 사회통념상 인정되는
업무수행 중 발생한 사고는 무재해로 본다.

*무재해
무재해운동 시행사업장에서 근로자가 업무에 기인하
여 사망 또는 4일 이상의 요양을 요하는 부상 또는
질병에 이환되지 않는 것

19

산업안전보건법상 안전관리자가 수행해야 할 업무가 아닌 것은?

① 사업장 순회점검 · 지도 및 조치의 건의
② 산업재해에 관한 통계의 유지 · 관리 · 분석을 위한 보좌 및 조언 · 지도
③ 작업장 내에서 사용되는 전체 환기장치 및 국소 배기장치 등에 관한 설비의 점검
④ 해당 사업장 안전교육계획의 수립 및 안전교육 실시에 관한 보좌 및 · 지도

*안전관리자의 업무
① 산업안전보건위원회 또는 안전 · 보건에 관한 노사협의체에서 심의 · 의결한 업무와 해당 사업장의 안전보건관리규정 및 취업규칙에서 정한 업무
② 안전인증대상 기계 · 기구등과 자율안전확인대상 기계 · 기구등 구입 시 적격품의 선정에 관한 보좌 및 조언 · 지도
③ 위험성평가에 관한 보좌 및 조언 · 지도
④ 해당 사업장 안전교육계획의 수립 및 안전교육 실시에 관한 보좌 및 조언 · 지도
⑤ 사업장 순회점검 · 지도 및 조치의 건의
⑥ 산업재해 발생의 원인 조사 · 분석 및 재발 방지를 위한 기술적 보좌 및 조언 · 지도
⑦ 산업재해에 관한 통계의 유지 · 관리 · 분석을 위한 보좌 및 조언 · 지도
⑧ 법 또는 법에 따른 명령으로 정한 안전에 관한 사항의 이행에 관한 보좌 및 조언 · 지도
⑨ 업무수행 내용의 기록 · 유지

20

산업안전보건기준에 관한 규칙에 따른 프레스기의 작업 시작 전 점검사항이 아닌 것은?

① 클러치 및 브레이크의 기능
② 금형 및 고정볼트 상태
③ 방호장치의 기능
④ 언로드밸브의 기능

*프레스 작업시작 전 점검사항
① 클러치 및 브레이크의 기능
② 방호장치의 기능
③ 프레스의 금형 및 고정볼트 상태
④ 전단기의 칼날 및 테이블의 상태
⑤ 1행정 1정지기구 · 급정지장치 및 비상정지장치의 기능
⑥ 슬라이드 또는 칼날에 의한 위험방지 기구의 기능
⑦ 크랭크축 · 플라이휠 · 슬라이드 · 연결봉 및 연결나사의 풀림 유무

21

다음 중 인간 전달 함수(Human Transfer Function)
의 결점이 아닌 것은?

① 입력의 협소성
② 불충분한 직무 묘사
③ 시점적 제약성
④ 정신운동의 묘사성

*인간 전달 함수의 결점
① 입력의 협소성
② 시점적 제약성
③ 불충분한 직무 묘사

22

작업이나 운동이 격렬해져서 근육에 생성되는 젖산
의 제거속도가 생성속도에 미치지 못하면, 활동이
끝난 후에도 남아있는 젖산을 제거하기 위하여 산소
가 더 필요하게 되는 데 이를 무엇이라 하는가?

① 호기산소
② 혐기산소
③ 산소잉여
④ 산소부채

*산소부채(Oxygen Debt)
작업이 끝난 후 남아있는 젖산을 제거하기 위해서
는 산소가 더 필요하며, 이때 동원되는 산소소비량
이다.

23

인간이 절대 식별할 수 있는 대안의 최대 범위는
대략 7이라고 한다. 이를 정보량의 단위인 bit로
표시하면 약 몇 bit가 되는가?

① 3.2　　　② 3.0　　　③ 2.8　　　④ 2.6

*정보량
$H = \log_2 A = \log_2 7 = 2.8$

24

A사의 안전관리자는 자사 화학 설비의 안전성 평가를
위해 제2단계인 정성적 평가를 진행하기 위하여 평가
항목 대상을 분류하였다. 주요 평가 항목 중에서 설계
관계항목이 아닌 것은?

① 건조물　　　　　② 공장 내 배치
③ 입지조건　　　　④ 원재료, 중간제품

*화학설비에 대한 안전성 평가
① 정량적 평가
객관적인 데이터를 활용하는 평가
ex) 압력, 온도, 용량, 취급물질, 조작 등

② 정성적 평가
객관적인 데이터로 나타내기 힘든 요소까지 종합적
으로 고려하는 평가
ex) 공장의 입지 조건, 공장 내 배치, 건조물, 입지
조건 등

25

반사율이 60%인 작업 대상물에 대하여 근로자가 검사작업을 수행할 때 휘도(luminance)가 $90fL$ 이라면 이 작업에서의 소요조명(fc)은 얼마인가?

① 75 ② 150
③ 200 ④ 300

26

들기 작업 시 요통재해예방을 위하여 고려할요소와 가장 거리가 먼 것은?

① 들기 빈도 ② 작업자 신장
③ 손잡이 형상 ④ 허리 비대칭 각도

27

보기의 실내면에서 빛의 반사율이 낮은 곳에서부터 높은 순서대로 나열한 것은?

A : 바닥   B : 천정   C : 가구   D : 벽

① A<B<C<D ② A<C<B<D
③ A<C<D<B ④ A<D<C<B

28

다음 시스템의 신뢰도는 얼마인가?
(단, 각 요소의 신뢰도는 a, b가 각 0.8, c, d가 각 0.6이다.)

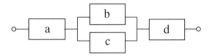

① 0.2245 ② 0.3754
③ 0.4416 ④ 0.5756

29

HAZOP 기법에서 사용하는 가이드워드와 그 의미가 잘못 연결된 것은?

① Other than : 기타 환경적인 요인
② No/Not : 디자인 의도의 완전한 부정
③ Reverse : 디자인 의도의 논리적 반대
④ More/Less : 전량적인 증가 또는 감소

30

정량적 표시장치에 관한 설명으로 맞는 것은?

① 정확한 값을 읽어야 하는 경우 일반적으로 디지털보다 아날로그 표시장치가 유리하다.
② 동목(moving scale)형 아날로그 표시장치는 표시장치의 면적을 최소화할 수 있는 장점이 있다.
③ 연속적으로 변화하는 양을 나타내는 데에는 일반적으로 아날로그보다 디지털 표시장치가 유리하다.
④ 동침(moving pointer)형 아날로그 표시장치는 바늘의 진행 방향과 증감 속도에 대한 인식적인 암시 신호를 얻는 것이 불가능한 단점이 있다.

31

두 가지 상태 중 하나가 고장 또는 결함으로 나타나는 비정상적인 사건은?

① 톱사상　　　　② 정상적인 사상
③ 결함사상　　　④ 기본적인 사상

32

의자 설계의 일반적인 원리로 가장 적절하지 않은 것은?

① 등근육의 정적 부하를 줄인다.
② 디스크가 받는 압력을 줄인다.
③ 요부전만(腰部前灣)을 유지한다.
④ 일정한 자세를 계속 유지하도록 한다.

33

다음 FT도에서 최소컷셋(Minimal cut set)으로만 올바르게 나열한 것은?

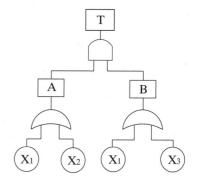

① [X_1]　　　　　　② [X_1], [X_2]
③ [X_1, X_2, X_3]　　④ [X_1, X_2],[X_1, X_3]

34

인간-기계시스템의 설계 원칙으로 볼 수 없는 것은?

① 배열을 고려한 설계
② 양립성에 맞게 설계
③ 인체특성에 적합한 설계
④ 기계적 성능에 적합한 설계

35

사업장에서 인간공학 적용분야로 틀린 것은?

① 제품설계
② 산업독성학
③ 재해 · 질병예방
④ 작업장 내 조사 및 연구

36

신호검출이론(SDT)에서 두 정규분포 곡선이 교차하는 부분에 판별기준이 놓였을 경우 $Beta$ 값으로 맞는 것은?

① $Beta = 0$ ② $Beta < 1$
③ $Beta = 1$ ④ $Beta > 1$

37

소리의 크고 작은 느낌은 주로 강도의 함수이지만 진동수에 의해서도 일부 영향을 받는다. 음량을 나타내는 척도인 phon의 기준 순음 주파수는?

① $1000\,Hz$ ② $2000\,Hz$
③ $3000\,Hz$ ④ $4000\,Hz$

38

작업장의 소음문제를 처리하기 위한 적극적인 대책이 아닌 것은?

① 소음의 격리
② 소음원을 통제
③ 방음보호 용구 사용
④ 차폐장치 및 흡음재 사용

*소극적 대책과 적극적 대책
소극적 대책 : 작업자가 사용하는 도구 및 작업자의 조작에 관련된 대책으로 방어에 주된 목적이 있다.
③ 방음보호 용구 사용 : 소극적 대책
①,②,④ : 적극적 대책

39

정량적 표시장치의 용어에 대한 설명 중 틀린 것은?

① 눈금단위(scale unit) : 눈금을 읽는 최소 단위
② 눈금범위(scale range) : 눈금의 최고치와 최저치의 차
③ 수치간격(numbered interval) : 눈금에 나타낸 인접 수치 사이의 차
④ 눈금간격(graduatiom interval) : 최대눈금선 사이의 값 차

*눈금간격
최소눈금선 사이의 값 차

40

산업안전보건법령에 따라 기계·기구 및 설비의 설치·이전 등으로 인해 유해·위험방지계획서를 제출하여야 하는 대상에 해당하지 않는 것은?

① 건조 설비   ② 공기압축기
③ 화학설비   ④ 가스집합 용접장치

*기계·기구 및 설비의 설치·이전 등으로 인한 유해·위험방지계획서 제출대상
① 건조설비
② 화학설비
③ 가스집합 용접장치
④ 금속이나 그 밖의 광물의 용해로
⑤ 허가대상 유해물질 및 분진작업 관련설비

41

너트의 풀림 방지용으로 사용되는 것으로 가장 거리가 먼 것은?

① 로크너트(lock nut)
② 평와서
③ 분할핀
④ 멈춤나사(set screw)

*너트의 풀림 방지용
① 로크너트
② 분할핀
③ 멈춤나사

42

기계 부품에 작용하는 힘 중 안전율을 가장 크게 취하여야 할 힘의 종류는?

① 교번하중
② 반복하중
③ 정하중
④ 충격하중

*힘 비교
정하중 < 반복하중 < 교번하중 < 충격하중

43

로울러가 맞물림점의 전방에 개구부의 간격을 30 mm로 하여 가드를 설치하고자 한다. 가드의 설치 위치는 맞물림점에서 적어도 얼마의 간격을 유지하여야 하는가?

① $154mm$
② $160mm$
③ $166mm$
④ $172mm$

*개구부의 안전간격

조건	$X < 160mm$	$X \geq 160mm$
전동체가 아니거나 조건이 주어지지 않은 경우	$Y = 6 + 0.15X$	$Y = 30mm$
전동체인 경우	$Y = 6 + 0.1X$	

여기서, X : 가드 개구부의 간격 $[mm]$
　　　　Y : 가드와 위험점 간의 거리 $[mm]$

롤러의 맞물림점은 비전동체이므로
$Y = 6 + 0.15X$

$$X = \frac{Y-6}{0.15} = \frac{30-6}{0.15} = 160mm$$

44

구내운반차의 제동장치 준수사항에 대한 설명으로 틀린 것은?

① 조명이 없는 장소에서 작업 시 전조등과 후미등을 갖출 것
② 운전석이 차 실내에 있는 것은 좌우에 한 개씩 방향지시기를 갖출 것
③ 경음기는 따로 갖추지 않아도 된다.
④ 주행을 제동하거나 정지상태를 유지하기 위하여 유효한 제동장치를 갖출 것

③ 구내운반차는 사고예방을 위해 경음기를 갖출 것

45

기계설비 구조의 안전화 중 가공결함 방지를 위해 고려할 사항이 아닌 것은?

① 안전율   ② 열처리
③ 가공경화   ④ 응력집중

*가공결함 방지 고려사항
① 열처리
② 가공경화
③ 응력집중
① 안전율 : 설계상의 결함 방지

46

일반적으로 장갑을 착용해야 하는 작업은?

① 드릴작업   ② 밀링작업
③ 선반작업   ④ 전기용접작업

전기용접작업은 용접물의 화상방지 및 감전방지를 위해 용접용 장갑을 착용할 것

47

회전 중인 연삭숫돌이 근로자에게 위험을 미칠 우려가 있을 시 덮개를 설치하여야 할 연삭숫돌의 최소 지름은?

① 지름이 5cm 이상인 것
② 지름이 10cm 이상인 것
③ 지름이 15cm 이상인 것
④ 지름이 20cm 이상인 것

지름이 _5cm_ 이상인 연삭숫돌을 사용할 경우 덮개를 설치한다.

48

아세틸렌 용접 시 역류를 방지하기 위하여 설치하여야 하는 것은?

① 안전기   ② 청정기
③ 발생기   ④ 유량기

아세틸렌 용접시 역류를 방지하기 위하여 _안전기_를 설치할 것

49

둥근톱 기계의 방호장치에서 분할날과 톱날 원주 면과의 거리는 몇 mm 이내로 조정, 유지할 수 있어야 하는가?

① 12   ② 14
③ 16   ④ 18

50

산업안전보건법령에 따라 사업주가 보일러의 폭발 사고를 예방하기 위하여 유지·관리 하여야 할 안전장치가 아닌 것은?

① 압력방호판
② 화염 검출기
③ 압력방출장치
④ 고저수위 조절장치

51

보일러에서 프라이밍(Priming)과 포오밍(Foaming)의 발생 원인으로 가장 거리가 먼 것은?

① 역화가 발생되었을 경우
② 기계적 결함이 있을 경우
③ 보일러가 과부하로 사용될 경우
④ 보일러 수에 불순물이 많이 포함되었을 경우

52

허용응력이 $1kN/mm^2$이고, 단면적이 $2mm^2$인 강판의 극한하중이 $4000N$이라면 안전율은 얼마인가?

① 2   ② 4   ③ 5   ④ 50

53

"강렬한 소음작업"이라 함은 $90dB$ 이상의 소음이 1일 몇 시간 이상 발생되는 작업을 말하는가?

① 2시간
② 4시간
③ 8시간
④ 10시간

54

크레인에서 일반적인 권상용 와이어로프 및 권상용 체인의 안전율 기준은?

① 10 이상　　　　　② 2.7 이상
③ 4 이상　　　　　　④ 5 이상

와이어로프의 안전계수는 <u>5 이상</u>이어야 한다.

55

연삭숫돌의 지름이 $20cm$이고, 원주속도가 $250m$/min일 때 연삭숫돌의 회전수는 약 몇 rpm인가?

① 398　　　　　　　② 433
③ 489　　　　　　　④ 552

*연삭숫돌의 원주속도

$V = \pi D N$

$$\therefore N = \frac{V}{\pi D} = \frac{250}{\pi \times 0.2} = 397.89 rpm$$

여기서,
D : 연삭숫돌의 바깥지름 $[m]$
N : 회전수 $[rpm]$

56

다음 중 용접부에 발생한 미세균열, 용입부족, 융합불량의 검출에 가장 적합한 비파괴검사법은?

① 방사선투과 검사　　② 침투탐상 검사
③ 자분탐상 검사　　　④ 초음파탐상 검사

*초음파탐상검사(UT)
초음파를 이용하여 대상의 내부에 존재하는 결함, 불연속 등을 탐지하는 비파괴검사법으로 특히 용접부에 발생한 결함 검출에 가장 적합하다.

57

다음 그림의 와이어로프의 클립(Clip)연결 순서로 옳은 것은?

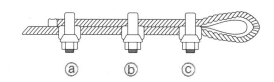

① ⓑ → ⓐ → ⓒ　　② ⓐ → ⓑ → ⓒ
③ ⓑ → ⓒ → ⓐ　　④ ⓐ → ⓒ → ⓑ

*와이어로프의 클립 연결 순서
① 클립ⓐ 가체결
② 텀블쪽 클립ⓒ 가체결
③ 가운데 클립ⓑ 가체결

58

컨베이어 작업 시작 전 점검사항에 해당하지 않는 것은?

① 브레이크 및 클러치 기능의 이상 유무
② 비상정지장치 기능의 이상 유무
③ 이탈 등의 방지장치 기능의 이상 유무
④ 원동기 및 풀리 기능의 이상 유무

*컨베이어 작업시작 전 점검사항
① 원동기 및 풀리 기능의 이상 유무
② 이탈 등의 방지장치 기능의 이상 유무
③ 비상정지장치 기능의 이상 유무
④ 원동기·회전축·기어 및 풀리 등의 덮개 또는 울 등의 이상 유무

59

프레스의 작업 시작 전 점검 사항이 아닌 것은?

① 권과방지장치 및 그 밖의 경보장치의 기능
② 슬라이드 또는 칼날에 의한 위험방지 기구의 기능
③ 프레스기의 금형 및 고정볼트 상태
④ 전단기의 칼날 및 테이블의 상태

*프레스기 작업시작 전 점검사항
① 클러치 및 브레이크의 기능
② 방호장치의 기능
③ 프레스의 금형 및 고정볼트 상태
④ 전단기의 칼날 및 테이블의 상태
⑤ 1행정 1정지기구·급정지장치 및 비상정지장치의 기능
⑥ 슬라이드 또는 칼날에 의한 위험방지 기구의 기능
⑦ 크랭크축·플라이휠·슬라이드·연결봉 및 연결나사의 풀림여부

60

다음 중 롤러기에 설치하여야 할 방호장치는?

① 반발예방장치 ② 급정지장치
③ 접촉예방장치 ④ 파열판장치

*롤러기 방호장치
① 급정지장치
② 가드(울)

61

정전기 재해방지를 위한 배관 내 액체의 유속제한에 관한 사항으로 옳은 것은?

① 저항률이 $10^{10}\Omega.cm$ 미만의 도전성 위험물의 배관유속은 7m/s 이하로 할 것
② 에텔, 이황화탄소 등과 같이 유동대전이 심하고 폭발 위험성이 높으면 4m/s 이하로 할 것
③ 물이나 기체를 혼합하는 비수용성 위험물의 배관 내 유속은 5m/s 이하로 할 것
④ 저항률이 $10^{10}\Omega \cdot cm$ 이상인 위험물의 배관 내 유속은 배관내경 4인치일 때 10m/s 이하로 할 것

---

② 에텔, 이황화탄소 등과 같이 유동대전이 심하고 폭발 위험성이 높으면 $1m/s$ 이하로 할 것
③ 물이나 기체를 혼합하는 비수용성 위험물의 배관 내 유속은 $1m/s$ 이하로 할 것
④ 저항률 $10^{10}\Omega \cdot cm$ 이상인 위험물의 배관 내 유속은 배관내경 4인치일 때 $2.5m/s$ 이하로 할 것

관내경 $[mm]$	유속 $[m/s]$
10	8
25	4.9
50	3.5
100(=4인치)	2.5
200	1.8
400	1.3
600	1

62

감전사고 행위별 통계에서 가장 빈도가 높은 것은?

① 전기공사나 전기설비 보수작업
② 전기기기 운전이나 점검작업
③ 이동용 전기기기 점검 및 조작작업
④ 가전기기 운전 및 보수작업

---

*감전사고 행위별 통계 빈도 순위
1위 : 전기공사나 전기설비 보수작업
2위 : 전기기기 운전이나 점검작업
3위 : 가전기기 운전 및 보수작업
4위 : 이동용 전기기기 점검 및 조작작업

63

다음 중 계통 접지의 목적으로 가장 옳은 것은?

① 누전되고 있는 기기에 접촉되었을 때의 감전방지를 위해
② 고압전로와 저압전로가 혼촉되었을 때의 감전이나 화재 방지를 위해
③ 병원에 있어서 의료기기 계통의 누전을 $10\mu A$ 정도도 허용하지 않기 위해
④ 의사의 몸에 축적된 정전기에 의해 환자가 쇼크사 하지 않도록 하기 위해

---

*계통접지
고압전로와 저압전로가 혼촉 되었을 때의 감전이나 화재를 방지한다.

64

정전유도를 받고 있는 접지되어 있지 않는 도전성 물체에 접촉한 경우 전격을 당하게 되는데 물체에 유도된 전압 V 를 옳게 나타낸 것은?
(단, 송전선전압 E, 송전선과 물체사이의 정전용량을 C_1, 물체와 대지사이의 정전용량을 C_2, 물체와 대지 사이의 저항을 무한대인 경우이다.)

① $V = \dfrac{C_1}{C_1 + C_2} \cdot E$

② $V = \dfrac{C_1 + C_2}{C_1} \cdot E$

③ $V = \dfrac{C_1}{C_1 \cdot C_2} \cdot E$

④ $V = \dfrac{C_1 \cdot C_2}{C_1} \cdot E$

*유도전압(V)

$$V = \dfrac{C_1}{C_1 + C_2} \times E$$

여기서,
E : 송전선 전압 $[V]$
C_1 : 송전선과 물체사이의 정전용량 $[F]$
C_2 : 물체와 대지사이의 정전용량 $[F]$

65

전기설비 사용 장소의 폭발위험성에 대한 위험 장소 판정 시의 기준과 가장 관계가 먼 것은?

① 위험가스 현존 가능성
② 통풍의 정도
③ 습도의 정도
④ 위험 가스의 특성

*위험장소 판정시의 기준
① 위험가스의 현존 가능성
② 통풍의 정도
③ 위험 가스의 특성
④ 위험증기의 양
⑤ 작업자에 의한 영향

66

감전에 의하여 넘어진 사람에 대한 중요한 관찰 사항이 아닌 것은?

① 의식의 상태
② 맥박의 상태
③ 호흡의 상태
④ 유입점과 유출점의 상태

*감전자 중요 관찰사항
① 호흡의 유무
② 맥박의 유무
③ 의식의 유무
④ 출혈의 유무
⑤ 골절의 유무

67

전압이 동일한 경우 교류가 직류보다 위험한 이유를 가장 잘 설명한 것은?

① 교류의 경우 전압의 극성변화가 있기 때문이다.
② 교류는 감전 시 화상을 입히기 때문이다.
③ 교류는 감전 시 수축을 일으킨다.
④ 직류는 교류보다 사용빈도가 낮기 때문이다.

*교류가 직류보다 위험한 이유
교류의 경우 전압의 극성변화가 있기 때문

64.① 65.③ 66.④ 67.①

68

가공 송전선로에서 낙뢰의 직격을 받았을 때 발생하는 낙뢰 전압이나 개폐서지 등과 같은 이상 고전압은 일반적으로 충격파라 부른다. 이러한 충격파는 어떻게 표시하는가?

① 파두시간 × 파미부분에서 파고치의 63%로 감소할 때 까지의 시간
② 파두시간 × 파미부분에서 파고치의 50%로 감소할 때 까지의 시간
③ 파장시간 × 파미부분에서 파고치의 63%로 감소할 때 까지의 시간
④ 파장시간 × 파미부분에서 파고치의 50%로 감소할 때 까지의 시간

*충격파
파두시간×파미부분에서 파고치의 50%로 감소할 때까지의 시간

69

$3300/220\,V$, $20\,kVA$인 3상 변압기에서 공급받고 있는 저압전선로의 절연부분 전선과 대지간의 절연저항 최소값은 약 몇 Ω인가?
(단, 변압기 저압측 1단자는 제2종 접지공사를 시행함)

① 1240
② 2794
③ 4840
④ 8383

*3상 절연저항
$P = \sqrt{3}\,VI$에서,
$I = \dfrac{P}{\sqrt{3}\,V} = \dfrac{20 \times 10^3}{\sqrt{3} \times 220} = 52.49A$
$I_g = \dfrac{I}{2000} = \dfrac{52.49}{2000} = 0.026245$
$\therefore R = \dfrac{V}{I_g} = \dfrac{220}{0.026245} = 8383\Omega$

70

다음 ( ) 안에 들어갈 내용으로 알맞은 것은?

> 과전류보호장치는 반드시 접지선외의 전로에 ( )로 연결하여 과전류 발생 시 전로를 자동으로 차단하도록 할 것

① 직렬
② 병렬
③ 임시
④ 직병렬

과전류보호장치는 반드시 접지선외의 전로에 <u>직렬</u>로 연결하여 과전류 발생 시 전로를 자동으로 차단하도록 할 것

71

화재·폭발 위험분위기의 생성방지 방법으로 옳지 않은 것은?

① 폭발성 가스의 누설 방지
② 가연성 가스의 방출 방지
③ 폭발성 가스의 체류 방지
④ 폭발성 가스의 옥내 체류

④ 폭발성 가스가 옥내에 체류하면 화재 및 폭발의 위험이 커진다.

72

내압방폭구조의 주요 시험항목이 아닌 것은?

① 폭발강도
② 인화시험
③ 절연시험
④ 기계적 강도시험

73

누전차단기의 시설방법 중 옳지 않은 것은?

① 시설장소는 배전반 또는 분전반 내에 설치한다.
② 정격전류용량은 해당 전로의 부하전류 값 이상이여야 한다.
③ 정격감도전류는 정상의 사용상태에서 불필요하게 동작하지 않도록 한다.
④ 인체감전보호형은 0.05초 이내에 동작하는 고감도고속형이어야 한다.

*정격감도전류

장소	정격감도전류
일반장소	$30mA$
물기가 많은 장소	$15mA$
단, 동작시간은 0.03초 이내로 한다.	

74

사업장에서 많이 사용되고 있는 이동식 전기기계·기구의 안전대책으로 가장 거리가 먼 것은?

① 충전부 전체를 절연한다.
② 절연이 불량인 경우 접지저항을 측정한다.
③ 금속제 외함이 있는 경우 접지를 한다.
④ 습기가 많은 장소는 누전차단기를 설치한다.

② 절연이 불량인 경우 절연저항을 측정한다.

75

감전사고를 방지하기 위해 허용보폭전압에 대한 수식으로 맞는 것은?

- E : 허용보폭전압
- R_b : 인체의 저항
- p_s : 지표상층 저항률
- I_k : 심실세동전류

① $E = (R_b + 3p_s)I_k$
② $E = (R_b + 4p_s)I_k$
③ $E = (R_b + 5p_s)I_k$
④ $E = (R_b + 6p_s)I_k$

*허용보폭전압(E) [V]
$E = (R_b + 6p_s)I_K$
여기서,
R_b : 인체의 저항 [Ω]
p_s : 지표상층 저항률
I_K : 심실세동전류 [A]

76

다음은 무슨 현상을 설명한 것인가?

전위차가 있는 2개의 대전체가 특정거리에 접근하게 되면 등전위가 되기 위하여 전하가 절연공간을 깨고 순간적으로 빛과 열을 발생하며 이동하는 현상

① 대전   ② 충전
③ 방전   ④ 열전

*방전
전위차가 있는 2개의 대전체가 특정거리에 접근하게 되면 등전위가 되기 위하여 전하가 절연공간을 깨고 순간적으로 빛과 열을 발생하며 이동하는 현상

77

다음 그림은 심장맥동주기를 나타낸 것이다. T파는 어떤 경우인가?

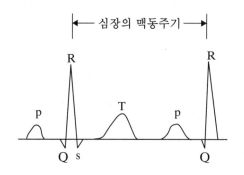

① 심방의 수축에 따른 파형
② 심실의 수축에 따른 파형
③ 심실의 휴식 시 발생하는 파형
④ 심방의 휴식 시 발생하는 파형

*심장의 맥동주기
① T파 : 심실의 휴식시 발생하는 파형으로, 심실세동이 일어날 확률이 가장 크다.
② P파 : 심방의 수축에 따른 파형이다.
③ Q-R-S파 : 심실의 수축에 따른 파형이다.

78

우리나라의 안전전압으로 볼 수 있는 것은 약 몇 V인가?

① 30 V ② 50 V
③ 60 V ④ 70 V

대한민국은 30V를 안전전압으로 사용하고 있다.

79

정전기에 대한 설명으로 가장 옳은 것은?

① 전하의 공간적 이동이 크고, 자계의 효과가 전계의 효과에 비해 매우 큰 전기
② 전하의 공간적 이동이 크고, 자계의 효과와 전계의 효과를 서로 비교할 수 없는 전기
③ 전하의 공간적 이동이 적고, 전계의 효과와 자계의 효과가 서로 비슷한 전기
④ 전하의 공간적 이동이 적고, 자계의 효과가 전계에 비해 무시할 정도의 적은 전기

*정전기
전하의 공간적 이동이 적고, 그것에 의한 자계의 효과가 전계에 비해 무시할 정도의 적은 전기

80

인체저항을 500 Ω이라 한다면, 심실세동을 일으키는 위험 한계 에너지는 약 몇 J인가?
(단, 심실세동전류값 $I = \dfrac{165}{\sqrt{T}} mA$ 의 Dalziel의 식을 이용하며, 통전시간은 1초로 한다.)

① 11.5   ② 13.6
③ 15.3   ④ 16.2

*심실세동 전기에너지(Q)
$$Q = I^2 RT$$
$$= \left(\frac{165 \times 10^{-3}}{\sqrt{T}}\right)^2 \times R \times T$$
$$= \left(\frac{165 \times 10^{-3}}{\sqrt{1}}\right)^2 \times 500 \times 1 = 13.61 J$$

여기서,
R : 저항 [Ω]
T : 시간 [sec] (주어지지 않을 경우 $T = 1sec$)

제 5과목 : 화학설비 안전 관리

제 5과목 : 화학설비 안전 관리

81

에틸에테르와 에틸알콜이 $3:1$로 혼합증기의 몰비가 각각 0.75, 0.25이고, 에틸에테르와 에틸알콜의 폭발하한값이 각각 $1.9vol\%$, $4.3vol\%$일 때 혼합 가스의 폭발하한값은 약 몇 $vol\%$인가?

① 2.2
② 3.5
③ 22.0
④ 34.7

*혼합가스의 폭발한계 산술평균식

$$L = \frac{100(=V_1 + V_2)}{\dfrac{V_1}{L_1} + \dfrac{V_2}{L_2}} = \frac{100}{\dfrac{75}{1.9} + \dfrac{25}{4.3}} = 2.2vol\%$$

82

비중이 1.5이고, 직경이 $74\mu m$인 분체가 종말속도 $0.2m/s$로 직경 $6m$의 사일로(silo)에서 질량유속 $400kg/h$로 흐를 때 평균 농도는 약 얼마인가?

① 10.8mg/L
② 14.8mg/L
③ 19.8mg/L
④ 25.8mg/L

*평균농도(ρ)

$$질량(m) = 400kg/h = \frac{400 \times 10^6}{3600} = 111000mg/s$$

$$\therefore \rho = \frac{m}{부피(V)} = \frac{m}{단면적(A) \times 유속(v)}$$

$$= \frac{111000}{\dfrac{\pi}{4} \times 6^2 \times 0.2} = 19629.11mg/m^3 = 19.6mg/L$$

83

다음 중 중합반응으로 발열을 일으키는 물질은?

① 인산
② 아세트산
③ 옥실산
④ 액화시안화수소

*중합반응으로 발열을 일으키는 물질
① 액화시안화수소
② 스티렌
③ 비니아세틸렌
④ 메틸아크릴에스테르
⑤ 아크릴산에스테르

84

송풍기의 상사법칙에 관한 설명으로 옳지 않은 것은?

① 송풍량은 회전수와 비례한다.
② 정압은 회전수 제곱에 비례한다.
③ 축동력은 회전수의 세제곱에 비례한다.
④ 정압은 임펠러 직경의 네제곱에 비례한다.

*송풍기의 상사법칙

① 유량(송풍량) : $\dfrac{Q_2}{Q_1} = \left(\dfrac{D_2}{D_1}\right)^3 \left(\dfrac{n_2}{n_1}\right)$

② 풍압(정압) : $\dfrac{p_2}{p_1} = \left(\dfrac{\gamma_2}{\gamma_1}\right)\left(\dfrac{D_2}{D_1}\right)^2\left(\dfrac{n_2}{n_1}\right)^2$

③ 동력(축동력) : $\dfrac{L_2}{L_1} = \left(\dfrac{\gamma_2}{\gamma_1}\right)\left(\dfrac{D_2}{D_1}\right)^5\left(\dfrac{n_2}{n_1}\right)^3$

여기서,
D : 지름 $[mm]$
n : 회전수 $[rpm]$
γ : 비중량 $[N/m^3]$

85

다음 [표]의 가스를 위험도가 큰 것부터 작은 순으로 나열한 것은?

	폭발하한값	폭발상한값
수소	4.0$vol\%$	75.0$vol\%$
산화에틸렌	3.0$vol\%$	80.0$vol\%$
이황화탄소	1.25$vol\%$	44.0$vol\%$
아세틸렌	2.5$vol\%$	81.0$vol\%$

① 아세틸렌 – 산화에틸렌 – 이황화탄소 – 수소
② 아세틸렌 – 산화에틸렌 – 수소 – 이황화탄소
③ 이황화탄소 – 아세틸렌 – 수소 – 산화에틸렌
④ 이황화탄소 – 아세틸렌 – 산화에틸렌 - 수소

*가스의 위험도(H)

$$H = \frac{L_h - L_l}{L_l}$$

여기서,

L_h : 폭발상한계

L_l : 폭발하한계

$$H_A = \frac{75 - 4}{4} = 17.75$$

$$H_B = \frac{80 - 3}{3} = 25.67$$

$$H_C = \frac{44 - 1.25}{1.25} = 34.2$$

$$H_D = \frac{81 - 2.5}{2.5} = 31.4$$

이황화탄소 > 아세틸렌 > 산화에틸렌 > 수소

86

공기 중 아세톤의 농도가 $200ppm$ ($TLV : 500$ ppm), 메틸에틸케톤(MEK)의 농도가 $100ppm$ ($TLV : 200ppm$)일 때 혼합물질의 허용농도는 약 몇 ppm인가?
(단, 두 물질은 서로 상가작용을 하는 것으로 가정한다.)

① 150   ② 200
③ 270   ④ 333

*노출지수(R) 및 혼합물질의 허용농도(D)

$$R = \frac{C_1}{T_1} + \frac{C_2}{T_2} + \cdots + \frac{C_n}{T_n} = \frac{200}{500} + \frac{100}{200} = 0.9$$

$$D = \frac{C_1 + C_2 + \cdots + C_n}{R} = \frac{200 + 100}{0.9} = 333ppm$$

87

기상폭발 피해예측의 주요 문제점 중 압력상승에 기인하는 피해가 예측되는 경우에 검토를 요하는 사항으로 거리가 먼 것은?

① 가연성 혼합기의 형성 상황
② 압력 상승시의 취약부 파괴
③ 물질의 이동, 확산 유해물질의 발생
④ 개구부가 있는 공간 내의 화염전파와 압력상승

*기상폭발 검토사항
① 가연성 혼합기의 형성 상황
② 압력 상승시의 취약부 파괴
③ 개구부가 있는 공간 내의 화염전파와 압력상승

88

다음 중 공업용 가연성 가스 및 독성가스의 저장용기 도색에 관한 설명으로 옳은 것은?

① 아세틸렌가스는 적색으로 도색한 용기를 사용한다.
② 액화염소가스는 갈색으로 도색한 용기를 사용한다.
③ 액화석유가스는 주황색으로 도색한 용기를 사용한다.
④ 액화암모니아가스는 황색으로 도색한 용기를 사용한다.

*가연성가스 및 독성가스의 용기

고압가스	도색
산소	녹색
수소	주황색
염소	갈색
탄산가스	청색
석유가스 or 질소	회색
아세틸렌	황색
암모니아	백색

89

물이 관 속을 흐를 때 유동하는 물 속의 어느 부분의 정압이 그 때의 물의 증기압보다 낮을 경우 물이 증발하여 부분적으로 증기가 발생되어 배관의 부식을 초래하는 경우가 있다. 이러한 현상을 무엇이라 하는가?

① 서어징(surging)
② 공동현상(cavitation)
③ 비말동반(entrainment)
④ 수격작용(water hammering)

*공동현상(Cavitation)
액체가 빠른 속도로 유동할 때 액체의 압력이 증기압 이하로 낮아져서 액체 내에 증기가 발생하는 현상이다. 증기 기포가 관 벽에 닿으면 부식이나 소음 등이 발생할 수 있다.

90

다음 중 주수소화를 하여서는 아니 되는 물질은?

① 적린
② 금속분말
③ 유황
④ 과망간산칼륨

금속분말은 물과 폭발적으로 반응하여 가연성의 수소가스를 발생시키기 때문에 위험성이 증대하므로, 소화작업으로는 건조사(마른모래), 팽창질석, 팽창진주암, 탄산수소염류분말소화기 등으로 질식소화를 한다.

91

사업주는 산업안전보건법령에서 정한 설비에 대해서는 과압에 따른 폭발을 방지하기 위하여 안전밸브 등을 설치하여야 한다. 다음 중 이에 해당하는 설비가 아닌 것은?

① 원심펌프
② 정변위 압축기
③ 정변위 펌프(토출축에 차단밸브가 설치된 것만 해당한다)
④ 배관(2개 이상의 밸브에 의하여 차단되어 대기온도에서 액체의 열팽창에 의하여 파열될 우려가 있는 것으로 한정한다)

*안전밸브 또는 파열판의 설치
① 압력용기(안지름이 150mm 이하인 압력용기는 제외)
② 정변위 압축기
③ 정변위 펌프(토출축에 차단밸브가 설치된 것만 해당)
④ 배관(2개 이상의 밸브에 의하여 차단되어 대기온도에서 액체의 열팽창에 의하여 파열될 우려가 있는 것으로 한정)

92

위험물을 산업한전보건법령에서 정한 기준량 이상으로 제조하거나 취급하는 설비로서 특수화학설비에 해당되는 것은?

① 가열시켜 주는 물질의 온도가 가열되는 위험물질의 분해온도보다 높은 상태에서 운전되는 설비
② 상온에서 게이지 압력으로 $200kPa$의 압력으로 운전되는 설비
③ 대기압 하에서 섭씨 $300℃$ 로 운전되는 설비
④ 흡열반응이 행하여지는 반응설비

*계측장치 설치대상인 특수화학설비의 기준
① 온도가 섭씨 350℃ 이상이거나 게이지 압력이 $980kPa$ 이상인 상태에서 운전되는 설비
② 가열로 또는 가열기
③ 발열반응이 일어나는 반응장치
④ 증류·정류·증발·추출 등 분리를 하는 장치
⑤ 가열시켜주는 물질의 온도가 가열되는 위험물질의 분해온도 또는 발화점보다 높은 상태에서 운전되는 설비
⑥ 반응폭주 등 이상 화학반응에 의하여 위험물질이 발생할 우려가 있는 설비

93

다음 중 인화점이 가장 낮은 물질은?

① CS_2
② C_2H_5OH
③ CH_3COCH_3
④ $CH_3COOC_2H_5$

*각 물질의 인화점

물질	인화점
이황화탄소 (CS_2)	$-30℃$
에틸알코올 (C_2H_5OH)	$13℃$
아세톤 (CH_3COCH_3)	$-18℃$
아세트산에틸 ($CH_3COOC_2H_5$)	$-4℃$

94

수분을 함유하는 에탄올에서 순수한 에탄올을 얻기 위해 벤젠과 같은 물질을 첨가하여 수분을 제거하는 증류 방법은?

① 공비증류
② 추출증류
③ 가압증류
④ 감압증류

*공비증류
두가지 물질이 혼합되이 증류할때 공비혼합물의 끓는점이 일정해서 그 비율로 증발되어 나오는 증류이다.

95

다음 중 퍼지의 종류에 해당하지 않는 것은?

① 압력퍼지
② 진공퍼지
③ 스위프퍼지
④ 가열퍼지

*퍼지의 종류
① 진공퍼지
② 압력퍼지
③ 스위프퍼지
④ 사이편퍼지

96

다음 중 분말 소화약제로 가장 적절한 것은?

① 사염화탄소
② 브롬화메탄
③ 수산화암모늄
④ 제1인산암모늄

97

다음 중 분진폭발이 발생하기 쉬운 조건으로 적절하지 않은 것은?

① 발열량이 클 때
② 입자의 표면적이 작을 때
③ 입자의 형상이 복잡할 때
④ 분진의 초기 온도가 높을 때

98

위험물안전관리법령에 의한 위험물의 분류 중 제1류 위험물에 속하는 것은?

① 염소산염류
② 황린
③ 금속칼륨
④ 질산에스테르

99

산업안전보건법령상 위험물질의 종류에서 "폭발성 물질 및 유기과산화물"에 해당하는 것은?

① 리튬
② 아조화합물
③ 아세틸렌
④ 셀룰로이드류

100

다음 중 축류식 압축기에 대한 설명으로 옳은 것은?

① Casing 내에 1개 또는 수 개의 회전체를 설치하여 이것을 회전시킬 때 Casing과 피스톤 사이의 체적이 감소해서 기체를 압축하는 방식이다.
② 실린더 내에서 피스톤을 왕복시켜 이것에 따라 개폐하는 흡입밸브 및 배기밸브의 작용에 의해 기체를 압축하는 방식이다.
③ Casing 내에 넣어진 날개바퀴를 회전시켜 기체에 작용하는 원심력에 의해서 기체를 압송하는 방식이다.
④ 프로펠러의 회전에 의한 추진력에 의해 기체를 압송하는 방식이다.

101

지름이 $15cm$이고 높이가 $30cm$인 원기둥 콘크리트공 시체에 대해 압축강도시험을 한 결과 $460kN$에 파괴되었다. 이 때 콘크리트 압축강도는?

① $16.2MPa$
② $21.5MPa$
③ $26MPa$
④ $31.2MPa$

*압축강도(압축응력, σ)

$$\sigma = \frac{P(\text{인장하중})}{A(\text{단면적})} = \frac{P}{\frac{\pi d^2}{4}}$$

$$= \frac{460 \times 10^3}{\frac{\pi \times 0.15^2}{4}} = 26030675.14 Pa = 26.03 MPa$$

102

사면의 붕괴형태의 종류에 해당되지 않는 것은?

① 사면의 측면부 파괴
② 사면선 파괴
③ 사면내 파괴
④ 바닥면 파괴

*사면 붕괴형태의 종류
① 사면선 파괴(사면선단 파괴)
② 사면내 파괴
③ 바닥면 붕괴(사면저부 파괴)

103

추락방지망의 그물코 크기의 기준으로 옳은 것은?

① 5cm 이하
② 10cm 이하
③ 20cm 이하
④ 30cm 이하

*그물코 규격 기준
사각 또는 마름모로서 그 크기는 10cm 이하

104

지하매설물의 인접 작업 시 안전지침과 거리가 먼 것은?

① 사전조사
② 매설물의 방호조치
③ 지하매설물의 파악
④ 소규모 구조물의 방호

*지하매설물 안전작업시 안전지침
① 사전조사
② 매설물의 방호조치
③ 지하매설물의 파악
④ 최소 1일 1회 이상 순회점검
⑤ 매설물의 이설 등은 관계기관과 협의하여 실시

105

토사붕괴의 방지공법이 아닌 것은?

① 경사공   ② 배수공
③ 압성토공   ④ 공작물의 설치

*토사붕괴 방지공법
① 배수공
② 압수공
③ 공작물의 설치

106

화물을 차량계 하역운반기계에 싣는 작업 또는 내리는 작업을 할 때 해당 작업의 지휘자에게 준수하도록 하여야 하는 사항과 거리가 먼 것은?

① 하중이 한쪽으로 치우쳐서 효율적으로 적재되도록 할 것
② 작업순서 및 그 순서마다의 작업방법을 정하고 작업을 지휘할 것
③ 기구와 공구를 점검하고 불량품을 제거할 것
④ 해당 작업을 하는 장소에 관계 근로자가 아닌 사람이 출입하는 것을 금지할 것

*차량계 하역운반기계 화물 적재시 준수사항
① 하중이 한쪽으로 치우치지 않도록 적재할 것
② 구내운반차 또는 화물자동차의 경우 화물의 붕괴 또는 낙하에 의한 위험을 방지하기 위하여 화물에 로프를 거는 등 필요한 조치를 할 것
③ 운전자의 시야를 가리지 않도록 화물을 적재할 것
④ 최대 적재량을 초과하지 않도록 할 것

107

다음 토공기계 중 굴착기계와 가장 관계있는 것은?

① Clam shell   ② Road Roller
③ Shovel loader   ④ Belt conveyer

*클램쉘(Clam Shell)
수면아래의 자갈, 모래를 굴착하고 준설선에 많이 사용되며, 지질이 단단한 곳은 굴착이 부적합하다.

108

철골작업을 중지하여야 하는 조건에 해당되지 않는 것은?

① 풍속이 초당 10m 이상인 경우
② 지진이 진도 4 이상의 경우
③ 강우량이 시간당 1mm 이상의 경우
④ 강설량이 시간당 1cm 이상의 경우

*철골작업의 중지 기준

종류	기준
풍속	초당 10m (10m/s)이상인 경우
강우량	시간당 1mm (1mm/hr)이상인 경우
강설량	시간당 1cm (1cm/hr)이상인 경우

109

점토질 지반의 침하 및 압밀 재해를 막기위하여 실시하는 지반개량 탈수공법으로 적당하지 않은 것은?

① 샌드드레인 공법　　② 생석회 공법
③ 진동 공법　　④ 페이퍼드레인 공법

*점성토 개량공법
① 샌드 드레인 공법
② 생석회 말뚝 공법
③ 페이퍼 드레인 공법
④ 치환 공법

110

건물외부에 낙하물 방지망을 설치할 경우 수평면과의 가장 적절한 각도는?

① 5° 이상, 10° 이하
② 10° 이상, 15° 이하
③ 15° 이상, 20° 이하
④ 20° 이상, 30° 이하

*낙하물 방지망 또는 방호선반 설치시 준수사항
① 높이 $10m$ 이내마다 설치하고, 내민 길이는 벽면으로부터 $2m$ 이상으로 할 것
② 수평면과의 각도는 $20°\sim30°$를 유지할 것

111

신품의 추락방지망 중 그물코의 크기 $10cm$인 매듭방망의 인장강도 기준으로 옳은 것은?

① $110kg$ 이상　　② $200kg$ 이상
③ $360kg$ 이상　　④ $400kg$ 이상

*신품 방망사에 대한 인장강도 기준

그물코의 크기 (cm)	방망의 종류(kg)	
	매듭없는 망	매듭 망
5	–	110
10	240	200

112

구조물 해체작업으로 사용되는 공법이 아닌 것은?

① 압쇄공법　　② 잭공법
③ 절단공법　　④ 진공공법

*구조물 해체공법
① 압쇄공법　　② 잭공법
③ 절단공법　　④ 전도공법
⑤ 폭발공법　　⑥ 화염공법
⑦ 통전공법　　⑧ 브레이커공법

113

산업안전보건관리비의 효율적인 집행을 위하여 고용노동부장관이 정할 수 있는 기준에 해당되지 않는 것은?

① 안전·보건에 관한 협의체 구성 및 운영
② 공사의 진척 정도에 따른 사용기준
③ 사업의 규모별 사용방법 및 구체적인 내용
④ 사업의 종류별 사용방법 및 구체적인 내용

*산업안전보건관리비의 집행 기준
① 공사의 진척 정도에 따른 사용기준
② 사업의 규모별 사용방법 및 구체적인 내용
③ 사업의 종류별 사용방법 및 구체적인 내용

114

시스템 동바리를 조립하는 경우 수직재와 받침철물 연결부의 겹침길이 기준으로 옳은 것은?

① 받침철물 전체길이의 $\frac{1}{2}$ 이상

② 받침철물 전체길이의 $\frac{1}{3}$ 이상

③ 받침철물 전체길이의 $\frac{1}{4}$ 이상

④ 받침철물 전체길이의 $\frac{1}{5}$ 이상

시스템 동바리를 조립하는 경우 수직재와 받침철물 연결부의 겹침길이는 <u>받침철물 전체길이의 1/3 이상</u>이 되도록 할 것

115

유해·위험방지계획서를 제출해야 할 대상 공사의 조건으로 옳지 않은 것은?

① 터널 건설등의 공사
② 최대지간 길이가 $50m$ 이상인 교량건설등 공사
③ 다목적댐·발전용 댐 및 저수용량 2천만톤 이상의 용수전용댐, 지방상수도 전용 댐 건설 등의 공사
④ 깊이가 $5m$ 이상인 굴착공사

*유해위험방지계획서 제출대상 건설공사
① 지상높이가 $31m$ 이상인 건축물 또는 인공구조물
② 연면적 $30,000m^2$ 이상인 건축물
③ 연면적 $5,000m^2$ 이상인 시설
 ㉠ 문화 및 잡화시설(전시장·동물원·식물원 제외)
 ㉡ 판매시설·운수시설(고속도로의 역사 및 집배송 시설 제외)

㉢ 종교시설
㉣ 의료시설 중 종합병원
㉤ 숙박시설 중 관광숙박시설
㉥ 지하도상가
㉦ 냉동·냉장 창고시설
④ 연면적 $5000m^2$ 이상의 냉동·냉장창고시설의 설비 공사 및 단열공사
⑤ 최대 지간길이가 $50m$ 이상인 교량 건설 등 공사
⑥ 터널 건설 등의 공사
⑦ 다목적댐·발전용댐 및 저수용량 2천만톤 이상의 용수 전용 댐·지방상수도 전용 댐 건설 등의 공사
⑧ 깊이 $10m$ 이상인 굴착공사

116

콘크리트 타설작업을 하는 경우에 준수해야할 사항으로 옳지 않은 것은?

① 당일의 작업을 시작하기 전에 해당 작업에 관한 거푸집동바리 등의 변형·변위 및 지반의 침하 유무 등을 점검하고 이상이 있으면 보수할 것
② 작업 중에는 거푸집동바리등의 변형·변위 및 침하 유무 등을 감시할 수 있는 감시자를 배치하여 이상이 있으면 작업을 빠른 시간 내 우선 완료하고 근로자를 대피시킬 것
③ 콘크리트 타설작업 시 거푸집붕괴의 위험이 발생할 우려가 있으면 충분한 보강조치를 할 것
④ 콘크리트 타설하는 경우에는 편심이 발생하지 않도록 골고루 분산하여 타설할 것

*콘크리트 타설작업의 안전수칙
① 당일의 작업을 시작하기 전에 해당 작업에 관한 거푸집동바리등의 변형·변위 및 지반의 침하 유무 등을 점검하고 이상이 있으면 보수할 것
② 작업 중에는 거푸집동바리등의 변형·변위 및 침하 유무 등을 감시할 수 있는 감시자를 배치하여 이상이 있으면 작업을 중지하고 근로자를 대피시킬 것
③ 콘크리트 타설작업 시 거푸집 붕괴의 위험이 발생할 우려가 있으면 충분한 보강조치를 할 것

④ 설계도서상의 콘크리트 양생기간을 준수하여 거푸집동바리등을 해체할 것
⑤ 콘크리트를 타설하는 경우에는 편심이 발생하지 않도록 골고루 분산하여 타설할 것

117

기계가 위치한 지면보다 높은 장소의 땅을 굴착하는데 적합하며 산지에서의 토공사 및 암반으로부터의 점토질까지 굴착할 수 있는 건설장비의 명칭은?

① 파워쇼벨
② 불도저
③ 파일드라이버
④ 크레인

백호는 기계가 위치한 지면보다 낮은 곳의 땅을 파는데 적합하고, 파워쇼벨은 지면보다 높은 곳을 굴착하기 적합하다.

118

지표면에서 소정의 위치까지 파내려간 후 구조물을 축조하고 되메운 후 지표면을 원상태로 복구시키는 공법은?

① NATM 공법
② 개착식 터널공법
③ TBN 공법
④ 침매공법

*개착식 터널공법
지표면에서 소정의 위치까지 파내려간 후 구조물을 축조하고 되메운 후 지표면을 원상태로 복구시키는 공법

119

철골작업시 철골부재에서 근로자가 수직방향으로 이동하는 경우에 설치하여야 하는 고정된 승강로의 최소 답단 간격은 얼마 이내인가?

① 20cm
② 25cm
③ 30cm
④ 40cm

*고정된 승강로의 안전기준
① 철근 : 16mm 이상
② 답단간격 : 30cm 이내
③ 폭 : 30cm 이상

120

콘크리트 타설 시 거푸집 측압에 대한 설명으로 옳지 않은 것은?

① 기온이 높을수록 측압은 크다.
② 타설속도가 클수록 측압은 크다.
③ 슬럼프가 클수록 측압은 크다.
④ 다짐이 과할수록 측압은 크다.

*거푸집 측압이 커지는 경우
① 온도가 낮을수록
② 타설 속도가 빠를수록
③ 슬럼프가 클수록
④ 다짐이 과할수록
⑤ 타설 높이가 높을수록
⑥ 철골 또는 철근량이 적을수록
⑦ 거푸집의 투수성의 낮을수록

2025 합격비법 '산업안전기사 필기'

초판발행 2024년 11월 07일
편 저 자 이태랑
발 행 처 오스틴북스
등록번호 제 396-2010-000009호
주 소 경기도 고양시 일산동구 백석동 1351번지
전 화 070-4123-5716
팩 스 031-902-5716
정 가 33,000원
I S B N 979-11-93806-49-4 (13500)